NCS 기반 최근 출제기준 완벽 반영

공조냉동기계
산업기사 필기

허원회 · 박만재 지음

KB090864

"이 책을 선택한 당신, 당신은 이미 위너입니다!"

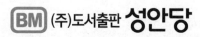
BM (주)도서출판 성안당

독자 여러분께 알려드립니다

공조냉동기계산업기사 [필기]시험을 본 후 그 문제 가운데 10여 문제를 재구성해서 성안당 출판사로 보내주시면, 채택된 문제에 대해서 성안당 도서 중 "7개년 과년도 공조냉동기계산업기사 [필기]" 1부를 증정해 드립니다. 독자 여러분이 보내주시는 기출문제는 더 나은 책을 만드는 데 큰 도움이 됩니다. 감사합니다.

 e-mail coh@cyber.co.kr (최옥현)

- -

★ 메일을 보내주실 때 성명, 연락처, 주소를 기재해 주시기 바랍니다.
★ 보내주신 기출문제는 집필자가 검토한 후에 도서를 증정해 드립니다.

■ 도서 A/S 안내

성안당에서 발행하는 모든 도서는 저자와 출판사, 그리고 독자가 함께 만들어 나갑니다.

좋은 책을 펴내기 위해 많은 노력을 기울이고 있습니다. 혹시라도 내용상의 오류나 오탈자 등이 발견되면 "좋은 책은 나라의 보배"로서 우리 모두가 함께 만들어 간다는 마음으로 연락주시기 바랍니다. 수정 보완하여 더 나은 책이 되도록 최선을 다하겠습니다.

성안당은 늘 독자 여러분들의 소중한 의견을 기다리고 있습니다. 좋은 의견을 보내주시는 분께는 성안당 쇼핑몰의 포인트(3,000포인트)를 적립해 드립니다.

잘못 만들어진 책이나 부록 등이 파손된 경우에는 교환해 드립니다.

저자 문의 e-mail : drhwh@hanmail.net(허원회)
본서 기획자 e-mail : coh@cyber.co.kr(최옥현)
홈페이지 : http://www.cyber.co.kr   전화 : 031) 950-6300

3회독 플래너

SMART
스스로 **마**스터하는 **트**렌디한 수험서

Part	Chapter	1회독	2회독	3회독
제1편 공기조화설비	제1장 공기조화이론	1일	1일	1일
	제2장 공기조화계획	2일		
	제3장 공조기기 및 덕트	3일	2일	
	제4장 공조설비 운영	4일		
	제5장 보일러설비 운영			
	▶기출 및 예상문제	5~7일	3일	
제2편 냉동·냉장설비	제1장 냉동의 기초 및 원리	8일	4일	2일
	제2장 냉매선도와 냉동사이클	9일		
	제3장 기초 열역학	10일	5일	
	제4장 냉동장치의 구조			
	제5장 냉동·냉장부하 계산	11일	6일	
	제6장 냉동설비 운영			
	▶기출 및 예상문제	12~14일	7일	
제3편 공조냉동 설치·운영	제1장 배관재료	15일	8일	3일
	제2장 배관 관련 설비			
	제3장 설비 적산	16일		
	제4장 공조급배수설비 설계도면 작성		9일	
	제5장 유지보수공사 안전관리	17일		
	제6장 교류회로			
	제7장 전기기기	18일		4일
	제8장 전기계측			
	제9장 시퀀스제어	19일	10일	
	제10장 제어기기 및 회로			
	▶기출 및 예상문제	20~22일	11~12일	
부록 I 과년도 기출문제	2016년도 출제문제	23일	13일	5~6일
	2017년도 출제문제	24일		
	2018년도 출제문제	25일	14일	
	2019년도 출제문제	26일		
	2020년도 출제문제	27일		
부록 II CBT 대비 실전 모의고사	제1~2회 실전 모의고사	28일	15일	7일
	제3~4회 실전 모의고사	29일		
	제5회 실전 모의고사	30일		

❝ 수험생 여러분을 성안당이 응원합니다! ❞

30일 완성! **15일** 완성! **7일** 완성!

SMART

스스로 **마**스터하는 **트**렌디한 수험서

스스로 체크하는 **3회독 플래너**

" 수험생 여러분을 성안당이 응원합니다! "

일
완성 일
완성 일
완성

머리말

냉동공학의 발달은 해가 거듭될수록 얼음을 이용한 자연적 냉동으로부터 기계적 냉동공법(흡수식 냉동기와 압축식 냉동기 등)으로 발전 및 이용되고 있다. 또한 대형화·고층화된 인텔리전트 빌딩의 등장으로 우리 인간에게 공기조화의 필요성이 더욱 절실하게 되었다.

이에 따라 국가에서는 '공조냉동기계산업기사'를 국가기술자격증으로 채택하여 이론과 실무를 겸비한 유능한 기술인을 배출하고 있다.

이 책은 많은 수험생들이 '공조냉동기계산업기사'를 체계적으로 공부하여 보다 더 쉽게 취득할 수 있도록 집필하였다.

이 책의 특징
1. 최근 개정된 출제기준에 맞춰 과목별로 필수적으로 학습해야 할 핵심 이론을 알기 쉽게 정리하였다.
2. 학습한 내용을 점검할 수 있도록 단원별로 기출 및 예상문제를 수록하였다.
3. 상세한 해설과 함께 계산문제를 쉽게 풀어볼 수 있도록 과년도 기출문제를 수록하였다.
4. 자주 출제되는 중요한 문제와 출제 예상문제는 별표(★)로 강조하였다.
5. CBT 대비 실전 모의고사를 수록하였다.

오탈자 또는 미흡한 부분에 대해서는 아낌없는 격려와 질책을 바라며, 앞으로 시행되는 출제문제와 함께 자세한 해설을 계속 수정 및 보완할 것이다.

끝으로 수험생 여러분의 필독서가 되어 많은 도움이 되기를 바라며 무궁한 발전을 기원한다.

이 책이 출간되도록 물심양면으로 도와주신 성안당출판사 이종춘 회장님과 관계자분들께 진심으로 깊은 감사를 드린다. 아울러 늘 곁에서 용기를 북돋아 주고 힘을 주는 사랑하는 아내에게 진심으로 고마운 마음을 전한다.

저자 허원회

NCS 안내

1 국가직무능력표준(NCS)이란?

국가직무능력표준(NCS, National Competency Standards)은 산업현장에서 직무를 수행하기 위해 요구되는 지식·기술·태도 등의 내용을 국가가 산업부문별, 수준별로 체계화한 것이다.

(1) 국가직무능력표준(NCS) 개념도

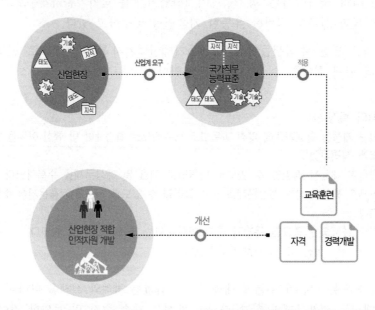

> **직무능력 : 일을 할 수 있는 On – spec인 능력**
> ① 직업인으로서 기본적으로 갖추어야 할 공통
>   능력 → 직업기초능력
> ② 해당 직무를 수행하는 데 필요한 역량(지식,
>   기술, 태도) → 직무수행능력

> **보다 효율적이고 현실적인 대안 마련**
> ① 실무 중심의 교육·훈련 과정 개편
> ② 국가자격의 종목 신설 및 재설계
> ③ 산업현장 직무에 맞게 자격시험 전면 개편
> ④ NCS 채용을 통한 기업의 능력 중심 인사관리
>   및 근로자의 평생경력 개발 관리 지원

(2) 국가직무능력표준(NCS) 학습모듈

국가직무능력표준(NCS)이 현장의 '직무요구서'라고 한다면, NCS 학습모듈은 NCS 능력단위를 교육훈련에서 학습할 수 있도록 구성한 '교수·학습자료'이다. NCS 학습 모듈은 구체적 직무를 학습할 수 있도록 이론 및 실습과 관련된 내용을 상세하게 제시하고 있다.

2 국가직무능력표준(NCS)이 왜 필요한가?

능력 있는 인재를 개발해 핵심 인프라를 구축하고, 나아가 국가경쟁력을 향상시키기 위해 국가직무능력표준이 필요하다.

(1) 국가직무능력표준(NCS) 적용 전/후

🔍 지금은
- 직업 교육 · 훈련 및 자격제도가 산업현장과 불일치
- 인적자원의 비효율적 관리 운용

→ 국가직무 능력표준 →

🔍 이렇게 바뀝니다.
- 각각 따로 운영되었던 교육 · 훈련, 국가직무능력표준 중심 시스템으로 전환 (일–교육 · 훈련–자격 연계)
- 산업현장 직무 중심의 인적자원 개발
- 능력중심사회 구현을 위한 핵심 인프라 구축
- 고용과 평생직업능력개발 연계를 통한 국가경쟁력 향상

(2) 국가직무능력표준(NCS) 활용범위

기업체 Corporation
- 현장 수요 기반의 인력채용 및 인사 관리 기준
- 근로자 경력개발
- 직무기술서

교육훈련기관 Education and training
- 직업교육훈련과정 개발
- 교수계획 및 매체, 교재 개발
- 훈련기준 개발

자격시험기관 Qualification
- 자격종목의 신설 · 통합 · 폐지
- 출제기준 개발 및 개정
- 시험문항 및 평가 방법

3 시험과목별 활용 NCS

국가기술자격의 현장성과 활용성 제고를 위해 국가직무능력표준(NCS)를 기반으로 자격의 내용(시험과목, 출제기준 등)을 직무 중심으로 개편하여 시행한다(적용시기 '22.1.1.부터).

필기과목명	NCS 능력단위	NCS 세분류
공기조화설비	냉난방부하 계산 공조프로세스 분석	냉동공조 설계
	클린룸설비 설치	냉동공조 설치
	공조설비 운영관리 공조설비 점검관리 보일러설비 운영	냉동공조 유지보수관리
냉동냉장설비	냉동냉장부하 계산 냉동사이클 분석	냉동공조 설계
	냉동설비 설치 냉동제어설비 설치	냉동공조 설치
	냉동설비 운영	냉동공조 유지보수관리
공조냉동 설치·운영	공조급배수설비 설계도면 작성	냉동공조 설계
	설비 적산 공조배관 설치 급배수설비 설치	냉동공조 설치
	유지보수공사 안전관리 기타 설비 운영	냉동공조 유지보수관리

★ NCS에 대한 자세한 사항은 **N국가직무능력표준** National Competency Standards 홈페이지(www.ncs.go.kr)에서 확인해주시기 바랍니다.★

CBT 안내

1 CBT란?

CBT란 Computer Based Test의 약자로, 컴퓨터 기반 시험을 의미한다.

정보기기운용기능사, 정보처리기능사, 굴삭기운전기능사, 지게차운전기능사, 제과기능사, 제빵기능사, 한식조리기능사, 양식조리기능사, 일식조리기능사, 중식조리기능사, 미용사(일반), 미용사(피부) 등은 이미 CBT 시험을 시행하고 있다.

CBT 필기시험은 컴퓨터로 보는 만큼 수험자가 답안을 제출함과 동시에 합격 여부를 확인할 수 있다.

2 CBT 시험과정

한국산업인력공단에서 운영하는 홈페이지 **큐넷(Q-net)**에서는 누구나 쉽게 **CBT 시험**을 볼 수 있도록 실제 자격시험 환경과 동일하게 구성한 **가상 웹 체험 서비스를 제공**하고 있으며, 그 과정을 요약한 내용은 아래와 같다.

(1) 시험시작 전 신분 확인절차

수험자가 자신에게 배정된 좌석에 앉아 있으면 신분 확인절차가 진행된다.

이것은 시험장 감독위원이 컴퓨터에 나온 수험자 정보와 신분증이 일치하는지를 확인하는 단계이다.

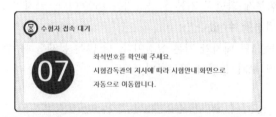

(2) CBT 시험안내 진행

신분 확인이 끝난 후 시험시작 전 CBT 시험안내가 진행된다.

> 안내사항 > 유의사항 > 메뉴 설명 > 문제풀이 연습 > 시험준비 완료

① 시험 [안내사항]을 확인한다.
- 시험은 총 5문제로 구성되어 있으며, 5분간 진행된다(자격종목별로 시험문제 수와 시험시간은 다를 수 있다.
- 시험 도중 수험자의 PC에 장애가 발생한 경우 손을 들어 시험감독관에게 알리면 긴급장애조치 또는 자리이동을 할 수 있다.
- 시험이 끝나면 합격 여부를 바로 확인할 수 있다.

② 시험 [유의사항]을 확인한다.
시험 중 금지되는 행위 및 저작권 보호에 관한 유의사항이 제시된다.

③ 문제풀이 [메뉴 설명]을 확인한다.
문제풀이 기능 설명을 유의해서 읽고 기능을 숙지해야 한다.

④ 자격검정 CBT [문제풀이 연습]을 진행한다.
실제 시험과 동일한 방식의 문제풀이 연습을 통해 CBT 시험을 준비한다.
- CBT 시험문제 화면의 기본 글자크기는 150%이다. 글자가 크거나 작을 경우 크기를 변경할 수 있다.
- 화면배치는 1단 배치가 기본 설정이다. 더 많은 문제를 볼 수 있는 2단 배치와 한 문제씩 보기 설정이 가능하다.

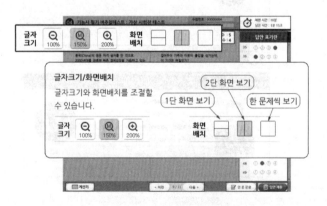

- 답안은 문제의 보기번호를 클릭하거나 답안표기 칸의 번호를 클릭하여 입력할 수 있다.
- 입력된 답안은 문제화면 또는 답안표기 칸의 보기번호를 클릭하여 변경할 수 있다.

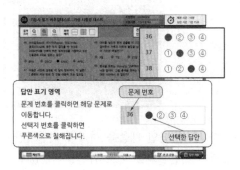

- 페이지 이동은 아래의 페이지 이동 버튼 또는 답안표기 칸의 문제번호를 클릭하여 이동할 수 있다.

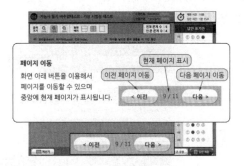

- 응시종목에 계산문제가 있을 경우 좌측 하단의 계산기 기능을 이용할 수 있다.

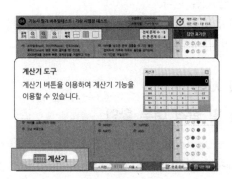

- 안 푼 문제 확인은 답안 표기란 좌측에 안 푼 문제 수를 확인하거나 답안 표기란 하단 [안 푼 문제] 버튼을 클릭하여 확인할 수 있다. 안 푼 문제번호 보기 팝업창에 안 푼 문제번호가 표시된다. 번호를 클릭하면 해당 문제로 이동한다.

- 시험문제를 다 푼 후 답안 제출을 하거나 시험시간이 모두 경과되었을 경우 시험이 종료되며 시험결과를 바로 확인할 수 있다.
- [답안 제출] 버튼을 클릭하면 답안 제출 승인 알림창이 나온다. 시험을 마치려면 [예] 버튼을 클릭하고 시험을 계속 진행하려면 [아니오] 버튼을 클릭하면 된다. 답안 제출은 실수 방지를 위해 두 번의 확인 과정을 거친다. 이상이 없으면 [예] 버튼을 한 번 더 클릭하면 된다.

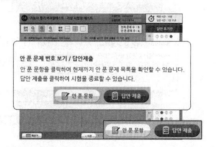

⑤ [시험준비 완료]를 한다.
시험 안내사항 및 문제풀이 연습까지 모두 마친 수험자는 [시험준비 완료] 버튼을 클릭한 후 잠시 대기한다.

(3) CBT 시험 시행

(4) 답안 제출 및 합격 여부 확인

★ 좀 더 자세한 내용은 **Q-Net** 홈페이지(www.q-net.or.kr)를 방문하여 참고하시기 바랍니다. ★

직무분야	기계	중직무분야	기계장비설비·설치	적용기간	2025.1.1.~2029.12.31.

직무내용 : 산업현장, 건축물의 실내환경을 최적으로 조성하고, 냉동냉장설비 및 기타 공작물을 주어진 조건으로 유지하기 위해 기술기초이론 지식과 숙련기능을 바탕으로 공조냉동, 유틸리티 등 필요한 설비를 설계, 시공 및 유지관리하는 직무이다.

필기검정방법	객관식	문제수	60	시험시간	1시간 30분

필기과목명	문제수	주요 항목	세부항목	세세항목
공기조화설비 (구 공기조화)	20	1. 공기조화의 이론	(1) 공기조화의 기초	① 공기조화의 개요 ② 보건공조 및 산업공조 ③ 환경 및 설계조건
			(2) 공기의 성질	① 공기의 성질 ② 습공기선도 및 상태변화
		2. 공기조화 계획	(1) 공기조화방식	① 공기조화방식의 개요 ② 공기조화방식 ③ 열원방식
			(2) 공기조화부하	① 부하의 개요 ② 난방부하 ③ 냉방부하
			(3) 클린룸	① 클린룸방식 ② 클린룸 구성 ③ 클린룸장치
		3. 공기조화설비	(1) 공조기기	① 공기조화기장치 ② 송풍기 및 공기정화장치 ③ 공기냉각 및 가열코일 ④ 가습·감습장치 ⑤ 열교환기
			(2) 열원기기	① 온열원기기 ② 냉열원기기
			(3) 덕트 및 부속설비	① 덕트 ② 급·환기설비
		4. 공조프로세스 분석	(1) 부하 적정성 분석	① 공조기 및 냉동기 선정
		5. 공조설비 운영관리	(1) 전열교환기 점검	① 전열교환기 종류별 특징 및 점검
			(2) 공조기관리	① 공조기 구성요소별 관리방법

필기과목명	문제수	주요 항목	세부항목	세세항목
공기조화설비 (구 공기조화)	20	5. 공조설비 운영관리	(3) 펌프관리	① 펌프 종류별 특징 및 점검 ② 펌프 특성 ③ 고장원인과 대책 수립 ④ 펌프 운전 시 유의사항
			(4) 공조기 필터 점검	① 필터 종류별 특성 ② 실내공기질 기초
		6. 보일러설비 운영	(1) 보일러관리	① 보일러 종류 및 특성
			(2) 부속장치 점검	① 부속장치 종류와 기능
			(3) 보일러 점검	① 보일러 점검항목 확인
			(4) 보일러 고장 시 조치	① 보일러 고장원인 파악 및 조치
냉동·냉장설비 (구 냉동공학)	20	1. 냉동이론	(1) 냉동의 기초 및 원리	① 단위 및 용어 ② 냉동의 원리 ③ 냉매 ④ 신냉매 및 천연냉매 ⑤ 브라인 및 냉동유
			(2) 냉매선도와 냉동사이클	① 모리엘선도와 상변화 ② 냉동사이클
			(3) 기초열역학	① 기체상태변화 ② 열역학법칙 ③ 열역학의 일반관계식
		2. 냉동장치의 구조	(1) 냉동장치 구성기기	① 압축기 ② 응축기 ③ 증발기 ④ 팽창밸브 ⑤ 장치 부속기기 ⑥ 제어기기
		3. 냉동장치의 응용과 안전관리	(1) 냉동장치의 응용	① 제빙 및 동결장치 ② 열펌프 및 축열장치 ③ 흡수식 냉동장치 ④ 기타 냉농의 응용
		4. 냉동냉장부하	(1) 냉동냉장부하 계산	① 냉동부하 계산 ② 냉장부하 계산
		5. 냉동설비 설치	(1) 냉동설비 설치	① 냉동·냉각설비의 개요
			(2) 냉방설비 설치	① 냉방설비 방식 및 설치
		6. 냉동설비 운영	(1) 냉동기관리	① 냉동기 유지보수
			(2) 냉동기 부속장치 점검	① 냉동기·부속장치 유지보수
			(3) 냉각탑 점검	① 냉각탑 종류 및 특성 ② 수질관리

필기과목명	문제수	주요 항목	세부항목	세세항목
공조냉동 설치·운영 (구 배관일반 +전기제어공학)	20	1. 배관재료 및 공작	(1) 배관재료	① 관의 종류와 용도 ② 관이음 부속 및 재료 등 ③ 관지지장치 ④ 보온·보냉재료 및 기타 배관용 재료
			(2) 배관공작	① 배관용 공구 및 시공 ② 관 이음방법
		2. 배관 관련 설비	(1) 급수설비	① 급수설비의 개요 ② 급수설비 배관
			(2) 급탕설비	① 급탕설비의 개요 ② 급탕설비 배관
			(3) 배수통기설비	① 배수통기설비의 개요 ② 배수통기설비 배관
			(4) 난방설비	① 난방설비의 개요 ② 난방설비 배관
			(5) 공기조화설비	① 공기조화설비의 개요 ② 공기조화설비 배관
			(6) 가스설비	① 가스설비의 개요 ② 가스설비 배관
			(7) 냉동 및 냉각설비	① 냉동설비의 배관 및 개요 ② 냉각설비의 배관 및 개요
			(8) 압축공기설비	① 압축공기설비 및 유틸리티 개요
		3. 설비 적산	(1) 냉동설비 적산	① 냉동설비 자재 및 노무비 산출
			(2) 공조냉난방설비 적산	① 공조냉난방설비 자재 및 노무비 산출
			(3) 급수·급탕·오배수설비 적산	① 급수·급탕·오배수설비 자재 및 노무비 산출
			(4) 기타 설비 적산	① 기타 설비 자재 및 노무비 산출
		4. 공조급배수설비 설계도면 작성	(1) 공조, 냉난방, 급배수설 비 설계도면 작성	① 공조·급배수설비 설계도면 작성
		5. 공조설비 점검관리	(1) 방음/방진 점검	① 방음/방진 종류별 점검
		6. 유지보수공사 안전관리	(1) 관련 법규 파악	① 고압가스안전관리법(냉동) ② 기계설비법
			(2) 안전작업	① 산업안전보건법

필기과목명	문제수	주요 항목	세부항목	세세항목
공조냉동 설치·운영 (구 배관일반 +전기제어공학)	20	7. 교류회로	(1) 교류회로의 기초	① 정현파 교류 ② 주기와 주파수 ③ 위상과 위상차 ④ 실효치와 평균치
			(2) 3상 교류회로	① 3상 교류의 성질 및 접속 ② 3상 교류전력(유효전력, 무효전력, 피상전력) 및 역률
		8. 전기기기	(1) 직류기	① 직류전동기의 종류 ② 직류전동기의 출력, 토크, 속도 ③ 직류전동기의 속도제어법
			(2) 변압기	① 변압기의 구조와 원리 ② 변압기의 특성 및 변압기의 접속 ③ 변압기 보수와 취급
			(3) 유도기	① 유도전동기의 종류 및 용도 ② 유도전동기의 특성 및 속도제어 ③ 유도전동기의 역운전 ④ 유도전동기의 설치와 보수
			(4) 동기기	① 구조와 원리 ② 특성 및 용도 ③ 손실, 효율, 정격 등 ④ 동기전동기의 설치와 보수
			(5) 정류기	① 정류기의 종류 ② 정류회로의 구성 및 파형
		9. 전기계측	(1) 전류, 전압, 저항의 측정	① 전류계, 전압계, 절연저항계, 멀티메타 사용법 및 전류, 전압, 저항 측정
			(2) 전력 및 전력량의 측정	① 전력계 사용법 및 전력 측정
			(3) 절연저항 측정	① 절연저항의 정의 및 절연저항계 사용법 ② 전기회로 및 전기기기의 절연저항 측정
		10. 시퀀스제어	(1) 제어요소의 작동과 표현	① 시퀀스제어계의 기본구성 ② 시퀀스제어의 제어요소 및 특징
			(2) 논리회로	① 불대수 ② 논리회로

필기과목명	문제수	주요 항목	세부항목	세세항목
공조냉동 설치·운영 (구 배관일반 +전기제어공학)	20	10. 시퀀스제어	(3) 유접점회로 및 무접점회로	① 유접점회로 및 무접점회로 　의 개념 ② 자기유지회로 ③ 선형우선회로 ④ 순차작동회로 ⑤ 정역제어회로 ⑥ 한시회로 등
		11. 제어기기 및 　회로	(1) 제어의 개념	① 제어의 정의 및 필요성 ② 자동제어의 분류
			(2) 조절기용 기기	① 조절기용 기기의 종류 　및 특징
			(3) 조작용 기기	① 조작용 기기의 종류 및 특징
			(4) 검출용 기기	① 검출용 기기의 종류 및 특성

차례

PART 3 공조냉동 설치·운영

핵심 요점노트

Industrial Engineer Air-Conditioning and Refrigerating Machinery

Part 01 공기조화설비

01 CHAPTER 공기조화이론

01 | 공기조화의 4요소

① 온도   ② 습도
③ 기류   ④ 청정도
※ "벽면에 미치는 복사효과"를 고려하면 5대 효과라고도 함

02 | 보건용 공기조화의 기준 (중앙관리방식의 공기조화설비기준)

① 부유분진량 : 0.15mg/m³ 이하(입자직경 10μm 이하)
② 건구온도 : 17℃ 이상 28℃ 이하
③ CO함유율 : 10ppm 이하(0.001% 이하)
④ 상대습도 : 40% 이상 70% 이하
⑤ CO_2함유율 : 1,000ppm 이하(0.1% 이하)
⑥ 기류 : 0.5m/s 이하

03 | 불쾌지수(DI)

불쾌지수(DI) = 0.72(DB+WB)+40.6

여기서, DB : 건구온도(℃), WB : 습구온도(℃)

04 | 절대습도(SH, x)

$$x = 0.622 \frac{P_w}{P-P_w} = 0.622 \frac{\phi P_s}{P-\phi P_s} [\mathrm{kg'/kg}]$$

여기서, P_w : 수증기분압(Pa=N/m²)

※ 감습, 가습함이 없이 냉각, 가열만 할 경우 절대습도는 변하지 않는다(가역 시 상대습도 감소, 냉각 시 상대습도 증가).

05 | 상대습도(RH, ϕ)

$$\phi = \frac{\gamma_w}{\gamma_s} \times 100[\%] = \frac{P_w}{P_s} \times 100[\%]$$

여기서, γ_w : 습공기 1m³ 중에 함유된 수분의 질량(kg')
        γ_s : 포화습공기 1m³ 중에 함유된 수분의 질량(kg)
        P_w : 습공기의 수증기분압(mmHg)
        P_s : 동일 온도의 포화습공기의 수증기분압(mmHg)

※ 공기를 가열하면 상대습도는 낮아지고, 냉각하면 높아진다(절대습도는 일정하다).

06 | 습공기의 비체적(v)

$$v = \frac{T(R_a + xR_w)}{P} = (287 + 461x)\frac{T}{P}$$
$$= 461(0.622 + x)\frac{T}{P}[\mathrm{m^3/kg}]$$

07 | 습공기의 비엔탈피(h)

습공기의 엔탈피는 건조공기가 그 상태에서 가지고 있는 열량(현열)과 동일 온도에서 수증기가 갖고 있는 열량(잠열+현열)과의 합이다. 즉 단위질량의 습공기가 갖는 현열량과 잠열량의 합이다.

$$h = h_a + xh_w = 0.24t + x(597.3 + 0.441t)[\mathrm{kcal/kg}]$$
$$= 1.005t + x(2,501 + 1.85t)[\mathrm{kJ/kg}]$$

08 | 현열비(SHF, 감열비)

$$SHF = \frac{q_s}{q_t} = \frac{q_s}{q_s + q_L}$$

09 | 열수분비(u)

$$u = \frac{dh}{dx} = \frac{h_2 - h_1}{x_2 - x_1}$$

10 | 장치노점온도(ADP)

실내상태점으로부터 열수분비(u) 또는 현열비(SHF) 선과 평행하게 그은 선과 포화곡선(상대습도 100%)과의 교점으로 냉각코일에서 공기 중의 수증기가 응결될 때의 온도로서 건구온도(DB), 습구온도(WB), 노점온도(DP)가 일치한다.

11 | 공기선도의 구성

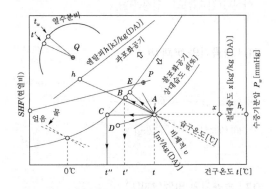

12 | 공기선도의 판독

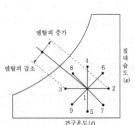

- 1→2 : 현열, 가열
- 1→3 : 현열, 냉각
- 1→4 : 가습
- 1→5 : 감습
- 1→6 : 가열, 가습
- 1→7 : 가열, 감습
- 1→8 : 냉각, 가습
- 1→9 : 냉각, 감습

※ 절대습도와 노점온도는 서로 평행하므로 상태점을 찾을 수 없다.

13 | 공기선도의 상태변화

1) 가열, 냉각 ; 현열(감열)

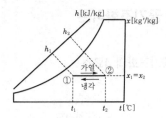

$$q_s = m(h_2 - h_1) = m C_p(t_2 - t_1)$$
$$= \rho Q C_p(t_2 - t_1) \fallingdotseq 1.21 Q(t_2 - t_1)\,[\text{kW}]$$

여기서, q_s : 현열량(kW)

　　　　m : 공기량($= \rho Q = 1.2Q$)(kg/s)

　　　　C_p : 공기의 정압비열($\fallingdotseq 1.0046$
　　　　　　$\fallingdotseq 1.005$kJ/kg・K)

　　　　ρ : 공기의 밀도(비질량)($= 1.2$kg/m^3)

　　　　Q : 단위시간당 공기통과 체적량(m^3/s)

　　　　t : 건구온도(℃)

냉각 시 냉각코일의 표면온도가 통과공기의 노점온도 이상일 때는 절대습도가 일정한 상태에서 냉각되고, 그 이하일 때는 냉각과 동시에 제습된다.

2) 가습, 감습 ; 잠열(숨은열)

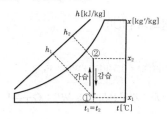

$$L = m(x_2 - x_1)$$
$$\therefore q_L = m(h_2 - h_1) = \gamma_o L$$
$$= 2{,}501 m(x_2 - x_1) = 2{,}501 \rho Q(x_2 - x_1)$$
$$= 3001.2 Q(x_2 - x_1)\,[\text{kW}]$$

여기서, L : 가습량(kg/s), q_L : 잠열량(kW)

　　　　m : 공기량(kg/s)

　　　　γ_o : 수증기 잠열($= 2{,}501$kJ/kg)

　　　　x : 절대습도(kg′/kg)

3) 가열, 가습 ; 현열 & 잠열

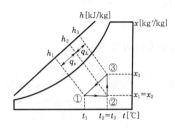

$$q_t = m(h_3 - h_1) = q_s + q_L[\text{kW}]$$

$$SHF = \frac{q_s}{q_t} = \frac{q_s}{q_s + q_L}$$

여기서, q_t : 전열량(kW), m : 공기량(kg/s)

$\qquad q_s$: 현열량(kW), q_L : 잠열량(kW)

$\qquad SHF$: 현열비

4) 단열혼합

외기(OA)를 2, 외기풍량(외기량)을 Q_2, 실내환기 (RA)를 1, 실내풍량을 Q_1이라고 할 때 혼합공기 3의 온도이다.

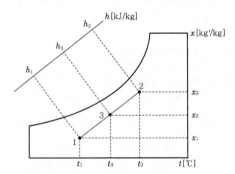

[핵심 POINT]

$$t_3 = \frac{Q_1 t_1 + Q_2 t_2}{Q} = \frac{m_1}{m} t_1 + \frac{m_2}{m} t_2[\text{℃}]$$

$$x_3 = \frac{Q_1 x_1 + Q_2 x_2}{Q} = \frac{m_1}{m} x_1 + \frac{m_2}{m} x_2[\text{kg}'/\text{kg}]$$

$$h_3 = \frac{Q_1 h_1 + Q_2 h_2}{Q} = \frac{m_1}{m} h_1 + \frac{m_2}{m} h_2[\text{kJ/kg}]$$

급기량(송풍량, Q)=환기량(Q_1)+외기량(Q_2)[m³/h]

$m = m_1 + m_2[\text{kg/s}]$

5) 순환수분무가습(단열, 가습, 세정)

가습기(AW)의 효율 $= \dfrac{t_1 - t_3}{t_1 - t_2} \times 100[\%]$

$\qquad\qquad\qquad = \dfrac{x_3 - x_1}{x_2 - x_1} \times 100[\%]$

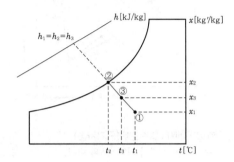

14 | 바이패스 팩터(BF)

바이패스 팩터(BF : Bypass Factor)란 냉각 또는 가열 코일과 접촉하지 않고 그대로 통과하는 공기의 비율을 말하며, 완전히 접촉하는 공기의 비율을 콘택트 팩터 (CF : Contact Factor)라 한다.

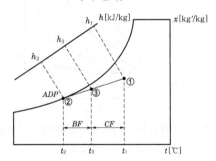

$$BF = 1 - CF \rightarrow BF + CF = 1$$

냉각 또는 가열코일을 통과할 공기는 포화상태로는 되 지 않는다. 이상적으로 포화되었을 경우 ②의 상태로 되 나, 실제로는 ③의 상태로 된다.

$$BF = \frac{t_3 - t_2}{t_1 - t_2} \times 100[\%]$$

$$CF = \frac{t_1 - t_3}{t_1 - t_2} \times 100[\%]$$

$$\therefore t_3 = t_2 + BF(t_1 - t_2) = t_1 - CF(t_1 - t_2)[\text{℃}]$$

※ 코일의 열수가 증가하면 BF는 감소한다.

2열 : $(BF)^2$, 4열 : $(BF)^4$, 6열 : $(BF)^6$

15 | 순환수에 의한 가습

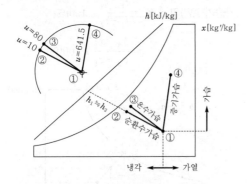

[핵심 POINT] 열수분비(증기가습)

수분비(u)는 증기의 비엔탈피와 같다.

$$u = \frac{\Delta h}{dx} = \frac{dx(2,501+1.85t)}{dx} = 2,501+1.85t\,[\text{kJ/kg}]$$

16 | 혼합 → 냉각 → 바이패스

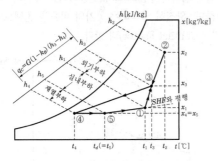

냉각코일부하(q_{cc}) = 외기부하 + 실내부하 + 재열부하

$$= h_3 - h_4\,[\text{kJ/kg}]$$

$$※\ q_s = \rho Q C_p(t_1 - t_5)\,[\text{kW}]$$

$$∴\ t_5(취출온도) = t_1 - \frac{q_s}{\rho Q C_p}\,[℃]$$

02 공기조화계획
CHAPTER

01 | 공조방식의 분류

구분	열매체	공조방식
중앙방식	전공기방식	정풍량 단일덕트방식, 이중덕트방식, 멀티존유닛방식, 변풍량 단일덕트방식, 각 층 유닛방식
	수(물)-공기방식	유인유닛방식(IDU), 복사냉난방식(패널제어방식), 팬코일유닛(덕트병용)방식
	전수방식	2관식 팬코일유닛방식, 3관식 팬코일유닛방식, 4관식 팬코일유닛방식
개별방식	냉매방식	패키지유닛방식, 룸쿨러방식, 멀티존방식
	직접난방방식	라디에이터(방열기), 컨벅터(대류방열기)

[핵심 POINT]
- 송풍기의 특성곡선 : x축에 풍량(Q)의 변동에 대하여 y축에 전압(P_t), 정압(P_s), 효율(%), 축동력(L)을 나타낸다.
- 서징(surging)영역 : 정압곡선에서 좌하향곡선 부분의 송풍기 동작이 불안전한 현상
- 오버로드(over load) : 풍량이 어느 한계 이상이 되면 축동력(L)은 급증하고, 압력과 효율은 낮아지는 현상

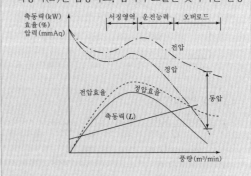

▲ 송풍기의 특성곡선(다익형의 경우)

02 | 전공기방식

장점	단점
• 송풍량이 많아 실내공기의 오염이 적다. • 중앙집중식이므로 운전 및 유지관리가 용이하다. • 방에 수배관이 없어 누수 우려가 없다.	• 송풍량이 많아 덕트 설치 공간이 증가한다. • 대형의 공조기계실이 필요하다. • 개별제어가 어렵다. • 설비비가 많이 든다.

① 단일덕트방식 : 중앙공조기에서 조화된 냉온풍공기를 1개의 덕트를 통해 실내로 공급하는 방식이다.
  ㉠ 정풍량(CAV)방식
    • 변풍량에 비해 에너지소비가 크다.
    • 존(zone)의 수가 적은 규모에서는 타 방식에 비해 설비비가 싸다.
  ㉡ 변풍량(VAV)방식 : 타 방식에 비해 에너지가 절약된다.
② 이중덕트방식 : 중앙공조기에서 냉풍과 온풍을 동시에 만들고 각각의 냉풍덕트와 온풍덕트를 통해 각 방까지 공급하여 혼합상자에 의해 혼합시켜 공조하는 방식이다.

장점	단점
• 부하에 따른 각 방의 개별제어가 가능하다. • 계절별로 냉난방변환운전이 필요 없다.	• 냉온풍의 혼합에 따른 에너지손실이 크다.

③ 멀티존방식
④ 각 층 유닛방식

03 | 수(물) – 공기방식

① 유인유닛방식
② 덕트 병용 팬코일유닛방식
③ 복사냉난방방식 : 건물의 바닥, 천장, 벽 등에 파이프 코일을 매설하고, 냉수 또는 온수를 보내 실내현열부하의 50~70%를 처리하고 동시에 덕트를 통해 냉온풍을 송풍하여 잔여실내현열부하와 잠열부하를 처리하는 공조방식이다.
  ㉠ 장점
    • 복사열을 이용하므로 쾌감도가 높다.
    • 덕트공간 및 열운반동력을 줄일 수 있다.
    • 건물의 축열을 기대할 수 있다.
    • 유닛을 설치하지 않으므로 실내 바닥의 이용도가 좋다.
    • 방높이에 의한 실온의 변화가 적어 천장이 높은 방, 겨울철 윗면이 차가워지는 방에 적합하다.
  ㉡ 단점
    • 냉각패널에 이슬이 발생할 수 있으므로 잠열부하가 큰 곳에는 부적당하다.
    • 열손실 방지를 위해 단열 시공을 완벽하게 해야 한다.
    • 수배관의 매립으로 시설비가 많이 든다.
    • 실내 방의 변경 등에 의한 융통성이 없다.
    • 고장 시 발견이 어렵고 수리가 곤란하다.
    • 중간기에 냉동기의 운전이 필요하다.

[핵심 POINT]
• 실내환경의 쾌적함을 위한 외기도입량은 급기량(송풍량)의 25~30% 정도를 도입한다.

$$Q \geq \frac{M}{C_r - C_o} [\text{m}^3/\text{h}]$$

여기서, Q : 시간당 외기도입량(m^3/h)
M : 전체 인원의 시간당 CO_2 발생량(m^3/h)
C_r : 실내 유지를 위한 CO_2함유량(%)
C_o : 외기도입공기 중의 CO_2함유량(%)
• 사무실의 1인당 신선공기량(외기량) : 25~30m^3/h

04 | 냉방부하(여름, 냉각, 감습)

구분	부하 발생요인	현열(감열)	잠열
실내부하	벽체로부터 취득열량	○	
	유리창으로부터 취득열량	○	
	일사(복사)열량	○	
	관류열량	○	
	극간풍(틈새바람) 취득열량	○	○
	인체 발생열량	○	○
	실내기구 발생열량	○	○
기기(장치)부하	송풍기에 의한 취득열량	○	
	덕트 취득열량	○	
재열부하	재열기 가열량	○	
외기부하	외기도입으로 인한 취득열량	○	○

암기 극, 인, 기, 외(극간풍, 인체, 기기, 외기)는 현열과 잠열을 모두 고려한다.

05 | 틈새바람(극간풍)에 의한 열손실

$$q_{IS} = m_I C_p (t_i - t_o) = \rho Q_I C_p (t_i - t_o)$$
$$= 1.21 Q_I (t_i - t_o) \, [\text{kW}]$$
$$q_{IL} = m_I \gamma_o (x_i - x_o) = \rho Q_I \gamma_o (x_i - x_o)$$
$$= 3001.2 Q_I (x_i - x_o) \, [\text{kW}]$$
$$\therefore q_I = q_{IS} + q_{IL}$$
$$= 1.21 Q_I (t_i - t_o) + 3001.2 Q_I (x_i - x_o) \, [\text{kW}]$$

여기서, q_{IS} : 극간풍의 현열손실(kW)

$\quad m_I$: 외기도입량(kg/s)

$\quad \rho$: 공기밀도(=1.2kg/m³)

$\quad C_p$: 공기의 정압비열(=1.0046kJ/kg·K)

$\quad Q_I$: 극간풍량(kg/s), t_i : 실내온도(℃)

$\quad t_o$: 실외온도(℃)

$\quad q_{IL}$: 극간풍의 잠열손실(kW)

$\quad \gamma_o$: 수증기의 증발잠열(=2,501kJ/kg)

$\quad x_i$: 실내절대습도(kg′/kg)

$\quad x_o$: 실외절대습도(kg′/kg)

[핵심 POINT]
- 극간풍량(Q[m³/h]) 산출법
  - crack법 : crack 1m당 침입외기량×crack길이(m)
  - 면적법 : 창면적 1m²당 침입외기량×창면적(m²)
  - 환기횟수법 : 환기횟수×실내체적(m³)
- 극간풍의 침입을 방지하는 방법
  - 회전문을 설치한다.
  - 2중문을 설치한다.
  - 2중문의 중간에 강제 대류컨벡터를 설치한다.
  - 에어커튼(air curtain)을 설치한다.
  - 실내를 가압하여 외부압력보다 실내압력을 높게 유지한다.

---

06 | 난방부하와 기기용량

난방되지 않는 공간을 통과하는 급기덕트에서의 전열손실과 누설손실을 말하며 실내손실열량의 3~7% 정도(5%)로 잡는다.

1) 직사각형(장방형) 덕트에서 원형 덕트의 지름 환산식

$$\text{상당지름}(d_e) = 1.3 \left[\frac{(ab)^5}{(a+b)^2} \right]^{\frac{1}{8}}$$

2) 환기방법

① 제1종 환기법(병용식) : 강제급기+강제배기, 송풍기와 배풍기 설치, 병원 수술실, 보일러실에 적용

② 제2종 환기법(압입식) : 강제급기+자연배기, 송풍기 설치, 반도체공장, 무균실, 창고에 적용

③ 제3종 환기법(흡출식) : 자연급기+강제배기, 배풍기 설치, 화장실, 부엌, 흡연실에 적용

④ 제4종 환기법(자연식) : 자연급기+자연배기

3) 송풍기 동력

$$L_f = \frac{P_t Q}{\eta_t} = \frac{P_s Q}{\eta_s} \, [\text{kW}]$$

여기서, P_t : 전압력(= $P_{t2} - P_{t1}$)(kPa)

$\quad P_s$: 정압력(kPa), η_t : 전압효율

$\quad \eta_s$: 정압효율, Q : 송풍량(m³/s)

4) 펌프동력

$$L_p = \frac{\gamma_w QH}{\eta_p} = \frac{9.8 QH}{\eta_p} \, [\text{kW}]$$

여기서, γ_w : 4℃ 순수한 물의 비중량(=9.8kN/m³)

$\quad Q$: 송풍량(m³/s), H : 전양정(m)

$\quad \eta_p$: 펌프의 효율

---

07 | 난방

구분		내용
개별난방		화로, 난로, 벽난로
중앙난방	직접난방	증기난방, 온수난방, 복사난방
	간접난방	온풍난방, 공기조화기(AHU, 가열코일)
지역난방		열병합발전소를 설치하여 발생한 온수나 증기를 이용하여 대단위 지역에 공급하는 난방방식

1) 증기난방

① 장점

㉠ 열용량이 적어 예열시간이 짧다.

㉡ 잠열을 이용하므로 열운반능력이 크다.

② 단점
  ㉠ 난방부하에 따른 방열량 조절이 곤란하다.
  ㉡ 실내의 상하온도차가 커서 쾌감도가 나쁘다.
  ㉢ 방열기 표면온도가 높아 화상 우려 등 위험성이 크다.
  ㉣ 소음이 발생한다(steam hammering현상).
  ㉤ 보일러 취급 시 기술자격자가 필요하다.

2) 온수난방

① 장점
  ㉠ 난방부하에 따른 온도(방열량)조절이 용이하다.
  ㉡ 방열기 표면온도가 낮아 증기난방에 비해 쾌감도가 좋다.
② 단점
  ㉠ 예열시간이 길고 공기혼입 시 온수순환이 어렵다.
  ㉡ 야간에 난방을 휴지 시 동결 우려가 있다.
  ㉢ 보유수량이 많아 열용량이 크기 때문에 온수순환시간이 길다.

3) 복사난방

① 장점
  ㉠ 실내온도분포가 균일하여 쾌감도가 가장 좋다.
  ㉡ 실의 천장이 높아도 난방이 가능하다.
  ㉢ 방열기 설치가 불필요하므로 바닥의 이용도가 높다.
  ㉣ 실내공기의 대류가 적어 공기의 오염도가 적다.
② 단점
  ㉠ 가열코일을 매설하므로 시공, 수리 및 설비비가 비싸다.
  ㉡ 방열체의 열용량이 크기 때문에 온도변화에 따른 방열량 조절이 어렵다.
  ㉢ 벽에 균열(crack)이 생기기 쉽고 매설배관이므로 고장 발견이 어렵다.

4) 온풍난방

---

08 | 클린룸

1) 정의

클린룸(clean room, 공기청정실)이란 부유 먼지, 유해가스, 미생물 등과 같은 오염물질을 규제하여 기준 이하로 제어하는 청정공간으로, 실내의 기류, 속도, 압력, 온습도를 어떤 범위 내로 제어하는 특수한 공간을 의미한다.

2) 종류

① 산업용 클린룸(ICR)
  ㉠ 먼지 미립자가 규제대상(부유 분진이 제어대상)
  ㉡ 정밀기기 및 전자기기의 제작공장, 방적공장, 반도체공장, 필름공장 등
② 바이오클린룸(BCR)
  ㉠ 세균, 곰팡이 등의 미생물입자가 규제대상
  ㉡ 무균수술실, 제약공장, 식품가공공장, 동물실험실, 양조공장 등

3) 평가기준

① 입경 $0.5\mu m$ 이상의 부유 미립자농도가 기준
② Super Clean Room에서는 $0.3\mu m$, $0.1\mu m$의 미립자가 기준

> [핵심 POINT]
> Class란 $1ft^3$의 공기체적 내에 입경 $0.5\mu m$ 이상의 입자가 몇 개 있느냐를 의미한다.
> ※ $1\mu m$(마이크로미터)$=0.001mm$

4) 고성능 필터의 종류

① HEPA필터(high efficiency particle air filter)
  ㉠ $0.3\mu m$의 입자포집률이 99.97% 이상
  ㉡ 클린룸, 병원의 수술실, 방사성물질취급시설, 바이오클린룸 등에 사용
② ULPA필터(ultra low penetration air filter)
  ㉠ $0.1\mu m$의 부유 미립자를 제거할 수 있는 것
  ㉡ 최근 반도체공장의 초청정 클린룸에서 사용

5) 여과기(에어필터)

① 효율측정방법

구분	측정방법
중량법	• 비교적 큰 입자를 대상으로 측정하는 방법 • 필터에서 집진되는 먼지의 양으로 측정
비색법 (변색도법)	• 비교적 작은 입자를 대상으로 측정하는 방법 • 필터에서 포집한 여과지를 통과시켜 광전관으로 오염도를 측정
계수법 (DOP법)	• 고성능 필터를 측정하는 방법 • $0.3\mu m$ 입자를 사용하여 먼지의 수를 측정

② 여과효율(η)

$$= \frac{\text{통과 전의 오염농도}(C_1) - \text{통과 후의 오염농도}(C_2)}{\text{통과 전의 오염농도}(C_1)} \times 100[\%]$$

03 공조기기 및 덕트
CHAPTER

01 | 실내공기분포

1) 토출기류의 성질과 토출풍속

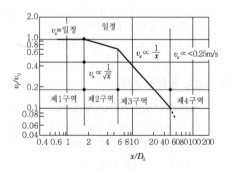

위의 그림에서 v_0은 토출풍속이고, v_x는 토출구에서의 거리 x[m]에 있어서 토출기류의 중심풍속(m/s)이며, D_0는 토출구의 지름(m)이다.

① 제1구역 : 중심풍속이 토출풍속과 같은 영역($v_x = v_0$)으로 토출구에서 D_0의 2~4배($x/D_0 = 2~4$) 정도의 범위이다.

② 제2구역 : 중심풍속이 토출구에서의 거리 x의 제곱근에 역비례($v_x \propto 1/\sqrt{x}$)하는 범위이다.

③ 제3구역 : 중심풍속이 토출구에서의 거리 x에 역비례($v_x \propto 1/x$)하는 영역으로서 공기조화에서 일반적으로 이용되는 것은 이 영역의 기류이다. $x = (10 \sim 100)D_0$

④ 제4구역 : 중심풍속이 벽체나 실내의 일반 기류에서 영향을 받는 부분으로 기류의 최대 풍속은 급격히 저하하여 정지한다.

2) 취출구

① 도달거리
ㄱ 최소 도달거리 : 취출구로부터 기류의 중심속도가 0.5m/s로 되는 곳까지의 수평거리
ㄴ 최대 도달거리 : 취출구로부터 기류의 중심속도가 0.25m/s로 되는 곳까지의 수평거리

② 강하거리 : 취출공기온도<실내공기온도

③ 상승거리 : 취출공기온도>실내공기온도

3) 콜드 드래프트(cold draft)

겨울철 외기 또는 외벽면을 따라 존재하는 냉기가 토출기류에 의해 밀려 내려와서 바닥을 따라 거주구역으로 흘러 들어오는 것으로 다음과 같은 원인이 현상을 더 크게 한다.

① 인체 주위의 공기온도가 너무 낮을 때

② 인체 주위의 기류속도가 클 때

③ 주위 공기의 습도가 낮을 때

④ 주위 벽면의 온도가 낮을 때

⑤ 겨울철 창문의 틈새를 통한 극간풍이 많을 때

02 | 덕트의 분류

1) 풍속에 따른 분류

① 저속덕트 : 15m/s 이하(8~15m/s), 동력소비 및 소음이 적고, 덕트스페이스가 커진다.

② 고속덕트 : 15m/s 이상(20~30m/s), 덕트스페이스가 작고 분배가 용이하며, 동력소비 및 시설비가 증가한다.

2) 배치에 따른 분류

① 간선덕트방식
  ㉠ 덕트스페이스가 작고 설비비가 싸다.
  ㉡ 먼 거리 덕트에는 공기공급이 원활하지 못하다.
② 개별덕트방식
  ㉠ 덕트스페이스가 커지고 설비비가 비싸다.
  ㉡ 공기공급이 원활하다.
③ 환산덕트방식 : 말단 취출구의 압력조절이 용이하다.

03 | 덕트 설계 시 주의사항

① 풍속은 15m/s 이하, 정압 50mmAq 이하의 저속덕트를 이용하여 소음을 줄인다.
② 재료는 아연도금철판, 알루미늄판 등을 이용하여 마찰저항손실을 줄인다.
③ 종횡비(aspect ratio)는 최대 10 : 1 이하로 하고 가능한 한 6 : 1 이하로 하며, 일반적으로 3 : 2이고 한 변의 최소 길이는 15cm 정도로 억제한다.
④ 압력손실이 적은 덕트를 이용하고 확대각도는 20° 이하(최대 30°), 축소각도는 45° 이하로 한다.
⑤ 덕트가 분기되는 지점은 댐퍼를 설치하여 압력의 평형을 유지시킨다.

04 | 치수 설계법

① 등마찰손실법 : 덕트의 단위길이당 마찰저항이 같게 설계하므로 압력손실을 구하기가 용이하며, 가장 많이 사용하는 설계법
② 등속법 : 덕트 내 풍속이 일정하게 유지되도록 덕트 치수를 정하는 방법으로 공장의 환기용, 분체수송용 덕트 등에 사용
③ 정압재취득법 : 취출구에서 정압이 일정하도록 경도 압력손실을 계산하여 설계. 고속덕트에 적합하나, 계산이 복잡하여 현재는 거의 사용하지 않음
④ 전압법 : 각 토출구에서 전압이 같아지도록 설계하는 방법

05 | 풍량조절댐퍼

① 스플릿댐퍼 : 덕트의 분기부에서 풍량이 조절
② 단익댐퍼(버터플라이댐퍼) : 기류가 불안정하고 소형 덕트에 사용
③ 다익댐퍼(루버댐퍼) : 기류가 안정되고 대형 덕트에 사용(평행익형, 대향익형)
④ 슬라이드댐퍼 : 덕트 도중 홈틀을 만들어 1장의 철판을 수직으로 삽입하여 주로 개폐용으로 사용
⑤ 클로드댐퍼 : 댐퍼에 철판 대신 섬유질재질을 사용하여 소음을 감소시킴과 동시에 기류도 안정시킴

04 CHAPTER 공조설비 운영

01 | 펌프의 분류

1) 왕복동펌프

① 플런저펌프 : 초고압용에 적합
② 워싱턴펌프 : 증기압 1MPa 이하의 보일러급수용에 적합

2) 회전(원심식)펌프

① 벌류트펌프 : 안내날개(guide vane)가 없으며, 대유량 저양정(20m 이하), 냉각수순환, 급수용에 적합
② 터빈펌프(디퓨저펌프) : 안내날개가 있으며, 저유량 고양정(20~200m)에 적합
③ 보어홀펌프 : 입형 다단펌프로 깊은 우물의 양정에 사용(30~300m)

02 | 펌프의 소요동력 계산

① 펌프의 실양정(H_a) = 흡입양정(H_s) + 토출양정(H_d)
② 펌프의 전양정(H) = $H_a + H_L = (H_s + H_d) + H_L$
③ 손실수두(H_L) = $\left(f\dfrac{l}{d} + K\right)\dfrac{V^2}{2g}$ [m]
④ 펌프의 축동력(L_s) = $\dfrac{\gamma_w QH}{\eta_p} = \dfrac{9.8QH}{\eta_p}$ [kW]

여기서, f : 관마찰계수, l : 배관의 길이

d : 안지름, V : 평균유속$\left(=\dfrac{Q}{A}\right)$(m/s)

γ_w : 물의 비중량(=9,800N/m^3=9.8kN/m^3)

Q : 펌프의 토출량(m^3/s)

H : 펌프의 전양정(m)

η_p : 펌프의 효율(%)

03 | 펌프의 상사법칙

① 유량(Q) : $\dfrac{Q_2}{Q_1} = \dfrac{N_2}{N_1}\left(\dfrac{D_2}{D_1}\right)^3$

② 전양정(H) : $\dfrac{H_2}{H_1} = \left(\dfrac{N_2}{N_1}\right)^2\left(\dfrac{D_2}{D_1}\right)^2$

③ 축동력(L_s) : $\dfrac{L_{s2}}{L_{s1}} = \left(\dfrac{N_2}{N_1}\right)^3\left(\dfrac{D_2}{D_1}\right)^5$

04 | 비속도(비교회전도)

$n_s = N\dfrac{Q^{\frac{1}{2}}}{H^{\frac{3}{4}}} = N\dfrac{\sqrt{Q}}{H^{\frac{3}{4}}}$ [rpm, m^3/min, m]

여기서, N : 분당 회전수(rpm)

Q : 펌프의 송출량(양수량)(m^3/min)

H : 펌프의 전양정(m)

※ 비속도크기 : 축류펌프＞사류펌프＞벌류트펌프＞터빈펌프

※ 같은 유량일 때 펌프의 양정크기 : 터빈펌프＞벌류트펌프＞사류펌프＞축류펌프 순

05 보일러설비 운영
CHAPTER

01 | 보일러의 특징

1) 주철제보일러

섹션(section)을 조립한 것으로, 사용압력이 증기용은 0.1MPa 이하이고, 온수용은 0.3MPa 이하의 저

압용으로 분할이 가능하므로 반입 시 유리하다.

① 장점

　㉠ 전열면적이 크고 효율이 좋다.

　㉡ 파열 시 저압이므로 피해가 적다.

② 단점

　㉠ 강도가 약해 고압 대용량에 부적합하다.

　㉡ 가격이 비싸다.

　㉢ 인장 및 충격에 약하다.

　㉣ 열에 의한 팽창으로 균열이 생긴다.

　㉤ 내부청소 및 검사가 어렵다.

2) 수관식 보일러

동의 지름이 작은 드럼과 수관, 수냉벽 등으로 구성된 보일러이다. 물의 순환방법에 따라 자연순환식, 강제순환식, 관류식으로 구분된다.

① 장점

　㉠ 보일러수의 순환이 좋고 효율이 가장 높다.

　㉡ 구조상 고압 및 대용량에 적합하다.

　㉢ 보유수량이 적기 때문에 무게가 가볍고 파열 시 재해가 적다.

② 단점

　㉠ 전열면적에 비해 보유수량이 적기 때문에 부하변동에 대해 압력변화가 크다.

　㉡ 구조가 복잡하여 청소, 보수 등이 곤란하다.

　㉢ 스케일로 하여금 수관이 과열되기 쉬우므로 수관리를 철저히 해야 한다(양질의 급수처리가 필요하다).

　㉣ 취급이 어려워 숙련된 기술이 필요하다.

3) 노통보일러

원통형 드럼과 양면을 막는 경판으로 구성되며 그 내부에 노통을 설치한 보일러이다. 노통을 한쪽 방향으로 기울어지게 하여 물의 순환을 촉진시킨다. 횡형으로 된 원통 내부에 노통이 1개 장착되어 있는 코르니시보일러와 노통이 2개 장착된 랭커셔보일러가 있다.

① 장점

　㉠ 구조가 간단하고 제작 및 취급이 쉽다(원통형이라 강도가 높다).

　㉡ 급수처리가 까다롭지 않다.

　㉢ 내부청소 및 점검이 용이하다.

　㉣ 수관식에 비하여 제작비가 싸다.

　　　⑩ 노통에 의한 내분식이므로 열손실이 적다.
　　　⑭ 운반이나 설치가 간단하고 설치면적이 작다.
　② 단점
　　　㉠ 보유수량이 많아 파열 시 피해가 크다.
　　　㉡ 증발속도가 늦고 열효율이 낮다(보일러효율이 좋지 않다).
　　　㉢ 구조상 고압 및 대용량에 부적당하다.

02 | 보일러용량

① 상당증발량(기준증발량, 환산증발량)

$$q = m_a(h_2 - h_1)[\text{kJ/kg}]$$
$$m_e = \frac{m_a(h_2 - h_1)}{2,257}[\text{kJ/kg}]$$

여기서, m_a : 실제 증발량(kg/h)

　　　　m_e : 상당증발량(kg/h)

　　　　h_1 : 급수(비)엔탈피(kJ/kg)

　　　　h_2 : 발생증기(비)엔탈피(kJ/kg)

※ 1atm(=101.325kPa) : 100℃에서 물의 증발열은 2,257kJ/kg이다.

② 보일러마력

　1BHP=15.65×2,257=35322.05kJ/h=9.81kW

※ 상당방열면적(EDR)=$\dfrac{\text{난방부하(총손실열량)}}{\text{표준 방열량}}$

03 | 보일러부하

$$q = q_1 + q_2 + q_3 + q_4[\text{W}]$$

여기서, q : 보일러의 전부하(W), q_1 : 난방부하(W)

　　　　q_2 : 급탕·급기부하(W), q_3 : 배관부하(W)

　　　　q_4 : 예열부하(W)

[핵심 POINT]

• 보일러효율 : $\eta_B = \dfrac{m_a(h_2 - h_1)}{H_L \cdot m_f}$

• 보일러출력 표시법
　- 정격출력 : $q_1 + q_2 + q_3 + q_4$
　- 상용출력 : $q_1 + q_2 + q_3$
　- 정미출력(방열기용량) : $q_1 + q_2$

04 | 보일러수압시험 및 가스누설시험

1) 강철제보일러

① 0.43MPa 이하 : 최고사용압력×2배(시험압력이 0.2MPa 미만인 경우에는 0.2MPa)

② 0.43MPa 초과 1.5MPa 이하 : 최고사용압력×1.3배+0.3MPa

③ 1.5MPa 초과 : 최고사용압력×1.5배

2) 주철제보일러

① 증기보일러
　㉠ 0.43MPa 이하 : 최고사용압력×2배
　㉡ 0.43MPa 초과 : 최고사용압력×1.3배 +0.3MPa

② 온수보일러 : 최고사용압력×1.5배(시험압력이 0.2MPa 미만인 경우에는 0.2MPa)

05 | 표준 방열량

열매	표준 방열량 (kW/m²)	표준 온도차 (℃)	표준 상태에서 온도(℃) 열매 온도	표준 상태에서 온도(℃) 실내 온도	방열계수 (k[W/m²·℃])
증기	0.756	83.5	102	18.5	9.05
온수	0.523	61.5	80	18.5	8.5

06 | 방열기 호칭법

종별	기호	종별	기호
2주형	Ⅱ	5세주형	5C
3주형	Ⅲ	벽걸이형(횡)	W-H
3세주형	3C	벽걸이형(종)	W-V

① 쪽수　　② 종별
③ 형(치수)　④ 유입관지름
⑤ 유출관지름　⑥ 조(組)의 수

풍량제어방법 중 소요동력을 가장 경제적으로 할 수 있는 제어방법은 회전수제어 >가변피치제어 > 스크롤댐퍼제어 > 베인(vane)제어 > 흡입댐퍼제어 > 토출댐퍼제어 순이다.

Part 02 냉동·냉장설비

01 CHAPTER 냉동의 기초 및 원리

01 | 제빙톤

1일 얼음생산능력을 1톤(1ton)으로 나타낸 것으로, 25℃의 원수 1ton을 24시간 동안에 −9℃의 얼음으로 만드는 데 제거해야 할 열량을 냉동능력으로 나타낸 것(외부손실열량 20% 고려)

1제빙톤=1.65RT(냉동톤)

02 | 냉동방법

1) 자연적인 냉동방법

① 융해잠열 이용법
② 증발잠열 이용법 : 물, 액화암모니아, 액화질소, R-12, R-22 등
③ 승화잠열 이용법

> **[핵심 POINT] 기한제(freezer mixture) 이용법**
> 서로 다른 두 가지의 물질을 혼합하여 온도강하에 의한 저온을 이용하여 행하는 냉동방법으로 얼음과 염류(소금) 및 산류를 혼합하면 저온을 얻을 수 있다.
> 예 소금+얼음, 염화칼슘+얼음

2) 기계적인 냉동방법

3) 증기압축식 냉동방법

① 주요 구성기기 : 압축기, 응축기, 팽창밸브, 증발기
② 냉동사이클
　㉠ 냉동장치의 고압측 명칭 : 압축기 토출측 → 토출관 → 응축기 → (수액기) → 액관 → 팽창밸브 직전
　㉡ 냉동장치의 저압측 명칭 : 팽창밸브 직후 → 증발기 → 흡입관 → 압축기 흡입측

※ 압축기의 크랭크케이스 내부압력은 왕복동식 압축기의 경우는 저압이고, 회전식 압축기의 경우는 고압이다.

> **[핵심 POINT] 교축과정(throttling, 등엔탈피과정)**
> 실제 기체(냉매, 증기)가 교축팽창 시 압력과 온도가 떨어지는 현상(Joule-Thomson effect)이라고 한다.
>
> $$줄\text{-}톰슨계수(\mu_T)=\left(\frac{\partial T}{\partial P}\right)_h=\frac{T_1-T_2}{P_1-P_2}$$
>
> 완전 기체인 경우 $T_1=T_2$이므로 $\mu_T=0$이다. 실제 기체(냉매)인 경우 온도강하($T_1>T_2$) 시 $\mu_T>0$이고, 온도 상승($T_1<T_2$) 시 $\mu_T<0$이다.

4) 흡수식 냉동방법

① 주요 구성기기 : 흡수기, 발생기(재생기), 응축기, 감압밸브, 증발기

냉매	흡수제
NH_3	H_2O
H_2O	KOH & NaOH
H_2O	LiBr & LiCl
C_2H_5Cl	$C_2H_2Cl_4$
H_2O	H_2SO_4
CH_3OH	LiBr+CH_3OH

② 흡수식 냉동사이클 : 냉매는 H_2O, 흡수제는 LiBr 사용
　㉠ 흡수식 냉동기의 냉매순환과정 : 증발기 → 흡수기 → 열교환기 → 발생기(재생기) → 응축기
　㉡ 흡수제 순환과정 : 흡수기 → 용액 열교환기 → 발생기(재생기) → 용액 열교환기 → 흡수기
③ 흡수식 냉동기의 특징
　㉠ 전력수요가 적다(운전비용이 저렴하다).
　㉡ 소음·진동이 적다(소음 85dB 이하).
　㉢ 운전경비가 절감된다(부분부하운전특성이 좋다).
　㉣ 사고 발생 우려가 작다.

　　　ⓜ 진공상태에서 운전되므로 취급자격자가 필요
　　　　없다.
　　④ 흡수식 냉동기의 성적계수

$$(COP)_R = \frac{증발기의\ 냉각열량}{고온재생기의\ 가열량+펌프일}$$

$$\fallingdotseq \frac{증발기의\ 냉각열량}{고온재생기(발생기)의\ 가열량}$$

03 | 냉매의 일반적인 구비조건

① 물리적 성질
　　㉠ 응고점이 낮을 것
　　㉡ 증발열이 클 것
　　㉢ 증기의 비체적은 작을 것
　　㉣ 임계온도는 상온보다 높을 것
　　㉤ 증발압력이 너무 낮지 않을 것
　　㉥ 응축압력이 너무 높지 않을 것
　　㉦ 단위냉동량당 소요동력이 작을 것
　　㉧ 증기의 비열은 크고, 액체의 비열은 작을 것
② 화학적 성질
　　㉠ 안정성이 있을 것
　　㉡ 부식성이 없을 것
　　㉢ 무해, 무독성일 것
　　㉣ 폭발의 위험성이 없을 것
　　㉤ 전기저항이 클 것
　　㉥ 증기 및 액체의 점성이 작을 것
　　㉦ 전열계수가 클 것
　　㉧ 윤활유에 되도록 녹지 않을 것
③ 기타
　　㉠ 누설이 적을 것
　　㉡ 가격이 저렴할 것
　　㉢ 구입이 용이할 것

04 | 물질의 상태변화

상태변화	열의 이동	잠열	예
액체 → 기체	흡열	증발열(물, 100℃)	2,257kJ/kg
기체 → 액체	방열	응축열 (수증기, 100℃)	2,257kJ/kg

상태변화	열의 이동	잠열	예
고체 → 액체	흡열	융해열(얼음, 0℃)	334kJ/kg
액체 → 고체	방열	응고열(물, 0℃)	334kJ/kg
고체 → 기체	흡열	승화열	CO_2(드라이아이스) 승화열 −78.5℃에서 573.48kJ/kg

05 | 냉매의 특성

1) 암모니아(NH_3, R-717)

① 연소성, 폭발성, 독성, 악취가 있다(폭발범위 13~27%).
② 표준 대기압상태에서의 비등점은 −33.3℃, 응고점은 −77.7℃이다.
③ 임계점에서의 임계온도는 133℃, 임계압력은 11.47MPa이고, 배관재료는 강관(SPPS)이다.
④ 물과 암모니아는 대단히 잘 용해된다. 반면 윤활유와는 잘 용해하지 않는다.
⑤ 표준 냉동사이클의 온도조건에서 냉동효과는 1,126kJ/kg로 현재 사용 중인 냉매 중에서 가장 우수하며, 증발압력은 236.18kPa, 응축압력은 1,166kPa로 다른 냉매에 비하여 높지 않은 편이므로 배관 선정에 무리가 없으며 흡입증기의 비체적은 0.509m^3/kg이다.
⑥ 전열이 양호하여 냉각관에 핀(fin)을 부착시킬 필요가 없다.
⑦ 비열비($k = C_p / C_v$)의 값이 크며 실린더에 워터재킷을 설치한다.
⑧ 구리 및 구리합금의 금속재료는 부식한다.
⑨ 480℃에서 분해가 시작되고, 870℃에서 질소와 수소로 분해한다.
⑩ 물에 잘 용해하고 15℃에서 물은 약 900배(용적)의 암모니아기체를 흡수한다.
⑪ 윤활유와는 거의 용해하지 않는다.
⑫ 공기와의 혼합농도가 15~20%(용적비)이면 폭발한다.

2) 프레온그룹 냉매

① 화학적으로 안정하며 연소성, 폭발성, 독성, 악취가 없다.
② 비열비가 암모니아에 비해 크지 않아 압축기 실린더를 반드시 수냉각시키지 않아도 된다.
③ 열에는 안정하나, 800℃ 이상의 고온과 접촉하면 포스겐가스($COCl_2$)인 독성가스가 발생하게 된다.
④ 전기절연물을 침식하지 않으므로 밀폐형 압축기에 사용 가능하다.
⑤ 수분과의 용해성이 극히 작아 장치 내에 혼입된 공기 중의 수분과는 분리되어 팽창밸브 통과 시 저온에서 빙결되어 밸브를 폐쇄해 냉매의 순환을 방해하게 되므로, 액관에는 반드시 드라이어(제습기)를 설치하고 있다.
⑥ 윤활유와는 잘 용해한다.

3) 혼합냉매

① **단순혼합냉매** : 서로 다른 두 가지의 냉매를 일정한 비율에 관계없이 혼합한 냉매로서 사용할 때 액상과 기상의 조성이 변화하여 증발할 경우에는 비등점이 낮은 냉매가 먼저 증발하고, 비등점이 높은 냉매는 남게 되어 운전상태가 조성에까지 영향을 미치는 혼합냉매를 뜻한다.
② **공비혼합냉매** : 서로 다른 두 가지의 냉매를 일정한 비율에 의하여 혼합하면 마치 한 가지 냉매와 같은 특성을 갖게 되는 혼합냉매로서 일정한 비등점 및 동일한 액상, 기상의 조성이 나타나는 온도가 일정하고 성분비가 변하지 않는 냉매를 뜻한다.

▶ 공비혼합냉매의 특성

종류	조합	비고
R-500	R-152+ R-12	• R-12보다 압력이 높음 • 냉동능력은 R-12보다 20% 증대 • R-12 대신 50주파수 전원에 사용
R-501	R-12+ R-22	• R-22 사용으로 윤활유 회수가 곤란한 경우 사용
R-502	R-115+ R-22	• R-22보다 냉동능력은 증가, 응축압력은 저하 • 전기절연내력이 크므로 밀폐형에도 적합

③ **비공비혼합냉매** : 서로 다른 두 가지 이상의 냉매가 혼합된 것으로 응축, 증발과정에서 조성비가 변하고 온도구배가 나타나는 냉매이다. 냉매 누설 시 혼합냉매의 조성비가 변화한다. 따라서 냉매 누설이 생겨 재충전을 하는 경우 시스템에 남아 있는 냉매를 전량 회수하여 새로이 냉매를 주입해야 하는 것이 단점이다(R-404A, R-407C, R-410A 등).

06 | 프레온냉매의 번호 기입방법

1) 메탄(CH_4)계 냉매(두 자릿수 냉매)

H_4를 F, Cl로 치환한다. 일의 자릿수는 F(불소)의 수가 되고, 십의 자리에서 -1을 하면 H(수소)의 수가 되며, C(탄소)를 표기하면 화학기호가 결정된다.
① $CCl_4 = R-10$ ② $CHCl_2F = R-21$
③ $CCl_2F_2 = R-12$ ④ $CHClF_2 = R-22$

2) 에탄(C_2H_6)계 냉매(세 자릿수 냉매)

H_6를 F, Cl로 치환한다. 일의 자리는 F(불소)의 수가 되고, 십의 자리에서 -1을 하면 H(수소)의 수가 되며, 백의 자리에 +1을 하면 C(탄소)의 수가 된다.
① $C_2Cl_6 = R-110$ ② $C_2HCl_2F_3 = R-123$
③ $C_2H_6 = R-170$

※ 공비혼합냉매는 R- 다음에 500단위, 무기화합물냉매는 R- 다음에 700단위를 사용하고, 뒷자리 두 수는 물질의 분자량으로 결정한다.

3) CFC냉매

염소(Cl), 불소(F), 탄소(C)만으로 화합된 냉매로 규제대상이다. R-11, R-12, R-113, R-114, R-115 등이 있으며 ODP(오존층파괴지수)는 0.6~10이다.

> **[핵심 POINT] GWP(Global Warming Potential)**
> 지구온난화지수, 즉 온실가스별로 지구온난화에 영향을 미치는 정도를 나타내는 수치이다. 이산화탄소(CO_2) 1kg과 비교할 때 특정 가스 1kg이 지구온난화에 얼마나 영향을 미치는가를 측정하는 지수로서, 이산화탄소 1을 기준으로 메탄(CH_4) 21, 아산화질소(N_2O) 310, 수소불화탄소(HFCs) 140~11,700, 과불화탄소(PFCs) 6,500~9,200, 육불화황(SF_6) 22,800 등이다.

4) HCFC냉매

수소(H), 염소(Cl), 불소(F), 탄소(C)로 구성된 냉매로, 염소가 포함되어 있어도 공기 중에서 쉽게 분해되지 않아 오존층에 대한 영향이 작으므로 대체냉매로 쓰이나 역시 규제대상이다. R-22, R-123, R-124 등이 있으며 ODP는 0.02~0.05이다.

5) HFC냉매

수소(H), 불소(F), 탄소(C)로 구성된 냉매로, 염소(Cl)가 혼합물에 포함되지 않아 몬트리올의정서에 규제되는 CFC 대체냉매로 각광받고 있다. R-134a, R-125, R-32, R-143a 등이 있다.

---

07 | 냉매의 누설검사방법

1) 암모니아(NH₃)냉매의 누설검사

① 냄새 확인
② 유황초 : 흰 연기 발생
③ 적색 리트머스시험지+물 : 청색
④ 페놀프탈레인시험지+물 : 홍색
⑤ 네슬러시약 : 색깔의 변화
  ㉠ 소량 누설 시 : 황색
  ㉡ 다량 누설 시 : 갈색(자색)

2) 프레온냉매의 누설검사

① 비눗물 또는 오일 등의 기포성 물질 : 기포 발생의 유무
② 헬라이드토치 누설검지기 : 불꽃색깔의 변화
  ㉠ 누설이 없을 때 : 청색
  ㉡ 소량 누설 시 : 녹색
  ㉢ 다량 누설 시 : 자주색
  ㉣ 심할 때 : 불꽃이 꺼짐
③ 전자누설검지기 이용

---

08 | 브라인(간접냉매, 2차 냉매)

1) 구비조건

① 비열, 열전도율이 높고 열전달성능이 양호할 것
② 공정점과 점도가 작고 비중이 작을 것
③ 동결온도가 낮을 것(비등점이 높고 응고점이 낮아 항상 액체상태를 유지할 것)
④ 금속재료에 대한 부식성이 작을 것(pH가 중성(7.5~8.2)일 것)
⑤ 불연성일 것
⑥ 피냉각물질에 해가 없을 것
⑦ 구입 및 취급이 용이하고 가격이 저렴할 것

2) 종류

① 무기질 브라인
  ㉠ 염화칼슘(CaCl₂)
    • 제빙, 냉장 등의 공업용으로 가장 널리 이용된다.
    • 공정점은 -55.5℃(비중 1.286에서)이며 -40℃ 범위에서 사용된다.
    • 흡수성이 강하고 냉장품에 접목하면 떫은맛이 난다.
    • 비중 1.20~1.24(Be 24~28)가 권장된다.
  ㉡ 염화마그네슘(MgCl₂)
    • 염화칼슘의 대용으로 일부 사용되는 정도이다.
    • 공정점은 33.6℃(비중 1.286에서(농도 29~39%))이며 -40℃ 범위에서 사용된다.
  ㉢ 염화나트륨(NaCl)
    • 인체에 무해하며 주로 식품냉장용에 이용된다.
    • 금속에 대한 부식성은 염화마그네슘 브라인보다도 크다.
    • 공정점은 -21.2℃이며 -18℃ 범위에서 사용된다.
    • 비중은 1.15~1.18(Be 19~22)이 권장된다.
② 유기질 브라인
  ㉠ 에틸렌글리콜(C₂H₆O₂) : 금속에 대한 부식성이 작아서 모든 금속재료에 적용(부동액)
  ㉡ 프로필렌글리콜 : 부식성이 작고 독성이 없으며 식품동결용에 이용
  ㉢ 메틸클로라이드(R-40) : 극저온용에 이용(응고점 -97.8℃)

09 | 윤활유(냉동기유)의 구비조건

① 응고점(유동점)이 낮고, 인화점이 높을 것(유동점은 응고점보다 2.5℃ 높다)
② 점도가 적당하고, 온도계수가 작을 것
③ 냉매와의 친화력이 약하고, 분리성이 양호할 것
④ 산에 대한 안전성이 높고, 화학반응이 없을 것
⑤ 전기절연내력이 클 것
⑥ 왁스(wax)성분이 적고, 수분의 함유량이 적을 것
⑦ 방청능력이 클 것

[핵심 POINT] 유압계의 정상 압력
• 입형 저속압축기 : 정상 흡입압력(저압)+49~147kPa
• 고속다기통압축기 : 정상 흡입압력(저압)+147~294kPa

02 냉매선도와 냉동사이클
CHAPTER

01 | 표준 냉동사이클의 $P-h$선도

1) 표준 냉동사이클

① 증발온도 : −15℃
② 응축온도 : 30℃
③ 압축기 흡입가스 : −15℃의 건포화증기
④ 팽창밸브 직전 온도 : 25℃

2) 냉매몰리에르선도($P-h$선도)

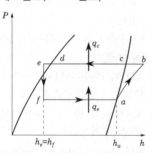

① a→b : 압축기 → 압축과정(가역단열압축)

② b→e : 응축기 → ┌ b−c → 과열 제거과정
　　　　　 (등압) ├ c−d → 응축과정
　　　　　　　　 └ d−e → 과냉각과정

③ e→f : 팽창밸브 → 팽창과정(교축팽창)

④ g→a : 증발기 → 증발과정(등온, 등압)
⑤ f→a : 냉동효과(냉동력)
⑥ g→f : 팽창 직후 플래시가스 발생량

02 | 1단(단단) 냉동사이클

① 냉동효과 : $q_e = h_a - h_f [\text{kJ/kg}]$
② 압축일 : $w_c = h_b - h_a [\text{kJ/kg}]$
③ 응축기 방출열량 : $q_c = q_e + w_c = h_b - h_e [\text{kJ/kg}]$
④ 증발잠열 : $q = h_a - h_g [\text{kJ/kg}]$
⑤ 팽창밸브 통과 직후(증발기 입구) 플래시가스 발생량
　$q_f = h_f - h_g [\text{kJ/kg}]$
⑥ 건조도 : $x = \dfrac{q_f}{q} = \dfrac{h_f - h_g}{h_a - h_g}$
⑦ 팽창밸브 통과 직후의 습도
　$y = 1 - x = \dfrac{q_e}{q} = \dfrac{h_a - h_f}{h_a - h_g}$
⑧ 냉매순환량
　$\dot{m} = \dfrac{Q_e}{q_e} = \dfrac{V}{v_a}\eta_v = \dfrac{Q_c}{q_c} = \dfrac{N}{w_c}[\text{kg/h}]$
　여기서, V : 피스톤압출량(m^3/h)
　　　　　v_a : 흡입가스 비체적(m^3/kg)
　　　　　η_v : 체적효율
⑨ 냉동능력
　$Q_e = \dot{m}q_e = \dot{m}(h_a - h_e) = \dfrac{V}{v_a}\eta_v(h_a - h_e)[\text{kW}]$
⑩ 냉동톤
　$RT = \dfrac{Q_e}{13897.52} = \dfrac{\dot{m}q_e}{13897.52}$
　　　$= \dfrac{V(h_a - h_e)}{13897.52 v_a}\eta_v = \dfrac{V(h_a - h_e)\eta_v}{3.86 v_a}[\text{RT}]$
　※ 1RT=3,320kcal/h=13897.52kJ/h
　　　=3.86kW
⑪ 냉동기 이론성적계수
　$(COP)_R = \dfrac{\text{냉동효과}(q_e)}{\text{압축일}(w_c)} = \dfrac{h_a - h_e}{h_b - h_a}$
　　　　　$= \dfrac{\text{냉동능력}}{\text{압축기 소요동력}} = \dfrac{Q_e}{W_c}$

$$= \frac{Q_e}{Q_c - Q_e} = \frac{T_2}{T_1 - T_2}$$

여기서, Q_e : 냉동능력(kW)

W_c : 시간당 압축일(kW)

T_1 : 응축기 절대온도(K)

T_2 : 증발기 절대온도(K)

⑫ 압축비

$$\varepsilon = \frac{P_2(응축기\ 절대압력)}{P_1(증발기\ 절대압력)} = \frac{고압}{저압}$$

⑬ 냉동능력(Q_e)

㉠ $Q_e = \dfrac{60\,V(i_a - i_e)}{13897.52\,v_a}\,\eta_v\,[\text{RT}]$

여기서, v_a : 흡입증기냉매의 비체적(m^3/kg)

V : 분당 피스톤압출량(m^3/min)

$i_a - i_e$: 냉동효과(kJ/kg)

η_v : 체적효율

㉡ $R = \dfrac{V}{C}$

여기서, V : 시간당 피스톤압출량(m^3/h)

C : 압축가스의 상수

⑭ 체적효율

$$\eta_v = \frac{V_a(실제\ 피스톤압출량)}{V_{th}(이론피스톤압출량)} \times 100[\%]$$

※ 폴리트로픽압축 시 체적효율

$$\eta_v = 1 - \varepsilon_c\left\{\left(\frac{P_2}{P_1}\right)^{\frac{1}{n}} - 1\right\}[\%]$$

여기서, ε_c : 극간비$\left(= \dfrac{V_c}{V_s}\right)$

⑮ 압축기의 소요동력

㉠ 이론소요동력 : $N = \dfrac{Q_e}{3,600\,\varepsilon_R}[\text{kW}]$

㉡ 실제 소요동력 : $N_c = \dfrac{N}{\eta_c\,\eta_m}[\text{kW}]$

여기서, ε_R : 성적계수

N : 이론소요동력(kW)

η_c : 압축효율

η_m : 기계효율

03 | 2단 압축 냉동사이클

1) 중간 압력

$$P_m = \sqrt{P_c P_e}\,[\text{kPa}]$$

여기서, P_m : 중간냉각기 절대압력(kPa)

P_c : 응축기 절대압력(kPa)

P_e : 증발기 절대압력(kPa)

2) 냉동사이클과 선도

① 2단 압축 1단 팽창 냉동사이클의 $P-h$선도

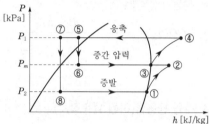

② 2단 압축 2단 팽창 냉동사이클의 $P-h$선도

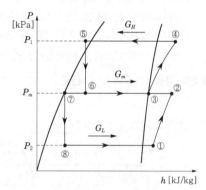

3) 중간냉각기의 역할

① 저단측 압축기 토출가스의 과열을 제거하여 고단 측 압축기에서의 과열 방지(부스터의 용량은 고단압축기보다 커야 한다)

② 증발기로 공급되는 냉매액을 과냉시켜서 냉동효과 및 성적계수 증대

③ 고단측 압축기 흡입가스 중의 액을 분리시켜 액압축 방지

4) 2단 압축의 계산

① 저단측 냉매순환량

$$m_L = \frac{Q_e}{h_1 - h_7} = \frac{Q_e}{q_e}[\text{kg/h}]$$

② 중간냉각기 냉매순환량

$$m_m = \frac{m_L\{(h_2 - h_3) + (h_6 - h_7)\}}{h_3 - h_6}[\text{kg/h}]$$

③ 고단측 냉매순환량

$$m_H = m_L + m_m = m_L\left(\frac{h_2 - h_7}{h_3 - h_6}\right)[\text{kg/h}]$$

④ 냉동기 성적계수

$$(COP)_R = \frac{h_1 - h_8}{(h_2 - h_1) + (h_4 - h_3)\left(\dfrac{h_2 - h_7}{h_3 - h_6}\right)}$$

04 | 2원 냉동법(이원 냉동장치)

1) 사용냉매

① 고온측 냉매 : R-12, R-22 등 비등점이 높은 냉매
② 저온측 냉매 : R-13, R-14, 에틸렌(C_2H_4), 메탄(CH_4), 에탄(C_2H_6) 등 비등점이 낮은 냉매

2) 2원 냉동사이클의 $P-h$ 선도

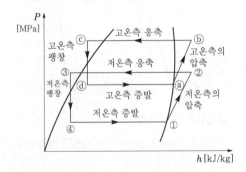

3) 캐스케이드응축기(cascade condenser)

저온측 응축기와 고온측의 증발기를 조합하여 저온측 응축기의 열을 효과적으로 제거해 응축, 액화를 촉진시켜 주는 일종의 열교환기이다.

03 기초 열역학
CHAPTER

01 | 열역학 기초사항

1) 계(system)

① 밀폐계(비유동계) : 계의 경계를 통하여 물질의 유동은 없으나 에너지 수수는 있는 계(계 내 물질은 일정)
② 개방계(유동계) : 계의 경계를 통하여 물질의 유동과 에너지 수수가 모두 있는 계
③ 절연계(고립계) : 계의 경계를 통하여 물질이나 에너지의 전달이 전혀 없는 계
④ 단열계 : 계의 경계를 통한 외부와 열전달이 전혀 없다고 가정한 계

2) 성질과 상태량

① 강도성 상태량 : 계의 질량에 관계없는 성질(온도, 압력, 비체적 등)
② 용량성 상태량 : 계의 질량에 비례하는 성질(체적, 에너지, 질량, 내부에너지, 엔탈피, 엔트로피 등)
③ 비중량 : $\gamma = \dfrac{G}{V}[\text{N/m}^3]$
④ 밀도 : $\rho = \dfrac{m}{V} = \dfrac{\gamma}{g}[\text{kg/m}^3, \text{ N} \cdot \text{s}^2/\text{m}^4]$
⑤ 비체적 : $v = \dfrac{1}{\rho} = \dfrac{V}{m}[\text{m}^3/\text{kg}]$
⑥ 절대압력

$$P_a = \text{대기압력}(P_o) \pm \text{게이지압력}(P_g)[\text{ata}]$$

⑦ 온도

㉠ 섭씨온도 : $t_C = \dfrac{5}{9}(t_F - 32)[\text{℃}]$

㉡ 화씨온도 : $t_F = \dfrac{9}{5}t_C + 32[\text{℉}]$

㉢ 절대온도

$$T = t_C + 273.15 ≒ t_C + 273[\text{K}]$$

$$T_R = t_F + 459.67 ≒ t_F + 460[\text{°R}]$$

3) 비열, 비열비, 열효율 등

① 비열

$$\delta Q = m\,C\,dt[\text{kJ}], \quad {}_1Q_2 = m\,C(t_2 - t_1)[\text{kJ}]$$

물의 비열(C) = 4.186kJ/kg · K

② 비열비 : $k = \dfrac{C_p(정압비열)}{C_v(정적비열)}$

　※ 기체인 경우 $C_p > C_v$이므로 비열비(k)는 항상
　1보다 크다$(k > 1)$.

③ 동력

　$1\text{PS} = 75\text{kg} \cdot \text{m/s}, \ 1\text{HP} = 76.04\text{kg} \cdot \text{m/s}$
　　$= 550\text{ft-lb/s}$
　$1\text{kW} = 1,000\text{J/s} = 102\text{kg} \cdot \text{m/s} = 1\text{kJ/s}$
　　$= 860\text{kcal/h} = 1.36\text{PS}$

④ 열효율$(\eta) = \dfrac{3,600\text{kW}}{H_L \, m_f} \times 100 [\%]$

02 | 기체의 상태변화

1) 완전 기체(이상기체)

① Boyle법칙(Mariotte's law, 등온법칙)

$$T = C, \ Pv = C, \ P_1 v_1 = P_2 v_2, \ \dfrac{v_2}{v_1} = \dfrac{P_1}{P_2}$$

② Charles법칙(Gay-Lussac's law, 등압법칙)

$$P = C, \ \dfrac{v}{T} = C, \ \dfrac{v_1}{T_1} = \dfrac{v_2}{T_2}, \ \dfrac{v_2}{v_1} = \dfrac{T_2}{T_1}$$

③ 이상기체의 상태방정식

$$\dfrac{Pv}{T} = R [\text{J/kg} \cdot \text{K}, \ \text{kJ/kg} \cdot \text{K}]$$
$$Pv = RT$$
$$PV = mRT$$

　여기서, R : 기체상수$(\text{kJ/kg} \cdot \text{K})$

④ 일반기체상수$(\overline{R} \ \text{or} \ R_u)$

$$\overline{R} = mR = \dfrac{PV}{nT} = \dfrac{101.325 \times 22.41}{1 \times 273}$$
$$= 8.314 \text{kJ/kmol} \cdot \text{K}$$

　여기서, m : 분자량(kg/kmol)

⑤ 비열 간의 관계식

$$C_p - C_v = R, \ k = \dfrac{C_p}{C_v}, \ 기체인 경우 \ C_p > C_v 이$$
므로 k는 항상 1보다 크다.
$$C_v = \dfrac{R}{k-1} [\text{kJ/kg} \cdot \text{K}]$$

$$C_p = \dfrac{kR}{k-1} = k \, C_v [\text{kJ/kg} \cdot \text{K}]$$

2) 증기

① 정압하에서의 증발$(P = C)$

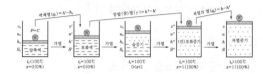

　㉠ 압축수(과냉액) : 쉽게 증발하지 않는 액체
　　$(100℃ 이하의 물)$

　㉡ 포화수 : 쉽게 증발하려고 하는 액체(액체로
　　서는 최대의 부피를 갖는 경우의 물, 포화온도
　　$(t_s) = 100℃)$

　㉢ 습증기 : 포화액 + 증기혼합물(포화온도$(t_s) = 100℃)$

　㉣ (건)포화증기 : 쉽게 응축되려고 하는 증기(포
　　화온도$(t_s) = 100℃)$

　㉤ 과열증기 : 잘 응축하지 않는 증기$(100℃ 이상)$

② 정압하에서의 $P - v$선도와 $T - s$선도

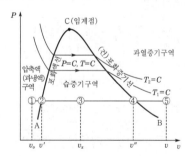

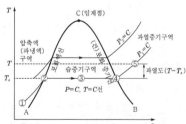

③ 습포화증기(습증기)의 상태량

　㉠ 증발열$(\gamma) = h'' - h' = u'' - u' + p(v'' - v')$
　　　　　　$= \rho + \phi [\text{kJ/kg}]$

　㉡ 내부증발열$(\rho) = u'' - u' [\text{kJ/kg}]$

ⓒ 외부증발열$(\phi) = p(v'' - v')[\text{kJ/kg}]$

$$h_x = h' + x(h'' - h') = h' + x\gamma$$

$$u_x = u' + x(u'' - u') = u' + x\rho$$

$$s_x = s' + x(s'' - s') = s' + x\frac{\gamma}{T_s}$$

$$ds = \frac{\delta q}{T} = \frac{dh}{T}[\text{kJ/kg} \cdot \text{K}]$$

3) 기체 및 증기의 흐름

① 단열유동 시 노즐 출구속도

$$V_2 = \sqrt{2(h_1 - h_2)} = 44.72\sqrt{h_1 - h_2}[\text{m/s}]$$

여기서 $h_1 - h_2$의 단위는 kJ/kg이다.

[핵심 POINT] 임계상태 시 온도, 비체적, 압력의 관계식

$$\frac{T_c}{T_1} = \left(\frac{v_1}{v_c}\right)^{k-1} = \left(\frac{P_c}{P_1}\right)^{\frac{k-1}{k}} = \frac{2}{k+1}$$

임계온도$(T_c) = T_1\left(\frac{2}{k+1}\right)[\text{K}]$

임계비체적$(v_c) = v_1\left(\frac{k+1}{2}\right)^{\frac{1}{k-1}}[\text{m}^3/\text{kg}]$

---

② 최대 유량

$$m_{\max} = A_2\sqrt{kg\left(\frac{2}{k+1}\right)^{\frac{k+1}{k-1}}\frac{P_1}{v_1}}$$

$$= A_2\sqrt{kg\frac{P_c}{v_c}}[\text{kg/s}]$$

③ 최대 속도(한계속도, 임계속도)

$$V_{cr} = \sqrt{2g\left(\frac{k}{k+1}\right)P_1 v_1} = \sqrt{kP_c v_c}$$

$$= \sqrt{kRT_c}[\text{m/s}]$$

※ 임계상태 시 노즐 출구유속은 음속의 크기와 같다.

④ 노즐 속의 마찰손실

ⓐ 노즐효율

$$\eta_n = \frac{\text{진정(정미)열낙차}}{\text{단열열낙차}} = \frac{h_A - h_C}{h_A - h_B}$$

$$= \frac{h_A - h_D}{h_A - h_B}$$

ⓑ 노즐의 손실계수

$$S = \frac{\text{에너지손실}}{\text{단열열낙차}} = \frac{h_D - h_B}{h_A - h_B} = 1 - \eta_n$$

ⓒ 속도계수

$$\phi = \frac{V_2'}{V_2} = \sqrt{\frac{h_A - h_C}{h_A - h_B}} = \sqrt{\eta_n} = \sqrt{1 - S}$$

03 | 열역학 제1법칙(에너지 보존의 법칙)

1) 열역학 제1법칙(에너지 보존의 법칙, 가역법칙, 양적법칙)

$$\oint \delta W \propto \oint \delta Q$$

$$_1Q_2 = _1W_2[\text{kJ}]$$

SI단위에서는 변환정수(A)를 삭제한다.

$$Q = \boxed{A}W$$

$$Q = \boxed{J}Q$$

일의 열상당량 $A = \dfrac{1}{427}\text{kcal/kg} \cdot \text{m}$

열의 일상당량 $J = 427\text{kg} \cdot \text{m/kcal}$

---

2) 열역학 제1법칙의 식(에너지 보존의 법칙을 적용한 밀폐계 에너지식)

$$\delta Q = dU + \delta W[\text{kJ}], \quad \delta Q = dU + PdV[\text{kJ}]$$

$$\delta q = du + \delta w[\text{kJ/kg}], \quad \delta q = du + pdv[\text{kJ/kg}]$$

3) 엔탈피(H)

$$H = U + PV[\text{kJ}], \quad H = U + mRT[\text{kJ}]$$

$$H_2 - H_1 = (U_2 - U_1) + (P_2 V_2 - P_1 V_1)[\text{kJ}]$$

[핵심 POINT]

• 절대일$(_1W_2)$과 공업일(W_t)

$$_1W_2 = \int_1^2 PdV = P(V_2 - V_1)[\text{kJ}]$$

절대일 = 밀폐계 일 = 팽창일 = 비유동계 일

$$W_t = -\int_1^2 VdP[\text{kJ}]$$

공업일 = 개방계 일 = 압축일 = 유동계 일

• 비엔탈피(h) : 단위질량당 엔탈피

$$h = u + pv = u + \frac{P}{\rho}[\text{kJ/kg}]$$

---

04 | 열역학 제2법칙
(엔트로피 증가법칙, 비가역법칙)

1) 열효율과 성능계수

① 열기관의 열효율

$$\eta = \frac{W_{net}}{Q_1} = \frac{Q_1 - Q_2}{Q_1} = 1 - \frac{Q_2}{Q_1}$$

여기서, W_{net} : 정미일량(kJ)

Q_1 : 공급열량(kJ)

Q_2 : 방출열량(kJ)

② 냉동기의 성능(성적)계수

$$\varepsilon_R = \frac{Q_2}{Q_1 - Q_2} = \frac{Q_2}{W_c} = \varepsilon_H - 1$$

여기서, Q_1 : 고온체(응축기) 발열량(kJ)

Q_2 : 저온체(증발기) 흡열량(kJ)

W_c : 압축기 소비일량(kJ)

③ 열펌프의 성능계수

$$\varepsilon_H = \frac{Q_1}{Q_1 - Q_2} = \frac{Q_1}{W_c} = 1 + \varepsilon_R$$

열펌프의 성능계수(ε_H)는 냉동기의 성능계수(ε_R)보다 항상 1만큼 크다.

2) 카르노사이클(Carnot cycle)

① 가역사이클이며 열기관사이클 중에서 가장 이상적인 사이클이다.

② 카르노사이클의 열효율

$$\eta_c = \frac{W_{net}}{Q_1} = \frac{Q_1 - Q_2}{Q_1} = 1 - \frac{Q_2}{Q_1} = 1 - \frac{T_2}{T_1}$$

3) 엔트로피

$$\Delta S = \frac{\delta Q}{T}[\text{kJ/K}]$$

비엔트로피$(ds) = \frac{\delta q}{T}[\text{kJ/kg} \cdot \text{K}]$

05 | 가스동력사이클

1) 오토사이클(Otto cycle, 정적사이클, 가솔린기관의 기본사이클)

$$\eta_{tho} = \frac{w_{net}}{q_1} = 1 - \frac{q_2}{q_1} = 1 - \frac{T_4 - T_1}{T_3 - T_2}$$

$$= 1 - \left(\frac{1}{\varepsilon}\right)^{k-1}$$

오토사이클은 비열비(k) 일정 시 압축비(ε)만의 함수로서, 압축비를 높이면 열효율은 증가된다.

2) 디젤사이클(Diesel cycle, 정압사이클, 저속디젤기관의 기본사이클)

$$\eta_{thd} = 1 - \left(\frac{1}{\varepsilon}\right)^{k-1} \frac{\sigma^k - 1}{k(\sigma - 1)}$$

3) 사바테사이클(Sabathe cycle, 복합사이클, 고속디젤기관의 기본사이클, 이중연소사이클)

$$\eta_{ths} = 1 - \left(\frac{1}{\varepsilon}\right)^{k-1} \frac{\rho\sigma^k - 1}{(\rho - 1) + k\rho(\sigma - 1)}$$

사바테사이클은 압축비(ε)와 폭발비(ρ)를 증가시키고 단절비(σ)를 작게 할수록 이론열효율은 증가된다.

> **[핵심 POINT] 각 사이클의 비교**
> • 가열량 및 압축비가 일정할 경우
> η_{tho}(Otto) > η_{ths}(Sabathe) > η_{thd}(Diesel)
> • 가열량 및 최대 압력을 일정하게 할 경우
> η_{tho}(Otto) < η_{ths}(Sabathe) < η_{thd}(Diesel)

4) 가스터빈사이클(브레이턴사이클)

$$\eta_B = \frac{q_1 - q_2}{q_1} = 1 - \frac{T_4 - T_1}{T_3 - T_2}$$

$$= 1 - \frac{1}{\left(\dfrac{P_2}{P_1}\right)^{\frac{k-1}{k}}} = 1 - \left(\frac{1}{\gamma}\right)^{\frac{k-1}{k}}$$

여기서, γ : 압력비$\left(= \dfrac{P_2}{P_1}\right)$

5) 기타 사이클

① 에릭슨사이클(Ericsson cycle) : 등온과정 2개와 등압과정 2개로 구성
② 스털링사이클(Stirling cycle) : 등온과정 2개와 등적과정 2개로 구성
③ 앳킨슨사이클(Atkinson cycle) : 등적과정 1개, 가역단열과정 2개, 등압과정 1개로 구성
④ 르누아르사이클(Lenoir cycle) : 등적과정 1개, 가역단열과정 1개, 등압과정 1개로 구성

06 | 증기원동소사이클(Rankine cycle)

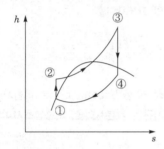

증기원동소의 기본사이클로서 2개의 단열과정과 2개의 등압과정으로 구성되어 있다.

$$\eta_R = 1 - \frac{q_2}{q_1} = 1 - \frac{h_4 - h_1}{h_3 - h_2}$$

$$= \frac{(h_3 - h_4) - (h_2 - h_1)}{h_3 - h_2} \times 100[\%]$$

펌프일(w_p)을 무시할 경우($h_2 = h_1$) 이론열효율(η_R)은

$$\eta_R = \frac{w_t}{h_3 - h_1} = \frac{h_3 - h_4}{h_3 - h_1} \times 100[\%]$$

랭킨사이클의 이론열효율은 초온 초압이 높을수록, 배압(복수기 압력)이 낮을수록 커진다.

07 | 증기압축냉동사이클

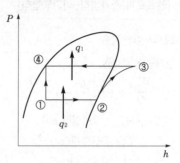

① 흡입열량(냉동효과)(q_2) $= h_2 - h_1 = h_2 - h_4$
② 방열량(q_1) $= h_3 - h_4$
③ 압축일(w_c) $= h_3 - h_2$
④ 성적계수(ε_R) $= \dfrac{q_2}{w_c} = \dfrac{h_2 - h_1}{h_3 - h_2} = \dfrac{h_2 - h_4}{h_3 - h_2}$

08 | 탄화수소(C_mH_n)계 연료의 완전 연소반응식

$$C_mH_n + \left(m + \frac{n}{4}\right)O_2 \rightarrow mCO_2 + \frac{n}{2}H_2O$$

① 저위발열량

$$H_l = 33,907C + 120,557\left(H - \frac{O}{8}\right)$$
$$+ 10,465S - 2,512\left(w + \frac{9}{8}O\right)[kJ/kg]$$

② 고위발열량

$$H_h = H_l + 2.51(w + 9H)[kJ/kg]$$

09 | 열의 이동(열전달)

1) 전도

$$Q = -KA\frac{dT}{dx}[W]\text{(푸리에의 열전도법칙)}$$

여기서, K : 열전도계수(W/m·K)
A : 전열면적(m^2)
dx : 두께(m)
$\dfrac{dT}{dx}$: 온도구배

① 다층벽을 통한 열전도계수

$$\frac{1}{k}=\frac{x_1}{k_1}+\frac{x_2}{k_2}+\frac{x_3}{k_3}=\sum_{i=1}^{n}\frac{x_i}{k_i}$$

② 원통에서의 열전도(반경방향)

$$Q=\frac{2\pi L k}{\ln\dfrac{r_2}{r_1}}(t_1-t_2)=\frac{2\pi L}{\dfrac{1}{k}\ln\dfrac{r_2}{r_1}}(t_1-t_2)[\mathrm{W}]$$

2) 대류

$$Q=hA(t_w-t_\infty)[\mathrm{W}]\,(\text{뉴턴의 냉각법칙})$$

여기서, h : 대류열전달계수$(\mathrm{W/m^2\cdot K})$

$\quad\quad\quad A$: 대류전열면적$(\mathrm{m^2})$

$\quad\quad\quad t_w$: 벽면온도$(℃)$, t_∞ : 유체온도$(℃)$

3) 열관류(고온측 유체 → 금속벽 내부 → 저온측 유체의 열전달)

$$Q=KA(t_1-t_2)=KA(LMTD)[\mathrm{W}]$$

$$K=\frac{1}{R}=\frac{1}{\dfrac{1}{\alpha_1}+\sum\dfrac{l}{\lambda}+\dfrac{1}{\alpha_2}}[\mathrm{W/m^2\cdot K}]$$

여기서, K : 열관류율(열통과율)$(\mathrm{W/m^2\cdot K})$

$\quad\quad\quad A$: 전열면적$(\mathrm{m^2})$

$\quad\quad\quad t_1$: 고온유체온도$(℃)$

$\quad\quad\quad t_2$: 저온유체온도$(℃)$

$\quad\quad\quad LMTD$: 대수평균온도차$(℃)$

① 대향류(향류식)

$$\Delta t_1=t_1-t_{w2},\ \Delta t_2=t_2-t_{w1}$$

$$\therefore\ LMTD=\frac{\Delta t_1-\Delta t_2}{\ln\dfrac{\Delta t_1}{\Delta t_2}}[℃]$$

② 평행류(병류식)

$$\Delta t_1=t_1-t_{w1},\ \Delta t_2=t_2-t_{w2}$$

$$\therefore\ LMTD=\frac{\Delta t_1-\Delta t_2}{\ln\dfrac{\Delta t_1}{\Delta t_2}}$$

$$=\frac{\Delta t_1-\Delta t_2}{2.303\log\dfrac{\Delta t_1}{\Delta t_2}}[℃]$$

4) 복사

$$Q=\varepsilon\sigma A T^4[\mathrm{W}]\,(\text{스테판-볼츠만의 법칙})$$

여기서, ε : 복사율$(0<\varepsilon<1)$

$\quad\quad\quad\sigma$: 스테판-볼츠만상수

$\quad\quad\quad\quad(=5.67\times10^{-8}\mathrm{W/m^2\cdot K^4})$

$\quad\quad\quad A$: 전열면적$(\mathrm{m^2})$, T : 물체 표면온도(K)

04 냉동장치의 구조
CHAPTER

01 | 압축기

증발기에서 증발한 저온 저압의 기체냉매를 흡입하여 응축기에서 응축, 액화하기 쉽도록 응축온도에 상당하는 포화압력까지 압력을 증대시켜 주는 기기이다.

> **[핵심 POINT]**
> * 용량제어(capacity control)의 목적
> 부하변동에 대하여 압축기를 단속 운전하는 것이 아니고 운전을 계속하면서 냉동기의 능력을 변화시키는 장치
> – 부하변동에 따라 경제적인 운전을 도모한다.
> – 압축기를 보호하며 기계적 수명을 연장한다.
> – 일정한 냉장실(증발온도)을 유지할 수 있다.
> – 무부하와 경부하기동으로 기동 시 소비전력이 작다.
> * 펌프아웃(pump out) : 고압측 누설이나 이상 시 고압측 냉매를 저압측(저압측 수액기, 증발기)으로 이동시켜 고압측을 수리한다.
> * 펌프다운(pump down) : 저압측 냉매를 고압측(응축기, 고압측 수액기)으로 이동시켜 저압측을 수리하기 위해 실시한다.

02 | 응축기

> **[핵심 POINT]**
> * 열통과율이 가장 좋은 응축기 : 7통로식 응축기
> * 냉각수가 가장 적게 드는 응축기 : 증발식 응축기(대기의 습구온도에 영향을 받는 응축기)
> * 핀 튜브(finned tube) : 냉동장치에서 냉매와 다른 유체(냉각수, 냉수, 공기 등)와의 열교환에서 전열이 불량한(전열저항이 큰) 측에 전열면적을 증가시켜 주기 위하여 튜브(tube, pipe)에 핀(fin, 냉각날개)을 부착

한 것으로 일반적으로 전열이 불량한 프레온용 냉각관에서 이용되고 있으며, 부착형태에 따라 다음과 같이 구별된다.

- 로 핀 튜브(low finned tube) : tube 외측면에 fin을 부착한 형태의 finned tube
- 이너 핀 튜브(inner finned tube) : tube 내측면에 fin을 부착한 형태의 finned tube

1) 응축부하와 소요동력과의 관계

$$W_c = Q_c - Q_e \text{[kW]}$$

$$\therefore Q_c = Q_e + W_c \text{[kW]}$$

여기서, Q_e : 냉동능력(kW), W_c : 압축일(kW)

2) 응축부하와 방열계수와의 관계

$$Q_c = Q_e \, C \text{[kW]}$$

여기서, Q_e : 냉동부하(kW)

C : 방열계수(응축부하와 냉동능력과의 비율, 즉 $C = \dfrac{Q_c}{Q_e}$ 로서 일반적으로 냉동, 제빙장치는 1.3배, 냉방공조 및 냉장장치는 1.2를 대입한다)

03 | 냉각탑과 수액기

1) 냉각탑(cooling tower)

① 특징
- ㉠ 수원(水源)이 풍부하지 못한 장소나 냉각수의 소비를 절감할 경우 사용된다.
- ㉡ 공기와의 접촉에 의한 냉각(감열)과 물의 증발에 의한 냉각(잠열)이 이루어진다.
- ㉢ 외기의 습구온도에 밀접한 영향을 받으며 습구온도는 냉각탑의 출구수온보다 항상 낮다.
- ㉣ 물의 증발로 냉각수를 냉각시킬 경우에는 2% 정도의 소비로 1℃의 수온을 저하시킬 수 있으며 95% 정도의 회수가 가능하다.

② 냉각탑의 냉각능력
- ㉠ 냉각능력(kJ/h)
  = 순환수량(l/min)×비열(C)×60×(냉각수 입구수온(℃)-냉각수 출구수온(℃))
  = 순환수량(l/min)×비열(C)×60×쿨링 레인지

- ㉡ 쿨링 레인지(cooling range)＝냉각탑 냉각수의 입구수온(℃)-냉각탑 냉각수의 출구수온(℃)
- ㉢ 쿨링 어프로치(cooling approach)＝냉각탑 냉각수의 출구수온(℃)-입구공기의 습구온도(℃)
  ※ 1냉각톤=16,325.4kJ/h
  ※ 응축기 냉각수의 입구수온=냉각탑 냉각수의 출구수온
  ※ 응축기 냉각수의 출구수온=냉각탑 냉각수의 입구수온

> [핵심 POINT]
> 냉각탑의 쿨링 레인지가 클수록, 쿨링 어프로치가 작을수록 냉동능력이 우수하다.

2) 수액기

응축기와 팽창밸브 사이의 액관 중에서 응축기 하부에 설치된 원통형 고압용기로서 액화냉매를 일시 저장하는 역할을 한다.

> [핵심 POINT] 균압관(equalizer line)
> 응축기 내부압력과 수액기 내부압력은 이론상 같은 것으로 생각하나, 응축기에서 사용하는 냉각수온이 낮고 수액기가 설치된 기계실의 온도가 높은 경우 또는 불응축가스의 혼입으로 수액기의 압력이 더 높아지면 응축기 내의 액화냉매는 수액기로 순조롭게 유입할 수 없게 되므로 양자의 압력을 균등하게 유지하거나 수액기 내의 압력이 높아지지 않도록 응축기의 수액기 상부를 연결한 배관을 말한다.

04 | 팽창밸브

액냉매가 증발기에 공급되어 냉동부하로부터 액체의 증발에 의한 열흡수작용이 용이하도록 압력과 온도를 강하시키며 동시에 냉동부하의 변동에 대응하여 적정한 냉매유량을 조절 공급하는 기기이다.

> [핵심 POINT] 냉매분배기(distridutor)
> 직접팽창식 증발기에서 증발기 입구에 설치하여 냉매공급을 균등하게 하기 위해 설치한다.

05 | 증발기

1) 개요

저온 저압의 액냉매가 증발작용에 의하여 주위의 냉동부하로부터 열을 흡수(증발잠열)하여 냉동의 목적을 달성시키는 기기이다.

2) 헤링본식(탱크형) 증발기

① 주로 NH₃ 만액식 증발기는 제빙장치의 브라인냉각용 증발기로 사용한다.
② 상부에 가스헤더가, 하부에 액헤더가 있다.
③ 탱크 내에는 교반기(agitator)에 의해 브라인이 0.75m/s 정도로 순환된다.
④ 주로 플로트팽창밸브를 사용하며 다수의 냉각관을 붙여 만액식으로 사용하기 때문에 전열이 양호하다.

[핵심 POINT] CA냉장
청과물 저장 시보다 좋은 저장성을 확보하기 위해 냉장고 내의 산소를 3~5% 감소시키고 탄산가스를 증가시켜 청과물의 호흡을 억제하여 신선도를 유지하기 위한 냉장을 말한다.

06 | 장치 부속기기

1) 유분리기(oil separator)

① **역할** : 급유된 냉동기유가 냉매와 함께 순환하는 양이 많으면 압축기는 오일 부족의 상태가 되며 윤활 불량을 일으켜 압축기로부터 냉매가스가 토출될 때 실린더의 일부 윤활유는 응축기, 수액기, 증발기 및 배관 등의 각 기기에 유막 또는 유층을 형성하여 전열작용을 방해하고, 압축기에는 윤활공급의 부족을 초래하는 등 냉동장치에 악영향을 미치게 되므로 토출가스 중의 윤활유를 사전에 분리하기 위한 것이 유분리기이다.
② 설치위치
   ㉠ 압축기와 응축기 사이의 토출배관
   ㉡ 효과적인 유분리를 위해서는 다음과 같이 위치를 선정한다.
      • 암모니아(NH₃)장치 : 응축기 가까운 토출관
      • 프레온(freon)장치 : 압축기 가까운 토출관

2) 축압기(accumulator, 액분리기)

① 설치위치
   ㉠ 증발기와 압축기 사이의 흡입배관
   ㉡ 증발기의 상부에 설치하며 크기는 증발기 내용적의 20~25% 이상 크게 용량을 선정한다.
② 액백(liquid back)의 영향
   ㉠ 흡입관에 적상(積霜) 과대
   ㉡ 토출가스온도 저하(압축기에 이상음 발생)
   ㉢ 실린더가 냉각되고 심하면 이슬 부착 및 적상
   ㉣ 전류계의 지침이 요동
   ㉤ 소요동력 증대
   ㉥ 냉동능력 감소
   ㉦ 심하면 액해머 초래, 압축기 소손 우려(윤활유의 열화 및 탄화)

3) 냉매건조기(드라이어, 제습기)

프레온냉동장치의 운전 중에 냉매에 혼입된 수분을 제거하여 수분에 의한 악영향을 방지하기 위한 기기이다.

4) 열교환기 내 플래시가스(flash gas)

① 발생원인
   ㉠ 액관이 현저하게 입상한 경우
   ㉡ 액관 및 액관에 설치한 각종 부속기기의 구경이 작은 경우(전자밸브, 드라이어, 스트레이너, 밸브 등)
   ㉢ 액관 및 수액기가 직사광선을 받고 있을 경우
   ㉣ 액관이 방열되지 않고 따뜻한 곳을 통과할 경우
② 발생영향
   ㉠ 팽창밸브의 능력 감소로 냉매순환이 감소되어 냉동능력이 감소된다.
   ㉡ 증발압력이 저하하여 압축비의 상승으로 냉동능력당 소요동력이 증대한다.
   ㉢ 흡입가스의 과열로 토출가스온도가 상승하며 윤활유의 성능을 저하하여 윤활 불량을 초래한다.
③ 방지대책
   ㉠ 액-가스열교환기를 설치한다.
   ㉡ 액관 및 부속기기의 구경을 충분한 것으로 사용한다.

ⓒ 압력강하가 작도록 배관 설계를 한다.

ⓓ 액관을 방열한다.

5) 냉매분배기

① **역할** : 팽창밸브 출구와 증발기 입구 사이에 설치하여 증발기에 공급되는 냉매를 균등히 배분함으로써 압력강하의 영향을 방지하고 효율적인 증발작용을 하도록 한다.

② **설치경우**

ⓐ 증발기 냉각관에서 압력강하가 심한 장치

ⓑ 외부균압형 온도식 자동팽창밸브를 사용하는 장치

05 냉동 · 냉장부하 계산
CHAPTER

01 | 냉동능력(Q_e)

1) 정의

냉동기가 단위시간(1시간) 동안 증발기에서 흡수하는 열량

$$Q_e = \dot{m}\,\gamma_0 [kJ/h,\ RT]$$

2) 냉동톤

① 1한국냉동톤(1RT)

$$1RT = \frac{1,000 \times 79.68}{24} = 3,320 kcal/h$$
$$= 13897.52 kJ/h = 3.86 kW$$

② 1미국냉동톤(1USRT)

$$1USRT = \frac{2,000 \times 144}{24} = 112,000 BTU/h$$
$$= 3,024 kcal/h = 12,658 kJ/h$$
$$\fallingdotseq 3.52 kW$$

3) 얼음의 결빙시간

$$H = \frac{0.56 t^2}{-t_b} [시간]$$

여기서, t_b : 브라인온도(℃), t : 얼음두께(cm)

02 | 냉동기 성적계수

$$COP_R (= \varepsilon_R) = \frac{q_e(냉동효과)}{w_c(압축기\ 소비일량)}$$
$$= \frac{Q_e(냉동능력)}{W_c(압축기\ 소비동력)}$$

※ Q_e(냉동능력) = 냉매순환량 × 냉동효과
$$= \dot{m}\,q_e [kJ/s(=kW)]$$

06 냉동설비 운영
CHAPTER

01 | 기기 주변 배관

① **하트포드포드배관** : 저압증기난방의 보일러 주변 배관으로 보일러수면이 안전수위 이하(저수위 이하)로 내려가지 않게 하기 위한 안전장치이다.

② **리프트피팅** : 진공환수식에서 환수관보다 방열기가 낮은 위치에 있을 때 응축수를 끌어올리기 위해 설치한다(1개 높이는 1.5m 이내).

③ **증기트랩(steam trap)** : 증기난방배관 내에 생긴 응축수만을 보일러에 환수시키기 위해 설치한다. 열교환기 최말단부 방열기 환수부에 위치한다.

④ **공기빼기밸브** : 배관 내부의 공기를 제거하기 위해 배관의 굴곡부에 설치한다.

※ 캐비테이션을 방지하기 위해서는 설비에서 얻어지는 유효흡입양정($NPSH$)가 펌프의 필요흡입양정($NPSH_{re}$)보다 커야 한다.

$$NPSH \geq 1.3 NPSH_{re}$$

⑤ 증기난방의 배관기울기

ⓐ 증기관 : 앞내림관(선하향) $\frac{1}{250}$ 이상, 앞올림관

(선상향) $\frac{1}{50}$ 이상

ⓑ 환수관 : 앞내림관(선하향) $\frac{1}{250}$ 이상

02 | 수질관리

1) 물의 경도

① 물속에 녹아 있는 마그네슘의 양을 이것에 대응하는 탄산칼슘($CaCO_3$)의 100만분율(ppm)로 환산하여 표시한 것이다.

② 음료수는 총경도 300ppm이어야 한다.

2) 탄산칼슘($CaCO_3$)의 함유량에 따른 분류

① 극연수 : 탄산칼슘이 0ppm인 순수한 물(증류수, 멸균수)

　　㉠ 연관, 황동관을 침식시킨다.

　　㉡ 병원 등에서 극연수 사용 시 안팎을 모두 도금한 파이프를 사용해야 한다.

② 연수(soft water) : 탄산칼슘이 90ppm 이하인 물

③ 적수 : 탄산칼슘이 90~110ppm인 물

④ 경수(hard water) : 탄산칼슘이 110ppm 이상인 물

[핵심 POINT] 보일러수로 경수를 사용할 때 나타나는 현상
- 관 내면에 스케일(scale, 물때) 발생
- 전열효율 저하
- 과열의 원인
- 보일러수명 단축

Industrial Engineer Air-Conditioning and Refrigerating Machinery

Part 03 공조냉동 설치 · 운영

01 배관재료

CHAPTER

01 | 금속관

1) 주철관

① 강관에 비해 내식성, 내마모성, 내구성이 크다.
② 수도용 급수관, 가스공급관, 통신용 케이블매설관, 화학공업용 배관, 오수배수관 등에 사용한다(매설용 배관에 많이 사용).
③ 재질에 따라 보통주철(인장강도 100~200MPa)과 고급 주철(인장강도 250MPa)로 구분된다.
④ 압축강도는 크지만, 인장강도는 작다(중력에 약하다).

2) 강관

① 연관(납관), 주철관에 비해 가볍고 인장강도가 크다.
② 관의 접합작업이 용이하다.
③ 내충격성, 굴요성이 크다.
④ 연관, 주철관보다 가격이 싸고 부식되기 쉽다.

3) 스케줄번호(Sch. No.)

① 공학단위일 때 스케줄번호(Sch. No.)
$$= \frac{P(\text{사용압력}[\text{kgf/cm}^2])}{S(\text{허용응력}[\text{kgf/mm}^2])} \times 10$$
② 국제(SI)단위일 때 스케줄번호(Sch. No.)
$$= \frac{P(\text{사용압력}[\text{MPa}])}{S(\text{허용응력}[\text{N/mm}^2])} \times 1,000$$
③ 허용응력$(S) = \frac{\text{극한(인장)강도}}{\text{안전계수(율)}}$

02 | 비철금속관

1) 종류

동(구리)관, 연(납)관, 알루미늄관, 주석관, 규소청동관, 니켈관, 티탄관 등

2) 동관(구리관)

주로 이음매 없는 관(seamless pipe)으로 탄탈산동관, 황동관 등이 있다.
① 열전도율이 크고 내식성, 전성, 연성이 풍부하여 가공하기 쉽다(열교환기, 급수관에 사용).
② 담수에는 내식성이 양호하나, 연수에는 부식된다.
③ 아세톤, 휘발유, 프레온가스 등의 유기물에는 침식되지 않는다.
④ 수산화나트륨, 수산화칼리 등 알칼리성에는 내식성이 강하다.
⑤ 암모니아수, 암모니아가스, 황산 등에는 침식된다.

03 | 비금속관(합성수지관)

합성수지관은 석유, 석탄, 천연가스(LNG) 등으로부터 얻어지는 메틸렌, 프로필렌, 아세틸렌, 벤젠 등의 원료로 만들어지며 경질 염화비닐관(PVC)과 폴리에틸렌관으로 나눈다.

04 | 보온재

1) 구비조건

① 내열성 및 내식성이 있을 것
② 기계적 강도, 시공성이 있을 것
③ 열전도율이 작을 것
④ 온도변화에 대한 균열 및 팽창, 수축이 작을 것
⑤ 내구성이 있고 변질되지 않을 것

⑥ 비중이 작고 흡수성이 없을 것

⑦ 섬유질이 미세하고 균일하며 흡습성이 없을 것

2) 종류

① **유기질 보온재** : 펠트, 텍스류, 기포성 수지, 코르크(cork) 등

② **무기질 보온재** : 탄산마그네슘($MgCO_3$), 암면, 석면(asbestos), 규조토, 규산칼슘, 유리섬유, 폼 글라스, 실리카파이버 보온재, 세라믹파이버 보온재, 바머큐라이트 보온재 등

05 | 패킹제

접합부로부터의 누설을 방지하기 위해 사용하는 것으로 동적인 부분(운동 부분)에 사용하는 것을 패킹(packing), 정적인 부분(고정 부분)에 사용하는 것을 개스킷(gasket)이라 한다.

06 | 밸브

1) 게이트밸브(gate valve)

① 일명 슬루스밸브(sluice valve), 사절밸브, 간막이 밸브라고 한다.

② 수배관, 저압증기관, 응축수관, 유관 등에 사용된다.

③ 완전 개방 시 유체의 마찰저항손실은 작으나 절반 정도 열어놓고 사용할 경우에는 와류로 인한 유체의 저항이 커지고 밸브의 마모 및 침·부식되기 쉽다(유량조절은 부적합하고, 유로개폐용으로 적합).

2) 글로브밸브(globe valve)

① 일명 구(볼)형 밸브, 스톱밸브라고도 한다.

② 유량조절에 적합하다.

③ 게이트밸브에 비하여 단시간에 개폐가 가능하며 소형, 경량이다.

④ 유체의 흐름은 밸브시트 아래쪽에서 위쪽으로 흐르도록 장착한다.

⑤ 유체의 흐름에 대한 마찰저항이 크다.

⑥ 형식에 따라 앵글밸브, Y형 밸브, 니들밸브가 있다.

3) 체크밸브(check valve)

① 유체의 흐름을 한쪽 방향으로만 흐르도록 하고 역류를 방지한다(역지밸브).

② 형식상의 종류에 따라 리프트형과 스윙형이 있다.

ⓐ 리프트형 : 유체의 압력에 의하여 밸브 디스크가 밀어 올려지면서 열리므로 배관의 수평 부분에만 사용

ⓑ 스윙형 : 수평관, 입상(수직)관의 어느 배관에도 사용 가능

③ 밸브가 열릴 때 생기는 와류를 방지하거나 수격을 완화시킬 목적으로 설계된 스모렌스키 체크밸브도 있다.

④ 장착 시 화살표의 표시방향과 일치해야 한다.

07 | 배관 시공방법

1) 배관의 일반적인 유의사항

(1) 배관의 선택 시 유의사항

① 냉매 및 윤활유의 화학적, 물리적인 작용에 의하여 열화되지 않을 것

② 냉매와 윤활유에 의해서 장치의 금속배관이 부식되지 않을 것. 냉매에 따라 부식되는 다음 금속은 사용해서는 안 된다.

ⓐ 암모니아(NH_3) : 동 및 동합금을 부식시킨다(강관 사용).

ⓑ 프레온(freon) : 마그네슘 및 2% 이상의 마그네슘(Mg)을 함유한 알루미늄합금을 부식시킨다(동관 사용).

ⓒ 염화메틸(R-40) : 알루미늄 및 알루미늄합금을 부식시킨다(프레온냉매동관 사용).

③ 가요관(flexible tube)은 충분한 내압강도를 갖도록 하며 교환할 수 있는 구조일 것

④ 온도가 −50℃ 이하의 저온에 사용되는 배관은 2~4%의 니켈을 함유한 강관 또는 이음매 없는(seamless) 동관을 사용하고 저온에서도 기계적인 성질이 불변하고 충격치가 큰 재료를 사용할 것

⑤ 냉매의 압력이 1MPa을 초과하는 배관에는 주철관을 사용하지 않을 것

⑥ 가스배관(SPP)은 최소 기밀시험압력이 1.7MPa을 넘는 냉매의 부분에는 사용하지 말 것(단,

4MPa의 압력으로 냉매시험을 실시한 경우 2MPa 이하의 냉매배관에 사용)

⑦ 관의 외면이 물과 접촉되는 배관(냉각기 등)에는 순도 99.7% 미만의 알루미늄을 사용하지 않을 것(단, 내식 처리를 실시한 경우에는 제외)

⑧ 가공성이 좋고 내식성이 강한 것이어야 하며 누설이 없을 것

(2) 배관 시공상의 유의사항

① 장치의 기기 및 배관은 완전히 기밀을 유지하고 충분한 내압강도를 지닐 것

② 사용하는 재료는 용도, 냉매의 종류, 온도에 대응하여 선택할 것

③ 냉매배관 내의 냉매가스의 유속은 적당할 것

④ 기기 상호 간의 연결배관은 가능한 최단거리로 할 것

⑤ 굴곡부는 가능한 한 작게 하고, 곡률반경은 크게 할 것

⑥ 밸브 및 이음매의 부분에서의 마찰저항을 작게 할 것

⑦ 수평관은 냉매의 흐르는 방향으로 적당한 정도의 구배(1/200~1/50)를 둘 것

⑧ 액냉매나 윤활유가 체류하기 쉬운 불필요한 곡부, 트랩 등은 설치하지 말 것

⑨ 온도변화에 의한 배관의 신축을 고려하여 루프배관 또는 고임방법을 채용할 것

⑩ 통로를 횡단하는 배관은 바닥에서 2m 이상 높게 하거나 견고한 보호커버를 취하여 바닥 밑에 매설할 것

2) 배관의 고정 및 매설

배관은 움직이지 아니하도록 고정 부착하는 조치를 하되, 그 관경이 13mm 미만의 것에는 1m마다, 13mm 이상 33mm 미만의 것에는 2m마다, 33mm 이상의 것에는 3m마다 고정장치를 설치하여야 한다.

> **[핵심 POINT] 배관의 위치에 따른 매설깊이**
> • 공동주택 등의 부지 안, 폭 4m 미만 도로 : 0.6m
> • 산이나 들, 폭 4m 이상 8m 미만 도로 : 1m
> • 폭 8m 이상 도로, 시가지 외의 도로, 그 밖의 지역 : 1.2m
> • 시가지의 도로 : 1.5m

08 | 배관용 공구

1) 동관용 공구

① 튜브커터 ② 익스팬더
③ 플레어링툴 ④ 사이징툴
⑤ 리머 ⑥ 튜브벤더

2) 강관용 공구

① 파이프커터 ② 파이프렌치
③ 파이프바이스 ④ 탁상(수평)바이스
⑤ 수동나사절삭기(리드형, 오스터형)
⑥ 동력나사절삭기(오스터형, 다이헤드형, 호브형)
⑦ 파이프벤딩머신

3) 연관용 공구

① 토치램프 ② 봄볼
③ 맬릿 ④ 턴핀
⑤ 연관톱 ⑥ 드레서

4) 주철관용 공구

① 클립 ② 코킹정
③ 납 용해용 공구세트 ④ 링크형 파이프커터

09 | 관의 이음방법

1) 강관의 이음

① 나사이음
  ㉠ 관의 방향을 변화시킬 경우 : 엘보, 밴드
  ㉡ 관의 도중에서 분리시킬 경우 : 티(tee), 와이(Y), 크로스 등
  ㉢ 동일 직경의 관을 직선으로 접합할 경우 : 소켓, 유니언, 플랜지, 니플 등
  ㉣ 서로 다른 직경(이경)의 관을 접합할 경우 : 리듀서, 부싱, 이경엘보, 이경티
  ㉤ 관의 끝을 막을 경우 : 플러그, 캡

② 플랜지이음
③ 용접이음

2) 주철관의 이음

① 소켓접합
② 플랜지접합

③ 메커니컬접합(기계적 접합)

④ 빅토릭접합

⑤ 타이톤접합

3) 동관의 이음

① 납땜접합   ② 압축접합(플레어접합)

③ 용접접합   ④ 경납땜접합

⑤ 분기관접합

4) 연관의 이음

① 플라스턴접합   ② 납땜접합

③ 용접접합

> **[핵심 POINT] 영구이음(용접이음방식)의 특징**
> • 접합부의 강도가 높다.
> • 누설이 어렵다.
> • 중량이 가볍다.
> • 배관 내·외면에서 유체의 마찰저항이 작다.
> • 분해, 수리가 어렵다.

5) 신축이음(expansion joint)

재료의 열팽창이 큰 금속일수록, 전체 길이가 길수록, 온도차가 큰 금속일수록 신축력도 크다. 관 내에 온수·냉수·증기 등이 통과할 때 고온과 저온에 따른 온도차가 커짐에 따라 팽창과 수축이 생기며 관·기구 등을 파손 또는 구부러뜨리는데, 이런 현상을 방지하기 위해 직선배관 도중에 신축이음을 설치한다(동관은 20m마다, 강관은 30m마다 1개 정도 설치).

※ (신축)크기 : 루프형＞슬리브형＞벨로즈형＞스위블형

> **[핵심 POINT]**
> • 동관의 신축
>   – 루프(loop) : 동관의 팽창수축량(mm)에 대한 치수(m)×2
>   – 오프셋(offset) : 동관의 팽창수축량(mm)에 대한 치수(m)×3
> • 배관의 선팽창량(늘림량) : $\lambda = L\alpha\Delta t$[mm]
>   여기서, L : 배관길이(mm)
> α : 선팽창계수(mm/mm·℃)
> Δt : 온도차(℃)

02 배관 관련 설비
CHAPTER

01 | 급탕설비의 급탕배관

1) 배관구배

중력순환식은 1/150, 강제순환식은 1/200의 구배로 하고, 상향공급식은 급탕관을 끝올림구배로, 복귀관은 끝내림구배로 하며, 하향공급식은 급탕관과 복귀관 모두 끝내림구배로 한다.

2) 관지름

$$Q = AV = \frac{\pi D^2}{4}\ V[\text{m}^3/\text{s}]$$

$$\therefore\ D = \sqrt{\frac{4Q}{\pi V}}\ [\text{m}]$$

3) 자연순환식(중력순환식)의 순환수두

$$H = h(\gamma_2 - \gamma_1)[\text{mmAq}]$$

여기서, h : 탕비기에의 복귀관(환탕관) 중심에서 급탕관 최고위치까지의 높이(m)

        γ_1 : 급탕비중량(kg/l)

        γ_2 : 환탕비중량(kg/l)

4) 강제순환식의 펌프 전양정

$$H = 0.01\left(\frac{L}{2} + l\right)[\text{mH}_2\text{O}]$$

여기서, L : 급탕관의 전길이(m)

        l : 복귀관(환탕관)의 전길이(m)

02 | 배수통기설비 배수관의 지지

관의 종류	주철관	연관
수직관	각 층마다	• 1.0m마다 1개소 • 수직관은 새들을 달아서 지지 • 바닥 위 1.5m까지 강관으로 보호
수평관	1.6m마다 1개소	• 1.0m마다 1개소 • 수평관이 1m를 넘을 때는 관을 아연제 반원홈통에 올려놓고 2군데 이상 지지
분기관 접촉 시	1.2m마다 1개소	• 0.6m이내에 1개소

03 | 난방설비

1) 증기난방배관

① 배관구배(기울기)

ⓐ 단관 중력환수식

- 순류관(하향공급식) : 1/100~1/200의 끝내림구배
- 역류관(상향공급식) : 1/50~1/100의 끝내림구배
- 환수관 : 1/200~1/300

ⓑ 복관 중력환수식

- 건식환수관 : 1/200의 끝내림구배, 환수관은 보일러수면보다 높게 설치. 반드시 트랩을 설치
- 습식환수관 : 환수관은 보일러수면보다 낮게 설치. 증기주관도 환수관의 수면보다 약 400mm 이상 높게 설치

ⓒ 진공환수식 : 증기주관은 1/200~1/300의 끝내림구배를 주며 건식환수관을 사용. 리프트 피팅은 환수주관보다 지름이 1~2 정도 작은 치수를 사용하고, 1단의 흡상높이는 1.5m 이내로 하며, 그 사용개수를 가능한 한 적게 하고 급수펌프의 근처에 1개소만 설치

② 기기 주위 배관

ⓐ 보일러 주변 배관 : 증기관과 환수관 사이에 표준 수면에서 50mm 아래에 균형관을 연결한다(하트포드연결법).

ⓑ 방열기 주변 배관 : 방열기 지관은 스위블이음을 이용해 따내고, 지관의 증기관은 끝올림구배로, 환수관은 끝내림구배로 한다. 주형방열기는 벽에서 50~60mm 떼어서 설치하고, 벽걸이형은 바닥면에서 150mm 높게 설치하며, 베이스보드히터는 바닥면에서 최대 90mm 정도 높게 설치한다.

2) 온수난방배관

공기빼기밸브나 팽창탱크를 향해 1/250 이상 끝올림구배를 준다.

① 단관 중력순환식 : 온수주관은 끝내림구배를 주며 관 내 공기를 팽창탱크로 유인한다.

② 복관 중력순환식

ⓐ 상향공급식 : 온수공급관은 끝올림구배, 복귀관은 끝내림구배

ⓑ 하향공급식 : 온수공급관과 복귀관 모두 끝내림구배

③ 강제순환식 : 끝올림구배이든 끝내림구배이든 무관하다.

04 | 공기조화설비

1) 냉온수배관

복관 강제순환식 온수난방법에 준하여 시공한다. 배관구배는 자유롭게 하되 공기가 고이지 않도록 주의한다. 배관의 벽, 천장 등의 관통 시에는 슬리브를 사용한다.

2) 냉매배관

① 토출관(압축기와 응축기 사이의 배관)의 배관

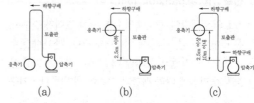

(a)   (b)   (c)

② 액관(응축기와 증발기 사이의 배관)의 배관

③ 흡입관(증발기와 압축기 사이의 배관)의 배관 : 수평관의 구배는 끝내림구배로 하며 오일트랩을 설치한다. 증발기와 압축기의 높이가 같을 경우에는 흡입관을 수직입상시키고 1/200의 끝내림구배를 주며, 증발기가 압축기보다 위에 있을 때에는 흡입관을 증발기 윗면까지 끌어올린다.

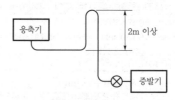

▲ 액관의 배관

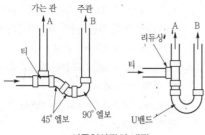
▲ 이중입상관의 배관

05 | 가스설비

1) 가스의 조성

① LPG(액화석유가스) : 프로판(C_3H_8), 부탄(C_4H_{10})
② LNG(액화천연가스) : 메탄(CH_4)

2) 가스배관의 원칙

① 직선 및 최단거리배관으로 할 것
② 옥외, 노출배관으로 할 것
③ 오르내림이 적을 것

3) 공급방식

① 고압 : 1MPa 이상
② 중압 : 0.1MPa 이상 1MPa 이하
③ 저압 : 0.1MPa 이하

[핵심 POINT] 가스유량

- 저압배관 시 가스유량(Pole의 공식)

$$Q = K\sqrt{\dfrac{D^5 H}{LS}} \ [\text{m}^3/\text{h}]$$

- 중·고압배관 시 가스유량(Cox의 공식)

$$Q = K\sqrt{\dfrac{D^5(P_1^2 - P_2^2)}{LS}} \ [\text{m}^3/\text{h}]$$

여기서, D : 관의 내경(cm)
H : 허용마찰손실수두(mmH_2O)
P_1 : 처음 압력(kgf/cm^2)
P_2 : 나중 압력(kgf/cm^2)
L : 관길이(m), S : 가스비중
K : 유량계수(저압 : 0.707, 중·고압 : 52.31)

---

4) 가스배관의 고정

① 13mm 미만 : 1m마다
② 13~33mm 미만 : 2m마다
③ 33mm 이상 : 3m마다

5) 가스계량기 설치

① 지면으로부터 1.6~2m 이내 설치
② 화기로부터 2m 이상 유지

06 | 배관시험의 종류

① 통수시험
② 수압시험
③ 기압시험
④ 기밀시험 : 연기시험법, 박하시험법

03 CHAPTER 설비적산

01 | 개념

① 적산 : 도면에 따라 재료의 양, 공사인원수 등을 산정하는 일련의 과정
② 견적 : 산정(적산)된 재료의 양, 공사인원수에 따라 공사금액을 산정하는 과정(도면 → 적산 → 견적 → 공사)

02 | 공사원가 계산

1) 원가 계산총칙

① 재료비 = 재료량 × 단위당 가격
② 노무비 = 노무량 × 단위당 가격
③ 경비 = 소요량 × 단위당 가격
④ 일반관리비 : 공사원가에 따른 비율(%)로 계상
⑤ 이윤 : 노무비, 경비, 일반관리비의 15% 이하로 계상

2) 공사비의 구성

① 순공사원가 = 재료비 + 노무비 + 경비
② 공사원가
　= 순공사원가 + 일반관리비 + 이윤 × 이윤율
　= (재료비 + 노무비 + 경비)
　　+ (순공사원가 × 일반관리비율)
　　+ (일반관리비 + 노무비 + 경비) × 이윤율

③ 총원가＝공사원가＋부가가치세 10%

　　　＝순공사비＋일반관리비＋이윤

※ 부가가치세 : 국세 및 간접세 등에 부가된 가치에 대한 부과세율

④ 예정원가＝총원가＋손해보험료

　　　＝(순공사비＋일반관리비＋이윤)×보험료율

⑤ 총공사비＝예정원가＋관급자재비＋용지비＋설계비(용역비)

　　　＝총원가＋손해보험료＋부가가치세

※ 이윤 : 영업이윤으로 총공사비의 10% 정도

04 CHAPTER 공조급배수설비 설계도면 작성

01 | 유체의 표시

① 유체의 종류, 상태, 목적 : 문자기호에 의해 인출선을 사용하여 도시하는 것을 원칙으로 한다. 단, 유체의 종류를 표시하는 문자기호는 필요에 따라 관을 표시하는 선을 인출선 사이에 넣을 수 있다.

종류	공기	가스	유류	수증기	증기	물
기호	A	G	O	S	V	W

② 유체의 방향 : 유체가 흐르는 방향은 화살표로 표시한다.

02 | 배관의 도시기호

1) 치수기입법

① 치수 표시

㉠ 일반적으로 치수 표시는 숫자로 나타내되, mm로 기입한다.

㉡ A : mm, B : inch

② 높이 표시

㉠ EL(elevation level) : 관의 중심을 기준으로 하여 높이 표시

• BOP(bottom of pipe) : 지름이 다른 관의 높이를 나타낼 때 적용, 관의 바깥지름의 아랫면을 기준으로 하여 높이 표시

• TOP(top of pipe) : 지름이 다른 관의 높이를 나타낼 때 적용, 관의 바깥지름의 윗면을 기준으로 하여 높이 표시

㉡ GL(ground level) : 포장된 지표면을 기준으로 하여 높이 표시

㉢ FL(floor level) : 1층의 바닥면을 기준으로 하여 높이 표시

2) 일반 배관 도시기호

① 관의 연결방법과 도시기호

㉠ 관이음

연결방식	도시기호	예
나사식		
용접식		
플랜지식		
턱걸이식		
유니언식		

㉡ 신축이음

연결방식	도시기호	연결방식	도시기호
루프형		벨로즈형	
슬리브형		스위블형	

※ 용접이음은 ✕ 와 ● 모두 사용한다.

② 밸브 및 계기의 표시

종류	기호
글로브밸브	
슬루스밸브	
앵글밸브	
체크밸브	
버터플라이밸브	또는
다이어프램밸브	

종류		기호
감압밸브		
볼밸브		
안전밸브	스프링식	
	추식	
콕	일반	
	삼방	
전자밸브		
공기빼기밸브		
온도계		
압력계		

05 CHAPTER 유지보수공사 안전관리

01 | 설치안전관리

1) 안전관리

(1) 안전관리의 목적

① 근로자의 생명을 존중하고 사회복지를 증진시
킨다.
② 작업능률을 향상시켜 생산성이 향상된다.
③ 기업의 경제적 손실을 방지한다.

(2) 재해 발생률

① 연천인율 : 근로자 1,000명당 1년을 기준으로 한
재해 발생비율

$$연천인율 = \frac{연간\ 재해자수}{연평균근로자수} \times 1,000$$
$$= 2.4 \times 도수율(빈도율)$$

② 도수율(빈도율) : 재해빈도를 나타내는 지수로서
근로시간 10^6시간당 발생하는 재해건수

$$도수율(빈도율) = \frac{연간\ 재해\ 발생건수}{연근로총시간수} \times 10^6$$
$$= \frac{연천인율}{2.4}$$

③ 강도율 : 재해의 심한 정도를 나타내는 것으로,
근로시간 1,000시간 중에 상해로 인해서 상실된
노동손실일수

※ 연천인율이나 도수율(빈도율)은 사상자의 발
생빈도를 표시하는 것으로 경중 정도는 표시
하지 않는다.

$$강도율 = \frac{근로손실일수}{연근로총시간수} \times 1,000$$

여기서, 근로손실일수 = 입원일수(휴업일수)
$$\times \frac{360}{365}$$

㉠ 사망자가 1명 있는 경우

$$강도율 = \frac{7,500}{연근로총시간수} \times 1,000$$

㉡ 사망자 + 입원일수(휴업일수)가 있는 경우

$$강도율 = \frac{7,500 + 입원(휴업)일수 \times \frac{300}{365}}{연근로총시간수} \times 1,000$$

2) 안전보호구의 구비조건

① 외관이 양호할 것
② 착용이 간편하고 작업에 방해되지 않을 것
③ 가볍고 충분한 강도를 가질 것
④ 유해 및 위험요소에 대한 방호능력이 충분할 것
⑤ 가격이 싸고 품질이 좋을 것
⑥ 구조 및 표면가공이 우수할 것

3) 재해예방

(1) 5단계(기본원리)

① 1단계 관리조직 : 관리조직의 구성과 전문적 기술
을 가진 조직을 통해 안전활동 수립
② 2단계 사실의 발견 : 사고활동기록 검토작업 분
석, 안전점검 및 검사, 사고조사, 토의, 불안전요
소 발견 등
③ 3단계 원인 규명 : 분석평가, 사고조사보고서 및
현장조사 분석, 사고기록관계자료의 검토 및 인
적·물적환경요인 분석, 작업의 공정 분석, 교육
훈련 분석

④ 4단계 대책의 선정(시정책 선정) : 기술적 개선, 인사조치 조정, 교육 및 훈련의 개선, 안전행정의 개선, 규정 및 제도의 개선, 효과적인 개선방법 선정

⑤ 5단계 대책의 적용(시정책 적용) : 허베이 3E이론(기술, 교육, 관리 등) 적용

　※ 3E : 안전기술(engineering), 안전교육(education), 안전독려(enforcement)

　※ 3S : 표준화(standardization), 전문화(specification), 단순화(simplification)

(2) 하인리히의 4원칙(위험예지훈련 4라운드의 진행 방식)

① 손실 우연의 법칙 : 재해손실은 우연성에 좌우됨

　※ 우연성에 좌우되는 손실 방지보다 예방에 주력

② 원인계기의 원칙 : 우연적인 재해손실이라도 재해는 반드시 원인이 존재함

③ 예방 가능의 원칙 : 모든 사고는 원칙적으로 예방이 가능함

　㉠ 조직 → 사실의 발견 → 분석평가 → 시정방법의 선정 및 시정책의 적용

　㉡ 재해는 원칙적으로 예방 가능

　㉢ 원인만 제거하면 예방 가능

④ 대책 선정의 원칙

　㉠ 원인을 분석하여 가장 적당한 재해예방대책의 선정

　㉡ 기술적, 안전 설계, 작업환경 개선

　㉢ 교육적, 안전교육, 훈련 실시

　㉣ 규제적·관리적 대책

　㉤ Management

4) 보호구

(1) 보호구의 종류별 작업내용

① 안전모 : 물체가 떨어지거나 날아올 위험 또는 근로자가 추락할 위험이 있는 작업

② 안전대 : 높이 또는 깊이 2m 이상의 추락할 위험이 있는 장소에서 하는 작업

③ 안전화 : 물체의 낙하, 충격, 물체에 끼임, 감전 또는 정전기의 대전에 의한 위험이 있는 작업

④ 보안경 : 물체가 흩날릴 위험이 있는 작업

⑤ 보안면 : 용접 시 불꽃이나 물체가 흩날릴 위험이 있는 작업

⑥ 절연용 보호구 : 감전의 위험이 있는 작업

⑦ 방열복 : 고열에 의한 화상 등의 위험이 있는 작업

⑧ 방진마스크 : 선창 등에서 분진이 심하게 발생하는 하역작업

⑨ 방한모, 방한복, 방한화, 방한장갑 : -18℃ 이하인 급냉동어창에서 하는 하역작업

(2) 안전모의 구비조건

① 안전모는 모체, 착장체 및 턱끈을 가질 것

② 착장체의 머리고정대는 착용자의 머리 부위에 적합하도록 조절할 수 있을 것

③ 착장체의 구조는 착용자의 머리에 균등한 힘이 분배되도록 할 것

④ 모체, 착장체 등 안전모의 부품은 착용자에게 상해를 줄 수 있는 날카로운 모서리 등이 없을 것

⑤ 턱끈은 사용 중 탈락되지 않도록 확실히 고정되는 구조일 것

⑥ 안전모의 착용높이는 85mm 이상이고, 외부수직거리는 80mm 미만일 것

⑦ 안전모의 내부수직거리는 25mm 이상 50mm 미만일 것

⑧ 안전모의 수평간격은 5mm 이상일 것

⑨ 머리받침끈이 섬유인 경우에는 각각의 폭은 15mm 이상이어야 하며, 교차되는 끈의 폭의 합은 72mm 이상일 것

⑩ 턱끈의 폭은 10mm 이상일 것

02 | 냉동제조관리

1) 냉동제조사업관리

(1) 고압가스제조의 정의

① 기체의 압력을 변화시키는 것

　㉠ 고압가스가 아닌 가스를 고압가스로 만드는 것

　㉡ 고압가스를 다시 압력을 상승시키는 것

② 가스의 상태를 변화시키는 것

　㉠ 기체는 고압의 액화가스로 만드는 것

　㉡ 액화가스를 기화시켜 고압가스를 만드는 것

③ 고압가스를 용기에 충전하는 것

(2) 고압가스

① 압축고압가스 : 상용의 온도에서 1MPa 이상이
되는 가스가 실제로 그 압력이 1MPa 이상이거나
35℃에서의 압력이 1MPa 이상이 되는 압축가스

② 액화고압가스 : 상용의 온도에서 0.2MPa 이상
이 되는 가스가 실제로 그 압력이 0.2MPa 이상이
거나 0.2MPa이 되는 경우의 온도가 35℃ 이하인
액화가스

※ 압축가스 : 일정한 압력에 의하여 압축되어 있
는 가스

※ 액화가스 : 가압, 냉동 등의 방법에 의하여 액
체상태로 되어 있는 것으로서 대기압에서의 비
점이 40℃ 이하 또는 상용의 온도 이하인 가스

2) 냉동제조 허가관리

(1) 냉동제조 인허가

① 고압가스제조 중 냉동제조를 하고자 하는 자 : 그
제조소마다 시장·군수·구청장(자치구의 구청
장)의 허가

② 대통령령이 정하는 종류 및 규모 이하의 냉동제조
자 : 시장·군수·구청장에게 신고

**[핵심 POINT] 산업통상자원부령이 정하는 중요한
사항의 변경(변경허가·변경신고대상)**

1. 사업소의 위치변경
2. 제조·저장 또는 판매하는 고압가스의 종류 또
는 압력의 변경. 다만, 저장하는 고압가스의 종
류를 변경하는 경우로서 법 제28조의 규정에 의
해 설립된 한국가스안전공사가 위해의 우려가
없다고 인정하는 경우에는 이를 제외한다.
3. 저장설비의 교체 설치, 저장설비의 위치 또는 능
력변경
4. 처리설비의 위치 또는 능력변경
5. 배관의 내경변경. 단, 처리능력의 변경을 수반하
는 경우에 한한다.
6. 배관의 설치장소변경. 단, 변경하고자 하는 부분
의 배관연장이 300m 이상인 경우에 한한다.
7. 가연성 가스 또는 독성가스를 냉매로 사용하는
냉동설비 중 압축기, 응축기, 증발기 또는 수액
기의 교체설치 또는 위치변경

---

(2) 냉동제조의 허가·신고대상범위

① 허가

㉠ 가연성 가스 및 독성가스의 냉동능력 20톤
이상

㉡ 가연성 가스 및 독성가스 외의 산업용 및 냉동
·냉장용 50톤 이상(단, 건축물 냉난방용의
경우에는 100톤 이상)

② 신고

㉠ 가연성 가스 및 독성가스의 냉동능력 3톤 이
상 20톤 미만

㉡ 가연성 가스 및 독성가스 외의 산업용 및 냉동
·냉장용 20톤 이상 50톤 미만(단, 건축물 냉
난방용의 경우에는 20톤 이상 50톤 미만)

③ 고압가스 특정 제조 또는 고압가스 일반 제조의
허가를 받은 자, 도시가스사업법에 의한 도시가
스사업의 허가를 받은 자가 그 허가받은 내용에
따라 냉동제조를 하는 경우에는 허가 또는 신고
대상에서 제외

[핵심 POINT] 적용범위에서 제외되는 고압가스

1. 에너지이용합리화법의 적용을 받는 보일러 안과
그 도관 안의 고압증기
2. 철도차량의 에어컨디셔너 안의 고압가스
3. 선박안전법의 적용을 받는 선박 안의 고압가스
4. 광산보안법의 적용을 받는 광산에 소재하는 광
업을 위한 설비 안의 고압가스
5. 항공법의 적용을 받는 항공기 안의 고압가스
6. 전기사업법에 의한 전기공작물 중 발전·변전
또는 송전을 위하여 설치하는 변압기, 리액틀,
개폐기, 자동차단기로서 가스를 압축 또는 액
화, 그 밖의 방법으로 처리하는 그 전기공작물
안의 고압가스
7. 원자력법의 적용을 받는 원자로 및 그 부속설비
안의 고압가스
8. 내연기관의 시동, 타이어의 공기충전, 리베팅,
착암 또는 토목공사에 사용되는 압축장치 안의
고압가스
9. 오토클레이브 안의 고압가스(수소, 아세틸렌 및
염화비닐은 제외)
10. 액화브롬화메탄제조설비 외에 있는 액화브롬
화메탄
11. 등화용의 아세틸렌가스
12. 청량음료수, 과실주 또는 발포성 주류에 포함
되는 고압가스
13. 냉동능력이 3톤 미만인 냉동설비 안의 고압가스
14. 소방법의 적용을 받는 내용적 1리터 이하의 소
화기용 용기 또는 소화기에 내장되는 용기 안
에 있는 고압가스
15. 그 밖에 산업통상자원부장관이 위해 발생의 우
려가 없다고 인정하는 고압가스

03 | 운영안전관리

1) 안전관리자

(1) 안전관리자별 임무

① 안전관리 총괄자 : 해당 사업소의 안전에 관한 업무총괄

② 안전관리 부총괄자 : 안전관리 총괄자를 보좌하여 해당 가스시설의 안전을 직접 관리

③ 안전관리 책임자 : 부총괄자를 보좌하여 기술적인 사항 관리, 안전관리원 지휘·감독

④ 안전관리원 : 안전관리 책임자의 지시에 따라 안전관리자의 직무 수행

(2) 안전관리자의 선임인원(냉동제조시설)

냉동능력	선임구분	
	안전관리자 구분 및 선임인원	자격구분
300톤 초과 (프레온 냉매 600톤 초과)	총괄자 1인	–
	책임자 1인	공조냉동기계산업기사
	관리원 2인 이상	공조냉동기계기능사 또는 냉동시설안전관리자 양성교육 이수자
100톤 초과 300톤 이하 (프레온 냉매 200톤 초과 600톤 이하)	총괄자 1인	–
	책임자 1인	공조냉동기계산업기사 또는 공조냉동기계기능사 중 현장 실무경력 5년 이상인 자
	관리원 1인 이상	공조냉동기계기능사 또는 냉동시설안전관리자 양성교육 이수자
50톤 초과 100톤 이하 (프레온 냉매 100톤 초과 200톤 이하)	총괄자 1인	–
	책임자 1인	공조냉동기계기능사
	관리원 1인 이상	공조냉동기계기능사 또는 냉동시설안전관리자 양성교육 이수자
50톤 이하 (프레온 냉매 100톤 이하)	총괄자 1인	–
	책임자 1인	공조냉동기계기능사 또는 냉동시설안전관리자 양성교육 이수자

2) 사업자, 안전관리자, 종사자, 관할 관청의 임무

(1) 사업자

① 사업개시 전 안전관리자 선임 → 관할 관청에 신고

② 안전관리자 해임, 퇴직 시 → 관할 관청에 신고 → 30일 이내에 재선임

※ 선임·해임·퇴직신고는 안전관리 책임자에 한함

③ 여행, 질병, 기타 사유로 안전관리자 직무 불가 시 → 대리자 지정

④ 안전관리자의 의견을 존중하고 안전관리자의 권고에 따라야 함

⑤ 안전관리자에게 본연의 직무 외의 다른 일을 맡겨서는 아니 됨

(2) 안전관리자

① 시설 및 작업과정의 안전유지

② 용기 등의 제조공정관리

③ 공급자의 의무이행 확인

④ 안전관리규정 시행 및 실시기록 작성

⑤ 종사자의 안전관리 지휘·감독

⑥ 그 밖의 위해방지조치

(3) 종사자

안전관리자의 의견을 존중하고 안전관리자의 권고에 따라야 함

(4) 관할 관청

① 안전관리자가 직무를 불성실하게 수행 시 사업자에게 안전관리자 해임요구

② 산업통상자원부장관에서 위에 해당하는 자의 기술자격 취소 또는 정지요청

3) 냉동기 제품 표시

① 냉동기 제조자의 명칭

② 냉매가스의 종류

③ 냉동능력(RT)

④ 원동기 소요동력 및 전류

⑤ 제조번호

⑥ 검사에 합격한 연, 월

⑦ 내압시험압력(TP[MPa])

⑧ 최고사용압력(DP[MPa])

04 | 보일러안전관리

1) 개요

(1) 안전관리의 의의

① 인간의 생명을 존중하는 것을 목적으로 항시 작업자의 안전을 도모하여 위해를 방지하고 사고로 인한 재산적 피해를 입지 않도록 하기 위함이다.

② 목적 : 인명존중, 사회복지 증진, 생산성 향상, 경제성 향상, 안전사고 발생 방지

(2) 사고의 원인

① 직접원인

  ㉠ 불안전한 행동(인적원인) : 안전조치 불이행, 불안전한 상태의 방치 등

  ㉡ 불안전한 상태(물적원인) : 작업환경의 결함, 보호구 복장 등의 결함 등

② 간접원인

  ㉠ 기술적 원인 : 기계, 기구, 장비 등의 방호설비, 경계설비 등의 기술적 결함

  ㉡ 교육적 원인 : 무지, 경시, 몰이해, 훈련미숙, 나쁜 습관 등

  ㉢ 신체적 원인 : 각종 질병, 피로, 수면 부족 등

  ㉣ 정신적 원인 : 태만, 반항, 불만, 초조, 긴장, 공포 등

  ㉤ 관리적 원인 : 책임감 부족, 작업기준의 불명확, 근로의욕 침체 등

(3) 안전관리 일반

① 안전색 표시

  ㉠ 적색 : 정지, 금지

  ㉡ 황적색 : 위험

  ㉢ 황색 : 주의

  ㉣ 녹색 : 안전안내, 진행유도, 구급구호

  ㉤ 청색 : 조심, 지시

  ㉥ 백색 : 통로, 정리정돈

  ㉦ 적자색 : 방사능

② 화재등급별 소화방법

분류	가연물	주된 소화효과	적응소화제	구분색
A급 화재 (일반화재)	• 일반 가연물 • 목재, 종이, 섬유 등 화재	냉각 소화	• 분말소화기 • 포말소화기 • 할로겐화합물소화기	백색
B급 화재 (유류화재)	• 가연성 액체 • 가연성 가스 • 액화가스화재 • 석유화재	질식 소화	• 분말소화기 • 포말소화기 • CO_2소화기 • 할로겐화합물소화기 • 가스식 소화기	황색
C급 화재 (전기화재)	• 전기설비	질식·냉각소화	• 분말소화기 • CO_2소화기 • 할로겐화합물소화기 • 가스식 소화기	청색
D급 화재 (금속화재)	• 가연성 금속(리튬, 마그네슘, 나트륨 등)	질식소화	• 건조사 • 팽창질식 • 팽창진주암	무색
E급 화재 (가스화재)	• LPG, LNG, 도시가스	제거소화	• 할로겐화합물소화기	황색
K급 화재 (주방화재)	• 식용유화재	질식·냉각소화	• 할로겐화합물소화기 • K급 소화기	–

※ 요즘 구분색의 의무규정은 없다.

③ 고압가스용기의 도색

  ㉠ 산소 : 녹색

  ㉡ 수소 : 주황색

  ㉢ 액화탄산가스 : 청색

  ㉣ 아세틸렌 : 황색

  ㉤ 액화염소 : 갈색

  ㉥ 액화암모니아 : 백색

  ㉦ 기타 가스 : 회색

2) 보일러 손상

① 마모(abrasion) : 국부적으로 반복작용에 의해 나타나는 것으로 다음의 경우에서 나타난다.

  ㉠ 매연취출에 의해 수관에 오래 증기를 취출하는 경우

  ㉡ 연소가스 중에 미립의 거친 성분을 함유하고 있는 경우

  ㉢ 수관이나 연관의 내부청소에 튜브클리너를 한 곳에 오래 사용한 경우

② 라미네이션(lamination) : 보일러 강판이나 관의 두께 속에 2장의 층을 형성하고 있는 상태이다.

③ 블리스터(blister) : 라미네이션상태에서 화염과 접촉하여 높은 열을 받아 부풀어 오르거나 표면이 타서 갈라지게 되는 상태이다.

④ 소손(burn) : 과열이 촉진되어 용해점 가까운 고온이 되면 함유탄소의 일부가 연소하므로 열처리를 하여도 근본의 성질로 회복되지 못하게 된다. 보일러에서는 노 내 가열을 통해 보일러수에 전달되는 것이므로 보일러 본체의 온도는 내부의 포화수보다 30~50℃ 정도 높은 상태이기 때문에 물 쪽으로의 열전달이 방해되거나 물이 부족하여 공관연소하게 되면 강재의 온도가 상승하여 과열, 소손하게 된다.

④ 팽출, 압궤 : 보일러 본체의 화염에 접하는 부분이 과열된 결과 내부의 압력에 의해 부풀어 오르는 현상을 팽출이라 하고, 외부로부터의 압력에 의해 짓눌린 현상을 압궤라 한다(팽출 : 인장능력, 압궤 : 압축응력).

  ㉠ 압궤가 일어나는 부분 : 노통, 연소실, 관판
  ㉡ 팽출이 일어나는 부분 : 횡연관, 보일러 동저부, 수관

⑤ 크랙(crack)

  ㉠ 무리한 응력을 받은 부분, 응력이 국부적으로 집중된 부분, 화염에 접촉된 부분 등에 압력변화, 가열로 인한 신축의 영향으로 조직이 파괴되고 천천히 금이 가는 현상이다. 특히 주철제 보일러의 경우에는 급열, 급냉의 부동팽창으로 크랙이 발생되기 쉽다.
  ㉡ 크랙이 발생되기 쉬운 부분
    • 스테이 자체나 부근의 판
    • 연소구 주변의 리벳
    • 용접이음부와 열영향부

3) 보일러 사고원인별 구분

① 제작상의 원인 : 재료 불량, 구조 및 설계 불량, 강도 불량, 용접 불량 등
② 취급상의 원인 : 압력 초과, 저수위, 과열, 역화, 부식 등
  ※ 파열사고 : 압력 초과, 저수위(이상감수), 과열
  ※ 미연소가스폭발사고 : 역화

05 | 고압가스안전관리

1) 고압가스의 종류 및 범위

① 상용(常用)의 온도에서 압력(게이지압력)이 1MPa 이상이 되는 압축가스로서 실제로 그 압력이 1MPa 이상이 되는 것 또는 35℃에서 압력이 1MPa 이상이 되는 압축가스(아세틸렌가스는 제외)
② 15℃에서 압력이 0Pa을 초과하는 아세틸렌가스
③ 상용의 온도에서 압력이 0.2MPa 이상이 되는 액화가스로서 실제로 그 압력이 0.2MPa 이상이 되는 것 또는 압력이 0.2MPa이 되는 경우 35℃ 이하인 액화가스
④ 35℃에서 압력이 0Pa을 초과하는 액화가스 중 액화시안화수소, 액화브롬화메탄, 액화산화에틸렌가스

2) 고압가스 제조의 신고대상

① 고압가스충전 : 용기 또는 차량에 고정된 탱크에 고압가스를 충전할 수 있는 설비로 고압가스(가연성 가스 및 독성가스는 제외)를 충전하는 것으로서 1일 처리능력이 $10m^3$ 미만이거나 저장능력이 3톤 미만인 것
② 냉동제조 : 냉동능력이 3톤 이상 20톤 미만(가연성 가스 또는 독성가스 외의 고압가스를 냉매로 사용하는 것으로서 산업용 및 냉동·냉장용인 경우에는 20톤 이상 50톤 미만, 건축물의 냉난방용인 경우에는 20톤 이상 100톤 미만)인 설비를 사용하여 냉동을 하는 과정에서 압축 또는 액화의 방법으로 고압가스가 생성되게 하는 것. 다만, 다음의 어느 하나에 해당하는 자가 그 허가받은 내용에 따라 냉동제조를 하는 것은 제외한다.
  ㉠ 고압가스 특정 제조, 고압가스 일반 제조 또는 고압가스저장소 설치의 허가를 받은 자
  ㉡ 도시가스사업의 허가를 받은 자

3) 종합적 안전관리대상자

"대통령령으로 정하는 사업자 등"이란 고압가스제조자 중 다음의 어느 하나에 해당하는 시설을 보유한 자를 말한다.

① 석유정제사업자의 고압가스시설로서 저장능력이 100톤 이상인 것

② 석유화학공업자 또는 지원사업을 하는 자의 고압가스시설로서 1일 처리능력이 1만m³ 이상 또는 저장능력이 100톤 이상인 것

③ 비료생산업자의 고압가스시설로서 1일 처리능력이 10만m³ 이상 또는 저장능력이 100톤 이상인 것

4) 안전관리자의 업무

① 각 안전관리자의 업무

㉠ 안전관리 총괄자 : 해당 사업소 또는 사용신고시설의 안전에 관한 업무의 총괄

㉡ 안전관리 부총괄자 : 안전관리 총괄자를 보좌하여 해당 가스시설의 안전에 대한 직접 관리

㉢ 안전관리 책임자 : 안전관리 부총괄자(안전관리 부총괄자가 없는 경우에는 안전관리 총괄자)를 보좌하여 사업장의 안전에 관한 기술적인 사항의 관리 및 안전관리원에 대한 지휘 · 감독

㉣ 안전관리원 : 안전관리 책임자의 지시에 따라 안전관리자의 직무 수행

② 안전관리자를 선임한 자는 안전관리자가 다음에 해당하는 경우에는 그에 따른 기간 동안 대리자를 지정하여 그 직무를 대행하게 하여야 한다.

㉠ 안전관리자가 여행 · 질병이나 그 밖의 사유로 일시적으로 그 직무를 수행할 수 없는 경우 : 직무를 수행할 수 없는 30일 이내의 기간

㉡ 안전관리자의 해임 또는 퇴직과 동시에 다른 안전관리자가 선임되지 아니한 경우 : 다른 안전관리자가 선임될 때까지의 기간

③ 안전관리자의 직무를 대행하게 하는 경우 다음의 구분에 따른 자가 그 직무를 대행하게 하여야 한다.

㉠ 안전관리 총괄자 및 안전관리 부총괄자의 직무대행 : 각각 그를 직접 보좌하는 직무를 하는 자

㉡ 안전관리 책임자의 직무대행 : 안전관리원. 다만, 안전관리원을 선임하지 아니할 수 있는 시설의 경우에는 해당 사업소의 종업원으로서 가스 관련 업무에 종사하고 있는 사람 중 가스안전관리에 관한 지식이 있는 사람으로 한다.

㉢ 안전관리원의 직무대행 : 해당 사업소의 종업원으로서 가스 관련 업무에 종사하고 있는 사람 중 가스안전관리에 관한 지식이 있는 사람

5) 정밀안전검진의 실시기관

① 한국가스안전공사

② 한국산업안전보건공단

6) 용기 등의 검사의 전부 생략

① 시험용 또는 연구개발용으로 수입하는 것(해당 용기를 직접 시험하거나 연구개발하는 경우만 해당)

② 수출용으로 제조하는 것

③ 주한 외국기관에서 사용하기 위하여 수입하는 것으로서 외국의 검사를 받은 것

④ 산업기계설비 등에 부착되어 수입하는 것

⑤ 용기 등의 제조자 또는 수입업자가 견본으로 수입하는 것

⑥ 소화기에 내장되어 있는 것

⑦ 고압가스를 수입할 목적으로 수입되어 1년(산업통상자원부장관이 정하여 고시하는 기준을 충족하는 용기의 경우에는 2년) 이내에 반송되는 외국인 소유의 용기로서 산업통상자원부장관이 정하여 고시하는 외국의 검사기관으로부터 검사를 받은 것

⑧ 수출을 목적으로 수입하는 것

⑨ 산업통상자원부령으로 정하는 경미한 수리를 한 것

7) 품질유지대상인 고압가스의 종류

"냉매로 사용되는 가스 등 대통령령으로 정하는 종류의 고압가스"란 냉매로 사용되는 고압가스 또는 연료전지용으로 사용되는 고압가스로서 산업통상자원부령으로 정하는 종류의 고압가스를 말한다. 다만, 다음의 어느 하나에 해당하는 고압가스는 제외한다.

① 수출용으로 판매 또는 인도되거나 판매 또는 인도될 목적으로 저장 · 운송 또는 보관되는 고압가스

② 시험용 또는 연구개발용으로 판매 또는 인도되거나 판매 또는 인도될 목적으로 저장 · 운송 또는 보관되는 고압가스(해당 고압가스를 직접 시험하거나 연구개발하는 경우만 해당)

③ 1회 수입되는 양이 40kg 이하인 고압가스

8) 고압가스 품질검사기관

"대통령령으로 정하는 고압가스 품질검사기관"이란 한국가스안전공사를 말한다.

9) 과태료의 부과기준

위반행위	과태료금액(만원)		
	1차 위반	2차 위반	3차 이상 위반
법 제4조 제1항 후단 또는 같은 조 제5항 후단을 위반하여 변경허가를 받지 않고 허가받은 사항 중 상호를 변경하거나 법인의 대표자를 변경한 경우	250	350	500
법 제4조 제2항 후단을 위반하여 변경신고를 하지 않고 신고한 사항을 변경한 경우(상호의 변경 및 법인의 대표자 변경은 제외한다)	1,000	1,500	2,000
법 제4조 제2항 후단을 위반하여 변경신고를 하지 않고 신고한 사항 중 상호를 변경하거나 법인의 대표자를 변경한 경우	250	350	500
법 제5조 제1항 후단, 제5조의3 제1항 후단 또는 제5조의4 제1항 후단을 위반하여 변경등록을 하지 않고 등록한 사항 중 상호를 변경하거나 법인의 대표자를 변경한 경우	250	350	500
법 제8조 제2항에 따른 신고를 하지 않거나 거짓으로 신고한 경우	150		
고압가스제조신고자가 법 제10조 제2항을 위반하여 시설을 개선하도록 하지 않은 경우	500	700	1,000
법 제10조 제3항, 제13조 제4항이나 제20조 제3항·제4항을 위반한 경우	800		
법 제10조 제4항에 따른 명령을 위반한 경우	300		
고압가스제조신고자가 법 제10조 제5항에 따른 안전점검자의 자격·인원, 점검장비 및 점검기준 등을 준수하지 않은 경우	250	350	500
고압가스제조신고자가 법 제11조 제1항을 위반하여 안전관리규정을 제출하지 않은 경우	1,000	1,500	2,000
법 제11조 제4항이나 제13조의2 제2항에 따른 명령을 위반한 경우	1,200		

06 | 기계설비유지관리자의 선임기준

① 특급 책임 1명, 보조 1명
  ㉠ 연면적 6만m² 이상 건축물
  ㉡ 3천세대 이상 공동주택
② 고급 책임 1명, 보조 1명
  ㉠ 연면적 3만m² 이상 연면적 6만m² 미만 건축물
  ㉡ 2천세대 이상 3천세대 미만 공동주택
③ 중급 책임 1명
  ㉠ 연면적 1만5천m² 이상 연면적 3만m² 미만 건축물
  ㉡ 1천세대 이상 2천세대 미만 공동주택
④ 초급 책임 1명
  ㉠ 연면적 1만m² 이상 연면적 1만5천m² 미만 건축물
  ㉡ 500세대 이상 1천세대 미만 공동주택
  ㉢ 300세대 이상 500세대 미만으로서 중앙집중식 난방방식(지역난방방식 포함)의 공동주택

⑤ 초급 책임 또는 보조 1명 : 국토교통부장관이 정하여 고시하는 건축물 등(시설물, 지하역사, 지하도상가, 학교시설, 공공건축물)
※ 선임절차 : 기계설비유지관리자 수첩을 포함한 신고서류를 작성하여 관할 시·군·구청에 신고해야 한다.
※ 2020년 4월 18일 전부터 기존 건축물에서 유지관리 업무를 수행 중인 사람은 선임신고 시 2026년 4월 17일까지 선임등급과 관계없이 선임된 것으로 본다.

06 교류회로
CHAPTER

01 | 교류기전력의 발생

기전력$(e) = Blv\sin\theta = E_m\sin\theta = E_m\sin\omega t$[V]
여기서, θ : 자속과 도체가 이루는 각도(rad)

▶ 교류회로에 사용되는 주요 기호의 명칭 및 단위

명칭	기호	단위	명칭	기호	단위
저항	R	Ω	임피던스	Z	Ω
컨덕턴스	G	℧, S	어드미턴스	Y	℧, S
인덕턴스	L	H	주파수	f	Hz, $\sec^{-1}$
정전용량	C	F	주기	T	sec
유도 리액턴스	X_L	Ω	각속도	ω	rad/s
용량 리액턴스	X_C	Ω	전기각	θ	rad

02 | 교류의 표시

1) 주파수(f)와 주기(T)

$$f = \frac{1}{T}[\text{Hz}] \rightarrow T = \frac{1}{f}[\text{sec}]$$

여기서, f : 주파수(1초 동안의 주파수, 반복되는 사
이클 수)

T : 주기(1사이클의 변화에 필요한 시간)

2) 각속도(ω)

$$\omega = \frac{1\text{Hz 동안 회전한 각}}{1\text{Hz 동안의 시간}} = \frac{\theta}{t} = \frac{2\pi}{T}$$

$$= 2\pi f[\text{rad/s}]$$

3) 교류의 크기

① 순시값

전압의 순시값(v)$= V_m \sin\omega t = \sqrt{2}\, V\sin\omega t[\text{V}]$
전류의 순시값(i)$= I_m \sin\omega t = \sqrt{2}\, I\sin\omega t[\text{A}]$

여기서, I_m : 전류의 최대값

V_m : 전압의 최대값

ω : 각주파수($= 2\pi f$)

t : 시간(sec)

② 최대값 : $V_m = \sqrt{2}\, V[\text{V}]$, $I_m = \sqrt{2}\, I[\text{A}]$

③ 평균값

$$V_a = \frac{2}{\pi} V_m = 0.637 V_m[\text{V}]$$

$$I_a = \frac{2}{\pi} I_m = 0.637 I_m[\text{A}]$$

④ 실효값

$$V = \sqrt{\text{순시값}^2\text{의 합의 평균}} = \frac{V_m}{\sqrt{2}} = 0.707 V_m$$

⑤ 파고율과 파형률

$$\text{파형률} = \frac{\text{실효값}}{\text{평균값}} = \frac{V_m}{\sqrt{2}} \times \frac{\pi}{2V_m} = \frac{\pi}{2\sqrt{2}}$$

$$= 1.11$$

$$\text{파고율} = \frac{\text{최대값}}{\text{실효값}} = \frac{V_m}{V} = V_m \times \frac{\sqrt{2}}{V_m} = \sqrt{2}$$

$$= 1.414$$

4) 주파수와 회전각

$$f = \frac{PN_s}{120}[\text{Hz}]$$

$$N_s = \frac{120f}{P}[\text{rpm}]$$

03 | 공진

1) 직렬공진

$R-L-C$ 직렬회로에서 $X_L = X_C$라 놓으면 $I = \frac{V}{R}[\text{A}](Z=R)$가 되고 흐르는 전류가 최대값을 가진다. 이와 같은 회로를 직렬공진이라 한다.

공진주파수(f_e)$= \frac{1}{2\pi\sqrt{LC}}[\text{Hz}]$($E$와 I는 동위상)

공진각주파수(ω_0)$= \frac{1}{\sqrt{LC}}$

2) 병렬공진

$R-L-C$ 병렬회로에서 $X_L = X_C$일 때 전류는 0이므로 이때를 병렬공진이라 한다. 공진주파수 $\omega^2 LC = 1$로부터

$$f_0 = \frac{1}{2\pi}\sqrt{\frac{1}{LC}}[\text{Hz}]$$

07 전기기기
CHAPTER

01 | 변압기

변압기(transformer)의 원리는 전자유도의 응용으로서 1차측 코일의 전류 I_1, 전압 V_1, 저항 R_1이고, 2차측 코일의 전류 I_2, 전압 V_2, 저항 R_2일 때 N_1과 N_2를 각각 1차측 권선횟수와 2차측 권선횟수라 하면
① 전압과 권선횟수와의 관계

   ㉠ $\dfrac{V_2}{V_1} = \dfrac{N_2}{N_1}$

   ㉡ 전압비와 권선비는 비례한다.
② 전류와 권선횟수와의 관계

   ㉠ $\dfrac{I_2}{I_1} = \dfrac{N_1}{N_2}$

   ㉡ 전류비와 권선비는 반비례한다.
③ 저항과 권선횟수와의 관계

   ㉠ $\dfrac{R_2}{R_1} = \left(\dfrac{N_2}{N_1}\right)^2$

   ㉡ 저항비는 권선비의 제곱에 비례한다.

02 | 유도기

① 동기속도 : $N_s = \dfrac{120f}{P}[\text{rpm}]$

② 슬립 : $s = \dfrac{N_s - N}{N_s} = 1 - \dfrac{N}{N_s}$

③ 회전자의 회전자에 대한 상대속도

   $N = (1-s)N_s[\text{rpm}]$

08 전기계측
CHAPTER

01 | 옴의 법칙(Ohm's law)

① 전기저항 : 전자의 흐름을 방해하는 성질을 전기저항이라고 하는데, 이 저항값은 도체에서나 부도체에서 모두 모양이나 굵기, 재질, 길이 등에 따라 달라진다. 단위는 옴(Ω)으로 표시하며, 전류 1A를 흘리기 위하

여 전압 1V가 필요할 때의 저항값을 1Ω이라고 한다. 저항단위는 $\text{M}\Omega$, $\text{k}\Omega$, Ω, $\text{m}\Omega$, $\mu\Omega$ 등이다.

$1\text{M}\Omega = 10^3\text{k}\Omega = 10^6\Omega$

$1\Omega = 10^3\text{m}\Omega = 10^6\mu\Omega$

전자의 이동(전류)이 흐르기 쉬운 정도를 나타내기 위해서는 저항의 역수인 컨덕턴스를 쓰는데, 이것을 G라 할 때 단위는 모우(mho) 또는 지멘스(S)를 쓰며 저항값의 역수이다.

   $G = \dfrac{1}{R}[\mho, \Omega^{-1}, \text{S}]$

② 옴의 법칙 : 전류는 전압에 비례하고, 저항에 반비례한다.

   $I = \dfrac{V}{R}[\text{A}]$, $R = \dfrac{V}{I}[\Omega]$, $V = IR[\text{V}]$

02 | 전류와 전압

1) 전류

   $I = \dfrac{Q}{t}[\text{A}]$

   여기서, Q : 전하량(C), t : 시간(s)

2) 전압

   $V = \dfrac{W}{Q}[\text{V}]$

   여기서, W : 일의 양(J), Q : 전하량(C)

3) 저항의 접속

   ① 직렬접속(전류 일정) : $R = R_1 + R_2 + R_3[\Omega]$

   ② 병렬접속(전압 일정) : $R = \dfrac{1}{\dfrac{1}{R_1} + \dfrac{1}{R_2} + \dfrac{1}{R_3}}[\Omega]$

   ③ 직·병렬접속

$$R = R_1 + \dfrac{R_2 R_3}{R_2 + R_3}$$
$$+ \dfrac{R_4 R_5 R_6}{R_4 R_5 + R_5 R_6 + R_6 R_4}[\Omega]$$

4) 키르히호프의 법칙

   ① 키르히호프의 제1법칙(전류법칙)

   $I_1 + I_3 = I_2 + I_4 + I_5$

   $I_1 + I_3 + (-I_2) + (-I_4) + (-I_5) = 0$

$\sum I = 0$

② 키르히호프의 제2법칙(전압의 법칙, 폐회로에서 성립)

$V_1 + V_2 - V_3 = I(R_1 + R_2 + R_3 + R_4)$

[핵심 POINT] 전압과 전류의 측정

① 전압의 측정
- 전압계 : 전압계의 내부저항을 크게 하여 회로에 병렬로 연결한다.
  ※ 이상적인 전압계의 내부저항은 ∞이다.
- 배율기(multiplier) : 전압계의 측정범위를 넓히기 위해 전압계에 연결하는 저항(직렬접속)

$\dfrac{V_o}{V} = \dfrac{R+R_m}{R} = 1 + \dfrac{R_m}{R}$

$\therefore V_o = V\left(1 + \dfrac{R_m}{R}\right)[\mathrm{V}]$

여기서, V_o : 측정할 전압(V)
V : 전압계 전압(V)
R_m : 배율기 저항(Ω)
R : 전압계 내부저항(Ω)

② 전류의 측정
- 전류계 : 전류계의 내부저항을 작게 하여 회로에 직렬로 연결한다.
  ※ 이상적인 전류계의 내부저항은 0이다.
- 분류기(shunt) : 전류계의 측정범위를 넓히기 위해 전류계에 연결하는 저항(병렬접속)

$\dfrac{I_o}{I} = \dfrac{R_s+R}{R_s} = 1 + \dfrac{R}{R_s}$

$\therefore I_o = I\left(1 + \dfrac{R}{R_s}\right)[\mathrm{A}]$

여기서 I_o : 측정할 전류(A)
I : 전압계 전류(A)
R_s : 분류기 저항(Ω)
R : 전류계 내부저항(Ω)

---

5) 휘트스톤브리지(Wheatstone bridge)

저항 P, Q, R, X와 검류계를 접속한 회로를 휘트스톤브리지회로라 한다.

① 평형조건 : $PR = QX$

② 미지저항 : $X = \dfrac{P}{Q}R$

※ 평형조건이 만족된 때는 a–c 및 a–d 간의 전압강하가 같아 c–d 간의 전위차가 0V가 된다. 따라서 검류계에는 전류가 흐르지 않게 된다.

6) 전기저항의 성질

① 고유저항(ρ)

$R = \rho\dfrac{l}{A}[\Omega] \rightarrow \rho = \dfrac{RA}{l}[\Omega\cdot\mathrm{m}]$

② 도전율 : $\lambda = \dfrac{1}{\rho} = \dfrac{l}{RA}[\mho/\mathrm{m}]$

여기서, R : 저항(Ω), l : 물체의 길이(m)
A : 물체의 단면적(m^2)
ρ : 고유저항값($\Omega\cdot\mathrm{m}$)
λ : 도전율($\mho/\mathrm{m}$)

[핵심 POINT] 역용량(정전용량의 역수)

엘라스턴스(elastance) = $\dfrac{V}{Q}\left[\dfrac{1}{\mathrm{F}}\right]$

---

03 | 전력과 전력량

1) 전력

$P = \dfrac{VQ}{t} = VI = I^2R = \dfrac{V^2}{R}[\mathrm{W}]$

$1\mathrm{mW} = 10^{-3}\mathrm{W}$, $1\mathrm{W} = 1,000\mathrm{mW} = 10^{-3}\mathrm{kW}$
$1\mathrm{kW} = 1,000\mathrm{W}$, $1\mathrm{HP} = 746\mathrm{W} = 0.746\mathrm{kW}$

2) 전력량

$W = VIt = Pt[\mathrm{Wh}]$

$1\mathrm{kWh} = 10^3\mathrm{Wh} = 3.6\times10^6\mathrm{J} = 3.6\times10^6\times\dfrac{1}{4,186}$

$\qquad = 860\mathrm{kcal} = 3,600\mathrm{kJ}$

---

04 | 전자력

1) 플레밍의 왼손법칙

왼손의 세 손가락(엄지손가락, 집게손가락, 가운뎃손가락)을 서로 직각으로 펼치고, 가운뎃손가락을 전류, 집게손가락을 자장의 방향으로 하면 엄지손가락의 방향이 힘의 방향이다. 이것을 플레밍의 왼손법칙이라 한다(전동기에 적용).

2) 플레밍의 오른손법칙

유도기전력의 방향은 자장의 방향을 오른손의 집게손가락이 가리키는 방향으로 하고, 도체를 엄지손가락방향으로 움직이면 가운뎃손가락방향으로 전류가 흐른다. 이 현상을 플레밍의 오른손법칙이라 한다 (발전기에 적용).

3) 패러데이의 법칙(유도기전력의 크기)

유도기전력의 크기는 코일을 지나는 자속의 매초 변화량과 코일의 권수에 비례한다.

$$V = -N\frac{\Delta\phi}{\Delta t}[\text{V}]$$

여기서, V : 유도기전력의 크기

$\dfrac{\Delta\phi}{\Delta t}$: 자속의 변화율(자속의 매초 변화량)

N : 코일의 권수(감김수)

4) 렌츠의 법칙

전자유도현상에 의해 생기는 유도기전력의 방향을 정하는 법칙이다. 즉 전자유도에 의해 생긴 기전력의 방향은 전류가 만드는 자속이 항상 원래 자속의 증가 또는 감속을 방해하는 방향이다.

> **[핵심 POINT] 교류회로의 옴(Ohm)의 법칙**
> 회로소자의 저항(R), 인덕턴스(L), 커패시턴스(C)에 있어 전압(V), 전류(I)로 하면 임피던스(Z)는
> $$V = IR = I(j\omega L) = I\frac{1}{j\omega C}$$
> $$Z = R = j\omega L = \frac{1}{j\omega C}$$

09 CHAPTER 시퀀스제어

01 | 릴레이접점

① a접점
  ㉠ 접점의 상태 : 열려 있는 접점
  ㉡ 별칭
    • 메이크접점(회로를 만드는 접점)
    • 상개접점(NO접점 : 항상 열려 있는 접점)
② b접점
  ㉠ 접점의 상태 : 닫혀 있는 점점
  ㉡ 별칭
    • 브레이크접점
    • 상폐접점(NC접점 : 항상 닫혀 있는 접점)

③ c접점
  ㉠ 접점의 상태 : 전환접점
  ㉡ 별칭
    • 브레이크메이크접점
    • 트랜스퍼접점

02 | 논리시퀀스회로

회로	논리식
AND회로(논리적회로)	$C = A \cdot B$
NAND회로	$C = \overline{A \cdot B}$
NOT회로(논리부정회로)	$C = \overline{A}$
X-NOR	$C = \overline{A \oplus B}$
OR회로(논리합회로)	$C = A + B$
NOR회로	$C = \overline{A + B}$
Exclusive-OR (배타적 논리합회로)	$C = \overline{A} \cdot B + A \cdot \overline{B}$ $= A \oplus B$

03 | 응용회로

1) 자기유지회로

회로상태에서 전기를 연결하면 릴레이에 전자석이 발생되어 접점을 연결시키므로 계속적인 전류가 흐르는 회로

2) 인터록회로

2대 이상의 기기를 운전하는 경우에 그 운전순서를 결정 또는 동시 기동을 피하거나 일정한 조건이 충전되지 않았을 때는 다음 기기가 운전되지 않도록 할 필요가 있는 경우에 사용하는 전기적 회로

> **[핵심 POINT] 논리공식(불대수의 기본정리)**
> • 교환법칙 : $A + B = B + A$, $AB = BA$
> • 결합법칙 : $(A + B) + C = A + (B + C)$
> $(AB)C = A(BC)$
> • 분배법칙 : $A(B + C) = AB + AC$
> $A + BC = (A + B)(B + C)$
> • 동일법칙 : $A + A = A$, $AA = A$
> • 부정법칙 : $\overline{\overline{A}} = A$
> • 흡수법칙 : $A + AB = A$, $A(A + B) = A$

- 항등법칙 : $A+0=A$, $A+1=1$
  $A \cdot 1=A$, $A \cdot 0=0$
- 드 모르간 정리 : $\overline{A+B}=\overline{A} \cdot \overline{B}$, $\overline{A \cdot B}=\overline{A}+\overline{B}$

접점회로	논리도	논리공식
		$AA=A$
		$A+A=A$
		$A\overline{A}=0$
		$A+\overline{A}=1$
		$A(A+B)=A$
		$AB+A=A$

10 CHAPTER 제어기기 및 회로

01 | 제어

1) 분류

(1) 제어량의 성질에 의한 분류

① 프로세스기구 : 온도, 유량, 압력, 액위, 농도, 밀도 등의 플랜트나 생산공정 중의 상태량을 제어량으로 하는 제어로서 외란의 억제를 주목적으로 한다(온도, 압력제어장치).

② 서보기구 : 물체의 위치, 방위, 자세, 각도 등의 기계적 변위를 제어량으로 해서 목표값이 임의의 변화에 추종하도록 구성된 제어계이다(비행기 및 선박의 방향제어계, 미사일발사대의 자동위치제어계, 추적용 레이더의 자동평형기록계).

③ 자동조정기구 : 전압, 전류, 주파수, 회전속도, 힘 등 전기적·기계적 양을 주로 제어하는 것으로서 응답속도가 대단히 빨라야 하는 것이 특징이다(발전기의 조속기제어, 전전압장치제어).

(2) 제어목적에 의한 분류

① 정치제어 : 제어량을 어떤 일정한 목표값으로 유지하는 것을 목적으로 하는 제어법

② 프로그램제어 : 미리 정해진 프로그램에 따라 제어량을 변화시키는 것을 목적으로 하는 제어법 (엘리베이터, 무인열차)

③ 추종제어 : 미지의 임의 시간적인 변화를 하는 목표값에 제어량을 추종시키는 것을 목적으로 하는 제어법(대공포, 비행기)

④ 비율제어 : 목표값이 다른 것과 일정 비율관계를 가지고 변화하는 경우의 추종제어법(배터리)

(3) 제어동작에 의한 분류

① ON-OFF동작 : 설정값에 의하여 조작부를 개폐하여 운전한다. 제어결과가 사이클링(cycling)이나 오프셋(offset)을 일으키며 응답속도가 빨라야 되는 제어계에 사용 불가능하다(대표적인 불연속제어계).

② 비례동작(P동작) : 검출값편차의 크기에 비례하여 조작부를 제어하는 것으로 정상오차를 수반한다. 사이클링은 없으나 오프셋을 일으킨다.

③ 미분동작(D동작) : 제어오차가 검출될 때 오차가 변화하는 속도에 비례하여 조작량을 가감하는 동작이다(rate동작).

④ 적분동작(I동작) : 적분값의 크기에 비례하여 조작부를 제어하는 것으로 오프셋을 소멸시키지만 진동이 발생한다.

⑤ 비례미분동작(PD동작) : 제어결과에 속응성이 있도록 미분동작을 부가한 것이다.

⑥ 비례적분동작(PI동작) : 오프셋을 소멸시키기 위하여 적분동작을 부가시킨 제어동작으로서 제어결과가 진동적으로 되기 쉽다(비례 reset동작).

⑦ 비례적분미분동작(PID동작) : 오프셋 제거, 속응성 향상, 가장 안정된 제어로 온도, 농도제어 등에 사용한다.

2) 라플라스변환의 특징

① 연산을 간단히 할 수 있다.

② 함수를 간단히 대수적인 형태로 변형할 수 있다.

③ 임펄스(impulse)나 계단(step)응답을 효과적으로 사용할 수 있다.

④ 미분방정식에서 따로 적분상수를 결정할 필요가 없다.

3) 전달함수(transfer function)

전달함수는 모든 초기값을 0으로 하였을 때 출력신호의 라플라스변환과 입력신호의 라플라스변환의 비이다.

$$G(s) = \frac{출력}{입력} = \frac{C(s)}{R(s)}$$

02 | 조절기용 기기

1) 정의

조절기는 제어량이 목표치에 신속, 정확하게 일치하도록 제어동작신호를 연산하여 조작부에 신호를 보내는 부분으로 설정부와 조절부로 구성된다.

2) 조절부에 의한 제어동작

① 비례동작(P동작) : $y(t) = K_P x(t)$

② 미분동작(D동작) : $y(t) = T_D \dfrac{dx(t)}{dt}$

③ 적분동작(I동작) : $y(t) = \dfrac{1}{T_I} \displaystyle\int x(t)dt$

④ 비례미분동작(PD동작)

$$y(t) = K_P \left[x(t) + T_D \frac{dx(t)}{dt} \right]$$

⑤ 비례적분동작(PI동작)

$$y(t) = K_P \left[x(t) + \frac{1}{T_I} \int x(t)dt \right]$$

⑥ 비례적분미분동작(PID동작)

$$y(t) = K_P \left[x(t) + \frac{1}{T_I} \int x(t)dt + T_D \frac{dx(t)}{dt} \right]$$

여기서, $y(t)$: 조작량, $x(t)$: 동작신호(편차)

K_P : 비례이득(비례감도)

T_D : 미분시간, T_I : 적분시간

03 | 조작용 기기

1) 조작용 기기의 특징

구분	유압식	공기식	전기식
안정성	인화성이 있다.	안전하다.	방폭형이 필요하다.

구분	유압식	공기식	전기식
속응성	빠르다.	장거리에는 어렵다.	늦다.
전송	장거리는 어렵다.	장거리가 되면 지연이 크다.	장거리 전송이 가능하며 지연도 적다.
적응성	관성이 적고 대출력을 얻는 것이 용이하다.	PID동작을 만들기 용이하다.	대단히 넓고 특성변형이 쉽다.
출력	저속이고 큰 출력을 얻을 수 있다.	출력이 크지않다.	감속장치가 필요하며 출력은 작다.

2) 조작용 기기의 종류

① 기계식 : 다이어프램밸브, 클러치, 밸브포지셔너, 유압조작기기(반사관, 안내밸브, 조작실린더, 조작피스톤) 등

② 전기식 : 전동밸브, 전자밸브, 2상 서보전동기, 직류서보전동기, 펄스전동기 등

04 | 검출용 기기

1) 검출용 기기의 종류

제어	검출용 기기	종류
자동 조정용	전압검출기 속도검출기	자기증폭기, 전자관 및 트랜지스터증폭기, 주파수검출기, 시프더, 회전계 발전기
서보 기구용	전위차계 차동변압기 싱크로 마이크로신	
공정제어용	유량계	교축식 유량계, 면적식 유량계(로터미터), 전자식 유량계, 차압식 유량계(벤투리미터, 노즐오리피스)
	압력계	• 기계식 : 부르동관, 벨로즈, 다이어프램 • 전기식 : 전기저항식, 파라니진공계, 전지진공계
	온도계	열전대(쌍)온도계, 저항온도계(Pt, Ni, Cu), 바이메탈온도계, 방사온도계, 광온도계

제어	검출용 기기	종류
공정제어용	습도계	전기식 건습구습도계, 광전관식 노점습도계
	액체성분계	pH(수소이온)농도계, 액체농도계

2) 검출용 기기의 변환요소

변환량	변환요소
압력 → 변위	벨로즈, 다이어프램, 스프링
변위 → 압력	노즐플래퍼, 유압분사관, 스프링
변위 → 임피던스	가변저항기, 용량형 변환기, 가변저항스프링
변위 → 전압	퍼텐쇼미터, 차동변압기, 전위차계
전압 → 변위	전자석, 전자코일
광 → 임피던스	광전관, 광전도 셀, 광전트랜지스터
광 → 전압	광전지, 광전다이오드
방사선 → 임피던스	GM관, 전리함
온도 → 임피던스	측온저항(열선, 서미스터, 백금, 니켈)
온도 → 전압	열전대(백금-백금로듐, 철-콘스탄탄, 구리-콘스탄탄, 크로멜-알루멜)

PART

01

공기조화설비

Industrial Engineer Air-Conditioning and Refrigerating Machinery

1 Chapter

공기조화이론

1 공기조화의 개요

(1) 개요

공기조화(air conditioning)라고 함은 실내의 온도, 습도, 기류, 박테리아, 유독가스 등의 조건을 실내에 있는 사람 또는 물품 등에 대하여 가장 좋은 조건으로 유지하는 것을 말한다. ASHRAE(미국공조냉동공학회)에서는 일정한 공간의 요구에 알맞은 온도, 습도, 청결도, 기류분포 등을 동시에 조절하기 위한 공기취급과정이라고 정의하였다.

① **보건용 공조**(comfort air conditioning, 쾌감용 공조) : 실내의 사람을 대상으로 하는 것으로 주택, 사무실, 오피스텔, 백화점, 병원, 호텔, 극장 등의 공기조화가 이에 속한다.

② **산업용 공조**(industrial air conditioning) : 실내에서 생산되는 물품을 대상으로 하는 것이며 실내에서 운전되는 기계에 대하여 가장 적당한 실내조건을 유지하고 부차적으로 실내인원의 쾌적성을 유지하는 것을 목적으로 한다. 공장, 전화국, 실험실, 창고, 측정실 등의 공기조화가 이에 속한다.

③ **의료용 공조** : 의료활동 및 환자를 위한 설비이다.

(2) 공기조화의 4요소

① 온도(temperature)   ② 습도(humidity)

③ 기류(distribution)   ④ 청정도(cleanliness)

※ "벽면에 미치는 복사효과"를 고려하면 5대 효과라고도 함

(3) 보건용 공기조화의 기준(중앙관리방식의 공기조화설비기준)

① 부유분진량 : 0.15mg/m³ 이하(입자직경 10μm 이하)

② 건구온도 : 17℃ 이상 28℃ 이하

③ CO함유율 : 10ppm 이하(0.001% 이하)

④ 상대습도 : 40% 이상 70% 이하

⑤ CO_2함유율 : 1,000ppm 이하(0.1% 이하)

⑥ 기류 : 0.5m/s 이하

장치노점온도(ADP : Apparatus Dew Point temperature)란 실내상태점으로부터 열수분비 $\left(u = \dfrac{dh}{dx}\right)$ 또는 현열비$\left(SHF = \dfrac{q_s}{q_t} = \dfrac{q_s}{q_s + q_L}\right)$선과 평행하게 그은 선과 포화곡선(상대습도 100%)과의 교점으로 냉각코일에서 공기 중의 수증기가 응결될 때의 온도로서 건구온도 (DB), 습구온도(WB), 노점온도(DP)가 일치한다.

(4) 인체 발생열량

$$q_m = q_r + q_e + q_s [\text{W}]$$

여기서, q_r : 복사열량, q_e : 증발열량, q_s : 체내 축열량

① 인체대사량과 서한도
- 인체대사량(Met)
  - 인체대사의 양은 주로 Met단위로 측정한다.
  - 1Met는 조용히 앉아서 휴식을 취하는 성인 남성의 신체 표면적 $1m^2$에서 발생되는 평균열량으로 $58.2W/m^2$에 해당한다.
  - 작업강도가 심할수록 Met값이 커진다.
- 서한도 : 인체에 해가 되지 않는 오염물질의 농도

② clo의 조건(의복의 열저항)
- 기온 21℃, 상대습도 50%, 기류 0.15m/s의 실내에서 착석, 휴식상태의 쾌적 유지를 위한 의복의 열저항을 1clo라고 한다.
- 실온이 약 6.8℃ 내려갈 때마다 1clo의 의복을 겹쳐 입는다.
- 1clo는 $6.5W/m^2 \cdot K$ 열관류율값(또는 $0.155m^2 \cdot K/W$의 열관류저항값)에 해당하는 단열성능을 나타낸다.

③ 에너지대사율(체내 발생열량, RMR : Relative Metabolic Rate)

$$\text{RMR} = \frac{\text{작업 시 소비에너지} - \text{안정 시 소비에너지}}{\text{기초대사량}}$$

(5) 인체의 쾌적조건

사람에게 가장 쾌적한 상태란 체내 생산열량과 방산열량이 평형을 이룰 때이므로 옷을 입고 벗은 상태, 사람의 심리상태 등의 특성에 따라 쾌적영역이 달라진다. 이 쾌적도를 지표화시 킨 것에 불쾌지수(DI), 유효온도(ET), 수정유효온도(CET), 신유효온도(NET) 등이 있다. 공 조에서 사용하는 실내조건은 여름이 26℃ DB, 60% RH, 기류 0.25m/s이고, 겨울은 20℃ DB, 40% RH이다.

① 불쾌지수(DI : Discomfort Index) : 열환경에 의한 영향만 고려한 것으로 건구온도와 습구온도에 의하여 구한다.

$$불쾌지수(DI) = 0.72(DB+WB)+40.6$$

여기서, DB : 건구온도($°C$), WB : 습구온도($°C$)

[불쾌지수에 따른 쾌감상태]

불쾌지수(DI)	쾌감상태
86 이상	매우 견디기 어려운 무더위
80 이상	대부분 불쾌감을 느낌
75 이상	50% 이상 불쾌감을 느낌
70 이상	일부 불쾌감을 느낌(불쾌감을 느끼기 시작)
70 미만	쾌적함을 느낌

② 유효온도(ET : Effective Temperature, 감각온도, 실감온도, 실효온도) : 어떤 온도, 습도하에서 실내에서 느끼는 쾌감과 동일한 쾌감을 얻을 수 있는 바람이 없고 포화상태(상대습도 100%)인 실내온도로, 그 결정조건은 건구온도, 습구온도(습도), 기류가 있다(온도, 습도, 기류의 영향을 종합한 온도).

 ※ 정지공기 : 유속 0.08~0.13m/s의 공기

 ※ 유효온도 20℃라 함은 상대습도 100%, 정지공기 중에서 20℃에서 느끼는 체감온도를 말한다.

③ 수정유효온도(CET : Corrected Effective Temperature) : 유효온도의 건구온도 대신에 흑구 내에 온도계를 삽입한 글로브온도계로 측정된 온도로 효과온도(OT)와 함께 복사의 영향이 있을 때 사용된다(온도, 습도, 기류, 복사열).

 ※ 출입하는 상호 간의 온도차가 5℃ 이상일 때는 불쾌감이 강한 콜드 쇼크(cold shock)나 히트 쇼크(heat shock)를 느낀다.

④ 신유효온도(NET : New Effective Temperature) : 유효온도(ET)의 습도에 대한 과대평가를 보완하여 상대습도 100% 대신 상대습도 50%선과 건구온도 25℃선의 교차를 표시한 쾌적지표이다. 유효온도에 착의상태를 고려한 것으로 기류는 0.15m/s를 기준으로 한 온도이다.

⑤ 표준 유효온도(SET : Standard Effective Temperature)

 ㉠ 신유효온도(NET)를 발전시킨 최신 쾌적지표로서 ASHRAE에서 채택하여 세계적으로 널리 사용하고 있다.

 ㉡ 상대습도 50%, 풍속 0.125m/s, 활동량 1Met, 착의량 0.6clo의 동일한 표준 환경에서 환경변수들을 조합한 쾌적지표이다.

 ㉢ 활동량, 착의량 및 환경조건에 따라 달라지는 온열감, 불쾌적 및 생리적 영향을 비교할 때 매우 유용하다.

⑥ 작용온도(OT : Operative Temperature) : 실내기후의 더위 및 추위를 종합적으로 나타낸 온도로서 실내벽면(천장, 바닥 포함)의 평균복사온도와 실온의 평균으로 나타내며 인체가 느끼지

못할 정도의 미풍(0.18m/s)일 때에 글로브온도와 일치한다. 습도는 고려하지 않는다.

$$작용온도(OT) = \frac{평균복사온도(MRT) + 건구온도(DB)}{2}[℃]$$

⑦ 평균복사온도(MRT : Mean Radiant Temperature) : 어떤 측정위치에서 주변 벽체들의 온도를 평균한 온도이다.

⑧ 예상평균온열감(PMV : Predicted Mean Vote) : 동일한 조건에서 대사량, 착의량, 건구온도, 복사온도, 기류, 습도(6가지 요소로 재실자의 열쾌적성을 평가하는 지표)를 측정하여 산정한다.

지표	-3	-2	-1	0	1	2	3
상태	매우 추움	추움	약간 추움	보통	약간 더움	더움	매우 더움

2 공기의 성질

지구상의 공기는 질소, 산소의 주성분과 아르곤, 탄산가스, 네온 등의 기타 미량의 기체로 조성되며, 여기에 수증기가 포함되어 있다. 대기 중에는 이들 공기의 구성물질 이외에 자연이나 인간이 발생하는 먼지나 가스, 증기 등도 포함되어 있다. 그러나 공기조화의 이론적인 계산에서는 건조공기와 수증기의 혼합물을 공기로 삼고 있다. 수증기를 포함하지 않는 공기를 건조공기라고 하고, 수증기를 포함하고 있는 공기를 습공기라고 한다.

2.1 공기의 종류

(1) 건조공기(dry air)

수증기를 전혀 함유하지 않은 건조한 공기이다.

① 조성비율 : N_2 78%, O_2 20.93%, Ar 0.933%, CO_2 0.03%, Ne 1.8×10^{-3}%, He 5.2×10^{-4}%
② 평균분자량(M_a) : 28.964kg/kmol
③ 기체상수(R_a) : 287N·m/kg·K(=0.287kJ/kg·K)
④ 비중량(r_a) : 20℃일 때 1.2kg/m³(=12.67N/m³)
⑤ 비체적(v_a) : 밀도(ρ_w)의 역수$\left(= \dfrac{1}{\rho_w} = \dfrac{1}{1.2} = 0.83\text{m}^3/\text{kg}(20℃ \ 공기일 \ 때)\right)$
⑥ 공기밀도(ρ_w) : 1.2kg/m³(20℃ 공기일 때)

(2) 습공기(moist air)

건조공기 중에 수분을 함유한 것으로, 수분은 기계적인 상태로 혼합되어 있다.

구분	설명
상태	습공기＝건공기+수증기
질량	건공기질량+수증기질량＝1+x[kg]
압력(P)	대기압(전압)＝건공기분압+수증기분압($P=P_a+P_w$)
비체적(v)	습공기 비체적(v)＝건공기 비체적(v_a)+수증기 비체적(v_w)

(3) 포화공기(saturated air)

공기 중에 포함된 수증기량은 공기온도에 따라 한계가 있다(온도, 압력에 따라 변한다). 최대 한도의 수증기를 포함한 공기를 포화공기라 한다. 공기의 온도가 상승하면 포화압력도 상승하여 공기는 보다 많은 수증기를 함유할 수 있게 되며, 온도가 내려가면 공기가 함유할 수 있는 수증기의 한도는 작아져 포화압력은 내려간다.

(4) 무입공기(안개 낀 공기)

t[℃]인 포화공기의 온도를 서서히 내려 t'[℃]로 하면 $(x-x')$만큼 수증기는 응축하여 미세한 물방울이나 안개상태로 공중에 떠돌아다닌다. 이와 같은 공기를 무입공기라 한다.

(5) 불포화공기(unsaturated air)

포화점을 도달하지 못한 습공기로서, 실제 공기의 대부분은 불포화공기가 된다.
※ 포화공기를 가열하면 불포화공기가 되고, 냉각하면 과포화공기(과냉각공기)가 된다.

2.2 공기의 상태치

(1) 건구온도(DB : Dry Bulb temperature, t[℃])

보통의 온도계가 지시하는 온도이다.

(2) 습구온도(WB : Wet Bulb temperature, t'[℃])

습구온도계로 측정한 온도로서, 감온부를 천으로 싸고 물을 적셔 증발의 냉각효과를 고려한 온도이다. 습구온도는 건조할수록 낮아지며 건구온도보다 항상 낮고 포화상태일 때만 건구온도와 같다.

(3) 노점온도(DP : Dew Point temperature, t''[℃])

습공기 중의 수증기가 공기로부터 분리되어 응축하기 시작할 때의 온도, 즉 습공기의 수증기분압과 동일한 분압을 갖는 포화습공기의 온도를 말한다.

(4) 절대습도(SH : Specific Humidity, x [kg′/kg DA])

대기(습공기)의 전체 질량에 대한 수증기의 양을 의미한다.

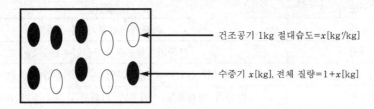

건조공기 1kg 절대습도=x[kg′/kg]

수증기 x[kg], 전체 질량=1+x[kg]

※ 감습, 가습함이 없이 냉각, 가열만 할 경우 절대습도는 변하지 않는다.

$$x = \frac{\gamma_w}{\gamma_a} = \frac{\dfrac{P_w}{R_w T}}{\dfrac{P_a}{R_a T}} = \frac{\dfrac{P_w}{461}}{\dfrac{P - P_w}{287}} = 0.622 \frac{P_w}{P - P_w} = 0.622 \frac{\phi P_s}{P - \phi P_s}$$

여기서, P_w : 수증기분압(Pa=N/m^2), P_a : 건공기분압(N/m^2)

R_w : 수증기의 가스정수(461N·m(J)/kg·K=0.461kJ/kg·K)

R_a : 건공기의 가스정수(287N·m(J)/kg·K=0.287kJ/kg·K)

(5) 상대습도(RH : Relative Humidity, ϕ [%])

수증기분압과 동일 온도의 포화습공기의 수증기분압의 비로서, 1m^{3}의 습공기 중에 함유된 수분의 질량과 이와 동일 온도의 1m^{3}의 포화습공기에 함유되고 있는 수분의 질량과의 비이다.

$$\phi = \frac{\gamma_w}{\gamma_s} \times 100[\%] = \frac{P_w}{P_s} \times 100[\%]$$

여기서, γ_w : 습공기 1m^3 중에 함유된 수분의 질량

γ_s : 포화습공기 1m^3 중에 함유된 수분의 질량

P_w : 습공기의 수증기분압, P_s : 동일 온도의 포화습공기의 수증기분압

※ 공기를 가열하면 상대습도는 낮아지고, 냉각하면 높아진다.

$\phi = 0\%$(건조공기)

$\phi = 100\%$(포화공기)

$\phi = \dfrac{P_w}{P_s}[\%]$에서 $P_w = \phi P_s$, $x = 0.622 \dfrac{\phi P_s}{P - \phi P_s}$ 이므로

$$\phi = \frac{xP}{(x + 0.622)P_s}$$

(6) 포화도(SD : Saturation Degree, ψ [%], 비교습도)

습공기의 절대습도와 동일 온도의 포화습공기의 절대습도의 비이다.

$$\psi = \frac{x}{x_s} \times 100[\%] = \frac{0.622\dfrac{\phi P_s}{P-\phi P_s}}{0.622\dfrac{P_s}{P-P_s}} = \phi\frac{P-P_s}{P-\phi P_s}[\%]$$

여기서, x : 습공기의 절대습도(kg′/kg), x_s : 동일 온도의 포화습공기의 절대습도(kg′/kg)

(7) 비체적(specific volume, v [m³/kg])

1kg의 질량을 가진 건조공기를 함유하는 습공기가 차지하는 체적이다. 건조공기 1kg에 함유된 수증기량을 x[kg]이라고 하면

① 건조공기 1kg의 상태식(기체상태방정식) : $P_a v = R_a T$

② 수증기 x[kg]의 상태식 : $P_w v = x R_w T$

③ $P = P_a + P_w$에서 $Pv = (P_a + P_w)v = (R_a + xR_w)T$ 이므로

$$v = \frac{T(R_a + xR_w)}{P} = (287 + 461x)\frac{T}{P} = 461(0.622 + x)\frac{T}{P}[\text{m}^3/\text{kg}]$$

(8) 습공기의 비엔탈피(specific enthalpy, h [kJ/kg])

습공기의 엔탈피는 건조공기가 그 상태에서 가지고 있는 열량(현열)과 동일 온도에서 수증기가 갖고 있는 열량(잠열+현열)과의 합이다. 즉 단위질량의 습공기가 갖는 현열량과 잠열량의 합이다.

> **P**oint
>
> 건조공기 1kg에 함유된 수증기량이 x[kg]일 때
> - 건조공기의 현열량(i_a) : 0℃의 건조공기를 0으로 한다.
>
> $$i_a = C_p t = 1.005t[\text{kJ/kg}]$$
>
>   여기서, C_p : 공기의 정압비열(=1.005kJ/kg · K)
> - 수증기의 비엘탈피(i_w) : 0℃의 건조공기를 0으로 한다.
>
> $$i_w = r_0 + C_{pw}t = 2,501 + 1.85t[\text{kJ/kg}]$$
>
>   여기서, r_0 : 수증기 0℃에서의 증발잠열(=2,501kJ/kg)
>
> C_{pw} : 수증기의 정압비열(=1.85kJ/kg)
> - 습공기의 비엔탈피(h)
>
> $$h = h_a + xh_w = 0.24t + x(597.3 + 0.441t)[\text{kcal/kg}]$$
> $$= 1.005t + x(2,501 + 1.85t)[\text{kJ/kg}]$$

(9) 현열비(SHF : Sensible Heat Factor, 감열비)

전열량에 대한 현열량의 비로써, 실내로 취출되는 공기의 상태변화를 나타낸다.

$$SHF = \frac{q_s}{q_t} = \frac{q_s}{q_s + q_L}$$

(10) 열수분비(moisture ratio, u)

비엔탈피(전열량)변화량과 실내습도(수증기량)변화량의 비를 나타낸 값이다.

$$u = \frac{dh}{dx} = \frac{h_2 - h_1}{x_2 - x_1}$$

$dh = 0$이면 $u = 0$, $dx = 0$이면 $u = \infty$이다.

① 열평형과 물질평형 : 단열된 덕트 내에 공기를 통하고, 이것에 열량 q_s[kJ/h]과 수분 L [kg/h]을 가한다.

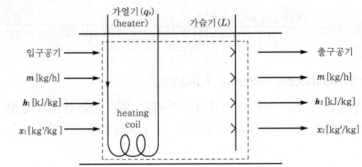

㉠ 열평형(energy balance)

장치로 들어오는 총열량$= m h_1 + q_s + L h_L$

장치로부터 나가는 총열량$= m h_2$

∴ 열평형식$= m h_1 + q_s + L h_L = m h_2$

$$h_2 - h_1 = \frac{q_s + L h_L}{m}[\text{kJ/kg}]$$

㉡ 수분에 대한 물질평형(mass balance)

장치에 들어간 총물질(수분)량$= m x_1 + L$

장치에서 나가는 총물질(수분)량$= m x_2$

∴ 물질평형식$= m x_1 + L = m x_2$

$L = m(x_2 - x_1)$

② 열수분비(u) : 열평형식을 물질평형식으로 나누면

$$u = \frac{h_2 - h_1}{x_2 - x_1} = \frac{q_s + Lh_L}{L} = \frac{q_s}{L} + h_L$$

여기서, h_1 : 변화 전의 습공기 비엔탈피(kJ/kg), h_2 : 변화 후의 습공기 비엔탈피(kJ/kg)

$\quad\quad\quad h_L$: 수분의 비엔탈피(kJ/kg), x_1 : 변화 전의 습공기 절대습도(kg′/kg)

$\quad\quad\quad x_2$: 변화 후의 습공기 절대습도(kg′/kg), L : 증감된 전수분량(kg/kg)

$\quad\quad\quad q_s$: 증감된 현열량(kJ/h)

(11) 습공기의 단열포화온도(adiabatic saturation temperature, t'[℃])

외부와 단열된 용기 내에서 물이 포화습공기와 같은 온도로 되어 공존할 때의 온도, 즉 완전히 단열된 air washer를 사용하여 같은 물을 순환분무해서 공기를 포화시킬 때 출구공기의 온도를 단열포화온도라고 한다. 풍속이 5m/s 이상인 기류 중에서 놓인 습구온도계의 눈금은 단열포화온도와 같다.

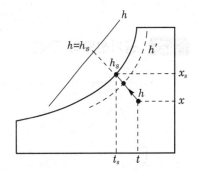

$$세정(분무)가습효율(\eta_w) = \frac{x' - x}{x_s - x} \times 100[\%]$$

$$= \frac{t - t'}{t - t_s} \times 100[\%]$$

3　습공기선도

3.1　습공기선도의 구성과 읽는 방법

① 습공기선도를 구성하는 요소에는 건구온도, 습구온도, 노점온도, 절대습도, 상대습도, 수증기분압, 비체적, 비엔탈피, 현열비, 열수분비 등이 있다.

② 습공기선도를 구성하고 있는 요소들 중 2가지만 알면 나머지 모든 요소들을 알아낼 수 있다.

③ 공기를 냉각, 가열하여도 절대습도(x)는 변하지 않는다. 즉 공기를 냉각하면 상대습도는 높아지고, 공기를 가열하면 상대습도는 낮아진다.

④ 습구온도와 건구온도가 같다는 것은 상대습도가 100%인 포화공기임을 뜻한다.

⑤ 습구온도가 건구온도보다 높을 수는 없다.

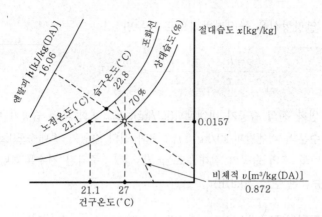

[습공기선도 보는 법]

3.2 공기선도의 구성

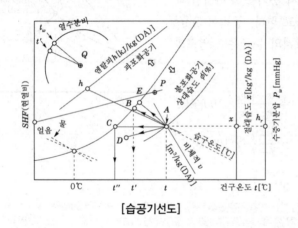

[습공기선도]

- SHF : 현열비
- RH : 상대습도(%)
- t'(WB) : 습구온도(℃)
- h : 엔탈피(kJ/kg)
- t(DB) : 건구온도(℃)
- P_w : 수증기분압
- u : 열수분비
- SD : 포화도(%)
- v : 비체적(m³/kg)
- t''(DP) : 노점온도(℃)
- x : 절대습도(kg′/kg)

$$열수분비(u) = \frac{비엔탈피변화량}{절대습도변화량} = \frac{dh}{dx} = \frac{h_2 - h_1}{x_2 - x_1}$$

$$현열비(SHF) = \frac{현열량}{비엔탈피변화량(전열량)} = \frac{q_s}{q_t} = \frac{q_s}{q_s + q_L}$$

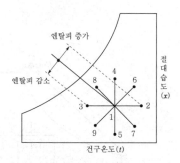

- 1 → 2 : 현열, 가열(sensible heating)
- 1 → 3 : 현열, 냉각(sensible cooling)
- 1 → 4 : 가습(humidification)
- 1 → 5 : 감습(dehumidification)
- 1 → 6 : 가열, 가습(heating and humidifying)
- 1 → 7 : 가열, 감습(heating and dehumidifying)
- 1 → 8 : 냉각, 가습(cooling and humidifying)
- 1 → 9 : 냉각, 감습(cooling and dehumidifying)

[공기조화의 각 과정]

절대습도와 노점온도는 서로 평행하므로 상태점을 찾을 수 없다.

습공기($h-x$)선도의 구성

표준 대기압상태에서 습공기의 성질을 표시하고 건구온도(t), 습구온도(t'), 노점온도(t''), 상대습도(ϕ), 절대습도(x), 수증기분압(P_w), 비엔탈피(h), 비체적(v), 현열비(SHF), 열수분비(u) 등으로 구성되어 있다.

- 습공기선도에서의 각 상태점

구분	기호	단위	구분	기호	단위
건구온도	DB(t)	℃	수증기분압	P_w	mmHg
습구온도	WB(t')	℃	상대습도	ϕ	%
노점온도	DP(t'')	℃	비엔탈피	h	kJ/kg
절대습도	x	kg′/kg	비체적	v	m³/kg

- 습공기선도

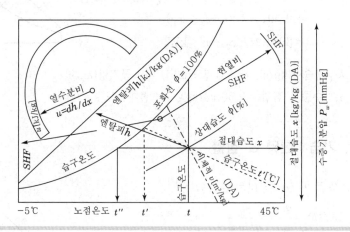

4 공기선도의 상태변화

4.1 가열, 냉각 ; 현열(감열)

$$q_s = m(h_2 - h_1) = mC_p(t_2 - t_1)$$
$$= \rho QC_p(t_2 - t_1) \fallingdotseq 1.21Q(t_2 - t_1)[\text{kW}]$$

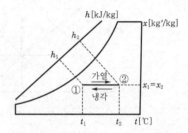

여기서, q_s : 현열량(kW)

m : 공기량$(= \rho Q = 1.2Q)(\text{kg/s})$

C_p : 공기의 정압비열$(=1.005\text{kJ/kg} \cdot \text{K})$

ρ : 공기의 밀도(비질량)$(=1.2\text{kg/m}^3)$

Q : 단위시간당 공기통과 체적량(m^3/s), t : 건구온도(℃)

냉각 시 냉각코일의 표면온도가 통과공기의 노점온도 이상일 때는 절대습도가 일정한 상태에서 냉각되고, 그 이하일 때는 냉각과 동시에 제습된다.

4.2 가습, 감습 ; 잠열(숨은열)

$$L = m(x_2 - x_1)$$
$$\therefore q_L = m(h_2 - h_1) = \gamma_o L$$
$$= 2,501m(x_2 - x_1) = 2,501\rho Q(x_2 - x_1)$$
$$= 2,501 \times 1.2Q(x_2 - x_1)$$
$$= 3001.2Q(x_2 - x_1)[\text{kW}]$$

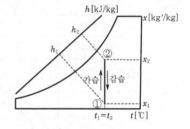

여기서, L : 가습량(kg/s), q_L : 잠열량(kW), m : 공기량(kg/s)

γ_o : 수증기 잠열$(=2,501\text{kJ/kg})$, x : 절대습도(kg'/kg)

4.3 가열, 가습 ; 현열 & 잠열

$$q_t = m(h_3 - h_1) = q_s + q_L[\text{kW}]$$

$$SHF = \frac{q_s}{q_t} = \frac{q_s}{q_s + q_L}$$

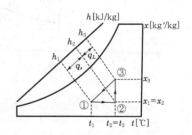

여기서, q_t : 전열량(kW), m : 공기량(kg/s)

q_s : 현열량(kW), q_L : 잠열량(kW), SHF : 현열비

4.4 단열혼합

외기(OA)를 2, 외기풍량(외기량)을 Q_2, 실내환기(RA)를 1, 실내풍량을 Q_1이라고 할 때 혼합 공기 3의 온도이다.

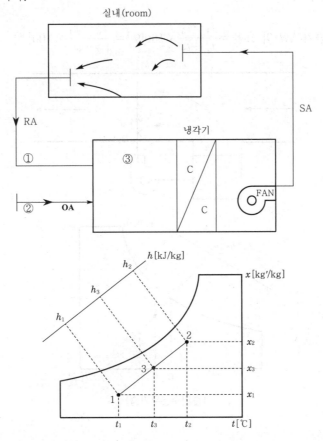

> **핵심 체크**
>
> $$t_3 = \frac{Q_1 t_1 + Q_2 t_2}{Q_1 + Q_2 (= Q)}[℃] \qquad x_3 = \frac{Q_1 x_1 + Q_2 x_2}{Q_1 + Q_2 (= Q)}[kg'/kg]$$
>
> $$h_3 = \frac{Q_1 h_1 + Q_2 h_2}{Q_1 + Q_2 (= Q)}[kJ/kg] \qquad 급기량(송풍량,\ Q) = 환기량(Q_1) + 외기량(Q_2)[m^3/h]$$

4.5 가습방법의 분류

(1) 순환수분무가습(단열, 가습, 세정)

순환수를 단열하여 공기세정기(air washer)에서 분무할 경우 입구공기 '1'은 선도에서 점 '1'을

Air-Conditioning Refrigerating Machinery

통과하는 습구온도선상이 포화곡선을 향하여 이동한다. 이때 엔탈피는 일정하며($h_1 = h_2$), 이것을 단열변화(단열가습)라 한다. 공기세정기의 효율은 100%가 되며, 통과공기는 최종적으로 포화공기가 되어 점 '2'의 상태로 되나, 실제로는 효율 100% 이하이기 때문에 선도에서 '3'과 같은 상태에서 그친다.

$$\text{가습기(AW)의 효율} = \frac{t_1 - t_3}{t_1 - t_2} \times 100[\%] = \frac{x_3 - x_1}{x_2 - x_1} \times 100[\%]$$

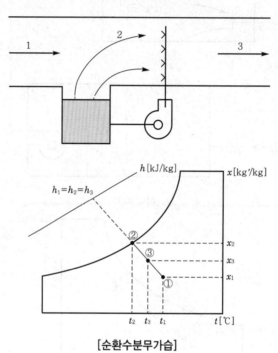

[순환수분무가습]

(2) 온수분무가습

순환수를 가열하여 공기에 분무하면 통과공기는 가습됨과 동시에 분무하는 물의 온도와 양에 따라 건구온도가 변화한다. 선도에 표시할 때에는 입구공기 '1'은 포화공기선상에서 온수온도 '2'를 취하고, 이를 직선으로 연결하여 공기세정기(AW)의 효율점 '3'을 출구상태로 한다.

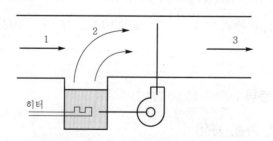

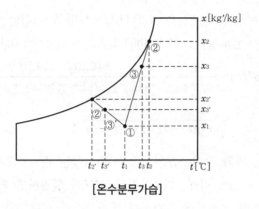

[온수분무가습]

(3) 증기가습

가습기(AW)에서 가장 많이 사용되는 방법으로 포화증기를 직접 통과공기 중에 분무하여 건구온도와 습도가 모두 상승하는 가열, 가습의 상태가 된다.

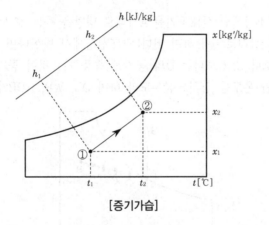

[증기가습]

4.6 현열비(SHF)

실내를 DB t_2[℃], x_2[kg′/kg]가 되도록 냉방을 하는 경우 송풍기 온도는 실내보다 낮은 DB t_1[℃], x_1[kg′/kg]의 상태이어야 한다.

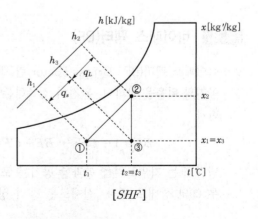

[SHF]

$$\text{현열}(q_s) = m\,C_p(t_2 - t_1) = 1.21\,Q(t_2 - t_1)[\text{kW}=\text{kJ/s}]$$

$$\text{잠열}(q_L) = \gamma_o\,m(x_2 - x_1) = 3001.2\,Q(x_2 - x_1)[\text{kW}=\text{kJ/s}]$$

$$\text{현열비}(SHF) = \frac{q_s}{q_s + q_L} = \frac{m\,C_p(t_2 - t_1)}{m\,C_p(t_2 - t_1) + \gamma_o\,m(x_2 - x_1)}$$

$$= \frac{C_p(t_2 - t_1)}{C_p(t_2 - t_1) + \gamma_o(x_2 - x_1)}$$

위 식에서 알 수 있는 바와 같이 SHF는 송풍량(m)에는 관계없으며 C_p와 γ_o는 상수이므로 SHF가 일정하면 $(t_2 - t_1)$에 비례한다. 따라서 SHF가 일정하면 최초 상태 ①과 최후 상태 ②는 선도상에서 일정한 직선상에 존재하게 된다.

※ 현열비(SHF)선은 항상 취출공기에서 시작하여 실내공기로 끝난다.

4.7 장치노점온도(ADP : Apparatus Dew Point)

SHF가 일정한 경우 B상태인 실내공기를 A상태로 냉방을 하는 경우에는 B-A의 연장선상인 B-A=A-B′인 점 B′상태로 송풍하면 된다(SHF선상에서 벗어나면 E와 같은 상태가 된다). 이 경우 B′인 공기보다 C, C보다는 D의 공기를 송풍하는 것이 공기량이 적게 든다. 또 그 극한점이 E의 상태인 온도를 장치노점온도라 하며 DB, WB, ADP가 일치한다($t'' = t' = t$).

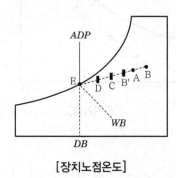

[장치노점온도]

4.8 바이패스 팩터(BF)

바이패스 팩터(BF : Bypass Factor)란 냉각 또는 가열코일과 접촉하지 않고 그대로 통과하는 공기의 비율을 말하며, 완전히 접촉하는 공기의 비율을 콘택트 팩터(CF : Contact Factor)라 한다.

$$BF = 1 - CF \;\rightarrow\; BF + CF = 1$$

냉각 또는 가열코일을 통과할 공기는 포화상태로는 되지 않는다. 이상적으로 포화되었을 경우 ②의 상태로 되나, 실제로는 ③의 상태로 된다.

$$BF = \frac{t_3 - t_2}{t_1 - t_2} \times 100[\%]$$

$$CF = \frac{t_1 - t_3}{t_1 - t_2} \times 100[\%]$$

$$\therefore \ t_3 = t_2 + BF(t_1 - t_2)$$
$$= t_1 - CF(t_1 - t_2)[\text{℃}]$$

※ 코일의 열수가 증가하면 BF는 감소한다.

2열 : $(BF)^2$, 4열 : $(BF)^4$, 6열 : $(BF)^6$

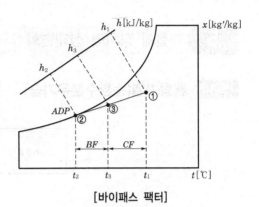

[바이패스 팩터]

4.9 순환수에 의한 가습

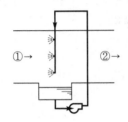

(a) 순환수가습
(단열분무가습)

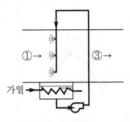

(b) 온수가습

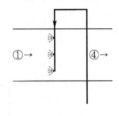

(c) 증기가습

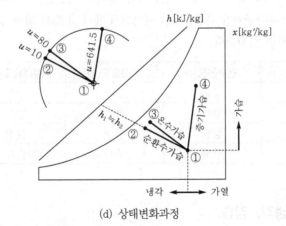

(d) 상태변화과정

🔑 열수분비(증기가습)

열수분비(u)는 증기의 비엔탈피와 같다.

$$u = \frac{\Delta h}{dx} = \frac{dx(2,501 + 1.85t)}{dx} = 2,501 + 1.85t[\text{kJ/kg}]$$

5 실제 장치의 상태변화

5.1 혼합가열(순환수분무가습)

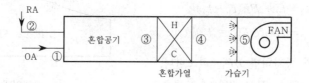

- OA : 외기도입공기(Out Air)
- HC : 가열코일(Heating Coil)
- RA : 실내리턴공기(Return Air)

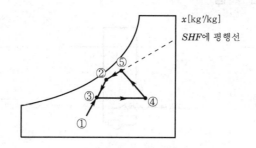

- ① → ③, ② → ③과정 : 외부의 도입공기와 실내의 리턴공기가 혼합되는 과정
- ③ → ④과정 : 혼합공기가 가열코일을 지나면서 에너지(열)를 받아 상대습도는 내려가고, 건구온도와 엔탈피는 올라간다.

상태	건구온도(t)	상대습도(ϕ)	절대습도(x)	엔탈피(h)
① → ③	상승	감소	상승	증가
② → ③	강하	증가	감소	감소
③ → ④	상승	감소	일정	증가
④ → ⑤	강하	증가	증가	일정

5.2 혼합냉각(냉각, 감습)

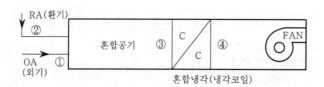

- RA : 실내리턴공기(Return Air)
- CC : 냉각코일(Cooling Coil)

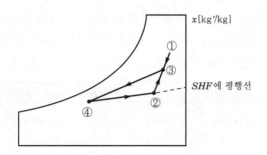

- ① → ③ ← ②과정 : 외부의 도입공기와 실내의 리턴공기가 혼합되는 과정
- ③ → ④과정 : 혼합공기가 냉각코일을 지나면서 에너지(열)를 빼앗겨 상대습도는 올라가고, 건구온도와 엔탈피는 내려간다. 이때 냉각코일을 지나면서 노점온도까지 내려가고, 이후에 절대습도도 내려간다. 이슬 맺힘(노점온도)은 보통 상대습도 90~95%에서 일어난다.

상태	건구온도(t)	상대습도(ϕ)	절대습도(x)	엔탈피(h)
① → ③	감소	감소	감소	감소
② → ③	상승	상승	상승	상승
③ → ④	감소	상승	감소	감소

5.3 혼합 → 가열 → 온수분무가습

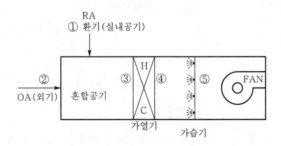

- OA : 외기도입공기
- HC : 가열코일
- RA : 실내리턴공기

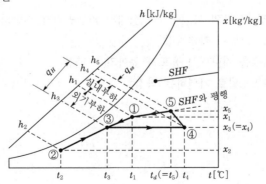

- ①→③←②과정 : 외부의 도입공기와 실내의 리턴공기가 혼합되는 과정
- ③→④과정 : 혼합공기가 히터로 가열된 온수분무를 지나면서 습도가 높아지는 과정
- ④→⑤←①과정 : 가열코일이 지난 공기가 일부 바이패스한 공기와 만나는 과정

상태	건구온도(t)	상대습도(ϕ)	절대습도(x)	비엔탈피(h)
①→③	감소	증가	감소	감소
②→③	증가	감소	증가	증가
③→④	증가	감소	일정	증가
④→⑤	감소	증가	증가	일정
⑤→①	감소	증가	감소	감소

5.4 혼합 → 예열 → 세정(순환수분무) → 가열

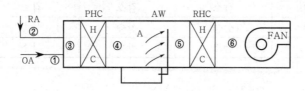

- OA : 외기도입공기
- AW : 에어워셔
- RA : 실내리턴공기
- RHC : 재열코일
- PHC : 예열코일

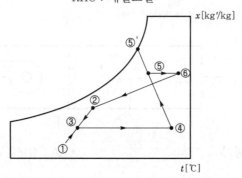

- ①→③←②과정 : 외부의 도입공기와 실내의 리턴공기가 혼합되는 과정
- ③→④과정 : 예열코일로 가열과정
- ④→⑤과정 : 세정을 지나면서 습도가 높아지는 과정
- ⑤→⑥과정 : 가열코일로 가열하는 과정

상태	건구온도(t)	상대습도(ϕ)	절대습도(x)	비엔탈피(h)
① → ③	상승	변화	상승	증가
② → ③	감소	변화	감소	감소
③ → ④	상승	감소	일정	증가
④ → ⑤	감소	상승	상승	일정
⑤ → ⑥	상승	감소	일정	증가
⑥ → ②	감소	증가	감소	감소

5.5 외기 예열 → 혼합 → 세정(순환수분무가습) → 재열

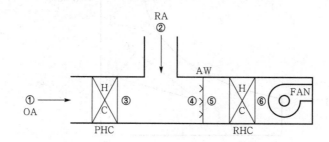

- OA : 외기도입공기
- PHC : 예열코일
- RA : 실내리턴공기
- RHC : 재열코일

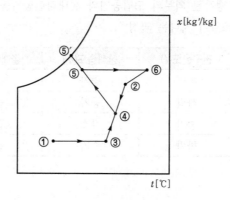

- ① → ③과정 : 외기(OA) 예열
- ② → ④ ← ③과정 : 외부의 도입공기와 실내의 리턴공기(RA)가 혼합되는 과정
- ④ → ⑤과정 : 세정(A/W)분무(단열가습)
- ⑤ → ⑥과정 : 재가열과정
- ⑥ → ②과정 : 장치 출구에서 실내로 유입되는 과정

5.6 외기 예냉 → 혼합 → 냉각

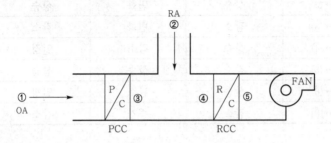

• PCC : 예냉코일　　　　　　　• RCC : 재냉각코일

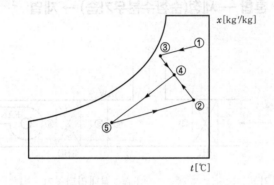

- ①→③과정 : 예냉코일로 외부의 도입공기를 냉각하는 과정
- ③→④←②과정 : 냉각된 외부의 도입공기와 실내리턴공기를 혼합되는 과정
- ④→⑤과정 : 냉각코일이 지나는 과정

상태	건구온도(t)	상대습도(ϕ)	절대습도(x)	비엔탈피(h)
①→③	하락	증가	감소	감소
②→④	하락	증가	증가	증가
③→④	증가	감소	감소	감소
④→⑤	하락	증가	감소	감소

5.7 혼합 → 냉각 → 바이패스

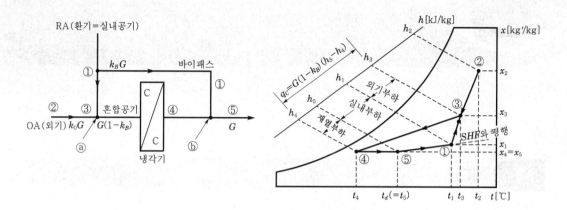

$$냉각코일부하(q_{cc}) = 외기부하 + 실내부하 + 재열부하 = h_3 - h_4 [kJ/kg]$$

$$※ \quad q_s = \rho Q C_p (t_1 - t_5) [kW]$$

$$∴ \quad t_5(취출온도) = t_1 - \frac{q_s}{\rho Q C_p} [℃]$$

Air-Conditioning Refrigerating Machinery

2 Chapter 공기조화계획

1 조닝

(1) 조닝

공기조화설비의 효율적인 제어 및 관리를 위하여 건축물
내의 공간을 동일한 부하특성을 나타내는 몇 개의 공조계통
으로 구분하여 각 구역에 별개의 계통으로 덕트나 냉온수배
관을 하여 시스템을 구성하는 것을 조닝(zoning)이라 하고,
이와 같이 각각 구분된 구역을 존(zone)이라고 한다.

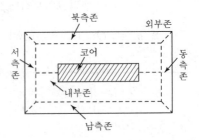

① 외부존(perimeter zone) : 건물의 외부는 태양에 의한 일
사나 외기온도에 의한 영향이 크다.

② 내부존(interior aone) : 건물의 내부는 일사의 의한 열취득이나 열손실이 작아 부하의 변동
이 크지 않으므로 주로 조명이나 재실인원에 의한 냉방부하를 주로 처리한다.

(2) 조닝의 필요성

① 각 구역의 온습도조건을 유지하기 위해서

② 합리적인 공조시스템을 적용하기 위해서

③ 에너지를 절약하기 위해서

(3) 조닝계획 시 고려사항

① 실의 용도 및 기능 ② 실내온습도조건 ③ 실의 방위
④ 실의 사용시간대 ⑤ 실의 부하량 및 특성 ⑥ 실내로의 열운송경로
⑦ 실의 요구청정도 등

(4) 방위별 존의 부하성질

외부존 동쪽 아침 8시의 냉방부하가 최대이고, 오후는 최소이다.

2 공기조화방식

(1) 중앙공조방식

① 송풍량이 많으므로 실내공기의 오염이 작다.
② 공조기가 기계실에 집중되어 있으므로 유지관리가 쉽다.
③ 대형 건물에 적합하며 리턴팬을 설치하면 외기냉방이 가능하다.
④ 덕트가 대형이고 개별식에 비해 덕트 스페이스가 크다.
⑤ 송풍동력이 크며 유닛 병용의 경우를 제외하고는 개별제어가 좋지 않다.

(2) 개별제어방식

① 개별제어가 가능하고 설비비와 운전비가 싸다.
② 이동 및 보관, 자동조작이 가능하여 편리하다(증설, 이동이 쉽다).
③ 여과기의 불완전으로 실내공기의 청정도가 나쁘고 소음이 크다.
④ 설치가 간단하나 대용량의 경우 공조기 수가 증가하므로 중앙식보다 설비비가 많이 들수 있다(대규모에는 부적당하다).
⑤ 외기냉방이 어렵다.
⑥ 덕트가 필요 없다.

(3) 공조방식의 목적

공기조화는 인간을 대상으로 하는 보건공조와 물품을 주된 대상으로 하는 산업공조로 대별되며, 공장 등에서는 주된 목적과 부수되는 목적을 명확하게 해야 한다. 공기조화시스템을 공조방식이라 하며 보통 공조설비 전체 중 열설비를 1차측이라 하고, 공기처리설비를 2차측이라 한다.

(4) 공조방식의 분류

구분	열매체	공조방식
중앙방식	전공기방식	정풍량 단일덕트방식, 이중덕트방식, 멀티존유닛방식, 변풍량 단일덕트방식, 각 층 유닛방식
	수(물)-공기방식	유인유닛방식(IDU), 복사냉난방방식(패널제어방식), 팬코일유닛(덕트 병용)방식
	전수방식	2관식 팬코일유닛방식, 3관식 팬코일유닛방식, 4관식 팬코일유닛방식
개별방식	냉매방식	패키지유닛방식, 룸쿨러방식, 멀티존방식
	직접난방방식	라디에이터(radiator, 방열기), 컨벡터(convector, 대류방열기)

> ### 핵심 체크
>
> - 송풍기의 특성곡선 : x축에 풍량(Q)의 변동에 대하여 y축에 전압(P_t), 정압(P_s), 효율(%), 축동력(L)을 나타낸다.
> - 서징(surging)영역 : 정압곡선에서 좌하향곡선 부분의 송풍기 동작이 불안전한 현상
> - 오버로드(over load) : 풍량이 어느 한계 이상이 되면 축동력(L)은 급증하고, 압력과 효율은 낮아지는 현상
>
>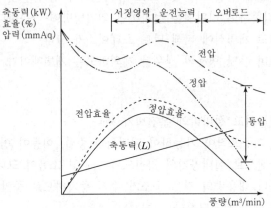
>
> **[송풍기의 특성곡선(다익형의 경우)]**

3 열매체에 따른 각 공조방식의 특징

(1) 전공기방식

각 실로 열을 운반하는 매체로 공기만을 사용하는 방식으로 송풍량을 바꾸거나 온도를 바꾸는 등의 제어방법이다.

장점	단점
• 송풍량이 많아 실내공기의 오염이 적다. • 리턴팬을 설치하면 중간기에 외기냉방이 가능하다. • 중앙집중식이므로 운전 및 유지관리가 용이하다. • 취출구의 설치로 실내유효면적이 증가한다. • 소음이나 진동이 전달되지 않는다. • 방에 수배관이 없어 누수 우려가 없다.	• 송풍량이 많아 덕트 설치공간이 증가한다. • 냉온풍운반에 따른 송풍기 소요동력이 크다. • 대형의 공조기계실이 필요하다. • 개별제어가 어렵다. • 설비비가 많이 든다. • 열운반능력이 작아 원거리 열수송에는 부적합하다.

① 단일덕트방식 : 중앙공조기에서 조화된 냉온풍공기를 1개의 덕트를 통해 실내로 공급하는 방식이다.

정풍량(CAV)방식	변풍량(VAV)방식
• 급기량이 일정하여 실내가 쾌적하다. • 변풍량에 비해 에너지소비가 크다. • 각 방의 개별제어가 어렵다. • 존(zone)의 수가 적은 규모에서는 타 방식에 비해 설비비가 싸다.	• 각 실이나 존의 온도를 개별제어하기 쉽다. • 타 방식에 비해 에너지가 절약된다. • 공조기 및 덕트의 크기가 작아도 된다. • 실내부하 감소 시 송풍량이 적어지므로 실내공기의 오염도가 높다. • 운전 및 유지관리가 어렵다. • 설비비가 많이 든다.

② 이중덕트(double duct)방식 : 중앙공조기에서 냉풍과 온풍을 동시에 만들고 각각의 냉풍덕트와 온풍덕트를 통해 각 방까지 공급하여 혼합상자에 의해 혼합시켜 공조하는 방식이다.

장점	단점
• 부하에 따른 각 방의 개별제어가 가능하다. • 계절별로 냉난방변환운전이 필요 없다. • 방의 설계변경이나 용도변경에도 유연성이 있다. • 부하변동에 따라 냉온풍의 혼합취출로 대응이 빠르다. • 실내에 유닛이 노출되지 않는다.	• 냉온풍의 혼합에 따른 에너지손실이 크다. • 혼합상자에서 소음과 진동이 발생한다. • 덕트공간이 크고 설비비가 많이 든다. • 여름에도 보일러를 운전할 필요가 있다. • 실내습도의 완전한 제어가 어렵다.

③ 멀티존(multi zone)방식 : 실내온도조절기의 작동에 의하여 냉풍과 온풍을 공조기의 혼합댐퍼로 제어하며, 혼합된 공기는 각 존 또는 각 실의 개별적인 덕트에 의해 실내로 취출되는 방식이다.

④ 각 층 유닛방식 : 건물의 각 층 또는 각 층의 각 구역마다 공조기를 설치하는 방식으로 대형, 중규모 이상의 고층 건축물 등의 방송국, 백화점, 신문사, 다목적빌딩, 임대사무소 등에 많이 사용한다.

장점	단점
• 각 층마다 부하변동에 대응할 수 있다. • 각 층 및 각 존별로 부분부하운전이 가능하다. • 기계실의 면적이 작고 송풍동력이 적게 든다. • 환기덕트가 필요 없으므로 덕트공간이 작게 든다.	• 각 층마다 공조기를 설치하므로 설비비가 많이 든다. • 공조기의 분산배치로 유지관리가 어렵다. • 각 층의 공조기 설치로 소음 및 진동이 발생한다. • 각 층에 수배관을 하므로 누수 우려가 있다.

(2) 수(물) – 공기방식

이 방식은 열운반의 수단으로 물과 공기 양쪽을 사용하는 방식이다.

장점	단점
• 부하가 큰 방에서도 덕트의 치수가 작아질 수 있다. • 전공기방식에 비해 반송동력이 작다. • 유닛별로 제어하면 개별제어가 가능하다.	• 유닛에 고성능 필터를 사용할 수 없다. • 필터의 보수, 기기의 점검이 증대하여 관리비가 증가한다. • 실내기기를 바닥 위에 설치하는 경우 바닥유효면적이 감소한다.

① 유인유닛(induction unit)방식 : 중앙에 설치된 공조기에서 1차 공기를 고속으로 유인유닛에 보내 유닛의 노즐에서 불어내고, 그 압력으로 실내의 2차 공기를 유인하여 송풍하는 방식이다.

장점	단점
• 각 유닛마다 제어가 가능하여 각 방의 개별제어가 가능하다. • 고속덕트를 사용하므로 덕트의 설치공간을 작게 할 수 있다. • 중앙공조기는 1차 공기만 처리하므로 작게 할 수 있다. • 풍량이 적게 들어 동력소비가 적다.	• 수배관으로 인한 누수 우려가 있다. • 송풍량이 적어 외기냉방효과가 적다. • 유닛의 설치에 따른 실내유효공간이 감소한다. • 유닛 내의 여과기가 막히기 쉽다. • 고속덕트이므로 송풍동력이 크고 소음이 발생한다.

② 덕트 병용 팬코일유닛방식(덕트 병용 FCU방식) : 냉난방부하를 덕트와 배관의 냉온수를 이용하여 처리하는 방식으로 대규모 빌딩에 주로 이용하며, 내부존부하는 공기방식(취출구)으로, 외부존부하는 수방식(팬코일유닛)을 이용하여 처리한다.

장점	단점
• 실내유닛은 수동제어할 수 있어 개별제어가 가능하다. • 유닛을 창문 아래에 설치하여 콜드 드래프트 (cold draft)를 방지할 수 있다. • 전공기에서 담당할 부하를 줄일 수 있으므로 덕트의 설치공간이 작아도 된다. • 부분 사용이 많은 건물에 경제적인 운전이 가능하다.	• 수배관으로 인한 누수 우려가 있다. • 외기량 부족으로 실내공기가 오염될 우려가 있다. • 유닛 내에 있는 팬으로부터 소음이 발생된다.

③ 복사냉난방방식 : 건물의 바닥, 천장, 벽 등에 파이프코일을 매설하고, 냉수 또는 온수를 보내 실내현열부하의 50~70%를 처리하고 동시에 덕트를 통해 냉온풍을 송풍하여 잔여실내현열부하와 잠열부하를 처리하는 공조방식이다.

장점	단점
• 복사열을 이용하므로 쾌감도가 높다. • 덕트공간 및 열운반동력을 줄일 수 있다. • 건물의 축열을 기대할 수 있다. • 유닛을 설치하지 않으므로 실내 바닥의 이용도가 좋다. • 방높이에 의한 실온의 변화가 적어 천장이 높은 방, 겨울철 윗면이 차가워지는 방에 적합하다.	• 냉각패널에 이슬이 발생할 수 있으므로 잠열부하가 큰 곳에는 부적당하다. • 열손실 방지를 위해 단열 시공을 완벽하게 해야 한다. • 수배관의 매립으로 시설비가 많이 든다. • 실내 방의 변경 등에 의한 융통성이 없다. • 고장 시 발견이 어렵고 수리가 곤란하다. • 중간기에 냉동기의 운전이 필요하다.

(3) 전수방식

냉난방부하를 냉온수의 물로만 처리하는 방식으로 주로 실내에 설치된 팬코일유닛을 이용한다. 덕트가 없으므로 설치면에서는 유리하지만, 외기 도입이 어려워 실내공기가 오염되기 쉽고 실내배관으로 인한 누수 우려도 있다. 그러나 개별적인 실온제어가 가능하므로 사무소 건물의 외주부용, 여관, 주택 등과 같이 거주인원이 적고 틈새바람에 의하여 외기를 도입하는 건물에서 많이 채용한다.

■ 팬코일유닛(fan coil unit)방식 : 팬코일유닛은 냉각·가열코일, 송풍기, 공기여과기를 케이싱 내에 수납한 것으로써 기계실에서 냉온수를 코일에 공급하여 실내공기를 팬으로 코일에 순환시켜 부하를 처리하는 방식으로 주로 외주부에 설치하여 콜드 드래프트를 방지하며 주택, 호텔의 객실, 사무실 등에 많이 설치한다.

장점	단점
• 덕트를 설치하지 않으므로 설비비가 싸다. • 각 방의 개별제어가 가능하다. • 증설이 간단하고 에너지 소비가 적다.	• 외기 도입이 어려워 실내공기오염의 우려가 있다. • 수배관으로 누수 우려 및 유지관리가 어렵다. • 송풍량이 적어 고성능 필터를 사용할 수 없다. • 외기송풍량을 크게 할 수 없다.

(4) 냉매방식(개별방식)

건물의 각 실마다 공조유닛을 배치하고 각 실에서 적당하게 온도, 습도, 기류를 조절할 수 있도록 한 방식으로 주택, 호텔의 객실, 소점포의 비교적 소규모 건물에 적합하다.

장점	단점
• 유닛에 냉동기를 내장하고 있으므로 부분운전이 가능하고 에너지 절약형이다. • 장래의 부하 증가, 증축 등에 대해서는 유닛을 증설함으로써 쉽게 대응할 수 있다. • 온도조절기를 내장하고 있어 개별제어가 가능하다. • 취급이 간편하고 대형의 것도 쉽게 운전한다.	• 유닛에 냉동기를 내장하고 있으므로 소음, 진동이 발생하기 쉽다. • 외기냉방이 어렵다. • 다른 방식에 비하여 기기수명이 짧다.

[각 공조방식의 특성]

분류	공기방식	공기-수방식	수방식
환기 및 청정도	양호	중간	불량
기계식 및 덕트면적	크다	중간	작다
송풍기 동력	크다	중간	–
개별제어	불가능	가능	양호
누수, 부식	없다	약간	많다
외기난방	양호	중간	불가

4 공조설비의 구성

(1) 공기조화기(AHU)

에어필터 공기냉각기, 공기가열기, 가습기(air washer), 송풍기(fan) 등으로 구성된다.

(2) 열운반장치

팬, 덕트, 펌프, 배관 등으로 구성된다.

(3) 열원장치

보일러, 냉동기 등을 운전하는 데 필요한 보조기기이다.

(4) 자동제어장치

실내온습도를 조정하고 경제적인 운전을 한다.

- 실내환경의 쾌적함을 위한 외기도입량은 급기량(송풍량)의 25~30% 정도를 도입한다.

$$Q \geqq \frac{M}{C_r - C_o}[\text{m}^3/\text{h}]$$

여기서, Q : 시간당 외기도입량(m^3/h), M : 전체 인원의 시간당 CO_2 발생량(m^3/h)

C_r : 실내 유지를 위한 CO_2함유량(%), C_o : 외기도입공기 중의 CO_2함유량(%)

- 사무실의 1인당 신선공기량(외기량) : 25~30m^3/h

5 냉방부하(여름, 냉각, 감습)

5.1 냉방부하 발생요인 및 현열과 잠열

구분	부하 발생요인	현열(감열)	잠열
실내부하	벽체로부터 취득열량	○	
	유리창으로부터 취득열량	○	
	일사(복사)열량	○	
	관류열량	○	
	극간풍(틈새바람) 취득열량	○	○
	인체 발생열량	○	○
	실내기구 발생열량	○	○
기기(장치)부하	송풍기에 의한 취득열량	○	
	덕트 취득열량	○	
재열부하	재열기(reheater) 가열량	○	
외기부하	외기도입으로 인한 취득열량	○	○

암기 극, 인, 기, 외(극간풍, 인체, 기기, 외기)는 현열과 잠열을 모두 고려한다.

5.2 실내 취득열량

외부에서 벽체나 유리를 통해 들어오는 침입열과 실내의 사람이나 기구 등에 의해 발생하는 실내 발생열이 있다.

(1) 외부침입열량

① 벽체침입열량(전도에 의한 침입열량) : $q_w = KA\Delta t_e[\text{W}]$

여기서, K : 벽체의 열통과율$(\text{W/m}^2 \cdot \text{K})$, A : 전열면적(m^2), Δt_e : 상당온도차($^\circ\text{C}$)

• 상당온도차(Δt_e) : 일사를 받는 외벽이나 지붕 같이 열용량을 갖는 구조체를 통과하는 열량을 산출하기 위하여 외기온도나 일사량을 고려하여 정한 근사적인 외기온도

[상당온도차의 예(콘크리트벽, 설계외기온도 31.7℃, 실내온도 26℃)]

벽	시각	$\Delta t_e [^\circ\text{C}]$								
		수평	북	북동	동	남동	남	남서	서	북서
콘크리트 두께 5cm	8	14.2	6.6	21.4	24.4	15.5	2.6	2.8	3.0	2.5
	10	32.8	5.9	18.7	27.7	24.6	10.1	6.2	6.3	5.8
	12	43.5	8.2	8.6	17.1	20.4	16.6	9.4	8.5	8.0
	14	44.4	8.7	8.8	9.0	10.5	17.4	20.2	16.4	8.5
	16	36.2	8.1	8.2	8.4	8.4	12.8	26.5	29.1	19.8

벽	시각	Δt_e[℃]								
		수평	북	북동	동	남동	남	남서	서	북서
콘크리트 두께 10cm	8	5.4	1.3	6.5	7.5	4.9	1.8	2.5	2.8	2.0
	10	20.1	4.8	19.8	24.6	18.8	4.5	4.6	4.8	4.2
	12	33.5	6.6	14.6	21.2	20.8	11.4	7.4	7.6	7.1
	14	40.7	7.8	8.2	11.3	15.8	15.6	11.2	8.6	8.2
	16	38.7	8.1	5.8	8.9	9.1	14.6	19.8	13.3	10.4
콘크리트 두께 15cm	8	6.5	1.7	3.1	4.7	3.8	2.5	3.7	4.2	2.9
	10	10.5	5.3	11.6	12.4	8.7	3.4	4.5	5.0	3.8
	12	23.7	4.7	15.5	19.9	17.6	6.6	6.3	6.4	5.6
	14	32.3	6.7	10.5	15.3	16.5	11.7	8.3	8.0	7.5
	16	35.6	7.3	8.0	8.9	11.6	13.6	13.2	9.1	8.1
콘크리트 두께 20cm	8	8.6	2.3	4.1	5.7	4.9	3.4	4.7	5.4	4.9
	10	8.6	2.3	4.0	5.7	4.8	3.3	4.7	5.3	4.8
	12	15.5	5.7	13.5	15.1	11.4	4.4	5.7	6.3	5.9
	14	25.3	5.3	12.3	16.4	15.4	8.0	7.2	7.7	7.5
	16	30.9	6.5	7.7	12.1	13.6	11.5	8.8	8.6	8.6
경량 콘크리트 두께 10cm	8	5.0	1.3	2.6	3.9	8.7	2.0	2.9	3.4	2.3
	10	14.9	5.9	16.9	18.8	13.3	3.6	4.3	4.9	3.8
	12	28.8	5.6	15.0	20.7	19.2	8.9	6.8	7.2	6.3
	14	37.0	7.2	7.9	14.0	16.5	13.4	9.0	8.6	7.8
	16	37.7	7.8	8.3	9.0	9.9	14.2	16.5	14.1	8.4
경량 콘크리트 두께 15cm	8	8.5	2.3	4.0	5.7	4.8	3.4	4.6	5.2	3.8
	10	8.4	2.2	3.9	5.7	4.8	3.3	4.6	5.1	3.8
	12	16.0	5.7	14.6	15.5	12.0	1.5	5.7	6.2	7.8
	14	25.8	5.4	12.4	16.2	15.4	8.4	7.3	7.7	6.6
	16	31.4	6.6	7.6	11.8	13.5	11.5	8.8	8.6	7.6

• 상당온도차의 보정 : $\Delta t_e' = \Delta t_e + (t_o' - t_o) - (t_i' - t_i)$[℃]

여기서, $\Delta t_e'$: 수정상당온도차(℃), Δt_e : 상당온도차(℃), t_o' : 실제 외기온도(℃)

t_o : 설계외기온도(℃), t_i' : 실제 실내온도(℃), t_i : 설계실내온도(℃)

② 유리창침입열량(q_G) : 외부에서 유리를 통해서 침입하는 열은 세 가지로 분류할 수 있다.

㉠ q_{GR}(복사열) : 유리면에 도달한 일사량 중 직접 유리를 통과하여 침입하는 열량

㉡ q_{GA}(대류열) : 복사열 중 일단 유리에 흡수되어 유리온도를 높여준 다음, 다시 대류 및 복사에 의해 실내로 침입하는 열

㉢ q_{GC}(전도열) : 유리면의 실내외온도차에 의해 실내로 침입하는 열로 태양입사각에 따라 달라짐

- 반사율$(r)=\dfrac{q_{GI}}{I}$, 흡수율$(a)=\dfrac{q_{GA}}{I}$, 투과율$(\tau)=\dfrac{q_{GR}}{I}$

- 복사열량 : $q_{GR}=I_g K_s A\,[\text{W}]$

  여기서, I_g : 유리의 일사량(W/m^2), K_s : 차폐계수, A : 유리면적(m^2)

- 전도열량 : $q_{GC}=KA(t_o-t_i)\,[\text{W}]$

  여기서, K : 유리의 열관류율$(\text{W/m}^2 \cdot \text{K})$, A : 유리면적(m^2), t_o : 외기온도$(℃)$, t_i : 실내온도$(℃)$

- 대류열량$(q_{GA}\,[\text{W}])$: 유리에 흡수되었던 일사량 중 일부는 외부로 방출되고, 일부는 유리의 온도를 상승시킨 후 실내로 이동한다. 이때 전도에 의한 열량과 함께 이동하므로 따로 떼어서 계산하기가 곤란하다. 따라서 일반적으로 대류에 의한 침입열량은 전도열량과 같이 계산한다.

- 전도대류열량 : $q_{GA}{}' = I_{GA}A\,[\text{W}]$

  여기서, A : 유리면적(m^2), I_{GA} : 창면적당 전도대류열량(W/m^2)

[유리창의 일사량(W/m^2)(북위 37도, 7월 말)]

시각 방위	6	7	8	9	10	11	12	13	14	15	16	17	18
북(N)	79	58	44	44	49	49	49	49	49	44	44	58	79
북동(NE)	342	445	388	267	124	51	49	49	49	44	42	29	15
동(E)	374	542	564	496	339	150	49	49	49	44	42	29	15
남동(SE)	165	307	377	386	331	232	110	50	49	44	42	29	15
남(S)	15	33	43	69	110	155	171	156	110	69	43	29	15
남서(SW)	15	33	42	44	52	50	110	232	331	386	377	307	165
서(W)	15	33	42	44	52	49	49	150	339	496	564	542	374
북서(NW)	15	33	42	44	52	49	49	51	124	267	392	445	342
수평(flat)	67	239	428	596	716	791	822	791	716	596	428	239	67

[차폐계수(K_s)]

종류	색조	보통유리	후판유리(6mm)
안쪽에 베니션블라인드	밝은 색	0.56	0.56
	중간 색	0.65	0.65
	어두운 색	0.75	0.74
안쪽에 롤러블라인드	밝은 색	0.41	0.41
	중간 색	0.62	0.62
	어두운 색	0.81	0.80
바깥쪽에 베니션블라인드	밝은 색	0.15	0.14
	바깥-밝은 색	0.13	0.12
	안쪽-어두운 색	0.13	0.12
바깥쪽에 차양	밝은 색	0.20	0.19
	바깥-밝은 색	0.25	0.24
	안쪽-어두운 색	0.25	0.24

- **축열에 의한 부하** : 일반 부하 계산법은 24시간 연속 운전하는 경우에 해당된다. 그러나 간헐운전의 경우에는 실온의 변동에 의한 축열부하를 고려해야 한다. 즉 운전열의 방출 또는 회수가 부하가 되어 보통의 계산방법으로 얻어진 공조부하에 추가하게 된다. 또한 유리창을 통과하는 태양복사열도 전부 즉시 실내냉방부하가 되는 것은 아니고, 실제로는 복사열의 일부가 벽에 일단 흡수되므로 냉방부하가 되는 실제 상태는 어느 정도 달라지게 된다. 따라서 유리를 통한 복사의 계산식은 다음과 같다.

$$q_{GR} = I_g K_s A \times 축열계수$$

여기서, q_{GR} : 유리의 복사열량(W), I_g : 유리의 일사량(W/m²), K_s : 차폐계수, A : 유리면적(m²)

③ **극간풍부하(q_I)** : 틈새바람에 의한 열량

$$q_I = q_{IS} + q_{IL} [\text{kW}]$$
$$q_{IS} = m C_p (t_o - t_i) = \rho Q_I C_p (t_o - t_i)[\text{kW}]$$
$$q_{IL} = m \gamma_o (x_o - x_i) = 3001.2 Q_I (x_o - x_i)[\text{kW}]$$

여기서, γ_o : 0℃ 물의 증발잠열($=2,501\text{kJ/kg}$)

(2) 실내 발생열량

① **인체침입열량(q_H)** : 인체로부터 발생하는 열은 체온에 의한 현열부하와, 호흡기류나 피부 등에 의한 수분의 형태인 잠열부하가 있다.
  ㉠ 인체 발생현열량(q_{HS}) = 재실인원×1인당 발생현열량[W/인]
  ㉡ 인체 발생잠열량(q_{HS}) = 재실인원×1인당 발생잠열량[W/인]

[인체발열량(W/인)]

작업상태	장소 / 실온(℃)	현열					잠열				
		28	27	25.5	24	21	28	27	25.5	24	21
착석 정지	극장	41	45	49	53	60	41	36	33	28	21
착석 경작업	학교	42	45	50	56	64	51	48	43	37	29
사무	사무실, 호텔	42	47	50	57	66	63	58	54	48	38
가벼운 보행	백화점, 소매점	42	47	50	57	66	63	58	54	48	38
기립·착석의 반복	은행	42	47	51	59	67	76	70	65	57	49
착석(식사)	레스토랑	44	51	56	65	74	84	77	72	63	54
착석작업	공장(경작업)	44	51	57	69	85	130	123	119	106	91
보통의 댄스	댄스홀	51	57	64	76	93	146	142	134	123	105
보행작업	공장(중노동)	63	70	76	88	107	170	163	156	144	126
볼링	볼링장	105	109	113	123	142	235	230	227	216	198

② 기구 발생열량(q_B) : 조명기구의 발생열량으로 백열등인 경우 1kW당 3,600kJ/h, 형광등은 밸러스트(ballast)의 발열량을 포함해서 1kW당 4,186kJ/h로 본다.

[각종 기구의 발열량(kJ/h)]

기구	현열	잠열
전등전열기(kW당)	3,600	0
형광등(kW당)	4,186	0
전동기(94~37kW)	4,437	0
전동기(0.375~2.25kW)	3,851	0
전동기(2.25~15kW)	3,098	0
가스 커피포트(1.8l)	418	105
가스 커피포트(11l)	3,014	3,014
토스터(전열 15cm×28cm×23cm 높이)	2,554	461
분젠버너(도시가스, ϕ10mm)	1,005	251
가정용 가스스토브	7,535	837
가정용 가스오븐	8,372	4,186
기구소독기(전열 15cm×20cm×43cm)	2,847	2,512
기구소독기(전열 23cm×25cm×50cm)	5,442	419
미장원 헤어드라이어(헬멧형 115V, 15A)	1,967	335
미장원 헤어드라이어(블로형 115V, 15A)	2,512	419
퍼머넌트 웨이브(25W 히터 60개)	921	167

5.3 장치 내 취득열량

장치 내 취득열량의 합계가 일반적인 경우 취득감열의 10%이고, 급기덕트가 없거나 짧은 경우는 취득열량의 5% 정도이다.

① 송풍기 동력에 의한 취득열량 : 송풍기에 의해 공기가 압축될 때 주어지는 에너지는 열로 바뀌어 급기온도를 높게 해 주므로 현열부하로 가산된다.

② 덕트에서의 취득열량(q_D) : 급기덕트가 냉방되지 않고 있는 온도가 높은 장소를 통과할 때는 그 표면으로부터 열의 침입이 있게 된다. 또한 덕트에서 누설이 있게 되며, 그만큼 실내 부하에 가산하여야 한다.

ㄱ 급기덕트의 열취득 : 실내 취득감열량의 1~3%

ㄴ 급기덕트의 누설손실 : 시공오차로 인한 손실(누설)은 송풍량×5% 정도

5.4 환기용 외기부하

외기를 실내온도까지 냉각, 감습하는 열량, 공조설비에서 기계환기가 필요하며, 이를 위해 고온 다습한 외기를 도입하기 때문에 실내공기의 온도와 습도가 상승한다. 따라서 냉각코일

로 이것을 제습할 필요가 있다.

$$q_F = q_{FS} + q_{FL}[\text{kW}]$$

$$q_{FS} = m C_p (t_o - t_i) = 1.21 Q_F (t_o - t_i)[\text{kW}]$$

$$q_{FL} = m \gamma_o (x_o - x_i) = 3001.2 Q_F (x_o - x_i)[\text{kW}]$$

여기서, q_{FS} : 외기의 현열 취득열량(kW), m : 송풍공기량($=\rho Q = 1.2 Q$)(kg/s)

q_{FL} : 외기의 잠열 취득열량(kW), Q_F : 도입외기량(m³/h)

t_i, t_o : 실내외공기의 건구온도(℃), x_i, x_o : 실내외공기의 절대습도(kg′/kg)

C_p : 공기의 정압비열(=1.0046kJ/kg · K)

5.5　재열부하

공조장치의 용량은 하루 동안의 최대 부하에 대처할 수 있게 선정하므로, 부하가 작을 때는 과냉되는 결과를 초래한다. 이와 같은 때에는 송풍계통의 도중이나 공조기 내에 가열기를 설치하여 이것을 자동제어함으로써 송풍공기의 온도를 올려 과냉을 방지한다. 이것을 재열 이라 하고, 이 가열기에 걸리는 부하를 재열부하라고 한다.

$$q_R = m C_p (t_2 - t_1) = 1.21 Q (t_2 - t_1)[\text{kW}]$$

여기서, q_R : 재열부하(kW), t_1 : 재열기 입구온도(℃), t_2 : 재열기 출구온도(℃)

Q : 송풍공기량(m³/s), m : 송풍공기량(kg/s), C_p : 공기의 정압비열(=1.0046kJ/kg · K)

5.6　냉방부하와 기기용량

① 송풍량은 실내부하(현열부하)로 결정한다.

$$q_s = \rho Q C_p \Delta t [\text{kW}]$$

② 냉각코일용량 : 외기부하+실내부하+재열부하

※ 냉동기의 용량 : 냉각코일용량+냉수펌프 및 배관부하

6　난방부하(겨울, 가열, 가습)

6.1　전도에 의한 열손실

(1) 외벽, 유리창, 지붕에서의 열손실

$$q_w = K A K_D \Delta t = K A K_D (t_i - t_o)[\text{kW}]$$

여기서, K : 구조체의 열관류율(W/m² · K), A : 전열(구조체)면적(m²)

K_D : 방위계수(외벽에서만 고려), t_i, t_o : 실내외공기온도(℃)

(2) 내벽, 창문, 천장, 바닥에서의 열손실

$$q_w = KA \Delta t \, [\text{W}]$$

※ 비난방실온도 $= \dfrac{t_i + t_o}{2} \, [\text{℃}]$, 비난방실과 온도차$(\Delta t) = t_r - \dfrac{t_i + t_o}{2} \, [\text{℃}]$

$$K = \frac{1}{R} = \frac{1}{\dfrac{1}{\alpha_i} + \sum \dfrac{l}{\lambda} + \dfrac{1}{C} + \dfrac{1}{\alpha_o}} [\text{W/m}^2 \cdot \text{K}]$$

여기서, R : 열저항, α_i, α_o : 실내외열전달계수(W/m² · K), l : 재료의 두께(m)

λ : 열전도율(W/m · K), C : 공기층의 컨덕턴스

[지중벽, 바닥으로부터의 열손실]

지표면으로부터의 깊이(cm)	열손실계수 (W/m² · K)	지표면으로부터의 깊이(cm)	열손실계수 (W/m² · K)
+0.6(지상)	1.81	−1.2(지하)	1.81
0(지표면)	1.2	−1.8(지하)	2.1
−0.6(지하)	1.51	−2.4(지하)	2.42

6.2 틈새바람(극간풍)에 의한 열손실

겨울철에 문틈, 유리틈, 창문, 문 등의 틈새로 침입하는 외기는 실내공기에 비해 온도와 습도가 낮다. 따라서 이 침입공기를 실온까지 상승시키기 위한 현열부하와 가습에 소요되는 잠열부하가 있다.

> **P**oint
>
> 극간풍의 침입을 방지하는 방법
> • 회전문을 설치한다.
> • 2중문을 설치한다.
> • 2중문의 중간에 강제 대류컨벡터를 설치한다.
> • 에어커튼(air curtain)을 설치한다.
> • 실내를 가압하여 외부압력보다 실내압력을 높게 유지한다.

$$q_{IS} = m_I C_p (t_i - t_o) = \rho Q_I C_p (t_i - t_o) = 1.21 Q_I (t_i - t_o) [\text{kW}]$$

$$q_{IL} = m_I \gamma_o (x_i - x_o) = \rho Q_I \gamma_o (x_i - x_o) = 3001.2 Q_I (x_i - x_o) [\text{kW}]$$

$$\therefore q_I = q_{IS} + q_{IL} = 1.21Q_I(t_i - t_o) + 3001.2Q_I(x_i - x_o)[kW]$$

여기서, q_{IS} : 극간풍의 현열손실(kW), m_I : 외기도입량(kg/s)

ρ : 공기밀도($=1.2kg/m^3$), C_p : 공기의 정압비열($=1.0046kJ/kg \cdot K$)

Q_I : 극간풍량(kg/s), t_i : 실내온도(℃), t_o : 실외온도(℃)

q_{IL} : 극간풍의 잠열손실(kW), γ_o : 수증기의 증발잠열($=2,501kJ/kg$)

x_i : 실내절대습도(kg′/kg), x_o : 실외절대습도(kg′/kg)

ⓟoint

극간풍량($Q[m^3/h]$) 산출법
- crack법 : crack 1m당 침입외기량×crack길이(m)
- 면적법 : 창면적 1m²당 침입외기량×창면적(m²)
- 환기횟수법 : 환기횟수×실내체적(m³)

[침입외기의 환기횟수(n[회/h])]

건축구조	환기횟수(n)	
	난방 시	냉방 시
콘크리트조(대규모 건축)	0.0~0.2	0
콘크리트조(소규모 건축)	0.2~0.6	0.0~0.2
서양식 목조	0.3~0.6	0.1~0.2
일본식 목조	0.5~1.0	0.2~0.6

[창의 침입외기량(창면적 1m²당)(m³/h)]

명칭		소형창(0.75×1.8m)			대형창(1.35×2.4m)		
		바람막이 없음	바람막이 있음	기밀 섀시	바람막이 없음	바람막이 있음	기밀 섀시
여름	목제섀시	7.9	4.8	4.0	5.0	3.1	2.6
	기밀성이 불량한 목제섀시	22.0	6.8	11.0	14.0	4.4	7.0
	금속섀시	14.6	6.4	7.4	9.4	4.0	4.6
겨울	목제섀시	15.6	9.5	7.7	9.7	6.0	4.7
	기밀성이 불량한 목제섀시	44.0	13.5	22.0	27.8	8.6	13.6
	금속섀시	29.2	12.6	14.6	18.5	8.0	9.2

※ 외부풍속 : 여름 3.46m/s, 겨울 7.0m/s

6.3 환기용 도입외기에 의한 열손실

환기를 위해 도입하는 외기도 극간풍과 마찬가지로 현열부하와 잠열부하가 있으며, 그 계산식은 극간풍에 의한 손실열량 계산식과 같다.

$$q_{FS} = m_o C_p (t_i - t_o) = \rho Q_F C_p (t_i - t_o) = 1.21 Q_F (t_i - t_o) [\text{kW}]$$

$$q_{FL} = m_o \gamma_o (x_i - x_o) = \rho Q_F \gamma_o (x_i - x_o) = 3001.2 Q_F (x_i - x_o) [\text{kW}]$$

$$\therefore \ q_F = q_{FS} + q_{FL} = 1.21 Q_F (t_i - t_o) + 3001.2 Q_F (x_i - x_o) [\text{kW}]$$

여기서, q_{FS} : 외기의 현열손실(kW), m_o : 외기도입량(kg/s), ρ : 공기밀도($=1.2 \text{kg/m}^3$)
C_p : 공기의 정압비열($=1.0046 \text{kJ/kg} \cdot \text{K}$), Q_F : 극간풍량(kg/s), t_i : 실내온도(℃)
t_o : 실외온도(℃), q_{FL} : 외기의 잠열손실(kW), γ_o : 수증기의 증발잠열($=2{,}501 \text{kJ/kg}$)
x_i : 실내절대습도(kg′/kg), x_o : 실외절대습도(kg′/kg)

6.4 난방부하와 기기용량

난방되지 않는 공간을 통과하는 급기덕트에서의 전열손실과 누설손실을 말하며 실내손실열량의 3~7% 정도(5%)로 잡는다.

(1) 직사각형(장방형) 덕트에서 원형 덕트의 지름 환산식

$$\text{상당지름}(d_e) = 1.3 \left[\frac{(ab)^5}{(a+b)^2} \right]^{\frac{1}{8}}$$

aspect ratio(종횡비)는 최대 10 : 1 이하로 하고 4 : 1 이하가 바람직하다. 일반적으로 3 : 2 이고, 한 변의 최소 길이는 15cm로 제한한다.

(2) 풍량조절댐퍼(volume damper)

① 버터플라이댐퍼(butterfly damper) : 소형 덕트 개폐용 댐퍼이다(풍량조절용).
② 루버댐퍼(louver damper)
　㉠ 대향익형 : 풍량조절형
　㉡ 평형익형 : 대형 덕트 개폐용(날개가 많다)
③ 스플릿댐퍼(split damper) : 분기부 풍량조절용 댐퍼이다.
④ 방화댐퍼(fire damper) : 화재 시 연소공기온도는 약 70℃에서 덕트를 폐쇄시키도록 되어 있다.
⑤ 방연댐퍼(smoke damper) : 실내의 연기감지기 또는 화재 초기의 발생연기를 감지하여 덕트를 폐쇄시킨다.

(3) 환기방법

① 제1종 환기법(병용식) : 강제급기＋강제배기, 송풍기와 배풍기 설치, 병원 수술실, 보일러실에 적용

② 제2종 환기법(압입식) : 강제급기＋자연배기, 송풍기 설치, 반도체공장, 무균실, 창고에 적용

③ 제3종 환기법(흡출식) : 자연급기＋강제배기, 배풍기 설치, 화장실, 부엌, 흡연실에 적용

④ 제4종 환기법(자연식) : 자연급기＋자연배기

(4) 송풍기 동력

$$L_f = \frac{P_t Q}{\eta_t} = \frac{P_s Q}{\eta_s} [kW]$$

여기서, P_t : 전압력($= P_{t2} - P_{t1}$)(kPa), P_s : 정압력(kPa), η_t : 전압효율, η_s : 정압효율
$\quad\quad Q$: 송풍량(m^3/s)

(5) 펌프동력

$$L_p = \frac{\gamma_w Q H}{\eta_p} = \frac{9.8 Q H}{\eta_p} [kW]$$

여기서, γ_w : 4℃ 순수한 물의 비중량($=9.8kN/m^3$), Q : 송풍량(m^3/s)
$\quad\quad H$: 전양정(m), η_p : 펌프의 효율

※ 1kW＝1,000W＝102kg · m/s＝1kJ/s＝3,600kJ/h＝1.36PS

7 난방

7.1 개요

직접난방에는 열매(熱媒)로 포화증기를 이용한 증기난방과, 온수를 이용한 온수난방 등을 주로 사용한다.

(1) 개별난방법

가스, 석탄, 석유, 전기 등의 스토브 또는 온돌, 벽난로에서 발생되는 열기구의 대류 및 복사에 의해 난방하는 방식

(2) 중앙난방법

일정한 장소에 열원(보일러 등)을 설치하여 열매를 난방하고자 하는 특정 장소에 공급하여 공조하는 방식

① **직접난방** : 실내에 방열기(라디에이터)를 두고 여기에 열매를 공급하는 방법
② **간접난방** : 일정 장소에서 공기를 가열하여 덕트를 통하여 공급하는 방법
③ **복사난방** : 실내 바닥, 벽, 천장 등에 온도를 상승시켜 복사열에 의한 방법(패널방식)

(3) 지역난방법

특정한 곳에서 열원을 두고 한정된 지역으로 열매를 공급하는 방법

[난방방법의 분류]

구분		내용
개별난방		화로, 난로, 벽난로
중앙난방	직접난방	증기난방, 온수난방, 복사난방
	간접난방	온풍난방, 공기조화기(AHU, 가열코일)
지역난방		열병합발전소를 설치하여 발생한 온수나 증기를 이용하여 대단위 지역에 공급하는 난방방식

7.2 분류에 따른 장단점

(1) 증기난방

증기보일러에서 발생한 증기를 통해 각 방에 설치된 방열기로 공급되어 증기가 응축수로 되면서 발생하는 증기의 응축잠열(숨은열)을 이용하는 난방방식

장점	단점
• 열용량이 적어 예열시간이 짧다. • 증기의 보유열량이 커서 방열기의 방열면적이 적어도 된다. • 동결 파손의 위험이 적다. • 배관의 시공성 및 제어성이 좋다. • 난방개시가 빠르고 간헐운전이 가능하다. • 잠열을 이용하므로 열운반능력이 크다. • 온수난방보다 방열면적을 작게 할 수 있어 관지름이 작아도 된다. 즉 설비비가 저렴하다.	• 난방부하에 따른 방열량 조절이 곤란하다. • 실내의 상하온도차가 커서 쾌감도가 나쁘다. • 환수관에서 부식이 심하다. 즉 응축수관에서 부식과 한냉 시 동결 우려가 있다. • 방열기 표면온도가 높아 화상 우려 등 위험성이 크다. • 방열기 입구까지 배관길이가 8m 이상일 때 관지름이 큰 것을 사용한다. • 초기통기 시 주관 내 응축수를 배수할 때 열손실이 발생한다. • 소음이 발생한다(steam hammering현상). • 보일러 취급 시 기술자격자가 필요하다.

(2) 온수난방

온수보일러에서 발생한 온수를 배관을 통해 각 방에 설치된 방열기로 순환시켜 감열(현열)을 이용하는 난방방식

장점	단점
• 난방부하에 따른 온도(방열량)조절이 용이하다. • 예열시간이 길지만 잘 식지 않아 환수관의 동결 우려가 적다(한냉지에서는 동결 우려가 있다). • 방열기 표면온도가 낮아 증기난방에 비해 쾌감도가 좋다. • 보일러 취급이 용이하고 안전하다. • 열용량이 증기난방보다 크고, 실온변동이 적다. • 연료소비량이 적고, 소음이 없다.	• 예열시간이 길고 공기혼입 시 온수순환이 어렵다. • 건축물의 높이에 제한을 받는다. • 증기난방보다 방열면적과 배관의 관지름이 커지므로 20~30% 정도 설비비가 비싸다. • 야간에 난방을 휴지 시 동결 우려가 있다. • 보유수량이 많아 열용량이 크기 때문에 온수순환시간이 길다.

(3) 복사난방

건물의 바닥, 천장, 벽 등에 파이프코일을 매설하고 열원에 의해 패널을 직접 가열하여 실내를 난방하는 방식

장점	단점
• 실내온도분포가 균일하여 쾌감도가 가장 좋다. • 실의 천장이 높아도 난방이 가능하다. • 방열기 설치가 불필요하므로 바닥의 이용도가 높다. • 실내공기의 대류가 적어 공기의 오염도가 적다. • 인체가 방열면에서 직접 열복사를 받는다. • 실내가 개방상태에 있어도 난방효과가 좋다.	• 일시적인 난방에는 비경제적이다. • 가열코일을 매설하므로 시공, 수리 및 설비비가 비싸다. • 방열벽 배면으로부터 열손실을 방지하기 위해 단열 시공이 필요하다. • 방열체의 열용량이 크기 때문에 온도변화에 따른 방열량 조절이 어렵다. • 벽에 균열(crack)이 생기기 쉽고 매설배관이므로 고장 발견이 어렵다.

(4) 온풍난방

가열한 온풍을 덕트를 통해 실내로 공급하여 난방하는 방식

장점	단점
• 직접난방(온수난방)에 비해 설비비가 저렴하다. • 열효율이 높고 연료비가 절약된다(예열시간이 짧다). • 예열부하가 적으므로 장치는 소형이 되어 설비비와 경상비가 절감된다. • 환기가 병용되므로 공기 중의 먼지가 제거되고 가습도 할 수 있다(실내온습도조절이 비교적 용이하다). • 배관, 방열관 등이 없기 때문에 작업성이 우수하다. • 설치면적이 작고 설치장소도 자유로이 택할 수 있다. • 설치공사도 간단하고 보수관리도 용이하다.	• 취출풍량이 적으므로 실내 상하온도차가 크다(쾌감도가 나쁘다). • 덕트의 보온에 주의하지 않으면 온도강하 때문에 마지막 방의 난방이 불충분하다. • 소음과 진동이 발생할 우려가 있다. • 불완전연소 시 시설 내 환기가 필요하다.

(5) 지역난방

중앙냉난방의 일종으로 일정한 장소의 기계실에서 넓은 지역 내 여러 건물에 증기나 고온수 또는 냉수를 공급하여 냉난방을 하는 방식

장점	단점
• 열효율이 좋고 연료비 및 인건비가 절감된다. • 적절하고 합리적인 난방으로 열손실이 적다. • 설비의 고도 합리화로 대기오염이 적다. • 개별건물의 보일러실 및 굴뚝(연돌)이 불필요하므로 건물 이용의 효용이 높다.	• 온수난방의 경우 관로저항손실이 크다. • 온수의 경우 급열량 계량이 어렵다(증기의 경우 쉽다). • 외기온도변화에 따른 예열부하손실이 크다. • 증기난방의 경우 순환배관에 부착된 기기가 많으므로 보수관리비가 많이 필요하다. • 온수의 경우 반드시 환수관이 필요하다(증기의 경우 불필요).

> **지역난방의 열매체**
> • 온수 : 100℃ 이상의 고온수 사용
> • 증기 : 0.1~1.5MPa의 고온수 사용

8 클린룸

(1) 클린룸의 정의

클린룸(clean room, 공기청정실)이란 부유 먼지, 유해가스, 미생물 등과 같은 오염물질을 규제하여 기준 이하로 제어하는 청정공간으로, 실내의 기류, 속도, 압력, 온습도를 어떤 범위 내로 제어하는 특수한 공간을 의미한다.

(2) 클린룸의 종류

① 산업용 클린룸(ICR : Industrial Clean Room)
  ㉠ 먼지 미립자가 규제대상(부유 분진이 제어대상)
  ㉡ 정밀기기 및 전자기기의 제작공장, 방적공장, 반도체공장, 필름공장 등
② 바이오클린룸(BCR : Bio Clean Room)
  ㉠ 세균, 곰팡이 등의 미생물입자가 규제대상
  ㉡ 무균수술실, 제약공장, 식품가공공장, 동물실험실, 양조공장 등

(3) 평가기준

① 입경 $0.5\mu m$ 이상의 부유 미립자농도가 기준
② Super Clean Room에서는 $0.3\mu m$, $0.1\mu m$의 미립자가 기준

> **클린룸의 규격**
>
> Class란 1ft³의 공기체적 내에 입경 0.5μm 이상의 입자가 몇 개 있느냐를 의미한다.
> ※ 1μm(마이크로미터)=0.001mm

(4) 고성능 필터의 종류

① HEPA필터(high efficiency particle air filter)
  ㉠ 0.3μm의 입자포집률이 99.97% 이상
  ㉡ 클린룸, 병원의 수술실, 방사성물질취급시설, 바이오클린룸 등에 사용
② ULPA필터(ultra low penetration air filter)
  ㉠ 0.1μm의 부유 미립자를 제거할 수 있는 것
  ㉡ 최근 반도체공장의 초청정 클린룸에서 사용

(5) 여과기(에어필터)

① 효율측정방법

구분	측정방법
중량법	• 비교적 큰 입자를 대상으로 측정하는 방법 • 필터에서 집진되는 먼지의 양으로 측정
비색법 (변색도법)	• 비교적 작은 입자를 대상으로 측정하는 방법 • 필터에서 포집한 여과지를 통과시켜 광전관으로 오염도를 측정
계수법 (DOP법)	• 고성능 필터를 측정하는 방법 • 0.3μm 입자를 사용하여 먼지의 수를 측정

② 여과효율(η) = $\dfrac{\text{통과 전의 오염농도}(C_1) - \text{통과 후의 오염농도}(C_2)}{\text{통과 전의 오염농도}(C_1)} \times 100[\%]$

(6) 클린룸장치

① HEPA Filter Box : 클린룸에 설치하는 Clean Unit으로 클린룸의 천장에 설치하여 필터링된 청정공기를 하부로 밀어내어 내부의 압력을 외부보다 높게 형성한다. 클린룸 내 양압을 형성하여 오염원 여과 및 살균 처리된 청정공기를 배출하며, 병원균(바이러스)이 외부로 확산되는 것을 방지하고 제품의 불량률을 최소화하여 안정적인 작업환경을 만들어주는 가장 효과적인 장치이다(Class 1000~100000 청정도 유지).
② Fan Filter Unit : 외기공급량에 맞게 팬과 필터를 선정한다(Class 100~10000). 볼륨댐퍼나 팬속도조절기로 적정량을 조절한다.
  ※ 외기(OA)공급 프리필터(prefilter)의 역할 : 10μm 이상의 미세먼지와 이물질을 걸러줌
③ 부속장치 : 에어샤워, 패스박스, 팬필터유닛, 급기유닛, 차압댐퍼, 클린벤치, 클린부스

Air-Conditioning Refrigerating Machinery

3 공조기기 및 덕트
Chapter

1 실내공기분포

(1) 토출기류의 성질과 토출풍속

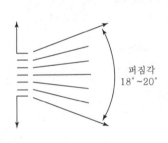

[토출공기의 퍼짐각]

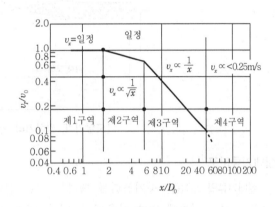

[토출기류의 4구역]

$$Q_1 V_1 = (Q_1 + Q_2) V_2$$

여기서, Q_1 : 토출공기량(m^3/s), Q_2 : 유인공기량(m^3/s)

V_1 : 토출풍속(m/s), V_2 : 혼합공기의 풍속(m/s)

위의 그림에서 v_0은 토출풍속이고, v_x는 토출구에서의 거리 x[m]에 있어서 토출기류의 중심풍속(m/s)이며, D_0는 토출구의 지름(m)이다.

① 제1구역 : 중심풍속이 토출풍속과 같은 영역($v_x = v_0$)으로 토출구에서 D_0의 2~4배($x/D_0 = 2$~4) 정도의 범위이다.

② 제2구역 : 중심풍속이 토출구에서의 거리 x의 제곱근에 역비례($v_x \propto 1/\sqrt{x}$)하는 범위이다.

③ 제3구역 : 중심풍속이 토출구에서의 거리 x에 역비례($v_x \propto 1/x$)하는 영역으로서 공기조화에서 일반적으로 이용되는 것은 이 영역의 기류이다.

$$x = (10 \sim 100)D_0$$

④ 제4구역 : 중심풍속이 벽체나 실내의 일반 기류에서 영향을 받는 부분으로 기류의 최대 풍속은 급격히 저하하여 정지한다.

(2) 취출구

① 도달거리

    ㉠ 최소 도달거리 : 취출구로부터 기류의 중심속도가 0.5m/s로 되는 곳까지의 수평거리

    ㉡ 최대 도달거리 : 취출구로부터 기류의 중심속도가 0.25m/s로 되는 곳까지의 수평거리

② 강하거리 : 기류의 풍속 및 실내공기와의 온도차에 비례한다(취출공기온도＜실내공기온도).

③ 상승거리 : 기류의 풍속 및 실내공기와의 온도차에 비례한다(취출공기온도＞실내공기온도).

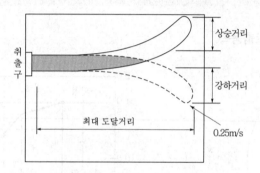

[도달거리, 강하거리, 상승거리]

(3) 실내기류분포

① 실내기류와 쾌적감 : 공기조화를 행하고 있는 실내에서 거주자의 쾌적감은 실내공기의 온도, 습도, 기류에 의해 좌우되며, 일반적으로 바닥면에서 높이 1.8m 정도까지의 거주구역의 상태가 쾌적감을 좌우한다.

② 드래프트(draft) : 습도와 복사가 일정한 경우에 실내기류와 온도에 따라 인체의 어떤 부위에 차가움이나 과도한 뜨거움을 느끼는 것이다.

③ 콜드 드래프트(cold draft) : 겨울철 외기 또는 외벽면을 따라 존재하는 냉기가 토출기류에 의해 밀려 내려와서 바닥을 따라 거주구역으로 흘러 들어오는 것으로 다음과 같은 원인이 현상을 더 크게 한다.

    ㉠ 인체 주위의 공기온도가 너무 낮을 때

    ㉡ 인체 주위의 기류속도가 클 때

    ㉢ 주위 공기의 습도가 낮을 때

    ㉣ 주위 벽면의 온도가 낮을 때

    ㉤ 겨울철 창문의 틈새를 통한 극간풍이 많을 때

④ 유효 드래프트온도(EDT : Effective Draft Temperature) : ASHRAE에서는 거주구역 내의 인체에 대한 쾌적상태를 나타내는데 바닥 위 750mm, 기류 0.15m/s일 때 공기온도 24℃를 기준으로 한다.

$$EDT = (t_x - t_c) - 8(V_x - 0.15)[℃]$$

여기서, t_c : 실내평균온도(℃), t_x : 실내의 어떤 국부온도(℃)

V_x : 실내의 어떤 장소 x에서의 미풍속(m/s)

※ EDT가 −1.7~1.1℃의 범위에서 기류속도가 0.35m/s 이내이면 앉아있는 거주자가 쾌적감을 느낀다고 한다.

2 덕트 및 부속설비

2.1 덕트

덕트(duct)는 공기를 수송하며 건축설비에 있어 공기조화용, 환기용, 배연용으로 사용된다.

1) 덕트의 재료

① 일반 건물의 공조설비용 설비 : 아연도금철판(함석판)
② 주방, 탕비실, 욕실(부식의 우려가 있는 장소)의 환기용 설비 : 스테인리스강관, 알루미늄판, 염화비닐판, 유리섬유판, 동판

2) 덕트의 분류

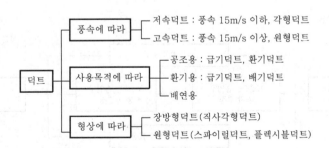

(1) 풍속에 따른 분류

① 저속덕트 : 15m/s 이하(8~15m/s), 동력소비 및 소음이 적고, 덕트스페이스가 커진다.
② 고속덕트 : 15m/s 이상(20~30m/s), 덕트스페이스가 작고 분배가 용이하며, 동력소비 및 시설비가 증가한다.

(2) 형상에 따른 분류

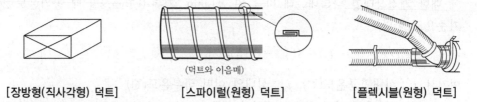

[장방형(직사각형) 덕트]　　　[스파이럴(원형) 덕트]　　　[플렉시블(원형) 덕트]

(덕트와 이음매)

(3) 배치에 따른 분류

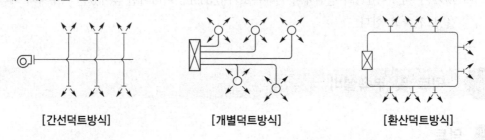

[간선덕트방식]　　　[개별덕트방식]　　　[환산덕트방식]

① 간선덕트방식

　㉠ 덕트스페이스가 작고 설비비가 싸다.

　㉡ 먼 거리 덕트에는 공기공급이 원활하지 못하다.

② 개별덕트방식

　㉠ 덕트스페이스가 커지고 설비비가 비싸다.

　㉡ 공기공급이 원활하다.

③ 환산덕트방식 : 말단 취출구의 압력조절이 용이하다.

3) 설계법

① 덕트 설계순서

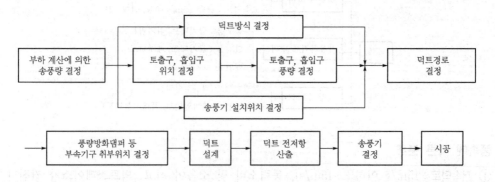

② 덕트 설계 시 주의사항

　㉠ 풍속은 15m/s 이하, 정압 50mmAq 이하의 저속덕트를 이용하여 소음을 줄인다.

ⓛ 재료는 아연도금철판, 알루미늄판 등을 이용하여 마찰저항손실을 줄인다.

ⓒ 종횡비(aspect ratio)는 최대 10 : 1 이하로 하고 가능한 한 6 : 1 이하로 하며, 일반적으로 3 : 2이고 한 변의 최소 길이는 15cm 정도로 억제한다.

ⓡ 압력손실이 적은 덕트를 이용하고 확대각도는 20° 이하(최대 30°), 축소각도는 45° 이하로 한다.

ⓜ 덕트가 분기되는 지점은 댐퍼를 설치하여 압력의 평형을 유지시킨다.

4) 치수 설계법

① 등마찰손실법 : 덕트의 단위길이당 마찰저항이 같게 설계하므로 압력손실을 구하기가 용이하다. 가장 많이 사용하는 설계법이다.

> **마찰저항손실**
>
> • 저속덕트
>   - 급기덕트 : 0.1~0.12mmAq/m
>   - 환기덕트 : 0.08~0.1mmAq/m
> • 고속덕트 : 1mmAq/m
> • 음악감상실 : 0.07mmAq/m
> • 일반 건축물 : 0.1mmAq/m
> • 공장(소음이 심한 곳) : 0.15mmAq/m

② 등속법 : 덕트 내 풍속이 일정하게 유지되도록 덕트치수를 정하는 방법으로 공장의 환기용, 분체수송용 덕트 등에 사용되고 있다.

③ 정압재취득법 : 취출구에서 정압이 일정하도록 경도 압력손실을 계산하여 설계한다. 고속덕트에 적합하나 계산이 복잡하여 현재는 거의 사용하지 않는다.

④ 전압법 : 각 토출구에서 전압이 같아지도록 설계하는 방법이다.

5) 시공법

① 아연도금판(KS D 3506)이 사용되며 표준 판두께는 0.5mm, 0.6mm, 0.8mm, 1.0mm, 1.2mm가 사용된다.

② 온도가 높은 공기에 사용하는 덕트, 방화댐퍼, 보일러용 연도, 후드 등에 열관 또는 냉간 아연강판을 사용한다.

③ 다습한 공기가 통하는 덕트에는 동판, Al판, STS판, PVC판 등을 이용한다.

④ 단열 및 흡음을 겸한 글라스 파이버판으로 만든 글라스울 덕트(fiber glass duct)를 이용한다.

2.2 풍량조절댐퍼

① 스플릿댐퍼(split damper) : 덕트의 분기부에서 풍량이 조절된다.
② 단익댐퍼(버터플라이댐퍼) : 기류가 불안정하고 소형 덕트에 사용된다.
③ 다익댐퍼(루버댐퍼) : 기류가 안정되고 대형 덕트에 사용된다(평행익형, 대향익형).
④ 슬라이드댐퍼 : 덕트 도중 홈틀을 만들어 1장의 철판을 수직으로 삽입하여 주로 개폐용으로 사용된다.
⑤ 클로드댐퍼 : 댐퍼에 철판 대신 섬유질재질을 사용하여 소음을 감소시킴과 동시에 기류도 안정시킨다.

3 환기설비

(1) 필요환기량

① 환기량

$$q = 1.2 Q_o C_p (t_r - t_o)$$

$$\therefore \ Q_o = \frac{q}{1.2 C_p (t_r - t_o)} [\mathrm{m^3/s}]$$

여기서, q : 실내열량(kW), t_r : 실내온도($^\circ\!C$), t_o : 외기온도($^\circ\!C$)
C_p : 공기의 정압비열(=1.0046kJ/kg·K)

② 변압기 열량 : $q_T = (1 - \eta_T) \phi K_{VA}$[kW]

여기서, η_T : 변압기 효율, ϕ : 역률, K_{VA} : 변압기 용량(kW)

③ 오염물질에 따른 외기도입량 : $Q = \dfrac{M}{K_i - K_o} [\mathrm{m^3/h}]$

여기서, M : 오염가스 발생량($\mathrm{m^3/h}$, mg/h)
K_i : 실내오염물질의 농도 또는 오염가스서한량($\mathrm{m^3/m^3}$, $\mathrm{mg/m^3}$)
K_o : 외기의 오염가스함유량($\mathrm{m^3/m^3}$, $\mathrm{mg/m^3}$)

※ CO_2서한량 1,000ppm(서한도, 허용한계농도)는 0.1%이다. 서한량(허용한계량)은 일산화탄소
(CO)가 인체에 직접 해롭게 작용하는 최소한의 양을 말한다.

(2) 자연환기량

① 온도차에 의한 환기 : $Q = \varepsilon A V [\mathrm{m^3/s}]$
여기서, ε : 환기계수(=0.65=$\varepsilon_v \varepsilon_v$=속도환기계수×수축환기계수)
A : 유입 또는 유출면적($\mathrm{m^2}$)

$$V : 기류속도\left(=\sqrt{\frac{2gh(t_r-t_o)}{273+\frac{t_r+t_o}{2}}}\right)(\text{m/s})$$

g : 중력가속도(9.8m/s^2)

h : 중성대에서 유출 입구 중심까지의 높이(m)

② 동력에 의한 환기 : $Q = \varepsilon A V\,[\text{m}^3/\text{s}]$

여기서, ε : 동압계수

Air-Conditioning Refrigerating Machinery

4 Chapter
공조설비 운영

1.1 펌프(pump)의 분류

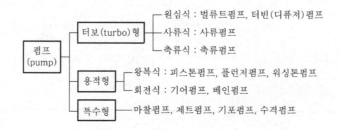

1) 왕복동펌프

(1) 특징

① 수량조절이 어렵다.
② 송수량변동이 크다.
③ 양수량이 적고 고양정(양정이 클 때)이 적합하다.
④ 적정 이상의 왕복운동을 하면 효율이 저하된다.

(2) 종류

① 플런저펌프(plunger pump) : 구조가 간단하고 초고압용에 적합하다.
② 워싱턴펌프(Worthington pump) : 구조가 간단하고 고장이 작으며 증기압 1MPa 이하의 보일 러급수용에 적합하다.

2) 회전(원심식)펌프

(1) 특징

① 진동이 적고 고속운전에 적합하다.
② 양수량 조절이 쉽고 송수압의 파동이 작다.
③ 밸브가 필요 없고 모두 회전운동을 한다.

(2) 종류

① **벌류트펌프(volute pump)** : 임펠러 외주에 안내날개가 없는 펌프로 대유량 저양정(20m 이하), 냉각수순환, 급수용에 적합하다.

② **터빈펌프(turbine pump)** : 안내날개가 있는 펌프로 디퓨저펌프라고도 하며 저유량 고양정(20~200m)에 적합하다.

③ **보어홀펌프(bore hole pump)** : 입형(vertical type) 다단펌프로 깊은 우물의 양정에 사용된다(30~300m).

④ **수중모터펌프** : 모터와 터빈은 수중에서 작동한다. 즉 수직형 터빈펌프 아래에 모터를 직결하여 양수한다.

⑤ **논클로그펌프(non-clog pump)** : 오수 등에 의한 오물이나 천조각 등의 고형 이물질을 제거하는 데 사용되는 펌프이다.

1.2 펌프의 소요동력 계산

① 펌프의 실양정(H_a)=흡입양정(H_s)+토출양정(H_d)

② 펌프의 전양정(H)= $H_a + H_L = (H_s + H_d) + H_L$

③ 손실수두(H_L)= $\left(f \dfrac{l}{d} + K\right) \dfrac{V^2}{2g}$ [m]

④ 체적유량(Q)= $A\,V = \dfrac{\pi d^2}{4}\,V$ [m³/s]

⑤ 펌프의 구경(d)= $\sqrt{\dfrac{4Q}{\pi V}}$ [m]

⑥ 펌프의 축동력(L_s)= $\dfrac{\gamma_w\,QH}{\eta_p} = \dfrac{9.8QH}{\eta_p}$ [kW]

여기서, f : 관마찰계수, l : 배관의 길이, d : 안지름, V : 평균유속$\left(= \dfrac{Q}{A}\right)$(m/s)

γ_w : 물의 비중량(=9,800N/m³=9.8kN/m³), Q : 펌프의 토출량(m³/s)

H : 펌프의 전양정(m), η_p : 펌프의 효율(%)

1.3 펌프의 상사법칙

① 유량(Q)에 관한 상사법칙

$$\frac{Q_1}{D_1{}^3 N_1} = \frac{Q_2}{D_2{}^3 N_2} \rightarrow \frac{Q_2}{Q_1} = \frac{N_2}{N_1}\left(\frac{D_2}{D_1}\right)^3$$

② 전양정(H)에 관한 상사법칙

$$\frac{H_1}{D_1^{\,2}N_1^{\,2}} = \frac{H_2}{D_2^{\,2}N_2^{\,2}} \rightarrow \frac{H_2}{H_1} = \left(\frac{N_2}{N_1}\right)^2 \left(\frac{D_2}{D_1}\right)^2$$

③ 축동력(L_s)에 관한 상사법칙

$$\frac{L_{s1}}{D_1^{\,5}N_1^{\,3}} = \frac{L_{s2}}{D_2^{\,5}N_2^{\,3}} \rightarrow \frac{L_{s2}}{L_{s1}} = \left(\frac{N_2}{N_1}\right)^3 \left(\frac{D_2}{D_1}\right)^5$$

1.4 비속도(specific speed, 비교회전도(수))

$$n_s = N\frac{Q^{\frac{1}{2}}}{H^{\frac{3}{4}}} = N\frac{\sqrt{Q}}{H^{\frac{3}{4}}}\,[\mathrm{rpm},\ \mathrm{m}^3/\mathrm{min},\ \mathrm{m}]$$

여기서, N : 분당 회전수(rpm), Q : 펌프의 송출량(양수량)($\mathrm{m}^3/\mathrm{min}$), H : 펌프의 전양정(m)

비속도(n_s)가 같은 임펠러는 모두 상사형이다. 따라서 비속도는 임펠러의 형상을 나타내는 척도가 되며 펌프의 성능을 나타내거나 최적합 회전수를 결정하는 데 이용된다. 같은 유량일 때 각종 펌프의 양정크기를 비교하면 터빈펌프가 가장 크고, 벌류트펌프, 사류펌프, 축류펌프 순으로 작아진다.

※ 비속도크기 : 축류펌프 > 사류펌프 > 벌류트펌프 > 터빈펌프

1.5 원심펌프의 특성(성능)곡선

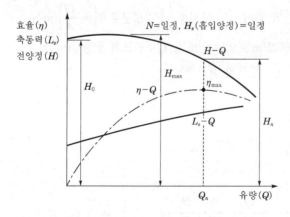

• $H-Q$곡선 : 양정곡선
• L_s-Q곡선 : 축동력곡선
• $\eta-Q$곡선 : 효율곡선

① 하강곡선 : 체절양정이 최고양정($H_{\max}$)이고 유량(Q)이 증가함에 따라 양정이 감소하는 특성곡선이다.

② 산고곡선(우상향곡선, $H_{\max} > H_0$) : 보통 하강곡선으로 표시될 때가 많고 가로축과 거의 평행한 부분이 긴 것은 평탄(flat)한 특성곡선이라고 한다.

※ 체절양정(shut off head) : $Q = 0$일 때의 양정(H_0)

원심펌프의 연합운전

소요되는 유량이나 양정이 일정하지 않고 크게 변동을 요구할 때에는 2대 이상의 펌프의 연합운전을 하게 된다.

- 직렬운전
  - 양정의 변화가 크고 1대의 펌프로 양정이 부족 시 2대 이상의 펌프를 직렬(series)로 연결하여 운전한다.
  - 유량 일정, 양정 2배 증가
- 병렬운전
  - 유량의 변화가 크고 1대의 펌프로 유량 부족 시 2대 이상의 펌프를 병렬(parallel)로 연결하여 운전한다.
  - 유량 2배 증가, 양정 일정

5 Chapter 보일러설비 운영

1 보일러

밀폐된 용기에 물을 가열하여 온수 또는 증기를 발생시키는 열매공급장치이다.

1.1 보일러(boiler)의 구성

① 기관 본체 : 원통형 보일러(shell)와 수관식 보일러(drum)로 구성
② 연소장치 : 연료를 연소시키는 장치로 연소실, 버너, 연도, 연통으로 구성
　㉠ 외부연소실의 특징
　　• 설치에 많은 장소가 필요하다
　　• 복사열의 흡수가 작다.
　　• 연소실의 크기를 자유롭게 할 수 있다.
　　• 완전 연소가 가능하고 저질연료도 연소가 용이하다.
　　• 연소율을 높일 수 있다.
　㉡ 내부연소실의 특징
　　• 복사열의 흡수가 크다.
　　• 설치하는 데 장소가 적게 든다.
　　• 역화의 위험성이 크다.
　　• 완전 연소가 어렵다.
　　• 연소실의 크기가 보일러 본체에 제한을 받는다.
③ 부속장치
　㉠ 지시기구 : 압력계, 수면계, 수고계, 온도계, 유면계, 통풍계, 급수량계, 급유량계, CO 미터기 등
　㉡ 안전장치 : 안전밸브, 방출관, 가용마개, 방폭문, 저수위제한기, 화염검출기, 전자밸브 등
　㉢ 급수장치 : 급수탱크, 급수배관, 급수펌프, 정지밸브, 역지밸브, 급수내관 등
　㉣ 송기장치 : 비수방지관, 기수분리기, 주증기관, 주증기밸브, 증기헤더, 신축장치, 증기 트랩, 감압밸브 등

ⓜ 분출장치 : 분출관, 분출밸브, 분출콕 등

ⓗ 여열장치 : 과열기, 재열기, 절탄기, 공기예열기 등

ⓢ 통풍장치 : 송풍기, 댐퍼, 통풍계, 연통 등

ⓞ 처리장치 : 급수처리장치, 집진장치, 재처리장치, 배풍기, 스트레이너 등

1.2 보일러의 특징

(1) 주철제보일러

주철제보일러는 섹션(section)을 조립한 것으로, 사용압력이 증기용은 0.1MPa 이하이고, 온수용은 0.3MPa 이하의 저압용으로 분할이 가능하므로 반입 시 유리하다.

장점	단점
• 전열면적이 크고 효율이 좋다. • 복잡한 구조로 주형으로 제작이 가능하다. • 조립식이므로 좁은 장소에 설치 가능하다. • 파열 시 저압이므로 피해가 적다. • 내식성, 내열성이 좋다. • 섹션의 증감으로 용량조절이 가능하다.	• 강도가 약해 고압 대용량에 부적합하다. • 가격이 비싸다. • 인장 및 충격에 약하다. • 열에 의한 팽창으로 균열이 생긴다. • 내부청소 및 검사가 어렵다.

(2) 수관식 보일러

수관식 보일러는 동의 지름이 작은 드럼과 수관, 수냉벽 등으로 구성된 보일러이다. 물의 순환방법에 따라 자연순환식, 강제순환식, 관류식으로 구분된다.

장점	단점
• 보일러수의 순환이 좋고 효율이 가장 높다. • 구조상 고압 및 대용량에 적합하다. • 전열면적이 크기 때문에 증발량이 많고 증기 발생에 소요시간이 매우 짧다. • 보유수량이 적기 때문에 무게가 가볍고 파열 시 재해가 적다. • 전열면적을 임의로 설계할 수 있다. • 관의 직경이 작아 고압보일러에 적합하며 외분식이므로 연소실의 크기를 자유로이 할 수 있다.	• 전열면적에 비해 보유수량이 적기 때문에 부하변동에 대해 압력변화가 크다. • 구조가 복잡하여 청소, 보수 등이 곤란하다. • 스케일로 하여금 수관이 과열되기 쉬우므로 수관리를 철저히 해야 한다(양질의 급수처리가 필요하다). • 수위변동이 매우 심하여 수위조절이 다소 곤란하다. • 제작이 까다로워 가격이 비싸다. • 취급이 어려워 숙련된 기술이 필요하다.

(3) 노통보일러

노통보일러는 원통형 드럼과 양면을 막는 경판으로 구성되며 그 내부에 노통을 설치한 보일러이다. 노통을 한쪽 방향으로 기울어지게 하여 물의 순환을 촉진시킨다. 횡형으로 된 원통

내부에 노통이 1개 장착되어 있는 코르니시(cornish)보일러와 노통이 2개 장착된 랭커셔 (Lancashire)보일러가 있다.

장점	단점
• 구조가 간단하고 제작 및 취급이 쉽다(원통형이라 강도가 높다). • 급수처리가 까다롭지 않다. • 내부청소 및 점검이 용이하다. • 수관식에 비하여 제작비가 싸다. • 노통에 의한 내분식이므로 열손실이 적다. • 운반이나 설치가 간단하고 설치면적이 작다.	• 보유수량이 많아 파열 시 피해가 크다. • 증발속도가 늦고 열효율이 낮다(보일러효율이 좋지 않다). • 구조상 고압 및 대용량에 부적당하다.

1.3 보일러용량

① 상당증발량(equivalent evaporation) : 발생증기의 압력과 온도를 함께 쓰는 대신 어떤 기준의 증기량으로 환산한 것이다(기준＝환산증발량).

$$q = m_a(h_2 - h_1)[\text{kJ/h}]$$

$$m_e = \frac{m_a(h_2 - h_1)}{2,257}[\text{kg/h}]$$

여기서, m_a : 실제 증발량(kg/h), m_e : 상당증발량(kg/h), h_1 : 급수(비)엔탈피(kJ/kg)
　　　　h_2 : 발생증기(비)엔탈피(kJ/kg)

※ 1atm(＝101.325kPa) : 100℃에서 물의 증발열은 2,257kJ/kg이다.

② 보일러마력(boiler horsepower) : 급수온도가 100°F이고 보일러증기의 계기압력이 70psi(lb/in^2)일 때 1시간당 34.5lb/h(약 15.65kg/h)가 증발하는 능력을 1보일러마력(BHP)이라 한다.

※ 1BHP＝15.65×2,257＝35322.05kJ/h＝9.81kW

※ 상당방열면적(EDR)＝$\dfrac{\text{난방부하(총손실열량)}}{\text{표준 방열량}}$

1.4 보일러부하

$$q = q_1 + q_2 + q_3 + q_4[\text{W}]$$

여기서, q : 보일러의 전부하(W), q_1 : 난방부하(W), q_2 : 급탕・급기부하(W)
　　　　q_3 : 배관부하(W), q_4 : 예열부하(W)

① 난방부하(q_1) : 증기난방인 경우 1m^2 EDR당 0.756kW 혹은 증기응축량 1.21kg/m^2・h로 계산하고, 온수난방인 경우는 수온에 의한 환산치를 사용하여 계산한다.

② 급탕 · 급기부하(q_2)

　　㉠ 급탕부하 : 급탕량 1l당 약 252kJ/h로 계산한다.

　　㉡ 급기부하 : 세탁설비, 부엌 등이 급기를 필요로 할 경우 그 증기량의 환산열량으로 계산한다.

③ 배관부하(q_3) : 난방용 배관에서 발생하는 손실열량으로 ($q_1 + q_2$)의 20% 정도로 계산한다.

④ 예열부하(q_4) : ($q_1 + q_2 + q_3$)에 대한 예열계수를 적용한다.

핵심 체크

- 보일러효율(efficiency of boiler)

$$\eta_B = \frac{m_a(h_2 - h_1)}{H_L \cdot m_f} = \eta_c\,\eta_k = 0.85 \sim 0.98$$

　여기서, η_c : 절탄기, 공기예열기가 없는 것(=0.60∼0.80)

　　　　 η_k : 절탄기, 공기예열기가 있는 것(=0.85∼0.90)

- 보일러출력 표시법
  - 정격출력 : $q_1 + q_2 + q_3 + q_4$
  - 상용출력 : $q_1 + q_2 + q_3$
  - 정미출력(방열기용량) : $q_1 + q_2$

1.5 보일러수압시험 및 가스누설시험

(1) 강철제보일러

① 0.43MPa 이하 : 최고사용압력×2배(시험압력이 0.2MPa 미만인 경우에는 0.2MPa)

② 0.43MPa 초과 1.5MPa 이하 : 최고사용압력×1.3배+0.3MPa

③ 1.5MPa 초과 : 최고사용압력×1.5배

(2) 주철제보일러

① 증기보일러

　　㉠ 0.43MPa 이하 : 최고사용압력×2배

　　㉡ 0.43MPa 초과 : 최고사용압력×1.3배+0.3MPa

② 온수보일러 : 최고사용압력×1.5배(시험압력이 0.2MPa 미만인 경우에는 0.2MPa)

2 방열기

(1) 방열기(radiator)의 종류

① 주형 방열기(column radiator) : 1절(section)당 표면적으로 방열면적을 나타내며 2주, 3주, 3세주형, 5세주형 등이 있다.
② 벽걸이형 방열기(wall radiator) : 가로형과 세로형 등 주철방열기이다.
③ 길드형 방열기(gilled radiator) : 방열면적을 증가시키기 위해 파이프에 핀이 부착되어 있다.
④ 대류형 방열기(convector) : 강판제 캐비닛 속에 컨벡터(주철 또는 강판제) 또는 핀 튜브의 가열기를 장착하여 대류작용으로 난방하는 것으로 효율이 좋다.

(2) 방열량 계산

① 표준 방열량

열매	표준 방열량	표준 온도차	표준 상태에서 온도		방열계수(k)
			열매온도	실내온도	
증기	0.756kW/m^2	83.5℃	102℃	18.5℃	$9.05\text{W/m}^2\cdot℃$
온수	0.523kW/m^2	61.5℃	80℃	18.5℃	$8.5\text{W/m}^2\cdot℃$

② 표준 방열량의 보정 : $Q' = \dfrac{Q}{C}$

여기서, Q' : 실제 상태의 방열량(W/m²), Q : 표준 방열량(W/m²)
C : 보정계수

$$\text{증기난방의 보정계수} \quad C = \left(\frac{102 - 18.5}{t_s - t_i}\right)^n$$

$$\text{온수난방의 보정계수} \quad C = \left(\frac{80 - 18.5}{t_w - t_i}\right)^n$$

n : 보정지수(주철·강판제 방열기 : 1.3, 대류형 방열기 : 1.4, 파이프방열기 : 1.25)

(3) 방열기 호칭법

종별	기호
2주형	II
3주형	III
3세주형	3C
5세주형	5C
벽걸이형(횡)	W-H
벽걸이형(종)	W-V

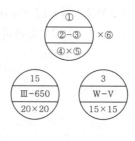

① 쪽수
② 종별
③ 형(치수)
④ 유입관지름
⑤ 유출관지름
⑥ 조(組)의 수

(4) 방열기 내의 증기응축량

$$G_w = \frac{q}{R}[\text{W/m}^2]$$

여기서, q : 방열기의 방열량(W/m^2)

$\quad\quad R$: 증발압력에서의 증발잠열(kJ/kg)

※ 풍량제어방법 중 소요동력을 가장 경제적으로 할
수 있는 제어방법은 회전수제어 > 가변피치제어 >
스크롤댐퍼제어 > 베인(vane)제어 > 흡입댐퍼
제어 > 토출댐퍼제어 순이다.

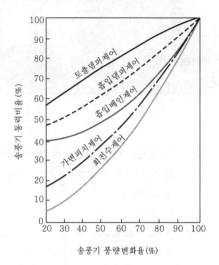

[송풍기 풍량변화율에 따른
송풍기 동력비율의 변화]

01 대사량을 나타내는 단위로 쾌적상태에서의 안정 시 대사를 기준으로 하는 단위는?

① RMR   ② clo

③ met   ④ ET

해설 ㉠ 1met(인체대사량)=50kcal/m² · h=58.12W/m²
㉡ 1clo(의복의 열저항값)=0.18m² · h/kcal
                      =0.155m²/W

★ 02 원형 덕트에서 직사각형 덕트로의 환산에 대하여 바르게 설명한 것은? (단, a는 장변, b는 단변이다.)

① 동일한 풍량을 송풍할 때 덕트의 마찰손실은 단면이 원형인 원형 덕트가 가장 크다.

② 상당 직경 $d = 1.3\left[\dfrac{(ab)^5}{(a+b)^2}\right]^{\frac{1}{8}}$ 이다.

③ 아스펙트비는 보통 4 : 1 이하가 바람직하나 10 : 1을 넘어도 상관없다.

④ 원형 덕트를 직사각형 덕트로 변형시키기 위하여 폭 b를 늘이고 높이 a를 줄이면 효과가 아주 크다.

해설 상당 직경$(d_e) = 1.3\left[\dfrac{(ab)^5}{(a+b)^2}\right]^{\frac{1}{8}}$

★ 03 열관류율을 계산하는 데 필요하지 않은 것은?

① 벽체의 두께

② 벽체의 열전도율

③ 벽체 표면의 열전달률

④ 벽체의 함수율

해설 열관류율$(K) = \dfrac{1}{\dfrac{1}{\alpha_o} + \sum \dfrac{l}{\lambda} + \dfrac{1}{\alpha_i}}$[W/m² · K]

04 다음 중 히트펌프방식의 열원에 해당되지 않는 것은?

① 수열원   ② 마찰열원

③ 공기열원   ④ 태양열원

해설 히트펌프방식의 열원은 물, 공기, 태양 등이 있다.

★ 05 코일의 필요한 열수(N)를 계산하는 식으로 옳은 것은? (단, q_t : 코일부하, A : 코일의 유효정면적, K : 열관류율, C_{ws} : 습면보정계수, $LMTD$: 대수평균온도차)

① $N = \dfrac{q_t(LMTD)}{AKC_{ws}}$

② $N = \dfrac{q_t}{AKC_{ws}(LMTD)}$

③ $N = \dfrac{q_t C_{ws}}{AK(LMTD)}$

④ $N = \dfrac{AK(LMTD)C_{ws}}{q_t}$

해설 $q_t = KANC_{ws}(LMTD)$[W]
∴ $N = \dfrac{q_t}{KAC_{ws}(LMTD)}$

06 다음 설명 중에서 틀리게 표현된 것은?

① 벽이나 유리창을 통해 들어오는 전도열은 감열뿐이다

② 여름철 실내에서 인체로부터 발생하는 열은 잠열뿐이다.

③ 실내의 기구로부터 발생열은 잠열과 감열이다.

④ 건축물의 틈새로부터 침입하는 공기가 갖고 들어오는 열은 잠열과 감열이다.

정답 01 ③ 02 ② 03 ④ 04 ② 05 ② 06 ②

해설 여름철 실내에서 인체로부터 발생하는 열은 현열(감열)과 잠열이다.

★07 다음 장치도 및 $t-x$선도와 같이 공기를 혼합하여 냉각, 재열한 후 실내로 보낸다. 여기서 외기부하를 나타내는 식은? (단, 혼합공기량은 m[kg/h]이다.)

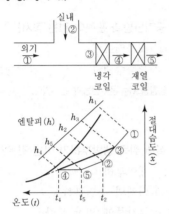

① $q = m(h_3 - h_4)$ ② $q = m(h_1 - h_3)$
③ $q = m(h_5 - h_4)$ ④ $q = m(h_3 - h_2)$

해설 외기부하(q) $= m(h_3 - h_2) = \rho Q C_p (t_3 - t_2)$[kJ/kg]

★08 바이패스 팩터의 설명 중 틀린 것은?
① 바이패스 팩터는 공기조화기를 공기가 통과할 때 공기의 일부가 변화를 받지 않고 원상태로 지나쳐 갈 때 이 공기량과 전체 통과공기량에 대한 비율로 나타낸 것이다.
② 공기조화기를 통과하는 풍속이 감소하면 바이패스 팩터는 감소한다.
③ 공기조화기의 코일열수 및 코일 표면적이 작을 때 바이패스 팩터는 증가한다.
④ 공기조화기의 이용 가능한 전열 표면적이 감소하면 바이패스 팩터는 감소한다.

해설 전열 표면적이 감소하면 바이패스 팩터(BF)는 증가한다.

09 복사난방(패널히팅)의 특징을 설명한 것 중 맞지 않는 것은?

① 외기온도변화에 따라 실내의 온도 및 습도조절이 쉽다.
② 방열기가 불필요하므로 가구배치가 용이하다.
③ 실내의 온도분포가 균등하다.
④ 복사열에 의한 난방이므로 쾌감도가 크다.

해설 복사난방(panel heating)은 방열체의 열용량이 크기 때문에 온도변화에 따른 방열량의 조절이 어렵다.

10 보일러에 관한 설명 중 틀린 것은?
① 주철보일러는 압력 0.5MPa 이하의 중압 증기용에 사용된다.
② 수관식 보일러는 분할하여 제작이 가능하므로 반입이 용이하다.
③ 노통연관식 보일러는 내분식이므로 연소실크기가 제한을 받는다.
④ 입형 보일러는 수직의 원통형 드럼 내부에 연소실을 구성하고 연관 또는 수관으로 대류전열면을 조합하여 만든 구조이다.

해설 주철제보일러는 사용압력이 0.1MPa(증기용) 이하이고, 온수용은 0.5MPa 이하의 저압용에 사용한다.

★11 풍량 10,000kg/h의 공기(절대습도 0.00300 kg′/kg)를 온수분무로 절대습도 0.00475kg′/kg까지 가습할 때 분무수량은 약 몇 kg/h인가? (단, 가습효율은 30%라 한다.)

① 58.3 ② 175.2
③ 212.7 ④ 525.3

해설 $\dot{m} = \dfrac{m(x_2 - x_1)}{\eta} = \dfrac{10,000 \times (0.00475 - 0.00300)}{0.3}$
$= 58.33$kg/h

★12 날개차직경이 450mm인 다익형 송풍기의 호칭번호는?
① 1번 ② 2번
③ 3번 ④ 4번

해설 다익형 송풍기번호(No.) $=\dfrac{D}{150}=\dfrac{450}{150}=3$

★
13 습공기선도에서 상태점 A의 노점온도를 읽는 방법으로 맞는 것은?

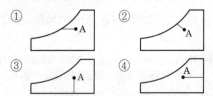

해설 습공기선도에서 절대습도(x)가 일정할 때 A점의 온도를 강하시켜 상대습도(ϕ)=100%(포화상태 시)인 지점이 노점온도(dew point temperature)이다.

★
14 식당의 주방이나 화장실과 같은 장소에 적합한 환기방식으로 자연급기와 기계배기로 조합된 환기방식은?

① 제1종 환기방식 ② 제2종 환기방식
③ 제3종 환기방식 ④ 제4종 환기방식

해설 ① 제1종 환기(병용식) : 강제급기+강제배기, 송풍기와 배풍기 설치, 보일러실, 전기실 등에 적용
② 제2종 환기(압입식) : 강제급기+자연배기, 송풍기 설치, 공장 클린룸 등에 적용
④ 제4종 환기(자연식) : 자연급기+자연배기

참고 제3종 환기(흡출식) : 자연급기+강제배기, 배풍기 설치, 화장실, 쓰레기처리장 등에 적용

★
15 31℃의 외기와 25℃의 환기를 1 : 2 비율로 혼합하고 바이패스 팩터가 0.16인 코일로 냉각 제습할 때의 코일 출구온도(℃)는? (단, 코일의 표면온도는 14℃이다.)

① 약 14 ② 약 16
③ 약 27 ④ 약 29

해설 ㉠ $t_m = \dfrac{m_1 t_1 + m_2 t_2}{m_1 + m_2} = \dfrac{1 \times 31 + 2 \times 25}{1+2} = 27$℃

㉡ $BF = \dfrac{t_o - t_s}{t_m - t_s}$

$\therefore \ t_o = t_s + BF(t_m - t_s)$
$= 14 + 0.16 \times (27 - 14)$
$= 16.08$℃

★
16 공기조화방식 중에서 덕트방식이 아닌 것은?

① 팬코일유닛방식 ② 멀티존방식
③ 각 층 유닛방식 ④ 유인유닛방식

해설 팬코일유닛방식(fan coil unit)은 수(물)방식이므로 덕트가 필요 없다.

17 증기난방과 관련이 없는 장치는?

① 팽창탱크 ② 트랩
③ 응축수탱크 ④ 감압밸브

해설 팽창탱크는 온수난방과 관계있다.

★
18 실내 취득 냉방부하가 아닌 것은?

① 재열부하
② 벽체의 축열부하
③ 극간풍에 의한 부하
④ 유리창의 복사열에 의한 부하

해설 실내 취득 냉방부하는 벽체로부터 취득열량, 유리창(일사(복사)와 전도, 대류) 취득열량, 극간풍부하, 인체부하, 기구 발생부하가 있다.
참고 재열부하는 재열기의 가열량이다.

★
19 흡수식 냉온수기에 대한 설명이다. ( ) 안에 들어갈 명칭으로 가장 알맞은 용어는?

흡수식 냉온수기는 여름철에는 (㉠)에서 나오는 냉수를 이용하여 냉방을 행하며, 겨울철에는 (㉡)에서 나오는 열을 이용하여 온수를 생산하여 냉방과 난방을 동시에 해결할 수 있는 기기로서 현재 일반 건축물에서 많이 사용되고 있다.

① ㉠ 증발기, ㉡ 응축기
② ㉠ 재생기, ㉡ 증발기
③ ㉠ 증발기, ㉡ 재생기
④ ㉠ 발생기, ㉡ 방열기

20 실내의 현열부하를 q_s, 잠열부하를 q_l이라고 할 때 실내의 현열비 계산식으로 올바른 것은?

① $\dfrac{q_l}{q_s + q_l}$ ② $\dfrac{q_s}{q_s + q_l}$

③ $\dfrac{q_s + q_l}{q_s}$ ④ $\dfrac{q_s + q_l}{q_l}$

해설 현열비(감열비)$=\dfrac{\text{현열부하}}{\text{전열부하}}$

$=\dfrac{\text{현열부하}(q_s)}{\text{현열부하}(q_s)+\text{잠열부하}(q_l)}$

21 다음과 같은 공기선도상의 상태에서 CF (Contact Factor)를 나타내고 있는 것은?

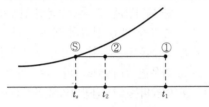

① $\dfrac{t_1 - t_2}{t_1 - t_s}$ ② $\dfrac{t_1 - t_2}{t_2 - t_s}$

③ $\dfrac{t_2 - t_s}{t_1 - t_s}$ ④ $\dfrac{t_2 - t_s}{t_1 - t_2}$

해설 콘택트 팩터$(CF)=\dfrac{t_1 - t_2}{t_1 - t_s}=1-BF$

참고 바이패스 팩터$(BF)=\dfrac{t_2 - t_s}{t_1 - t_s}=1-CF$

22 건구온도 32℃, 절대습도 0.02kg′/kg의 공기 5,000CMH와 건구온도 25℃, 절대습도 0.002kg′/kg의 공기 10,000CMH가 혼합되었을 때 건구온도는 약 몇 ℃인가?

① 25.6   ② 27.3

③ 28.3   ④ 29.6

해설 $t_m=\dfrac{Q_1 t_1 + Q_2 t_2}{Q_1 + Q_2}=\dfrac{5,000\times32+10,000\times25}{5,000+10,000}$

$=27.33$℃

23 온수난방의 배관방식이 아닌 것은?

① 역환수식   ② 진공환수식

③ 단관식   ④ 복관식

해설 진공환수식은 증기난방의 배관방식이다.

24 5,000W의 열을 발산하는 기계실이 온도를 26℃로 유지하기 위한 환기량은 약 얼마인가? (단, 외기온도 12℃, 공기정압비열 1.01kJ/kg · ℃, 밀도 1.2kg/m³이다.)

① 294.67m³/h   ② 353.6m³/h

③ 1060.82m³/h   ④ 1272.98m³/h

해설 $Q_s = \rho Q C_p (t_r - t_o)$

$\therefore \ Q = \dfrac{Q_s}{\rho C_p (t_r - t_o)}=\dfrac{5\times3,600}{1.2\times1.01\times(26-12)}$

$=1060.82$m³/h

25 지붕구조체의 열관류율 0.48W/m² · ℃, 면적 200m², 냉방부하온도차(CLTD) 34℃, 실내온도 26℃일 때 관류에 의한 냉방부하는 얼마인가?

① 768W   ② 2,496W

③ 2,880W   ④ 3,264W

해설 $Q_c = KA(CLTD)=0.48\times200\times34=3,264$W

26 다음 중 실내를 침입하는 극간풍량을 구하는 방법으로 옳지 않은 것은?

① 환기횟수법

② 창문의 틈새길이법

③ DOP법

④ 이용빈도수에 의한 풍량

해설 극간풍량을 구하는 방법 : 환기횟수법, 창문의 틈새길이법(크랙법), 창문의 면적, 사용빈도수에 의한 방법 등

참고 DOP법(계수법)은 필터(여과기)효율을 구하는 방법이다.

27 원심식 송풍기에 사용되는 풍량제어방법이라고 할 수 없는 것은?

① 댐퍼제어   ② 베인제어

③ 압력제어   ④ 회전수제어

해설 송풍기의 풍량제어방법 : 회전수제어, 댐퍼제어, 가변피치제어, 흡입베인제어, 스크롤댐퍼제어

28 실내냉방 시 냉동기용량 중 냉각코일용량에 속하지 않는 것은?

① 송풍기부하　② 재열부하
③ 배관부하　　④ 외기부하

해설　냉각코일용량(부하)=재열부하＋외기부하＋송풍기부하

★
29 열수분비에 대한 설명 중 옳은 것은?

① 상대습도의 변화량에 대한 전열량의 변화량의 비율
② 상대습도의 변화량에 대한 절대습도의 변화량의 비율
③ 절대습도의 변화량에 대한 전열량의 변화량의 비율
④ 절대습도의 변화량에 대한 상대습도의 변화량의 비율

해설　열수분비$(u) = \dfrac{전열량(비엔탈피)변화량(h_2 - h_1)}{절대습도변화량(x_2 - x_1)}$

★
30 동일 송풍기에서 회전수를 2배로 했을 경우의 성능의 변화량에 대하여 옳은 것은?

① 압력 2배, 풍량 4배, 동력 8배
② 압력 8배, 풍량 4배, 동력 2배
③ 압력 4배, 풍량 8배, 동력 2배
④ 압력 4배, 풍량 2배, 동력 8배

해설　동일 송풍기$(D_1 = D_2)$에서 풍량(Q)과 회전수(N)는 비례, 전압력(P_t)은 회전수(N)의 제곱에 비례, 축동력(L_s)은 회전수(N)의 세제곱에 비례한다.

★
31 다음은 냉각코일에서 공기상태변화를 나타낸 것이다. 이때 코일의 BF(Bypass Factor)는 어느 것인가?

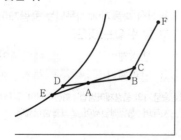

① $\dfrac{BA}{BD}$　　② $\dfrac{AD}{BA}$
③ $\dfrac{AE}{CE}$　　④ $\dfrac{CA}{CE}$

해설　바이패스 팩터$(BF) = \dfrac{AE}{CE} = 1 - CF$

참고　콘택트 팩터$(CF) = \dfrac{CA}{CE} = 1 - BF$

32 습공기의 상태를 나타내는 요소에 대한 설명 중 맞는 것은?

① 상대습도는 공기 중에 포함된 수분의 양을 계산하는 데 사용한다.
② 수증기분압에서 습공기가 가진 압력(보통 대기압)은 그 혼합성분인 건공기와 수증기가 가진 분압의 합과 같다.
③ 습구온도는 주위 공기가 포화증기에 가까우면 건구온도와의 차는 커진다.
④ 엔탈피는 0℃ 건공기의 값을 2,500kJ/kg으로 기준하여 사용한다.

해설　㉠ 대기압(습공기압력)=건공기분압＋수증기분압
　　　㉡ 비엔탈피는 0℃ 건공기의 값을 0kJ/kg으로 기준하여 사용한다.

★
33 직교류형 냉각탑과 대향류형 냉각탑을 비교하였다. 직교류형 냉각탑의 특징으로 틀린 것은?

① 물과 공기흐름이 직각으로 교차한다.
② 냉각탑 설치면적은 크고, 높이는 낮다.
③ 대향류형에 비해 효율이 좋다.
④ 냉각탑 중심부로 갈수록 온도가 높아진다.

해설　대향류형 냉각탑이 직교류형 냉각탑보다 효율이 좋다.

34 공기세정기의 구조에서 앞부분에 세정실이 있고, 물방울의 유출을 방지하기 위해 뒷부분에는 무엇을 설치하는가?

① 배수관　　　② 유닛히트
③ 유량조절밸브　④ 일리미네이터

정답　28 ③　29 ③　30 ④　31 ③　32 ②　33 ③　34 ④

해설 일리미네이터는 분무된 물이 공기와 함께 비산되는 것을 방지하는 장치이다.

★ 35
실내의 거의 모든 부분에서 오염가스가 발생되는 경우 실 전체의 기류분포를 계획하여 실내에 발생하는 오염물질을 완전히 희석하고 확산시킨 다음에 배기를 행하는 환기방식은?

① 자연환기   ② 제3종 환기

③ 국부환기   ④ 전반환기

해설 환기방식
  ㉠ 제1종 환기(병용식) : 강제급기+강제배기, 송풍기와 배풍기 설치, 보일러실, 전기실 등에 적용
  ㉡ 제2종 환기(압입식) : 강제급기+자연배기, 송풍기 설치, 공장 클린룸 등에 적용
  ㉢ 제3종 환기(흡출식) : 자연급기+강제배기, 배풍기 설치, 화장실, 쓰레기처리장 등에 적용
  ㉣ 제4종 환기(자연식) : 자연급기+자연배기

★ 36
다익형 송풍기의 경우 송풍기 크기(No.)에 대한 내용으로 맞는 것은?

① 임펠러의 지름(mm)을 60으로 나눈 숫자이다.

② 임펠러의 지름(mm)을 100으로 나눈 숫자이다.

③ 임펠러의 지름(mm)을 120으로 나눈 숫자이다.

④ 임펠러의 지름(mm)을 150으로 나눈 숫자이다.

해설 ㉠ 다익형 송풍기 No. $= \dfrac{임펠러지름(D[\text{mm}])}{150}$

  ㉡ 축류형 송풍기 No. $= \dfrac{임펠러지름(D[\text{mm}])}{100}$

★ 37
흡수식 냉동기의 특징으로 맞지 않는 것은?

① 기기 내부가 진공에 가까우므로 파열의 위험이 적다.

② 기기의 구성요소 중 회전하는 부분이 많아 소음 및 진동이 많다.

③ 흡수식 냉온수기 한 대로 냉방과 난방을 겸용할 수 있다.

④ 예냉시간이 길어 냉방용 냉수가 나올 때까지 시간이 걸린다.

해설 흡수식 냉동기
  ㉠ 장점
    • 전력수요가 적다(운전비용이 저렴하다).
    • 압축기가 없으므로 소음과 진동이 적다.
    • 운전경비가 절감된다(부분부하운전특성이 좋다).
    • 사고 발생 우려가 작다.
    • 진공상태에서 운전되므로 취급자격자가 필요 없다.
  ㉡ 단점
    • 예냉시간이 길다.
    • 증기압축식 냉동기보다 성능계수가 낮다.
    • 초기운전 시 정격성능 발휘점까지 도달속도가 느리다.
    • 일반적으로 5℃ 이하의 낮은 냉수 출구온도를 얻기가 어렵다.
    • 설비비가 많이 든다.
    • 급냉으로 결정사고가 발생되기 쉽다.
    • 부속설비가 압축식의 2배 정도로 커진다.
    • 설치 시 천장이 높아야 한다.
    • 설치면적 및 중량이 크다.

★ 38
다음 그림은 냉각코일의 선도변화를 나타내었다. ① : 입구공기, ② : 출구공기, ⓢ : 포화공기일 때 노점온도(A)와 바이패스 팩터(B)구간으로 맞는 것은?

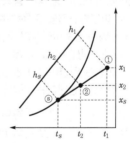

① $A : t_s$, $B : \dfrac{h_2 - h_s}{h_1 - h_s}$

② $A : t_s$, $B : \dfrac{t_1 - t_2}{t_1 - t_s}$

③ $A : t_s$, $B : \dfrac{t_1 - t_2}{t_2 - t_s}$

④ $A : t_s$, $B : \dfrac{h_2 - h_s}{h_1 - h_2}$

해설 ㉠ 장치노점온도(ADP)$= t_s$

  ㉡ 바이패스 팩터(BF)$= \dfrac{h_2 - h_s}{h_1 - h_s} = 1 - CF$

39 냉각탑에 주로 사용하는 축류식 송풍기의 종류로 맞는 것은?

① 리밋로드형 송풍기
② 프로펠러형 송풍기
③ 크로스플로형 송풍기
④ 다익형 송풍기

해설 냉각탑에 주로 사용하는 축류식 송풍기는 프로펠러형 송풍기이다.

40 공기조화의 분류에서 산업용 공기조화의 적용범위에 해당되지 않는 것은?

① 반도체공장에서 제품의 품질 향상을 위한 공조
② 실험실의 실험조건을 위한 공조
③ 양조장에서 술의 숙성온도를 위한 공조
④ 호텔에서 근무하는 근로자의 근무환경 개선을 위한 공조

해설 호텔에서 근무하는 근로자의 근무환경 개선을 위한 공조는 보건용 공기조화이다.

★41 클린룸(clean room)에 대한 등급을 나타내는 방법으로 미연방규격을 준용하여 1ft³의 체적 내에 들어 있는 불순미립자의 수를 class등급으로 나타내는 방법이 있다. 예를 들어, class 100이라고 함은 입경이 얼마인 불순미립자의 수를 100으로 제한한다는 의미인가?

① $0.1\mu m$
② $0.2\mu m$
③ $0.3\mu m$
④ $0.5\mu m$

해설 class 100은 1ft³의 공기체적 내 $0.5\mu m$ 크기의 입자수를 100으로 제한한다.

42 공기조화방식의 열매체에 의한 분류 중 냉매방식의 특징으로 옳지 않은 것은?

① 유닛에 냉동기를 내장하므로 사용시간에만 냉동기가 작동하여 에너지 절약이 되고, 또 잔업 시의 운전 등 국소적인 운전이 자유롭게 된다.
② 온도조절기를 내장하고 있어 개별제어가 가능하다.

③ 대형의 공조실을 필요로 한다.
④ 취급이 간단하고 대형의 것도 쉽게 운전할 수 있다.

해설 냉매방식은 개별식이므로 소형의 공조실이 필요하다.

★43 보일러의 용량을 결정하는 정격출력을 나타내는 것으로 적당한 것은?

① 정격출력 = 난방부하 + 급탕부하
② 정격출력 = 난방부하 + 급탕부하 + 배관 손실부하
③ 정격출력 = 난방부하 + 급탕부하 + 예열 부하
④ 정격출력 = 난방부하 + 급탕부하 + 배관 손실부하 + 예열부하

해설 정격출력 = 난방부하 + 급탕부하 + 배관부하 + 예열부하
= 정미출력 + 배관부하 + 예열부하
= 상용출력 + 예열부하

★44 배관계통에서 유량은 다르더라도 단위길이당 마찰손실이 일정하게 되도록 관경을 정하는 방법은?

① 균등법
② 균압법
③ 등마찰법
④ 등속법

해설 등마찰법
유량은 다르더라도 단위길이당 마찰손실(압력손실)이 일정하게 되도록 관경을 정하는 방법이다.
㉠ 일반 건축물 : 0.1mmAq/m
㉡ 소음이 없는 곳 : 0.15mmAq/m
㉢ 실의 소음제한이 엄격한 주택이나 음악감상실 : 0.07mmAq/m

★45 기류 및 주위 벽면에서의 복사열은 무시하고 온도와 습도만으로 쾌적도를 나타내는 지표를 무엇이라고 부르는가?

① 쾌적건강지표
② 불쾌지수
③ 유효온도지수
④ 청정지표

해설 불쾌지수(DI)는 건구온도와 습구온도만으로 쾌적도를 나타낸다(70 이하면 쾌적함을 느낌).
불쾌지수(DI) = 0.72(DB + WB) + 40.6

46 송풍기의 특성을 나타내는 요소에 해당되지 않는 것은?

① 압력 ② 축동력
③ 재질 ④ 풍량

해설 송풍기의 특성을 나타내는 요소는 압력, 축동력, 효율, 풍량 등이다.

47 ★ 유인유닛방식(IDU)에 대한 설명 중 틀린 것은?

① 각 유닛마다 제어가 가능하므로 개별실 제어가 가능하다.
② 송풍량이 많아서 외기냉방효과가 크다.
③ 냉각, 가열을 동시에 하는 경우 혼합손실이 발생한다.
④ 유인유닛에는 동력배선이 필요 없다.

해설 유인유닛방식(IDU)은 송풍량이 적어 외기냉방효과가 작다.

48 ★ 다음 그림과 같은 병행류형 냉각코일의 대수평균온도차는 약 얼마인가?

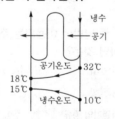

① 8.74℃ ② 9.54℃
③ 12.33℃ ④ 13.10℃

해설 $\Delta_1 = t_1 - t_{w1} = 32 - 10 = 22℃$
$\Delta_2 = t_2 - t_{w2} = 18 - 15 = 3℃$

$$\therefore LMTD = \frac{\Delta_1 - \Delta_2}{\ln\dfrac{\Delta_1}{\Delta_2}} = \frac{22 - 3}{\ln\dfrac{22}{3}} = 9.54℃$$

49 상당방열면적(EDR)에 대한 설명으로 맞는 것은?

① 표준상태의 방열기의 전방열량을 연료 연소에 따른 방열면적으로 나눈 값
② 표준상태의 방열기의 전방열량을 보일 러수관의 방열면적으로 나눈 값
③ 표준상태의 방열기의 전방열량을 표준 방열량으로 나눈 값
④ 표준상태의 방열기의 전방열량을 실내 벽체에서 방열되는 면적으로 나눈 값

해설 상당방열면적(EDR)은 표준상태의 방열기 전방열량을 표준 방열량으로 나눈 값이다.

참고 표준 방열량
• 온수인 경우(q_o)=450kcal/m² · h=0.523kW/m²
• 증기인 경우(q_o)=650kcal/m² · h=0.756kW/m²

50 ★ 대기의 절대습도가 일정할 때 하루 동안의 상대습도변화를 설명한 것으로 옳은 것은?

① 절대습도가 일정하므로 상대습도의 변화는 없다.
② 낮에는 상대습도가 높아지고, 밤에는 상대습도가 낮아진다.
③ 낮에는 상대습도가 낮아지고, 밤에는 상대습도가 높아진다.
④ 낮에 상대습도가 정해지면 하루 종일 그 상태로 일정하게 된다.

해설 낮에는 온도가 높아지므로 상대습도는 낮아지고, 밤에는 온도가 낮아지므로 상대습도는 높아진다(절대습도는 일정).

51 ★ 공기조화방식의 분류 중 공기-물방식이 아닌 것은?

① 유인유닛방식
② 덕트 병용 팬코일유닛방식
③ 복사냉난방방식(패널에어방식)
④ 멀티존유닛방식

해설 멀티존유닛방식은 전공기방식이다.

52 ★ 습공기선도상에 나타나 있는 것이 아닌 것은?

① 상대습도 ② 건구온도
③ 절대습도 ④ 포화도

해설 습공기선도의 구성요소 : 건구온도, 습구온도, 노점온도, 절대습도, 상대습도, 수증기분압, 비체적, 엔탈피, 현열비, 열수분비

참고 포화도(비교습도)$=\dfrac{x(\text{불포화상태 시 절대습도})}{x_s(\text{포화상태 시 절대습도})}$

★
53 다음 그림은 송풍기의 특성곡선이다. 점선으로 표시된 곡선 B는 무엇을 나타내는가?

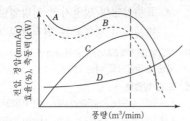

① 축동력　　　　② 효율
③ 전압　　　　　④ 정압

해설 A : 전압, B : 정압, C : 효율, D : 축동력

★
54 냉수코일의 설계에 있어서 코일 출구온도 10℃, 코일 입구온도 5℃, 전열부하가 83,740kJ/h일 때 코일 내 순환수량(L/min)은 약 얼마인가? (단, 물의 비열은 4.2kJ/kg·K이다.)

① 55.5L/min　　　② 66.5L/min
③ 78.5L/min　　　④ 98.7L/min

해설 $Q = 60mC(t_2 - t_1)[\text{kJ/min}]$
$$\therefore\ m = \frac{Q}{60C(t_2 - t_1)} = \frac{83,740}{60 \times 4.2 \times (10-5)}$$
　　≒ 66.5L/min

★
55 도서관의 체적이 630m³이고 공기가 1시간에 29회 비율로 틈새바람에 의해 자연환기될 때 풍량(m³/min)은 약 얼마인가?

① 295　　　　　② 304
③ 444　　　　　④ 572

해설 $Q = nV = 29 \times 630 = 18,270\text{m}^3/\text{h} = 304.5\text{m}^3/\text{min}$

56 다음 부하 중 냉각코일의 용량을 산정하는 데 포함되지 않는 것은?

① 실내 취득열량
② 도입외기부하
③ 송풍기 축동력에 의한 열부하
④ 펌프 및 배관으로부터의 부하

해설 냉각코일(cooling coil)의 용량 산정 시 펌프 및 배관부하는 포함되지 않는다.

참고 냉각코일용량=실내부하+재열부하+외기부하
　　　　　　=실내 취득열량+기기로부터의 취득열량
　　　　　　　+재열부하+외기부하

57 인체에 작용하는 실내온열환경 4대 요소가 아닌 것은?

① 청정도　　　　② 습도
③ 기류속도　　　④ 공기온도

해설 인체에 작용하는 실내온열환경 4대 요소는 공기온도, 습도, 기류, 복사열이다.

★
58 온수난방의 특징으로 옳지 않은 것은?

① 증기난방보다 상하온도차가 작고 쾌감도가 크다.
② 온도조절이 용이하고 취급이 간단하다.
③ 예열시간이 짧다.
④ 보일러 정지 후에도 여열에 의해 실내난방이 어느 정도 지속된다.

해설 온수난방은 열용량이 커서 예열시간이 길다.

59 다음 중 난방에 이용되는 주형방열기의 종류가 아닌 것은?

① 2주형　　　　② 2세주형
③ 3주형　　　　④ 3세주형

해설 주형방열기의 종류 : 2주형, 3주형, 3세주형, 5세주형 등

★
60 밀봉된 용기와 위크(wick)구조체 및 증기공간에 의하여 구성되며, 길이방향으로는 증발부, 응축부, 단열부로 구분되는데, 한쪽을 가열하면 작동유체는 증발하면서 잠열을 흡수하고, 증발된 증기는 저온으로 이동하여 응축되면서 열교환하는 기기의 명칭은?

① 전열교환기
② 플레이트형 열교환기
③ 히트파이프
④ 히트펌프

해설 히트파이프(heat pipe)방식 열교환기는 밀봉된 용기와 위크구조체 및 증기공간에 의해 구성되며, 길이방향으로는 증발부, 응축부, 단열부로 구분되는데, 한쪽을 가열하면 작동유체는 증발하면서 잠열을 흡수하고, 증발된 증기는 저온으로 이동하며 응축되면서 열교환하는 기기이다.

정답 53 ④ 54 ② 55 ② 56 ④ 57 ① 58 ③ 59 ② 60 ③

61 가습기의 종류에서 증기취출식에 대한 특징이 아닌 것은?

① 공기를 오염시키지 않는다.

② 응답성이 나빠 정밀한 습도제어가 불가능하다.

③ 공기온도를 저하시키지 않는다.

④ 가습량제어를 용이하게 할 수 있다.

해설 증기취출식 가습기는 응답성이 빠르고 정밀 습도제어가 가능하다.

62 송풍기의 특성에 풍량이 증가하면 정압은 어떻게 되는가?

① 증가한다.

② 감소한다.

③ 변함없이 일정하다.

④ 감소하다가 일정하다.

해설 송풍기 특성에 풍량이 증가하면 정압은 감소한다.

63 덕트 설계방법 중 공기분배계통의 에어밸런싱 (air balancing)을 유지하는 데 가장 적합한 방법은?

① 등속법 　　② 정압법

③ 계량정압법 　④ 정압재취득법

해설 정압재취득법은 공기분배계통의 에어밸런싱을 유지하는 데 가장 적합한 방법이다.

64 에어필터 입구의 분진농도가 $0.35mg/m^3$, 출구의 분진농도가 $0.14mg/m^3$일 때 에어필터의 여과효율은?

① 33% 　　② 40%

③ 60% 　　④ 66%

해설 $\eta = \left(1 - \dfrac{\text{출구분진농도}}{\text{입구분진농도}}\right) \times 100$

$= \left(1 - \dfrac{14}{35}\right) \times 100 = 60\%$

65 흡수식 냉동기에서 흡수기의 설치위치는 어디인가?

① 발생기와 팽창밸브 사이

② 응축기와 증발기 사이

③ 팽창밸브와 증발기 사이

④ 증발기와 발생기 사이

해설 흡수식 냉동기의 흡수기는 증발기와 발생기(재생기) 사이에 설치한다.

66 시간당 $5,000m^3$의 공기가 지름 70cm의 원형 덕트 내를 흐를 때 풍속은 약 얼마인가?

① 1.4m/s 　　② 2.6m/s

③ 3.6m/s 　　④ 7.1m/s

해설 $Q = AV = \dfrac{\pi d^2}{4} V [m^3/s]$

$\therefore V = \dfrac{Q}{A} = \dfrac{Q}{\dfrac{\pi d^2}{4}} = \dfrac{\dfrac{5,000}{3,600}}{\dfrac{\pi \times 0.7^2}{4}} = 3.61m/s$

67 다음 난방부하에 대한 설명이다. ( )에 적당한 용어로서 옳은 것은?

> 겨울철에는 실내를 일정한 온도 및 습도를 유지하여야 한다. 이때 실내에서 손실된 (㉮)이나 (㉯)를(을) 보충하여야 하며, 이때의 난방부하는 냉방부하 계산보다 (㉰)하게 된다.

① ㉮ 수분, ㉯ 공기, ㉰ 간단

② ㉮ 열량, ㉯ 공기, ㉰ 복잡

③ ㉮ 수분, ㉯ 열량, ㉰ 복잡

④ ㉮ 열량, ㉯ 수분, ㉰ 간단

68 패널복사난방에 관한 설명 중 옳은 것은?

① 천장고가 낮고 외기침입이 없을 때 난방효과를 얻을 수 있다.

② 실내온도분포가 균등하고 쾌감도가 높다.

③ 증발잠열(기화열)을 이용하므로 열의 운반능력이 크다.

④ 대류난방에 비해 방열면적이 적다.

해설 패널복사난방은 실내의 천장, 바닥, 벽 등에 가열코일(패널)을 매립하여 코일 내에 온수를 공급하여 복사열에 의해 난방하는 방식으로 실내온도분포가 균등하고 쾌감도가 제일 높다.

정답 61 ② 62 ② 63 ④ 64 ③ 65 ④ 66 ③ 67 ④ 68 ②

69 건공기 중에 포함되어 있는 수증기의 중량으로 습도를 표시한 것은?

① 비교습도　　　② 포화도
③ 상대습도　　　④ 절대습도

해설 절대습도(x)는 공기 $1l$ 속에 포함된 실제 수증기의 질량이다(양적개념).

70 외기의 온도가 −10℃이고 실내온도가 20℃이며 벽면적이 25m²일 때 실내의 손실열량은? (단, 벽체의 열관류율 10W/m²·K, 방위계수는 북향으로 1.2이다.)

① 7kW　　　② 8kW
③ 9kW　　　④ 10kW

해설 $Q = K_D KA(t_i - t_o)$
$= 1.2 \times (10 \times 10^{-3}) \times 25 \times [20 - (-10)] ≒ 9kW$

71 온수난방과 비교한 증기난방방식의 장점으로 가장 거리가 먼 것은?

① 방열면적이 작다.
② 설비비가 저렴하다.
③ 방열량 조절이 용이하다.
④ 예열시간이 짧다.

해설 증기난방
㉠ 방열면적이 작다.
㉡ 설비비가 저렴하다.
㉢ 방열량 조절이 어렵다.
㉣ 예열시간이 짧다.

72 화력발전설비에서 생산된 전력을 이용함과 동시에 전력을 생산하는 과정에서 발생되는 배기열을 냉난방 및 급탕 등에 이용하는 방식이며, 전력과 열을 함께 공급하는 에너지 절약형 발전방식으로 에너지종합효율이 높고 수요지 부근에 설치할 수 있는 열원방식은?

① 흡수식 냉온수방식
② 지역냉난방방식
③ 열회수방식
④ 열병합발전(co−generation)방식

해설 열병합발전방식은 전력과 열을 함께 공급하는 에너지 절약형 발전방식이다.

73 다음 중 에너지손실이 가장 큰 공조방식은?

① 2중덕트방식　　　② 각 층 유닛방식
③ 팬코일유닛방식　　④ 유인유닛방식

해설 전공기방식인 2중덕트방식은 냉풍과 온풍을 혼합상자(mixing box)에서 혼합할 때 에너지손실이 가장 크다.

74 지역난방에 관한 설명으로 틀린 것은?

① 열매체로 온수 사용 시 일반적으로 100℃ 이상의 고온수를 사용한다.
② 어떤 일정 지역 내 한 장소에 보일러실을 설치하여 증기 또는 온수를 공급하여 난방하는 방식이다.
③ 열매체로 온수 사용 시 지형의 고저가 있어도 순환펌프에 의하여 순환이 된다.
④ 열매체로 증기 사용 시 게이지압력으로 15~30MPa의 증기를 사용한다.

해설 지역난방
㉠ 대규모 열원설비로서 열효율이 좋고 인건비가 절약된다.
㉡ 각 건물의 공간이 절감되고 에너지를 안전하게 이용할 수 있다.
㉢ 고온수 지역난방은 100℃ 이상의 고온수를 사용한다.
㉣ 지역난방의 압력은 약 0.1~1.47MPa의 증기를 사용한다.

75 송풍기에 대한 설명 중 틀린 것은?

① 원심팬송풍기는 다익팬, 리밋로드팬, 후향팬, 익형팬으로 분류된다.
② 블로어송풍기는 원심블로어, 사류블로어, 축류블로어로 분류된다.
③ 후향팬은 날개의 출구각도를 회전과 역방향으로 향하게 한 것으로, 다익팬보다 높은 압력 상승과 효율을 필요로 하는 경우에 사용한다.
④ 축류송풍기는 저압에서 작은 풍량을 얻고자 할 때 사용하며 원심식에 비해 풍량이 작고 소음도 작다.

해설 축류식 송풍기는 저압에서 큰 풍량을 얻고자 할 때 사용하며 원심식(터보식)에 비해 풍량이 많고 소음과 진동도 크다.

정답 69 ④　70 ③　71 ③　72 ④　73 ①　74 ④　75 ④

★
76 8,000W의 열을 발산하는 기계실의 온도를 외기냉방하여 26℃로 유지하기 위한 외기도입량은? (단, 밀도 1.2kg/m³, 공기정압비열 1.01kJ/kg·℃, 외기온도 11℃이다.)

① 약 600.06m³/h ② 약 1584.16m³/h
③ 약 1851.85m³/h ④ 약 2160.22m³/h

해설 $q_s = \rho Q C_p \Delta t$

$$\therefore Q = \frac{q_s}{\rho C_p \Delta t} = \frac{3,600 \times 8}{1.2 \times 1.01 \times (26-11)}$$
$$\fallingdotseq 1584.16 \text{m}^3/\text{h}$$

★
77 풍량 600m³/min, 정압 60mmAq, 회전수 500rpm의 특성을 갖는 송풍기의 회전수를 600rpm으로 증가하였을 때 동력은? (단, 정압효율은 50%이다.)

① 약 12.1kW ② 약 18.2kW
③ 약 20.3kW ④ 약 24.5kW

해설 ㉠ $L_1 = \dfrac{P_s Q}{102 \times 60 \eta_s} = \dfrac{60 \times 600}{102 \times 60 \times 0.5} = 11.76$kW

㉡ $\dfrac{L_2}{L_1} = \left(\dfrac{N_2}{N_1}\right)^3$

$$\therefore L_2 = L_1 \left(\dfrac{N_2}{N_1}\right)^3 = 11.76 \times \left(\dfrac{600}{500}\right)^3 = 20.3 \text{kW}$$

78 통과풍량이 350m³/min일 때 표준 유닛형 에어필터의 수는 약 몇 개인가? (단, 통과풍속은 1.5m/s, 통과면적은 0.5m²이며, 유효면적은 85%이다.)

① 4개 ② 6개
③ 8개 ④ 10개

해설 에어필터의 수 $= \dfrac{Q}{A\eta V} = \dfrac{\frac{350}{60}}{0.5 \times 0.85 \times 1.5} \fallingdotseq 10$개

79 온수보일러의 상당방열면적이 110m²일 때 환산증발량은?

① 약 91.8kg/h ② 약 112.2kg/h
③ 약 132.6kg/h ④ 약 153.0kg/h

해설 $m_e = \dfrac{q}{2,257} = \dfrac{1,884 \times 110}{2,257} = 91.82$kg/h

참고 표준 방열량
• 온수인 경우(q_o)≒1,884kJ/m²·h=0.523kW/m²
• 증기인 경우(q_o)≒2,721kJ/m²·h=0.756kW/m²

★
80 에어와셔는 분무하는 냉수의 온도가 공기의 노점온도보다 높을 경우 공기의 온도와 절대습도의 변화는?

① 온도는 올라가고, 절대습도는 증가한다.
② 온도는 올라가고, 절대습도는 감소한다.
③ 온도는 내려가고, 절대습도는 증가한다.
④ 온도는 내려가고, 절대습도는 감소한다.

해설 에어와셔(air washer)에서 분무하는 냉수의 온도가 공기의 노점온도보다 높을 때 공기의 온도는 내려가고, 절대습도는 증가한다.

81 공조장치의 공기여기에서 에어필터의 효율 측정법이 아닌 것은?

① 중량법 ② 변색도법(비색법)
③ 집진법 ④ DOP법

해설 에어필터의 효율측정법 : 중량법, DOP법(계수법), 변색도법(비색법)

★
82 다음 수증기의 분압 표시로 옳은 것은? (단, P_w : 습공기 중의 수증기분압, P_s : 동일 온도의 포화수증기분압, ϕ : 상대습도)

① $P_w = \phi - P_s$ ② $P_w = \phi P_s$
③ $P_w = \dfrac{\phi}{P_s}$ ④ $P_w = \phi + P_s$

해설 수증기분압(P_w) $= \phi P_s$
=상대습도×포화수증기분압[mmHg·kPa]

★
83 습공기선도상에서 확인할 수 있는 사항이 아닌 것은?

① 노점온도 ② 습공기의 엔탈피
③ 효과온도 ④ 수증기분압

해설 습공기선도의 구성요소 : 건구온도, 습구온도, 노점온도, 절대습도, 상대습도, 수증기분압, 비체적, 엔탈피, 현열비, 열수분비

참고 효과온도(OT) $= \dfrac{\text{평균복사온도(MRT)}+\text{건구온도}}{2}$ [℃]

정답 76 ② 77 ③ 78 ④ 79 ① 80 ③ 81 ③ 82 ② 83 ③

84 다음 중 현열부하에만 영향을 주는 것은?

① 건구온도   ② 절대습도

③ 비체적   ④ 상대습도

해설 현열부하에만 영향을 주는 것은 건구온도(DB)이다.

85 공기조화기의 냉수코일을 설계하고자 할 때의 설명으로 틀린 것은?

① 코일을 통과하는 물의 속도는 1m/s 정도가 되도록 한다.

② 코일 출입구의 수온차는 대개 5~10℃ 정도가 되도록 한다.

③ 공기와 물의 흐름은 병류(평행류)로 하는 것이 대수평균온도차가 크게 된다.

④ 코일의 모양은 효율을 고려하여 가능한 한 정방형으로 한다.

해설 공기와 물의 흐름은 대항류(counter flow type)로 하는 것이 대수평균온도차(LMTD)가 가장 크다.

★
86 덕트의 설계법을 순서대로 나열한 것 중 가장 바르게 연결한 것은?

① 송풍량 결정 → 덕트경로 설정 → 덕트치수 결정 → 취출구 및 흡입구 위치 결정 → 송풍기 선정 → 설계도 작성

② 송풍량 결정 → 취출구 및 흡입구 위치 결정 → 덕트경로 설정 → 덕트치수 결정 → 송풍기 선정 → 설계도 작성

③ 덕트치수 결정 → 송풍량 결정 → 덕트경로 설정 → 취출구 및 흡입구 위치 결정 → 송풍기 선정 → 설계도 작성

④ 덕트치수 결정 → 덕트경로 설정 → 취출구 및 흡입구 위치 결정 → 송풍량 결정 → 송풍기 선정 → 설계도 작성

해설 덕트의 설계순서 : 송풍량 결정 → 취출구 및 흡입구 위치 결정 → 덕트경로 설정 → 덕트치수 결정 → 송풍기 선정 → 설계도 작성

★
87 덕트의 직관부를 통해 공기가 흐를 때 발생하는 마찰저항에 대한 설명 중 틀린 것은?

① 관의 마찰저항계수에 비례한다.

② 덕트의 지름에 반비례한다.

③ 공기의 평균속도의 제곱에 비례한다.

④ 중력가속도의 2배에 비례한다.

해설 손실수두(h_L)$= f\dfrac{L}{D}\dfrac{V^2}{2g}$ [m]

∴ $h_L \propto \dfrac{V^2}{2g}$, 즉 중력가속도의 2배에 반비례한다.

★
88 다음의 습공기선도상에서 E−F는 무엇을 나타내는 것인가?

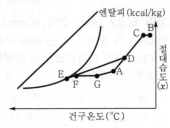

① 가습

② 재열

③ CF(Contact Factor)

④ BF(By-pass Factor)

해설 $BF = \dfrac{\overline{\text{EF}}}{\overline{\text{DE}}} = \dfrac{\text{냉각기 출구(F)} - \text{ADP(E)}}{\text{냉각기 입구(D)} - \text{ADP(E)}}$

89 덕트 병용 팬코일유닛(fan coil unit)방식의 특징이 아닌 것은?

① 열부하가 큰 실에 대해서도 열부하의 대부분을 수배관으로 처리할 수 있으므로 덕트치수가 작게 된다.

② 각 실 부하변동을 용이하게 처리할 수 있다.

③ 각 유닛의 수동제어가 가능하다.

④ 청정구역에 많이 사용된다.

해설 청정구역에 많이 쓰이는 방식은 전공기방식이다.

90 다음 중 천장형으로서 취출기류의 확산성이 가장 큰 취출구는?

① 펑커 루버   ② 아네모스탯

③ 에어커튼   ④ 고정날개 그릴

★
91 온수난방에 대한 설명으로 옳지 않은 것은?

① 온수난방의 주이용열은 잠열이다.

② 열용량이 커서 예열시간이 길다.

③ 증기난방에 비해 비교적 높은 쾌감도를 얻을 수 있다.

④ 온수의 온도에 따라 저온수식과 고온수식으로 분류한다.

해설 방열기에 온수를 공급해서 난방하는 온수난방의 주이용열은 현열(감열)이다.

★
92 가열코일을 흐르는 증기의 온도를 t_s, 가열코일 입구공기온도를 t_1, 출구공기온도를 t_2라고 할 때 산술평균온도식으로 옳은 것은?

① $t_s - \dfrac{t_1 + t_2}{2}$

② $t_2 - t_1$

③ $t_1 + t_2$

④ $\dfrac{(t_s - t_1) + (t_s - t_2)}{\ln \dfrac{t_s - t_1}{t_s - t_2}}$

해설 산술평균온도$(\Delta t_m) = t_s - \dfrac{t_1 + t_2}{2}\,[℃]$

93 냉방부하의 종류 중 현열로만 이루어진 부하는?

① 조명에서의 발생열

② 인체에서의 발생열

③ 문틈에서의 틈새바람

④ 실내기구에서의 발생열

해설 **현열과 잠열 모두 고려** : 인체부하, 극간풍(틈새바람)부하, 외기부하, 실내기구부하(커피포트 등)

★
94 다음 중 라인형 취출구의 종류가 아닌 것은?

① 캄라인형 ② 다공판형

③ 펑커 루버형 ④ 슬롯형

해설 **라인형 취출구** : 브리즈라인형, 캄라인형, 슬롯(slot)라인형, T라인형, T-bar라인형

참고 **펑커 루버형 취출구**
• 축류형 취출구로 취출기류의 방향 조절에 용이하고 댐퍼가 있어 풍량조절도 가능하다.
• 풍량에 비해 공기저항이 크며 공장, 주방 등의 국소냉방용이다.

★
95 다음 도면 표시기호는 어떤 방식인가?

① 5쪽짜리 횡형 벽걸이방열기

② 5쪽짜리 종형 벽걸이방열기

③ 20쪽짜리 길드방열기

④ 20쪽짜리 대류방열기

해설 ㉠ 상단 : 쪽수(5쪽)
㉡ 중단 : 종류(형식)(W(벽걸이형)-H(횡형))
㉢ 하단 : 유입관경×유출관경(20mm×20mm)

96 난방설비에 관한 설명으로 옳은 것은?

① 온수난방은 증기난방에 비해 예열시간이 길어서 충분한 난방감을 느끼는데 시간이 걸린다.

② 증기난방은 실내 상하온도차가 적어 유리하다.

③ 복사난방은 급격한 외기온도의 변화에 대해 방열량 조절이 우수하다.

④ 온수난방의 주이용열은 온수의 증발잠열이다.

해설 ② 증기난방은 실내의 상하온도차가 커서 쾌감도가 나쁘다.
③ 복사난방은 방열체의 열용량이 크기 때문에 온도변화에 따른 방열량 조절이 어렵다.
④ 방열기에 온수를 공급해서 난방하는 온수난방의 주이용열은 현열(감열)이다.

---

97 현열 및 잠열에 관한 설명으로 옳은 것은?

① 여름철 인체로부터 발생하는 열은 현열뿐이다.
② 공기조화덕트의 열손실은 현열과 잠열로 구성되어 있다.
③ 여름철 유리창을 통해 실내로 들어오는 열은 현열뿐이다.
④ 조명이나 실내기구에서 발생하는 열은 현열뿐이다.

해설 ㉠ 인체, 실내기구부하 : 현열＋잠열
ㄴ 조명, 덕트의 열손실 : 현열

98 취급이 간단하고 각 층을 독립적으로 운전할 수 있어 에너지 절감효과가 크며 공사기간 및 공사비용이 적게 드는 방식은?

① 패키지유닛방식 ② 복사냉난방방식
③ 인덕션유닛방식 ④ 2중덕트방식

해설 패키지유닛방식은 취급이 간단하고 각 층을 독립적으로 운전할 수 있어 에너지 절감효과가 크며 공사기간 및 공사비용이 타 방식보다 적게 드는 방식이다.

99 수분량의 변화가 없는 경우의 열수분비는?

① 0   ② 1
③ －1   ④ ∞

해설 열수분비$(u) = \dfrac{di}{dx}$

㉠ $di = 0$, $u = 0$
ㄴ $dx = 0$, $u = \infty$

100 다음 가습방법 중 가습효율이 가장 높은 것은?

① 증발가습   ② 온수분무가습
③ 증기분무가습   ④ 고압수분무가습

해설 가습효율이 가장 높은 것은 증기분무가습으로 효율이 100%이다.

101 다음 공조방식 중에 전공기방식에 속하는 것은?

① 패키지유닛방식
② 복사냉난방방식

③ 팬코일유닛방식
④ 2중덕트방식

해설 전공기방식 : 단일덕트방식, 2중덕트방식, 각 층 유닛방식, 덕트 병용 패키지방식, 멀티존유닛방식 등

102 다음의 송풍기에 관한 설명 중 ( ) 안에 알맞은 내용은?

> 동일 송풍기에서 정압은 회전수 비의 (㉠) 하고, 소요동력은 회전수 비의 (ㄴ)한다.

① ㉠ 2승에 비례, ㄴ 3승에 비례
② ㉠ 2승에 반비례, ㄴ 3승에 반비례
③ ㉠ 3승에 비례, ㄴ 2승에 비례
④ ㉠ 3승에 반비례, ㄴ 2승에 반비례

해설 동일 송풍기$(D_1 = D_2)$에서 정압은 회전수의 2승에 비례하고, 소요동력은 회전수의 3승에 비례한다.

103 바이패스 팩터에 관한 설명으로 옳은 것은?

① 흡입공기 중 온난공기의 비율이다.
② 송풍공기 중 습공기의 비율이다.
③ 신선한 공기와 순환공기의 밀도비율이다.
④ 전공기에 대해 냉온수코일을 그대로 통과하는 공기의 비율이다.

해설 바이패스 팩터(bypass factor)란 전공기에 대해 냉온수코일을 그대로 통과하는 공기의 비율이다.

104 공기세정기에 관한 설명으로 틀린 것은?

① 공기세정기의 통과풍속은 일반적으로 약 2~3m/s이다.
② 공기세정기의 가습기는 노즐에서 물을 분무하여 공기에 충분히 접촉시켜 세정과 가습을 하는 것이다.
③ 공기세정기의 구조는 루버, 분무노즐, 플러딩노즐, 일리미네이터 등이 케이싱 속에 내장되어 있다.
④ 공기세정기의 분무수압은 노즐성능상 약 20~50kPa이다.

해설 공기세정기의 분무수압은 노즐성능상 150~200kPa이다.

105 공기조화의 단일덕트 정풍량방식의 특징에 관한 설명으로 틀린 것은?

① 각 실이나 존의 부하변동에 즉시 대응할 수 있다.

② 보수관리가 용이하다.

③ 외기냉방이 가능하고 전열교환기 설치도 가능하다.

④ 고성능 필터 사용이 가능하다.

해설 단일덕트 정풍량(CAV)방식은 각 실이나 존의 부하변동에 즉시 대응할 수 없다.

106 난방부하를 줄일 수 있는 요인이 아닌 것은?

① 극간풍에 의한 잠열

② 태양열에 의한 복사열

③ 인체의 발생열

④ 기계의 발생열

해설 극간풍(틈새바람)에 의한 잠열은 난방부하를 증가시키는 요인이다.

107 공기조화설비에 사용되는 냉각탑에 관한 설명으로 옳은 것은?

① 냉각탑의 어프로치는 냉각탑의 입구수온과 그때의 외기건구온도와의 차이다.

② 강제통풍식 냉각탑의 어프로치는 일반적으로 약 5℃이다.

③ 냉각탑을 통과하는 공기량(kg/h)을 냉각탑의 냉각수량(kg/h)으로 나눈 값을 수공기비라 한다.

④ 냉각탑의 레인지는 냉각탑의 출구공기온도와 입구공기온도의 차이다.

해설 냉각탑
㉠ 냉동기의 응축기에서 냉매의 응축기에 사용하는 냉각용수를 실외공기와 직접 접촉시켜 차게 냉각시키는 일종의 열교환장치이다.
㉡ 냉각탑의 순환수에서 출구수온(외기습구온도)과 냉각공기 입구의 습구온도와의 차로 일반적으로 5℃ 정도가 어프로치의 표준이다.
㉢ 쿨링 레인지는 클수록, 쿨링 어프로치는 작을수록 냉각능력이 좋다.

★
108 600rpm으로 운전되는 송풍기의 풍량이 400m³/min, 전압 40mmAq, 소요동력 4kW의 성능을 나타낸다. 이때 회전수를 700rpm으로 변화시키면 몇 kW의 소요동력이 필요한가?

① 5.44kW   ② 6.35kW

③ 7.27kW   ④ 8.47kW

해설 송풍기 상사법칙 중 축동력은 회전수의 세제곱에 비례한다.

$$\frac{L_{s2}}{L_{s1}} = \left(\frac{N_2}{N_1}\right)^3$$

$$\therefore \ L_{s2} = L_{s1}\left(\frac{N_2}{N_1}\right)^3 = 4 \times \left(\frac{700}{600}\right)^3 = 6.35\text{kW}$$

★
109 고속덕트의 특징에 관한 설명으로 틀린 것은?

① 소음이 작다.

② 운전비가 증대한다.

③ 마찰에 의한 압력손실이 크다.

④ 장방형 대신에 스파이럴관이나 원형 덕트를 사용하는 경우가 많다.

해설 고속덕트(15m/s 이상)는 소음과 진동이 크다.

★
110 다음 그림은 공기조화기 내부에서의 공기의 변화를 나타낸 것이다. 이 중에서 냉각코일에서 나타나는 상태변화는 공기선도상 어느 점을 나타내는가?

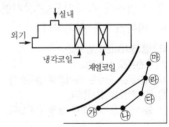

① ㉮ - ㉯   ② ㉯ - ㉰

③ ㉱ - ㉮   ④ ㉱ - ㉲

해설 ㉠ ㉮ - ㉯ : 재열부하
㉡ ㉯ - ㉰ : 실내부하
㉢ ㉰ - ㉱ : 외기부하
㉣ ㉱ - ㉮ : 냉각코일부하(= 재열부하 + 실내부하 + 외기부하)

★
111 재열기를 통과한 공기의 상태량 중 변화되지 않는 것은?

① 절대습도　　　② 건구온도
③ 상대습도　　　④ 엔탈피

해설 재열기를 통과한 공기의 상태량 중 변화되지 않는 것은 절대습도(x)이다(건구온도 상승, 상대습도 감소, (비)엔탈피 증가).

★
112 외기온도 13℃(포화수증기압 12.83mmHg)이며, 절대습도 0.008kg′/kg일 때의 상대습도(RH)는? (단, 대기압은 760mmHg이다.)

① 37%　　　　② 46%
③ 75%　　　　④ 82%

해설 절대습도$(x) = 0.622\left(\dfrac{\phi P_s}{P - \phi P_s}\right)$

$\therefore\ \phi(=RH) = \dfrac{xP}{(x+0.622)P_s}$

$= \dfrac{0.008 \times 760}{(0.008+0.622) \times 12.83}$

$\fallingdotseq 0.75 = 75\%$

★
113 다음 중 건축물의 출입문으로부터 극간풍의 영향을 방지하는 방법으로 가장 거리가 먼 것은?

① 회전문을 설치한다.
② 이중문을 충분한 간격으로 설치한다.
③ 출입문에 블라인드를 설치한다.
④ 에어커튼을 설치한다.

해설 **극간풍(틈새바람) 방지법**
㉠ 회전문을 설치한다.
㉡ 이중문을 충분한 간격으로 설치한다.
㉢ 에어커튼을 설치한다.
㉣ 실내압력은 외압보다 높게 유지한다.

★
114 다음 그림에 대한 설명으로 틀린 것은?

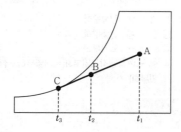

① A → B는 냉각감습과정이다.
② 바이패스 팩터(BF)는 $\dfrac{t_2 - t_3}{t_1 - t_3}$이다.
③ 코일의 열수가 증가하면 BF는 증가한다.
④ BF가 작으면 공기의 통과저항이 커져 송풍기 동력이 증대될 수 있다.

해설 코일의 열수가 증가하면 바이패스 팩터(BF)는 감소한다.

115 온수배관의 시공 시 주의사항으로 옳은 것은?

① 각 방열기에는 필요시에만 공기배출기를 부착한다.
② 배관 최저부에는 배수밸브를 설치하며 하향구배로 설치한다.
③ 팽창관에는 안전을 위해 반드시 밸브를 설치한다.
④ 배관 도중에 관지름을 바꿀 때에는 편심 이음쇠를 사용하지 않는다.

해설 온수배관의 시공 시 배관 최저부에는 배수밸브를 설치하며 하향구배로 설치한다.

★
116 다음은 공기조화에서 사용되는 용어에 대한 단위, 정의를 나타낸 것으로 틀린 것은?

절대 습도	단위	kg/kg(DA)
	정의	건조한 공기 1kg 속에 포함되어 있는 습한 공기 중의 수증기량
수증기 분압	단위	Pa
	정의	습공기 중의 수증기분압
상대 습도	단위	%
	정의	절대습도(x)와 동일 온도에서의 포화공기의 절대습도(x_s)와의 비
노점 온도	단위	℃
	정의	습한 공기를 냉각시켜 포화상태로 될 때의 온도

① 절대습도　　　② 수증기분압
③ 상대습도　　　④ 노점온도

해설 상대습도$(\phi) = \dfrac{P_w}{P_s} \times 100[\%]$

참고 포화도(비교습도)

$$\psi = \frac{x}{x_s} = \frac{0.622\left(\dfrac{\phi P_s}{P - \phi P_s}\right)}{0.622\left(\dfrac{P_s}{P - P_s}\right)} = \phi\left(\frac{P - P_s}{P - \phi P_s}\right)$$

117 난방설비에 관한 설명으로 옳은 것은?

① 온수난방은 온수의 현열과 잠열을 이용한 것이다.

② 온풍난방은 온풍의 현열과 잠열을 이용한 것이다.

③ 증기난방은 증기의 현열을 이용한 대류난방이다.

④ 복사난방은 열원에서 나오는 복사에너지를 이용한 것이다.

해설 ① 온수난방은 온수의 현열을 이용한 것이다.
② 온풍난방은 온풍의 현열을 이용한 것이다.
③ 증기난방은 증기의 잠열을 이용한 대류난방이다.

★
118 콜드 드래프트(cold draft)의 원인으로 틀린 것은?

① 인체 주위의 공기온도가 너무 낮을 때

② 인체 주위의 기류속도가 작을 때

③ 주위 벽면의 온도가 낮을 때

④ 주위 공기의 습도가 낮을 때

해설 콜드 드래프트의 원인
㉠ 인체 주위의 공기온도가 너무 낮을 때
㉡ 인체 주위의 기류속도가 너무 빠를 때
㉢ 주위 벽면의 온도가 낮을 때
㉣ 주위 공기의 습도가 낮을 때

★
119 기계환기 중 송풍기와 배풍기를 이용하며 대규모 보일러실, 변전실 등에 적용하는 환기법은?

① 1종 환기   ② 2종 환기

③ 3종 환기   ④ 4종 환기

해설 ② 제2종 환기(압입식) : 강제급기+자연배기, 송풍기 설치, 공장 클린룸 등에 적용
③ 제3종 환기(흡출식) : 자연급기+강제배기, 배풍기 설치, 화장실, 쓰레기처리장 등에 적용
④ 제4종 환기(자연식) : 자연급기+자연배기

120 온풍난방의 특징으로 틀린 것은?

① 실내온도분포가 좋지 않아 쾌적성이 떨어진다.

② 보수, 취급이 간단하고 취급에 자격자를 필요로 하지 않는다.

③ 설치면적이 적어서 설치장소에 제한이 없다.

④ 열용량이 크므로 착화 즉시 난방이 어렵다.

해설 온풍난방은 열용량이 작으므로 착화 즉시 난방이 용이하며, 송풍동력이 펌프에 비해 커 설비비가 비싸다.

★
121 실내에 존재하는 습공기의 전열량에 대한 현열량의 비율을 나타낸 것은?

① 바이패스 팩터   ② 열수분비

③ 현열비   ④ 잠열비

해설 현열비$(SHF) = \dfrac{\text{현열량}(q_s)}{\text{전열량}(q_t)} = \dfrac{q_s}{q_s + q_L}$

122 전공기방식에 의한 공기조화의 특징에 관한 설명으로 틀린 것은?

① 실내공기의 오염이 적다.

② 계절에 따라 외기냉방이 가능하다.

③ 수배관이 없기 때문에 물에 의한 장치부식 및 누수의 염려가 없다.

④ 덕트가 소형이라 설치공간이 줄어든다.

해설 전공기방식은 덕트가 대형화됨에 따라 차지하는 공간도 커진다. 즉 대형 공조실을 필요로 한다.

★
123 실내 취득 현열량 및 잠열량이 각각 3,000W, 1,000W, 장치 내 취득열량이 550W이다. 실내온도를 25℃로 냉방하고자 할 때 필요한 송풍량은 약 얼마인가? (단, 취출구온도차는 10℃이다.)

① 105.6L/s   ② 150.8L/s

③ 295.8L/s   ④ 346.6L/s

해설 $Q_s = \rho Q C_p \Delta t$

$\therefore Q = \dfrac{Q_s}{\rho C_p \Delta t} = \dfrac{3,000 + 550}{1.2 \times 1.0046 \times 10} = 294.48$L/s

★
124 실내온도분포가 균일하여 쾌감도가 좋으며 화상의 염려가 없고 방을 개방하여도 난방효과가 있는 난방방식은?

① 증기난방　　② 온풍난방
③ 복사난방　　④ 대류난방

> **해설** 복사난방(패널히팅)은 실내온도분포가 균일하여 쾌감도가 가장 좋은 난방방식이다.

★
125 냉방 시의 공기조화과정을 나타낸 것이다. 다음 그림과 같은 조건일 경우 냉각코일의 바이패스 팩터는? (단, ① 실내공기의 상태점, ② 외기의 상태점, ③ 혼합공기의 상태점, ④ 취출공기의 상태점, ⑤ 코일의 장치노점온도이다.)

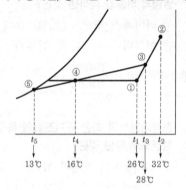

① 0.15　　② 0.20
③ 0.25　　④ 0.30

> **해설** $BF = \dfrac{t_4 - t_5}{t_3 - t_5} = \dfrac{16 - 13}{28 - 13} = 0.2$

★
126 냉수코일의 설계법으로 틀린 것은?

① 공기흐름과 냉수흐름의 방향을 평행류로 하고 대수평균온도차를 작게 한다.
② 코일의 열수는 일반 공기냉각용에는 4~8열(列)이 많이 사용된다.
③ 냉수속도는 일반적으로 1m/s 전후로 한다.
④ 코일의 설치는 관이 수평으로 놓이게 한다.

> **해설** 냉수코일은 공기흐름과 냉수흐름을 대향류로 하고 대수평균온도차($LMTD$)를 크게 한다.

127 염화리튬, 트리에틸렌글리콜 등의 액체를 사용하여 감습하는 장치는?

① 냉각감습장치
② 압축감습장치
③ 흡수식 감습장치
④ 세정식 감습장치

> **해설** 염화리튬(LiCl), 트리에틸렌글리콜 등의 액체를 사용하는 감습장치는 흡수식 감습장치이다.

128 바닥면적이 좁고 층고가 높은 경우에 적합한 공조기(AHU)의 형식은?

① 수직형　　② 수평형
③ 복합형　　④ 멀티존형

> **해설** 수직형(vertical type)은 바닥면적이 좁고 층고가 높은 경우에 적합한 공조기형식이다.

★
129 결로현상에 관한 설명으로 틀린 것은?

① 건축구조물을 사이에 두고 양쪽에 수증기의 압력차가 생기면 수증기는 구조물을 통하여 흐르며, 포화온도, 포화압력 이하가 되면 응결하여 발생된다.
② 결로는 습공기의 온도가 노점온도까지 강하하면 공기 중의 수증기가 응결하여 발생한다.
③ 응결이 발생되면 수증기의 압력이 상승한다.
④ 결로 방지를 위하여 방습막을 사용한다.

> **해설** 응결이 발생되면 수증기의 압력이 낮아진다.

★
130 1,925kg/h의 석탄을 연소하여 10,550kg/h의 증기를 발생시키는 보일러의 효율은? (단, 석탄의 저위발열량은 25,271kJ/kg, 발생증기의 엔탈피는 3,717kJ/kg, 급수엔탈피는 221kJ/kg으로 한다.)

① 45.8%　　② 64.4%
③ 70.5%　　④ 75.8%

> **해설** $\eta_B = \dfrac{m_a(h_2 - h_1)}{H_L m_f} \times 100$
>
> $= \dfrac{10,550 \times (3,717 - 221)}{25,271 \times 1,925} \times 100 \fallingdotseq 75.8\%$

정답 124 ③　125 ②　126 ①　127 ③　128 ①　129 ③　130 ④

131 보일러의 종류에 따른 특징을 설명한 것으로 틀린 것은?

① 주철제보일러는 분해, 조립이 용이하다.
② 노통연관보일러는 수질관리가 용이하다.
③ 수관보일러는 예열시간이 짧고 효율이 좋다.
④ 관류보일러는 보유수량이 많고 설치면적이 크다.

해설 관류보일러는 보유수량이 적고 설치면적이 작다.

132 시로코팬의 회전속도가 N_1에서 N_2로 변화하였을 때 송풍기의 송풍량, 전압, 소요동력의 변화값은?

구분	451rpm(N_1)	632rpm(N_2)
송풍량(m^3/min)	199	㉠
전압(Pa)	320	㉡
소요동력(kW)	1.5	㉢

① ㉠ 278.9, ㉡ 628.4, ㉢ 4.1
② ㉠ 278.9, ㉡ 357.8, ㉢ 3.8
③ ㉠ 628.4, ㉡ 402.8, ㉢ 3.8
④ ㉠ 357.8, ㉡ 628.4, ㉢ 4.1

해설 ㉠ $Q_2 = Q_1\left(\dfrac{N_2}{N_1}\right) = 199 \times \dfrac{632}{451} = 278.9 m^3/min$

㉡ $P_2 = P_1\left(\dfrac{N_2}{N_1}\right)^2 = 320 \times \left(\dfrac{632}{451}\right)^2 = 628.4 Pa$

㉢ $L_2 = L_1\left(\dfrac{N_2}{N_1}\right)^3 = 1.5 \times \left(\dfrac{632}{451}\right)^3 \fallingdotseq 4.1 kW$

133 냉각수 출입구온도차를 5℃, 냉각수의 처리열량을 16,380kJ/h로 하면 냉각수량(L/min)은? (단, 냉각수의 비열은 4.2kJ/kg · ℃로 한다.)

① 10
② 13
③ 18
④ 20

해설 $Q = 60 WC\Delta t$

∴ $W = \dfrac{Q}{60 C\Delta t} = \dfrac{16,380}{60 \times 4.2 \times 5} = 13 L/min$

134 난방부하 계산에서 손실부하에 해당되지 않는 것은?

① 외벽, 유리창, 지붕에서의 부하
② 조명기구, 재실자의 부하
③ 틈새바람에 의한 부하
④ 내벽, 바닥에서의 부하

해설 난방부하의 조명기구와 재실자의 부하는 손실부하에 해당하지 않는다.

135 HEPA필터에 적합한 효율측정법은?

① 중량법
② 비색법
③ 보간법
④ 계수법

해설 계수법(DOP법)은 헤파(HEPA)필터에 적합한 효율측정법이다.

136 32W 형광등 20개를 조명용으로 사용하는 사무실이 있다. 이때 조명기구로부터의 취득열량은 약 얼마인가? (단, 안정기의 부하는 20%로 한다.)

① 550W
② 640W
③ 660W
④ 768W

해설 $Q = (32 \times 20) \times (1 + 0.2) = 768W$

137 습공기의 수증기분압과 동일한 온도에서 포화공기의 수증기분압과의 비율을 무엇이라 하는가?

① 절대습도
② 상대습도
③ 열수분비
④ 비교습도

해설 상대습도$(\phi) = \dfrac{P_w}{P_s} \times 100[\%]$

138 공기조화방식의 특징 중 전공기방식의 특징에 관한 설명으로 옳은 것은?

① 송풍동력이 펌프동력에 비해 크다.
② 외기냉방을 할 수 없다.
③ 겨울철에 가습하기가 어렵다.
④ 실내에 누수의 우려가 있다.

해설 ② 외기냉방이 가능하다.
③ 동기(겨울철)에 가습이 용이하다.
④ 실내에 누수의 우려가 없다.

★139 다음 중 저속덕트와 고속덕트를 구분하는 주 덕트 내의 풍속으로 적당한 것은?

① 8m/s
② 15m/s
③ 25m/s
④ 45m/s

해설 ㉠ 저속덕트 : 15m/s 이하
㉡ 고속덕트 : 15~25m/s

★140 건구온도 10℃, 상대습도 60%인 습공기를 30℃로 가열하였다. 이때의 습공기 상대습도는? (단, 10℃의 포화수증기압은 9.2mmHg이고, 30℃의 포화수증기압은 23.75mmHg이다.)

① 17%
② 20%
③ 23%
④ 27%

해설 $\phi = \dfrac{P_w}{P_s} \times 100 = \dfrac{0.6 \times 9.2}{23.75} \times 100 = 23.2\%$

★141 온도가 20℃, 절대압력이 1MPa인 공기의 밀도(kg/m³)는? (단, 공기는 이상기체이며, 기체상수(R)는 0.287kJ/kg · K이다.)

① 9.55
② 11.89
③ 13.78
④ 15.89

해설 $\rho = \dfrac{P}{RT} = \dfrac{1 \times 10^3}{0.287 \times (20+273)} = 11.89 \text{kg/m}^3$

★142 송풍공기량을 Q[m³/s], 외기 및 실내온도를 각각 t_o, t_r[℃]이라 할 때 침입외기에 의한 손실열량 중 현열부하(kW)를 구하는 공식은? (단, 공기의 정압비열은 1.0kJ/kg · K, 밀도는 1.2kg/m³이다.)

① $1.0Q(t_o - t_r)$
② $1.2Q(t_o - t_r)$
③ $597.5Q(t_o - t_r)$
④ $717Q(t_o - t_r)$

해설 $q_s = \rho C_p Q(t_o - t_r) = 1.2Q(t_o - t_r)$[kW]

143 공기조화기(AHU)의 냉온수코일 선정에 대한 설명으로 틀린 것은?

① 코일의 통과풍속은 약 2.5m/s를 기준으로 한다.
② 코일 내 유속은 1.0m/s 전후로 하는 것이 적당하다.

③ 공기의 흐름방향과 냉온수의 흐름방향은 평행류보다 대향류로 하는 것이 전열효과가 크다.
④ 코일의 통풍저항을 크게 할수록 좋다.

해설 코일의 통풍저항을 작게 할수록 좋다.

★144 증기난방의 장점이 아닌 것은?

① 방열기가 소형이 되므로 비용이 적게 든다.
② 열의 운반능력이 크다.
③ 예열시간이 온수난방에 비해 짧고 증기순환이 빠르다.
④ 소음(steam hammering)을 일으키지 않는다.

해설 증기난방은 소음과 진동을 유발시킨다.

★145 가변풍량방식에 대한 설명으로 옳은 것은?

① 실내온도제어는 부하변동에 따른 송풍온도를 변화시켜 제어한다.
② 부분부하 시 송풍기 제어에 의하여 송풍기 동력을 절감할 수 있다.
③ 동시사용률을 적용할 수 없으므로 설비용량을 줄일 수 없다.
④ 시운전 시 취출구의 풍량조절이 복잡하다.

해설 **가변풍량(VAV)방식**
㉠ 부하변동에 대하여 응답이 빠르므로 실온조정이 유리하다.
㉡ 동시부하율을 고려해서 기기용량을 결정하므로 장치용량 및 연간 송풍동력을 절감할 수 있다.
㉢ 덕트의 설계 시공을 간략화할 수 있고 취출구의 풍량조절이 간단하다.

★146 실내 취득열량 중 현열이 35kW일 때 실내온도를 26℃로 유지하기 위해 12.5℃의 공기를 송풍하고자 한다. 송풍량(m³/min)은? (단, 공기의 비열은 1.0kJ/kg · ℃, 공기의 밀도는 1.2kg/m³로 한다.)

① 129.6
② 154.3
③ 308.6
④ 617.2

해설 $q_s = \rho Q C_p \Delta t$

$$\therefore Q = \frac{q_s}{\rho C_p \Delta t} = \frac{35 \times 60}{1.2 \times 1 \times (26 - 12.5)}$$
$$= 129.63 \text{m}^3/\text{min}$$

147 증기트랩(Steam trap)에 대한 설명으로 옳은 것은?

① 고압의 증기를 만들기 위해 가열하는 장치
② 증기가 환수관으로 유입되는 것을 방지하기 위해 설치한 밸브
③ 증기가 역류하는 것을 방지하기 위해 만든 자동밸브
④ 간헐운전을 하기 위해 고압의 증기를 만드는 자동밸브

해설 증기트랩은 증기가 환수관으로 유입되는 것을 방지하기 위해 설치한 밸브이다(응축수 배출과 수격작용 방지).

148 에어핸들링유닛(Air Handling Unit)의 구성요소가 아닌 것은?

① 공기여과기   ② 송풍기
③ 공기냉각기   ④ 압축기

해설 에어핸들링유닛의 구성요소 : 공기여과기(필터), 공기냉각기, 공기가열기(히터), 공기가습기, 송풍기(팬)

149 A상태에서 B상태로 가는 냉방과정으로 현열비는?

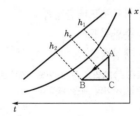

① $\dfrac{h_1 - h_2}{h_1 - h_c}$ ② $\dfrac{h_1 - h_c}{h_1 - h_2}$

③ $\dfrac{h_1 - h_c}{h_c - h_2}$ ④ $\dfrac{h_c - h_2}{h_1 - h_2}$

해설 현열비$(SHF) = \dfrac{\text{감열량}}{\text{전열량}} = \dfrac{h_c - h_2}{h_1 - h_2}$

150 어떤 실내의 취득열량을 구했더니 감열이 40kW, 잠열이 10kW였다. 실내를 건구온도 25℃, 상대습도 50%로 유지하기 위해 취출온도차 10℃로 송풍하고자 한다. 이때 현열비(SHF)는?

① 0.6   ② 0.7
③ 0.8   ④ 0.9

해설 $SHF = \dfrac{\text{감열량}}{\text{전열량}(=\text{감열량}+\text{잠열량})}$
$$= \frac{40}{40 + 10} = 0.8$$

151 공기의 가습방법으로 틀린 것은?

① 에어워셔에 의한 방법
② 얼음을 분무하는 방법
③ 증기를 분무하는 방법
④ 가습팬에 의한 방법

해설 **공기가습방법**
㉠ 에어워셔(=세정분무가습=단열분무가습=순환수분무가습)
㉡ 증기분무가습(가습효율 100%)
㉢ 온수분무가습
㉣ 가습팬

152 일정한 건구온도에서 습공기의 성질변화에 대한 설명으로 틀린 것은?

① 비체적은 절대습도가 높아질수록 증가한다.
② 절대습도가 높아질수록 노점온도는 높아진다.
③ 상대습도가 높아지면 절대습도는 높아진다.
④ 상대습도가 높아지면 엔탈피는 감소한다.

해설 상대습도가 높아지면 엔탈피는 증가한다.

153 압력 760mmHg, 기온 15℃의 대기가 수증기 분압 9.5mmHg를 나타낼 때 건조공기 1kg 중에 포함되어 있는 수증기의 중량은 얼마인가?

① 0.00623kg/kg   ② 0.00787kg/kg
③ 0.00821kg/kg   ④ 0.00931kg/kg

해설 $x = 0.622 \dfrac{P_w}{P_o - P_w} = 0.622 \times \dfrac{9.5}{760 - 9.5}$
$$= 0.00787 \text{kg/kg}$$

154 난방부하의 변동에 따른 온도조절이 쉽고 열용량이 커서 실내의 쾌감도가 좋으며, 공급온도를 변화시킬 수 있고 방열기 밸브로 방열량을 조절할 수 있는 난방방식은?

① 온수난방방식　② 증기난방방식
③ 온풍난방방식　④ 냉매난방방식

> **해설** 온수난방은 난방부하변동에 따른 온도조절이 쉽고 열용량이 커서 실내의 쾌감도가 좋으며, 공급온도를 변화시킬 수 있고 방열기 밸브로 방열량을 조절할 수 있다.

155 공기조화방식의 분류 중 전공기방식에 해당되지 않는 것은?

① 팬코일유닛방식
② 정풍량 단일덕트방식
③ 2중덕트방식
④ 변풍량 단일덕트방식

> **해설** 팬코일유닛방식은 물(수)방식이다.
> **참고** 유인유닛방식(IDU)은 물(수)-공기방식으로 사무실, 호텔, 병원 등의 고층 건물에 적합한 방식이다.

156 극간풍을 방지하는 방법으로 적합하지 않는 것은?

① 실내를 가압하여 외부보다 압력을 높게 유지한다.
② 건축의 건물 기밀성을 유지한다.
③ 이중문 또는 회전문을 설치한다.
④ 실내외온도차를 크게 한다.

> **해설** 극간풍(틈새바람) 방지방법
> ㉠ 실내를 가압하여 외부보다 압력을 높게 유지한다.
> ㉡ 건축의 건물 기밀성을 유지한다.
> ㉢ 이중문 또는 회전문을 설치한다.
> ㉣ 에어커튼을 설치한다.

157 덕트를 설계할 때 주의사항으로 틀린 것은?

① 덕트를 축소할 때 각도는 30° 이하로 되게 한다.
② 저속덕트 내의 풍속은 15m/s 이하로 한다.
③ 장방형 덕트의 종횡비는 4 : 1 이상 되게 한다.

④ 덕트를 확대할 때 확대각도는 15° 이하로 되게 한다.

> **해설** 장방형(직사각형) 덕트의 종횡비는 4 : 1 이하 되게 한다.

158 다음 중 실내환경기준이 아닌 것은?

① 부유분진의 양　② 상대습도
③ 탄산가스함유량　④ 메탄가스함유량

> **해설** 실내환경기준 : 부유분진량, 상대습도, 건구온도, CO함유량, CO_2함유량

159 상당방열면적을 계산하는 식에서 q_o 는 무엇을 뜻하는가?

$$EDR = \frac{H_r}{q_o}$$

① 상당증발량
② 보일러효율
③ 방열기의 표준 방열량
④ 방열기의 전방열량

> **해설** 상당방열면적(EDR) = $\dfrac{\text{난방부하}(H_r)}{\text{방열기 표준 방열량}(q_o)}$
> **참고** 표준 방열량
> • 온수인 경우(q_o) = 450kcal/m^2 · h = 0.523kW/m^2
> • 증기인 경우(q_o) = 650kcal/m^2 · h = 0.756kW/m^2

160 다음 중 온수난방설비와 관계가 없는 것은?

① 리버스리턴배관
② 하트포드배관접속
③ 순환펌프
④ 팽창탱크

> **해설** 하트포드접속법은 증기난방배관에서 보일러의 증기관과 환수관 사이의 배관접속이다.

161 원심송풍기에서 사용되는 풍량제어방법 중 풍량과 소요동력과의 관계에서 가장 효과적인 제어방법은?

① 회전수제어　② 베인제어
③ 댐퍼제어　④ 스크롤댐퍼제어

> **정답** 154 ①　155 ①　156 ④　157 ③　158 ④　159 ③　160 ②　161 ①

해설 풍량제어방법 중 풍량과 소요동력과의 관계에서 가장 효과적인 방법은 회전수제어>베인제어>댐퍼제어 순이다.

162 어떤 실내의 전체 취득열량이 9kW, 잠열량이 2.5kW이다. 이때 실내를 26℃, 50%(RH)로 유지시키기 위해 취출온도차를 10℃로 일정하게 하여 송풍한다면 실내현열비는 얼마인가?

① 0.28　　　② 0.68
③ 0.72　　　④ 0.88

해설 $SHF = \dfrac{q_s}{q_t} = \dfrac{q_t - q_L}{q_t} = \dfrac{9-2.5}{9} = 0.72$

163 극간풍의 풍량을 계산하는 방법으로 틀린 것은?

① 환기횟수에 의한 방법
② 극간길이에 의한 방법
③ 창면적에 의한 방법
④ 재실인원수에 의한 방법

해설 **극간풍(틈새바람) 계산법** : 환기횟수법, 극간길이(크랙)법, 창면적법

164 다음 그림에서 공기조화기를 통과하는 유입공기가 냉각코일을 지날 때의 상태를 나타낸 것은?

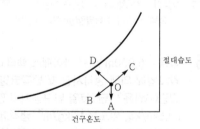

① OA　　　② OB
③ OC　　　④ OD

해설 냉각코일(cooling coil)을 지날 때의 상태는 냉각감습(OB) 과정이다.

165 냉수코일 설계 시 유의사항으로 옳은 것은?

① 대수평균온도차(LMTD)를 크게 하면 코일의 열수가 많아진다.

② 냉수의 속도는 2m/s 이상으로 하는 것이 바람직하다.
③ 코일을 통과하는 풍속은 2~3m/s가 경제적이다.
④ 물의 온도 상승은 일반적으로 15℃ 전후로 한다.

해설 냉수코일 설계 시 냉수의 속도는 1m/s 전후, 코일의 통과 풍속은 2~3m/s가 경제적이고, 공기와 물의 흐름은 대향류로 하며, 냉수입출구온도차는 5℃ 정도로 한다.

166 송풍기의 법칙 중 틀린 것은? (단, 각각의 값은 다음 표와 같다.)

Q_1[m³/h]	초기풍량
Q_2[m³/h]	변화풍량
P_1[mmAq]	초기정압
P_2[mmAq]	변화정압
N_1[rpm]	초기회전수
N_2[rpm]	변화회전수
d_1[mm]	초기날개직경
d_2[mm]	변화날개직경

① $Q_2 = \dfrac{N_2}{N_1} Q_1$　　② $Q_2 = \left(\dfrac{d_2}{d_1}\right)^3 Q_1$

③ $P_2 = \left(\dfrac{N_2}{N_1}\right)^3 P_1$　　④ $P_2 = \left(\dfrac{d_2}{d_1}\right)^2 P_1$

해설 $P_2 = P_1 \left(\dfrac{N_2}{N_1}\right)^2$

167 다음 그림의 난방 설계도에서 컨벡터(convector)의 표시 중 F가 가진 의미는?

① 케이싱길이
② 높이
③ 형식
④ 방열면적

EDR

C-800
F×180×600
20×15

해설 대류방열기의 상단은 방열기 쪽수(케이싱길이)를, 중단은 형식(F)을, 하단은 유입관경×유출관경을 나타낸다.

168 실내온도 25℃이고 실내절대습도가 0.0165kg′/kg의 조건에서 틈새바람에 의한 침입외기량이 200L/s일 때 현열부하와 잠열부하는? (단, 실외온도 35℃, 실외절대습도 0.0321kg′/kg, 공기의 비열 1.01kJ/kg·K, 물의 증발잠열 2,501kJ/kg이다.)

① 현열부하 2.424kW, 잠열부하 7.803kW
② 현열부하 2.424kW, 잠열부하 9.364kW
③ 현열부하 2.828kW, 잠열부하 7.803kW
④ 현열부하 2.828kW, 잠열부하 9.364kW

해설 ㉠ 현열부하(Q_s)$= \rho Q C_p \Delta t$
$= 1.2 \times 0.2 \times 1.01 \times (35-25)$
$= 2.424 \text{kW}$
㉡ 잠열부하(Q_L)$= \rho Q \gamma_o \Delta x$
$= 1.2 \times 0.2 \times 2,501 \times (0.0321-0.0165)$
$≒ 9.364 \text{kW}$

169 공기조화 냉방부하 계산 시 잠열을 고려하지 않아도 되는 경우는?

① 인체에서의 발생열
② 문틈에서의 틈새바람
③ 외기의 도입으로 인한 열량
④ 유리를 통과하는 복사열

해설 현열과 잠열 모두 고려 : 인체부하, 극간풍(틈새바람)부하, 외기부하, 기기부하

참고 유리를 통과하는 전도(conduction)열량은 현열(감열)부하이다.

170 건구온도 30℃, 상대습도 60%인 습공기에서 건공기의 분압(mmHg)은? (단, 대기압은 760mmHg, 포화수증기압은 27.65mmHg이다.)

① 27.65
② 376.21
③ 743.41
④ 700.97

해설 ㉠ $P_w = \phi P_s = 0.6 \times 27.65 = 16.59 \text{mmHg}$
㉡ 대기압(P_o)=건공기분압(P_a)+수증기분압(P_w)
∴ $P_a = P_o - P_w = 760 - 16.59 = 743.41 \text{mmHg}$

171 다음 중 보일러의 열효율을 향상시키기 위한 장치가 아닌 것은?

① 저수위차단기
② 재열기
③ 절탄기
④ 과열기

해설 보일러의 열효율을 향상시키기 위한 폐열회수장치는 과열기, 재열기, 절탄기(이코노마이저), 공기예열기 등이 있다.

172 다음 중 직접난방방식이 아닌 것은?

① 증기난방
② 온수난방
③ 복사난방
④ 온풍난방

해설 ㉠ 직접난방 : 증기난방, 온수난방, 복사난방
㉡ 간접난방 : 온풍난방, 공기조화기(AHU, 가열코일)

173 유리를 투과한 일사에 의한 취득열량과 가장 거리가 먼 것은?

① 유리창면적
② 일사량
③ 환기횟수
④ 차폐계수

해설 유리에서의 침입열량 : 복사열, 대류열, 전도열

참고 복사열(일사열)=유리의 일사량(I_g)×차폐계수(k)×유리창면적(A)[kJ/h]

174 다음 중 냉방부하 계산 시 상당외기온도차를 이용하는 경우는?

① 유리창의 취득열량
② 내벽의 취득열량
③ 침입외기 취득열량
④ 외벽의 취득열량

해설 상당외기온도차(Δt_e)=상당외기온도−실내온도차[℃]
∴ 외벽(벽체)의 취득열량(q)$= kA\Delta t_e$[W]

175 습공기 5,000m³/h를 바이패스 팩터 0.2인 냉각코일에 의해 냉각시킬 때 냉각코일의 냉각열량(kW)은? (단, 코일 입구공기의 엔탈피는 64.5kJ/kg, 밀도는 1.2kg/m³, 냉각코일 표면온도는 10℃이며 10℃의 포화습공기엔탈피는 30kJ/kg이다.)

① 38
② 46
③ 138
④ 165

해설 $Q_s = \dfrac{\rho Q (1-BF)(h_1 - h_2)}{3,600}$
$= \dfrac{1.2 \times 5,000 \times (1-0.2) \times (64.5-30)}{3,600} = 46 \text{kW}$

정답 168 ② 169 ④ 170 ③ 171 ① 172 ④ 173 ③ 174 ④ 175 ②

176 송풍기의 회전수를 높일 때 일어나는 현상으로 틀린 것은?

① 정압 감소   ② 동압 증가

③ 소음 증가   ④ 송풍기 동력 증가

해설 송풍기(fan)의 법칙에 따라 회전수를 높이면 풍량과 풍압이 증가한다.

177 냉방부하의 종류 중 현열만 존재하는 것은?

① 외기의 도입으로 인한 취득열

② 유리를 통과하는 전도열

③ 문틈에서의 틈새바람

④ 인체에서의 발생열

해설 냉방부하 계산 시 현열과 잠열을 모두 고려하는 경우는 외기부하, 극간풍(틈새바람), 인체부하, 기기부하 등이다.

178 냉방부하에 관한 설명으로 옳은 것은?

① 조명에서 발생하는 열량은 잠열로서 외기부하에 해당된다.

② 상당외기온도차는 방위, 시각 및 벽체재료 등에 따라 값이 정해진다.

③ 유리창을 통해 들어오는 부하는 태양복사열만 계산한다.

④ 극간풍에 의한 부하는 실내외온도차에 의한 현열만을 계산한다.

해설 ① 조명부하는 현열(감열)을 계산한다.
③ 유리창을 통해 들어오는 열량은 복사열, 전도열, 대류열 등을 계산한다.
④ 극간풍(틈새바람)부하는 냉방부하 시 현열과 잠열을 모두 계산한다.

179 20℃ 습공기의 대기압이 100kPa이고 수증기의 분압이 1.5kPa이라면 주어진 습공기의 절대습도(kg′/kg)는?

① 0.0095   ② 0.0112

③ 0.0129   ④ 0.0133

해설 $x = 0.622 \dfrac{P_w}{P - P_w} = 0.622 \times \dfrac{1.5}{100 - 1.5}$

    $≒ 0.0095 \text{kg/kg}′$

180 다음 송풍기 풍량제어법 중 축동력이 가장 많이 소요되는 것은? (단, 모든 조건은 동일하다.)

① 회전수제어   ② 흡입베인제어

③ 흡입댐퍼제어   ④ 토출댐퍼제어

해설 축동력이 가장 많이 소요되는 제어는 토출댐퍼제어>흡입댐퍼제어>흡입베인제어>회전수제어 순이다.

181 에어와셔(공기세정기) 속의 플러딩노즐(flooding nozzle)의 역할은?

① 균일한 공기흐름 유지

② 분무수의 분무

③ 일리미네이터 청소

④ 물방울의 기류에 혼입 방지

해설 공기세정기 속의 플러딩노즐은 일리미네이터에 부착된 진애를 닦아 떨어뜨리고 낙하하는 물은 수조에서 수수한 후 배수한다.

182 지역난방의 특징에 관한 설명으로 틀린 것은?

① 연료비는 절감되나 열효율이 낮고 인건비가 증가한다.

② 개별건물의 보일러실 및 굴뚝이 불필요하므로 건물이용의 효율이 높다.

③ 설비의 합리화로 대기오염이 적다.

④ 대규모 열원기기를 이용하므로 에너지를 효율적으로 이용할 수 있다.

해설 지역난방
㉠ 연료비가 절감되고 열효율이 높으며 인건비가 감소된다.
㉡ 화재위험이 없고 공해위험이 적다.
㉢ 초기시설비가 고가이고 배관손실이 많다.

183 대향류의 냉수코일 설계 시 일반적인 조건으로 틀린 것은?

① 냉수입출구온도차는 일반적으로 5~10℃로 한다.

② 관 내 물의 속도는 5~15m/s로 한다.

③ 냉수온도는 5~15℃로 한다.

④ 코일통과풍속은 2~3m/s로 한다.

해설 관 내 물의 속도는 1m/s 전후이다.

★184 콘크리트로 된 외벽의 실내측에 내장재를 부착했을 때 내장재의 실내측 표면에 결로가 일어나지 않도록 하기 위한 내장두께 l_2[mm]는 최소 얼마이어야 하는가? (단, 외기온도 −5℃, 실내온도 20℃, 실내공기의 노점온도 12℃, 콘크리트의 벽두께 100mm, 콘크리트의 열전도율은 0.0016kW/m・K, 내장재의 열전도율은 0.00017kW/m・K, 실외측 열전달율은 0.023kW/m²・K, 실내측 열전달율은 0.009kW/m²・K이다.)

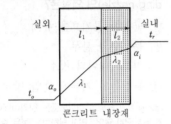

콘크리트 내장재

① 19.7 ② 22.1
③ 25.3 ④ 37.2

해설 ㉠ $q = kA(t_i - t_o) = \alpha_i A(t_i - t_r)$

$$\therefore k = \alpha_i \left(\frac{t_i - t_r}{t_i - t_o} \right) = 0.009 \times \frac{20 - 12}{20 - (-5)}$$

$$= 2.88 \times 10^{-3} \text{kW/m}^2 \cdot \text{K}$$

㉡ $\dfrac{1}{k} = \dfrac{1}{\alpha_o} + \dfrac{l_1}{\lambda_1} + \dfrac{l_2}{\lambda_2} + \dfrac{1}{\alpha_i}$

$$\therefore l_2 = \lambda_2 \left(\frac{1}{k} - \frac{1}{\alpha_o} - \frac{l_1}{\lambda_1} - \frac{1}{\alpha_i} \right)$$

$$= 0.00017 \times \left(\frac{1}{2.88 \times 10^{-3}} - \frac{1}{0.023} - \frac{0.1}{0.0016} - \frac{1}{0.0019} \right)$$

$$= 0.0221 \text{m} = 22.1 \text{mm}$$

★185 90℃ 고온수 25kg을 100℃의 건조포화액으로 가열하는데 필요한 열량(kJ)은? (단, 물의 비열 4.2kJ/kg・K이다.)

① 42 ② 250
③ 525 ④ 1,050

해설 $Q = mC(t_2 - t_1) = 25 \times 4.2 \times (100 - 90) = 1,050 \text{kJ}$

★186 지역난방의 특징에 대한 설명으로 틀린 것은?

① 광범위한 지역의 대규모 난방에 적합하며 열매는 고온수 또는 고압증기를 사용한다.

② 소비처에서 24시간 연속난방과 연속급탕이 가능하다.

③ 대규모화에 따라 고효율운전 및 폐열을 이용하는 등 에너지 취득이 경제적이다.

④ 순환펌프용량이 크며 열수송배관에서의 열손실이 작다.

해설 지역난방

㉠ 대규모 열원설비로서 열효율이 좋고 인건비가 절약된다.

㉡ 각 건물의 공간이 절감되고 에너지를 안전하게 이용할 수 있다.

㉢ 고온수 지역난방은 100℃ 이상의 고온수를 사용한다.

㉣ 압력은 약 0.1~1.47MPa의 증기를 사용한다.

㉤ 화재위험이 없고 공해위험이 적다.

㉥ 초기시설비가 고가이고 배관손실이 많다.

㉦ 초기투자비가 많이 필요하며 배관열손실, 순환펌프, 열손실 등이 크다.

㉧ 배관 부설비용이 방대하여 전체 공사비의 40~60%가 필요하다.

★187 증기트랩에 대한 설명으로 틀린 것은?

① 바이메탈트랩은 내부에 열팽창계수가 다른 두 개의 금속이 접합된 바이메탈로 구성되며 워터해머에 안전하고 과열증기에도 사용 가능하다.

② 벨로즈트랩은 금속제의 벨로즈 속에 휘발성 액체가 봉입되어 있어 주위에 증기가 있으면 팽창되고, 증기가 응축되면 온도에 의해 수축하는 원리를 이용한 트랩이다.

③ 플로트트랩은 응축수의 온도차를 이용하여 플로트가 상하로 움직이며 밸브를 개폐한다.

④ 버킷트랩은 응축수의 부력을 이용하여 밸브를 개폐하며 상향식과 하향식이 있다.

해설 플로트트랩(float trap)은 응축수의 수위변동에 따라 부자(float)가 상하로 움직이며 배수밸브를 자동적으로 개폐한다.

★
188 복사난방에 대한 설명으로 틀린 것은?

① 다른 방식에 비해 쾌감도가 높다.

② 시설비가 적게 든다.

③ 실내에 유닛이 노출되지 않는다.

④ 열용량이 크기 때문에 방열량 조절에 시간이 다소 걸린다.

해설 **복사난방**

㉠ 증기난방이나 온수난방에 비해 설비비(시설비)가 비싸다.

㉡ 구조체를 따뜻하게 하므로 예열시간이 길고 일시적 난방에는 효과가 적다.

㉢ 타 방식에 비해 실내온도분포가 균등하며 쾌감도가 제일 좋다.

★
189 냉방부하 계산 시 유리창을 통한 취득열부하를 줄이는 방법으로 가장 적절한 것은?

① 얇은 유리를 사용한다.

② 투명유리를 사용한다.

③ 흡수율이 큰 재질의 유리를 사용한다.

④ 반사율이 큰 재질의 유리를 사용한다.

해설 냉방부하 시 유리창을 통한 취득열을 감소시키려면 반사율이 큰 재질의 유리를 사용하는 것이 적절하다.

★
190 다음 중 수−공기방식에 해당하는 것은?

① 2중덕트방식

② 패키지유닛방식

③ 복사냉난방방식

④ 정풍량 단일덕트방식

해설 ①, ④ 전공기방식
② 냉매방식

참고 **수(물)−공기방식** : 유인유닛방식(IDU), 팬코일유닛방식(덕트 병용), 복사냉난방방식 등

191 두께 150mm, 면적 10m²인 콘크리트 내벽의 외부온도가 30℃, 내부온도가 20℃일 때 8시간 동안 전달되는 열량(kJ)은? (단, 콘크리트 내벽의 열전도율은 1.5W/m·K이다.)

① 1,350　　② 8,350

③ 13,200　　④ 28,800

해설
$$Q_c = \frac{\lambda}{l} A T(t_o - t_i)$$
$$= \frac{1.5 \times 10^{-3}}{0.15} \times 10 \times 8 \times 3,600 \times (30-20)$$
$$= 28,800 \text{kJ}$$

192 습공기의 상태변화에 관한 설명으로 옳은 것은?

① 습공기를 가습하면 상대습도가 내려간다.

② 습공기를 냉각감습하면 엔탈피는 증가한다.

③ 습공기를 가열하면 절대습도는 변하지 않는다.

④ 습공기는 노점온도 이하로 냉각하면 절대습도는 내려가고, 상대습도는 일정하다.

해설 습공기는 가열하면 상대습도는 감소하고, 절대습도는 일정하다.

193 냉난방 설계 시 열부하에 관한 설명으로 옳은 것은?

① 인체에 대한 냉방부하는 현열만이다.

② 인체에 대한 난방부하는 현열과 잠열이다.

③ 조명에 대한 냉방부하는 현열만이다.

④ 조명에 대한 난방부하는 현열과 잠열이다.

해설 인체에 대한 냉방부하는 현열과 잠열이다.

194 공조방식 중 변풍량 단일덕트방식에 대한 설명으로 틀린 것은?

① 운전비의 절약이 가능하다.

② 동시부하율을 고려하여 기기용량을 결정하므로 설비용량을 적게 할 수 있다.

③ 시운전 시 각 토출구의 풍량조절이 복잡하다.

④ 부하변동에 대하여 제어응답이 빠르기 때문에 거주성이 향상된다.

해설 변풍량 단일덕트방식은 각 토출구의 풍량조절이 용이하므로(간단하고) 부하변동에 따른 유연성이 있으며 타 방식에 비해 에너지가 절약된다.

195 증기난방에 관한 설명으로 틀린 것은?

① 열매온도가 높아 방열기의 방열면적이 작아진다.

② 예열시간이 짧다.

③ 부하변동에 따른 방열량의 제어가 곤란하다.

④ 증기의 증발현열을 이용한다.

> **해설** 증기난방은 주로 증기가 갖고 있는 잠열(증발열)을 이용하므로 방열기 출구에 거의 증기트랩이 설치된다.
> ㉠ 장점
> • 잠열을 이용하기 때문에 증기순환이 빠르고 열의 운반능력이 크다.
> • 예열시간이 온수난방에 비해 짧다.
> • 방열면적과 관경을 온수난방보다 작게 할 수 있다.
> • 한냉지에서 동결의 우려가 적다.
> • 설비비 및 유지비가 저렴하다.
> ㉡ 단점
> • 외기온도변화에 따른 방열량 조절이 곤란하다.
> • 방열기 표면온도가 높아 화상의 우려가 있다.
> • 대류작용으로 먼지가 상승되어 쾌감도가 낮다.
> • 응축수 환수관 내의 부식으로 장치수명이 짧다.
> • 열용량이 작아서 지속난방보다는 간헐난방에 사용한다.

196 풍량이 800m³/h인 공기를 건구온도 33℃, 습구온도 27℃(엔탈피(h_1)는 85.26kJ/kg)의 상태에서 건구온도 16℃, 상대습도 90%(엔탈피(h_2)는 42kJ/kg) 상태까지 냉각할 경우 필요한 냉각열량(kW)은? (단, 건공기의 비체적은 0.83m³/kg이다.)

① 3.1 ② 5.4
③ 11.6 ④ 22.8

> **해설** $Q_s = m\Delta h = \rho Q\Delta h = \dfrac{Q}{v}(h_1 - h_2)$
> $= \dfrac{800}{0.83} \times (85.26 - 42)$
> $= 41,696.39\text{kJ/h}$
> $≒ 11.6\text{kJ/s}(=\text{kW})$

197 겨울철 침입외기(틈새바람)에 의한 잠열부하(q_L[kJ/h])를 구하는 공식으로 옳은 것은? (단, Q는 극간풍량(m³/h), Δt는 실내외온도차(℃), Δx는 실내외절대습도차(kg′/kg)이다.)

① $1.212\,Q\Delta t$ ② $539\,Q\Delta x$
③ $2,501\,Q\Delta x$ ④ $3001.2\,Q\Delta x$

> **해설** $q_L = \rho\gamma_o\,Q\Delta x = 1.2 \times 2,501\,Q\Delta x$
> $= 3001.2\,Q\Delta x[\text{kJ/h}]$

198 공기조화부하의 종류 중 실내부하와 장치부하에 해당되지 않는 것은?

① 사무기기나 인체를 통해 실내에서 발생하는 열

② 유리 및 벽체를 통한 전도열

③ 급기덕트에서 실내로 유입되는 열

④ 외기로 실내온습도를 냉각시키는 열

> **해설** ① 실내부하, 현열, 잠열
> ② 실내부하, 현열
> ③ 장치부하, 현열
> ④ 외기부하, 현열, 잠열

199 다음 중 자연환기가 많이 일어나도 비교적 난방효율이 제일 좋은 것은?

① 대류난방 ② 증기난방
③ 온풍난방 ④ 복사난방

> **해설** 복사난방은 실내가 개방상태에서도 난방효율이 비교적 좋으며 실내온도가 균일하여 쾌감도가 높다.

200 송풍기의 특성곡선에서 송풍기의 운전점은 어떤 곡선의 교차점을 의미하는가?

① 압력곡선과 저항곡선의 교차점

② 효율곡선과 압력곡선의 교차점

③ 축동력곡선과 효율곡선의 교차점

④ 저항곡선과 축동력곡선의 교차점

> **해설** 송풍기의 특성곡선에서 송풍기의 운전점은 압력곡선과 저항곡선의 교차점을 의미한다.

201 방열량이 5.25kW인 방열기에 공급해야 할 온수량(m³/h)은? (단, 방열기 입구온도는 80℃, 출구온도는 70℃이며, 물의 비열은 4.2kJ/kg·℃, 물의 밀도는 977.5kg/m³이다.)

① 0.34 ② 0.46
③ 0.66 ④ 0.75

해설 $Q_R = mC\Delta t = \rho QC\Delta t\,[\text{kJ/h}]$

$$\therefore Q = \frac{Q_R}{\rho C\Delta t} = \frac{5.25 \times 3{,}600}{977.5 \times 4.2 \times (80-70)}$$
$$= 0.46\text{m}^3/\text{h}$$

202 ★ 압력 10,000kPa, 온도 227℃인 공기의 밀도 (kg/m³)는 얼마인가? (단, 공기의 기체상수는 287.04J/kg·K이다.)

① 57.3 ② 69.6
③ 73.2 ④ 82.9

해설 $PV = RT$
$P = \rho RT$

$$\therefore \rho = \frac{P}{RT} = \frac{10{,}000 \times 10^3}{287.04 \times (227+273)} \fallingdotseq 69.68\text{kg/m}^3$$

203 다음 공조방식 중 중앙방식이 아닌 것은?

① 단일덕트방식 ② 2중덕트방식
③ 팬코일유닛방식 ④ 룸쿨러방식

해설 **개별방식(냉매방식)** : 패키지방식, 룸쿨러방식, 멀티유닛방식

204 다음 습공기선도에서 습공기의 상태가 1지점에서 2지점을 거쳐 3지점으로 이동하였다. 이 습공기가 거친 과정은? (단, 1, 2의 엔탈피는 같다.)

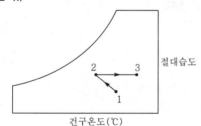

① 냉각감습-가열
② 냉각-제습제를 이용한 제습
③ 순환수가습-가열
④ 온수감습-냉각

해설 습공기선도에서 1→2과정은 순환수분무가습(air washer) 이고, 2→3과정은 (등압)가열과정이다.

205 ★ 공기 중의 수증기분압을 포화압력으로 하는 온도를 무엇이라 하는가?

① 건구온도
② 습구온도
③ 노점온도
④ 글로브(globe)온도

해설 공기 중의 수증기분압(P_w)을 포화압력(상대습도 100%)으로 하는 온도를 노점온도(dew point)라고 한다.

206 외기의 온도가 −10℃이고 실내온도가 20℃이며 벽면적이 25m²일 때 실내의 열손실량 (kW)은? (단, 벽체의 열관류율 10W/m²·K, 방위계수는 북향으로 1.2이다.)

① 7 ② 8
③ 9 ④ 10

해설 $Q = K_D KA(t_i - t_o)$
$= 1.2 \times (10 \times 10^{-3}) \times 25 \times [20 - (-10)] = 9\text{kW}$

207 제습장치에 대한 설명으로 틀린 것은?

① 냉각식 제습장치는 처리공기를 노점온도 이하로 냉각시켜 수증기를 응축시킨다.
② 일반 공조에서는 공조기에 냉각코일을 채용하므로 별도의 제습장치가 없다.
③ 제습장법은 냉각식, 흡수식, 흡착식으로 구분된다.
④ 에어와셔방식은 냉각식으로 소형이고 수처리가 편리하여 많이 채용된다.

해설 에어와셔(air washer)방식은 미세한 물 알갱이를 공급하는 공기에 직접 분무하는 직접접촉방식으로 대기 중에 존재하는 가스상 화학오염물질의 제거는 물론, 공기 중에 부유하는 미세입자의 분진을 제거하는 효율도 매우 우수하다(단열분무가습=세정가습).

208 ★ 다음 중 흡수식 감습장치에 일반적으로 사용되는 액상흡수제로 가장 적절한 것은?

① 트리에틸렌글리콜
② 실리카겔
③ 활성알루미나
④ 탄산소다수용액

해설 흡수식 감습(제습)장치에 일반적으로 사용되는 액상흡수제는 트리에틸렌글리콜이다.

★209 냉각코일의 용량 결정방법으로 옳은 것은?

① 실내 취득열량+기기로부터의 취득열량
+ 재열부하+외기부하

② 실내 취득열량+기기로부터의 취득열량
+재열부하+냉수펌프부하

③ 실내 취득열량+기기로부터의 취득열량
+재열부하+배관부하

④ 실내 취득열량+기기로부터의 취득열량
+재열부하+냉수펌프 및 배관부하

해설 냉각코일용량=실내 취득열량+기기로부터의 취득열량
+재열부하+외기부하
=실내부하+재열부하+외기부하

210 온풍난방에 관한 설명으로 틀린 것은?

① 예열부하가 거의 없으므로 기동시간이
아주 짧다.

② 온풍을 이용하므로 쾌감도가 좋다.

③ 보수·취급이 간단하여 취급에 자격이
필요하지 않다.

④ 설치면적이 적으며 설치장소도 제약을
받지 않는다.

해설 온풍난방은 간접난방으로 쾌감도가 좋지 않다.

★211 겨울철 외기조건이 2℃(DB), 50%(RH), 실내 조건이 19℃(DB), 50%(RH)이다. 외기와 실내 공기를 1 : 3으로 혼합할 경우 혼합공기의 최종 온도(℃)는?

① 5.3 ② 10.3
③ 14.8 ④ 17.3

해설 $t_m = \dfrac{m_1 t_1 + m_2 t_2}{m_1 + m_2} = \dfrac{3 \times 19 + 1 \times 2}{3 + 1} ≒ 14.8℃$

★212 다음 취득열량 중 잠열이 포함되지 않는 것은?

① 인체의 발열
② 조명기구의 발열
③ 외기의 취득열
④ 증기소독기의 발생열

해설 조명기구의 취득열량은 현열(감열)이다.

★213 다음 중 보일러의 유지관리항목으로 가장 거리가 먼 것은?

① 사용압력(사용온도)의 점검
② 버너노즐의 카본 부착상태 점검
③ 증발압력, 응축압력의 정상 여부 점검
④ 수면측정장치의 기능 점검

해설 증발압력, 응축압력의 정상 여부 점검은 냉동기 점검항목이다.

PART 02

냉동 · 냉장설비

Industrial Engineer Air-Conditioning and Refrigerating Machinery

1 냉동의 기초 및 원리

Chapter 1

PART
2

1 냉동의 원리

냉동(refrigeration)이란 물체(특정 장소)를 상온보다 낮게 하여 소정의 저온을 유지하는 것으로, 이를 위해 사용하는 기계를 냉동기(refrigerator)라고 한다.

1.1 냉동의 분류

① 냉각(cooling) : 주위 온도보다 높은 온도의 물체로부터 열을 흡수하여 그 물체가 필요로 하는 온도까지 낮게 유지하는 것
② 냉장(storage) : 저온의 물체를 동결하지 않을 정도로 그 물체가 필요로 하는 온도까지 낮추어 저장하는 상태
③ 동결(freezing) : 그 물체의 동결온도 이하로 낮추어 유지하는 상태로 좁은 의미의 냉동을 일컬음
④ 1제빙톤 : 1일 얼음생산능력을 1톤(1ton)으로 나타낸 것으로, 25℃의 원수 1ton을 24시간 동안에 −9℃의 얼음으로 만드는 데 제거해야 할 열량을 냉동능력으로 나타낸 것(외부손실열량 20% 고려)

$$1제빙톤 = \frac{1,000 \times (1 \times 25 + 79.68 + 0.5 \times 9) \times 1.2}{24 \times 3,320} = 1.65\text{RT}(냉동톤)$$

⑤ 저빙 : 상품된 얼음을 저장하는 것
　※ 제빙 : 얼음의 생산

1.2 냉동방법

(1) 자연적인 냉동방법(natural refrigeration)

물질의 물리적·화학적인 특성을 이용하여 행하는 냉동방법

① 융해잠열(melting heat) 이용법 : 고체에서 액체로 변화할 때 흡수하는 열을 이용하여 행하는 냉동

$$0℃의\ 얼음 \xleftrightarrow[\text{물의 응고잠열 334kJ/kg}]{\text{얼음의 융해잠열 334kJ/kg}} 0℃의\ 물$$

② 증발잠열(boiling heat) 이용법 : 액체에서 기체로 변화할 때 흡수하는 열을 이용하여 행하는 냉동으로 물, 액화암모니아, 액화질소, R-12, R-22 등

※ 액화질소는 −196℃의 저온에서 증발열로써 약 200.93kJ/kg의 열을 흡수하며 급속동결장치나 식품 수송용 냉동차에서 이용되고 있다.

※ 증발잠열의 비교(압력 101.325kPa)

물질	온도(℃)	증발잠열량(kJ/kg)	물질	온도(℃)	증발잠열량(kJ/kg)
물	100	2,257	R-12	−29.8	167
NH_3	−33.3	1,369	R-22	−40.8	234

③ 승화잠열(sublimate heat) 이용법 : 고체에서 직접 기체로 변화할 때 흡수하는 열을 이용하여 행하는 냉동

고체 이산화탄소＝드라이아이스

※ 고체 이산화탄소(dry ice)는 탄산가스(CO_2)가 고체화된 것으로 고체에서 직접 기체로 변화하며, 〈승화〉 −78.5℃에서 승화잠열은 573.48kJ/kg이다.

> **기한제(起寒劑, freezer mixture) 이용법**
>
> 서로 다른 두 가지의 물질을 혼합하여 온도강하에 의한 저온을 이용하여 행하는 냉동방법으로 얼음과 염류(소금) 및 산류를 혼합하면 저온을 얻을 수 있다.
> 예 소금+얼음, 염화칼슘+얼음

(2) 기계적인 냉동방법(mechanical refrigeration)

인위적인 냉동방법이라 하며 열을 직접 적용시키거나 전력증기(steam), 연료 등의 에너지를 이용하여 연속적으로 행하는 냉동방법

(3) 증기압축식 냉동방법(vapor compression refrigeration)

냉(冷)을 운반하는 매개물질인 액화가스(냉매)가 기계적인 일에 의하여 냉동체계 내를 순환하면서 액체 및 기체상태로 연속적인 변화를 하여 행하는 냉동방법

① 주요 구성기기 및 역할
   ㉠ 압축기(compressor) : 증발기에서 증발한 저온 저압의 기체냉매를 흡입하여 다음의 응축기에서 응축, 액화하기 쉽도록 응축온도에 상당하는 포화압력까지 압력을 증대시켜주는 기기(등엔트로피과정(isentropic))

종류		특성(용도)
압축식 냉동기	원심식	대량의 가스압축에 적당하며 공조용으로 사용된다.
	왕복동식	압축비가 높을 경우 적합하며 소용량 공조용 또는 산업용으로 사용된다.
	스크루식	회전식의 일종으로 압축비가 높을 경우 적합하며 소·중형의 공조 및 산업용으로, 최근에는 스크루식의 경우 산업용 중·대용량(300~1,000RT)으로 확대되는 추세이다.
흡수식 냉동기		고온수(증기)를 열원으로 하여 압축용의 전력은 불필요하며 공조용에 사용된다.

ⓒ 응축기(condenser) : 압축기에서 압축되어 토출된 고온 고압의 기체냉매를 주위의 공기나 냉각수와 열교환하여 기체냉매의 고온의 열을 방출시킴으로써 응축, 액화시키는 기기(등압과정)

ⓒ 팽창밸브(expansion valve) : 응축기에서 응축, 액화한 고온 고압의 액체냉매를 교축작용(throttling)에 의하여 저온 저압의 액체냉매로 강하시켜 다음의 증발기에서 액체의 증발에 의한 열흡수작용이 용이하도록 하며, 아울러 증발기에서 충분히 열을 흡수할 수 있도록 적정량의 냉매유량을 조절하여 공급하는 밸브(등엔탈피과정)

ⓔ 증발기(evaporator) : 팽창밸브를 통과하여 저온 저압으로 감압된 액체냉매를 유의하여 주위의 피냉각물체와 열교환시켜 액체 증발에 의한 열흡수로 냉동의 목적을 달성시키는 기기(등온, 등압과정)

② 소형 냉동장치의 기본 구성기기

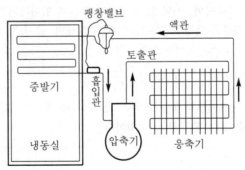

- 증발기 : 열흡수장치($q_e = q_2$)
- 응축기 : 열방출장치($q_c = q_1$)
- 압축기 : 압력증대장치(W_c)
- 팽창밸브 : 압력감소장치($P_1 > P_2$)

③ 중·대형 냉동장치의 기본 구성기기(칠링유닛의 경우)

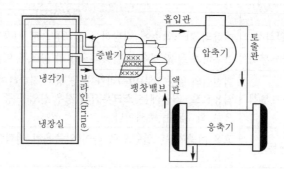

④ 냉동사이클

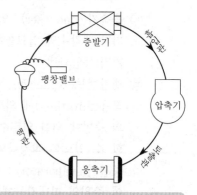

　㉠ 냉동장치의 고압측 명칭 : 압축기 토출측 → 토출
　　관 → 응축기 → (수액기) → 액관 → 팽창밸브 직전

　㉡ 냉동장치의 저압측 명칭 : 팽창밸브 직후 → 증발
　　기 → 흡입관 → 압축기 흡입측

　※ 압축기의 크랭크케이스 내부압력은 왕복동식 압축
　　기의 경우는 저압이고, 회전식 압축기의 경우는 고
　　압이다.

ⓟoint

교축과정(throttling, 등엔탈피과정)

유체가 밸브, 기타 저항이 크고 좁은 곳을 통과할 때 마찰이나 흐름의 흐트러짐(난류)에 의하여
압력이 강하하게 되는 작용이며, 이와 같이 좁혀진 부분에 있어서의 압력강하를 교축이라 하며,
냉동장치에서의 교축 부분은 팽창밸브이다. 실제 기체(냉매, 증기)가 교축팽창 시 압력과 온도가
떨어지는 현상(Joule−Thomson effect)이라고 한다.

$$줄-톰슨계수(\mu_T) = \left(\frac{\partial T}{\partial P}\right)_h = \frac{T_1 - T_2}{P_1 - P_2}$$

완전 기체인 경우 $T_1 = T_2$이므로 $\mu_T = 0$이다. 실제 기체(냉매)인 경우 온도강하($T_1 > T_2$) 시
$\mu_T > 0$이고, 온도 상승($T_1 < T_2$) 시 $\mu_T < 0$이다.

---

(4) 흡수식 냉동방법(absorption refrigeration)

직접 고온의 열에너지를 이용(공급)하여 행하는 냉동방법. 흡수식 냉동기에서 압축기 역할
을 하는 것(발생기(재생기), 흡수기, 흡수용액펌프)

① 주요 구성기기 및 역할

　㉠ 흡수기 : 증발기로부터 증발된 기체냉매는 흡수제액에 흡수되어 희용액(냉매+흡수제)이
　　되어 용액펌프(흡수액펌프)에 의해 열교환기를 거쳐 발생기로 보내진다. 즉 열교환기는
　　발생기에서 냉매와 분리되어 흡수기로 되돌아오는 고온의 농용액과 열교환한다.

ⓛ 발생기(재생기) : 흡수기에서 흡수된 기체냉매와 흡수제가 혼합된 희용액이 증기(steam) 및 열원(heat)으로 가열되어 냉매를 증발 분리시켜 냉매는 응축기로 보내고, 농흡수액은 열교환기를 통해 다시 흡수기로 회수시킨다.

ⓒ 응축기 : 발생기에서 흡수제액과 분리된 기체냉매는 응축기를 순환하는 냉각수에 의해 응축, 액화되어 직접 진공상태의 증발기로 공급되거나 감압밸브를 거쳐 증발기로 유입된다. 즉 냉각수와 열교환하여 응축, 액화된다.

ⓔ 감압밸브 : 증발기에서 액체의 증발이 원활히 행해지도록 압력을 강하시키는 역할을 하는 밸브이다. 냉동부하에 따른 적정량의 냉매유량조절은 별도의 용량조절밸브를 설치하고 있다.

ⓜ 증발기 : 냉매펌프에 의해서 공급(또는 분사)되어 냉매의 증발열에 의한 냉동부하로부터 열을 흡수하여 냉동작용을 행한다.

냉매	흡수제	냉매	흡수제	냉매	흡수제
암모니아 (NH_3)	물(H_2O)	물(H_2O)	LiBr & LiCl	물(H_2O)	황산(H_2SO_4)
물(H_2O)	가성칼리(KOH) & 가성소다(NaOH)	염화에틸 (C_2H_5Cl)	4클로르에탄 ($C_2H_2Cl_4$)	메탄올 (CH_3OH)	LiBr+CH_3OH

② 흡수식 냉동사이클 : 냉매는 H_2O, 흡수제는 LiBr(브롬화리튬) 사용

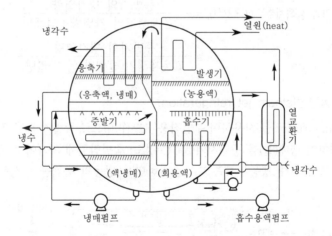

예 증발기 내의 압력을 7mmHg abs 유지하면 물의 증발온도 5℃, 냉수의 입구온도 12℃, 출구 온도 7℃

㉠ 흡수식 냉동기의 냉매순환과정 : 증발기 → 흡수기 → 열교환기 → 발생기(재생기) → 응축기

㉡ 흡수제 순환과정 : 흡수기 → 용액 열교환기 → 발생기(재생기) → 용액 열교환기 → 흡수기

③ 흡수식 냉동기의 장단점

㉠ 장점

- 전력수요가 적다(운전비용이 저렴하다).
- 소음·진동이 적다(소음 85dB 이하).
- 운전경비가 절감된다(부분부하운전특성이 좋다).
- 사고 발생 우려가 작다.
- 진공상태에서 운전되므로 취급자격자가 필요 없다.

㉡ 단점

- 예냉시간이 길다.
- 증기압축식 냉동기보다 성능계수가 낮다(1중 단효용 : 0.65~0.75, 2중 효용 : 1.0~1.3, 3중 효용 : 1.4~1.6).
- 초기운전 시 정격성능 발휘점까지 도달속도가 느리다.
- 일반적으로 5℃ 이하의 낮은 냉수 출구온도를 얻기가 어렵다.
- 설비비가 많이 든다.
- 급냉으로 결정사고가 발생되기 쉽다.
- 부속설비가 압축식의 2배 정도로 커진다.
- 설치 시 천장이 높아야 한다.

④ 흡수식 냉동기의 성적계수 :

$$(COP)_R = \frac{증발기의\ 냉각열량}{고온재생기의\ 가열량 + 펌프일}$$

$$\fallingdotseq \frac{증발기의\ 냉각열량}{고온재생기(발생기)의\ 가열량}$$

(5) 증기분사식 냉동방법(steam jet refrigeration)

증기이젝터(steam ejector)를 사용하여 부압작용(負壓作用)으로 증발기 내를 진공(750mmHg(vac) 정도)으로 형성하여 냉매(물)를 증발시켜(5.6℃ 정도) 증발잠열에 의하여 저온의 냉수(브라인)를 만들어 냉수펌프에 의해 냉동부하측으로 순환하면서 냉동의 목적을 달성하는 방법이다.

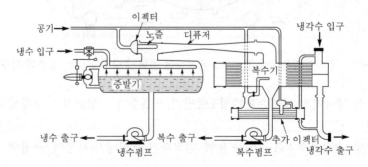

(6) 전자냉동방법

펠티에효과(Peltier effect)를 이용한 냉동방법으로, 펠티에효과란 다음 그림처럼 서로 다른 (2종) 금속선의 각각의 끝을 접합하여 양 접점을 서로 다른 온도로 하여 전류를 흐르게 하면 한쪽의 접합부에서는 고온의 열이 발생하고, 다른 한쪽에서는 저온이 얻어지는데, 이 저온을 이용하여 냉동의 목적을 달성하는 방법이다.

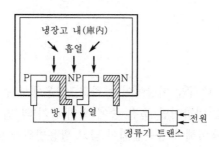

[전자냉동방법과 증기압축식 냉동방법의 비교]

전자냉동	증기압축식 냉동	전자냉동	증기압축식 냉동
P-N소자	압축기	전원	압축기, 전동기
고온측 방열부	응축기	도선	배관
저온측 접합부	팽창밸브	전자	냉매
저온측 흡열부	증발기		

(7) 진공냉각법(vacuum cooling)

증기분사식 냉동방법의 증기이젝터의 역할 대신에 진공펌프를 사용하여 냉각하는 원리이다.

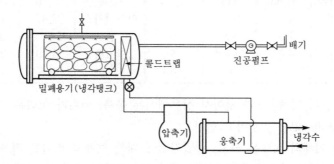

※ 수분은 증발 시에 비체적이 크므로(수분 1g은 표준 상태에서 1cc이나, 4.6mmHg에서는 20만cc이다) 냉각탱크 내에 냉각코일을 설치하여 증발된 수분은 응결, 제거시킴으로써 진공펌프의 용량을 최소화할 수 있다.

2 냉매

냉동사이클 내를 순환하면서 냉동부하로부터 흡수한 열을 고온부에서 방출하도록 열을 운반하면서 냉동을 행하는 동작유체(working fluid)를 냉매(refrigerant)라고 한다.

2.1 냉매의 구비조건

(1) 물리적인 조건

① 저온에서 증발압력은 대기압 이상이어야 하고, 상온에서 응축압력은 가능한 낮을 것
　㉠ 증발압력이 대기압 이하이면 운전 중에 외기(공기)의 침입 우려가 있기 때문이다.
　㉡ 상온에서 응축이 용이해야 응축압력이 낮고 활용범위가 넓으며, 응축압력이 높아지게 되면 기기·기구·배관재료의 강도가 요구되며 비경제성을 초래한다.

② 임계온도(critical temperature)는 높고, 응고점은 낮을 것
　㉠ 임계점(critical point) : 기체에 압력을 가하면 그 기체는 액체로 응축, 액화하게 되는데, 어느 일정한 한계점에서는 물리적으로 증발과 응축이 일어나지 않은 상태가 되어 어떠한 압력을 가해도 그 기체는 응축, 액화하지 않게 된다. 이때의 한계점을 임계점이라 하며, 임계점에 해당하는 압력은 임계압력(P_c), 이때의 온도는 임계온도(T_c)라고 한다.
　㉡ 물질의 임계점

물질	임계압력 (MPa)	임계온도 (℃)	임계체적 (cm³/kg)	물질	임계압력 (MPa)	임계온도 (℃)	임계체적 (cm³/kg)
암모니아	11.65	113	4.24	공기	3.76	−141	3.20
R-12	4.06	111.5	1.79	아황산가스	7.87	157.5	1.92
R-22	4.98	96	1.90	물	22.57	374.1	3.10
R-40	6.68	142.8	2.70	알코올	6.39	243.0	3.60
탄산가스	7.3	31	2.16	수은	9.8	1,470	0.20

　㉢ 공기와 같이 임계온도가 낮아서 상온에서는 응축, 액화가 어려운 기체를 불응축가스(non condensible gas)라고 한다.

③ 증발잠열과 기체의 비열은 크고, 증발잠열에 대한 액체의 비열은 작을 것
　㉠ 기체의 비열이 작으면 흡입가스의 과열도가 커지고 팽창 시 비체적이 커져 압축효율이 저하한다.
　㉡ 증발잠열이 큼으로써 동일 냉동능력에 대한 냉매순환량(kg/h, RT)이 감소하게 되고 설치 시에 배관의 구경이 크지 않아도 되는 장점이 있다.
　㉢ 액체의 비열이 크면 플래시가스의 발생량이 증가하여 냉동능력이 감소한다.

④ 점도가 작고 전열은 양호하며 표면장력이 작을 것

　㉠ 점도가 크면 유체의 통과저항이 증가한다.

　㉡ 전열이 불량하면 응축기 및 증발기의 용량을 증가시켜 전열면적을 넓혀야 한다.

⑤ 윤활유가 수분과 작용하여 냉동작용에 악영향을 초래하지 않을 것

⑥ 누설 시에 누설 발견이 용이할 것

⑦ 절연내력이 크고 전기절연물을 침식하지 않을 것

⑧ 기체 및 액체의 비중이 적을 것(단, 원심식 냉동기의 냉매의 경우는 기체의 비중이 약간 클 것)

⑨ 오존층 파괴와 지구 온난화에 영향을 주지 않을 것

(2) 화학적인 조건

① 화학적으로 결합이 양호하여 고온에서도 분해하지 않고 금속에 대한 부식성이 없을 것. 단, 냉매의 배관을 선택할 경우 다음의 냉매는 금속을 부식하므로 사용해서는 안 된다.

> ㉠ 암모니아(NH_3) : 구리(Cu) 및 구리합금
> ㉡ 프레온(freon) : 마그네슘(Mg) 및 2% 이상의 마그네슘을 함유한 알루미늄(Al)합금
> ㉢ 메틸클로라이드(염화메틸 : R-40) : 알루미늄(Al), 마그네슘(Mg), 아연(Zn) 및 그 합금

② 인화성 및 폭발성이 없을 것

(3) 생물학적인 조건

① 독성 및 악취가 없을 것

② 인체에 해가 없고 냉장품을 손상시키지 않을 것

※ 전열효과 : 암모니아(NH_3) > 물(H_2O) > 프레온(freon) > 공기(air)

[냉매의 일반적인 구비조건]

물리적 성질	• 응고점이 낮을 것 • 증기의 비체적은 작을 것 • 증발압력이 너무 낮지 않을 것 • 단위냉동량당 소요동력이 작을 것 • 증기의 비열은 크고, 액체의 비열은 작을 것	• 증발열이 클 것 • 임계온도는 상온보다 높을 것 • 응축압력이 너무 높지 않을 것
화학적 성질	• 안정성이 있을 것 • 무해, 무독성일 것 • 전기저항이 클 것 • 전열계수가 클 것	• 부식성이 없을 것 • 폭발의 위험성이 없을 것 • 증기 및 액체의 점성이 작을 것 • 윤활유에 되도록 녹지 않을 것
기타	• 누설이 적을 것 • 구입이 용이할 것	• 가격이 저렴할 것

2.2 냉매와 워터재킷

(1) 냉동장치에 사용되는 냉매

비열비(k)가 클수록 동일한 운전조건에서 압축 후 토출되는 냉매가스의 온도(토출가스온도)가 상승하여 압축기 실린더가 과열되고 윤활유가 열화(온도가 올라가고) 및 탄화(증기가 발생)하며 체적효율(η_v)이 감소한다. 냉동능력당 소요동력이 증대되고 냉매순환량이 감소하여 결과적으로 냉동능력이 감소하게 되는 나쁜 영향을 초래하게 된다. 이런 이유에서 암모니아(NH₃)를 냉매로 사용하는 냉동장치의 압축기 실린더는 워터재킷(water jacket)을 설치하여 토출가스온도를 낮추기(냉각) 위해 수냉각시키고 있다.

(2) 워터재킷(water jacket, 물주머니)

수냉식 기관에서 압축기 실린더 헤드(head)의 외측에 설치한 부분으로 냉각수를 순환시켜 실린더를 냉각시킴으로써 기계효율(η_m)을 증대시키고 기계적 수명도 연장시킨다. 워터재킷을 설치하는 압축기는 냉매의 비열비(k)값이 1.31 이상인 경우가 효과적이다.

[물질의 상태변화]

상태변화	열의 이동	잠열	예
액체 → 기체	흡열	증발열(물, 100℃)	2,257kJ/kg
기체 → 액체	방열	응축열(수증기, 100℃)	2,257kJ/kg
고체 → 액체	흡열	융해열(얼음, 0℃)	334kJ/kg
액체 → 고체	방열	응고열(물, 0℃)	334kJ/kg
고체 → 기체	흡열	승화열	CO₂(드라이아이스) 승화열 −78.5℃에서 573.48kJ/kg

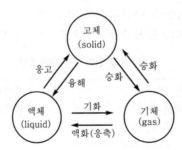

2.3 냉매의 종류

(1) 직접냉매(1차 냉매)

냉동장치 내를 순환하면서 냉동부하로부터 직접 상태변화(증발잠열)를 하여 열을 흡수하는 물질을 말한다(암모니아, 프레온 등).

(2) 간접냉매(2차 냉매)

냉동사이클 밖을 순환하면서 냉동부하로부터 감열과정(온도차)으로 열을 흡수하여 증발기 내의 직접냉매에 전달하는 매개체로서, 일명 브라인(brine)이라고 한다($CaCl_2$, NaCl, $MgCl_2$ 등).

2.4 일반적인 냉매의 특성

(1) 암모니아(NH_3, R-717)

① 연소성, 폭발성, 독성, 악취가 있다(폭발범위 13~27%).

② 표준 대기압상태에서의 비등점은 -33.3℃, 응고점은 -77.7℃이다.

③ 임계점에서의 임계온도는 133℃, 임계압력은 11.47MPa이고, 배관재료는 강관(SPPS)이다.

④ 물과 암모니아는 대단히 잘 용해된다. 반면 윤활유와는 잘 용해하지 않는다.

⑤ 표준 냉동사이클의 온도조건에서 냉동효과는 1,126kJ/kg로 현재 사용 중인 냉매 중에서 가장 우수하며, 증발압력은 236.18kPa, 응축압력은 1,166kPa로 다른 냉매에 비하여 높지 않은 편이므로 배관 선정에 무리가 없으며 흡입증기의 비체적은 0.509m^3/kg이다.

  ㉠ 표준 냉동사이클에서 증발온도는 -15℃(5°F), 응축온도는 30℃(86°F), 과냉각도는 5℃(팽창밸브 직전의 온도는 25℃를 뜻함), 흡입가스상태는 건포화증기이다.

  ㉡ 냉동효과가 크므로 동일 냉동능력당 냉매순환량이 적어도 되기 때문에 그만큼 소요동력이 감소하게 되고, 기기 및 배관의 용량이 적어도 운전이 가능하여 설비비가 절감된다.

⑥ 전열이 양호하여 냉각관에 핀(fin)을 부착시킬 필요가 없다.

⑦ 비열비($k = C_p / C_v$)의 값이 크다. 비열비의 값이 커서 압축 후 토출가스온도가 높아 유분리기에서 분리된 윤활유도 열화 또는 탄화되어 있으므로 폐유 처분해야 하며, 실린더에도 워터재킷(water jacket)을 설치하고 있다.

⑧ 구리 및 구리합금의 금속재료는 부식한다. 단, 암모니아용 압축기의 축봉부(shaft seal)의 베어링은 구리합금의 재질이나 유막의 형성으로 침식(부식)되지 않아 사용할 수 있다.

⑨ 480℃에서 분해가 시작되고, 870℃에서 질소와 수소로 분해한다.

⑩ 물에 잘 용해하고 15℃에서 물은 약 900배(용적)의 암모니아기체를 흡수한다.

⑪ 윤활유와는 거의 용해하지 않는다. 장치 내로 유출된 윤활유는 냉매와 분리되어 기기(응축기, 수액기, 증발기 등) 하부에 체류하면서 유막 및 유층을 형성하여 전열을 악화시킨다. 이러한 이유에서 암모니아장치에서는 토출관상에 반드시 유분리기(oil separator)를 설치하여 사전에 분리하는 배유(oil drain)작업이 필요하다.

⑫ 공기와의 혼합농도가 15~20%(용적비)이면 폭발한다. 유탁액(emulsion)현상과 영향으로 암모니아냉동장치에 다량의 수분이 혼입하면 냉매와 작용하여 암모니아수(NH_4OH)를 생성한 후 윤활유와 다시 반응하여 윤활유의 색깔을 우윳빛처럼 탁하게 변화시키는 현상으로 윤활유의 점도가 저하하여 유분리기에서도 분리되기 어려우며 장치 내로 유출된 윤활

유에 의해 전열이 불량해지고, 유압이 저하되는 결과로 마찰 부분의 윤활 부족에 의한 운전 불능의 위험까지 초래될 수 있다.

(2) 프레온그룹(freon group) 냉매

① 탄화할로겐화수소냉매(Cl, C, F, H)의 총칭으로 특허국에 등록된 제조회사의 상품이며, 현재 한국(kofron), 일본(flon : fluorocarbon) 등 여러 나라에서 제조되고 있다.

② 화학적으로 안정하며 연소성, 폭발성, 독성, 악취가 없다.

③ 비열비가 암모니아에 비해 크지 않아 압축기 실린더를 반드시 수냉각시키지 않아도 된다.

④ 열에는 안정하나, 800℃ 이상의 고온과 접촉하면 포스겐가스(phosgen gas, $COCl_2$)인 독성가스가 발생하게 된다.

⑤ 전기절연물을 침식하지 않으므로 밀폐형 압축기에 사용 가능하다.

⑥ 수분과의 용해성이 극히 작아 장치 내에 혼입된 공기 중의 수분과는 분리되어 팽창밸브 통과 시 저온에서 빙결되어 밸브를 폐쇄해 냉매의 순환을 방해하게 되므로, 액관에는 반드시 드라이어(제습기)를 설치하고 있다.

⑦ 윤활유와는 잘 용해한다.

　㉠ 동부착현상(copper plating, 동도금현상) : 프레온냉동장치에 수분이 혼입되면 냉매와 작용하여 산성을 생성한 후 공기 중의 산소와 화합하여 구리와 반응을 일으켜서 석출된 구리가루가 냉매와 함께 장치 내 순환하면서 뜨겁고 정밀하게 연마된 부분(즉 실린더벽, 피스톤, 밸브 등)에 부착되는 현상으로, 심하면 밸브 플레이트(valve plate)의 소손으로부터 압축기 운전 불능을 초래하게 된다(체적효율 감소, 냉동능력 감소, 실린더의 과열로 윤활유의 열화 및 탄화).

　㉡ 동부착현상이 발생하기 쉬운 경우
　　• 냉매 중 수소원자가 많을수록
　　• 윤활유 중 왁스(wax)분이 많을수록
　　• 장치 내에 수분이 많을수록(온도가 높을수록)

　㉢ 오일포밍현상(oil foaming) : 프레온냉동장치의 압축기가 정지 중에 냉매와 윤활유가 용해되어 있는 상태에서 압축기를 기동하면 크랭크케이스 내의 압력이 급격히 낮아져 냉매가 증발하면서 윤활유와 분리되면서 유면이 약동하고 기포(거품)가 발생하게 되는 현상으로, 심할 경우에는 다량의 윤활유가 실린더 상부로 유입되어 오일압축에 의한 오일해머링(oil hammering)으로 압축기 소손의 위험을 초래하게 된다. 이런 현상을 방지하기 위하여 크랭크케이스 내에 오일히터(oil heater)를 설치하여 기동 전에 통전시킬 필요가 있다. 프레온냉매와 윤활유는 용해성이 크며, 그 용해도는 압력이 높을수록, 온도는 낮을수록 커진다.

(3) 현재 사용도가 많은 냉매

① R-12(CCl$_2$F$_2$)

    ⊙ 임계온도는 111.5℃, 임계압력은 4.06MPa, 표준 대기압상태에서의 비등점은 −29.8℃, 응고점은 −158℃이며 공냉식 또는 수냉식으로 응축, 액화가 용이하다.

    ⓛ 표준 냉동사이클에서 증발압력은 0.18MPa, 응축압력은 0.74MPa로 낮은 편이므로 배관 내 압력이 크지 않아도 된다.

    ⓒ 기준 온도조건에서 냉동효과는 123.49kJ/kg으로 암모니아의 1/9배 정도이며, 동일 냉동능력당 냉매순환량은 많아야 한다.

    ⓔ 기준 온도조건에서 흡입증기냉매의 비체적은 0.093m^3/kg으로, 동일 냉동능력당 피스톤압출량은 암모니아보다 많다.

    ⓜ 비중이 커서 유동저항에 의한 압력강하가 크다.

    ⓗ 패킹의 재료로서 천연고무는 침식하므로 합성고무를 사용해야 한다.

② R-22(CHClF$_2$)

    ⊙ 임계온도는 96℃, 임계압력은 4.92MPa, 표준 대기압상태에서의 비등점은 −40.8℃, 응고점은 −160℃이다.

    ⓛ 기준 온도조건에서 증발압력은 0.297MPa, 응축압력은 1.2MPa, 냉동효과는 168.07kJ/kg이며, 흡입증기냉매의 비체적은 0.078m^3/kg이다.

    ⓒ 1단 압축으로도 암모니아보다 낮은 온도를 얻을 수 있고 2단 압축에 의해 극저온을 얻을 수 있다.

    ⓔ 피스톤압출량은 암모니아와 비슷하나, 배관 선정은 암모니아에 비해 액관은 1.7배, 흡입관은 1.4배 커야 한다.

    ⓜ 윤활유와의 일정한 고온에서는 용해성이 양호하나, 저온에서는 윤활유가 많은 상부층과 냉매가 많이 용해된 하부층으로 분리된다.

    ⓗ 동일 냉동능력에 대해 암모니아보다 7배 정도의 냉매순환량이 필요하며 중·소형 공기조화용 장치에 이용된다.

③ R-11(CCl$_3$F)

    ⊙ 표준 대기압상태에서의 비등점은 +23.7℃로 높고, 응고점은 −111℃, 임계온도는 198℃, 임계압력은 4.38MPa이다.

    ⓛ 냉매가스의 비중이 무겁고 압력이 낮아 원심식 압축기의 공기조화용에 적당하다.

      ※ 표준 냉동사이클의 온도조건에서 증발압력은 0.021MPa이며, 응축압력은 0.126MPa 정도로 대단히 낮다(증발온도 5℃에서 0.049MPa 정도로 대단히 낮다).

    ⓒ −15℃의 건포화증기의 비체적은 0.76m^3/kg으로 크다.

    ⓔ 터보냉동기용으로 많이 사용되며, 100RT 대용량 공기조화용으로도 사용된다.

④ R-13(CClF$_3$)

    ⊙ 임계온도는 +28.8℃로 대단히 낮으며, 임계압력은 3.86MPa이다.

ⓒ 표준 대기압상태에서 비등점은 −81.5℃, 응고점은 −181℃로 대단히 낮고, 포화압력
은 대단히 높아 극저온을 얻는 저온냉동장치의 냉매로만 사용한다.

※ −100℃의 증발압력은 0.033MPa로 대기압 이상이며, 상온의 응축온도 30℃에서의 포화압
력은 임계점 이상이다.

ⓒ 포화압력이 대단히 높아 R-13만으로는 사용하지 못하고 R-22 등과 조합한 2원 냉동
방식으로 적합하다.

⑤ R-113($C_2Cl_3F_3$)

㉠ 임계온도는 214.1℃, 임계압력은 3.41MPa, 응고점은 −35℃, 비등점은 +47.6℃이다.

ⓒ 포화압력이 대단히 낮고 가스단위체적당 냉동효과가 작으며 압축비가 크다(공조용 터
보냉동기에 많이 사용).

ⓒ 냉매순환량은 R-11보다 많고 가스의 비체적이 크므로 피스톤압출량은 R-11의 2배
이상이며, 원심식 압축기의 공기조화용에서는 2단 압축기가 사용된다.

⑥ R-21($CHCl_2F$) : 비등점은 8.9℃로 높고, 포화압력은 낮은 편이므로 냉각수의 불편이 많고
과열에 노출되는 제강소의 크레인조정실과 같은 냉방장치에 이용된다.

⑦ R-114($C_2Cl_2F_4$)

㉠ 비등점은 3.6℃이고 사용도에 있어서 R-21보다 우수하다.

ⓒ 회전식 압축기용 냉매로서 소형에서 많이 사용된다.

⑧ 물(H_2O, R-718)

㉠ 증발온도를 0℃ 이하로 할 수 없는 조건이 최대의 단점이다.

ⓒ 저온용에는 사용할 수 없고 공기조화용으로 흡수식 냉동장치의 냉매로 사용된다.

⑨ 탄산가스(CO_2, R-744)

㉠ 불연성이며 인체에 무독하다.

ⓒ 임계온도는 31℃로 상온에서의 응축이 곤란하며 포화압력이 높아 배관 및 기기의 내압강도
가 커야 한다.

ⓒ 가스의 체적이 작아 선박 같은 좁은 장소의 냉동장치의 냉매로 사용된다.

⑩ 아황산가스(SO_2, R-764)

㉠ 비등점은 −10℃, 응고점은 −75.5℃, 임계온도는 157.1℃, 임계압력은 7.87MPa이다.

ⓒ 응축압력은 암모니아의 1/3 정도이며 금속재료 선택에서도 구리 및 구리합금을 사용
할 수 있다.

ⓒ 불연성, 폭발성이 없다.

ⓓ 공기 중의 수분과 화합하여 황산을 생성해 금속을 부식한다.

ⓔ 강한 독성가스이다.

⑪ 기타 냉매 : 부탄(C_4H_{10}), 프로판(C_3H_8), 에탄(C_2H_6), 에틸렌(C_2H_4) 등이 있으나 연소성, 폭
발성 또는 독성의 위험이 있어 특수한 목적에 이용되고 있다.

(4) 혼합냉매

① 단순혼합냉매 : 서로 다른 두 가지의 냉매를 일정한 비율에 관계없이 혼합한 냉매로서 사용할 때 액상과 기상의 조성이 변화하여 증발할 경우에는 비등점이 낮은 냉매가 먼저 증발하고, 비등점이 높은 냉매는 남게 되어 운전상태가 조성에까지 영향을 미치는 혼합냉매를 뜻한다.

② 공비혼합냉매 : 서로 다른 두 가지의 냉매를 일정한 비율에 의하여 혼합하면 마치 한 가지 냉매와 같은 특성을 갖게 되는 혼합냉매로서 일정한 비등점 및 동일한 액상, 기상의 조성이 나타나는 온도가 일정하고 성분비가 변하지 않는 냉매를 뜻한다.

[공비혼합냉매의 특성]

종류	조합	혼합비율(%)	증발온도(℃)		비고
R-500	R-152	26.2	-24	-33.3	• R-12보다 압력이 높음 • 냉동능력은 R-12보다 20% 증대 • R-12 대신 50주파수 전원에 사용
	R-12	73.8	-29.8		
R-501	R-12	25	-29.8	-41	• R-22 사용으로 윤활유 회수가 곤란한 경우 사용
	R-22	75	-40.8		
R-502	R-115	51.2	-38	-45.5	• R-22보다 냉동능력은 증가, 응축압력은 저하 • 전기절연내력이 크므로 밀폐형에도 적합
	R-22	48.8	-40.8		

③ 비공비혼합냉매 : 서로 다른 두 가지 이상의 냉매가 혼합된 것으로 응축, 증발과정에서 조성비가 변하고 온도구배가 나타나는 냉매이다. 냉매 누설 시 혼합냉매의 조성비가 변화한다. 따라서 냉매 누설이 생겨 재충전을 하는 경우 시스템에 남아 있는 냉매를 전량 회수하여 새로이 냉매를 주입해야 하는 것이 단점이다(R-404A, R-407C, R-410A 등).

2.5 프레온냉매의 번호 기입방법

프레온냉매에서 R 또는 F 다음에 기입하는 번호는, 두 자릿수 냉매는 메탄(methane)계 냉매로, 세 자릿수 냉매는 에탄(ethane)계 냉매로 구분하여 기입한다.

(1) 메탄(CH_4)계 냉매

메탄계 냉매(두 자릿수 냉매)는 H_4를 F, Cl로 치환한다. 일의 자릿수는 F(불소)의 수가 되고, 십의 자리에서 −1을 하면 H(수소)의 수가 되며, C(탄소)를 표기하면 화학기호가 결정된다. 따라서 메탄계 냉매의 결합은 C(탄소)를 중심으로

$$Cl-\underset{\underset{Cl}{|}}{\overset{\overset{Cl}{|}}{C}}-Cl \qquad F-\underset{\underset{H}{|}}{\overset{\overset{Cl}{|}}{C}}-Cl \qquad F-\underset{\underset{F}{|}}{\overset{\overset{Cl}{|}}{C}}-Cl \qquad F-\underset{\underset{F}{|}}{\overset{\overset{H}{|}}{C}}-Cl$$

$$CCl_4 = R-10 \qquad CHCl_2F = R-21 \qquad CCl_2F_2 = R-12 \qquad CHClF_2 = R-22$$

이와 같이 H, F, Cl의 어느 것과 결합되고 있다.

[저온에 사용되는 냉매의 특성]

냉매명	R-13	R-14	R-22	프로판	에탄	에틸렌
화학기호	$CClF_3$	CF_4	$CHClF_2$	C_3H_8	C_2H_6	C_2H_4
분자량	104.5	88.01	86.5	44.1	30.07	28.05
비등점(℃)	−81.5	−128	−40.8	−421	−88.5	−10.39
응고점(℃)	−181	−184	−160	−187.7	−183	−169.2
임계온도(℃)	28.8	−45.5	96.0	94.2	32.2	9.9
임계압력(MPa)	3.94	3.81	5.03	4.65	4.98	5.05
응축온도 −40℃, 증발온도 −90℃에서의 냉동력(kJ/kg)	108.42	−	208.5	348.3	362	332.8
−90℃에서의 포화증기의 비체적(m^3/kg)	0.225	0.019	3.64	4.17	0.517	0.236
한국냉동톤(RT)에 대한 이론적인 피스톤압출량(m^3/h)	29.3	−	24.3	16.5	19.7	9.85

(2) 에탄(C_2H_6)계 냉매

에탄계 냉매(세 자릿수 냉매)는 H_6를 F, Cl로 치환한다. 일의 자리는 F(불소)의 수가 되고, 십의 자리에서 −1을 하면 H(수소)의 수가 되며, 백의 자리에 +1을 하면 C(탄소)의 수가 된다. 따라서 에탄계 냉매의 결합은 C_2를 중심으로

$$Cl-\underset{\underset{Cl}{|}}{\overset{\overset{Cl}{|}}{C}}-\underset{\underset{Cl}{|}}{\overset{\overset{Cl}{|}}{C}}-Cl \qquad F-\underset{\underset{F}{|}}{\overset{\overset{H}{|}}{C}}-\underset{\underset{F}{|}}{\overset{\overset{Cl}{|}}{C}}-Cl \qquad H-\underset{\underset{H}{|}}{\overset{\overset{H}{|}}{C}}-\underset{\underset{H}{|}}{\overset{\overset{H}{|}}{C}}-H$$

$$C_2Cl_6 = R-110 \qquad\qquad C_2HCl_2F_3 = R-123 \qquad\qquad C_2H_6 = R-170$$

※ 공비혼합냉매는 R− 다음에 500단위, 무기화합물냉매는 R− 다음에 700단위를 사용하고, 뒷자리 두 수는 물질의 분자량으로 결정한다.

(3) CFC(chloro fluoro carbon)냉매

염소(Cl), 불소(F), 탄소(C)만으로 화합된 냉매로 규제대상이다. R-11, R-12, R-113, R-114, R-115 등이 있으며 ODP(Ozone Depletion Potential, 오존층파괴지수)는 0.6~10이다.

> **GWP(Global Warming Potential)**
>
> 지구온난화지수, 즉 온실가스별로 지구 온난화에 영향을 미치는 정도를 나타내는 수치이다. 이산화탄소(CO_2) 1kg과 비교할 때 특정 가스 1kg이 지구 온난화에 얼마나 영향을 미치는가를 측정하는 지수로서 이산화탄소 1을 기준으로, 메탄(CH_4) 21, 아산화질소(N_2O) 310, 수소불화탄소(HFCs) 140~11,700, 과불화탄소(PFCs) 6,500~9,200, 육불화황(SF_6) 23,000 등이다.

(4) HCFC냉매

수소(H), 염소(Cl), 불소(F), 탄소(C)로 구성된 냉매로 염소가 포함되어 있어도 공기 중에서 쉽게 분해되지 않아 오존층에 대한 영향이 작으므로 대체냉매로 쓰이나 역시 규제대상이다. R-22, R-123, R-124 등이 있으며 ODP는 0.02~0.05이다.

(5) HFC(hydro fluoro carbon)냉매

수소(H), 불소(F), 탄소(C)로 구성된 냉매로 염소(Cl)가 혼합물에 포함되지 않아 몬트리올의정서에 규제되는 CFC 대체냉매로 각광받고 있다. R-134a, R-125, R-32, R-143a 등이 있다.

2.6 냉매의 누설검사방법

(1) 암모니아(NH_3)냉매의 누설검사

① 냄새로 알 수 있다.
② 유황초를 누설부에 접촉하면 흰 연기가 발생한다.
③ 적색 리트머스시험지를 물에 적셔 접촉하면 청색으로 변화한다.
④ 페놀프탈레인시험지를 물에 적셔 접촉하면 홍색으로 변화한다.
⑤ 만액식 증발기 및 수냉식 응축기 또는 브라인탱크 내의 누설검사는 네슬러시약을 투입하여 색깔의 변화로 정도를 알 수 있다(소량 누설 시 : 황색, 다량 누설 시 : 갈색(자색)).

(2) 프레온냉매의 누설검사

① 비눗물 또는 오일 등의 기포성 물질을 누설부에 발라 기포 발생의 유무로 알 수 있다.
② 헬라이드토치(Halide torch) 누설검지기의 불꽃색깔변화로 알 수 있다.
　　㉠ 누설이 없을 때 : 청색
　　㉡ 소량 누설 시 : 녹색
　　㉢ 다량 누설 시 : 자주색
　　㉣ 심할 때 : 불꽃이 꺼짐

③ 전자누설검지기를 이용하여 1년 중 1/200oz(온스)까지의 미소량의 누설 여부를 검지할 수 있다.

2.7 냉매의 취급 시 유의사항

(1) 암모니아의 취급

독성가스이므로 소량을 호흡해도 신체에 유해하고, 특히 눈에 들어간 경우나 다량 호흡 시에는 치명적인 상해를 입게 되어 평소 취급에 특별히 주의를 요하며, 상해에 대한 구급법은 다음과 같다.

① 피부에 묻은 경우에는 물로 깨끗이 세척하고 피크린산용액을 바른다.
② 눈에 들어간 경우에는 비비거나 자극을 피하고 깨끗한 물로 세척한 후 2%의 붕산액을 떨어뜨려서 5분 정도 씻어내고 유동파라핀을 2~3방울 점안한다.
③ 구급약품으로는 2%의 붕산액, 농피크린산용액, 탈지면, 유동파라핀과 점안기 등이 있다.

(2) 프레온의 취급

무독 무취의 가스로서 치명적인 상해는 없으나 부주의로 인한 동상의 위험이 크며 상해에 대한 구급법은 다음과 같다.

① 피부에 묻은 경우의 구급법은 암모니아와 동일하다.
② 눈에 들어간 경우에는 살균된 광물유를 떨어뜨려서 세안한다.
③ 심할 경우에는 희붕산액(5%) 또는 염화나트륨 2% 이하의 살균 식염수로 세안한다.

3 간접냉매(2차 냉매)

간접냉매는 직접냉매에 구별되는 냉매로서 2차 냉매라고 하며, 냉동장치 밖을 순환하면서 감열(현열)상태로 열을 운반하는 냉매로 기체냉매(공기, 공기와의 혼합기체), 액체냉매(브라인, 물, 알코올), 고체냉매(얼음, 드라이아이스) 등이 있다. 여기서는 냉동장치에서 주로 이용되는 브라인(brine)을 다루기로 한다.

3.1 브라인의 구비조건

① 비열, 열전도율이 높고 열전달성능이 양호할 것
② 공정점과 점도가 작고 비중이 작을 것
③ 동결온도가 낮을 것(비등점이 높고 응고점이 낮아 항상 액체상태를 유지할 것)
④ 금속재료에 대한 부식성이 작을 것(약알칼리성(pH7.5~8.2)일 것)

⑤ 불연성일 것

⑥ 피냉각물질에 해가 없을 것

⑦ 구입 및 취급이 용이하고 가격이 저렴할 것

3.2 브라인의 종류

(1) 무기질 브라인

금속에 대한 부식성이 큰 브라인으로 염화칼슘, 염화마그네슘, 염화나트륨 등이 있다.

① 염화칼슘($CaCl_2$)

　㉠ 제빙, 냉장 등의 공업용으로 가장 널리 이용된다.

　㉡ 공정점은 −55.5℃(비중 1.286에서)이며 −40℃ 범위에서 사용된다.

　㉢ 흡수성이 강하고 냉장품에 접목하면 떫은맛이 난다.

　㉣ 비중 1.20~1.24(Be 24~28)가 권장된다.

② 염화마그네슘($MgCl_2$)

　㉠ 염화칼슘의 대용으로 일부 사용되는 정도이다.

　㉡ 공정점은 33.6℃(비중 1.286에서(농도 29~39%))이며 −40℃ 범위에서 사용된다.

③ 염화나트륨(NaCl)

　㉠ 인체에 무해하며 주로 식품냉장용에 이용된다.

　㉡ 금속에 대한 부식성은 염화마그네슘 브라인보다도 크다.

　㉢ 공정점은 −21.2℃이며 −18℃ 범위에서 사용된다.

　㉣ 비중은 1.15~1.18(Be 19~22)이 권장된다.

> **공정점**
>
> 서로 다른 여러 가지의 물질을 용해한 경우 그 농도가 진할수록 동결온도가 점차 낮아지면서 일정한 한계의 농도에서 최저의 동결온도(응고점)에 도달하게 되는데, 이때의 온도를 공정점이라고 한다. 공정점보다 농도가 짙거나 묽어도 동결온도는 상승하게 된다.

(2) 유기질 브라인

금속에 대한 부식성이 작은 브라인으로서 에틸렌글리콜, 프로필렌글리콜, 에틸알코올, 글리세린(글리세롤) 등이 있다.

① 에틸렌글리콜($C_2H_6O_2$) : 금속에 대한 부식성이 작아서 모든 금속재료에 적용(부동액)

② 물(H_2O)

③ 프로필렌글리콜 : 부식성이 작고 독성이 없으며 식품동결용에 이용

④ 메틸클로라이드(R-40) : 극저온용에 이용(응고점 −97.8℃)

3.3 브라인의 부식 방지대책

① pH(산도측정)값은 7.5~8.2를 유지함이 이상적이다.
② 방식아연 처리를 한다.
③ 방청재료를 첨가하여 사용한다.
  ㉠ 방청재료는 중크롬산소다($Na_2Cr_2O_7$, 다이크로뮴산나트륨)를 사용한다.
    • 염화칼슘($CaCl_2$) 브라인의 경우 : 브라인 1L에 대하여 중크롬산소다 1.6g씩을 첨가하고, 중크롬산소다 100g마다 가성소다(수산화나트륨) 27g씩을 첨가한다.
    • 염화나트륨(NaCl) 브라인의 경우 : 브라인 1L에 대하여 중크롬산소다 3.2g씩을 첨가하고, 중크롬산소다 100g마다 가성소다는 27g씩을 첨가하여 중화시키고 있다.
  ㉡ 브라인의 pH값은 다음과 같이 유지해야 하며, 중화작업을 위해서는 다음의 중화제를 사용한다.

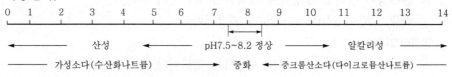

  ※ 중크롬산소다는 중화제 및 방청제의 역할을 겸하고 있다.

4 냉동장치의 윤활유와 윤활

4.1 윤활유(냉동기유)의 구비조건

① 응고점(유동점)이 낮고, 인화점이 높을 것(유동점은 응고점보다 2.5℃ 높다)
② 점도가 적당하고, 온도계수가 작을 것
③ 냉매와의 친화력이 약하고, 분리성이 양호할 것
④ 산에 대한 안전성이 높고, 화학반응이 없을 것
⑤ 전기절연내력이 클 것
⑥ 왁스(wax)성분이 적고, 수분의 함유량이 적을 것
⑦ 방청능력이 클 것

> **유압계의 정상 압력**
>
> • 입형 저속압축기 : 정상 흡입압력(저압)+49~147kPa
> • 고속다기통압축기 : 정상 흡입압력(저압)+147~294kPa

4.2 윤활유(냉동기유)의 규격

종류	1호	특2호	2호	특3호	3호
통칭	90 냉동기유	150 냉동기유	150 냉동기유	300 전기 냉동기유	300 냉동기유
인화점(℃)	145 이상	155 이상	155 이상	165 이상	165 이상
점도 30(℃)	16~26	32~42	32~42	69~79	69~79
(센티스토크스) 50(℃)	9.0 이상	13.5 이상	13.5 이상	22.0 이상	22.0 이상
유동점(℃)	-35 이하	-27.5 이하	-27.5 이하	-22.5 이하	-22.5 이하
절연파괴전압(kV)	-	25 이상	-	25 이상	-
부식시험	합격	합격	합격	합격	합격

4.3 윤활유(냉동기유)와 프레온냉매와의 용해성 비교

① 용해성이 큰 냉매 : R-11, R-12, R-113, R-500
② 용해성이 중간인 냉매 : R-22, R-114
③ 용해성이 비교적 작은 냉매 : R-13, R-14, R-502

냉매선도와 냉동사이클

Chapter 2

1 냉매몰리에르선도

(1) 몰리에르선도

① 몰리에르선도(Moliere chart) : 세로축에 절대압력(P), 가로축에 비엔탈피(h)를 나타낸 선도로서 냉매 1kg이 냉동장치 내를 순환하며 일어나는 물리적인 변화(액체, 기체, 온도, 압력, 건조도, 비체적, 열량 등의 변화)를 쉽게 알아볼 수 있도록 선으로 나타낸 그림이며, $P-h$선도(압력–비엔탈피선도)라 부르며 냉동장치의 운전상태 및 계산 등에 활용된다.

② 몰리에르선도에 나타나는 냉매상태와 구성

ㄱ 과냉각액 : 동일 압력하에서 포화온도 이하로 냉각된 액의 구역

ㄴ 포화액선 : 포화온도와 압력이 일치하는 비등(증발) 직전 상태의 액선

ㄷ 습포화증기 : 동일 온도, 동일 압력하에서 포화액과 증기가 2상영역으로 공존할 때의 구역

ㄹ 건포화증기선 : 포화액이 증발하여 100% 증기로 변환한 증기선

ㅁ 과열증기구역 : 일정한 압력하에서 건포화증기를 더욱 가열하여 포화온도 이상으로 상승시킨 구역

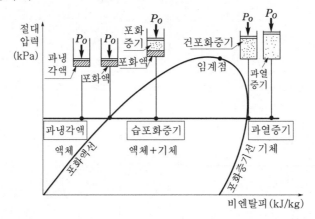

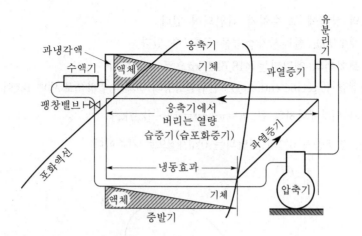

(2) 냉매몰리에르선도에 나타나는 구성요소

분류	기호	공학(중력)단위	FPS단위	국제(SI)단위
절대압력	P	$kg/cm^2 \, a(ata)$	$lb/in^2 \, a(psia)$	$Pa(kPa)$
비엔탈피	h	$kcal/kg$	BTU/lb	kJ/kg
비엔트로피	s	$kcal/kg \cdot K$	$BTU/lb \cdot °R$	$kJ/kg \cdot K$
온도	t	℃	℉	℃(K)
비체적	v	m^3/kg	ft^3/lb	m^3/kg
건조도	x	kg'/kg	lb'/lb	kg'/kg

① 등압선($P = C$)
  ㉠ 선도에 나타난 절대압력선을 말하며 좌우를 연결하는 수평선으로 표시한다.
  ㉡ 등압선상의 압력은 일정하다.
  ㉢ 증발압력과 응축압력을 알 수 있으며 압축비를 구할 수 있다.

$$압축비 = \frac{응축기 \ 절대압력(고압)}{증발기 \ 절대압력(저압)}$$

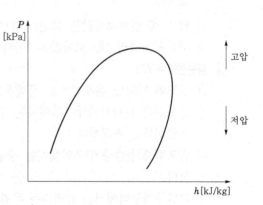

  ㉣ 선도의 양측에 대수의 눈금으로 표시되어 있다.
  ㉤ 등엔탈피선과는 직교한다(x축과 수직).
② 등엔탈피선($h = C$)
  ㉠ 상하를 연결하는 수직선으로 표시한다(등압선과 직교).
  ㉡ 냉동효과, 압축일(w_c), 부하량을 구할 수 있다.

ⓒ 선도의 상하에 그 수치가 기입되어 있다.

ⓔ 성적계수(ε_R), 플래시가스량을 구할 수 있다.

ⓜ 0℃ 포화액의 엔탈피는 418.6kJ/kg으로 기준한다.

※ 비엔탈피(specific enthalpy) : 단위질량당의 전체의 열량으로 냉매 1kg이 함유한 내부에너지와 외부에너지의 합, $h = u + pv = u + \dfrac{p}{\rho}$[kJ/kg]

※ 단, 건조공기 0℃의 엔탈피는 0kJ/kg으로 기준한다.

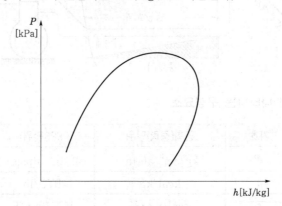

③ 등엔트로피선($S = C$)

㉠ 습포화증기(습공기)구역과 과열증기구역에서 존재하며 급경사를 이루며 상향하는 직선에 가까운 곡선으로 실선으로 표시한다.

㉡ 압축기는 이론적으로 단열압축으로 간주하므로 압축과정은 등엔트로피선을 따라 행해진다.

㉢ 압축 중 엔트로피값은 불변(일정)이며, 온도와 압력은 상승한다.

㉣ 0℃ 포화액의 엔트로피값은 1이다.

④ 등온선($t = C$)

㉠ 선도에 나타난 온도선으로 증발온도, 흡입가스온도, 토출가스온도 등을 알 수 있다.

㉡ 온도선은 과냉각액체구역에서는 등엔탈피선과 평행하는 수직선(점선)으로 나타나며, 등압선과는 직교한다.

㉢ 습포화증기(습증기)구역에서는 등압선과 평행하는 수평선이며, 등엔탈피선과는 직교한다.

㉣ 과열증기구역에서는 압력과는 무관하게 우측 아래로 향하는 곡선(점선)으로 표시된다.

㉤ 온도 표시는 포화액선과 포화증기선상에 기입되어 있다.

⑤ 등비체적선($v = C$)

㉠ 습포화증기구역과 과열증기구역에 존재하며 우측 상부로 행한 곡선(점선)으로 표시된다.

㉡ 흡입증기냉매의 비체적을 구하는 데 이용된다.

※ 비체적 : 단위질량당의 체적, $v = \dfrac{V}{m} = \dfrac{1}{\rho}[\text{m}^3/\text{kg}]$

※ 흡입가스의 온도가 낮을수록 비체적은 증가한다.

⑥ 등건조도선(x)

　㉠ 습포화증기구역에서만 존재하며 10등분 또는 20등분 한 곡선으로 냉매 1kg 중에 포함된 기체의 양을 알 수 있다.

　㉡ 증발기에 유입되는 냉매 중 플래시가스(flash gas)의 발생량을 알 수 있다.

　※ 건조도 : 냉매 1kg 중에 포함된 액체에 대한 기체의 양을 표시하며, 포화증기의 건조도(x)는 1이고, 포화액의 건조도(x)는 0이다.

(3) 냉매몰리에르선도($P-h$선도)의 작도

- a : 압축기 흡입지점(증발기 출구)
- c : 응축기에서 응축이 시작되는 지점
- e : 팽창밸브 입구지점
- b : 압축기 토출지점(응축기 입구)
- d : 과냉각이 시작되는 지점
- f : 팽창밸브 출구지점(증발기 입구)

$P-h$선도상 냉동사이클	열역학적 상태변화(과정)
a → b 압축과정($S=C$)	압력 상승, 온도 상승, 비체적 감소, 엔트로피 일정, 비엔탈피 증가
b → c 과열 제거과정	압력 일정, 온도강하, 비엔탈피 감소
c → d 응축과정	압력 일정, 온도 일정, 비엔탈피 감소, 건조도 감소
d → e 과냉각과정	압력 일정, 온도강하, 비엔탈피 감소
e → f 팽창과정	압력 감소, 온도강하, 비엔탈피 일정
f → a 증발과정	압력 일정, 온도 일정, 비엔탈피 증가, 건조도 증가

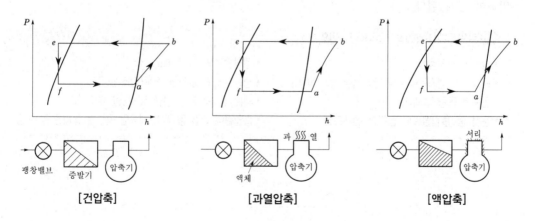

[건압축]　　　　[과열압축]　　　　[액압축]

2 흡입가스의 상태에 따른 압축과정

(1) 건포화압축

압축기로 흡입되는 가스가 건포화증기인 상태를 말하며 모든 냉동기의 표준 압축방식이다. 실제로는 불가능한 압축방식이나, 이론적으로는 이상적인 압축이다.

(2) 과열압축

냉동부하가 증대하거나 증발기로 유입되는 냉매유량이 감소하게 되면 흡입가스는 과열하여 압축기는 과열압축을 하게 되며, 토출가스의 온도가 상승하고 실린더의 온도가 과열, 윤활유의 열화 및 탄화, 체적효율 감소, 냉동능력당 소요동력 증대, 냉동능력 감소 등의 현상을 초래하게 된다.

냉매의 비열비가 큰 암모니아장치에서는 채용하지 않으며, 프레온(R-12, R-500)장치에서 과열도 3~8℃ 정도 유지함으로써 리퀴드백(liquid back)을 방지할 수 있고 냉동효과를 증가시키며 냉동능력당 소요동력을 절감시킬 수 있다.

> **과열압축의 원인**
>
> • 냉동부하의 급격한 변동(증대현상) • 냉매량의 누설 및 부족
> • 팽창밸브의 과소 개도 • 흡입관의 방열보온상태 불량
> • 플래시가스량의 과대 • 액관의 막힘 등

(3) 습압축(액압축)

냉동기의 운전 중 압축기로 흡입되는 냉매 중에 일부의 액냉매가 혼입되어 압축하는 현상(리퀴드백)을 말하며, 심한 경우에는 리퀴드해머(liquid hammer)를 초래하여 압축기 소손의 위험이 있게 된다.

> **리퀴드백(liquid back)의 원인**
>
> • 냉매의 과잉충전 • 팽창밸브의 과대 개도
> • 증발기의 냉각관에 유막 및 적상(frost) 과대 • 냉동부하의 급격한 변동(감소현상)
> • 압축기 용량의 과대 • 액분리기의 기능 불량 및 용량 부족
> • 운전 중 흡입밸브의 급격한 전개조작 • 흡입관에 트랩 등 액이 체류할 곡부가 설치된 경우 등

(1) 냉동효과(냉동력, 냉동량)

냉매 1kg이 증발기에서 흡수하는 열량

$$q_e = h_a - h_e [\text{kJ/kg}]$$

여기서, h_a : 증발기 출구증기냉매의 엔탈피(kJ/kg)

h_e : 팽창밸브 직전 고압액냉매의 엔탈피(kJ/kg)

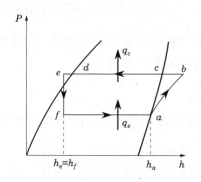

(2) 압축일(소비일)

압축기에 흡입된 저압증기냉매 1kg을 응축압력까지 압축하는 데 소요되는 일의 열당량

$$w_c = h_b - h_a [\text{kJ/kg}]$$

여기서, h_b : 압축기 토출 고압증기냉매의 엔탈피(kJ/kg)

h_a : 압축기 흡입증기(증발기 출구)냉매의 엔탈피(kJ/kg)

(3) 응축기부하(응축기의 방출열량)

압축기에서 토출된 고압증기냉매 1kg을 응축하기 위해 공기 및 냉각수에 방출 제거해야 할 열량

$$q_c = q_e + w_c = h_b - h_e (= h_b - h_f)[\text{kJ/kg}]$$

여기서, q_e : 냉동효과($= h_a - h_e$)(kJ/kg), w_c : 압축일(kJ/kg)

h_e : 팽창밸브 직전 고압액냉매의 엔탈피(kJ/kg)

(4) 냉동기 성적계수

냉동기의 능률을 나타내는 값으로 압축일에 대한 냉동능력과의 비

① 이론적 성적계수 : $(COP)_R = \dfrac{냉동효과(q_e)}{압축일(w_c)} = \dfrac{h_a - h_e}{h_b - h_a}$

$\qquad\qquad\qquad = \dfrac{냉동능력}{압축기\ 소요동력} = \dfrac{Q_e}{W_c}$

$\qquad\qquad\qquad = \dfrac{Q_e}{PS \times 632 \times 4.2} = \dfrac{Q_e}{Q_c - Q_e} = \dfrac{T_2}{T_1 - T_2}$

여기서, Q_e : 냉동능력(kW), W_c : 시간당 압축일(kW)

$\qquad\quad T_1$: 응축기 절대온도(K), T_2 : 증발기 절대온도(K)

② 실제 성적계수 : $(COP)_R = \dfrac{q_e}{w_c} \times$ 압축효율$(\eta_c) \times$ 기계효율(η_m)

※ 성적계수의 값이 크다는 것은 작은 동력을 소비하여 큰 냉동능력을 얻은 결과이므로, 성적계수는 클수록 좋으며 항상 1보다 큰 값이 된다.

(5) 압축비(compression ration)

증발기 절대압력(P_1)에 대한 응축기 절대압력(P_2)과의 비를 말한다.

$$압축비(\varepsilon) = \dfrac{P_2(응축기\ 절대압력)}{P_1(증발기\ 절대압력)} = \dfrac{고압}{저압}$$

① 압축비가 크면 토출가스온도가 상승하여 실린더가 과열하고 윤활유의 열화 및 탄화, 냉동능력당 소요동력이 증대하며, 체적효율의 감소로 결국 냉동능력이 감소하게 된다(피스톤 마모 증대, 축수하중 증대)

$$토출가스온도(단열압축\ 후\ 온도,\ T_2) = T_1 \left(\dfrac{P_2}{P_1}\right)^{\frac{k-1}{k}}\ [\mathrm{K}]$$

$$가역단열변화\ 시\ 절대온도와\ 절대압력의\ 관계식 = \dfrac{T_2}{T_1} = \left(\dfrac{P_2}{P_1}\right)^{\frac{k-1}{k}}$$

여기서, T_1 : 흡입가스 절대온도(K), T_2 : 토출가스 절대온도(K)

$\qquad\quad P_1$: 흡입가스 절대압력(kPa), P_2 : 토출가스 절대압력(kPa), k : 비열비

② 냉매가스의 비열비(k)값이 클수록 토출가스온도의 상승은 커진다.

(6) 냉매순환량

$$m = \dfrac{Q_e}{q_e} = \dfrac{V_a}{v_a}\eta_v [\mathrm{kg/h}]$$

여기서, Q_e : 냉동능력(kJ/h), q_e : 냉동효과(kJ/kg), V_a : 피스톤의 실제 압출량(m³/h)

$\qquad\quad v_a$: 흡입가스냉매의 비체적(m³/kg), η_v : 체적효율

[표준 냉동사이클에서의 냉동능력 1RT당 냉매순환량(kg/h)과 순환증기냉매의 체적(m³/h)]

냉매	Q_e[kJ/h]	q_e[kJ/kg]	$G=\dfrac{Q_e}{q_e}$[kg/h]	v_a[m³/kg]	V_a[m³/h]
NH₃	13,898	1,126	$\dfrac{3,320}{269}=12.34$	0.509	6.28
R-12	13,898	4,384	$\dfrac{3,320}{29.5}=112.54$	0.093	10.46
R-22	13,898	1.683	$\dfrac{3,320}{40.2}=82.58$	0.078	6.42

(7) 순환증기냉매의 체적

$$V_g = m\,v = \frac{Q_e}{q_e}\,v\,[\text{m}^3/\text{h}]$$

여기서, m : 냉매순환량$\left(=\dfrac{Q_e}{q_e}\right)$(kg/h), v : 흡입가스의 비체적(m³/kg)

$\qquad Q_e$: 냉동능력(kJ/h), q_e : 냉동효과(kJ/kg)

(8) 이론적인 피스톤압출량(piston displacement)

① 왕복동압축기의 경우 : $V_a = \dfrac{\pi}{4}D^2 LNZ \times 60\,[\text{m}^3/\text{h}]$

여기서, D : 피스톤의 지름(m), L : 피스톤의 행정(m)

$\qquad N$: 분당 회전수(rpm), Z : 기통수(실린더수)

② 회전식 압축기의 경우 : $V_a = \dfrac{\pi}{4}(D^2 - d^2)t\,NZ \times 60\,[\text{m}^3/\text{h}]$

여기서, D : 실린더의 안지름(m), d : 로터(rotor)의 지름(m)

$\qquad t$: 실린더의 높이(m), N : 회전피스톤의 1분간의 표준 회전수(rpm), Z : 실린더수

4 계산의 활용

(1) 냉동능력(Q_e)

① $Q_e = \dfrac{60\,V(i_a - i_e)}{13897.52v_a}\,\eta_v\,[\text{RT}]$

여기서, v_a : 흡입증기냉매의 비체적(m³/kg), V : 분당 피스톤압출량(m³/min)

$\qquad i_a - i_e$: 냉동효과(kJ/kg), η_v : 체적효율

② $R = \dfrac{V}{C}$

여기서, V : 시간당 피스톤압출량$(\mathrm{m}^3/\mathrm{h})$

C : 압축가스의 상수$\left(= \dfrac{60(i_a - i_e)}{3,320 v_a} \eta_v\right)$(고압가스안전관리법에 의한 다음의 값)

냉매	압축기 기통 1개의 체적 5,000cm³ 초과	압축기 기통 1개의 체적 5,000cm³ 이하	냉매	압축기 기통 1개의 체적 5,000cm³ 초과	압축기 기통 1개의 체적 5,000cm³ 이하
NH₃	7.9	8.4	R-13	4.2	4.4
R-12	13.1	13.9	R-500	11.3	12.0
R-22	7.9	8.5	프로판	9.0	9.9

③ 회전식 압축기의 냉동능력 : $Q_e = \dfrac{60 \times 0.785 t R(D^2 - d^2)}{C}$[RT]

④ 원심식 압축기의 냉동능력 : $Q_e = \dfrac{\text{압축기 전동기의 정격출력(kW)}}{1.2}$

※ 1RT＝압축기 전동기의 정격출력 1.2kW

⑤ 흡수식 냉동기의 냉동능력 : $Q_e = \dfrac{\text{발생기를 가열하는 1시간의 입열량(kW)}}{7.72}$

⑥ 다단 압축 및 다원 냉동기의 냉동능력 : $Q_e = \dfrac{V_H + 0.08 V_L}{C}$

여기서, V_H : 압축기의 표준 회전속도에서 최종단 또는 최종원기통의 1시간의 피스톤압출량 $(\mathrm{m}^3/\mathrm{h})$

V_L : 압축기의 표준 회전속도에서 최종단 또는 최종원 앞의 기통의 1시간의 피스톤압출량 $(\mathrm{m}^3/\mathrm{h})$

(2) 체적효율(volume efficiency)

$$\eta_v = \dfrac{V_a(\text{실제 피스톤압출량})}{V_{th}(\text{이론피스톤압출량})} \times 100[\%]$$

※ 폴리트로픽압축 시 체적효율 : $\eta_v = 1 - \varepsilon_c \left\{ \left(\dfrac{P_2}{P_1}\right)^{\frac{1}{n}} - 1 \right\}[\%]$

여기서, ε_c : 극간비$\left(= \dfrac{V_c}{V_s}\right)$

기통 1개의 체적이 5,000cm^3 초과	기통 1개의 체적이 5,000cm^3 이하
0.8	0.75

① 이론적인 피스톤압출량과 실제적인 피스톤압출량의 비교 : 실제적인 피스톤압출량은 이론적인 피스톤압출량보다 항상 작아지고 있는 이유는 다음과 같다($V_g < V_a$).
  ⊙ 통극(top clearance)에서의 냉매의 잔류
  ○ 통극에 잔류한 냉매의 재팽창체적
  ⓒ 흡입밸브, 토출밸브, 피스톤링에서의 냉매의 누설
  ② 냉매 통과 시의 유동저항
  ⑩ 실제적인 흡입행정체적의 감소
  ⑪ 실린더 과열에 의한 가스의 체적팽창
② 체적효율이 감소되는 원인
  ⊙ 통극이 클수록
  ○ 압축비가 클수록
  ⓒ 기통(실린더)의 체적이 작을수록
  ② 압축기의 회전수가 빠를수록(wire drawing현상 발생)(개폐가 확실치 못하고 저항이 커질수록)

(3) 압축효율(compression efficiency)

$$\eta_c = \frac{\text{이론적으로 가스를 압축하는 데 소요되는 동력}}{\text{실제로 가스를 압축하는 데 소요되는 동력}}$$

압축효율은 냉매의 종류, 온도 및 압력에 따라 다르게 되며 보통 65~85%로 취급한다

(4) 기계효율(mechanical efficiency)

$$\eta_m = \frac{\text{실제로 가스를 압축하는 데 소요되는 동력}}{\text{압축기를 운전하는 데 소요되는 동력}} = \frac{\text{도시(지시)동력}}{\text{축동력}}$$

기계효율은 기계의 크기, 마찰면적, 회전수 등에 따라 다르게 되며 보통 70~90%로 취급한다.

(5) 압축일량

① SI단위일 경우 이론소요동력 : $N = \dfrac{Q_e}{3,600\varepsilon_R}[\text{kW}]$

② 실제 소요동력 : 실제 압축운전에 필요한 동력

$$N_c = \frac{N}{\eta_c \eta_m}[\text{kW}]$$

여기서, ε_R : 성적계수, N : 이론소요동력(kW), η_c : 압축효율, η_m : 기계효율

5 냉동사이클

5.1 표준 냉동사이클의 $P-h$선도

(1) 표준 냉동사이클

① 증발온도 : -15℃
② 응축온도 : 30℃
③ 압축기 흡입가스 : -15℃의 건포화증기
④ 팽창밸브 직전 온도 : 25℃

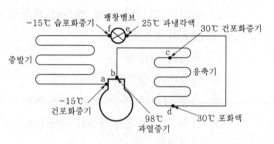

[표준 냉동사이클]

(2) 냉매몰리에르선도

① a→b : 압축기 → 압축과정(가열단열압축)

② b→e : 응축기(등압) →
- b-c → 과열 제거과정
- c-d → 응축과정
- d-e → 과냉각과정

③ e→f : 팽창밸브 → 팽창과정(교축팽창)
④ g→a : 증발기 → 증발과정(등온, 등압)
⑤ f→a : 냉동효과(냉동력)
⑥ g→f : 팽창 직후 플래시가스 발생량

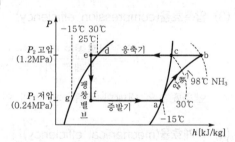

[$P-h$선도]

5.2 1단(단단) 냉동사이클

① 냉동효과(q_e) : 냉매 1kg이 증발기에서 흡수하는 열량

$$q_e = h_a - h_f[\text{kJ/kg}]$$

② 압축일 : $w_c = h_b - h_a[\text{kJ/kg}]$
③ 응축기 방출열량 : $q_c = q_e + w_c = h_b - h_e[\text{kJ/kg}]$
④ 증발잠열 : $q = h_a - h_g[\text{kJ/kg}]$
⑤ 팽창밸브 통과 직후(증발기 입구) 플래시가스 발생량 : $q_f = h_f - h_g[\text{kJ/kg}]$

⑥ 건조도 : 팽창밸브 통과 직후 건조도(x)는 선도에서 f점의 건조도(x)를 찾는다.

$$x = \frac{q_f}{q} = \frac{h_f - h_g}{h_a - h_g}$$

⑦ 팽창밸브 통과 직후의 습도 : $y = 1 - x = \frac{q_e}{q} = \frac{h_a - h_f}{h_a - h_g}$

⑧ 냉동기 성적(성능)계수(ε_R)

　　㉠ 이상적 성적계수(ε_R) $= \dfrac{T_2}{T_1 - T_2}$

　　㉡ 이론적 성적계수(ε_R) $= \dfrac{q_e}{w_c}$

　　㉢ 실제적 성적계수(ε_R) $= \dfrac{q_e}{w_c} \eta_c \eta_m = \dfrac{Q_e}{N}$

　　여기서, T_1 : 고압(응축) 절대온도(K), T_2 : 저압(증발) 절대온도(K)

　　　　　　η_c : 압축효율, η_m : 기계효율, Q_e : 냉동능력(kW), N : 축동력(kW)

⑨ 냉매순환량 : 시간당 냉동장치를 순환하는 냉매의 질량

$$\dot{m} = \frac{Q_e}{q_e} = \frac{V}{v_a} \eta_v = \frac{Q_c}{q_c} = \frac{N}{w_c} [\text{kg/h}]$$

　　여기서, V : 피스톤압출량(m^3/h), v_a : 흡입가스 비체적(m^3/kg), η_v : 체적효율

⑩ 냉동능력 : 증발기에서 시간당 흡수하는 열량

$$Q_e = \dot{m} q_e = \dot{m}(h_a - h_e) = \frac{V}{v_a} \eta_v (h_a - h_e) [\text{kW}]$$

⑪ 냉동톤 : $RT = \dfrac{Q_e}{13897.52} = \dfrac{\dot{m} q_e}{13897.52} = \dfrac{V(h_a - h_e)}{13897.52 v_a} \eta_v = \dfrac{V(h_a - h_e)\eta_v}{3.86 v_a} [\text{RT}]$

　　※ 1RT $= 3{,}320\text{kcal/h} = 13897.52\text{kJ/h} = 3.86\text{kW}$

⑫ 압축비 : $\varepsilon = \dfrac{P_2}{P_1} = \dfrac{\text{고압}}{\text{저압}} = \dfrac{\text{응축기 절대압력}}{\text{증발기 절대압력}}$

5.3　2단 압축 냉동사이클

(1) 2단 압축의 채택

① 압축비가 6 이상인 경우

② 온도

　　㉠ 암모니아(NH_3) : $-35℃$ 이하의 증발온도를 얻고자 하는 경우(압축비 6 이상)

ⓛ 프레온(freon) : −50℃ 이하의 증발온도를 얻고자 하는 경우(압축비 9 이상)

(2) 중간 압력의 선정

$$P_m = \sqrt{P_c P_e}\,[\text{kPa}]$$

여기서, P_m : 중간냉각기 절대압력(kPa), P_c : 응축기 절대압력(kPa)

P_e : 증발기 절대압력(kPa)

(3) 냉동사이클과 선도

① 2단 압축 1단 팽창 냉동사이클의 구성도와 $P-h$ 선도

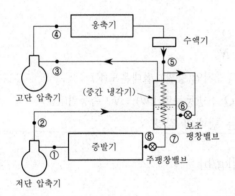
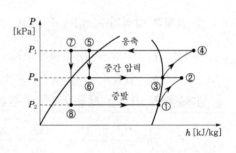

② 2단 압축 2단 팽창 냉동사이클의 구성도와 $P-h$ 선도

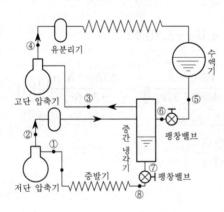
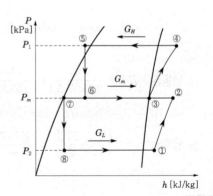

(4) 중간냉각기(inter cooler)의 역할

① 저단측 압축기(booster) 토출가스의 과열을 제거하여 고단측 압축기에서의 과열 방지(부스터의 용량은 고단압축기보다 커야 한다)

② 증발기로 공급되는 냉매액을 과냉시켜서 냉동효과 및 성적계수 증대

③ 고단측 압축기 흡입가스 중의 액을 분리시켜 액압축 방지

(5) 2단 압축의 계산

① 저단측 냉매순환량 : $m_L = \dfrac{Q_e}{h_1 - h_7} = \dfrac{Q_e}{q_e}$ [kg/h]

② 중간냉각기 냉매순환량 : $m_m = \dfrac{m_L\{(h_2 - h_3) + (h_6 - h_7)\}}{h_3 - h_6}$ [kg/h]

③ 고단측 냉매순환량 : $m_H = m_L + m_m = m_L\left(\dfrac{h_2 - h_7}{h_3 - h_6}\right)$ [kg/h]

④ 압축기 소요동력

　　㉠ 저단측 압축열량 : $w_L = m_L(h_2 - h_1)$

　　㉡ 고단측 압축열량 : $w_H = m_H(h_4 - h_3)$

　　㉢ 압축기 소요동력 : $w_c = \dfrac{w_L + w_H}{3,600}$

⑤ 냉동기 성적계수 : $(COP)_R = \dfrac{h_1 - h_8}{(h_2 - h_1) + (h_4 - h_3)\left(\dfrac{h_2 - h_7}{h_3 - h_6}\right)}$

5.4 2원 냉동법(이원 냉동장치)

단일 냉매로서는 2단 또는 다단 압축을 하여도 냉매의 특성(극도의 진공운전, 압축비 과대) 때문에 초저온을 얻을 수 없으므로 비등점이 각각 다른 2개의 냉동사이클을 병렬로 형성시켜 고온측 증발기로 저온측 응축기를 냉각해 −70℃ 이하의 초저온을 얻고자 할 경우 채택한다.

(1) 사용냉매

① 고온측 냉매 : R-12, R-22 등 비등점이 높은 냉매
② 저온측 냉매 : R-13, R-14, 에틸렌(C_2H_4), 메탄(CH_4), 에탄(C_2H_6) 등 비등점이 낮은 냉매

(2) 2원 냉동사이클과 $P-h$선도

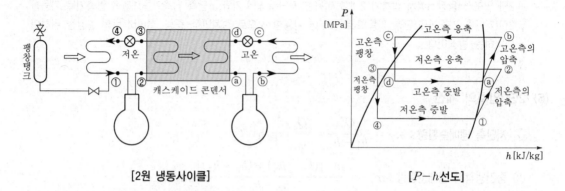

[2원 냉동사이클]　　　　　　　　[$P-h$선도]

(3) 캐스케이드응축기(cascade condenser)

저온측 응축기와 고온측의 증발기를 조합하여 저온측 응축기의 열을 효과적으로 제거해 응축, 액화를 촉진시켜 주는 일종의 열교환기이다.

> **팽창탱크(expansion tank)**
>
> 2원 냉동장치 중 저온(저압)측 증발기 출구에 설치하여 장치운전 중 저온측 냉동기를 정지하였을 경우 초저온냉매의 증발로 체적이 팽창되어 압력이 일정 이상 상승하게 되면 저온측 냉동장치가 파손되기 때문에 설치한다.

5.5　다효압축(multi effect compression)

증발온도가 다른 2대의 증발기에서 나온 압력이 서로 다른 가스를 2개의 흡입구가 있는 압축기로 동시에 흡입시켜 압축하는 방식으로 하나는 피스톤의 상부에 흡입밸브가 있어 저압 증기만을 흡입하고, 다른 하나는 피스톤의 행정 최하단 가까이에서 실린더벽에 뚫린 제2의 흡입구가 자연히 열려 고압증기를 흡입하고 고·저압의 증기를 혼합하여 동시에 압축한다.

5.6　제상장치(defrost system)

공기냉각용 증발기에서 대기 중의 수증기가 응축, 동결되어 서리상태로 냉각관 표면에 부착하는 현상을 적상(frost)이라 하며, 이를 제거하는 작업을 제상(defrost)이라 한다.

(1) 적상의 영향

① 전열 불량으로 냉장실 내 온도 상승 및 액압축 초래
② 증발압력 저하로 압축비 상승
③ 증발온도 저하

④ 실린더 과열로 토출가스온도 상승

⑤ 윤활유의 열화 및 탄화 우려

⑥ 체적효율 저하 및 압축기 소비동력 증대

⑦ 성적계수 및 냉동능력 감소

(2) 제상방법

① 압축기 정지 제상(off cycle defrost) : 1일 6~8시간 정도 냉동기를 정지시키는 제상

② 온풍 제상(warm air defrost) : 압축기 정지 후 팬을 가동시켜 실내공기로 6~8시간 정도 제상

③ 전열 제상(electric defrost) : 증발기에 히터를 설치하여 제상

④ 살수식 제상(water spray defrost) : 10~25℃의 온수를 살수시켜 제상

⑤ 브라인분무 제상(brine spray defrost) : 냉각관 표면에 부동액 또는 브라인을 살포시켜 제상

⑥ 온수브라인 제상(hot brine defrost) : 순환 중인 차가운 브라인을 주기적으로 따뜻한 브라인으로 바꾸어 순환시켜 제상

⑦ 고압가스 제상(hot gas defrost) : 압축기에서 토출된 고온 고압의 냉매가스를 증발기로 유입시켜 고압가스의 응축잠열에 의해 제상하는 방법으로 제상시간이 짧고 쉽게 설비할 수 있어 대형의 경우 가장 많이 사용

　　㉠ 소형 냉동장치에서의 제상 : 제상타이머 이용

　　㉡ 증발기가 1대인 경우 제상

　　㉢ 증발기가 1대인 경우 재증발코일을 이용한 제상

　　㉣ 증발기가 2대인 경우 제상

　　㉤ 증발기가 1대인 경우 제상용 수액기를 이용한 제상

　　㉥ 열펌프를 이용한 제상 등

🔧 브라인의 동파 방지대책

- 동결 방지용 온도조절기(Temperature Control)를 설치한다.
- 증발압력조정밸브(EPR)를 설치한다.
- 단수 릴레이를 설치한다.
- 브라인에 부동액을 첨가하여 사용한다.
- 냉수순환펌프와 압축기를 인터록(interlock)시킨다.

PART
2

Chapter 2. 냉매선도와 냉동사이클 · **133**

3 기초 열역학

1 열역학 기초사항

(1) 계(system)

① 밀폐계(closed system, 비유동계(nonflow system)) : 계의 경계를 통하여 물질의 유동은 없으나 에너지 수수는 있는 계(계 내 물질은 일정)

② 개방계(open system, 유동계(flow system)) : 계의 경계를 통하여 물질의 유동과 에너지 수수가 모두 있는 계

③ 절연계(isolated system, 고립계) : 계의 경계를 통하여 물질이나 에너지의 전달이 전혀 없는 계

④ 단열계(adiabatic system) : 계의 경계를 통한 외부와 열전달이 전혀 없다고 가정한 계

(2) 성질과 상태량(property & quantity of state)

① 강도성 상태량(intensive quantity of state) : 계의 질량에 관계없는 성질(온도(t), 압력(P), 비체적(v) 등)

② 용량성 상태량(extensive quantity of state) : 계의 질량에 비례하는 성질(체적, 에너지, 질량, 내부에너지(U), 엔탈피(H), 엔트로피(S) 등)

③ 비중량(specific weight)

$$\gamma = \frac{G}{V}[\text{N/m}^3]$$

④ 밀도(density)

$$\rho = \frac{m}{V} = \frac{\gamma}{g}[\text{kg/m}^3, \ \text{N} \cdot \text{s}^2/\text{m}^4]$$

⑤ 비체적(specific volume)

$$v = \frac{1}{\rho} = \frac{V}{m}[\text{m}^3/\text{kg}]$$

⑥ 압력(pressure)

$$\text{표준 대기압(1atm)} = 1.0332\text{kgf/cm}^2 = 760\text{mmHg} = 10.33\text{mAq} = 101.325\text{kPa}$$
$$= 14.7\text{psi(lb/in}^2) = 1.01325\text{bar} = 1,013.25\text{mbar(mmbar)}$$

$$\text{수주 } 1\text{mmAq} = \frac{1}{10,000}\text{kgf/cm}^2 = 1\text{kgf/m}^2$$

$$1\text{bar} = 10^3\text{m} \cdot \text{bar} = 10^5\text{N/m}^2(=\text{Pa}) = 0.1\text{MPa}$$

$$1\text{Pa} = 1\text{N/m}^2$$

$$1\text{kgf/m}^2 \fallingdotseq 9.8\text{N/m}^2(=\text{Pa})$$

$$\boxed{\text{절대압력}(P_a) = \text{대기압력}(P_o) \pm \text{게이지압력}(P_g)[\text{ata}]}$$

⑦ 온도(temperature)

㉠ 섭씨온도와 화씨온도 : 섭씨온도를 t_C, 화씨온도를 t_F라 할 때

$$t_C = \frac{5}{9}(t_F - 32)[\text{℃}], \ t_F = \frac{9}{5}t_C + 32[\text{℉}]$$

[섭씨온도와 화씨온도와의 관계]

구분	빙점	증기점	등분
섭씨온도	0℃	100℃	100
화씨온도	32℉	212℉	180

㉡ 절대온도

$$T = t_C + 273.15 \fallingdotseq t_C + 273[\text{K}]$$

$$T_R = t_F + 459.67 \fallingdotseq t_F + 460[\text{℉R}]$$

※ R은 Rankine의 머리글자이고, K는 Kelvin의 머리글자이다.

(3) 비열, 비열비, 열량, 열효율 등

① 비열(specific heat) : 단위질량을 단위온도만큼 높이는 데 필요한 열량

$$\delta Q = mCdt[\text{kJ}], \ {}_1Q_2 = mC(t_2 - t_1)[\text{kJ}]$$

물의 비열(C) = 4.186kJ/kg · K

㉠ 정압비열(C_p) : 압력이 일정한 상태($P = C$)하에서 기체 1kg을 1℃ 높이는 데 필요로 하는 열량(kJ)

공기의 정압비열(C_p) = 1.005kJ/kg · K

㉡ 정적비열(C_v) : 체적이 일정한 상태($V = C$)하에서 기체 1kg을 1℃ 높이는 데 필요로 하는 열량(kJ)

공기의 정적비열(C_v) = 0.72kJ/kg · K

② 비열비(ratio of specific heat, k) : 기체의 정압비열(C_p)과 정적비열(C_v)의 비

$$k = \frac{C_p(정압비열)}{C_v(정적비열)}$$

기체인 경우 $C_p > C_v$이므로 비열비(k)는 항상 1보다 크다($k > 1$).

기체(냉매)명	비열비(k)	기체(냉매)명	비열비(k)
암모니아(NH₃)	1.31	공기	1.4
R-12	1.13	아황산가스(SO₂)	1.25
R-22	1.18	탄산가스(CO₂)	1.41

③ 열량(quantity of heat)

㉠ 15℃ kcal : 표준 대기압하에서 순수한 물 1kg을 14.5℃에서 15.5℃까지 높이는 데 필요한 열량이다.

㉡ 평균kcal : 표준 대기압하에서 순수한 물 1kg을 0℃에서 100℃까지 높이는 데 필요한 열량을 100등분 한 것이다.

㉢ BTU(British Thermal Unit) : 영국열량단위이며 물 1lb의 온도를 32°F로부터 212°F까지 높이는 데 필요한 열량의 1/180을 말한다.

㉣ CHU(Centigrade Heat Unit) : 물 1lb를 0℃로부터 100℃까지 높이는 데 필요한 열량의 1/100을 말한다(1CHU=1PCU).

[열량의 단위 비교]

kcal	BTU	CHU(PCU)	kJ
1	3.968	2.205	4.186
0.252	1	0.556	1.0548
0.454	1.800	1	1.9

④ 동력(power) : 일의 시간에 대한 비율, 즉 단위시간당의 일량으로 공률(일률)이라고도 한다. 실용단위로는 W, kW, PS(마력) 등이 사용된다.

$$1PS = 75kg \cdot m/s, \quad 1HP = 76.04kg \cdot m/s = 550ft-lb/s$$
$$1kW = 1,000J/s = 102kg \cdot m/s = 1kJ/s = 860kcal/h = 1.36PS$$

⑤ 열효율(η) $= \dfrac{정미일량}{공급열량} = \dfrac{860kW}{연료의\ 저위발열량 \times 시간당\ 연료소비량} \times 100[\%]$

$\qquad\qquad = \dfrac{632.3PS}{연료의\ 저위발열량 \times 시간당\ 연료소비량} \times 100[\%]$

※ SI단위인 경우 $\eta = \dfrac{3,600kW}{H_L m_f} \times 100[\%]$

여기서, kW : 정격출력, H_L : 연료의 저위발열량(kJ/kg), m_f : 시간당 연료소비량(kg/h)

⑥ 사이클(cycle)

㉠ 가역사이클(reversible cycle) : 가역과정(등온·등적·등압·가역단열변화)으로만 구성된 사이클(이론적 사이클)

㉡ 비가역사이클(irreversible cycle) : 비가역적 인자가 내포된 사이클(실제 사이클)

⑦ **열역학 제0법칙** : 열평형상태(법칙)로 온도계의 원리를 적용한 법칙(흡열량=방열량)

(4) 현열과 잠열

① 현열(sensible heat, 감열, q_s) : 물질의 상태는 변화 없이 온도만 변화시키는 열량

$$q_s = C_p(t_2 - t_1)[\text{kJ/kg}](단위질량당 가열량)$$
$$Q_s = mq_s = mC(t_2 - t_1)[\text{kJ}]$$

여기서, Q_s : 전체 현열량(kJ), m : 질량(kg), C_p : 물질의 비열($=4.186\text{kJ/kg·K}$)

t_1 : 가열 전 온도(℃), t_2 : 가열 후 온도(℃)

② 잠열(latent heat, 숨은열, q_L) : 물질의 상태만 변화시키고 온도는 일정한 상태의 열량

예 • 0℃ 얼음의 융해열(0℃ 물의 응고열) : 334kJ/kg

• 100℃ 물(포화수)의 증발열(100℃ 건포화증기의 응축열) : 2,256kJ/kg

※ 1kcal = 3.968BTU = 2.205CHU(PCU) = 4.186kJ

2 기체의 상태변화

2.1 완전 기체(이상기체)

1) 상태방정식

완전 기체(perfect gas) 또는 이상기체(ideal gas)란 완전 기체의 상태방정식($Pv = RT$)을 만족시키는 가스를 말한다. 반면 반완전 기체(semi-perfect gas)란 비열이 온도만의 함수로 $C = f(t)$ 된 가스를 말한다.

(1) Boyle법칙(Mariotte's law, 등온법칙)

$$T = C, \ Pv = C, \ P_1v_1 = P_2v_2, \ \frac{v_2}{v_1} = \frac{P_1}{P_2}$$

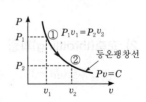

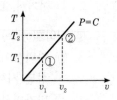

(2) Charles법칙(Gay-Lussac's law, 등압법칙)

$$P = C, \ \frac{v}{T} = C, \ \frac{v_1}{T_1} = \frac{v_2}{T_2}, \ \frac{v_2}{v_1} = \frac{T_2}{T_1}$$

(3) 이상기체의 상태방정식

$$\frac{Pv}{T} = R[\text{J/kg} \cdot \text{K, kJ/kg} \cdot \text{K}]$$

$$Pv = RT$$

$$PV = mRT$$

여기서, R : 기체상수(kJ/kg · K)

(4) 일반기체상수(universal gas constant, $\overline{R}$ or R_u)

$$\overline{R} = mR = \frac{PV}{nT} = \frac{101.325 \times 22.41}{1 \times 273} = 8.314\text{kJ/kmol} \cdot \text{K}$$

여기서, m : 분자량(kg/kmol)

(5) 비열 간의 관계식

$$\delta q = du + p\,dv = C_v\,dT + p\,dv[\text{kJ/kg}]$$

$$\delta q = dh - v\,dp = C_p\,dT - v\,dp[\text{kJ/kg}]$$

$$C_v = \left(\frac{\partial q}{\partial T}\right)_{v=c} = \frac{du}{dT}, \ C_p = \left(\frac{\partial q}{\partial T}\right)_{p=c} = \frac{dh}{dT}$$

$$C_v\,dT + p\,dv = C_p\,dT - v\,dp$$

$$(C_p - C_v)dT = (p\,dv + v\,dp) = d(pv) = d(RT) = R\,dT$$

$$C_p - C_v = R, \ k = \frac{C_p}{C_v}, \ 기체인 경우 \ C_p > C_v \text{이므로} \ k \text{는 항상 1보다 크다.}$$

$$C_v = \frac{R}{k-1}[\text{kJ/kg} \cdot \text{K}], \ C_p = \frac{kR}{k-1} = kC_v[\text{kJ/kg} \cdot \text{K}]$$

2) 교축(throttling)과정

단열유로($dq = 0$)의 경우

$$h_1 + \frac{w_1^2}{2} = h_2 + \frac{w_2^2}{2}$$

만약 저속유동(30~50m/s 이하)을 가정하면 운동에너지(KE)항을 무시할 수 있다.

$$h_1 = h_2$$

즉 교축에서 엔탈피는 변하지 않는다(비가역과정이므로 엔트로피는 증가한다. $\Delta S > 0$).

3) 혼합가스

> **P**oint
> Dalton의 분압법칙
> 두 가지 이상의 다른 이상기체를 하나의 용기에 혼합시킬 경우 혼합기체의 전압력은 각 기체분압
> 의 합과 같다.

① 혼합 후 전압력(P)과 각 가스의 분압

$$P_1 + P_2 + P_3 + \cdots + P_n = P\frac{V_1}{V} + P\frac{V_2}{V} + P\frac{V_3}{V} + \cdots + P\frac{V_n}{V}$$

$$P_n = P\frac{V_n}{V} = P\frac{n_n}{n}\,[\text{Pa}]$$

② 가스상수(R)$= \dfrac{8{,}314}{M}[\text{J/kg} \cdot \text{K}]$

2.2 증기

1) 증기(vapour)의 일반적 성질

(1) 정압하에서의 증발($P = C$)

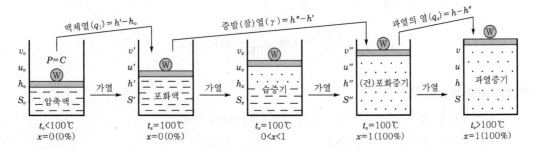

① 압축수(과냉액) : 쉽게 증발하지 않는 액체(100℃ 이하의 물)

② 포화수 : 쉽게 증발하려고 하는 액체(액체로서는 최대의 부피를 갖는 경우의 물, 포화온도 (t_s)$=100$℃)

③ 습증기 : 포화액＋증기혼합물(포화온도(t_s)$=100$℃)

④ (건)포화증기 : 쉽게 응축되려고 하는 증기(포화온도(t_s)=100℃)

⑤ 과열증기 : 잘 응축하지 않는 증기(100℃ 이상)

(2) 정압하에서의 $P-v$선도와 $T-s$선도

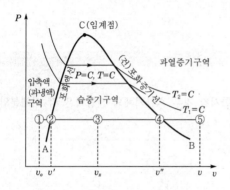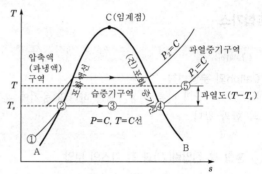

2) 증기의 열적 상태량

(1) 포화액(수)

① 포화수의 엔탈피(h')

$$h' = h_0 + \int_{273}^{T_s} c\,dt$$

$$\therefore\ h' - h_0 = \int_{273}^{T_s} c\,dt = q_t = (u' - u_0) + P(v' - v_0)[\text{kJ/kg}]$$

② 포화수의 엔트로피(s')

$$s' = s_0 + \int_{T_s}^{T} \frac{\delta q}{T} = s_0 + \int_{T_s}^{T} \frac{C\,dT}{T}$$

$$\therefore\ s' - s_0 = \int_{273}^{T} \frac{C\,dT}{T} = C\ln\frac{T}{273}[\text{kJ/kg}\cdot\text{K}]$$

(2) 습포화증기(습증기)

① 증발열(γ)= $h'' - h' = u'' - u' + p(v'' - v') = \rho + \phi[\text{kJ/kg}]$

② 내부증발열(ρ)= $u'' - u'[\text{kJ/kg}]$

③ 외부증발열(ϕ)= $p(v'' - v')[\text{kJ/kg}]$

$$h_x = h' + x(h'' - h') = h' + x\gamma$$

$$u_x = u' + x(u'' - u') = u' + x\rho$$

$$s_x = s' + x(s'' - s') = s' + x\frac{\gamma}{T_s}$$

$$ds = \frac{\delta q}{T} = \frac{dh}{T}[\text{kJ/kg} \cdot \text{K}]$$

(3) 과열증기

① 과열증기의 엔탈피(h)

$$h = h'' + \int_{T_s}^{T} C_p dT$$

$$\therefore\ h - h'' = \int_{T_s}^{T} C_p dT[\text{kJ/kg}]$$

② 과열증기의 엔트로피(s)

$$s = s'' + \int_{T_s}^{T} C_p \frac{dT}{T}$$

$$\therefore\ s - s'' = \int_{T_s}^{T} C_p \frac{dT}{T}[\text{kJ/kg} \cdot \text{K}]$$

2.3 기체 및 증기의 흐름

1) 기체 및 증기의 1차원 흐름

(1) 연속방정식

관로에서 단면 ①에서 ②로 흐르는 유체의 흐름은 각 단면에 대하여 직각이다. 이 단면을 거쳐 나가는 흐름은 연속적이며 층류라 하고, 각 단면에서의 압력, 단면적, 비체적을 각각, P_1, A_1, v_1, P_2, A_2, v_2라 하면 유량 m는 다음과 같이 표시된다.

$$m = \frac{A_1 V_1}{v_1} = \frac{A_2 V_2}{v_2}[\text{kg/s}]$$

이 관계식을 기체의 연속방정식이라 한다.

(2) 정상유동의 에너지방정식

$$q = (h_2 - h_1) + \frac{1}{2}(V_2{}^2 - V_1{}^2) + g(z_2 - z_1) + w_t[\text{kJ/kg}]$$

(3) 단열유동 시 노즐 출구속도

SI단위에서 노즐 출구유속(V_2)은 단위에 주의한다.

$$V_2 = \sqrt{2(h_1 - h_2)} = 44.72\sqrt{h_1 - h_2}\,[\text{m/s}]$$

여기서 $h_1 - h_2$의 단위는 kJ/kg이다.

2) 노즐 속의 흐름

(1) 유출량(질량유량)

$$m = A_2 \sqrt{2g\left(\frac{k}{k-1}\right)\frac{P_1}{v_1}\left[\left(\frac{P_2}{P_1}\right)^{\frac{2}{k}} - \left(\frac{P_2}{P_1}\right)^{\frac{k+1}{k}}\right]}\,[\text{kg/s}]$$

> **임계상태 시 온도, 비체적, 압력의 관계식**
>
> $$\frac{T_c}{T_1} = \left(\frac{v_1}{v_c}\right)^{k-1} = \left(\frac{P_c}{P_1}\right)^{\frac{k-1}{k}} = \frac{2}{k+1}$$
>
> 임계온도(T_c) $= T_1\left(\frac{2}{k+1}\right)$[K]
>
> 임계비체적(v_c) $= v_1\left(\frac{k+1}{2}\right)^{\frac{1}{k-1}}$[m³/kg]

(2) 임계압력비

$$\frac{P_2}{P_1} = \left(\frac{2}{k+1}\right)^{\frac{k}{k-1}}$$

$$P_2 = P_c$$

① 공기의 경우($k = 1.4$) : $P_c = 0.528282P_1$

② 과열증기의 경우($k = 1.3$) : $P_c = 0.545727P_1$

③ 건포화증기의 경우($k = 1.135$) : $P_c = 0.57743P_1$

(3) 최대 유량

$$m_{\max} = A_2\sqrt{kg\left(\frac{2}{k+1}\right)^{\frac{k+1}{k-1}}\frac{P_1}{v_1}} = A_2\sqrt{kg\frac{P_c}{v_c}}\,[\text{kg/s}]$$

(4) 최대 속도(한계속도, 임계속도)

$$V_{cr} = \sqrt{2g\left(\frac{k}{k+1}\right)P_1 v_1} = \sqrt{kP_c v_c} = \sqrt{kRT_c}\,[\text{m/s}]$$

임계상태 시 노즐 출구유속은 음속의 크기와 같다.

3) 노즐 속의 마찰손실

(1) 노즐효율

$$\eta_n = \frac{\text{진정(정미)열낙차}}{\text{단열열낙차}} = \frac{h_A - h_C}{h_A - h_B} = \frac{h_A - h_D}{h_A - h_B}$$

(2) 노즐의 손실계수

$$S = \frac{\text{에너지손실}}{\text{단열열낙차}} = \frac{h_D - h_B}{h_A - h_B} = 1 - \eta_n$$

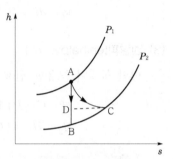

[노즐 속의 마찰손실]

(3) 속도계수(ϕ)

$$\phi = \frac{V_2'}{V_2} = \sqrt{\frac{h_A - h_C}{h_A - h_B}} = \sqrt{\eta_n} = \sqrt{1 - S}$$

$$\phi^2 = \eta_n = 1 - S$$

---

3 열역학법칙

3.1 열역학 제1법칙(에너지 보존의 법칙)

열량(Q)과 일량(W)은 본질적으로 동일한 에너지임을 밝힌 법칙이다.

(1) 열역학 제1법칙(에너지 보존의 법칙, 가역법칙, 양적법칙)

$$\oint \delta W \propto \oint \delta Q$$

$$_1Q_2 = {}_1W_2\,[\text{kJ}]$$

SI단위에서는 변환정수(A)를 삭제한다.

$$Q = \boxed{A}\,W$$

$$Q = \boxed{J}\,Q$$

$$일의\ 열상당량\ A = \frac{1}{427}\text{kcal/kg} \cdot \text{m}$$

$$열의\ 일상당량\ J = 427\text{kg} \cdot \text{m/kcal}$$

(2) 열역학 제1법칙의 식(에너지 보존의 법칙을 적용한 밀폐계 에너지식)

$$\delta Q = dU + \delta W[\text{kJ}], \quad \delta Q = dU + PdV[\text{kJ}]$$

$$\delta q = du + \delta w[\text{kJ/kg}], \quad \delta q = du + pdv[\text{kJ/kg}]$$

(3) 엔탈피(enthalpy, H)

어떤 물질이 보유한 전체 에너지(상태함수)

$$H = U + PV[\text{kJ}], \quad H = U + mRT[\text{kJ}]$$

$$H_2 - H_1 = (U_2 - U_1) + (P_2 V_2 - P_1 V_1)[\text{kJ}]$$

- 절대일($_1W_2$)과 공업일(W_t)

$$_1W_2 = \int_1^2 PdV = P(V_2 - V_1)[\text{kJ}], \ 절대일 = 밀폐계\ 일 = 팽창일 = 비유동계\ 일$$

$$W_t = -\int_1^2 VdP[\text{kJ}], \ 공업일 = 개방계\ 일 = 압축일 = 유동계\ 일$$

- 비엔탈피(specific enthalpy, h) : 단위질량당 엔탈피

$$h = u + pv = u + \frac{P}{\rho}[\text{kJ/kg}]$$

---

(4) 비열(specific of heat, C)

① 정적비열(C_v)

$$\delta Q = dU = m C_v dT[\text{kJ}]$$

$$_1W_2 = \int_1^2 PdV = 0(정적변화\ 시\ 밀폐계\ 일은\ 0이다)$$

$$C_v = \left(\frac{\partial u}{\partial T}\right)_v = \frac{\partial u}{\partial T}[\text{kJ/kg} \cdot \text{K}]$$

$$du = C_v dT[\text{kJ/kg}], \quad dU = m C_v dT[\text{kJ}]$$

정적변화 시 가열량은 (비)내부에너지변화량과 같다. 즉 $_1Q_2 = U_2 - U_1 = m C_v (T_2 - T_1)$ [kJ]이다.

② 정압비열(C_p)

$$\delta Q = dH = m C_p dT \, [\text{kJ}]$$

$$W_t = -\int_1^2 V dP = 0 \, (\text{정압변화 시 공업일은 0이다})$$

$$Q = H_2 - H_1 = m C_p (T_2 - T_1) \, [\text{kJ}]$$

$$C_p = \left(\frac{\partial h}{\partial T}\right)_p = \frac{dh}{dT} \, [\text{kJ/kg} \cdot \text{℃}]$$

정압변화 시 가열량과 (비)엔탈피변화량은 같다. 즉 $_1Q_2 = H_2 - H_1 = m C_p (T_2 - T_1)$ [kJ]이다.

(5) $P - V$선도에서 절대일과 공업일의 관계식

$$W_t = P_1 V_1 + {}_1W_2 - P_2 V_2 \, [\text{kJ}]$$

3.2 열역학 제2법칙(엔트로피 증가법칙, 비가역법칙)

열역학 제2법칙은 고립계에서 총엔트로피(무질서도)의 변화는 항상 증가하는 방향으로 일어난다는 법칙이다.

• Kelvin-Plank의 표현 : 계속적으로 열을 바꾸기 위해서는 그 일부를 저온체에 버리는 것이 필요하다는 것으로서, 효율이 100%인 열기관은 존재할 수 없음을 의미한다.

• Clausius의 표현 : 열은 그 자신만의 힘으로는 다른 물체에 아무 변화도 주지 않고 저온체에서 고온체로 흐를 수 없다. 즉 Clausius의 표현은 성능계수가 무한대인 냉동기의 제작은 불가능하다.

(1) 열효율과 성능계수

① 열기관의 열효율 : $\eta = \dfrac{W_{net}}{Q_1} = \dfrac{Q_1 - Q_2}{Q_1} = 1 - \dfrac{Q_2}{Q_1}$

　여기서, W_{net} : 정미일량(kJ), Q_1 : 공급열량(kJ), Q_2 : 방출열량(kJ)

② 냉동기의 성능(성적)계수 : $\varepsilon_R = \dfrac{Q_2}{Q_1 - Q_2} = \dfrac{Q_2}{W_c} = \varepsilon_H - 1$

　여기서, Q_1 : 고온체(응축기) 발열량(kJ), Q_2 : 저온체(증발기) 흡열량(kJ)

　　　　W_c : 압축기 소비일량(kJ)

③ 열펌프의 성능계수 : $\varepsilon_H = \dfrac{Q_1}{Q_1 - Q_2} = \dfrac{Q_1}{W_c} = 1 + \varepsilon_R$

열펌프의 성능계수(ε_H)는 냉동기의 성능계수(ε_R)보다 항상 1만큼 크다.

(2) 카르노사이클(Carnot cycle)

가역사이클이며 열기관사이클 중에서 가장 이상적인 사이클이다.

① 카르노사이클의 열효율

$$\eta_c = \frac{W_{net}}{Q_1} = \frac{Q_1 - Q_2}{Q_1} = 1 - \frac{Q_2}{Q_1} = 1 - \frac{T_2}{T_1}$$

② 카르노사이클의 특성

㉠ 열효율은 동작유체의 종류에 관계없이 양 열원의 절대온도에만 관계가 있다.

㉡ 열기관의 이상사이클로서 최고의 열효율을 갖는다.

㉢ 열기관의 이론상의 이상적인 사이클이며 실제로 운전이 불가능한 사이클이다.

㉣ 공급열량(Q_1)과 고열원온도(T_1), 방출열량(Q_2)와 저열원온도(T_2)는 각각 비례한다.

$$\frac{Q_2}{Q_1} = \frac{T_2}{T_1}$$

(3) 클라우지우스(Clausius)의 적분

① 가역사이클(reversible cycle) : 카르노사이클에서의 열
효율은

$$\eta = 1 - \frac{T_2}{T_1} = 1 - \frac{Q_2}{Q_1}$$

여기서, $\dfrac{T_2}{T_1} = \dfrac{Q_2}{Q_1}$, $\dfrac{Q_1}{T_1} = \dfrac{Q_2}{T_2}$

$$\therefore \frac{Q_1}{T_1} + \frac{Q_2}{T_2} = 0$$

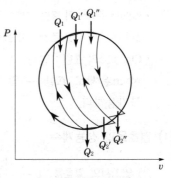

[임의의 가역사이클]

동작물질이 받은 열량은 정(+)이고, 방출열량은 부(−)이므로

$$\frac{Q_1}{T_1} - \left(\frac{-Q_2}{T_2}\right) = \frac{Q_1}{T_1} + \frac{Q_2}{T_2} = 0$$

가역사이클을 무수한 미소카르노사이클의 집합이라고 생각하면

$$\left(\frac{\delta Q_1}{T_1} + \frac{\delta Q_2}{T_2}\right) + \left(\frac{\delta Q_1{}'}{T_1{}'} + \frac{\delta Q_2{}'}{T_2{}'}\right) + \left(\frac{\delta Q_1{}''}{T_1{}''} + \frac{\delta Q_2{}''}{T_2{}''}\right) + \cdots = 0$$

$$\therefore \ \Sigma \frac{\delta Q}{T} = 0 \ \text{또는} \ \oint \frac{\delta Q}{T} = 0$$

② 비가역사이클(irreversible cycle)

$$\oint \frac{\delta Q}{T} < 0$$

(4) 엔트로피(entropy, ΔS)

열에너지를 이용하여 기계적 일을 하는 과정의 불완전도 환원하면 과정의 비가역성을 표현하는 것이 열에너지의 변화과정에 관계되는 양이다.

$$\Delta S = \frac{\delta Q}{T}[\text{kJ/K}]$$

$$\text{비엔트로피}(ds) = \frac{\delta q}{T}[\text{kJ/kg} \cdot \text{K}]$$

(5) 완전 가스의 비엔트로피(ds)

$$ds = \frac{\delta q}{T}[\text{kJ/kg} \cdot \text{K}]$$

$$\delta q = du + p\,dv[\text{kJ/kg}], \quad \delta q = dh - v\,dp[\text{kJ/kg}]$$

① 정적변화($v = c$) : $s_2 - s_1 = C_p \ln \dfrac{T_2}{T_1} + R \ln \dfrac{P_1}{P_2} = C_v \ln \dfrac{P_2}{P_1}[\text{kJ/kg} \cdot \text{K}]$

② 정압변화($p = c$) : $s_2 - s_1 = C_p \ln \dfrac{T_2}{T_1} = C_p \ln \dfrac{v_2}{v_1}[\text{kJ/kg} \cdot \text{K}]$

③ 등온변화($t = c$) : $s_2 - s_1 = R \ln \dfrac{P_1}{P_2} = C_v \ln \dfrac{P_2}{P_1} + C_p \ln \dfrac{v_2}{v_1}[\text{kJ/kg} \cdot \text{K}]$

④ 가역단열변화($_1 Q_2 = 0$, $\Delta S = 0$, 등엔트로피변화) : $ds = \dfrac{\delta q}{T}$ 에서 $\delta q = 0$이므로 $ds = 0$이다.

즉 $s_2 - s_1 = 0(s = c)$이다.

⑤ 폴리트로픽변화 : $s_2 - s_1 = C_n \ln \dfrac{T_2}{T_1} = C_v \left(\dfrac{n-k}{n-1} \right) \ln \dfrac{T_2}{T_1} = C_v(n-k) \ln \dfrac{v_1}{v_2}$

$$= C_v \left(\dfrac{n-k}{n} \right) \ln \dfrac{P_2}{P_1}[\text{kJ/kg} \cdot \text{K}]$$

(6) 유효에너지와 무효에너지

열량 Q_1을 받고 열량 Q_2를 방열하는 열기관에서 기계적 에너지로 전환된 에너지를 유효에

너지 Q_a라 하면

$$Q_a = Q_1 - Q_2 [\text{kJ}]$$

① 유효에너지 : $Q_a = Q\eta_c = Q_1\left(1 - \dfrac{T_2}{T_1}\right) = Q_1 - T_2 \Delta S [\text{kJ}]$

② 무효에너지 : $Q_2 = Q_1(1 - \eta_c) = Q_1 \dfrac{T_2}{T_1} = T_2 \Delta S [\text{kJ}]$

여기서, $\Delta S = \dfrac{Q_1}{T_1}$

4 가스동력사이클

(1) 오토사이클(Otto cycle, 정적사이클, 가솔린기관의 기본사이클)

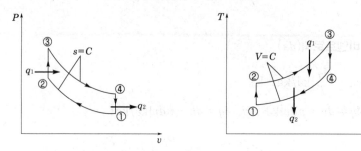

$$\eta_{tho} = \frac{w_{net}}{q_1} = 1 - \frac{q_2}{q_1} = 1 - \frac{T_4 - T_1}{T_3 - T_2} = 1 - \left(\frac{1}{\varepsilon}\right)^{k-1}$$

$$P_{meo} = P_1 \frac{(\alpha - 1)(\varepsilon^k - \varepsilon)}{(\varepsilon - 1)(k - 1)} [\text{kPa}]$$

오토사이클은 비열비(k) 일정 시 압축비(ε)만의 함수로서, 압축비를 높이면 열효율은 증가된다.

(2) 디젤사이클(Diesel cycle, 정압사이클, 저속디젤기관의 기본사이클)

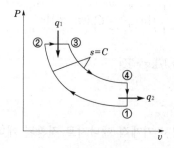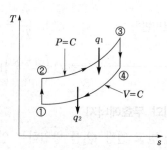

$$\eta_{thd} = 1 - \left(\frac{1}{\varepsilon}\right)^{k-1} \frac{\sigma^k - 1}{k(\sigma - 1)}$$

(3) 사바테사이클(Sabathe cycle, 복합사이클, 고속디젤기관의 기본사이클, 이중연소사이클)

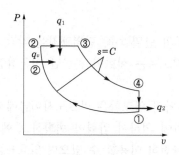 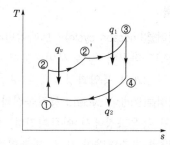

$$\eta_{ths} = 1 - \left(\frac{1}{\varepsilon}\right)^{k-1} \frac{\rho\sigma^k - 1}{(\rho - 1) + k\rho(\sigma - 1)}$$

사바테사이클은 압축비(ε)와 폭발비(ρ)를 증가시키고 단절비(σ)를 작게 할수록 이론열효율은 증가된다.

ⓟoint

각 사이클의 비교
- 가열량 및 압축비가 일정할 경우 : η_{tho}(Otto) > η_{ths}(Sabathe) > η_{thd}(Diesel)
- 가열량 및 최대 압력을 일정하게 할 경우 : η_{tho}(Otto) < η_{ths}(Sabathe) < η_{thd}(Diesel)

---

(4) 가스터빈사이클(브레이턴사이클)

$$\eta_B = \frac{q_1 - q_2}{q_1} = 1 - \frac{T_4 - T_1}{T_3 - T_2} = 1 - \frac{1}{\left(\frac{P_2}{P_1}\right)^{\frac{k-1}{k}}} = 1 - \left(\frac{1}{\gamma}\right)^{\frac{k-1}{k}}$$

여기서, γ : 압력비$\left(= \frac{P_2}{P_1}\right)$

① 터빈의 단열효율(η_t)= $\dfrac{h_3 - h_4'}{h_3 - h_4} = \dfrac{T_3 - T_4'}{T_3 - T_4}$

② 압축기의 단열효율(η_c)= $\dfrac{h_2 - h_1}{h_2' - h_1} = \dfrac{T_2 - T_1}{T_2' - T_1}$

③ 실제 사이클의 열효율

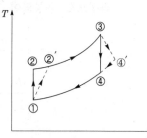

[브레이턴사이클의 $T-s$ 선도]

$$\eta_a = \frac{w'}{q_1'} = \frac{(h_3 - h_4) - (h_2' - h_1)}{h_3 - h_2'}$$

$$= \frac{(T_3 - T_4') - (T_2' - T_1)}{T_3 - T_2}$$

(5) 기타 사이클

① 에릭슨사이클(Ericsson cycle) : 브레이턴사이클의 단열압축, 단열팽창을 각각 등온압축, 등온팽창으로 바꾸어 놓은 사이클로서 구체적으로는 실현이 곤란한 이론적인 사이클이다 (등온과정 2개와 등압과정 2개로 구성).

② 스털링사이클(Stirling cycle) : 동작물질과 주위와의 열교환은 카르노사이클에서와 마찬가지로 2개의 등온과정에서 이루어진다. 열교환에 의하여 압력이 변화하고 에릭슨사이클과 흡입열량과 방출열량이 같고, 방출열량을 완전히 이용할 수 있으며 열효율은 카르노사이클과 같다(등온과정 2개와 등적과정 2개로 구성).

③ 앳킨슨사이클(Atkinson cycle) : 오토사이클과 등압방열과정만이 다르며, 오토사이클의 배기로 운전되는 가스터빈의 이상사이클로서 등적가스터빈사이클이라고도 한다. 이 사이클은 오토사이클로부터 팽창비를 압축비보다 크게 함으로써 더 많은 일을 할 수 있도록 수정한 것이다(등적과정 1개, 가역단열과정 2개, 등압과정 1개로 구성).

④ 르누아르사이클(Lenoir cycle) : 동작물질의 압축과정이 없으며, 정적하에서 급열되어 압력이 상승한 후 기체가 팽창하면서 일을 하고 정압하에 배열된다. 이 사이클은 펄스제트 (pulse jet)추진계통의 사이클과 비슷하다(등적과정 1개, 가역단열과정 1개, 등압과정 1개로 구성).

5 증기원동소사이클

(1) 랭킨사이클(Rankine cycle)

증기원동소의 기본사이클로서 2개의 단열과정과 2개의 등압과정으로 구성되어 있다. 랭킨사이클의 열효율(η_R)은

$$\eta_R = 1 - \frac{q_2}{q_1} = 1 - \frac{h_4 - h_1}{h_3 - h_2}$$

$$= \frac{(h_3 - h_4) - (h_2 - h_1)}{h_3 - h_2} \times 100[\%]$$

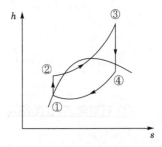

[랭킨사이클 $h-s$ 선도]

펌프일(w_p)을 무시할 경우($h_2 = h_1$) 이론열효율(η_R)은

$$\eta_R = \frac{w_t}{h_3 - h_1} = \frac{h_3 - h_4}{h_3 - h_1} \times 100[\%]$$

랭킨사이클의 이론열효율은 초온 초압이 높을수록, 배압(복수기 압력)이 낮을수록 커진다.

(2) 재열사이클(reheating cycle)

터빈날개의 부식을 방지하고 팽창일을 증대시키는 데 주로 사용된다. 1단 재열사이클의 열효율(η_{RH})은

$$\eta_{RH} = 1 - \frac{q_2}{q_1} = 1 - \frac{q_2}{q_b + q_R}$$

$$= 1 - \frac{h_5 - h_1}{(h_3 - h_2) + (h_4 - h_3{'})}$$

$$= \frac{\{(h_3 - h_3{'}) + (h_4 - h_5)\} - (h_2 - h_1)}{(h_3 - h_2) + (h_4 - h_3{'})}$$

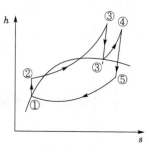

[재열사이클 $h-s$ 선도]

펌프일(w_p)을 무시할 경우($h_2 \fallingdotseq h_1(\text{put})$) 이론열효율($\eta_{RH}$)은

$$\eta_{RH} = \frac{(h_3 - h_3{'}) + (h_4 - h_5)}{(h_3 - h_1) + (h_4 - h_3{'})} \times 100[\%]$$

(3) 재생사이클(regenerative cycle)

이 사이클은 증기원동소에서는 복수기에서 방출되는 열량이 많아 열손실이 크므로 방출열량을 회수하여 공급열량을 가능한 한 감소시켜 열효율을 향상시키는 사이클이다.

$$w_t = h_4 - h_7 - m_1(h_5 - h_7) + m_2(h_6 - h_7)$$
$$\text{공급열량 } q_1 = h_4 - h_5{'}$$

여기서, $m_1(h_5 - h_7)$: m_1[kg] 추가로 인한 터빈일 감소량

$m_2(h_6 - h_7)$: m_2[kg] 추가로 인한 터빈일 감소량

펌프일(w_p)을 무시할 경우 이론열효율(η_{RG})은

$$\eta_{RG} = \frac{w_t}{q_1} = \frac{h_4 - h_7 - m_1(h_5 - h_7) + m_2(h_6 - h_7)}{h_4 - h_5{'}} \times 100[\%]$$

6 **기타 냉동사이클**

(1) 역카르노사이클(냉동기 이상사이클)

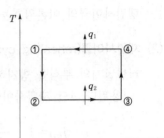

① 냉동기의 성능계수(ε_R) $= \dfrac{q_2}{w_c}$

$\qquad = \dfrac{\text{저온체에서의 흡수열량(냉동효과)}}{\text{공급일}}$

$\qquad = \dfrac{T_2}{T_1 - T_2} = \varepsilon_H - 1$

② 열펌프의 성능계수(ε_H) $= \dfrac{q_1}{w_c} = \dfrac{\text{고온체에 공급한 열량}}{\text{공급일}}$

$\qquad = \dfrac{T_1}{T_1 - T_2} = \varepsilon_R + 1$

(2) 공기 표준 냉동(역브레이턴)사이클

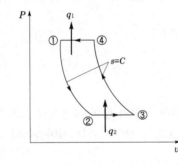 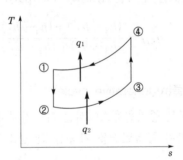

① 방열량(등압일 때)(q_1) $= C_p(T_1 - T_4)$

② 흡열량(등압) 또는 냉동효과(q_2) $= C_p(T_3 - T_2)$

③ 성적계수(ε_R) $= \dfrac{q_2}{q_1 - q_2} = \dfrac{T_2}{T_1 - T_2}$

(3) 증기압축냉동사이클

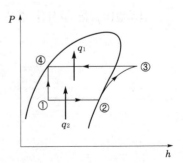

① 흡입열량(냉동효과)(q_2) $= h_2 - h_1 = h_2 - h_4$

② 방열량(q_1) $= h_3 - h_4$

③ 압축일(w_c) $= h_3 - h_2$

④ 성적계수(ε_R) $= \dfrac{q_2}{w_c} = \dfrac{h_2 - h_1}{h_3 - h_2} = \dfrac{h_2 - h_4}{h_3 - h_2}$

(1) 개념

어떤 물질이 급격한 산화작용을 일으킬 때 다량의 열과 빛을 발생하는 현상을 연소(combustion)라 하며, 연소열을 경제적으로 이용할 수 있는 물질을 연료(fuel)라 한다. 연료는 그 상태에 따라 고체연료, 액체연료, 기체연료로 구분한다. 연료비(fuel ratio)는 고정탄소와 휘발분의 비로 정의된다.

> **가스**
>
> 액화천연가스(LNG)의 주성분은 메탄(CH_4)이고, 액화석유가스(LPG)의 주성분은 프로판(C_3H_8), 부탄(C_4H_{10}) 등이고, 발열량은 46,046kJ/kg 정도로 도시가스보다 크며 독성이 없고 폭발한계가 좁기 때문에 위험성이 작다.

(2) 연소의 기초식(반응식)

① 탄소(C)의 완전 연소반응식

$$C + O_2 \rightarrow CO_2 + 406,879kJ/kmol$$

반응물의 중량 : 12kg+16×2kg=44kg(생성물의 질량)

탄소 1kg당 1kg+2.67kg=3.67kg

즉 탄소 1kg이 산소(O_2) 2.67kg과 결합하여 3.67kg의 탄산가스를 생성하며, 이때 발열량은 $\frac{406,879}{12}=33,907kJ/kg$이다.

② 수소(H_2)의 연소반응식

$$H_2 + \frac{1}{2}O_2 \rightarrow H_2O(수증기) + 241,114kJ/kmol$$

H_2O(물) : 286,322kJ/kmol

반응물의 중량 : 2kg+16kg=18kg(생성물의 질량)

수소 1kg당 1kg+8kg=9kg

즉 수소 1kg이 산소(O_2) 8kg과 결합하여 증기(물) 9kg을 생성하며, 이때 발열량은 $\frac{241,114}{2}=$ 120,557kJ/kg이다.

③ 황(S)의 연소반응식

$$S + O_2 \rightarrow SO_2 + 334,880kJ/kmol$$

반응물의 중량 : 32kg+(16×2)kg=64kg(생성물의 질량)

황 1kg당 1kg+1kg=2kg

즉 황 1kg이 산소(O_2) 1kg과 결합하여 2kg의 이산화황(아황산가스)을 생성하며, 이때 발

열량은 $\dfrac{334,880}{32}=10,465\text{kJ/kg}$이다.

④ 탄화수소($C_m H_n$)계 연료의 완전 연소반응식

$$C_m H_n + \left(m + \frac{n}{4}\right)O_2 \rightarrow mCO_2 + \frac{n}{2}H_2O$$

㉠ 저위발열량 : $H_l = 33,907\text{C} + 120,557\left(\text{H} - \dfrac{\text{O}}{8}\right) + 10,465\text{S} - 2,512\left(w + \dfrac{9}{8}\text{O}\right)[\text{kJ/kg}]$

㉡ 고위발열량 : $H_h = H_l + 2.51(w + 9\text{H})[\text{kJ/kg}]$

8 　열의 이동(열전달)

(1) 전도(conduction)

$$Q = -KA\frac{dT}{dx}[\text{W}]\text{(푸리에의 열전도법칙)}$$

여기서, Q : 시간당 전도열량(W), K : 열전도계수(W/m · K), A : 전열면적(m^2), dx : 두께(m)

$\dfrac{dT}{dx}$: 온도구배(temperature gradient)

① 다층벽을 통한 열전도계수

$$\frac{1}{k} = \frac{x_1}{k_1} + \frac{x_2}{k_2} + \frac{x_3}{k_3} = \sum_{i=1}^{n} \frac{x_i}{k_i}$$

② 원통에서의 열전도(반경방향) : $Q = \dfrac{2\pi L k}{\ln\dfrac{r_2}{r_1}}(t_1 - t_2) = \dfrac{2\pi L}{\dfrac{1}{k}\ln\dfrac{r_2}{r_1}}(t_1 - t_2)[\text{W}]$

(2) 대류(convection)

보일러나 열교환기 등과 같이 고체표면과 이에 접한 유체(liquid or gas) 사이의 열의 흐름
을 말한다. 뉴턴의 냉각법칙(Newton's cooling law)은

$$Q = hA(t_w - t_\infty)[\text{W}]$$

여기서, h : 대류열전달계수(W/m^2 · K), A : 대류전열면적(m^2)
t_w : 벽면온도(℃), t_∞ : 유체온도(℃)

(3) 열관류(고온측 유체 → 금속벽 내부 → 저온측 유체의 열전달)

$$Q = KA(t_1 - t_2) = KA(LMTD)[\text{W}]$$

$$K = \frac{1}{R} = \cfrac{1}{\cfrac{1}{\alpha_1} + \Sigma \cfrac{l}{\lambda} + \cfrac{1}{\alpha_2}}[\text{W/m}^2 \cdot \text{K}]$$

여기서, K : 열관류율(열통과율)(W/m$^2 \cdot$ K), A : 전열면적(m^2), t_1 : 고온유체온도(℃)

t_2 : 저온유체온도(℃), $LMTD$: 대수평균온도차(℃)

① 대향류(향류식)

$$\Delta t_1 = t_1 - t_{w2}, \ \Delta t_2 = t_2 - t_{w1}$$

$$\therefore \ LMTD = \frac{\Delta t_1 - \Delta t_2}{\ln\dfrac{\Delta t_1}{\Delta t_2}}[\text{℃}]$$

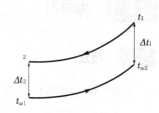

② 평행류(병류식)

$$\Delta t_1 = t_1 - t_{w1}, \ \Delta t_2 = t_2 - t_{w2}$$

$$\therefore \ LMTD = \frac{\Delta t_1 - \Delta t_2}{\ln\dfrac{\Delta t_1}{\Delta t_2}} = \frac{\Delta t_1 - \Delta t_2}{2.303\log\dfrac{\Delta t_1}{\Delta t_2}}[\text{℃}]$$

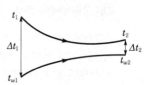

(4) 복사(radiation)

스테판-볼츠만(Stefan-Boltzmann)의 법칙은

$$Q = \varepsilon \sigma A T^4[\text{W}]$$

여기서, ε : 복사율($0 < \varepsilon < 1$), σ : 스테판-볼츠만상수($= 5.67 \times 10^{-8}\text{W/m}^2 \cdot \text{K}^4$)

A : 전열면적(m^2), T : 물체 표면온도(K)

4 Chapter 냉동장치의 구조

1 압축기

1.1 개요

증발기에서 증발한 저온 저압의 기체냉매를 흡입하여 응축기에서 응축, 액화하기 쉽도록 응축온도에 상당하는 포화압력까지 압력을 증대시켜 주는 기기이다.

> **용량제어의 목적**
>
> 용량제어(capacity control)란 부하변동에 대하여 압축기를 단속 운전하는 것이 아니고 운전을 계속하면서 냉동기의 능력을 변화시키는 장치이다.
> - 부하변동에 따라 경제적인 운전을 도모한다.
> - 압축기를 보호하며 기계적 수명을 연장한다.
> - 일정한 냉장실(증발온도)을 유지할 수 있다.
> - 무부하와 경부하기동으로 기동 시 소비전력이 작다.

1.2 분류

(1) 구조(외형)에 의한 분류

① 개방형(open type) 압축기 : 압축기와 전동기(motor)가 분리된 구조
  ㉠ 직결구동식 압축기 : 압축기의 축(shaft)과 전동기의 축이 직접 연결되어 동력을 전달하는 형태
  ㉡ 벨트구동식 압축기 : 압축기의 플라이휠(flywheel)과 전동기의 풀리(pully) 사이에 V 벨트로 연결하여 동력을 전달하는 형태

② 밀폐형(hermetic type) 압축기 : 압축기와 전동기가 하나의 용기(housing) 내에 내장되어 있는 구조
  ㉠ 반밀폐형 압축기
    - 볼트로 조립되어 분해 및 조립이 가능하다.

- 서비스밸브(service valve)가 흡입측 및 토출측에 부착되어 있다.
- 오일플러그(oil plug) 및 오일사이트글라스(oil sight glass)가 부착되어 유량측정이 가능하다.

    ⓛ 완전 밀폐형 압축기
- 밀폐된 용기 내에 압축기와 전동기가 동일한 축에 연결되어 있다.
- 가정용 냉장고 및 룸쿨러(room cooler) 등에 사용되고 있다.

    ⓒ 전밀폐형 압축기 : 완전 밀폐형과 동일한 구조로서 흡입측 또는 토출측에 1개의 서비스밸브가 부착되어 있다(주로 흡입부에 부착).

[개방형 압축기와 밀폐형 압축기 비교]

구분	개방형 압축기	밀폐형 압축기
장점	• 압축기의 회전수 가감이 가능하다. • 고장 시에 분해 및 조립이 가능하다. • 전원이 없는 곳에서도 타 구동원으로 운전이 가능하다. • 서비스밸브를 이용하여 냉매, 윤활유의 충전 및 회수가 가능하다.	• 과부하운전이 가능하다. • 소음이 작다. • 냉매의 누설 우려가 작다. • 소형이며 경량으로 제작된다. • 대량 생산으로 제작비가 저렴하다.
단점	• 외형이 커서 설치면적이 커진다. • 소음이 커서 고장 발견이 어렵다. • 냉매 및 윤활유의 누설 우려가 있다. • 제작비가 비싸다.	• 수리작업이 불편하다. • 전원이 없으면 사용할 수 없다. • 회전수 가감이 불가능하다. • 냉매 및 윤활유의 충전, 회수가 불편하다.

(2) 압축방식에 의한 분류

    ① 왕복동식 압축기 : 실린더(기통) 내에서 피스톤의 상하 또는 좌우 왕복운동에 의해 가스를 압축하는 구조

    ② 회전식 압축기 : 로터(rotor)의 회전운동에 의해 냉매를 연속 흡입, 토출하는 구조

    ③ 스크루압축기 : 암(female), 수(male)의 치형(lobe)을 갖는 2개의 로터가 서로 맞물려 회전하면서 가스를 압축하는 구조

    ④ 원심식 압축기 : 터보냉동기라고도 하며 임펠러(impeller)의 고속회전에 의한 원심력을 이용하여 가스를 압축하는 구조

(3) 기통(실린더)의 배열에 의한 분류

    ① 입형 압축기(vertical type compressor)

    ② 횡형 압축기(horizontal type compressor)

    ③ 고속다기통압축기(high speed multi type compressor)

(4) 기타

속도에 의한 분류 및 사용냉매에 의한 분류(암모니아, 프레온, 탄산가스 등)로 대별할 수 있다.

1.3 종류와 특징

1) 왕복동압축기

(1) 입형 압축기

① 암모니아 및 프레온용으로 제작하고 있다.

② 기통수는 1~4기통이며 보통 2기통이다.

③ 회전수는 저·중속으로 제작되고 있다.

④ 톱 클리어런스(top clearance)는 0.8~1mm 정도로 좁고 실린더 상부에 안전두(safety head)를 설치한다.

⑤ 암모니아용은 실린더를 냉각하기 위해 워터재킷(water jacket)을 설치하고, 프레온용은 냉각핀(fin)을 부착한다.

    ㉠ 통극(top clearance) : 피스톤의 최상부의 위치(상사점)와 밸브 플레이트(valve plate)와의 사이에 해당하는 공간

    ㉡ 안전두(safety) : 실린더의 헤드커버(head cover)와 밸브 플레이트의 토출밸브 시트(seat) 사이를 강한 스프링으로 지지하고 있는 것으로 냉동장치의 운전 중에 실린더 내로 이물질이나 액냉매가 유입되어 압축 시에 이상압력의 상승으로 압축기가 소손되는 것을 방지하는 역할을 하며, 작동압력은 정상 토출압력보다 294kPa 정도 높을 경우이다.

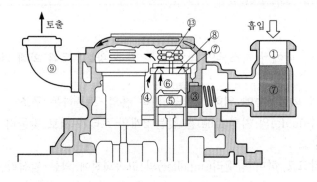

① 흡입관(흡입밸브)	② 스케일 트랩(scale trap)	③ 흡입여과망(suction strainer)
④ 크랭크케이스 흡입실	⑤ 피스톤	⑥ 실린더
⑦ 흡입밸브	⑧ 토출밸브	⑨ 토출판(discharge line)
⑩ 상사점	⑪ 밸브 플레이트	⑫ 통극
⑬ 안전두 스프링		

[입형 압축기]

(2) 횡형 압축기

① 안전두가 없다.

② 통극은 3mm 정도로 커서 체적효율이 작다.

③ 주로 1기통이며 복동식이다.

④ 중량 및 설치면적이 크며 진동이 심하므로 대형 이외는 제작하지 않는다.

⑤ 크랭크케이스가 대기 중에 노출되어 있다.

> • 단동(single acting)식 : 크랭크축(crank shaft)의 1회전으로 흡입행정과 토출행정이 1회에 한정되는 압축
> • 복동(double acting)식 : 크랭크축의 1회전으로 흡입행정과 토출행정이 각각 2회에 한정되는 압축
> • 행정(stroke) : 피스톤의 상사점과 하사점 사이의 왕복운동의 구간(거리)

(3) 고속다기통압축기

① 회전수가 빠르고(900~3,500rpm) 실린더수가 많기 때문에(4~16기통) 능력에 비하여 소형이며 경량으로 설치면적이 작다.

② 동적 및 정적인 균형이 양호하고 진동이 작으며 기초공사가 용이하다.

③ 실린더 라이너를 교환할 수 있는 구조로 부품의 호환성이 있다.

④ 용량제어와 기동 시 경부하운전이 가능하며 자동운전이 용이하다.

⑤ 고속회전에 의해 실린더가 과열하기 쉽고 윤활유의 소비량이 많으며 냉각장치(oil cooler)가 필요하다.

⑥ 통극이 비교적 크며 마찰저항이 커서 체적효율이 저하하며 고진공을 얻기 어렵다.

⑦ 활동부의 마찰 마모가 크다.

⑧ 운전 중 기계소리가 커서 고장 발견이 어렵다.

[고속다기통압축기의 장단점]

장점	단점
• 고속으로 능력에 비해 소형이다.	• 체적효율이 낮고 고진공을 얻기 어렵다.
• 동적·정적 밸런스가 양호하여 진동이 작다.	• 고속으로 윤활유소비량이 많다.
• 용량제어(무부하기동)가 가능하다.	• 윤활유의 열화 및 탄화가 쉽다.
• 부품의 호환성이 좋다.	• 마찰이 커 베어링의 마모가 심하다.
• 강제 급유식을 채택하여 윤활이 용이하다.	• 소음으로 고장 발견이 어렵다.

2) 회전식 압축기

(1) 고정날개형

① 축과 실린더는 동심이며 축에 편심인 회전피스톤(rotor)의 회전에 의해 가스를 압축한다.

② 로터의 한쪽 면은 실린더 내벽면에 접촉되어 있고, 다른 한쪽 면은 2개의 블레이드(blade)에 밀착되어 있다.

(2) 회전날개형

① 축과 로터는 동심이며, 실린더에는 편심으로 고정되어 있다.

② 로터 속에는 2~4개의 날개(vane)가 삽입되어 있으며 회전 시 원심력에 의해 실린더벽면에 밀착되어 가스를 압축한다.

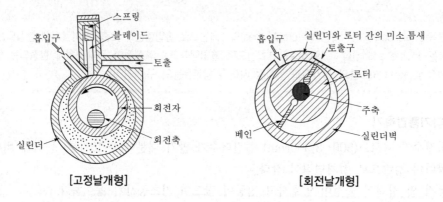

[고정날개형]　　　　　　　　[회전날개형]

(3) 특징

① 로터의 회전에 의한 압축이다.

② 왕복동식에 비해 부품수가 작고 간단하다.

③ 진동 및 소음이 작다.

④ 오일냉각기(oil cooler)가 있다.

⑤ 체적효율이 양호하다.

⑥ 흡입밸브가 없고 토출밸브는 체크밸브(역지밸브)이며, 크랭크케이스 내부는 고압이다.

⑦ 압축이 연속적이며 고진공을 얻을 수 있어 진공펌프용으로 적합하다.

⑧ 활동 부분은 정밀도와 내마모성을 요구한다.

⑨ 기동 시에 경부하기동이 가능하다.

⑩ 원심력에 의한 베인의 밀착으로 압축되므로 회전수는 빨라야 한다.

3) 스크루(screw)압축기

① 수로터(male rotor)와 암로터(female rotor)가 회전하면서 냉매가스를 흡입하여 압축 및 토출한다.

② 흡입밸브 및 토출밸브가 없어 밸브의 마모와 소음이 없다.

③ 냉매압력손실이 없어서 효율이 향상된다.

④ 운전 및 정지 중에 고압가스가 저압측으로의 역류를 방지하기 위해 흡입과 토출측에 체크밸브를 설치해야 한다.

⑤ 크랭크샤프트, 피스톤링, 커넥팅로드 등의 마모 부분이 없어 고장률이 작다.

⑥ 왕복동식과 동일 냉동능력일 때 압축기 체적이 작다.

⑦ 무단계 용량제어가 가능하며 연속적으로 행해진다.

⑧ 체적효율이 크다.

⑨ 독립된 오일펌프가 필요하다.

⑩ 고속 회전(보통 3,500rpm)이므로 소음이 많다.

⑪ 경부하 시에 동력이 많이 소요된다.

⑫ 유지비가 비싸다.

4) 원심식 압축기

① 회전운동으로 동적인 균형이 안정되고 진동이 작다.

② 마찰 부분(흡입 및 토출밸브, 실린더, 피스톤, 크랭크샤프트 등)이 없어 고장이 적고 마모에 의한 손상이나 성능 저하가 작다.

③ 보수가 용이하고 수명이 길다.

④ 중·대용량의 경우에 다른 기기에 비해서 냉동능력당 설치면적이 작다.

⑤ 저압냉매의 사용으로 위험이 작다.

⑥ 용량제어가 간단하고 제어범위가 넓다.

⑦ 소용량의 경우에는 제작상의 한계로 채용하기 어렵다.

- 유압계에 나타나는 압력＝순수 유압＋정상 저압(크랭크케이스 내 압력)
- 정상 유압
  - 소형＝정상 저압＋50kPa
  - 입형 저속＝정상 저압＋50～150kPa
  - 고속다기통＝정상 저압＋150～300kPa
  - 터보형＝정상 저압＋600kPa
  - 스크루형＝토출압력(고압)＋200～300kPa

1.4 왕복동식 압축기의 구조(주요 구성부품)

(1) 실린더(cylinder)

피스톤의 운동으로 증기냉매를 압축하는 기통이다.

① 입형 저·중속압축기는 본체와 일체이며, 실린더지름은 최대 300mm(안지름) 정도의 고급 주철로 되어 있다.

② 고속다기통압축기는 실린더라이너(cylinder liner)가 있어 분해, 교환할 수 있으며, 실린더지름은 최대 180mm 정도의 강력주철이다.

③ 제작 후 3,000kPa 이상의 수압으로 내압시험을 행한다.

④ 간극(실린더벽과 피스톤과의 사이)은 입형에서는 지름의 0.7/1,000~1/1,000이고, 다기통에서는 0.8/1,000이다(2/1,000 이상이면 보링을 필요로 한다).

(2) 피스톤(piston)

실린더 내에서 왕복운동으로 증기냉매를 압축하는 기구이다.

① 중량 감소와 냉각을 위해서 중공(中空)상태로 제작한다.

② 재질은 강력주물 또는 알루미늄합금이다.

③ 본체에는 2~3개의 피스톤링(압축링과 오일링)이 끼워져 있다.

④ 피스톤의 형태에 따라 구별하는 종류는 다음과 같다.

   ㉠ 플러그형(plug type, 평두형)

     • 냉매가스를 피스톤 상부에서 흡입하여 압축 후 상부로 토출하는 형식이다.

     • 흡입밸브와 토출밸브는 밸브 플레이트(valve plate)에 부착되어 있다.

     • 실린더의 헤드 부분은 저압측과 고압측으로 구분된다.

     • 크랭크케이스(crank case) 내의 윤활유와 접촉하지 않은 형태이므로 오일포밍(oil foaming)현상이 감소될 수 있다.

     • 소형 프레온용에 사용되고 있다.

   ㉡ 개방형(open type, single trunk type)

     • 피스톤 하부에서 흡입하여 압축 후 상부로 토출하는 형식이다.

     • 흡입밸브는 피스톤 헤드에, 토출밸브는 밸브 플레이트(valve plate)에 부착되어 있다.

     • 오일포밍현상을 유발할 가능성이 많다.

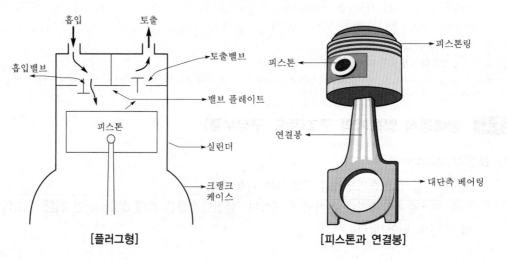

[플러그형]   [피스톤과 연결봉]

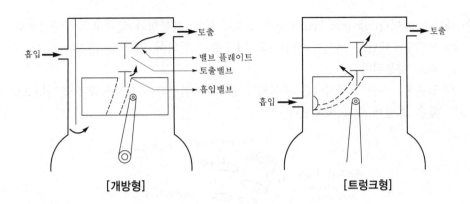

[개방형]　　　　　　　　[트렁크형]

(3) 피스톤링(piston ring)

① 압축행정 시에 가스의 누설을 방지하고 실린더벽면에 윤활작용을 한다.

② 원형의 링으로 한 곳이 절단되어 있으며 절단형식에 따라 평면절단형, 사면절단형, 계단절단형으로 구분한다.

③ 역할에 따라 압축링과 오일링으로 구분하다.

④ 피스톤링을 절단할 때는 절단면이 일치하지 않도록 하여 가스의 누설을 최소화해야 한다.

(4) 피스톤핀(piston pin)

① 피스톤의 보스(boss)에 끼워져 연결봉과 피스톤을 결합시킨다.

② 중량 감소를 위해 중공(中空)상태로 제작되며 실린더벽으로 윤활을 용이하게 한다.

③ 고정식(set screw type)은 암모니아용에, 유동식(floating type)은 프레온용에 주로 사용한다.

(5) 연결봉(connecting rod)

① 피스톤과 크랭크샤프트를 연결하여 크랭크샤프트의 회전운동을 피스톤의 왕복운동으로 전달한다.

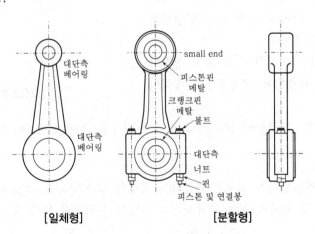

[일체형]　　　　　　　　[분할형]

② 대단측 베어링(big end bearing)의 형태에 따라 분할형과 일체형으로 구분한다.
  ㉠ 분할형 : 대단측 베어링이 볼트와 너트로 조립되어 있으며, 행정(行程)이 큰 대형에 주로 사용된다.
  ㉡ 일체형 : 대단측 베어링은 분해되지 않으며, 연결되는 크랭크축은 편심형으로 행정이 짧은 소형에 주로 사용된다.

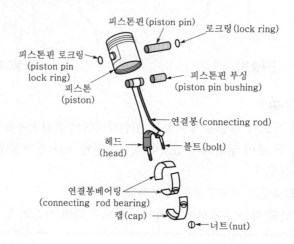

(6) 크랭크축(crank shaft)

① 압축기의 주축으로 회전에너지를 전달받아 연결봉을 통해 피스톤에 운동에너지를 공급한다.
② 제원은 탄소강으로 제작되며 내마모성을 증가시키기 위해 표면 처리를 한다.
③ 형태에 따른 종류에는 크랭크형, 편심형, 스카치 요크형 등이 있다.
  ㉠ 크랭크형 : 축 자체가 휘어져 있으며 피스톤행정이 큰 대형에 사용하고, 연결되는 연결봉은 분할형이다.
  ㉡ 편심형 : 축심은 휘어져 있지 않고 행정이 짧은 소형에 사용되며, 연결봉은 일체형이 연결된다.
  ㉢ 스카치 요크형 : 연결봉이 없는 구조로 소형(가정용) 밀폐형에 이용된다.

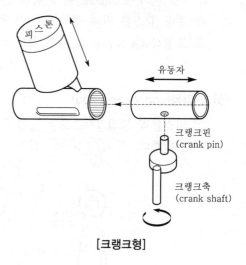

[크랭크형]

(7) 축봉(shaft seal)

크랭크샤프트가 크랭크케이스 외부로 관통하는 개방형 압축기(open type compressor)에서 냉매, 윤활유 누설 및 외기의 침입을 방지하고 기밀을 유지하기 위한 장치이다.

① 축상형 축봉장치(stuffing box type)

   ㉠ 그랜드패킹형(gland packing type)이라고도 한다.

   ㉡ 저속용에 사용한다.

   ㉢ 스터핑박스 안에 패킹이 들어 있고 윤활유가 공급되어 누설을 방지하는 구조로 되어 있다.

   ㉣ 기동할 때는 그랜드패킹조임볼트를 풀어주고, 정지 중에는 조인다.

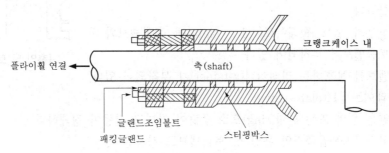

[축상형 축봉장치]

② 기계적 축봉장치(mechanical seal, 활윤식)

   ㉠ 일명 러빙링식이라고도 하며 고속용에 사용된다.

   ㉡ 재질은 금속재와 고무류를 사용한다.

   ㉢ 형식에는 주름통식(bellows type)과 막상형(diaphragm type)이 있다.

> **주름통식**
>
> • 회전식 : 주름통 내측에 냉매가스압력이 걸린다(축과 함께 회전).
> • 고정식 : 주름통 외측에 냉매가스압력이 걸린다(축만 회전).

(8) 흡입밸브와 토출밸브

① 밸브의 구비조건

   ㉠ 동작이 경쾌하고 가벼울 것

   ㉡ 냉매통과저항이 작을 것

   ㉢ 마모와 파손에 강하고 변형이 작을 것

   ㉣ 닫히면 가스의 누설이 없을 것

② 밸브의 종류

   ㉠ 포핏밸브(poppet valve)

     • 구조가 견고하고 파손이 적으며 밸브의 운동을 안내하는 밸브스템(stem)이 있다.

     • 개폐가 확실하나 중량이 무거워 고속다기통에는 부적당하며 저속용의 흡입밸브로 적당하다.

     • 가스의 통과속도는 40m/s 정도이며, 밸브의 리프트는 3mm 정도이다.

ⓛ 리드밸브(reed valve)
- 얇은 판상변으로 유체흐름을 각 면의 압력변화에 따라 열고 닫는 단일방향으로 제한하는 체크밸브의 유형이다.
- 자체의 탄성에 의해서 개폐된다.
- 중량이 가볍고 작동이 경쾌하며 소형 프레온용에 적합하다.
- 상부의 밸브 플레이트(valve plate)에 흡입밸브와 토출밸브가 부착되어 있다.
- 밸브를 보호하는 리테이너(retainer)가 부착되어 있다.

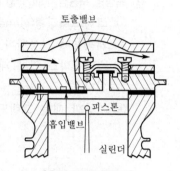

[흡입 및 토출밸브]

ⓒ 플레이트밸브(plate valve)
- 얇은 원형 또는 환형(ring)으로 중량이 가볍고 작동이 경쾌하다.
- 고속다기통압축기의 흡입 및 토출밸브로 사용된다.

(9) 서비스밸브(service valve)

① 냉매의 통로를 개폐 조절하며 냉매, 윤활유의 충전 및 회수, 공기의 방출, 압력측정 등 고장탐구 등에 이용된다.
② 압축기의 흡입측 또는 토출측에 부착되어 있다.

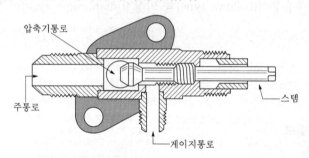

③ 밸브의 개폐상태

스템의 위치	주통로	압축기통로	게이지통로
앞자리	닫힘	열림	열림
중간자리	열림	열림	열림
뒷자리	열림	열림	닫힘

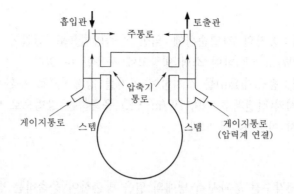

흡입관 → 주통로 ← 토출관

압축기
통로

게이지통로 스템   스템 게이지통로
(압력계 연결)

> • **펌프아웃(pump out)** : 고압측 누설이나 이상 시 고압측 냉매를 저압측(저압측 수액기, 증발기)으로 이동시켜 고압측을 수리한다.
> • **펌프다운(pump down)** : 저압측 냉매를 고압측(응축기, 고압측 수액기)으로 이동시켜 저압측을 수리하기 위해 실시한다.

2 응축기

> **Ｐ**oint
> • **열통과율이 가장 좋은 응축기** : 7통로식 응축기
> • **냉각수가 가장 적게 드는 응축기** : 증발식 응축기(대기의 습구온도에 영향을 받는 응축기)

2.1 개요

압축기에서 압축된 고온 고압의 기체냉매의 열을 주위의 공기 및 냉각수에 방출함으로써 응축, 액화시키는 기기이다.

2.2 종류와 특징

(1) 공냉식 응축기

① **특징** : 응축기의 냉각관 사이로 공기를 자연 또는 강제적으로 순환시켜 응축시키는 방법으로, 전열이 불량하고 응축온도 및 압력이 높아지는 이유로 소형 프레온장치에서만 사용이 가능하다.

② 종류

㉠ 자연대류식 : 공기의 자연순환에 의한 응축방법으로 전열이 불량(전열계수(열통과율) : 24.42W/m² · K)하여 소형 냉장고에 사용할 수 있다.

㉡ 강제대류식 : 송풍기(fan)를 설치하여 공기를 강제적으로 순환시킴으로써 전열의 효과를 증대시켜(전열계수 : 29.17W/m² · K) 응축하는 방법으로 냉각수의 공급이 복잡한 장소에서 이용가치가 크다.

(2) 수냉식 응축기

① 응축기 내에 냉각수를 통과시켜 냉매의 열을 방출하여 응축하는 방법으로, 전열이 양호하며 응축온도 및 응축압력이 낮고 동일 냉동능력에서 공냉식보다 기기가 소형화될 수 있으므로 대용량의 암모니아 및 프레온용에 많이 사용된다.

② 종류

㉠ 입형 셀 앤드 튜브식 응축기(vertical shell and tube type condenser)

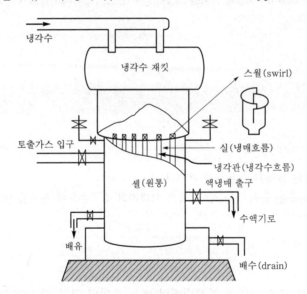

- NH₃용의 대용량(10~150RT)에 이용된다.
- 구조는 여러 개의 냉각관(유효길이 4,190~4,800mm, 외경 51mm, 두께 2.9mm)을 원통(shell, 외경 560~965mm) 내에 수직으로 세우고 원통의 상·하 경판에 용접하였다.
- 원통 내에는 냉매가, 냉각관에는 냉각수가 순환한다.
- 냉각관의 상부에는 개별적으로 스월(swirl)을 삽입하여 냉각수가 냉각관 내를 선회하도록 하여 전열을 증가시키고 냉각수의 소비를 절감시킨다.

㉡ 횡형 셀 앤드 튜브식 응축기(horizontal shell and tube type condenser)

- NH₃ 및 프레온용의 대·중·소형에 공통으로 이용된다.

- 냉각수의 수속이 1.5~2.0m/s 정도로 일반적으로 냉각관 내를 2패스(2~16pass까지 있음) 순환한다.
- 냉매는 원통(셸) 상부로 유입되어 하부로 흐르고, 냉각수는 원통 하부의 냉각관으로 유입되어 냉매와 열교환한 후 상부로 흐른다.
- 냉각관은 NH₃용은 강관을, 프레온용은 로 핀 튜브(low finned tube)를 사용한다.
- 수액기의 역할을 겸용할 수 있으며, 이런 경우에는 별도로 수액기를 설치하지 않아도 된다.

> **핀 튜브(finned tube)**
>
> 냉동장치에서 냉매와 다른 유체(냉각수, 냉수, 공기 등)와의 열교환에서 전열이 불량한(전열저항이 큰) 측에 전열면적을 증가시켜 주기 위하여 튜브(tube, pipe)에 핀(fin, 냉각날개)을 부착한 것으로 일반적으로 전열이 불량한 프레온용 냉각관에서 이용되고 있으며, 부착형태에 따라 다음과 같이 구별된다.
> - 로 핀 튜브(low finned tube) : tube 외측면에 fin을 부착한 형태의 finned tube
> - 이너 핀 튜브(inner finned tube) : tube 내측면에 fin을 부착한 형태의 finned tube

ⓒ 7통로식 응축기(sever pass shell and tube type condenser)
  - 1대당 10RT용으로 제작되어 냉동능력에 대응하여 증감하여 설치할 수 있다.
  - 원통(직경 200mm, 길이 4,800mm) 내에 외경 51mm의 냉각관을 7본 삽입배열하고 냉각수를 순차적으로 순환시켜 원통 내의 냉매와 열교환시킨다.

(3) 2중관식 응축기(double tube condenser)

① 특징
  ㉠ 내관과 외관의 2중관으로 제작되어 중·소형이나 패키지에어컨에 주로 사용한다.
  ㉡ 내측관에 냉각수가, 외측관에 냉매가 있어 역류하므로 과냉각이 양호하다.
  ㉢ 열통과율 1,047W/m²·K, 냉각수량 10~12ℓ/min·RT로 냉각수가 작게 든다.

② 장점
  ㉠ 관경이 작아 고압에 잘 견딘다.
  ㉡ 냉각수량이 적게 든다.
  ㉢ 과냉각이 우수하다.
  ㉣ 구조가 간단하고 설치면적이 작게 든다.

③ 단점
  ㉠ 냉각관 청소가 어렵다.
  ㉡ 냉각관의 부식 발견이 어렵다.
  ㉢ 냉매에 누설 발견이 어렵다.
  ㉣ 대형에는 관이 길어지므로 부적합하다.

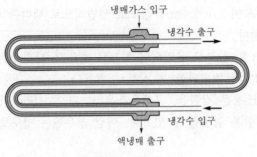

[이중관식 응축기]

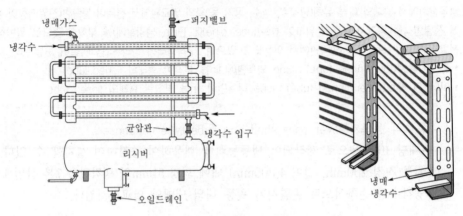

[이중관식 응축기의 외형]

(4) 셸 앤드 코일식 응축기(shell and coil type condenser)

① 원통 내에 나관(bare pipe) 및 동관제의 핀코일(fin coil)이 1~여러 개 감겨 있다.

② 원통 내에는 냉매가, 코일 내에는 냉각수가 순환하며 응축한다.

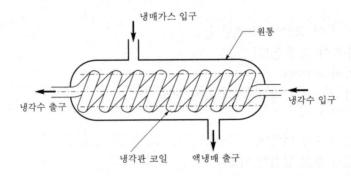

(5) 대기식 응축기(atmospheric condenser)

① 냉매는 냉각관 내의 하부에서 상부로 흐르고, 냉각수는 상부에서 하부로 냉각관 외표면을 흐르며 열교환하여 응축한다.

② 응축된 액냉매는 냉각관 4단마다 설치된 블리더(bleeder)를 통하여 액헤더(liquid header)에 모인다.

③ 냉각수는 냉각수펌프에 의해 관 상부에서 분산된다.

④ 겨울철에는 공냉식으로만 사용할 수 있다.

⑤ 냉각수의 분사로 물의 증발작용에 의한 냉각이 병행된다.

⑥ 블리더식(bleeder type)이라고도 한다.

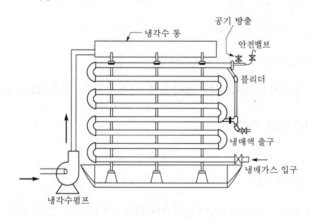

(6) 증발식 응축기(evaporative condenser, 물 회수율 95%)

① 냉매와 냉각수의 열교환에 의한 온도차와 물의 증발잠열을 병행하여 응축한다.

② 냉각수의 소비수량은 증발된 수량과 비산수량 등에 불과하여 다른 수냉식 응축기에 비하여 작다.

③ 외기(외부공기)의 습구온도와 풍속은 응축기의 능력에 밀접한 영향을 미친다.

④ 냉각관 내에서의 압력강하가 다른 응축기에 비해서 크다.

⑤ 겨울철에는 공냉식으로만 사용할 수 있다.

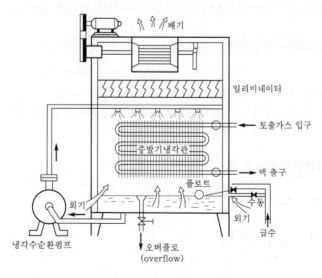

2.3 응축부하의 계산

응축부하란 냉동장치의 응축기에서 단위시간 동안에 냉매의 응축을 위해서 외부공기 및 냉각수로 방출하는 열량(kW)이다.

(1) 응축부하와 소요동력과의 관계

$$W_c = Q_c - Q_e [\text{kW}]$$

$$\therefore \ Q_c = Q_e + W_c [\text{kW}]$$

여기서, Q_e : 냉동능력(kW), W_c : 압축일(kW)

즉 응축부하는 증발기에서 흡수하는 열량으로 냉동능력과 압축일의 합과 같다.

(2) 응축부하와 방열계수와의 관계

$$Q_c = Q_e \, C [\text{kW}]$$

여기서, Q_e : 냉동부하(kW)

C : 방열계수(응축부하와 냉동능력과의 비율, 즉 $C = \dfrac{Q_c}{Q_e}$ 로서 일반적으로 냉동, 제빙장치는 1.3배, 냉방공조 및 냉장장치는 1.2를 대입한다)

(3) 응축부하와 소요냉각수량(순환수량)과의 관계

$$Q_c = W C (t_2 - t_1) [\text{kW}]$$

$$\therefore \ W = \frac{Q_c}{C(t_2 - t_1)} [\text{kg/h}]$$

여기서, C : 냉각수의 비열(kJ/kg · K), $t_2 - t_1$: 응축기의 냉각수 출입구온도차(℃)

> **응축부하와 냉각공기와의 관계식**
>
> $$Q_c = m C_p (t_2 - t_1) = \rho Q C_p (t_2 - t_1) = 1.21 Q (t_2 - t_1) [\text{W}]$$
>
> 여기서, m : 냉각풍량(kg/s), C_p : 냉각공기의 정압비열(=1.005kJ/kg · K)
>
> $t_2 - t_1$: 냉각공기의 출입구온도차(℃), ρ : 20℃일 때 공기의 밀도(=1.2kg/m³)

(4) 응축부하와 냉각관면적과의 관계

$$Q_c = K A \Delta t \ [\text{kW}]$$

$$\therefore \ A = \frac{Q_c}{K \Delta t} [\text{m}^2]$$

여기서, K : 냉각관의 열통과율($W/m^2 \cdot K$)

Δt : 냉매의 응축온도와 냉각수 입출구수온의 평균온도와의 차이(℃)

위 식의 Δt는 냉각수 입출구온도의 대수평균온도와의 차이이며 편의상 산술평균온도와의 차이로 계산되고 있다.

① 산술평균온도차 : $\Delta t = 응축온도 - \dfrac{냉각수\ 입구수온 + 냉각수\ 출구수온}{2}$[℃]

② 대수평균온도차 : $LMTD = \dfrac{\Delta t_1 - \Delta t_2}{\ln \dfrac{\Delta t_1}{\Delta t_2}} = \dfrac{\Delta t_1 - \Delta t_2}{\ln \dfrac{t_c - t_{w1}}{t_c - t_{w2}}}$[℃]

🔎 **응축온도**

$Q_c = WC\Delta t \times 60 = KA\left(t_c - \dfrac{t_{w1} + t_{w2}}{2}\right)$

$\therefore\ t_c = \dfrac{WC\Delta t \times 60}{KA} + \dfrac{t_{w1} + t_{w2}}{2}$[℃]

---

(5) 열통과율

응축기(또는 증발기, 방열벽 등) 냉각관에서 전열을 평면벽을 통한 전열이라 간주할 때 열통과율(전열계수, K)은 다음과 같다.

$$K = \dfrac{1}{\dfrac{1}{\alpha_r} + \dfrac{l_1}{\lambda_1} + \dfrac{l_2}{\lambda_2} + \dfrac{l_3}{\lambda_3} + \cdots + \dfrac{1}{\alpha_w}}[W/m^2 \cdot K]$$

여기서, α_r : 응축기 냉각관에 있어서의 냉매측의 표면열전달률($W/m^2 \cdot K$)

α_w : 응축기 냉각관에 있어서의 냉각수측의 표면열전달률($W/m^2 \cdot K$)

$\lambda_1, \lambda_2, \lambda_3$: 냉각관의 유막, 관의 재질, 물때 등의 열전도율(계수)($W/m \cdot K$)

l_1, l_2, l_3 : 냉각관의 유막, 관의 재질, 물때 등의 두께(m)

(6) 오염계수(fouling factor)

물체의 열전도율($W/m \cdot$ ℃)에 대한 물체의 두께(m)의 비율, 즉 더러운 정도에 대한 열저항의 값$\left(\dfrac{l}{\lambda}\right)$을 뜻하며, 단위는 $m^2 \cdot K/W$이다.

2.4 냉각탑과 수액기

(1) 냉각탑(cooling tower)

① 개요 : 응축기에서 냉매로부터 열을 흡수하여 상승한 냉각수 출구수온을 냉각시켜 다시 사용함으로써 냉각수의 소비를 절감하여 경제적인 운전을 도모한다.

② 특징

ⓐ 수원(水源)이 풍부하지 못한 장소나 냉각수의 소비를 절감할 경우 사용된다.

ⓑ 공기와의 접촉에 의한 냉각(감열)과 물의 증발에 의한 냉각(잠열)이 이루어진다.

ⓒ 외기의 습구온도에 밀접한 영향을 받으며 습구온도는 냉각탑의 출구수온보다 항상 낮다.

ⓓ 물의 증발로 냉각수를 냉각시킬 경우에는 2% 정도의 소비로 1℃의 수온을 저하시킬 수 있으며 95% 정도의 회수가 가능하다.

③ 분류

ⓐ 송기(送氣)방법에 따른 종류 : 대기식, 자연대류식, 강제통풍식

ⓑ 물의 흐름과 공기의 통과방향에 따른 종류 : 대향류(역류형, counter flow type), 직교류형, 평행류(병류형)

ⓒ 송풍기의 위치에 따른 종류 : 흡입식, 압입식

④ 냉각탑의 냉각능력

ⓐ 냉각능력(kJ/h)=순환수량(l/min)×비열(C)×60×(냉각수 입구수온(℃)-냉각수 출구수온(℃))=순환수량(l/min)×비열(C)×60×쿨링 레인지

ⓑ 쿨링 레인지(cooling range)=냉각탑 냉각수의 입구수온(℃)-냉각탑 냉각수의 출구수온(℃)

ⓒ 쿨링 어프로치(cooling approach)=냉각탑 냉각수의 출구수온(℃)-입구공기의 습구온도(℃)

ⓓ 1냉각톤=16,325.4kJ/h로 기준한다.

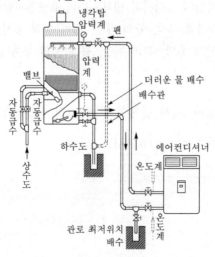

※ 응축기 냉각수의 입구수온＝냉각탑 냉각수의 출구수온

　　응축기 냉각수의 출구수온＝냉각탑 냉각수의 입구수온

> **Ｐoint**
>
> 냉각탑의 쿨링 레인지(cooling range)가 클수록, 쿨링 어프로치(cooling approach)가 작을수록 냉동능력이 우수하다.

(2) 수액기(receiver tank)

응축기와 팽창밸브 사이의 액관 중에서 응축기 하부에 설치된 원통형 고압용기로서 액화냉매를 일시 저장하는 역할을 한다.

① 수액기의 용량은 암모니아장치의 경우 충전냉매량의 1/2을 저장할 수 있는 크기를, 프레온장치의 경우 충전냉매량의 전량(全量)을 저장할 수 있는 크기를 표준하여 정한다.

② 수액기 내의 액저장량은 장치의 운전상태에 따라 증발기 내의 냉매량이 변해도 항상 액 냉매가 잔류할 수 있도록 하며 어떠한 경우에도 만액시켜서는 안 된다.

③ 수액기 상부와 응축기에 균압관을 설치하여 응축기의 액화냉매가 수액기로 순조롭게 유입되도록 한다.

④ 직경이 서로 다른 2대 이상의 수액기를 병렬로 설치할 경우에는 상단끼리 일치시키는 것이 위험으로부터 안전하다.

⑤ 액면계는 파손의 위험을 대비하여 금속제에 커버(cover)를 씌우고 파손 시 냉매의 분출을 방지하기 위해 자동밸브(ball valve)를 설치한다.

> **균압관(equalizer line)**
>
> 응축기 내부압력과 수액기 내부압력은 이론상 같은 것으로 생각하나, 응축기에서 사용하는 냉각수온이 낮고 수액기가 설치된 기계실의 온도가 높은 경우 또는 불응축가스의 혼입으로 수액기의 압력이 더 높아지면 응축기 내의 액화냉매는 수액기로 순조롭게 유입할 수 없게 되므로 양자의 압력을 균등하게 유지하거나 수액기 내의 압력이 높아지지 않도록 응축기의 수액기 상부를 연결한 배관을 말한다.

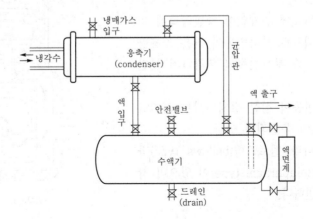

3 팽창밸브

3.1 개요

팽창밸브(expansion valve)는 액냉매가 증발기에 공급되어 냉동부하로부터 액체의 증발에 의한 열흡수작용이 용이하도록 압력과 온도를 강하시키며 동시에 냉동부하의 변동에 대응하여 적정한 냉매유량을 조절 공급하는 기기이다.

3.2 종류와 특징

(1) 수동팽창밸브(manual expansion valve)

① 프레온용 및 암모니아용으로 이용되며 재질은 주철제이다.

② 냉동부하의 변동에 대응하여 냉매소요량을 수동에 의해 조절 공급한다.

③ 니들밸브(needle valve)로 되어 있다.

④ 수동으로 운전되는 냉동장치 이외에는 만액식 증발기의 저압측 플로트밸브(LFV)의 바이패스(bypass)팽창밸브로 사용되거나, 플로트스위치(float

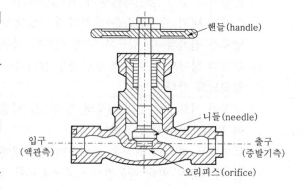

switch)와 전자밸브(solenoid valve)를 결합시켜 정액면(定液面)을 유지할 경우의 팽창밸브로 사용된다.

(2) 정압식 자동팽창밸브(AEV : constant pressure automatic expansion valve)

① 증발기 내의 압력(증발압력)을 일정하게 유지하며 개폐된다.

② 냉동부하의 변동에 관계없이 증발압력에 의해서만 작동되므로 부하변동이 작은 소용량에 적합하다. 즉 부하변동에 민감하지 못한 결점이 있다.

③ 냉동부하의 변동이 심한 장치에서는 과열압축 및 액압축이 유발되기 쉽다.

④ 내부구조에 따라 벨로즈형(bellows type)과 다이어프램형(diaphragm type)이 있으며 작동원리는 동일하다.

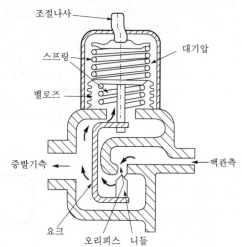

⑤ 증발기 내 압력이 높아지면 벨로즈(bellows)가 밀어 올려 밸브가 닫히고, 압력이 낮아지면 벨로즈가 줄어들어 밸브가 열려 냉매가 많이 들어온다.

⑥ 냉동기가 정지하면 증발압력이 상승하여 자동적으로 AEV는 닫힌다.

⑦ 조절나사의 조정은 우회전(CW)하면 열리게 되고, 좌회전(CCW)하면 개도는 닫히게 된다(일반 밸브와 반대작동).

⑧ 압력식 자동팽창밸브 또는 자동팽창밸브라고도 한다.

(3) 온도식 자동팽창밸브(TEV : thermal automatic expansion valve)

증발기 출구에 감온통을 설치하여 감온통에서 감지한 냉매가스의 과열도가 증가하면 열리고, 부하가 감소하여 과열도가 작아지면 닫혀 팽창작용 및 냉매량을 제어하는 것으로 가장 많이 사용한다. 증발기 출구냉매의 과열도를 일정하게 유지하여 냉매유량을 조절하는 밸브이다.

> ### 팽창밸브의 능력 계산
>
> $$C_2 = \frac{C_1}{\left(\dfrac{P_1}{P_2}\right)^{0.3}}$$
>
> 여기서, C_1 : 기준상태 이외의 냉동능력, C_2 : 기준상태에서 냉동능력
> P_1 : 기준상태에서 고・저압차, P_2 : 상태가 변화될 때 고・저압차

① 특징

  ㉠ 주로 프레온 건식 증발기에 사용한다.

  ㉡ 냉동부하의 변동에 따라 냉매량이 조절된다.

  ㉢ 본체구조에 따라 벨로즈식과 다이어프램식이 있다.

  ㉣ 감온구 충전방식에 따라 가스충전식, 액충전식, 크로스충전식이 있다.

  ㉤ 팽창밸브 직전에 전자밸브를 설치하여 압축기 정지 시 증발로 액이 유입되는 것을 방지한다.

  ※ 증발기 관 내의 압력강하가 작으면 내부균압형을, 압력강하가 크면(14kPa 이상) 외부균압형을 사용한다.

② 종류

  ㉠ 내부균압형

   • $P_1 > P_2 + P_3 \rightarrow$ 냉동부하 증대, 팽창밸브 열림

   • $P_1 < P_2 + P_3 \rightarrow$ 냉동부하 감소, 팽창밸브 닫힘

   여기서, P_1 : 과열도에 의해 다이어프램에 전해지는 압력

      P_2 : 증발기 내 냉매의 증발압력, P_3 : 과열도 조절나사에 의한 스프링압력

ⓛ 외부균압형
- 설치목적 : 증발기 관 내의 압력강하가 크면 증발기 출구온도가 입구온도보다 낮아져 과열도가 감소됨으로써 팽창밸브가 작게 열리게 되어 냉매순환량의 감소로 인한 냉동능력의 감소를 초래하게 되므로 이를 해소하기 위해 설치한다.
- 외부균압관의 설치위치 : 증발기 출구 감온통 부착위치를 넘어 압축기 흡입관
- 설치경우 : 증발기 코일 내 압력강하가 14kPa 이상 시 채택

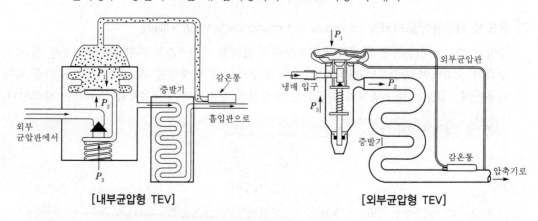

[내부균압형 TEV]　　　　[외부균압형 TEV]

> **냉매분배기(distridutor)**
>
> 직접팽창식 증발기에서 증발기 입구에 설치하여 냉매공급을 균등하게 하기 위해 설치

③ 과열도 조절나사의 조절방법
　　㉠ 다이어프램형 및 단일 벨로즈형의 TEV의 경우에는 우회전하면 닫히게 되고, 좌회전하면 열리게 되어 냉매의 유량이 증가하여 과열도는 감소하게 된다.
　　ⓛ 2중 벨로즈형의 TEV의 경우에는 우회전하면 열리고, 좌회전하면 닫히게 된다.

> **과열도(super heat)**
>
> 과열증기의 온도와 동일 압력에 상당하는 포화증기의 온도와의 차이를 뜻하며, TEV의 과열도 유지는 일반적으로 3~8℃ 범위로 조정하기 위한 흡입관의 위치에 감온통을 부착하고 있다.

④ 감온구(감온통)의 부착위치
　　㉠ 증발기 출구측 흡입관의 수평 또는 수직배관에 설치하되 어떠한 경우에도 트랩 부분에 설치해서는 안 된다.

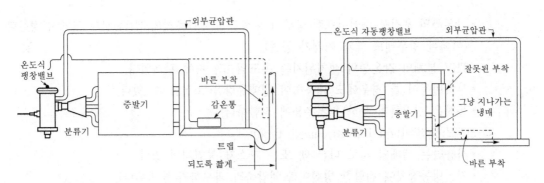

ⓛ 흡입관경이 7/8인치(20mm) 이하인 경우에는 흡입관 상부에 밀착하여 부착한다.

ⓒ 흡입관경이 7/8인치 이상인 경우에는 흡입관의 중심부 수평에서 45° 아래의 위치에 밀착하여 부착한다.

ⓓ 외기흐름의 영향을 받거나 감온통의 감도를 증가시키기 위해서는 흡입관 내에 포켓을 설치하여 삽입한다.

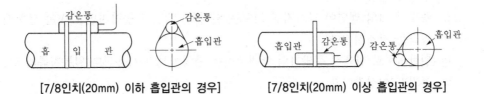

[7/8인치(20mm) 이하 흡입관의 경우]　　　[7/8인치(20mm) 이상 흡입관의 경우]

⑤ 감온구(감온통) 내의 봉입가스의 상태에 따른 종류

　ㄱ 가스충전식(gas charge type)

　　• 사용하는 냉매와 동일한 가스가 봉입되어 있다.

　　• 감온통의 내용적이 비교적 작고 냉매충전량이 한정되어 있다(감온통의 내용적＜다이어프램 상부용적+모세관의 용적).

　　• 설치위치는 TEV 본체보다 낮은 온도의 위치에 부착한다(저온의 본체에서 응축하면 올바른 포화압력을 나타낼 수 없기 때문).

　　• 한정된 냉매량으로 감온통 내의 온도가 일정 이상이 되면 모두 증발하게 되고 압력에는 변함없이 과열된 상태이므로 감온통의 최대 작동압력을 한정시킨다.

　　　※ 최대 작동압력(maximum operating pressure) : 감온통 내의 액화가스가 증발이 완료되었을 때의 압력

　　• MOP(최대 작동압력)를 제한함으로써 전동기(모터)의 과부하를 방지하고 초기부하가 너무 높아 압축기가 시동할 수 없을 정도로 흡입압력이 상승하는 것을 방지하는 데 목적이 있다.

　　• 일반적으로 많이 사용되는 감온통의 형식이다.

　ㄴ 액충전식(liquid charge type)

　　• 사용하는 냉매와 동일한 액화가스가 봉입되어 있다.

•감온통의 용적을 다이어프램 상부의 용적과 모세관용적의 합(合)보다 크게 설정한다 (어떠한 경우에도 액과 기체가 공존).

•TEV 본체와 감온통의 설치위치는 온도의 고, 저에 관계없다.

•부하변동이 클 경우에도 대응하여 냉매유량을 조절할 수 있다.

•동작은 민감하지 못하나 저온용에 적합하다.

ⓒ 크로스충전식(liquid cross charge type)

•사용하는 냉매와 서로 다른 액 또는 가스가 봉입되어 있다.

•저온냉동장치에 적합한 방식이다(액압축과 과부하가 방지된다).

•동력부 내의 액화가스의 압력과 사용하는 냉매의 압력이 교차(cross)함으로써 일컫는 명칭이다.

(4) 저압측 플로트밸브(LFV : low side float valve)

① 저압측에 설치하여 부하변동에 대응한 LFV의 개도를 조절함으로써 증발기 내의 액면을 일정하게 유지한다.

② 증발기 내의 액면이 낮아지면 LFV는 열리고, 액면이 높아지면 LFV는 닫히게 되어 냉매 공급을 감소시킨다.

③ 일반적으로 만액식 증발기의 액면제어용 팽창밸브가 사용된다(원통지름의 5/8~2/3 정도 유지가 이상적이다).

④ 설치방법으로는 증발기 내에 직접 플로트(float, 부자)를 띄우는 직접식과 별도의 플로트 실을 설치하는 방법이 있다.

⑤ 액관에는 전자밸브(solenoid valve)를 설치하여 압축기가 정지하면 폐쇄시켜 냉매액과 공급을 차단해야 한다.

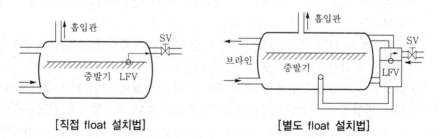

[직접 float 설치법]   [별도 float 설치법]

(5) 고압측 플로트밸브(VHFV : high side float valve)

① 고압측에 설치하여 부하변동에 대응한 HFV의 개도를 조절함으로써 증발기 내의 액면을 일정하게 유지한다(만액식 증발기에 적당).

② 고압측(수액기 또는 별도의 플로트실 내)의 액면이 높아지면 HFV는 열리고, 액면이 낮아지면 닫히게 되어 냉매공급을 감소시킨다(LFV의 작동과 반대작용).

③ 부하변동에 신속히 대응할 수 없는 단점을 지니고 있다.

④ 터보냉동기의 이코노마이저(economizer), 유분리기 내의 감압밸브로 사용되고 있다.

⑤ 플로트실 상부에 불응축가스가 모일 염려가 있다.

(6) 모세관(capillary in tube)

① 프레온용 소형 냉장고, 룸쿨러(roomcooler) 등의 팽창밸브로 적합하다.

② 구조가 간단한 가는 구리관(직경 0.8~2mm)으로 통과저항에 의한 교축감압역할을 한다.

③ 양단의 흡입관경을 일정하게 유지할 뿐이므로 냉동부하의 변동에 대응한 용량 조절은 불가능하다.

④ 압축기 정지 중에는 고·저압이 균압되어 기동 시 경부하운전이 가능하다.

⑤ 냉동능력, 성적계수를 증가시키기 위해서 모세관과 흡입관을 밀착시키고 있다.

　　㉠ 양단의 압력강하는 직경에 반비례하고, 길이에 비례한다.

　　㉡ 양단의 압력차가 크면 냉매유량이 증가하여 습(액)압축이 되며, 동절기 운전 중에는 고압이 낮아져 냉매유량이 감소하게 된다.

4　증발기

4.1　개요

저온 저압의 액냉매가 증발작용에 의하여 주위의 냉동부하로부터 열을 흡수(증발잠열)하여 냉동의 목적을 달성시키는 기기이다.

4.2　분류

(1) 냉동부하로부터 열을 흡수하는 방법에 따른 분류

① 직접팽창식 증발기(direct expansion type evaporator) : 증발기가 냉동공간(냉장실) 내에 설치되어 냉동부하로부터 액체의 증발잠열에 의해 직접 열을 흡수하는 증발기

② 간접팽창식 증발기(indirect expansion type evaporator) : 일명 브라인(brine)식이라고도 하며, 액냉매의 증발에 의해 냉각된 브라인(2차 냉매)을 냉동부하에 순환시켜 브라인과의 온도차(감열과정)로 열을 흡수하는 증발기

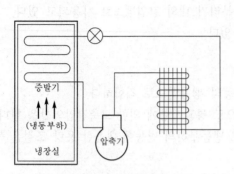

[직접팽창식 증발기]

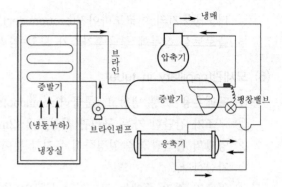

[간접팽창식 증발기]

(2) 냉매상태에 따른 분류

① 건식 증발기(dry expansion type evaporator)
　㉠ 냉매는 증발기 상부에서 하부로 공급되고 있다(down feed).
　㉡ 냉매의 소요량이 적고 윤활유의 회수가 용이하다.
　㉢ 냉매상태는 습증기가 건포화증기로 되면서 열을 흡수하므로 전열이 불량하여 대용량
　　의 증발기로는 적합하지 않다.
　㉣ 공기냉각용으로 주로 이용된다(냉매액 25%, 가스 75%).

② 습식 증발기(wet expansion type evaporator)
　㉠ 냉매는 증발기 하부에서 상부로 공급되고 있다(up feed).
　㉡ 건식 증발기에 비해 냉매소요량이 많고 전열이 양호하다.
　㉢ 증발기 냉각관 내에 윤활유가 체류할 가능성이 있다.

③ 만액식 증발기(flood type evaporator)
　㉠ 증발기 내에는 일정량의 액냉매가 들어 있으며 습식에 비해 전열이 양호하다(냉매액
　　75%, 가스 25%).
　㉡ 증발기 내에서 윤활유가 냉매와 함께 체류할 가능성이 많다.
　㉢ 대용량의 액체냉각용에 이용되고 있다.
　㉣ 증발기 내의 액면조절은 저압측 플로트밸브
　　(LFV) 또는 플로트스위치(FS)와 전자밸브(SV)를
　　조합시켜 사용한다.
　　※ 구조는 저압측 플로트밸브(LFV) 도면 참조

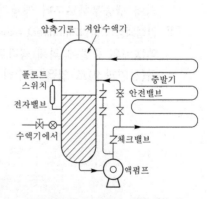

④ 액순환식(액펌프) 증발기(liquid circulation type evaporator)
　㉠ 저압수액기와 증발기 입구 사이에는 액펌프를
　　설치한다.
　㉡ 증발하는 액냉매량의 4~6배의 액냉매를 강제 순
　　환시킨다.

[액순환식 증발기의 순환계통도]

ⓒ 전열이 양호하며 증발기 내에 윤활유가 체류할 염려가 없다.

ⓔ liquid back을 방지할 수 있으며 제상의 자동화가 용이하다.

ⓜ 증발기 냉각관 내에서의 압력강하의 문제를 해소한다.

ⓗ 대용량 및 저온용에 적합하다.

(3) 구조에 따른 분류

① 관코일식 증발기(나관형, bare pipe type evaporator)

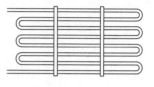

ⓖ 냉장실 내의 천장, 벽면, 바닥면에 설치하여 공기냉각용 증발기로 이용된다.

ⓛ 동관 및 강관으로 벤딩(bending)하여 제작한다.

ⓒ 냉장고, 쇼케이스(show case)용으로 건식 및 습식으로 제작된다.

[관코일식 증발기]

ⓔ 전열이 불량한 편이며 표면적이 작아 냉각관의 길이가 길어지기 쉽기 때문에 압력강하의 문제가 수반된다.

ⓜ 냉각관의 길이에 알맞은 팽창밸브의 선정에 유의해야 한다.

② 핀코일식 증발기(finned coil type evaporator)

ⓖ 나관(裸管)에 핀(fin)을 부착한 구조로 동관 또는 암모니아용으로 제작된다. 알루미늄 핀을 사용하기도 한다.

ⓛ 송풍기를 이용한 강제대류식을 주로 이용하며 핀(fin)의 수는 1인치당 2~4매(냉동용 증발기) 또는 8~12매(냉방용 증발기)를 부착하고 있다.

③ 판형 증발기(plate type evaporator)

ⓖ 알루미늄판을 압접(Al 롤본드가공)하여 만든 구조로 재질이 약한 편이다.

ⓛ 누설 부위는 화학접착제인 에폭시나 데브콘을 사용하여 밀봉한다.

ⓒ 가정용 냉장고에 주로 사용되고 있다.

④ 캐스케이드증발기(cascade type evaporator)

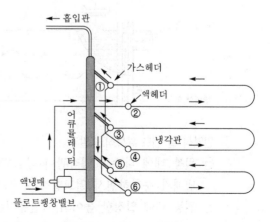

ⓖ 냉매액을 냉각관 내에 순차적으로 순환시켜 도중에 증발된 냉매가스를 분리하면서 냉각한다.

ⓛ 충분한 용량의 액분리기가 있어 압축기에서의 액압축은 방지할 수 있으나 NH₃냉동장치에서는 과열 우려가 있다.

ⓒ 코일 내 냉매가, 외측에 공기가 흐르며, 플로트식 팽창밸브를 많이 사용한다.

ⓔ 공기동결용 선반 및 벽의 코일로 제작 사용한다.

ⓜ 냉매순환순서는 ②→①→④→③→⑥→⑤이다.
⑤ 멀티피드 멀티석션 증발기(multi feed multi suction evaporator)
　　㉠ 공기동결용의 선반 및 벽의 코일로 제작 사용된다.
　　㉡ 암모니아용으로 액냉매를 공급하고 가스를 분리하는 형식이다.

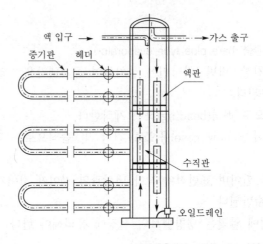

⑥ 건식 셸 앤드 튜브식 증발기
　　㉠ 원통 내에 다수의 냉각관이 삽입되어 있고 냉각관 내에는 냉매가, 원통 내에는 브라
　　　인이 순환하면서 열교환하는 구조이다.
　　㉡ 원통 내에 윤활유가 체류하는 일이 없어 특별한 유회수장치의 설치가 필요 없다.
　　㉢ 브라인의 흐름을 유도하는 배플 플레이트(baffle plate)를 설치하여 냉매와의 열교환
　　　을 증대시키고 있다.
　　㉣ 만액식 셸 앤드 튜브식 증발기에 비해 냉각관의 동파위험이 작다.
　　㉤ 프레온용의 공기조화장치의 칠러유닛(chillier unit)에 적합하다.

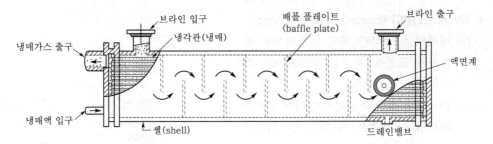

⑦ 만액식 셸 앤드 튜브식 증발기
　　㉠ 원통 내에 다수의 냉각관이 삽입되어 있으며 냉각관 내에는 브라인이, 원통 내에는
　　　냉매가 순환하면서 열교환하는 구조이다.
　　㉡ 원통 내에 일정한 높이의 액면유지는 저압측 플로트밸브(LFV)나 플로트스위치(FS)와
　　　전자밸브(SV)의 조합으로 행해진다.

ⓒ 건식 셸 앤드 튜브식 증발기에 비해 냉각관의 동파위험이 크다.

ⓔ 증발기 내에 윤활유가 체류할 경우가 많으므로 특별한 유회수장치(프레온장치)가 필요하다.

ⓜ 브라인 출구측의 온도조절기(TC)는 브라인의 온도가 일정 이하로 낮아지면 작동하여 압축기를 정지시켜 브라인의 통경에 의한 냉각관의 동파를 방지할 수 있다.

ⓑ 원통(shell) 내에는 냉매가, 튜브 내에는 브라인이 흐른다.

ⓢ 원통 상부에 열교환기를 설치하여 액압축 방지와 과냉각을 증대시켜 냉동능력을 증대시켜 준다.

ⓞ 원통 하부에 액헤드를 설치하여 냉매액의 분포를 고르게 한다.

ⓩ 냉매측의 열전달이 불량하므로 로 핀 튜브(low fin tube)를 사용한다.

ⓩ 브라인 또는 냉수 등의 동결로 인한 튜브의 동파에 주의한다.

ⓚ 공기조화장치, 화학공업, 식품공업 등의 브라인냉각에 사용한다.

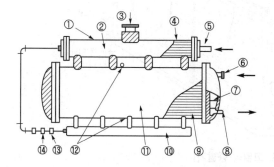

① 퍼지밸브   ② 열교환기
③ 냉매가스 출구   ④ 고압 액냉매 액관
⑤ 고압 액냉매 입구   ⑥ 브라인 입구
⑦ 격판   ⑧ 브라인 출구
⑨ 전자밸브   ⑩ 팽창밸브
⑪ 액면계   ⑫ 셸(shell)
⑬ 냉매액헤더   ⑭ 냉각관(브라인)

[프레온용 만액식 증발기]

⑧ 헤링본식(탱크형) 증발기(herring bone type evaporator)

㉠ 주로 NH₃ 만액식 증발기는 제빙장치의 브라인냉각용 증발기로 사용한다.

㉡ 상부에 가스헤더가, 하부에 액헤더가 있다.

㉢ 탱크 내에는 교반기(agitator)에 의해 브라인이 0.75m/s 정도로 순환된다.

㉣ 주로 플로트팽창밸브를 사용하며 다수의 냉각관을 붙여 만액식으로 사용하기 때문에 전열이 양호하다.

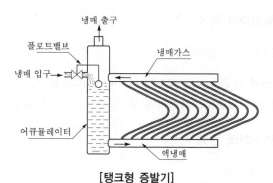

[탱크형 증발기]

> **CA냉장(controller atmosphere stlorage room)**
>
> 청과물 저장 시보다 좋은 저장성을 확보하기 위해 냉장고 내의 산소를 3~5% 감소시키고 탄산가스를 증가시켜 청과물의 호흡을 억제하여 신선도를 유지하기 위한 냉장을 말한다.

⑨ 셀 앤드 코일식 증발기

　　㉠ 원통 내에는 브라인이, 코일 내에는 냉매가 순환하면서 열교환하는 구조이다.

　　㉡ 음료수냉각기 등 비교적 소형 장치의 증발기로 이용되고 있다.

　　㉢ 입형 또는 횡형으로 제작할 수 있다.

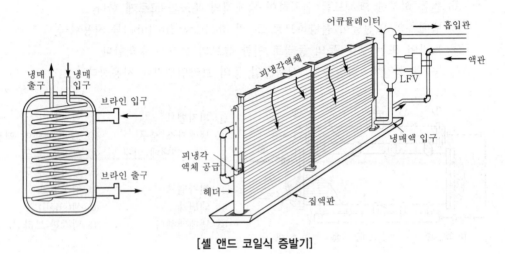

[셀 앤드 코일식 증발기]

⑩ 보델로증발기(Baudelot evaporator)

　　㉠ 음료수(물, 우유 등)냉각용에 이용되고 있다.

　　㉡ 냉각관의 상부에서 피냉각물체(액체)가 흘러내리고 냉매는 냉각관 내를 순환한다.

　　㉢ 냉각관의 재질을 스테인리스 스틸로 사용하여 위생적이며 청소가 용이하다.

4.3 냉각능력의 계산

(1) 냉동부하와 브라인유량과의 관계

$$Q = WC(t_2 - t_1)[\text{kW}]$$

여기서, W : 브라인의 유량(kg/s), C : 브라인의 비열(kJ/kg · ℃)
$t_2 - t_1$: 증발기 입출구브라인의 온도차(℃)

(2) 냉동부하와 냉각관면적과의 관계

$$Q = KA\Delta t[\text{kW}]$$

여기서, K : 증발기 냉각관의 열통과율($\text{W/m}^2 \cdot \text{k}$), A : 냉각관의 전열면적(m^2)

Δt : 브라인 입출구의 평균온도와 증발온도와의 차이($°\text{C}$)

※ 평균온도차는 대수평균에 의한 값을 원칙으로 하며 편의상 산술평균으로 계산하고 있음은 참고할 것

(3) 냉동부하와 온도차와의 관계

① 대수평균온도차 : $\Delta t = \dfrac{\Delta t_1 - \Delta t_2}{\ln \dfrac{\Delta t_1}{\Delta t_2}}[°\text{C}]$

② 산술평균온도차

$\Delta t = \dfrac{t_{b1} + t_{b2}}{2} - t_e$ 또는 $\Delta t = \dfrac{\Delta t_1 + \Delta t_2}{2}[°\text{C}]$

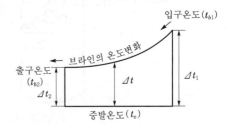

5 장치 부속기기

5.1 유분리기(oil separator)

(1) 역할

급유된 냉동기유가 냉매와 함께 순환하는 양이 많으면 압축기는 오일 부족의 상태가 되며 윤활 불량을 일으켜 압축기로부터 냉매가스가 토출될 때 실린더의 일부 윤활유는 응축기, 수액기, 증발기 및 배관 등의 각 기기에 유막 또는 유층을 형성하여 전열작용을 방해하고, 압축기에는 윤활공급의 부족을 초래하는 등 냉동장치에 악영향을 미치게 되므로 토출가스 중의 윤활유를 사전에 분리하기 위한 것이 유분리기(oil separator)이다.

(2) 종류

① 원심분리형   ② 가스충돌분리형   ③ 유속감소분리형

(3) 설치위치

① 압축기와 응축기 사이의 토출배관
② 효과적인 유분리를 위해서는 다음과 같이 위치를 선정한다.
　　㉠ 암모니아(NH_3)장치 : 응축기 가까운 토출관
　　㉡ 프레온(freon)장치 : 압축기 가까운 토출관

(4) 설치경우

① 암모니아용 냉동장치
② 증발기에 윤활유가 체류하기 쉬운 만액식 증발기를 사용하는 냉동장치

③ 운전 중에 다량의 윤활유가 토출가스와 함께 유출되는 프레온용 냉동장치
④ 저온용으로 사용하는 프레온용 냉동장치(증발온도가 낮은 경우)
⑤ 토출배관이 길어지게 되는 프레온용 냉동장치

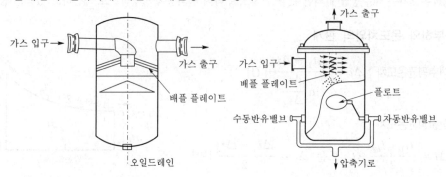

5.2 축압기(accumulator, 액분리기)

(1) 개요

압축기로 흡입되는 가스 중의 액체냉매를 분리 제거하여 리퀴드백(liquid back)에 의한 영향을 방지하기 위한 기기이다(압축기 보호).

(2) 설치위치

① 증발기와 압축기 사이의 흡입배관
② 증발기의 상부에 설치하며 크기는 증발기 내용적의 20~25% 이상 크게 용량을 선정한다.

(3) 분리된 냉매의 처리방법

① 증발기로 재순환하는 방법(만액식 증발기의 경우)
② 압축기로 회수하는 방법(열교환기를 설치하는 경우)
③ 고압측 수액기에 복귀시키는 방법(액펌프를 사용하여 수액기로 복귀)

(4) 액백(liquid back, 리퀴드백)

① 영향
　㉠ 흡입관에 적상(積霜) 과대
　㉡ 토출가스온도 저하(압축기에 이상음 발생)
　㉢ 실린더가 냉각되고 심하면 이슬 부착 및 적상
　㉣ 전류계의 지침이 요동
　㉤ 소요동력 증대
　㉥ 냉동능력 감소
　㉦ 심하면 액해머(liquid hammer) 초래, 압축기 소손 우려(윤활유의 열화 및 탄화)

② 대책(운전 중인 상태)
  ㉠ 경미한 liquid back의 경우
    • 흡입밸브를 닫고
    • 팽창밸브를 약간 닫은 후
    • 운전을 계속하여 정상으로 회복되면
    • 흡입밸브를 서서히 연 후에 팽창밸브를 원상태로 조절한다.
  ㉡ 심한 liquid back의 경우
    • 흡입밸브를 닫고
    • 전원을 차단하여 압축기 정지 후
    • 토출밸브를 닫는다.
    • 워터재킷(water jacket)을 차단한다.
    • 크랭크케이스(crank case)를 가열하여 냉매를 증발시킨다.
    • 기동순서에 의해 압축기를 기동 후 정상 운전에 들어간다.
      ※ 증상에 따라서는 윤활유를 교환하고 각부의 이상 유무 확인

③ liquid back을 방지하기 위한 운전상의 유의점
  ㉠ 팽창밸브의 조정을 신중히 행할 것
  ㉡ 증발기의 제상 및 배유작업을 적시에 행할 것
  ㉢ 냉동부하의 급격한 변동을 삼갈 것
  ㉣ 기동조작에 신중을 기할 것
  ㉤ 극단적인 습(액)압축을 피할 것

5.3 냉매건조기(드라이어(drier), 제습기)

(1) 개요

프레온냉동장치의 운전 중에 냉매에 혼입된 수분을 제거하여 수분에 의한 악영향을 방지하기 위한 기기이다.

> **혼입된 수분이 장치에 미치는 영향**
> • 프레온냉매와 수분과는 용해성이 극히 작아 유리된 상태로 팽창밸브를 통과 시 빙결(동결)되어 오리피스(orifice)의 폐쇄로 냉매순환을 저해한다.
> • 냉매와의 가수분해현상에 의해 생성된 염산 또는 불화수소산이 장치의 금속을 부식시킨다.
> • 윤활유와의 작용으로 윤활성능을 열화시킨다.

(2) 설치

① 프레온냉매를 사용하는 냉동장치(NH₃용은 제외)
② 팽창밸브 직전의 액관에 설치(가능한 수직 설치)

(3) 구조

① 밀폐형 : 내부의 제습제를 교환할 수 없는 구조
② 개방형 : 제습제를 교환할 수 있도록 볼트로 조립된 구조

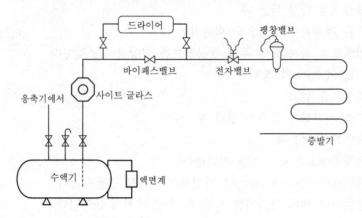

(4) 제습제

① 구비조건

ㄱ 냉매, 윤활유와의 반응으로 용해되지 않을 것
ㄴ 높은 건조도와 효율이 좋을 것
ㄷ 다량의 수분을 흡수해도 분말화되지 않을 것
ㄹ 취급이 편리하고 안전성이 높고 염가일 것

② 종류 : 실리카겔(silica gel), 활성 알루미나(activated alumina), S/V 소바비드(sovabead), 몰레큘러 시브(molecular sieve)

[제습제의 특성]

종류		실리카겔	활성 알루미나	S/V 소바비드	몰레큘러 시브
성분		$SiO_2\ nH_2O$	$Al_2O_3\ nH_2O$	규소의 일종	합성 제올라이트
외관	흡수 전	무색 반투명 가스재질	백색	반투명 구상	미립 결정체
	흡수 후	변화 없음	변화 없음	변화 없음	변화 없음
독성, 연소성, 위험성		없음	없음	없음	없음
미각		무미 무취	무미 무취	무미 무취	무미 무취
건조강도 (공기 중의 성분)		• A형 : 0.3mg/l • B형 : A형보다 약간	실리카겔과 같다.	실리카겔과 대략 같다.	실리카겔보다 크다.
포화흡수량		• A형 : 약 40% • B형 : 약 80%	실리카겔보 다 작다.	실리카겔과 대략 같다.	실리카겔보다 크다.

종류	실리카겔	활성 알루미나	S/V 소바비드	몰레큘러 시브
건조제 충진용기	용기재질에 제한이 없다.	좌동	좌동	좌동
재생	약 150~200℃로 1~2시간 가열해서 재생한다. 재생 후 성질의 변화는 없다.	실리카겔과 같다.	200℃로 8시간 내에 재생할 것	가열에 의해 재생용이 약 200~250℃
수명	반영구적	좌동	반영구적 액상수에 접촉하면 파괴	반영구적

5.4 열교환기(liquid-gas heat exchanger)

(1) 역할

① 증발기로 유입되는 고압 액냉매를 과냉각시켜 플래시가스의 발생을 억제하여 냉동효과를 증발시킨다.

② 흡입가스를 가열시켜 압축기로의 리퀴드백(liquid back)을 방지한다.

③ 흡입가스를 과열시킴으로써 성적계수의 향상과 냉동능력당 소요동력을 감소시킨다(특히 R-12, R-500의 경우, 5℃ 과열 : 3.7% HP/RT 감소).

(2) 종류

① 셸 앤드 튜브식 : 대형 장치용으로 원통(셸) 내에는 흡입가스가, 관(튜브) 내에는 고압 액냉매가 흐르며 열교환한다.

② 관 접촉식 : 소형 장치용(가정용 등)으로 흡입관을 모세관으로 감아서 접촉시킨다.

③ 이중관식 : 외측관에는 가스를, 내측관에는 액냉매를 흐르게 하는 것이 일반적이다.

(3) 플래시가스(flash gas)

① 발생원인

ㄱ 액관이 현저하게 입상한 경우

ㄴ 액관 및 액관에 설치한 각종 부속기기의 구경이 작은 경우(전자밸브, 드라이어, 스트레이너, 밸브 등)

ㄷ 액관 및 수액기가 직사광선을 받고 있을 경우

ㄹ 액관이 방열되지 않고 따뜻한 곳을 통과할 경우

② 발생영향

ㄱ 팽창밸브의 능력 감소로 냉매순환이 감소되어 냉동능력이 감소된다.

ㄴ 증발압력이 저하하여 압축비의 상승으로 냉동능력당 소요동력이 증대한다.

ⓒ 흡입가스의 과열로 토출가스온도가 상승하며 윤활유의 성능을 저하하여 윤활 불량을 초래한다.

③ 방지대책

㉠ 액-가스열교환기를 설치한다.

ⓛ 액관 및 부속기기의 구경을 충분한 것으로 사용한다.

ⓒ 압력강하가 작도록 배관 설계를 한다.

ⓔ 액관을 방열한다.

5.5 투시경(sight glass)

(1) 개요

냉동장치 내의 충전냉매량의 부족 여부를 확인하기 위한 기기로 적정 냉매량의 충전 및 기름 발생 유무를 확인하여 플래시가스의 존재 등을 확인하는 장치이다.

(2) 설치위치

액관상에 설치하며 응축기(또는 수액기) 가까운 곳이 이상적이다.

(3) 냉매의 부족상태 확인방법

사이트 글라스 내에서 연속적으로 심한 기포를 발생하며 흐를 경우

※ 공기조화용 장치 등에서는 냉매 중에 수분의 혼입량을 식별하기 위해서 투시경 내에 드라이아이 (dry eye, 수부지시기(moisture indicator))를 설치하여 변화된 색깔의 정도로 확인할 수 있다.

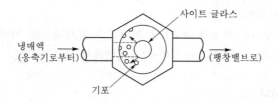

5.6 여과기(strainer)

(1) 개요

냉동장치의 계통 중에 혼입된 이물질(scale)을 제거하기 위한 기기로 팽창밸브, 전자밸브 및 압축기 흡입측에 설치한다.

(2) 특징

① 형태(구조)에 따라 Y형, L형, U형 라인(line)형 등이 있다.

② 액관에 설치하는 여과망(liquid filter)의 규격은 80~100mesh 정도이며, 흡입관에 설치하는 여과망(suction strainer)은 40~60mesh 정도이다(가스관 40mesh 정도).

③ 여과기의 설치에서는 충분한 단면적을 확보하여 통과저항을 최소화해야 한다.

④ 냉매용 여과기는 70~100mesh 사이로 팽창밸브에 삽입하거나 직전 밸브에 설치되며, 흡입측에는 압축기에 내장되어 있다.

5.7 플로트스위치(float switch, 액면스위치)

① 액면높이에 따른 플로트(float, 부자)의 위치변화에 의해서 전원을 공급하거나 차단시키는 일종의 수위스위치이다.

② 액면의 상승 또는 저하에 따라 전기접점이 개폐(ON, OFF)된다.

③ 만액식 증발기, 액회수장치, 2단 압축장치의 중간냉각기의 액면조절을 위하여 전자밸브와 조합하여 전기적인 액면제어방법으로 널리 사용된다.

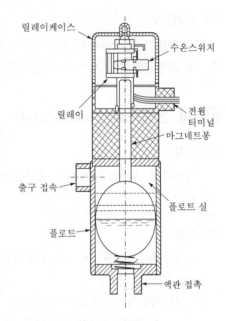

5.8 전자밸브(solenoid valve)

(1) 역할

전기적인 조작에 의하여 밸브 본체를 자동적으로 개폐하여 유량을 제어한다.

(2) 종류 및 구조

① 직동식 전자밸브(direct operative solenoid valve) : 전자코일에 전류가 흐르면 플런저(plunger)가 들어올려져 밸브가 열리게 되고, 전류가 차단되면 플런저의 자중(自重)에 의해 밸브는 닫히게 되며, 밸브시트(밸브 플레이트)의 제한으로 소용량에 이용된다.

② 파일럿식 전자밸브(pilot operative solenoid valve) : 대용량에서는 필연적으로 플런저 및 밸브의 구조가 커지게 되어 전자코일의 힘만으로는 확실한 밸브의 작동을 기대할 수 없기 때문에 밸브와 플런저를 분리한 파일럿전자밸브가 사용되며, 메인밸브(main valve)는 밸브의 출입구압력차에 의해서 개폐된다.

(3) 설치 시 유의사항

① 코일 부분이 상부에 위치하도록 수직으로 설치해야 한다.

② 유체의 흐름방향(입·출구측)을 일치시켜야 한다.

③ 용량에 맞춰 사용하고 사용전압에 유의해야 한다.

④ 용접 시에는 코일 부분이 타지 않도록 분해하거나 물수건 등으로 보호해야 한다.

5.9 냉매분배기(distributor)

(1) 역할

팽창밸브 출구와 증발기 입구 사이에 설치하여 증발기에 공급되는 냉매를 균등히 배분함으로써 압력강하의 영향을 방지하고 효율적인 증발작용을 하도록 한다.

(2) 설치경우

① 증발기 냉각관에서 압력강하가 심한 장치
② 외부균압형 온도식 자동팽창밸브를 사용하는 장치

5.10 온도조절기(thermostat)

(1) 역할

측온부의 온도를 감지하여 전기적인 작동으로 기기를 가동(ON) 및 정지(OFF)시키는 역할을 한다.

(2) 종류

① 바이메탈식 : 팽창계수가 서로 다른 두 가지의 금속을 접합시켜 변형되는 성질을 이용한 구조
　　㉠ 와권형 : 저온의 경우에 OFF 되는 냉방용과 ON 되는 난방용이 있으며 스냅액션을 주기 위해 영구자석이 사용된다.
　　㉡ 원판형 : 원판형의 바이메탈로 자체에 전류가 흐르면서 온도변화에 의해 ON, OFF 된다.
　　㉢ 평판형 : 전동기(motor)의 권선(coil) 중에 삽입하여 권선의 온도 상승에 의한 소손을 방지하기 위해 ON, OFF 된다.
② 감온통식 : 감온통을 감지할 부분에 접촉시켜서 감온통 내에 봉입된 액화가스의 포화압력 변화에 따라 ON, OFF 된다.
　　㉠ 가스충전식, 액충전식, 크로스충전식으로 구분된다.
　　㉡ 냉동장치의 온도조절기로 많이 사용되고 있다.
③ 전기저항식 : 온도변화에 의하여 전기적인 저항이 변하는 금속의 성질을 이용하여 ON, OFF 되며 공기조화용에 이용되고 있다.

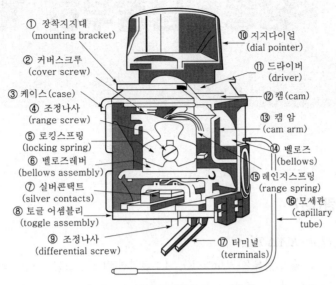

① 장착지지대
(mounting bracket)

② 커버스크루
(cover screw)

③ 케이스(case)

④ 조정나사
(range screw)

⑤ 로킹스프링
(locking spring)

⑥ 벨로즈레버
(bellows assembly)

⑦ 실버콘택트
(silver contacts)

⑧ 토글 어셈블리
(toggle assembly)

⑨ 조정나사
(differential screw)

⑩ 지지다이얼
(dial pointer)

⑪ 드라이버
(driver)

⑫ 캠(cam)

⑬ 캠 암
(cam arm)

⑭ 벨로즈
(bellows)

⑮ 레인지스프링
(range spring)

⑯ 모세관
(capillary tube)

⑰ 터미널
(terminals)

[소형 장치용 감온통식 온도조절기]

냉동 · 냉장부하 계산

1.1 손실열량(Q_L)

① 외부침입열(Q_o)= $KA\Delta T$ [kW]

여기서, K : 구조체 열관류율(W/m^2 · K), A : 전열면적(m^2), ΔT : 냉장고와 외기온도차(K, ℃)

② 냉각열(Q_c)= $\dfrac{mC_p \Delta T}{24}$ [kW]

여기서, m : 1일 중 입고되는 냉장품의 질량(kg/day), C_p : 냉장품의 정압비열(kJ/kg · K)

③ 발생열(Q_g) : 전동송풍기, 하역기계, 작업원, 전등(작업등)

④ 환기열(Q_r)= $\dfrac{V(h_a - h_r)n}{24}$ [kW]

⑤ 기타 : 냉동고 저장산물의 호흡열

$$Q = \frac{mRn}{24} \text{[kW]}$$

여기서, m : 1회 입고량, R : 호흡열(kW/kg), n : 입고횟수

1.2 냉동능력(Q_e)

(1) 정의

냉동기가 단위시간(1시간) 동안 증발기에서 흡수하는 열량으로, 단위는 kJ/h, BTU/h, RT 등으로 표시한다.

$$Q_e = \dot{m} \gamma_0$$

(2) 냉동톤

① 1한국냉동톤(1RT) : 0℃의 물 1ton(=1,000kg)을 하루(24시간)에 0℃의 얼음으로 만들 수 있는 열량(응고열 또는 융해열)과 동등한 능력을 1RT라 한다. 1RT에 상당하는 열량을 산출하면

$$1RT = \frac{1,000 \times 79.68}{24} = 3,320 \text{kcal/h} = 13897.52 \text{kJ/h} = 3.86 \text{kW}$$

② 1미국냉동톤(1USRT) : 32°F의 물 1ton(=2,000lb)을 하루(24시간)에 32°F의 얼음으로 만들 수 있는 열량과 동등한 능력을 1USRT라 한다. 즉 1USRT에 상당하는 열량을 산출하면

$$1USRT = \frac{2,000 \times 144}{24} = 112,000 \text{BTU/h} = 3,024 \text{kcal/h} = 12,658 \text{kJ/h} ≒ 3.52 \text{kW}$$

③ 냉동능력의 비교

단위 국명	RT(냉동톤)	kcal/h	kJ/h	BTU/min	RT	한국	미국	영국
한국	1	3,320	13897.52	219.56	한국	1	1.097	0.994
미국	1	3,024	12658.46	200.0	미국	0.911	1	0.985
영국	1	3,340	13981.24	220.9	영국	1.006	1.104	1

(3) 제빙톤

하루(24시간) 동안에 생산되는 얼음의 중량(ton)으로서 제빙공장의 능력을 표시하는 단위이다. 즉 제빙 10톤의 제빙공장의 능력이라 함은 하루에 10톤의 얼음을 생산하는 규모를 뜻한다.

① 제빙톤 : 원료수(물)를 이용하여 1일 1ton의 얼음을 −9℃로 생산하기 위하여 제거해야 하는 열량에 상당하는 능력을 1제빙톤이라 하며, 원료수의 처음 온도에 따라서 상당하는 열량의 값은 다르게 된다. 여기서는 일반적으로 1제빙톤의 상당열량을 산출하는 조건인 25℃의 원료수(물) 1ton을 1일 동안에 −9℃의 얼음으로 만들 때 제거해야 하는 열량의 값을 구해보기로 한다.

⊙ $Q_w = WC(t_0 - t_1) = 1,000 \times 1 \times (25-0) = 25,000 \text{kcal} = 104,650 \text{kJ}$

ⓒ $Q = W\gamma_0 = 1,000 \times 79.68 = 79,680 \text{kcal} = 333,541 \text{kJ}$

ⓒ $Q_i = WC(t_0 - t_1) = 1,000 \times 0.5 \times (0-(-9)) = 4,500 \text{kcal} = 18,837 \text{kJ}$

ⓔ 제빙의 과정에서는 열손실량을 20% 정도 가산하여 계산하므로 총열량=(⊙+ⓒ+ⓒ) ×(1+0.2)=(25,000+79,680+4,500)×1.2=131,016kcal=548,433kJ이며, 이것은 하루 동안에 상당하는 열량으로 131,016kcal/24h이다.

ⓜ 위의 1제빙톤(131,016kcal/24h)과 1냉동톤(79,680kcal/24h)을 비교하면 131,016÷79,680≒1.65이다. 즉 원료수 25℃의 1제빙톤은 1.65RT에 해당한다(1제빙톤=1.65RT).

② 얼음의 결빙시간 : 얼음의 결빙시간은 얼음두께의 제곱에 비례하며 다음의 계산식에 의한다.

$$H = \frac{0.56t^2}{-t_b} [\text{시간}]$$

여기서, t_b : 브라인온도(℃), t : 얼음두께(cm)

1.3 냉동기 성적계수

$$COP_R(= \varepsilon_R) = \frac{q_e(냉동효과)}{w_c(압축기\ 소비일량)} = \frac{Q_e(냉동능력)}{W_c(압축기\ 소비동력)}$$

1.4 냉동기 선정 시 고려사항(냉동기 최적 선정을 위한 검토)

① 에너지의 특성과 절약성 ② 경제성
③ 소음, 진동 ④ 보수관리성
⑤ 목적성 ⑥ 디자인

6 냉동설비 운영

Air-Conditioning Refrigerating Machinery

Chapter

1 냉동기 관리

1.1 일상점검

냉동기의 운전상황은 최소한 1일 2회 이상 반드시 운전일지에 기록하여 관리하도록 한다. 운전일지를 정확히 기록해두면 냉동기를 효율적이고 안전하게 운전할 수 있을 뿐 아니라, 만일 고장이 발생해도 원인을 일찍 발견할 수 있다. 필요한 최소 운전기록항목은 다음과 같다.

① 냉매흡입압력 및 온도
② 냉매토출압력 및 온도
③ 유압, 유온, 유량, 오염 정도(혼탁도)
④ 압축기 모터의 전류, 전력, 권선온도 및 베어링온도
⑤ 운전 시 소음, 진동
⑥ 냉각수의 온도 및 유량
⑦ 냉수(브라인)의 입출구온도 및 유량
⑧ 운전시간

1.2 정기점검

냉동기는 제조사의 사용설명서에 준하여 정기적으로 점검해야 한다. 일반적인 경우(가동 후 50~100시간 내의 점검)에 대해 예를 들어보면 다음과 같다.

① 모든 고정된 나사부의 풀림이 없는지 확인한다.
② 냉동기의 누설부가 없는지 확인한다.
③ 개방형 압축기의 경우 V벨트 또는 커플링의 정렬상태를 확인한다.
④ 압축기 흡입스트레이너, 오일필터를 청소 혹은 교체한다.
⑤ 냉동유를 교환한다.

1.3 특별점검

운전 중에 다음과 같은 이상현상이 발생한 경우에는 신속하게 냉동기를 정지하고 점검해야 한다.
① 압축기 및 모터의 운전음이 현저히 변화한 때
② 압축기 및 모터의 진동이 비정상적으로 커진 때
③ 축봉(shaft seal)의 누설량이 급증한 때
④ 압축기가 부분적으로 온도가 높아진 때
⑤ 윤활유가 갑자기 더러워진 때
⑥ 운전조건은 동일한데 전류값이 크게 변화한 때

2 냉각탑 점검

2.1 냉각탑

냉각탑(cooling tower)은 응축기(condenser)의 냉각수를 분사하여 강제통풍에 의한 증발열(잠열)로 냉각수를 냉각시킨 뒤 응축기에 순환시킨다.

(1) 냉각탑의 종류

① 분무식   ② 밀폐식   ③ 충전식
※ 물과 공기의 접촉방법에 따른 냉각탑의 분류 : 평행류형(parallel flow type), 직교류형(cross flow type), 대향류형(counter flow type)

(2) 냉각탑의 순환수량

$$W = \frac{냉각탑의\ 용량(\text{kJ/h})}{60\,C\Delta t}[\text{L/min}]$$

여기서, C : 물의 비열(=4.186)(kJ/kg · K), Δt : 쿨링 레인지(=냉각탑의 입출구온도차)

(3) 냉각탑의 용량

냉각탑의 용량=압축기 소비동력+냉동부하

※ 흡수식 냉각탑의 용량=발생기(재생기)부하+냉동부하

(4) 기기 주변 배관

① 하트포드포드배관 : 저압증기난방의 보일러 주변 배관으로 보일러수면이 안전수위 이하(저수위 이하)로 내려가지 않게 하기 위한 안전장치이다.

② 리프트피팅 : 진공환수식에서 환수관보다 방열기가 낮은 위치에 있을 때 응축수를 끌어올리기 위해 설치한다(1개 높이는 1.5m 이내).

③ 증기트랩(steam trap) : 증기난방배관 내에 생긴 응축수만을 보일러에 환수시키기 위해 설치한다. 열교환기 최말단부 방열기 환수부에 위치한다.

④ 공기빼기밸브 : 배관 내부의 공기를 제거하기 위해 배관의 굴곡부에 설치한다.

※ 캐비테이션을 방지하기 위해서는 설비에서 얻어지는 유효흡입양정($NPSH$)가 펌프의 필요흡입양정($NPSH_{re}$)보다 커야 한다.

$$NPSH \geq 1.3NPSH_{re}$$

⑤ 증기난방의 배관기울기

㉠ 증기관 : 앞내림관(선하향) $\dfrac{1}{250}$ 이상, 앞올림관(선상향) $\dfrac{1}{50}$ 이상

㉡ 환수관 : 앞내림관(선하향) $\dfrac{1}{250}$ 이상

2.2 수질관리

(1) 정수

채수 → 침전 → 폭기 → 여과 → 살균(소독) → 급수

(2) 물의 경도

① 물속에 녹아 있는 마그네슘의 양을 이것에 대응하는 탄산칼슘($CaCO_3$)의 100만분율(ppm)로 환산하여 표시한 것이다.

② 음료수는 총경도 300ppm이어야 한다.

(3) 탄산칼슘($CaCO_3$)의 함유량에 따른 분류

① 극연수 : 탄산칼슘이 0ppm인 순수한 물(증류수, 멸균수)

㉠ 연관, 황동관을 침식시킨다.

㉡ 병원 등에서 극연수 사용 시 안팎을 모두 도금한 파이프를 사용해야 한다.

② 연수(soft water) : 탄산칼슘이 90ppm 이하인 물

③ 적수 : 탄산칼슘이 90~110ppm인 물

④ 경수(hard water) : 탄산칼슘이 110ppm 이상인 물

보일러수로 경수를 사용할 때 나타나는 현상

- 관 내면에 스케일(scale, 물때) 발생
- 과열의 원인
- 전열효율 저하
- 보일러수명 단축

냉동·냉장설비
기출 및 예상문제

01 액분리기(accumulator)의 설명이 잘못된 것은?

① 압축기에 액이 흡입되지 않게 한다.
② 응축기와 압축기 사이에 설치한다.
③ 압축기의 파손을 방지한다.
④ 장치 기동 시 증발기 내에서의 냉매의 교란을 방지한다.

해설 액분리기는 증발기와 압축기 사이에 설치한다.

02 열에너지의 흐름에 대한 방향성을 말해주는 법칙은?

① 제0법칙   ② 제1법칙
③ 제2법칙   ④ 제3법칙

해설 열역학 제2법칙(엔트로피 증가법칙, 비가역법칙)은 열에너지의 흐름에 대한 방향성을 말해주는 법칙이다.

03 다음 기체동력사이클 중 가열량, 초기온도, 초기압력, 압축비가 동일할 때 열효율이 높은 순서로 나열된 것은?

① 복합사이클 → 오토사이클 → 디젤사이클
② 디젤사이클 → 복합사이클 → 오토사이클
③ 오토사이클 → 복합사이클 → 디젤사이클
④ 복합사이클 → 디젤사이클 → 오토사이클

해설 가열량, 초기온도, 초기압력, 압축비를 동일하게 할 경우 기체동력사이클의 열효율순서는 오토(η_{tho}) > 사바테(복합, η_{ths}) > 디젤(η_{thd}) 순이다.

04 어느 기체의 압력이 0.5MPa, 온도 150℃, 비체적 0.4m³/kg일 때 가스상수(J/kg·K)를 구하면 약 얼마인가?

① 11.3   ② 47.28
③ 113   ④ 472.8

해설 $Pv = RT$

$$\therefore R = \frac{Pv}{T} = \frac{0.5 \times 10^6 \times 0.4}{150 + 273} = 472.8 \text{J/kg} \cdot \text{K}$$

05 가역냉동기의 냉동능력이 100RT이며 −5℃와 +20℃ 사이에서 작동하고 있다. 이 냉동기의 성적계수는 얼마인가?

① 10.7   ② 12.7
③ 14.4   ④ 16.4

해설 $\varepsilon_R = \frac{T_2}{T_1 - T_2} = \frac{-5 + 273}{(20 + 273) - (-5 + 273)} = 10.72$

06 기통직경 70mm, 행정 60mm, 기통수 8, 매분 회전수 1,800인 단단압축기의 피스톤압출량(m³/h)은 약 얼마인가?

① 65   ② 132
③ 168   ④ 199

해설 $V = 60ASNZ = 60 \times \frac{\pi \times 0.07^2}{4} \times 0.06 \times 1,800 \times 8$
$= 199.4 \text{m}^3/\text{h}$

07 염화칼슘 브라인의 공정점(共晶点)은?

① −15℃   ② −21℃
③ −33.6℃   ④ −55℃

해설 무기질 브라인의 공정점
㉠ CaCl₂(염화칼슘) : −55℃
㉡ NaCl(염화나트륨) : −21℃
㉢ MgCl₂(염화마그네슘) : −33.6℃

08 다음 중 1보다 크지 않은 것은?

① 폴리트로픽지수   ② 성적계수
③ 건조도   ④ 비열비

해설 건조도(x)는 최대값이 1이다($x = 1$이면 증기가 100%임을 의미).

★
09 흡수식 냉동기의 주요 부품이 아닌 것은?

① 흡수기　　　② 압축기
③ 발생기　　　④ 증발기

해설 흡수식 냉동기에는 압축기가 없으며 압축기 대용으로 재생기, 흡수기, 용액펌프 등이 있다.

★
10 이상적인 냉동사이클에서 응축온도가 32℃, 증발온도가 –10℃이면 성적계수는 약 얼마인가?

① 9.73　　　② 8.45
③ 7.26　　　④ 6.26

해설 $(COP)_R = \dfrac{T_2}{T_1 - T_2} = \dfrac{-10 + 273}{(32 + 273) - (-10 + 273)}$
$= 6.26$

11 다음 그림과 같은 이론냉동사이클에서 열펌프의 성적계수를 나타낸 것으로 올바른 것은?

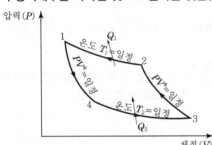

① $\dfrac{Q_2}{Q_1 - Q_2}$　　　② $\dfrac{Q_1 - Q_2}{Q_2}$

③ $\dfrac{T_1}{T_1 - T_2}$　　　④ $\dfrac{T_1 - T_2}{T_1}$

해설 $\varepsilon_H = \dfrac{T_1}{T_1 - T_2} = \dfrac{Q_1}{Q_1 - Q_2} = \varepsilon_R + 1$

★
12 폴리트로픽변화의 일반식 $PV^n = C$(상수)에 대한 설명으로 옳은 것은?

① $n = k$일 때 등온변화
② $n = 1$일 때 정적변화
③ $n = \delta$일 때 단열변화
④ $n = 0$일 때 정압변화

해설 $PV^n = C$에서
㉠ $n = 0$: 정압변화
㉡ $n = 1$: 등온변화
㉢ $n = k$: 가역단열변화
㉣ $n = \infty$: 등적변화

★
13 다음과 같은 대향류 열교환기의 대수평균온도차는 약 얼마인가? (단, $t_1 : 27℃$, $t_2 : 13℃$, $t_{w1} : 5℃$, $t_{w2} : 10℃$)

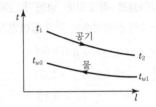

① 9.0℃　　　② 11.9℃
③ 13.7℃　　　④ 15.5℃

해설 $\Delta_1 = t_1 - t_{w2} = 27 - 10 = 17℃$
$\Delta_2 = t_2 - t_{w1} = 13 - 5 = 8℃$
$\therefore \ LMTD = \dfrac{\Delta_1 - \Delta_2}{\ln\dfrac{\Delta_1}{\Delta_2}} = \dfrac{17 - 8}{\ln\dfrac{17}{8}} ≒ 11.94℃$

★
14 제빙장치에서 브라인의 온도가 –10℃이고, 얼음의 두께가 20cm인 관빙의 결빙소요시간은 얼마인가? (단, 결빙계수는 0.56이다.)

① 25.4시간　　　② 22.4시간
③ 20.4시간　　　④ 18.4시간

해설 $H = \dfrac{0.56t^2}{-t_b} = \dfrac{0.56 \times 20^2}{-(-10)} = 22.4$시간

15 1RT 냉동기의 수냉식 응축기에 있어서 냉각수 입구 및 출구온도를 10℃, 20℃로 하기 위하여 약 얼마의 냉각수가 필요한가? (단, 공기조화용이며 응축기 방열량은 20% 추가한다.)

① 5.5L/min　　　② 6.6L/min
③ 332L/min　　　④ 400L/min

해설 $Q_c = (1 + 0.2)Q_e = 60WC\Delta t$
$\therefore \ W = \dfrac{Q_c}{60C\Delta t} = \dfrac{1 \times 3,320 \times 1.2}{60 \times 1 \times (20 - 10)} = 6.64$L/min

★
16 −15℃에서 건조도 0인 암모니아가스를 교축 팽창시켰을 때 변화가 없는 것은?

① 비체적　　　　② 압력
③ 엔탈피　　　　④ 온도

해설 교축팽창 시 엔탈피는 변화 없다(등엔탈피, 압력 강하, 온도 강하, 엔트로피 증가).

★
17 0℃와 100℃ 사이의 물을 열원으로 역카르노 사이클로 작동되는 냉동기(ε_c)와 히트펌프 (ε_H)의 성적계수는 각각 얼마인가?

① $\varepsilon_c =1.00,\ \varepsilon_H =1.00$
② $\varepsilon_c =3.54,\ \varepsilon_H =4.54$
③ $\varepsilon_c =2.12,\ \varepsilon_H =3.12$
④ $\varepsilon_c =2.73,\ \varepsilon_H =3.73$

해설 ㉠ $\varepsilon_c = \dfrac{T_2}{T_1 - T_2} = \dfrac{0+273}{(100+273)-(0+273)} = 2.73$

㉡ $\varepsilon_H = \dfrac{T_1}{T_1 - T_2} = \dfrac{100+273}{(100+273)-(0+273)} = 3.73$

별해 $\varepsilon_H = \varepsilon_C + 1 = 2.73 + 1 = 3.73$

18 저온측 응축기를 고온측 냉동기로 냉각하는 것은?

① 흡수식 냉동　　② 터보냉동
③ 로터리냉동　　④ 2원 냉동

해설 2원 냉동사이클은 캐스케이드콘덴서(저온측 응축기를 고온측 증발기로 냉각 열교환시켜 초저온 −70℃ 이하)를 이용한 냉동사이클이다.

★
19 열역학 제2법칙을 바르게 설명한 것은?

① 열은 에너지의 하나로서 일을 열로 변환 하거나 또는 열을 일로 변환시킬 수 있다.
② 온도계의 원리를 제공한다.
③ 절대 0도에서의 엔트로피값을 제공한다.
④ 열은 스스로 고온물체로부터 저온물체 로 이동되나, 그 역과정은 비가역이다.

해설 **열역학 제2법칙**(엔트로피 증가법칙, 비가역법칙) : 열은 그 스스로 고온물체에서 저온물체로 이동되나, 그 반대 는 외부일 없이는 불가능하다(방향성을 제시한 법칙).

★
20 흡수식 냉동기의 특징에 대한 설명으로 틀린 것은?

① 부분부하에 대한 대응성이 좋다.
② 용량제어의 범위가 넓어 폭넓은 용량제 어가 가능하다.
③ 초기운전 시 정격성능을 발휘할 때까지 의 도달속도가 느리다.
④ 냉동기의 성능계수(COP)가 높다.

해설 흡수식 냉동기는 압축기가 없어 소음과 진동은 없으나 압축식 냉동기보다 성능계수(ε_R)는 낮다.

21 두께 30cm인 콘크리트벽이 있는데, 이 벽의 내면온도가 26℃, 외면온도가 36℃일 때 이 콘 크리트벽을 통하여 흐르는 단위면적당 열량 (W)은 약 얼마인가? (단, 콘크리트벽의 열전도 율은 0.95W/m · K이다.)

① 2.40　　　　② 3.75
③ 31.67　　　　④ 41.67

해설 $q_{con} = \lambda A\left(\dfrac{t_1 - t_2}{L}\right) = 0.95 \times 1 \times \dfrac{36-26}{0.3} = 31.67\text{W}$

★
22 응축온도는 일정한데 증발온도가 저하되었을 때 감소되지 않는 것은?

① 압축비　　　　② 냉동능력
③ 성적계수　　　④ 냉동효과

해설 응축온도 일정 시 증발온도가 저하되면 압축비는 증가되 고, 냉동능력, 성적계수, 냉동효과, 체적효율은 감소한다.

23 다음 조건을 갖는 수냉식 응축기의 전열면적은 약 얼마인가? (단, 응축기 입구의 냉매가스의 엔 탈피는 1,885kJ/kg, 응축기 출구의 냉매액의 엔 탈피는 628kJ/kg, 냉매순환량은 100kg/h, 응 축온도는 40℃, 냉각수의 평균온도는 33℃, 응 축기의 열관류율은 930W/m² · K이다.)

① 3.86m^2　　　② 4.56m^2
③ 5.36m^2　　　④ 6.76m^2

해설 $Q_c = KA\Delta t_m = \dot{m}C(t_{w2} - t_{w1})[\text{W}]$

$\therefore A = \dfrac{Q_c}{K\Delta t_m} = \dfrac{\dot{m}q_c}{K\Delta t_m} = \dfrac{\dot{m}(h_2 - h_1)}{K(t_c - t_m)}$

$= \dfrac{100 \times (1,885 - 628)}{0.930 \times 3,600 \times (40-33)} = 5.36\text{m}^2$

정답 **16** ③ **17** ④ **18** ④ **19** ④ **20** ④ **21** ③ **22** ① **23** ③

★
24 이상기체를 정압하에서 가열하면 체적과 온도의 변화는 어떻게 되는가?

① 체적 증가, 온도 상승
② 체적 일정, 온도 일정
③ 체적 증가, 온도 일정
④ 체적 일정, 온도 상승

해설 샤를의 법칙(Charles's law, 등압법칙($p = c$)) : 이상기체를 정압하에서 가열 시 체적과 절대온도는 비례한다.

체적 증가, 온도 상승, $\dfrac{V_2}{V_1} = \dfrac{T_2}{T_1}$

25 자동제어의 목적이 아닌 것은?

① 냉동장치 운전상태의 안정을 도모한다.
② 냉동장치의 안전을 유지한다.
③ 경제적인 운전을 꾀한다.
④ 냉동장치의 냉매소비를 절감한다.

해설 자동제어의 목적
㉠ 운전상태의 안정 도모
㉡ 냉동장치의 안전 유지
㉢ 경제적인 운전 추구

★
26 온도식 자동팽창밸브 감온통의 냉매 충전방법이 아닌 것은?

① 액충전   ② 벨로즈충전
③ 가스충전   ④ 크로스충전

해설 온도식 자동팽창밸브(TEV) 감원통의 냉매 충전방법은 액충전, 가스충전, 크로스충전 등이 있다.

★
27 다음 그림은 브라인순환식 빙축열시스템의 개략도를 나타내는 것이다. (A)의 기기명칭과 (B)의 매체명칭으로 맞는 것은?

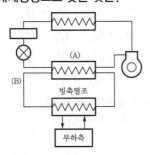

① (A) 증발기, (B) 냉매
② (A) 축냉기, (B) 냉매
③ (A) 증발기, (B) 브라인
④ (A) 축냉기, (B) 냉수

해설 (A) 증발기, (B) 브라인

★
28 CA(controlled atmosphere)냉장고에서 청과물 저장 시보다 좋은 저장성을 얻기 위하여 냉장고 내의 산소를 몇 % 탄산가스로 치환하는가?

① 3~5%   ② 5~8%
③ 8~40%   ④ 10~12%

해설 CA냉장고는 청과물 저장 시보다 좋은 저장성을 얻기 위해 냉장고 내의 산소를 3~5% 감소시키고, 탄산가스를 3~5% 증대시켜 주는 방법으로 청과물의 호흡작용을 억제하면서 냉장하는 장치이다.

29 원심압축기의 용량조정법에 대한 설명으로 틀린 것은?

① 회전수변화
② 안내익의 경사도변화
③ 냉매의 유량조절
④ 흡입구의 댐퍼 조정

해설 원심압축기의 용량조정법 : 회전수제어, 흡입베인제어, 바이패스제어, 흡입댐퍼제어, 디퓨저제어

★
30 Brine의 중화제 혼합비율로 가장 적당한 것은?

① 염화칼슘 100L당 중크롬산소다 100g, 가성소다 23g
② 염화칼슘 100L당 중크롬산소다 100g, 가성소다 43g
③ 염화칼슘 100L당 중크롬산소다 160g, 가성소다 23g
④ 염화칼슘 100L당 중크롬산소다 160g, 가성소다 43g

해설 염화칼슘($CaCl_2$) 1L에 중크롬산소다 1.6g이고, 가성소다(NaOH)는 중크롬산소다의 27%이다.

정답 24 ① 25 ④ 26 ② 27 ③ 28 ① 29 ③ 30 ④

31 ★ 압축기 과열의 원인이 아닌 것은?

① 증발기의 부하가 감소했을 때
② 윤활유가 부족했을 때
③ 압축비가 증대했을 때
④ 냉매량이 부족했을 때

해설 압축기 과열의 원인
㉠ 윤활유가 부족했을 때
㉡ 압축비가 증대했을 때
㉢ 냉매량이 부족했을 때

32 유량 100L/min의 물을 15℃에서 10℃로 냉각하는 수냉각기가 있다. 이 냉동장치의 냉동효과가 125kJ/kg일 경우에 냉매순환량은 얼마인가? (단, 물의 비열은 4.18kJ/kg·K이다.)

① 16.7kg/h
② 1,000kg/h
③ 450kg/h
④ 960kg/h

해설 $\dot{m} = \dfrac{Q_e}{q_e} = \dfrac{60mC\Delta t}{q_e} = \dfrac{60 \times 100 \times 4.18 \times (15-10)}{125}$
$= 1003.2 \text{kg/h}$

33 ★ 다음 냉동 관련 용어의 설명 중 잘못된 것은?

① 제빙톤 : 25℃의 원수 1톤을 24시간 동안 -9℃의 얼음으로 만드는 데 제거할 열량을 냉동능력으로 표시한다.
② 동결점 : 물질 내에 존재하는 수분이 얼기 시작하는 온도를 말한다.
③ 냉동톤 : 0℃의 물 1톤을 24시간 동안 -10℃의 얼음으로 만드는 데 필요한 냉동능력으로 1RT=2.58kW이다.
④ 결빙시간 : 얼음을 얼리는 데 소요되는 시간은 얼음두께의 제곱에 비례하고, 브라인의 온도에는 반비례한다.

해설 1냉동톤(1RT)은 0℃의 물 1ton을 0℃의 얼음으로 만드는 데 24시간 동안 제거해야 할 냉동능력이다.
1RT=3,320kcal/h=3.86kW=13897.52kJ/h

34 ★ 냉동장치의 저압차단스위치(LPS)에 관한 설명으로 맞는 것은?

① 유압이 저하했을 때 압축기를 정지시킨다.

② 토출압력이 저하했을 때 압축기를 정지시킨다.
③ 장치 내 압력이 일정 압력 이상이 되면 압력을 저하시켜 장치를 보호한다.
④ 흡입압력이 저하했을 때 압축기를 정지시킨다.

해설 저압차단스위치(LPS)는 흡입압력 저하 시 압축기를 정지시켜 보호하는 장치이다.

35 ★ 냉매가스를 단열압축하면 온도가 상승한다. 다음 가스를 같은 조건에서 단열압축할 때 온도 상승률이 가장 큰 것은?

① 공기
② R-12
③ R-22
④ NH₃

해설 비열비 크기 : 공기(1.4)>NH₃(1.31)>R-22(1.18)>R-12(1.13)
참고 비열비(단열지수)가 크면 단열압축 시 온도와 압력이 상승한다.

36 ★ 물 5kg을 0℃에서 80℃까지 가열하면 물의 엔트로피 증가는 약 얼마인가? (단, 물의 비열은 4.18kJ/kg·K이다.)

① 1.17kJ/K
② 5.37kJ/K
③ 13.75kJ/K
④ 26.31kJ/K

해설 $\Delta S = mC \ln \dfrac{T_2}{T_1} = 5 \times 4.18 \times \ln \dfrac{80+273}{0+273} = 5.37 \text{kJ/K}$

37 흡수식 냉동기에서 재생기에서의 열량을 Q_G, 응축기에서의 열량을 Q_C, 증발기에서의 열량을 Q_E, 흡수기에서의 열량을 Q_A라고 할 때 전체의 열평형식으로 옳은 것은?

① $Q_G = Q_E + Q_C + Q_A$
② $Q_G + Q_C = Q_E + Q_A$
③ $Q_G + Q_A = Q_C + Q_E$
④ $Q_G + Q_E = Q_C + Q_A$

해설 흡수식 냉동기 전체 열평형식
$Q_G + Q_E = Q_C + Q_A$

정답 31 ① 32 ② 33 ③ 34 ④ 35 ① 36 ② 37 ④

38 냉동장치에서 일반적으로 가스퍼저(gas purger)를 설치할 경우 설치위치로 적당한 곳은?

① 수액기와 팽창밸브의 액관
② 응축기와 수액기의 액관
③ 응축기와 수액기의 균압관
④ 응축기 직전의 토출관

해설 가스퍼저는 응축기와 수액기의 균압관에 설치한다.

39 어떤 변화가 가역인지 비가역인지 알려면 열역학 몇 법칙을 적용하면 되는가?

① 제0법칙   ② 제1법칙
③ 제2법칙   ④ 제3법칙

해설 열역학 제2법칙은 어떤 변화가 가역인지 비가역인지를 알 수 있는 법칙으로 방향성(비가역성)을 나타낸 엔트로피 증가법칙(비가역법칙)이다.

40 교축작용과 관계가 적은 것은?

① 등엔탈피변화
② 팽창밸브에서의 변화
③ 엔트로피의 증가
④ 등적변화

해설 실제 기체(냉매)에서 교축과정 : 등엔탈피, 팽창밸브에서의 과정, 압력강하, 온도강하, 엔트로피 증가

41 냉매와 화학분자식이 옳게 짝지어진 것은?

① R-500 → $CCl_2F_4 + CH_2CHF_2$
② R-502 → $CHClF_2 + CClF_2CF_3$
③ R-22 → CCl_2F_2
④ R-717 → NH_4

해설 ① R-500(R-12+R-152) → $CCl_2F_2 + C_2H_4F_2$
③ R-22 → $CHClF_2$
④ R-717 → NH_3

참고 R-502(R-22+R-115) → $CHClF_2 + C_2ClF_5$

42 압축기 직경이 100mm, 행정이 850mm, 회전수 2,000rpm, 기통수 4일 때 피스톤배출량은?

① $3,204m^3/h$ ② $3,316m^3/h$
③ $3,458m^3/h$ ④ $3,567m^3/h$

해설 $V = 60ASNZ = 60 \times \frac{\pi \times 0.1^2}{4} \times 0.85 \times 2,000 \times 4$
$= 3,204m^3/h$

43 CA냉장고(Controlled Atmosphere storage room)의 용도로 가장 적당한 것은?

① 가정용 냉장고로 쓰인다.
② 제빙용으로 주로 쓰인다.
③ 청과물 저장에 쓰인다.
④ 공조용으로 철도, 항공에 주로 쓰인다.

해설 CA냉장고는 청과물 저장 시 보다 좋은 저장성을 확보하기 위해 냉장고 내의 산소를 3~5% 감소시키고 CO_2를 증가시켜 청과물의 호흡을 억제하여 신선도를 유지하기 위해 사용한다.

44 작동물질로 H_2O-LiBr을 사용하는 흡수식 냉동사이클에 관한 설명 중 틀린 것은?

① 열교환기는 흡수기와 발생기 사이에 설치
② 발생기에서는 냉매 LiBr이 증발
③ 흡수기의 압력은 저압이며 발생기는 고압임
④ 응축기 내에서는 수증기가 응축됨

해설 흡수식 냉동기에서 냉매는 물(H_2O)이고, 흡수제는 브롬화리튬(LiBr)이다.

45 단면 확대노즐 내를 건포화증기가 단열적으로 흐르는 동안 엔탈피가 118kJ/kg만큼 감소하였다. 이때의 노즐 출구의 속도는 약 얼마인가? (단, 입구의 속도는 무시한다.)

① 828m/s   ② 886m/s
③ 924m/s   ④ 994m/s

해설 $V_2 = 91.48\sqrt{h_1 - h_2} = 91.48\sqrt{118} = 994m/s$

46 지열을 이용하는 열펌프의 종류에 해당되지 않는 것은?

① 지하수 이용 열펌프
② 폐수 이용 열펌프
③ 지표수 이용 열펌프
④ 지중열 이용 열펌프

해설 지열을 이용하는 열펌프의 종류에는 지하수, 지표수, 지중열을 이용한 열펌프가 있다.

47 다음 냉매 중 구리도금현상이 일어나지 않는 것은?

① CO_2 ② CCl_3F

③ R-12   ④ R-22

해설 동부착현상은 프레온계 냉매에서 발생되고, 탄산가스(CO_2)에서는 발생되지 않는다.

48 엔트로피에 관한 다음 설명 중 틀린 것은?

① 엔트로피는 자연현상의 비가역성을 나타내는 척도가 된다.

② 엔트로피를 구할 때 적분경로는 반드시 가역변화이어야 한다.

③ 열기관이 가역사이클이면 엔트로피는 일정하다.

④ 열기관이 비가역사이클이면 엔트로피는 감소한다.

해설 엔트로피는 열역학 제2법칙으로부터 유도된 상태량으로 비가역사이클인 경우 엔트로피는 증가한다.

49 압축기 및 응축기에서 과도한 온도 상승을 방지하기 위한 대책으로 부적당한 것은?

① 압력차단스위치를 설치한다.

② 온도조절기를 사용한다.

③ 규정된 냉매량보다 적은 냉매를 충전한다.

④ 많은 냉각수를 보낸다.

해설 규정된 냉매량보다 적은 냉매를 충전 시 압축기 및 응축기에서 과도한 온도를 상승시킨다.

50 나선모양의 관으로 냉매증기를 통과시키고, 이 나선관을 원형 또는 구형의 수조에 넣어 냉매를 응축시키는 방법을 이용한 응축기는?

① 대기식 응축기(atmospheric condenser)

② 지수식 응축기(submerged coil condenser)

③ 증발식 응축기(evaporative condenser)

④ 공냉식 응축기(air cooled condenser)

해설 지수식 응축기(셀 앤드 코일식 응축기)
㉠ 횡형으로 설치된 셀 안의 코일형태의 냉각관이 장착된 형식의 응축기

㉡ 소형 경량화 가능, 냉각수량이 적게 소모됨
㉢ 제작비가 적게 듦

51 증발기에 서리가 생기면 나타나는 현상은?

① 압축비 감소

② 소요동력 감소

③ 증발압력 감소

④ 냉장고 내부온도 감소

해설 증발기에서 서리가 생기면 증발압력이 감소되므로 압축비 증가, 소요동력 증가, 냉장고 내부온도가 상승된다.

52 일반적으로 초저온 냉동장치(Super chilling unit)로 적당하지 않은 냉동장치는 어느 것인가?

① 다단 압축식(Multi-Stage)

② 다원 압축식(Multi-Stage Cascade)

③ 2원 압축식(Cascade System)

④ 단단 압축식(Single-Stage)

해설 초저온 냉동장치로 적당한 냉동장치는 다단 압축식, 다원 압축식, 2원 냉동장치(-70℃ 이하) 등이 있으며, 단단 압축식은 초저온(-70℃ 이하) 냉동장치로 부적당하다.

53 다음 냉매 중 독성이 큰 것부터 나열된 것은?

㉠ 아황산(SO_2)	㉡ 탄산가스(CO_2)
㉢ R-12(CCl_2F_2)	㉣ 암모니아(NH_3)

① ㉣-㉡-㉠-㉢   ② ㉣-㉠-㉡-㉢

③ ㉠-㉣-㉡-㉢   ④ ㉠-㉡-㉣-㉢

해설 독성크기 : $SO_2 > NH_3 > CO_2 > R-12(CCl_2F_2)$

54 냉동장치의 증발기 냉각능력이 5.23kW, 증발관의 열통과율이 814W/m²·K, 유체의 입출구평균온도와 냉매의 증발온도와의 차가 6℃인 증발기의 전열면적은 약 얼마인가?

① $1.07m^2$ ② $3.07m^2$

③ $5.18m^2$ ④ $7.18m^2$

해설 $Q_e = KA\Delta t_m[W]$

$$\therefore A = \frac{Q_e}{K\Delta t_m} = \frac{5,230}{814 \times 6} = 1.07m^2$$

55 다음과 같은 대향류 열교환기의 대수평균온도차는? (단, t_1 : 40℃, t_2 : 10℃, t_{w1} : 4℃, t_{w2} : 8℃)

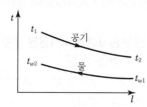

① 약 11.3℃ 　② 약 13.5℃
③ 약 15.5℃ 　④ 약 19.5℃

해설 $\Delta_1 = t_1 - t_{w2} = 40 - 8 = 32℃$
$\Delta_2 = t_2 - t_{w1} = 10 - 4 = 6℃$
$\therefore LMTD = \dfrac{\Delta_1 - \Delta_2}{\ln\dfrac{\Delta_1}{\Delta_2}} = \dfrac{32 - 6}{\ln\dfrac{32}{6}} ≒ 15.5℃$

56 압축기의 흡입밸브 및 송출밸브에서 가스 누출이 있을 경우 일어나는 현상은?

① 압축일 감소 　② 체적효율 감소
③ 가스압력 상승 　④ 가스온도 하강

해설 압축기의 흡입밸브 및 송출밸브에서 가스 누출이 있을 시 압축일 증대, 가스압력 감소, 가스온도 상승, 체적효율이 감소한다.

57 브라인의 금속에 대한 특징으로 틀린 것은?

① 암모니아가 브라인 중에 누설하면 알칼리성이 대단히 강해져 국부적인 부식이 발생한다.
② 유기질 브라인은 일반적으로 부식성이 강하나, 무기질 브라인은 부식성이 적다.
③ 브라인 중에 산소량이 증가하면 부식량이 증가하므로 가능한 공기와 접촉하지 않도록 한다.
④ 방청제를 사용하며 방청제로는 중크롬산소다를 사용한다.

해설 무기질 브라인(CaCl₂, MgCl₂, NaCl)이 유기질 브라인(에틸알코올, 에틸렌글리콜)보다 부식성이 크다.

58 흡수식 냉동기에 사용하는 흡수제로써 요구조건으로 가장 거리가 먼 것은?

① 용액의 증발압력이 높을 것
② 농도의 변화에 의한 증기압의 변화가 적을 것
③ 재생에 많은 열량을 필요로 하지 않을 것
④ 점도가 낮을 것

해설 흡수제의 요구조건
㉠ 용액의 증기압력이 낮을 것
㉡ 증발열이 크며 점도가 낮을 것
㉢ 결정온도가 낮을 것

59 이상적 냉동사이클에서 어떤 응축온도로 작동 시 성능계수가 가장 높은가? (단, 증발온도는 일정하다.)

① 20℃ 　② 25℃
③ 30℃ 　④ 35℃

해설 이상적 냉동사이클인 경우 증발온도 일정 시 응축온도가 낮으면 압축비가 작아지므로 냉동기의 성능계수는 증가한다.

60 냉동장치의 운전 중 압축기의 토출압력이 높아지는 원인으로 가장 거리가 먼 것은?

① 장치 내에 냉매를 과잉충전하였다.
② 응축기의 냉각수가 과다하다.
③ 공기 등의 불응축가스가 응축기에 고여 있다.
④ 냉각관이 유막이나 물때 등으로 오염되어 있다.

해설 냉각수가 과다하면 응축온도와 응축압력(고압)이 낮아져 압축기 토출압력이 낮아진다.

61 온도식 팽창밸브(TEV)의 작동과 관계없는 압력은?

① 증발기압력 　② 스프링압력
③ 감온통압력 　④ 응축압력

해설 온도식 팽창밸브(TEV)의 작동
㉠ P_1 : 감온통의 압력
㉡ P_2 : 증발기 내 냉매의 증발압력
㉢ P_3 : 과열도 조절 스프링의 압력

62 핀튜브관을 사용한 공냉식 응축관의 자연대류식 수평, 수직 및 강제대류식 전열계수를 비교했을 때 옳은 것은?

① 자연대류 수평형 > 자연대류 수직형 > 강제대류식

② 자연대류 수직형 > 자연대류 수평형 > 강제대류식

③ 강제대류식 > 자연대류 수평형 > 자연대류 수직형

④ 자연대류 수평형 > 강제대류식 > 자연대류 수직형

해설 전열계수의 크기 : 강제대류식 > 자연대류 수평형 > 자연대류 수직형

63 ★ 암모니아냉동기에서 냉매가 누설되고 있는 장소에 적색 리트머스시험지를 대면 어떤 색으로 변하는가?

① 황색　　　　　② 다갈색

③ 청색　　　　　④ 홍색

해설 암모니아(NH₃)냉매의 누설검사
㉠ 적색 리트머스시험지 : 청색
㉡ 유황초 : 백연 발생
㉢ 물+페놀프탈레인시험지 : 적색
㉣ 네슬러시약 : 소량 황색, 다량 자색
㉤ 냄새로 확인

64 ★ 냉동장치의 액관 중 발생하는 플래시가스의 발생원인으로 가장 거리가 먼 것은?

① 액관의 입상높이가 매우 작을 때

② 냉매순환량에 비하여 액관의 관경이 너무 작을 때

③ 배관에 설치된 스트레이너, 필터 등이 막혀 있을 때

④ 액관이 직사광선에 노출될 때

해설 플래시가스(flash gas)는 액관의 입상높이가 매우 클 때 발생한다.

65 ★ 프레온냉동기의 제어장치 중 가용전(fusible pluge)은 주로 어디에 설치하는가?

① 열교환기　　　　② 증발기

③ 수액기　　　　　④ 팽창밸브

해설 가용전은 프레온냉동기에 부착된 안전장치로 용융온도는 75℃ 이하인 것이 원칙이며, 설치위치는 응축기나 수액기에 냉매의 액과 증기가 공존하는 부분에 설치한다.

66 표준 냉동사이클이 적용된 냉동기에 관한 설명으로 옳은 것은?

① 압축기 입구의 냉매엔탈피와 출구의 엔탈피는 같다.

② 압축비가 커지면 압축기 출구의 냉매가스토출온도는 상승한다.

③ 압축비가 커지면 체적효율은 증가한다.

④ 팽창밸브 입구에서 냉매의 과냉각도가 증가하면 냉동능력은 감소한다.

해설 ① 압축기 입구의 냉매엔탈피와 출구의 냉매엔탈피는 같지 않다.
③ 압축비가 커지면 체적효율은 감소한다.
④ 팽창밸브 입구에서 냉매의 과냉각도가 증가하면 냉동능력은 증가한다.

67 ★ 냉동기의 성적계수가 6.84일 때 증발온도가 −13℃이다. 응축온도는?

① 약 15℃　　　　② 약 20℃

③ 약 25℃　　　　④ 약 30℃

해설
$$(COP)_R = \frac{T_2}{T_1 - T_2}$$
$$\therefore\ T_1 = T_2 + \frac{T_2}{(COP)_R}$$
$$= (-13 + 273) + \frac{-13 + 273}{6.84}$$
$$= 298K - 273 = 25℃$$

68 ★ 냉동사이클에서 등엔탈피과정이 이루어지는 곳은?

① 압축기　　　　　② 증발기

③ 수액기　　　　　④ 팽창밸브

해설 팽창밸브에서의 교축과정이 실제 기체(냉매)인 경우
㉠ 압력강하($P_1 > P_2$)
㉡ 온도강하($T_1 > T_2$)
㉢ 등엔탈피($h_1 = h_2$)
㉣ 엔트로피 증가($\Delta S > 0$)

69 팽창밸브를 너무 닫았을 때 일어나는 현상이 아닌 것은?

① 증발압력이 높아지고 증발기 온도가 상승한다.

② 압축기의 흡입가스가 과열된다.

③ 능력당 소요동력이 증가한다.

④ 압축기의 토출가스온도가 높아진다.

해설 팽창밸브를 너무 닫게 되면 증발기 압력과 온도가 모두 낮아진다.

70 축열장치에서 축열재가 갖추어야 할 조건으로 가장 거리가 먼 것은?

① 열의 저장은 쉬워야 하나 열의 방출을 어려워야 한다.

② 취급하기 쉽고 가격이 저렴해야 한다.

③ 화학적으로 안정해야 한다.

④ 단위체적당 축열량이 많아야 한다.

해설 **축열재의 구비조건**
㉠ 취급이 용이하고 가격이 저렴할 것
㉡ 화학적으로 안정적일 것
㉢ 단위체적당 축열량이 많을 것
㉣ 열의 저장과 방출이 쉬울 것

71 냉동장치 내의 불응축가스에 관한 설명으로 옳은 것은?

① 불응축가스가 많아지면 응축압력이 높아지고, 냉동능력은 감소한다.

② 불응축가스는 응축기에 잔류하므로 압축기의 토출가스온도에는 영향이 없다.

③ 장치에 윤활유를 보충할 때에 공기가 흡입되어도 윤활유에 용해되므로 불응축가스는 생기지 않는다.

④ 불응축가스가 장치 내에 침입해도 냉매와 혼합되므로 응축압력은 불변한다.

해설 냉동장치 내 불응축가스가 증가하면 응축압력이 높아지고, 냉동능력은 감소한다.

72 이상기체를 체적이 일정한 상태에서 가열하면 온도와 압력은 어떻게 변하는가?

① 온도가 상승하고, 압력도 높아진다.

② 온도는 상승하고, 압력은 낮아진다.

③ 온도는 저하하고, 압력은 높아진다.

④ 온도가 저하하고, 압력도 낮아진다.

해설 이상기체(완전기체)를 체적(v)이 일정한 상태에서 가열하면 온도와 압력도 높아진다.

$$\frac{P}{T} = C, \quad \frac{T_2}{T_1} = \frac{P_2}{P_1}$$

73 단열재의 선택요건에 해당되지 않는 것은?

① 열전도도가 크고 방습성이 클 것

② 수축변형이 적을 것

③ 흡수성이 없을 것

④ 내압강도가 클 것

해설 **단열재(보온재)의 구비조건**
㉠ 내열성 및 내식성이 있을 것
㉡ 기계적 강도, 시공성이 있을 것
㉢ 열전도율이 작을 것
㉣ 온도변화에 대한 균열 및 팽창, 수축이 작을 것
㉤ 내구성이 있고 변질되지 않을 것
㉥ 비중이 작고 흡수성이 없을 것
㉦ 섬유질이 미세하고 균일하며 흡습성이 없을 것

74 보온재의 구비조건 중 틀린 것은?

① 열전도율이 클 것

② 불연성일 것

③ 내식성 및 내열성이 있을 것

④ 비중이 작고 흡습성이 작을 것

해설 **보온재(단열재)의 구비조건**
㉠ 내구성, 내열성, 내식성이 클 것
㉡ 물리적, 화학적, 기계적 강도 및 시공성이 있을 것
㉢ 열전도율이 작을 것
㉣ 온도변화에 대한 균열 및 팽창, 수축이 작을 것
㉤ 내구성이 있고 변질되지 않을 것
㉥ 비중이 작고 흡습성이 없을 것
㉦ 섬유질이 미세하고 균일할 것
㉧ 불연성이며 경제적일 것

75 팽창밸브로 모세관을 사용하는 냉동장치에 관한 설명 중 틀린 것은?

① 교축 정도가 일정하므로 증발부하변동에 따라 유량조절이 불가능하다.

② 밀폐형으로 제작되는 소형 냉동장치에 적합하다.

③ 내경이 크거나 길이가 짧을수록 유체저항의 감소로 냉동능력은 증가한다.

④ 감압 정도가 크면 냉매순환량이 적어 냉동능력을 감소시킨다.

해설 모세관으로 팽창밸브 사용 시 내경이 작고 길이가 길수록 유체저항의 증가로 냉동능력은 감소한다.

★76 2원 냉동사이클에서 중간 열교환기인 캐스케이드열교환기의 구성은 무엇으로 이루어져 있는가?

① 저온측 냉동기의 응축기와 고온측 냉동기의 증발기

② 저온측 냉동기의 증발기와 고온측 냉동기의 응축기

③ 저온측 냉동기의 응축기와 고온측 냉동기의 응축기

④ 저온측 냉동기의 증발기와 고온측 냉동기의 증발기

해설 2원 냉동장치는 초저온(−70℃ 이하)을 얻고자 하는 경우 저온측 응축기와 고온측 증발기 사이에 중간 열교환기인 캐스케이드콘덴서(cascade condenser)를 구성하여 냉동기의 목적을 실현시키는 냉동기이다.

★77 카르노사이클의 기관에서 20℃와 300℃ 사이에서 작동하는 열기관의 열효율은?

① 약 42%   ② 약 48%

③ 약 52%   ④ 약 58%

해설 $\eta_c = \left(1 - \dfrac{Q_2}{Q_1}\right) \times 100 = \left(1 - \dfrac{T_2}{T_1}\right) \times 100$

$= \left(1 - \dfrac{20 + 273}{300 + 273}\right) \times 100 ≒ 48\%$

78 프레온계 냉동장치의 배관재료로 가장 적당한 것은?

① 철   ② 강

③ 동   ④ 마그네슘

해설 ㉠ 프레온계 냉동장치 : 동(Cu)관
ㄴ 암모니아(NH₃)계 냉동장치 : 강(steel)관

79 만액식 증발기의 특징으로 가장 거리가 먼 것은?

① 전열작용이 건식보다 나쁘다.

② 증발기 내에 액을 가득 채우기 위해 액면제어장치가 필요하다.

③ 액과 증기를 분리시키기 위해 액분리기를 설치한다.

④ 증발기 내에 오일이 고일 염려가 있으므로 프레온의 경우 유회수장치가 필요하다.

해설 만액식 증발기(액 75%, 증기 25%)가 건식 증발기(증기 75%, 액 25%)보다 전열작용이 더 좋다.

★80 12kW의 펌프의 회전수가 800rpm, 토출량 1.5m³/min인 경우 펌프의 토출량을 1.8m³/min으로 하기 위하여 회전수를 얼마로 변화하면 되는가?

① 850rpm   ② 960rpm

③ 1,025rpm   ④ 1,365rpm

해설 $\dfrac{Q_2}{Q_1} = \dfrac{N_2}{N_1}$

$\therefore N_2 = N_1 \dfrac{Q_2}{Q_1} = 800 \times \dfrac{1.8}{1.5} = 960\,\text{rpm}$

참고 펌프의 토출량과 회전수는 비례한다.

★81 액체나 기체가 갖는 모든 에너지를 열량의 단위로 나타낸 것을 무엇이라고 하는가?

① 엔탈피   ② 외부에너지

③ 엔트로피   ④ 내부에너지

해설 액체나 기체가 갖는 모든 에너지를 열량으로 환산한 열량을 엔탈피라고 한다.
$H = U + PV[\text{kJ}]$

82 암모니아냉매의 특성이 아닌 것은?

① 수분을 함유한 암모니아는 구리와 그 합금을 부식시킨다.

② 대규모 냉동장치에 널리 사용되고 있다.

③ 물과 윤활유에 잘 용해된다.

④ 독성이 강하고 강한 자극성을 가지고 있다.

해설 암모니아(NH_3)는 수용성으로 물에는 잘 용해되나, 윤활유에는 용해되지 않는다.

83★ 냉동장치 내의 불응축가스가 혼입되었을 때 냉동장치의 운전에 미치는 영향으로 가장 거리가 먼 것은?

① 열교환작용을 방해하므로 응축압력이 낮게 된다.

② 냉동능력이 감소한다.

③ 소비전력이 증가한다.

④ 실린더가 과열되고 윤활유가 열화 및 탄화된다.

해설 냉동장치 내의 불응축가스가 혼입되면 열교환작용을 방해하므로 응축압력이 높아진다.

84★ 플래시가스(flash gas)는 무엇을 말하는가?

① 냉매조절 오리피스를 통과할 때 즉시 증발하여 기화하는 냉매이다.

② 압축기로부터 응축기에 새로 들어오는 냉매이다.

③ 증발기에서 증발하여 기화하는 새로운 냉매이다.

④ 압축기에서 응축기에 들어오자마자 응축하는 냉매이다.

해설 플래시가스는 냉매조절 오리피스(orifice)를 통과할 때 즉시 증발하여 기화(증발)하는 냉매이다.

85★ 팽창밸브의 개도가 냉동부하에 비하여 너무 작을 때 일어나는 현상으로 가장 거리가 먼 것은?

① 토출가스온도 상승

② 압축기 소비동력 감소

③ 냉매순환량 감소

④ 압축기 실린더 과열

해설 팽창밸브(교축팽창 시)의 개도가 너무 작을 때
㉠ 토출가스온도 상승
㉡ 냉매순환량 감소
㉢ 압축기 소비동력 증가
㉣ 압축기 실린더 과열

86 다음과 같은 성질을 갖는 냉매는 어느 것인가?

- 증기의 밀도가 크기 때문에 증발기 관의 길이는 짧아야 한다.
- 물을 함유하면 Al 및 Mg합금을 침식하고 전기저항이 크다.
- 천연고무는 침식되지만, 합성고무는 침식되지 않는다.
- 응고점(약 $-158℃$)이 극히 낮다.

① NH_3
② $R-12$
③ $R-21$
④ H_2O

해설 R-12
㉠ 천연고무는 침식되지만, 합성고무(인조고무)는 침식되지 않는다.
㉡ 물을 함유하면 Al 및 Mg합금을 침식하고 전기저항이 크다.
㉢ 응고점(약 $-158℃$)이 극히 낮다.
㉣ 증기의 밀도가 크기 때문에 증발기 관의 길이는 짧아야 한다.

87★ 어떤 냉동기로 1시간당 얼음 1ton을 제조하는데 50PS의 동력을 필요로 한다. 이때 사용하는 물의 온도는 10℃이며, 얼음은 -10℃이었다. 이 냉동기의 성적계수는? (단, 융해열은 335kJ/kg이고, 물의 비열은 4.2kJ/kg·K, 얼음의 비열은 2.09kJ/kg·K이다.)

① 2.0
② 3.0
③ 4.0
④ 5.0

해설
$$Q_e = Q_1 + Q_2 + Q_3 = mC_1\Delta t + m\sigma_o + mC_2\Delta t$$
$$= (1,000 \times 4.2 \times 10) + (1,000 \times 335)$$
$$+ (1,000 \times 2.09 \times 10)$$
$$= 397,900 \text{kJ/h} = 110.53 \text{kW}$$
$$\therefore (COP)_R = \frac{Q_e}{W_c} = \frac{110.53}{50 \times 0.735} = 3$$

88 브라인의 구비조건으로 틀린 것은?

① 상변화가 잘 일어나서는 안 된다.
② 응고점이 낮아야 한다.
③ 비열이 적어야 한다.
④ 열전도율이 커야 한다.

해설 **브라인의 구비조건**
㉠ 비열, 열전도율이 높고, 열전달성능이 양호할 것
㉡ 공정점과 점도가 작고, 비중이 작을 것
㉢ 동결온도가 낮을 것(비등점이 높고 응고점이 낮아 항상 액체상태를 유지할 것)
㉣ 금속재료에 대한 부식성이 작을 것(pH 7.5~8.2(약알칼리성일 것)
㉤ 불연성일 것
㉥ 피냉각물질에 해가 없을 것
㉦ 구입 및 취급이 용이하고 가격이 저렴할 것

89 다음의 압력-엔탈피선도를 이용한 압축냉동 사이클의 성적계수는?

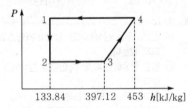

① 2.36　② 4.71
③ 9.42　④ 18.84

해설 $(COP)_R = \dfrac{q_e}{w_c} = \dfrac{h_3 - h_1}{h_4 - h_3} = \dfrac{h_3 - h_2}{h_4 - h_3}$
$= \dfrac{397.12 - 133.84}{453 - 397.12} = 4.71$

90 냉동장치의 압축기 피스톤압출량이 120m³/h, 압축기 소요동력이 1.1kW, 압축기 흡입가스의 비체적이 0.65m³/kg, 체적효율이 0.81일 때 냉매순환량은?

① 100kg/h　② 150kg/h
③ 200kg/h　④ 250kg/h

해설 $m = \dfrac{V\eta_v}{v} = \dfrac{120 \times 0.81}{0.65} ≒ 150kg/h$

91 증발기에서 나오는 냉매가스의 과열도를 일정하게 유지하기 위해 설치하는 밸브는?

① 모세관
② 플로트형 밸브
③ 정압식 팽창밸브
④ 온도식 자동팽창밸브

해설 증발기에서 나오는 냉매가스의 과열도를 일정하게 유지하기 위해 설치하는 밸브는 온도식 자동팽창밸브이다.

92 냉동장치에서 윤활의 목적으로 가장 거리가 먼 것은?

① 마모 방지
② 기밀작용
③ 열의 축적
④ 마찰동력손실 방지

해설 냉동장치에서 윤활의 목적 : 마모 방지, 기밀작용, 열의 발산(냉각작용), 마찰동력손실 방지

93 냉동장치의 증발압력이 너무 낮은 원인으로 가장 거리가 먼 것은?

① 수액기 및 응축기 내에 냉매가 충만해 있다.
② 팽창밸브가 너무 조여 있다.
③ 증발기의 풍량이 부족하다.
④ 여과기가 막혀 있다.

해설 **증발기 압력이 너무 낮은 원인**
㉠ 팽창밸브가 너무 조여 있다(조금 열려있다).
㉡ 여과기가 막혀 있다.
㉢ 증발기의 풍량이 부족하다.

94 10냉동톤의 능력을 갖는 역카르노사이클이 적용된 냉동기관의 고온부온도가 25℃, 저온부온도가 −20℃일 때 이 냉동기를 운전하는 데 필요한 동력은?

① 1.8kW　② 3.1kW
③ 6.9kW　④ 9.4kW

해설 $(COP)_R = \dfrac{T_2}{T_1 - T_2} = \dfrac{-20+273}{(25+273)-(-20+273)}$
$= 5.62$
$∴ W_c = \dfrac{Q_e}{(COP)_R} = \dfrac{10 \times 3.86}{5.62} ≒ 6.9kW$

95 ★ 냉동사이클이 다음과 같은 $T-S$선도로 표시되었다. $T-S$선도 4－5－1의 선에 관한 설명으로 옳은 것은?

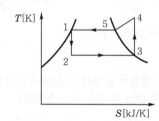

① 4－5－1은 등압선이고 응축과정이다.
② 4－5는 압축기 토출구에서 압력이 떨어지고, 5－1은 교축과정이다.
③ 4－5는 불응축가스가 존재할 때 나타나며, 5－1만이 응축과정이다.
④ 4에서 5로 온도가 떨어진 것은 압축기에서 흡입가스의 영향을 받아서 열을 방출했기 때문이다.

해설 4-5-1과정은 응축과정으로 등압과정($P=C$, 엔트로피 감소)이다.

96 ★ 냉동사이클 중 $P-h$선도(압력－엔탈피선도)로 계산할 수 없는 것은?

① 냉동능력　　　② 성적계수
③ 냉매순환량　　④ 마찰계수

해설 냉매몰리에르(Moliere)선도인 $P-h$선도에서 계산할 수 없는 것은 마찰계수이다.

97 ★ 물 10kg을 0℃에서 70℃까지 가열하면 물의 엔트로피 증가는? (단, 물의 비열은 4.18kJ/kg · K이다.)

① 4.14kJ/K　　② 9.54kJ/K
③ 12.74kJ/K　　④ 52.52kJ/K

해설 $\Delta S = \dfrac{\delta Q}{T} = \dfrac{mCdT}{T} = mC\ln\dfrac{T_2}{T_1}$

$= 10 \times 4.18 \times \ln\dfrac{70+273}{0+273} = 9.54\text{kJ/K}$

98 ★ 냉매에 대한 설명으로 틀린 것은?

① 응고점이 낮을 것

② 증발열과 열전도율이 클 것
③ R－500은 R－12와 R－152를 합한 공비혼합냉매라 한다.
④ R－21은 화학식으로 CHCl$_2$F이고, CClF$_2$－CClF$_2$는 R－113이다.

해설 ㉠ R－21(CHCl$_2$F)은 메탄계(CH$_4$) 냉매로 수소 4개를 불소(F)와 염소(Cl)로 치환한다.
㉡ R－113(C$_2$Cl$_3$F$_3$)은 에탄계(C$_2$H$_6$) 냉매로 수소 6개를 불소(F)와 염소(Cl)로 치환한다.

99 ★ 흡수식 냉동기에 사용되는 냉매와 흡수제의 연결이 잘못된 것은?

① 물－염화리튬
② 암모니아－물
③ 물－브롬화리튬
④ 염화에틸－브롬화리튬

해설 냉매가 염화에틸(C$_2$H$_5$Cl)일 때 흡수제는 4클로로에탄(C$_2$H$_2$Cl$_4$)이다.

100 냉동용 스크루압축기에 대한 설명으로 틀린 것은?

① 왕복동식에 비해 체적효율과 단열효율이 높다.
② 스크루압축기의 로터와 축은 일체식으로 되어 있고, 구동은 수로터에 의해 이루어진다.
③ 스크루압축기의 로터구성은 다양하나, 일반적으로 사용되고 있는 것은 수로터 4개, 암로터 4개인 것이다.
④ 흡입, 압축, 토출과정인 3행정으로 이루어진다.

해설 스크루압축기(screw compressor)의 로터구성은 다양하나, 일반적으로 사용되고 있는 것은 수로터 1개, 암로터 1개이다.

101 기계적인 냉동방법 중 물을 냉매로 쓸 수 있는 냉동방식이 아닌 것은?

① 증기분사식　　② 공기압축식
③ 흡수식　　　　④ 진공식

해설 기계적인 냉동방법 중 물을 냉매로 쓸 수 있는 냉동방식은 증기분사식, 흡수식, 진공식이다.

102 헬라이드토치를 이용한 누설검사로 적절하지 않은 냉매는?

① R-717   ② R-123

③ R-22   ④ R-114

해설 헬라이드토치를 이용한 누설검사는 프레온냉매 누설검사로, R-717(NH_3)은 적절하지 않다.

103 표준 냉동사이클에서 팽창밸브를 냉매가 통과하는 동안 변화되지 않는 것은?

① 냉매의 온도   ② 냉매의 압력

③ 냉매의 엔탈피   ④ 냉매의 엔트로피

해설 표준 냉동사이클에서 팽창밸브(교축팽창)를 냉매가 통과 시

㉠ 압력강하

㉡ 온도강하

㉢ 엔트로피 증가($\Delta S > 0$)

㉣ 등엔탈피($h_1 = h_2$)

104 냉동장치에서 고압측에 설치하는 장치가 아닌 것은?

① 수액기   ② 팽창밸브

③ 드라이어   ④ 액분리기

해설 액분리기(liquid separator)는 증발기와 압축기 사이 저압측에 설치하는 장치이다.

105 팽창밸브를 통하여 증발기에 유입되는 냉매액의 엔탈피를 F, 증발기 출구엔탈피를 A, 포화액의 엔탈피를 G라 할 때 팽창밸브를 통과할 곳에서 증기로 된 냉매의 양의 계산식으로 옳은 것은? (단, P: 압력, h: 엔탈피)

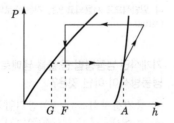

① $\dfrac{A-F}{A-G}$ ② $\dfrac{A-F}{F-G}$

③ $\dfrac{F-G}{A-G}$ ④ $\dfrac{F-G}{A-F}$

해설 건조도$(x) = \dfrac{F-G}{A-G}$

106 저온유체 중에서 1기압에서 가장 낮은 비등점을 갖는 유체는 어느 것인가?

① 아르곤   ② 질소

③ 헬륨   ④ 네온

해설 ① 아르곤(Ar): -185.86℃

② 질소(N_2): -210℃

③ 헬륨(He): -268.9℃

④ 네온(Ne): -246.1℃

107 냉동효과에 대한 설명으로 옳은 것은?

① 증발기에서 단위질량의 냉매가 흡수하는 열량

② 응축기에서 단위질량의 냉매가 방출하는 열량

③ 압축일을 열량의 단위로 환산한 것

④ 압축기 출입구냉매의 엔탈피 차

해설 냉동효과(q_e)란 증발기에서 단위질량의 냉매가 흡수하는 열량이다.

108 헬라이드토치는 프레온계 냉매의 누설검지기이다. 누설 시 식별방법은?

① 불꽃의 크기   ② 연료의 소비량

③ 불꽃의 온도   ④ 불꽃의 색깔

해설 헬라이드토치는 프레온계 냉매의 누설검지기로 불꽃의 색깔로 식별한다.

㉠ 누설이 없을 때: 청색

㉡ 소량 누설 시: 녹색

㉢ 다량 누설 시: 자주색

㉣ 아주 심한 경우: 불꽃이 꺼짐

109 압축기에서 축동력이 400kW이고 도시동력은 350kW일 때 기계효율은?

① 75.5%   ② 79.5%

③ 83.5%   ④ 87.5%

해설 $\eta_m = \dfrac{\text{도시동력}}{\text{축동력}} \times 100 = \dfrac{350}{400} \times 100 = 87.5\%$

★ 110 역카르노사이클에서 고열원을 T_H, 저열원을 T_L이라 할 때 성능계수를 나타내는 식으로 옳은 것은?

① $\dfrac{T_H}{T_H - T_L}$ ② $\dfrac{T_L}{T_H - T_L}$

③ $\dfrac{T_H - T_L}{T_H}$ ④ $\dfrac{T_H - T_L}{T_L}$

해설 역카르노사이클(냉동기의 이상사이클)의 성능계수

$$(COP)_R = \frac{T_L}{T_H - T_L}$$

참고 열펌프의 성능계수

$$(COP)_H = \frac{T_H}{T_H - T_L}$$

★ 111 자연계에 어떠한 변화도 남기지 않고 일정 온도의 열을 계속해서 일로 변환시킬 수 있는 기관은 존재하지 않음을 의미하는 열역학법칙은?

① 열역학 제0법칙   ② 열역학 제1법칙
③ 열역학 제2법칙   ④ 열역학 제3법칙

해설 열역학 제2법칙(엔트로피 증가법칙, 비가역법칙)은 열효율이 100%인 기관은 존재할 수 없다는 의미의 열역학법칙이다.

★ 112 압축기의 클리어런스가 클 때 나타나는 현상으로 가장 거리가 먼 것은?

① 냉동능력이 감소한다.
② 체적효율이 저하한다.
③ 토출가스온도가 낮아진다.
④ 윤활유가 열화 및 탄화된다.

해설 압축기의 클리어런스(clearance)가 크면
㉠ 냉동능력이 감소한다.
㉡ 체적효율이 저하한다.
㉢ 토출가스온도가 높아진다.
㉣ 윤활유가 열화 및 탄화된다.

★ 113 냉동장치의 운전 중에 저압이 낮아질 때 일어나는 현상이 아닌 것은?

① 흡입가스 과열 및 압축비 증대
② 증발온도 저하 및 냉동능력 증대
③ 흡입가스의 비체적 증가
④ 성적계수 저하 및 냉매순환량 감소

해설 냉동장치의 운전 중에 저압이 낮아질 때 일어나는 현상
㉠ 흡입가스 과열 및 압축비 증대
㉡ 증발온도 저하 및 냉동능력 감소
㉢ 흡입가스의 비체적 증가
㉣ 성적계수 저하 및 냉매순환량 감소

★ 114 상태 A에서 B로 가역단열변화를 할 때 상태변화로 옳은 것은? (단, S : 엔트로피, h : 엔탈피, T : 온도, P : 압력)

① $\Delta S = 0$ ② $\Delta h = 0$
③ $\Delta T = 0$ ④ $\Delta P = 0$

해설 ㉠ 가역단열변화($Q=0$) : 등엔트로피변화($\Delta S = 0$)
㉡ 비가역단열변화($Q>0$) : 엔트로피 증가($\Delta S > 0$)

115 다음 냉동기의 안전장치와 가장 거리가 먼 것은?

① 가용전
② 안전밸브
③ 핫가스장치
④ 고·저압차단스위치

해설 냉동기의 안전장치 : 가용전, 안전밸브, 고·저압차단스위치

★ 116 비열에 관한 설명으로 옳은 것은?

① 비열이 큰 물질일수록 빨리 식거나 빨리 더워진다.
② 비열의 단위는 kJ/kg이다.
③ 비열이란 어떤 물질 1kg을 1℃ 높이는 데 필요한 열량을 말한다.
④ 비열비는 $\dfrac{\text{정압비열}}{\text{정적비열}}$로 표시되며, 그 값은 R-22가 암모니아가스보다 크다.

해설 비열(C)이란 어떤 물질 1kg을 1℃ 높이는 데 필요한 열량을 말한다.

참고 물의 비열=4,186kJ/kg·K

117 브라인의 구비조건으로 틀린 것은?

① 비열이 크고 동결온도가 낮을 것
② 점성이 클 것
③ 열전도율이 클 것
④ 불연성이며 불활성일 것

해설 브라인의 구비조건
㉠ 비열 및 열전도율이 클 것
㉡ 점도가 작을 것
㉢ 냉동점(공정점)이 낮을 것
㉣ 불연성이며 불활성일 것
㉤ 금속에 대한 부식성이 작을 것
㉥ pH값이 약알칼리성일 것(7.5~8.2)

118 냉동사이클에서 증발온도는 일정하고 응축온도가 올라가면 일어나는 현상이 아닌 것은?

① 압축기 토출가스온도 상승
② 압축기 체적효율 저하
③ COP(성적계수) 증가
④ 냉동능력(효과) 감소

해설 냉동사이클에서 증발온도는 일정하고 응축온도가 올라가면 냉동기 성적계수($(COP)_R$)는 감소한다.

119 카르노사이클과 관련 없는 상태변화는?

① 등온팽창   ② 등온압축
③ 단열압축   ④ 등적팽창

해설 카르노사이클은 등온변화 2개와 가역단열변화(등엔트로피변화) 2개로 구성된 가역사이클이다(등온팽창 → 단열팽창 → 등온압축 → 단열압축).

120 균압관의 설치위치는?

① 응축기 상부−수액기 상부
② 응축기 하부−팽창변 입구
③ 증발기 상부−압축기 출구
④ 액분리기 하부−수액기 상부

해설 균압관은 응축기 상부와 수액기 상부를 연결하는 곳에 설치한다.

121 무기질 브라인 중에 동결점이 제일 낮은 것은?

① CaCl₂   ② MgCl₂

③ NaCl   ④ H₂O

해설 ① 염화칼슘($CaCl_2$) : −55℃
② 염화마그네슘($MgCl_2$) : −33.6℃
③ 염화나트륨($NaCl$) : −21.2℃
④ 물(H_2O) : 0℃

122 응축기의 냉매응축온도가 30℃, 냉각수의 입구수온이 25℃, 출구수온이 28℃일 때 대수평균온도차($LMTD$)는?

① 2.27℃   ② 3.27℃
③ 4.27℃   ④ 5.27℃

해설 $\Delta_1 = t_1 - t_{w2} = 30 - 25 = 5℃$
$\Delta_2 = t_2 - t_{w1} = 30 - 28 = 2℃$
$\therefore LMTD = \dfrac{\Delta_1 - \Delta_2}{\ln\dfrac{\Delta_1}{\Delta_2}} = \dfrac{5-2}{\ln\dfrac{5}{2}} = 3.27℃$

123 증발식 응축기의 특징에 관한 설명으로 틀린 것은?

① 물의 소비량이 비교적 적다.
② 냉각수의 사용량이 매우 크다.
③ 송풍기의 동력이 필요하다.
④ 순환펌프의 동력이 필요하다.

해설 증발식 응축기는 물의 증발잠열을 이용하여 냉각하므로 냉각수가 적게 든다.

124 압축냉동사이클에서 엔트로피가 감소하고 있는 과정은?

① 증발과정   ② 압축과정
③ 응축과정   ④ 팽창과정

해설 압축냉동사이클에서 응축과정은 엔트로피가 감소한다.

125 흡수식 냉동기에 관한 설명으로 옳은 것은?

① 초저온용으로 사용된다.
② 비교적 소용량보다는 대용량에 적합하다.
③ 열교환기를 설치하여도 효율은 변함없다.
④ 물−LiBr식에서는 물이 흡수제가 된다.

해설 흡수식 냉동기는 비교적 소용량보다는 대용량에 적합하며, 물(H_2O)을 냉매로 할 때 흡수제는 브롬화리튬(LiBr)이다.

126 열펌프장치의 응축온도 35℃, 증발온도가 −5℃일 때 성적계수는?

① 3.5   ② 4.8
③ 5.5   ④ 7.7

해설 $\varepsilon_H = \dfrac{T_H}{T_H - T_L} = \dfrac{35+273}{(35+273)-(-5+273)} = 7.7$

127 다음 중 무기질 브라인이 아닌 것은?

① 염화나트륨   ② 염화마그네슘
③ 염화칼슘   ④ 에틸렌글리콜

해설 ㉠ 무기질 브라인 : $NaCl$, $MgCl_2$, $CaCl_2$ 등
㉡ 유기질 브라인 : 에틸렌글리콜, 프로필렌글리콜, 트리클로로에틸렌 등

128 어느 재료의 열통과율이 0.35W/m²·K, 외기와 벽면과의 열전달률이 20W/m²·K, 내부공기와 벽면과의 열전달률이 5.4W/m²·K이고, 재료의 두께가 187.5mm일 때 이 재료의 열전도도는?

① 0.032W/m·K   ② 0.056W/m·K
③ 0.067W/m·K   ④ 0.072W/m·K

해설 $K = \dfrac{1}{\dfrac{1}{\alpha_o} + \dfrac{l}{\lambda} + \dfrac{1}{\alpha_i}}[W/m^2 \cdot K]$

$\therefore \lambda = \dfrac{l}{\dfrac{1}{K} - \left(\dfrac{1}{\alpha_o} + \dfrac{1}{\alpha_i}\right)} = \dfrac{0.1875}{\dfrac{1}{0.35} - \left(\dfrac{1}{20} + \dfrac{1}{5.4}\right)}$

$= 0.072 W/m \cdot K$

129 진공압력 300mmHg를 절대압력으로 환산하면 약 얼마인가? (단, 대기압은 101.3kPa이다.)

① 48.7kPa   ② 55.4kPa
③ 61.3kPa   ④ 70.6kPa

해설 $P_a = P_o - P_g = 101.3 - \dfrac{300}{760} \times 101.3 = 61.31 kPa$

130 $P-h$(압력−엔탈피)선도에서 포화증기선상의 건조도는 얼마인가?

① 2   ② 1
③ 0.5   ④ 0

해설 포화증기선의 건조도는 1이다(증기가 100%임).

131 핫가스(hot gas) 제상을 하는 소형 냉동장치에서 핫가스의 흐름을 제어하는 것은?

① 캐필러리튜브(모세관)
② 자동팽창밸브(AEV)
③ 솔레노이드밸브(전자밸브)
④ 증발압력조정밸브

해설 핫가스 제상을 하는 소형 냉동장치에서 핫가스의 흐름을 제어하는 것은 솔레노이드밸브(전자밸브)이다.

132 다음 상태변화에 대한 설명으로 옳은 것은?

① 단열변화에서 엔트로피는 증가한다.
② 등적변화에서 가해진 열량은 엔탈피 증가에 사용된다.
③ 등압변화에서 가해진 열량은 엔탈피 증가에 사용된다.
④ 등온변화에서 절대일은 0이다.

해설 등압상태($P=C$) 시 가열량은 엔탈피변화량과 크기가 같다.
$\delta Q = dH - VdP[kJ]$(이때 $dP=0$)
$\therefore \delta Q = dH = mC_p dT[kJ]$

133 압축기의 체적효율에 대한 설명으로 틀린 것은?

① 압축기의 압축비가 클수록 커진다.
② 틈새가 작을수록 커진다.
③ 실제로 압축기에 흡입되는 냉매증기의 체적과 피스톤이 배출한 체적과의 비를 나타낸다.
④ 비열비값이 적을수록 적게 된다.

해설 압축기 체적효율$(\eta_v) = 1 + \lambda - \lambda\left(\dfrac{P_2}{P_1}\right)^{\frac{1}{n}}$ (단, 폴리트로픽변화 시)

여기서, λ(통극비) $= \dfrac{\text{극간체적}(v_c)}{\text{행정체적}(v_s)}$

$\therefore$ 압축비가 클수록 체적효율(η_v)은 감소하고, 압축일(소비동력)은 증가한다.

134 냉동사이클에서 응축온도를 일정하게 하고 압축기 흡입가스의 상태를 건포화증기로 할 때 증발온도를 상승시키면 어떤 결과가 나타나는가?

① 압축비 증가　② 성적계수 감소
③ 냉동효과 증가　④ 압축일량 증가

해설 응축온도 일정 시 증발온도를 상승시키면 압축비 감소, 성적계수 증가, 냉동효과 증가, 압축일량 감소, 체적효율 증가, 토출가스온도는 감소한다.

135 다음 조건을 참고하여 산출한 이론냉동사이클의 성적계수는?

- 증발기 입구냉매엔탈피 : 250kJ/kg
- 증발기 출구냉매엔탈피 : 390kJ/kg
- 압축기 입구냉매엔탈피 : 390kJ/kg
- 압축기 출구냉매엔탈피 : 440kJ/kg

① 2.5　② 2.8
③ 3.2　④ 3.8

해설 $\varepsilon_R = \dfrac{q_e}{w_c} = \dfrac{390-250}{440-390} = 2.8$

136 다음 중 몰리에르($P-h$)선도에 나타나 있지 않는 것은?

① 엔트로피　② 온도
③ 비체적　④ 비열

해설 몰리에르선도의 구성요소 : 압력, 엔트로피, 온도, 비체적, 엔탈피, 건조도

137 다음 그림은 어떤 사이클인가? (단, P : 압력, h : 엔탈피, T : 온도, S : 엔트로피)

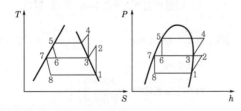

① 2단 압축 1단 팽창사이클
② 2단 압축 2단 팽창사이클
③ 1단 압축 1단 팽창사이클

④ 1단 압축 2단 팽창사이클

해설 제시된 그림은 증기압축냉동사이클로 2단 압축 2단 팽창사이클이다.

138 다음 조건을 참고하여 산출한 흡수식 냉동기의 성적계수는?

- 응축기 냉각열량 : 20,000kJ/h
- 흡수기 냉각열량 : 25,000kJ/h
- 재생기 가열량 : 21,000kJ/h
- 증발기 냉동열량 : 24,000kJ/h

① 0.88　② 1.14
③ 1.34　④ 1.52

해설 $COP_R = \dfrac{\text{증발기 냉동열량}(Q_e)}{\text{재생기 가열량}(Q_r)} = \dfrac{24,000}{21,000} = 1.14$

139 냉매의 구비조건으로 틀린 것은?

① 임계온도는 높고, 응고점은 낮아야 한다.
② 증발잠열과 기체의 비열은 작아야 한다.
③ 장치를 침식하지 않으며 절연내력이 커야 한다.
④ 점도와 표면장력이 작아야 한다.

해설 **냉매의 구비조건**
㉠ 물리적 조건
- 대기압 이상에서 쉽게 증발할 것
- 임계온도가 높아 상온에서 쉽게 액화할 것
- 응고온도가 낮을 것
- 증발잠열이 크고 액체의 비열은 작을 것
- 비열비 및 가스의 비체적이 작을 것
- 점도와 표면장력이 작고 전열이 양호할 것
- 인화점이 높고 누설 시 발견이 양호할 것
- 전기절연이 크고 전기절연물질을 침식하지 않을 것
- 패킹재료에 영향이 없고 오일과 혼합하여도 영향이 없을 것
㉡ 화학적 조건
- 화학적으로 결합이 안정하여 분해하지 않을 것
- 금속을 부식시키지 않을 것
- 연소성 및 폭발성이 없을 것
㉢ 기타
- 인체에 무해하고 누설 시 냉장물품에 영향이 없을 것
- 악취가 없을 것
- 가격이 싸고 소요동력이 작게 들 것

140 중간냉각기에 대한 설명으로 틀린 것은?

① 다단 압축냉동장치에서 저단측 압축기 압축압력(중간 압력)의 포화온도까지 냉각하기 위하여 사용한다.

② 고단측 압축기로 유입되는 냉매증기의 온도를 낮추는 역할도 한다.

③ 중간냉각기의 종류에는 플래시형, 액냉각형, 직접팽창형이 있다.

④ 2단 압축 1단 팽창 냉동장치에는 플래시형 중간 냉각방식이 이용되고 있다.

해설 2단 압축 1단 팽창 냉동장치에는 직접팽창형 중간 냉각방식이 이용되고 있다.

141 증기압축식 냉동장치에서 응축기의 역할로 옳은 것은?

① 대기 중으로 열을 방출하여 고압의 기체를 액화시킨다.

② 저온, 저압의 냉매기체를 고온, 고압의 기체로 만든다.

③ 대기로부터 열을 흡수하여 열에너지를 저장한다.

④ 고온, 고압의 냉매기체를 저온, 저압의 기체로 만든다.

해설 증기압축식 냉동장치에서 응축기는 대기 중으로 열을 방출하여 고압의 기체를 액화시킨다.

142 다음 중 공비혼합냉매는 무엇인가?

① R−401A ② R−501

③ R−717 ④ R−600

해설 공비혼합냉매
㉠ R−500 : R−12+R−152
㉡ R−501 : R−12+R−22
㉢ R−502 : R−22+R−115
㉣ R−503 : R−13+R−23
㉤ R−504 : R−32+R−115

143 2단 압축식 냉동장치에서 증발압력부터 중간 압력까지 압력을 높이는 압축기를 무엇이라고 하는가?

① 부스터 ② 이코노마이저

③ 터보 ④ 루트

해설 부스터(저단측 압축기)는 2단 압축냉동장치에서 증발기에서 나온 저압의 냉매가스(증발압력)를 중간 압력까지 압력을 상승시키는 압축기로 고단측 압축기보다 용량이 크다.

144 다음 중 압축기의 보호를 위한 안전장치로 바르게 나열된 것은?

① 가용전, 고압스위치, 유압보호스위치

② 고압스위치, 안전밸브, 가용전

③ 안전밸브, 안전두, 유압보호스위치

④ 안전밸브, 가용전, 유압보호스위치

해설 압축기의 보호를 위한 안전장치로 안전밸브, 안전두, 유압보호스위치 등이 있다.

145 표준 냉동사이클에 대한 설명으로 옳은 것은?

① 응축기에서 버리는 열량은 증발기에서 취하는 열량과 같다.

② 증기를 압축기에서 단열압축하면 압력과 온도가 높아진다.

③ 팽창밸브에서 팽창하는 냉매는 압력이 감소함과 동시에 열을 방출한다.

④ 증발기 내에서의 냉매증발온도는 그 압력에 대한 포화온도보다 낮다.

해설 압축기에서 단열압축($S = C$)하면 $\frac{T_2}{T_1} = \left(\frac{P_2}{P_1}\right)^{\frac{k-1}{k}}$ 이므로 온도와 압력이 상승된다.

146 밀폐계에서 10kg의 공기가 팽창 중 400kJ의 열을 받아서 150kJ의 내부에너지가 증가하였다. 이 과정에서 계가 한 일(kJ)은?

① 550 ② 250

③ 40 ④ 15

해설 $Q = (U_2 - U_1) + {}_1W_2[\text{kJ}]$
$\therefore {}_1W_2 = Q - (U_2 - U_1)$
$= 400 - 150 = 250\text{kJ}$

147 다음 조건으로 운전되고 있는 수냉응축기가 있다. 냉매와 냉각수와의 평균온도차는?

- 냉각수 입구온도 : 16℃
- 냉각수 출구온도 : 24℃
- 냉각수량 : 200L/min
- 응축기 냉각면적 : 20m²
- 응축기 열통과율 : 930.5W/m²·K

① 4℃ ② 5℃
③ 6℃ ④ 7℃

해설 $Q_c = 60WC(t_o - t_i) = KA\Delta t_m$

$$\therefore \Delta t_m = \frac{60WC(t_o - t_i)}{KA}$$

$$= \frac{60 \times 200 \times 4.186 \times (24-16)}{0.9305 \times 3,600} \fallingdotseq 6℃$$

148 응축부하 계산법이 아닌 것은?

① 냉매순환량×응축기 입출구엔탈피차
② 냉각수량×냉각수 비열×응축기 냉각수 입출구온도차
③ 냉매순환량×냉동효과
④ 증발부하＋압축일량

해설 냉동능력(Q_e)＝냉매순환량$(\dot{m})$×냉동효과(q_e)

149 할라이드토치로 누설을 탐지할 때 소량의 누설이 있는 곳에서 토치의 불꽃색깔은 어떻게 변화되는가?

① 보라색 ② 파란색
③ 노란색 ④ 녹색

해설 할라이드토치는 프레온계 냉매의 누설검지기로 불꽃의 색깔로 식별한다.
㉠ 누설이 없을 때 : 청색
㉡ 소량 누설 시 : 녹색
㉢ 다량 누설 시 : 자주색
㉣ 아주 심한 경우 : 불꽃이 꺼짐

150 냉동기 윤활유의 구비조건으로 틀린 것은?

① 저온에서 응고하지 않고 왁스를 석출하지 않을 것
② 인화점이 낮고 고온에서 열화하지 않을 것

③ 냉매에 의하여 윤활유가 용해되지 않을 것
④ 전기절연도가 클 것

해설 윤활유(냉동기유)의 구비조건
㉠ 응고점(유동점)이 낮고, 인화점이 높을 것(유동점은 응고점보다 2.5℃ 높다)
㉡ 점도가 적당하고, 온도계수가 작을 것
㉢ 냉매와의 친화력이 약하고, 분리성이 양호할 것
㉣ 산에 대한 안전성이 높고, 화학반응이 없을 것
㉤ 전기절연내력이 클 것
㉥ 왁스성분이 적고, 수분의 함유량이 적을 것
㉦ 방청능력이 클 것

151 28℃의 원수 9ton을 4시간에 5℃까지 냉각하는 수냉각장치의 냉동능력은? (단, 1RT는 13,900kJ/h로 한다.)

① 12.5RT ② 15.6RT
③ 17.1RT ④ 20.7RT

해설 $Q_e = \dfrac{WC(t_1 - t_2)}{13,900} = \dfrac{\dfrac{9,000}{4} \times 4.186 \times (28-5)}{13,900}$
$= 15.6RT$

152 냉동장치에서 교축작용(throttling)을 하는 부속기기는 어느 것인가?

① 다이어프램밸브
② 솔레노이드밸브
③ 아이솔레이트밸브
④ 팽창밸브

해설 팽창밸브에서의 과정은 교축과정이다.
참고 교축과정 : $P_1 > P_2$, $T_1 > T_2$, $h_1 = h_2$, $\Delta S > 0$

153 기준냉동사이클로 운전할 때 단위질량당 냉동효과가 큰 냉매 순으로 나열한 것은?

① R-11 > R-12 > R-22
② R-12 > R-11 > R-22
③ R-22 > R-12 > R-11
④ R-22 > R-11 > R-12

해설 기준(표준)냉동사이클에서 단위질량당 냉동효과 크기
$NH_3 > R-22 > R-11 > R-12$

정답 147 ③ 148 ③ 149 ④ 150 ② 151 ② 152 ④ 153 ④

154 유량 100L/min의 물을 15℃에서 9℃로 냉각하는 수냉각기가 있다. 이 냉동장치의 냉동효과가 168kJ/kg일 경우 냉매순환량(kg/h)은? (단, 물의 비열은 4.2kJ/kg·K로 한다.)

① 700 　　　　 ② 800
③ 900 　　　　 ④ 1,000

해설 $\dot{m} = \dfrac{Q_e}{q_e} = \dfrac{60\,WC(t_1 - t_2)}{q_e}$

$= \dfrac{60 \times 100 \times 4.2 \times (15 - 9)}{168} = 900\text{kg/h}$

155 다음 선도와 같은 암모니아냉동기의 이론성적계수(ⓐ)와 실제 성적계수(ⓑ)는 얼마인가? (단, 팽창밸브 직전의 액온도는 32℃이고, 흡입가스는 건포화증기이며, 압축효율은 0.85, 기계효율은 0.91로 한다.)

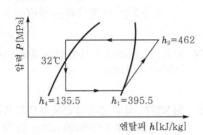

① ⓐ 3.9, ⓑ 3.0 　　 ② ⓐ 3.9, ⓑ 2.1
③ ⓐ 4.9, ⓑ 3.8 　　 ④ ⓐ 4.9, ⓑ 2.6

해설 ㉠ $\varepsilon_R = \dfrac{q_e}{w_c} = \dfrac{h_1 - h_4}{h_2 - h_1} = \dfrac{395.5 - 135.5}{462 - 395.5} = 3.9$

　　㉡ $\varepsilon_R{}' = \varepsilon_R \eta_c \eta_m = 3.9 \times 0.85 \times 0.91 = 3.0$

156 몰리에르선도상에서 압력이 증대함에 따라 포화액선과 건조포화증기선이 만나는 일치점을 무엇이라고 하는가?

① 한계점 　　　 ② 임계점
③ 상사점 　　　 ④ 비등점

해설 임계점(critical point)은 수증기몰리에르선도($h-s$)에서 압력의 증대로 포화액선과 건조포화증기선이 만나는 점으로 잠열이 0인 점이다.

157 증기압축 이론냉동사이클에 대한 설명으로 틀린 것은?

① 압축기에서의 압축과정은 단열과정이다.
② 응축기에서의 응축과정은 등압, 등엔탈피과정이다.
③ 증발기에서의 증발과정은 등압, 등온과정이다.
④ 팽창밸브에서의 팽창과정은 교축과정이다.

해설 응축기에서 응축과정은 등압($P = C$), 엔탈피 감소, 엔트로피 감소과정이다.

158 흡수식 냉동기의 구성품 중 왕복동냉동기의 압축기와 같은 역할을 하는 것은?

① 발생기 　　　 ② 증발기
③ 응축기 　　　 ④ 순환펌프

해설 왕복동냉동기의 압축기와 같은 역할을 하는 것은 흡수식 냉동기의 발생기(재생기)이다.

159 어떤 냉동장치의 계기압력이 저압은 60mmHg, 고압은 673kPa이었다면 이때의 압축비는 얼마인가?

① 5.8 　　　　 ② 6.0
③ 7.4 　　　　 ④ 8.3

해설 압축비$(\varepsilon) = \dfrac{\text{고압}}{\text{저압}} = \dfrac{\text{응축기 절대압력}}{\text{증발기 절대압력}}$

$= \dfrac{101.325 + 673}{101.325 + \dfrac{60}{760} \times 101.325} = 8.3$

160 압축기 실린더직경 110mm, 행정 80mm, 회전수 900rpm, 기통수가 8기통인 암모니아냉동장치의 냉동능력(RT)은 얼마인가? (단, 냉동능력은 $R = \dfrac{V}{C}$로 산출하며, 여기서 R은 냉동능력(RT), V는 피스톤토출량(m³/h), C는 정수로서 8.4이다.)

① 39.1 　　　　 ② 47.7
③ 85.3 　　　　 ④ 234.0

해설 $V = 60\,ASNZ = 60 \times \dfrac{\pi \times 0.11^2}{4} \times 0.08 \times 900 \times 8$

$= 328.43\text{m}^3/\text{h}$

$\therefore\ R = \dfrac{V}{C} = \dfrac{328.43}{8.4} = 39.1\text{RT}$

161 흡입관 내를 흐르는 냉매증기의 압력강하가 커지는 경우는?

① 관이 굵고 흡입관길이가 짧은 경우
② 냉매증기의 비체적이 큰 경우
③ 냉매의 유량이 적은 경우
④ 냉매의 유속이 빠른 경우

해설 냉매의 유속이 빠르면 흡입관 내 흐르는 냉매증기의 압력강하가 커진다.

162 ★ 몰리에르선도에 대한 설명으로 틀린 것은?

① 과열구역에서 등엔탈피선은 등온선과 거의 직교한다.
② 습증기구역에서 등온선과 등압선은 평행하다.
③ 포화액체와 포화증기의 상태가 동일한 점을 임계점이라고 한다.
④ 등비체적선은 과열증기구역에서도 존재한다.

해설 $P-h$(냉매몰리에르)선도에서 등온선은 과냉각구역에서는 x축(비엔탈피선)에 수직으로 작용하고, 습증기구역($0 < x < 1$)에서는 y축(절대압력)에 평행(등온선과 등압선은 일치)하며, 과열증기구역에서는 건포화증기($x = 1$)선상에서 약간 구부러져서 하향한다(아래쪽으로 작용).

163 ★ −20℃의 암모니아포화액의 엔탈피가 314kJ/kg 이며 동일 온도에서 건조포화증기의 엔탈피가 1,687kJ/kg이다. 이 냉매액이 팽창밸브를 통과하여 증발기에 유입될 때의 냉매의 엔탈피가 670kJ/kg이었다면 중량비로 약 몇 %가 액체상태인가?

① 16   ② 26
③ 74   ④ 84

해설 ㉠ $h_x = h_f + x(h_s - h_f)$[kJ/kg]
∴ $x = \dfrac{h_x - h_f}{h_s - h_f} = \dfrac{670 - 314}{1,687 - 314} = 0.26$
㉡ $y = (1-x) \times 100 = (1-0.26) \times 100 = 74\%$

164 이상적인 냉동사이클과 비교한 실제 냉동사이클에 대한 설명으로 틀린 것은?

① 냉매가 관 내를 흐를 때 마찰에 의한 압력 손실이 발생한다.
② 외부와 다소의 열출입이 있다.
③ 냉매가 압축기의 밸브를 지날 때 약간의 교축작용이 이루어진다.
④ 압축기 입구에서의 냉매상태값은 증발기 출구와 동일하다.

해설 냉매가 팽창밸브를 통과하는 경우 교축작용이 이루어진다.

165 ★ 암모니아의 증발잠열은 −15℃에서 1310.4kJ/kg 이지만, 실제로 냉동능력은 1126.2kJ/kg으로 작아진다. 차이가 생기는 이유로 가장 적절한 것은?

① 체적효율 때문이다.
② 전열면의 효율 때문이다.
③ 실제 값과 이론값의 차이 때문이다.
④ 교축팽창 시 발생하는 플래시가스 때문이다.

해설 팽창밸브에서 교축팽창 시 발생하는 플래시가스로 인해 냉동능력이 감소된다.

166 팽창밸브 직후 냉매의 건도가 0.2이다. 이 냉매의 증발열이 1,884kJ/kg이라 할 때 냉동효과(kJ/kg)는 얼마인가?

① 376.8   ② 1324.6
③ 1507.2   ④ 1804.3

해설 $q_e = (1-x)\gamma = (1-0.2) \times 1,884 = 1507.2$kJ/kg

167 ★ 냉동장치에서 플래시가스가 발생하지 않도록 하기 위한 방지대책으로 틀린 것은?

① 액관의 직경이 충분한 크기를 갖고 있도록 한다.
② 증발기의 위치를 응축기와 비교해서 너무 높게 설치하지 않는다.
③ 여과기나 필터의 점검, 청소를 실시한다.
④ 액관 냉매액의 과냉도를 줄인다.

해설 액관 냉매액의 과냉각를 크게(일반적으로 5~7℃) 하면 플래시가스를 방지한다.

168 증발식 응축기에 관한 설명으로 옳은 것은?

① 증발식 응축기의 냉각수는 보충할 필요가 없다.

② 증발식 응축기는 물의 현열을 이용하여 냉각하는 것이다.

③ 내부에 냉매가 통하는 나관이 있고 그 위에 노즐을 이용하여 물을 산포하는 형식이다.

④ 압력강하가 작으므로 고압측 배관에 적당하다.

해설 증발식 응축기는 내부에 냉매가 통하는 나관(bare pipe)이 있고 그 위에 노즐을 이용하여 물을 뿌리는 형식이다.

169 냉동효과가 1,088kJ/kg인 냉동사이클에서 1냉동톤당 압축기 흡입증기의 체적(m^3/h)은? (단, 압축기 입구의 비체적은 0.5087m^3/kg이고, 1냉동톤은 3.9kW이다.)

① 15.5 ② 6.5

③ 0.258 ④ 0.002

해설
$$V = \frac{3.9RT \times 3,600v}{q_e} = \frac{3.9 \times 1 \times 3,600 \times 0.5087}{1,088}$$
$$= 6.56\,m^3/h$$

170 압축기의 설치목적에 대한 설명으로 옳은 것은?

① 엔탈피 감소로 비체적을 증가시키기 위해

② 상온에서 응축액화를 용이하게 하기 위한 목적으로 압력을 상승시키기 위해

③ 수냉식 및 공냉식 응축기의 사용을 위해

④ 압축 시 임계온도 상승으로 상온에서 응축액화를 용이하게 하기 위해

해설 압축기는 상온에서 응축액화를 용이하게 하기 위해 설치하는 것으로 단열압축하여 응축기의 압력을 높이기 위함이다.

171 증발온도(압력)가 감소할 때 장치에 발생되는 현상으로 가장 거리가 먼 것은? (단, 응축온도는 일정하다.)

① 성적계수(COP) 감소

② 토출가스온도 상승

③ 냉매순환량 증가

④ 냉동효과 감소

해설 증발온도(압력) 감소 시 압축비 증가로 인해

㉠ 토출가스온도 증가

㉡ 체적효율 감소

㉢ 냉동효과 감소

㉣ 성적계수(COP) 감소

㉤ 냉매순환량 감소

172 어떤 냉동기로 1시간당 얼음 1ton을 제조하는 데 37kW의 동력을 필요로 한다. 이때 사용하는 물의 온도는 10℃이며, 얼음은 −10℃이었다. 이 냉동기의 성적계수는? (단, 융해열은 335kJ/kg이고, 물의 비열은 4.19kJ/kg · K, 얼음의 비열은 2.09kJ/kg · K이다.)

① 2.0 ② 3.0

③ 4.0 ④ 5.0

해설
$$Q_e = m(C\Delta t + \gamma_o + C_1 \Delta t)$$
$$= 1,000 \times [(4.19 \times (10-0) + 335 + 2.09 \times (0-(-10))]$$
$$= 397,800\,kJ/h$$
$$\therefore (COP)_R = \frac{Q_e}{w_c} = \frac{397,800}{37 \times 3,600} = 3$$

173 다음 중 줄−톰슨효과와 관련이 가장 깊은 냉동방법은?

① 압축기체의 팽창에 의한 냉동법

② 감열에 의한 냉동법

③ 흡수식 냉동법

④ 2원 냉동법

해설 줄−톰슨효과는 교축팽창 시($P_1 > P_2$, $T_1 > T_2$, $h_1 = h_2$, $\Delta S > 0$) 압력과 온도를 감소시키므로 압축기체의 팽창에 의해 냉동을 얻는 방법이다.

174 표준 냉동사이클에서 냉매액이 팽창밸브를 지날 때 냉매의 온도, 압력, 엔탈피의 상태변화를 올바르게 나타낸 것은?

① 온도: 일정, 압력: 감소, 엔탈피: 일정

② 온도: 일정, 압력: 감소, 엔탈피: 감소

③ 온도: 감소, 압력: 일정, 엔탈피: 일정

④ 온도: 감소, 압력: 감소, 엔탈피: 일정

PART

2

정답 168 ③ 169 ② 170 ② 171 ③ 172 ② 173 ① 174 ④

Part 2. 기출 및 예상문제 · **225**

해설 표준 냉동사이클에서 냉매액(실제 기체)이 팽창밸브를 통과 시(교축팽창) $P_1 > P_2$, $T_1 > T_2$, $h_1 = h_2$, $\Delta S > 0$이다.

★
175 열전달에 대한 설명으로 틀린 것은?

① 열전도는 물체 내에서 온도가 높은 쪽에서 낮은 쪽으로 열이 이동하는 현상이다.

② 대류는 유체의 열이 유체와 함께 이동하는 현상이다.

③ 복사는 떨어져 있는 두 물체 사이의 전열현상이다.

④ 전열에서는 전도, 대류, 복사가 각각 단독으로 일어나는 경우가 많다.

해설 열의 이동(전열) 시 전도, 대류, 복사는 복합적으로 일어나는 경우가 많다.

★
176 암모니아냉동기에서 유분리기의 설치위치로 가장 적당한 곳은?

① 압축기와 응축기 사이

② 응축기와 팽창밸브 사이

③ 증발기와 압축기 사이

④ 팽창밸브와 증발기 사이

해설 NH_3냉동기에서 유분리기(oil separator)는 압축기와 응축기 사이에 설치한다. 즉 NH_3는 응축기 가까이, 프레온냉매는 압축기 가까이 설치한다.

★
177 다음과 같은 조건에서 작동하는 냉동장치의 냉매순환량(kg/h)은? (단, 1RT는 3.9kW이다.)

> • 냉동능력 : 5RT
> • 증발기 입구냉매엔탈피 : 240kJ/kg
> • 증발기 출구냉매엔탈피 : 400kJ/kg

① 325.2   ② 438.8

③ 512.8   ④ 617.3

해설 $m = \dfrac{Q_e}{q_e} = \dfrac{3.9RT \times 3,600}{h_2 - h_1} = \dfrac{3.9 \times 5 \times 3,600}{400 - 240}$
$\fallingdotseq 438.8\text{kg/h}$

★
178 다음 중 냉동기의 압축기에서 일어나는 이상적인 압축과정은 어느 것인가?

① 등온변화   ② 등압변화

③ 등엔탈피변화   ④ 등엔트로피변화

해설 냉동기의 압축기에서 이상적인 압축과정은 가역단열압축(등엔트로피과정)이다.

★
179 다음의 냉매가스를 단열압축하였을 때 온도 상승률이 가장 큰 것부터 순서대로 나열된 것은? (단, 냉매가스는 이상기체로 가정한다.)

① 공기 > 암모니아 > 메틸클로라이드 > R-502

② 공기 > 메틸클로라이드 > 암모니아 > R-502

③ 공기 > R-502 > 메틸클로라이드 > 암모니아

④ R-502 > 공기 > 암모니아 > 메틸클로라이드

해설 비열비 : 공기(1.4) > 암모니아(1.31) > 메틸클로라이드(R-40)(1.2) > R-502(R-115 + R-22, 공비혼합냉매)

참고 냉매가스를 단열압축 시 온도 상승이 큰 것은 비열비가 클수록 크다.
$$k = \frac{C_p}{C_u}$$

★
180 다음 중 펠티에(Peltier)효과를 이용한 냉동법은?

① 기체팽창냉동법   ② 열전냉동법

③ 자기냉동법   ④ 2원 냉동법

해설 열전냉동법은 펠티에효과를 이용한 냉동법이다.

★
181 온도식 팽창밸브(Thermostatic expansion valve)에 있어서 과열도란 무엇인가?

① 팽창밸브 입구와 증발기 출구 사이의 냉매온도차

② 팽창밸브 입구와 팽창밸브 출구 사이의 냉매온도차

③ 흡입관 내의 냉매가스온도와 증발기 내의 포화온도와의 온도차

④ 압축기 토출가스와 증발기 내 증발가스의 온도차

정답 175 ④ 176 ① 177 ② 178 ④ 179 ① 180 ② 181 ③

해설 온도식 팽창밸브에서 과열도란 흡입관 내의 냉매가스온도와 증발기 내의 포화온도와의 온도차를 말한다.

182 다음 중 가스엔진 구동형 열펌프(GHP)시스템의 설명으로 틀린 것은?

① 압축기를 구동하는데 전기에너지 대신 가스를 이용하는 내연기관을 이용한다.

② 하나의 실외기에 하나 또는 여러 개의 실내기가 장착된 형태로 이루어진다.

③ 구성요소로서 압축기를 제외한 엔진, 그리고 내·외부열교환기 등으로 구성된다.

④ 연료로는 천연가스, 프로판 등이 이용될 수 있다.

해설 GHP(Gas engine Heat Pump)는 가스엔진 구동형 열펌프의 약자로 전기 대신 청정연료인 가스를 냉난방원료로 사용하여 압축기를 구동하여 냉매를 순환시켜 여름에는 냉방을, 겨울에는 난방을 하는 신개념 냉난방시스템이다.

183 다음 그림은 단효용 흡수식 냉동기에서 일어나는 과정을 나타낸 것이다. 각 과정에 대한 설명으로 틀린 것은?

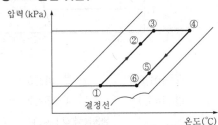

① ①→②과정 : 재생기에서 돌아오는 고온 농용액과 열교환에 의한 희용액의 온도 상승

② ②→③과정 : 재생기 내에서의 가열에 의한 냉매응축

③ ④→⑤과정 : 흡수기에서의 저온 희용액과 열교환에 의한 농용액의 온도강하

④ ⑤→⑥과정 : 흡수기에서 외부로부터의 냉각에 의한 농용액의 온도강하

해설 ㉠ ⑥ → ① : 흡수기에서의 흡수작용
ㄴ ① → ② : 용액열교환기(고온 농용액과 희용액)에서 열교환에 의한 온도 상승

ㄷ ② → ③ : 재생기에서 비등점(끓는점)에 이를 때까지 가열

ㄹ ③ → ④ : 재생기에서 용액농축

ㅁ ④ → ⑤ : 흡수기에서 저온 희용액과 열교환에 의한 농용액의 온도강하

ㅂ ⑤ → ⑥ : 흡수기에서 외부로부터 냉각에 의한 농용액의 온도강하

184 다음 중 헬라이드토치를 이용하여 누설검사를 하는 냉매는?

① R-134a ② R-717
③ R-744 ④ R-729

해설 헬라이드토치는 프레온냉매(R-134a)의 누설검사측정기이다.

참고 R-717(NH₃), R-744(CO₂) R-729(공기), R-718·(물)

185 냉동기 속 두 냉매가 다음 표의 조건으로 작동될 때 A냉매를 이용한 압축기의 냉동능력을 Q_A, B냉매를 이용한 압축기의 냉동능력을 Q_B인 경우 Q_A/Q_B의 비는? (단, 두 압축기의 피스톤압출량은 동일하며, 체적효율도 75%로 동일하다.)

구분	A	B
냉동효과(kJ/kg)	1,130	170
비체적(m³/kg)	0.509	0.077

① 1.5 ② 1.0
③ 0.8 ④ 0.5

해설 냉매순환량$(m) = \dfrac{Q_e}{q_e} = \dfrac{V}{v}\eta_v$[kg/h]

두 압축기 피스톤의 출력량(V[m³/h])과 체적효율(η_v)이 동일한 경우 냉동능력(Q_e)과 냉동효과(q_e)는 비례관계이고, 비체적(v)은 반비례관계이므로

$$\therefore \frac{Q_A}{Q_B} = \frac{q_A}{q_B}\frac{V_B}{V_A} = \frac{1,130}{170} \times \frac{0.077}{0.509} \fallingdotseq 1.0$$

186 두께 3cm인 석면판의 한쪽 면의 온도는 400℃, 다른 쪽 면의 온도는 100℃일 때 이 판을 통해 일어나는 열전달량(W/m²)은? (단, 석면의 열전도율은 0.095W/m·℃이다.)

① 0.95 ② 95
③ 950 ④ 9,500

정답 182 ③ 183 ② 184 ① 185 ② 186 ③

해설 $q_c = \lambda\left(\dfrac{t_1 - t_2}{L}\right) = 0.095 \times \dfrac{400 - 100}{0.03} = 950\,\mathrm{W/m^2}$

187 열이동에 대한 설명으로 틀린 것은?

① 서로 접하고 있는 물질의 구성분자 사이에 정지상태에서 에너지가 이동하는 현상을 열전도라 한다.

② 고온이 유체분자가 고체의 전열면까지 이동하여 열에너지를 전달하는 현상을 열대류라 한다.

③ 물체로부터 나오는 전자파형태로 열이 전달되는 전열작용을 열복사라 한다.

④ 열관류율이 클수록 단열재로 적당하다.

해설 열관류율(k)이 클수록 단열재(보온재)로 적당하지 않다. 즉 단열재는 열관류율이 작아야 한다.

188 R-502를 사용하는 냉동장치의 몰리엘선도가 다음과 같다. 이 장치의 실제 냉매순환량은 167kg/h이고 전동기출력이 3.5kW일 때 실제 성적계수는?

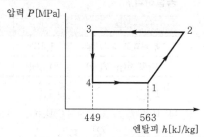

압력 P[MPa]

엔탈피 h[kJ/kg]

① 1.3 ② 1.4
③ 1.5 ④ 1.6

해설 $\varepsilon_R = \dfrac{Q_e}{W_c} = \dfrac{\dot{m}q_e}{W_c} = \dfrac{\dot{m}(h_1 - h_4)}{W_c}$

$= \dfrac{167 \times (563 - 449)}{3.5 \times 3,600} = 1.51$

참고 1kW=1kJ/s=60kJ/min=3,600kJ/h

189 냉매 충전용 매니폴드를 구성하는 주요 밸브와 가장 거리가 먼 것은?

① 흡입밸브
② 자동용량제어밸브

③ 펌프연결밸브
④ 바이패스밸브

해설 냉매 충전용 매니폴드를 구성하는 주요 밸브 : 흡입밸브, 펌프연결밸브, 바이패스밸브

190 2단 압축사이클에서 증발압력이 계기압력으로 235kPa이고, 응축압력은 절대압력으로 1,225kPa일 때 최적의 중간 절대압력(kPa)은? (단, 대기압은 101kPa이다.)

① 514.56 ② 536.06
③ 641.56 ④ 668.36

해설 $P_m = \sqrt{P_e P_c} = \sqrt{(101 + 235) \times 1,225} = 641.56\,\mathrm{kPa}$

191 피스톤압출량이 500m³/h인 암모니아압축기가 다음 그림과 같은 조건으로 운전되고 있을 때 냉동능력(kW)은 얼마인가? (단, 체적효율은 0.68이다.)

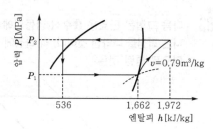

엔탈피 h[kJ/kg]

① 101.8 ② 134.6
③ 158.4 ④ 182.1

해설 냉매순환량($\dot{m}$) = $\dfrac{냉동능력(Q_e)}{냉동효과(q_e)} = \dfrac{V_L}{v}\eta_v$

$\therefore Q_e = \dot{m}q_e = \dfrac{V_L}{v}\eta_v q_e$

$= \dfrac{500}{0.79} \times 0.68 \times (1,662 - 536)$

$\fallingdotseq 484607.6\,\mathrm{kJ/h} = 134.6\,\mathrm{kW}$

참고 1kW=1kJ/s=60kJ/min=3,600kJ/h

192 30℃의 공기가 체적 1m³의 용기 내에 압력 600kPa인 상태로 들어있을 때 용기 내의 공기질량(kg)은? (단, 기체상수는 287J/kg·K이다.)

① 5.9 ② 6.9
③ 7.9 ④ 4.9

해설 $Pv = mRT$

$\therefore m = \dfrac{Pv}{RT} = \dfrac{600 \times 1}{0.287 \times (30 + 273)} \fallingdotseq 6.9\text{kg}$

193 다음 조건을 참고하여 흡수식 냉동기의 성적
계수는 얼마인가?

> • 응축기 냉각열량 : 5.6kW
> • 흡수기 냉각열량 : 7.0kW
> • 재생기 가열량 : 5.8kW
> • 증발기 냉동열량 : 6.7kW

① 0.88 ② 1.16

③ 1.34 ④ 1.52

해설 $\varepsilon_R = \dfrac{\text{증발기 냉동열량}(Q_e)}{\text{(고온)재생기 가열량}(Q_R)} = \dfrac{6.7}{5.8} \fallingdotseq 1.16$

194 노즐에서 압력 1,764kPa, 온도 300℃인 증기
를 마찰이 없는 이상적인 단열유동으로 압력
196kPa까지 팽창시킬 때 증기의 최종속도
(m/s)는? (단, 최초 속도는 매우 작아 무시하
고, 입출구의 높이는 같으며, 단열열낙차는
442.3kJ/kg로 한다.

① 912.1 ② 940.5

③ 946.4 ④ 963.3

해설 $V_2 = 44.72\sqrt{h_1 - h_2} = 44.72\sqrt{442.3} = 940.5\text{m/s}$

195 방열벽을 통해 실외에서 실내로 열이 전달될 때
실외측 열전달계수가 0.02093kW/m² · K, 실
내측 열전달계수가 0.00814kW/m² · K, 방열
벽두께가 0.2m, 열전도도가 5.8×10⁻⁵kW/m
· K일 때 총괄열전달계수(kW/m² · K)는?

① 1.54×10^{-3} ② 2.77×10^{-4}

③ 4.82×10^{-4} ④ 5.04×10^{-3}

해설 $K_t = \dfrac{1}{\dfrac{1}{\alpha_i} + \dfrac{l}{\lambda} + \dfrac{1}{\alpha_o}}$

$= \dfrac{1}{\dfrac{1}{0.00814} + \dfrac{0.2}{5.8 \times 10^{-5}} + \dfrac{1}{0.02093}}$

$\fallingdotseq 2.77 \times 10^{-4}\text{kW/m}^2 \cdot \text{K}$

196 냉동효과에 관한 설명으로 옳은 것은?

① 냉동효과란 응축기에서 방출하는 열량
을 의미한다.

② 냉동효과는 압축기의 출구엔탈피와 증
발기의 입구엔탈피의 차를 이용하여 구
할 수 있다.

③ 냉동효과는 팽창밸브 직전의 냉매액온
도가 높을수록 크며, 또 증발기에서 나오
는 냉매증기의 온도가 낮을수록 크다.

④ 냉매의 과냉각도를 증가시키면 냉동효
과는 커진다.

해설 냉동효과(q_e)란 냉매 1kg이 증발기에서 증발 시 피냉각물
질로부터 흡수하는 열량으로 증가되며 냉매의 과냉각도
를 증가시키면 냉동효과는 커진다.

197 냉매의 구비조건으로 틀린 것은?

① 동일한 냉동능력을 내는 경우에 소요동
력이 적을 것

② 증발잠열이 크고 액체의 비열이 작을 것

③ 액상 및 기상의 점도는 낮고, 열전도도는
높을 것

④ 임계온도가 낮고, 응고온도는 높을 것

해설 **냉매의 구비조건**

㉠ 물리적 조건
 • 대기압 이상에서 쉽게 증발할 것
 • 임계온도가 높아 상온에서 쉽게 액화할 것
 • 응고온도가 낮을 것
 • 증발잠열이 크고 액체의 비열은 작을 것
 • 비열비 및 가스의 비체적이 작을 것
 • 점도와 표면장력이 작고 전열이 양호할 것
 • 인화점이 높고 누설 시 발견이 양호할 것
 • 전기절연이 크고 전기절연물질을 침식하지 않을 것
 • 패킹재료에 영향이 없고 오일과 혼합하여도 영향이
  없을 것

㉡ 화학적 조건
 • 화학적으로 결합이 안정하여 분해하지 않을 것
 • 금속을 부식시키지 않을 것
 • 연소성 및 폭발성이 없을 것

㉢ 기타
 • 인체에 무해하고 누설 시 냉장물품에 영향이 없을 것
 • 악취가 없을 것
 • 가격이 싸고 소요동력이 작게 들 것

198 1RT(냉동톤)에 대한 설명으로 옳은 것은?

① 0℃ 물 1kg을 0℃ 얼음으로 만드는데 24시간 동안 제거해야 할 열량

② 0℃ 물 1ton을 0℃ 얼음으로 만드는데 24시간 동안 제거해야 할 열량

③ 0℃ 물 1kg을 0℃ 얼음으로 만드는데 1시간 동안 제거해야 할 열량

④ 0℃ 물 1ton을 0℃ 얼음으로 만드는데 1시간 동안 제거해야 할 열량

해설 1RT(냉동톤)이란 0℃의 물 1ton을 0℃의 얼음으로 만드는데 24시간 동안 제거해야 할 열량이다.
1RT = 3,320kcal/h = 13897.52kJ/h = 3.86kW

199 내압시험에 대한 설명 중 옳지 않은 것은?

① 내압시험은 압축기와 압력용기 등에 대하여 행하는 액압시험을 원칙으로 한다.

② 내압시험은 기밀시험 전에 행하는 시험으로 액의 압력으로 내압강도를 조사한다.

③ 내압시험 시 내부의 공기는 완전히 배출하여야 하며, 이 작업이 불충분하면 큰 사고를 일으킬 우려가 있다.

④ 내압시험은 냉매의 종류에 따라 정해지고 최소 기밀시험압력의 15/8배의 압력으로 한다.

해설 내압시험은 냉매의 종류에 따라 정해지지 않으며 원칙적으로 설계압력의 1.5배 이상의 액압으로 한다(액체를 사용하기 어려울 경우에는 설계압력의 1.25배 이상의 기체로 할 수도 있다).

200 냉동장치의 운전에 관한 유의사항으로 틀린 것은?

① 운전휴지기간에는 냉매를 회수하고, 저압측의 압력은 대기압보다 낮은 상태로 유지한다.

② 운전 정지 중에는 오일리턴밸브를 차단시킨다.

③ 장시간 정지 후 시동 시에는 누설 여부를 점검 후 기동시킨다.

④ 압축기를 기동시키기 전에 냉각수펌프를 기동시킨다.

해설 냉동장치를 장기간 정지할 경우 펌프다운을 실시하여 장치 내부의 압력은 대기압보다 높게 유지하여 외부의 공기나 이물질의 침입을 방지한다.

201 냉동설비의 각 시설별 정기검사항목으로 가장 거리가 먼 것은?

① 안전밸브

② 긴급차단장치

③ 독성가스재해설비

④ 고수위 경보기

해설 고수위 경보기는 보일러의 안전장치에 속한다.

PART 03

공조냉동 설치 · 운영

Industrial Engineer Air-Conditioning and Refrigerating Machinery

배관재료

Chapter 1

1 금속관

1.1 주철관(cast iron pipe)

(1) 특징

① 강관에 비해 내식성, 내마모성, 내구성이 크다.
② 수도용 급수관, 가스공급관, 통신용 케이블매설관, 화학공업용 배관, 오수배수관 등에 사용한다(매설용 배관에 많이 사용).
③ 재질에 따라 보통주철(인장강도 100~200MPa)과 고급 주철(인장강도 250MPa)로 구분된다.
④ 압축강도는 크지만, 인장강도는 작다(중력에 약하다).

(2) 종류

① 보통주철관
② 고급 주철관
③ 구상흑연주철관(수도용 원심력 덕타일주철관)

1.2 강관(steel pipe)

(1) 특징

① 연관(납관), 주철관에 비해 가볍고 인장강도가 크다.
② 관의 접합작업이 용이하다.
③ 내충격성, 굴요성이 크다.
④ 연관, 주철관보다 가격이 싸고 부식되기 쉽다.

(2) 스케줄번호(Sch. No. : schedule number)

관(pipe)의 두께를 나타내는 번호로 스케줄번호는 10~160으로 정하고 30, 40, 80이 사용되며, 번호가 클수록 두께는 두꺼워진다.

① 공학단위일 때 스케줄번호(Sch. No.) $= \dfrac{P(\text{사용압력}[\text{kgf/cm}^2])}{S(\text{허용응력}[\text{kgf/mm}^2])} \times 10$

② 국제(SI)단위일 때 스케줄번호(Sch. No.) $= \dfrac{P(\text{사용압력}[\text{MPa}])}{S(\text{허용응력}[\text{N/mm}^2])} \times 1{,}000$

③ 허용응력$(S) = \dfrac{\text{극한(인장)강도}}{\text{안전계수(율)}}$

(3) 종류 및 표기방법

① 종류 : 강관은 용도별로 배관용, 수도용, 열전달용, 구조용으로 분류된다.

종류		KS규격기호	용도
배관용	배관용 탄소강강관 (일명 가스관)	SPP	• 사용압력이 낮은(1MPa 이하) 증기, 물, 기름, 가스, 공기 등의 배관용으로 사용 • 호칭지름은 15~65A이고, 사용온도는 100℃
	압력배관용 탄소강강관	SPPS	• 350℃ 이하에서 사용하는 압력배관용 보일러증기관, 수도관, 유압관에 사용 • 사용압력은 1~10MPa
	고압배관용 탄소강강관	SPPH	• 350℃ 이하에서 사용압력(9.8MPa)이 높은 고압배관용 암모니아합성관, 내연기관 분사관, 화학공업용 배관, 이음매 없는(seamless pipe)관 등 4종이 있음
	고온배관용 탄소강강관	SPHT	• 사용온도는 350~450℃이고, 호칭지름은 SCH. No.에 의함 • 고온배관용, 과열증기관에 사용
	배관용 아크용접 탄소강강관	SPW	• 사용압력이 낮은(1MPa 이하) 증기, 물, 기름, 가스, 공기 등의 배관용으로 사용 • 호칭지름은 3,350~1,500A이며, 17종 • 관의 호칭경은 mm[A], inch[B]로 표시
	배관용 합금강강관	SPA	• 주로 고온배관용으로 사용(내식성과 내산성 강함) • 호칭지름은 6~500A이고, 사용온도는 350℃ 이상
	배관용 스테인리스강관	STS×TP	• 내식용, 내열용, 고·저온배관용에 사용
	저온배관용 강관	SPLT	• 빙점 이하의 저온배관용으로 화학공업용 배관, LPG·LNG저장탱크용 배관에 사용 • 호칭지름은 6~500A

종류		KS규격기호	용도
수도용	수도용 아연도금강관	SPPW	• 정수두 100m 이하의 수도로서 주로 급수배관용으로 사용 • 호칭지름은 10~300A
	수도용 도복장강관	STPW	• 정수두 100m 이하의 수도로서 주로 급수배관용으로 사용 • 호칭지름은 80~2,400A
열전달용	보일러 열교환기용 탄소강강관	STH	• 관의 내외에서 열의 수수를 행함을 목적으로 하는 장소에 사용 • 보일러의 수관, 연관, 가열관, 공기예열관, 화학공업, 석유공업의 열교환기, 가열로관 등에 사용
	보일러 열교환기용 합금강강관	STHA	
	보일러 열교환기용 스테인리스강관	STS-TB	
	저온열교환기용 강관	STLT	• 빙점 이하의 특히 낮은 온도에서 관의 내외에서 열의 수수를 행하는 열교환기관, 콘덴서관 등에 사용
구조용	일반구조용 탄소강강관	SPS	• 토목, 건축, 철탑, 지주와 비계, 말뚝 기타의 구조물용으로 사용
	기계구조용 탄소강강관	STM	• 기계, 항공기, 자동차, 자전차 등의 기계부품용으로 사용
	구조용 합금강강관	STA	• 항공기, 자동차 기타의 구조물용으로 사용

② **강관의 표기방법** : 호칭지름(A : mm, B : inch)

㉠ 배관용 탄소강강관

	SPP	B	80A	2006	6
상표 한국공업규격	관종류	제조방법	호칭방법	제조연도	길이

㉡ 수도용 아연도금강관

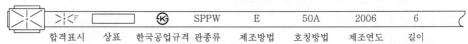

	SPPW	E	50A	2006	6
합격표시 상표 한국공업규격	관종류	제조방법	호칭방법	제조연도	길이

㉢ 압력배관용 탄소강강관

	SPPS	S	H	2006	100A × SCH10 × 6
상표 한국공업규격	관종류	제조방법		제조연도	호칭방법 스케줄번호 길이

2 　 비철금속관

동(구리)관, 연(납)관, 알루미늄관, 주석관, 규소청동관, 니켈관, 티탄관 등

2.1 　 동관(구리관)

주로 이음매 없는 관(seamless pipe)으로 탄탈산동관, 황동관 등이 있다.

① 열전도율이 크고 내식성, 전성, 연성이 풍부하여 가공하기 쉽다(열교환기, 급수관에 사용).
② 담수에는 내식성이 양호하나, 연수에는 부식된다.
③ 아세톤, 휘발유, 프레온가스 등의 유기물에는 침식되지 않는다.
④ 가성소다, 가성칼리 등 알칼리성에는 내식성이 강하다.
⑤ 암모니아수, 암모니아가스, 황산 등에는 침식된다.

2.2 　 연관(lead pipe, 납관)

① 알칼리에 강하다.
② 내식성이 좋다. 즉 알칼리에는 강하나, 산에는 약하다.
③ 굴곡성이 좋아 가공이 쉽다. 즉 전・연성이 풍부하여 가공이 용이하다(수도용, 배수용 배관에 사용).
④ 중량이 커서 수평배관 시 늘어난다(비중 11.37).
⑤ 가격이 비싸다.

2.3 　 알루미늄관

① 구리(Cu) 다음으로 열전도율이 크다.
② 내식성이 풍부하다.
③ 전・연성이 풍부하고 순도가 높을수록 가공이 쉽다.
④ 아세톤, 아세틸렌, 유류에는 침식되지 않으나, 해수, 황산, 가성소다 등의 알칼리에는 약하다.

3 　 비금속관

합성수지관, 콘크리트관, 석면시멘트관(이터닛관), 도관, 유리관 등

3.1 합성수지관(plastic pipe)

합성수지관은 석유, 석탄, 천연가스(LNG) 등으로부터 얻어지는 메틸렌, 프로필렌, 아세틸렌, 벤젠 등의 원료로 만들어지며 경질 염화비닐관(PVC)과 폴리에틸렌관으로 나눈다.

(1) 경질 염화비닐관(PVC : polyvinyl chloride)

① 내식성, 내산성, 내알칼리성이 크다.
② 전기의 절연성이 크다.
③ 열의 불량도체이다.
④ 가볍고 운반 및 취급이 용이하다.
⑤ 배관가공이 쉽고 가격이 저렴하며 시공비도 적게 든다.
⑥ 저온, 고온에서 강도가 약하고 충격강도가 작다.
⑦ 열팽창률이 크다(강관의 7~8배).

(2) 폴리에틸렌관(PE : polyethilene pipe)

① 내충격성, 내한성(-60℃)이 좋으며 한냉지배관용으로 사용된다.
② PVC보다 가볍다.
③ 상온에서도 유연성이 좋아 탄광에서의 운반도 가능하다.
④ 보온성, 내열성이 PVC보다 우수하다.
⑤ 시공이 용이하고 경제적이다.
⑥ 내약품성이 강하다.
⑦ 인장강도는 PVC의 1/5 정도이고 화력에 극히 약하다.

3.2 콘크리트관

① 철근콘크리트관 : 옥외배수관(단거리 부지 하수관) 등에 사용
② 원심력 콘크리트관(흄관) : 상·하수도용 배수관에 많이 사용

3.3 석면시멘트관(asbestos cement pipe, eternit pipe)

① 금속관에 비해 내식성, 내알칼리성이 크다.
② 조직이 치밀하고 강도도 크다.
③ 비교적 고압에 견딘다.
④ 탄성이 작아 수직작용이 있는 곳은 사용이 곤란하다.
⑤ 수도관, 가스관, 배수관, 도수관 등에 사용한다.
※ 인서트접합, 데이터접합, 석면시멘트관(이터닛)접합

3.4 도관(clay pipe)

① 점토를 주원료로 성형한 관을 구워서 만든 것이다.
② 관두께에 따라 보통관(농업용)과 두꺼운 관(후관)은 도시 하수관용으로, 아주 두꺼운 관 (특후관)은 철도용 배수관용, 빗물배수관용에 많이 사용한다.
③ 관의 길이가 짧고 접합부가 많으므로 오수배관에는 부적당하다.

3.5 에이콘관(acorn pipe, PB에이콘)

① 폴리부틸렌을 원료로 하여 제조된 관이다.
② 내식성이 커 수도의 난방용 배관에 많이 사용한다.
③ 온수·온돌배관, 화학배관, 압축공기배관용으로 최근에 개발한 관이다.
④ 끼워맞춤형이므로 시공이 용이하다. 즉 나사 및 용접이음이 불필요하다.
⑤ 시공이 간편하여 아파트(APT) 옥내배관에 많이 사용한다.

4 보온재 및 기타 배관용 재료

4.1 보온재

1) 보온재의 구비조건

① 내열성 및 내식성이 있을 것
② 기계적 강도, 시공성이 있을 것
③ 열전도율이 작을 것
④ 온도변화에 대한 균열 및 팽창, 수축이 작을 것
⑤ 내구성이 있고 변질되지 않을 것
⑥ 비중이 작고 흡수성이 없을 것
⑦ 섬유질이 미세하고 균일하며 흡습성이 없을 것

2) 보온재의 구분

① 보냉재 : 일반적으로 100℃ 이하의 냉온을 유지시키는 것
② 보온재 : 800℃ 이하로 200℃ 정도까지 견딜 수 있는 유기질과 300℃ 정도까지 견디는 무기질이 있음
③ 단열재 : 800~900℃ 이상 1,200℃까지 견디는 것
④ 내화단열재 : 내화물과 단열재의 중간에 속하는 것으로 대부분 1,300℃ 이상까지 견디는 것

3) 보온재의 종류

(1) 유기질 보온재

재질 자체가 독립기포로 된 다공질 물질로 높은 온도에 견딜 수 없으므로 증기실에 보온재로 사용하지 않고 보냉재로 이용된다.

① 특징
  ㉠ 보온능력이 우수하며 가격이 싸다.
  ㉡ 열전도율이 작으며 독립기포로 된 다공질 구조이다.
  ㉢ 비중이 작으며 내흡수성 및 내흡습성이 크다.

② 종류
  ㉠ 펠트(felt) : 우모펠트와 양모펠트가 있으며 주로 방로피복에 사용되고 곡면 등의 시공이 가능하다. 아스팔트를 방습한 것은 −60℃까지의 보냉용에 사용할 수 있다(안전사용온도 100℃ 이하).
  ㉡ 텍스류 : 목재, 톱밥, 펠트를 주원료로 해서 압축판모양으로 만든 단열재이다(안전사용온도 120℃). 주택, 아파트, 학교 등의 천장재, 실내벽 등의 보온 및 방음용으로 쓰인다. 단열, 방습, 흡음 등의 3대 효과를 갖춘 것으로 간단히 시공할 수 있으며 1급 불연재로 화재 시 연기나 유독가스가 발생하지 않는다.
  ㉢ 기포성 수지 : 일면 스펀지라고 하는 합성수지, 고무 등으로 다공질 제품으로 만든 폼(foam)류 단열재이다(안전사용온도 80℃ 이하).
  ㉣ 코르크(cork) : 냉장고, 건축용 보온·보냉재, 냉수·냉매배관, 냉각기, 펌프 등의 보냉재이며 탄화코르크는 방수성을 향상시키기 위해 아스팔트를 결합한 것이다(안전사용온도 130℃ 이하).

(2) 무기질 보온재

발포제를 가해 독립기포를 형성한 것이다.

① 탄산마그네슘($MgCO_3$) : 염기성 탄화마그네슘 85%를 배합한 것으로 열전도율은 0.052~0.076W/m·K이므로 25℃ 이하의 보냉재로 사용된다. 300~320℃에서 열분해하므로 안전사용온도는 30~250℃이고, 방습가공한 것은 습기가 많은 곳, 옥외배관에 적합하다.

② 석면(asbestos) : 아스베스토스질 섬유로 되어 있다. 400℃ 이하의 보온재로 사용되며 400℃ 이상에서 탈수분해하고, 800℃ 이상에서 보온성을 잃게 된다. 안전사용온도는 350~550℃ 정도이고 사용 중 잘 갈라지지 않으며 진동을 받는 장치에 사용되고, 열전도율은 0.052~0.076W/m·K이므로 보온재로 사용된다.

③ 암면 : 안산암, 현무암에 석회석을 섞어 용융한 것이다. 섬유모양으로 만든 것으로 석면보다 꺾이기 쉬우나 값이 싸며, 아스팔트가공한 것은 습기가 있는 곳에 보냉용으로 사용된다. 열전도율은 0.045~0.056W/m·K, 안전사용온도는 400~600℃이다. 알칼리성에는 강하나, 산에는 약하다.

④ 규조토 : 다른 보온재보다 단열효과가 낮으며 두껍게 시공한 파이프 덕트, 탱크의 보온·보냉
재로 사용한다. 열전도율은 0.093~1.11W/m·K, 안전사용온도는 석면 사용 시 500℃, 삼여
물 사용 시 250℃이다.

⑤ 규산칼슘 : 규산질재료, 석회질재료, 암면 등을 혼합하여 수열반응시켜 규산칼슘을 주재료
로 한 접착제를 쓰지 않는 결정체 보온재로 압축강도가 크고 곡률강도가 높으며 반영구
적이다. 열전도율은 0.058~0.076W/m·K, 안전사용온도는 650℃이며, 내수성이 크고
내구성이 우수하다. 시공이 편리하므로 고온에 가장 많이 사용된다.

⑥ 유리섬유(glass wool) : 용융유리를 압축공기나 원심력을 이용하여 섬유형태로 제조한 것으
로 안전사용온도는 300℃ 이하이고, 방수 처리된 것은 600℃까지 가능하다. 흡수성이 크
기 때문에 방수 처리를 해야 하며 열전도율이 0.042~0.063W/m·K이므로 보냉·보온
재로 냉장고, 덕트, 용기 등에 사용한다. 기계적 강도가 크다.

⑦ 폼 글라스 : 유리분말에 발포제를 가하여 노에서 가열, 용융시켜 발포와 동시에 경화, 융착
시킨 보온재이다.

⑧ 실리카파이버 보온재 : 실리카(SiO_2)를 주성분으로 하여 압축 성형하여 만든 보온재이다(안
전사용온도 1,100℃).

⑨ 세라믹파이버 보온재 : 실리카와 알루미나를 주성분으로 하여 만든 보온재이다(안전사용온
도 1,300℃).

⑩ 바머큐라이트 보온재 : 질석을 약 1,000℃의 고온으로 가열하여 팽창시켜 만든 보온재이다.

4.2 페인트(녹 방지용 도료)

(1) 광명단 도료(연단)

① 밀착력이 강하고 도막도 단단하여 풍화에 강하다.
② 연단(도료)에 아마인유를 배합한 것으로 녹스는 것을 방지하기 위해 널리 쓰인다.
③ 다른 착색 도료의 초벽(under coating)으로 우수하다.
④ 내수성이 강하고 흡수성이 작은 우수한 방청 도료이다.

(2) 산화철 도료

① 산화 제2철에 보일유나 아마인유를 섞은 도료이다.
② 도막이 부드럽고 값도 저렴하다.
③ 녹 방지효과는 불량하다.

(3) 알루미늄 도료(은분)

① Al분말에 유성바니시(oil varnish)를 섞은 도료이다.
② Al도막이 금속광택이 있으며 열을 잘 반사한다(주철제방열기에 사용).
③ 400~500℃의 내열성을 지니고 있는 난방용 방열기 등의 외면에 도장한다.

(4) 합성수지 도료

① 프탈산계 : 상온에서 도막을 건조시키는 도료이다. 5℃ 이하 온도에서 건조가 잘 안 된다.
② 요소멜라민계 : 내열성, 내유성, 내수성이 좋다.
③ 염화비닐계 : 내약품성, 내유성, 내산성이 우수하여 금속의 방식 도료로서 우수하다.
※ 합성수지 도료는 증기관, 보일러, 압축기 등의 도장용으로 쓰인다.

(5) 타르 및 아스팔트

① 관의 벽면과 물과의 사이에 내식성 도막을 만들어 물과의 접촉을 방해한다.
② 노출 시에는 외부 벽의 원인에 따라 균열 발생이 용이하다.

(6) 고농도 아연 도료

최근 배관공사에 많이 사용되고 있는 방청용도의 일종으로 도료를 칠했을 때 핀 홀(pin hole)에 물이 고여도 주위 철 대신 부식되어 철을 부식으로부터 방지하는 전기부식작용을 한다.

4.3 패킹제(packing)

접합부로부터의 누설을 방지하기 위해 사용하는 것으로 동적인 부분(운동 부분)에 사용하는 것을 패킹(packing), 정적인 부분(고정 부분)에 사용하는 것을 개스킷(gasket)이라 한다.

(1) 플랜지패킹

① 고무패킹
ㄱ 천연고무
- 탄성은 우수하나 흡수성이 없다.
- 내산성, 내알칼리성은 크지만 열과 기름에 약하다.
- 100℃ 이상의 고온배관용으로는 사용 불가능하며 주로 급수용, 배수용, 공기의 밀폐용으로 사용된다.
ㄴ 네오프렌(neoprene) : 천연고무와 유사한 합성고무로 천연고무보다 내유성, 내후성, 내산성, 기계적 성질이 우수하다.
- 내열범위가 −46~121℃인 합성고무제이다.
- 물, 공기, 기름, 냉매배관용(증기배관에는 제외)에 사용된다.
② 석면조인트시트
ㄱ 섬유가 가늘고 강한 광물질로 된 패킹제이다.
ㄴ 450℃까지의 고온에도 견딘다.
ㄷ 증기, 온수, 고온의 기름배관에 적합하며 슈퍼히트(super heat)석면이 많이 쓰인다.
③ 합성수지패킹(사불화에틸렌, 테플론) : 가장 많이 쓰이는 테플론은 기름에도 침해되지 않고 냉열범위도 −260~260℃이다.

④ 금속패킹

　　㉠ 구리, 납, 연강, 스테인리스강제 금속이 많이 사용된다.

　　㉡ 탄성이 적어 관의 팽창, 수축, 진동 등으로 누설할 염려가 있다.

⑤ 오일실패킹

　　㉠ 회전부, 접합부의 기밀을 유지하기 위해 일정한 두께로 겹쳐 내유가공한 것이다.

　　㉡ 내열도는 낮으나 펌프, 기어박스 등에 사용된다.

(2) 나사용 패킹

① 페인트 : 페인트와 광명단을 섞어 사용한 것으로 오일(기름)배관에는 사용할 수 없다.

② 일산화연 : 페인트에 소량을 섞어 사용하며 냉매배관용으로 많이 쓰인다.

③ 액화합성수지

　　㉠ 화학약품에 강하며 내유성이 크다.

　　㉡ −30~130℃의 내열범위를 지니고 있다.

　　㉢ 증기, 기름, 약품의 수송배관이 많이 쓰인다.

(3) 글랜드패킹(gland packing)

밸브나 펌프 등의 회전 부분에 기밀을 유지할 목적으로 사용한다.

① 석면 각형 패킹 : 내열성, 내산성이 좋아 대형 밸브의 글랜드용으로 많이 사용

② 석면 얀(yarn) : 소형 밸브, 수면계의 콕, 기타 소형 글랜드용으로 많이 사용

③ 아마존패킹 : 면포와 내열고무 콤파운드를 가공 성형한 것으로 압축기의 글랜드용으로 많이 사용

④ 몰드패킹 : 석면, 흑연, 수지 등을 배합 성형한 것으로 밸브, 펌프 등의 글랜드용으로 많이 사용

Ｐoint

패킹 선정 시 고려사항
- 관 내 물질의 물리적 성질 : 온도, 압력, 물질의 상태, 밀도, 점도 등
- 관 내 물질의 화학적 성질 : 화학성분과 안정도, 부식성, 용해능력, 휘발성, 인화성, 폭발성 등
- 기계적 조건 : 고체의 난이, 진동의 유무, 내압과 외압에 대한 강도 등

4.4 밸브

(1) 게이트밸브(gate valve)

① 일명 슬루스밸브(sluice valve), 사절밸브, 간막이 밸브라고 한다.

② 수배관, 저압증기관, 응축수관, 유관 등에 사용된다.

③ 완전 개방 시 유체의 마찰저항손실은 작으나 절반 정도 열어놓고 사용할 경우에는 와류

로 인한 유체의 저항이 커지고 밸브의 마모 및 침·부식되기 쉽다(유량조절은 부적합하고, 유로개폐용으로 적합).

④ 밸브 스템의 나사형태

    ㉠ 안나사형(65A 이상의 관) : 밸브 스템의 회전에 의해서 밸브 디스크만 상하개폐(비 입상식)되어 좁은 장소의 설치에 유리

    ㉡ 바깥나사형(50A 이하의 관) : 밸브 스템의 상하움직임과 함께 밸브 디스크도 움직여 개폐(입상식)되어 장착하는 공간은 넓게 차지하나 개폐 여부를 외부에서 쉽게 식별 가능

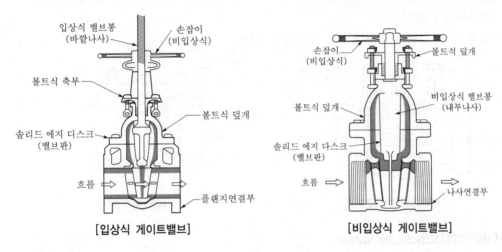

[입상식 게이트밸브]　　　　　　　[비입상식 게이트밸브]

(2) 글로브밸브(globe valve)

① 일명 구(볼)형 밸브, 스톱밸브라고도 한다.

② 유량조절에 적합하다.

③ 게이트밸브에 비하여 단시간에 개폐가 가능하며 소형, 경량이다.

④ 유체의 흐름은 밸브시트 아래쪽에서 위쪽으로 흐르도록 장착한다.

⑤ 유체의 흐름에 대한 마찰저항이 크다.

⑥ 형식에 따라 앵글밸브, Y형 밸브, 니들밸브가 있다.

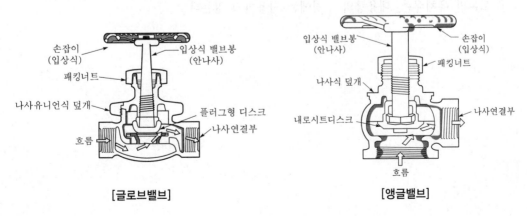

[글로브밸브]　　　　　　　[앵글밸브]

(3) 체크밸브(check valve)

① 유체의 흐름을 한쪽 방향으로만 흐르도록 하고 역류를 방지한다(역지밸브).

② 형식상의 종류에 따라 리프트형과 스윙형이 있다.

 ㉠ 리프트형 : 유체의 압력에 의하여 밸브 디스크가 밀어 올려지면서 열리므로 배관의 수 평 부분에만 사용

 ㉡ 스윙형 : 수평관, 입상(수직)관의 어느 배관에도 사용 가능

③ 밸브가 열릴 때 생기는 와류를 방지하거나 수격을 완화시킬 목적으로 설계된 스모렌스키 체크밸브도 있다.

④ 장착 시 화살표의 표시방향과 일치해야 한다.

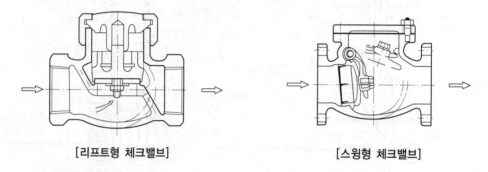

[리프트형 체크밸브]　　　　　　　　[스윙형 체크밸브]

(4) 버터플라이밸브(butterfly valve)

① 게이트밸브의 일종이나 나비형 밸브, 스로틀밸브(throttle valve)라고 한다.

② 밸브 디스크가 유체 내에서 회전할 수 있어 유량조절이 가능하며 개폐가 용이하다.

(5) 콕(cock)

① 급속히 유로를 개폐할 경우 및 유량의 균형을 유지할 때 사용된다.

② 90°(1/4회전) 회전으로 개폐되므로 드레인관, 수배관, 가스배관 등에 유용하다.

③ 글랜드가 있는 것은 글랜드콕, 없는 것은 메인콕 또는 피콕이라 한다.

④ 고온의 유체배관, 대용량의 구경에는 사용하지 않는다.

5 배관 일반 및 시공방법

5.1 배관의 일반적인 유의사항

(1) 배관의 선택 시 유의사항

① 냉매 및 윤활유의 화학적, 물리적인 작용에 의하여 열화되지 않을 것

② 냉매와 윤활유에 의해서 장치의 금속배관이 부식되지 않을 것. 냉매에 따라 부식되는 다음 금속은 사용해서는 안 된다.
  ㉠ 암모니아(NH_3) : 동 및 동합금을 부식시킨다(강관 사용).
  ㉡ 프레온(freon) : 마그네슘 및 2% 이상의 마그네슘(Mg)을 함유한 알루미늄합금을 부식시킨다(동관 사용).
  ㉢ 염화메틸(R-40) : 알루미늄 및 알루미늄합금을 부식시킨다(프레온냉매동관 사용).

③ 가요관(flexible tube)은 충분한 내압강도를 갖도록 하며 교환할 수 있는 구조일 것

④ 온도가 -50℃ 이하의 저온에 사용되는 배관은 2~4%의 니켈을 함유한 강관 또는 이음매 없는(seamless) 동관을 사용하고 저온에서도 기계적인 성질이 불변하고 충격치가 큰 재료를 사용할 것

⑤ 냉매의 압력이 1MPa을 초과하는 배관에는 주철관을 사용하지 않을 것

⑥ 가스배관(SPP)은 최소 기밀시험압력이 1.7MPa을 넘는 냉매의 부분에는 사용하지 말 것 (단, 4MPa의 압력으로 냉매시험을 실시한 경우 2MPa 이하의 냉매배관에 사용)

⑦ 관의 외면이 물과 접촉되는 배관(냉각기 등)에는 순도 99.7% 미만의 알루미늄을 사용하지 않을 것(단, 내식 처리를 실시한 경우에는 제외)

⑧ 가공성이 좋고 내식성이 강한 것이어야 하며 누설이 없을 것

(2) 배관 시공상의 유의사항

① 장치의 기기 및 배관은 완전히 기밀을 유지하고 충분한 내압강도를 지닐 것

② 사용하는 재료는 용도, 냉매의 종류, 온도에 대응하여 선택할 것

③ 냉매배관 내의 냉매가스의 유속은 적당할 것

④ 기기 상호 간의 연결배관은 가능한 최단거리로 할 것

⑤ 굴곡부는 가능한 한 작게 하고, 곡률반경은 크게 할 것

⑥ 밸브 및 이음매의 부분에서의 마찰저항을 작게 할 것

⑦ 수평관은 냉매의 흐르는 방향으로 적당한 정도의 구배(1/200~1/50)를 둘 것

⑧ 액냉매나 윤활유가 체류하기 쉬운 불필요한 곡부, 트랩 등은 설치하지 말 것

⑨ 온도변화에 의한 배관의 신축을 고려하여 루프배관 또는 고임방법을 채용할 것

⑩ 통로를 횡단하는 배관은 바닥에서 2m 이상 높게 하거나 견고한 보호커버를 취하여 바닥 밑에 매설할 것

5.2 냉매별 배관 시공상의 유의점

(1) 프레온냉매의 배관

① 흡입관

ㄱ 관경은 가스유속과 압력손실에 의해서 결정할 것

ㄴ 냉매가스 중의 윤활유가 확실하게 회수될 수 있는 속도이어야 하며 압축기를 향하여 1/200 정도 하향구배를 둘 것

ㄷ 과도한 압력손실과 소음이 발생하지 않도록 20m/s 이하의 속도로 제한할 것

ㄹ 압력손실은 냉방용 1℃, 냉동용 0.5℃를 초과하지 않을 것

[냉매별 일반적인 유속 및 압력손실의 기준]

사용냉매	흡입관		
	유속(m/s)	포화온도강하(℃)	압력강하(kPa)
R-12, R-22	6~20	0.5~1	• R-12 : 13(5℃) • R-22 : 20
암모니아	10~25	0.5	50(+5℃), 3(-30℃)
염화메틸	6~20	1	10(5℃)

ㅁ 압축기가 증발기의 상부에 위치하고 입상관이 길 경우에는 약 10m마다 중간 트랩을 설치하여 냉매 중의 윤활유가 증발기로 역류하지 않도록 할 것

ㅂ 압축기가 증발기의 하부에 위치할 경우에는 정지 중에 증발기 내의 액냉매가 압축기로 유입되지 않도록 증발기 출구에 작은 트랩을 설치한 후 증발기 상부보다 높게 입상시켜 배관할 것

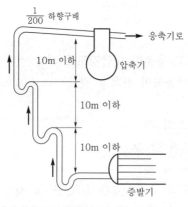
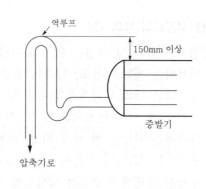

(a) 증발기가 압축기 하부에 위치하고 입상관이 길 경우   (b) 증발기가 압축기 상부에 위치하고 있는 경우

ㅅ 배관의 합류에는 T이음을 피하고 Y이음으로 할 것

ㅇ 흡입관상에는 불필요한 트랩이나 곡부를 설치하지 말 것

ⓩ 여러 대의 증발기에서 흡입주관으로 접속할 경우에는 주관의 상부에 접속하여 무부하 상태에서의 주관 내의 윤활유가 증발기로 역류되는 것을 방지할 것

ⓩ 부하변동이 심하거나 폭넓은 용량제어(언로더)를 할 경우에는 윤활유의 회수가 신속, 정확하도록 필요에 따라 이중입상관을 설치할 것

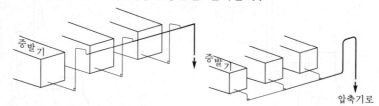

(a) 압축기의 위치가 하부에 있을 경우

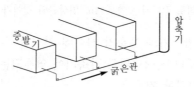

(b) 압축기의 위치가 상부에 있을 경우

[여러 대의 증발기와 압축기의 위치가 변화하는 경우 흡입관의 배관]

② 토출관

ㄱ 흡입관에서의 ㉠, ㉡, ㉢과 동일한 조건일 것

[토출관에서의 냉매별 유속과 압력손실의 기준]

사용냉매	토출관		
	유속(m/s)	포화온도강하(℃)	압력강하(kPa)
R-12, R-22	10~17.5	0.5~1	• R-12 : 15~30 • R-22 : 20~50
암모니아	15~30	0.5	20
염화메틸	10~20	0.5~1	20

ㄴ 입상관의 길이가 2.5m 이상 10m 이하로 길어지는 경우에는 정지 중에 배관 내의 냉매 및 윤활유가 압축기로 역류하는 것을 방지하기 위하여 토출관의 입상이 시작되는 것에 트랩을 설치할 것

ㄷ 입상관의 길이가 10m 이상 길어지는 경우에는 약 10m마다 중간 트랩을 설치하여 배관 중의 윤활유가 압축기로 역류하는 것을 방지할 것

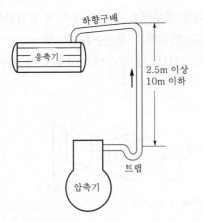

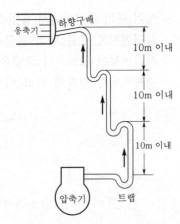

(a) 입상관의 길이가 2.5m 이상 10m 이하로 길어지는 경우 (b) 입상관의 길이가 10m 이상 길어지는 경우

ㄹ 연중 자동운전을 하거나 압축기와 응축기 사이에 격심한 온도차가 생길 경우에는 정지 중 냉매가스가 응축되었다가 액냉매로 압축기에 역류되는 것을 방지하기 위해서는 토출관상에 체크밸브를 설치할 것

ㅁ 압축기와 응축기가 동일한 위치에 설치될 경우에는 입상관에 연결된 수평관은 1/50 정도 하향구배를 둘 것

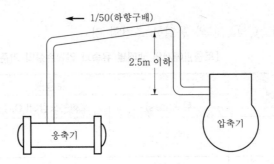

③ 액관

㉠ 윤활유의 체류는 문제가 되지 않으며 플래시가스의 발생을 방지할 것

㉡ 압력손실은 팽창밸브와 응축기(또는 수액기) 사이의 위치차에 의한 정압손실과 액관의 마찰손실에 기인하며, 마찰손실은 20kPa 이하이어야 할 것

㉢ 팽창밸브 직전의 액냉매는 5℃ 정도의 과냉각상태를 유지하도록 할 것

㉣ 유속은 0.5~1.5m/s 정도로 유지할 것

㉤ 제습기, 여과망, 전자밸브, 기타 지관을 설치할 경우에는 압력손실의 영향을 고려할 것

㉥ 가능한 한 배관을 짧게 하여 플래시가스의 발생을 억제할 것

※ 플래시가스가 발생하면 압력손실도 현저히 증가되고 냉매순환량도 감소됨으로써 냉매 부족과 동일한 현상으로 팽창밸브의 용량과 능력을 감소시킨다.

ⓢ 증발기가 응축기보다 8m 이상 높은 위치에 설치된 경우에는 플래시가스의 발생을 방지하기 위한 열교환기 등을 설치할 것

ⓞ 열교환기 등의 설치가 없을 경우에는 입상높이를 제한(R-12 : 5m, R-22 : 10m)하되 배관의 치수 및 밸브, 부속품 등의 구경을 한 치수 크게 선정할 것

ⓩ 증발기가 응축기보다 낮은 위치에 설치된 경우에는 2m 이상의 역루프를 두어 정지 중 액냉매가 증발기로 유입되는 것을 방지할 것(단, 액관에 전자밸브가 설치된 경우에는 제외)

(2) 암모니아냉매의 배관

① 흡입관

ㄱ 불필요한 곡부 및 트랩은 설치하지 말 것

ㄴ 압축기를 향하여 수평관은 1/100의 하향구배를 둘 것

ㄷ 유속 및 압력손실은 프레온용 흡입관을 기준할 것

ㄹ 자동액회수장치(liquid return system)를 설치하여 액압축의 위험을 방지할 것

② 토출관

ㄱ 토출가스 중의 윤활유가 압축기로 역류되지 않도록 할 것

ㄴ 압축기에서 입상된 토출관의 수평 부분에는 응축기로 향하여 1/100의 구배를 두어 정지 중에 응축된 액냉매가 압축기로 역류되지 않고 응축기로 순조롭게 유입되지 않도록 할 것

ㄷ 토출관 중의 유분리기는 가능한 기계실 내에 위치하도록 설치할 것

ㄹ 체크밸브를 설치하여 정지 중에 압축기로 응축냉매가 역류하지 않도록 할 것

③ 액관 : 응축기와 증발기 사이 배관

ㄱ 액관 중에 설치하는 글로브밸브의 스핀들방향은 액관에 수평으로 위치하도록 할 것

ㄴ 과냉각되는 액관의 앞뒤(전후)에는 지판을 설치하지 않아야 하며, 부득이한 경우에는 안전밸브를 설치해서 액봉사고의 위험을 방지할 것(응축기에서 수액기 사이는 1/50 하향구배, 수액기에서 팽창밸브 사이는 1/100 하향구배)

ㄷ 횡형 응축기와 수액기 사이에는 최소 300mm 이상의 낙차를 두어 액냉매의 유동이 순조롭게 할 것(유속 0.5m/s 정도 유지)

ㄹ 액순환식의 냉매액펌프의 송액관에는 액봉사고의 방지를 위한 안전밸브를 설치할 것

ㅁ 액펌프 흡입관의 입구저항, 관의 압력손실로 관 외부로부터의 열침입, 펌프의 흡입압력손실을 보상하기 위하여 저압수액기의 액면에서 액펌프까지는 1.2m 정도의 낙차를 둘 것

ㅂ 저압수액기의 액면과 흡입구의 낙차는 300mm 이상을 두어 흡입저항에 의한 압력손실의 보상과 흡입구에서 발생되는 와류을 방지할 것

5.3 배관의 설치

① 배관은 외부에 노출하여 시공하여야 한다. 다만, 동관, 스테인리스강관, 기타 내식성 재료로서 이음매(용접이음매를 제외한다) 없이 설치하는 경우에는 매몰하여 설치할 수 있다.
② 배관의 이음부(용접이음매를 제외한다)와 전기계량기 및 전기개폐기와의 거리는 60cm 이상, 굴뚝(단열조치를 하지 아니한 경우에 한한다), 전기점멸기 및 전기접속기와의 거리는 30cm 이상, 절연전선과의 거리는 10cm 이상, 절연조치를 하지 아니한 전선과의 거리는 30cm 이상의 거리를 유지하여야 한다.

5.4 배관의 고정 및 매설

배관은 움직이지 아니하도록 고정 부착하는 조치를 하되, 그 관경이 13mm 미만의 것에는 1m마다, 13mm 이상 33mm 미만의 것에는 2m마다, 33mm 이상의 것에는 3m마다 고정장치를 설치하여야 한다.

> **배관의 위치에 따른 매설깊이**
>
> • 공동주택 등의 부지 안, 폭 4m 미만 도로 : 0.6m
> • 산이나 들, 폭 4m 이상 8m 미만 도로 : 1m
> • 폭 8m 이상 도로, 시가지 외의 도로, 그 밖의 지역 : 1.2m
> • 시가지의 도로 : 1.5m

(1) 배관의 접합

① 배관을 나사접합으로 하는 경우에는 KS B 0222(관용테이퍼나사)에 의하여야 한다.
② 배관의 접합을 위한 이음쇠가 주조품인 경우에는 가단주철제이거나 주강제로서 KS표시 허가제품 또는 이와 동등 이상의 제품을 사용하여야 한다.

(2) 배관의 표시

① 배관은 그 외부에 사용가스명, 최고사용압력 및 가스흐름방향을 표시하여야 한다. 다만, 지하에 매설하는 배관의 경우에는 흐름방향을 표시하지 아니할 수 있다.
② 지상배관은 부식 방지 도장 후 표면색상을 황색으로 도색한다. 다만, 건축물의 내·외벽에 노출된 것으로서 바닥(2층 이상의 건물의 경우에는 각 층의 바닥을 말한다)에서 1m의 높이에 폭 3cm의 황색 띠를 2중으로 표시한 경우에는 표면색상을 황색으로 하지 아니할 수 있다.

6 배관용 공구

6.1 동관용 공구

① 튜브커터(tube cutter) : 동관 절단용 공구
② 익스팬더(expander) : 동관을 소켓모양으로 확관시키는 데 사용하는 공구
③ 플레어링툴 : 플레어이음용 공구
④ 사이징툴 : 동관의 끝부분을 원형으로 정형하는 데 사용하는 공구
⑤ 리머(reamer) : 동관 절단 후 거스러미(burr)를 제거시키는 공구
⑥ 튜브벤더 : 동관 굽힘용 공구

6.2 강관용 공구

① 파이프커터 : 강관 절단용 공구
② 파이프렌치 : 강관 조립(조임) 및 분해 시 사용하는 공구
③ 파이프바이스 : 관의 절단 및 나사작업 시 관을 고정시키는 공구
④ 탁상(수평)바이스 : 관의 조립 및 벤딩 시 관을 고정시키는 공구
⑤ 수동나사절삭기 : 나사 절삭용 공구(리드형, 오스터형)
⑥ 동력나사절삭기
　　㉠ 오스터형 : 일반적으로 50A 이하 소형관에 사용
　　㉡ 다이헤드형 : 관의 절단, 나사 절삭, 거스러미 제거 등의 작업을 연속적으로 할 수 있
　　　는 공구로 가장 많이 사용
　　㉢ 호브형 : 호브(hob)를 저속으로 이동시켜 나사 절삭
⑦ 파이프벤딩머신 : 파이프를 구부리는 공구

6.3 연관(lead pipe)용 공구

① 토치램프 : 가열용 공구
② 봄볼 : 주관에 구멍을 뚫을 때 사용하는 공구
③ 맬릿(mallet) : 나무망치(해머)
④ 턴핀 : 관 끝을 접합이 용이하게 관을 확대시키는 공구
⑤ 연관톱 : 연관(납관) 절단용 공구
⑥ 드레서(dresset) : 연관표면의 산화피막 제거용 공구

6.4 **주철관(cast iron)용 공구**

① 클립(clip) : 소켓접합 시 납물의 비산 방지
② 코킹정(caulking chisel) : 얀이나 납을 다져 코킹하는 정
③ 납 용해용 공구세트(tool set)
④ 링크형 파이프커터 : 주철관 전용 절단공구

7 관의 이음방법

7.1 **강관(steel pipe)의 이음**

(1) 나사이음(screw joint)

① 관의 방향을 변화시킬 경우 : 엘보(elbow), 밴드(band)
② 관의 도중에서 분리시킬 경우 : 티(tee), 와이(Y), 크로스(cross) 등
③ 동일 직경의 관을 직선으로 접합할 경우 : 소켓(socket), 유니언(union), 플랜지(flange), 니플 (nipple) 등
④ 서로 다른 직경(이경)의 관을 접합할 경우 : 리듀서(reducer), 부싱(bushing), 이경엘보, 이경티
⑤ 관의 끝을 막을 경우 : 플러그(plug), 캡(cap)

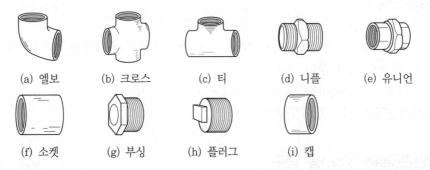

| (a) 엘보 | (b) 크로스 | (c) 티 | (d) 니플 | (e) 유니언 |

| (f) 소켓 | (g) 부싱 | (h) 플러그 | (i) 캡 |

(2) 플랜지이음(flange joint)

① 관 자체를 회전하지 않고 플랜지 사이에 개스킷을 넣고 볼트로 체결하는 접합방법이다.
② 고압유체탱크의 배관 및 밸브, 펌프, 열교환기 등의 접속 및 관의 해체, 교환을 필요로 하는 곳에 사용된다.

(3) 용접이음(welding joint)

7.2 주철관(cast iron pipe)의 이음

① 소켓(socket)접합
② 플랜지접합
③ 메커니컬(mechanical)접합(기계적 접합)
④ 빅토릭(victoric)접합
⑤ 타이톤(Tyton)접합 : 미국의 파이프회사에서 개발한 세계 특허품으로 현재 널리 이용되고 있는 접합법

7.3 동관의 이음

① 납땜접합　　　② 압축접합(플레어접합)　　　③ 용접접합
④ 경납땜접합　　　⑤ 분기관접합

7.4 연관(lead pipe)의 이음

① 플라스턴(plastan joint)접합 : 플라스턴(Sn 40%+Pb 60%)을 녹여 접합하는 방식으로 용융점이 낮은 합금용융온도는 232℃(주석의 용융점)이다.
② 납땜접합
③ 용접접합

> **영구이음(용접이음방식)의 특징**
>
> - 접합부의 강도가 높다.
> - 중량이 가볍다.
> - 분해, 수리가 어렵다.
> - 누설이 어렵다.
> - 배관 내·외면에서 유체의 마찰저항이 작다.

7.5 신축이음

(1) 개요

재료의 열팽창이 큰 금속일수록, 전체 길이가 길수록, 온도차가 큰 금속일수록 신축력도 크다. 관 내에 온수·냉수·증기 등이 통과할 때 고온과 저온에 따른 온도차가 커짐에 따라 팽창과 수축이 생기며 관·기구 등을 파손 또는 구부러뜨리는데, 이런 현상을 방지하기 위해 직선배관 도중에 신축이음(expansion joint)을 설치한다(동관은 20m마다, 강관은 30m마다 1개 정도 설치).

※ (신축)크기 : 루프형＞슬리브형＞벨로즈형＞스위블형

(2) 신축이음의 종류 및 특징

① 슬리브(미끄럼)형 신축이음

  ㉠ 이음 본체 속에 미끄러질 수 있는 슬리브파이프를 놓고 석면을 흑연(또는 기름)으로 처리한 패킹을 끼워 밀봉한 것이다.

  ㉡ 슬리브형은 복식과 단식이 있다. 50A 이하의 것은 나사결합식이고, 65A 이상의 것은 플랜지결합식이다. 루프형에 비하여 설치장소는 많이 차지하지 않지만 시공 시 유체 누설에 주의하여야 한다.

  ㉢ 장시간 사용 시 패킹 마모로 누수의 원인이 된다.

② 벨로즈형 신축이음

  ㉠ 재료에 따라 구리, 고무, 인청동, 스테인리스강의 제품으로 주름이 신축을 흡수하는 것으로 전부 밀폐되어 있어 누설이 없고 트랩과 같이 사용할 수도 있으며 난방용, 냉방용 어느 용도로도 사용할 수 있다.

  ㉡ 가스의 성질에 따라 부식을 고려하여야 하며 신축으로 인한 응력은 받지 않는다.

  ㉢ 축방향 신축만이 아니고, 축에 직각방향의 변위, 각도변위 등을 흡수하는 것도 있다.

  ㉣ 고압에는 부적당하며 자체 응력 및 누설이 없다.

  ※ 벨로즈형 신축이음은 일명 팩리스(packless) 신축조인트라고도 한다.

③ 스위블형 신축이음

  ㉠ 2개 이상의 엘보를 사용하여 관절을 만들어 나사의 회전에 따라 관의 신축을 흡수하므로 가스나 큰 신축관인 경우에는 누설될 수 있다.

  ㉡ 굴곡부에서 압력강하가 있어 압력손실이 있다.

  ㉢ 신축량이 너무 큰 배관은 나사이음부가 헐거워져 누설 우려가 있다.

  ㉣ 설치비가 적고 손쉽게 제작, 조립 사용이 가능하다.

  ㉤ 주관의 신축이 수직관에 영향을 주지 않고, 또 수직관의 신축도 주관에 영향을 주지 않는다.

④ 루프(곡관)형 신축이음

  ㉠ 강관 또는 동관 등을 루프상으로 만들어 생기는 휨에 의해 신축을 흡수한다.

  ㉡ 디플렉션(deflection)을 이용한 신축이음이다.

  ㉢ 장소에 따라 구부림을 달리한다. 즉 설치공간을 많이 차지한다.

  ㉣ 응력을 수반하는 결점이 있다. 즉 신축에 따른 자체 응력이 생긴다.

  ㉤ 고온, 고압증기의 옥외배관에 이용된다.

  ㉥ 굽힘반지름은 파이프지름의 6배 이상이어야 한다.

- 동관의 신축
  - 루프(loop) : 동관의 팽창수축량(mm)에 대한 치수(m)×2
  - 오프셋(offset) : 동관의 팽창수축량(mm)에 대한 치수(m)×3
- 배관의 선팽창량(늘림량) : $\lambda = L\alpha\Delta t$[mm]
  여기서, L : 배관길이(mm), α : 선팽창계수(mm/mm · ℃), Δt : 온도차(℃)

8 부식 등

8.1 부식

(1) 부식의 원인

① 고온, 고압가스에 의한 부식

  ㉠ 수소에 의한 강의 탈탄 : 고온 고압하에서 수소는 강에 침투하여 탈탄작용을 일으키며, 이것을 수소취화라고 한다.

  ㉡ 암모니아에 의한 강의 질화 : 고온에서 암모니아의 질소(N)분자가 크롬, 알루미늄, 몰리브덴(Mo) 등과 반응을 일으켜 침식이 일어난다.

  ㉢ 일산화탄소에 의한 금속의 카보닐화 : 고온 고압하에서 CO가스는 철, 니켈 등과 작용하여 카보닐화합물을 생성시킨다.

  ㉣ 황화수소에 의한 부식 : 고온의 황화수소는 금속표면에 황화물을 생성하여 철, 니켈 등을 침식시킨다.

  ㉤ 산소, 탄산가스에 의한 산화 : 수분이 존재하면 산화물을 생성시켜 부식시킨다.

② 일반 배관의 부식

  ㉠ 금속의 이온화에 의한 부식 : 가장 일반적인 부식현상으로 물속에서는 다소 양이온이 되어 녹으려는 성질이 있다. 즉 금속이 양이온화되려는 힘에 의한 것이다. 이 부식은 일종의 농담전지(매크로전지)작용에 의해 일어난다.

  ㉡ 이종금속 사이에 일어나는 전기작용에 의한 부식 : 서로 다른 두 금속이 전기적으로 통전 가능하게 접촉되면 전극전위가 낮은 쪽의 금속재료의 부식이 촉진되며, 전극전위가 높은 쪽의 부식은 감소한다. 이러한 현상을 접촉부식 또는 유전부식(galvanic corrosion)이라 하며, 철관에 동밸브를 부착하고 내부에 수분이 존재할 경우나 낡은 관에 새로운 관을 연결했을 때도 발생된다.

  ㉢ 누설전류에 의한 부식 : 일반적으로 전류가 관에 누전될 때 일어나는 현상으로서 전식(electrolysis)이라 하며, 이 현상은 주로 전철, 지하철 주변의 도관에서 발생되기 쉽다. 또한 부식진행이 빨라 몇 개월 이내에 문제를 일으킬 수도 있다.

PART 3

ⓔ 토양 및 고인 물의 고유저항 : 매설도관에 접촉하는 토양, 주변 물의 함습량과 그것에
　　　함유된 이온의 많고 적음에 의한 고유저항치의 차이가 부식의 원인이 된다.

　　ⓜ 화학현상에 의한 부식 : 매설도관지대의 토양, 지하수 등에 포함된 염기, 산기, 특히
　　　Cl이온, CO_3이온의 영향이나 공장의 누수, 배수에 의한 알칼리성 물질의 형성, 부식
　　　을 조장하고 부식을 일으키는 박테리아, 석탄저장소의 석탄에서 나온 유황에 의한 부
　　　식 등이 이에 속한다.

> **Point**
>
> • 전기화학적 부식순위 : 상위열일수록, 왼편의 것일수록 심하며, 같은 열에 있는 것은 서로 거의
>   관계하지 않는다.
> • 이온화경향 : 물속에 있는 금속은 조금이라도 양이온이 되어 용해하려는 성질이 있다. 금속이
>   양이온이 되려는 힘, 즉 이온화경향은 순위가 있다.
>   K > Na > Ca > Mg > Al > Zn > Fe > Ni > Sn > Pb > H > Cu > Hg > Ag > Pt > Au

(2) 부식의 종류

① **전면부식** : 부식이 전체 면에 균일하게 생기는 현상으로 산화에 의한 부식이다.

② **국부부식** : 부식이 특정한 부분에 집중되어 일어나는 현상으로 점부식(pitting), 틈새부식
　　(crevice corrosion), 홈부식(groove) 등이 이에 속하며 부식속도가 빠르고 위험성이 높다.

③ **선택부식** : 주철의 흑연화부식, 황동의 탈아연부식, 알루미늄청동의 탈알루미늄부식 등이
　　있다.

④ **입계부식** : 결정입계가 선택적으로 부식되는 것으로 열영향을 받아 Cr탄화물을 석출하고
　　있는 스테인리스강이 입계부식이다.

⑤ **응력부식균열**

　　㉠ 인장응력하에서 부식환경에 노출된 금속이 파괴현상으로서 균열의 선단이 양극이 되
　　　어 금속을 용해하며 균열의 전파가 일어나는 것이 있고, 또 하나는 부식으로 인해 발
　　　생한 수소취성을 일으키는 것이 있다.

　　㉡ 특징
　　　• 금속재료의 종류에 따라 정해지는 부식환경에 있어서만 균열이 생긴다.
　　　• 아주 작은 응력에서도 균열이 생기는 수도 있다.
　　　• 사용 후 수개월 내지 수년에 걸쳐서 균열이 생긴다.
　　　• 18-8 스테인리스강의 염화물응력부식균열은 80℃ 이하에서는 생기지 않는다.
　　　• 순금속은 응력부식균열이 생기지 않는 것이 일반적이다.

8.2 상온 스프링(cold spring)

상온 스프링이란 열의 팽창을 받아서 배관이 자유팽창하는 것을 미리 계산해 놓고 시공하기

전에 파이프길이를 조금 짧게 절단하여 강제 배관하는 것이다. 이 경우 절단하는 길이는 계산에서 얻은 자유팽창량의 1/2 정도로 한다.

8.3 배관계에서의 응력

① 열팽창에 의한 응력
② 내압에 의한 응력
③ 냉간가공에 의한 응력
④ 용접에 의한 응력
⑤ 파이프 내부의 유체무게에 의한 응력
⑥ 배관 부속물, 밸브, 플랜지, 배관재료 등의 무게에 의한 응력

8.4 배관의 진동원인

① 펌프, 압축기 등에 의한 영향
② 파이프 내부를 흐르는 유체의 압력변화에 의한 영향
③ 파이프 굽힘에 의하여 생기는 힘의 영향
④ 안전밸브 분출에 의한 영향
⑤ 지진, 바람 등에 의한 영향

2 배관 관련 설비

Chapter

1 급수설비

1.1 급수량(사용수량) 산정

① 평균사용수량을 기준으로 하면 여름에는 20% 증가하고, 겨울에는 20% 감소한다.
② 도시의 1인당 평균사용수량(건축물의 사용수량)=거주인수×(200~400)[L/cd]
③ 시간평균예상급수량 : 1일의 총급수량을 건물의 사용시간으로 나눈 것

$$Q_h = \frac{Q_d}{T} [\text{L/h}]$$

여기서, Q_d : 건물 1일 사용급수량(L/day), T : 1일 사용시간(사무소건물 : 8시간)(h)

④ 시간 최대 예상급수량 : $Q_m = (1.5 \sim 2)\,Q_h\,[\text{L/h}]$
⑤ 순간 최대 예상급수량 : $Q_p = \dfrac{(3 \sim 4)\,Q_h}{60}\,[\text{L/min}]$

1.2 사용용도별 급수량 산정

① 건물사용인원에 의한 급수량 : $Q_d = qN\,[\text{L/day}]$
여기서, q : 건물별 1인 1일당 급수량(L/h), N : 급수대상인원(인)

② 기구수에 의한 급수량

$$Q_d = fpq\,[\text{L/day}]$$

$$q_m = \frac{Q_d}{H}\,m\,[\text{L/h}]$$

여기서, Q_d : 1인당 급수량(L/day), f : 위생기구수(개), q : 기구의 사용수량(L/day)
p : 기구의 동시사용률, q_m : 시간당 최대 급수량(L/h), m : 계수(1.5~2), H : 사용시간

1.3 급수방법

(1) 직결급수법(direct supply system)

　① 우물직결급수법
　② 수도직결급수법

(2) 고가탱크식 급수법(elevated tank system)

탱크의 크기는 1일 사용수량의 1~2시간분 이상의 양(소규모 건축물은 2~3시간분)을 저수할 수 있어야 되며, 설치높이는 샤워실 플러시밸브의 경우 7m 이상, 보통 수전은 3m 이상이 되도록 한다.

(3) 압력탱크식 급수법(pressure tank system)

지상에 압력탱크를 설치하여 높은 곳에 물을 공급하는 방식으로 압력탱크는 압력계, 수면계, 안전밸브 등으로 구성된다.

> **🔍 고가탱크식과 비교한 압력탱크식의 단점**
>
> - 압력탱크는 기밀을 요하며 높은 압력에 견딜 수 있어야 되므로 제작비가 고가이다.
> - 양정이 높은 펌프가 필요하다.
> - 급수압이 일정하지 않고 압력차가 크다.
> - 정전 시 단수된다.
> - 소규모를 제외하고 압축기로 공기를 공급해야 된다.
> - 고장이 많고 취급이 어렵다.

(4) 가압펌프식 급수법

압력탱크 대신에 소형의 서지탱크(surge tank)를 설치하여 연속 운전되는 펌프 1대 외에 보조펌프를 여러 대 작동시켜서 운전한다.

1.4 급수배관과 펌프설비

(1) 급수배관

　① 배관구배
　　㉠ 1/250 끝올림구배(단, 옥상탱크식에서 수평주관은 내림구배, 각 층의 수평지관은 올림구배)
　　㉡ 공기빼기밸브 : ㄷ자형 배관이 되어 공기가 고일 염려가 있을 때 부설한다.
　　㉢ 배니밸브 : 급수관의 최하부와 같이 물이 고일 만한 곳에 설치한다.

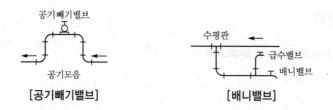

| [공기빼기밸브] | [배니밸브] |

② **수격작용** : 세정밸브(flush valve)나 급속개폐식 수전 사용 시 유속의 불규칙한 변화로 유속을 m/s로 표시한 값의 14배 이상 압력과 소음을 동반하는 현상이다. 그 방지책으로는 급속개폐식 수전 근방에 공기실(air chamber)을 설치한다.

③ **급수관의 매설(hammer head)깊이**

ⓐ 보통 평지 : 450mm 이상

ⓑ 차량통로 : 760mm 이상

ⓒ 중차량통로, 냉한지대 : 1m 이상

④ **분수전(corporation valve)** : 각 분수전의 간격은 300mm 이상, 1개소당 4개 이내로 설치하며, 급수관 지름이 150mm 이상일 때는 25mm의 분수전을 직결하고, 100mm 이하일 때 50mm의 급수관을 접속하려면 T자관이나 포금제 리듀서를 사용한다.

⑤ **급수배관의 지지** : 서포트 곡부 또는 분기부를 지지하며 급수배관 중 수직관에는 각 층마다 방진구(center rest)를 장치한다.

[수평관의 지지간격]

관지름	지지간격	관지름	지지간격
20A 이하	1.8m	90~150A	4.0m
25~40A	2.0m	200~300A	5.0m
50~80A	3.0m	–	–

(2) 펌프설비

① 펌프와 모터의 축심을 일직선으로 맞추고 설치위치는 되도록 낮춘다.

② **흡입관의 수평부** : 1/50~1/100의 끝올림구배를 주며 관지름을 바꿀 때는 편심이음쇠를 사용한다.

③ **풋밸브(foot valve)** : 동수위면에서 관지름의 2배 이상 물속에 장치한다.

④ **토출관** : 펌프 출구에서 1m 이상 위로 올려 수평관에 접속한다. 토출양정이 18m 이상 될 때는 펌프의 토출구와 토출밸브 사이에 체크밸브를 설치한다.

2.1 급탕배관

(1) 배관구배

중력순환식은 1/150, 강제순환식은 1/200의 구배로 하고, 상향공급식은 급탕관을 끝올림구배로, 복귀관은 끝내림구배로 하며, 하향공급식은 급탕관과 복귀관 모두 끝내림구배로 한다.

(2) 팽창탱크와 팽창관의 설치

팽창탱크의 높이는 최고층 급탕콕보다 5m 이상 높은 곳에 설치하며, 팽창관 도중에 절대로 밸브류장치를 설치해서는 안 된다.

(3) 저장탱크와 급탕관의 설치

① 급탕관은 보일러나 저장탱크에 직결하지 말고 일단 팽창탱크에 연결한 후 급탕한다.
② 복귀관은 저장탱크 하부에 연결하며 급탕 출구로부터 최대 먼 거리를 택한다.
③ 저장탱크와 보일러의 배수는 일반 배수관에 직결하지 말고 일단 물받이(route)로 받아 간접배수한다.

(4) 관의 신축대책

① 배관의 곡부 : 스위블이음으로 설치한다.
② 벽 관통부 배관 : 강관제 슬리브를 사용한다.
③ 신축이음 : 루프형 또는 슬리브형을 택하고 강관일 때 직관 30m마다 1개씩 설치한다.
④ 마룻바닥 통과 시에는 콘크리트홈을 만들어 그 속에 배관한다.

(5) 복귀탕의 역류 방지

각 복귀관을 복귀주관에 연결하기 전에 체크밸브를 설치한다. 45° 경사의 스윙식 체크밸브를 장치하며 저항을 작게 하기 위하여 1개 이상 설치하지 않는다.

(6) 관지름 결정

$$Q = A\,V = \frac{\pi D^2}{4}\,V\,[\text{m}^3/\text{s}]$$

$$\therefore D = \sqrt{\frac{4Q}{\pi V}}\,[\text{m}]$$

(7) 자연순환식(중력순환식)의 순환수두

다음 계산식에 의해 산출한 순환수두에서 급탕관의 마찰손실수두를 뺀 나머지 값을 복귀관의 허용마찰손실로 하여 산정하고, 보통 복귀관(환탕관)의 관경은 급탕관보다 1~2구경(1~2단계) 작게 한다.

$$H = h(\gamma_2 - \gamma_1)[\text{mmAq}]$$

여기서, h : 탕비기에의 복귀관(환탕관) 중심에서 급탕관 최고위치까지의 높이(m)
γ_1 : 급탕비중량(kg/l), γ_2 : 환탕비중량(kg/l)

(8) 강제순환식의 펌프 전양정

$$H = 0.01\left(\frac{L}{2} + l\right)[\text{mH}_2\text{O}]$$

여기서, L : 급탕관의 전길이(m), l : 복귀관(환탕관)의 전길이(m)

(9) 온수순환펌프의 수량

$$W = \frac{60\,Q\rho C \Delta t}{1,000}[\text{kg/h}], \quad Q = \frac{W}{60\rho C \Delta t}[\text{L/min}]$$

여기서, Q : 순환수량(L/min), ρ : 탕의 밀도(kg/m^3), C : 탕의 비열(kJ/kg · ℃)
Δt : 급탕관 탕의 온도차(강제순환식일 때 5~10℃)(℃)

3 배수통기설비

3.1 배수배관

(1) 배관방법

① 각 기구의 각개통기관을 수직통기관에 접속할 때 : 기구의 오버플로선보다 150mm 이상 높게 접속한다.

② 회로통기식의 기구배수관 : 배수수평분기관의 옆에 접속하고 가장 높은 곳의 기구배수관 밑에 통기관을 접속한다.

③ 각 기구의 오버플로관 : 기구트랩의 유입구측에 연결하고 기구배수관에 이중트랩을 만들지 않는다.

④ 통기수직관 : 최하위의 배수수평분기관보다 낮은 곳에서 45° Y자 부속을 사용하여 배수수평관에 연결한다.

⑤ 냉장고의 수배관 : 간접배관하고 통기관도 단독배관한다.

⑥ 얼거나 강설 등으로 통기관 개구부가 막힐 염려가 있을 때 : 일반 통기수직관보다 개구부를 크게 한다.

⑦ 연관 : 곡부에는 다른 배수관을 접속하지 않는다.

(2) 배수관의 지지

관의 종류	수직관	수평관	분기관 접촉 시
주철관	각 층마다	1.6m마다 1개소	1.2m마다 1개소
연관	• 1.0m마다 1개소 • 수직관은 새들을 달아서 지지 • 바닥 위 1.5m까지 강판으로 보호	• 1.0m마다 1개소 • 수평관이 1m를 넘을 때는 관을 아연제 반원홈통에 올려놓고 2군데 이상 지지	• 0.6m이내에 1개소

4.1 증기난방배관

(1) 배관구배(기울기)

① 단관 중력환수식 : 상향공급식, 하향공급식 모두 끝내림구배를 주며 표준 구배는

㉠ 순류관(하향공급식) : 1/100~1/200

㉡ 역류관(상향공급식) : 1/50~1/100

㉢ 환수관 : 1/200~1/300

② 복관 중력환수식

㉠ 건식환수관 : 1/200의 끝내림구배로 배관하며 환수관은 보일러수면보다 높게 설치한다. 증기관 내 응축수를 환수관에 배출할 때는 응축수의 체류가 쉬운 곳에 반드시 트랩을 설치해야 한다.

㉡ 습식환수관 : 증기관 내 응축수 배출 시 트랩장치를 하지 않아도 되며 환수관이 보일러수면보다 낮아지면 된다. 증기주관도 환수관의 수면보다 약 400mm 이상 높게 설치한다.

③ 진공환수식 : 증기주관은 1/200~1/300의 끝내림구배를 주며 건식환수관을 사용한다. 리프트피팅(lift fitting)은 환수주관보다 지름이 1~2 정도 작은 치수를 사용하고, 1단의 흡상 높이는 1.5m 이내로 하며, 그 사용개수를 가능한 한 적게 하고 급수펌프의 근처에 1개소만 설치한다.

(2) 배관 시공방법

① 분기관 취출 : 주관에 대해 45° 이상으로 지관을 상향 취출하고 열팽창을 고려해 스위블이음을 해 준다. 분기관의 수평관은 끝올림구배를, 하향공급관을 위로 취출한 경우에는 끝내림구배를 준다.

② 매설배관 : 콘크리트매설배관은 가급적 피하고, 부득이할 때는 표면에 내산 도료를 바르든가 연관제 슬리브 등을 사용해 매설한다.

③ 암거 내 배관 : 기기는 맨홀 근처에 집결시키고 습기에 의한 관 부식에 주의한다.

④ 벽, 마루 등의 관통배관 : 강관제 슬리브를 미리 끼워 그 속에 관통시켜 배관 신축에 적용하며 나중에 관 교체, 수리 등을 편리하게 해 준다.

⑤ 편심조인트 : 관지름이 다른 증기관 접합 시공 시 사용하며 응축수 고임을 방지한다.

⑥ 루프형 배관 : 환수관이 문 또는 보와 교체할 때 이용되는 배관형식으로 위로는 공기를, 아래로는 응축수를 유통시킨다.

⑦ 증기관의 지지법

　㉠ 고정지지물 : 신축이음이 있을 때에는 배관의 양 끝을, 없을 때는 중앙부를 고정한다. 또한 주관에 분기관이 접속되었을 때는 그 분기점을 고정한다.

　㉡ 지지간격 : 증기배관(강관)의 수평주관과 수직관의 지지간격은 다음 표와 같다.

수평주관			수직관
호칭지름(A)	최대 지지간격(m)	행거의 지름(mm)	
20 이하	1.8	9	
25~40	2.0	9	
50~80	3.0	9	각 층마다 1개소를 고정하되 관의 신축을 허용하도록 고정한다.
90~150	4.0	13	
200	5.0	16	
250	5.0	19	
300	5.0	25	

(3) 기기 주위 배관

① 보일러 주변 배관 : 저압증기난방장치에서 환수주관을 보일러 밑에 접속하여 생기는 나쁜 결과를 막기 위해 증기관과 환수관 사이에, 표준 수면에서 50mm 아래에 균형관을 연결한다(하트포드(hartford)연결법).

② 방열기 주변 배관 : 방열기 지관은 스위블이음을 이용해 따내고, 지관의 증기관은 끝올림구배로, 환수관은 끝내림구배로 한다. 주형방열기는 벽에서 50~60mm 떼어서 설치하고, 벽걸이형은 바닥면에서 150mm 높게 설치하며, 베이스보드히터는 바닥면에서 최대 90mm 정도 높게 설치한다.

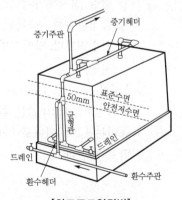

[하트포드연결법]

③ 증기주관 관말트랩배관

　　㉠ 드레인포켓과 냉각관(cooling leg)의 설치 : 증기주관에서 응축수를 건식 환수관에 배출하려면 주관과 같은 지름으로 100mm 이상 내리고, 하부로 150mm 이상 연장해 드레인포켓(drain pocket)을 만들어 준다. 냉각관은 트랩 앞에서 1.5m 이상 떨어진 곳까지 나관배관한다.

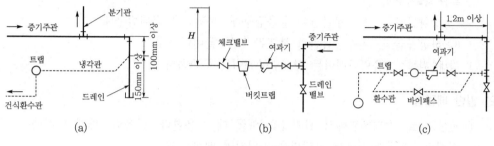

[트랩 주위 배관]

　　㉡ 바이패스관 설치 : 트랩이나 스트레이너 등의 고장, 수리, 교환 등에 대비하기 위해 설치해준다.

　　㉢ 증기주관 도중의 입상개소에 있어서의 트랩배관 : 드레인포켓을 설치해준다. 건식 환수관일 때는 반드시 트랩을 경유시킨다.

　　㉣ 증기주관에서의 입하관 분기배관 : T이음은 상향 또는 45° 상향으로 세워 스위블이음을 경유하여 입하배관한다.

　　㉤ 감압밸브 주변 배관 : 고압증기를 저압증기로 바꿀 때 감압밸브를 설치한다. 파일럿라인은 보통 감압밸브에서 3m 이상 떨어진 곳의 유체를 출구측에 접속한다.

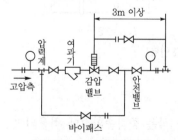

[감압밸브의 설치배관도]

④ **증발탱크 주변 배관** : 고압증기의 환수관을 그대로 저압증기의 환수관에 직결해서 생기는 증발을 막기 위해 증발탱크를 설치하며, 이때 증발탱크의 크기는 보통 지름 100~300mm, 길이 900~1,800mm 정도이다.

4.2 온수난방배관

(1) 배관구배

공기빼기밸브(air vent valve)나 팽창탱크를 향해 1/250 이상 끝올림구배를 준다.

① 단관 중력순환식 : 온수주관은 끝내림구배를 주며 관 내 공기를 팽창탱크로 유인한다.

② 복관 중력순환식

　　㉠ 상향공급식 : 온수공급관은 끝올림구배, 복귀관은 끝내림구배

　　㉡ 하향공급식 : 온수공급관과 복귀관 모두 끝내림구배

③ 강제순환식 : 끝올림구배이든 끝내림구배이든 무관하다.

(2) 일반 배관법

① 편심조인트 : 수평배관에서 관지름을 바꿀 때 사용한다. 끝올림구배배관 시에는 윗면을, 끝내림구배배관 시에는 아랫면을 일치시켜 배관한다.

② 지관의 접속 : 지관이 주관 아래로 분기될 때는 45° 이상 끝올림구배로 배관한다.

③ 배관의 분류와 합류 : 직접 티를 사용하지 말고 엘보를 사용하여 신축을 흡수한다.

④ 공기배출 : 배관 중 에어포켓(air pocket)의 발생 우려가 있는 곳에 사절밸브(sluice valve)로 된 공기빼기밸브를 설치한다.

⑤ 배수밸브 : 배관을 장기간 사용하지 않을 때 관 내 물을 완전히 배출시키기 위해 설치한다.

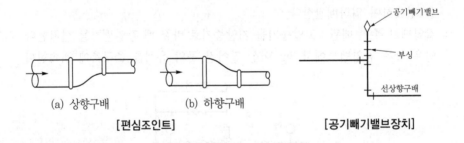

(a) 상향구배　　　　(b) 하향구배

[편심조인트]　　　　　　　　　　[공기빼기밸브장치]

(3) 온수난방기기 주위 배관

① 온수순환수두 계산법 : 다음 식은 중력순환식에 적용되며, 강제순환식은 사용순환펌프의 양정을 그대로 적용한다.

$$H_w = h(\rho_1 - \rho_2)[\text{mmAq}]$$

여기서, h : 보일러 중심에서 방열기 중심까지의 높이(m), ρ_1 : 방열기 출구밀도(kg/l)

　　　　ρ_2 : 방열기 입구밀도(kg/l)

② 팽창탱크의 설치와 주위 배관 : 보일러 등 밀폐기기로 물을 가열할 때 생기는 체적팽창을 도피시키고 장치 내의 공기를 대기로 배제하기 위해 설비하며 팽창관을 접속한다. 팽창탱

크에는 개방식과 밀폐식이 있으며, 개방식에는 팽창관, 안전관, 일수관(overflow pipe), 배기관 등을 부설하고, 밀폐식에는 수위계, 안전밸브, 압력계, 압축공기공급관 등을 부설한다. 밀폐식은 설치위치에 제한을 받지 않으나, 개방식은 최고 높은 곳의 온수관이나 방열기보다 1m 이상 높은 곳에 설치한다.

③ 공기가열기 주위 배관 : 온수용 공기가열기(unit heater)는 공기의 흐름방향과 코일 내 온수의 흐름방향이 거꾸로 되게 접합 시공하며 1대마다 공기빼기밸브를 부착한다.

4.3 방사난방배관

패널은 그 방사위치에 따라 바닥패널, 천장패널, 벽패널 등으로 나누며 주로 강관, 동관, 폴리에틸렌관 등을 사용한다. 열전도율은 동관 > 강관 > 폴리에틸렌관의 순이며 어떤 패널이든 한 조당 40~60m의 코일길이로 하고, 마찰손실수두가 코일 연장 100m당 2~3mAq 정도가 되도록 관지름을 선택한다.

5 공기조화설비

(1) 배관 시공법

① 냉온수배관 : 복관 강제순환식 온수난방법에 준하여 시공한다. 배관구배는 자유롭게 하되 공기가 고이지 않도록 주의한다. 배관의 벽, 천장 등의 관통 시에는 슬리브를 사용한다.

② 냉매배관

㉠ 토출관(압축기와 응축기 사이의 배관)의 배관 : 응축기는 압축기와 같은 높이이거나 낮은 위치에 설치하는 것이 좋으나, 응축기가 압축기보다 높은 곳에 있을 때에는 그 높이가 2.5m 이하이면 다음 그림 (b)와 같이, 그보다 높으면 그림 (c)와 같이 트랩장치를 해 주며, 시공 시 수평관도 그림 (b), (c) 모두 끝내림구배로 배관한다. 수직관이 너무 높으면 10m마다 트랩을 1개씩 설치한다.

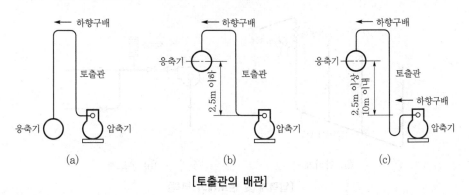

[토출관의 배관]

ⓛ 액관(응축기와 증발기 사이의 배관)의 배관 : 그림과 같이 증발기가 응축기보다 아래에 있을 때에는 2m 이상의 역루프배관으로 시공한다. 단, 전자밸브의 장착 시에는 루프배관은 불필요하다.

ⓒ 흡입관(증발기와 압축기 사이의 배관)의 배관 : 수평관의 구배는 끝내림구배로 하며 오일트랩을 설치한다. 증발기와 압축기의 높이가 같을 경우에는 흡입관을 수직입상시키고 1/200의 끝내림구배를 주며, 증발기가 압축기보다 위에 있을 때에는 흡입관을 증발기 윗면까지 끌어올린다. 윤활유를 압축기로 복귀시키기 위하여 수평관은 3.75m/s, 수직관은 7.5m/s 이상의 속도이어야 한다.

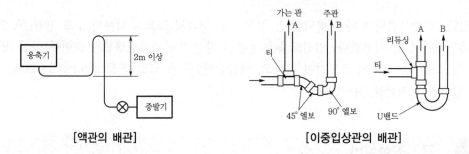

[액관의 배관]　　　　　　　　[이중입상관의 배관]

(2) 기기 설치배관

① 플렉시블이음(flexible joint)의 설치 : 압축기의 진동이 배관에 전해지는 것을 방지하기 위해 압축기 근처에 설치한다. 이때 압축기의 진동방향에 직각으로 취부해준다.

② 팽창밸브(expansion valve)의 설치 : 감온통 설치가 가장 중요하며 감온통은 증발기 출구 근처의 흡입관에 설치해준다. 수평관은 관지름 25mm 이상 시에는 45° 경사 아래에, 25mm 미만 시에는 흡입관 바로 위에 설치한다. 감온통을 잘못 설치하면 액해머 또는 고장의 원인이 된다.

③ 기타 계기류의 설치 : 다음 그림 (a)는 공기세척기 주위에서 스프레이노즐의 분무압력을 측정하기 위해 압력계를 부착한 예이고, 그림 (b)는 펌프를 통과하는 물의 온도를 측정하기 위해 온도계를 부착한 예이다.

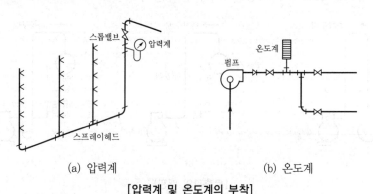

(a) 압력계　　　　　　　　(b) 온도계

[압력계 및 온도계의 부착]

6 가스설비

(1) 가스의 조성

① LPG(액화석유가스) : 프로판(C_3H_8), 부탄(C_4H_{10})

② LNG(액화천연가스) : 메탄(CH_4)

(2) 가스배관의 원칙

① 직선 및 최단거리배관으로 할 것   ② 옥외, 노출배관으로 할 것

③ 오르내림이 적을 것

(3) 가스배관의 경로

저압 본관 → 차단밸브 → 가스미터 → 가스콕 → 소비처

(4) 가스배관 설계

가스기구 배치 → 사용량 예측 → 배관경로 결정 → 관경 결정

(5) 공급방식

① 고압 : 1MPa 이상   ② 중압 : 0.1MPa 이상 1MPa 이하

③ 저압 : 0.1MPa 이하

Point

- 저압배관 시 가스유량(폴(Pole)의 공식) : $Q = K\sqrt{\dfrac{D^5 H}{LS}}$ [m^3/h]

- 중·고압배관 시 가스유량(콕스(Cox)의 공식) : $Q = K\sqrt{\dfrac{D^5(P_1{}^2 - P_2{}^2)}{LS}}$ [m^3/h]

  여기서, D : 관의 내경(cm), H : 허용마찰손실수두(mmH2O)

  P_1 : 처음 압력(kgf/cm^2), P_2 : 나중 압력(kgf/cm^2), L : 관길이(m), S : 가스비중

  K : 유량계수(저압 : 0.707, 중·고압 : 52.31)

---

(6) 조정기(거버너)

가스의 압력을 조정하여 가스의 공급을 일정하게 유지

(7) 실내가스배관과의 거리

① 전선 : 15cm 이상

② 굴뚝, 전기점멸기, 전기접속기 : 30cm 이상

③ 전기계량기, 전기개폐기 : 60cm 이상

Air-Conditioning Refrigerating Machinery

(8) 가스배관의 고정

① 13mm 미만 : 1m마다

② 13~33mm 미만 : 2m마다

③ 33mm 이상 : 3m마다

(9) 가스계량기 설치

① 지면으로부터 1.6~2m 이내 설치

② 화기로부터 2m 이상 유지

7 배관의 피복공사

(1) 급수배관의 피복

① 방로피복 : 우모펠트가 좋으며 10mm 미만의 관에는 1단, 그 이상일 때는 2단으로 시공한다.

㉠ 방로피복을 하지 않는 곳

- 땅속과 콘크리트바닥 속 배관
- 급수기구의 부속품
- 그 밖의 불필요한 부분

㉡ 피복순서 : 보온재로 피복한다. → 면포, 마포, 비닐테이프로 감는다. → 철사로 동여 맨다.

② 방식피복 : 녹 방지용 도료를 칠해준다. 특히 콘크리트 속이나 지중매설 시에는 제트아스 팔트를 감아준다.

(2) 급탕배관의 보온피복

저탕탱크나 보일러 주위에는 아스베스토스 또는 시멘트와 규조토를 섞어 물로 반죽하여 2~3회에 걸쳐 50mm 정도 두껍게 바른다. 중간부에는 철망으로 보강하고, 배관계에는 반원 통형 규조토를 사용해주는 것이 좋다. 곡부 보온 시 생기는 규조토의 균열을 방지하기 위해 석면로프를 감아주며, 보온재 위에는 모두 마포나 면포를 감고 페인팅하여 마무리한다.

(3) 난방배관의 보온피복

① 증기난방배관 : 천장 속 배관, 난방하는 방 등에 설치된 배관을 제외하고 전체 배관에 보온 피복하며, 환수관은 보온피복을 하지 않는 것이 보통이다.

② 온수난방배관 : 보온방법은 증기난방에 준하며 환수관도 보온피복해 준다.

※ 보온피복을 하지 않는 곳 : 실내 또는 암거 내 배관에 장치된 밸브, 플랜지접합부

8 배관시설의 기능시험

(1) 급수 · 급탕배관

■ 수압시험 : 공공수도나 소방펌프의 직결배관은 1.75MPa 이상, 탱크 및 급수관은 1.05MPa 이상의 수압으로 10분간 유지시켜서 시험한다.

(2) 배수 · 통기배관(위생설비)

① 수압시험 : 배관 내에 물을 충진시킨 후 3m 이상의 수두에 상당하는 수압으로 15분간 유지한다.

② 기압시험 : 공기를 공급하여 35kPa의 압력이 되었을 때 15분간 변하지 않고 그대로 유지하면 된다.

③ 기밀시험 : 배관의 최종단계 시험으로 연기시험과 박하시험이 있다.

(3) 난방배관

■ 수압시험 : 상용압력 0.2MPa 미만의 배관에 대해서는 0.4MPa, 그 이상일 때는 그 압력의 1.5~2배의 압력으로 시험한다. 보일러의 수압시험압력은 최고사용압력이 0.43MPa 이하일 때는 그 사용압력의 2배로 하고, 0.43~1.5MPa일 때는 그 압력의 1.3배에 0.3MPa을 더한 압력을 시험압력으로 한다. 단, 육용 강제보일러에 한한다. 방열기는 공사현장에 옮긴 후 0.4MPa의 수압시험을 한다.

(4) 냉매배관

■ 기압시험 : R-12, R-22 등의 배관은 공사완료 후 탄산가스, 질소가스, 건조공기 등을 사용하여 기압시험한다. 시험압력을 가한 대로 24시간 방치해두어 누설 유무를 확인한다.

9 배관시험의 종류

(1) 통수시험

통수시험이란 관 속에 물을 흘려보내 정상적으로 관통하는지를 알아보는 시험이다. 배수통기배관의 시험에 실시해왔으나, 이것만으로는 악취와 비위생적인 하수가스의 누설 등을 발견할 수 없으므로 더 엄밀한 시험이 요구된다.

(2) 수압시험

① 배관계의 최고위치의 개구부를 제외하고는 다른 모든 개구부를 시험폐전(testing plug)으로 밀폐하고 물을 충만시킨 다음 3m 이상의 수두에 상당하는 수압을 가하여 15분 이상 유지되어야 한다.

② 수도용 주철관 이형관의 수압시험

　　㉠ 호칭경 300mm 이하 : 250kPa

　　㉡ 호칭경 300~600mm 이하 : 200kPa

　　㉢ 호칭경 700~1,200mm 이하 : 150kPa

(3) 기압시험

모든 개구부는 밀폐하고 공기압축기로 한 개구부를 통해 3kPa이 될 때까지 압력을 가하여 공기를 보급하지 않고 15분 이상 그 압력이 유지되어야 한다.

(4) 기밀시험

배관의 최종시험방법으로 기밀시험을 실시하며 연기시험법과 박하시험법이 있다.

① 연기시험법(smoke test) : 배수·통기 전 계통이 완성된 후 전 트랩을 봉수하고 기름 또는 석탄타르에 적신 종이나 면을 태워 전 계통에 자극성 연기를 송풍기로 불어넣고 연기가 직관 개구부에서 나오기 시작하면 이 개구부를 밀폐한 다음 수두 25mm(1″)에 해당하는 압력을 가해 15분 이상 유지하고 누설이 없으면 합격이다.

② 박하시험법(peppermint test) : 전 개구부를 밀폐한 다음 각 트랩을 봉수하고 배수주관에 약 57g의 박하오일을 주입한 다음 약 3.8L의 온수를 부어 그 독특한 냄새에 의해 누설되는 곳을 찾아내는 방법이다.

10 배관의 점검 및 유지관리

(1) 배관의 점검

① 급수·급탕배관

　　㉠ 공공수도나 소방펌프의 직결배관은 1,750kPa 이상으로 수압시험을 한다.

　　㉡ 탱크 및 급수관은 1,050kPa 이상에도 견딜 수 있도록 수압시험을 한다.

② 배수·통기배관(위생설비)

　　㉠ 배관 내에 물을 충진시킨 후 3m 이상의 수두에 상당하는 수압으로 15분 이상 유지하도록 한다.

　　㉡ 공기를 공급해 35kPa의 압력이 되었을 때 15분간 변하지 않고 그대로 유지하도록 한다.

③ 난방배관

　　㉠ 상용압력 200kPa 미만의 배관에 대해서는 400kPa, 그 이상일 때는 그 압력의 1.5~2배의 압력으로 시험한다.

　　㉡ 보일러수압시험압력은 최고사용압력이 430kPa 미만일 때는 그 사용압력의 2배로, 430kPa 이상일 때는 그 압력의 1.3배에 300kPa을 더한 압력을 시험압력으로 한다.

© 방열기는 공사현장에 옮긴 후 400kPa의 수압시험을 한다.

④ **냉동배관** : R-12, R-22 등의 배관은 공사완료 후 탄산가스, 질소가스, 건조공기 등을 사용하여 기압시험을 한다.

(2) 유지관리

① **기계적 세정방법** : 배관플랜트의 제작 중이나 건설 중 계통 내에 들어간 불순물과 운전 중에 발생한 스케일이나 불순물 등을 클리너를 사용하여 세정하는 것을 말한다. 플랜트 본체나 부분을 분해하거나 해체해야 하는 단점이 있다.

② **화학적 세정방법** : 산, 알칼리, 유기용제 등의 화학세정용 약제를 사용하여 관 또는 장치 내의 유지류 및 기타 스케일 등을 제거하는 방법을 말하며 침적법, 서징법, 순환법 등이 있다.

Air-Conditioning Refrigerating Machinery

3 Chapter

설비 적산

1.1 개념

① 적산 : 도면에 따라 재료의 양, 공사인원수 등을 산정하는 일련의 과정
② 견적 : 산정(적산)된 재료의 양, 공사인원수에 따라 공사금액을 산정하는 과정(도면 → 적산 → 견적 → 공사)

1.2 공사원가 계산

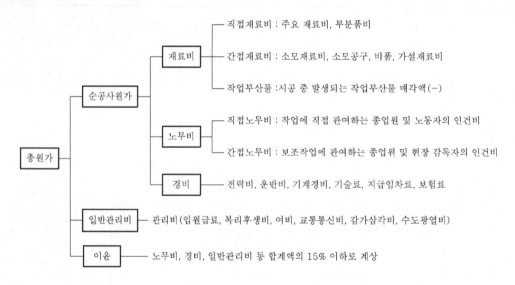

(1) 원가 계산총칙

① 재료비 = 재료량 × 단위당 가격
② 노무비 = 노무량 × 단위당 가격
③ 경비 = 소요량 × 단위당 가격
④ 일반관리비 : 공사원가에 따른 비율(%)로 계상
⑤ 이윤 : 노무비, 경비, 일반관리비의 15% 이하로 계상

(2) 공사비의 구성

① 순공사원가＝재료비＋노무비＋경비

② 공사원가＝순공사원가＋일반관리비＋이윤×이윤율

$\qquad$＝(재료비＋노무비＋경비)＋(순공사원가×일반관리비율)

$\qquad$＋(일반관리비＋노무비＋경비)×이윤율

③ 총원가＝공사원가＋부가가치세 10%＝순공사비＋일반관리비＋이윤

$\quad$ ※ 부가가치세 : 국세 및 간접세 등에 부가된 가치에 대한 부과세율

④ 예정원가＝총원가＋손해보험료＝(순공사비＋일반관리비＋이윤)×보험료율

⑤ 총공사비＝예정원가＋관급자재비＋용지비＋설계비(용역비)

$\qquad$＝총원가＋손해보험료＋부가가치세

$\quad$ ※ 이윤 : 영업이윤으로 총공사비의 10% 정도

(3) 공사원가 계산 예

비목＼구분		금액(원)	구성비	비고
(M) 재료비	직접재료비	200,553,996		
	간접재료비			
	작업부산물			
	소계	200,553,996	49.94%	
(L) 노무비	직접노무비	103,601,855		
	간접노무비	15,290,278		직접노무비의 15%
	소계	124,892,133	21.47%	
(01) 경비	전기비			설계내역에 포함
	수도광열비	2,345,840		재료비·노무비의 0.685%
	운반비			
	기계경비			설계내역에 포함
	특허권사용료			
	기술료			
	연구개발비			
	품질관리비			
	가설비			
	지급임차료			
	보험료	4,246,332		노무비의 3.4%
	복리후생비	7,756,472		재료비·노무비의 1.867%
	보관비			
	외주가공비			
	안전관리비	9,899,189		재료비·직접노무비의 2.48%
	소모품비	5,201,448		재료비·노무비의 1.252%

비목 \ 구분		금액(원)	구성비	비고
(01) 경비	여비·교통비·통신비	1,000,518		재료비·노무비의 0.329%
	세금공과비	3,527,180		재료비·노무비의 0.849%
	폐기물처리비			
	도서인쇄비	394,678		재료비·노무비의 0.095%
	지급수수료	3,963,404		재료비·노무비의 0.954%
	환경보전비			
	보상비			
	기타 법정경비			
	소계	38,835,065	6.68%	
(02) 일반관리비 (4.71%)		21,396,789	3.68%	
(P) 이윤 (15%)		21,396,789	4.77%	
총원가(총공사비)		413,446,581		

∴ 총원가(총공사비) = 순공사비 + 일반관리비 + 이윤

$\qquad$ = (재료비 + 노무비 + 경비) + 일반관리비 + 이윤

$\qquad$ = 200,553,996 + 124,892,133 + 38,835,065 + 21,396,789 + 21,396,789

$\qquad$ = 413,446,581원

Air-Conditioning Refrigerating Machinery

4 Chapter 공조급배수설비 설계도면 작성

1.1 관의 표시

관을 1개의 실선으로 표시하며, 같은 도면에서 다른 관을 표시할 때에는 같은 굵기의 선으로 표시함을 원칙으로 한다.

1.2 유체의 표시

① 유체의 종류, 상태, 목적 : 관 내를 흐르는 유체의 종류, 상태, 목적을 표시하는 경우는 문자기호에 의해 인출선을 사용하여 도시하는 것을 원칙으로 한다. 단, 유체의 종류를 표시하는 문자기호는 필요에 따라 관을 표시하는 선을 인출선 사이에 넣을 수 있다. 또한 유체의 종류 중 공기, 가스, 기름, 증기, 물 등을 표시할 때는 다음 표의 기호를 사용한다.

종류	공기	가스	유류	수증기	증기	물
문자기호	A	G	O	S	V	W

② 유체의 방향 : 유체가 흐르는 방향은 화살표로 표시한다.

[유체의 종류에 따른 배관 도색]

종류	도색	종류	도색
공기	백색	물	청색
가스	황색	증기	암적색
유류	암황적색	전기	미황적색
수증기	암황색	산·알칼리	회자색

[Y형 여과기(스트레이너)의 도시기호(관지지기호 포함)]

명칭	기호	명칭	기호
맞대기용접		플랜지	
소켓용접		나사	

명칭	관지지	기호	명칭	관지지	기호
행거		—•—H	바닥지지		—■—S
스프링행거		—•—SH	스프링지지		—■—SS

1.3 배관도면의 종류

① 평면배관도 : 배관장치를 위에서 아래로 내려다보고 그린 그림
② 입면배관도(측면배관도) : 배관장치를 측면에서 본 그림
③ 입체배관도 : 입체적 형상을 평면에 나타낸 그림
④ 부분조립도 : 배관 일부를 인출하여 그린 그림

1.4 배관의 도시기호

(1) 치수기입법

① 치수 표시
   ㉠ 일반적으로 치수 표시는 숫자로 나타내되, mm로 기입한다.
   ㉡ A : mm, B : inch
② 높이 표시
   ㉠ EL(elevation level) : 관의 중심을 기준으로 하여 높이를 표시한다.
      • BOP(bottom of pipe) : 지름이 다른 관의 높이를 나타낼 때 적용되며 관의 바깥지름의 아랫면을 기준으로 하여 높이를 표시한다.
      • TOP(top of pipe) : BOP과 같은 목적으로 이용되나 관의 바깥지름의 윗면을 기준으로 하여 높이를 표시한다.
   ㉡ GL(ground level) : 포장된 지표면을 기준으로 하여 높이를 표시한다.
   ㉢ FL(floor level) : 1층의 바닥면을 기준으로 하여 높이를 표시한다.

(2) 일반 배관 도시기호(관지지기호 포함)

명칭	기호	명칭	기호
결연	X[mm]	트랩	
보온관	X[mm]	벤트	

명칭	기호	명칭	기호
인체 안전용 보온관	PP	탱크용 벤트	

명칭	기호	명칭	관지지	기호
분리 가능관	또는	앵커		
원추형 여과막				
평면형 여과막		가이드		G
증기 가설관	X[mm]	슈		

① 관의 굵기와 재질의 표시 : 관의 굵기와 재질을 표시할 때에는 관의 굵기를 숫자로 표시한 다음, 그 뒤에 종류와 재질을 문자, 기호로 표시한다.

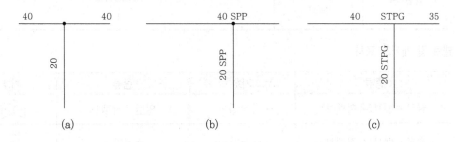

| (a) | (b) | (c) |

② 관의 연결방법과 도시기호

　㉠ 관이음

연결방식	도시기호	예	연결방식	도시기호	예
나사식			턱걸이식		
용접식			유니언식		
플랜지식					

　㉡ 신축이음

연결방식	도시기호	연결방식	도시기호
루프형		벨로즈형	
슬리브형		스위블형	

※ 용접이음은 ─✕─와 ──●── 모두 사용한다.

③ 관의 입체적 표시

상태	기호
관이 도면에 직각으로 앞쪽을 향해 구부러져 있을 때	A ──────⊙
관이 앞쪽에서 도면에 직각으로 구부러져 있을 때	A ──────◯
관 A가 앞쪽에서 도면에 직각으로 구부러져 관 B에 접속할 때	A ──◯── B

④ 관의 접속상태

관의 접속상태		기호
접속하고 있지 않을 때		┼ , ┼ 또는 ─┤├─
접속하고 있을 때	교차	┼
	분기	┴

⑤ 밸브 및 계기의 표시

종류	기호	종류	기호
글로브밸브(옥형밸브)	─▷●◁─	일반조작밸브	▷◁
슬루스밸브(사절밸브)	─▷◁─	전자밸브	Ⓢ ▷◁
앵글밸브	─┘↗	전동밸브	Ⓜ ▷◁
체크밸브(역지밸브)	─┐Ⅎ─	도출밸브	⊕ ▷◁
버터플라이밸브(나비밸브)	▷◁ 또는 ◥◣	공기빼기밸브	◇
다이어프램밸브	▷◁	닫혀 있는 일반 밸브	▶◁
감압밸브(리듀싱밸브)	◎	닫혀 있는 일반 콕	◆
볼밸브	▷◁	온도계	Ⓣ

종류		기호	종류	기호
안전밸브	스프링식		압력계	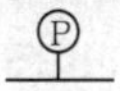
	추식		가스계량기(가스미터)	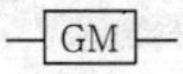
콕	일반		유량계	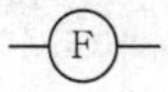
	삼방	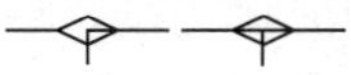	액면계	

⑥ 관 끝부분 표시

종류	기호	종류	기호
용접식 캡		핀치 오프(pinch off)	
막힌 플랜지		나사박음식 캡(플러그)	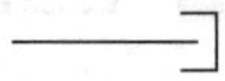
체크조인트			

Air-Conditioning Refrigerating Machinery

5 Chapter
유지보수공사 안전관리

1 설치안전관리

1.1 안전관리

(1) 안전관리의 정의

안전관리(safety management)란 근로자에 대한 직무수행상의 위험이나 상해로부터 자유롭고 안전한 상태를 유지하게 하는 관리활동의 시책으로 인간 존중의 이념을 토대로 하여 사업장 내 산업재해요인을 정확히 파악하고, 이를 배제하여 산업재해의 발생을 미연에 방지함은 물론, 발생한 재해에 대해서도 적절한 조치와 대책을 강구해가는 조직적이고 과학적인 관리체계를 의미한다.

(2) 안전관리의 목적

① 근로자의 생명을 존중하고 사회복지를 증진시킨다.
② 작업능률을 향상시켜 생산성이 향상된다.
③ 기업의 경제적 손실을 방지한다.

(3) 재해 발생률

① **연천인율** : 근로자 1,000명당 1년을 기준으로 한 재해 발생비율

$$연천인율 = \frac{연간\ 재해자수}{연평균근로자수} \times 1,000 = 2.4 \times 도수율(빈도율)$$

② **도수율(빈도율)** : 재해빈도를 나타내는 지수로서 근로시간 10^6시간당 발생하는 재해건수

$$도수율(빈도율) = \frac{연간\ 재해\ 발생건수}{연근로총시간수} \times 10^6 = \frac{연천인율}{2.4}$$

③ **강도율** : 재해의 심한 정도를 나타내는 것으로, 근로시간 1,000시간 중에 상해로 인해서 상실된 노동손실일수

※ 연천인율이나 도수율(빈도율)은 사상자의 발생빈도를 표시하는 것으로 경중 정도는 표시하지 않는다.

$$강도율 = \frac{근로손실일수}{연근로총시간수} \times 1,000$$

여기서, 근로손실일수 = 입원일수(휴업일수) $\times \dfrac{360}{365}$

㉠ 사망자가 1명 있는 경우 : 강도율 $= \dfrac{7,500}{연근로총시간수} \times 1,000$

㉡ 사망자+입원일수(휴업일수)가 있는 경우

$$강도율 = \frac{7,500 + 입원(휴업)일수 \times \dfrac{300}{365}}{연근로총시간수} \times 1,000$$

1.2 안전점검

① **일일점검** : 운전 중 제조설비는 1일 1회 이상 작동상태의 이상 유무를 점검한다.
　㉠ 수액기 액면의 지시상태 확인
　㉡ 제조설비로부터 누출 여부 점검
　㉢ 계측기기의 지시경보·제어상태 확인
　㉣ 제조설비의 부식, 마모, 균열상태 확인
　㉤ 회전기계의 소음, 진동 등 이상상태 점검
　㉥ 접지접속선의 단락, 단선 및 손상 유무 확인 점검
② **정기점검** : 안전상 주요 부분의 마모, 손상상태의 유무를 확인, 점검하는 것으로 일정한 기간이나 날짜를 정해놓고 정기적으로 시설이나 기계를 점검한다.
③ **일상점검(수시점검)** : 기계를 가동하기 전, 가동 중, 가동 종료 시 작동상태의 이상 유무를 점검한다.
④ **임시점검** : 정기점검기일 전에 임시로 실시하는 것으로 위험한 부분이나 특정한 부분을 비정기적으로 확인, 점검하는 것이다.
⑤ **특별점검** : 설비의 신설, 변경 또는 천재지변 발생 후 실시한다.

1.3 안전보호구의 구비조건

① 외관이 양호할 것
② 착용이 간편하고 작업에 방해되지 않을 것
③ 가볍고 충분한 강도를 가질 것

④ 유해 및 위험요소에 대한 방호능력이 충분할 것

⑤ 가격이 싸고 품질이 좋을 것

⑥ 구조 및 표면가공이 우수할 것

1.4 재해예방

(1) 5단계(기본원리)

① 1단계 관리조직 : 관리조직의 구성과 전문적 기술을 가진 조직을 통해 안전활동 수립

② 2단계 사실의 발견 : 사고활동기록 검토작업 분석, 안전점검 및 검사, 사고조사, 토의, 불안전요소 발견 등

③ 3단계 원인 규명 : 분석평가. 사고조사보고서 및 현장조사 분석, 사고기록관계자료의 검토 및 인적·물적환경요인 분석, 작업의 공정 분석, 교육훈련 분석

④ 4단계 대책의 선정(시정책 선정) : 기술적 개선, 인사조치 조정, 교육 및 훈련의 개선, 안전행정의 개선, 규정 및 제도의 개선, 효과적인 개선방법 선정

⑤ 5단계 대책의 적용(시정책 적용) : 허베이 3E이론(기술, 교육, 관리 등) 적용

　※ 3E : 안전기술(engineering), 안전교육(education), 안전독려(enforcement)

　※ 3S : 표준화(standardization), 전문화(specification), 단순화(simplification)

(2) 하인리히의 4원칙(위험예지훈련 4라운드의 진행방식)

① 손실 우연의 법칙 : 재해손실은 우연성에 좌우됨

　※ 우연성에 좌우되는 손실 방지보다 예방에 주력

② 원인계기의 원칙 : 우연적인 재해손실이라도 재해는 반드시 원인이 존재함

③ 예방 가능의 원칙 : 모든 사고는 원칙적으로 예방이 가능함

　㉠ 조직 → 사실의 발견 → 분석평가 → 시정방법의 선정 및 시정책의 적용

　㉡ 재해는 원칙적으로 예방 가능

　㉢ 원인만 제거하면 예방 가능

④ 대책 선정의 원칙

　㉠ 원인을 분석하여 가장 적당한 재해예방대책의 선정

　㉡ 기술적, 안전 설계, 작업환경 개선

　㉢ 교육적, 안전교육, 훈련 실시

　㉣ 규제적·관리적 대책

　㉤ Management

산업재해의 분류

(1) 재해의 발생형태

① 단순 자극형 : 상호작용에 의하여 재해가 순간적으로 일어나는 유형으로, 재해가 일어난 장소 및 시기에 집중해서 발생하므로 집중형이라고 한다.

② 연쇄형(단순·복합) : 앞선 재해요인이 뒤의 재해를 가져오는 유형으로 단순 연쇄형과 복합 연쇄형이 있다.

③ 복합형 : 앞의 두 요인, 즉 단순 자극형과 연쇄형이 복합적으로 작용하여 발생하는 유형이다.

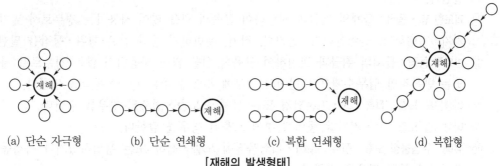

[재해의 발생형태]

(2) 재해 발생형태의 정의(산업재해 기록·분류에 관한 지침)

① 발생형태 : 재해 및 질병이 발생된 형태 또는 근로자(사람)에게 상해를 입힌 기인물과 상관된 현상을 말한다.

② 떨어짐(추락) : 사람이 인력(중력)에 의하여 건축물, 구조물, 가설물, 수목, 사다리 등의 높은 장소에서 떨어지는 것을 말한다.

③ 넘어짐(전도) : 사람이 거의 평면 또는 경사면, 층계 등에서 구르거나 넘어짐 또는 미끄러진 경우와 물체가 전도, 전복된 경우를 말한다.

④ 깔림, 뒤집힘(전복) : 기대어져 있거나 세워져 있는 물체 등이 쓰러져 깔린 경우 및 지게차 등의 건설기계 등이 운행 또는 작업 중 뒤집어진 경우를 말한다.

⑤ 부딪힘(충돌), 접촉 : 재해자 자신의 움직임·동작으로 인하여 기인물에 접촉 또는 부딪히거나, 물체가 고정부에서 이탈하지 않은 상태로 움직임(규칙, 불규칙) 등에 의하여 접촉한 경우이다.

⑥ 맞음(낙하, 비래) : 구조물, 기계 등에 고정되어 있던 물체가 중력, 원심력, 관성력 등에 의하여 고정부에서 이탈하거나 또는 설비 등으로부터 물질이 분출되어 사람을 가해하는 경우를 말한다.

⑦ 끼임(협착, 감김) : 두 물체 사이의 움직임에 의하여 일어난 것으로 직선운동하는 물체 사이의 끼임, 회전부와 고정체 사이의 끼임, 롤러 등 회전체 사이에 물리거나 또는 회전체·돌기부 등에 감긴 경우를 말한다.

⑧ 무너짐(붕괴, 도괴) : 토사, 적재물, 구조물, 건축물, 가설물 등이 전체적으로 허물어져 내리거나 또는 주요 부분이 꺾어져 무너지는 경우를 말한다.

⑨ 압박, 진동 : 재해자가 물체의 취급과정에서 신체 특정 부위에 과도한 힘이 편중, 집중, 눌려진 경우나 마찰 접촉 또는 진동 등으로 신체에 부담을 주는 경우를 말한다.

⑩ 신체반작용 : 물체의 취급과 관련 없이 일시적이고 급격한 행위·동작, 균형상실에 따른 반사적 행위 또는 놀람, 정신적 충격, 스트레스 등을 말한다.

⑪ 부자연스런 자세 : 물체의 취급과 관련 없이 작업환경 또는 설비의 부적절한 설계 또는 배치로 작업자가 특정한 자세·동작을 장시간 취하여 신체의 일부에 부담을 주는 경우를 말한다.

⑫ 과도한 힘·동작 : 물체의 취급과 관련하여 근육의 힘을 많이 사용하는 경우로서 밀기, 당기기, 지탱하기, 들어올리기, 돌리기, 잡기, 운반하기 등과 같은 행위·동작을 말한다.

⑬ 반복적 동작 : 물체의 취급과 관련하여 근육의 힘을 많이 사용하지 않는 경우로서 지속적 또는 반복적인 업무수행으로 신체의 일부에 부담을 주는 행위·동작을 말한다.

⑭ 이상온도 노출·접촉 : 고·저온환경 또는 물체에 노출·접촉된 경우를 말한다.

⑮ 이상기압 노출 : 고·저기압 등의 환경에 노출된 경우를 말한다.

⑯ 유해·위험물질 노출·접촉 : 유해·위험물질에 노출·접촉 또는 흡입하였거나 독성동물에 쏘이거나 물린 경우를 말한다.

⑰ 소음 노출 : 폭발음을 제외한 일시적·장기적인 소음에 노출된 경우를 말한다.

⑱ 유해광선 노출 : 전리 또는 비전리방사선에 노출된 경우를 말한다.

⑲ 산소결핍·질식 : 유해물질과 관련 없이 산소가 부족한 상태·환경에 노출되었거나 이물질 등에 의하여 기도가 막혀 호흡기능이 불충분한 경우를 말한다.

⑳ 화재 : 가연물에 점화원이 가해져 비의도적으로 불이 일어난 경우를 말하며, 방화는 의도적이기는 하나 관리할 수 없으므로 화재에 포함시킨다.

㉑ 폭발 : 건축물, 용기 내 또는 대기 중에서 물질의 화학적, 물리적 변화가 급격히 진행되어 열, 폭음, 폭발압이 동반하여 발생하는 경우를 말한다.

㉒ 감전 : 전기설비의 충전부 등에 신체의 일부가 직접 접촉하거나 유도전류의 통전으로 근육의 수축, 호흡곤란, 심실세동 등이 발생한 경우 또는 특별고압 등에 접근함에 따라 발생한 섬락 접촉, 합선, 혼촉 등으로 인하여 발생한 아크에 접촉된 경우를 말한다.

㉓ 폭력행위 : 의도적인 또는 의도가 불분명한 위험행위(마약, 정신질환 등)로 자신 또는 타인에게 상해를 입힌 폭력·폭행을 말하며, 협박, 언어, 성폭력 및 동물에 의한 상해 등도 포함한다.

(3) 상해의 형태

① 골절 : 뼈가 부러진 상태

② 동상 : 저온물 접촉으로 생긴 동상상해

③ 부종 : 국부의 혈액순환의 이상으로 몸이 퉁퉁 부어오르는 상해

④ 찔림(좌상) : 칼날 등 날카로운 물건에 찔린 상해

⑤ 타박상 : 타박, 충돌, 추락 등으로 피부표면보다는 피하조직 또는 근육부를 다친 상해

⑥ 절단 : 신체 부위가 절단된 상해

⑦ 중독·질식 : 음식, 약물, 가스 등에 의한 중독이나 질식된 상해

⑧ 찰과상 : 스치거나 문질러서 벗겨진 상해

⑨ 베임(창상) : 창, 칼 등에 베인 상해

⑩ 화상 : 화재 또는 고온물 접촉으로 인한 상해

⑪ 청력장해 : 청력이 감퇴 또는 난청이 된 상해

⑫ 시력장해 : 시력이 감퇴 또는 실명된 상해

⑬ 기타 : 골절~시력장해항목으로 분류 불능 시 상해명칭을 기재할 것

⑭ 그 외 : 뇌진탕, 익사, 피부병이 있음

(4) 결과에 의한 분류

① 통계적 분류

ㄱ 사망

ㄴ 중경상 : 부상으로 8일 이상 노동상실을 가져오는 상해

ㄷ 경상해 : 부상으로 1~7일 이하의 노동상실을 가져오는 상해

ㄹ 무상해사고 : 응급처치 이하의 상처로 치료 후 바로 노동을 재개하며 작업에 종사하면
서 치료를 받을 정도의 상해

② 상해의 종류

ㄱ 휴업상해 : 영구 일부 노동불능 및 일시 전 노동불능

ㄴ 통원상해 : 일시 일부 노동불능 및 의사의 통원조치가 필요한 상해

ㄷ 응급조치상해 : 응급조치를 받는 정도의 상해, 또는 8시간 미만 휴업의료조치상해

ㄹ 무상해사고 : 의료조치가 필요치 않은 상해사고나 미화(미국기준) 20달러 이상의 재산
손실, 또는 8시간 이상의 손실을 발생한 사고

ㅁ 시몬즈에 의하면 사망이나 영구노동불능상해는 이곳의 재해구분에서 제외

③ 상해 정도별 분류(ILO의 근로불능상해의 구분)

ㄱ 사망

ㄴ 영구 전 노동불능 : 신체 전체의 노동기능 완전 상실(1~3급)

ㄷ 영구 일부 노동불능 : 신체 일부의 노동기능 상실(4~14급)

ㄹ 일시 전 노동불능 : 일정 기간 노동종사 불가(휴업상해)

ㅁ 일시 일부 노동불능 : 일정 기간 일부 노동에 종사 불가(통원상해)

ㅂ 구급조치상해

ㅅ 노동손실일수
• 1~3급 : 사망, 영구노동상실(7,500일)
• 영구 일부 노동불능 : 노동손실일수

1.6 보호구

(1) 보호구의 종류별 작업내용

① 안전모 : 물체가 떨어지거나 날아올 위험 또는 근로자가 추락할 위험이 있는 작업

② 안전대 : 높이 또는 깊이 2m 이상의 추락할 위험이 있는 장소에서 하는 작업

③ 안전화 : 물체의 낙하, 충격, 물체에 끼임, 감전 또는 정전기의 대전에 의한 위험이 있는 작업

④ 보안경 : 물체가 흩날릴 위험이 있는 작업

⑤ 보안면 : 용접 시 불꽃이나 물체가 흩날릴 위험이 있는 작업

⑥ 절연용 보호구 : 감전의 위험이 있는 작업

⑦ 방열복 : 고열에 의한 화상 등의 위험이 있는 작업

⑧ 방진마스크 : 선창 등에서 분진이 심하게 발생하는 하역작업

⑨ 방한모, 방한복, 방한화, 방한장갑 : −18℃ 이하인 급냉동어창에서 하는 하역작업

(2) 안전모

① 안전모의 종류

종류(기호)	사용구분	모체의 재질	실험
AB	물체의 낙하 또는 비래 및 추락[1])에 의한 위험을 방지 또는 경감시키기 위한 것	합성수지	충격흡수성 난연성
AE	물체의 낙하 및 비래에 의한 위험을 방지 또는 경감하고, 머리 부위 감전에 의한 위험을 방지하기 위한 것	합성수지	내전압성[2]) 내수성 내관통성
ABE	물체의 낙하 또는 비래 및 추락에 의한 위험을 방지 또는 경감하고, 머리 부위 감전에 의한 위험을 방지하기 위한 것	합성수지	내전압성[2]) 내수성 내관통성

주 1) 추락이란 높이 2m 이상의 고소작업, 굴착작업 및 하역작업 등에 있어서의 추락을 의미한다.
2) 내전압성이란 7,000V 이하의 전압에 견디는 것을 말한다.

② 안전모의 구비조건

㉠ 안전모는 모체, 착장체 및 턱끈을 가질 것

㉡ 착장체의 머리고정대는 착용자의 머리 부위에 적합하도록 조절할 수 있을 것

㉢ 착장체의 구조는 착용자의 머리에 균등한 힘이 분배되도록 할 것

㉣ 모체, 착장체 등 안전모의 부품은 착용자에게 상해를 줄 수 있는 날카로운 모서리 등이 없을 것

㉤ 턱끈은 사용 중 탈락되지 않도록 확실히 고정되는 구조일 것

㉥ 안전모의 착용높이는 85mm 이상이고, 외부수직거리는 80mm 미만일 것

㉦ 안전모의 내부수직거리는 25mm 이상 50mm 미만일 것

◎ 안전모의 수평간격은 5mm 이상일 것

㉾ 머리받침끈이 섬유인 경우에는 각각의 폭은 15mm 이상이어야 하며, 교차되는 끈의 폭의 합은 72mm 이상일 것

㉿ 턱끈의 폭은 10mm 이상일 것

③ 안전모의 시험성능기준

항목	시험성능기준
내관통성	AE, ABE종 안전모는 관통거리가 9.5mm 이하이고, AB종 안전모는 관통거리가 11.1mm 이하이어야 한다.
충격흡수성	최고전달충격력이 4,450N을 초과해서는 안 되며, 모체와 착장체의 기능이 상실되지 않아야 한다.
내전압성	AE, ABE종 안전모는 교류 20kV에서 1분간 절연파괴 없이 견뎌야 하고, 이때 누설되는 충전전류는 10mA 이하이어야 한다.
내수성	AE, ABE종 안전모는 질량 증가율이 1% 미만이어야 한다.
난연성	모체가 불꽃을 내며 5초 이상 연소되지 않아야 한다.
턱끈 풀림	150N 이상 250N 이하에서 턱끈이 풀려야 한다.

(3) 호흡보호구

① 방독마스크

㉠ 방독마스크의 가스와 시험가스

가스이름	시험가스	정화통 외부측면의 색상
유기화합물용	시클로헥산(C_6H_{12}) 디메틸에테르(CH_3OCH_3) 이소부탄(C_4H_{10})	갈색
암모니아용	암모니아가스(NH_3)	녹색
아황산용	아황산가스(SO_2)	노란색
할로겐용	염소가스(Cl_2)	회색
황화수소용	황화수소가스(H_2S)	회색
시안화수소용	시안화수소가스(HCN)	회색

㉡ 방독마스크의 산소농도의 기준 : 흡수제의 유효사용기간으로 결정

$$유효사용시간 = \frac{표준\ 유효시간 \times 시험가스농도}{공기\ 중\ 유해가스농도}$$

㉢ 사용장소 : 산소농도가 18% 이상인 장소에서 사용해야 하고, 고농도와 중농도에서 사용하는 방독마스크는 전면형(격리식, 직결식)을 사용해야 한다.

등급	사용장소
고농도	가스 또는 증기의 농도가 100분의 2(암모니아에 있어서는 100분의 3) 이하의 대기 중에서 사용하는 것
중농도	가스 또는 증기의 농도가 100분의 1(암모니아에 있어서는 100분의 1.5) 이하의 대기 중에서 사용하는 것
저농도 및 최저농도	가스 또는 증기의 농도가 100분의 0.1 이하의 대기 중에서 사용하는 것으로서 긴급용이 아닌 것

② 방진마스크
　　㉠ 사용환경 : 반드시 산소농도 18% 이상인 장소에서 사용
　　㉡ 구비조건
　　　　• 여과효율이 좋을 것　　　　　　• 흡배기저항이 낮을 것
　　　　• 사용면적이 적을 것　　　　　　• 중량이 가벼울 것
　　　　• 시야가 넓을 것　　　　　　　　• 안면 밀착성이 좋을 것
　　　　• 피부 접촉 부위의 고무질이 좋을 것

(4) 안전(절연)장갑

등급	00등급	0등급	1등급	2등급	3등급	4등급
사용 전압	• 교류 : 500V • 직류 : 750V	• 교류 : 1,000V • 직류 : 1,500V	• 교류 : 7,500V • 직류 : 11,250V	• 교류 : 17,000V • 직류 : 25,500V	• 교류 : 26,500V • 직류 : 39,750V	• 교류 : 36,000V • 직류 : 54,000V
색상	갈색	빨간색	흰색	노란색	녹색	등색

(5) 안전화

① 내압박성시험하중

등급	중작업용	보통작업용	경작업용
시험하중	15kN	10kN	4.4kN

② 안전화의 종류
　　㉠ 가죽제(찔림 방지)
　　㉡ 고무제(찔림보호, 내수성보호)
　　㉢ 정전기보호제
　　㉣ 발등안전화(찔림보호, 발과 발등보호)
　　㉤ 절연화(저압전기보호)
　　㉥ 절연장화(고압방전 방지, 방수)

(6) 보안경

① 유리보안경　　　　② 플라스틱보안경　　　　③ 도수렌즈보안경

(7) 귀마개

등급	기호	성능
1종	EP-1	저음부터 고음까지 차음하는 것
2종	EP-2	주로 고음을 차음하고 저음(회화음영역)은 차음하지 않는 것

(8) 안전대

① 필수 착용대상작업

　㉠ 2m 이상의 고소작업　　　　　　㉡ 비계의 조립·해체작업

　㉢ 달비계의 조립·해체작업　　　　㉣ 슬레이트지붕 위 작업

　㉤ 분쇄기 또는 혼합기의 개구부 등

② 종류별 사용방법 및 특성

종류		사용방법	비고
벨트식 (B식)	1종	U자 걸이 전용, 전기작업용	–
	2종	1개 걸이 전용, 건설현장, 비계작업형	클립 부착 전용
안전그네식 (H식)	4종	1개 걸이 U자 걸이 공용(안전블록, 추락방지대)	보조훅 부착
	5종	추락방지대	–

※ 주의 : 3종은 없음

③ 안전대용 로프의 구비조건

　㉠ 충격 및 인장강도에 강한 것　　　㉡ 내마모성이 높을 것

　㉢ 내열성이 높을 것　　　　　　　　㉣ 완충성이 높을 것

　㉤ 습기나 약품류에 침범당하지 않을 것　㉥ 부드럽고 되도록 매끄럽지 않을 것

1.7 안전보건표지

안전보건표지의 색도기준 및 용도는 다음과 같다(산업안전보건법 시행규칙 제38조 제3항 관련).

색채	색도기준	용도	사용례
빨간색	7.5R 4/14	금지	정지신호, 소화설비 및 그 장소, 유해행위의 금지
		경고	화학물질취급장소에서의 유해·위험경고
노란색	5Y 8.5/12	경고	화학물질취급장소에서의 유해·위험경고 이외의 위험경고, 주의표지 또는 기계방호물
파란색	2.5PB 4/10	지시	특정 행위의 지시 및 사실의 고지
녹색	2.5G 4/10	안내	비상구 및 피난소, 사람 또는 차량의 통행표지
흰색	N9.5		파란색 또는 녹색에 대한 보조색
검은색	N0.5		문자 및 빨간색 또는 노란색에 대한 보조색

※ 허용오차범위 H=±2, V=±0.3, C=±1(H : 색상, V : 명도, C : 채도)
※ 위의 색도기준은 한국산업규격(KS)에 따른 색의 3속성에 의한 표시방법(KSA 0062 기술표준원
　고시 제2008-0759)에 따른다.

2　냉동 관련 법령

2.1　냉동제조사업관리

(1) 냉동제조사업(냉동제조)

① 냉동을 하는 과정에서 압축 또는 액화의 방법에 의하여 고압가스가 생성(고압가스제조)
　되게 하는 것이다.
② 고압가스제조의 정의
　㉠ 기체의 압력을 변화시키는 것
　　• 고압가스가 아닌 가스를 고압가스로 만드는 것
　　• 고압가스를 다시 압력을 상승시키는 것
　㉡ 가스의 상태를 변화시키는 것
　　• 기체는 고압의 액화가스로 만드는 것
　　• 액화가스를 기화시켜 고압가스를 만드는 것
　㉢ 고압가스를 용기에 충전하는 것

(2) 고압가스

① 압축고압가스 : 상용의 온도에서 1MPa 이상이 되는 가스가 실제로 그 압력이 1MPa 이상이
　거나 35℃에서의 압력이 1MPa 이상이 되는 압축가스
② 액화고압가스 : 상용의 온도에서 0.2MPa 이상이 되는 가스가 실제로 그 압력이 0.2MPa
　이상이거나 0.2MPa이 되는 경우의 온도가 35℃ 이하인 액화가스
　※ 1MPa=10^{6}Pa
　※ 압축가스 : 일정한 압력에 의하여 압축되어 있는 가스
　※ 액화가스 : 가압, 냉동 등의 방법에 의하여 액체상태로 되어 있는 것으로서 대기압에서의
　　비점이 40℃ 이하 또는 상용의 온도 이하인 가스

(3) 냉동사이클

냉동기의 기준사이클은 냉매가스가 압축기, 응축기, 팽창밸브, 증발기 등 4개의 장치를 순
환하면서 1회의 사이클을 완료하는 것이다.

(1) 냉동제조 인허가

① 고압가스제조 중 냉동제조를 하고자 하는 자는 그 제조소마다 시장·군수·구청장(자치구의 구청장을 말한다)의 허가를 받아야 하며, 허가받은 사항 중 산업통상자원부령이 정하는 중요사항을 변경하고자 할 때에도 또한 같다.

② 대통령령이 정하는 종류 및 규모 이하의 냉동제조자는 시장·군수·구청장에게 신고하여야 하며, 신고한 사항 중 산업통상자원부령이 정하는 중요한 사항을 변경하고자 할 때에도 또한 같다.

산업통상자원부령이 정하는 중요한 사항의 변경(변경허가·변경신고대상)

1. 사업소의 위치변경
2. 제조·저장 또는 판매하는 고압가스의 종류 또는 압력의 변경. 다만, 저장하는 고압가스의 종류를 변경하는 경우로서 법 제28조의 규정에 의해 설립된 한국가스안전공사가 위해의 우려가 없다고 인정하는 경우에는 이를 제외한다.
3. 저장설비의 교체 설치, 저장설비의 위치 또는 능력변경
4. 처리설비의 위치 또는 능력변경
5. 배관의 내경변경. 단, 처리능력의 변경을 수반하는 경우에 한한다.
6. 배관의 설치장소변경. 단, 변경하고자 하는 부분의 배관연장이 300m 이상인 경우에 한한다.
7. 가연성 가스 또는 독성가스를 냉매로 사용하는 냉동설비 중 압축기, 응축기, 증발기 또는 수액기의 교체설치 또는 위치변경

---

(2) 냉동제조의 허가·신고대상범위

① 허가
  ㉠ 가연성 가스 및 독성가스의 냉동능력 20톤 이상
  ㉡ 가연성 가스 및 독성가스 외의 산업용 및 냉동·냉장용 50톤 이상(단, 건축물 냉난방용의 경우에는 100톤 이상)

② 신고
  ㉠ 가연성 가스 및 독성가스의 냉동능력 3톤 이상 20톤 미만
  ㉡ 가연성 가스 및 독성가스 외의 산업용 및 냉동·냉장용 20톤 이상 50톤 미만(단, 건축물 냉난방용의 경우에는 20톤 이상 50톤 미만)

③ 고압가스 특정 제조 또는 고압가스 일반 제조의 허가를 받은 자, 도시가스사업법에 의한 도시가스사업의 허가를 받은 자가 그 허가받은 내용에 따라 냉동제조를 하는 경우에는 허가 또는 신고대상에서 제외

적용범위에서 제외되는 고압가스

1. 에너지이용합리화법의 적용을 받는 보일러 안과 그 도관 안의 고압증기
2. 철도차량의 에어컨디셔너 안의 고압가스
3. 선박안전법의 적용을 받는 선박 안의 고압가스
4. 광산보안법의 적용을 받는 광산에 소재하는 광업을 위한 설비 안의 고압가스
5. 항공법의 적용을 받는 항공기 안의 고압가스
6. 전기사업법에 의한 전기공작물 중 발전·변전 또는 송전을 위하여 설치하는 변압기, 리액틀, 개폐기, 자동차단기로서 가스를 압축 또는 액화, 그 밖의 방법으로 처리하는 그 전기공작물 안의 고압가스
7. 원자력법의 적용을 받는 원자로 및 그 부속설비 안의 고압가스
8. 내연기관의 시동, 타이어의 공기충전, 리베팅, 착암 또는 토목공사에 사용되는 압축장치 안의 고압가스
9. 오토클레이브 안의 고압가스(수소, 아세틸렌 및 염화비닐은 제외)
10. 액화브롬화메탄제조설비 외에 있는 액화브롬화메탄
11. 등화용의 아세틸렌가스
12. 청량음료수, 과실주 또는 발포성 주류에 포함되는 고압가스
13. 냉동능력이 3톤 미만인 냉동설비 안의 고압가스
14. 소방법의 적용을 받는 내용적 1리터 이하의 소화기용 용기 또는 소화기에 내장되는 용기 안에 있는 고압가스
15. 그 밖에 산업통상자원부장관이 위해 발생의 우려가 없다고 인정하는 고압가스

2.3 냉동능력 산정기준

구분		1일 냉동능력
원심식 압축기		압축기 원동기 정격출력 1.2kW를 1일 냉동능력 1톤
흡수식 냉동설비		발생기를 가열하는 1시간의 입열량 27,795kJ을 1일 냉동능력 1톤
그 밖의 것	다단 압축방식 또는 다원냉동장치	$R = \dfrac{VH + 0.08\,VL}{C}$
	회전피스톤형 압축기	$R = \dfrac{60 \times 0.758\,tn\,(D^2 - d^2)}{C}$
	스크루형 압축기	$R = \dfrac{60KD^2nL}{C}$
	왕복동형 압축기	$R = \dfrac{60 \times 0.758\,D^2LNn}{C}$
	그 밖의 압축기	압축기의 표준 회전속도에 있어서의 1시간의 피스톤압출량(m^3)

여기서, VH : 압축기 최종단 또는 최종원기통의 1시간 피스톤압출량(m^3)

VL : 압축기 최종단 또는 최종원 앞의 기통의 1시간 피스톤압출량(m^3)

t : 회전피스톤 가스압축 부분의 두께(m)

n : 회전피스톤 1분간의 표준 회전수(스크루형의 것은 로터의 회전수)

D : 기통의 안지름(스크루형은 로터의 직경)(m)

d : 회전피스톤의 바깥지름(m)

L : 로터의 압축에 유효한 부분의 길이 또는 피스톤의 행정(m)

N : 실린더 수

K : 치형의 종류에 따른 계수로서의 값

C : 냉매가스의 종류에 따른 수치

3 운영안전관리

3.1 안전관리자

(1) 안전관리자별 임무

① 안전관리 총괄자 : 해당 사업소의 안전에 관한 업무총괄

② 안전관리 부총괄자 : 안전관리 총괄자를 보좌하여 해당 가스시설의 안전을 직접 관리

③ 안전관리 책임자 : 부총괄자를 보좌하여 기술적인 사항 관리, 안전관리원 지휘·감독

④ 안전관리원 : 안전관리 책임자의 지시에 따라 안전관리자의 직무 수행

(2) 안전관리자의 선임인원(냉동제조시설)

냉동능력	선임구분	
	안전관리자 구분 및 선임인원	자격구분
300톤 초과 (프레온을 냉매로 사용하는 것은 600톤 초과)	안전관리 총괄자 1인	–
	안전관리 책임자 1인	공조냉동기계산업기사
	안전관리원 2인 이상	공조냉동기계기능사 또는 냉동시설안전관리자 양성교육 이수자
100톤 초과 300톤 이하 (프레온을 냉매로 사용하는 것은 200톤 초과 600톤 이하)	안전관리 총괄자 1인	–
	안전관리 책임자 1인	공조냉동기계산업기사 또는 공조냉동기계기능사 중 현장 실무경력 5년 이상인 자
	안전관리원 1인 이상	공조냉동기계기능사 또는 냉동시설안전관리자 양성교육 이수자
50톤 초과 100톤 이하 (프레온을 냉매로 사용하는 것은 100톤 초과 200톤 이하)	안전관리 총괄자 1인	–
	안전관리 책임자 1인	공조냉동기계기능사
	안전관리원 1인 이상	공조냉동기계기능사 또는 냉동시설안전관리자 양성교육 이수자

냉동능력	선임구분	
	안전관리자 구분 및 선임인원	자격구분
50톤 이하 (프레온을 냉매로 사용하는 것은 100톤 이하)	안전관리 총괄자 1인	–
	안전관리 책임자 1인	공조냉동기계기능사 또는 냉동시설안전관리자 양성교육 이수자

※ 비고

① 시설구분의 처리 또는 저장능력에 따른 자격자는 기술자격종목의 상위자격소지자로 할 수 있다. 이 경우 가스기술사, 가스기능장, 가스기사, 가스산업기사, 가스기능사 순으로, 공조냉동기계기술사, 공조냉동기계기사, 공조냉동기계산업기사, 공조냉동기계기능사의 순으로 먼저 규정한 자격을 상위자격으로 한다.

② 일반시설안전관리자 양성교육 이수자, 판매시설안전관리자 양성교육 이수자, 사용시설안전관리자 양성교육 이수자의 순으로 먼저 규정한 자격을 상위자격으로 본다.

③ 안전관리 책임자의 자격을 가진 자는 해당 시설의 안전관리원의 자격을 가진 것으로 본다.

④ 고압가스기계기능사보, 고압가스취급기능사보 및 고압가스화학기능사보의 자격소지자는 이 자격구분에 있어서 일반시설안전관리자 양성교육 이수자로 보고, 고압가스냉동기계기능사보의 자격소지자는 냉동시설안전관리자 양성교육 이수자로 본다.

⑤ 안전관리 총괄자 또는 안전관리 부총괄자가 안전관리 책임자의 기술자격을 가지고 있는 경우에는 안전관리 책임자를 겸할 수 있다.

⑥ 고압가스특정제조자가 냉동제조를 하는 경우에는 냉동능력에 따른 안전관리원을 추가로 선임하여야 한다.

⑦ 사업소 안에 고압가스제조시설과 냉동제조시설이 같이 설치되어 있는 경우 고압가스제조시설을 위한 안전관리자를 선임한 때에는 별도로 냉동제조시설에 관한 안전관리자를 선임하지 아니할 수 있다.

⑧ 냉동제조의 경우로서 여러 개의 사업소가 동일 지역 내에 있고, 공동관리할 수 있는 안전관리체계를 갖춘 경우에는 안전관리 책임자를 공동으로 선임할 수 있다.

⑨ 법 제9조 제1항 제3호의 규정에 의하여 휴지한 사업소 내의 고압가스시설에 고압가스가 없는 경우에는 안전관리원을 선임하지 아니할 수 있다.

⑩ 고압가스특정제조시설, 고압가스일반제조시설, 고압가스충전시설, 냉동제조시설, 저장시설, 판매시설, 용기제조시설, 냉동기제조시설 또는 특정 설비제조시설을 설치한 자가 동일한 사업장에 특정 고압가스사용신고시설, 액화석유가스의 안전 및 사업관리법에 의한 액화석유가스 특정사용시설 또는 도시가스사업법에 의한 특정 가스사용시설을 설치하는 경우에는 해당 사용신고시설 또는 사용시설에 대한 안전관리자는 선임하지 아니할 수 있다.

3.2 　사업자, 안전관리자, 종사자, 관할 관청의 임무

(1) 사업자

① 사업개시 전 안전관리자 선임 → 관할 관청에 신고
② 안전관리자 해임, 퇴직 시 → 관할 관청에 신고 → 30일 이내에 재선임
　 ※ 선임·해임·퇴직신고는 안전관리 책임자에 한함
③ 여행, 질병, 기타 사유로 안전관리자 직무 불가 시 → 대리자 지정
④ 안전관리자의 의견을 존중하고 안전관리자의 권고에 따라야 함
⑤ 안전관리자에게 본연의 직무 외의 다른 일을 맡겨서는 아니 됨

(2) 안전관리자

① 시설 및 작업과정의 안전유지　　② 용기 등의 제조공정관리
③ 공급자의 의무이행 확인　　　　　④ 안전관리규정 시행 및 실시기록 작성
⑤ 종사자의 안전관리 지휘·감독　　⑥ 그 밖의 위해방지조치

(3) 종사자

안전관리자의 의견을 존중하고 안전관리자의 권고에 따라야 함

(4) 관할 관청

① 안전관리자가 직무를 불성실하게 수행 시 사업자에게 안전관리자 해임요구
② 산업통상자원부장관에서 위에 해당하는 자의 기술자격 취소 또는 정지요청

3.3 　안전관리규정

① 제출대상 : 고압가스냉동제조허가자
② 준수절차

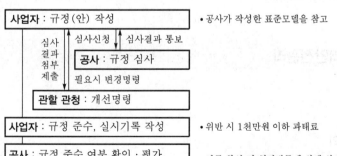

3.4 시설검사

(1) 종류

① 중간검사 : 냉동제조시설의 설치공사 또는 변경공사를 한 때에는 그 공사의 공정별로 중간 검사를 받아야 한다.

② 완성검사 : 냉동제조시설의 설치공사 또는 변경공사를 한 때에는 완성검사를 받아야 한다.

③ 정기검사

    ㉠ 가연성 가스 또는 독성가스를 냉매로 사용하는 경우 : 최초완성검사필증을 교부한 날 로부터 매 1년마다

    ㉡ 불연성 가스(독성가스 제외)를 냉매로 사용하는 경우 : 최초완성검사필증을 교부한 날 로부터 매 2년마다

④ 수시검사 : 위해의 우려가 있어 필요한 경우 수시검사를 받아야 한다.

(2) 중간검사공정

① 가스설비 또는 배관의 설치가 완료되어 기밀시험 또는 내압시험을 할 수 있는 상태의 공정

② 저장탱크를 지하에 매설하기 직전의 공정

③ 배관을 지하에 설치하는 경우 공사가 지정하는 부분을 매몰하기 직전의 공정

④ 공사가 지정하는 부분의 비파괴시험을 하는 공정

⑤ 방호벽 또는 저장탱크의 기초설치공정

3.5 냉동기 제품 표시

① 냉동기 제조자의 명칭	② 냉매가스의 종류
③ 냉동능력(RT)	④ 원동기 소요동력 및 전류
⑤ 제조번호	⑥ 검사에 합격한 연, 월
⑦ 내압시험압력(TP[MPa])	⑧ 최고사용압력(DP[MPa])

4 보일러안전관리

4.1 개요

(1) 안전관리의 의의

① 인간의 생명을 존중하는 것을 목적으로 항시 작업자의 안전을 도모하여 위해를 방지하고 사고로 인한 재산적 피해를 입지 않도록 하기 위함이다.

② 목적 : 인명존중, 사회복지 증진, 생산성 향상, 경제성 향상, 안전사고 발생 방지

(2) 사고의 원인

① 직접원인
  ㉠ 불안전한 행동(인적원인) : 안전조치 불이행, 불안전한 상태의 방치 등
  ㉡ 불안전한 상태(물적원인) : 작업환경의 결함, 보호구 복장 등의 결함 등

② 간접원인
  ㉠ 기술적 원인 : 기계, 기구, 장비 등의 방호설비, 경계설비 등의 기술적 결함
  ㉡ 교육적 원인 : 무지, 경시, 몰이해, 훈련미숙, 나쁜 습관 등
  ㉢ 신체적 원인 : 각종 질병, 피로, 수면 부족 등
  ㉣ 정신적 원인 : 태만, 반항, 불만, 초조, 긴장, 공포 등
  ㉤ 관리적 원인 : 책임감 부족, 작업기준의 불명확, 근로의욕 침체 등

(3) 안전점검의 목적

① 결함이나 불안전조건의 제거
② 기계설비 본래의 성능유지
③ 합리적인 생산관리

(4) 안전관리 일반

① 온도 : 안전활동에 가장 적당한 온도, 18~21℃
② 습도 : 가장 바람직한 상대습도, 30~35%
③ 불쾌지수 : 불쾌지수의 위험한계, 75 이상
④ 유해가스
  ㉠ CO_2의 영향
    • 1~2% : 작업능률 저하, 실수 유발
    • 3% 이상 : 호흡장해
    • 5~10% : 일정 시간 머물면 치명적
    • CO_2의 농도가 0.1%를 넘으면 환기를 해야 한다.
  ㉡ CO의 영향
    • 두통, 현기증, 귀울림, 경련, 질식
    • CO의 농도가 0.01% 이상일 경우 환기상태를 개선해야 한다.
⑤ 안전색 표시
  ㉠ 적색 : 정지, 금지   ㉡ 황적색 : 위험
  ㉢ 황색 : 주의   ㉣ 녹색 : 안전안내, 진행유도, 구급구호
  ㉤ 청색 : 조심, 지시   ㉥ 백색 : 통로, 정리정돈
  ㉦ 적자색 : 방사능

⑥ 화재등급별 소화방법

분류	A급 화재 (일반화재)	B급 화재 (유류화재)	C급 화재 (전기화재)	D급 화재 (금속화재)	E급 화재 (가스화재)	K급 화재 (주방화재)
가연물	• 일반 가연물 • 목재, 종이, 섬유 등 화재	• 가연성 액체 • 가연성 가스 • 액화가스화재 • 석유화재	• 전기설비	• 가연성 금속 (리튬, 마그네슘, 나트륨 등)	• LPG • LNG • 도시가스	• 식용유화재
주소화 효과	냉각소화	질식소화	질식·냉각소화	질식소화	제거소화	질식·냉각소화
소화기	• 분말소화기 • 포말소화기 • 할로겐화합물 소화기	• 분말소화기 • 포말소화기 • CO$_2$소화기 • 할로겐화합물 소화기 • 가스식 소화기	• 분말소화기 • CO$_2$소화기 • 할로겐화합물 소화기 • 가스식 소화기	• 건조사 • 팽창질식 • 팽창진주암	• 할로겐화합물 소화기	• 할로겐화합물 소화기 • K급 소화기
구분색	백색	황색	청색	무색	황색	–

※ 요즘 구분색의 의무규정은 없다.

⑦ 고압가스용기의 도색
  ㉠ 산소 : 녹색　　　　　　㉡ 수소 : 주황색　　　　　　㉢ 액화탄산가스 : 청색
  ㉣ 아세틸렌 : 황색　　　　㉤ 액화염소 : 갈색　　　　　㉥ 액화암모니아 : 백색
  ㉦ 기타 가스 : 회색

4.2 보일러 손상과 방지대책

(1) 부식

보일러의 전열재는 일반 강재(Fe)로 구성되어 있어 물이 닿는 내부부식과, 고온의 화염 또는 저온의 가스가 닿는 외부부식으로 구분된다.

① 내부부식 : 보일러의 내부, 즉 수면과 맞닿는 부분에서의 부식을 말하여, 그 원인은 용존산소, 가스분, 탄산가스, 유지분 등이다.
  ㉠ 점식(pitting)
    • 동 내부의 물은 전해액이 되고, 동의 강재는 양극화가 되어 국부전지가 일시적으로 일어남으로써 그때의 관수 중 용존산소(OH$^-$)가 양극(Fe^{2+})에 집중적으로 발생되어 강재 내부에(Fe(OH)$_2$) 깊게 부식되어 외형상으로는 좁쌀알크기의 반점으로 나타나는 부식이다.
    • 발생장소
      – 강재의 표면이 불균일한 곳

- 산화철의 보호피막이 파괴된 곳
- 스케일이 생성되어 쌓인 곳
- 방지방법 : 용존산소 제거(탈기), 방청도장(보호피막), 약한 전류의 통전, 아연판 매달기
ⓛ 국부부식 : 내면이나 외면에 얼룩모양으로 생기는 국부적인 부식이다.
ⓒ 전면식(일반 부식) : 물과 접촉하고 있는 강재의 표면에서 Fe^{2+}(철이온)이 용출한다.

$$Fe \rightleftharpoons Fe^{2+} + 2e^+$$

이것은 관수의 pH와 관계가 있으며, 낮을수록 용해가 잘 되며 가장 용해되기 어려운 때의 pH(25℃)는 11~12 정도이다. 직접 물과 접촉되어 있는 부분의 부식으로 전면적으로 일어나는 형태이다.
ⓔ 구식(grooving) : 열팽창에 의한 신축으로 팽창, 수축의 반복적인 응력에 의해 도량형태(V, U자)의 홈을 만들며 나타나는 부식으로 보일러 연결 부위 및 만곡부에 발생한다.
ⓜ 알칼리부식 : 관수 중 알칼리(수산화나트륨)의 농도가 높아 수산화 제1철($Fe(OH)_2$)이 용해되어 강은 알칼리에 의해 부식된다.
ⓗ 내부부식 방지방법
- 예열된 급수를 사용하여 열응력을 적게 한다.
- 급수 처리를 철저히 한다(탈기, 관수연화).
- 아연판을 매단다.
- 약한 전류도 통전한다.
② 외부부식
㉠ 저온부식
- 황분이 많은 연료를 사용하는 보일러에서 일어나는 부식으로 저온대의 가스와 응축된 수증기가 화합하여 발생하므로 연도 내 저온대에 설치된 공기예열기, 절탄기의 부대설비 및 수관이나 노통관 등 본체에서도 나타난다. 배기가스 중 황산화물의 노점온도는 황분 1%당 4℃ 상승하는 관계를 유지하며, 그로 인해 150~170℃ 이하에서 일어나는 부식현상이다.
- 방지방법
- 노점강하제를 사용하여 황산화물의 노점을 낮출 것
- 양질의 연료를 선택할 것
- 배기가스온도를 노점온도 이상으로 유지할 것
- 적정 공기비로 연소할 것
- 저온부식방지제로 돌로마이트 및 암모니아를 사용할 것
㉡ 고온부식
- 고체연료, 중질유를 사용하는 연소장치 중에서 일어나는 부식으로 고온으로 접촉되어지

는 과열기, 수관보일러의 천장 등에 V_2O_5(오산화바나듐), SO_x, Na_2O의 성분이 고온에서 용융, 침착하는 현상으로 침착된 부분에는 강재가 강하게 침식된다(약 550~600℃).

- 방지방법
  - 회분개질제를 첨가하여 회분의 융점을 높인다.
  - 양질의 연료를 사용하며 연료 속의 V, Na, S를 제거 후 사용한다.
  - 고온가스가 접촉되는 부분에 보호피막을 한다.
  - 연소가스온도를 융점온도 이하로 유지한다.

(2) 보일러 손상

① 마모(abrasion) : 국부적으로 반복작용에 의해 나타나는 것으로 다음의 경우에서 나타난다.
  - ㉠ 매연취출에 의해 수관에 오래 증기를 취출하는 경우
  - ㉡ 연소가스 중에 미립의 거친 성분을 함유하고 있는 경우
  - ㉢ 수관이나 연관의 내부청소에 튜브클리너를 한 곳에 오래 사용한 경우

② 라미네이션(lamination), 블리스터(blister) : 보일러 강판이나 관의 두께 속에 2장의 층을 형성하고 있는 상태는 라미네이션이라 하고, 이러한 상태에서 화염과 접촉하여 높은 열을 받아 부풀어 오르거나 표면이 타서 갈라지게 되는 상태를 블리스터라 한다.

③ 소손(burn) : 과열이 촉진되어 용해점 가까운 고온이 되면 함유탄소의 일부가 연소하므로 열처리를 하여도 근본의 성질로 회복되지 못하게 된다. 보일러에서는 노 내 가열을 통해 보일러수에 전달되는 것이므로 보일러 본체의 온도는 내부의 포화수보다 30~50℃ 정도 높은 상태이기 때문에 물 쪽으로의 열전달이 방해되거나 물이 부족하여 공관연소하게 되면 강재의 온도가 상승하여 과열, 소손하게 된다.

④ 팽출, 압궤 : 보일러 본체의 화염에 접하는 부분이 과열된 결과 내부의 압력에 의해 부풀어 오르는 현상을 팽출이라 하고, 외부로부터의 압력에 의해 짓눌린 현상을 압궤라 한다(팽출 : 인장능력, 압궤 : 압축응력).
  - ㉠ 압궤가 일어나는 부분 : 노통, 연소실, 관판
  - ㉡ 팽출이 일어나는 부분 : 횡연관, 보일러 동저부, 수관

⑤ 크랙(crack)
  - ㉠ 무리한 응력을 받은 부분, 응력이 국부적으로 집중된 부분, 화염에 접촉된 부분 등에 압력변화, 가열로 인한 신축의 영향으로 조직이 파괴되고 천천히 금이 가는 현상이다. 특히 주철제보일러의 경우에는 급열, 급냉의 부동팽창으로 크랙이 발생되기 쉽다.
  - ㉡ 크랙이 발생되기 쉬운 부분
    - 스테이 자체나 부근의 판
    - 연소구 주변의 리벳
    - 용접이음부와 열영향부

4.3 보일러사고 및 방지대책

(1) 개요

보일러는 내부에 열매체(온수, 증기)를 보유한 일종의 압력용기로 증기의 체적 증가로 인한 압력 초과, 연소실 내의 미연소가스폭발사고 등 언제라도 대형 사고와 직결된다.

(2) 원인별 구분

① 제작상의 원인 : 재료 불량, 구조 및 설계 불량, 강도 불량, 용접 불량 등
② 취급상의 원인 : 압력 초과, 저수위, 과열, 역화, 부식 등
  ※ 파열사고 : 압력 초과, 저수위(이상감수), 과열
  ※ 미연소가스폭발사고 : 역화

(3) 발생 및 대책

보일러사고는 제작상의 원인보다는 취급상의 원인이 주사고원인이다. 이에 대한 발생원인과 대책은 다음과 같다.

① 압력 초과
  ㉠ 원인
    • 안전장치의 작동 불량   • 압력계의 기능이상
    • 이상감수   • 급수계통의 이상
    • 수면계의 기능이상
  ㉡ 대책
    • 안전장치의 작동시험 및 점검   • 압력계의 작동시험 및 점검
    • 항시 상용수위의 유지관리 철저   • 펌프 및 밸브류의 누설점검
    • 수면계의 작동시험 및 점검

② 저수위(이상감수)
  ㉠ 원인
    • 수면계 수위의 오판   • 수면계 주시 태만
    • 급수계통의 이상   • 분출계통의 누수
    • 증발량의 과잉
  ㉡ 대책
    • 수면계 연락관 청소 및 기능점검   • 수면계의 철저한 감시
    • 펌프 및 밸브류의 기능 및 누설점검   • 수저분출밸브의 누설점검
    • 상용수위의 유지

③ 과열
  ㉠ 원인
    • 이상감수   • 전열면의 국부가열

- 관수의 농축
- 스케일의 생성
- 관수의 순환 불량

ⓛ 대책
- 상용수위의 유지
- 분출을 통한 한계값 유지
- 급수 처리 철저 및 적기의 분출
- 연소장치의 개선, 분사각 조절
- 전열의 확산 및 순환펌프의 기능점검

④ 역화(미연소가스의 폭발)
ⓐ 원인
- 프리퍼지 부족
- 과다한 연료공급
- 압입통풍의 과대
- 연료의 불완전 및 미연소
- 점화 시 착화가 늦은 경우
- 흡입통풍의 부족
- 공기보다 연료의 공급이 우선된 경우

ⓛ 대책
- 점화 시 송풍기 미작동일 때 연료누입방지장치
- 착화장치의 기능점검
- 적절한 연료공급
- 흡입(유인)통풍의 증대
- 댐퍼의 개도를 적절히 조절
- 우선하여 공기공급
- 연료의 과대 공급 방지 및 연소장치의 개선

5 관련 법령 및 기준

5.1 고압가스안전관리

(1) 고압가스의 종류 및 범위

① 상용(常用)의 온도에서 압력(게이지압력을 말함)이 1MPa 이상이 되는 압축가스로서 실제로 그 압력이 1MPa 이상이 되는 것 또는 35℃에서 압력이 1MPa 이상이 되는 압축가스 (아세틸렌가스는 제외)

② 15℃에서 압력이 0Pa을 초과하는 아세틸렌가스

③ 상용의 온도에서 압력이 0.2MPa 이상이 되는 액화가스로서 실제로 그 압력이 0.2MPa 이상이 되는 것 또는 압력이 0.2MPa이 되는 경우 35℃ 이하인 액화가스

④ 35℃에서 압력이 0Pa을 초과하는 액화가스 중 액화시안화수소, 액화브롬화메탄, 액화산화에틸렌가스

(2) 경미한 사항의 변경

"대통령령으로 정하는 경미한 사항을 변경하려는 경우"란 다음의 어느 하나에 해당하는 경우를 말한다.

① 가스안전관리에 관한 기본계획(이하 "기본계획")에서 정한 부문별 사업규모의 100분의 15의 범위에서 그 규모를 변경하려는 경우

② 기본계획에서 정한 부문별 사업기간의 1년의 범위에서 그 기간을 변경하려는 경우

③ 계산 착오, 오기, 누락 또는 이에 준하는 명백한 오류를 수정하려는 경우

④ 그 밖에 기본계획의 목적 및 방향에 영향을 미치지 아니하는 것으로서 산업통상자원부장관이 고시하는 사항을 변경하려는 경우

(3) 자료의 제출 또는 협력의 요청 등

① 산업통상자원부장관은 관계 중앙행정기관의 장이나 특별시장·광역시장·특별자치시장·도지사·특별자치도지사(이하 "시·도지사") 또는 공공기관의 장에게 다음 사항에 관한 자료의 제출이나 협력을 요청할 수 있다.

　㉠ 고압가스, 액화석유가스 및 도시가스(이하 "고압가스 등")의 안전과 관련된 규제의 정비

　㉡ 고압가스 등의 시설에 대한 관계기관 합동 가스안전점검의 실시

　㉢ 고압가스 등으로 인한 사고 관련 통계 및 사례의 산출 및 관리

　㉣ 고압가스 등 관련 안전의식 정착을 위한 가스안전문화운동의 추진

　㉤ 고압가스 등으로 인한 사고예방을 위한 홍보의 지원

　㉥ 그 밖에 기본계획을 효율적으로 시행하기 위하여 산업통상자원부장관이 필요하다고 인정하는 사항

② 산업통상자원부장관은 기본계획을 수립 또는 변경한 경우에는 그 수립 또는 변경일부터 1개월 이내에 관계 중앙행정기관의 장, 시·도지사 및 공공기관(가스안전에 관한 업무를 수행하는 공공기관에 한정)의 장에게 해당 사항을 통보하고, 산업통상자원부 인터넷 홈페이지에 공고하여야 한다.

(4) 고압가스 제조허가 등의 종류 및 기준 등

① 고압가스 제조허가의 종류와 그 대상범위

　㉠ 고압가스 특정 제조 : 산업통상자원부령으로 정하는 시설에서 압축·액화 또는 그 밖의 방법으로 고압가스를 제조(용기 또는 차량에 고정된 탱크에 충전하는 것을 포함)하는 것으로서 그 저장능력 또는 처리능력이 산업통상자원부령으로 정하는 규모 이상인 것

　㉡ 고압가스 일반 제조 : 고압가스 제조로서 고압가스 특정 제조의 범위에 해당하지 아니하는 것

ⓒ 고압가스 충전 : 용기 또는 차량에 고정된 탱크에 고압가스를 충전할 수 있는 설비로 고압가스를 충전하는 것으로서 다음의 어느 하나에 해당하는 것. 다만, 고압가스 특정 제조 또는 고압가스 일반 제조의 범위에 해당하는 것은 제외한다.

• 가연성 가스(액화석유가스와 천연가스는 제외) 및 독성가스의 충전
• 가연성 가스 외의 고압가스(액화석유가스와 천연가스는 제외)의 충전으로서 1일 처리능력이 $10m^3$ 이상이고 저장능력이 3톤 이상인 것

ⓔ 냉동제조 : 1일의 냉동능력(이하 "냉동능력")이 20톤 이상(가연성 가스 또는 독성가스 외의 고압가스를 냉매로 사용하는 것으로서 산업용 및 냉동·냉장용인 경우에는 50톤 이상, 건축물의 냉난방용인 경우에는 100톤 이상)인 설비를 사용하여 냉동을 하는 과정에서 압축 또는 액화의 방법으로 고압가스가 생성되게 하는 것. 다만, 다음의 어느 하나에 해당하는 자가 그 허가받은 내용에 따라 냉동제조를 하는 것은 제외한다.

• 고압가스 특정 제조의 허가를 받은 자
• 고압가스 일반 제조의 허가를 받은 자
• 도시가스사업의 허가를 받은 자

② 고압가스저장소 설치허가의 대상범위는 산업통상자원부령으로 정하는 양 이상의 고압가스를 저장하는 시설로 한다. 다만, 다음의 어느 하나에 해당하는 자가 그 허가받은 내용에 따라 고압가스를 저장하는 것은 제외한다.

ⓐ 고압가스 제조허가를 받은 자
ⓑ 고압가스 판매허가를 받은 자
ⓒ 액화석유가스저장소의 설치허가를 받은 자
ⓓ 도시가스사업의 허가를 받은 자

(5) 고압가스 제조의 신고대상

① **고압가스 충전** : 용기 또는 차량에 고정된 탱크에 고압가스를 충전할 수 있는 설비로 고압가스(가연성 가스 및 독성가스는 제외)를 충전하는 것으로서 1일 처리능력이 $10m^3$ 미만이거나 저장능력이 3톤 미만인 것

② **냉동제조** : 냉동능력이 3톤 이상 20톤 미만(가연성 가스 또는 독성가스 외의 고압가스를 냉매로 사용하는 것으로서 산업용 및 냉동·냉장용인 경우에는 20톤 이상 50톤 미만, 건축물의 냉난방용인 경우에는 20톤 이상 100톤 미만)인 설비를 사용하여 냉동을 하는 과정에서 압축 또는 액화의 방법으로 고압가스가 생성되게 하는 것. 다만, 다음의 어느 하나에 해당하는 자가 그 허가받은 내용에 따라 냉동제조를 하는 것은 제외한다.

ⓐ 고압가스 특정 제조, 고압가스 일반 제조 또는 고압가스저장소 설치의 허가를 받은 자
ⓑ 도시가스사업의 허가를 받은 자

(6) 용기 등의 제조등록

① 용기·냉동기 또는 특정 설비(이하 "용기 등")의 제조등록 대상범위

　㉠ 용기 제조 : 고압가스를 충전하기 위한 용기(내용적 3dL 미만의 용기는 제외), 그 부속품인 밸브 및 안전밸브를 제조하는 것

　㉡ 냉동기 제조 : 냉동능력이 3톤 이상인 냉동기를 제조하는 것

　㉢ 특정 설비 제조 : 고압가스의 저장탱크(지하 암반동굴식 저장탱크는 제외), 차량에 고정된 탱크 및 산업통상자원부령으로 정하는 고압가스 관련 설비를 제조하는 것

② 용기 등의 제조등록기준

　㉠ 용기의 제조등록기준 : 용기별로 제조에 필요한 단조(鍛造 : 금속을 두들기거나 눌러서 필요한 형체로 만드는 일)설비·성형설비·용접설비 또는 세척설비 등을 갖출 것

　㉡ 냉동기의 제조등록기준 : 냉동기 제조에 필요한 프레스설비·제관설비·건조설비·용접설비 또는 조립설비 등을 갖출 것

　㉢ 특정 설비의 제조등록기준 : 특정 설비의 제조에 필요한 용접설비·단조설비 또는 조립설비 등을 갖출 것

③ 제조등록기준 : 산업통상자원부령으로 정하는 시설기준 및 기술기준에 적합할 것

④ 대통령령으로 정하는 구분에 따라 일정 자격을 갖춘 자 : 용기 등 수리감독자의 자격을 갖춘 자

(7) 외국용기 등의 제조등록·재등록의 대상범위 및 기준

외국용기 등(외국에서 국내로 수출하기 위한 용기 등)의 제조등록 및 재등록대상범위는 다음과 같다. 다만, 산업통상자원부령으로 정하는 용기 등을 제조하는 것은 제외한다.

① 고압가스를 충전하기 위한 용기(내용적 3dL 미만의 용기는 제외), 그 부속품인 밸브 및 안전밸브를 제조하는 것

② 고압가스 특정 설비 중 다음의 어느 하나에 해당하는 설비를 제조하는 것

　㉠ 저장탱크

　㉡ 차량에 고정된 탱크

　㉢ 압력용기

　㉣ 독성가스배관용 밸브

　㉤ 냉동설비(일체형 냉동기는 제외)를 구성하는 압축기·응축기·증발기 또는 압력용기

　㉥ 긴급차단장치

　㉦ 안전밸브

(8) 고압가스수입업자의 등록대상범위 등

① 고압가스수입업자의 등록대상범위는 산업통상자원부령으로 정하는 고압가스를 수입하는 것으로 한다.

② 고압가스수입업자의 등록기준

ㄱ 고압가스용기보관실을 보유할 것

ㄴ 고압가스수입업을 하는 데에 필요한 시설 및 기술이 산업통상자원부령으로 정하는 시설기준 및 기술기준에 적합할 것

(9) 고압가스운반자의 등록대상범위 등

① 고압가스운반자의 등록대상범위는 다음의 어느 하나에 해당하는 차량(이하 "고압가스 운반차량")으로 고압가스를 운반하는 것으로 한다.

ㄱ 허용농도가 100만분의 200 이하인 독성가스를 운반하는 차량

ㄴ 차량에 고정된 탱크로 고압가스를 운반하는 차량

ㄷ 차량에 고정된 2개 이상을 이음매가 없이 연결한 용기로 고압가스를 운반하는 차량

ㄹ 다음의 어느 하나에 해당하는 자가 수요자에게 용기로 고압가스를 운반하는 차량. 다만, 접합용기 또는 납붙임용기로 고압가스를 운반하거나 스킨스쿠버 등 여가목적의 장비에 사용되는 충전용기로 고압가스를 운반하는 경우 해당 차량은 제외한다.

• 고압가스 제조허가를 받거나 신고를 한 자

• 고압가스 판매허가를 받은 자

• 고압가스수입업자의 등록을 한 자

ㅁ 다음의 어느 하나에 해당하는 자가 수요자에게 용기로 액화석유가스를 운반하는 차량. 다만, 이륜자동차를 이용하여 액화석유가스를 운반하는 경우 해당 이륜자동차는 제외한다.

• 용기충전사업자

• 가스난방기용기충전사업자

• 액화석유가스판매사업자

ㅂ 산업통상자원부령으로 정하는 탱크컨테이너로 고압가스를 운반하는 차량

② 고압가스운반자의 등록기준

ㄱ 고압가스 운반차량이 밸브의 손상방지조치, 액면요동방지조치 등 고압가스를 안전하게 운반하기 위하여 필요한 시설이 설치되어 있을 것

ㄴ 고압가스 운반차량에 필요한 시설이 산업통상자원부령으로 정하는 기준에 적합할 것

(10) 과징금 부과 등

① 과징금의 금액은 과징금 산정기준을 적용하여 산정한다.

② 과징금을 부과할 때에는 사업자의 사업규모, 위반행위의 정도 및 횟수 등을 고려하여 과징금금액의 5분의 1의 범위에서 과징금을 늘리거나 줄일 수 있다. 다만, 늘리는 경우에도 과징금총액이 4천만원을 초과할 수 없다.

③ 과징금의 부과권자가 과징금을 부과할 때에는 그 위반행위의 종류와 해당 과징금의 금액을 분명히 적어 이를 낼 것을 서면으로 알려야 한다.

④ 통지를 받은 자는 20일 이내에 그 부과권자가 지정하는 수납기관에 내야 한다. 다만, 천재지변이나 그 밖의 부득이한 사유로 그 기간까지 과징금을 낼 수 없을 때에는 그 사유가 없어진 날부터 7일 이내에 내야 한다.

⑤ 과징금을 수납한 수납기관은 과징금납부자에게 영수증을 발급하여야 한다.

⑥ 과징금의 수납기관은 과징금을 수납한 때에는 지체 없이 그 사실을 허가관청 또는 등록관청에 알려야 한다.

(11) 공급자의 의무 등

① 고압가스의 제조허가를 받거나 제조신고를 한 자(이하 "고압가스제조자") 또는 고압가스의 판매허가를 받은 자(이하 "고압가스판매자")가 고압가스를 수요자에게 공급할 때에는 그 수요자의 시설에 대하여 안전점검을 하여야 하며, 산업통상자원부령으로 정하는 바에 따라 수요자에게 위해 예방에 필요한 사항을 계도하여야 한다.

② 고압가스제조자나 고압가스판매자는 안전점검을 한 결과 수요자의 시설 중 개선되어야 할 사항이 있다고 판단되면 그 수요자에게 그 시설을 개선하도록 하여야 한다.

③ 고압가스제조자나 고압가스판매자는 고압가스의 수요자가 그 시설을 개선하지 아니하면 그 수요자에 대한 고압가스의 공급을 중지하고 지체 없이 그 사실을 시장·군수 또는 구청장에게 신고하여야 한다.

④ 신고를 받은 시장·군수 또는 구청장은 고압가스의 수요자에게 그 시설의 개선을 명하여야 한다.

⑤ 안전점검에 필요한 점검자의 자격·인원, 점검장비, 점검기준 등은 산업통상자원부령으로 정한다.

(12) 종합적 안전관리대상자

"대통령령으로 정하는 사업자 등"이란 고압가스제조자 중 다음의 어느 하나에 해당하는 시설을 보유한 자를 말한다.

① 석유정제사업자의 고압가스시설로서 저장능력이 100톤 이상인 것

② 석유화학공업자 또는 지원사업을 하는 자의 고압가스시설로서 1일 처리능력이 $1만m^3$ 이상 또는 저장능력이 100톤 이상인 것

③ 비료생산업자의 고압가스시설로서 1일 처리능력이 $10만m^3$ 이상 또는 저장능력이 100톤 이상인 것

(13) 안전관리자의 종류 및 자격 등

① 안전관리자의 종류 : 안전관리 총괄자, 안전관리 부총괄자, 안전관리 책임자, 안전관리원

② 안전관리 총괄자는 해당 사업자(법인인 경우에는 그 대표자) 또는 특정 고압가스 사용신고시설(이하 "사용신고시설")을 관리하는 최상급자로 하며, 안전관리 부총괄자는 해당 사업자의 시설을 직접 관리하는 최고책임자로 한다.

③ 안전관리자의 자격과 선임인원

시설구분	저장 또는 처리능력	안전관리자의 구분	선임인원
고압가스 특정 제조시설		안전관리 총괄자	1명
		안전관리 부총괄자	1명
		안전관리 책임자	1명
		안전관리원	2명 이상
고압가스 일반제조시설·충전시설	저장능력 500톤 초과 또는 처리능력 1시간당 2,400m³ 초과	안전관리 총괄자	1명
		안전관리 부총괄자	1명
		안전관리 책임자	1명
		안전관리원	2명 이상
	저장능력 100톤 초과 500톤 이하 또는 처리능력 1시간당 480m³ 초과 2,400m³ 이하	안전관리 총괄자	1명
		안전관리 부총괄자	1명
		안전관리 책임자	1명
		안전관리원	
		- 자동차의 연료로 사용되는 특정 고압가스(이 표에서 "특정 고압가스")를 충전하는 시설의 경우	1명 이상
		- 위의 시설 외의 경우	2명 이상
	저장능력 100톤 이하 또는 처리능력 1시간당 60m³ 초과 480m³ 이하	안전관리 총괄자	1명
		안전관리 부총괄자	1명
		안전관리 책임자	1명
		안전관리원(자동차의 연료로 사용되는 특정 고압가스를 충전하는 시설의 경우는 제외)	1명 이상
	처리능력 1시간당 60m³ 이하	안전관리 총괄자	1명
		안전관리 책임자	1명
		안전관리원(자동차의 연료로 사용되는 특정 고압가스 또는 공기를 충전하는 시설의 경우는 제외)	1명 이상
냉동제조시설	냉동능력 300톤 초과(프레온을 냉매로 사용하는 것은 냉동능력 600톤 초과)	안전관리 총괄자	1명
		안전관리 책임자	1명
		안전관리원	2명 이상

시설구분	저장 또는 처리능력	안전관리자의 구분	선임인원
냉동제조시설	냉동능력 100톤 초과 300톤 이하(프레온을 냉매로 사용하는 것은 냉동능력 200톤 초과 600톤 이하)	안전관리 총괄자	1명
		안전관리 책임자	1명
		안전관리원	1명 이상
	냉동능력 50톤 초과 100톤 이하(프레온을 냉매로 사용하는 것은 냉동능력 100톤 초과 200톤 이하)	안전관리 총괄자	1명
		안전관리 책임자	1명
		안전관리원	1명 이상
	냉동능력 50톤 이하(프레온을 냉매로 사용하는 것은 냉동능력 100톤 이하)	안전관리 총괄자	1명
		안전관리 책임자	1명
저장시설	저장능력 100톤 초과(압축가스의 경우는 저장능력 1만m^3 초과)	안전관리 총괄자	1명
		안전관리 부총괄자	1명
		안전관리 책임자	1명
		안전관리원	2명 이상
	저장능력 30톤 초과 100톤 이하(압축가스의 경우에는 저장능력 3천m^3 초과 1만m^3 이하)	안전관리 총괄자	1명
		안전관리 책임자	1명
		안전관리원	1명 이상
	저장능력 30톤 이하(압축가스의 경우에는 저장능력 3천m^3 이하)	안전관리 총괄자	1명
		안전관리 책임자	1명 이상
판매시설		안전관리 총괄자	1명
		안전관리 책임자	1명 이상
특정 고압가스 사용신고시설	저장능력 250kg(압축가스의 경우에는 저장능력 100m^3) 초과	안전관리 총괄자	1명
		안전관리 책임자(자동차의 연료로 사용되는 특정 고압가스를 사용하는 시설의 경우는 제외)	1명 이상
	저장능력 250kg(압축가스의 경우에는 저장능력 100m^3) 이하	안전관리 총괄자	1명
용기제조시설	용기제조시설	안전관리 총괄자	1명
		안전관리 부총괄자	1명
		안전관리 책임자	1명 이상
	용기부속품제조시설	안전관리 총괄자	1명
		안전관리 부총괄자	1명
		안전관리 책임자	1명 이상
냉동기제조시설		안전관리 총괄자	1명
		안전관리 부총괄자	1명
		안전관리 책임자	1명
		안전관리원	1명 이상

PART 3

시설구분	저장 또는 처리능력	안전관리자의 구분	선임인원
특정 설비제조시설	저장탱크 및 압력용기제조시설	안전관리 총괄자	1명
		안전관리 부총괄자	1명
		안전관리 책임자	1명
		안전관리원	1명 이상
	저장탱크 및 압력용기 외의 특정 설비제조시설	안전관리 총괄자	1명
		안전관리 부총괄자	사업장 마다 1명
		안전관리 책임자	1명 이상

(14) 안전관리자의 업무

① 안전관리자는 다음의 안전관리업무를 수행한다.
  ㉠ 사업소 또는 사용신고시설의 시설·용기 등 또는 작업과정의 안전유지
  ㉡ 용기 등의 제조공정관리
  ㉢ 공급자의 의무이행 확인
  ㉣ 안전관리규정의 시행 및 그 기록의 작성·보존
  ㉤ 사업소 또는 사용신고시설의 종사자(사업소 또는 사용신고시설을 개수 또는 보수하는 업체의 직원을 포함)에 대한 안전관리를 위하여 필요한 지휘·감독
  ㉥ 그 밖의 위해방지조치

② 안전관리 책임자 및 안전관리원은 이 특별한 규정이 있는 경우 외에는 직무 외의 다른 일을 맡아서는 아니 된다.

③ 각 안전관리자의 업무
  ㉠ 안전관리 총괄자 : 해당 사업소 또는 사용신고시설의 안전에 관한 업무의 총괄
  ㉡ 안전관리 부총괄자 : 안전관리 총괄자를 보좌하여 해당 가스시설의 안전에 대한 직접 관리
  ㉢ 안전관리 책임자 : 안전관리 부총괄자(안전관리 부총괄자가 없는 경우에는 안전관리 총괄자)를 보좌하여 사업장의 안전에 관한 기술적인 사항의 관리 및 안전관리원에 대한 지휘·감독
  ㉣ 안전관리원 : 안전관리 책임자의 지시에 따라 안전관리자의 직무 수행

④ 안전관리자를 선임한 자는 안전관리자가 다음에 해당하는 경우에는 그에 따른 기간 동안 대리자를 지정하여 그 직무를 대행하게 하여야 한다.
  ㉠ 안전관리자가 여행·질병이나 그 밖의 사유로 일시적으로 그 직무를 수행할 수 없는 경우 : 직무를 수행할 수 없는 30일 이내의 기간
  ㉡ 안전관리자의 해임 또는 퇴직과 동시에 다른 안전관리자가 선임되지 아니한 경우 : 다른 안전관리자가 선임될 때까지의 기간

⑤ 안전관리자의 직무를 대행하게 하는 경우 다음의 구분에 따른 자가 그 직무를 대행하게 하여야 한다.
　　㉠ 안전관리 총괄자 및 안전관리 부총괄자의 직무대행 : 각각 그를 직접 보좌하는 직무를 하는 자
　　㉡ 안전관리 책임자의 직무대행 : 안전관리원. 다만, 안전관리원을 선임하지 아니할 수 있는 시설의 경우에는 해당 사업소의 종업원으로서 가스 관련 업무에 종사하고 있는 사람 중 가스안전관리에 관한 지식이 있는 사람으로 한다.
　　㉢ 안전관리원의 직무대행 : 해당 사업소의 종업원으로서 가스 관련 업무에 종사하고 있는 사람 중 가스안전관리에 관한 지식이 있는 사람

(15) 정밀안전검진의 실시기관

① 한국가스안전공사
② 한국산업안전보건공단

(16) 용기 등의 검사 생략

① 검사의 전부 생략
　　㉠ 시험용 또는 연구개발용으로 수입하는 것(해당 용기를 직접 시험하거나 연구개발하는 경우만 해당)
　　㉡ 수출용으로 제조하는 것
　　㉢ 주한 외국기관에서 사용하기 위하여 수입하는 것으로서 외국의 검사를 받은 것
　　㉣ 산업기계설비 등에 부착되어 수입하는 것
　　㉤ 용기 등의 제조자 또는 수입업자가 견본으로 수입하는 것
　　㉥ 소화기에 내장되어 있는 것
　　㉦ 고압가스를 수입할 목적으로 수입되어 1년(산업통상자원부장관이 정하여 고시하는 기준을 충족하는 용기의 경우에는 2년) 이내에 반송되는 외국인 소유의 용기로서 산업통상자원부장관이 정하여 고시하는 외국의 검사기관으로부터 검사를 받은 것
　　㉧ 수출을 목적으로 수입하는 것
　　㉨ 산업통상자원부령으로 정하는 경미한 수리를 한 것
② 검사의 일부 생략
　　㉠ 인증을 받은 용기 등 중 용기 등의 제조자(외국용기 등의 제조자를 포함)의 품질관리능력이 우수하여 안전상 위해가 없는 것으로 산업통상자원부령으로 정하는 용기 등
　　㉡ ①의 ㉠, ㉢~㉤, ㉧~㉨ 외에 수입하는 용기 등
③ ①~② 외에 산업통상자원부령으로 정하는 기준에 해당하는 용기 등으로서 검사를 받아야 할 자가 검사 생략의 신청을 하는 것에 대하여는 그 검사를 생략할 수 있다.
④ 특별자치시장·특별자치도지사·시장·군수 또는 구청장(구청장은 자치구의 구청장을 말하며, 이하 "시장·군수 또는 구청장")은 검사의 일부가 생략된 용기 등이 검사기준에

맞지 아니하다고 인정되면 그 사실을 국가기술표준원장에게 알려야 한다.

(17) 특정 설비에 대한 재검사의 면제

① 재검사의 전부 또는 일부를 면제받을 수 있는 특정 설비

　　㉠ 안전관리규정의 준수상태 및 정기검사 및 수시검사의 수검실적이 우수하고, 검사인력
　　　·장비 및 검사규정을 확보하여 안전에 지장이 없다고 한국가스안전공사가 인정하는
　　　자가 자체검사를 한 압력용기

　　㉡ 최근 2년간 고압가스 관련 설비로 인한 재해가 발생되지 아니한 자로서 다음의 요건
　　　을 갖춘 보험에 가입하고, 산업통상자원부장관이 정하는 시설 및 기술기준을 갖춘 전
　　　문기관이 검사를 한 압력용기

　　　• 압력용기를 계속 사용하는 데에 따른 재물종합위험 및 기계위험을 담보하고, 보험
　　　　가입금액이 보험가액 이상일 것

　　　• 압력용기를 계속 사용하는 데에 따른 사고로 인한 제3자의 법률상 손해배상책임을
　　　　담보할 것

　　　• 약정 보험금액이 500억원 이상일 것

② 면제되는 검사대상 및 검사면제의 절차와 확인방법, 그 밖에 필요한 사항은 산업통상자
　　원부령으로 정한다.

(18) 품질유지대상인 고압가스의 종류

"냉매로 사용되는 가스 등 대통령령으로 정하는 종류의 고압가스"란 냉매로 사용되는 고압
가스 또는 연료전지용으로 사용되는 고압가스로서 산업통상자원부령으로 정하는 종류의 고
압가스를 말한다. 다만, 다음의 어느 하나에 해당하는 고압가스는 제외한다.

① 수출용으로 판매 또는 인도되거나 판매 또는 인도될 목적으로 저장·운송 또는 보관되는
　　고압가스

② 시험용 또는 연구개발용으로 판매 또는 인도되거나 판매 또는 인도될 목적으로 저장·운송
　　또는 보관되는 고압가스(해당 고압가스를 직접 시험하거나 연구개발하는 경우만 해당)

③ 1회 수입되는 양이 40kg 이하인 고압가스

(19) 고압가스 품질검사기관

"대통령령으로 정하는 고압가스 품질검사기관"이란 한국가스안전공사를 말한다.

(20) 안전설비 인증면제

다음의 어느 하나에 해당하는 안전설비는 인증의 전부를 면제한다.

① 독성가스 검지기

② 독성가스 스크러버

③ 다음의 어느 하나에 해당하는 안전설비

ⓖ 시험용 또는 연구개발용으로 수입하는 것(해당 안전설비를 직접 시험하거나 연구개발하는 경우만 해당)

ⓛ 수출용으로 제조하는 것

ⓒ 주한 외국기관에서 사용하기 위하여 수입하는 것으로서 외국의 검사 또는 인증을 받은 것

ⓔ 산업기계설비 등에 부착되어 수입하는 것

ⓜ 견본으로 수입하는 것

ⓗ 다른 법령에 따라 안전성에 관한 검사나 인증을 받은 것

ⓢ 국내에서 제조되지 않고 외국에서 수입하는 안전설비로서 산업통상자원부장관이 인정하는 방법에 따라 안전성을 확인받은 것

(21) 특정 고압가스

① 포스핀   ② 셀렌화수소   ③ 게르만   ④ 디실란

⑤ 오불화비소   ⑥ 오불화인   ⑦ 삼불화인   ⑧ 삼불화질소

⑨ 삼불화붕소   ⑩ 사불화유황   ⑪ 사불화규소

(22) 위해방지조치 명령

허가관청·신고관청·등록관청 또는 사용신고관청은 법에 따른 허가를 받았거나 신고를 한 자, 등록을 한 자 또는 고압가스사용자에게 위해 방지를 위하여 필요한 다음의 조치를 할 것을 명령할 수 있다.

① 월동기·해빙기, 그 밖에 가스안전사고의 취약시기에 있어서의 가스시설에 대한 특별안전점검

② 가스사고의 우려가 있는 가스사용시설에 대한 가스공급의 중지

③ 그 밖에 안전관리에 필요한 조치

(23) 사고의 통보 등

① 사업자 등과 특정 고압가스사용신고자는 그의 시설이나 제품과 관련하여 다음의 어느 하나에 해당하는 사고가 발생하면 산업통상자원부령으로 정하는 바에 따라 즉시 한국가스안전공사에 통보하여야 하며, 통보를 받은 한국가스안전공사는 이를 시장·군수 또는 구청장에게 보고하여야 한다.

ⓖ 사람이 사망한 사고

ⓛ 사람이 부상당하거나 중독된 사고

ⓒ 가스 누출에 의한 폭발 또는 화재사고

ⓔ 가스시설이 손괴되거나 가스 누출로 인하여 인명대피나 공급 중단이 발생한 사고

ⓜ 그 밖에 가스시설이 손괴(損壞)되거나 가스가 누출된 사고로서 산업통상자원부령으로 정하는 사고

② 통보를 받은 한국가스안전공사는 사고재발 방지와 그 밖의 가스사고예방을 위하여 필요하다고 인정하면 그 원인과 경위 등 사고에 관한 조사를 할 수 있다.

(24) 가스사고조사위원회의 구성 · 운영

① 가스사고조사위원회(이하 "위원회")는 위원장 1명을 포함한 12명 이내의 위원으로 구성한다.

② 위원회의 위원은 다음의 어느 하나에 해당하는 사람 중에서 산업통상자원부장관이 임명 또는 위촉하고, 위원장은 위원 중에서 산업통상자원부장관이 임명 또는 위촉한다.

　㉠ 가스안전업무를 수행하는 공무원

　㉡ 가스안전업무와 관련된 단체 및 연구기관 등의 임직원

　㉢ 가스안전업무에 관한 학식과 경험이 풍부한 사람

③ 위원회에 출석한 위원에게는 예산의 범위에서 수당과 여비를 지급할 수 있다. 다만, 공무원인 위원이 그 소관 업무와 직접적으로 관련하여 위원회의 회의에 출석하는 경우에는 그러하지 아니하다.

(25) 위원의 제척 · 기피 · 회피

① 위원이 다음의 어느 하나에 해당하는 경우에는 위원회의 심의 · 의결에서 제척(除斥)된다.

　㉠ 위원 또는 그 배우자나 배우자이었던 사람이 해당 안건의 당사자(당사자가 법인 · 단체 등인 경우에는 그 임원을 포함)가 되거나 그 안건의 당사자와 공동권리자 또는 공동의무자인 경우

　㉡ 위원이 해당 안건의 당사자와 친족이거나 친족이었던 경우

　㉢ 위원이 해당 안건에 대하여 증언, 진술, 자문, 연구, 용역, 조사 또는 감정을 한 경우

　㉣ 위원이 최근 2년 이내에 해당 안건의 당사자가 속한 법인 · 단체 등에 재직한 경우

　㉤ 위원이나 위원이 속한 법인 · 단체 등이 해당 안건의 당사자의 대리인이거나 대리인이었던 경우

② 해당 안건의 당사자는 위원에게 공정한 심의 · 의결을 기대하기 어려운 사정이 있는 경우에는 위원회에 기피(忌避)신청을 할 수 있고, 위원회는 의결로 이를 결정한다. 이 경우 기피신청의 대상인 위원은 그 의결에 참여하지 못한다.

③ 위원이 제척사유에 해당하는 경우에는 스스로 해당 안건의 심의 · 의결에서 회피(回避)하여야 한다.

(26) 지도 · 감독

① 산업통상자원부장관은 시 · 도지사나 시장 · 군수 또는 구청장에게 다음의 조치를 할 수 있다.

　㉠ 가스안전관리업무 수행에 관한 조언 · 권고 또는 지도

　㉡ 가스안전관리업무 처리의 기준 · 절차의 제정 및 통보

　㉢ 가스안전사고예방을 위한 가스시설의 검사에 관한 지시

② 가스안전을 위하여 특별한 관리가 필요하다고 인정되는 시설에 대한 특별안전관리에 관한 지시
⑩ 가스안전관리업무를 게을리하여 공공의 안전을 해치거나 위해 발생의 우려가 있다고 인정되는 경우의 그 업무이행에 관한 지시
⑪ 가스안전관리업무를 수행하는 소속 공무원에 대한 가스안전관리에 관한 전문교육 실시
⑫ 그 밖에 가스안전관리를 위하여 긴급한 조치가 필요한 경우 그 조치에 관한 지시
② 시·도지사, 시장·군수 또는 구청장은 전문교육 실시에 관한 지도를 받았을 때에는 가스안전관리업무를 수행하는 소속 공무원으로 하여금 한국가스안전공사가 실시하는 가스안전관리에 관한 전문교육을 받도록 하여야 한다.

(27) 한국가스안전공사의 정관 기재사항

① 한국가스안전공사의 정관
    ㉠ 목적   ㉡ 명칭
    ㉢ 사무소에 관한 사항   ㉣ 이사회에 관한 사항
    ㉤ 임직원에 관한 사항   ㉥ 업무와 그 집행에 관한 사항
    ㉦ 회계에 관한 사항   ㉧ 정관 변경에 관한 사항
    ㉨ 규약·규정의 제정, 개정 및 폐지에 관한 사항
② 한국가스안전공사가 정관을 변경하려면 산업통상자원부장관의 인가를 받아야 한다.

(28) 승인 및 보고

① 한국가스안전공사는 다음 사항에 관하여 산업통상자원부장관의 승인을 받아야 한다.
    ㉠ 사업계획
    ㉡ 세입·세출의 예산
    ㉢ 그 밖에 정관에 따라 승인을 받아야 할 사항
② 한국가스안전공사는 다음 사항을 산업통상자원부장관에게 보고하여야 한다.
    ㉠ 사업실적
    ㉡ 세입·세출의 결산

(29) 가스기술기준위원회 위원의 선임 등

① 가스기술기준위원회의 위원은 당연직위원과 위촉위원으로 구성한다.
② 당연직위원은 다음의 사람으로 한다.
    ㉠ 산업통상자원부의 가스기술기준 관련 업무를 담당하는 과장
    ㉡ 한국가스안전공사의 가스기술기준 관련 업무를 담당하는 임원
    ㉢ 중앙행정기관의 4급 이상 또는 이에 상당하는 공무원(고위공무원단에 속하는 공무원 포함)으로서 가스기술기준 관련 업무를 담당하는 공무원 중에서 산업통상자원부장관이 지명하는 공무원

③ 위촉위원은 다음의 어느 하나에 해당하는 사람 중에서 산업통상자원부장관이 위촉하는 사람으로 한다.

　　㉠ 전문대학 이상의 학교에서 기계·화공·금속·안전관리·토목·건축·전기·전자 또는 가스 관련 학과의 조교수 이상의 직에 있거나 있었던 사람

　　㉡ 기계·화공·금속·안전관리·토목·건축·전기·전자 또는 가스분야에서 5년 이상 근무한 경력이 있는 사람으로서 해당 분야의 박사학위 또는 기술사의 자격을 취득한 사람

　　㉢ 가스분야에서 10년 이상 근무한 경력이 있는 사람으로서 가스 관련 사업자단체 또는 업체의 기술담당 임원급 이상의 직에 있는 사람

　　㉣ 과학기술분야 정부출연연구기관 또는 특정 연구기관에서 책임연구원 이상의 직에 있는 사람

④ 산업통상자원부장관은 위촉위원을 위촉하기 위하여 한국가스안전공사 또는 관련 학계·단체 등에 위원의 추천을 요청할 수 있다.

(30) 과태료의 부과기준

위반행위	과태료금액(만원)		
	1차 위반	2차 위반	3차 이상 위반
법 제4조 제1항 후단 또는 같은 조 제5항 후단을 위반하여 변경허가를 받지 않고 허가받은 사항 중 상호를 변경하거나 법인의 대표자를 변경한 경우	250	350	500
법 제4조 제2항 후단을 위반하여 변경신고를 하지 않고 신고한 사항을 변경한 경우(상호의 변경 및 법인의 대표자 변경은 제외한다)	1,000	1,500	2,000
법 제4조 제2항 후단을 위반하여 변경신고를 하지 않고 신고한 사항 중 상호를 변경하거나 법인의 대표자를 변경한 경우	250	350	500
법 제5조 제1항 후단, 제5조의3 제1항 후단 또는 제5조의4 제1항 후단을 위반하여 변경등록을 하지 않고 등록한 사항 중 상호를 변경하거나 법인의 대표자를 변경한 경우	250	350	500
법 제8조 제2항에 따른 신고를 하지 않거나 거짓으로 신고한 경우	150		
고압가스제조신고자가 법 제10조 제2항을 위반하여 시설을 개선하도록 하지 않은 경우	500	700	1,000
법 제10조 제3항, 제13조 제4항이나 제20조 제3항·제4항을 위반한 경우	800		
법 제10조 제4항에 따른 명령을 위반한 경우	300		
고압가스제조신고자가 법 제10조 제5항에 따른 안전점검자의 자격·인원, 점검장비 및 점검기준 등을 준수하지 않은 경우	250	350	500
고압가스제조신고자가 법 제11조 제1항을 위반하여 안전관리규정을 제출하지 않은 경우	1,000	1,500	2,000

위반행위	과태료금액(만원)		
	1차 위반	2차 위반	3차 이상 위반
법 제11조 제4항이나 제13조의2 제2항에 따른 명령을 위반한 경우	1,200		
법 제11조 제5항을 위반하여 안전관리규정을 지키지 않거나 안전관리규정의 실시기록을 거짓으로 작성한 경우	500	700	1,000
고압가스제조신고자가 법 제11조 제5항을 위반하여 안전관리규정의 실시기록을 작성·보존하지 않은 경우	500	700	1,000
법 제11조 제6항에 따른 확인을 거부·방해 또는 기피한 경우	1,000	1,500	2,000
법 제11조의2를 위반하여 용기 등에 표시를 하지 않은 경우	250	350	500
고압가스제조신고자가 법 제13조 제5항을 위반하여 충전·판매기록을 작성·보존하지 않은 경우	500	700	1,000
고압가스제조신고자 또는 특정 고압가스사용신고자가 법 제15조 제4항을 위반하여 대리자를 지정하여 그 직무를 대행하게 하지 않은 경우	1,000	1,500	2,000
고압가스제조신고자, 특정 고압가스사용신고자, 수탁관리자 및 종사자가 법 제15조 제5항을 위반하여 안전관리자의 안전에 관한 의견을 존중하지 않거나 권고에 따르지 않은 경우	150	200	300
법 제16조 제4항 후단을 위반하여 고압가스의 제조·저장 또는 판매시설을 사용한 경우	1,000	1,500	2,000
고압가스제조자나 고압가스판매자가 법 제20조 제6항을 위반하여 특정 고압가스를 공급할 때 같은 항 각 호의 사항을 확인하지 않은 경우	150	200	300
고압가스제조자나 고압가스판매자가 법 제20조 제7항을 위반하여 특정 고압가스 공급을 중지하지 않거나 공급중지사실을 신고하지 않은 경우	150	200	300
법 제23조 제1항과 제2항을 위반한 경우	150	200	300
법 제24조에 따른 명령을 위반한 경우	500		
고압가스제조신고자, 특정 고압가스사용신고자 또는 용기 등을 수입한 자가 법 제25조 제1항을 위반하여 보험에 가입하지 않은 경우	1,000	1,500	2,000
법 제26조 제1항을 위반하여 사고 발생사실을 공사에 통보하지 않거나 거짓으로 통보한 경우	500	700	1,000
법 제28조의2를 위반하여 한국가스안전공사 또는 이와 유사한 명칭을 사용한 경우	1,000		

PART 3

5.2 기계설비유지관리자

(1) 선임기준

선임대상	선임자격	선임인원
• 연면적 6만m² 이상 건축물 • 3천세대 이상 공동주택	특급 책임	1
	보조	1
• 연면적 3만m² 이상 연면적 6만m² 미만 건축물 • 2천세대 이상 3천세대 미만 공동주택	고급 책임	1
	보조	1
• 연면적 1만5천m² 이상 연면적 3만m² 미만 건축물 • 1천세대 이상 2천세대 미만 공동주택	중급 책임	1
• 연면적 1만m² 이상 연면적 1만5천m² 미만 건축물 • 500세대 이상 1천세대 미만 공동주택 • 300세대 이상 500세대 미만으로서 중앙집중식 난방방식(지역난방방식 포함)의 공동주택	초급 책임	1
• 국토교통부장관이 정하여 고시하는 건축물 등(시설물, 지하역사, 지하도상가, 학교시설, 공공건축물)	초급 책임 또는 보조	1

※ 선임절차 : 기계설비유지관리자 수첩을 포함한 신고서류를 작성하여 관할 시·군·구청에 신고해야 한다.

※ 2020년 4월 18일 전부터 기존 건축물에서 유지관리업무를 수행 중인 사람은 선임신고 시 2026년 4월 17일까지 선임등급과 관계없이 선임된 것으로 본다.

(2) 자격 및 등급

① 일반기준
  ㉠ 실무경력 : 해당 자격의 취득 이전의 실무경력까지 포함
  ㉡ 점수범위
    • 실무경력 : 30점 이내
    • 보유자격·학력 : 30점 이내
    • 교육 : 40점 이내
  ㉢ 외국인의 인정범위 및 등급 : 해당 외국인의 국가와 우리나라 간의 상호인정협정 등에서 정하는 바에 따라 인정
  ㉣ 그 밖에 실무경력 인정, 등급 산정 및 인정범위 등에 필요한 방법 및 절차에 관한 세부기준은 국토교통부장관이 정하여 고시

② 세부기준

구분		자격 및 경력기준	
		보유자격	실무경력
책임	특급	기술사	–
		기능장, 기사, 특급 건설기술인	10년 이상
		산업기사	13년 이상
	고급	기능장, 기사, 고급 건설기술인	7년 이상
		산업기사	10년 이상
	중급	기능장, 기사, 중급 건설기술인	4년 이상
		산업기사	7년 이상
	초급	기능장, 기사, 초급 건설기술인	–
		산업기사	3년 이상
보조		산업기사	–
		기능사	3년 이상
		• 기계설비 관련 자격을 취득한 사람 • 기술자격을 보유하지 않은 사람으로서 신규교육을 이수한 사람 • 기계설비 관련 교육과정이나 학과를 이수하거나 졸업한 사람	5년 이상

※ 보유자격별 분야
- 기술사 : 건축기계설비 · 기계 · 건설기계 · 공조냉동기계 · 산업기계설비 · 용접분야
- 기능장 : 배관 · 에너지관리 · 용접분야
- 기사 : 일반기계 · 건축설비 · 건설기계설비 · 공조냉동기계 · 설비보전 · 용접 · 에너지관리분야
- 산업기사 : 건축설비 · 배관 · 건설기계설비 · 공조냉동기계 · 용접 · 에너지관리분야
- 기능사 : 배관 · 공조냉동기계 · 용접 · 에너지관리분야
- 건설기술인 : 공조냉동 및 설비 전문분야, 용접 전문분야

(3) 실무경력 인정기준

구분	실무경력
① 자격 취득 후 경력기간의 100%를 적용하는 경력	• 시설물관리를 전문으로 하는 자에게 소속되어 기계설비유지관리자로 선임되거나 기계설비유지관리자로 선임되어 기계설비유지관리업무를 수행한 경력 • 유지관리교육 수탁기관에서 기계설비유지관리에 관한 교수 · 교사업무를 수행한 경력 • 기계설비성능점검업자에게 소속되어 기계설비성능점검업무를 수행한 경력

구분	실무경력
① 자격 취득 후 경력기간의 100%를 적용하는 경력	• 국가, 지방자치단체, 공공기관, 정부출자기관, 지방공사 또는 지방공단에서 기계설비유지관리 또는 성능점검업무를 수행한 경력 • 그 밖에 기계설비유지관리 또는 성능점검업무를 수행한 경력
② 자격 취득 후 경력기간의 80%를 적용하는 경력	• 건설기술용역사업자(종합 및 설계·사업관리 전문분야 중 일반 또는 설계 등 용역 일반 세부분야에 한한다), 엔지니어링사업자(설비부문의 설비 전문분야에 한한다), 기술사사무소(설비부문의 설비 전문분야에 한한다), 건축사사무소에 소속되어 기계설비 설계 또는 감리업무를 수행한 경력 • 종합공사를 시공하는 업종 또는 전문공사를 시공하는 업종 중 기계설비공사업을 등록한 건설사업자에게 소속되어 기계설비 시공업무를 수행한 경력 • 국가, 지방자치단체, 공공기관, 정부출자기관, 지방공사 또는 지방공단에서 기계설비의 설계, 시공, 감리업무를 수행한 경력 • 그 밖에 기계설비의 설계, 시공, 감리업무를 수행한 경력
③ 자격취득 전 경력기간의 70%를 적용하는 경력	①과 ② 각각에 의하여 환산된 경력

※ 합산한 실무경력기간의 1년은 365일로 계산한다.
※ 동일한 기간에 수행한 경력이 두 가지 이상일 경우에는 하나에 대해서만 그 기간을 인정한다.
※ 관련 법령에 따라 자격이 정지된 기간은 경력기간에서 제외한다.
※ 임시등급은 자격사항으로 경력기간에 영향이 가지 않으므로 자격 취득 전후 전부 경력기간의 100%를 적용한다.

5.3 기계설비의 설계 및 시공기준

(1) 기계설비 설계의 일반원칙

① 기계설비의 시공, 감리, 유지관리 등 전 과정을 고려하여 합리적으로 설계할 것
② 공정관리에 지장이 없고 하자책임 구분이 용이하도록 기계설비와 건축 등 타 분야의 공종을 구분하여 설계할 것
③ 에너지 절약을 위한 설계 및 환경친화적인 설비의 우선 사용을 검토할 것
④ 신기술 및 신공법의 적용 가능 여부를 검토할 것

(2) 기계설비의 설계 및 시공기준

① 열원설비 및 냉난방설비
② 공기조화설비
③ 환기설비
④ 위생기구설비
⑤ 급수·급탕설비
⑥ 오배수·통기 및 우수배수설비
⑦ 오수정화·물재이용설비
⑧ 배관설비

⑨ 덕트설비   ⑩ 보온설비

⑪ 자동제어설비   ⑫ 방음·방진·내진설비

⑬ 플랜트설비   ⑭ 특수 설비

5.4   기계설비의 착공 전 확인과 사용 전 검사

(1) 기계설비의 착공 전 확인과 사용 전 검사

① 대통령령으로 정하는 기계설비공사를 발주한 자는 해당 공사를 시작하기 전에 전체 설계도서 중 기계설비에 해당하는 설계도서를 특별자치시장·특별자치도지사·시장·군수·구청장(자치구의 구청장)에게 제출하여 기술기준에 적합한지를 확인받아야 하며, 그 공사를 끝냈을 때에는 특별자치시장·특별자치도지사·시장·군수·구청장의 사용 전 검사를 받고 기계설비를 사용하여야 한다. 다만, 착공신고 및 사용승인과정에서 기술기준에 적합한지 여부를 확인받은 경우에는 이에 따른 착공 전 확인 및 사용 전 검사를 받은 것으로 본다.

② 특별자치시장·특별자치도지사·시장·군수·구청장은 필요한 경우 기계설비공사를 발주한 자에게 착공 전 확인과 사용 전 검사에 관한 자료의 제출을 요구할 수 있다. 이 경우 기계설비공사를 발주한 자는 특별한 사유가 없으면 자료를 제출하여야 한다.

③ 착공 전 확인과 사용 전 검사의 절차, 방법 등은 대통령령으로 정한다.

(2) 대상건축물 등의 확인

기계설비의 착공 전 확인과 사용 전 검사의 대상건축물 등의 연면적 및 바닥면적은 다음의 기준에 따라 계산한다.

① **연면적**: 하나의 건축물 각 층의 바닥면적의 합계

② **바닥면적**: 건축물의 각 층 또는 그 일부로서 벽, 기둥, 그 밖에 이와 비슷한 구획의 중심선으로 둘러싸인 부분의 수평투영면적

(3) 착공 전 확인절차 등

① 특별자치시장·특별자치도지사·시장·군수·구청장(구청장은 자치구의 구청장을 말하며, 이하 "시장·군수·구청장")은 기계설비공사 착공 전 확인신청서를 받은 경우에는 해당 설계도서의 내용이 기계설비의 설계기준에 적합하게 작성되었는지 확인해야 한다.

② 시장·군수·구청장은 기계설비공사 착공 전 확인신청서가 다음 내용에 따라 올바르게 작성되었는지 확인해야 한다.

    ㉠ 신청인(건축주): 발주자 또는 그 대리인

    ㉡ 공사현장 명칭 및 주소: 기계설비공사현장의 명칭 및 주소

    ㉢ 공사의 종류: 기계설비공사의 종류

ⓔ 구조 및 용도 : 건축허가서에 기재된 해당 건축물 등의 구조 및 용도

ⓜ 건축면적 및 연면적/규모(층) : 건축허가서에 기재된 건축면적 및 연면적 등

ⓗ 건축허가번호 및 허가일 : 건축허가서에 기재된 건축허가번호 및 허가일

ⓢ 착공 및 준공예정일 : 기계설비공사의 착공 및 준공예정일

ⓞ 기계설비설계자 : 건설기술용역사업자, 엔지니어링사업자, 기술사사무소 또는 건축사사무소 등에 소속되어 기계설비공사의 설계업무를 수행하는 자

ⓩ 기계설비시공자 : 건설업을 등록하고 기계설비공사를 하는 자(하도급의 경우 하도급자 포함)

ⓒ 기계설비감리업무수행자 : 기계설비공사와 관련된 건설사업관리 및 감리업무 등을 수행하는 자

ⓚ 현장배치기계설비기술인 : 기계설비공사현장에 배치된 건설기술인

ⓣ 현장배치기계설비감리인 : 기계설비공사현장에 배치되어 기계설비공사의 감리업무를 수행하는 건설기술인, 공사감리자 또는 감리자

(4) 기계설비감리업무수행자의 확인 등

① 기계설비설계자 또는 기계설비시공자는 기계설비공사를 시작하기 전에 기계설비 착공 전 확인표를 작성하여 기계설비감리업무수행자에게 제출해야 한다.

② 기계설비감리업무수행자는 제출받은 서류의 적합성을 확인하여 기계설비가 설계기준에 적합하게 설계되었는지 검토해야 한다.

③ 기계설비감리업무수행자는 검토를 마친 경우에는 기계설비착공적합확인서를 작성하고, 이를 제출받은 서류와 함께 발주자에게 제출해야 한다.

④ 기계설비시공자는 기계설비공사를 끝낸 경우 기계설비의 성능 및 안전평가를 수행하고, 다음 서류를 작성하여 기계설비감리업무수행자에게 제출해야 한다.

　ⓐ 기계설비 사용 전 확인표

　ⓑ 기계설비성능확인서

　ⓒ 기계설비안전확인서

⑤ 기계설비감리업무수행자는 성능 및 안전평가에 입회하여 기계설비가 시공기준에 적합하게 시공되었는지 검토해야 한다.

⑥ 기계설비감리업무수행자는 제출받은 서류의 적합성을 확인하고 검토를 마친 경우에는 기계설비사용적합확인서를 작성하고, 이를 제출받은 서류와 함께 발주자에게 제출해야 한다.

(5) 사용 전 검사절차 등

① 시장·군수·구청장은 기계설비 사용 전 검사신청서를 받은 경우에는 해당 기계설비공사가 기계설비의 시공기준에 적합하게 시공되었는지 검사해야 한다.

② 시장·군수·구청장은 기계설비공사 사용 전 검사신청서가 다음 내용에 따라 올바르게 작성되었는지 확인해야 한다.

    ㉠ 신청인(건축주) : 발주자 또는 대리인

    ㉡ 기계설비시공자 : 건설업을 등록하고 기계설비공사를 하는 자(하도급의 경우 하도급
       자 포함)

    ㉢ 기계설비감리업무수행자 : 기계설비공사와 관련된 건설사업관리 및 감리업무 등을 수
       행하는 자

    ㉣ 건축허가번호 및 허가일 : 건축허가서에 기재된 건축허가번호 및 허가일

    ㉤ 공사의 종류 : 기계설비공사의 종류

    ㉥ 구조 및 용도 : 건축허가서에 기재된 해당 건축물 등의 구조 및 용도

    ㉦ 건축면적 및 연면적/규모(층수) : 건축허가서에 기재된 건축면적 및 연면적 등

    ㉧ 착공일 및 완공일 : 기계설비공사의 착공 및 완공일

    ㉨ 검사희망 연월일 : 기계설비공사의 사용 전 검사희망일

(6) 업무매뉴얼 제작 및 배포

국토교통부장관은 착공 전 확인과 사용 전 검사업무의 효율적인 집행과 관계 행정기관 및 이해당사자 간의 민원 해소 등을 위하여 업무매뉴얼을 제작하여 배포할 수 있다.

5.5   공기조화설비의 설계 및 시공기준

(1) 공기조화설비 일반사항

① 목적 : 이 기준은 건축물, 시설물 등에 필요한 온도, 습도, 청정도, 기류 등을 조절하여 쾌
   적한 환경조건을 제공하기 위한 공기조화설비 설계 및 시공방법 등 세부기술기준을 정함
   을 목적으로 한다.

② 적용범위 : 이 기준은 건축물, 시설물 등에 공기조화설비를 설치하는 경우에 대하여 적용
   한다.

(2) 공기조화설비 설계 시 부하 계산

① 부하 계산은 건축물, 시설물 등에 설치되는 냉난방열원장비와 공기조화장비를 선정하고
   공기조화배관과 덕트를 설계하기 위하여 수행한다.

② 공기조화설비는 시간 최대 냉난방부하를 고려하여 선정한다.

③ 냉난방부하는 실내환경조건에 따라 변하며, 외기온습도와 일사, 공간에 거주하는 재실자
   수, 환기 등에 의해 결정된다.

④ 열원장치부하는 공기조화장비부하와 배관 및 덕트의 열손실이나 취득열을 고려하여 안
   전율을 반영한다.

⑤ 실내부하기준

    ㉠ 일반사항 : 냉방부하 계산에 사용하는 실내부하요소에는 인체, 조명 및 기기부하가 포
       함되며 계산서에 실내부하기준을 명기한다.

ⓛ 재실인원, 조명 및 부하기기 : 실내부하를 명확하게 알 수 없는 경우에는 바닥면적 (m²)당 예상재실인원, 조명 및 기기부하로 냉방부하를 계산한다.

ⓒ 인체발열부하 : 인체에서 발생하는 현열(SH)과 잠열(LH)은 실내온도 및 작업상태를 고려하여 부하에 반영한다.

⑥ 외기냉방시스템과 가변속제어방식 등 에너지 절약적 제어방식을 적용할 수 있다.

5.6 유해위험방지계획서

(1) 유해위험방지계획서 제출대상

① "대통령령으로 정하는 사업의 종류 및 규모에 해당하는 사업"이란 다음의 어느 하나에 해당하는 사업으로서 전기계약용량이 300kW 이상인 경우를 말한다.

ⓖ 금속가공제품 제조업 : 기계 및 가구 제외

ⓛ 비금속광물제품 제조업

ⓒ 기타 기계 및 장비 제조업

ⓔ 자동차 및 트레일러 제조업

ⓜ 식료품 제조업

ⓗ 고무제품 및 플라스틱제품 제조업

ⓢ 목재 및 나무제품 제조업

ⓞ 기타 제품 제조업

ⓩ 1차 금속 제조업

ⓩ 가구 제조업

ⓚ 화학물질 및 화학제품 제조업

ⓣ 반도체 제조업

ⓟ 전자부품 제조업

② "대통령령으로 정하는 기계·기구 및 설비"란 다음의 어느 하나에 해당하는 기계·기구 및 설비를 말한다. 이 경우 다음 각 호에 해당하는 기계·기구 및 설비의 구체적인 범위 는 고용노동부장관이 정하여 고시한다.

ⓖ 금속이나 그 밖의 광물의 용해로

ⓛ 화학설비

ⓒ 건조설비

ⓔ 가스집합용접장치

ⓜ 근로자의 건강에 상당한 장해를 일으킬 우려가 있는 물질로서 고용노동부령으로 정하 는 물질의 밀폐·환기·배기를 위한 설비

③ "대통령령으로 정하는 크기, 높이 등에 해당하는 건설공사"란 다음의 어느 하나에 해당 하는 공사를 말한다.

⑦ 다음의 어느 하나에 해당하는 건축물 또는 시설 등의 건설·개조 또는 해체(이하 "건설 등")공사

• 지상높이가 31m 이상인 건축물 또는 인공구조물

• 연면적 3만m² 이상인 건축물

• 연면적 5천m² 이상인 시설로서 다음의 어느 하나에 해당하는 시설
  – 문화 및 집회시설(전시장 및 동물원·식물원은 제외)
  – 판매시설, 운수시설(고속철도의 역사 및 집배송시설은 제외)
  – 종교시설
  – 의료시설 중 종합병원
  – 숙박시설 중 관광숙박시설
  – 지하도상가
  – 냉동·냉장창고시설

⑥ 연면적 5천m² 이상인 냉동·냉장창고시설의 설비공사 및 단열공사

ⓒ 최대 지간(支間)길이(다리의 기둥과 기둥의 중심사이의 거리)가 50m 이상인 다리의 건설 등 공사

ⓔ 터널의 건설 등 공사

ⓜ 다목적댐, 발전용 댐, 저수용량 2천만톤 이상의 용수 전용 댐 및 지방상수도 전용 댐의 건설 등 공사

ⓗ 깊이 10m 이상인 굴착공사

(2) 유해위험방지계획서의 작성·제출 등

① 사업주는 다음의 어느 하나에 해당하는 경우에는 유해·위험 방지에 관한 사항을 적은 계획서(이하 "유해위험방지계획서")를 작성하여 고용노동부령으로 정하는 바에 따라 고용노동부장관에게 제출하고 심사를 받아야 한다. 다만, 사업주 중 산업재해발생률 등을 고려하여 고용노동부령으로 정하는 기준에 해당하는 사업주는 유해위험방지계획서를 스스로 심사하고, 그 심사결과서를 작성하여 고용노동부장관에게 제출하여야 한다.

⑦ 대통령령으로 정하는 사업의 종류 및 규모에 해당하는 사업으로서 해당 제품의 생산 공정과 직접적으로 관련된 건설물·기계·기구 및 설비 등 전부를 설치·이전하거나 그 주요 구조 부분을 변경하려는 경우

⑥ 유해하거나 위험한 작업 또는 장소에서 사용하거나 건강장해를 방지하기 위하여 사용하는 기계·기구 및 설비로서 대통령령으로 정하는 기계·기구 및 설비를 설치·이전하거나 그 주요 구조 부분을 변경하려는 경우

ⓒ 대통령령으로 정하는 크기, 높이 등에 해당하는 건설공사를 착공하려는 경우

② 건설공사를 착공하려는 사업주(① 외의 부분 단서에 따른 사업주는 제외)는 유해위험방지계획서를 작성할 때 건설안전분야의 자격 등 고용노동부령으로 정하는 자격을 갖춘 자의 의견을 들어야 한다.

③ 사업주가 공정안전보고서를 고용노동부장관에게 제출한 경우에는 해당 유해·위험설비에 대해서는 유해위험방지계획서를 제출한 것으로 본다.

④ 고용노동부장관은 제출된 유해위험방지계획서를 고용노동부령으로 정하는 바에 따라 심사하여 그 결과를 사업주에게 서면으로 알려주어야 한다. 이 경우 근로자의 안전 및 보건의 유지·증진을 위하여 필요하다고 인정하는 경우에는 해당 작업 또는 건설공사를 중지하거나 유해위험방지계획서를 변경할 것을 명할 수 있다.

⑤ 사업주는 부분 단서에 따라 스스로 심사하거나 고용노동부장관이 심사한 유해위험방지계획서와 그 심사결과서를 사업장에 갖추어 두어야 한다.

⑥ 건설공사를 착공하려는 사업주로서 유해위험방지계획서 및 그 심사결과서를 사업장에 갖추어 둔 사업주는 해당 건설공사의 공법의 변경 등으로 인하여 그 유해위험방지계획서를 변경할 필요가 있는 경우에는 이를 변경하여 갖추어 두어야 한다.

(3) 유해위험방지계획서 이행의 확인 등

① 유해위험방지계획서에 대한 심사를 받은 사업주는 고용노동부령으로 정하는 바에 따라 유해위험방지계획서의 이행에 관하여 고용노동부장관의 확인을 받아야 한다.

② 사업주는 고용노동부령으로 정하는 바에 따라 유해위험방지계획서의 이행에 관하여 스스로 확인하여야 한다. 다만, 해당 건설공사 중에 근로자가 사망(교통사고 등 고용노동부령으로 정하는 경우는 제외)한 경우에는 고용노동부령으로 정하는 바에 따라 유해위험방지계획서의 이행에 관하여 고용노동부장관의 확인을 받아야 한다.

③ 고용노동부장관은 확인결과 유해위험방지계획서대로 유해·위험 방지를 위한 조치가 되지 아니하는 경우에는 고용노동부령으로 정하는 바에 따라 시설 등의 개선, 사용중지 또는 작업중지 등 필요한 조치를 명할 수 있다.

④ 시설 등의 개선, 사용중지 또는 작업중지 등의 절차 및 방법, 그 밖에 필요한 사항은 고용노동부령으로 정한다.

Air-Conditioning Refrigerating Machinery

6 Chapter 교류회로

1 교류기전력의 발생

자속밀도 $B[\text{Wb/m}^2]$인 평등자장 속에 자력선과 직각으로 놓인 길이 $l[\text{m}]$의 도체가 도체의 심축을 중심으로 시계바늘의 반대방행으로 $v[\text{m/s}]$의 속도로 돌려주면 도체에 플레밍의 오른손법칙에 따르는 기전력이 발생한다.

$$\text{기전력}(e)= Blv\sin\theta= E_m\sin\theta= E_m\sin\omega\,t[\text{V}]$$

여기서, θ : 자속과 도체가 이루는 각도(rad)

[교류회로에 사용되는 주요 기호의 명칭 및 단위]

명칭	기호	단위	명칭	기호	단위
저항	R	Ω	임피던스	Z	Ω
컨덕턴스	G	$\mho$, S	어드미턴스	Y	$\mho$, S
인덕턴스	L	H	주파수	f	Hz, $\sec^{-1}$
정전용량	C	F	주기	T	sec
유도리액턴스	X_L	Ω	각속도	ω	rad/s
용량리액턴스	X_C	Ω	전기각	θ	rad

2 교류의 표시

(1) 주파수(f)와 주기(T)

$$f = \frac{1}{T}\,[\text{Hz}] \ \rightarrow \ T = \frac{1}{f}\,[\text{sec}]$$

여기서, f : 주파수(1초 동안의 주파수, 반복되는 사이클 수)
T : 주기(1사이클의 변화에 필요한 시간)
※ $1\text{kHz}=10^3\text{Hz}$, $1\text{MHz}=10^6\text{Hz}$, $1\text{GHz}=10^9\text{Hz}$

(2) 각속도(ω)

$$\omega = \frac{\text{1Hz 동안 회전한 각}}{\text{1Hz 동안의 시간}} = \frac{\theta}{t} = \frac{2\pi}{T} = 2\pi f [\text{rad/s}]$$

도체가 1회전하면 1Hz의 변화를 하므로 1초 동안의 각도변화율을 각속도라고 한다. 시간의 변화에 따라 크기와 방향이 주기적으로 변화하는 전류, 전압을 교류라 하며, 변화하는 파형이 사인파의 형태를 가지므로 사인파 교류라 한다.

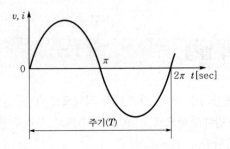

사인파 교류(sinusoidal wave AC) = 정현파 교류(AC)

(3) 교류의 크기

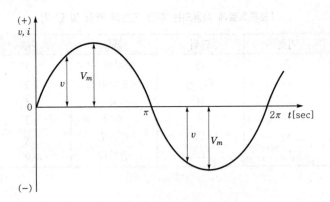

[순시값과 최대값]

① 순시값(instantaneous value) : 교류(AC)의 임의의 시간에 있어서 전압 또는 전류의 값을 순시값이라 한다.

$$\text{전압의 순시값}(v) = V_m \sin\omega t == \sqrt{2}\,V\sin\omega t[\text{V}]$$
$$\text{전류의 순시값}(i) = I_m \sin\omega t = \sqrt{2}\,I\sin\omega t[\text{A}]$$

여기서, I_m : 전류의 최대값, V_m : 전압의 최대값, ω : 각주파수($=2\pi f$), t : 시간(sec)

$I_m = \sqrt{2}\,I[\text{A}]$로 표시하며 시시각각 변하는 교류의 임의 순간(t)의 크기를 말한다.

② 최대값(maximum value) : 교류의 순시값 중에서 가장 큰 값을 말하며 V_m, I_m으로 표시한다.

③ 평균값(mean value) : 교류의 반파에서 순시값의 평균을 말하며, 사인파에서

$$V_a = \frac{2}{\pi} V_m = 0.637 V_m [\text{V}]$$

$$I_a = \frac{2}{\pi} I_m = 0.637 I_m [\text{A}]$$

④ 실효값(effective value) : 교류의 크기를 직류의 크기로 바꿔놓은 값을 실효값이라고 한다. RMS(Root-Mean-Square)로 사인파 교류에서는 다음과 같이 나타낸다.

$$V = \sqrt{\text{순시값}^2 \text{의 합의 평균}} = \frac{V_m}{\sqrt{2}} = 0.707 V_m$$

⑤ 파고율과 파형률 : 이것은 실효값과 평균값, 그리고 최대값 상호 간의 관계를 나타내는 것이다.

$$\text{파형률} = \frac{\text{실효값}}{\text{평균값}} = \frac{V_m}{\sqrt{2}} \times \frac{\pi}{2V_m} = \frac{\pi}{2\sqrt{2}} = 1.11$$

$$\text{파고율} = \frac{\text{최대값}}{\text{실효값}} = \frac{V_m}{V} = V_m \times \frac{\sqrt{2}}{V_m} = \sqrt{2} = 1.414$$

> **왜형률(일그러짐율)**
>
> 파형이 정현파(사인파)에 비해 얼마나 일그러졌는가를 나타내는 비율
>
> $$\text{왜형률} = \frac{\text{전 고조파의 실효값}}{\text{기본파의 실효값}}$$

(4) 주파수와 회전각

$$f = \frac{PN_s}{120} [\text{Hz}]$$

$$N_s = \frac{120f}{P} [\text{rpm}]$$

3 단상회로(단독회로)

(1) 저항(R)만 있는 회로

그림 (a)에서 $v=\sqrt{2}\,V\sin\omega t$[V]의 교류전압을 가하면 저항 R에 흐르는 전류 i는

$$i=\frac{v}{R}=\sqrt{2}\,\frac{V}{R}\sin\omega t=\sqrt{2}\,I\sin\omega t[\text{A}]$$

$$\text{전류의 실효값}(I)=\frac{V}{R}[\text{A}] \rightarrow V=IR[\text{V}]$$

이때 전압과 전류는 그림 (b)와 같이 동위상이 된다(저항(R)만의 회로이므로).

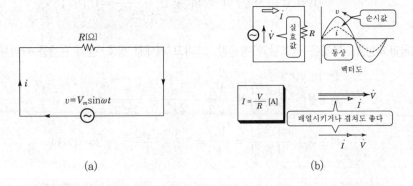

(a) (b)

(2) 인덕턴스(L)만 있는 회로(유도성회로)

① 인덕턴스에 직류를 가한 경우 : 리액턴스 $X_L=0$이고 일정 방향의 자력선만 생긴다.

② 인덕턴스에 교류를 가한 경우 : 다음 그림에서 $v=\sqrt{2}\,V\sin\omega t$[V]의 교류전압을 가하면 i는

$$i=\sqrt{2}\,I\sin\left(\omega t-\frac{\pi}{2}\right)=\frac{V_m}{X_L}\sin\left(\omega t-\frac{\pi}{2}\right)=I_m\sin\left(\omega t-\frac{\pi}{2}\right)[\text{A}]$$

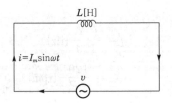

따라서 전류는 전압보다 $\frac{\pi}{2}$[rad]만큼 뒤진 전류가 흐른다.

$$\text{전류의 실효값}(I)=\frac{V}{X_L}=\frac{V}{\omega L}$$

여기서, $X_L=\omega L=2\pi f L$

이 ωL을 유도성 리액턴스(inductive reactance)라고 하며 보통 X_L로 표시하고, 단위는 저항과 같이 옴(Ω)을 사용한다.

(3) 정전용량(C)만 있는 회로(용량성회로, 커패시턴스)

① 콘덴서 C에 직류전압을 가한 경우 충전전류만이 흐르며, 최대 충전전하량 Q는

$$Q = CV$$

② 콘덴서에 교류전압을 가한 경우 그림 (a)에서 $v = \sqrt{2}\,V\sin\omega t\,[\mathrm{V}]$일 때 전류 i는

$$i = \sqrt{2}\,I\sin\left(\omega t + \frac{\pi}{2}\right) = \frac{V_m}{X_L}\sin\left(\omega t + \frac{\pi}{2}\right) = I_m\sin\left(\omega t + \frac{\pi}{2}\right)[\mathrm{A}]$$

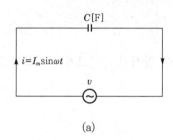

(a)

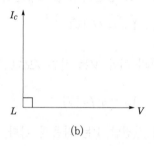

(b)

따라서 그림 (b)와 같이 전류는 전압보다 $\frac{\pi}{2}$[rad]만큼 앞서서 흐른다.

$$\text{전류의 실효값}(I) = \frac{V}{X_C} = \omega CV$$

여기서, $X_C = \frac{1}{\omega C} = \frac{1}{2\pi f C}$

이 $\frac{1}{\omega C}$을 용량성 리액턴스(capacitive reactance)라 하며 보통 X_C로 표시하고, 단위는 옴(Ω)을 사용한다.

4 임피던스(Z)

(1) $R-L$ 직렬회로

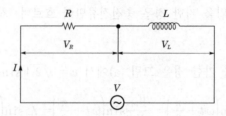

위 그림에서 R 양단의 전압 V_R은 전류 I와 동상이고, 그 크기는 다음과 같다.

$$V_R = IR\,[\text{V}]$$

또 L 양단의 전압 V는 전류 I보다 $\dfrac{\pi}{2}$만큼 위상이 앞서고, 그 크기는 다음과 같다.

$$V_L = \omega LI\,[\text{V}]$$

이 회로의 전전압 V는 다음과 같다.

$$V = V_R + V_L\,[\text{V}]$$

이 관계를 벡터그림으로 나타내면 그림 (a)와 같다.

$$V = \sqrt{V_R^{\,2} + V_L^{\,2}} = \sqrt{(RI)^2 + (\omega LI)^2} = I\sqrt{R^2 + (\omega L)^2} = I\sqrt{R^2 + (2\pi fL)^2}\,[\text{V}]$$

$$I = \frac{V}{\sqrt{R^2 + (\omega L)^2}} = \frac{V}{\sqrt{R^2 + (2\pi fL)^2}} = \frac{V}{Z}\,[\text{A}]$$

단, $Z = \sqrt{R^2 + (\omega L)^2} = \sqrt{R^2 + (2\pi fL)^2}\,[\Omega]$

위 식의 Z를 임피던스(impedance)라 하고, 단위는 Ω을 사용한다. 위에서 알 수 있는 바와 같이 R, ωL, Z는 그림 (b)와 같은 관계가 있으며, 이것을 임피던스삼각형이라 한다.

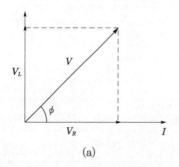

(a)

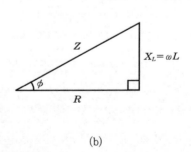

(b)

여기서 위상차는 다음과 같다.

$$\phi = \tan^{-1} \frac{\omega L}{R} [\text{rad}]$$

※ 전압과 전류의 위상차를 cos으로 취한 것을 역률(power factor, P_f)이라고 한다.

$$P_f = \cos\phi$$

(2) $R-C$ 직렬회로

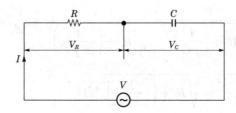

위 그림에서 R 양단의 전압 V_R은 전류 I와 동상이고, 크기는 다음과 같다.

$$V_R = RI [\text{V}]$$

C 양단의 전압 V_C는 전류 I보다 $\frac{\pi}{2}$만큼 위상이 뒤지고, 그 크기는 다음과 같다.

$$V_C = \frac{1}{\omega C} I [\text{V}]$$

이 회로의 전전압 V는 다음과 같다.

$$V = V_R + V_C [\text{V}]$$

이 관계를 벡터그림으로 나타내면 그림 (a)와 같으며, $R-C$회로의 임피던스삼각형은 그림 (b)와 같다.

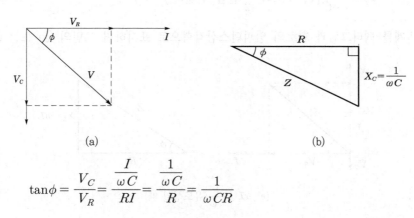

(a)   (b)

$$\tan\phi = \frac{V_C}{V_R} = \frac{\dfrac{I}{\omega C}}{RI} = \frac{\dfrac{1}{\omega C}}{R} = \frac{1}{\omega CR}$$

$$\therefore \phi = \tan^{-1}\frac{V_C}{V_R} = \tan^{-1}\frac{1}{\omega CR}[\text{rad}]$$

그림 (a)로부터

$$V = \sqrt{V_R^2 + V_C^2} = \sqrt{(RI)^2 + \left(\frac{1}{\omega C}I\right)^2}$$

$$= I\sqrt{R^2 + \left(\frac{1}{\omega C}\right)^2} = I\sqrt{R^2 + \left(\frac{1}{2\pi f C}\right)^2}[\text{V}]$$

$$\therefore I = \frac{V}{\sqrt{R^2 + \left(\frac{1}{\omega C}\right)^2}} = \frac{V}{\sqrt{R^2 + \left(\frac{1}{2\pi f C}\right)^2}} = \frac{V}{Z}[\text{A}]$$

$$\text{단, } Z = \sqrt{R^2 + \left(\frac{1}{\omega C}\right)^2} = \sqrt{R^2 + \left(\frac{1}{2\pi f C}\right)^2}[\Omega]$$

(3) $R - L - C$ 직렬회로

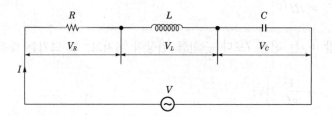

위 그림에서 $V_R = RI[\text{V}]$ (I와 동상)이다.

$$V_L = \omega LI[\text{V}] \quad (I보다 \frac{\pi}{2}만큼 앞선다.)$$

$$V_C = \frac{I}{\omega C}[\text{V}] \quad (I보다 \frac{\pi}{2}만큼 뒤진다.)$$

이들 관계를 벡터그림과 회로의 임피던스삼각형으로 표시하면 그림의 (a) 또는 (b)와 같다.

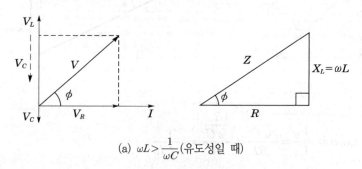

(a) $\omega L > \frac{1}{\omega C}$(유도성일 때)

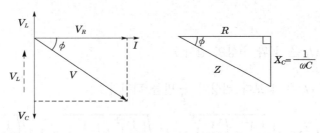

$$(b)\ \omega L < \frac{1}{\omega C}(용량성일\ 때)$$

$$V = \sqrt{V_R{}^2 + (V_L - V_C)^2} = \sqrt{(RI)^2 + \left(\omega L I - \frac{1}{\omega C} I\right)^2}$$

$$= I\sqrt{R^2 + \left(\omega L - \frac{1}{\omega C}\right)^2}\,[\text{V}]$$

$$I = \frac{V}{\sqrt{R^2 + \left(\omega L - \frac{1}{\omega C}\right)^2}}\,[\text{A}]$$

$$Z = \frac{V}{I} = \sqrt{R^2 + \left(\omega L - \frac{1}{\omega C}\right)^2} = \sqrt{R^2 + X^2}\,[\Omega]$$

$$\phi = \tan^{-1}\frac{V_L - V_C}{V_R} = \tan^{-1}\frac{\omega L - \frac{1}{\omega C}}{R}\,[\text{rad}]$$

$$\cos\theta = \frac{R}{Z} = \frac{R}{\sqrt{R^2 + (X_L - X_C)^2}}$$

$$\sin\theta = \frac{X}{Z} = \frac{X_L - X_C}{Z} = \frac{X_L}{\sqrt{R^2 + (X_L - X_C)^2}}$$

(4) 직렬공진

$R - L - C$ 직렬회로에서 $X_L = X_C$라 놓으면 $I = \frac{V}{R}[\text{A}](Z = R)$가 되고 흐르는 전류가 최대 값을 가진다. 이와 같은 회로를 직렬공진이라 한다.

$$공진주파수(f_e) = \frac{1}{2\pi\sqrt{LC}}[\text{Hz}](E와\ I는\ 동위상)$$

$$공진각주파수(\omega_0) = \frac{1}{\sqrt{LC}}$$

(5) $R-L$ 병렬회로

① $I_R = \dfrac{V}{R}$[A] (I_R은 V와 위상이 같다.)

② $I_L = \dfrac{V}{X_L}$[A] (I_L은 V보다 위상이 $\dfrac{\pi}{2}$만큼 뒤진다.)

③ $I = \sqrt{I_R{}^2 + I_L{}^2} = \sqrt{\left(\dfrac{V}{R}\right)^2 + \left(\dfrac{V}{X_L}\right)^2} = V\sqrt{\left(\dfrac{1}{R}\right)^2 + \left(\dfrac{1}{X_L}\right)^2} = V\sqrt{\left(\dfrac{1}{R}\right)^2 + \left(\dfrac{1}{\omega L}\right)^2}$[A]

④ $\theta = \tan^{-1}\dfrac{I_L}{I_R} = \tan^{-1}\dfrac{R}{\omega L}$

⑤ $Z = \dfrac{V}{I} = \dfrac{V}{V\sqrt{\left(\dfrac{1}{R}\right)^2 + \left(\dfrac{1}{X_L}\right)^2}} = \dfrac{1}{\sqrt{\left(\dfrac{1}{R}\right)^2 + \left(\dfrac{1}{X_L}\right)^2}} = \dfrac{RX_L}{\sqrt{R^2 + X_L{}^2}}$[Ω]

⑥ $Y = \dfrac{1}{Z} = \sqrt{\left(\dfrac{1}{R}\right)^2 + \left(\dfrac{1}{X_L}\right)^2}$[℧]

⑦ $\cos\theta = \dfrac{I_R}{I} = \dfrac{\dfrac{V}{R}}{\dfrac{V}{Z}} = \dfrac{Z}{R} = \dfrac{X_L}{\sqrt{R^2 + X_L{}^2}}$

⑧ $\sin\theta = \dfrac{I_L}{I} = \dfrac{\dfrac{V}{X_L}}{\dfrac{V}{Z}} = \dfrac{Z}{X_L} = \dfrac{R}{\sqrt{R^2 + X_L{}^2}}$

(6) $R-C$ 병렬회로

① $I_R = \dfrac{V}{R}$[A] (I_R은 V와 위상이 같다.)

② $I_C = \dfrac{V}{X_C}$[A] (I_C는 V보다 위상이 $\dfrac{\pi}{2}$만큼 앞선다.)

③ $I = \sqrt{I_R{}^2 + I_C{}^2} = \sqrt{\left(\dfrac{V}{R}\right)^2 + \left(\dfrac{V}{X_C}\right)^2} = V\sqrt{\left(\dfrac{1}{R}\right)^2 + \left(\dfrac{1}{X_C}\right)^2} = V\sqrt{\left(\dfrac{1}{R}\right)^2 + \left(\dfrac{1}{\omega C}\right)^2}$[A]

④ $\theta = \tan^{-1}\dfrac{I_C}{I_R} = \tan^{-1}\dfrac{R}{X_C} = \tan^{-1}\omega CR$[rad]

⑤ $Z = \dfrac{V}{I} = \dfrac{V}{V\sqrt{\left(\dfrac{1}{R}\right)^2 + \left(\dfrac{1}{X_C}\right)^2}} = \dfrac{1}{\sqrt{\left(\dfrac{1}{R}\right)^2 + \left(\dfrac{1}{X_C}\right)^2}} = \dfrac{RX_C}{\sqrt{R^2 + X_C{}^2}}$[Ω]

⑥ $Y = \dfrac{1}{Z} = \sqrt{\left(\dfrac{1}{R}\right)^2 + \left(\dfrac{1}{X_C}\right)^2}$[℧]

⑦ $\cos \theta = \dfrac{I_R}{I} = \dfrac{Z}{R} = \dfrac{X_C}{\sqrt{R^2 + X_C{}^2}}$

⑧ $\sin \theta = \dfrac{I_C}{I} = \dfrac{Z}{X_C} = \dfrac{R}{\sqrt{R^2 + X_C{}^2}}$

(7) $R-L-C$ 병렬회로

① $I_R = \dfrac{V}{R}$[A] (I_R은 V와 위상이 같다.)

② $I_L = \dfrac{V}{X_L}$[A] (I_L은 V보다 위상이 $\dfrac{\pi}{2}$만큼 뒤진다.)

③ $I_C = \dfrac{V}{X_C}$[A] (I_C는 V보다 위상이 $\dfrac{\pi}{2}$만큼 앞선다.)

④ $I = \sqrt{I_R{}^2 + (I_L - I_C)^2} = \sqrt{\left(\dfrac{V}{R}\right)^2 + \left(\dfrac{V}{X_L} - \dfrac{V}{X_C}\right)^2} = V\sqrt{\left(\dfrac{1}{R}\right)^2 + \left(\dfrac{1}{X_L} - \dfrac{1}{X_C}\right)^2}$[A]

⑤ $Z = \dfrac{V}{I} = \dfrac{V}{V\sqrt{\left(\dfrac{1}{R}\right)^2 + \left(\dfrac{1}{X_L} - \dfrac{1}{X_C}\right)^2}} = \dfrac{1}{\sqrt{\left(\dfrac{1}{R}\right)^2 + \left(\dfrac{1}{X_L} - \dfrac{1}{X_C}\right)^2}}$[Ω]

⑥ $Y = \dfrac{1}{Z} = \sqrt{\left(\dfrac{1}{R}\right)^2 + \left(\dfrac{1}{X_L} - \dfrac{1}{X_C}\right)^2}$[℧]

⑦ $X_L > X_C (I_C > I_L)$: 용량성회로(I가 V보다 앞선다.)

　$X_L < X_C (I_C < I_L)$: 유도성회로(I가 V보다 뒤진다.)

　$X_L = X_C (I_C = I_L)$: 병렬공진(I는 V와 위상이 같다. 이때 전류는 최소치가 흐른다.)

(8) 병렬공진

$R-L-C$ 병렬회로에서 $X_L = X_C$일 때 전류는 0이므로 이때를 병렬공진이라 한다. 공진주
파수 $\omega^2 LC = 1$로부터

$$f_0 = \frac{1}{2\pi}\sqrt{\frac{1}{LC}}\,[\text{Hz}]$$

PAR
3

5 교류의 전력과 역률

(1) 유효전력(소비전력, 평균전력)

$$P = VI\cos\theta = I^2 R\,[\text{W}]$$

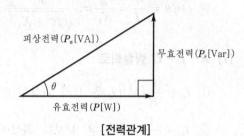

피상전력(P_a[VA])

무효전력(P_r[Var])

θ

유효전력(P[W])

[전력관계]

(2) 무효전력

$$P_r = VI\sin\theta = I^2 X\,[\text{Var}]$$

(3) 피상전력(겉보기전력)

$$P_a = VI = I^2 Z = \sqrt{P^2 + P_r^2}\,[\text{VA}]$$

(4) 역률

$$\cos\theta = \frac{\text{유효전력}}{\text{피상전력}} = \frac{P}{P_a} = \frac{R}{Z} = \frac{P}{VI}$$

(5) 무효율

$$\sin\theta = \frac{\text{무효전력}}{\text{피상전력}} = \frac{P_r}{P_a} = \frac{X}{Z} = \frac{P_r}{VI}$$

---

① 역률 개선을 위해 진상콘덴서를 병렬로 연결한다.

② 전부하전류

- 단상회로 전류$(I) = \dfrac{\text{정격출력(W)}}{V\cos\theta\,\eta}\,[\text{A}]$

- 3상회로 전류$(I) = \dfrac{\text{정격출력(W)}}{\sqrt{3}\,V\cos\theta\,\eta}\,[\text{A}]$

③ Y 결선

- $I_l = I_p$

- $I_l = \dfrac{\dfrac{E}{\sqrt{3}}}{Z}$

- $I_p = \dfrac{V_p}{|Z|} = \dfrac{\dfrac{E}{\sqrt{3}}}{|Z|} = \dfrac{E}{\sqrt{3}\,Z}$

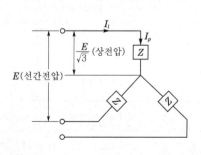

I_l

I_p

$\dfrac{E}{\sqrt{3}}$ (상전압)

Z

E(선간전압)

Z

Z

④ △결선

- $V_l = V_p = E$

- $I_p = \dfrac{E}{|Z|}$

- $I_l = \sqrt{3}\, I_p = \dfrac{\sqrt{3}\, E}{Z}$

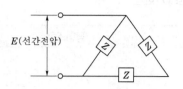

(6) 3상 교류전력

① 유효전력 : $P = 3\,V_p\,I_p\cos\theta = \sqrt{3}\,V_l\,I_l\cos\theta = 3I_p^{\,2}R[\mathrm{W}]$

② 무효전력 : $P_r = 3\,V_p\,I_p\sin\theta = \sqrt{3}\,V_l\,I_l\sin\theta = 3I_p^{\,2}X[\mathrm{Var}]$

③ 피상전력 : $P_a = 3\,V_p\,I_p = \sqrt{3}\,V_l\,I_l = \sqrt{P^2 + P_r^{\,2}} = 3I_p^{\,2}Z[\mathrm{VA}]$

여기서, V_p : 상전압, I_p : 상전류(A), V_l : 선간전압, I_l 선간전류(A)

(7) △결선과 Y결선의 환산

① △결선 → Y결선 환산

$$Z_a = \frac{Z_{ab}\,Z_{ca}}{Z_{ab} + Z_{bc} + Z_{ca}}$$

$$Z_b = \frac{Z_{bc}\,Z_{ab}}{Z_{ab} + Z_{bc} + Z_{ca}}$$

$$Z_c = \frac{Z_{ca}\,Z_{bc}}{Z_{ab} + Z_{bc} + Z_{ca}}$$

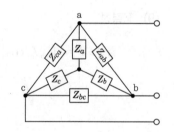

평형부하인 경우 $\Delta \to Y$로 환산하면 $\dfrac{1}{3}$배, 즉 $Z_Y = \dfrac{1}{3}Z_\Delta$이다.

② Y결선 → △결선 환산

$$Z_{ab} = \frac{Z_a Z_b + Z_b Z_c + Z_c Z_a}{Z_c}$$

$$Z_{bc} = \frac{Z_a Z_b + Z_b Z_c + Z_c Z_a}{Z_a}$$

$$Z_{ca} = \frac{Z_a Z_b + Z_b Z_c + Z_c Z_a}{Z_b}$$

평형부하인 경우 $Y \to \Delta$로 환산하면 3배, 즉 $Z_\Delta = 3Z_Y$이다.

(8) 브리지회로

평형조건	브리지회로
$Z_1 Z_4 = Z_2 Z_3$	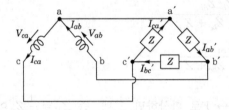

[회로소자의 축척에너지 및 변화]

회로	축척에너지	에너지변화
R(저항)	$W_R = I^2 R[\text{J}]$	열로 소모되는 전기에너지
L(인덕턴스)	$W_L = \dfrac{1}{2}LI^2[\text{J}]$	축척되는 자계에너지
C(커패시턴스)	$W_C = \dfrac{1}{2}CV^2[\text{J}]$	축척되는 전계에너지

(9) V결선

① 출력 : $P = V_{ab}I_{ab}\cos\left(\dfrac{\pi}{6}-\theta\right) + V_{ca}I_{ca}\cos\left(\dfrac{\pi}{6}+\theta\right) = \sqrt{3}\,VI\cos\theta[\text{W}]$

② 변압기 이용률 및 출력비

㉠ 이용률$(U) = \dfrac{2\text{대의 } V\text{결선 출력}}{2\text{대 단독 출력의 합}} = \dfrac{\sqrt{3}\,VI\cos\theta}{2\,VI\cos\theta} = \dfrac{\sqrt{3}}{2} = 0.866$

㉡ 출력비 $= \dfrac{V\text{결선 출력}}{\Delta\text{결선 출력}} = \dfrac{\sqrt{3}\,VI\cos\theta}{3\,VI\cos\theta} = \dfrac{\sqrt{3}}{3} = 0.577$

(10) 위상과 위상차

① 위상 : 전기적 파의 어떤 임의의 기점에 대한 상대적인 위치로서 여러 개의 사인파 교류에서 각 파의 상승이 시작되는 순간에 대한 시간적인 차

$$V = V_m \sin wt[\text{V}]$$
$$V_1 = V_m \sin(wt + \theta_1)[\text{V}]$$

$$V_2 = V_m \sin(wt + \theta_2)[V]$$

㉠ V_1은 V보다 위상 θ_1만큼 **빠르다.**

㉡ V_2은 V보다 위상 θ_2만큼 **느리다.**

② **동상** : 2개 이상의 교류파형에서 위상차가 0이고 교류파형의 변화가 항상 동시에 일어나는 교류를 "위상이 같다" 또는 "동상이다"라고 한다.

$$V_1 = V_{m1} \sin wt[V]$$
$$V_2 = V_{m2} \sin wt[V]$$

V_1과 V_2는 위상이 동위상이다.

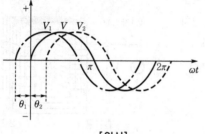

[위상]

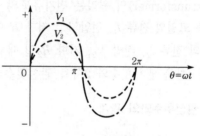

[동상]

7 전기기기
Chapter

1.1 변압기

변압기(transformer)의 원리는 전자유도의 응용으로서 1차측 코일의 전류 I_1, 전압 V_1, 저항 R_1이고, 2차측 코일의 전류 I_2, 전압 V_2, 저항 R_2일 때 N_1과 N_2를 각각 1차측 권선횟수와 2차측 권선횟수라 하면

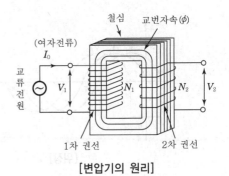

[변압기의 원리]

(1) 전압과 권선횟수와의 관계

$$\frac{V_2}{V_1} = \frac{N_2}{N_1}$$

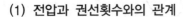

전압비와 권선비는 비례한다.

(2) 전류와 권선횟수와의 관계

$$\frac{I_2}{I_1} = \frac{N_1}{N_2}$$

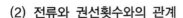

전류비와 권선비는 반비례한다.

(3) 저항과 권선횟수와의 관계

$$\frac{R_2}{R_1} = \left(\frac{N_2}{N_1}\right)^2$$

저항비는 권선비의 제곱에 비례한다.

1.2 직류기

직류기란 직류전동기, 직류발전기 등의 직류회전기를 통틀어 이르는 말이다.

(1) 직류기의 3요소

① 전기자(armature) : 원동기로 회전시켜 자속을 끊어서 기전력을 유도하는 부분

② 계자(field magnet) : 전기자가 쇄교하는 자속을 만들어주는 부분

③ 정류자(commutator) : 브러시와 접촉하여 유도기전력을 정류시켜 직류로 바꾸어주는 부분

   ※ 브러시 : 정류자면에 접촉해서 전기자권선과 외부회로를 연결해주는 것으로 탄소질브러시, 흑연질브러시, 전기흑연질브러시, 금속흑연질브러시 등이 있다.

(2) 직류기의 유기기전력

① 전기자 도체 1개당 유기기전력 : $e = Blv = \dfrac{p}{60}\pi N[\text{V}]$

   여기서, B : 자속밀도(Wb/m²), l : 코일의 유효길이(m), v : 도체의 주변 속도(m/s)

   　　　　p : 자극수, N : 회전수(rpm)

② 직류기의 단자 간에 얻어지는 유기기전력 : $E = \dfrac{Z}{a}e = \dfrac{pZ}{60}\phi N[\text{V}]$

   여기서, Z : 전기자 도체수, a : 권선의 병렬회로수(중권에서는 $a=p$, 파권에서는 $a=2$)

   　　　　ϕ : 1극당의 자속(Wb)

③ 직류발전기의 단자전압(V)과 유기기전력(E)의 관계 : $V = E - IR - e_b - e_a[\text{V}]$

   여기서, IR : 부하전류에 의한 전기자권선, 직권권선, 보상권선 등의 전전압강하(V)

   　　　　e_b : 브러시전압강하(V), e_a : 전기자 반작용에 의한 전압강하(V)

1.3 유도기

유도기(induction machine)란 전자기 유도를 응용한 전기기계를 통틀어 이르는 말이다.

(1) 유도전동기의 동기속도와 슬립

① 동기속도 : $N_s = \dfrac{120f}{P}\,[\text{rpm}]$

② 슬립 : $s = \dfrac{N_s - N}{N_s} = 1 - \dfrac{N}{N_s}$

③ 회전자의 회전자에 대한 상대속도 : $N = (1-s)N_s[\text{rpm}]$

(2) 유도전동기의 2차 입력, 출력, 2차 동손

① 2차 입력과 2차 동손의 관계 : 2차 동손 $P_{c2}[\text{W}]$는 슬립 s로 운전 중 2차 입력이 $P_{2i}[\text{W}]$일 것

$$P_{c2} = sP_{2i}[\text{W}]$$

PART
3

② 2차 입력과 기계적 출력의 관계 : 기계적 출력 P_o[W]는 슬립 s로 운전 중 2차 입력이 P_{2i}[W] 일 것

$$P_o = (1-s)P_{2i}[\text{W}]$$

③ 2차 입력과 2차 동손, 기계적 출력의 관계 : $P_{2i} : P_{c2} : P_o = 1 : s : (1-s)$

(3) 유도전동기의 손실 및 효율

① 손실

  ㉠ 고정손 : 철손, 베어링마찰손, 브러시전기손, 풍손

  ㉡ 직접부하손 : 1차 권선의 저항손, 2차 회로의 저항손, 브러시전기손

  ㉢ 표유부하손 : 도체 및 철 속에 발생하는 손실

② 효율 : $\eta = \dfrac{\text{출력}}{\text{입력}} \times 100 = \dfrac{\text{입력} - \text{손실}}{\text{입력}} \times 100 = \dfrac{P}{\sqrt{3}\,V_1 I_1 \cos\theta_1} \times 100[\%]$

③ 2차 효율 : $\eta_2 = \dfrac{\text{2차 출력}}{\text{2차 입력}} \times 100 = \dfrac{P_{2o}}{P_{2i}} \times 100 = \dfrac{P_{2i}(1-s)}{P_{2i}} \times 100 = (1-s) \times 100$

$\qquad\qquad = \dfrac{N}{N_s} \times 100[\%]$

(4) 리액터(reactor)의 기동법

펌프나 송풍기와 같이 기동토크가 작은 부하일 때 전원 1차측에 철심리액터를 직렬로 접속시켜 기동전류를 적당히 제한시키는 방법이다. 이 기동기의 전압은 50%, 65%, 80%로 가감하게 되며, 주로 22kW 이상의 3상 농형 전동기에 사용된다. 그리고 자동운전, 원격조작에 적합하다.

(5) 권선형 전동기의 기동법

권선형 전동기의 기동은 슬립링을 통하여 회전자회로에 저항을 삽입하면 기동전류가 제한되는 동시에 토크의 비례추이에 따라 기동토크를 증대시킬 수 있다. 이 방법에 의하면 기동전류를 전부하전류의 200% 이하로 제한시킬 수 있으며 기동토크를 최대 토크 부근에서 전동기를 기동시킬 수 있다.

(6) 변압기의 3상 결선

① $\Delta - \Delta$ 결선

  ㉠ 단상 변압기 3대로 하고, 이 중 1대가 고장 났을 때 남은 2대를 V결선으로 하여 송전할 수 있다.

  ㉡ 제3 고조파는, 각 상은 동상이 되며 권선 내에 순환전류를 흐르게 하나 외부에 나타나지 않으므로 통신장애가 없다.

ⓒ 동일 선간전압에 대해서 Y결선보다 $\sqrt{3}$ 배의 전압이 가해지므로 권수가 많고 높은 절연이 필요하다.

② $\Delta - Y$, $Y - \Delta$결선

　ⓐ 이 결선에는 1차나 2차 중 어느 것 한 편이 Δ결선이기 때문에 여자전류의 제3 고조파분의 통로가 있고 제3 고조파의 장애가 없다.

　ⓑ 1차, 2차 어느 것인가가 Y결선이므로 중성점이 접지된다.

　ⓒ 1차, 2차 선간전압은 서로 $\dfrac{\pi}{6}$의 위상차가 생긴다.

③ $Y - Y$결선

　ⓐ 중성점을 접지할 수 있다.

　ⓑ 1상의 전압이 선간전압의 $\dfrac{1}{\sqrt{3}}$이 되므로 절연이 용이하다.

　ⓒ 여자전류의 제3 고조파분의 통로가 없으므로 1상의 기전력에 제3 고조파를 포함하여 통신장애가 있다. 따라서 3차 권선을 설치하여 $Y - Y - \Delta$결선으로 하여 널리 채용되고 있다.

1.4 전동기(motor)

전기에너지를 기계적인 에너지로 바꾸어 회전운동을 일으켜 동력을 얻는 기계이다.

※ 발동기 : 동력을 일으키는 기계

(1) 단상 유도전동기의 기동법

단상 교류전원으로 작동하는 유도전동기이다.

① 반발기동형 : 고정자에 주권선이 감겨져 있고, 회전자에 직류전동기처럼 정류자와 권선이 감겨져 있으며 정격속도 75%에서 원심력으로 정류자를 단락하여 농형 회전자가 된다. 기동토크가 크다.

※ 기동토크크기 : 반발기동형 > 반발유도형 > 콘덴서기동형 > 분산기동형

② 콘덴서기동형 : 기동권선에 콘덴서를 직렬로 접속하여 전류를 90° 앞서게 하면 기동토크가 크게 되고 기동전류를 작게 할 수 있다.

※ 영구 콘덴서기동형은 기동토크는 작으나 운전 중 역률이 좋고 회전이 양호하다.

③ 분산기동형 : 기동권선은 주전선보다 20~30° 앞선 전류가 흘러서 회전계가 형성되며 동기속도의 70~80%에서 보조권선이 전원에서 분리되며 기동토크가 작다.

④ 셰이딩코일형 : 회전방향을 바꿀 수 없고(역회전 불가능) 구조는 간단하나 기동토크가 작고 역률과 효율도 나쁘다.

(2) 3상 유도전동기의 기동법

3상 유도전동기에서 큰 출력인 경우 정격전압을 그대로 공급하면 기동전류가 전부하전류의 5~7배 가까이 흘러서 배전선이나 기계 자신에 장애를 일으킨다. 이러한 장애를 방지하기 위하여 여러 가지 기동방법을 채택하고 있다.

① 농형

    ⊙ 전전압기동 : 3.7kW까지는 기동장치 없이 직접 정격전압을 걸어 기동한다.

    ⓛ $Y-\Delta$기동 : 10~15kW 이하의 전동기로서 3상 전환스위치를 사용하여 기동 시에는 Y로 기동하고, 운전 시에는 Δ로 기동한다. 이 방법으로 하면 1차 각 상에 정격전압의 $1/\sqrt{3}$이 가해지고 기동전류가 전전압기동에 비해 $1/\sqrt{3}$이 되므로 전부하전류의 200~250%로 제한되며 기동토크도 $1/\sqrt{3}$로 줄어든다.

    ⓒ 리액터기동법 : 전동기의 1차쪽에 직렬로 철심이 든 리액터를 연결한다.

    ⓔ 기동보상기법 : 15kW 이상의 전동기를 기동 시 사용하며 3상 단권변압기를 써서 기동 전압을 떨어뜨려 공급함으로써 기동전류를 제한하도록 한다.

② 권선형 : 기동저항기법으로 슬립링을 통하여 외부에서 조절할 수 있는 저항기를 접속해 기동 시 저항을 조정하여 기동전류를 억제하고 속도가 커짐에 따라 저항을 원위치시킨다.

(3) 전동기 회전방향 및 속도제어법

① 전원에 접속된 3개의 단자 중 어느 2개를 서로 바꾸어 접속하면 1차 권선에 흐르는 3상 교류의 상회전이 반대가 되므로 자장의 회전방향도 바뀌어 역전한다.

② 2차 회로의 저항을 조정하는 방법 : 권선형 유도전동기의 2차 회로에 저항을 넣어 저항변화에 의한 토크속도특성의 비례추이를 응용한 것이다.

③ 전원의 주파수를 바꾸는 방법 : 동기속도$(n_s)=\dfrac{120f}{p}$ 이므로 회전속도는 다음과 같다.

$$n = n_s(1-s) = \frac{120}{p}f(1-s)\,[\mathrm{rpm}]$$

④ 극수를 바꾸는 방법 : 농형 전동기의 1차 권선의 극수를 바꾸는 방법이다.

⑤ 2차 여자방법 : 권선형 유도전동기의 2차 회로에 2차 주파수와 같은 주파수의 적당한 크기의 전압을 가하는 방법이며 전동기의 속도를 동기속도보다 크게 할 수도, 작게 할 수도 있다.

(4) 토크(torque)

물체를 어떤 회전축 주위로 회전시키는 힘의 동기(힘의 모멘트)이다.

$$T= Fr = 접선방향의 \ 힘 \times 반지름[\mathrm{N \cdot m = J}]$$

※ 동력(power=공률(일률)) : 단위시간(s)당 행한 일량(N・m)

$$동력(P) = FV = Fr\omega = T\omega = T\frac{2\pi N}{60}[\text{W}]$$

1.5 직류(DC)발전기

(1) 여자방법

① 자석발전기 : 영구자석을 계자로 한 것
② 타여자발전기 : 계자전류를 다른 직류전원에서 얻는 것
③ 자여자발전기 : 전기자(armature)에서 발생한 기전력으로 계자권선에 전류를 흘리는 것

(2) 전기자와 계자권선의 접속방법

① 직권발전기 : 전기자와 계자권선이 직렬로 접속된 것
② 분권발전기 : 전기자와 계자권선이 병렬로 접속된 것
③ 복권발전기 : 직권의 계자권선과 분권의 계자권선이 있음

(3) 자속의 방향에 따라

① 가동복권 : 두 권선의 자속이 합해지도록 접속한 것
② 차동복권 : 두 권선의 자속이 지워지도록 접속한 것

(4) 분권권선의 접속방법에 따라

① 내분권 : 전기자회로와 분권계자회로를 병렬로 접속한 것에 직권계자코일을 직렬로 연결한 것
② 외분권 : 전기자와 직권계자코일을 직렬로 접속한 것에 분권계자코일을 병렬로 연결한 것

(5) 용도

① 타여자발전기 : 전압강하가 작고 계자전압은 전기자전압과는 관계없이 설계할 수 있으므로 전기화학공업용의 저전압 대전류용 발전기, 단자전압을 넓은 범위로 세밀하게 조정하는 동기발전기의 주여자기 등에 사용된다.
② 분권발전기 : 타여자발전기와 같이 전압강하가 작고 자여자이므로 다른 여자전원이 필요 없으며 계자충전용, 동기기와 여자기의 여자용 일반 직류전원용에 적당하다.
③ 직권발전기 : 부하전류로 여자되므로 부하저항에 따르는 전압변동이 심하므로 승압기로 사용될 뿐이다.
④ 복권발전기 : 부하에 관계없이 일정한 전압이 얻어지므로 일반적인 직류 전원 및 여자기 등에 가장 많이 쓰인다.
　㉠ 가동복권발전기 : 부하가 변하더라도 전압이 항상 일정해야 하는 부하로서 전등이나 선박용에 사용된다.

ⓒ 차동복권발전기 : 부하의 증가에 따라 전압이 내려가는 부하특성이 필요한 부하로서 전기용접용에 쓰인다.

1.6 직류전동기

(1) 종류

① 타여자전동기
② 자여자전동기 ┬ 분권전동기
         ├ 직권전동기
         └ 복권전동기 ┬ 가동복권전동기
                       └ 차동복권전동기

(2) 용도

① 타여자전동기 : 외부에서 계자전류 ϕ를 일정하게 조절할 수 있다. 따라서 속도공식 $n = \dfrac{V - I_a R_a}{k_e \phi}$의 ϕ를 일정하게 하면 n은 $V - I_a R_a$에 비례하므로 발생전압을 넓은 범위로 조정할 수 있는데, 이들을 조합한 제어장치에 워드-레오나드(Ward-Leonard)방식이나 엘리베이터의 주전동기로 널리 사용된다.

② 자여자전동기

　ⓐ 분권전동기 : 부하변화에 대한 회전속도의 변동이 작으므로 직류 전원이 있는 선박의 펌프, 환기용 송풍기 등에 사용되며 계자저항기로 쉽게 회전속도를 조정할 수 있으므로 공작기계 압연기의 보조용 전동기에 사용된다.

　ⓑ 직권전동기 : 부하전류가 여자전류가 되므로 토크공식 $T = k_T \phi I$에서 $I \propto \phi$이므로 $T = k_T I^2$이 되어 기동토크가 크고 입력이 과대하게 되지 않으므로 전차, 권상기, 크레인 등과 같이 기동횟수가 빈번하고 토크변동도 심한 부하에 적당하고 무부하 시에 속도가 최대가 되어 원심력에 의해 회전자가 돌출하는 위험이 있으므로 벨트운전은 조심해야 한다.

　ⓒ 복권전동기

　　• 가동복권전동기 : 분권전동기와 직권전동기의 중간 특성을 가지고 있으며 기동토크가 분권전동기보다 크고 무부하가 되어도 직권전동기처럼 위험속도가 되지 않으므로 크레인, 엘리베이터, 공작기계, 공기압축기 등의 운전에 적합하다.

　　• 차동복권전동기 : 기동토크가 작고 기동 시 계자자속이 분권계자자속보다 우세하면 역회전할 염려가 있으므로 거의 사용하지 않는다.

(3) 직류전동기의 속도제어

① 계자제어 : 직류전동기의 회전속도공식에서 계자자속 ϕ를 변화시키는 방법으로 계자저항기로 계자전류를 조정하여 ϕ를 변화시킨다.

② 저항제어 : 전기자회로에 직렬로 저항을 넣어 R_a를 변화시킨다.

③ 전압제어 : 주로 타여자전동기에 사용되며 전기자에 가한 전압을 변화시킨다. 워드-레오나드방식과 일그너방식이 있다.

(4) 전기제동

① 발전제동 : 운전 중의 전동기를 전원에서 분리하여 단자에 적당한 저항을 접속하고, 이것을 발전기로 동작시켜 부하전류로 역토크에 의해 제동하는 방법이다.

② 회생제동 : 전동기를 발전기로 동작시켜 그 유도기전력을 전원전압보다 크게 하여 전력을 전원에 되돌려 보내면서 제동시키는 방법이다.

③ 플러깅제동(역상제동) : 전동기를 전원에 접속한 채로 전기자의 접속을 반대로 바꾸어 회전방향과 반대의 토크를 발생시켜 갑자기 정지 또는 역전시키는 방법이다.

Air-Conditioning Refrigerating Machinery

8 Chapter 전기계측

1 전하와 전기량

물질은 외부의 에너지(energy), 즉 마찰이나 열 등에 의해 대전된 전기를 전하(electric charge)라고 하고, 전하가 가지고 있는 전기의 양을 전기량(quantity of electricity)이라 한다. 전기량의 단위는 쿨롱(C)이다.

$$1C = 1.602 \times 10^{-19}\text{개의 전자가 가지는 전기량}$$

(1) 도체와 부도체(절연체)

① 도체(conductor) : 금속과 같이 전하의 이동이 쉬운 물체
② 부도체(nonconductor) : 공기, 유리, 비닐과 같이 전하의 이동이 어려운 물질
③ 반도체(semi-conductor) : 게르마늄(Ge), 규소(Si), 셀렌(Se) 등은 저온상태에서는 부도체이지만, 온도가 높아지면 도체의 성질을 갖는 물질
④ 모든 물질은 완전 도체라고 부를 수 있는 것도 없고, 완전 부도체라고 할 수 있는 것도 없다.

(2) 전원과 부하

① 전원(power source) : 전지나 발전기와 같이 계속하여 전류를 흘릴 수 있는 원동력이 될 수 있는 것
② 부하(load) : 전원에서 전기를 받아 전류를 흘리면서 어떤 일(열 또는 에너지)을 소비하는 것
③ 전기회로(electric circuit) : 전류를 흘릴 수 있게 구성되는 상태로 회로(circuit)라고도 함

(3) 쿨롱의 법칙(Coulomb's law)

두 전하 사이에 작용하는 기전력(힘의 크기)은 두 전하의 곱에 비례하고, 두 전하 사이의 직선거리의 제곱에 반비례한다.

$$F = \frac{1}{4\pi\varepsilon_0}\frac{m_1 m_2}{r^2} = 9 \times 10^9 \frac{m_1 m_2}{r^2}\ [\text{N}]$$

여기서, F : 두 대전체 사이에 작용하는 힘(N), ε_0 : 진공의 유전율($=8.855 \times 10^{-12}$F/m)

r : 두 대전체 사이의 거리(m), m_1, m_2 : 각 대전체가 갖는 전기량(C)

(4) 옴의 법칙(Ohm's law)

① 전기저항(electric resistance) : 전자의 흐름을 방해하는 성질을 전기저항이라고 하는데, 이 저항값은 도체에서나 부도체에서 모두 모양이나 굵기, 재질, 길이 등에 따라 달라진다. 단위는 옴(Ω)으로 표시하며, 전류 1A를 흘리기 위하여 전압 1V가 필요할 때의 저항값을 1Ω 이라고 한다. 저항단위는 $M\Omega$, $k\Omega$, Ω, $m\Omega$, $\mu\Omega$ 등이다.

$$1M\Omega = 10^3 k\Omega = 10^6 \Omega$$
$$1\Omega = 10^3 m\Omega = 10^6 \mu\Omega$$

전자의 이동(전류)이 흐르기 쉬운 정도를 나타내기 위해서는 저항의 역수인 컨덕턴스 (conductance)를 쓰는데, 이것을 G라 할 때 단위는 모우(mho) 또는 지멘스(S)를 쓰며 저항값의 역수이다.

$$G = \frac{1}{R} \ [\mho, \ \Omega^{-1}, \ S]$$

② 옴의 법칙 : 전류는 전압에 비례하고, 저항에 반비례한다.

$$I = \frac{V}{R} \ [A], \ R = \frac{V}{I} \ [\Omega], \ V = IR \ [V]$$

2 전류와 전압

2.1 전류(current)

전류는 양전하가 흐르는 방향으로, 즉 전자이동의 방향과 반대로 흐른다. 단위는 암페어 (ampere, A)를 사용하며, 크기는 1초 동안 얼마만큼의 전기량(coulomb)이 이동했는가로 결정된다.

$$I = \frac{Q}{t} [A]$$

여기서, Q : 전하량(C), t : 시간(s)

2.2 전압(voltage)

물질의 전기적인 높이를 전위라 하고, 전류는 높은 곳에서 낮은 곳으로 흐르며 그 차를 전압

(전위차)이라 한다. 단위는 볼트(volt, V)로 표시하며, 전하량이 도체를 이동하면서 한 일이다. 즉 1C 전하량이 이동하여 1J의 일을 했을 때 전위차로 전압을 1V라 한다. 또 계속하여 전위차를 만들어 줄 수 있는 힘을 기전력이라 한다(전기가 흐르게 하는 힘).

$$V = \frac{W}{Q}[\text{V}]$$

여기서, W: 일의 양(J), Q: 전하량(C)

2.3 저항의 접속

① 직렬접속(series connection, 전류 일정) : 다음 그림과 같이 저항 $R_1[\Omega]$, $R_2[\Omega]$, $R_3[\Omega]$를 직렬로 접속하여 $V[\text{V}]$의 전압을 가하면 각 저항의 전압값은 다음과 같다.

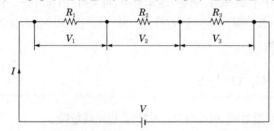

$$V_1 = IR_1, \quad V_2 = IR_2, \quad V_3 = IR_3$$
$$V = V_1 + V_2 + V_3 = IR_1 + IR_2 + IR_3 = I(R_1 + R_2 + R_3) = IR\,[\text{V}]$$
$$\therefore R = R_1 + R_2 + R_3[\Omega]$$

n개의 저항이 직렬로 접속되었을 경우 합성저항 R은

$$R = R_1 + R_2 + R_3 + \cdots + R_n = \sum_{k=1}^{n} R_k[\Omega]$$

또한 가해준 전압과 각 저항의 전압강하와의 관계는

$$V_1 : V_2 : V_3 : \cdots : V_n = R_1 + R_2 + R_3 + \cdots + R_n$$
$$\therefore V_1 = \frac{R_1}{R} V[\text{V}], \quad V_2 = \frac{R_2}{R} V[\text{V}], \quad V_3 = \frac{R_3}{R} V[\text{V}]$$

② 병렬접속(parallel connection, 전압 일정) : 다음 그림과 같이 저항 $R_1[\Omega]$, $R_2[\Omega]$, $R_3[\Omega]$를 병렬로 접속하고 $V[\text{V}]$의 전압을 가하면 각 저항에는 같은 전압이 가해지므로 전전류(I) $= I_1 + I_2 + I_3[\text{A}]$가 된다.

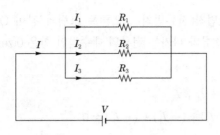

$$I_1 = \frac{V}{R_1}, \ I_2 = \frac{V}{R_2}, \ I_3 = \frac{V}{R_3}$$

$$I = \frac{V}{R_1} + \frac{V}{R_2} + \frac{V}{R_3} = V\left(\frac{1}{R_1} + \frac{1}{R_2} + \frac{1}{R_3}\right) = \frac{V}{R}[\text{A}]$$

합성저항값은 $\dfrac{1}{R} = \dfrac{1}{R_1} + \dfrac{1}{R_2} + \dfrac{1}{R_3}$ 이므로

$$R = \frac{1}{\dfrac{1}{R_1} + \dfrac{1}{R_2} + \dfrac{1}{R_3}}[\Omega]$$

이 된다. 위 그림에서 각 저항에 흐르는 전류값은

$$I_1 = \frac{V}{R_1} = \frac{IR}{R_1}, \ I_2 = \frac{V}{R_2} = \frac{IR}{R_2}, \ I_3 = \frac{V}{R_3} = \frac{IR}{R_3}$$

③ 직·병렬접속(series parallel connection) : 합성저항 $R[\Omega]$은

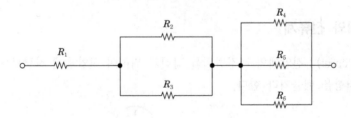

$$R = R_1 + \frac{1}{\dfrac{1}{R_2} + \dfrac{1}{R_3}} + \frac{1}{\dfrac{1}{R_4} + \dfrac{1}{R_5} + \dfrac{1}{R_6}}$$

$$= R_1 + \frac{R_2 R_3}{R_2 + R_3} + \frac{R_4 R_5 R_6}{R_4 R_5 + R_5 R_6 + R_6 R_4}[\Omega]$$

④ 키르히호프의 법칙(Kirchhoff's law) : 전원이나 회로가 단일이 아니고 복잡한 회로를 회로망 (network)이라 하고, 회로망 중의 임의의 폐회로를 망목(mesh) 또는 폐로(closed circuit)라 한다. 이와 같은 회로를 푸는 데는 옴의 법칙만으로는 충분치 못하여 더 발전시킨 것이 키르히호프의 법칙이다.

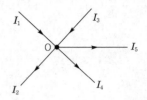

㉠ 키르히호프의 제1법칙(전류법칙) : 오른쪽 그림과 같이 O을 향하여 들어오는 전류와 나가는 전류의 대수적인 합은 0(zero)이다.

$$I_1 + I_3 = I_2 + I_4 + I_5$$
$$I_1 + I_3 + (-I_2) + (-I_4) + (-I_5) = 0$$
$$\sum I = 0$$

㉡ 키르히호프의 제2법칙(전압의 법칙, 폐회로에서 성립) : 임의의 폐회로를 따라 1회전하며 취한 전압대수의 합은 그 폐회로의 저항에 생기는 전압강하의 대수합과 같다.

기전력의 대수합=전압강하의 대수합($\sum V = \sum IR$)

※ 키르히호프 제1법칙은 어느 순간에서도 각 접합점에서 성립하며, 키르히호프 제2법칙 역시 어느 순간에서도 폐회로에서 성립한다.

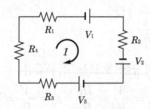

$$V_1 + V_2 - V_3 = I(R_1 + R_2 + R_3 + R_4)$$

2.4 전압계와 전류계

① 배율기(multiplier) : 전압계의 측정범위를 넓히기 위하여 전압계에 직렬로 저항을 접속한다. 이러한 저항을 배율기라 한다.

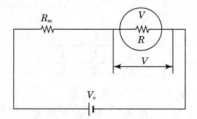

$$V_o = I(R_m + R) = \frac{V}{R}(R_m + R) = V\left(\frac{R_m}{R} + 1\right)[\text{V}]$$

여기서, V_o : 측정할 전압(V), V : 전압계의 눈금(V), R_m : 배율기의 저항(Ω)

R : 전압계의 내부저항(Ω), $\dfrac{R_m}{R} + 1$: 배율기의 배율

② 분류기(shunt) : 전류계의 측정범위를 넓히기 위하여 전류계에 병렬로 저항을 접속한다. 이러한 저항을 분류기라 한다.

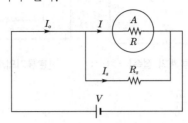

$$IR = I_s R_s = (I_o - I)R_s$$

$$I_o = \frac{I}{R_s}(R + R_s) = I\left(\frac{R}{R_s} + 1\right)[\text{A}]$$

여기서, I_o : 측정할 전류값(A), I : 전류계의 눈금(A), R_s : 분류기의 저항(Ω)

R : 전류계의 내부저항(Ω), $\frac{R}{R_s} + 1$: 분류기의 배율

🔖 전압과 전류의 측정

① 전압의 측정
- 전압계 : 전압계의 내부저항을 크게 하여 회로에 병렬로 연결한다.
  ※ 이상적인 전압계의 내부저항은 ∞이다.
- 배율기(multiplier) : 전압계의 측정범위를 넓히기 위해 전압계에 연결하는 저항(직렬접속)

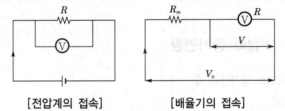

[전압계의 접속]　　　　　[배율기의 접속]

$$\frac{V_o}{V} = \frac{R + R_m}{R} = 1 + \frac{R_m}{R}$$

$$\therefore\ V_o = V\left(1 + \frac{R_m}{R}\right)[\text{V}]$$

여기서, V_o : 측정할 전압(V), V : 전압계 전압(V), R_m : 배율기 저항(Ω), R : 전압계 내부저항(Ω)

② 전류의 측정
- 전류계 : 전류계의 내부저항을 작게 하여 회로에 직렬로 연결한다.
  ※ 이상적인 전류계의 내부저항은 0이다.
- 분류기(shunt) : 전류계의 측정범위를 넓히기 위해 전류계에 연결하는 저항(병렬접속)

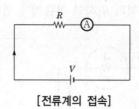

[전류계의 접속]

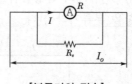

[분류기의 접속]

$$\frac{I_o}{I} = \frac{R_s + R}{R_s} = 1 + \frac{R}{R_s}$$

$$\therefore \ I_o = I\left(1 + \frac{R}{R_s}\right)[A]$$

여기서 I_o : 측정할 전류(A), I : 전압계 전류(A), R_s : 분류기 저항(Ω), R : 전류계 내부저항(Ω)

2.5 휘트스톤브리지(Wheatstone bridge)

저항 P, Q, R, X와 검류계를 접속한 회로를 휘트스톤브리지회로라 한다.

① 평행조건 : $PR = QX$

② 미지저항 : $X = \dfrac{P}{Q} R$

※ 평행조건이 만족된 때는 a-c 및 a-d 간의 전압강하가 같아 c-d 간의
전위차가 0V가 된다. 따라서 검류계에는 전류가 흐르지 않게 된다.

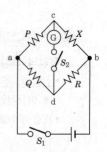

2.6 저항의 $\Delta - Y$접속 등가변환

① Δ접속을 Y접속으로 등가변환($\Delta \rightarrow Y$)

$$R_a = \frac{R_{ab}R_{ca}}{R_{ab} + R_{bc} + R_{ca}}$$

$$R_b = \frac{R_{ab}R_{bc}}{R_{ab} + R_{bc} + R_{ca}}$$

$$R_c = \frac{R_{bc}R_{ca}}{R_{ab} + R_{bc} + R_{ca}}$$

② Y접속을 Δ접속으로 등가변환($Y \rightarrow \Delta$)

$$R_{ab} = \frac{R_a R_b + R_b R_c + R_c R_a}{R_c}$$

$$R_{bc} = \frac{R_a R_b + R_b R_c + R_c R_a}{R_a}$$

$$R_{ca} = \frac{R_a R_b + R_b R_c + R_c R_a}{R_b}$$

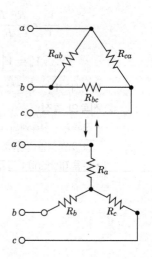

2.7 전기저항의 성질

(1) 고유저항(ρ)

$$R = \rho \frac{l}{A} \, [\Omega] \rightarrow \rho = \frac{RA}{l} \, [\Omega \cdot m]$$

여기서, R : 저항(Ω), l : 물체의 길이(m), A : 물체의 단면적(m^2), ρ : 고유저항값($\Omega \cdot m$)

길이 1m, 단면적 $1m^2$인 물체의 저항을 물질에 따라 표시한 것을 그 물체의 고유저항이라 한다. 이때 저항은 길이에 비례하고, 단면적에 반비례한다.

$$1\Omega \cdot m = 10^2 \Omega \cdot cm = 10^3 \Omega \cdot mm$$

(2) 도전율(conductivity, λ)

도전율은 물체가 얼마나 전자이동이 잘 되는가를 나타낸 것으로 고유저항의 역수와 같다. 단위는 $\Omega^{-1}/m = \mho/m$, 기호는 λ이다.

$$\lambda = \frac{1}{\rho} = \frac{l}{RA} \, [\mho/m]$$

2.8 축전기의 접속

콘덴서의 접속방법에는 직렬접속과 병렬접속이 있는데, 이것은 저항연결법과 반대로 생각하면 이해하기 쉽다.

(1) 직렬접속(series connection)

직렬접속인 경우에는 면적은 일정하고 거리가 멀어지므로 합성용량은 감소하게 된다. 즉 평행판 정전용량에서 $C = \dfrac{\varepsilon A}{d} [F]$이므로 줄어든다.

(2) 병렬접속(parallel connection)

병렬접속인 경우에는 면적이 넓어지고 거리가 일정하므로 합성용량은 증가하게 된다.

(3) 직 · 병렬혼합접속

전기기기나 장치에 전압을 가하여 전류를 흘리면 전기에너지가 발생하여 여러 가지 일을 하게 된다. 1J의 일을 했다면 1V의 전압을 가하여 1C의 전하가 이동할 때다. 그러므로 $VQ[J]$의 일을 하게 된다. 따라서 전기에너지는 다음과 같다.

$$VQ = VIt [J]$$

2.9 정전용량

(1) 한 도체의 정전용량

$$Q = CV[\text{C}] \rightarrow C = \frac{Q}{V}[\text{C/V, F}]$$

(2) 두 도체 간의 정전용량

$$Q = CV_{AB}[\text{C}] \rightarrow C = \frac{Q}{V_{AB}}[\text{F}]$$

> **역용량(정전용량의 역수)**
>
> 엘라스턴스(elastance) $= \dfrac{V}{Q}\left[\dfrac{1}{\text{F}}\right]$

3 전력과 전력량

3.1 전력

전력은 전기에너지에 의한 일의 속도로 1초 동안의 전기에너지로 표시한다.

$$P = \frac{VQ}{t} = VI = I^2 R = \frac{V^2}{R}[\text{W}]$$

$$1\text{mW} = 10^{-3}\text{W}, \ 1\text{W} = 1{,}000\text{mW} = 10^{-3}\text{kW}, \ 1\text{kW} = 1{,}000\text{W}$$

이와 같이 단위시간의 전기에너지를 전력이라 하고, 단위시간의 기계에너지는 동력 또는 공률이라 한다. 그리고 전동기와 같은 기계동력은 마력(HP : Horse Power)으로 표시한다.

$$1\text{HP} = 746\text{W} = 0.746\text{kW}$$

3.2 전력량

전력량은 전력에 시간을 곱한 것이다.

$$W = VIt = Pt[\text{Wh}]$$

단위는 Wh(watt-hour) 또는 kWh(kilowatt-hour)로 표시한다.

$$1\text{kWh} = 10^3\text{Wh} = 3.6 \times 10^6\text{J} = 3.6 \times 10^6 \times \frac{1}{4{,}186} = 860\text{kcal} = 3{,}600\text{kJ}$$

$$1kW = 1kJ/s = 3,600kJ/h$$
$$1kcal = 4,186kJ$$
$$1kJ = \frac{1}{4,186}kcal \fallingdotseq 0.24kcal$$

3.3 줄(Joule)의 법칙

$$H = I^2Rt[J]$$

여기서, H : 도체에서 발생하는 열량, I : 도체에 흐르는 전류(A), t : 전류가 흐른 시간

1cal의 열량은 4.186J의 일에 상당하기 때문에 $I^2Rt[J]$의 일에 해당하므로 발생열량은

$$H = \frac{I^2Rt}{4.186} \fallingdotseq 0.241I^2Rt[cal]$$
$$H' = mC(t_2 - t_1)[kJ]$$

여기서, H' : 주어진 열량(kJ), m : 질량(kg), C : 물의 비열(4.186kJ/kg · K)
t_2 : 가열 후의 온도(℃), t_1 : 가열 전의 온도(℃)

3.4 전기현상

(1) 제벡효과

도체에 전류를 흘리면 열이 발생하며, 반대로 여기에 열을 가하면 전류가 흐른다. 이와 같은 기전력을 열기전력이라 하고, 전류를 열전류라 하며, 이런 장치를 열전쌍이라고 한다. 이와 같은 효과를 제벡효과(Seebeck effect)라 한다.

(2) 앙페르의 오른나사법칙

도체에 전류가 흐르면 주위에 자장이 생기는데, 전류가 오른나사진행방향으로 흐르면 자력선은 오른나사를 돌리는 방향으로 생기며, 오른나사 돌리는 방향으로 전류가 흐르면 나사진행방향으로 자력선이 발생하는 현상을 앙페르의 오른나사법칙(Ampere's right-handed screw rule)이라 한다.

3.5 전자력

(1) 자기회로의 옴의 법칙

$$F = NI = Hl[AT]$$
$$\phi = \frac{F}{R}[Wb] \rightarrow R = \frac{F}{\phi}[AT/Wb]$$

여기서, ϕ : 자속(Wb), I : 전류(A), R : 자기저항(AT/Wb), l : 자기회로의 길이(m)

H : 자장의 세기(AT/m), A : 자기회로의 단면적(m^2)

(2) 누설자속

코일을 철심의 일부에만 감으면 누설자속이 공기 중으로 누설된다. 그러나 환상철심에 평등하게 감은 솔레노이드에 있어서는 누설자속이 거의 없다.

전기회로에서는 전류를 옴의 법칙으로 간단히 구할 수 있으나, 자기회로에서는 누설자속이 있으므로 예정된 회로에 대한 자속수를 간단히 계산할 수 없는 경우가 많다. 전체 자속과 예정된 회로를 통하는 유효자속과의 비를 누설계수(leakage coefficient)라 하고, 다음과 같은 식으로 표시한다.

$$누설계수 = \frac{전체\ 자속}{유효자속} = \frac{유효자속 + 누설자속}{유효자속} = 1.1 \sim 1.4 \ 정도$$

(3) 자기저항

$$R = \frac{1}{\mu A}[\text{AT/Wb}]$$

(4) 플레밍의 왼손법칙(Fleming's left-hand rule)

왼손의 세 손가락(엄지손가락, 집게손가락, 가운뎃손가락)을 서로 직각으로 펼치고, 가운뎃손가락을 전류, 집게손가락을 자장의 방향으로 하면 엄지손가락의 방향이 힘의 방향이다. 이것을 플레밍의 왼손법칙이라 한다(전동기에 적용).

(5) 플레밍의 오른손법칙(Fleming's right-hand rule)

유도기전력의 방향은 자장의 방향을 오른손의 집게손가락이 가리키는 방향으로 하고, 도체를 엄지손가락방향으로 움직이면 가운뎃손가락방향으로 전류가 흐른다. 이 현상을 플레밍의 오른손법칙이라 한다(발전기에 적용).

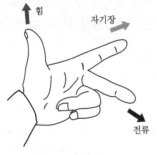
[플레밍의 왼손법칙]

[플레밍의 오른손법칙]

(6) 패러데이의 법칙(Faraday's law, 유도기전력의 크기)

유도기전력의 크기는 코일을 지나는 자속의 매초 변화량과 코일의 권수에 비례한다.

$$V = -N\frac{\Delta\phi}{\Delta t}[\text{V}]$$

여기서, V : 유도기전력의 크기, $\frac{\Delta\phi}{\Delta t}$: 자속의 변화율(자속의 매초 변화량)

N : 코일의 권수(감김수)

> **자속의 정의**
>
> 1Wb의 자속은 1권선의 코일과 쇄교하여 1초간에 일정한 비율로 감소하여 0으로 될 때 1V의 기전력을
> 유도하는 자속의 크기로 정의한다.

(7) 렌츠의 법칙(Lenz's law)

전자유도현상에 의해 생기는 유도기전력의 방향을 정하는 법칙이다. 즉 전자유도에 의해 생
긴 기전력의 방향은 전류가 만드는 자속이 항상 원래 자속의 증가 또는 감속을 방해하는 방
향이다.

> **교류회로의 옴(Ohm)의 법칙**
>
> 회로소자의 저항(R), 인덕턴스(L), 커패시턴스(C)에 있어 전압(V), 전류(I)로 하면 임피던스(impedance, Z)는
>
> $$V = IR = I(j\omega L) = I\frac{1}{j\omega C}$$
>
> $$Z = R = j\omega L = \frac{1}{j\omega C}$$

9 Chapter 시퀀스제어

1 제어의 정의

제어란 어떤 목적에 적합하도록 제어대상에 필요한 조작을 가하는 것이라고 정의할 수 있다. 일반적으로 자동화의 기초기술이 되는 자동제어는 피드백제어(feedback control)와 시퀀스제어 (sequential control)로 구분할 수 있다. 여기서 어떤 목적에 적합하다는 의미는 피드백제어에서 물리량(제어량)의 값을 목표치에 일치시키는 것을 의미하고, 시퀀스제어에서는 미리 정해진 순서에 따라 동작시키는 것을 의미한다.

2 시퀀스제어용 부품

2.1 버튼스위치

버튼스위치(BS : Button Switch)는 수동으로 버튼을 누르면 접점기구부가 개폐동작을 행하여 전로를 개로 또는 폐로하며, 손을 떼게 되면 자동적으로 스프링의 힘에 의해서 원상태로 돌아가는 제어용 조작스위치를 말한다. 버튼스위치는 손가락으로 조작되는 버튼기구부와 버튼기구부에서 받은 힘에 의해 전기회로를 개폐하는 접점기구부로 구성되어 있다.

2.2 릴레이

릴레이(R : Relay)는 전자계전기라고도 불리며 전자석에 의한 철편의 흡입력을 이용해서 접점을 개폐하는 기능을 가진 기기를 말한다. 릴레이시퀀스제어에서 제어기기 가운데 주역이 되는 것으로서 소형으로 접점의 수가 많은 제어용 전자계전기에서부터 큰 전류의 개폐도 할 수 있는 전력용 전자계전기 등 여러 가지가 있다.
릴레이의 작동원리는 봉상의 철심에 코일을 감아서 여기에 스위치와 전지를 연결한다. 그리고 스위치를 닫으면 코일에 전류가 흘러서 봉상의 철심은 전자석이 되어 철편을 흡인하는 원리를 이용한 것이다. 릴레이의 접점은 a접점, b접점, c접점이 있다.

(1) a접점

릴레이의 a접점이란 릴레이의 코일에 전류가 흐르지 않은 상태(복귀상태)에서는 가동접점과 고정접점이 떨어져서 '개로'하고 있지만, 코일에 전류가 흐르게 되면(동작상태) 가동접점이 고정접점에 접촉되어 '폐로'하는 접점을 말한다.

(2) b접점

릴레이의 b접점이란 릴레이의 코일에 전류가 흐르지 않은 상태(복귀상태)에서는 가동접점과 고정접점이 접촉되어서 '폐로'하고 있지만, 코일에 전류가 흐르게 되면(동작상태) 가동접점과 고정접점에서 떨어져서 '개로'하는 접점을 말한다.

(3) c접점

릴레이의 c접점이란 a접점과 b접점이 1개의 가동접점을 공유하여 조합된 구조의 접점을 말한다. 따라서 c접점이 있는 릴레이의 전자코일에 전류가 흐르지 않은 복귀상태에서는 a접점은 '개로'하고 있고, b접점은 '폐로'하고 있으나, 전자코일에 전류가 흘러 동작상태가 되면 상호 공통인 가동접점이 아래쪽으로 이동하기 때문에 a접점은 '폐로'하고, b접점은 '개로'하게 된다. 이와 같이 릴레이의 c접점은 회로를 전환할 수 있다.

[릴레이접점의 종류와 호칭]

접점의 이름	접점의 상태	별칭
a접점	열려 있는 접점 (arbeit contact)	• 메이크접점(make contact, 회로를 만드는 접점) • 상개접점(normally open contact, NO접점 : 항상 열려 있는 접점)
b접점	닫혀 있는 점점 (break contact)	• 브레이크접점(break contact) • 상폐접점(normally close contact, NC접점 : 항상 닫혀 있는 접점)
c접점	전환접점 (change-over contact)	• 브레이크메이크접점(break make contact) • 트랜스퍼접점(transfer contact)

명칭	그림기호		설명
	a접점	b접점	
접점(일반) 또는 수동조작	(a) (b)	(a) (b)	• a접점 : 평시에 열려 있는 접점(NO) • b접점 : 평시에 닫혀 있는 접점(NC) • c접점 : 전환접점
수동조작 자동복귀접점	(a) (b)	(a) (b)	손을 떼면 복귀하는 접점이며 누름형, 당김형, 비틈형으로 공통이고 버튼스위치, 조작스위치 등의 접점에 사용된다.
기계적 접점	(a) (b)	(a) (b)	리밋스위치 같이 접점의 개폐가 전기적 이외의 원인에 의하여 이루어지는 것에 사용된다.
조작스위치 잔류점검	(a) (b)	(a) (b)	
전기접점 또는 보조스위치접점	(a) (b)	(a) (b)	
한시동작접점	(a) (b)	(a) (b)	특히 한시접점이라는 것을 표시할 필요가 있는 경우에 사용한다.
한시복귀접점	(a) (b)	(a) (b)	
수동복귀접점	(a) (b)	(a) (b)	인위적으로 복귀시키는 것인데, 전자식으로 북귀시키는 것도 포함한다. 예를 들면, 수동복귀의 열전계전기접점, 전자복귀식 벨계전기접점 등에 사용된다.
전자접촉기접점	(a) (b)	(a) (b)	잘못이 생길 염려가 없을 때는 계전접점 또는 보조스위치접점과 똑같은 그림기호를 사용해도 된다.
제어기접점 (드럼형 또는 캠형)			그림은 하나의 접점을 가리킨다.

(1) AND회로(논리적회로)

2개의 입력 A와 B 모두 "1"일 때만 출력이 "1"이 되는 회로로서 논리식은 $C = A \cdot B$이다.

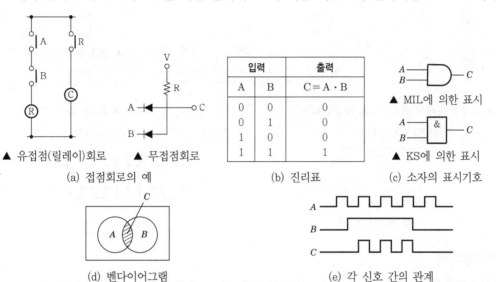

입력		출력
A	B	$C = A \cdot B$
0	0	0
0	1	0
1	0	0
1	1	1

▲ 유접점(릴레이)회로   ▲ 무접점회로
(a) 접점회로의 예   (b) 진리표   (c) 소자의 표시기호

▲ MIL에 의한 표시

▲ KS에 의한 표시

(d) 벤다이어그램   (e) 각 신호 간의 관계

(2) OR회로(논리합회로)

입력 A 또는 B의 어느 한쪽이 "1"이든가 2개 모두 "1"일 때 출력이 "1"이 되는 회로로서 논리식은 $C = A + B$이다.

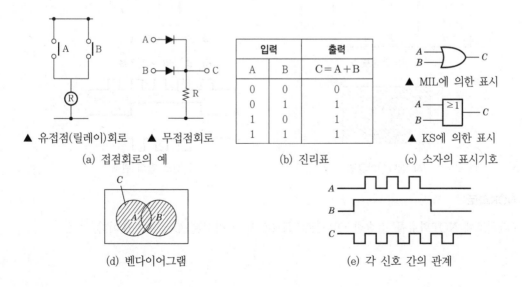

입력		출력
A	B	$C = A + B$
0	0	0
0	1	1
1	0	1
1	1	1

▲ 유접점(릴레이)회로   ▲ 무접점회로
(a) 접점회로의 예   (b) 진리표   (c) 소자의 표시기호

▲ MIL에 의한 표시

▲ KS에 의한 표시

(d) 벤다이어그램   (e) 각 신호 간의 관계

(3) NOT회로(논리부정회로)

입력이 "0"일 때 출력은 "1", 입력이 "1"일 때 출력은 "0"이 되는 회로로서 입력신호에 대하여 부정(NOT)의 출력이 나오는 것이다. 논리식은 $C = \overline{A}$ 이다.

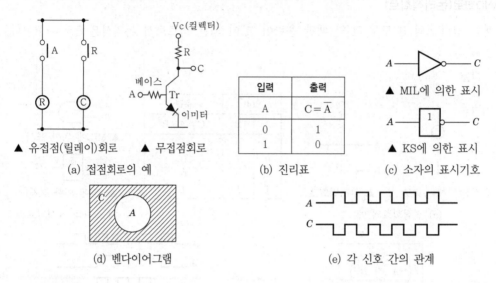

입력	출력
A	$C = \overline{A}$
0	1
1	0

▲ 유접점(릴레이)회로   ▲ 무접점회로

(a) 접점회로의 예   (b) 진리표   (c) 소자의 표시기호

(d) 벤다이어그램   (e) 각 신호 간의 관계

(4) NAND회로

AND회로에 NOT회로를 접속한 AND-NOT회로로서 논리식은 $C = \overline{A \cdot B}$ 이다.

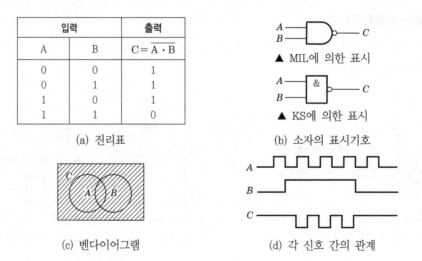

입력		출력
A	B	$C = \overline{A \cdot B}$
0	0	1
0	1	1
1	0	1
1	1	0

(a) 진리표   (b) 소자의 표시기호

(c) 벤다이어그램   (d) 각 신호 간의 관계

(5) NOR회로

OR회로에 NOT회로를 접속한 OR-NOT회로로서 논리식은 $C = \overline{A + B}$ 이다.

입력		출력
A	B	$C = \overline{A+B}$
0	0	1
0	1	0
1	0	0
1	1	0

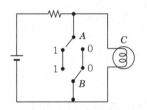

▲ MIL에 의한 표시

▲ KS에 의한 표시

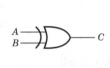

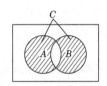

(a) 진리표   (b) 소자의 표시기호   (c) 벤다이어그램   (d) 각 신호 간의 관계

(6) Exclusive-OR(배타적 논리합회로)

입력 A, B가 서로 같지 않을 때만 출력이 "1"이 되는 회로로서 A, B가 모두 "1"이어서는 안 된다. 논리식은 $C = \overline{A} \cdot B + A \cdot \overline{B} = A \oplus B$이다.

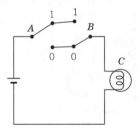

입력		출력
A	B	$C = A \oplus B$
0	0	0
0	1	1
1	0	1
1	1	0

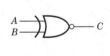

(a) 접점회로의 예   (b) 진리표   (c) 소자의 표시기호   (d) 벤다이어그램

(7) X-NOR회로

논리식은 $C = \overline{A \oplus B}$이다.

입력		출력
A	B	$C = \overline{A \oplus B}$
0	0	1
0	1	0
1	0	0
1	1	1

(a) 접점회로의 예   (b) 진리표   (c) 소자의 표시기호   (d) 벤다이어그램

(8) 한시회로

① 한시동작회로 : 입력신호가 "0"에서 "1"로 변화할 때만 출력신호의 변화가 뒤지는 회로

② 한시복귀회로 : 입력신호가 "1"에서 "0"으로 변화할 때만 출력신호의 변화가 뒤지는 회로

③ 뒤진 회로 : 어느 때나 출력신호의 변화가 뒤지는 회로

4 응용회로

(1) 자기유지회로(memory holding circuit)

회로상태에서 전기를 연결하면 릴레이에 전자석이 발생되어 접점을 연결시키므로 계속적인
전류가 흐르는 회로

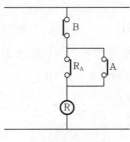

[자기유지회로]

(2) 인터록회로(interlock circuit)

2대 이상의 기기를 운전하는 경우에 그 운전순서를 결정 또는 동시 기동을 피하거나 일정한
조건이 충전되지 않았을 때는 다음 기기가 운전되지 않도록 할 필요가 있는 경우에 사용하
는 전기적 회로

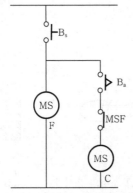

[팬모터가 운전되지 않으면 압축기가
운전되지 않는 회로]

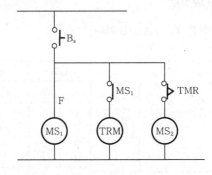

[모터 2대를 운전하는 경우 동시에
기동되지 않도록 한 회로]

- 논리공식(불대수의 기본정리)
  - 교환법칙 : A+B=B+A, AB=BA
  - 결합법칙 : (A+B)+C=A+(B+C), (AB)C=A(BC)
  - 분배법칙 : A(B+C)=AB+AC, A+BC=(A+B)(B+C)
  - 동일법칙 : A+A=A, AA=A
  - 부정법칙 : $\overline{\overline{A}}$ = A
  - 흡수법칙 : A+AB=A, A(A+B)=A
  - 항등법칙 : A+0=A, A+1=1, A · 1=A, A · 0=0
  - 드 모르간 정리 : $\overline{A+B}$=$\overline{A}$ · $\overline{B}$, $\overline{A \cdot B}$=$\overline{A}$+$\overline{B}$

접점회로		논리도	논리공식
 A　　　　A	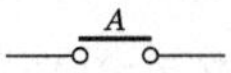 ─o A o─	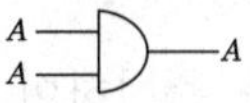 A─⌐D─A	AA = A
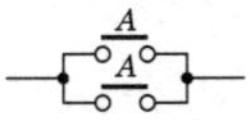 $\frac{A}{A}$	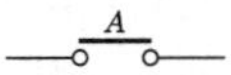 ─o A o─	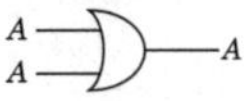 A─⌐D─A	A+A = A
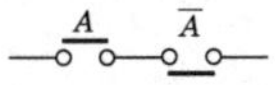 A　　$\overline{A}$	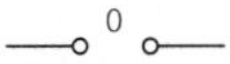 ─o 0 o─	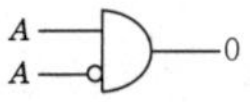 A─⌐D─0	A$\overline{A}$ = 0
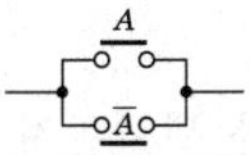 $\frac{A}{\overline{A}}$	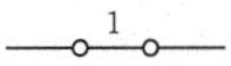 ─o 1 o─	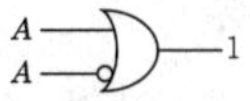 A─⌐D─1	A + $\overline{A}$ = 1
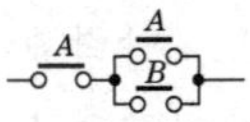 A　A/B	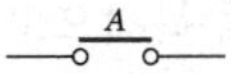 ─o A o─	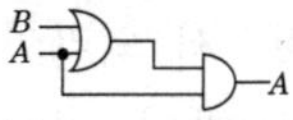 B/A─⌐D─A	A(A+B) = A
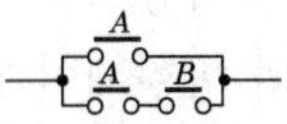 A/A　B	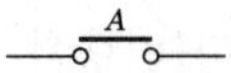 ─o A o─	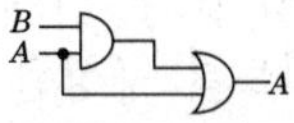 B/A─⌐D─A	AB+A = A

- 블록선도(block diagram) : 입력신호 $r(t)$에 대하여 출력신호 $c(t)$를 발생하는 요소의 전달함수 $G(s)$는 $r(t)$와 $c(t)$의 라플라스변환을 각각 $R(s)$, $C(s)$라 하면

$$G(s) = \frac{C(s)}{R(s)}$$

와 같이 표시되고 보통 다음 그림과 같이 블록선도로 표시한다. 위의 식에서 출력은

$$C(s) = G(s)R(s)$$

로 표시된다.

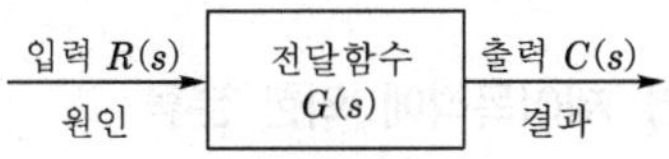

입력 $R(s)$　　전달함수　　출력 $C(s)$
원인　　　　　$G(s)$　　　　결과

[블록선도]

10 Chapter 제어기기 및 회로

1 제어의 개념

제어란 대상이 되는 물체를 측정하여 필요한 목표치가 되도록 조작하는 것을 의미한다.

1.1 분류

(1) 제어량의 성질에 의한 분류

① 프로세스기구 : 온도, 유량, 압력, 액위, 농도, 밀도 등의 플랜트나 생산공정 중의 상태량을 제어량으로 하는 제어로서 외란의 억제를 주목적으로 한다(온도, 압력제어장치).

② 서보기구 : 물체의 위치, 방위, 자세, 각도 등의 기계적 변위를 제어량으로 해서 목표값이 임의의 변화에 추종하도록 구성된 제어계이다(비행기 및 선박의 방향제어계, 미사일발사대의 자동위치제어계, 추적용 레이더의 자동평형기록계).

③ 자동조정기구 : 전압, 전류, 주파수, 회전속도, 힘 등 전기적 · 기계적 양을 주로 제어하는 것으로서 응답속도가 대단히 빨라야 하는 것이 특징이다(발전기의 조속기제어, 전전압장치제어).

(2) 제어목적에 의한 분류

① 정치제어 : 제어량을 어떤 일정한 목표값으로 유지하는 것을 목적으로 하는 제어법이다.

② 프로그램제어 : 미리 정해진 프로그램에 따라 제어량을 변화시키는 것을 목적으로 하는 제어법이다(엘리베이터, 무인열차).

③ 추종제어 : 미지의 임의 시간적인 변화를 하는 목표값에 제어량을 추종시키는 것을 목적으로 하는 제어법이다(대공포, 비행기).

④ 비율제어 : 목표값이 다른 것과 일정 비율관계를 가지고 변화하는 경우의 추종제어법이다(배터리).

(3) 제어동작에 의한 분류

① ON-OFF동작 : 설정값에 의하여 조작부를 개폐하여 운전한다. 제어결과가 사이클링 (cycling)이나 오프셋(offset)을 일으키며 응답속도가 빨라야 되는 제어계에 사용 불가능 하다(대표적인 불연속제어계).

② 비례동작(P동작) : 검출값편차의 크기에 비례하여 조작부를 제어하는 것으로 정상오차를 수 반한다. 사이클링은 없으나 오프셋을 일으킨다.

③ 미분동작(D동작) : 제어오차가 검출될 때 오차가 변화하는 속도에 비례하여 조작량을 가감 하는 동작이다(rate동작).

④ 적분동작(I동작) : 적분값의 크기에 비례하여 조작부를 제어하는 것으로 오프셋을 소멸시키 지만 진동이 발생한다.

⑤ 비례미분동작(PD동작) : 제어결과에 속응성이 있도록 미분동작을 부가한 것이다.

⑥ 비례적분동작(PI동작) : 오프셋을 소멸시키기 위하여 적분동작을 부가시킨 제어동작으로서 제어결과가 진동적으로 되기 쉽다(비례 reset동작).

⑦ 비례적분미분동작(PID동작) : 오프셋 제거, 속응성 향상, 가장 안정된 제어로 온도, 농도제어 등에 사용한다.

1.2 제어계의 용어해설과 구성

① 제어대상(control system) : 제어의 대상으로 제어하려고 하는 기계 전체 또는 그 일부분을 말 한다.

② 제어장치(control device) : 제어를 하기 위해 제어대상에 부착되는 장치로 조절부, 설정부, 검 출부 등이 이에 해당된다.

③ 제어요소(control element) : 동작신호를 조작량으로 변화하는 요소로 조절부와 조작부로 이루 어진다.

④ 제어량(controlled value) : 제어대상에 속하는 양으로 제어대상을 제어하는 것을 목적으로 하 는 물리적인 양을 말한다(출력발생장치).

⑤ 목표값(desired value) : 제어량이 어떤 값을 목표로 정하도록 외부에서 주어지는 값이다(피드 백제어계에서는 제외되는 신호).

⑥ 기준입력(reference input) : 제어계를 동작시키는 기준으로 직접 제어계에 가해지는 신호를 말한다(목표치와 비례관계).

⑦ 기준입력요소(reference input element) : 목표값을 제어할 수 있는 신호로 변환하는 요소이며 설정부라고 한다(목표치 비례기준 입력신호 → 설정부).

⑧ 외란(disturbance) : 제어량의 변화를 일으키는 신호로 변환하는 장치이다(외부신호).

⑨ 검출부(detecting element) : 제어대상으로부터 제어에 필요한 신호를 인출하는 부분이다(제어 량 검출 주궤환신호 발생요소).

⑩ 조절기(blind type controller) : 설정부, 조절부, 비교부를 합친 것이다.

⑪ 조절부(controlling units, 제어기) : 제어계가 작용을 하는 데 필요한 신호를 만들어 조작부로 보내는 부분이다.

⑫ 비교부(comparator) : 목표값과 제어량의 신호를 비교하여 제어동작에 필요한 신호를 만들어 내는 부분이다.

⑬ 조작량(manipulated value) : 제어량을 지배하기 위해 조작부에서 제어대상에 가해지는 물리량이다.

⑭ 편차검출기(error detector) : 궤환요소가 변환기로 구성되고 입력에도 변환기가 필요할 때에 제어계의 일부를 말한다.

1.3 라플라스변환의 특징

① 연산을 간단히 할 수 있다.
② 함수를 간단히 대수적인 형태로 변형할 수 있다.
③ 임펄스(impulse)나 계단(step)응답을 효과적으로 사용할 수 있다.
④ 미분방정식에서 따로 적분상수를 결정할 필요가 없다.

[함수명과 라플라스변환]

함수명	$f(t)$	$F(t)$	함수명	$f(t)$	$F(t)$
단위임펄스함수	$\delta(t)$	1	지수감쇠 n차 램프함수	$t^n e^{-at}$	$\dfrac{n!}{(s+a)^{n+1}}$
단위계단함수	$u(t)=1$	$\dfrac{1}{s}$	정현파함수	$\sin\omega t$	$\dfrac{\omega}{s^2+\omega^2}$
단위램프함수	t	$\dfrac{1}{s^2}$	여현파함수	$\cos\omega t$	$\dfrac{s}{s^2+\omega^2}$
포물선함수	t^2	$\dfrac{2}{s^3}$	지수감쇠 정현파함수	$e^{-at}\sin\omega t$	$\dfrac{\omega}{(s+a)^2+\omega^2}$
n차 램프함수	t^n	$\dfrac{n!}{s^{n+1}}$	지수감쇠 여현파함수	$e^{-at}\cos\omega t$	$\dfrac{s+a}{(s+a)^2+\omega^2}$
지수감쇠함수	e^{-at}	$\dfrac{1}{s+a}$	쌍곡정현파함수	$\sinh at$	$\dfrac{a}{s^2-a^2}$
지수감쇠 램프함수	$t e^{-at}$	$\dfrac{1}{(s+a)^2}$	쌍곡여현파함수	$\cosh at$	$\dfrac{s}{s^2-a^2}$
지수감쇠 포물선함수	$t^2 e^{-at}$	$\dfrac{2}{(s+a)^3}$			

1.4 전달함수

전달함수(transfer function)는 모든 초기값을 0으로 하였을 때 출력신호의 라플라스변환과 입력신호의 라플라스변환의 비이다.

$$G(s) = \frac{출력}{입력} = \frac{C(s)}{R(s)}$$

$$\xrightarrow[R(s)]{\substack{입력 \\ r(t)}} \boxed{\text{시스템 } G(s)} \xrightarrow[C(s)]{\substack{출력 \\ c(t)}}$$

[제어요소의 전달함수]

종류	입력과 출력의 관계	전달함수	비고
비례요소	$Y(t) = Kx(t)$	$G(s) = \dfrac{Y(s)}{X(s)} = K$	K : 비례감도(비례이득)
미분요소	$Y(t) = K\dfrac{dx(t)}{dt}$	$G(s) = \dfrac{Y(s)}{X(s)} = Ks$	
적분요소	$Y(t) = \dfrac{1}{K}\displaystyle\int x(t)dt$	$G(s) = \dfrac{Y(s)}{X(s)} = \dfrac{K}{s}$	
1차 지연요소	$b_1\dfrac{d}{dt}Y(t) + b_0 Y(t)$ $= a_0 x(t)$	$G(s) = \dfrac{Y(s)}{X(s)}$ $= \dfrac{a_0}{b_1 s + b_0} = \dfrac{K}{Ts + 1}$	$K = \dfrac{a_0}{b_0}, \;\; T = \dfrac{b_1}{b_0}$ (T : 시정수)
2차 지연요소	$b_2\dfrac{d^2}{dt^2}Y(t) + b_1\dfrac{d}{dt}Y(t)$ $+ b_0 Y(t) = a_0 x(t)$	$G(s) = \dfrac{Y(s)}{X(s)}$ $= \dfrac{K\omega_n^2}{s^2 + 2\delta\omega_n s + \omega_n^2}$ $= \dfrac{K}{1 + 2\delta Ts + T^2 s^2}$	$K = \dfrac{a_0}{b_0}, \;\; T^2 = \dfrac{b_2}{b_0}$ $2\delta T = \dfrac{b_1}{b_0}, \;\; \omega_n = \dfrac{1}{T}$ (δ : 감소계수, ω_n : 고유각주파수)
부동작시간요소	$Y(t) = Kx(t-L)$	$G(s) = \dfrac{Y(s)}{X(s)} = Ke^{-Ls}$	L : 부동작시간

※ 2위치(ON-OFF)동작 : 대표적인 불연속동작이다.

> **P oint**
>
> 동작에 의한 조작량변화를 I동작만큼 일으키는 데 필요한 시간 T_I을 적분시간이라 하며 P동작의 세기에 대한 I동작의 세기를 나타낸다. T_I을 분(minute)으로서 나타낸 것의 역수를 리셋률이라 한다. 리셋률을 어느 값으로 조정하면 이동속도는 제어량의 편차에 비례하며, 편차가 없어지면 이동도 정지한다.

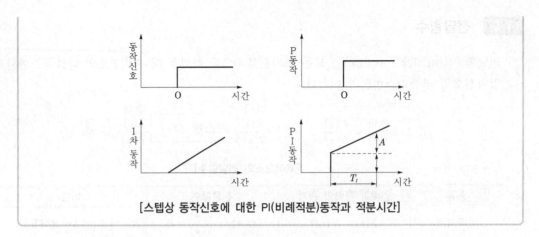

[스텝상 동작신호에 대한 PI(비례적분)동작과 적분시간]

[반도체소자의 부호]

명칭	설명	부호
정류용 다이오드	주로 실리콘다이오드가 사용된다.	※ 원은 혼동할 우려가 없을 때는 생략해도 된다.
제너다이오드(zener diode)	주로 정전압전원회로에 사용된다.	
발광다이오드(LED)	화합물반도체로 만든 다이오드로 응답 속도가 빠르고 정류에 대한 광출력이 직선성을 가진다.	
TRIAC	양방향성 스위칭소자로서 SCR 2개를 역병렬로 접속한 것과 같다.	T_2 T_1 G
DIAC	네온관과 같은 성질을 가진 것으로서 주로 SCR, TRIAC 등의 트리거소자로 이용된다.	T_2 T_1
배리스터	주로 서지전압에 대한 회로보호용으로 사용된다.	
SCR	단방향 대전류스위칭소자로서 제어할 수 있는 정류소자이다.	A K G
PUT	SCR과 유사한 특성으로 게이트(G)레벨보다 애노드(A)레벨이 높아지면 스위칭하는 기능을 가진 소자이다.	A K G
CDS	광－저항변환소자로서 감도가 특히 높고 값이 싸며 취급이 용이하다.	

명칭	설명	부호
서미스터	부온도특성을 가진 저항기의 일종으로서 주로 온도보상용으로 쓰인다.	Th
UJT(단일 접합트랜지스터)	증폭기로는 사용이 불가능하며 톱니파나 펄스 발생기로 작용하며 SCR의 트리거소자로 쓰인다.	E B_1 B_2

[단상 정류회로]

파형	최대값	실효값	평균값	파형률	파고율	일그러짐률
사인파	V_m	$\dfrac{V_m}{\sqrt{2}}$	$\dfrac{2V_m}{\pi}$	$\dfrac{\pi}{2\sqrt{2}}=1.11$	$\sqrt{2}=1.414$	0
구형파	V_m	V_m	V_m	1	1	0.4834
전파정류	V_m	$\dfrac{V_m}{\sqrt{2}}$	$\dfrac{2V_m}{\pi}$	$\dfrac{\pi}{2\sqrt{2}}=1.11$	$\sqrt{2}=1.414$	0.2273
반파정류	V_m	$\dfrac{V_m}{2}$	$\dfrac{V_m}{\pi}$	$\dfrac{\pi}{2}=1.571$	2	0.4352
삼각파	V_m	$\dfrac{V_m}{\sqrt{3}}$	$\dfrac{V_m}{2}$	$\dfrac{2}{\sqrt{3}}=1.155$	$\sqrt{3}=1.732$	0.1212

1.5 블록선도의 등가변환

① 직렬접속 : $G(s)=G_1(s)G_2(s)$

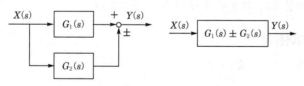

② 병렬접속 : $G(s)=G_1(s)\pm G_2(s)$

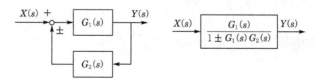

③ 피드백접속 : $G(s)=\dfrac{G_1(s)}{1\pm G_1(s)G_2(s)}$

$X(s)$ $+$ $\pm$ $G_1(s)$ $Y(s)$ $G_2(s)$ $X(s)$ $\dfrac{G_1(s)}{1\pm G_1(s)G_2(s)}$ $Y(s)$

④ 블록선도 등가변환

변환	블록선도	블록선도 등가변환
인출점을 블록 뒤로 이동	$R(s)$ → $G(s)$ → $C(s)$, $B(s)$	$R(s)$ → $G(s)$ → $C(s)$, $B(s)$ → $1/G(s)$
인출점을 블록 앞으로 이동	$R(s)$ → $G(s)$ → $C(s)$, $B(s)$	$R(s)$ → $G(s)$ → $C(s)$, $B(s)$ → $G(s)$
가산점을 블록 뒤로 이동	$R(s)$ → $G(s)$ → $C(s)$, $B(s)$	$R(s)$ → $G(s)$ → $C(s)$, $G(s)$ → $B(s)$
가산점을 블록 앞으로 이동	$R(s)$ → $G(s)$ → $C(s)$, $B(s)$	$R(s)$ → $G(s)$ → $C(s)$, $1/G(s)$ → $B(s)$
궤환루프 없앰	$R(s)$ → $G(s)$ → $C(s)$, $H(s)$	$R(s)$ → $\dfrac{G(s)}{1+G(s)H(s)}$ → $C(s)$

2 조절기용 기기

(1) 정의

조절기는 제어량이 목표치에 신속, 정확하게 일치하도록 제어동작신호를 연산하여 조작부에 신호를 보내는 부분으로 설정부와 조절부로 구성된다.

(2) 조절부에 의한 제어동작

① 비례동작(P동작) : $y(t) = K_P\, x(t)$

② 미분동작(D동작) : $y(t) = T_D\, \dfrac{dx(t)}{dt}$

③ 적분동작(I동작) : $y(t) = \dfrac{1}{T_I} \displaystyle\int x(t)dt$

④ 비례미분동작(PD동작) : $y(t) = K_P\left[x(t) + T_D\, \dfrac{dx(t)}{dt} \right]$

⑤ 비례적분동작(PI동작) : $y(t) = K_P \left[x(t) + \dfrac{1}{T_I} \int x(t) dt \right]$

⑥ 비례적분미분동작(PID동작) : $y(t) = K_P \left[x(t) + \dfrac{1}{T_I} \int x(t) dt + T_D \dfrac{dx(t)}{dt} \right]$

여기서, $y(t)$: 조작량, $x(t)$: 동작신호(편차), K_P : 비례이득(비례감도)

T_D : 미분시간, T_I : 적분시간

3 조작용 기기

조작용 기기는 직접 제어대상에 작용하는 장치로, 빠른 응답이 요구된다.

(1) 조작용 기기의 특징

구분	유압식	공기식	전기식
안정성	인화성이 있다.	안전하다.	방폭형이 필요하다.
속응성	빠르다.	장거리에는 어렵다.	늦다.
전송	장거리는 어렵다.	장거리가 되면 지연이 크다.	장거리 전송이 가능하며 지연도 적다.
적응성	관성이 적고 대출력을 얻는 것이 용이하다.	PID동작을 만들기 용이하다.	대단히 넓고 특성변형이 쉽다.
출력	저속이고 큰 출력을 얻을 수 있다.	출력이 크지 않다.	감속장치가 필요하며 출력은 작다.

(2) 조작용 기기의 종류

① 기계식 : 다이어프램밸브, 클러치, 밸브포지셔너, 유압조작기기(반사관, 안내밸브, 조작실린더, 조작피스톤) 등

② 전기식 : 전동밸브, 전자밸브, 2상 서보전동기, 직류서보전동기, 펄스전동기 등

4 검출용 기기

온도, 압력, 유량 등의 물리량을 증폭, 전송이 용이한 양으로 변환하는 검출기기를 변환기라고 한다.

(1) 검출용 기기의 종류

제어	검출용 기기	종류
자동조정용	전압검출기 속도검출기	자기증폭기, 전자관 및 트랜지스터증폭기, 주파수검출기, 시프더, 회전계 발전기
서보기구용	전위차계 차동변압기 싱크로 마이크로신	
공정제어용	유량계	교축식 유량계, 면적식 유량계(로터미터), 전자식 유량계, 차압식 유량계(벤투리미터, 노즐오리피스)
	압력계	• 기계식 : 부르동관, 벨로즈, 다이어프램 • 전기식 : 전기저항식, 파라니진공계, 전지진공계
	온도계	열전대(쌍)온도계, 저항온도계(Pt, Ni, Cu), 바이메탈온도계, 방사온도계, 광온도계
	습도계	전기식 건습구습도계, 광전관식 노점습도계
	액체성분계	pH(수소이온)농도계, 액체농도계

(2) 검출용 기기의 변환요소

변환량	변환요소
압력 → 변위	벨로즈, 다이어프램, 스프링
변위 → 압력	노즐플래퍼, 유압분사관, 스프링
변위 → 임피던스	가변저항기, 용량형 변환기, 가변저항스프링
변위 → 전압	퍼텐쇼미터, 차동변압기, 전위차계
전압 → 변위	전자석, 전자코일
광 → 임피던스	광전관, 광전도 셀, 광전트랜지스터
광 → 전압	광전지, 광전다이오드
방사선 → 임피던스	GM관, 전리함
온도 → 임피던스	측온저항(열선, 서미스터, 백금, 니켈)
온도 → 전압	열전대(백금-백금로듐, 철-콘스탄탄, 구리-콘스탄탄, 크로멜-알루멜)

공조냉동 설치·운영
기출 및 예상문제

01 동관접합과 관계가 없는 공구는?

① 사이징툴(sizing tool)
② 익스팬더(expander)
③ 플레어링툴세트(flaring tool set)
④ 오스터(oster)

해설 나사절삭기인 오스터는 강관접합과 관계있는 공구이다.

02 배수설비에 대한 설명 중 틀린 것은?

① 오수란 대소변기, 비데 등에서 나오는 배수이다.
② 잡배수란 세면기, 싱크대, 욕조 등에서 나오는 배수이다.
③ 특수 배수는 그대로 방류하거나 오수와 함께 정화하여 방류시키는 배수이다.
④ 우수는 옥상이나 부지 내에 내리는 빗물의 배수이다.

해설 특수 배수는 병원, 연구소, 공장 등과 같이 특수한 물질을 제거해야 하는 배수를 말한다.

03 다음 중 녹 방지용 도료로서 방청효과가 가장 적은 것은?

① 광명단 도료   ② 에폭시수지 도료
③ 산화철 도료   ④ 알루미늄 도료

해설 산화철 도료는 산화 제2철의 보일유나 아마인유를 섞어 만든 도료로서, 도막이 부드럽고 가격은 저렴하나 녹 방지효과는 불량하다.

04 다음 동관 중 가장 높은 압력에서 사용되는 관은?

① K형   ② L형
③ M형   ④ N형

해설 두께별로 동관은 K형 > L형 > M형 > N형(KS규격은 없음) 순이다. 따라서 가장 두꺼운 K형이 가장 높은 압력에 사용되는 관이다.

05 지름 20mm 이하의 동관을 이음할 때나 기계의 점검, 보수 등으로 관을 떼어내기 쉽게 하기 위한 동관의 이음방법은?

① 슬리브이음   ② 플레어이음
③ 사이징이음   ④ 플라스턴이음

해설 플레어이음은 지름 20mm 이하의 동관을 압축이음 시 사용한다.

06 급탕속도가 1m/s이고 순환탕량이 8m³/h일 때 급탕주관의 관경은 약 얼마인가?

① 36.3mm   ② 40.5mm
③ 53.2mm   ④ 75.7mm

해설 ㉠ $Q = 8\text{m}^3/\text{h} = 2.22 \times 10^{-3}\text{m}^3/\text{s}$

㉡ $Q = AV = \dfrac{\pi d^2}{4}V$

$\therefore d = \sqrt{\dfrac{4Q}{\pi V}} = \sqrt{\dfrac{4 \times 2.22 \times 10^{-3}}{\pi \times 1}}$

$\fallingdotseq 0.0532\text{m} = 53.2\text{mm}$

07 급탕설비배관에 대한 설명 중 옳지 않은 것은?

① 순환방식은 중력식과 강제식이 있다.
② 배관의 구배는 중력순환식의 경우 1/150, 강제순환식의 경우 1/200 정도이다.
③ 신축이음쇠의 설치는 강관은 20m, 동관은 30m마다 1개씩 설치한다.
④ 급탕량은 사용인원이나 사용기구수에 의해 구한다.

해설 신축이음쇠는 강관은 30m, 동관은 20m마다 1개씩 설치한다.

★
08 저압가스배관의 유량을 산출하는 식으로 맞는 것은? (단, Q : 유량(m^3/h), D : 관지름(cm), ΔP : 압력손실(mmAq), S : 비중, K : 유량 계수, L : 관의 길이(m))

① $Q = K\sqrt{\dfrac{SL}{D\Delta P}}$

② $Q = K\sqrt{\dfrac{D\Delta P}{SL}}$

③ $Q = K\sqrt{\dfrac{L\Delta P}{SD^5}}$

④ $Q = K\sqrt{\dfrac{D^5\Delta P}{SL}}$

해설 가스유량
㉠ 저압배관인 경우(폴공식)
$$Q = K\sqrt{\dfrac{D^5 H}{SL}}\,[m^3/h]$$
㉡ 중·고압배관인 경우(콕스공식)
$$Q = K\sqrt{\dfrac{D^5(P_1{}^2 - P_2{}^2)}{SL}}\,[m^3/h]$$
여기서, K : 유량계수(저압 : 0.707, 중·고압 : 52.31)
H : 마찰손실수두(mmH₂O)

★
09 급탕배관의 신축이음과 관계없는 것은?

① 신축곡관이음   ② 슬리브형 이음
③ 벨로즈형 이음   ④ 플랜지형 이음

해설 급탕배관의 신축이음 : 신축곡관(루프)이음, 슬리브이음, 벨로즈(주름통)이음, 스위블이음 등
참고 강관의 이음 : 나사이음, 플랜지이음, 용접이음

10 다음 그림과 같이 호칭지름이 표시될 때 강관 이음쇠의 규격을 바르게 표시한 것은? (단, 그림의 부속은 티(tee)이다.)

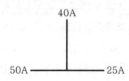

① 50×40×25   ② 40×50×25
③ 50×25×40   ④ 25×40×50

해설 가로 1× 가로 2× 세로=50mm×25mm×40mm

11 납관의 이음용 공구가 아닌 것은?

① 사이징툴   ② 드레서
③ 맬릿   ④ 턴핀

해설 사이징툴은 확관기로 동관용 공구이다.

★
12 다음 중 동관의 장점이 아닌 것은?

① 내식성이 좋다.
② 강관보다 가볍고 취급이 쉽다.
③ 동결 파손에 강하다.
④ 내충격성이 좋다.

해설 동관
㉠ 내충격성이 약하다.
㉡ 내식성이 크고 가벼우며 가공이 용이하다.

13 패널난방(panel heating)은 열의 전달방법 중 주로 어느 것을 이용한 것인가?

① 전도   ② 대류
③ 복사   ④ 전파

해설 복사난방은 패널난방이다.

★
14 LP가스의 주성분으로 맞는 것은?

① 프로판(C_3H_8)과 부틸렌(C_4H_8)
② 프로판(C_3H_8)과 부탄(C_4H_{10})
③ 프로필렌(C_3H_6)과 부틸렌(C_4H_8)
④ 프로필렌(C_3H_6)과 부탄(C_4H_{10})

해설 LPG(액화석유가스)의 주성분은 프로판(C_3H_8)과 부탄(C_4H_{10})이다.

★
15 급탕주관의 배관길이가 300m, 환탕주관의 배관길이가 50m일 때 강제순환식 온수순환펌프의 전양정은 얼마인가?

① 5m   ② 3m
③ 2m   ④ 1m

해설 $H = 0.01\left(\dfrac{L}{2} + l\right) = 0.01 \times \left(\dfrac{300}{2} + 50\right) = 2m$

정답 08 ④ 09 ④ 10 ③ 11 ① 12 ③ 13 ③ 14 ② 15 ③

★
16 배관 내 마찰저항에 의한 압력손실의 설명으로 옳은 것은?

① 관의 유속에 비례한다.
② 관 내경의 2승에 비례한다.
③ 관 내경의 5승에 비례한다.
④ 관의 길이에 비례한다.

해설 압력손실$(\Delta p) = f \dfrac{l}{d} \dfrac{\gamma v^2}{2g}$[mmAq]

17 열팽창에 의한 관의 신축으로 배관의 이동을 구속 또는 제한하는 장치는?

① 턴버클 　　　② 브레이스
③ 리스트레인트 　④ 행거

해설 ① 턴버클 : 지지막대나 지지와이어로프 등의 길이를 조절하기 위한 기구
② 브레이스 : 압축기, 펌프에서 발생하는 기계적 진동, 서징, 수격작용, 지진, 안전밸브의 분출반력의 충격을 완충하거나 진동을 억제하는 것으로 구조에 따라 유압식과 스프링식이 있음
④ 행거 : 배관을 위에서 지지하는 금속

★
18 다음 중 주철관의 접합방법이 아닌 것은?

① 플랜지접합 　　② 메커니컬접합
③ 소켓접합 　　　④ 플레어접합

해설 플레어접합(flare joint)은 압축접합으로 동관이음법이다 (20A 이하).

★
19 급탕설비에서 80℃의 물 300L와 20℃의 물 200L를 혼합시켰을 때 혼합탕의 온도는 얼마인가?

① 42℃ 　　　　② 48℃
③ 56℃ 　　　　④ 62℃

해설 $t_m = \dfrac{m_1 t_1 + m_2 t_2}{m_1 + m_2} = \dfrac{300 \times 80 + 200 \times 20}{300 + 200} = 56℃$

★
20 다음 중 체크밸브의 종류가 아닌 것은 어느 것인가?

① 스윙형 체크밸브
② 해머리스형 체크밸브
③ 리프트형 체크밸브

④ 플랩형 체크밸브

해설 체크밸브의 종류
㉠ 스윙형(swing type) : 수직, 수평배관에 사용
㉡ 리프트형(lift type) : 수평배관에 사용
㉢ 풋형(foot type) : 개방식 배관의 펌프흡입관 선단에 부착하여 사용
㉣ 싱글 및 듀얼 플레이트형
㉤ 해머리스형

★
21 다이어프램밸브의 KS 그림기호로 맞는 것은?

해설 ② 글로브밸브, ③ 체크밸브, ④ 앵글밸브

22 온수난방에 대한 설명 중 옳지 않은 것은?

① 배관은 $\dfrac{1}{250}$ 정도의 일정 구배로 하고 최고점에 배관 중의 기포가 모이게 한다.
② 고장 수리를 위하여 배관 최저점에 배수밸브를 설치한다.
③ 보일러에서 팽창탱크에 이르는 팽창관에 밸브를 설치한다.
④ 난방배관의 소켓은 편심소켓을 사용한다.

해설 보일러에서 팽창탱크에 이르는 팽창관에는 밸브를 설치하지 않는다.

23 배수트랩이 하는 역할로 가장 적합한 것은?

① 배수관에서 발생하는 유해가스가 건물 내로 유입되는 것을 방지한다.
② 배수관 내의 찌꺼기를 제거하여 물의 흐름을 원활하게 한다.
③ 배수관 내로 공기를 유입하여 배수관 내를 청정하는 역할을 한다.
④ 배수관 내의 공기와 물을 분리하여 공기를 밖으로 빼내는 역할을 한다.

해설 배수트랩은 배수관계나 배수, 오수탱크로부터의 유해, 냄새가 나는 가스가 옥내로 침입되는 것을 방지함과 하수관으로 방류하던 유해한 액이나 물질을 저지 또는 포집하는 데 설치목적이 있다.

정답 16 ④ 17 ③ 18 ④ 19 ③ 20 ④ 21 ① 22 ③ 23 ①

PART
3

24 주철관의 소켓이음 시 코킹작업을 하는 주목적으로 가장 적합한 것은?

① 누수 방지　　② 경도 증가
③ 인장강도 증가　④ 내진성 증가

해설 주철관의 소켓이음 시 누수 방지(수밀)를 위해 코킹(caulking)작업을 한다.

25 급수배관에서 수격작용 발생개소와 거리가 먼 것은?

① 관 내 유속이 빠른 곳
② 구배가 완만한 곳
③ 급격히 개폐되는 밸브
④ 굴곡개소가 있는 곳

해설 급수배관에서 구배가 완만한 곳에서는 수격작용(water hammer)이 발생하지 않는다.

26 급수펌프의 설치 시 주의사항으로 틀린 것은?

① 펌프는 기초 볼트를 사용하여 기초 콘크리트 위에 설치 고정한다.
② 풋밸브는 동수위면보다 흡입관경의 2배 이상 물속에 들어가게 한다.
③ 토출측 수평관은 상향구배로 배관한다.
④ 흡입양정은 되도록 길게 한다.

해설 급수펌프 설치 시 흡입양정은 되도록 짧게 한다. 흡입양정이 크면(길면) 공동현상(cavitation)이 발생된다.

27 호칭지름 25A인 강관을 R-150으로 90° 구부림할 경우 곡선부의 길이는 약 몇 mm인가? (단, π는 3.14이다.)

① 118mm　　② 236mm
③ 354mm　　④ 547mm

해설 $L = 2\pi R \dfrac{\theta}{360} = 2 \times 3.14 \times 150 \times \dfrac{90°}{360°} \fallingdotseq 236mm$

28 호칭직경 20A인 강관을 2개의 45° 엘보를 사용하여 다음 그림과 같이 연결하였다면 강관의 실제 소요길이는 얼마인가? (단, 엘보에 삽입되는 나사부의 길이는 10mm이고, 엘보의 중심에서 끝단면까지의 길이는 25mm이다.)

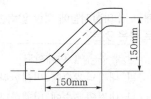

① 212.1mm　　② 200.3mm
③ 170.3mm　　④ 182.1mm

해설 $l = L - 2(A - a)$
$= \sqrt{150^2 + 150^2} - 2 \times (25 - 10)$
$= 182.1mm$

29 내식성 및 내마모성이 우수하며 지하 매설용 수도관으로 적당한 것은?

① 주철관　　　② 알루미늄관
③ 황동관　　　④ 강관

해설 주철관은 압축강도가 크고, 인장강도가 작으며, 내식성과 내마모성이 우수하여 지하 매설용 수도관으로 적당하다.

30 급탕배관 시공 시 현장 사정상 다음 그림과 같이 배관을 시공하게 되었다. 이때 그림의 Ⓐ부에 부착해야 할 밸브는?

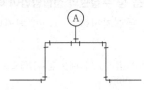

① 앵글밸브　　② 안전밸브
③ 공기빼기밸브　④ 체크밸브

해설 제시된 그림의 Ⓐ부에 부착할 밸브는 공기빼기밸브이다.

31 폴리부틸렌관이음(polybutylene pipe joint)에 대한 설명으로 틀린 것은?

① 강한 충격, 강도 등에 대한 저항성이 크다.
② 온돌난방, 급수위생, 농업원예배관 등에 사용된다.
③ 가볍고 화학작용에 대한 우수한 내식성을 가지고 있다.
④ 에이콘파이프의 사용가능온도는 10~70℃로 내한성과 내열성이 약하다.

정답 **24** ① **25** ② **26** ④ **27** ② **28** ④ **29** ① **30** ③ **31** ④

해설 **폴리에틸렌관이음**
㉠ 내열성과 보온성이 염화비닐관보다 우수하다.
㉡ 내충격성과 내한성이 우수하다.
㉢ -60℃에서도 취화 안 된다.
㉣ 내약품성에도 강하다.

32 가스관으로 많이 사용하는 일반적인 관의 종류는?

① 주철관 ② 주석관
③ 연관 ④ 강관

해설 가스관으로 많이 사용되는 관은 배관용 탄소강관(SPP)이다.

33 트랩 중에서 응축수를 밀어 올릴 수 있어 환수관을 트랩보다도 위쪽에 배관할 수 있는 것은?

① 버킷트랩 ② 열동식 트랩
③ 충동증기트랩 ④ 플로트트랩

해설 버킷트랩은 응축수를 밀어 올릴 수 있어 환수관을 트랩보다 위쪽에 배관할 수 있다.

34 급탕사용량이 4,000L/h인 급탕설비배관에서 급탕주관의 관경으로 적합한 것은? (단, 유속은 0.9m/s이고, 순환탕량은 약 2.5배이다.)

① 40A ② 50A
③ 65A ④ 80A

해설 ㉠ $Q = 4,000 \times 2.5 = 10,000$L/h

$= \dfrac{10,000}{1,000 \times 3,600} = 2.78 \times 10^{-3}$ m³/s

㉡ $Q = AV = \dfrac{\pi d^2}{4} V$ [m³/s]

$\therefore d = \sqrt{\dfrac{4Q}{\pi V}} = \sqrt{\dfrac{4 \times (2.78 \times 10^{-3})}{\pi \times 0.9}}$

$= 0.063$m $\fallingdotseq 65$A

35 스테인리스관의 특성이 아닌 것은?

① 내식성이 좋다.
② 저온 충격성이 크다.
③ 용접식, 몰코식 등 특수 시공법으로 시공이 간단하다.
④ 강관에 비해 기계적 성질이 나쁘다.

해설 스테인리스관은 강관에 비해 기계적 성질이 우수하다.

36 관경이 다른 강관을 직선으로 연결할 때 사용되는 배관 부속품은?

① 티 ② 리듀서
③ 소켓 ④ 니플

해설 ① 관의 도중에서 분리시킬 경우
③, ④ 같은 직경의 관을 직선으로 접합할 경우

37 하수관 또는 오수탱크로부터 유해가스가 옥내로 침입하는 것을 방지하는 장치는?

① 통기관 ② 볼탭
③ 체크밸브 ④ 트랩

해설 하수관 또는 온수탱크로부터 유해가스가 옥내로 침입하는 것을 방지하는 장치는 트랩(trap)이다.

38 바이패스관의 설치장소로 적절하지 않은 곳은?

① 증기배관 ② 감압밸브
③ 온도조절밸브 ④ 인젝터

해설 바이패스관(bypass pipe)은 기기나 장치(증기트랩, 전동밸브, 온도조절밸브, 감압밸브, 유량계, 인젝터 등)에 설치하여 긴급 시 수리 및 점검이 가능하다.

39 다음과 같이 압축기와 응축기가 동일한 높이에 있을 때 배관방법으로 가장 적합한 것은?

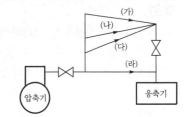

① (가) ② (나)
③ (다) ④ (라)

해설 압축기와 응축기가 동일한 높이에 있을 때 수직 상승관을 설치한 후 하향구배(내림구배)한다. 이유는 압축기 정지 중 응축된 냉매가 압축기로의 역류를 방지하기 위함이다.

40 관 트랩의 종류로 가장 거리가 먼 것은?

① S트랩 ② P트랩
③ U트랩 ④ V트랩

해설 관 트랩(pipe trap)의 종류 : S트랩, P트랩, U트랩

41 대·소변기를 제외한 세면기, 싱크대, 욕조 등에서 나오는 배수는?

① 오수　　　　② 우수
③ 잡배수　　　④ 특수 배수

해설　㉠ 잡배수 : 세면기, 싱크대, 욕조 등에서 나오는 배수
㉡ 오수 : 대·소변기, 비데 등에서 나오는 배수
㉢ 우수 : 옥상이나 부지 내에 내리는 빗물의 배수
㉣ 특수 배수 : 유해물질을 포함한 배수(공장, 실험실 등에서의 폐수, 화학물질배수 등)

★
42 지역난방방식 중 온수난방의 특징으로 가장 거리가 먼 것은?

① 보일러 취급은 간단하며 어느 정도 큰 보일러라도 취급주임자가 필요 없다.
② 관 부식은 증기난방보다 적고 수명이 길다.
③ 장치의 열용량이 작으므로 예열시간이 짧다.
④ 온수 때문에 보일러의 연소를 정지해도 예열이 있어 실온이 급변되지 않는다.

해설　온수난방은 장치의 열용량이 커서 예열시간이 길다.

★
43 중앙식 급탕방식의 장점으로 가장 거리가 먼 것은?

① 기구의 동시이용률을 고려하여 가열장치의 총용량을 적게 할 수 있다.
② 기계실 등에 다른 설비기계와 함께 가열장치 등이 설치되기 때문에 관리가 용이하다.
③ 배관에 의해 필요개소에 어디든지 급탕할 수 있다.
④ 설비규모가 작기 때문에 초기설비비가 적게 든다.

해설　중앙식 급탕방식은 설비규모가 크기 때문에 초기설비비가 많이 소요된다.

44 경질 염화비닐관의 특징 중 틀린 것은?

① 내열성이 좋다.
② 전기절연성이 크다.

③ 가공이 용이하다.
④ 열팽창률이 크다.

해설　**경질 염화비닐관(PVC관)**
㉠ 저온에서 저온취성이 크고 열에 약하다.
㉡ 전기절연성이 크다.
㉢ 가공이 용이하다.
㉣ 열팽창률이 크다.

45 증기난방방식 중 대규모 난방에 많이 사용하고 방열기의 설치위치에 제한을 받지 않으며 응축수환수가 가장 빠른 방식은?

① 진공환수식　　② 기계환수식
③ 중력환수식　　④ 자연환수식

해설　증기난방방식 중 응축수환수가 가장 빠른 방식은 진공환수식이다.

★
46 대구경 강관의 보수 및 점검을 위해 분해, 결합을 쉽게 할 수 있도록 사용되는 연결방법은?

① 나사접합　　　② 플랜지접합
③ 용접접합　　　④ 슬리브접합

해설　플랜지접합(flange joint)은 대구경 강관(65A 이상)의 보수 및 점검을 위해 분해, 결합이 쉽도록 한 연결방법이다.

★
47 배관 신축이음의 종류로 가장 거리가 먼 것은?

① 빅토릭조인트 신축이음
② 슬리브 신축이음
③ 스위블 신축이음
④ 루프형 밴드 신축이음

해설　**배관 신축이음의 종류 :** 루프형(만곡형), 스위블형, 슬리브(sleeve)형, 벨로즈(bellows)형, 볼조인트형
참고　빅토릭조인트는 주철관 이음방식이다.

★
48 펌프의 캐비테이션(cavitation) 발생원인으로 가장 거리가 먼 것은?

① 흡입양정이 클 경우
② 날개차의 원주속도가 클 경우
③ 액체의 온도가 낮을 경우
④ 날개차의 모양이 적당하지 않을 경우

해설 캐비테이션(공동현상)

㉠ 펌프 흡입측의 일부 액체가 기체로 변하는 현상으로 소음과 진동이 유발되며 심할 경우 펌프 송출이 불능이다.

㉡ 발생원인
- 흡입관의 압력이 부압일 때
- 흡입관의 양정이 클 때
- 흡입관의 저항이 클 때
- 유체의 온도가 높을 때
- 원주속도가 클 때
- 날개차의 모양이 적당하지 않을 때

49 다음 이음쇠 중 방진, 방음의 역할을 하는 것은?

① 플렉시블형 이음쇠
② 슬리브형 이음쇠
③ 스위블형 이음쇠
④ 루프형 이음쇠

해설 플렉시블 이음쇠는 방진, 방음의 역할을 한다.

★
50 급탕배관 시공 시 배관구배로 가장 적당한 것은?

① 강제순환식 : 1/100, 중력순환식 : 1/50
② 강제순환식 : 1/50, 중력순환식 : 1/100
③ 강제순환식 : 1/100, 중력순환식 : 1/100
④ 강제순환식 : 1/200, 중력순환식 : 1/150

해설 급탕배관 시 배관구배(기울기)

㉠ 강제순환식 : $\dfrac{1}{200}$

㉡ 중력순환식 : $\dfrac{1}{150}$

51 급탕배관에서 안전을 위해 설치하는 팽창관의 위치는 어느 곳인가?

① 급탕관과 반탕관 사이
② 순환펌프와 가열장치의 사이
③ 반탕관과 순환펌프 사이
④ 가열장치와 고가탱크 사이

해설 팽창관은 가열장치와 고가탱크 사이에 설치한다.

★
52 일반적으로 루프형 신축이음의 굽힘반경은 사용관경의 몇 배 이상으로 하는가?

① 1배
② 3배
③ 4배
④ 6배

해설 Loop type(루프형) 신축이음의 굽힘반경(R)은 사용관경의 6배 이상으로 한다($R \geq 6D$).

★
53 온수난방과 비교하여 증기난방방식의 특징이 아닌 것은?

① 예열시간이 짧다.
② 배관부식 우려가 적다.
③ 용량제어가 어렵다.
④ 동파 우려가 크다.

해설 증기난방이 온수난방보다 배관부식의 우려가 더 크다.

54 탄성이 크고 엷은 산이나 알칼리에는 침해되지 않으나 열이나 기름에 약하며 급수, 배수, 공기 등의 배관에 쓰이는 패킹은?

① 고무패킹
② 금속패킹
③ 글랜드패킹
④ 액상 합성수지

해설 고무패킹은 열이나 기름에 약하며 약산이나 알칼리에는 침해되지 않고 급수, 배수, 공기 등의 배관에 쓰인다.

55 난방, 급탕, 급수배관의 높은 곳에 설치되어 공기를 제거하여 유체의 흐름을 원활하게 하는 것은?

① 안전밸브
② 에어벤트밸브
③ 팽창밸브
④ 스톱밸브

해설 난방, 급탕, 급수배관의 높은 곳에 설치되어 공기를 제거하여 유체의 흐름을 원활하게 하는 것은 에어벤트밸브 (공기빼기밸브)이다.

★
56 냉매배관 시 주의사항으로 틀린 것은?

① 배관은 가능한 한 간단하게 한다.
② 굽힘반지름은 작게 한다.
③ 관통개소 외에는 바닥에 매설하지 않아야 한다.
④ 배관에 응력이 생길 우려가 있을 경우에는 신축이음으로 배관한다.

해설 냉매배관 시 굽힘반지름은 크게 하여 저항을 줄인다.

정답 49 ① 50 ④ 51 ④ 52 ④ 53 ② 54 ① 55 ② 56 ②

57 유체의 저항은 크나 개폐가 쉽고 유량조절이 용이하며 직선배관 중간에 설치하는 밸브는?

① 슬루스밸브　　　② 글로브밸브
③ 체크밸브　　　　④ 전동밸브

해설 글로브밸브(globe valve)는 유체저항은 크나 개폐가 쉽고 유량조절이 용이하며 직선배관 중간에 설치한다.

58 열팽창에 의한 배관의 신축이 방열기에 미치지 않도록 하기 위하여 방열기 주위의 배관은 다음 중 어느 방법으로 하는 것이 좋은가?

① 슬리브형 신축이음
② 신축곡관이음
③ 스위블이음
④ 벨로즈형 신축이음

해설 열팽창에 의한 배관의 신축이 방열기(radiator)에 미치지 않도록 스위블이음으로 설치한다.

59 100A 강관을 B호칭으로 표시하면 얼마인가?

① 4B　　　　　　② 10B
③ 16B　　　　　④ 20B

해설 $1 : 25.4 = x : 100$
$x = 4\text{inch}$
$\therefore 4B$

참고 A : mm, B : inch
1inch = 25.4mm

60 유속 2.4m/s, 유량 15,000L/h일 때 관경을 구하면 몇 mm인가?

① 42　　　　　　② 47
③ 51　　　　　　④ 53

해설 ㉠ $Q = 15,000\text{L/h} = \dfrac{15,000 \times 10^{-3}\text{m}^3}{3,600\text{sec}}$
$= 4.17 \times 10^{-3}\text{m}^3/\text{s}$

㉡ $Q = AV = \dfrac{\pi d^2}{4} V[\text{m}^3/\text{s}]$

$\therefore d = \sqrt{\dfrac{4Q}{\pi V}} = \sqrt{\dfrac{4 \times 4.17 \times 10^{-3}}{\pi \times 2.4}}$
$= 0.047\text{m} = 47\text{mm}$

61 주철관의 특징에 대한 설명으로 틀린 것은?

① 충격에 강하고 내구성이 크다.
② 내식성, 내열성이 있다.
③ 다른 배관재에 비하여 열팽창계수가 크다.
④ 소음을 흡수하는 성질이 있으므로 옥내 배수용으로 적합하다.

해설 주철관은 다른 배관재에 비해 열팽창계수가 작다.

62 진공환수식 증기난방법에 관한 설명으로 옳은 것은?

① 다른 방식에 비해 관지름이 커진다.
② 주로 중·소규모 난방에 많이 사용된다.
③ 환수관 내 유속의 감소로 응축수 배출이 느리다.
④ 환수관의 진공도는 100~250mmHg 정도로 한다.

해설 ① 다른 방식에 비해 관지름이 작다.
② 주로 대규모 난방에 많이 사용된다.
③ 환수관 내 유속이 빨라 응축수 배출이 빠르다.

63 송풍기의 토출측과 흡입측에 설치하여 송풍기의 진동이 덕트나 장치에 전달되는 것을 방지하기 위한 접속법은?

① 크로스커넥션(cross connection)
② 캔버스커넥션(canvas connection)
③ 서브스테이션(sub station)
④ 하트포드(hartford)접속법

해설 캔버스커넥션은 송풍기의 토출측과 흡입측에 설치하여 송풍기의 진동이 덕트나 장치에 전달되는 것을 방지하기 위한 접속법이다.

64 다음에서 설명하는 난방방식은?

> • 공기의 대류를 이용한 방식이다.
> • 설비비가 비교적 작다.
> • 예열시간이 짧고 연료비가 작다.
> • 실내 상하의 온도차가 크다.
> • 소음이 생기기 쉽다.

① 지역난방　　　② 온수난방
③ 온풍난방　　　④ 복사난방

정답 57 ② 58 ③ 59 ① 60 ② 61 ③ 62 ④ 63 ② 64 ③

해설 온풍난방(간접난방)
㉠ 공기의 대류를 이용한 방식이다.
㉡ 설비비가 비교적 싸다.
㉢ 예열시간이 짧고 연료비가 작다.
㉣ 소음이 생기기 쉽다.
㉤ 실내 상하온도차(밀도차)가 크다.

★
65 배관재료 선정 시 고려해야 할 사항으로 가장 거리가 먼 것은?

① 관 속을 흐르는 유체의 화학적 성질
② 관 속을 흐르는 유체의 온도
③ 관의 이음방법
④ 관의 압축성

해설 배관재료 선정 시 고려사항
㉠ 관의 이음방법
㉡ 관 속을 흐르는 유체온도
㉢ 관 속을 흐르는 유체의 화학적 성질

66 배관은 길이가 길어지면 관 자체의 하중, 열에 의한 신축, 유체의 흐름에서 발생하는 진동이 배관에 작용한다. 이것을 방지하기 위한 관지지장치의 종류가 아닌 것은?

① 서포트(support)
② 리스트레인트(restraint)
③ 익스팬더(expander)
④ 브레이스(brace)

해설 익스팬더는 확관기이다.

67 가스배관에서 가스가 누설될 경우 중독 및 폭발사고를 미연에 방지하기 위하여 조금만 누설되어도 냄새로 충분히 감지할 수 있도록 설치하는 장치는?

① 부스터설비   ② 정압기
③ 부취설비   ④ 가스홀더

해설 부취설비는 가스배관에 가스가 누설될 경우 중독 및 폭발사고를 미연에 방지하기 위하여 조금만 누설되어도 냄새로 충분히 감지할 수 있도록 설치하는 장치이다.

★
68 건식 진공환수배관의 증기주관의 적절한 구배는?

① 1/100~1/150의 선하(先下)구배

② 1/200~1/300의 선하(先下)구배
③ 1/350~1/400의 선하(先下)구배
④ 1/450~1/500의 선하(先下)구배

해설 건식 진공환수배관의 증기주관의 구배는 1/200~1/300의 선하향구배이다.

★
69 증기트랩장치에서 벨로즈트랩을 안전하게 작동시키기 위해 트랩 입구 쪽에 최저 약 몇 m 이상을 냉각관으로 해야 하는가?

① 0.1   ② 0.4
③ 0.8   ④ 1.2

해설 벨로즈트랩을 안전하게 작동시키기 위해 트랩 입구 쪽에 최저 1.2m 이상의 냉각관을 설치한다.

★
70 도시가스배관의 손상을 방지하기 위하여 도시가스배관 주위에서 다른 매설물을 설치할 때 적절한 이격거리는?

① 20cm 이상   ② 30cm 이상
③ 40cm 이상   ④ 50cm 이상

해설 도시가스배관의 손상을 방지하기 위하여 도시가스배관 주위에 다른 매설물을 설치할 때 적절한 이격거리는 30cm 이상이다.

71 펌프의 흡입배관 설치에 관한 설명으로 틀린 것은?

① 흡입관은 가급적 길이를 짧게 한다.
② 흡입관의 하중이 펌프에 직접 걸리지 않도록 한다.
③ 흡입관에는 펌프의 진동이나 관의 열팽창이 전달되지 않도록 신축이음을 한다.
④ 흡입수평관의 관경을 확대시키는 경우 동심리듀서를 사용한다.

해설 흡입수평관의 관경을 확대시키는 경우 편심리듀서를 사용한다.

★
72 다음 중 열역학적 트랩의 종류가 아닌 것은?

① 디스크형 트랩   ② 오리피스형 트랩
③ 열동식 트랩   ④ 바이패스형 트랩

해설 **증기트랩(steam trap)의 종류**
　㉠ 기계식 트랩 : 버킷트랩, 플로트트랩
　㉡ 열역학적 트랩 : 디스크트랩, 오리피스트랩, 바이패
　　스형 트랩
　㉢ 온도조절식 트랩 : 바이메탈트랩, 벨로즈트랩, 다이
　　어프램트랩, 열동식 트랩

★73 펌프에서 물을 압송하고 있을 때 발생하는 수
격작용을 방지하기 위한 방법으로 틀린 것은?

① 급격한 밸브 폐쇄는 피한다.
② 관 내 유속을 빠르게 한다.
③ 기구류 부근에 공기실을 설치한다.
④ 펌프에 플라이휠(flywheel)을 설치한다.

해설 펌프에서 수격작용을 방지하려면 관 내의 유속을 느리게
해야 한다.

★74 동일 송풍기에서 임펠러의 지름을 2배로 했을
경우 특성변화의 법칙에 대해 옳은 것은?

① 풍량은 송풍기 크기비의 2제곱에 비례한다.
② 압력은 송풍기 크기비의 3제곱에 비례한다.
③ 동력은 송풍기 크기비의 5제곱에 비례
한다.
④ 회전수변화에만 특성변화가 있다.

해설 $\dfrac{L_{s2}}{L_{s1}} = \left(\dfrac{N_2}{N_1}\right)^3 \left(\dfrac{D_2}{D_1}\right)^5$

★75 증기보일러에서 환수방법을 진공환수방법으
로 할 때 설명이 옳은 것은?

① 증기주관은 선하향구배로 설치한다.
② 환수관은 습식환수관을 사용한다.
③ 리프트피팅의 1단 흡상고는 3m로 설치한다.
④ 리프트피팅은 펌프 부근에 2개 이상 설
치한다.

해설 ② 진공환수식의 증기주관은 건식환수관을 사용한다.
③ 리프트피팅(lift fitting)의 1단 흡상고는 1.5m 이내로 설
치한다.
④ 리프트피팅의 사용개수를 가능한 한 적게 하고 급수
펌프의 근처에 1개소만 설치한다.

76 다음 신축이음방법 중 고압증기의 옥외배관에
적당한 것은?

① 슬리브이음　　② 벨로즈이음
③ 루프형 이음　　④ 스위블이음

해설 **루프형 이음(loop type joint)**
　㉠ 만곡형이라고도 하며 고온 고압증기의 옥외배관에
　　적당하다.
　㉡ 신축성이 제일 좋으나 장소를 많이 차지한다.

77 주증기관의 관경 결정에 직접적인 관계가 없
는 것은?

① 팽창탱크의 체적　② 증기의 속도
③ 압력손실　　　　④ 관의 길이

해설 증기속도, 압력손실, 관길이는 주증기관의 관경 결정에
직접적인 관계가 있다.

78 펌프의 베이퍼록현상에 대한 발생요인이 아닌
것은?

① 흡입관 지름이 큰 경우
② 액 자체 또는 흡입배관 외부의 온도가
상승할 경우
③ 펌프 냉각기가 작동하지 않거나 설치되
지 않은 경우
④ 흡입관로의 막힘, 스케일 부착 등에 의한
저항이 증가한 경우

해설 펌프의 베이퍼록(vapour lock)현상, 즉 증기폐쇄현상은
흡입관 지름이 작을 때 발생된다.

★79 스케줄번호(schedule No.)를 바르게 나타낸
공식은? (단, S : 허용응력, P : 사용압력)

① $10 \times \dfrac{P}{S}$　　② $10 \times \dfrac{S}{P}$

③ $10 \times \dfrac{S}{P^2}$　　④ $10 \times \dfrac{P}{S^2}$

해설 스케줄번호는 관의 두께를 나타낸다.
　㉠ 공학단위일 때 스케줄번호(Sch. No)
　　$= \dfrac{P[\text{kgf}/\text{cm}^2]}{S[\text{kg}/\text{mm}^2]} \times 10$
　㉡ 국제(SI)단위일 때 스케줄번호(Sch. No)
　　$= \dfrac{P[\text{MPa}]}{S[\text{N}/\text{mm}^2]} \times 1,000$
　여기서, P : 사용압력, S : 허용응력

정답 73 ② 74 ③ 75 ① 76 ③ 77 ① 78 ① 79 ①

★
80 기수혼합급탕기에서 증기를 물에 직접 분사시켜 가열하면 압력차로 인해 발생하는 소음을 줄이기 위해 사용하는 설비는?

① 안전밸브　　　　② 스팀사이렌서
③ 응축수트랩　　　④ 가열코일

해설 기수혼합급탕기란 보일러의 증기를 직접 물탱크 속에 불어넣어 온수를 얻는 방법으로 열효율 100%, 사용증기압력 100~400kPa이다. 용도는 공장, 병원 등의 욕조, 수세장 등이다. 기수혼합급탕기에서 고압으로 인한 소음을 줄이기 위해 설치하는 장치를 스팀사일렌서(steam silencer)라고 한다.

81 수격작용을 방지 또는 경감하는 방법이 아닌 것은?

① 유속을 낮춘다.
② 격막식 에어챔버를 설치한다.
③ 토출밸브의 개폐시간을 짧게 한다.
④ 플라이휠을 달아 펌프속도변화를 완만하게 한다.

해설 수격작용을 방지하려면 토출밸브의 개폐시간을 천천히 (서서히) 조작한다.

82 증기관말트랩 바이패스 설치 시 필요 없는 부속은?

① 엘보　　　　　　② 유니언
③ 글로브밸브　　　④ 안전밸브

해설 증기관말트랩 바이패스(bypass) 설치 시 필요한 부속품은 엘보(elbow), 유니언(union), 글로브밸브(구형밸브)이다.

★
83 다음 중 무기질 보온재가 아닌 것은?

① 암면　　　　　　② 펠트
③ 규조토　　　　　④ 탄산마그네슘

해설 보온재
㉠ 유기질 : 펠트(felt), 텍스류, 코르크, 기포성 수지
㉡ 무기질 : 석면(아스베스토스), 암면, 규조토, 탄산마그네슘, 유리섬유(glass wool), 세라믹화이버 등

84 유체를 일정 방향으로만 흐르게 하고 역류하는 것을 방지하기 위해 설치하는 밸브는?

① 3방밸브　　　　　② 안전밸브
③ 게이트밸브　　　　④ 체크밸브

해설 체크밸브(check valve)는 유체를 한쪽 방향으로만 흐르게 하고 역류하는 것을 방지하는 밸브이다.

85 냉매배관 시공 시 주의사항으로 틀린 것은?

① 온도변화에 의한 신축을 충분히 고려해야 한다.
② 배관재료는 냉매종류, 온도, 용도에 따라 선택한다.
③ 배관이 고온의 장소를 통과할 때에는 단열조치한다.
④ 수평배관은 냉매가 흐르는 방향으로 상향구배한다.

해설 수평배관은 냉매가 흐르는 방향으로 하향구배한다.

★
86 다음 중 강관접합법으로 틀린 것은?

① 나사접합　　　　② 플랜지접합
③ 압축접합　　　　④ 용접접합

해설 압축이음(플레어이음)은 20mm 이하인 동관의 이음방법이다.

참고 강관접합방법 : 나사이음, 용접이음, 플랜지이음

87 다음 중 동일 조건에서 열전도율이 가장 큰 관은?

① 알루미늄관　　　② 강관
③ 동관　　　　　　④ 연관

해설 열전도율 : 동관 > 알루미늄관 > 강관 > 연관

★
88 급수관의 직선관로에서 마찰손실에 관한 설명으로 옳은 것은?

① 마찰손실은 관지름에 정비례한다.
② 마찰손실은 속도수두에 정비례한다.
③ 마찰손실은 배관길이에 반비례한다.
④ 마찰손실은 관 내 유속에 반비례한다.

해설 $h_L = f \dfrac{L}{d} \dfrac{V^2}{2g}$[m]

∴ 마찰손실수두는 속도수두에 정비례한다.

PART 3

89 공기조화배관설비 중 냉수코일을 통과하는 일반적인 설계풍속으로 가장 적당한 것은?

① 2~3m/s
② 5~6m/s
③ 8~9m/s
④ 10~11m/s

해설 공기조화배관설비 중 냉수코일의 통과풍속은 일반적으로 2~3m/s이고, 수속은 1m/s이다.

90 주철관의 이음방법이 아닌 것은?

① 플라스턴이음
② 빅토릭이음
③ 타이톤이음
④ 플랜지이음

해설 플라스턴은 납(Pb)과 주석(Sn)의 합금으로 동관이나 납관의 접합(이음)방법이다.

91 방열기 주변의 신축이음으로 적당한 것은?

① 스위블이음
② 미끄럼 신축이음
③ 루프형 이음
④ 벨로즈식 신축이음

해설 방열기(radiator) 주변의 신축이음은 스위블이음이다.

92 체크밸브에 대한 설명으로 옳은 것은?

① 스윙형, 리프트형, 풋형 등이 있다.
② 리프트형은 배관의 수직부에 한하여 사용한다.
③ 스윙형은 수평배관에만 사용한다.
④ 유량조절용으로 적합하다.

해설 ② 리프트형은 배관의 수평부에 한하여 사용한다.
③ 스윙형은 수평배관과 수직배관 모두 사용한다.
④ 역류 방지용으로 적합하다.

93 다음 중 동관이음방법의 종류가 아닌 것은?

① 빅토릭이음
② 플레어이음
③ 용접이음
④ 납땜이음

해설 동관이음방법은 납땜이음, 용접이음, 플레어(압축)이음 등이 있고, 빅토릭이음은 주철관의 이음방법이다.

94 다음 중 증기와 응축수의 밀도차에 의해 작동하는 기계식 트랩은?

① 벨로즈트랩
② 바이메탈트랩

③ 플로트트랩
④ 디스크트랩

해설 증기와 응축수의 밀도차에 의해 작동하는 기계식 트랩은 플로트(float)트랩이다.

참고 • 기계식 트랩 : 플로트트랩, 버킷트랩
• 온도조절식 트랩 : 바이메탈식 트랩, 열동식 트랩
• 열역학적 트랩 : 디스크트랩

95 배수관에 트랩을 설치하는 주된 이유는?

① 배수관에서 배수의 역류를 방지한다.
② 배수관의 이물질을 제거한다.
③ 배수의 속도를 조절한다.
④ 배수관에 발생하는 유취와 유해가스의 역류를 방지한다.

해설 배수관에 트랩(trap)을 설치하는 주된 이유는 배수관에 발생하는 유취와 유해가스의 역류를 방지하기 위함이다.

96 관경 25A(내경 27.6mm)의 강관에 30L/min의 가스를 흐르게 할 때 유속(m/s)은?

① 0.14
② 0.34
③ 0.64
④ 0.84

해설 $Q = AV\,[\text{m}^3/\text{s}]$

$$\therefore V = \frac{Q}{A} = \frac{\dfrac{3 \times 10^{-3}}{60}}{\dfrac{\pi}{4} \times 0.0276^2} \fallingdotseq 0.84\,\text{m/s}$$

97 냉매배관 중 액관은 어느 부분인가?

① 압축기와 응축기까지의 배관
② 증발기와 압축기까지의 배관
③ 응축기와 증발기까지의 배관
④ 팽창밸브와 압축기까지의 배관

해설 ㉠ 액관 : 응축기와 증발기까지의 배관
㉡ 토출관 : 압축기와 응축기까지의 배관
㉢ 흡입관 : 증발기와 압축기까지의 배관

98 배관용 탄소강관의 호칭지름은 무엇으로 표시하는가?

① 파이프 외경
② 파이프 내경
③ 파이프 유효경
④ 파이프 두께

해설 배관용 탄소강관의 호칭지름은 파이프 내경으로 한다.

99 파이프 내 흐르는 유체가 "물"임을 표시하는 기호는?

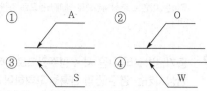

① A
② O
③ S
④ W

> 해설 ① 공기, ② 기름, ③ 수증기

100 다음 중 관을 도중에 분기시키기 위해 사용되는 부속품이 아닌 것은?

① 티(T)
② 와이(Y)
③ 크로스(cross)
④ 엘보(elbow)

> 해설 엘보는 배관의 방향을 바꿀 때 사용되는 부속품이다.

101 가스배관에서 가스공급을 중단시키지 않고 분해·점검할 수 있는 것은?

① 바이패스관
② 가스미터
③ 부스터
④ 수취기

> 해설 가스배관에서 가스공급을 중단시키지 않고 분해·점검할 수 있는 것은 바이패스관이다.

102 열전도도가 비교적 크고 내식성과 굴곡성이 풍부한 장점이 있어 열교환기용 관으로 널리 사용되는 관은?

① 강관
② 플라스틱관
③ 주철관
④ 동관

> 해설 동관은 열전도도가 비교적 크고 내식성과 굴곡성이 풍부하여 열교환기용 관으로 널리 사용된다.

103 배관 설계 시 유의사항으로 틀린 것은?

① 가능한 동일 직경의 배관은 짧고 곧게 배관한다.
② 관로의 색깔로 유체의 종류를 나타낸다.
③ 관로가 너무 길어서 압력손실이 생기지 않도록 한다.
④ 곡관을 사용할 때는 관 굽힘 곡률반경을 작게 한다.

> 해설 곡관을 사용할 때는 관 굽힘 곡률반경을 크게 한다.

104 다음 중 유기질 보온재의 종류가 아닌 것은?

① 석면
② 펠트
③ 코르크
④ 기포성 수지

> 해설 **보온재**
> ㉠ 유기질 : 펠트(우모, 양모), 코르크, 기포성 수지, 텍스류
> ㉡ 무기질 : 석면(아스베스토스), 암면, 규조토, 탄산마그네슘, 유리섬유(glass wool), 세라믹화이버 등

105 다음 냉동기호가 의미하는 밸브는 무엇인가?

① 체크밸브
② 글로브밸브
③ 슬루스밸브
④ 앵글밸브

> 해설

106 다음 중 기밀성, 수밀성이 뛰어나고 견고한 배관접속방법은?

① 플랜지접합
② 나사접합
③ 소켓접합
④ 용접접합

> 해설 용접접합은 기밀성과 수밀성이 뛰어나고 견고한 배관접속방법이다.

107 냉매배관 시공 시 주의사항으로 틀린 것은?

① 배관재료는 각각의 온도, 냉매종류, 용도를 고려하여 선택한다.
② 배관 곡관부의 곡률반지름은 가능한 한 크게 한다.
③ 배관이 고온의 장소를 통과할 때는 단열 조치한다.
④ 기기 상호 간 배관길이는 되도록 길게 하고, 관경은 크게 한다.

> 해설 기기 상호 간 배관길이는 되도록 짧게 하고, 관경은 크게 한다.

정답 **99** ④ **100** ④ **101** ① **102** ④ **103** ④ **104** ① **105** ① **106** ④ **107** ④

108 증기난방배관방법에서 리프트피팅을 사용할 때 1단의 흡상고높이는 얼마 이내로 해야 하는가?

① 4m 이내   ② 3m 이내

③ 2.5m 이내   ④ 1.5m 이내

해설 리프트피팅을 사용할 때 1단의 흡상고높이는 1.5m 이내로 해야 한다.

109 급수관의 지름을 결정할 때 급수 본관인 경우 관 내의 유속은 일반적으로 어느 정도로 하는 것이 적절한가?

① 1~2m/s   ② 3~6m/s

③ 10~15m/s   ④ 20~30m/s

해설 급수 본관의 경우 관 내의 유속은 일반적으로 1~2m/s가 적절하다.

110 펌프 주변 배관 설치 시 유의사항으로 틀린 것은?

① 흡입관은 되도록 길게 하고, 굴곡 부분은 적게 한다.

② 펌프에 접속하는 배관의 하중이 직접 펌프로 전달되지 않도록 한다.

③ 배관의 하단부에는 드레인밸브를 설치한다.

④ 흡입측에는 스트레이너를 설치한다.

해설 펌프의 흡입관은 되도록 짧게 하고(흡입양정을 짧게 하고), 굴곡 부분은 적게 한다.

111 냉동배관재료로서 갖추어야 할 조건으로 틀린 것은?

① 저온에서 강도가 커야 한다.

② 내식성이 커야 한다.

③ 관 내 마찰저항이 커야 한다.

④ 가공 및 시공성이 좋아야 한다.

해설 냉동배관재료는 관 내 마찰저항이 적어야 한다.

112 암모니아냉매배관에 사용하기 가장 적합한 것은?

① 알루미늄합금관   ② 동관

③ 아연관   ④ 강관

해설 암모니아는 동 및 동합금을 부식시키고, 수분이 많은 경우에는 아연도 부식시키므로 냉매배관으로 강관을 사용한다.

113 증기난방설비 시공 시 수평주관으로부터 분기 입상시키는 경우 관의 신축을 고려하여 2개 이상의 엘보를 이용하여 설치하는 신축이음은?

① 스위블이음   ② 슬리브이음

③ 벨로즈이음   ④ 플렉시블이음

해설 엘보 2개 이상으로 방열기 주변의 신축이음장치는 스위블이음이다.

114 저온배관용 탄소강관의 기호는?

① STBH   ② STHA

③ SPLT   ④ STLT

해설 ① STBH : 보일러 및 열교환기용 탄소강관
② STHA : 보일러 열교환기용 합금강관
④ STLT : 저온 열교환기용 강관

115 급수관의 관지름 결정 시 유의사항으로 틀린 것은?

① 관길이가 길면 마찰손실도 커진다.

② 마찰손실은 유량, 유속과 관계가 있다.

③ 가는 관을 여러 개 쓰는 것이 굵은 관을 쓰는 것보다 마찰손실이 적다.

④ 마찰손실은 고저차가 크면 클수록 손실도 커진다.

해설 굵은 관을 쓰는 것이 가는 관을 여러 개 쓰는 것보다 마찰손실이 적다.

116 다음 기호가 나타내는 밸브는?

① 증발압력조정밸브

② 유압조정밸브

③ 용량조정밸브

④ 흡입압력조정밸브

해설 ① 증발압력조정밸브 : EPR
③ 용량조정밸브 : CRV
④ 흡입압력조정밸브 : SPR

정답 108 ④ 109 ① 110 ① 111 ③ 112 ④ 113 ① 114 ③ 115 ③ 116 ②

117 증기난방과 비교하여 온수난방의 특징에 대한 설명으로 틀린 것은?

① 온수난방은 부하변동에 대응한 온도조절이 쉽다.

② 온수난방은 예열하는 데 많은 시간이 걸리지만 잘 식지 않는다.

③ 연료소비량이 적다.

④ 온수난방의 설비비가 저가인 점이 있으나 취급이 어렵다.

해설 온수난방은 증기난방에 비해 방열면적과 배관의 반지름이 커야 하므로 설비비가 약간 비싸다(20~30%).

118 스트레이너의 종류에 속하지 않는 것은?

① Y형　　　② X형

③ U형　　　④ V형

해설 스트레이너의 종류 : Y형, U형, V형

119 다음 중 소켓식 이음을 나타내는 기호는?

①　——┤　　② ——┤├

③　——⊃　　④ ——┤├

해설 ① 나사이음, ② 플랜지이음, ④ 유니언이음

120 급수배관의 마찰손실수두와 가장 거리가 먼 것은?

① 관의 길이　　② 관의 직경

③ 관의 두께　　④ 유속

해설 $h_L = \lambda \dfrac{L}{d}\dfrac{V^2}{2g}$ [m]

여기서, λ : 관마찰계수, L : 관의 길이, d : 관의 직경, V : 평균속도(m/s), g : 중력가속도

121 다음 중 중앙급탕방식에서 경제성, 안정성을 고려한 적정 급탕온도(℃)는 얼마인가?

① 40　　　② 60

③ 80　　　④ 100

해설 중앙급탕방식에서 경제성, 안정성을 고려한 적정 급탕온도는 60℃이다.

122 보온재에 관한 설명으로 틀린 것은?

① 무기질 보온재로는 암면, 유리면 등이 사용된다.

② 탄산마그네슘은 250℃ 이하의 파이프 보온용으로 사용된다.

③ 광명단은 밀착력이 강한 유기질 보온재이다.

④ 우모펠트는 곡면 시공에 매우 편리하다.

해설 광명단(Pb_3O_4)은 방청(녹 방지)용 페인트이다.

123 염화비닐관이음법의 종류가 아닌 것은?

① 플랜지이음　　② 인서트이음

③ 테이퍼코어이음　④ 열간이음

해설 ㉠ 경질 염화비닐관(PVC관)이음법 : 냉간이음, 플랜지이음, 열간이음, 용접이음(열풍용접기)

㉡ 폴리에틸렌관(PE관)이음법 : 인서트이음

124 배수관 트랩의 봉수 파괴원인이 아닌 것은?

① 증발작용　　② 모세관작용

③ 사이펀작용　　④ 배수작용

해설 트랩의 봉수 파괴원인 : 사이펀작용, 모세관작용, 증발작용, 감압에 의한 흡인작용

125 가스용접에서 아세틸렌과 산소의 비가 1 : 0.85~0.95인 불꽃은 어떤 불꽃인가?

① 탄화불꽃　　② 기화불꽃

③ 산화불꽃　　④ 표준불꽃

해설 ㉠ 산화불꽃 : 산소가 아세틸렌보다 많은 경우($C_2H_2 < O_2$)

㉡ 중성불꽃 : 아세틸렌과 산소의 비가 같을 때($C_2H_2 = O_2$)

㉢ 탄화불꽃 : 아세틸렌이 산소보다 많은 경우($C_2H_2 > O_2$)

126 냉매배관 중 토출관을 의미하는 것은?

① 압축기에서 응축기까지의 배관

② 응축기에서 팽창밸브까지의 배관

③ 증발기에서 압축기까지의 배관

④ 응축기에서 증발기까지의 배관

해설 ② 고압액관, ③ 흡입관, ④ 액관

PART 3

127 호칭지름 20A의 관을 다음 그림과 같이 나사이음할 때 중심 간의 길이가 200mm라 하면 강관의 실제 소요되는 절단길이(mm)는? (단, 이음쇠의 중심에서 단면까지의 길이는 32mm, 나사가 물리는 최소의 길이는 13mm이다.)

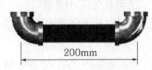

200mm

① 136   ② 148
③ 162   ④ 200

해설 $L = l + 2(A - a)$
$\therefore l = L - 2(A - a) = 200 - 2 \times (32 - 13) = 162\text{mm}$

128 급수설비에서 수격작용 방지를 위하여 설치하는 것은?

① 에어챔버(air chamber)
② 앵글밸브(angle valve)
③ 서포트(support)
④ 볼탭(ball tap)

해설 급수설비에서 수격작용(water hammer)을 방지하기 위해 배관의 수격을 완화시켜주는 에어챔버(공기실)를 설치한다.

129 ⭐ 펌프 주위의 배관도이다. 각 부품의 명칭으로 틀린 것은?

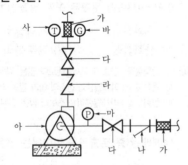

① 나 : 스트레이너
② 가 : 플렉시블조인트
③ 라 : 글로브밸브
④ 사 : 온도계

해설 ㉠ 가 : 플렉시블조인트
ㄴ 나 : Y형 스트레이너

㉢ 다 : 게이트(슬루스)밸브
㉣ 라 : 체크밸브
㉤ 마 : 진공계(연성계)
㉥ 바 : 압력계
㉦ 사 : 온도계
㉧ 아 : 급수펌프

130 다음 중 온도에 따른 팽창 및 수축이 가장 큰 배관재료는?

① 강관   ② 동관
③ 염화비닐관   ④ 콘크리트관

해설 염화비닐(PVC)관은 온도변화에 따라 팽창과 수축이 가장 큰 배관재료이다.

131 ⭐ 고층건물이나 기구수가 많은 건물에서 입상관까지의 거리가 긴 경우 루프통기의 효과를 높이기 위해 설치된 통기관은?

① 도피통기관   ② 반송통기관
③ 공용통기관   ④ 신정통기관

해설 도피통기관은 루프통기관을 도와서 통기능률을 향상시키기 위해서 배수횡지관 최하류에서 통기수직관과 연결하는 통기관이다. 관경은 최소 32A 이상으로 하며 기구트랩에 발생하는 배압이나 그것에 의한 봉수 유실을 막는 역할을 한다.

132 ⭐ 물은 가열하면 팽창하여 급탕탱크 등 밀폐가열장치 내의 압력이 상승한다. 이 압력을 도피시킬 목적으로 설치하는 관은?

① 배기관   ② 팽창관
③ 오버플로관   ④ 압축공기관

해설 팽창관은 온수배관계통에서 가열장치부터 수조까지 연결하는 배관 속의 물의 온도가 상승하여 이상팽창하는 것을 방지할 목적으로 설치한다. 즉 밀폐가열장치 내의 압력 상승을 도피시킬 목적으로도 사용하는 관이다.

133 도시가스를 공급하는 배관의 종류가 아닌 것은?

① 공급관   ② 본관
③ 내관   ④ 주관

해설 도시가스 공급배관의 종류 : 공급관, 본관, 내관

134 배관용 패킹재료를 선택할 때 고려해야 할 사항을 가장 거리가 먼 것은?

① 재료의 탄력성　② 진동의 유무
③ 유체의 압력　　④ 재료의 부식성

해설 패킹재료 선정 시 고려사항
㉠ 내식성(부식에 견디는 성질)
㉡ 진동의 유무
㉢ 유체의 압력(내압강도, 외압강도)
㉣ 화학적, 물리적 반응이 없을 것(변형이 없을 것)

135 동관의 분류 중 가장 두꺼운 것은?

① K형　　　　　② L형
③ M형　　　　　④ N형

해설 동관의 두께 : K > L > M > N

136 루프형 신축이음쇠의 특징에 대한 설명으로 틀린 것은?

① 설치공간을 많이 차지한다.
② 신축에 따른 자체 응력이 생긴다.
③ 고온, 고압의 옥외배관에 많이 사용된다.
④ 장시간 사용 시 패킹의 마모로 누수의 원인이 된다.

해설 루프형 신축이음쇠
㉠ 설치공간을 많이 차지한다.
㉡ 신축에 따른 자체 응력이 생긴다.
㉢ 고온, 고압의 옥외배관에 많이 사용된다.
㉣ 관의 곡률반지름은 관지름(D)의 6배 이상($R \geq 6D$)으로 한다(관을 주름잡을 때는 곡률반지름을 2~3배로 한다).

137 고압배관과 저압배관의 사이에 설치하여 고압측 압력을 필요한 압력으로 낮추어 저압측 압력을 일정하게 유지시키는 밸브는?

① 체크밸브　　　② 게이트밸브
③ 안전밸브　　　④ 감압밸브

해설 감압밸브는 고압배관과 저압배관 사이에 설치하여 고압측 압력을 필요한 압력으로 낮추어 저압측 압력을 유지시키기 위한 밸브이다.

138 다음 중 증기난방설비 시공 시 보온을 필요로 하는 배관은 어느 것인가?

① 관말 증기트랩장치의 냉각관
② 방열기 주위 배관
③ 증기공급관
④ 환수관

해설 증기난방설비 시공 시 증기공급관은 보온(단열)이 필요하다.

139 건물 1층의 바닥면을 기준으로 배관의 높이를 표시할 때 사용하는 기호는?

① EL　　　　　② GL
③ FL　　　　　④ UL

해설 ㉠ EL(Elevation Level) : 관의 중심을 기준으로 배관의 높이를 표시
㉡ GL(Ground Line) : 포장된 표면을 기준으로 하여 배관의 높이를 표시
㉢ FL(Floor Level) : 1층의 바닥면을 기준으로 하여 배관의 높이를 표시

140 다음 중 엘보를 용접이음으로 나타낸 기호는?

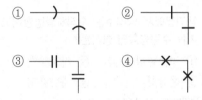

해설 ① 소켓(턱걸이)이음, ② 나사이음, ③ 플랜지이음

141 배관의 호칭 중 스케줄번호는 무엇을 기준으로 하여 부여하는가?

① 관의 안지름　　② 관의 바깥지름
③ 관의 두께　　　④ 관의 길이

해설 관의 두께를 나타내는 기준은 스케줄번호이다. 즉 번호가 클수록 관의 두께가 두껍다는 것을 의미한다.
㉠ 공학단위일 때 스케줄번호(SCH. No)
$$= \frac{P[\text{kgf}/\text{cm}^2]}{S[\text{kg}/\text{mm}^2]} \times 10$$
㉡ 국제(SI)단위일 때 스케줄번호(SCH. No)
$$= \frac{P[\text{MPa}]}{S[\text{N}/\text{mm}^2]} \times 1,000$$
여기서, P : 사용압력, S : 허용응력

142 온수난방에서 역귀환방식을 채택하는 주된 이유는?

① 순환펌프를 설치하기 위해
② 배관의 길이를 축소하기 위해
③ 열손실과 발생소음을 줄이기 위해
④ 건물 내 각 실의 온도를 균일하게 하기 위해

해설 온수난방에서 역귀환방식을 채택하는 주된 이유는 각 방 열기에 공급되는 유량분배를 균등하게 하기 위해서이다 (건물 내 각 실의 온도를 균일하게 하기 위함).

143 냉온수헤더에 설치하는 부속품이 아닌 것은?

① 압력계　　　② 드레인관
③ 트랩장치　　　④ 급수관

해설 트랩장치는 냉온수헤더에 설치하는 부속품이 아니고 증 기난방장치에서 응축수를 빼내기 위한 장치이다. 즉 악 취가 나는 배수관 안의 가스가 역류하여 새어 나오는 것 을 막는 장치이다.

144 냉각탑에서 냉각수는 수직하향방향이고, 공기는 수평방향인 형식은?

① 평행류형　　　② 직교류형
③ 혼합형　　　④ 대향류형

해설 냉각탑에서 냉각수는 수직하향방향이고, 공기는 수평방 향으로 이동시켜 냉각하는 열교환방식은 직교류형(cross flow type)이다.

145 다음 중 급수설비에 설치되어 물이 오염되기 쉬운 형태의 배관은?

① 상향식 배관
② 하향식 배관
③ 조닝배관
④ 크로스커넥션배관

해설 급수설비에 설치되어 물이 오염되기 쉬운 형태의 배관은 크로스커넥션배관(배관을 접속하는 경우 상수로부터의 급수계통(음용수계통)과 그 외의 계통이 직접 접속되는 것)이다.

146 암모니아냉동설비의 배관으로 사용하기에 가장 부적절한 배관은?

① 이음매 없는 동관
② 저온배관용 강관
③ 배관용 탄소강강관
④ 배관용 스테인리스강관

해설 NH₃는 동 및 동합금을 부식시키고, 수분이 많은 경우에는 아연도 부식시키므로 냉매배관으로 강관을 사용한다.

147 펌프에서 캐비테이션 방지대책으로 틀린 것은?

① 흡입양정을 짧게 한다.
② 양흡입펌프를 단흡입펌프로 바꾼다.
③ 펌프의 회전수를 낮춘다.
④ 배관의 굽힘을 적게 한다.

해설 캐비테이션 방지방법
㉠ 펌프의 회전수를 낮게 하여 유속을 적게 한다.
㉡ 설치위치를 수원과 가까이하여 흡입수의 양정을 작 게 한다.
㉢ 가급적 만곡부를 줄인다.
㉣ 2단 이상의 펌프를 사용한다.
㉤ 흡입관의 손실수두를 줄인다.

148 다음 특징은 어떤 포집기에 대한 설명인가?

> 영업용(호텔, 레스토랑) 주방 등의 배수 중 함유되어 있는 지방분을 포집하여 제거한다.

① 드럼포집기　　　② 오일포집기
③ 그리스포집기　　　④ 플라스터포집기

해설 그리스포집기는 영업용 주방 등의 배수에 포함되어 있는 유지(지방분)을 포집하여 제거한다.

149 다음 배관 부속 중 사용목적이 서로 다른 것과 연결된 것은?

① 플러그−캡　　　② 티−리듀서
③ 니플−소켓　　　④ 유니언−플랜지

해설 ㉠ 관 끝을 막을 때 : 캡, 플러그
㉡ 관을 분기시킬 때 : 티, 와이
㉢ 같은 직경의 관을 직선으로 연결할 때 : 유니언, 플랜지
㉣ 서로 다른 직경(이경)의 관을 연결할 때 : 리듀서, 부싱

정답 142 ④ 143 ③ 144 ② 145 ④ 146 ① 147 ② 148 ③ 149 ②

★
150 도시가스배관에서 중압은 얼마의 압력을 의미하는가?

① 0.1MPa 이상 1MPa 미만
② 1MPa 이상 3MPa 미만
③ 3MPa 이상 10MPa 미만
④ 10MPa 이상 100MPa 미만

해설 ㉠ 저압 : 0.1MPa 미만
ㄴ 중압 : 0.1MPa 이상 1MPa 미만
ㄷ 고압 : 1MPa 이상

151 강관을 재질상으로 분류한 것이 아닌 것은?

① 탄소강관　　② 합금강관
③ 전기용접강관　④ 스테인리스강관

해설 ㉠ 재질에 따른 분류 : 탄소강강관(흑관, 백관), 합금강강관, 스테인리스강관
ㄴ 제조방법에 따른 분류 : 단접강관, 전기(저항)용접강관, 아크용접강관, 이음매 없는(seamless) 강관

★
152 유체의 흐름을 한 방향으로만 흐르게 하고 반대방향으로는 흐르지 못하게 하는 밸브의 도시기호는?

① ——▷◁—— ② ——▷|——
③ ——▷•—— ④ ▷▲

해설 ① 체크밸브(역류 방지용 밸브)
② 게이트(슬루스)밸브
③ 글로브(stop)밸브
④ 앵글밸브(angle valve)

153 단열 시공 시 곡면부 시공에 적합하고 표면에 아스팔트피복을 하면 −60℃ 정도까지 보냉이 되고 양모, 우모 등의 모(毛)를 이용한 피복재는?

① 실리카울　　② 아스베스토
③ 섬유유리　　④ 펠트

해설 펠트(felt)는 유기질 보온재로 우모, 양모 등의 털을 이용한 단열재(보온재)로 곡면부 시공에 유리하다.

★
154 증기난방배관에서 증기트랩을 사용하는 주된 목적은?

① 관 내의 온도를 조절하기 위해서

② 관 내의 압력을 조절하기 위해서
③ 배관의 신축을 흡수하기 위해서
④ 관 내의 증기와 응축수를 분리하기 위해서

해설 증기트랩(steam trap)은 증기분리기로서 분리된 수분이나 증기배관계에서 생긴 응축수를 회수 또는 관 외에 배제하기 위한 장치이다. 즉 관 내의 증기와 응축수를 분리하는 장치이다.

★
155 배관의 지름이 100cm이고, 유량이 0.785m³/s일 때 이 파이프 내의 평균유속(m/s)은 얼마인가?

① 1　　② 10
③ 100　④ 1,000

해설 $Q = AV[\text{m}^3/\text{s}]$
$$\therefore V = \frac{Q}{A} = \frac{Q}{\frac{\pi}{4}d^2} = \frac{4Q}{\pi d^2} = \frac{4 \times 0.785}{\pi \times 1^2} = 1\text{m/s}$$

★
156 다음 중 캐비테이션현상의 발생원인으로 옳은 것은?

① 흡입양정이 작을 경우 발생한다.
② 액체의 온도가 낮을 경우 발생한다.
③ 날개차의 원주속도가 작을 경우 발생한다.
④ 날개차의 모양이 적당하지 않을 경우 발생한다.

해설 **Cavitation(공동현상)의 발생원인**
㉠ 흡입양정(suction head)이 클 때
ㄴ 액체의 온도가 높을 때
ㄷ 날개차의 회전속도가 빠를 때
ㄹ 날개차(impeller)의 모양이 적당하지 않을 경우

★
157 열전도율이 극히 낮고 경량이며 흡수성은 좋지 않으나 굽힘성이 풍부한 유기질 보온재는?

① 펠트　　② 코르크
③ 기포성 수지　④ 규조토

해설 **기포성 수지**
㉠ 합성수지 또는 고무질 재료를 사용해 다공성 제품으로 만든 것을 말한다.
ㄴ 열전도율이 낮고 경량이며 흡수성이 좋지 않으나 굽힘성이 풍부하다.
ㄷ 불에 잘 타지 않으며 보온성과 보냉성이 뛰어난 유기질 보온재이다.

Air-Conditioning Refrigerating Machinery

158 배관지지금속 중 리스트레인트(restraint)에 해당하지 않는 것은?

① 행거　　　② 앵커
③ 스토퍼　　④ 가이드

해설 리스트레인트는 열팽창에 의한 배관의 이동을 구속 또는 제한한다.
㉠ 앵커(anchor) : 배관을 지지점위치에 완전히 고정하는 지지구이다.
㉡ 스토퍼(stopper) : 배관의 일정 방향의 이동과 회전만 구속하고, 다른 방향은 자유롭게 이동하게 한다.
㉢ 가이드(guide) : 배관의 축과 직각방향의 이동을 구속한다.

참고 행거(hanger) : 하중을 위에서 걸어당겨(위에서 달아매는 것) 아래서 위로 받치는 지지구

159 다음 그림에서 ㉠과 ㉡의 명칭으로 바르게 설명된 것은?

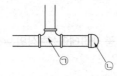

① ㉠ 크로스, ㉡ 트랩
② ㉠ 소켓, ㉡ 캡
③ ㉠ 90° Y티, ㉡ 트랩
④ ㉠ 티, ㉡ 캡

160 배관길이 200m, 관경 100mm의 배관 내 20℃의 물을 80℃로 상승시킬 경우 배관의 신축량(mm)은? (단, 강관의 선팽창계수는 11.5×10^{-6}m/m·℃이다)

① 138　　　② 13.8
③ 104　　　④ 10.4

해설 $\lambda = L\alpha\Delta t = 200 \times 11.5 \times 10^{-6} \times (80-20)$
$= 0.138$m $= 138$mm

161 다음의 배관도시기호 중 유체의 종류와 기호의 연결로 틀린 것은?

① 공기 : A　　② 수증기 : W
③ 가스 : G　　④ 유류 : O

해설 수증기 : S(steam)

162 배관의 KS도시기호 중 틀린 것은?

① 고압배관용 탄소강관 : SPPH
② 보일러 및 열교환기용 탄소강관 : STBH
③ 기계구조용 탄소강관 : SPTW
④ 압력배관용 탄소강관 : SPPS

해설 ㉠ 기계구조용 탄소강관 : STKM
㉡ 수도용 도복장강관 : STPW

163 주철관에 관한 설명으로 틀린 것은?

① 압축강도, 인장강도가 크다.
② 내식성, 내마모성이 우수하다.
③ 충격치, 휨강도가 작다.
④ 보통 급수관, 배수관, 통기관에 사용된다.

해설 주철관은 압축강도가 크고, 인장강도는 작다.

164 배수트랩의 봉수깊이로 가장 적당한 것은?

① 30~50mm　② 50~100mm
③ 100~150mm　④ 150~200mm

해설 배수트랩의 봉수깊이는 50~100mm가 적당하다.

165 다음 중 가스배관의 크기를 결정하는 요소로 가장 거리가 먼 것은?

① 관의 길이　　② 가스의 비중
③ 가스의 압력　④ 가스기구의 종류

해설 가스배관의 크기 결정요소 : 관의 길이, 가스의 비중, 가스의 압력 등

166 다음 그림에서 전전류 I는 몇 A인가?

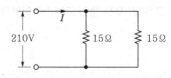

① 7　　　② 14
③ 28　　④ 35

해설 $I = V\left(\dfrac{R_1 + R_2}{R_1 R_2}\right) = 210 \times \dfrac{15+15}{15 \times 15} = 28$A

정답 158 ① 159 ④ 160 ① 161 ② 162 ③ 163 ① 164 ② 165 ④ 166 ③

167 저항 10 Ω 의 전열기에 10A의 전류를 흘려 5 시간 동안 사용하였다면 소비전력량은 몇 kWh인가?

① 5   ② 50

③ 250   ④ 500

해설 $P = I^2Rt = 10^2 \times 10 \times (5 \times 3,600) \times 10^{-3}$
$= 18,000\text{kJ} = 5\text{kWh}$

참고 1kWh=3,600kJ

168 권수가 50회이고 자기인덕턴스가 0.5mH인 코일이 있을 때 여기에 전류 50A를 흘리면 자속은 몇 Wb인가?

① 5×10^{-3} ② 5×10^{-4}

③ 2.5×10^{-2} ④ 2.5×10^{-3}

해설 $\phi = \dfrac{LI}{N} = \dfrac{0.5 \times 10^{-3} \times 50}{50} = 5 \times 10^{-4}\text{Wb}$

169 $G(s) = \dfrac{2(s+3)}{s^2 + s - 6}$ 의 특성방정식 근은?

① -3 ② $2, -3$

③ $-2, 3$ ④ 3

해설 $s^2 + s - 6 = 0$
$(s-2)(s+3) = 0$
$\therefore s = 2, -3$

170 제어계에서 제어기의 전달함수가 $G(s) = K_p\left(1 + \dfrac{1}{T_I s}\right)$ 로 주어질 때 이에 대한 설명으로 옳지 않은 것은?

① 이 제어기는 비례–적분제어기이다.
② 이 제어기는 지상보상요소이다.
③ 이 제어기의 정상편차는 없다.
④ K_p는 비례감도, T_I는 리셋률(Reset rate)이다.

해설 K_p는 비례상수이고, T_I는 적분시간이다.

171 200kVA의 단상변압기에서 철손이 1kW, 전부하동손이 4kW이다. 이 변압기의 최대 효율은 약 몇 % 전부하에서 나타나는가?

① 25   ② 50

③ 75   ④ 100

해설 변압기 최대 효율조건은 철손=동손일 때, 즉 $P_i = m^2 P_c$ 이다.

$m = \sqrt{\dfrac{P_i}{P_c}} = \sqrt{\dfrac{1}{4}} = \dfrac{1}{2}$

$\therefore P' = \dfrac{1}{2} \times 200 = 100\text{kVA}$

172 다음 블록선도의 입력과 출력이 성립하기 위한 A 의 값은?

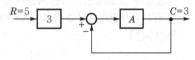

① 2   ② 3

③ 4   ④ 5

해설 $C = RG_1 - CA$
$C + CA = RG_1$
$C(1+A) = RG_1$

$\dfrac{C}{R} = \dfrac{G_1}{1+A}$

$\dfrac{3}{5} = \dfrac{3}{1+A}$

$\therefore A = 4$

173 2진수 0011 1011 1111 1010$_{(2)}$을 16진수로 변환하면?

① 3BFA   ② 27AB

③ 2C16   ④ 3CF9

해설 ㉠ $0011 = 0 \times 2^3 + 0 \times 2^2 + 1 \times 2^1 + 1 \times 2^0 = 3$
㉡ $1011 = 1 \times 2^3 + 0 \times 2^2 + 1 \times 2^1 + 1 \times 2^0 = 11 = \text{B}$
㉢ $1111 = 1 \times 2^3 + 1 \times 2^2 + 1 \times 2^1 + 1 \times 2^0 = 15 = \text{F}$
㉣ $1010 = 1 \times 2^3 + 0 \times 2^2 + 1 \times 2^1 + 0 \times 2^0 = 10 = \text{A}$
$\therefore$ 3BFA

참고 16진수 중 10은 A로, 11은 B로, 12는 C로, 13은 D로, 14는 E로, 15는 F로 나타낸다.

174 논리함수 X = B(A+B)를 간단히 하면?

① X = A   ② X = B

③ X = AB   ④ X = A+B

해설 X = B(A+B) = AB + BB = AB + B = B(A+1) = B $\cdot$ 1 = B

정답 **167** ①   **168** ②   **169** ②   **170** ④   **171** ②   **172** ③   **173** ①   **174** ②

175 120°를 라디안(rad)으로 표시하면?

① $\dfrac{\pi}{3}$ 　　② $\dfrac{2}{3}\pi$

③ $\dfrac{\pi}{4}$ 　　④ $\dfrac{\pi}{6}$

해설　$\pi:180°=x:120°$

$\therefore\ x=\dfrac{2}{3}\pi[\text{rad}]$

176 240V, 60Hz 전압원을 사용하여 16V 전구가 점등할 수 있도록 변압기를 사용하였다. 1차측의 권선수가 360회라고 할 때 2차측에 필요한 권선수는?

① 8회 　　② 12회

③ 16회 　　④ 24회

해설　$\dfrac{V_2}{V_1}=\dfrac{n_2}{n_1}=\dfrac{I_1}{I_2}$

$\therefore\ n_2=n_1\dfrac{V_2}{V_1}=360\times\dfrac{16}{240}=24$회

177 다음 그림과 같은 논리회로는?

① OR회로 　　② AND회로

③ NOT회로 　　④ NAND회로

해설　제시된 그림은 부정(NOT)회로로 입력이 ON이면 출력이 OFF가 되고, 입력이 OFF이면 출력이 ON이 되는 논리회로이다.

178 역률 80%, 80kW의 단상부하에서 2시간 동안의 무효전력량은?

① 60kVar 　　② 80kVar

③ 100kVar 　　④ 120kVar

해설　$\sin\theta=\sqrt{1-\cos^2\theta}=\sqrt{1-0.8^2}=0.6$

$\therefore\ P_r=VI\sin\theta t=\dfrac{80}{0.8}\times0.6\times2=120\text{kVar}$

179 $i=2t^2+8t[\text{A}]$로 표시되는 전류가 도선에 3초 동안 흘렀을 때 통과한 전체 전기량은 몇 C인가?

① 18 　　② 48

③ 54 　　④ 61

해설　$i=\dfrac{dQ}{dt}[\text{A}]$

$\therefore\ Q=\displaystyle\int_0^3 idt=\int_0^3(2t^2+8t)dt$

$=\left[\dfrac{2t^3}{3}+\dfrac{8t^2}{2}\right]_0^3=\dfrac{2\times3^3}{3}+\dfrac{8\times3^2}{2}=54\text{C}$

180 다음 그림과 같은 피드백블록선도의 전달함수는?

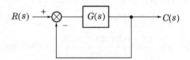

① $\dfrac{G(s)}{1+G(s)}$ 　　② $\dfrac{G(s)}{1+G(s)C(s)}$

③ $\dfrac{G(s)}{1+R(s)}$ 　　④ $\dfrac{C(s)}{1+R(s)}$

해설　$C(s)=R(s)G(s)-C(s)G(s)$

$C(s)+C(s)G(s)=R(s)G(s)$

$C(s)[1+G(s)]=R(s)G(s)$

$\therefore\ \dfrac{C(s)}{R(s)}=\dfrac{G(s)}{1+G(s)}$

181 어떤 도체의 임의의 단면을 5초 동안에 10C의 전하가 일정하게 이동하였다면 이때 흐르는 전류의 크기는 몇 A인가?

① 2 　　② 20

③ 30 　　④ 40

해설　$I=\dfrac{Q}{t}=\dfrac{10}{5}=2\text{A}$

182 kVA는 무슨 단위인가?

① 전력량 　　② 역률

③ 효율 　　④ 피상전력

해설　① 전력량 : Wh, kWh

② 역률 : %

③ 효율 : %

참고　무효전력 : Var, kVar

정답　175 ②　176 ④　177 ③　178 ④　179 ③　180 ①　181 ①　182 ④

★
183 다음 그림과 같은 회로의 합성저항은 몇 Ω 인가?

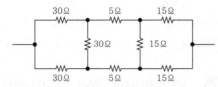

① 25　　　　② 30

③ 35　　　　④ 50

해설 $R = \dfrac{50 \times 50}{50 + 50} = 25\,\Omega$

★
184 다음 그림과 같은 계전기 접점회로의 논리식은?

① XY

② $\overline{X}Y + X\overline{Y}$

③ $(\overline{X} + \overline{Y})(X + Y)$

④ $(\overline{X} + Y)(X + \overline{Y})$

해설 논리식 = (AND) OR (AND) = $\overline{X}Y + X\overline{Y}$

★
185 60Hz, 6극인 교류발전기의 회전수는 몇 rpm 인가?

① 1,200　　　② 1,500

③ 1,800　　　④ 3,600

해설 $N = \dfrac{120f}{P} = \dfrac{120 \times 60}{6} = 1,200\text{rpm}$

★
186 배리스터(varistor)란?

① 비직선적인 전압−전류특성을 갖는 2단자 반도체소자이다.

② 비직선적인 전압−전류특성을 갖는 3단자 반도체소자이다.

③ 비직선적인 전압−전류특성을 갖는 4단자 반도체소자이다.

④ 비직선적인 전압−전류특성을 갖는 리액턴스소자이다.

해설 배리스터란 비직선적인 전압−전류특성을 갖는 2단자 반도체소자를 말한다.

★
187 $R - L - C$ 직렬회로에서 소비전력이 최대가 되는 조건은?

① $\omega L - \dfrac{1}{\omega C} = 1$　　② $\omega L + \dfrac{1}{\omega C} = 0$

③ $\omega L + \dfrac{1}{\omega C} = 1$　　④ $\omega L - \dfrac{1}{\omega C} = 0$

해설 ㉠ 직렬공진 : $\omega L - \dfrac{1}{\omega C} = 0$ ∴ $\omega L = \dfrac{1}{\omega C}$

㉡ 병렬공진 : $\omega C - \dfrac{1}{\omega L} = 0$ ∴ $\omega C = \dfrac{1}{\omega L}$

★
188 저항 20 Ω 인 전열기에 5A의 전류를 흘렸다면 소비전력은 몇 W인가?

① 200　　　　② 300

③ 400　　　　④ 500

해설 $P = IV = I(IR) = I^2 R = 5^2 \times 20 = 500\text{W}$

★
189 다음 그림의 신호흐름선도에서 $\dfrac{C}{R}$ 는?

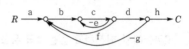

① $\dfrac{abcd}{1 - ce + bcf - bcdg}$

② $\dfrac{abcdh}{1 - ce + bcf - bcdg}$

③ $\dfrac{abcdh}{1 + ce - bcf + bcdg}$

④ $\dfrac{bcd}{1 - ce - bcf - bcdg}$

해설 $G_1 = abcdh$, $\Delta_1 = 1$, $L_{11} = -ce$

$L_{21} = bcf$, $L_{31} = -bcdg$

$\Delta = 1 - (L_{11} + L_{21} + L_{31}) = 1 - (-ce + bcf - bcdg)$

∴ $\dfrac{C}{R} = \dfrac{G_1 \Delta_1}{\Delta} = \dfrac{abcdh}{1 + ce - bcf + bcdg}$

★
190 다음의 논리식 중 다른 값을 나타내는 논리식은?

① $XY + X\overline{Y}$　　② $X(X + Y)$

③ $X(\overline{X} + Y)$　　④ $X + XY$

정답 183 ① 184 ② 185 ① 186 ① 187 ④ 188 ④ 189 ③ 190 ③

해설 ① $XY + X\overline{Y} = X(Y+\overline{Y}) = X(1+0) = X$

② $X(X+Y) = XX + XY = X(1+Y)$
$= X(1+0) = X$

③ $X(\overline{X}+Y) = X\overline{X} + XY = XY$

④ $X + XY = X(1+Y) = X(1+0) = X$

191 다음 그림에서 a, b단자에 100V를 인가할 때 저항 2Ω에 흐르는 전류 I_1은 몇 A인가?

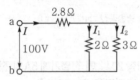

① 10
② 15
③ 20
④ 25

해설 $R_t = R + \dfrac{R_1 R_2}{R_1 + R_2} = 2.8 + \dfrac{2 \times 3}{2+3} = 4\Omega$

$I = \dfrac{V}{R_t} = \dfrac{100}{4} = 25A$

$\therefore I_1 = I\left(\dfrac{R_2}{R_1 + R_2}\right) = 25 \times \dfrac{3}{2+3} = 15A$

192 60Hz에서 회전하고 있는 4극 유도전동기의 출력이 10kW일 때 전동기의 토크는 약 몇 N·m인가?

① 48
② 53
③ 63
④ 84

해설 $N = \dfrac{120f}{P} = \dfrac{120 \times 60}{4} = 1,800 \mathrm{rpm}$

$\therefore T = 9.55 \times 10^3 \dfrac{kW}{N} = 9.55 \times 10^3 \times \dfrac{10}{1,800}$

$\risingdotseq 53N \cdot m$

193 10kVA의 단상변압기 3대가 있다. 이를 3상 배전선에 V결선했을 때의 출력은 몇 kVA인가?

① 11.73
② 17.32
③ 20
④ 30

해설 Δ결선에서 V결선 시
변압기 출력$(P) = 10 \times 3 \times 0.577 = 17.32$kVA

참고 Δ결선에서 V결선 시 이용률은 86.6%, 출력비는 57.7%
$\left(= \dfrac{\sqrt{3}}{3} = 0.577\right)$이다.

194 논리식 $X = \overline{A}B + \overline{A}\,\overline{B}$를 간단히 하면?

① $\overline{A}$
② A
③ 1
④ B

해설 $X = \overline{A}B + \overline{A}\,\overline{B} = \overline{A}(B+\overline{B}) = \overline{A}(1+0) = \overline{A}$

195 시퀀스회로에서 접점이 조작하기 전에는 열려 있고, 조작하면 닫히는 접점은?

① a접점
② b접점
③ c접점
④ 공통 접점

해설 시퀀스회로에서 접점이 조작하기 전에는 열려 있고, 조작하면 닫히는 접점은 a접점(상개접점(NO))이다.

196 다음 그림과 같은 회로에서 각 저항에 걸리는 전압 V_1과 V_2는 각각 몇 V인가?

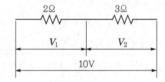

① $V_1 = 10$, $V_2 = 10$
② $V_1 = 6$, $V_2 = 4$
③ $V_1 = 4$, $V_2 = 6$
④ $V_1 = 5$, $V_2 = 5$

해설 직렬연결 시 전류(I)는 일정하다.

$I = \dfrac{V}{R_1 + R_2} = \dfrac{10}{2+3} = 2A$

$\therefore V_1 = IR_1 = 2 \times 2 = 4V$
$V_2 = IR_2 = 2 \times 3 = 6V$

197 제어기기 중 전기식 조작기기에 대한 설명으로 옳지 않은 것은?

① 장거리 전송이 가능하고 늦음이 적다.
② 감속장치가 필요하고 출력은 작다.
③ PID동작이 간단히 실현된다.
④ 많은 종류의 제어에 적용되어 용도가 넓다.

해설 비례적분미분(PID)동작은 연속동작으로 전자식 제어기기이다.

정답 191 ② 192 ② 193 ② 194 ① 195 ① 196 ③ 197 ③

198 다음 중 입력장치에 해당되는 것은?

① 검출스위치　　② 솔레노이드밸브
③ 표시램프　　④ 전자개폐기

해설 시퀀스제어시스템의 구성요소
ⓐ 입력장치 : 수동스위치, 검출스위치, 센서 등
ⓑ 출력장치 : 전자개폐기, 전자밸브, 솔레노이드밸브, 표시램프, 경보기구 등
ⓒ 보조장치 : 보조릴레이, 논리소자, 타이머소자, 입출력소자, PLC장치 등

★
199 제어대상에 속하는 양으로 제어장치의 출력신호가 되는 것은?

① 제어량　　② 조작량
③ 목표값　　④ 오차

해설 ⓐ 제어량(controlled variable) : 제어대상의 출력을 말하며, 전체 제어계가 추구하는 양을 가지도록 하는 것
ⓑ 조작량 : 제어대상의 제어량을 제어하기 위하여 제어요소를 만들어내는 회전력, 열, 수증기, 빛 등과 같은 것
ⓒ 목표값(설정값) : 귀환제어계의 속하지 않은 신호이며, 외부에서 제어량이 그 값이 일정한 값일 때에는 설정값

★
200 $i(t) = 141.4\sin\omega t$[A]의 실효값은 몇 A인가?

① 81.6　　② 100
③ 173.2　　④ 200

해설 실효값 $= \dfrac{최대값(I_{\max})}{\sqrt{2}} = \dfrac{141.4}{\sqrt{2}} ≒ 100A$

★
201 다음 그림과 같은 계전기 접점회로의 논리식은?

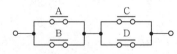

① $(\overline{A}+B)(C+\overline{D})$
② $(\overline{A}+\overline{B})(C+D)$
③ $(A+B)(C+D)$
④ $(A+B)(\overline{C}+\overline{D})$

해설 논리식 $= (A+B)(C+D)$

★
202 다음 중 기동토크가 가장 큰 단상 유도전동기는?

① 분상기동형　　② 반발기동형
③ 반발유도형　　④ 콘덴서기동형

해설 단상 유도전동기 중 기동토크가 가장 큰 전동기는 반발기동형이다.

★
203 PLC제어의 특징이 아닌 것은?

① 제어시스템의 확장이 용이하다.
② 유지 보수가 용이하다.
③ 소형화가 가능하다.
④ 부품 간의 배선에 의해 로직이 결정된다.

해설 PLC(Programmable Logic Controller)제어
ⓐ 온도와 노이즈에 강해 안전성과 신뢰성이 높다.
ⓑ 유지 보수가 용이하다.
ⓒ 소형화가 가능하다.
ⓓ 제어시스템의 확장이 용이하지 않다.
ⓔ 레이더프로그램에 널리 쓰이는 방식이다.
ⓕ 설비 증설에 대한 접점용량에의 우려가 없다.

★
204 시퀀스제어에 관한 설명 중 옳지 않은 것은?

① 미리 정해진 순서에 의해 제어된다.
② 일정한 논리에 의해 정해진 순서에 의해 제어된다.
③ 조합논리회로로 사용된다.
④ 입력과 출력을 비교하는 장치가 필수적이다.

해설 입력과 출력을 비교하는 장치가 필수적으로 필요한 경우는 피드백제어(밀폐계제어)시스템이다.

★
205 다음 그림과 같이 저항 R을 전류계와 내부저항 20 Ω인 전압계로 측정하니 15A와 30V이었다. 저항 R은 몇 Ω인가?

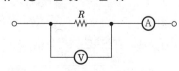

① 1.54　　② 1.86
③ 2.22　　④ 2.78

PART
3

해설 $V = I\left(\dfrac{Rr}{R+r}\right)[\text{V}]$

$30 = 15\left(\dfrac{R \times 20}{R+20}\right)$

$\therefore R = 2.22\,\Omega$

★206
3상 평형부하의 전압이 100V이고, 전류가 10A이다. 역률이 0.8이면 이때의 소비전력은 약 몇 W인가?

① 1,386 ② 1,732
③ 2,100 ④ 2,430

해설 $P = \sqrt{3}\,VI\cos\theta = \sqrt{3} \times 100 \times 10 \times 0.8 = 1,386\text{W}$

207
농형 유도전동기의 기동법이 아닌 것은?

① 전전압기동법 ② 기동보상기법
③ Y–△기동법 ④ 2차 저항법

해설 ㉠ 농형 유도전동기(제동전선 이용)의 기동법 : 전전압 기동법, 기동보상기법, Y–△기동법
㉡ 농형 유도전동기 : 10kW 정도에서 T–△기동, 15kW 이상에서는 기동보상기동

참고 권선형 유도전동기는 2차 회로저항을 삽입하며, 그 목적은 속도제어–기동토크를 크게 하고 기동전류를 줄이기 위함이다.

208
변압기를 스코트(scott)결선할 때 이용률은 몇 %인가?

① 57.7 ② 86.6
③ 100 ④ 173

해설 변압기에서 스코트결선은 2대의 단상변압기를 3상에서 2상으로 변환하는 방식이다.

$\therefore$ 이용률 $= \dfrac{\sqrt{3}\,VI\cos\theta}{2VI\cos\theta} = 0.866 = 86.6\%$

★209
역률 80%인 부하의 유효전력이 80kW이면 무효전력은 몇 kVar인가?

① 40 ② 60
③ 80 ④ 100

해설 피상전력 $= \dfrac{\text{유효전력}}{\cos\theta} = \dfrac{80}{0.8} = 100\text{kVa}$

$\therefore$ 무효전력 $= \sqrt{\text{피상전력}^2 - \text{유효전력}^2}$
$= \sqrt{100^2 - 80^2} = 60\text{kVa}$

★210
다음 그림과 같은 회로의 전달함수 $\dfrac{C}{R}$ 는?

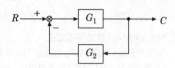

① $\dfrac{G_1}{1 + G_1 G_2}$ ② $\dfrac{G_2}{1 + G_1 G_2}$

③ $\dfrac{G_1}{1 - G_1 G_2}$ ④ $\dfrac{G_2}{1 - G_1 G_2}$

해설 $C = RG_1 - CG_1 G_2$
$C(1 + G_1 G_2) = RG_1$

$\therefore \dfrac{C}{R} = \dfrac{G_1}{1 + G_1 G_2}$

211
전류에 의해 생기는 자속은 반드시 폐회로를 이루며, 자속이 전류와 쇄교하는 수를 자속쇄교수라 한다. 자속쇄교수의 단위에 해당하는 것은?

① Wb ② AT
③ WbT ④ H

해설 ① Wb : 자속
② AT : 기자력
④ H : 인덕턴스

★212
다음 블록선도의 입력 R에 5를 대입하면 C의 값은 얼마인가?

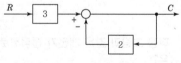

① 2 ② 3
③ 4 ④ 5

해설 $C = 3R - 2C$
$(1+2)C = 3R$

$\therefore C = \dfrac{3R}{3} = R = 5$

★213
다음의 논리식 중 다른 값을 나타내는 논리식은?

① $\overline{X}Y + XY$ ② $(Y + X + \overline{X})Y$
③ $X(\overline{Y} + X + Y)$ ④ $XY + Y$

해설 ① $\overline{X}Y + XY = Y(\overline{X}+X) = Y(0+1) = Y$

② $(Y+X+\overline{X})Y = YY + XY + \overline{X}Y$
$= Y + Y(X+\overline{X}) = Y + Y = Y$

③ $X(\overline{Y}+X+Y) = X\overline{Y} + XX + XY$
$= X(\overline{Y}+Y) + X = X(0+1) = X$
$= X + X = X$

④ $XY + Y = Y(X+1) = Y(0+1) = Y$

214 $F(s) = \dfrac{3s+10}{s^3 + 2s^2 + 5s}$ 일 때 $f(t)$ 의 최종

치는?

① 0   ② 1
③ 2   ④ 8

해설 $\lim_{t \to \infty} f(t) = \lim_{s \to 0} s F(s) = \lim_{s \to 0} s\left(\dfrac{3s+10}{s^3+2s^2+5s}\right)$
$= \lim_{s \to 0} \dfrac{3s+10}{s^2+2s+5} = \dfrac{10}{5} = 2$

215 축전지의 용량을 나타내는 단위는?

① Ah   ② VA
③ W   ④ V

해설 ② VA : 피상전력
③ W : 유효전력
④ V : 전압

216 정현파 전압 $v = 50\sin\left(628 - \dfrac{\pi}{6}\right)$[V]인 파

형의 주파수는 얼마인가?

① 30   ② 50
③ 60   ④ 100

해설 $f = \dfrac{\omega}{2\pi} = \dfrac{628}{2\pi} = 100\text{Hz(CPS)}$

217 옴의 법칙에서 전류의 세기는 어느 것에 비례

하는가?

① 저항   ② 동선의 길이
③ 동선의 고유저항   ④ 전압

해설 옴의 법칙은 도체에 흐르는 전류는 전압에 비례하고, 저항에 반비례한다.

218 변압기는 어떤 작용을 이용한 전기기기인가?

① 정전유도작용   ② 전자유도작용
③ 전류의 발열작용   ④ 전류의 화학작용

해설 변압기는 전자유도작용을 이용한 전기기기이다.

219 발전기의 유도기전력의 방향과 관계가 있는

법칙은?

① 플레밍의 왼손법칙
② 플레밍의 오른손법칙
③ 패러데이의 법칙
④ 암페어의 법칙

해설 ① 플레밍의 왼손법칙 : 전동기의 유도기전력의 방향
③ 패러데이의 법칙 : 유도기전력의 크기
④ 암페어(앙페르)의 법칙 : 자력선의 방향

(참고) • 렌츠의 법칙 : 유도기전력의 방향
• 쿨롱의 법칙 : 자극의 세기

220 피드백제어에서 반드시 필요한 장치는?

① 안정도를 향상시키는 장치
② 응답속도를 개선시키는 장치
③ 구동장치
④ 입력과 출력을 비교하는 장치

해설 피드백제어(feed back control)에서 반드시 필요한 장치는 입력과 출력을 비교하는 장치이다.

221 역률 80%인 부하에 전압과 전류의 실효값이

각각 100V, 5A라고 할 때 무효전력(Var)은?

① 100   ② 200
③ 300   ④ 400

해설 $\sin\theta = \sqrt{1 - \cos^2\theta} = \sqrt{1 - 0.8^2} = 0.6$
∴ 무효전력 $= VI\sin\theta = 100 \times 5 \times 0.6 = 300\text{Var}$

222 유도전동기의 1차 접속을 Δ 에서 Y 로 바꾸면

기동 시의 1차 전류는 어떻게 변화하는가?

① $\dfrac{1}{3}$ 로 감소   ② $\dfrac{1}{\sqrt{3}}$ 로 감소
③ $\sqrt{3}$ 으로 증가   ④ 3으로 증가

해설 $I = \left(\dfrac{1}{\sqrt{3}}\right)^2 = \dfrac{1}{3}$ 로 감소

PART
3

참고 유도전동기는 1차측 고정자에서 2차측 회전자로 전자유
도에 의해 전력을 전송하고, 이 전력을 동력으로 변환하
는 전동기이다.

223 다음 그림과 같은 블록선도의 전달함수는?

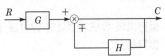

① $\dfrac{1}{1 \pm GH}$ ② $\dfrac{G}{1 \pm GH}$

③ $\dfrac{G}{1 \pm H}$ ④ $\dfrac{1}{1 \pm H}$

해설 $C = RG \mp CH$

$C \pm CH = RG$

$C(1 \pm H) = RG$

$\therefore \dfrac{C}{R} = \dfrac{G}{1 \pm H}$

224 플레밍의 왼손법칙에서 둘째손가락(검지)이
가리키는 것은?

① 힘의 방향 ② 자계방향

③ 전류방향 ④ 전압방향

해설 ㉠ 플레밍의 오른손법칙 : 발전기의 전자유도에 의해서
생기는 유도전류의 방향을 나타내는 법칙이다.
㉡ 플레밍의 왼손법칙 : 전동기의 전자력방향을 결정하
는 법칙이다.

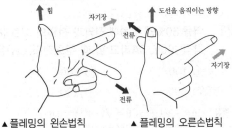

▲ 플레밍의 왼손법칙 ▲ 플레밍의 오른손법칙

225 다음 중 개루프제어계(Open-loop control
system)에 속하는 것은?

① 점등 점멸시스템

② 배의 조타장치

③ 추적시스템

④ 에어컨디션시스템

해설 점등 점멸시스템은 개루프제어계(시퀀스제어)로, 자동점

멸장치 등으로 집안의 전등을 점등과 소등되게 하는 자
동장치이다.

226 다음 중 3상 유도전동기의 회전방향을 바꾸려
고 할 때 옳은 방법은?

① 전원 3선 중 2선의 접속을 바꾼다.

② 기동보상기를 사용한다.

③ 전원 주파수를 변환한다.

④ 전동기의 극수를 변환한다.

해설 3상 유도전동기의 회전방향을 바꾸려면 전원 3선 중 2선
의 접속을 바꾸면 된다.

227 5Ω의 저항 5개를 직렬로 연결하면 병렬로 연
결했을 때보다 몇 배가 되는가?

① 10 ② 25

③ 50 ④ 75

해설 ㉠ 직렬연결 시 합성저항
$R_1 = 5+5+5+5+5 = 25\,\Omega$
㉡ 병렬연결 시 합성저항
$R_2 = \dfrac{1}{\frac{1}{5}+\frac{1}{5}+\frac{1}{5}+\frac{1}{5}+\frac{1}{5}} = 1\,\Omega$

$\therefore R_1$은 R_2의 25배이다.

228 다음 그림과 같은 블록선도가 의미하는 요소
는?

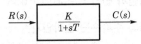

① 1차 지연요소 ② 2차 지연요소

③ 비례요소 ④ 미분요소

해설 1차 지연요소는 출력이 입력의 변화에 따라 어떤 일정한
값에 도달하는데 시간의 늦음이 있는 요소이다.

$G(s) = \dfrac{C(s)}{R(s)} = \dfrac{K}{1+sT}$

229 PLC(Programmable Logic Controller)를 사
용하더라도 대용량 전동기의 구동을 위해서
필수적으로 사용하여야 하는 기기는?

① 타이머 ② 릴레이

③ 카운터 ④ 전자개폐기

정답 223 ③ 224 ② 225 ① 226 ① 227 ② 228 ① 229 ④

해설 전자개폐기(MC)는 유접점 시퀀스제어기기로 대용량 전동기의 구동을 위해서 필수적으로 사용해야 한다.

230 다음 중 파형률을 바르게 나타낸 것은?

① $\dfrac{실효값}{평균값}$ ② $\dfrac{최대값}{평균값}$

③ $\dfrac{최대값}{실효값}$ ④ $\dfrac{실효값}{최대값}$

해설 파형률$=\dfrac{실효값}{평균값}$, 파고율$=\dfrac{최대값}{실효값}$

231 프로세스제어(process control)에 속하지 않는 것은?

① 온도   ② 압력
③ 유량   ④ 자세

해설 프로세스제어는 온도, 압력, 유량, 액위, 농도, 밀도 등으로 플랜트(plant)나 생산공정 중의 상태량을 제어한다.

232 제어부의 제어동작 중 연속동작이 아닌 것은?

① P동작   ② ON−OFF동작
③ PI동작   ④ PID동작

해설 ㉠ 연속제어 : 비례(P)제어, 미분(D)제어, 적분(I)제어, 비례미분(PD)제어, 비례적분(PI)제어, 비례적분미분(PID)제어
㉡ 불연속제어 : 온-오프제어, 다위치제어, 샘플값제어

233 다음 블록선도의 출력이 4가 되기 위해서는 입력은 얼마이어야 하는가?

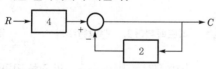

① 2   ② 3
③ 4   ④ 5

해설 $C=4R-2C$
$(1+2)C=4R$
$3C=4R$
$\therefore R=\dfrac{3C}{4}=\dfrac{3\times4}{4}=3$

234 다음 그림과 같은 회로에서 저항 R_2에 흐르는 전류 I_2[A]는?

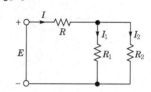

① $\dfrac{I(R_1+R_2)}{R_1}$ ② $\dfrac{I(R_1+R_2)}{R_2}$

③ $\dfrac{IR_2}{R_1+R_2}$ ④ $\dfrac{IR_1}{R_1+R_2}$

해설 $V=IR=I\left(\dfrac{R_1R_2}{R_1+R_2}\right)$[V]
$\therefore I_2=\dfrac{V}{R_2}=I\left(\dfrac{R_1}{R_1+R_2}\right)$[A]

참고 $I_1=\dfrac{V}{R_1}=I\left(\dfrac{R_2}{R_1+R_2}\right)$[A]

235 100V의 기전력으로 100J의 일을 할 때 전기량은 몇 C인가?

① 0.1   ② 1
③ 10   ④ 100

해설 $W=CV$
$\therefore C=\dfrac{W}{V}=\dfrac{100}{100}=1C$

236 $R-L-C$ 직렬회로에서 전류가 최대로 되는 조건은?

① $\omega L=\omega C$ ② $\dfrac{\omega^2 L}{R}=\dfrac{1}{\omega CR}$

③ $\omega LC=1$ ④ $\omega L=\dfrac{1}{\omega C}$

해설 $R-L-C$ 직렬회로에서 전류가 최대로 되는 조건(직렬공진상태)
$\omega L-\dfrac{1}{\omega C}=0$
$\therefore \omega L=\dfrac{1}{\omega C}(\omega=2\pi f$일 때$)$

237 다음의 신호흐름선도의 입력이 5일 때 출력이 3이 되기 위한 A의 값은?

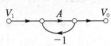

① 2 ② 3
③ 4 ④ 5

해설 $\dfrac{C}{R}=\dfrac{G_1\Delta_1}{\Delta}=\dfrac{3}{1-(-A)}=\dfrac{3}{1+A}=\dfrac{3}{5}$

$15=3(1+A)$

$\therefore A=4$

238 전압계에 대한 설명으로 틀린 것은?

① 동작원리는 전류계와 같다.
② 회로에 직렬로 접속한다.
③ 내부저항이 있다.
④ 가동코일형은 직류측정에 사용된다.

해설 전압계는 회로에 병렬로 접속(결선)한다.

참고 • 배율기 : 전압계의 측정범위를 넓히기 위해 전압계에 연결하는 저항(직렬접속)
• 분류기 : 전류계의 측정범위를 넓히기 위해 전류계에 연결하는 저항(병렬접속)

239 1차 지연요소의 전달함수는?

① $\dfrac{s}{K}$ ② Ks

③ $\dfrac{1}{K}$ ④ $\dfrac{K}{1+Ts}$

해설 1차 지연요소의 전달함수= $\dfrac{K}{1+Ts}$

240 다음 중 프로세스제어에 속하는 것은?

① 장력 ② 압력
③ 전압 ④ 저항

해설 프로세스제어(process control)는 압력, 유량, 온도, 액위, 농도, 점도 등의 공업프로세스상태량을 제어량으로 하는 제어계이다.

241 절연저항을 측정하는 데 사용되는 것은?

① 후크 온 미터 ② 회로시험기

③ 메거 ④ 휘트스톤브리지

해설 절연저항측정 시 사용되는 계기는 메거(megger)이다.

242 출력이 입력에 전혀 영향을 주지 못하는 제어는?

① 프로그램제어 ② 피드백제어
③ 시퀀스제어 ④ 폐회로제어

해설 시퀀스제어는 순차적 제어, 즉 출력이 입력에 전혀 영향을 주지 못하는 제어이다.

243 100V, 60Hz의 교류전압을 어느 콘덴서에 가하니 2A의 전류가 흘렀다. 이 콘덴서의 정전용량은 약 몇 μF인가?

① 26.5 ② 36
③ 53 ④ 63.6

해설 $I=\dfrac{V}{X_C}=2\pi f CV$

$\therefore C=\dfrac{I}{2\pi f V}=\dfrac{2}{2\pi\times 60\times 100}$

$=53\times 10^{-6}\,\text{F}=53\mu\text{F}$

244 유도전동기에서 동기속도는 3,600rpm이고, 회전수는 3,420rpm이다. 이때의 슬립은 몇 %인가?

① 2 ② 3
③ 4 ④ 5

해설 슬립률= $\left(1-\dfrac{N}{N_s}\right)\times 100=\left(1-\dfrac{3,420}{3,600}\right)\times 100=5\%$

245 피드백제어의 전달함수가 $\dfrac{3}{s+2}$일 때 $\displaystyle\lim_{t\to 0}f(t)=\lim_{s\to\infty}\dfrac{3}{s+2}$의 값을 구하면?

① 0 ② 3

③ $\dfrac{3}{2}$ ④ ∞

해설 $\displaystyle\lim_{t\to 0}f(t)=\lim_{s\to\infty}sF(s)=\lim_{s\to\infty}s\left(\dfrac{3}{s+2}\right)$

$=\displaystyle\lim_{s\to\infty}\dfrac{3}{1+\dfrac{2}{s}}=3$

246 종류가 다른 금속으로 폐회로를 만들어 두 접속점에 온도를 다르게 하면 전류가 흐르게 되는 것은?

① 펠티에효과 ② 평형현상
③ 제벡효과 ④ 자화현상

해설 제벡효과(Seebeck effect) : 종류가 다른 금속으로 폐회로를 만들어 두 접속점에 온도를 다르게 하면 전류가 흐르게 되는 것이다.

참고 펠티에효과 : 2종의 상이한 금속을 접합하여 전류를 흘리면 한쪽 접점은 냉각되고, 다른 쪽 접점은 가열되는 것이다(한쪽은 냉방, 다른 쪽은 난방).

★
247 변압기의 특성 중 규약효율이란?

① $\dfrac{\text{출력}}{\text{출력}-\text{손실}}$ ② $\dfrac{\text{출력}}{\text{출력}+\text{손실}}$

③ $\dfrac{\text{입력}}{\text{입력}-\text{손실}}$ ④ $\dfrac{\text{입력}}{\text{입력}+\text{손실}}$

해설 규약효율$=\dfrac{\text{출력}}{\text{출력}+\text{손실}}=\dfrac{\text{출력}}{\text{입력}}$

★
248 단위계단함수 $u(t-a)$를 라플라스변환하면?

① $\dfrac{e^{as}}{s^2}$ ② $\dfrac{e^{-as}}{s^2}$

③ $\dfrac{e^{-as}}{s}$ ④ $\dfrac{e^{as}}{s}$

해설 ㉠ 단위계단함수$=u(t-a)$

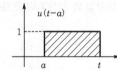

• $u(t-a)=1,\ t>a$
• $u(t-a)=0,\ t<a$

㉡ 라플라스변환하면

$$\mathcal{L}[u(t-a)]=\int_0^\infty u(t-a)e^{-st}dt=\frac{e^{-as}}{s}$$

249 다음 중 압력을 변위로 변환시키는 장치로 알맞은 것은?

① 노즐플래퍼 ② 다이어프램
③ 전자석 ④ 차동변압기

해설 ① 노즐플래퍼 : 변위 → 압력
③ 전자석 : 전압 → 변위
④ 차동변압기 : 변위 → 전압

★
250 15C의 전기가 3초간 흐르면 전류(A)값은?

① 2 ② 3
③ 4 ④ 5

해설 $I=\dfrac{dQ}{dt}=\dfrac{15}{3}=5\text{A}$

★
251 다음 그림과 같이 콘덴서 3F와 2F가 직렬로 접속된 회로에 전압 20V를 가하였을 때 3F 콘덴서단자의 전압 V_1은 몇 V인가?

① 5
② 6
③ 7
④ 8

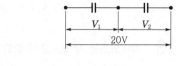

해설 $Q=C_1V_1=C_2V_2=CV$

$C=\dfrac{C_1C_2}{C_1+C_2}[\text{F}]$

$\therefore\ V_1=\dfrac{CV}{C_1}=\dfrac{C_2V}{C_1+C_2}=\dfrac{2\times20}{3+2}=8\text{V}$

252 목표값이 시간적으로 임의로 변하는 경우의 제어로서 서보기구가 속하는 것은?

① 정치제어 ② 추종제어
③ 마이컴제어 ④ 프로그램제어

해설 ㉠ 정치제어 : 제어량을 어떤 일정한 목표값으로 유지하는 것을 목적으로 하는 제어법
㉡ 프로그램제어 : 미리 정해진 프로그램에 따라 제어량을 변화시키는 것을 목적으로 하는 제어법(엘리베이터, 무인열차).
㉢ 비율제어 : 목표값이 다른 것과 일정 비율관계를 가지고 변화하는 경우의 추종제어법(배터리)

★
253 피드백제어계에서 반드시 있어야 할 장치는?

① 전동기 시한제어장치
② 발진기로서의 동작장치
③ 응답속도를 느리게 하는 장치
④ 목표값과 출력을 비교하는 장치

정답 246 ③ 247 ② 248 ③ 249 ② 250 ④ 251 ④ 252 ② 253 ④

PART 3

해설 피드백제어계(feed back control system)에 반드시 있어야 할 장치는 목표값과 출력을 비교하는 장치이다(오차가 수정될 때까지 계속적으로 반복 제어한다).

254
16μF의 콘덴서 4개를 접속하여 얻을 수 있는 가장 작은 정전용량은 몇 μF인가?

① 2 　　　　② 4

③ 8 　　　　④ 16

해설 ㉠ 직렬접속(C_t)=$\dfrac{1}{\dfrac{1}{C_1}+\dfrac{1}{C_2}+\dfrac{1}{C_3}+\dfrac{1}{C_4}}$

　　　=$\dfrac{1}{\dfrac{1}{16}+\dfrac{1}{16}+\dfrac{1}{16}+\dfrac{1}{16}}=4\mu F$

　　㉡ 병렬접속(C_t)=$C_1+C_2+C_3+C_4$

　　　=$16+16+16+16=64\mu F$

255
제어요소는 무엇으로 구성되어 있는가?

① 비교부 　　　　② 검출부

③ 조절부와 조작부 　④ 비교부와 검출부

해설 제어요소(control element)는 동작신호를 조작량으로 변화하는 요소로 조절부와 조작부로 구성되어 있다.

256
다음 그림과 같은 회로망에서 전류를 계산하는데 옳은 식은?

① $I_1+I_2=I_3+I_4$

② $I_1+I_3=I_2+I_4$

③ $I_1+I_2+I_3+I_4=0$

④ $I_1+I_2+I_3-I_4=0$

해설 키르히호프 제1법칙(전류의 법칙) : 회로망의 node에 유입하는 전류와 유출하는 전류는 같다.
$I_1+I_2+I_3=I_4$

257
시퀀스제어에 관한 사항으로 옳은 것은?

① 조절기용이다.

② 입력과 출력의 비교장치가 필요하다.

③ 한시동작에 의해서만 제어되는 것이다.

④ 제어결과에 따라 조작이 자동적으로 이행된다.

해설 시퀀스제어는 순차적 제어로 미리 정해진 순서대로 작동되는 제어이다.

258
최대 눈금 1,000V, 내부저항 10kΩ인 전압계를 가지고 다음 그림과 같이 전압을 측정하였다. 전압계의 지시가 200V일 때 전압 E는 몇 V인가?

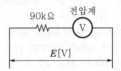

① 800 　　　　② 1,000

③ 1,800 　　　④ 2,000

해설 $E=V\left(1+\dfrac{R_m}{R_r}\right)=200\times\left(1+\dfrac{90}{10}\right)=2,000\text{V}$

259
60Hz, 6극 3상 유도전동기의 전부하에 있어서의 회전수가 1,164rpm이다. 슬립은 약 몇 %인가?

① 2 　　　　② 3

③ 5 　　　　④ 7

해설 $N_s=\dfrac{120f}{P}=\dfrac{120\times60}{6}=1,200\text{rpm}$

∴ $S=\left(1-\dfrac{N}{N_s}\right)\times100=\left(1-\dfrac{1,164}{1,200}\right)\times100≒3\%$

260
50Hz에서 회전하고 있는 2극 유도전동기의 출력이 20kW일 때 전동기의 토크는 약 몇 N·m인가?

① 48 　　　　② 53

③ 64 　　　　④ 84

해설 $T=\dfrac{\text{출력}}{\omega}=\dfrac{20\times10^3}{2\pi f}=\dfrac{20\times10^3}{2\pi\times50}≒64\text{N}\cdot\text{m}$

261
반지름 1.5mm, 길이 2km인 도체의 저항이 32Ω이다. 이 도체가 지름이 6mm, 길이가 500m로 변할 경우 저항은 몇 Ω이 되는가?

① 1 　　　　② 2

③ 3 　　　　④ 4

해설 $R=\rho\dfrac{l}{A}[\Omega]$에서 도체의 고유저항은 일정하므로

$$\frac{R_2}{R_1} = \frac{l_2}{l_1}\left(\frac{r_1}{r_2}\right)^2$$

$$\therefore R_2 = R_1\left(\frac{l_2}{l_1}\right)\left(\frac{r_1}{r_2}\right)^2 = 32 \times \frac{500}{2,000} \times \left(\frac{1.5}{3}\right)^2 = 2\,\Omega$$

★262

$8\,\Omega$, $12\,\Omega$, $20\,\Omega$, $30\,\Omega$ 의 4개 저항을 병렬로 접속할 때 합성저항은 약 몇 Ω 인가?

① 2.0 ② 2.35
③ 3.43 ④ 3.8

해설 $R = \dfrac{1}{\dfrac{1}{R_1}+\dfrac{1}{R_2}+\dfrac{1}{R_3}+\dfrac{1}{R_4}} = \dfrac{1}{\dfrac{1}{8}+\dfrac{1}{12}+\dfrac{1}{20}+\dfrac{1}{30}}$

$\fallingdotseq 3.43\,\Omega$

263

다음 그림과 같은 Y결선회로와 등가인 $\triangle$ 결선회로의 Z_{ab}, Z_{bc}, Z_{ca} 값은?

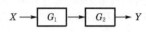

① $Z_{ab}=\dfrac{11}{3}$, $Z_{bc}=11$, $Z_{ca}=\dfrac{11}{2}$

② $Z_{ab}=\dfrac{7}{3}$, $Z_{bc}=7$, $Z_{ca}=\dfrac{7}{2}$

③ $Z_{ab}=11$, $Z_{bc}=\dfrac{11}{2}$, $Z_{ca}=\dfrac{11}{3}$

④ $Z_{ab}=7$, $Z_{bc}=\dfrac{7}{2}$, $Z_{ca}=\dfrac{7}{3}$

해설
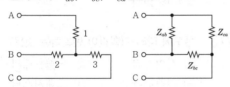

$Z_{ab} = \dfrac{Z_aZ_b+Z_bZ_c+Z_cZ_a}{Z_c} = \dfrac{2+6+3}{3} = \dfrac{11}{3}$

$Z_{bc} = \dfrac{Z_aZ_b+Z_bZ_c+Z_cZ_a}{Z_a} = \dfrac{2+6+3}{1} = 11$

$Z_{ca} = \dfrac{Z_aZ_b+Z_bZ_c+Z_cZ_a}{Z_b} = \dfrac{2+6+3}{2} = \dfrac{11}{2}$

★264

논리함수 X=A+AB를 간단히 하면?

① X=A ② X=B
③ X=AB ④ X=A

해설 X=A+AB=A(1+B)=A(1+0)=A

★265

다음 그림과 같은 시스템의 등가합성전달함수는?

$$X \longrightarrow \boxed{G_1} \longrightarrow \boxed{G_2} \longrightarrow Y$$

① $G_1 + G_2$ ② $\dfrac{G_1}{G_2}$

③ $G_1 - G_2$ ④ $G_1 G_2$

해설 $Y = G_1 G_2 X$

$\therefore G = \dfrac{Y}{X} = G_1 G_2$

★266

정현파 전파정류전압의 평균값이 119V이면 최대값은 약 몇 V인가?

① 119 ② 187
③ 238 ④ 357

해설 최대값 $= \dfrac{\text{평균값}}{\dfrac{2}{\pi}} = \dfrac{119}{\dfrac{2}{\pi}} \fallingdotseq 187\text{V}$

267

다음 ( ) 안의 ⓐ, ⓑ에 대한 내용으로 옳은 것은?

> 근궤적은 $G(s)H(s)$의 (ⓐ)에서 출발하여 (ⓑ)에서 종착한다.

① ⓐ 영점, ⓑ 극점
② ⓐ 극점, ⓑ 영점
③ ⓐ 분지점, ⓑ 극점
④ ⓐ 극점, ⓑ 분지점

해설 근궤적은 $G(s)H(s)$의 극점에서 출발하여 영점에서 종착한다.

★268

무효전력을 나타내는 단위는?

① VA ② W
③ Var ④ Wh

해설 ② VA : 피상전력
③ W : 유효전력(소비전력)
④ Wh : 전력량

269 잔류편차(offset)를 발생하는 제어는?

① 미분제어 　　② 적분제어
③ 비례제어 　　④ 비례적분미분제어

해설 잔류편차를 발생하는 제어는 비례(P)제어이고, 잔류편차를 제거시키는 제어는 적분(I)제어이다.

270 다음 그림과 같은 블록선도에서 전달함수 $\dfrac{C}{R}$ 는?

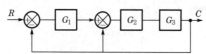

① $\dfrac{G_1 G_2 G_3}{1 + G_2 G_3 + G_1 G_3}$

② $\dfrac{G_1 G_2 G_3}{1 + G_1 G_2 + G_1 G_2 G_3}$

③ $\dfrac{G_1 G_2 G_3}{1 + G_2 G_3 + G_1 G_2 G_3}$

④ $\dfrac{G_1 G_2 G_3}{1 + G_1 G_3 + G_1 G_2 G_3}$

해설 $C = RG_1 G_2 G_3 - G_2 G_3 C - G_1 G_2 G_3 C$
$C(1 + G_2 G_3 + G_1 G_2 G_3) = RG_1 G_2 G_3$
$\therefore \dfrac{C}{R} = \dfrac{G_1 G_2 G_3}{1 + G_2 G_3 + G_1 G_2 G_3}$

271 50 Ω 의 저항 4개를 이용하여 가장 큰 합성저항을 얻으면 몇 Ω 인가?

① 75 　　② 150
③ 200 　　④ 400

해설 ㉠ 직렬연결 시 합성저항
$R = R_1 + R_2 + R_3 + R_4$
$= 50 + 50 + 50 + 50 = 200\ \Omega$
㉡ 병렬연결 시 합성저항
$R = \dfrac{1}{\dfrac{1}{R_1} + \dfrac{1}{R_2} + \dfrac{1}{R_3} + \dfrac{1}{R_4}}$

$= \dfrac{1}{\dfrac{1}{50} + \dfrac{1}{50} + \dfrac{1}{50} + \dfrac{1}{50}}$
$= 12.5\ \Omega$

272 교류에서 실효값과 최대값의 관계는?

① 실효값 $= \dfrac{최대값}{\sqrt{2}}$

② 실효값 $= \dfrac{최대값}{\sqrt{3}}$

③ 실효값 $= \dfrac{최대값}{2}$

④ 실효값 $= \dfrac{최대값}{3}$

해설 교류(AC)에서 실효값은 최대값의 $\dfrac{1}{\sqrt{2}}$ 배이다. 즉 최대값의 70.7%이다.

273 온도에 따라 저항값이 변화하는 것은?

① 서미스터 　　② 노즐플래퍼
③ 앰플리다인 　　④ 트랜지스터

해설 온도에 따라 저항값이 변화하는 것은 서미스터이다

참고 • 부저항특성 : 온도 증가에 따라 저항이 감소하는 특성
• 정저항특성 : 온도 증가에 따라 저항이 상승하는 특성

274 출력의 일부를 입력으로 되돌림으로써 출력과 기준입력과의 오차를 줄여나가도록 제어하는 제어방법은?

① 피드백제어 　　② 시퀀스제어
③ 리셋제어 　　④ 프로그램제어

해설 피드백제어(되먹임제어)는 출력의 일부를 입력으로 되돌림으로서 출력과 기준입력과의 오차를 줄여나가는 제어방법이다.

275 위치, 각도 등의 기계적 변위를 제어량으로 해서 목표값의 임의의 변화에 추종하도록 구성된 제어계는?

① 자동조정 　　② 서보기구
③ 정치제어 　　④ 프로그램제어

해설 서보기구(기계적인 변위제어량) : 위치, 방위, 자세, 거리, 각도 등 제어

276 ★ 전력(electric power)에 관한 설명으로 옳은 것은?

① 전력은 전류의 제곱에 저항을 곱한 값이다.

② 전력은 전압의 제곱에 저항을 곱한 값이다.

③ 전력은 전압의 제곱에 비례하고 전류에 반비례한다.

④ 전력은 전류의 제곱에 비례하고 전압의 제곱에 반비례한다.

해설 전력 = 전압(V) × 전류(I) = $I^2R = \dfrac{V^2}{R}$ [W]

277 ★ 유도전동기의 속도제어에 사용할 수 없는 전력변환기는?

① 인버터　　　② 정류기

③ 위상제어기　　④ 사이클로컨버터

해설 정류기란 교류(AC)전력을 직류(DC)전력으로 바꾸는 전력변환장치이다.

278 다음 중 압력을 감지하는데 가장 널리 사용되는 것은?

① 전위차계　　　② 마이크로폰

③ 스트레인게이지　④ 회전자기부호기

해설 스트레인게이지는 미지전압과 가변기지전압의 차가 0이 되도록 기지전압을 가하여 미지의 전압을 측정하는 기구이다.

279 ★ 다음과 같이 저항이 연결된 회로의 전압 V_1과 V_2의 전압이 일치할 때 회로의 합성저항은 약 Ω인가?

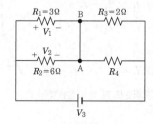

① 0.3　　　　② 2

③ 3.33　　　④ 4

해설 브리지 평형조건에서

$$R_1R_4 = R_2R_3$$

$$R_4 = \frac{R_2R_3}{R_1} = \frac{2 \times 6}{3} = 4\,\Omega$$

$$\therefore R_t = \frac{(R_1+R_3)(R_2+R_4)}{(R_1+R_3)+(R_2+R_4)}$$

$$= \frac{(3+2)\times(6+4)}{(3+2)+(6+4)} = 3.33\,\Omega$$

280 ★ $v = 141\sin\left(377t - \dfrac{\pi}{6}\right)$[V]인 전압의 주파수는 약 몇 Hz인가?

① 50　　　　② 60

③ 100　　　④ 377

해설 $f = \dfrac{\omega}{2\pi} = \dfrac{377}{2\pi} = 60\text{Hz}$

281 ★ 조절부와 조작부로 구성되어 있는 피드백제어의 구성요소를 무엇이라 하는가?

① 입력부　　　② 제어장치

③ 제어요소　　④ 제어대상

해설 ㉠ 제어대상(control system) : 제어의 대상으로 제어하려고 하는 기계 전체 또는 그 일부분

　㉡ 제어장치(control device) : 제어를 하기 위해 제어대상에 부착되는 장치로 조절부, 설정부, 검출부 등이 해당

　㉢ 제어요소(control element) : 동작신호를 조작량으로 변화하는 요소로 조절부와 조작부로 구성

282 자동제어계의 구성 중 기준입력과 궤환신호와의 차를 계산해서 제어시스템에 필요한 신호를 만들어내는 부분은?

① 조절부　　　② 조작부

③ 검출부　　　④ 목표설정부

해설 ㉠ 조절부 : 제어요소가 동작하는 데 필요한 신호를 만들어 조작부에 보내는 부분

　㉡ 조작부 : 조절부로부터 받은 신호를 조작량으로 바꾸어 제어대상에 보내주는 부분

　㉢ 검출부 : 제어량을 검출하고 입력과 출력을 비교하는 비교부가 반드시 필요

　㉣ 기준입력요소(설정부) : 목표값에 비례하는 제어시스템에 필요한 기준입력신호를 발생시키는 장치

283 권선형 유도전동기의 회전자 입력이 10kW일 때 슬립이 4%였다면 출력은 몇 kW인가?

① 4　　　　　　② 8
③ 9.6　　　　　④ 10.4

해설 $P_o = (1-s)P_i = (1-0.04) \times 10 = 9.6\text{kW}$

284 어떤 회로의 전압이 V[V]이고 전류가 I[A]이며 저항이 $R[\Omega]$일 때 저항이 10% 감소되면 그때의 전류는 처음 전류 I[A]의 약 몇 배가 되는가?

① 1.11배　　　　② 1.41배
③ 1.73배　　　　④ 2.82배

해설 $I = \dfrac{V}{R}$에서

$$\frac{I_2}{I_1} = \frac{R_1}{R_2} = \frac{R_1}{(1-0.1)R_1} = 1.11$$

285 3상 유도전동기의 출력이 5마력, 전압 220V, 효율 80%, 역률 90%일 때 전동기에 흐르는 전류는 약 몇 A인가?

① 11.6　　　　　② 13.6
③ 15.6　　　　　④ 17.6

해설 $\eta = \dfrac{P}{\sqrt{3}\ VI\cos\theta}$

$$\therefore\ I = \frac{P}{\sqrt{3}\ V\cos\theta\,\eta} = \frac{5 \times 736}{\sqrt{3} \times 220 \times 0.9 \times 0.8}$$
$$= 13.6\text{A}$$

286 시퀀스제어에 관한 설명으로 틀린 것은?

① 시간지연요소가 사용된다.
② 논리회로가 조합 사용된다.
③ 기계적 계전기 접점이 사용된다.
④ 전체 시스템에 연결된 접점들이 동시에 동작한다.

해설 시퀀스제어는 전체 시스템에 연결된 접점들이 순차적으로 동작한다.

★287 전달함수를 정의할 때의 조건으로 옳은 것은?

① 입력신호만을 고려한다.
② 모든 초기값을 고려한다.

③ 주파수의 특성만을 고려한다.
④ 모든 초기값을 0으로 한다.

해설 라플라스변환 시 전달함수의 정의는 모든 초기값을 0으로 한다.

★288 다음 그림과 같은 $R-L-C$ 직렬회로에서 단자전압과 전류가 동상이 되는 조건은?

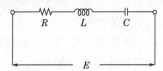

① $\omega = LC$　　　　② $\omega LC = 1$
③ $\omega^2 LC = 1$　　　④ $\omega L^2 C^2 = 1$

해설 공진상태($R-L-C$ 직렬회로) $\omega L = \dfrac{1}{\omega C}$

$$\therefore\ \omega^2 LC = 1$$

★289 다음 그림의 전달함수를 계산하면?

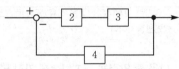

① 0.15　　　　　② 0.22
③ 0.24　　　　　④ 0.44

해설 $(R - CG_3)G_1 G_2 = C$
$RG_1 G_2 - CG_1 G_2 G_3 = C$
$RG_1 G_2 = C(1 + G_1 G_2 G_3)$

$$\therefore\ \frac{C}{R} = \frac{G_1 G_2}{1 + G_1 G_2 G_3} = \frac{2 \times 3}{1 + 2 \times 3 \times 4} = 0.24$$

★290 다음 그림에 대한 키르히호프법칙의 전류관계식으로 옳은 것은?

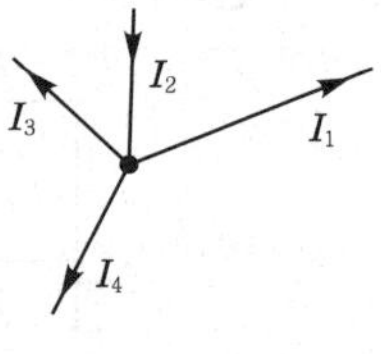

① $I_1 = I_2 - I_3 + I_4$
② $I_1 = I_2 + I_3 + I_4$
③ $I_1 = I_2 - I_3 - I_4$
④ $I_1 = -I_2 - I_3 - I_4$

해설 키르히호프 제1법칙(전류법칙)
$\Sigma I_i = 0$
$I_2 = I_1 + I_3 + I_4$
$\therefore\ I_1 = I_2 - I_3 - I_4$

정답 283 ③　284 ①　285 ②　286 ④　287 ④　288 ③　289 ③　290 ③

291 ★ 컴퓨터제어의 아날로그신호를 디지털신호로 변환하는 과정에서 아날로그신호의 최대값을 M, 변환기의 bit수를 3이라 하면 양자화오차의 최대값은 얼마인가?

① M ② $\dfrac{M}{2}$

③ $\dfrac{M}{7}$ ④ $\dfrac{M}{8}$

해설 양자화오차의 최대값 = $\dfrac{\text{아날로그 최대값}}{\text{양자화 스텝수}(2^n)} = \dfrac{M}{2^3} = \dfrac{M}{8}$

여기서, n : 변환기의 bit수

참고 양자화오차의 최대값은 양자화 계단크기의 절반이 된다.

292 제어량이 온도, 압력, 유량, 액면 등과 같은 일반 공업량일 때의 제어는?

① 자동조정   ② 자력제어
③ 프로세서제어   ④ 프로그램제어

해설 제어량이 온도, 압력, 유량, 액면 등과 같은 일반 공업량일 때의 제어는 프로세서제어이다.

293 ★ 미분요소에 해당하는 것은? (단, K는 비례상수이다.)

① $G(s) = K$ ② $G(s) = Ks$

③ $G(s) = \dfrac{K}{s}$ ④ $G(s) = \dfrac{K}{Ts+1}$

해설 ① 비례요소, ③ 적분요소, ④ 1차 지연요소

294 직류기에서 전기자 반작용에 관한 설명으로 틀린 것은?

① 주자속이 감소한다.
② 전기자 기자력이 증대된다.
③ 전기적 중성축이 이동한다.
④ 자속의 분포가 한쪽으로 기울어진다.

해설 전기자 반작용을 줄이는 방법
㉠ 자기회로저항을 크게 한다.
㉡ 계자기자력을 크게 한다.
㉢ 보극을 설치하여 중성점의 이동을 막는다.
㉣ 보상권선을 전기자권선과 직렬로 넣는다.

295 ★ 다음 그림과 같은 신호흐름선도에서 $\dfrac{C}{R}$를 구하면?

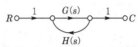

① $\dfrac{G(s)H(s)}{1 - G(s)H(s)}$ ② $\dfrac{G(s)}{1 + G(s)H(s)}$

③ $\dfrac{G(s)H(s)}{1 + G(s)H(s)}$ ④ $\dfrac{G(s)}{1 - G(s)H(s)}$

해설 $C = RG(s) + G(s)H(s)C$
$C[1 - G(s)H(s)] = RG(s)$
$\therefore \dfrac{C}{R} = \dfrac{G(s)}{1 - G(s)H(s)}$

296 ★ 3상 유도전동기의 출력이 15kW, 선간전압이 220V, 효율이 80%, 역률이 85%일 때 이 전동기에 유입되는 선전류는 약 몇 A인가?

① 33.4   ② 45.6
③ 57.9   ④ 69.4

해설 $I = \dfrac{P}{\sqrt{3}\,V\cos\theta\eta} = \dfrac{15 \times 10^3}{\sqrt{3} \times 220 \times 0.85 \times 0.8} = 57.9\text{A}$

297 ★ 되먹임제어의 종류에 속하지 않는 것은?

① 순서제어   ② 정치제어
③ 추치제어   ④ 프로그램제어

해설 순서제어는 시퀀스제어이다.

참고 피드백(되먹임)제어는 입출력을 비교하는 장치가 반드시 있어야 하고 기계 스스로 판단하여 수정동작을 하는 방식으로 정치제어, 추치제어(추종제어, 프로그램제어, 비율제어)가 속한다.

298 ★ 다음 블록선도의 입력과 출력이 일치하기 위해서 A에 들어갈 전달함수는?

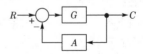

① $\dfrac{1+G}{G}$ ② $\dfrac{G}{G+1}$

③ $\dfrac{G-1}{G}$ ④ $\dfrac{G}{G-1}$

해설 $C = RG - CGA$
$C = R$이므로
$1 = G - GA$
$\therefore A = \dfrac{G-1}{G}$

299 동기속도가 3,600rpm인 동기발전기의 극수
는 얼마인가? (단, 주파수는 60Hz이다.)

① 2극 ② 4극
③ 6극 ④ 8극

해설 $N = \dfrac{120f}{P}$

$\therefore P = \dfrac{120f}{N} = \dfrac{120 \times 60}{3,600} = 2$극

★300 배리스터의 주된 용도는?

① 온도측정용
② 전압증폭용
③ 출력전류조절용
④ 서지전압에 대한 회로보호용

해설 배리스터의 주된 용도는 서지전압에 대한 회로보호용
이다.

★301 전류 $i = 3t^2 + 6t$를 어떤 전선에 5초 동안 통
과시켰을 때 전기량은 몇 C인가?

① 140 ② 160
③ 180 ④ 200

해설 $i = \dfrac{dQ}{dt}$[A]

$\therefore Q = \displaystyle\int_0^5 i\,dt = \int_0^5 (3t^2 + 6t)\,dt = [t^3 + 3t^2]_0^5$
$= 5^3 + 3 \times 5^2 = 200$C

302 제어계의 응답속응성을 개선하기 위한 제어동
작은?

① D동작 ② I동작
③ PD동작 ④ PI동작

해설 제어계의 응답속응성을 개선하기 위한 제어동작은 비례
미분(PD)동작과 비례적분미분(PID)동작이다.

★303 다음 그림과 같은 회로에 전압 200V를 가할
때 30Ω의 저항에 흐르는 전류는 몇 A인가?

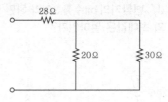

① 2 ② 3
③ 5 ④ 10

해설 $I = \dfrac{V}{R} = \dfrac{200}{28 + \dfrac{20 \times 30}{20 + 30}} = 5$A

$\therefore I_2 = \dfrac{IR_1}{R_1 + R_2} = \dfrac{5 \times 20}{20 + 30} = 2$A

★304 일정 전압의 직류전원에 저항을 접속하고 전
류를 흘릴 때 이 전류값을 50% 증가시키기 위
한 저항값은?

① $0.6R$ ② $0.67R$
③ $0.82R$ ④ $1.2R$

해설 $I = \dfrac{V}{R}$에서 V가 일정 시 $I \propto \dfrac{1}{R}$이다.

$\therefore R' = \dfrac{I}{I'}R = \dfrac{1}{1 + 0.5}R = 0.67R$

★305 다음 그림과 같은 신호흐름선도에서 $\dfrac{C}{R}$의 값은?

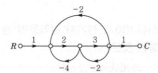

① $\dfrac{6}{21}$ ② $-\dfrac{6}{21}$
③ $\dfrac{6}{27}$ ④ $-\dfrac{6}{27}$

해설 $\dfrac{C}{R} = \dfrac{G_1\Delta_1}{\Delta} = \dfrac{G_1\Delta_1}{1 - (L_{11} + L_{21} + L_{31})}$
$= \dfrac{6 \times 1}{1 - (-12 - 8 - 6)} = \dfrac{6}{27}$

306 ★ 다음 분류기의 배율은? (단, R_s : 분류기의 저항, R_a : 전류계의 내부저항)

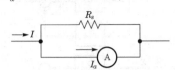

① $\dfrac{R_s}{R_a}$

② $1+\dfrac{R_s}{R_a}$

③ $1+\dfrac{R_a}{R_s}$

④ $\dfrac{R_a}{R_s}$

해설 전류의 측정범위를 넓히기 위해 전류계에 병렬로 저항을 접속한다. 이러한 저항을 분류기(shunt)라 한다.

$$I_o = I\left(\dfrac{R_a}{R_s}+1\right)[\text{A}]$$

여기서, I_o : 측정할 전류값, I : 전류계 눈금

$\dfrac{R_a}{R_s}+1$: 분류기 배율

307 다음 그림과 같은 제어에 해당하는 것은?

① 개방제어

② 개루프제어

③ 시퀀스제어

④ 폐루프제어

해설 제시된 그림은 피드백제어(되먹임제어)로 폐루프제어이다.

308 자동제어계에서 과도응답 중 지연시간을 옳게 정의한 것은?

① 목표값의 50%에 도달하는 시간

② 목표값이 허용오차범위에 들어갈 때까지의 시간

③ 최대 오버슛이 일어나는 시간

④ 목표값의 10~90%까지 도달하는 시간

해설 과도응답 중 지연시간은 목표값의 50%에 도달하는 시간으로 정의한다.

309 어떤 도체의 단면을 1시간에 7,200C의 전기량이 이동했다고 하면 전류는 몇 A인가?

① 1

② 2

③ 3

④ 4

해설 $I=\dfrac{Q}{t}=\dfrac{7,200}{3,600}=2\text{A}$

310 제어된 제어대상의 양, 즉 제어계의 출력을 무엇이라고 하는가?

① 목표값

② 조작량

③ 동작신호

④ 제어량

해설 제어량이란 제어대상에 속하는 양 중에서 그것을 제어하는 것이 목적으로 되어 있는 양을 말한다. 즉 제어대상이 되는 양으로 측정되어 제어되는 것이다.

311 ★ 피드백제어계 중 물체의 위치, 방위, 자세 등의 기계적 변위를 제어량으로 하는 것은?

① 서보기구

② 프로세스제어

③ 자동조정

④ 프로그램제어

해설 피드백제어계 중 물체의 위치, 방위, 자세 등의 기계적 변위를 제어량으로 하는 것은 서보기구(servo mechanism, 시스템 내의 신호 중 적어도 하나가 기계적 동작을 표시하고 있는 피드백제어)이다.

312 ★ 100mH의 자기인덕턴스를 가진 코일에 10A의 전류가 통과할 때 축적되는 에너지는 몇 J인가?

① 1

② 5

③ 50

④ 1,000

해설 $U=\dfrac{1}{2}LI^2=\dfrac{1}{2}\times 100\times 10^{-3}\times 10^2=5\text{J}$

313 목표값이 미리 정해진 변화를 할 때의 제어로서 열처리 노의 온도제어, 무인운전열차 등이 속하는 제어는?

① 추종제어

② 프로그램제어

③ 비율제어

④ 정치제어

해설 목표값이 미리 정해진 변화를 할 때의 제어로서 열처리 노의 온도제어, 무인운전열차 등이 속하는 제어는 프로그램제어이다.

PART **3**

★
314 다음 그림과 같이 블록선도를 접속하였을 때 ⓐ에 해당하는 것은?

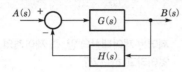

① $G(s) + H(s)$ ② $G(s) - H(s)$

③ $\dfrac{G(s)}{1 + G(s)H(s)}$ ④ $\dfrac{H(s)}{1 + G(s)H(s)}$

해설 $B(s) = A(s)G(s) - B(s)G(s)H(s)$

$B(s)[1 + G(s)H(s)] = A(s)G(s)$

$\therefore \dfrac{B(s)}{A(s)} = \dfrac{G(s)}{1 + G(s)H(s)}$

★
315 60Hz, 100V의 교류전압이 200 Ω 의 전구에 인가될 때 소비되는 전력은 몇 W이가?

① 50   ② 100

③ 150   ④ 200

해설 $E_P = \dfrac{V^2}{R} = \dfrac{100^2}{200} = 50\text{W}$

★
316 다음 그림과 같은 병렬공진회로에서 전류 I가 전압 E보다 앞서는 관계로 옳은 것은?

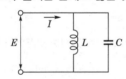

① $f < \dfrac{1}{2\pi\sqrt{LC}}$ ② $f > \dfrac{1}{2\pi\sqrt{LC}}$

③ $f = \dfrac{1}{2\pi\sqrt{LC}}$ ④ $f = \dfrac{1}{\sqrt{2\pi LC}}$

해설 $Y = \dfrac{1}{j\omega L} + j\omega C = j\left(\omega C + \dfrac{1}{\omega L}\right)$ 이고 전압이 전류보다

앞서기 위해서는 어드미턴스가 (−)이어야 하므로

$\omega C - \dfrac{1}{\omega L} < 0$

$\omega C < \dfrac{1}{\omega L}(\omega = 2\pi f$일 때$)$

$\therefore f < \dfrac{1}{2\pi\sqrt{LC}}$

317 다음 블록선도 중에서 비례미분제어기는?

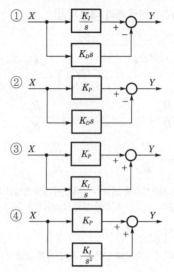

해설 전달함수

㉠ 비례(P)제어 : K

㉡ 적분(I)제어 : $\dfrac{K}{s}$

㉢ 미분(D)제어 : Ks

㉣ 비례적분(PI)제어 : $K\left(1 + \dfrac{1}{sT}\right)$

㉤ 비례미분(PD)제어 : $K(1 + sT)$

㉥ 비례적분미분(PID)제어 : $K\left(1 + \dfrac{1}{sT} + sT\right)$

여기서, K : 비례감도(비례이득), T : 적분시간

318 다음 그림과 같은 신호흐름선도의 선형방정식은?

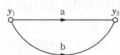

① $y_2 = (a + 2b)y_1$ ② $y_2 = (a + b)y_1$

③ $y_2 = (2a + b)y_1$ ④ $y_2 = 2(a + b)y_1$

해설 $y_2 = ay_1 + by_1 = y_1(a + b)$

★
319 저항 R에 100V의 전압을 인가하여 10A의 전류를 1분간 흘렸다면 이때의 열량은 약 몇 kcal 인가?

① 14.4   ② 28.8

③ 60   ④ 120

해설 $Q = 0.24I^2 Rt = 0.24\,VIt = 0.24 \times 100 \times 10 \times 60$
$= 14,400\text{cal} = 14.4\text{kcal}$

320 $R-L$ 직렬회로에 100V의 교류전압을 가했을 때 저항에 걸리는 전압이 80V이었다면 인덕턴스에 걸리는 전압(V)은?

① 20　　　　　② 40
③ 60　　　　　④ 80

해설 $V = \sqrt{V_1^{\,2} - V_2^{\,2}} = \sqrt{100^2 - 80^2} = 60\text{V}$

321★ 교류회로에서 역률은?

① $\dfrac{\text{무효전력}}{\text{피상전력}}$　　② $\dfrac{\text{유효전력}}{\text{피상전력}}$

③ $\dfrac{\text{무효전력}}{\text{유효전력}}$　　④ $\dfrac{\text{유효전력}}{\text{무효전력}}$

해설 $\cos\theta = \dfrac{\text{유효전력}(P_a)}{\text{피상전력}(VI)}$

322★ $i = 2t^2 + 8t$[A]로 표시되는 전류가 도선에 3초 동안 흘렀을 때 통과한 전체 전하량(C)은?

① 18　　　　　② 48
③ 54　　　　　④ 61

해설 $i = \dfrac{dQ}{dt}$[A]

$\therefore Q = \int_0^3 i\,dt = \int_0^3 (2t^2 + 8t)dt = \left[\dfrac{2}{3}t^3 + \dfrac{8}{2}t^2\right]_0^3$

$= \dfrac{2}{3} \times 3^3 + \dfrac{8}{2} \times 3^2 = 54\text{C}$

323★ 적분시간이 3초이고, 비례감도가 5인 PI제어계의 전달함수는?

① $G(s) = \dfrac{10s + 5}{3s}$

② $G(s) = \dfrac{15s - 5}{3s}$

③ $G(s) = \dfrac{10s - 3}{3s}$

④ $G(s) = \dfrac{15s + 5}{3s}$

해설 $G(s) = K_P\left(1 + \dfrac{1}{T_I s}\right) = 5 \times \left(1 + \dfrac{1}{3s}\right) = \dfrac{15s + 5}{3s}$

324★ 서보기구의 제어량에 속하는 것은?

① 유량　　　　② 압력
③ 밀도　　　　④ 위치

해설 서보(servo)기구는 물체의 위치, 방위, 자세 등의 기계적 변위를 제어량으로 해서 목표값이 임의의 변화에 추종하도록 구성된 제어계(비행기 및 선박의 방향제어계, 미사일발사대의 위치제어계, 추적용 레이더 자동평형기록계 등)이다.

325★ 정상편차를 제거하고 응답속도를 빠르게 하여 속응성과 정상상태 응답특성을 개선하는 제어동작은?

① 비례동작　　　　② 비례적분동작
③ 비례미분동작　　④ 비례미분적분동작

해설 정상편차를 제거하고 응답속도를 빠르게 하여 속응성과 정상상태의 특성을 개선시키는 제어동작은 비례미분적분(PDI)동작이다.

326★ 다음 그림과 같은 유접점회로의 논리식은?

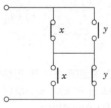

① $x\,\overline{y} + x\,\overline{y}$　　　② $(\overline{x} + \overline{y})(x + y)$
③ $\overline{x}\,y + x\,\overline{y}$　　　④ $xy + \overline{x}\,\overline{y}$

해설 논리식 $= xy + \overline{x}\,\overline{y}$

327★ 대칭 3상 Y부하에서 부하전류가 20A이고 각 상의 임피던스가 $Z = 3 + 4j$[Ω]일 때 이 부하의 선간전압(V)은 약 얼마인가?

① 141　　　　② 173
③ 220　　　　④ 282

해설 $V = \sqrt{3}\,IZ = \sqrt{3} \times 20 \times \sqrt{3^2 + 4^2} \fallingdotseq 173\text{V}$

PART **3**

328 다음 회로에서 합성정전용량(μF)은?

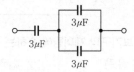

① 1.1   ② 2.0

③ 2.4   ④ 3.0

해설 $C_1 = 3\mu\text{F}$, $C_2 = 3+3 = 6\mu\text{F}$

$$\therefore C = \frac{C_1 C_2}{C_1 + C_2} = \frac{3 \times 6}{3+6} = 2\mu\text{F}$$

참고 합성정전용량은 합성저항(R)과 반대로 계산한다.

329 다음 회로에서 합성정전용량(F)의 값은?

$$\overset{C_1}{\dashv\vdash} \quad \overset{C_2}{\dashv\vdash}$$

① $C_0 = C_1 + C_2$ ② $C_0 = C_1 - C_2$

③ $C_0 = \dfrac{C_1 + C_2}{C_1 C_2}$ ④ $C_0 = \dfrac{C_1 C_2}{C_1 + C_2}$

해설 합성정전용량(F)은 전기저항(R)과 반대로 계산된다.

$$\frac{1}{C_0} = \frac{1}{C_1} + \frac{1}{C_2}$$

$$\therefore C_0 = \frac{1}{\frac{1}{C_1} + \frac{1}{C_2}} = \frac{C_1 C_2}{C_1 + C_2} [\text{F}]$$

330 어떤 회로에 10A의 전류를 흘리기 위해서 300W의 전력이 필요하다면 이 회로의 저항(Ω)은 얼마인가?

① 3   ② 10

③ 15   ④ 30

해설 $P = VI = (IR)I = I^2 R [\text{W}]$

$$\therefore R = \frac{P}{I^2} = \frac{300}{10^2} = 3\,\Omega$$

331 계전기접점의 아크를 소거할 목적으로 사용되는 소자는?

① 배리스터(Varistor)

② 바렉터다이오드

③ 터널다이오드

④ 서미스터

해설 배리스터는 계전기접점의 아크를 소거할 목적으로 사용되는 소자이다.

332 목표치가 정해져 있으며 입출력을 비교하여 신호전달경로가 반드시 폐루프를 이루고 있는 제어는?

① 조건제어   ② 시퀀스제어

③ 피드백제어   ④ 프로그램제어

해설 피드백제어(폐루프제어)

㉠ 목표치가 정해져 있으며 입출력을 비교하여 신호전달의 경로가 반드시 폐루프를 이루고 있는 제어이다.

㉡ 특징

- 정확성 증가
- 계의 특성변화에 대한 압력 대 출력비의 감도 감소
- 비선형성과 외형에 대한 효과 감소
- 감대폭 증가
- 구조가 복잡하고 시설비 증가
- 발진을 일으키고 불안정한 상태로 되어가는 경향이 있음

333 다음 그림과 같은 유접점회로의 논리식과 논리회로명칭으로 옳은 것은?

$$\overset{\text{A}}{\circ\!-\!\circ} \quad \overset{\text{B}}{\circ\!-\!\circ} \quad \overset{\text{C}}{\circ\!-\!\circ} \quad \overset{\text{X}}{\bigcirc}$$

① X = A+B+C, OR회로

② X = ABC, AND회로

③ X = $\overline{\text{ABC}}$, NOT회로

④ X = $\overline{\text{A+B+C}}$, NOR회로

334 주파수 60Hz의 정현파 교류에서 위상차 $\dfrac{\pi}{6}$ [rad]은 약 몇 초의 시간차인가?

① 1×10^{-3} ② 1.4×10^{-3}

③ 2×10^{-3} ④ 2.4×10^{-3}

해설 $f = \dfrac{\omega}{2\pi} = \dfrac{\frac{\theta}{t}}{2\pi} = \dfrac{\theta}{2\pi t} [\text{CPS} = \text{Hz}]$

$$\therefore t = \frac{\theta}{2\pi f} = \frac{\frac{\pi}{6}}{2\pi \times 60} = 1.4 \times 10^{-3} \text{sec}$$

정답 328 ② 329 ④ 330 ① 331 ① 332 ③ 333 ② 334 ②

335 제어기기 중 서보전동기는 어디에 속하는가?

① 검출기　　② 증폭기

③ 조작기기　④ 변환기

해설 서보전동기는 조작기기에 해당된다.

336 공기식 조작용 기기의 장점을 나타낸 것은?

① 큰 출력을 얻을 수 있다.

② PID동작을 만들기 쉽다.

③ 신호의 장거리 전송이 가능하다.

④ 선형의 특성에 가깝다.

해설 공기식 조작용 기기는 PID(비례적분미분)동작을 쉽게 만들 수 있다.

337 다음 중 전기식 조작용 기기가 아닌 것은?

① 서보전동기　② 전동밸브

③ 다이어프램밸브　④ 전자밸브

해설 펄스밸브라고도 하는 다이어프램밸브는 기계식 조작용 기기이다.

338 기계설비법령에 따라 기계설비발전 기본계획은 몇 년마다 수립·시행하여야 하는가?

① 1　　② 2

③ 3　　④ 5

해설 국토교통부장관은 기계설비산업의 육성과 기계설비의 효율적인 유지관리 및 성능 확보를 위하여 기계설비발전 기본계획을 5년마다 수립·시행하여야 한다.

339 기계설비 사용 전 검사에 필요한 서류가 아닌 것은?

① 주계약서

② 기계설비 사용 전 검사신청서

③ 기계설비공사 준공설계도서 사본

④ 건축법 등 관계 법령에 따라 기계설비에 대한 감리업무를 수행한 자가 확인한 기계설비 사용적합확인서

해설 기계설비 사용 전 검사에 필요한 서류

㉠ 기계설비 사용 전 검사신청서

㉡ 기계설비공사 준공설계도서 사본

㉢ 건축법 등 관계 법령에 따라 기계설비에 대한 감리업무를 수행한 자가 확인한 기계설비 사용적합확인서

340 기계설비유지관리자로 선임 시 얼마 이내에 책임, 보조 기계설비유지관리자 교육을 받아야 하는가?

① 1개월　　② 3개월

③ 6개월　　④ 1년

해설 기계설비유지관리자로 선임되면 6개월 이내에 책임, 보조 기계설비유지관리자 교육을 받아야 한다.

341 기계설비법령에 따른 기계설비의 착공 전 확인과 사용 전 검사의 대상건축물 또는 시설물에 해당하지 않는 것은?

① 연면적 1만m² 이상인 건축물

② 목욕장으로 사용되는 바닥면적합계가 500m² 이상인 건축물

③ 기숙사로 사용되는 바닥면적합계가 1,000m² 이상인 건축물

④ 판매시설로 사용되는 바닥면적합계가 3,000m² 이상인 건축물

해설 기숙사로 사용되는 바닥면적합계가 2,000m² 이상인 건축물

342 산업안전보건법에서 사업주는 다음에 해당하는 위험으로 인한 산업재해를 예방하기 위하여 필요한 안전조치를 해야 하는 위험으로 가장 거리가 먼 것은?

① 기계·기구, 그 밖의 설비에 의한 위험

② 폭발성, 발화성 및 인화성 물질 등에 의한 위험

③ 전기, 열, 그 밖의 에너지에 의한 위험

④ 방사선·유해광선·고온·저온·초음파·소음·진동·이상기압 등에 의한 건강위험

해설 ①, ②, ③은 안전조치사항에, ④는 보건조치사항에 해당한다.

★
343 산업안전보건법에서 안전보건관리책임자로 가장 거리가 먼 사람은?

① 안전보건관리책임자
② 안전관리자
③ 안전보건담당자
④ 품질관리자

해설 안전보건관리자로 품질관리담당자는 관계없다.

★
344 산업안전보건법령상 냉동·냉장창고시설 건설공사에 대한 유해위험방지계획서를 제출해야 하는 대상시설의 연면적기준은 얼마인가?

① 3,000m² 이상　② 4,000m² 이상
③ 5,000m² 이상　④ 6,000m² 이상

해설 냉동·냉장창고시설 건설공사에 대한 유해위험방지계획서를 제출해야 하는 대상시설의 연면적기준은 5,000m² 이상이다.

★
345 고압가스안전관리법령에서 규정하는 냉동기 제조 등록을 해야 하는 냉동기의 기준을 얼마인가?

① 냉동능력 3톤 이상인 냉동기
② 냉동능력 5톤 이상인 냉동기
③ 냉동능력 8톤 이상인 냉동기
④ 냉동능력 10톤 이상인 냉동기

해설 ㉠ 냉동기제조 등록대상 : 냉동능력이 3톤 이상인 냉동기를 제조하는 것
㉡ 냉동제조 허가대상 : 냉동능력이 20톤 이상
㉢ 냉동제조 신고대상 : 냉동능력이 3톤 이상 20톤 미만

★
346 고압가스안전관리법에서 냉동기의 제조등록을 하고자 하는 자는 냉동기 제조에 필요한 다음 설비를 갖추어야 하는데 가장 거리가 먼 것은?

① 프레스설비　② 제관설비
③ 세척설비　④ 용접설비

해설 세척설비는 용기를 제조하는 자가 갖추어야 할 설비이다.

★
347 고압가스안전관리법령에 따라 일체형 냉동기의 조건으로 틀린 것은?

① 냉매설비 및 압축기용 원동기가 하나의 프레임 위에 일체로 조립된 것
② 냉동설비를 사용할 때 스톱밸브의 조작이 필요한 것
③ 응축기 유닛 및 증발유닛이 냉매배관으로 연결된 것으로 하루 냉동능력이 20톤 미만인 공조용 패키지에어콘
④ 사용장소에 분할 반입하는 경우에는 냉매설비에 용접 또는 절단을 수반하는 공사를 하지 않고 재조립하여 냉동제조용으로 사용할 수 있는 것

해설 일체형 냉동기란 냉난방용 패키지에어컨로 냉동설비를 사용할 때 스톱밸브의 조작이 필요 없는 것

정답 343 ④ 344 ③ 345 ① 346 ③ 347 ②

PART

I

부록

과년도 기출문제

Industrial Engineer Air-Conditioning and Refrigerating Machinery

1 공기조화

★
01 난방설비에 관한 설명으로 옳은 것은?

① 온수난방은 증기난방에 비해 예열시간이 길어서 충분한 난방감을 느끼는데 시간이 걸린다.

② 증기난방은 실내 상하온도차가 적어 유리하다.

③ 복사난방은 급격한 외기온도의 변화에 대해 방열량 조절이 우수하다.

④ 온수난방의 주이용열은 온수의 증발잠열이다.

해설 온수난방은 증기난방에 비해 예열시간이 길어서 충분한 난방감을 느끼는데 시간이 걸린다.

02 일반적인 취출구의 종류로 가장 거리가 먼 것은?

① 라이트-트로퍼(light-troffer)형

② 아네모스탯(anemostat)형

③ 머시룸(mushroom)형

④ 웨이(way)형

해설 천장취출구 : 라이트-트로퍼형, 아네모스탯형, 웨이(way)형, 팬형, 다공판형 등

참고 머시룸(mushroom)형은 극장 등의 바닥 좌석 밑에 설치하여 바닥면의 오염공기 및 먼지를 흡입하도록 한 것으로, 필터나 코일을 오염시키므로 사용 시에는 먼지를 침전시킬 수 있는 구조로 해야 한다.

03 취급이 간단하고 각 층을 독립적으로 운전할 수 있어 에너지 절감효과가 크며 공사기간 및 공사비용이 적게 드는 방식은?

① 패키지유닛방식

② 복사냉난방방식

③ 인덕션유닛방식

④ 2중덕트방식

해설 패키지유닛방식은 취급이 간단하고 각 층을 독립적으로 운전할 수 있어 에너지 절감효과가 크며 공사기간 및 공사비용이 다른 방식보다 적게 드는 방식이다.

04 공조방식 중 각 층 유닛방식에 관한 설명으로 틀린 것은?

① 송풍덕트의 길이가 짧게 되고 설치가 용이하다.

② 사무실과 병원 등의 각 층에 대하여 시간차 운전에 유리하다.

③ 각 층 슬래브의 관통덕트가 없게 되므로 방재상 유리하다.

④ 각 층에 수배관을 설치하지 않으므로 누수의 염려가 없다.

해설 각 층 유닛방식

㉠ 각 층에 수배관을 설치하므로 누수의 우려가 있다.

㉡ 각 층에 1대 또는 여러 대의 공조기를 설치하는 방법으로 설비비가 비싸다.

㉢ 대규모 방송국, 신문사, 백화점 등의 대형 건물에 적합하다.

㉣ 기계실면적이 작고 송풍동력이 적게 든다.

㉤ 송풍덕트의 길이가 짧다.

★
05 전열량에 대한 현열량의 변화의 비율로 나타내는 것은?

① 현열비 ② 열수분비

③ 상대습도 ④ 비교습도

해설 현열비(감열비) $= \dfrac{\text{현열부하}}{\text{전열부하}}$

$= \dfrac{\text{현열부하}(q_s)}{\text{현열부하}(q_s) + \text{잠열부하}(q_L)}$

부록
I

06 현열 및 잠열에 관한 설명으로 옳은 것은?

① 여름철 인체로부터 발생하는 열은 현열 뿐이다.

② 공기조화덕트의 열손실은 현열과 잠열로 구성되어 있다.

③ 여름철 유리창을 통해 실내로 들어오는 열은 현열뿐이다.

④ 조명이나 실내기구에서 발생하는 열은 현열뿐이다.

해설 ㉠ 현열과 잠열 모두 고려 : 극간풍(틈새바람)부하, 인체부하, 실내기구부하, 외기부하
㉡ 현열만 고려 : 벽체로부터 취득열량, 유리창으로부터 취득열량, 복사열량, 관류열량, 송풍기에 의한 취득열량, 덕트 취득열량, 재열기 가열량, 조명기구, 전동기 등의 발생열량 등

★07 수분량변화가 없는 경우의 열수분비는?

① 0

② 1

③ −1

④ ∞

해설 열수분비$(u) = \dfrac{di}{dx}$

㉠ $di = 0$, $u = 0$
㉡ $dx = 0$, $u = \infty$

★08 다음 가습방법 중 가습효율이 가장 높은 것은?

① 증발가습

② 온수분무가습

③ 증기분무가습

④ 고압수분무가습

해설 가습효율이 가장 높은 것은 증기분무가습으로 효율이 100%이다.

09 다음 중 원심식 송풍기의 종류로 가장 거리가 먼 것은?

① 리버스형 송풍기

② 프로펠러형 송풍기

③ 관류형 송풍기

④ 다익형 송풍기

해설 프로펠러형 송풍기는 축류식 송풍기이다.

10 송풍기에 관한 설명 중 틀린 것은?

① 송풍기 특성곡선에서 팬의 전압은 토출구와 흡입구에서의 전압차를 말한다.

② 송풍기 특성곡선에서 송풍량을 증가시키면 전압과 정압은 산형(山形)을 이루면서 강하한다.

③ 다익형 송풍기는 풍량을 증가시키면 축동력은 감소한다.

④ 팬의 동압은 팬 출구를 통하여 나가는 평균속도에 해당되는 속도압이다.

해설 다익형(시로코팬) 송풍기는 풍량을 증가시키면 축동력은 증가한다.

11 공기의 감습방식으로 가장 거리가 먼 것은?

① 냉각방식

② 흡수방식

③ 흡착방식

④ 순환수분무방식

해설 순환수분무방식(air washer)은 가습방식으로 단열분무 가습이라고도 한다.

★12 다음 공조방식 중에 전공기방식에 속하는 것은?

① 패키지유닛방식

② 복사냉난방방식

③ 팬코일유닛방식

④ 2중덕트방식

해설 공조방식의 분류

구분	열매체	공조방식
중앙방식	전공기방식	정풍량 단일덕트방식, 이중덕트방식, 멀티존유닛방식, 변풍량 단일덕트방식, 각 층 유닛방식
	수-공기방식	유인유닛방식(IDU), 복사냉난방방식(패널제어방식), 팬코일유닛(덕트 병용)방식
	전수방식	팬코일유닛방식(2관식, 3관식, 4관식)
개별방식	냉매방식	패키지유닛방식, 룸쿨러방식, 멀티존방식
	직접난방방식	라디에이터(방열기), 컨벡터(대류방열기)

13 열원방식의 분류 중 특수 열원방식으로 분류되지 않는 것은?

① 열회수방식(전열교환방식)
② 흡수식 냉온수기방식
③ 지역냉난방방식
④ 태양열이용방식

해설 특수 열원방식은 열회수방식(전열교환방식), 지역냉난방방식, 태양열이용방식, 열병합발전방식, 축열방식(수축열, 빙축열), 토털에너지방식 등이 있다.

참고 흡수식 냉온수기
최근 냉난방용 설비로 많이 이용되고 있는 흡수식 냉온수기는 일반 냉난방기와 다르게 물을 냉매로 사용하며 대형 건물의 냉난방용으로 주로 사용된다.
• 압축기가 없어 소음 및 진동이 적고 소요동력도 작아 에너지효율이 좋다.
• 진공상태가 필요하다.
• 냉매로 물을 사용한다(친환경).
• 냉난방이 1대의 기계로 가능하다.
• 흡수제인 LiBr은 금속을 부식시키므로 부식 방지제가 필요하다.

14 다음 그림과 같은 덕트에서 점 ①의 정압 P_1 = 15mmAq, 속도 V_1 = 10m/s일 때 점 ②에서의 전압은? (단, ①-②구간의 전압손실은 2mmAq, 공기의 비중량은 1kg/m³로 한다.)

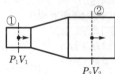

① 15.1mmAq
② 17.1mmAq
③ 18.1mmAq
④ 19.1mmAq

해설 $\Delta P_{t2} = \Delta P_{t1} - \Delta P = \left(P_1 + \dfrac{\gamma V_1^2}{2g}\right) - \Delta P$

$= \left(15 + \dfrac{1 \times 10^2}{2 \times 9.8}\right) - 2 = 18.1\text{mmAq}$

참고 전압(P_t) = 정압(P_s) + 동압$\left(\dfrac{\gamma V^2}{2g}\right)$

$= $ 정압(P_s) + 동압$\left(\dfrac{\rho V^2}{2}\right)$

★
15 31℃의 외기와 25℃의 환기를 1 : 2의 비율로 혼합하고 바이패스 팩터가 0.16인 코일로 냉각제습할 때의 코일 출구온도는? (단, 코일의 표면온도는 14℃이다.)

① 약 14℃
② 약 16℃
③ 약 27℃
④ 약 29℃

해설 $t_m = \dfrac{m_1 t_1 + m_2 t_2}{m_1 + m_2} = \dfrac{1 \times 31 + 2 \times 25}{1 + 2} = 27℃$

$\therefore t_o = t_s + BF(t_m - t_s) = 14 + 0.16 \times (27 - 14)$
$= 16.08℃$

16 난방기기에 사용되는 방열기 중 강제대류형 방열기에 해당하는 것은?

① 유닛히터
② 길드방열기
③ 주철제방열기
④ 베이스보드방열기

해설 유닛히터(unit heater)는 가열코일과 팬을 내장하여 강제대류식으로 열을 방출한다.

★
17 다음의 송풍기에 관한 설명 중 ( ) 안에 알맞은 내용은?

> 동일 송풍기에서 정압은 회전수 비의 (㉠)하고, 소요동력은 회전수 비의 (㉡)한다.

① ㉠ 2승에 비례, ㉡ 3승에 비례
② ㉠ 2승에 반비례, ㉡ 3승에 반비례
③ ㉠ 3승에 비례, ㉡ 2승에 비례
④ ㉠ 3승에 반비례, ㉡ 2승에 반비례

해설 동일 송풍기($D_1 = D_2$)에서 정압은 회전수의 2승에 비례하고, 소요동력은 회전수의 3승에 비례한다.

18 건물의 11층에 위치한 북측 외벽을 통한 손실열량은? (단, 벽체면적 : 40m², 열관류율 : 0.43W/m²·℃, 실내온도 : 26℃, 외기온도 : -5℃, 북측 방위계수 : 1.2, 복사에 의한 외기온도보정 : 3℃)

① 495.36W
② 525.38W
③ 577.92W
④ 639.84W

해설 $Q = K_D K A \Delta t_m = 1.2 \times 0.43 \times 40 \times [26 - (-5 + 3)]$
$= 577.92\text{W}$

19 증기난방설비에서 일반적으로 사용증기압이 어느 정도부터 고압식이라고 하는가?

① 1kPa 이상   ② 35kPa 이상

③ 100kPa 이상   ④ 1,000kPa 이상

해설 증기압력
- ㉠ 고압식 : 100kPa 이상
- ㉡ 저압식 : 10~30kPa

★ 20 바이패스 팩터에 관한 설명으로 옳은 것은?

① 흡입공기 중 온난공기의 비율이다.

② 송풍공기 중 습공기의 비율이다.

③ 신선한 공기와 순환공기의 밀도비율이다.

④ 전공기에 대해 냉온수코일을 그대로 통과하는 공기의 비율이다.

해설 바이패스 팩터(bypass factor)란 전공기에 대해 냉온수코일을 접촉하지 않고 그대로 통과하는 공기의 비율이다 (0.1~0.2 정도).
바이패스 팩터(BF)=1-콘택트 팩터=$1-CF$

2 냉동공학

★ 21 냉동장치의 압축기 피스톤압출량이 120m³/h, 압축기 소요동력이 1.1kW, 압축기 흡입가스의 비체적이 0.65m³/kg, 체적효율이 0.81일 때 냉매순환량은?

① 100kg/h   ② 150kg/h

③ 200kg/h   ④ 250kg/h

해설 $\dot{m}=\dfrac{V\eta_v}{v}=\dfrac{120\times0.81}{0.65}≒150\text{kg/h}$

22 응축기에서 고온냉매가스의 열이 제거되는 과정으로 가장 적합한 것은?

① 복사와 전도   ② 승화와 증발

③ 복사와 기화   ④ 대류와 전도

해설 응축기에서 고온냉매가스의 열이 제거되는 과정은 대류(convection)와 전도(conduction)이다.

★ 23 냉동사이클 중 $P-h$선도(압력-엔탈피선도)로 계산할 수 없는 것은?

① 냉동능력   ② 성적계수

③ 냉매순환량   ④ 마찰계수

해설 냉매몰리에르(Mollier)선도인 $P-h$선도에서 계산할 수 없는 것은 마찰계수이다. 반면 냉동능력, 성적계수, 냉매순환량 등은 계산할 수 있다.

24 다음 중 증발식 응축기의 구성요소로서 가장 거리가 먼 것은?

① 송풍기

② 응축용 핀-코일

③ 물분무펌프 및 분배장치

④ 일리미네이터, 수공급장치

해설 증발식 응축기 구성요소 : 송풍기, 물분무펌프 및 분배장치, 일리미네이터, 수공급장치

★ 25 증발온도(압력) 하강의 경우 장치에 발생되는 현상으로 가장 거리가 먼 것은?

① 성적계수(COP) 감소

② 토출가스온도 상승

③ 냉매순환량 증가

④ 냉동효과 감소

해설 증발온도(압력) 강하 시 장치에 발생되는 현상
- ㉠ 압축비 증가
- ㉡ 성적계수(냉동효과) 감소
- ㉢ 토출가스온도 상승
- ㉣ 냉매순환량 감소
- ㉤ 체적효율 감소

26 냉동장치의 증발압력이 너무 낮은 원인으로 가장 거리가 먼 것은?

① 수액기 및 응축기 내에 냉매가 충만해 있다.

② 팽창밸브가 너무 조여 있다.

③ 증발기의 풍량이 부족하다.

④ 여과기가 막혀 있다.

해설 증발기 압력이 너무 낮은 원인
- ㉠ 팽창밸브가 너무 조여 있다(조금 열려 있다).
- ㉡ 여과기가 막혀 있다.
- ㉢ 증발기의 풍량이 부족하다.

정답 19 ③ 20 ④ 21 ② 22 ④ 23 ④ 24 ② 25 ③ 26 ①

★
27 표준 냉동사이클에 대한 설명으로 옳은 것은?

① 응축기에서 버리는 열량은 증발기에서 취하는 열량과 같다.

② 증기를 압축기에서 단열압축하면 압력과 온도가 높아진다.

③ 팽창밸브에서 팽창하는 냉매는 압력이 감소함과 동시에 열을 방출한다.

④ 증발기 내에서의 냉매증발온도는 그 압력에 대한 포화온도보다 낮다.

해설 표준(기준) 냉동사이클에서 증기를 압축기에서 가역단열압축(등엔트로피압축)하면 체적은 감소하고, 토출온도와 압력은 증가한다.

28 냉동사이클이 다음과 같은 $T-S$선도로 표시되었다. $T-S$선도 4-5-1의 선에 관한 설명으로 옳은 것은?

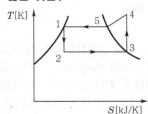

① 4-5-1은 등압선이고 응축과정이다.

② 4-5는 압축기 토출구에서 압력이 떨어지고, 5-1은 교축과정이다.

③ 4-5는 불응축가스가 존재할 때 나타나며, 5-1만이 응축과정이다.

④ 4에서 5로 온도가 떨어진 것은 압축기에서 흡입가스의 영향을 받아서 열을 방출했기 때문이다.

해설 4-5-1과정은 응축과정으로 등압과정($P=C$, 엔트로피 감소)이다.

★
29 압축기의 체적효율에 대한 설명으로 옳은 것은?

① 이론적 피스톤압출량을 압축기 흡입 직전의 상태로 환산한 흡입가스양으로 나눈 값이다.

② 체적효율은 압축비가 증가하면 감소한다.

③ 동일 냉매 이용 시 체적효율은 항상 동일하다.

④ 피스톤 격간이 클수록 체적효율은 증가한다.

해설 **압축비가 증가할 때**
㉠ 체적효율(η_v) 감소
㉡ 냉동능력 감소
㉢ 압축기 압축일 증대
㉣ 토출가스온도 및 압력 증가

★
30 냉동장치에서 윤활의 목적으로 가장 거리가 먼 것은?

① 마모 방지   ② 기밀작용

③ 열의 축적   ④ 마찰동력손실 방지

해설 **냉동장치에서 윤활의 목적**
㉠ 마모 방지
㉡ 기밀작용
㉢ 열의 발산(냉각작용)
㉣ 마찰동력손실 방지

★
31 10냉동톤의 능력을 갖는 역카르노사이클이 적용된 냉동기관의 고온부 온도가 25℃, 저온부 온도가 −20℃일 때 이 냉동기를 운전하는 데 필요한 동력은?

① 1.8kW   ② 3.1kW

③ 6.9kW   ④ 9.4kW

해설 $(COP)_R = \dfrac{T_2}{T_1-T_2} = \dfrac{-20+273}{(25+273)-(-20+273)}$
$= 5.62$

$\therefore\ kW = \dfrac{Q_e}{(COP)_R} = \dfrac{10\times3.86}{5.62} ≒ 6.9\text{kW}$

32 표준 냉동장치에서 단열팽창과정의 온도와 엔탈피변화로 옳은 것은?

① 온도 상승, 엔탈피변화 없음

② 온도 상승, 엔탈피 높아짐

③ 온도 하강, 엔탈피변화 없음

④ 온도 하강, 엔탈피 높아짐

해설 표준 냉동장치에서 단열팽창(등엔트로피, $S=C$)하면 온도와 압력은 강하되며, 교축팽창 시 엔탈피변화는 없다.

정답 27 ② 28 ① 29 ② 30 ③ 31 ③ 32 ③

33 물 10kg을 0℃에서 70℃까지 가열하면 물의 엔트로피 증가는? (단, 물의 비열은 4.18kJ/kg·K이다.)

① 4.14kJ/K
② 9.54kJ/K
③ 12.74kJ/K
④ 52.52kJ/K

해설 $\Delta S = \dfrac{\delta Q}{T} = mC \ln \dfrac{T_2}{T_1}$

$= 10 \times 4.18 \times \ln \dfrac{70+273}{0+273} = 9.54\text{kJ/K}$

★34 터보압축기의 특징으로 틀린 것은?

① 부하가 감소하면 서징현상이 일어난다.
② 압축되는 냉매증기 속에 기름방울이 함유되지 않는다.
③ 회전운동을 하므로 동적균형을 잡기 좋다.
④ 모든 냉매에서 냉매회수장치가 필요 없다.

해설 터보(원심식)압축기

터보압축기는 공기(기체)를 고속으로 회전하는 회전차(impeller) 속에 통과시켜 그 원심력으로 압력을 가하는 기계이다.

㉠ 회전운동을 하므로 동적 밸런스를 잡기가 쉽고 진동이 적다.
㉡ 모든 냉매에서 냉매회수장치가 필요하다.
㉢ 마찰부가 적어 고장이 적고 마모에 의한 손상이나 성능 저하가 없다(수명이 길고 보수가 용이하다).
㉣ 냉동용량제어가 용이하고 제어범위도 넓으며, 비례제어가 가능해서 왕복동압축기보다 미세한 제어가 가능하다.
㉤ 저압냉매가 사용되므로 위험이 적고 취급이 용이하다.
㉥ 흡입밸브, 토출밸브, 피스톤, 실린더, 크랭크축의 마찰 부분이 없으므로 고장이 적다.
㉦ 압축비가 큰 경우는 다단 압축방식을 주로 채택한다.

★35 냉매에 대한 설명으로 틀린 것은?

① 응고점이 낮을 것
② 증발열과 열전도율이 클 것
③ R-500은 R-12와 R-152를 합한 공비혼합냉매라 한다.
④ R-21은 화학식으로 $CHCl_2F$이고, $CClF_2$ $-CClF_2$는 R-113이다.

해설 ㉠ R-21($CHCl_2F$)은 메탄계(CH_4) 냉매로 수소 4개를 불소(F)와 염소(Cl)로 치환한다.

㉡ R-113($C_2Cl_3F_3$)은 에탄계(C_2H_6) 냉매로 수소 6개를 불소(F)와 염소(Cl)로 치환한다.

36 왕복동압축기의 유압이 운전 중 저하되었을 경우에 대한 원인을 분류한 것으로 옳은 것을 모두 고른 것은?

> ㉠ 오일 스트레이너가 막혀 있다.
> ㉡ 유온이 너무 낮다.
> ㉢ 냉동유가 과충전되었다.
> ㉣ 크랭크실 내의 냉동유에 냉매가 너무 많이 섞여 있다.

① ㉠, ㉡
② ㉢, ㉣
③ ㉠, ㉣
④ ㉡, ㉢

해설 왕복동식 압축기의 유압이 운전 중 저하되는 원인
㉠ 오일 스트레이너(여과기)가 막힌 경우
㉡ 크랭크실 내의 냉동유에 냉매가 너무 많이 섞여 있는 경우

★37 2단 압축 냉동장치에서 게이지압력계의 지시계가 고압 15kg/cm²g, 저압 100mmHg을 가리킬 때 저단 압축기와 고단 압축기의 압축비는? (단, 저·고단의 압축비는 동일하다.)

① 3.6
② 3.7
③ 4.0
④ 4.2

해설 ㉠ $760 : 1.0332 = 100 : P_{gL}$

$\therefore P_{gL} = \dfrac{100}{760} \times 1.0332 = 0.136\text{kg/cm}^2\text{g}$

㉡ $P_1 = P_o + P_{gL} = 1.0332 + 0.136 ≒ 1.17\text{ata}$
$P_2 = P_o + P_{gH} = 1.0332 + 15 ≒ 16.03\text{ata}$
$P_m = \sqrt{P_1 P_2} = \sqrt{1.17 \times 16.03} ≒ 4.33\text{ata}$

$\therefore$ 압축비(ε) $= \dfrac{P_m}{P_1} = \dfrac{P_2}{P_m} = \dfrac{4.33}{1.17} = \dfrac{16.03}{4.33} ≒ 3.7$

38 냉동장치에서 흡입배관이 너무 작아서 발생되는 현상으로 가장 거리가 먼 것은?

① 냉동능력 감소
② 흡입가스의 비체적 증가
③ 소비동력 증가
④ 토출가스온도 강하

정답 33 ② 34 ④ 35 ④ 36 ③ 37 ② 38 ④

39 1단 압축 1단 팽창 냉동장치에서 흡입증기가 어느 상태일 때 성적계수가 제일 큰가?

① 습증기   ② 과열증기
③ 과냉각액   ④ 건포화증기

해설 1단 압축 1단 팽창 냉동장치에서 흡입증기가 과열증기상태일 때 성적계수가 제일 크다.

40 흡수식 냉동기에 사용되는 냉매와 흡수제의 연결이 잘못된 것은?

① 물(냉매) – 황산(흡수제)
② 암모니아(냉매) – 물(흡수제)
③ 물(냉매) – 가성소다(흡수제)
④ 염화에틸(냉매) – 브롬화리튬(흡수제)

해설 냉매가 염화에틸(C_2H_5Cl)이면 흡수제는 4클로로에탄($C_2H_2Cl_4$)이다.

3 배관 일반

41 펌프의 흡입배관 설치에 관한 설명으로 틀린 것은?

① 흡입관은 가급적 길이를 짧게 한다.
② 흡입관의 하중이 펌프에 직접 걸리지 않도록 한다.
③ 흡입관에는 펌프의 진동이나 관의 열팽창이 전달되지 않도록 신축이음을 한다.
④ 흡입수평관의 관경을 확대시키는 경우 동심리듀서를 사용한다.

해설 흡입수평관의 관경을 확대시키는 경우 편심리듀서를 사용한다.

42 배관작업 시 동관용 공구와 스테인리스강관용 공구로 병용해서 사용할 수 있는 공구는?

① 익스팬더   ② 튜브커터
③ 사이징툴   ④ 플레어링툴세트

해설 익스팬더, 사이징툴, 플레어링툴세트는 동관 전용 공구이다.

43 도시가스 내 부취제의 액체주입식 부취설비 방식이 아닌 것은?

① 펌프주입방식
② 적하주입방식
③ 위크식 주입방식
④ 미터연결 바이패스방식

해설 위크식 주입방식은 증발식 부취설비에 해당한다.

★
44 관이음 중 고체나 유체를 수송하는 배관, 밸브류, 펌프, 열교환기 등 각종 기기의 접속 및 관을 자주 해체 또는 교환할 필요가 있는 곳에 사용되는 것은?

① 용접접합   ② 플랜지접합
③ 나사접합   ④ 플레어접합

해설 관이음 중 고체나 유체를 수송하는 배관, 밸브류, 펌프, 열교환기 등 지름이 65A 이상인 각종 기기의 접속 및 관을 자주 해체 또는 교환할 필요가 있는 곳에 플랜지접합이 사용된다.

참고 압축접합(플레어접합)은 20mm 이하의 동관접합방법이다.

45 덕트 제작에 이용되는 심의 종류가 아닌 것은?

① 버튼펀치스냅심   ② 포켓펀치심
③ 피츠버그심   ④ 그루브심

해설 덕트 제작 시 이용되는 심의 종류 : 버튼펀치스냅심, 피츠버그심, 그루브심, 더블심 등

46 펌프에서 물을 압송하고 있을 때 발생하는 수격작용을 방지하기 위한 방법으로 틀린 것은?

① 급격한 밸브 폐쇄는 피한다.
② 관 내 유속을 빠르게 한다.
③ 기구류 부근에 공기실을 설치한다.
④ 펌프에 플라이휠(flywheel)을 설치한다.

해설 펌프에서 수격작용을 방지하려면 관 내의 유속을 느리게 해야 한다.

부록 I

정답 39 ② 40 ④ 41 ④ 42 ② 43 ③ 44 ② 45 ② 46 ②

47 ★ 다음 중 열역학적 트랩의 종류가 아닌 것은?

① 디스크형 트랩　② 오리피스형 트랩
③ 열동식 트랩　　④ 바이패스형 트랩

해설 증기트랩(steam trap)의 종류
㉠ 기계식 트랩 : 버킷트랩, 플로트트랩
㉡ 열역학적 트랩 : 디스크트랩, 오리피스트랩, 바이패스형 트랩
㉢ 온도조절식 트랩 : 바이메탈트랩, 벨로스트랩, 다이어프램트랩, 열동식 트랩

48 가스식 순간탕비기의 자동연소장치 원리에 관한 설명으로 옳은 것은?

① 온도차에 의해서 타이머가 작동하여 가스를 내보낸다.
② 온도차에 의해서 다이어프램이 작동하여 가스를 내보낸다.
③ 수압차에 의해서 다이어프램이 작동하여 가스를 내보낸다.
④ 수압차에 의해서 타이머가 작동하여 가스를 내보낸다.

해설 가스식 순간온수기(탕비기)의 자동연소장치 원리는 다이어프램의 양면에 수압차가 생겨 스프링을 누르고 자동적으로 가스전이 열려 가스버너에 가스가 공급됨과 동시에 파일럿프레임에 의해 점화되어 연소하게 된다.

49 ★ 동일 송풍기에서 임펠러의 지름을 2배로 했을 경우 특성변화의 법칙에 대해 옳은 것은?

① 풍량은 송풍기 크기비의 2제곱에 비례한다.
② 압력은 송풍기 크기비의 3제곱에 비례한다.
③ 동력은 송풍기 크기비의 5제곱에 비례한다.
④ 회전수변화에만 특성변화가 있다.

해설 송풍기의 축동력은 임펠러직경비의 5제곱에 비례한다.

$$\frac{L_2}{L_1}=\left(\frac{N_2}{N_1}\right)^3\left(\frac{D_2}{D_1}\right)^5$$

참고 송풍기의 상사법칙

$$\cdot\ \frac{Q_2}{Q_1}=\left(\frac{N_2}{N_1}\right)\left(\frac{D_2}{D_1}\right)^3$$

$$\cdot\ \frac{P_2}{P_1}=\left(\frac{N_2}{N_1}\right)^2\left(\frac{D_2}{D_1}\right)^2$$

$$\cdot\ \frac{L_2}{L_1}=\left(\frac{N_2}{N_1}\right)^3\left(\frac{D_2}{D_1}\right)^5$$

50 증기난방배관에서 고정지지물의 고정방법에 관한 설명으로 틀린 것은?

① 신축이음이 있을 때에는 배관의 양 끝을 고정한다.
② 신축이음이 없을 때에는 배관의 중앙부를 고정한다.
③ 주관의 분기관이 접속되었을 때에는 그 분기점을 고정한다.
④ 고정지지물의 설치위치는 시공상 큰 문제가 되지 않는다.

해설 고정지지물은 신축이음이 있을 때에는 배관의 양 끝을, 없을 때는 중앙부를 고정하며, 주관에 분기관이 접속되었을 때에는 그 분기점을 고정한다.

참고 모든 배관과 덕트는 연결되는 장비 자체를 지지물로 이용해서는 안 되며 별도의 행거 또는 지지대로 지지하여야 한다.

51 배수펌프의 용량은 일정한 배수량이 유입하는 경우 시간평균유입량의 몇 배로 하는 것이 적당한가?

① 1.2~1.5배　　② 3.2~3.5배
③ 4.2~4.5배　　④ 5.2~5.5배

해설 배수펌프의 용량은 일정한 배수량이 유입하는 경우 시간평균유입량의 1.2~1.5배로 하는 것이 적당하다.

52 ★ 배수관 트랩의 봉수 파괴원인이 아닌 것은?

① 자기사이펀작용　② 모세관작용
③ 봉수의 증발작용　④ 통기관작용

해설 배수관 트랩의 봉수 파괴원인 : 자기사이펀작용, 모세관작용, 봉수의 증발작용

53 ★ 다음 신축이음방법 중 고압증기의 옥외배관에 적당한 것은?

① 슬리브이음　　② 벨로즈이음
③ 루프형 이음　　④ 스위블이음

정답 47 ③ 48 ③ 49 ③ 50 ④ 51 ① 52 ④ 53 ③

해설 만곡형이라고도 하는 루프형 이음(loop type joint)은 고온 고압증기의 옥외배관에 적당하고 신축성이 제일 좋으나 장소를 많이 차지한다.

54 주증기관의 관경 결정에 직접적인 관계가 없는 것은?

① 팽창탱크의 체적 ② 증기의 속도
③ 압력손실   ④ 관의 길이

해설 팽창탱크는 온수보일러에서 이상팽창압력을 흡수하는 장치이다.

★
55 통기관 및 통기구에 관한 설명으로 틀린 것은?

① 외벽면을 관통하여 개구하는 통기관은 빗물막이를 충분히 한다.
② 건물의 돌출부 아래에 통기관의 말단을 개구해서는 안 된다.
③ 통기구는 원칙적으로 하향이 되도록 한다.
④ 지붕이나 옥상을 관통하는 통기관은 지붕면보다 50mm 이상 올려서 대기 중에 개구한다.

해설 지붕이나 옥상을 관통하는 통기관은 옥상으로부터 2m 이상 올려서 대기 중에 개구해야 한다.

56 관의 보냉 시공의 주된 목적은?

① 물의 동결 방지 ② 방열 방지
③ 결로 방지   ④ 인화 방지

해설 관의 보냉 시공의 주목적은 결로 방지에 있다.

57 증기보일러에서 환수방법을 진공환수방법으로 할 때 설명이 옳은 것은?

① 증기주관은 선하향구배로 설치한다.
② 환수관은 습식환수관을 사용한다.
③ 리프트피팅의 1단 흡상고는 3m로 설치한다.
④ 리프트피팅은 펌프 부근에 2개 이상 설치한다.

해설 증기보일러에서 환수방법을 진공환수방법으로 할 때 증기주관은 선하향구배로 설치한다.

58 통기설비의 통기방식에 해당하지 않는 것은?

① 루프통기방식   ② 각개통기방식
③ 신정통기방식   ④ 사이펀통기방식

해설 통기설비의 통기방식 : 루프통기방식, 각개통기방식, 신정통기방식

59 10세대가 거주하는 아파트에서 필요한 하루의 급수량은? (단, 1세대 거주인원은 4명, 1일 1인당 사용수량은 100L로 한다.)

① 3,000L   ② 4,000L
③ 5,000L   ④ 6,000L

해설 하루 급수량(W)
=세대수×세대당 인원×1인 1일당 사용수량
=$10 \times 4 \times 100 = 4,000$L

★
60 가스배관의 크기를 결정하는 요소로 가장 거리가 먼 것은?

① 관의 길이   ② 가스의 비중
③ 가스의 압력   ④ 가스기구의 종류

해설 가스유량(Q)

㉠ 저압배관인 경우(폴공식) : $Q = K\sqrt{\dfrac{D^5 H}{SL}}$ [m^3/h]

㉡ 중·고압배관인 경우(콕스공식)

$$Q = K\sqrt{\dfrac{D^5(P_1^{\,2} - P_2^{\,2})}{SL}} \text{ [m}^3\text{/h]}$$

여기서, K : 유량계수(저압 : 0.707, 중·고압 : 52.31)
D : 관지름(cm), H : 마찰손실수두(mmH$_2$O)
P_1 : 처음 압력, P_2 : 나중 압력, S : 비중
L : 관의 길이(m)

---

4 전기제어공학

61 기준권선과 제어권선의 두 고정자권선이 있으며, 90도 위상차가 있는 2상 전압을 인가하여 회전자계를 만들어서 회전자를 회전시키는 전동기는?

① 동기전동기   ② 직류전동기
③ 스탭전동기   ④ AC 서보전동기

해설 AC 서보전동기는 기준권선과 제어권선의 90° 위상차가 있는 2상 전압을 인가하여 회전자계를 만들어 회전시키는 유도전동기이다.

★
62 다음 그림과 같이 콘덴서 3F와 2F가 직렬로 접속된 회로에 전압 20V를 가하였을 때 3F 콘덴서단자의 전압 V_1은 몇 V인가?

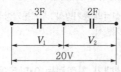

① 5 　　　　② 6
③ 7 　　　　④ 8

[해설] $C = \dfrac{C_1 C_2}{C_1 + C_2}$ [F]

$Q = C_1 V_1 = C_2 V_2 = CV$

$\therefore V_1 = \dfrac{CV}{C_1} = \dfrac{C_2 V}{C_1 + C_2} = \dfrac{2 \times 20}{3+2} = 8V$

★
63 다음 그림과 같은 브리지정류기는 어느 점에 교류 입력을 연결해야 하는가?

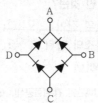

① B－D점 　　　② B－C점
③ A－C점 　　　④ A－B점

[해설] 브리지정류기(bridge rectifier) 또는 다이오드브리지는 4개의 다이오드를 연결한 브리지회로로 일반적으로 교류(AC) 입력(B–D)을 직류(DC) 출력(A(+)–C(–))으로 변경할 때 사용한다.

[참고] 브리지정류 다이오드의 가장 큰 특징은 입력되는 전압과 동일한 전압이 출력된다.

64 R, L, C 직렬회로에서 인가전압을 입력으로, 흐르는 전류를 출력으로 할 때 전달함수를 구하면?

① $R + Ls + Cs$ 　　② $\dfrac{1}{R + Ls + Cs}$

③ $R + Ls + \dfrac{1}{Cs}$ 　　④ $\dfrac{1}{R + Ls + \dfrac{1}{Cs}}$

[해설]

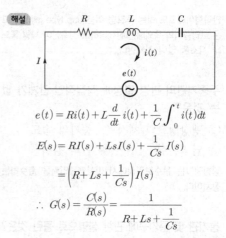

$e(t) = Ri(t) + L\dfrac{d}{dt}i(t) + \dfrac{1}{C}\displaystyle\int_0^t i(t)dt$

$E(s) = RI(s) + LsI(s) + \dfrac{1}{Cs}I(s)$

$\qquad = \left(R + Ls + \dfrac{1}{Cs}\right)I(s)$

$\therefore G(s) = \dfrac{C(s)}{R(s)} = \dfrac{1}{R + Ls + \dfrac{1}{Cs}}$

65 전기로의 온도를 1,000℃로 일정하게 유지시키기 위하여 열전온도계의 지시값을 보면서 전압조정기로 전기로에 대한 인가전압을 조절하는 장치가 있다. 이 경우 열전온도계는 다음 중 어느 것에 해당되는가?

① 조작부 　　　② 검출부
③ 제어량 　　　④ 조작량

[해설] ① 조작부 : 조작신호를 받아 조작량으로 변환(사람의 손과 발에 해당되는 부분)
③ 제어량 : 제어해야 하는 물리량으로 제어대상의 출력값(주파수값, 수위값, 전압값)
④ 조작량 : 제어량을 지배하기 위해 조작부에서 제어대상에 가해지는 물리량

66 교류전류의 흐름을 방해하는 소자는 저항 이외에도 유도코일, 콘덴서 등이 있다. 유도코일과 콘덴서 등에 대한 교류전류의 흐름을 방해하는 저항력을 갖는 것을 무엇이라고 하는가?

① 리액턴스 　　　② 임피던스
③ 컨덕턴스 　　　④ 어드미턴스

[해설] ② 임피던스(Z) : 교류회로에서 전류가 흐르기 어려운 정도
③ 컨덕턴스(G) : 전기회로에서 회로저항의 역수
④ 어드미턴스(Y) : 교류회로에서 전류의 흐르기 쉬운 정도를 나타내는 것으로 임피던스의 역수

★
67 220V, 1kW의 전열기에서 전열선의 길이를 2배로 늘리면 소비전력은 늘리기 전의 전력에 비해 몇 배로 변화하는가?

① 0.25 　　　② 0.5
③ 1.25 　　　④ 1.5

해설 ㉠ 전력$(P) = \dfrac{전압^2(V^2)}{저항(R)}$

$\therefore R = \dfrac{V^2}{P} = \dfrac{220^2}{1,000} = 48.4\,\Omega$

㉡ $R' = R \times 2 = 48.4 \times 2 = 96.8\,\Omega$

㉢ $P' = \dfrac{V^2}{R'} = \dfrac{220^2}{96.8} = 500W = 0.5kW$

$\therefore \dfrac{P'}{P} = \dfrac{0.5}{1} = 0.5$배

68 $T_1 > T_2 > 0$일 때 $G(s) = \dfrac{1 + T_2 s}{1 + T_1 s}$의 벡터궤적은?

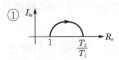

해설 $G(s) = \dfrac{1 + T_2 s}{1 + T_1 s}$의 벡터궤적은 다음과 같이 s에 $j\omega$를 대입하여 구할 수 있다.

$G(j\omega) = \dfrac{1 + T_2 j\omega}{1 + T_1 j\omega} = \dfrac{\dfrac{1}{j\omega} + T_2}{\dfrac{1}{j\omega} + T_1}$

이므로 $\omega = 0$일 때 1, $\omega = \infty$일 때 $\dfrac{T_2}{T_1}$, 그리고 $T_1 > T_2$이므로 ④와 같은 벡터궤적을 가진다.

★
69 PLC제어의 특징으로 틀린 것은?

① 소형화가 가능하다.

② 유지보수가 용이하다.
③ 제어시스템의 확장이 용이하다.
④ 부품 간의 배선에 의해 로직이 결정된다.

해설 PLC(Programmable Logic Controller)제어
㉠ 소형화가 가능하다.
㉡ 유지보수가 용이하다.
㉢ 제어시스템의 확장이 용이하다.
㉣ 안전성, 신뢰성이 높다.
㉤ 설비 증설에 대한 접점용량의 우려가 없다.

70 다음 특성방정식 중 계가 안정될 필요조건을 갖춘 것은?

① $s^3 + 9s^2 + 17s + 14 = 0$
② $s^3 - 8s^2 + 13s - 12 = 0$
③ $s^4 + 3s^2 + 12s + 8 = 0$
④ $s^3 + 2s^2 + 4s - 1 = 0$

해설 특성방정식 중 계가 안정될 필요조건은 부호가 일정(+)하고 내림차순(3차, 2차, 1차, 상수항)식이 0인 조건을 만족하는 것이다.

★
71 3,300/200V, 10kVA인 단상변압기의 2차를 단락하여 1차측에 300V를 가하니 2차에 120A가 흘렀다. 1차 정격전류(A) 및 이 변압기의 임피던스전압(V)은 약 얼마인가?

① 1.5A, 200V 　　② 2.0A, 150V
③ 2.5A, 330V 　　④ 3.0A, 125V

해설 ㉠ 1차 정격전류

$I_{1n} = \dfrac{P}{V_1} = \dfrac{10 \times 10^3}{3,300} \fallingdotseq 3.03A$

㉡ 1차 단락전류

$I_{1s} = \dfrac{I}{a} I_{2s} = \dfrac{200}{3,300} \times 120 = 7.27A$

㉢ 2차를 1차로 환산한 등가누설임피던스

$Z_{21} = \dfrac{V_s'}{I_{1s}} = \dfrac{300}{7.27} = 41.26\,\Omega$

㉣ 임피던스전압
$V_s = I_{1n} Z_{21} = 3.03 \times 41.26 \fallingdotseq 125V$

72 지시전기계기의 정확성에 의한 분류가 아닌 것은?

① 0.2급 　　　② 0.5급
③ 2.5급 　　　④ 5급

정답 67 ② 68 ④ 69 ④ 70 ① 71 ④ 72 ④

해설 지시전기계기

계기의 계급	허용오차 (정격값에 대한 %)
0.2급	±0.2
0.5급	±0.5
1.0급	±1.0
1.5급	±1.5
2.5급	±2.5

73 목표값이 시간적으로 임의로 변하는 경우의 제어로서 서보기구가 속하는 것은?

① 정치제어 ② 추종제어
③ 마이컴제어 ④ 프로그램제어

해설 추종제어는 목표값이 시간적으로 임의로 변하는 경우의 제어로서 서보기구, 자동아날로그선반, 대공포제어 등이 속한다(자세, 방위, 위치).

74 자체 판단능력이 없는 제어계는?

① 서보기구 ② 추치제어계
③ 개회로제어계 ④ 폐회로제어계

해설 개회로제어계는 시퀀스제어로 미리 정해진 순서대로만 작동되는 순차적 제어회로이다.

75 $I_m \sin(\omega t + \theta)$의 전류와 $E_m \cos(\omega t - \phi)$인 전압 사이의 위상차는?

① $\theta - \phi$ ② $\theta + \phi$
③ $\dfrac{\pi}{2} - (\phi + \theta)$ ④ $\dfrac{\pi}{2} + (\phi + \theta)$

해설 전류 $i = I_m \sin(\omega t + \theta)$
전압 $e = E_m \cos(\omega t - \phi)$ (동상을 만들어야 됨)

$\cos\theta = \sin\theta + 90° = \sin\theta + \dfrac{\pi}{2}$

$e = E_m \cos(\omega t - \phi) = E_m \sin\left(\omega t + \dfrac{\pi}{2} - \phi\right)$

∴ 위상차 $= \theta - \left(\dfrac{\pi}{2} - \phi\right) = \left(\dfrac{\pi}{2} - \phi\right) - \theta = \dfrac{\pi}{2} - (\phi + \theta)$

76 다음 그림과 같은 파형의 평균값은 얼마인가?

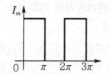

① $2I_m$ ② I_m
③ $\dfrac{I_m}{2}$ ④ $\dfrac{I_m}{4}$

해설 파형의 평균값은 최대값의 $\dfrac{1}{2}$이다.

$$I_{av} = \dfrac{I_m}{2}$$

참고 평균값은 면적(πI_m)을 주기(2π)로 나눈다.

77 제어요소는 무엇으로 구성되어 있는가?

① 비교부
② 검출부
③ 조절부와 조작부
④ 비교부와 검출부

해설 제어요소는 조절부와 조작부로 구성되어 있다.

78 주상변압기의 고압측에 몇 개의 탭을 두는 이유는?

① 선로의 전압을 조정하기 위하여
② 선로의 역률을 조정하기 위하여
③ 선로의 잔류전하를 방전시키기 위하여
④ 단자가 고장이 발생하였을 때를 대비하기 위하여

해설 주상변압기의 고압측에 몇 개의 탭(tap)을 두는 이유는 선로의 전압을 조정하기 위함이다.

79 제어기기에서 서보전동기는 어디에 속하는가?

① 검출기기 ② 조작기기
③ 변환기기 ④ 증폭기기

해설 제어기기의 서보전동기(servo motor)는 조작기기에 해당된다.

참고 • 조작기기
　－ 기계식 : 다이어프램밸브, 클러치, 밸브포지셔너, 유압조작기기(반사관, 안내밸브, 조작실린더, 조작피스톤) 등
　－ 전기식 : 전동밸브, 전자밸브, 2상 서보전동기, 직류 서보전동기, 펄스전동기 등
• 검출기기 : 전압검출기, 속도검출기, 전위차계, 차동변압기, 싱크로, 마이크로신, 유량계, 압력계, 온도계, 습도계, 액체성분계

정답 **73** ② **74** ③ **75** ③ **76** ③ **77** ③ **78** ① **79** ②

★

80 피드백제어계에서 반드시 있어야 할 장치는?

① 전동기 시한제어장치

② 발진기로서의 동작장치

③ 응답속도를 느리게 하는 장치

④ 목표값과 출력을 비교하는 장치

해설 피드백제어계는 오차가 수정될 때까지 계속적으로 반복
제어하기 때문에 목표값과 출력을 비교하는 장치인 비교
(장치)부가 반드시 필요하다.

2

2016. 5. 8. 시행
공조냉동기계산업기사

1 공기조화

01 물 또는 온수를 직접 공기 중에 분사하는 방식의 수분무식 가습장치의 종류에 해당되지 않는 것은?

① 원심식   ② 초음파식

③ 분무식   ④ 가습팬식

해설 수분무식 가습장치의 종류 : 원심식, 초음파식, 분무식 등

02 공기세정기에 관한 설명으로 틀린 것은?

① 공기세정기의 통과풍속은 일반적으로 약 2~3m/s이다.

② 공기세정기의 가습기는 노즐에서 물을 분무하여 공기에 충분히 접촉시켜 세정과 가습을 하는 것이다.

③ 공기세정기의 구조는 루버, 분무노즐, 플러딩노즐, 일리미네이터 등이 케이싱 속에 내장되어 있다.

④ 공기세정기의 분무수압은 노즐성능상 약 20~50kPa이다.

해설 공기세정기의 분무수압은 노즐성능상 150~200kPa이다.

★
03 난방부하를 줄일 수 있는 요인이 아닌 것은?

① 극간풍에 의한 잠열

② 태양열에 의한 복사열

③ 인체의 발생열

④ 기계의 발생열

해설 극간풍(틈새바람)에 의한 잠열은 난방부하를 증가시키는 요인이다.

★
04 공기조화의 단일덕트 정풍량방식의 특징에 관한 설명으로 틀린 것은?

① 각 실이나 존의 부하변동에 즉시 대응할 수 있다.

② 보수관리가 용이하다.

③ 외기냉방이 가능하고 전열교환기 설치도 가능하다.

④ 고성능 필터 사용이 가능하다.

해설 단일덕트 정풍량(CAV)방식은 각 실이나 존의 부하변동에 즉시 대응할 수 없다.

05 공기조화의 분류에서 산업용 공기조화의 적용범위에 해당하지 않는 것은?

① 실험실의 실험조건을 위한 공조

② 양조장에서 술의 숙성온도를 위한 공조

③ 반도체공장에서 제품의 품질 향상을 위한 공조

④ 호텔에서 근무하는 근로자의 근무환경 개선을 위한 공조

해설 사람을 대상으로 하는 것은 보건용(쾌간용) 공조이다(주택, 호텔, 사무실, 백화점, 오피스텔, 극장 등).

★
06 노즐형 취출구로서 취출구의 방향을 좌우상하로 바꿀 수 있는 취출구는?

① 유니버설형   ② 펑커 루버형

③ 팬(pan)형   ④ T라인(T-line)형

해설 펑커 루버(punkah louver)

㉠ 목이 움직이게 되어 있어 취출구의 방향을 좌우상하로 바꿀 수 있고, 토출구에 달려 있는 댐퍼로 풍량조절이 가능하다.

㉡ 공기저항이 크다는 단점이 있으나 주방, 공장, 버스 등의 국소(spot)냉방에 주로 사용한다.

07 건구온도 10℃, 습구온도 3℃의 공기를 덕트 중 재열기로 건구온도 25℃까지 가열하고자 한다. 재열기를 통하는 공기량이 1,500m³/min인 경우 재열기에 필요한 열량은? (단, 공기의 비체적은 0.83m³/kg, 공기정압비열은 1.005kJ/kg·℃이다.)

① 19,025kJ/min ② 28,017kJ/min
③ 31,257kJ/min ④ 27,135kJ/min

해설 $\rho = \dfrac{1}{v} = \dfrac{1}{0.83} = 1.2\text{kg/m}^3$

$\therefore Q_s = \rho Q C_p (t_2 - t_1)$
$= 1.2 \times 1,500 \times 1.005 \times (25 - 10)$
$= 27,135\text{kJ/min}$

★08 공기조화설비에 사용되는 냉각탑에 관한 설명으로 옳은 것은?

① 냉각탑의 어프로치는 냉각탑의 입구수온과 그때의 외기건구온도와의 차이다.
② 강제통풍식 냉각탑의 어프로치는 일반적으로 약 5℃이다.
③ 냉각탑을 통과하는 공기량(kg/h)을 냉각탑의 냉각수량(kg/h)으로 나눈 값을 수공기비라 한다.
④ 냉각탑의 레인지는 냉각탑의 출구공기온도와 입구공기온도의 차이다.

해설 ㉠ 쿨링 어프로치(cooling approach)
= 냉각수 출구온도 − 냉각탑 입구공기의 습구온도
㉡ 쿨링 레인지(cooling range)
= 냉각수 입구온도 − 냉각수 출구온도
㉢ 냉각탑 효율(η) $= \dfrac{\text{쿨링 레인지}}{\text{쿨링 어프로치} + \text{쿨링 레인지}} \times 100[\%]$
$= \dfrac{\text{레인지}}{\text{냉각수 입구온도} - \text{냉각탑 입구공기의 습구온도}} \times 100[\%]$

참고 쿨링 레인지는 클수록, 쿨링 어프로치는 작을수록 냉각탑의 냉각능력이 우수하다.

★09 600rpm으로 운전되는 송풍기의 풍량이 400m³/min, 전압 40mmAq, 소요동력 4kW의 성능을 나타낸다. 이때 회전수를 700rpm으로 변화시키면 몇 kW의 소요동력이 필요한가?

① 5.44kW ② 6.35kW

③ 7.27kW ④ 8.47kW

해설 송풍기 상사법칙 중 축동력은 회전수의 세제곱에 비례한다.
$\dfrac{L_{s2}}{L_{s1}} = \left(\dfrac{N_2}{N_1}\right)^3$
$\therefore L_{s2} = L_{s1}\left(\dfrac{N_2}{N_1}\right)^3 = 4 \times \left(\dfrac{700}{600}\right)^3 = 6.35\text{kW}$

★10 고속덕트의 특징에 관한 설명으로 틀린 것은?

① 소음이 작다.
② 운전비가 증대한다.
③ 마찰에 의한 압력손실이 크다.
④ 장방형 대신에 스파이럴관이나 원형 덕트를 사용하는 경우가 많다.

해설 고속덕트(15m/s 이상)는 소음과 진동이 크다.

11 유효온도(ET : Effective Temperature)의 요소에 해당하지 않는 것은?

① 온도 ② 기류
③ 청정도 ④ 습도

해설 유효온도(ET)는 온도, 습도, 기류를 종합한 온도로 감각온도라고도 한다.

12 다음 그림은 공기조화기 내부에서의 공기의 변화를 나타낸 것이다. 이 중에서 냉각코일에서 나타나는 상태변화는 공기선도상 어느 점을 나타내는가?

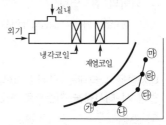

① ㉮ − ㉯ ② ㉯ − ㉰
③ ㉱ − ㉮ ④ ㉱ − ㉲

해설 ㉠ ㉮ − ㉯ : 재열부하
㉡ ㉯ − ㉰ : 실내부하
㉢ ㉰ − ㉱ : 외기부하
㉣ ㉱ − ㉮ : 냉각코일부하(= 재열부하 + 실내부하 + 외기부하)

13 상당외기온도차를 구하기 위한 요소로 가장 거리가 먼 것은?

① 흡수율
② 표면열전달률($W/m^2 \cdot K$)
③ 직달일사량(W/m^2)
④ 외기온도($℃$)

해설 ㉠ 상당외기온도차의 요소 : 태양일사량(계절과 시각과 방위에 따라), 흡수율, 표면열전달률, 외기온도, 실내온도
㉡ 상당외기온도차=(실외온도－실내온도)×축열계수 [℃]

★14 냉방 시 유리를 통한 일사취득열량을 줄이기 위한 방법으로 틀린 것은?

① 유리창의 입사각을 적게 한다.
② 투과율을 적게 한다.
③ 반사율을 크게 한다.
④ 차폐계수를 적게 한다.

해설 냉방 시 유리를 통한 일사취득열량은 입사각을 크게, 투과율을 적게, 반사율을 크게, 차폐계수를 적게 하면 줄일 수 있다.

15 냉방부하 계산 시 상당외기온도차를 이용하는 경우는?

① 유리창의 취득열량
② 내벽의 취득열량
③ 침입외기 취득열량
④ 외벽의 취득열량

해설 외벽의 취득열량 계산 시 상당외기온도차(Δt_e)를 이용한다.

16 대사량을 나타내는 단위로 쾌적상태에서의 안정 시 대사량을 기준으로 하는 단위는?

① RMR
② clo
③ met
④ ET

해설 ① RMR(에너지대사율) : 매시간 작업에 소요되는 대사량을 인체의 표면적으로 나눈 값
② clo(착의량) : 착의한 의복의 단열성을 나타내는 단위
④ ET(유효온도, 감각온도) : 온도, 습도, 기류 등 3요소의 조합(Yaglou 제안)

참고 • 1clo=0.18$m^2 \cdot h \cdot ℃$/kcal=0.155$m^2 \cdot ℃$/W
• met(metabolism) : 인간이 열적으로 쾌적한 상태에서 안정 시 신진대사량(방열량)을 기준으로 한 단위
1met=50kcal/$m^2 \cdot h$=58.2W/m^2

17 다음 중 중앙식 공조방식이 아닌 것은?

① 정풍량 단일덕트방식
② 2관식 유인유닛방식
③ 각 층 유닛방식
④ 패키지유닛방식

해설 패키지유닛방식은 개별방식이다.

★18 외기온도 13℃(포화수증기압 12.83mmHg)이며, 절대습도 0.008kg′/kg일 때의 상대습도 RH는? (단, 대기압은 760mmHg이다.)

① 37%
② 46%
③ 75%
④ 82%

해설 절대습도$(x)=0.622\dfrac{\phi P_s}{P-\phi P_s}$

$\therefore \ \phi=RH=\dfrac{xP}{(x+0.622)P_s}$

$=\dfrac{0.008\times 760}{(0.008+0.622)\times 12.83}$

$=0.752=75\%$

★19 다음 중 건축물의 출입문으로부터 극간풍의 영향을 방지하는 방법으로 가장 거리가 먼 것은?

① 회전문을 설치한다.
② 이중문을 충분한 간격으로 설치한다.
③ 출입문에 블라인드를 설치한다.
④ 에어커튼을 설치한다.

해설 **극간풍(틈새바람) 방지법**
㉠ 회전문을 설치한다.
㉡ 이중문을 충분한 간격으로 설치한다.
㉢ 에어커튼을 설치한다.
㉣ 실내압력은 외부보다 높게 유지한다.

정답 **13** ③ **14** ① **15** ④ **16** ③ **17** ④ **18** ③ **19** ③

20 다음 그림에 대한 설명으로 틀린 것은?

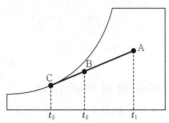

① A → B는 냉각감습과정이다.

② 바이패스 팩터(BF)는 $\dfrac{t_2 - t_3}{t_1 - t_3}$ 이다.

③ 코일의 열수가 증가하면 BF는 증가한다.

④ BF가 작으면 공기의 통과저항이 커져 송풍기 동력이 증대될 수 있다.

해설 코일의 열수가 증가하면 바이패스 팩터(BF)는 감소한다.

2 냉동공학

21 냉동용 스크루압축기에 대한 설명으로 틀린 것은?

① 왕복동식에 비해 체적효율과 단열효율이 높다.

② 스크루압축기의 로터와 축은 일체식으로 되어 있고, 구동은 수로터에 의해 이루어진다.

③ 스크루압축기의 로터구성은 다양하나 일반적으로 사용되고 있는 것은 수로터 4개, 암로터 4개인 것이다.

④ 흡입, 압축, 토출과정인 3행정으로 이루어진다.

해설 스크루압축기(screw compressor)의 로터구성은 다양하나 일반적으로 사용되고 있는 것은 수로터 1개, 암로터 1개이다.

22 다음 열 및 열펌프에 관한 설명으로 옳은 것은?

① 일의 열당량은 $\dfrac{1\text{kcal}}{427\text{kg} \cdot \text{m}}$ 이다. 이것은 $427\text{kg} \cdot \text{m}$의 일이 열로 변할 때 1kcal의 열량이 되는 것이다.

② 응축온도가 일정하고 증발온도가 내려가면 일반적으로 토출가스온도가 높아지기 때문에 열펌프의 능력이 상승된다.

③ 비열 $0.5\text{kcal/kg} \cdot ℃$, 비중량 1.2kg/L의 액체 2L를 온도 1℃ 상승시키기 위해서는 2kcal의 열량을 필요로 한다.

④ 냉매에 대해서 열의 출입이 없는 과정을 등온압축이라 한다.

해설 ㉠ 일의 열상당량(A) = $\dfrac{1}{427}$ kcal/kg · m

㉡ 열의 일상당량(J) = $\dfrac{1}{A}$ = 427kg · m/kcal

23 증발기의 분류 중 액체냉각용 증발기로 가장 거리가 먼 것은?

① 탱크형 증발기

② 보데로형 증발기

③ 나관코일식 증발기

④ 만액식 셸 앤 튜브식 증발기

해설 나관코일식 증발기는 건식 증발기로 산업용 냉장고의 천장코일, 벽코일, 동결실의 선반코일 등이 있으며, 제상의 어려움은 있으나 구조가 간단하고 보수가 필요 없는 장점이 있다.

참고 • 액체냉각용 증발기 : 탱크형, 보데로형, 만액식 셸 앤드 튜브식, 셸코일식
• 공기냉각용 증발기 : 관코일식, 핀코일식, 나관코일식, 캐스케이드식

24 기계적인 냉동방법 중 물을 냉매로 쓸 수 있는 냉동방식이 아닌 것은?

① 증기분사식　　② 공기압축식

③ 흡수식　　　　④ 진공식

해설 물을 냉매로 쓸 수 있는 냉동방식에는 증기분사식, 흡수식, 진공식 등이 있다.

정답 20 ③ 21 ③ 22 ① 23 ③ 24 ②

25 냉동장치에서 사용되는 각종 제어동작에 대한 설명으로 틀린 것은?

① 2위치 동작은 스위치의 온, 오프신호에 의한 동작이다.

② 3위치 동작은 상, 중, 하신호에 따른 동작이다.

③ 비례동작은 입력신호의 양에 대응하여 제어량을 구하는 것이다.

④ 다위치 동작은 여러 대의 피제어기기를 단계적으로 운전 또는 정지시키기 위한 것이다.

해설 3위치 동작은 자동제어계에서 동작신호가 어느 값을 경계로 하여 조작량이 세 값으로 단계적으로 변화하는 제어동작이다.

★
26 헬라이드토치를 이용한 누설검사로 적절하지 않은 냉매는?

① R-717 ② R-123

③ R-22 ④ R-114

해설 헬라이드토치를 이용한 누설검사는 프레온냉매 누설검사로써, R-717은 무기질 냉매인 암모니아(NH_3)로 뒤에 두 자리는 분자량이다.

★
27 냉동능력 20RT, 축동력 12.6kW인 냉동장치에 사용되는 수냉식 응축기의 열통과율 785W/$m^2 \cdot$K, 전열량의 외표면적 15m^2, 냉각수량 270L/min, 냉각수 입구온도 30℃일 때 응축온도는? (단, 냉매와 물의 온도차는 산술평균온도차를 사용한다.)

① 35℃ ② 40℃

③ 45℃ ④ 50℃

해설 ㉠ $Q_c = Q_e + W_c = 20 \times 3.86 + 12.6 = 89.8$kW

㉡ $Q_c = mC(t_{w2} - t_{w1})$

$\therefore t_{w2} = t_{w1} + \dfrac{Q_c}{mC} = 30 + \dfrac{89.8}{\dfrac{270}{60} \times 4.2} = 34.75$℃

㉢ $Q_c = KA\Delta t_m = KA\left(t_c - \dfrac{t_{w1} + t_{w2}}{2}\right)$

$\therefore t_c = \dfrac{Q_c}{KA} + \dfrac{t_{w1} + t_{w2}}{2}$

$= \dfrac{89.8}{0.785 \times 15} + \dfrac{30 + 34.5}{2}$

$= 40$℃

28 1HP는 약 몇 Btu/h인가?

① 172Btu/h ② 252Btu/h

③ 1,053Btu/h ④ 2547.6Btu/h

해설 1HP = 550ft-lb/sec = 642.04kcal/h
= 2547.6BTU/h

참고 1kcal = 3.968BTU

29 냉동기유에 대한 냉매의 용해성이 가장 큰 것은? (단, 동일한 조건으로 가정한다.)

① R-113 ② R-22

③ R-115 ④ R-717

해설 ㉠ 윤활유에 잘 용해되는 냉매 : R-11, R-12, R-21, R-113

㉡ 윤활유와 저온에서 쉽게 분리되는 냉매 : R-13, R-22, R-114

㉢ 윤활유에 분리되는 냉매 : R-717(NH_3)

30 −20℃의 암모니아포화액의 엔탈피가 314kJ/kg이며, 동일 온도에서 건조포화증기의 엔탈피가 1,687kJ/kg이다. 이 냉매액이 팽창밸브를 통과하여 증발기에 유입될 때의 냉매의 엔탈피가 670kJ/kg이었다면 질량비로 약 몇 %가 액체상태인가?

① 16% ② 26%

③ 74% ④ 84%

해설 $y = \dfrac{\text{건포화증기엔탈피} - \text{냉매엔탈피}}{\text{건포화증기엔탈피} - \text{포화액엔탈피}} \times 100$

$= \dfrac{1,687 - 670}{1,687 - 314} \times 100 = 74\%$

★
31 표준 냉동사이클에서 팽창밸브를 냉매가 통과하는 동안 변화되지 않는 것은?

① 냉매의 온도 ② 냉매의 압력

③ 냉매의 엔탈피 ④ 냉매의 엔트로피

정답 25 ② 26 ① 27 ② 28 ④ 29 ① 30 ③ 31 ③

해설 표준 냉동사이클에서 팽창밸브(교축팽창)를 냉매가 통과 시
ㄱ 압력강하
ㄴ 온도강하
ㄷ 엔트로피 증가($\Delta S > 0$)
ㄹ 등엔탈피($h_1 = h_2$)

32 LNG(액화천연가스) 냉열이용방법 중 직접이용방식에 속하지 않는 것은?

① 공기액화 분리
② 염소액화장치
③ 냉열발전
④ 액체탄산가스 제조

해설 ㄱ 직접이용방식 : 공기액화 분리(액화산소·질소의 제조), 냉열발전, 액체탄산·드라이아이스 제조, 냉동창고, 냉동식품콤비나트, 고순도 메탄 C-13의 제조
ㄴ 간접이용방식 : 액체질소, 액체탄소가스 등에 의한 냉동식품의 제조·유통, 액체질소에 의한 플라스틱, 금속스크랩, 폐타이어 등의 저온분해, 액체질소에 의한 콘크리트의 냉각(샌드프리쿨공법)

33 냉동장치에서 고압측에 설치하는 장치가 아닌 것은?

① 수액기   ② 팽창밸브
③ 드라이어   ④ 액분리기

해설 액분리기(liquid separator)는 증발기와 압축기 사이 저압측에 설치하는 장치이다.

★
34 다음과 같이 운전되어지고 있는 냉동사이클의 성적계수는?

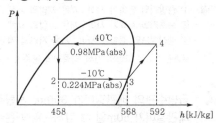

① 2.1   ② 3.3
③ 4.6   ④ 5.9

해설 $(COP)_R = \dfrac{h_3 - h_1}{h_4 - h_3} = \dfrac{568 - 458}{592 - 568} \fallingdotseq 4.6$

35 암모니아를 냉매로 사용하는 냉동장치에서 응축압력의 상승원인으로 가장 거리가 먼 것은?

① 냉매가 과냉각되었을 때
② 불응축가스가 혼입되었을 때
③ 냉매가 과충전되었을 때
④ 응축기 냉각관에 물때 및 유막이 형성되었을 때

해설 냉매가 과충전 시, 응축기 사이즈 부족, 불응축가스 혼입, 응축기 냉각관에 스케일(물때) 및 유막(oil film) 형성 시 응축압력이 상승된다.

36 저온유체 중에서 1기압에서 가장 낮은 비등점을 갖는 유체는 어느 것인가?

① 아르곤   ② 질소
③ 헬륨   ④ 네온

해설 ① 아르곤(Ar) : -185.86℃
② 질소(N_2) : -210℃
③ 헬륨(He) : -268.9℃
④ 네온(Ne) : -246.1℃

★
37 팽창밸브를 통하여 증발기에 유입되는 냉매액의 엔탈피를 F, 증발기 출구엔탈피를 A, 포화액의 엔탈피를 G라 할 때 팽창밸브를 통과한 곳에서 증기로 된 냉매의 양의 계산식으로 옳은 것은? (단, P : 압력, h : 엔탈피)

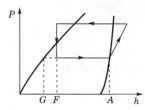

① $\dfrac{A-F}{A-G}$ ② $\dfrac{A-F}{F-G}$

③ $\dfrac{F-G}{A-G}$ ④ $\dfrac{F-G}{A-F}$

해설 증기냉매의 양(건조도) $= \dfrac{F-G}{A-G}$

38 ★ −10℃의 얼음 10kg을 100℃의 증기로 변화하는데 필요한 전열량은? (단, 얼음의 비열은 2.1kJ/kg · ℃이고, 융해잠열은 334kJ/kg, 물의 증발잠열은 2,257kJ/kg이다.)

① 7,770kJ
② 15,372kJ
③ 30,320kJ
④ 38,304kJ

해설
$$Q = mC_i(t_{i2} - t_{i1}) + m\gamma_o + mC_w(t_{w2} - t_{w1}) + m\gamma_s$$
$$= m[C_i(t_{i2} - t_{i1}) + \gamma_o + C_w(t_{w2} - t_{w1}) + \gamma_s]$$
$$= 10 \times [2.1 \times (0 - (-10)) + 334 + 4.2 \times (100 - 0) + 2,257]$$
$$= 30,320kJ$$

39 ★ 냉동효과에 대한 설명으로 옳은 것은?

① 증발기에서 단위중량의 냉매가 흡수하는 열량
② 응축기에서 단위중량의 냉매가 방출하는 열량
③ 압축일을 열량의 단위로 환산한 것
④ 압축기 출입구냉매의 엔탈피 차

해설 냉동효과(q_e[kJ/kg])란 증발기에서 단위질량당의 냉매가 흡수하는 열량이다.

40 ★ 헬라이드토치는 프레온계 냉매의 누설검지기이다. 누설 시 식별방법은?

① 불꽃의 크기
② 연료의 소비량
③ 불꽃의 온도
④ 불꽃의 색깔

해설 헬라이드토치는 프레온계 냉매의 누설검지기로 불꽃의 색깔로 식별한다.
㉠ 누설이 없을 때 : 청색
㉡ 소량 누설 시 : 녹색
㉢ 다량 누설 시 : 자주색
㉣ 아주 심한 경우 : 불꽃이 꺼짐

3 배관 일반

41 냉각탑 주위 배관 시 유의사항으로 틀린 것은?

① 2대 이상의 개방형 냉각탑을 병렬로 연결할 때 냉각탑의 수위를 동일하게 한다.

② 배수 및 오버플로관은 직접배수로 한다.
③ 냉각탑을 동절기에 운전할 때는 동결 방지를 고려한다.
④ 냉각수 출입구측 배관은 방진이음을 설치하여 냉각탑의 진동이 배관에 전달되지 않도록 한다.

해설 배수 및 오버플로관은 간접배수로 한다.

42 급탕배관이 벽이나 바닥을 관통할 때 슬리브(sleeve)를 설치하는 이유로 가장 적절한 것은?

① 배관의 진동을 건물구조물에 전달되지 않도록 하기 위하여
② 배관의 중량을 건물구조물에 지지하기 위하여
③ 관의 신축이 자유롭고 배관의 교체나 수리를 편리하게 하기 위하여
④ 배관의 마찰저항을 감소시켜 온수의 순환을 균일하게 하기 위하여

해설 관의 신축이 자유롭고 배관의 교체나 수리를 편리하게 하기 위해 슬리브를 설치한다.

43 냉동설비에서 고온 고압의 냉매기체가 흐르는 배관은?

① 증발기와 압축기 사이 배관
② 응축기와 수액기 사이 배관
③ 압축기와 응축기 사이 배관
④ 팽창밸브와 증발기 사이 배관

해설 ① 증발기와 압축기 사이 : 저온 저압의 기체
② 응축기와 수액기 사이 : 저온 고압의 액체
④ 팽창밸브와 증발기 사이 : 저온 저압의 액체

참고 토출관 : 고온 고압의 기체, 압축기와 응축기 사이 배관

44 ★ 급탕주관의 배관길이가 300m, 환탕주관의 배관길이가 50m일 때 강제순환식 온수순환 펌프의 전양정은?

① 5m
② 3m
③ 2m
④ 1m

해설 $$H = 0.01\left(\frac{L}{2} + l\right) = 0.01 \times \left(\frac{300}{2} + 50\right) = 2m$$

정답 38 ③ 39 ① 40 ④ 41 ② 42 ③ 43 ③ 44 ③

45 급수방식 중 펌프직송방식의 펌프운전을 위한 검지방식이 아닌 것은?

① 압력검지식   ② 유량검지식

③ 수위검지식   ④ 저항검지식

해설 저항검지식은 전기장치에 사용한다.

46 액화천연가스의 지상저장탱크에 대한 설명으로 틀린 것은?

① 지상저장탱크는 금속 2중벽 탱크가 대표적이다.

② 내부탱크는 약 −162℃ 정도의 초저온에 견딜 수 있어야 한다.

③ 외부탱크는 일반적으로 연강으로 만들어진다.

④ 증발가스량이 지하저장탱크보다 많고 저렴하며 안전하다.

해설 지상저장탱크는 지하저장탱크보다 불안전하고 위험성이 크다.

47 펌프의 베이퍼록현상에 대한 발생요인이 아닌 것은?

① 흡입관 지름이 큰 경우

② 액 자체 또는 흡입배관 외부의 온도가 상승할 경우

③ 펌프의 냉각기가 작동하지 않거나 설치되지 않은 경우

④ 흡입관로의 막힘, 스케일 부착 등에 의한 저항이 증가한 경우

해설 펌프의 베이퍼록(vapour lock), 즉 증기폐쇄현상은 흡입관 지름이 작을 때 발생된다.

48 관의 종류에 따른 접합방법으로 틀린 것은?

① 강관−나사접합

② 주철관−소켓접합

③ 연관−플라스틴접합

④ 콘크리트관−용접접합

해설 콘크리트관은 칼라이음(흄관), 모르타르이음 등이 있으며, 칼라이음접합의 형상에 따라 A형 접합과 B형 접합으로 나눈다.

참고 석면시멘트(이터닛)관이음 : 기볼트이음, 칼라이음, 심플렉스이음

49 고온수난방의 가압방법이 아닌 것은?

① 브리드 인 가압방식

② 정수두가압방식

③ 증기가압방식

④ 펌프가압방식

해설 고온수난방의 가압방식 : 정수두가압, 증기가압, 질소가스가압, 펌프가압

50 스케줄번호(schedule No.)를 바르게 나타낸 공식은? (단, S : 허용응력, P : 사용압력)

① $10 \times \dfrac{P}{S}$ ② $10 \times \dfrac{S}{P}$

③ $10 \times \dfrac{S}{P^2}$ ④ $10 \times \dfrac{P}{S^2}$

해설 스케줄번호는 관의 두께를 나타낸다.

㉠ 공학단위일 때 스케줄번호(Sch. No.)

$$= \frac{P[\text{kgf/cm}^2]}{S[\text{kg/mm}^2]} \times 10$$

㉡ 국제(SI)단위일 때 스케줄번호(Sch. No.)

$$= \frac{P[\text{MPa}]}{S[\text{N/mm}^2]} \times 1,000$$

여기서, P : 사용압력, S : 허용응력

51 디스크증기트랩이라고도 하며 고압, 중압, 저압 등의 어느 곳에나 사용 가능한 증기트랩은?

① 실폰트랩   ② 그리스트랩

③ 충격식 트랩   ④ 버킷트랩

해설 충격식 트랩은 디스크(disc)증기트랩이라고도 하며 고압, 중압, 저압 등의 어느 곳에나 사용 가능하다.

52 기수혼합급탕기에서 증기를 물에 직접 분사시켜 가열하면 압력차로 인해 발생하는 소음을 줄이기 위해 사용하는 설비는?

① 안전밸브   ② 스팀사이렌서

③ 응축수트랩   ④ 가열코일

정답 45 ④ 46 ④ 47 ① 48 ④ 49 ① 50 ① 51 ③ 52 ②

해설 기수혼합탕비기에서 고압으로 인한 소음을 줄이기 위해 설치하는 장치를 스팀 사일렌서(steam silencer)라고 한다.

참고 기수혼합탕비기란 보일러의 증기를 직접 물탱크 속에 불어넣어 온수를 얻는 방법으로 열효율 100%, 사용증기압력 0.1~0.4Mpa이다. 용도는 공장, 병원 등의 욕조, 수세장 등이다.

53 수격작용을 방지 또는 경감하는 방법이 아닌 것은?

① 유속을 낮춘다.
② 격막식 에어챔버를 설치한다.
③ 토출밸브의 개폐시간을 짧게 한다.
④ 플라이휠을 달아 펌프속도변화를 완만하게 한다.

해설 수격작용을 방지하려면 토출밸브의 개폐시간을 천천히 조작한다.

54 증기관말트랩 바이패스 설치 시 필요 없는 부속은?

① 엘보   ② 유니언
③ 글로브밸브   ④ 안전밸브

해설 증기관말트랩에 바이패스(bypass) 설치 시 엘보(elbow), 유니언(union), 글로브밸브(구형밸브) 등이 필요하다.

55 간접배수관의 관경이 25A일 때 배수구공간으로 최소 몇 mm가 적당한가?

① 50   ② 100
③ 150   ④ 200

해설 배수구공간은 접속관경의 2배 이상 필요하다.
∴ 배수구공간=25×2=50mm

56 패널난방(panel heating)은 열의 전달방법 중 주로 어느 것을 이용한 것인가?

① 전도   ② 대류
③ 복사   ④ 전파

해설 패널난방 시 고려되는 열의 전달방법은 복사난방이다.

57 배수 수평관의 관경이 65mm일 때 최소 구배는?

① 1/10   ② 1/20

③ 1/50   ④ 1/100

해설 ㉠ 관경 65mm 이하 : 최소 구배 1/50
㉡ 관경 75, 100mm : 최소 구배 1/100
㉢ 관경 125mm : 최소 구배 1/150
㉣ 관경 150mm 이상 : 최소 구배 1/200

58 급탕설비에 대한 설명으로 틀린 것은?

① 순환방식은 중력식과 강제식이 있다.
② 배관의 구배는 중력순환식의 경우 1/150, 강제순환식의 경우 1/200 정도이다.
③ 신축이음쇠의 설치는 강관은 20m, 동관은 30m마다 1개씩 설치한다.
④ 급탕량은 사용인원이나 사용기구수에 의해 구한다.

해설 급탕설비에서 신축이음쇠의 설치 시 강관은 30m, 동관은 20m마다 1개씩 설치한다.

59 배관의 신축이음 중 허용길이가 커서 설치장소가 많이 필요하지만 고온, 고압배관의 신축 흡수용으로 적합한 형식은?

① 루프(loop)형
② 슬리브(sleeve)형
③ 벨로즈(bellows)형
④ 스위블(swivel)형

해설 ② 슬리브형 : 슬라이드형이라 하며 저압증기용
③ 벨로즈형 : 파형이라고도 하며 냉난방용으로 고압에 부적당
④ 스위블형 : 2개 이상의 엘보를 사용하는 방열기 주변 온수난방용으로 저압에 적당

60 냉매배관 시공 시 주의사항으로 틀린 것은?

① 온도변화에 의한 신축을 충분히 고려해야 한다.
② 배관재료는 냉매종류, 온도, 용도에 따라 선택한다.
③ 배관이 고온의 장소를 통과할 때에는 단열조치한다.
④ 수평배관은 냉매가 흐르는 방향으로 상향구배한다.

해설 수평배관은 냉매가 흐르는 방향으로 하향구배한다.

정답 53 ③ 54 ④ 55 ① 56 ③ 57 ③ 58 ③ 59 ① 60 ④

61 다음 블록선도의 전달함수의 극점과 영점은?

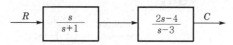

① 영점 0, 2, 극점 −1, 3
② 영점 1, −3, 극점 0, −2
③ 영점 0, −1, 극점 2, 3
④ 영점 0, −3, 극점 −1, 2

> **해설** ㉠ 영점 : $s=0$, $2s-4=0$ ∴ $s=2$
> ㉡ 극점 : $s+1=\infty$ ∴ $s=-1$
> $s-3=\infty$ ∴ $s=3$

> **참고** 전달함수의 값을 무한대가 되게 하는 s의 값을 극점(pole, 전달함수 분모의 근)이라 하며, 전달함수의 값을 0이 되게 하는 s의 값을 영점(zero, 전달함수 분자의 근)이라고 부른다.

62 ★ 평형 3상 Y결선의 상전압 V_p와 선간전압 V_L의 관계는?

① $V_L = 3V_p$ ② $V_L = \sqrt{3}\,V_p$
③ $V_L = \dfrac{1}{3}V_p$ ④ $V_L = \dfrac{1}{\sqrt{3}}V_p$

> **해설** 선간전압(V_L)$= \sqrt{3} \times$상전압$= \sqrt{3}\,V_p$
> **참고** 선간전류(I_L)$=$상전류(I_p)

63 서보기구와 관계가 가장 깊은 것은?

① 정전압장치   ② A/D변환기
③ 추적용 레이더   ④ 가정용 보일러

> **해설** 서보기구는 물체의 위치, 방위, 자세 등의 기계적 변위를 제어량으로 해서 목표값이 임의의 변화에 추종하도록 구성된 제어계로 비행기 및 선박의 방향제어계, 미사일 발사대의 자동위치제어계, 추적용 레이더, 자동평형기록계 등이 있다.

64 16μF의 콘덴서 4개를 접속하여 얻을 수 있는 가장 작은 정전용량은 몇 μF인가?

① 2   ② 4
③ 8   ④ 16

> **해설** ㉠ 직렬접속(C_t)$= \dfrac{1}{\dfrac{1}{C_1}+\dfrac{1}{C_2}+\dfrac{1}{C_3}+\dfrac{1}{C_4}}$
> $= \dfrac{1}{\dfrac{1}{16}+\dfrac{1}{16}+\dfrac{1}{16}+\dfrac{1}{16}} = 4\mu F$
> ㉡ 병렬접속(C_t)$= C_1+C_2+C_3+C_4$
> $= 16+16+16+16 = 64\mu F$

65 ★ 다음 그림의 신호흐름선도에서 $\dfrac{C}{R}$의 값은?

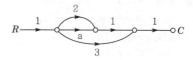

① $a+2$ ② $a+3$
③ $a+5$ ④ $a+6$

> **해설** 전달함수(G)$= \dfrac{출력(C)}{입력(R)} = \dfrac{전향경로의\ 합}{1-피드백의\ 합}$
> $= \dfrac{(1 \times a \times 1 \times 1)+(1 \times 2 \times 1 \times 1)+(1 \times 3 \times 1)}{1-0}$
> $= a+5$

66 ★ 다음 그림과 같은 시퀀스제어회로가 나타내는 것은? (단 A와 B는 푸시버튼스위치, R은 전자접촉기, L은 램프이다.)

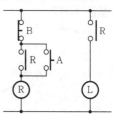

① 인터록   ② 자기유지
③ 지연논리   ④ NAND논리

> **해설** 제시된 그림은 자기유지회로로 푸시버튼(A)을 눌렀다 떼어도 ON으로 유지되는 회로이다.

67 직류분권전동기의 용도에 적합하지 않은 것은?

① 압연기   ② 제지기
③ 송풍기   ④ 기중기

해설 **직류전동기의 용도**
ⓐ 분권전동기 : 송풍기, 공작기계, 펌프, 인쇄기, 컨베이어, 권상기, 압연기, 초지기
ⓑ 직권전동기 : 권상기, 기중기, 전차용 전동기
ⓒ 복권전동기 : 권상기, 절단기, 컨베이어, 분쇄기

★
68 2진수 0010111101011001$_{(2)}$을 16진수로 변환하면?

① 3F59   ② 2G6A

③ 2F59   ④ 3G6A

해설 $0010 = 2^1 = 2$
$1111 = 2^3 + 2^2 + 2^1 + 2^0 = 15 = F$
$0101 = 2^2 + 2^0 = 5$
$1001 = 2^3 + 2^0 = 9$
∴ 2F59

참고 **진수표**

2진수	10진수	16진수
1010	10	A
1011	11	B
1100	12	C
1101	13	D
1110	14	E
1111	15	F

★
69 다음 그림과 같은 회로망에서 전류를 계산하는데 옳은 식은?

① $I_1 + I_2 = I_3 + I_4$

② $I_1 + I_3 = I_2 + I_4$

③ $I_1 + I_2 + I_3 + I_4 = 0$

④ $I_1 + I_2 + I_3 - I_4 = 0$

해설 **키르히호프 제1법칙(전류의 법칙)** : 회로망의 node에 유입하는 전류와 유출하는 전류는 같다.
$I_1 + I_2 + I_3 = I_4$

★
70 60Hz, 6극인 교류발전기의 회전수는 몇 rpm인가?

① 1,200   ② 1,500

③ 1,800   ④ 3,600

해설 $N = \dfrac{120f}{P} = \dfrac{120 \times 60}{6} = 1,200 \text{r pm}$

★
71 최대 눈금 1,000V, 내부저항 10kΩ 인 전압계를 가지고 다음 그림과 같이 전압을 측정하였다. 전압계의 지시가 200V일 때 전압 E는 몇 V인가?

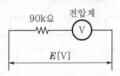

① 800   ② 1,000

③ 1,800   ④ 2,000

해설 $E = V\left(1 + \dfrac{R_m}{R_r}\right) = 200 \times \left(1 + \dfrac{90}{10}\right) = 2,000\text{V}$

72 제어요소가 제어대상에 주는 양은?

① 조작량   ② 제어량

③ 기준입력   ④ 동작신호

해설 제어요소가 제어대상에 주는 양은 조작량이다.

★
73 프로세스제어계의 제어량이 아닌 것은?

① 방위   ② 유량

③ 압력   ④ 밀도

해설 프로세스제어계의 제어량은 압력, 유량, 밀도(비질량), 온도, 액위 등이 있으며, 방위는 서보계 제어이다.

74 제어기기의 대표적인 것으로는 검출기, 변환기, 증폭기, 조작기기를 들 수 있는데, 서보모터는 어디에 속하는가?

① 검출기   ② 변환기

③ 증폭기   ④ 조작기기

해설 서보모터(servo motor)는 조작기기에 속한다.

★
75 100Ω 의 전열선에 2A의 전류를 흘렸다면 소모되는 전력은 몇 W인가?

① 100   ② 200

③ 300   ④ 400

해설 $P = VI = (IR)I = I^2 R = 2^2 \times 100 = 400\text{W}$

정답 **68** ③ **69** ④ **70** ① **71** ④ **72** ① **73** ① **74** ④ **75** ④

76 시퀀스제어에 관한 사항으로 옳은 것은?

① 조절기용이다.

② 입력과 출력의 비교장치가 필요하다.

③ 한시동작에 의해서만 제어되는 것이다.

④ 제어결과에 따라 조작이 자동적으로 이행된다.

해설 시퀀스제어는 순차적 제어로 미리 정해진 순서대로 작동되는 제어이다.

77 다음 그림과 같은 회로는?

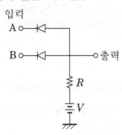

입력
A
B
출력
R
V

① OR회로　　② AND회로

③ NOR회로　　④ NAND회로

해설 제시된 회로는 AND회로(논리적회로)이다.
출력＝A×B

78 교류의 실효값에 관한 설명 중 틀린 것은?

① 교류의 최대값은 실효값의 $\sqrt{2}$ 배이다.

② 전류나 전압의 한 주기의 평균치가 실효값이다.

③ 상용전원이 220V라는 것은 실효값을 의미한다.

④ 실효값 100V인 교류와 직류 100V로 같은 전등을 점등하면 그 밝기는 같다.

해설 교류의 크기를 직류의 크기로 바꿔놓은 값을 실효값이라 한다.

79 $\dfrac{dm(t)}{dt}=K_i e(t)$는 어떤 조절기의 출력(조작신호) $m(t)$와 동작신호 $e(t)$ 사이의 관계를 나타낸 것이다. 이 조절기의 제어동작은? (단, K_i는 상수이다.)

① D동작　　② I동작

③ P−I동작　　④ P−D동작

해설 ㉠ D동작 : $\dfrac{dm(t)}{dt}=K_i e(t)$

㉡ PID동작 : $c(t)=K_i e(t)+\dfrac{K_i}{t_I}\displaystyle\int e(t)dt+K_i t_D\dfrac{de}{dt}$

참고 D동작(미분요소) : 출력의 값이 입력을 미분한 값에 비례하는 요소

$G(s)=\dfrac{Y(s)}{X(s)}=Ks$

80 변압기의 병렬운전에서 필요하지 않는 조건은?

① 극성이 같을 것

② 출력이 같을 것

③ 권수비가 같을 것

④ 1차, 2차 정격전압이 같을 것

해설 변압기의 병렬운전에서 필요조건

㉠ 극성이 같을 것

㉡ 권수비가 같을 것

㉢ 1, 2차 정격전압이 같을 것

㉣ %임피던스강하가 같을 것

3

1 공기조화

01 재열기를 통과한 공기의 상태량 중 변화되지 않는 것은?

① 절대습도   ② 건구온도
③ 상대습도   ④ 엔탈피

해설 재열기를 통과한 공기의 상태량은 절대습도(x) 불변, 건구온도 상승, 상대습도 감소, (비)엔탈피 증가한다.

★02 다음 중 실내로 침입하는 극간풍량을 구하는 방법이 아닌 것은?

① 환기횟수에 의한 방법
② 창문의 틈새길이법
③ 창면적으로 구하는 법
④ 실내외온도차에 의한 방법

해설 극간풍량(틈새바람)을 구하는 방법
㉠ 환기횟수법
㉡ 창문의 틈새(크랙)길이법
㉢ 창면적으로 구하는 법
㉣ 이용빈도수에 의한 풍량으로 구하는 법

03 난방부하 계산 시 측정온도에 대한 설명으로 틀린 것은?

① 외기온도 : 기상대의 통계에 의한 그 지방의 매일 최저온도의 평균값보다 다소 높은 온도
② 실내온도 : 바닥 위 1m의 높이에서 외벽으로부터 1m 이내 지점의 온도
③ 지중온도 : 지하실의 난방부하의 계산에서 지표면 10m 아래까지의 온도

④ 천장높이에 따른 온도 : 천장의 높이가 3m 이상이 되면 직접난방법에 의해서 난방할 때 방의 윗부분과 밑면과의 평균 온도

해설 실내온도는 바닥 위 1.5m 높이에서 외벽으로부터 1m 떨어진 지점의 온도를 측정한다.

04 온수배관의 시공 시 주의사항으로 옳은 것은?

① 각 방열기에는 필요시에만 공기배출기를 부착한다.
② 배관 최저부에는 배수밸브를 설치하며 하향구배로 설치한다.
③ 팽창관에는 안전을 위해 반드시 밸브를 설치한다.
④ 배관 도중에 관지름을 바꿀 때에는 편심 이음쇠를 사용하지 않는다.

해설 ① 각 방열기에는 전부 공기배출기를 부착한다.
③ 팽창관에는 밸브를 설치하지 않는다.
④ 배관 도중에 관지름을 바꿀 때에는 편심이음쇠(리듀서)를 사용한다.

05 주철제방열기의 표준 방열량에 대한 증기응축수량은? (단, 증기의 증발잠열은 2,257kJ/kg이다.)

① 0.8kg/m² · h   ② 1.0kg/m² · h
③ 1.2kg/m² · h   ④ 1.4kg/m² · h

해설 증기응축수량 $= \dfrac{증기\ 표준\ 방열량}{증발잠열} = \dfrac{2,721}{2,257}$
$= 1.21 kg/m² · h$

참고 증기의 표준 방열량$=650 kcal/m² · h=0.756 kW/m²$
$=2,721 kJ/m² · h$

06 밀봉된 용기와 위크(wick)구조체 및 증기공간에 의하여 구성되며, 길이방향으로는 증발부, 응축부, 단열부로 구분되는데, 한쪽을 가열하면 작동유체는 증발하면서 잠열을 흡수하고, 증발된 증기는 저온으로 이동하여 응축되면서 열교환하는 기기의 명칭은?

① 전열교환기

② 플레이트형 열교환기

③ 히트파이프

④ 히트펌프

해설 **히트파이프(heat pipe)** : 밀봉된 용기와 위크구조체 및 증기공간에 의해 구성되며, 길이방향으로 증발부, 응축부, 단열부로 구분되는데, 가열하면 작동유체는 증발하면서 잠열을 흡수하고, 증발된 증기는 저온으로 이동하며 응축되면서 열교환하는 기기

★
07 냉방부하 중 현열만 발생하는 것은?

① 외기부하　　　② 조명부하

③ 인체발생부하　④ 틈새바람부하

해설 **현열과 잠열을 모두 고려** : 극간풍(틈새바람)부하, 인체부하, 기구부하(커피포트 등), 외기부하

참고 조명부하는 현열부하만 고려한다.

★
08 다음은 공기조화에서 사용되는 용어에 대한 단위, 정의를 나타낸 것으로 틀린 것은?

	단위	kg'/kg
절대습도	정의	습공기 전체 질량에 대한 수증기 양(공기 1m³ 중에 포함된 수증기 양)
수증기분압	단위	Pa
	정의	습공기 중의 수증기분압
상대습도	단위	%
	정의	불포화공기의 수증기분압(P_w)과 동일 온도에서의 포화공기의 수증기분압(P_s)과의 비를 백분율(%)로 나타낸 값
노점온도	단위	℃
	정의	습한 공기를 냉각시켜 포화상태로 될 때의 온도

① 절대습도　　②수증기분압

③ 상대습도　　④ 노점온도

해설 상대습도$(\phi) = \dfrac{P_w}{P_s} \times 100[\%]$

참고 비교습도(포화도, ψ) $= \dfrac{x}{x_s} = \dfrac{0.622\dfrac{\phi P_s}{P - \phi P_s}}{0.622\dfrac{P_s}{P - P_s}}$

$= \phi\left(\dfrac{P - P_s}{P - \phi P_s}\right)[\%]$

09 멀티존유닛 공조방식에 대한 설명으로 옳은 것은?

① 이중덕트방식의 덕트공간을 천장 속에 확보할 수 없는 경우 적합하다.

② 멀티존방식은 비교적 존의 수가 대규모인 건물에 적합하다.

③ 각 실의 부하변동이 심해도 각 실에 대한 송풍량의 균형을 쉽게 맞춘다.

④ 냉풍과 온풍의 혼합 시 댐퍼의 조정은 실내압력에 의해 제어한다.

해설 멀티존유닛방식은 이중덕트방식의 덕트공간을 천장 속에 확보할 수 없는 경우 적합하다.

10 온수순환량이 560kg/h인 난방설비에서 방열기의 입구온도가 80℃, 출구온도가 72℃라고 하면 이때 실내에 발산하는 현열량은? (단, 물의 비열은 4.186kJ/kg · ℃이다.)

① 16254.28kJ/h　② 24254.28kJ/h

③ 18753.28kJ/h　④ 26254.28kJ/h

해설 $q_s = mC(t_2 - t_1) = 560 \times 4.186 \times (80 - 72)$
$= 18753.28$kJ/h

★
11 다음조건과 같은 병행류형 냉각코일의 대수평균온도차는?

공기온도	입구	32℃
	출구	18℃
냉수코일온도	입구	10℃
	출구	15℃

① 8.74℃　　②9.54℃

③ 12.33℃　④ 13.10℃

해설 $\Delta t_1 = t_1 - t_{w1} = 32 - 10 = 22℃$

$\Delta t_2 = t_2 - t_{w2} = 18 - 15 = 3℃$

$$\therefore LMTD = \frac{\Delta t_1 - \Delta t_2}{\ln\dfrac{\Delta t_1}{\Delta t_2}} = \frac{22 - 3}{\ln\dfrac{22}{3}} = 9.54℃$$

12 팬코일유닛방식의 배관방법에 따른 특징에 관한 설명으로 틀린 것은?

① 3관식에서는 손실열량이 타 방식에 비하여 거의 없다.

② 2관식에서는 냉난방의 동시운전이 불가능하다.

③ 4관식은 혼합손실은 없으나 배관의 양이 증가하여 공사비 등이 증가한다.

④ 4관식은 동시에 냉난방운전이 가능하다.

해설 3관식은 공급관(온수관, 냉수관)이 2개, 환수관이 1개인 방식으로 배관설비가 복잡하지만 개별제어가 가능하다. 환수관이 1개이므로 냉온수 혼합에 따른 열손실이 발생한다.

13 난방설비에 관한 설명으로 옳은 것은?

① 온수난방은 온수의 현열과 잠열을 이용한 것이다.

② 온풍난방은 온풍의 현열과 잠열을 이용한 것이다.

③ 증기난방은 증기의 현열을 이용한 대류난방이다.

④ 복사난방은 열원에서 나오는 복사에너지를 이용한 것이다.

해설 온수난방과 온풍난방은 현열을, 증기난방은 잠열을 이용한다.

★
14 콜드 드래프트(cold draft) 원인으로 틀린 것은?

① 인체 주위의 공기온도가 너무 낮을 때

② 인체 주위의 기류속도가 작을 때

③ 주위 벽면의 온도가 낮을 때

④ 주위 공기의 습도가 낮을 때

해설 콜드 드래프트의 원인
㉠ 인체 주위의 공기온도가 너무 낮을 때
㉡ 인체 주위의 기류속도가 너무 빠를 때
㉢ 주위 벽면의 온도가 낮을 때
㉣ 주위 공기의 습도가 낮을 때

★
15 기계환기 중 송풍기와 배풍기를 이용하며 대규모 보일러실, 변전실 등에 적용하는 환기법은?

① 1종 환기   ② 2종 환기

③ 3종 환기   ④ 4종 환기

해설 ② 제2종 환기법(압입식) : 강제급기+자연배기, 송풍기 설치, 반도체공장, 무균실, 창고 등에 적용
③ 제3종 환기법(흡출식) : 자연급기+강제배기, 배풍기 설치, 화장실, 부엌, 흡연실 등에 적용
④ 제4종 환기법(자연식) : 자연급기+자연배기

16 유인유닛(IDU)방식에 대한 설명으로 틀린 것은?

① 각 유닛마다 제어가 가능하므로 개별실 제어가 가능하다.

② 송풍량이 많아서 외기냉방효과가 크다.

③ 냉각, 가열을 동시에 하는 경우 혼합손실이 발생한다.

④ 유인유닛에는 동력배선이 필요 없다.

해설 유인유닛방식(induction unit system)
㉠ 송풍량이 적어 외기냉방효과가 적음
㉡ 덕트스페이스가 적음
㉢ 유인비 3~4 정도

★
17 매 시간마다 50ton의 석탄을 연소시켜 압력 800kPa, 온도 500℃의 증기 320ton을 발생시키는 보일러의 효율은? (단, 급수엔탈피는 505kJ/kg, 발생증기엔탈피 3,402kJ/kg, 석탄의 저위발열량은 23,100kJ/kg이다.)

① 78%   ② 81%

③ 88%   ④ 92%

해설 $\eta_B = \dfrac{m_a(h_2 - h_1)}{H_L m_f} \times 100$

$= \dfrac{320 \times 10^3 \times (3,402 - 505)}{23,100 \times 50 \times 10^3} \times 100 = 80.26\%$

정답 12 ① 13 ④ 14 ② 15 ① 16 ② 17 ②

★
18 습공기선도에서 상태점 A의 노점온도를 읽는 방법으로 옳은 것은?

① 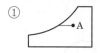　②

③ 　④

해설 **습공기선도**
① 건구온도, ② 비체적(비용적), ③ 노점온도, ④ 습구온도, ⑤ 엔탈피 표지선, ⑥ 절대습도, ⑦ 상대습도

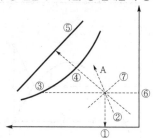

19 온풍난방의 특징으로 틀린 것은?
① 실내온도분포가 좋지 않아 쾌적성이 떨어진다.
② 보수, 취급이 간단하고 취급에 자격자를 필요로 하지 않는다.
③ 설치면적이 적어서 설치장소에 제한이 없다.
④ 열용량이 크므로 착화 즉시 난방이 어렵다.

해설 **온풍난방**
㉠ 실내온도분포가 좋지 않아 쾌적성이 떨어진다.
㉡ 보수, 취급이 간단하고 취급에 자격자를 필요로 하지 않는다.
㉢ 설치면적이 적어서 설치장소에 제한이 없다(열효율이 높다).
㉣ 열용량이 작으므로 착화 즉시 난방이 용이하다.
㉤ 송풍동력이 펌프에 비해 크다(설비가 비싸다).

★
20 실내에 존재하는 습공기의 전열량에 대한 현열량의 비율을 나타낸 것은?
① 바이패스 팩터　② 열수분비
③ 현열비　　　　④ 잠열비

해설 현열비$(SHF) = \dfrac{\text{습공기 현열량}(q_s)}{\text{습공기 전열량}(q_t)} = \dfrac{q_s}{q_s + q_L}$

2　**냉동공학**

★
21 압축기에서 축동력이 400kW이고 도시동력은 350kW일 때 기계효율은?
① 75.5%　　② 79.5%
③ 83.5%　　④ 87.5%

해설 기계효율$(\eta_m) = \dfrac{\text{도시동력}}{\text{축동력}} \times 100$

$= \dfrac{350}{400} \times 100$

$= 87.5\%$

22 절대압력 20bar의 가스 10L가 일정한 온도 10℃에서 절대압력 1bar까지 팽창할 때의 출입한 열량은? (단, 가스는 이상기체로 간주한다.)
① 55kJ　　② 60kJ
③ 65kJ　　④ 70kJ

해설 등온변화 시
$Q = P_1 V_1 \ln \dfrac{P_1}{P_2} = 20 \times 10^2 \times 10 \times 10^{-3} \times \ln \dfrac{20}{1}$

$= 60\text{kJ}$

참고 1bar$= 10^5$Pa$(= \text{N/m}^2) = 100$kPa
1L$= 10^{-3}\text{m}^3$, 1m$^3 = 1{,}000$L

★
23 역카르노사이클에서 고열원을 T_H, 저열원을 T_L이라 할 때 성능계수를 나타내는 식으로 옳은 것은?

① $\dfrac{T_H}{T_H - T_L}$　　② $\dfrac{T_L}{T_H - T_L}$

③ $\dfrac{T_H - T_L}{T_H}$　　④ $\dfrac{T_H - T_L}{T_L}$

해설 역카르노사이클(냉동기의 이상사이클)의 성능계수
$(COP)_R = \dfrac{T_L}{T_H - T_L}$

정답 **18** ①　**19** ④　**20** ③　**21** ④　**22** ②　**23** ②

부록
I

24 냉매가 암모니아일 경우는 주로 소형, 프레온일 경우에는 대용량까지 광범위하게 사용되는 응축기로 전열에 양호하고 설치면적이 적어도 되나 냉각관이 부식되기 쉬운 응축기는?

① 이중관식 응축기
② 입형 셸 앤 튜브식 응축기
③ 횡형 셸 앤 튜브식 응축기
④ 7통로식 횡형 셸 앤식 응축기

해설 횡형 셸 앤 튜브식 응축기는 냉매가 NH_3인 경우를 소형, 프레온일 경우는 대용량까지 사용되는 응축기로 전열이 양호하고, 설치면적이 적어도 되나 냉각관이 부식되기 쉽다.

★
25 냉매액이 팽창밸브를 지날 때 냉매의 온도, 압력, 엔탈피의 상태변화를 순서대로 올바르게 나타낸 것은?

① 일정, 감소, 일정
② 일정, 감소, 감소
③ 감소, 일정, 일정
④ 감소, 감소, 일정

해설 냉매액이 팽창밸브를 통과 시(교축팽창 시) 온도강하, 압력강하, 엔탈피는 일정하다. 비가역과정으로 엔트로피는 증가한다.

★
26 자연계에 어떠한 변화도 남기지 않고 일정 온도의 열을 계속해서 일로 변환시킬 수 있는 기관은 존재하지 않음을 의미하는 열역학법칙은?

① 열역학 제0법칙 ② 열역학 제1법칙
③ 열역학 제2법칙 ④ 열역학 제3법칙

해설 열역학 제2법칙(엔트로피 증가법칙, 방향성의 법칙, 비가역법칙)은 열효율이 100%인 기관은 존재할 수 없다는 의미의 열역학법칙이다.

27 다음 냉동기의 $T-S$선도 중 습압축사이클에 해당되는 것은?

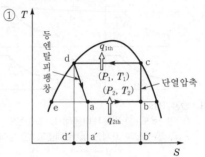

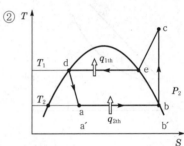

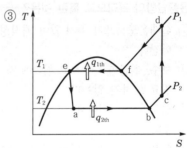

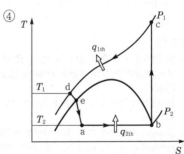

해설 $T-S$선도에서 습압축증기냉동사이클은 압축기 입구에서 냉매가 액(습)압축상태로 정답은 ①이다.
②, ④는 건압축증기냉동사이클이고, ③은 과열압축증기냉동사이클이다.

★
28 압축기의 클리어런스가 클 때 나타나는 현상으로 가장 거리가 먼 것은?

① 냉동능력이 감소한다.
② 체적효율이 저하한다.
③ 토출가스온도가 낮아진다.
④ 윤활유가 열화 및 탄화된다.

해설 압축기의 클리어런스(clearance)가 크면
㉠ 냉동능력이 감소한다.
㉡ 체적효율이 저하한다.
㉢ 토출가스온도가 높아진다.
㉣ 윤활유가 열화 및 탄화된다.

★
29 냉동장치의 냉매액관 일부에서 발생한 플래시가스가 냉동장치에 미치는 영향으로 옳은 것은?

① 냉매의 일부가 증발하면서 냉동유를 압축기로 재순환시켜 윤활이 잘 된다.
② 압축기에 흡입되는 가스에 액체가 혼입되어서 흡입체적효율을 상승시킨다.
③ 팽창밸브를 통과하는 냉매의 일부가 기체이므로 냉매의 순환량이 적어져 냉동능력을 감소시킨다.
④ 냉매의 증발이 왕성해짐으로써 냉동능력을 증가시킨다.

해설 플래시가스(flash gas) : 응축기에서 응축된 냉매액이 과냉각이 덜 되어 팽창밸브로 가는 도중에 액의 일부가 기체로 되므로 팽창밸브 직전에 액관의 감압현상이 나타나 냉매순환량이 감소하므로 증발온도 저하, 냉동효과 감소, 성능계수 감소, 냉동능력 감소, 압축비 증가 등이 나타난다.

30 왕복동압축기에서 −30∼−70℃ 정도의 저온을 얻기 위해서는 2단 압축방식을 채용한다. 그 이유로 틀린 것은?

① 토출가스의 온도를 높이기 위하여
② 윤활유의 온도 상승을 피하기 위하여
③ 압축기의 효율 저하를 막기 위하여
④ 성적계수를 높이기 위하여

해설 다단 압축의 목적
㉠ 토출가스온도를 낮추기 위하여
㉡ 윤활유의 온도 상승을 피하기 위하여
㉢ 압축기 등 각종 효율을 향상시키기 위하여
㉣ 성적계수를 높이기 위하여
㉤ 압축일량을 감소시키기 위하여

31 하루에 10ton의 얼음을 만드는 제빙장치의 냉동부하는? (단, 물의 온도는 20℃, 생산되는 얼음의 온도는 −5℃이며, 이때 제빙장치의 효율은 0.8이다.)

① 151,868kJ/h   ② 193,393kJ/h
③ 223,534kJ/h   ④ 306,415kJ/h

해설
$$Q_e = \frac{m(C_1\Delta t + \gamma_o + C_2\Delta t)}{\eta}$$

$$= \frac{\frac{10,000}{24} \times [4.186 \times (20-0) + 335 + 2.093 \times (0-(-5))]}{0.8}$$

$$\fallingdotseq 223,534\text{kJ/h}$$

★
32 상태 A에서 B로 가역단열변화를 할 때 상태변화로 옳은 것은? (단, S : 엔트로피, h : 엔탈피, T : 온도, P : 압력이다)

① $\Delta S = 0$ ② $\Delta h = 0$
③ $\Delta T = 0$ ④ $\Delta P = 0$

해설 ㉠ 가역단열변화($Q=0$) : 등엔트로피($\Delta S=0$)
㉡ 비가역단열변화($Q>0$) : 엔트로피 증가($\Delta S>0$)

33 다음 중 스크롤압축기에 관한 설명으로 틀린 것은?

① 인벌류트치형의 두 개의 맞물린 스크롤의 부품이 선회운동을 하면서 압축하는 용적형 압축기이다.
② 토크변동이 적고 압축요소의 미끄럼속도가 늦다.
③ 용량제어방식으로 슬라이드밸브방식, 리프트밸브방식 등이 있다.
④ 고정스크롤, 선회스크롤, 자전방지커플링, 크랭크축 등으로 구성되어 있다.

해설 용량제어방식 중 슬라이드밸브방식은 스크루압축기의 용량제어방식이다.

참고 스크롤압축기
• 균일한 흐름, 적은 소음, 진동이 거의 없다.
• 흡입밸브와 배기밸브가 필요 없으므로 압축하는 동안 가스흐름이 지속적으로 유지되며, 압축기의 효율은 왕복식에 비하여 통상 10∼15% 크다.

정답 28 ③ 29 ③ 30 ① 31 ③ 32 ① 33 ③

34 냉동장치의 운전 중에 저압이 낮아질 때 일어나는 현상이 아닌 것은?

① 흡입가스 과열 및 압축비 증대
② 증발온도 저하 및 냉동능력 증대
③ 흡입가스의 비체적 증가
④ 성적계수 저하 및 냉매순환량 감소

해설 냉동장치의 운전 중에 저압이 낮아질 때 일어나는 현상
㉠ 흡입가스 과열 및 압축비 증대
㉡ 증발온도 저하 및 냉동능력 감소
㉢ 흡입가스의 비체적 증가
㉣ 성적계수 저하 및 냉매순환량 감소

35 고온가스에 의한 제상 시 고온가스의 흐름을 제어하기 위해 사용되는 것으로 가장 적절한 것은?

① 모세관　　　　② 전자밸브
③ 체크밸브　　　④ 자동팽창밸브

해설 전자밸브(solenoid valve)는 전기적 조작에 의해 밸브 본체를 자동적으로 개폐하여 유량을 제어하는 밸브로 고온가스의 흐름제어에도 사용된다.

36 다음 냉동기의 안전장치와 가장 거리가 먼 것은?

① 가용전
② 안전밸브
③ 핫가스장치
④ 고·저압차단스위치

해설 냉동기의 안전장치 : 가용전, 안전밸브(safety valve), 고·저압차단스위치

37 응축기에 대한 설명으로 틀린 것은?

① 응축기는 압축기에서 토출한 고온가스를 냉각시킨다.
② 냉매는 응축기에서 냉각수에 의하여 냉각되어 압력이 상승한다.
③ 응축기에는 불응축가스가 잔류하는 경우가 있다.
④ 응축기 냉각관의 수측에 스케일이 부착되는 경우가 있다.

해설 냉매는 응축기에서 냉각수에 의하여 냉각되어 압력은 일정하고, 온도는 강하한다.

38 냉동장치의 부속기기에 관한 설명으로 옳은 것은?

① 드라이어필터는 프레온냉동장치의 흡입배관에 설치해 흡입증기 중의 수분과 찌꺼기를 제거한다.
② 수액기의 크기는 장치 내의 냉매순환량만으로 결정한다.
③ 운전 중 수액기의 액면계에 기포가 발생하는 경우는 다량의 불응축가스가 들어있기 때문이다.
④ 프레온냉매의 수분용해도는 작으므로 액배관 중에 건조기를 부착하면 수분 제거에 효과가 있다.

해설 ① 드라이어필터는 프레온냉동장치의 팽창밸브 직전 고압액관에 설치하여 수분과 이물질을 제거한다.
② 수액기의 액저장량은 냉동장치의 운전상태변화에 따라 증발기 내의 냉매량이 변화하여도 항상 액이 수액기 내에 잔류하여 장치의 운전을 원활하게 할 수 있는 용량이다.
③ 운전 중 수액기의 액면계에 기포가 발생하는 경우(과냉각이 불충분하거나 냉매량이 부족할 때)는 응축기 내의 응축된 냉매액의 온도가 수액기가 설치된 기계실의 온도보다 높기 때문이다.

39 일반적으로 냉동운송설비 중 냉동자동차를 냉각장치 및 냉각방법에 따라 분류할 때 그 종류로 가장 거리가 먼 것은?

① 기계식 냉동차
② 액체질소식 냉동차
③ 헬륨냉동식 냉동차
④ 축냉식 냉동차

해설 냉동차의 적재함 냉각방법에 따라 기계식, 액체질소식, 축냉식, 드라이아이식으로 구분한다.

★
40 비열에 관한 설명으로 옳은 것은?

① 비열이 큰 물질일수록 빨리 식거나 빨리 더워진다.

② 비열의 단위는 kJ/kg이다.

③ 비열이란 어떤 물질 1kg을 1℃ 높이는 데 필요한 열량을 말한다.

④ 비열비는 $\dfrac{정압비열}{정적비열}$로 표시되며, 그 값은 R-22가 암모니아가스보다 크다.

해설 비열(C)이란 어떤 물질 1kg을 1℃ 높이는 데 필요한 열량을 말한다.

참고 물의 비열(C)=1kcal/kg・℃=4.186kJ/kg・K

3 배관 일반

41 배수설비에 대한 설명으로 옳은 것은?

① 소규모 건물에서의 빗물 수직관은 통기관으로 사용 가능하다.

② 회로통기방식에서 통기되는 기구의 수는 9개 이상으로 한다.

③ 배수관에 트랩의 봉수를 보호하기 위해 통기관을 설치한다.

④ 배수트랩의 봉수깊이는 5~10mm 정도가 이상적이다.

해설 ① 소규모 건물에서의 빗물 수직관은 통기관으로 사용 불가능하다(통기관과 연결해서는 안 된다).
② 회로통기방식은 기구수를 2~8개 이하로 하고 트랩을 일괄하여 통기하는 방식으로, 통기관의 길이는 7.5m 이내로 한다.
④ 배수트랩의 봉수깊이는 50~100mm이다.

42 고가탱크급수방식의 특징에 관한 설명으로 틀린 것은?

① 항상 일정한 수압으로 급수할 수 있다.

② 수압의 과대 등에 따른 밸브류 등 배관 부속품의 파손이 적다.

③ 취급이 비교적 간단하고 고장이 적다.

④ 탱크는 기밀 제작이므로 값이 싸진다.

해설 고가탱크(옥상탱크)급수방식은 옥상에 탱크를 설치하여 중력에 의해 급수하는 방식으로 고가수조와 저수조가 설치되어 설비비가 비싸고 수질오염이 큰 방식이다.

★
43 급탕배관 시공 시 고려할 사항이 아닌 것은?

① 배관구배

② 관의 신축

③ 배관재료의 선택

④ 청소구의 설치장소

해설 급탕배관 시공 시 배관구배, 관의 신축, 배관재료, 배관지지 등을 고려해야 한다.

44 통기관의 종류가 아닌 것은?

① 각개통기관　　② 루프통기관

③ 신정통기관　　④ 분해통기관

해설 **통기관의 종류**
㉠ 각개통기관 : 가장 좋은 방법, 위생기구 1개마다 통기관 1개 설치(1 : 1), 관경 32A
㉡ 루프통기관(환상, 회로) : 위생기구 2~8개의 트랩봉수 보호, 총길이 7.5m 이하, 관경 40A 이상
㉢ 도피통기관 : 8개 이상의 트랩봉수 보호, 배수수직관과 가장 가까운 배수관의 접속점 사이에 설치
㉣ 습식통기관(습윤) : 배수와 통기를 하나의 배관으로 설치
㉤ 신정통기관 : 배수수직관 최상단에 설치하여 대기 중에 개방
㉥ 결합통기관 : 통기수직관과 배수수직관을 연결, 5개 층마다 설치, 관경 50A 이상

★
45 증기난방의 단관 중력환수식 배관에서 증기와 응축수가 동일한 방향으로 흐르는 순류관의 구배로 적당한 것은?

① 1/50~1/100　　② 1/100~1/200

③ 1/150~1/250　　④ 1/200~1/300

해설 수평주관은 상향공급관(순류관)일 때 1/100~1/200 끝내림구배를, 하향공급관(역류관)일 때 1/50~1/100 끝내림구배를 한다.

참고 증기주관은 응축수가 체류하지 않도록 순구배로 한다.

★
46 다음 중 무기질 보온재가 아닌 것은?

① 암면　　　　② 펠트

③ 규조토　　　④ 탄산마그네슘

정답 40 ③ 41 ③ 42 ④ 43 ④ 44 ④ 45 ② 46 ②

해설 보온재
　㉠ 유기질 : 펠트(felt), 텍스류, 코르크, 기포성 수지
　㉡ 무기질 : 석면(아스베스토스), 암면, 규조토, 탄산마그
　　네슘, 유리섬유(glass wool), 세라믹 화이버 등

47 다음 중 네오프렌패킹을 사용하기에 가장 부적절한 배관은?

　① 15℃의 배수배관
　② 60℃의 급수배관
　③ 100℃의 급탕배관
　④ 180℃의 증기배관

해설 네오프렌은 합성고무로써 내열범위가 −46~121℃이며 증기배관에는 사용하지 않는다.

★
48 암모니아냉동설비의 배관으로 사용하기에 가장 부적절한 배관은?

　① 이음매 없는 동관
　② 저온배관용 강관
　③ 배관용 탄소강강관
　④ 배관용 스테인리스강관

해설 암모니아냉매는 동관을 부식시키므로 강관(SPPS)을 사용하며, 프레온냉매는 이음매 없는 동관을 사용한다.

49 도시가스 입상관에 설치하는 밸브는 바닥으로부터 몇 m 범위에 설치해야 하는가? (단, 보호상자에 설치하는 경우는 제외한다)

　① 0.5m 이상 1m 이내
　② 1m 이상 1.5m 이내
　③ 1.6m 이상 2m 이내
　④ 2m 이상 2.5m 이내

해설 입상관의 밸브는 바닥에서 1.6~2m 이내에 설치할 것(단, 보호상자에 설치하는 경우는 제외)

★
50 유체를 일정 방향으로만 흐르게 하고 역류하는 것을 방지하기 위해 설치하는 밸브는?

　① 3방밸브　　　　② 안전밸브
　③ 게이트밸브　　　④ 체크밸브

해설 체크밸브(check valve)는 유체를 일정 방향(한쪽 방향)으로만 흐르게 하고 역류하는 것을 방지하는 밸브이다.

★
51 다음 중 강관접합법으로 틀린 것은?

　① 나사접합　　　　② 플랜지접합
　③ 압축접합　　　　④ 용접접합

해설 압축이음(플레어이음)은 20mm 이하인 동관이음법이다.
참고 강관접합방법 : 나사이음, 용접이음, 플랜지이음

52 압력탱크식 급수방법에서 압력탱크 설계요소로 가장 거리가 먼 것은?

　① 필요압력　　　　② 탱크의 용적
　③ 펌프의 양수량　　④ 펌프의 운전방법

해설 압력탱크 설계요소
　㉠ 필요압력(P_1(최고층 수전에 해당하는 압력), P_2(기구별 소요압력), P_3(관 내 손실수두))
　㉡ 압력탱크의 용적
　㉢ 펌프의 양수량

53 압축공기배관 시공 시 일반적인 주의사항으로 틀린 것은?

　① 공기공급배관에는 필요한 개소에 드레인용 밸브를 장착한다.
　② 주관에서 분기관을 취출할 때에는 관의 하단에 연결하여 이물질 등을 제거한다.
　③ 용접개소는 가급적 적게 하고 라인의 중간 중간에 여과기를 장착하여 공기 중에 섞인 먼지 등을 제거한다.
　④ 주관 및 분기관의 관 끝에는 과잉의 압력을 제거하기 위한 불어내기(blow)용 게이트밸브를 설치한다.

해설 주관에서 지관 또는 분기관을 취출할 때는 관의 상부에 연결하여 이물질 등을 제거한다.

★
54 캐비테이션현상의 발생조건으로 옳은 것은?

　① 흡입양정이 작을 경우 발생한다.
　② 액체의 온도가 낮을 경우 발생한다.
　③ 날개차의 원주속도가 작을 경우 발생한다.
　④ 날개차의 모양이 적당하지 않을 경우 발생한다.

정답 47 ④　48 ①　49 ③　50 ④　51 ③　52 ④　53 ②　54 ④

해설 캐비테이션현상의 발생조건
㉠ 흡입양정(suction head)이 클 경우
㉡ 액체의 온도가 높을 경우
㉢ 날개의 원주속도가 클 경우
㉣ 날개차의 모양이 적당하지 않을 경우

★
55 건물의 시간당 최대 예상급탕량이 2,000kg/h
일 때 도시가스를 사용하는 급탕용 보일러에서
필요한 가스소모량은? (단, 급탕온도 60℃, 급
수온도 20℃, 도시가스발열량 15,000kJ/kg,
보일러효율이 95%이며, 열손실 및 예열부하는
무시한다.)

① 23.5kg/h　　　② 26.5kg/h
③ 27.5kg/h　　　④ 28.5kg/h

해설 $\eta_B = \dfrac{mC(t_2 - t_1)}{H_L\,G_f} \times 100[\%]$

$\therefore\ m_f = \dfrac{mC(t_2 - t_1)}{H_L\,\eta_B} = \dfrac{2,000 \times 4.186 \times (60-20)}{15,000 \times 0.95}$

$= 23.5\mathrm{kg/h}$

56 냉동장치의 안전장치 중 압축기로의 흡입압
력이 소정의 압력 이상이 되었을 경우 과부하
에 의한 압축기용 전동기의 위험을 방지하기
위하여 설치되는 밸브는?

① 흡입압력조정밸브
② 증발압력조정밸브
③ 정압식 자동팽창밸브
④ 저압측 플로트밸브

해설 흡입압력조정밸브(SPR)는 압축기로의 흡입압력이 소정
의 압력 이상이 되었을 경우 과부하에 의한 압축기용 전
동기의 위험을 방지한다.

57 2가지 종류의 물질을 혼합하면 단독으로 사용
할 때보다 더 낮은 융해온도를 얻을 수 있는
혼합제를 무엇이라고 하는가?

① 부취제　　　　② 기한제
③ 브라인　　　　④ 에멀션

해설 눈 또는 얼음과 염류 및 산류와의 혼합제를 기한제라고
하는데, 혼합속도가 빨라 융해열을 미처 주위로부터 흡
수하지 못하고 스스로의 열량으로 소비하게 되어 저온
이 된다.

58 증기난방설비에 있어서 응축수탱크에 모아진
응축수를 펌프로 보일러에 환수시키는 환수
방법은?

① 중력환수식　　　② 기계환수식
③ 진공환수식　　　④ 지역환수식

해설 기계환수식은 펌프를 설치하여 응축수를 보일러에 강제
로 환수하는 방법이다.

★
59 다음 중 동일 조건에서 열전도율이 가장 큰 관
은?

① 알루미늄관　　　② 강관
③ 동관　　　　　　④ 연관

해설 열전도율(W/m·K) : 동관(372)>알루미늄관(203)>강
관(50)>연관(35)

★
60 다음 도면 표시기호는 어떤 방식인가?

① 5쪽짜리 횡형 벽걸이 방열기
② 5쪽짜리 종형 벽걸이 방열기
③ 20쪽짜리 길드 방열기
④ 20쪽짜리 대류 방열기

해설 ㉠ 상단 : 방열기 쪽수(5쪽)
㉡ 중단 : 종류(형식)(W(벽걸이형)−H(횡형))
㉢ 하단 : 유입관경×유출관경(20mm×20mm)

4 **전기제어공학**

★
61 공업공정의 제어량을 제어하는 것은?

① 비율제어　　　　② 정치제어
③ 프로세스제어　　④ 프로그램제어

해설 공업공정의 제어량을 제어하는 것은 프로세스제어이다.

정답 55 ① 56 ① 57 ② 58 ② 59 ③ 60 ① 61 ③

부록
I

★
62 출력의 변동을 조정하는 동시에 목표값에 정확히 추종하도록 설계한 제어계는?

① 추치제어   ② 안정제어

③ 타력제어   ④ 프로세서제어

[해설] 추치제어(서보제어) : 출력의 변동을 조정하는 동시에 목표값에 정확히 추종하도록 설계한 제어

★
63 시퀀스제어에 관한 설명 중 틀린 것은?

① 조합논리회로도 사용된다.

② 시간지연요소도 사용된다.

③ 유접점계전기만 사용된다.

④ 제어결과에 따라 조작이 자동적으로 이행된다.

[해설] 시퀀스제어는 조합논리회로, 시간지연요소, 기계적 계전기를 사용하며, 제어결과에 따라 조작이 자동적으로 이행한다.

[참고] 시퀀스제어
- 유접점제어 : 릴레이전자계전기 등의 소자를 사용하여 제어하는 방식
- 무접점제어 : 트랜지스터, 다이오드 등의 반도체스위칭소자를 사용해서 제어하는 방식

★
64 60Hz, 6극 3상 유도전동기의 전부하에 있어서의 회전수가 1,164rpm이다. 슬립은 약 몇 %인가?

① 2   ② 3

③ 5   ④ 7

[해설] $N_s = \dfrac{120f}{P} = \dfrac{120 \times 60}{6} = 1,200 \text{rpm}$

$\therefore s = \left(1 - \dfrac{N}{N_s}\right) \times 100 = \left(1 - \dfrac{1,164}{1,200}\right) \times 100 = 3\%$

65 입력으로 단위계단함수 $u(t)$를 가했을 때 출력이 다음 그림과 같은 동작은?

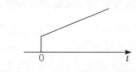

① P동작   ② PD동작

③ PI동작   ④ 2위치 동작

[해설] PI(비례적분제어)동작에서 단위계단함수(unit step function)는 0보다 작은 실수에 대해서 0, 0보다 큰 실수에 대해서 1, 0에 대해서 1/2의 값을 갖는 함수이다. 이 함수는 신호처리 분야에서 자주 사용된다.

★
66 50Hz에서 회전하고 있는 2극 유도전동기의 출력이 20kW일 때 전동기의 토크는 약 몇 N·m인가?

① 48   ② 53

③ 64   ④ 84

[해설] $T = \dfrac{\text{출력}}{\omega} = \dfrac{\text{출력}}{2\pi f} = \dfrac{20 \times 10^3}{2\pi \times 50} = 64 \text{N} \cdot \text{m}$

67 운동계의 각속도 ω는 전기계의 무엇과 대응되는가?

① 저항   ② 전류

③ 인덕턴스   ④ 커패시턴스

[해설] 회전운동계의 각속도(ω)는 전기계의 전류(I)와 직선운동계의 속도(V)와 관계있다.

★
68 반지름 1.5mm, 길이 2km인 도체의 저항이 32 Ω이다. 이 도체가 지름이 6mm, 길이가 500m로 변할 경우 저항은 몇 Ω이 되는가?

① 1   ② 2

③ 3   ④ 4

[해설] $R = \rho \dfrac{l}{A} [\Omega]$에서 도체의 고유저항은 일정하므로

$\dfrac{R_2}{R_1} = \dfrac{l_2}{l_1}\left(\dfrac{r_1}{r_2}\right)^2$

$\therefore R_2 = R_1\left(\dfrac{l_2}{l_1}\right)\left(\dfrac{r_1}{r_2}\right)^2 = 32 \times \dfrac{500}{2,000} \times \left(\dfrac{1.5}{3}\right)^2 = 2\,\Omega$

★
69 다음 그림의 선도 중 가장 임계 안정한 것은?

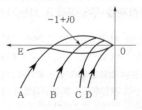

① A   ② B

③ C   ④ D

[정답] 62 ① 63 ③ 64 ② 65 ③ 66 ③ 67 ② 68 ② 69 ④

해설 극점이 허수축상에 있으면 임계 안정이다.

참고
- B : 불안정한 계
- C : 안정한 제어계

★
70 8Ω, 12Ω, 20Ω, 30Ω 의 4개 저항을 병렬로 접속할 때 합성저항은 약 몇 Ω 인가?

① 2.0 ② 2.35
③ 3.43 ④ 3.8

해설 $R = \dfrac{1}{\dfrac{1}{R_1}+\dfrac{1}{R_2}+\dfrac{1}{R_3}+\dfrac{1}{R_4}} = \dfrac{1}{\dfrac{1}{8}+\dfrac{1}{12}+\dfrac{1}{20}+\dfrac{1}{30}}$
$= 3.43\,\Omega$

★
71 연료의 유량과 공기의 유량과의 관계비율을 연소에 적합하게 유지하고자 하는 제어는?

① 비율제어 ② 시퀀스제어
③ 프로세서제어 ④ 프로그램제어

해설 연료의 유량과 공기의 유량과의 관계비율을 연소에 적합하게 유지하고자 하는 제어는 비율제어이다.

72 다음 그림과 같은 Y결선회로와 등가인 Δ 결선회로의 Z_{ab}, Z_{bc}, Z_{ca} 값은?

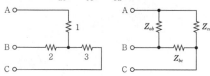

① $Z_{ab} = \dfrac{11}{3}$, $Z_{bc} = 11$, $Z_{ca} = \dfrac{11}{2}$

② $Z_{ab} = \dfrac{7}{3}$, $Z_{bc} = 7$, $Z_{ca} = \dfrac{7}{2}$

③ $Z_{ab} = 11$, $Z_{bc} = \dfrac{11}{2}$, $Z_{ca} = \dfrac{11}{3}$

④ $Z_{ab} = 7$, $Z_{bc} = \dfrac{7}{2}$, $Z_{ca} = \dfrac{7}{3}$

해설
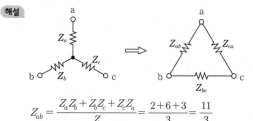

$Z_{ab} = \dfrac{Z_a Z_b + Z_b Z_c + Z_c Z_a}{Z_c} = \dfrac{2+6+3}{3} = \dfrac{11}{3}$

$Z_{bc} = \dfrac{Z_a Z_b + Z_b Z_c + Z_c Z_a}{Z_a} = \dfrac{2+6+3}{1} = 11$

$Z_{ca} = \dfrac{Z_a Z_b + Z_b Z_c + Z_c Z_a}{Z_b} = \dfrac{2+6+3}{2} = \dfrac{11}{2}$

73 회전 중인 3상 유도전동기의 슬립이 1이 되면 전동기 속도는 어떻게 되는가?

① 불변이다.
② 정지한다.
③ 무구속속도가 된다.
④ 동기속도와 같게 된다.

해설 속도 $N = (1-s)N_s$ 일 때 $s=1$이면 $N=0$, 즉 정지한다.

참고 유도전동기의 슬립(s)
- $s=0$: 회전자가 동기속도로 회전
- $s=1$: 회전자 정지
- $s<0$: 유도발전기
- $s>1$: 유도제동

★
74 다음 그림과 같은 시스템의 등가합성전달함수는?

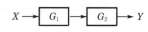

① $G_1 + G_2$ ② $\dfrac{G_1}{G_2}$
③ $G_1 - G_2$ ④ $G_1 G_2$

해설 $Y = G_1 G_2 X$
$\therefore G = \dfrac{Y}{X} = G_1 G_2$

★
75 단위피드백계에서 $\dfrac{C}{R}=1$, 즉 입력과 출력이 같다면 전향전달함수 $|G|$의 값은?

① $|G|=1$ ② $|G|=0$
③ $|G|=\infty$ ④ $|G|=\sqrt{2}$

해설 입력과 출력이 같다면 $|G|=\infty$이다.

★
76 논리함수 $X = A + AB$를 간단히 하면?

① $X=A$ ② $X=B$
③ $X=AB$ ④ $X=A+B$

해설 $X = A + AB = A(1+B) = A(1+0) = A$

★
77 정현파 전파정류전압의 평균값이 119V이면 최대값은 약 몇 V인가?

① 119 ② 187
③ 238 ④ 357

해설 $V_a = \dfrac{2}{\pi} V_m$

$\therefore V_m = \dfrac{\pi}{2} V_a = \dfrac{\pi}{2} \times 119 ≒ 187V$

78 전기력선의 기본성질에 관한 설명으로 틀린 것은?

① 전기력선의 밀도는 전계의 세기와 같다.
② 전기력선의 방향은 그 점의 전계의 방향과 일치한다.
③ 전기력선은 전위가 높은 점에서 낮은 점으로 향한다.
④ 전기력선은 부전하에서 시작하여 정전하에서 그친다.

해설 전기력선은 정전하(+)에서 시작하여 부전하(−)에서 그친다.

★
79 다음 ( ) 안의 ⓐ, ⓑ에 대한 내용으로 옳은 것은?

> 근궤적은 $G(s)H(s)$의 (ⓐ)에서 출발하여 (ⓑ)에서 종착한다.

① ⓐ 영점, ⓑ 극점
② ⓐ 극점, ⓑ 영점
③ ⓐ 분지점, ⓑ 극점
④ ⓐ 극점, ⓑ 분지점

해설 근궤적은 $G(s)H(s)$의 극점에서 출발하여 영점에서 종착한다.

★
80 무효전력을 나타내는 단위는?

① VA ② W
③ Var ④ Wh

해설 ① VA : 피상전력
② W : 유효전력(소비전력)
④ Wh : 전력량

Air-Conditioning Refrigerating Machinery

4

2017. 3. 5. 시행
공조냉동기계산업기사

1 공기조화

01 전공기방식에 의한 공기조화의 특징에 관한 설명으로 틀린 것은?

① 실내공기의 오염이 적다.

② 계절에 따라 외기냉방이 가능하다.

③ 수배관이 없기 때문에 물에 의한 장치부식 및 누수의 염려가 없다.

④ 덕트가 소형이라 설치공간이 줄어든다.

해설 전공기방식은 덕트가 대형화됨에 따라 차지하는 공간도 커진다(대형 공조실을 필요로 한다).

02 실내 취득 현열량 및 잠열량이 각각 3,000W, 1,000W, 장치 내 취득열량이 550W이다. 실내온도를 25℃로 냉방하고자 할 때 필요한 송풍량은 약 얼마인가? (단, 취출구온도차는 10℃이다.)

① 105.6L/s ② 150.8L/s

③ 295.8L/s ④ 346.6L/s

해설 $Q_s = \rho Q C_p \Delta t$

$\therefore Q = \dfrac{Q_s}{\rho C_p \Delta t} = \dfrac{3,000 + 550}{1.2 \times 1.0046 \times 10} = 294.48 \text{L/s}$

참고 송풍량은 현열부하(실내 취득 현열량과 장치 내 취득열량)만으로 계산하는 것에 주의할 것(잠열량은 고려하지 않음)!

03 배관계통에서 유량은 다르더라도 단위길이당 마찰손실이 일정하도록 관경을 정하는 방법은?

① 균등법 ② 정압재취득법

③ 등마찰손실법 ④ 등속법

해설 등마찰손실법(등압법)은 덕트의 단위길이(1m)당 마찰손실값을 사용하여 덕트의 치수를 결정하는 방법이다.

04 냉방 시의 공기조화과정을 나타낸 것이다. 다음 그림과 같은 조건일 경우 냉각코일의 바이패스 팩터는? (단, ① 실내공기의 상태점, ② 외기의 상태점, ③ 혼합공기의 상태점, ④ 취출공기의 상태점, ⑤ 코일의 장치노점온도이다.)

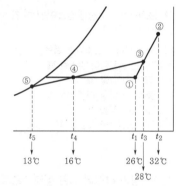

① 0.15 ② 0.20

③ 0.25 ④ 0.30

해설 $BF = \dfrac{t_4 - t_5}{t_3 - t_5} = \dfrac{16 - 13}{28 - 13} = 0.2$

05 단일덕트방식에 대한 설명으로 틀린 것은?

① 단일덕트 정풍량방식은 개별제어에 적합하다.

② 중앙기계실에 설치한 공기조화기에서 조화한 공기를 주덕트를 통해 각 실내로 분배한다.

③ 단일덕트 정풍량방식에서는 재열을 필요로 할 때도 있다.

④ 단일덕트방식에서는 큰 덕트스페이스를 필요로 한다.

해설 정풍량 단일덕트방식(CAV)은 송풍기의 동력이 커져 에너지 소비가 크므로 개별제어가 곤란하다.

정답 01 ④ 02 ③ 03 ③ 04 ② 05 ①

부록 I

06 ★ 바이패스 팩터에 관한 설명으로 틀린 것은?

① 공기가 공기조화기를 통과할 경우 공기의 일부가 변화를 받지 않고 원상태로 지나쳐 갈 때 이 공기량과 전체 통과공기량에 대한 비율을 나타낸 것이다.

② 공기조화기를 통과하는 풍속이 감소하면 바이패스 팩터는 감소한다.

③ 공기조화기의 코일열수 및 코일표면적이 작을 때 바이패스 팩터는 증가한다.

④ 공기조화기의 이용 가능한 전열표면적이 감소하면 바이패스 팩터는 감소한다.

해설 공기조화의 이용 가능한 전열표면적이 감소하면 바이패스 팩터는 증가한다.

참고 바이패스 팩터가 감소되는 경우
• 통과하는 송풍량이 감소될 때
• 전열표면적이 클 때
• 코일열수가 많을 때(증가할 때)
• 코일간격이 작을 때
• 장치의 노점온도가 높을 때

07 온수난방의 특징에 대한 설명으로 틀린 것은?

① 증기난방보다 상하온도차가 적고 쾌감도가 크다.

② 온도조절이 용이하고 취급이 증기보일러보다 간단하다.

③ 예열시간이 짧다.

④ 보일러 정지 후에도 실내난방은 여열에 의해 어느 정도 지속된다.

해설 온수난방은 열용량이 커서 예열시간이 길다.

08 실내온도분포가 균일하여 쾌감도가 좋으며 화상의 염려가 없고 방을 개방하여도 난방효과가 있는 난방방식은?

① 증기난방 ② 온풍난방
③ 복사난방 ④ 대류난방

해설 복사난방은 실내온도분포가 균일하여 쾌감도가 가장 좋은 난방방식이다.

09 ★ 풍량 450m³/min, 정압 50mmAq, 회전수 600rpm인 다익송풍기의 소요동력은? (단, 송풍기의 효율은 50%이다.)

① 3.5kW ② 7.4kW
③ 11kW   ④ 15kW

해설 소요동력 $= \dfrac{P_t Q}{102 \times 60 \eta_f} = \dfrac{50 \times 450}{102 \times 60 \times 0.5}$
$≒ 7.4\text{kW}$

별해 $P_t = 50\text{mmAq} = 0.49\text{kPa}$

∴ 소요동력 $= \dfrac{P_t Q}{\eta_f} = \dfrac{0.49 \times \dfrac{450}{60}}{0.5}$
$≒ 7.4\text{kW}$

10 유인유닛방식의 특징으로 틀린 것은?

① 개별제어가 가능하다.

② 중앙공조기는 1차 공기만 처리하므로 규모를 줄일 수 있다.

③ 유닛에는 동력배선이 필요하지 않다.

④ 송풍량이 적어서 외기냉방의 효과가 크다.

해설 유인유닛방식은 송풍량이 적어 외기냉방효과가 적으며 수배관으로 인해 누수 우려가 있다.

11 흡수식 냉동기에서 흡수기의 설치위치는?

① 발생기와 팽창밸브 사이
② 응축기와 증발기 사이
③ 팽창밸브와 증발기 사이
④ 증발기와 발생기 사이

해설 흡수식 냉동기에서 흡수기는 증발기와 발생기(재생기) 사이에 설치한다.

12 여름철을 제외한 계절에 냉각탑을 가동하면 냉각탑 출구에서 흰색 연기가 나오는 현상이 발생할 때가 있다. 이 현상을 무엇이라고 하는가?

① 스모그(smog)현상
② 백연(白煙)현상
③ 굴뚝(stack effect)현상
④ 분무(噴霧)현상

정답 06 ④ 07 ③ 08 ③ 09 ② 10 ④ 11 ④ 12 ②

해설 **백연현상**

㉠ 여름철을 제외한 계절에 냉각탑을 가동하면 냉각탑 출구에서 흰색 연기가 나오는 현상

㉡ 냉각탑 출구에서 고온 다습한 습포화증기가 중간기 및 겨울철에 차가운 대기와 혼합되는 과정에서 재응축이 일어나는 현상

13 공기의 상태를 표시하는 용어와 단위의 연결로 틀린 것은?

① 절대습도 : kg′/kg

② 상대습도 : %

③ 엔탈피 : kJ/m³ · ℃

④ 수증기분압 : mmHg

해설 ㉠ 엔탈피(H) $= U + pV$ [kJ/kg]

㉡ 비엔탈피(h) $= \dfrac{H}{m} = u + pv = u + \dfrac{p}{\rho}$[kJ/kg]

★
14 온도 30℃, 절대습도 0.0271kg′/kg인 습공기의 엔탈피는?

① 374.98kJ/kg

② 200.43kJ/kg

③ 99.39kJ/kg

④ 50.15kJ/kg

해설 $h = C_p t + (\gamma_o + C_{pw} t)x$

$= (1.0046 \times 30) + (2,500 + 1.85 \times 30) \times 0.0271$

$= 99.39\text{kJ/kg}$

15 팬코일유닛에 대한 설명으로 옳은 것은?

① 고속덕트로 들어온 1차 공기를 노즐에 분출시킴으로써 주위의 공기를 유인하여 팬코일로 송풍하는 공기조화기이다.

② 송풍기, 냉온수코일, 에어필터 등을 케이싱 내에 수납한 소형의 실내용 공기조화기이다.

③ 송풍기, 냉동기, 냉온수코일 등을 기내에 조립한 공기조화기이다.

④ 송풍기, 냉동기, 냉온수코일, 에어필터 등을 케이싱 내에 수납한 소형의 실내용 공기조화기이다.

해설 팬코일유닛(FCU)은 송풍기, 여과기(필터), 냉온수가열코일 등을 케이싱에 수납한 것으로 소형의 실내용 공기조화기이다.

16 공기조화장치의 열운반장치가 아닌 것은?

① 펌프

② 송풍기

③ 덕트

④ 보일러

해설 **공조설비의 구성**

㉠ 열원장치 : 보일러, 냉동기, 히트펌프, 흡수식 냉온수기

㉡ 열운반장치 : 펌프, 배관, 송풍기, 덕트

㉢ 공조장치 : 냉각기, 가열기, 가습기, 감습기

㉣ 자동제어장치 : 온도 및 습도제어

★
17 수관식 보일러에 관한 설명으로 틀린 것은?

① 보일러의 전열면적이 넓어 증발량이 많다.

② 고압에 적당하다.

③ 비교적 자유롭게 전열면적을 넓힐 수 있다.

④ 구조가 간단하여 내부청소가 용이하다.

해설 수관식 보일러는 같은 크기의 다른 보일러에 비해 전열면적이 크고 증기 발생이 빠르며 고압증기를 만들기 쉬운 대용량의 보일러이다. 단, 구조가 복잡하여 내부청소가 어려우면 제작이 까다로워 가격이 비싸다.

18 다수의 전열판을 겹쳐놓고 볼트로 연결시킨 것으로 판과 판 사이를 유체가 지그재그로 흐르면서 열교환이 이루어지고 열교환능력이 매우 높아 필요설치면적이 좁고 전열판의 증감으로 기기용량의 변동이 용이한 열교환기는?

① 플레이트형 열교환기

② 스파이럴형 열교환기

③ 원통다관형 열교환기

④ 회전형 전열교환기

해설 플레이트형 열교환기는 스테인리스강판에 리브형 홈을 만들어 합성고무와 개스킷으로 수밀을 하여 물-물교환기로 지역난방 등에서 많이 사용된다.

★
19 축열시스템의 특징에 관한 설명으로 옳은 것은?

① 피크컷(peak cut)에 의해 열원장치의 용량이 증가한다.
② 부분부하운전에 쉽게 대응하기가 곤란하다.
③ 도시의 전력수급상태 개선에 공헌한다.
④ 야간운전에 따른 관리인건비가 절약된다.

[해설] 축열시스템
㉠ 냉동기와 보일러 등과 같이 공조기와 열원기기 사이에 축열조를 둔 열원방식이다.
㉡ 저장된 열에너지를 건물의 냉난방에 활용하고 피크시간대의 전력사용량을 분산시킴으로써 전력수요관리기능을 가지며, 이를 통해 예비전력 생산에 소요되는 비용을 줄일 수 있다.

★
20 염화리튬, 트리에틸렌글리콜 등의 액체를 사용하여 감습하는 장치는?

① 냉각감습장치   ② 압축감습장치
③ 흡수식 감습장치 ④ 세정식 감습장치

[해설] 흡수식 감습장치는 염화리튬(LiCl), 트리에틸렌글리콜 등의 액체흡수제를 사용하므로 연속적이고 대용량에 적합하다.

2 냉동공학

21 정압식 팽창밸브는 무엇에 의하여 작동하는가?
① 응축압력
② 증발기의 냉매과냉도
③ 응축온도
④ 증발압력

[해설] 증발압력에 의해 작동되는 정압식 팽창밸브는 압력이 낮으면 열리고, 높으면 닫힌다.

★
22 브라인의 구비조건으로 틀린 것은?
① 비열이 크고 동결온도가 낮을 것
② 점성이 클 것
③ 열전도율이 클 것
④ 불연성이며 불활성일 것

[해설] 브라인의 구비조건
㉠ 비열이 크고, 응고점은 낮을 것
㉡ 점도가 작을 것
㉢ 열용량이 클 것
㉣ 불연성이며 불활성일 것
㉤ 금속에 대한 부식성이 작을 것
㉥ pH값이 약알칼리성일 것(7.5~8.2)
㉦ 열전도율이 클 것

23 할로겐원소에 해당되지 않는 것은?
① 불소(F)   ② 수소(H)
③ 염소(Cl)   ④ 브롬(Br)

[해설] 할로겐원소는 주기율표 17족에 속하는 원소로 F(불소=플루오르), Cl(염소), Br(브롬=브로민), I(요오드=아이오딘), At(아스타틴), Ts(테네신)이 있다.

★
24 냉동부하가 30RT이고, 냉각장치의 열통과율이 $7W/m^2 \cdot K$, 브라인의 입출구평균온도가 10℃, 냉매의 증발온도가 4℃일 때 전열면적은?

① $1,825m^2$ ② $2,757m^2$
③ $2,932m^2$ ④ $3,123m^2$

[해설] $Q_e = KA(t_i - t_e)[kW]$
$$\therefore A = \frac{Q_e}{K(t_i - t_e)} = \frac{30 \times 3.86}{7 \times 10^{-3} \times (10-4)}$$
$$\fallingdotseq 2,757m^2$$

[참고] 1RT=3.86kW=3,320kcal/h=13897.52kJ/h

★
25 두께 20cm인 콘크리트벽 내면에 두께 15cm인 스티로폼으로 방열을 하고, 그 내면에 두께 1cm의 내장목재판으로 벽을 완성시킨 냉장실의 벽면에 대한 열관류율은? (단, 열전도율 및 열전달률은 다음과 같다.)

재료		열전도율
콘크리트		$1.05W/m \cdot K$
스티로폼		$0.05W/m \cdot K$
내장재		$0.17W/m \cdot K$
공기막계수	외부	$24W/m^2 \cdot K$
	내부	$9W/m^2 \cdot K$

① $1.456W/m^2 \cdot K$ ② $0.294W/m^2 \cdot K$
③ $0.145W/m^2 \cdot K$ ④ $0.025W/m^2 \cdot K$

해설 $K = \dfrac{1}{R} = \dfrac{1}{\dfrac{1}{\alpha_o} + \dfrac{l_1}{\lambda_1} + \dfrac{l_2}{l_2} + \dfrac{l_3}{l_3} + \dfrac{1}{\alpha_i}}$

$= \dfrac{1}{\dfrac{1}{24} + \dfrac{0.2}{1.05} + \dfrac{0.15}{0.05} + \dfrac{0.01}{0.17} + \dfrac{1}{9}}$

$= 0.294 \text{W/m}^2 \cdot \text{K}$

26 암모니아냉동장치에서 팽창밸브 직전의 엔탈피가 536kJ/kg, 압축기 입구의 냉매가스엔탈피가 1,662kJ/kg이다. 이 냉동장치의 냉동능력이 12냉동톤일 때 냉매순환량은? (단, 1냉동톤은 13897.52kJ/kg이다.)

① 3,320kg/h ② 3,228kg/h
③ 269kg/h   ④ 148kg/h

해설 $m = \dfrac{Q_e}{q_e} = \dfrac{13897.52RT}{h_2 - h_1} = \dfrac{13897.52 \times 12}{1662 - 536}$

$= 148.1 \text{kg/h}$

★27 플래시가스(flash gas)의 발생원인으로 가장 거리가 먼 것은?

① 관경이 큰 경우
② 수액기에 직사광선이 비쳤을 경우
③ 스트레이너가 막혔을 경우
④ 액관이 현저하게 입상했을 경우

해설 플래시가스의 발생원인
㉠ 관경이 매우 작거나 현저히 입상할 경우
㉡ 온도가 높은 장소를 통과할 경우
㉢ 스트레이너, 드라이어 등이 막혔을 경우
㉣ 수액기나 액관이 직사광선에 노출되었을 경우
㉤ 응축온도가 심하게 낮아졌을 경우

28 일의 열당량(A)을 옳게 표시한 것은?

① $A = 427 \text{kg} \cdot \text{m/kcal}$

② $A = \dfrac{1}{427} \text{kcal/kg} \cdot \text{m}$

③ $A = 102 \text{kcal/kg} \cdot \text{m}$

④ $A = 860 \text{kg} \cdot \text{m/kcal}$

해설 ㉠ 일의 열상당량(A) $= \dfrac{1}{427} \text{kcal/kg} \cdot \text{m}$

㉡ 열의 일상당량(J) $= \dfrac{1}{A} = 427 \text{kg} \cdot \text{m/kcal}$

★29 냉동사이클에서 증발온도는 일정하고 응축온도가 올라가면 일어나는 현상이 아닌 것은?

① 압축기 토출가스온도 상승
② 압축기 체적효율 저하
③ COP(성적계수) 증가
④ 냉동능력(효과) 감소

해설 냉동사이클에서 증발온도는 일정하고 응축온도가 올라가면 냉동기 성적계수($(COP)_R$)는 감소한다.

30 온도식 팽창밸브에서 흐르는 냉매의 유량에 영향을 미치는 요인으로 가장 거리가 먼 것은?

① 오리피스구경의 크기
② 고·저압측 간의 압력차
③ 고압측 액상냉매의 냉매온도
④ 감온통의 크기

해설 온도식 자동팽창밸브(TEV)는 일반적으로 소형 공조냉동장치의 냉매유량제어에 사용하는 방식으로, 감온통은 온도식 자동팽창밸브에서 증발기 출구에 부착되어 냉매의 상태에 따라 밸브의 개도를 조정하므로 감온통이 감지하는 온도는 팽창밸브의 냉매유량에 영향을 미치나, 감온통의 크기는 냉매유량에 영향을 미치지 않는다.

★31 영화관을 냉방하는 데 1,506,960kJ/h의 열을 제거해야 한다. 소요동력을 냉동톤당 1PS로 가정하면 이 압축기를 구동하는데 약 몇 kW의 전동기가 필요한가?

① 79.8kW ② 69.8kW
③ 59.8kW ④ 49.8kW

해설 소요동력 $= \dfrac{\text{냉동능력}(Q_e)}{\text{냉동톤}(RT)} = \dfrac{1,506,960}{13897.52}$

$= 108.43\text{PS} = 79.8\text{kW}$

참고 1PS = 0.736kW, 1kW = 1.36PS,
1RT = 3.86kW = 13897.52kJ/h

★32 액봉 발생의 우려가 있는 부분에 설치하는 안전장치가 아닌 것은?

① 가용전   ② 파열판
③ 안전밸브   ④ 압력도피장치

해설 ㉠ 액봉 방지를 위한 안전장치 : 파열판, 압력릴리프밸브, 압력도피장치
㉡ 액봉이 잘 일어나지 않는 재질 : 동관, 외경 26mm 미만의 배관

33 카르노사이클과 관련 없는 상태변화는?

① 등온팽창　　② 등온압축
③ 단열압축　　④ 등적팽창

해설 카르노사이클은 등온변화 2개와 가역단열변화(등엔트로피변화) 2개로 구성된 가역사이클이다(등온팽창 → 단열팽창 → 등온압축 → 단열압축).

34 증기압축식 이론냉동사이클에서 엔트로피가 감소하고 있는 과정은?

① 팽창과정　　② 응축과정
③ 압축과정　　④ 증발과정

해설 응축과정은 엔트로피가 감소한다.

35 진공계의 지시가 45cmHg일 때 절대압력은?

① 0.0421kg/cm^2 abs
② 0.42kg/cm^2 abs
③ 4.21kg/cm^2 abs
④ 42.1kg/cm^2 abs

해설 ㉠ $P_a = P_o - P_g = 76 - 45 = 31 \text{cmHg}$
㉡ $76 : 1.0332 = 31 : P$
　∴ $P = \dfrac{31}{76} \times 1.0332 = 0.42 \text{kg/cm}^2$ abs

36 매시 30℃의 물 2,000kg을 −10℃의 얼음으로 만드는 냉동장치가 있다. 이 냉동장치의 냉각수 입구온도가 32℃, 냉각수 출구온도가 37℃이며 냉각수량이 60m^3/h일 때 압축기의 소요동력은?

① 81.4kW　　② 88.7kW
③ 90.5kW　　④ 117.4kW

해설 $Q_c = \rho Q C_w (t_o - t_i)$
$= 1,000 \times \dfrac{60}{3,600} \times 4.186 \times (37 - 32) = 348.83 \text{kW}$
$Q_e = m(C_w \Delta t_w + \gamma_o + C_i \Delta t_i)$
$= \dfrac{2,000}{3,600} \times [4.186 \times (30 - 0) + 334$
$+ 2.093 \times (0 - (-10))]$

$≒ 267 \text{kW}$
∴ 소요동력 $= Q_c - Q_e = 348.83 - 267 = 81.83 \text{kW}$

37 균압관의 설치위치는?

① 응축기 상부−수액기 상부
② 응축기 하부−팽창변 입구
③ 증발기 상부−압축기 출구
④ 액분리기 하부−수액기 상부

해설 균압관은 응축기 상부와 수액기 상부를 연결한다.

38 압축기의 흡입밸브 및 송출밸브에서 가스 누출이 있을 경우 일어나는 현상은?

① 압축일의 감소
② 체적효율이 감소
③ 가스의 압력이 상승
④ 성적계수의 증가

해설 압축기의 흡입밸브 및 송출밸브에서 가스 누출이 있을 경우 압축일 증대, 가스압력 감소, 가스온도 상승, 체적효율 감소, 냉매순환량 감소로 냉동능력 저하 및 축수하중 증대 등이 나타난다.

39 어떤 냉동장치의 냉동부하는 58,604kJ/h, 냉매증기압축에 필요한 동력은 3kW, 응축기 입구에서 냉각수온도 30℃, 냉각수량 69L/min일 때 응축기 출구에서 냉각수온도는?

① 34℃　　② 38℃
③ 42℃　　④ 46℃

해설 ㉠ $Q_c = Q_e + W_c = 58,604 + 3 \times 3,600 = 69,404 \text{kJ/h}$
㉡ $Q_c = mC(t_2 - t_1) \times 60$
∴ $t_2 = t_1 + \dfrac{Q_c}{mC \times 60} = 30 + \dfrac{69,404}{69 \times 4.186 \times 60}$
$= 34℃$

40 교축작용과 관계없는 것은?

① 등엔탈피변화
② 팽창밸브에서의 변화
③ 엔트로피의 증가
④ 등적변화

해설 팽창밸브는 교축작용을 하므로 엔탈피가 일정하며 열역학적으로 비가역과정이므로 엔트로피는 증가한다($\Delta S > 0$).

정답 33 ④　34 ②　35 ②　36 ①　37 ①　38 ②　39 ①　40 ④

3 배관 일반

★
41 증기난방에 비해 온수난방의 특징을 설명한 것으로 틀린 것은?

① 예열하는 데 많은 시간이 걸린다.
② 부하변동에 대응한 온도조절이 어렵다.
③ 방열면의 온도가 비교적 높지 않아 쾌감도가 좋다.
④ 설비비가 다소 고가이나 취급이 쉽고 비교적 안전하다.

해설 온수난방은 부하변동에 따라 온도조절이 용이하다.

42 배수배관에 관한 설명으로 틀린 것은?

① 배수수평주관과 배수수평분기관의 분기점에는 청소구를 설치해야 한다.
② 배수관경의 결정방법은 기구배수부하단위나 정상유량을 사용하는 2가지 방법이 있다.
③ 배수관경이 100A 이하일 때는 청소구의 크기를 배수관경과 같게 한다.
④ 배수수직관의 관경은 수평분기관의 최소관경 이하가 되어야 한다.

해설 배수수직관의 관경은 수평분기관의 최대 관경 이상이 되어야 한다.

43 다음과 같은 증기난방배관에 관한 설명으로 옳은 것은?

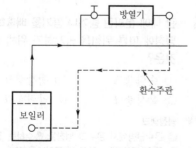

① 진공환수방식으로 습식환수방식이다.
② 중력환수방식으로 건식환수방식이다.
③ 중력환수방식으로 습식환수방식이다.
④ 진공환수방식으로 건식환수방식이다.

해설 증기난방배관
㉠ 응축수환수방식
  • 중력환수식 : 응축수 자체의 중력작용으로 환수
  • 기계환수식 : 급수펌프로 보일러에 응축수 공급
  • 진공환수식 : 진공펌프로 환수관 내 응축수와 공기를 흡인순환
㉡ 환수관의 배관방식
  • 건식환수방식 : 응축수 환수주관을 보일러수면보다 높게 배관
  • 습식환수방식 : 응축수 환수주관을 보일러수면보다 낮게 배관

★
44 보온재의 구비조건으로 틀린 것은?

① 열전달률이 클 것
② 물리적, 화학적 강도가 클 것
③ 흡수성이 적고 가공이 용이할 것
④ 불연성일 것

해설 보온재(단열재)는 보온능력이 크고 열전도율이 작으며 비중이 작을 것

45 배관지지장치에서 수직방향 변위가 없는 곳에 사용하는 행거는?

① 리지드행거   ② 콘스탄트행거
③ 가이드행거   ④ 스프링행거

해설 리지드행거는 I형 빔(beam)에 턴버클을 연결하여 관을 지지하며 상하방향의 변위(수직방향 변위)가 없는 곳에 사용하는 행거이다.

★
46 LP가스의 주성분으로 옳은 것은?

① 프로판(C_3H_8)과 부틸렌(C_4H_8)
② 프로판(C_3H_8)과 부탄(C_4H_{10})
③ 프로필렌(C_3H_6)과 부틸렌(C_4H_8)
④ 프로필렌(C_3H_6)과 부탄(C_4H_{10})

해설 LPG(액화석유가스)의 주성분은 프로판(C_3H_8)과 부탄(C_4H_{10})으로 상온에서 압축하여 액체로 만든 연료이다.

정답 41 ② 42 ④ 43 ② 44 ① 45 ① 46 ②

47 가스배관 중 도시가스공급배관의 명칭에 대한 설명으로 틀린 것은?

① 배관 : 본관, 공급관 및 내관 등을 나타낸다.

② 본관 : 옥외내관과 가스계량기에서 중간 밸브 사이에 이르는 배관을 나타낸다.

③ 공급관 : 정압기에서 가스사용자가 소유하거나 점유하고 있는 토지의 경계까지 이르는 배관을 나타낸다.

④ 내관 : 가스사용자가 소유하거나 점유하고 있는 토지의 경계에서 연소기까지 이르는 배관을 나타낸다.

해설 본관은 도시가스제조사업소의 부지경계에서 정압기까지 이르는 배관이다.

48 냉온수헤더에 설치하는 부속품이 아닌 것은?

① 압력계　　　② 드레인관

③ 트랩장치　　　④ 급수관

해설 냉온수헤더에 설치하는 부속품은 압력계, 드레인관, 급수관 등이다.

49 자연순환식으로서 열탕의 탕비기 출구온도를 85℃(밀도 0.96876kg/L), 환수관의 환탕온도를 65℃(밀도 0.98001kg/L)로 하면 이 순환계통의 순환수두는 얼마인가? (단 가장 높이 있는 급탕전의 높이는 10m이다.)

① 11.25mmAq　　② 112.5mmAq

③ 15.34mmAq　　④ 153.4mmAq

해설 $H = 1,000h(\rho_2 - \rho_1)$
$= 1,000 \times 10 \times (0.9800 - 0.96876)$
$= 112.4\text{mmAq}$

50 난방배관에서 리프트이음(lift fitting)을 하는 응축수환수방식은?

① 중력환수식　　② 기계환수식

③ 진공환수식　　④ 상향환수식

해설 진공환수식 난방은 방열기보다 높은 위치에 환수관을 연결하여 환수관보다 높은 위치로 환수관의 응축수를 끌어 올려 환수하는 방식이다.

참고 진공환수식의 환수관에서 리프트이음 1단 높이는 1.5m 이하로 하고, 리프트관의 지름은 환수관보다 한 치수 작은 것으로 한다.

51 개별식(국소식) 급탕방식의 특징으로 틀린 것은?

① 배관설비거리가 짧고 배관에서의 열손실이 적다.

② 급탕장소가 많은 경우 시설비가 싸다.

③ 수시로 급탕하여 사용할 수 있다.

④ 건물의 완성 후에도 급탕장소의 증설이 비교적 쉽다.

해설 개별식(국소식) 급탕방식은 급탕개소가 적을 때 사용하며 급탕개소가 많은 경우 설비비가 비싸다.

52 공기조화배관설비 중 냉수코일을 통과하는 일반적인 설계풍속으로 가장 적당한 것은?

① 2~3m/s　　　② 5~6m/s

③ 8~9m/s　　　④ 10~11m/s

해설 공기조화배관설비 중 냉수코일의 통과풍속은 일반적으로 2~3m/s이고, 관 내 수속은 1m/s 전후이다.

53 냉각탑에서 냉각수는 수직하향방향이고 공기는 수평방향인 형식은?

① 평행류형　　　② 직교류형

③ 혼합형　　　　④ 대향류형

해설 냉각탑(쿨링타워)에서 직교류형의 냉각수는 수직하향방향이고, 공기는 수평방향이다.

54 관 내에 분리된 증기나 공기를 배출하고 물의 팽창에 따른 위험을 방지하기 위해 설치하는 것은?

① 순환탱크　　　② 팽창탱크

③ 옥상탱크　　　④ 압력탱크

해설 **팽창탱크**
㉠ 온수난방에서 온수의 팽창을 흡수하는 장치이다.
㉡ 온수보일러에서 장치 내 공기배출구로 사용하며 안전장치역할도 한다.
㉢ 팽창관에는 밸브를 설치하지 않는다.

정답 47 ② 48 ③ 49 ② 50 ③ 51 ② 52 ① 53 ② 54 ②

55 통기방식 중 각 기구의 트랩마다 통기관을 설치하여 안정도가 높고 자기사이펀작용에도 효과가 있으며 배수를 완전하게 할 수 있는 이상적인 통기방식은?

① 각개통기　　② 루프통기
③ 신정통기　　④ 회로통기

해설 **각개통기방식**
㉠ 각 기구의 트랩마다 통기관을 설치하여 안정도가 높고 자기사이펀작용이 우수하며 배수를 완전하게 할 수 있는 이상적인 통기방식이다.
㉡ 구조체의 관통부가 증가하기 때문에 설비비가 증가한다.

★
56 증기난방배관에서 증기트랩을 사용하는 주된 목적은?

① 관 내의 온도를 조절하기 위해서
② 관 내의 압력을 조절하기 위해서
③ 배관의 신축을 흡수하기 위해서
④ 관 내의 증기와 응축수를 분리하기 위해서

해설 증기트랩은 관 내의 증기와 응축수를 분리하여 수격작용 및 부식을 방지한다.

★
57 급수관의 직선관로에서 마찰손실에 관한 설명으로 옳은 것은?

① 마찰손실은 관지름에 정비례한다.
② 마찰손실은 속도수두에 정비례한다.
③ 마찰손실은 배관길이에 반비례한다.
④ 마찰손실은 관 내 유속에 반비례한다.

해설 $h_L = f \dfrac{L}{d} \dfrac{V^2}{2g} [\text{m}]$
∴ 마찰손실수두는 속도수두에 정비례한다.

★
58 주철관의 이음방법이 아닌 것은?

① 플라스턴이음　　② 빅토릭이음
③ 타이톤이음　　　④ 플랜지이음

해설 플라스턴은 납(Pb) 60%와 주석(Sn) 40%의 합금으로 납관(lead pipe)의 이음방법이다.

참고 **주철관의 이음** : 빅토릭이음, 소켓이음, 플랜지이음, 노허브이음, 타이톤이음, 메커니컬(기계적)이음

59 배관의 행거(hanger)용 지지철물을 달아매기 위해 천장에 매입하는 철물은?

① 턴버클(turnbuckle)
② 가이드(guide)
③ 스토퍼(stopper)
④ 인서트(insert)

해설 인서트(insert)란 배관의 행거용 지지철물을 달아 매달기 위해 천장에 매입하는 것을 말한다.

60 수액기를 나온 냉매액은 팽창밸브를 통해 교축되어 저온 저압의 증발기로 공급된다. 팽창밸브의 종류가 아닌 것은?

① 온도식　　　② 플로트식
③ 인젝터식　　④ 압력자동식

해설 **팽창밸브의 종류** : 수동식, 자동식(온도식, 정압식(전자식)), 플로트식(부자식), 모세관 등

4 전기제어공학

61 임피던스강하가 4%인 어느 변압기가 운전 중 단락되었다면 그 단락전류는 정격전류의 몇 배가 되는가?

① 10　　② 20
③ 25　　④ 30

해설 $Z(\text{임피던스강하율}) = \dfrac{I_n (\text{정격전류})}{I_s (\text{단락전류})} \times 100 [\%]$

$I_s = \dfrac{I_n}{Z} \times 100 = \dfrac{I_n}{4} \times 100 = 25 I_n$

$\therefore \dfrac{I_s}{I_n} = \dfrac{25 I_n}{I_n} = 25$

★
62 $G(s) = \dfrac{s^2 + 2s + 1}{s^2 + s - 6}$ 인 특성방정식의 근은?

① -1　　② $-3, \, 2$
③ $-1, \, -3$　　④ $-1, \, -3, \, 2$

해설 특성방정식은 전달함수의 분모가 0인 방정식이므로
$s^2 + s - 6 = 0$
$(s+3)(s-2) = 0$
$\therefore s = -3, \, 2$

부록

Ⅰ

63 직류발전기 전기자 반작용의 영향이 아닌 것은?

① 절연내력의 저하
② 자속의 크기 감소
③ 유기기전력의 감소
④ 자기중성축의 이동

해설 **직류발전기 전기자 반작용의 영향**
㉠ 자속의 크기 감소
㉡ 유기기전력 감소
㉢ 자기중성축의 이동(회전방향과 같다)
㉣ 정류자편과 브러시 사이에 불꽃 발생(정류 불량)

64 잔류편차(offset)를 발생하는 제어는?

① 미분제어
② 적분제어
③ 비례제어
④ 비례적분미분제어

해설 잔류편차를 발생하는 제어는 비례(P)제어이고, 잔류편차를 제거시키는 제어는 적분(I)제어이다.

65 다음 그림과 같은 블록선도에서 전달함수 $\dfrac{C}{R}$ 는?

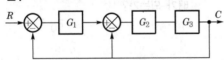

① $\dfrac{G_1 G_2 G_3}{1 + G_2 G_3 + G_1 G_3}$

② $\dfrac{G_1 G_2 G_3}{1 + G_1 G_2 + G_1 G_2 G_3}$

③ $\dfrac{G_1 G_2 G_3}{1 + G_2 G_3 + G_1 G_2 G_3}$

④ $\dfrac{G_1 G_2 G_3}{1 + G_1 G_3 + G_1 G_2 G_3}$

해설 $C = RG_1 G_2 G_3 - G_2 G_3 C - G_1 G_2 G_3 C$
$C(1 + G_2 G_3 + G_1 G_2 G_3) = RG_1 G_2 G_3$
$\therefore \dfrac{C}{R} = \dfrac{G_1 G_2 G_3}{1 + G_2 G_3 + G_1 G_2 G_3}$

66 되먹임제어계에서 ⓐ 부분에 해당되는 것은?

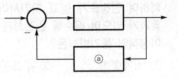

① 조절부
② 조작부
③ 검출부
④ 목표값

해설 제시된 그림은 피드백회로이므로 ⓐ 부분은 검출부이다.
참고 **검출부** : 제어량을 검출하고 기준입력신호와 비교시키는 장치로 피드백요소라고도 한다.

67 직류전동기의 속도제어법으로 틀린 것은?

① 저항제어
② 계자제어
③ 전압제어
④ 주파수제어

해설 주파수제어는 교류(유도)전동기의 속도제어법이다.
참고 **직류전동기(motor)의 속도제어법** : 저항제어, 계자제어, 전압제어

68 배리스터(Varistor)란?

① 비직선적인 전압−전류특성을 갖는 2단자 반도체소자이다.
② 비직선적인 전압−전류특성을 갖는 3단자 반도체소자이다.
③ 비직선적인 전압−전류특성을 갖는 4단자 반도체소자이다.
④ 비직선적인 전압−전류특성을 갖는 리액턴스소자이다.

해설 **배리스터**
㉠ 비직선적인 전압−전류특성을 갖는 2단자 반도체소자로 주로 서지전압에 대한 보호용으로 사용된다.
㉡ 인가전압이 높을 때 저항값은 작아지고, 인가전압이 낮을 때 저항값이 커져 회로를 보호한다.

69 50Ω의 저항 4개를 이용하여 가장 큰 합성저항을 얻으면 몇 Ω인가?

① 75
② 150
③ 200
④ 400

해설 ㉠ 직렬합성저항$(R) = R_1 + R_2 + R_3 + R_4$
$$= 50 + 50 + 50 + 50$$
$$= 200\,\Omega$$

㉡ 병렬합성저항$(R) = \dfrac{1}{\dfrac{1}{R_1} + \dfrac{1}{R_2} + \dfrac{1}{R_3} + \dfrac{1}{R_4}}$
$$= \dfrac{1}{\dfrac{1}{50} + \dfrac{1}{50} + \dfrac{1}{50} + \dfrac{1}{50}}$$
$$= 12.5\,\Omega$$

70 피측정단자에 다음 그림과 같이 결선하여 전압계로 $e(V)$라는 전압을 얻었을 때 피측정단자의 전연저항은 몇 MΩ인가? (단, R_m : 전압계 내부저항(Ω), V : 시험전압(V)이다.)

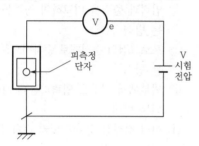

① $R_m(eV - 1) \times 10^{-6}$

② $R_m\left(\dfrac{e}{V} - 1\right) \times 10^{-6}$

③ $R_m\left(\dfrac{V}{e} - 1\right) \times 10^{-6}$

④ $R_m(V - e) \times 10^{-6}$

해설 전체 회로에 흐르는 전류(I)=전압계 내부에 흐르는 전류(i)

$$\dfrac{V}{R_m + R_x} = \dfrac{e}{R_m}$$
$$VR_m = e(R_m + R_x)$$
$$VR_m = eR_m + eR_x$$
$$eR_x = VR_m - eR_m$$
$$eR_x = R_m(V - e)$$
$$\therefore\ R_x = R_m\left(\dfrac{V - e}{e}\right)[\Omega] = R_m\left(\dfrac{V}{e} - 1\right) \times 10^{-6}\,[\text{M}\Omega]$$

★
71 교류에서 실효값과 최대값의 관계는?

① 실효값 $= \dfrac{\text{최대값}}{\sqrt{2}}$

② 실효값 $= \dfrac{\text{최대값}}{\sqrt{3}}$

③ 실효값 $= \dfrac{\text{최대값}}{2}$

④ 실효값 $= \dfrac{\text{최대값}}{3}$

해설 교류(AC)에서 실효값은 최대값의 $\dfrac{1}{\sqrt{2}}$ 배이다(최대값의 70.7%이다).

★
72 다음 그림과 같은 그래프에 해당하는 함수를 라플라스변환하면?

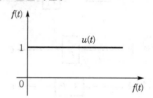

① 1

② $\dfrac{1}{s}$

③ $\dfrac{1}{s + 1}$

④ $\dfrac{1}{s^2}$

해설 함수의 라플라스변환

함수명	$f(t)$	$F(s)$
단위임펄스함수	$\delta(t)$	1
단위계단함수	$u(t) = 1$	$\dfrac{1}{s}$
단위램프함수	t	$\dfrac{1}{s^2}$
포물선함수	t^2	$\dfrac{2}{s^3}$
n차 램프함수	t^n	$\dfrac{n!}{s^{n+1}}$

별해 $\mathcal{L}[f(t)] = F(s) = \displaystyle\int_0^\infty 1 \times e^{-st} dt = \left[-\dfrac{1}{s} e^{-st}\right]_0^\infty$
$$= -\dfrac{1}{s}(e^{-\infty} - e^0) = \dfrac{1}{s}$$

73 콘덴서만의 회로에서 전압과 전류 사이의 위상관계는?

① 전압이 전류보다 90도 앞선다.
② 전압이 전류보다 90도 뒤진다.
③ 전압이 전류보다 180도 앞선다.
④ 전압이 전류보다 180도 뒤진다.

해설 콘덴서(C)만의 회로에서 전압과 전류 사이의 위상관계는 $i = I_m \sin\omega t$일 때 $v = V_m \sin\left(\omega t - \dfrac{\pi}{2}\right)$이므로 전압이 전류보다 $90°$ 뒤진다.

★74 다음 그림과 같은 블록선도와 등가인 것은?

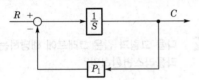

① $R \longrightarrow \boxed{\dfrac{S}{P_1}} \longrightarrow C$

② $R \longrightarrow \boxed{S + P_1} \longrightarrow C$

③ $R \longrightarrow \boxed{\dfrac{1}{S + P_1}} \longrightarrow C$

④ $R \longrightarrow \boxed{\dfrac{P_1}{S}} \longrightarrow C$

해설 $C = R\dfrac{1}{S} - C\dfrac{1}{S}P_1$

$C\left(1 + \dfrac{1}{S}P_1\right) = R\dfrac{1}{S}$

$\therefore \dfrac{C}{R} = \dfrac{\dfrac{1}{S}}{1 + \dfrac{1}{S}P_1} = \dfrac{1}{S + P_1}$

★75 프로세스제어나 자동조정 등 목표값이 시간에 대하여 변화하지 않는 제어를 무엇이라 하는가?

① 추종제어 ② 비율제어
③ 정치제어 ④ 프로그램제어

해설 정치제어는 목표값이 시간에 관계없이 제어량을 어떤 일정한 목표값으로 유지하는 제어법이다(프로세스제어, 자동조정 등).

★76 다음 중 다른 값을 나타내는 논리식은?

① $XY + Y$
② $\overline{X}Y + XY$
③ $(Y + X + \overline{X})Y$
④ $X(\overline{Y} + X + Y)$

해설
① $XY + Y = Y(X + 1) = Y \cdot 1 = Y$
② $\overline{X}Y + XY = Y(\overline{X} + X) = Y \cdot 1 = Y$
③ $(Y + X + \overline{X})Y = YY + XY + \overline{X}Y$
　　　　　$= Y + Y(X + \overline{X})$
　　　　　$= Y + Y \cdot 1 = Y$
④ $X(\overline{Y} + X + Y) = X\overline{Y} + XX + XY$
　　　　　$= X + X(\overline{Y} + Y)$
　　　　　$= X + X \cdot 1 = X$

★77 되먹임제어를 옳게 설명한 것은?

① 입력과 출력을 비교하여 정정동작을 하는 방식
② 프로그램의 순서대로 순차적으로 제어하는 방식
③ 외부에서 명령을 입력하는데 따라 제어되는 방식
④ 미리 정해진 순서에 따라 순차적으로 제어되는 방식

해설 되먹임제어(폐루프제어, 피드백제어)는 입력과 출력을 비교하여 목표값이 출력과 오차가 있는 경우 일치될 때까지 귀환동작(정정동작)을 행하는 자동제어를 말한다.

78 변압기 내부고장 검출용 보호계전기는?

① 차동계전기 ② 과전류계전기
③ 역상계전기 ④ 부족전압계전기

해설 차동계전기는 다중권선을 가지며, 이들 권선의 전압, 전류, 전력 따위의 차이가 소정의 값에 이르렀을 때 동작하도록 되어 있는 계전기이다.

79 보드선도의 위상여유가 45°인 제어계의 계통은?

① 안정하다.
② 불안정하다.
③ 무조건 불안정하다.
④ 조건에 따른 안정을 유지한다.

보드선도의 안정조건
  ㉠ 위상여유 : 30~60°
  ㉡ 이득여유 : 4~12dB
  ㉢ 위상교정주파수 < 이득교정주파수

★
80 온도에 따라 저항값이 변화하는 것은?

① 서미스터   ② 노즐플래퍼
③ 앰플리다인   ④ 트랜지스터

온도에 따라 저항값이 변화하는 것은 서미스터이다.

• 부저항(NTC)특성 : 온도 증가에 따라 저항이 감소하는
  특성
• 정저항(PTC)특성 : 온도 증가에 따라 저항이 상승하는
  특성(스위칭특성)

부록
I

5

2017. 5. 7. 시행
공조냉동기계산업기사

---

1 공기조화

01 바닥면적이 좁고 층고가 높은 경우에 적합한 공조기(AHU)의 형식은?

① 수직형　　　② 수평형
③ 복합형　　　④ 멀티존형

해설 수직형(vertical type)은 바닥면적이 좁고 층고가 높은 경우에 적합한 공조기(AHU)이다.

★02 저속덕트에 비해 고속덕트의 장점이 아닌 것은?

① 동력비가 적다.
② 덕트 설치공간이 적어도 된다.
③ 덕트재료를 절약할 수 있다.
④ 원격지 송풍에 적당하다.

해설 **고속덕트(15m/s 이상)**
㉠ 송풍동력이 크다.
㉡ 마찰에 의한 압력손실이 크다.
㉢ 장방형 덕트 대신에 스파이럴관이나 원형 덕트를 사용하는 경우가 많다.
㉣ 소음과 진동이 크다.

03 결로현상에 관한 설명으로 틀린 것은?

① 건축구조물을 사이에 두고 양쪽에 수증기의 압력차가 생기면 수증기는 구조물을 통하여 흐르며, 포화온도, 포화압력 이하가 되면 응결하여 발생된다.
② 결로는 습공기의 온도가 노점온도까지 강하하면 공기 중의 수증기가 응결하여 발생한다.
③ 응결이 발생되면 수증기의 압력이 상승한다.
④ 결로 방지를 위하여 방습막을 사용한다.

★04 패널복사난방에 관한 설명으로 옳은 것은?

① 천장고가 낮고 외기침입이 없을 때만 난방효과를 얻을 수 있다.
② 실내온도분포가 균등하고 쾌감도가 높다.
③ 증발잠열(기화열)을 이용하므로 열의 운반능력이 크다.
④ 대류난방에 비해 방열면적이 적다.

해설 패널복사난방은 실내온도분포가 균등하고 쾌감도가 제일 높다.

★05 실내의 거의 모든 부분에서 오염가스가 발생되는 경우 실 전체의 기류분포를 계획하여 실내에서 발생하는 오염물질을 완전히 희석하고 확산시킨 다음에 배기를 행하는 환기방식은?

① 자연환기　　　② 제3종 환기
③ 국부환기　　　④ 전반환기

해설 ㉠ 전반환기 : 실내의 거의 모든 부분이 오염 시 오염물질을 희석, 확산시킨 후 배기
㉡ 국부(국소)환기 : 발생원이 집중되고 고정되어 있는 경우(화장실, 주방 등)

06 공조용으로 사용되는 냉동기의 종류로 가장 거리가 먼 것은?

① 원심식 냉동기　　② 자흡식 냉동기
③ 왕복동식 냉동기　④ 흡수식 냉동기

해설 **공조용 냉동기의 종류** : 원심식(터보식), 왕복동식, 흡수식, 열전식, 스크루식, 증기분사식 등

---

07 공기조화방식에서 변풍량 유닛방식(VAV unit)을 풍량제어방식에 따라 구분할 때 공조기에서 오는 1차 공기의 분출에 의해 실내공기인 2차 공기를 취출하는 방식은 어느 것인가?

① 바이패스형   ② 유인형
③ 슬롯형   ④ 교축형

해설 유인형 유닛은 교축형을 응용한 유닛으로 실내부하가 감소하여 1차 공기의 분출에 의해 실내공기인 2차 공기를 유인하여 실내로 급기하는 방식이다.

08 보일러 동체 내부의 중앙 하부에 파형노통이 길이방향으로 장착되며, 이 노통의 하부 좌우에 연관들을 갖춘 보일러는?

① 노통보일러   ② 노통연관보일러
③ 연관보일러   ④ 수관보일러

해설 노통연관보일러는 노통보일러와 연관보일러의 장점을 조합한 보일러로, 횡형 동체 내에 노통의 연소실과 다수의 연관으로 구성되어 있으며 열효율이 좋아 중규모 건물에 많이 사용된다.

09 물-공기방식의 공조방식으로서 중앙기계실의 열원설비로부터 냉수 또는 온수를 각 실에 있는 유닛에 공급하여 냉난방하는 공조방식은?

① 바닥취출공조방식
② 재열방식
③ 팬코일유닛방식
④ 패키지유닛방식

해설 팬코일유닛방식(수방식, 수-공기방식)은 중앙기계실의 열원설비로부터 각 실에 있는 유닛에 공급하는 공조방식이다.

참고 덕트 병용 팬코일유닛방식은 공기-수방식이다.

10 공기설비의 열회수장치인 전열교환기는 주로 무엇을 경감시키기 위한 장치인가?

① 실내부하   ② 외기부하
③ 조명부하   ④ 송풍기부하

해설 전열교환기
㉠ 외기와 배기 간의 열교환장치로 현열과 잠열을 동시에 교환한다.
㉡ 외기부하를 경감시키기 위한 장치이다.
㉢ 회전식과 고정식이 있다.

11 다익형 송풍기의 송풍기 크기(No.)에 대한 설명으로 옳은 것은?

① 임펠러의 직경(mm)을 60mm으로 나눈 값이다.
② 임펠러의 직경(mm)을 100mm으로 나눈 값이다.
③ 임펠러의 직경(mm)을 120mm으로 나눈 값이다.
④ 임펠러의 직경(mm)을 150mm으로 나눈 값이다.

해설 ㉠ 다익형 송풍기 $No. = \dfrac{\text{날개지름(mm)}}{150}$

㉡ 축류형 송풍기 $No. = \dfrac{\text{날개지름(mm)}}{100}$

참고 송풍기의 송풍량 크기는 송풍기번호로 결정된다.

12 두께 20cm의 콘크리트벽 내면에 두께 5cm의 스티로폼 단열 시공하고, 그 내면에 두께 2cm의 나무판자로 내장한 건물벽면의 열관류율은? (단, 재료별 열전도율(W/m·K)은 콘크리트 0.8, 스티로폼 0.03, 나무판자 0.17이고, 벽면의 표면열전달율(W/m^2·K)은 외벽 24, 내벽 110이다.)

① 0.36W/m^2·K   ② 0.46W/m^2·K
③ 0.48W/m^2·K   ④ 0.51W/m^2·K

해설
$$K = \frac{1}{R} = \frac{1}{\dfrac{1}{\alpha_i} + \displaystyle\sum_{i=1}^{n} \dfrac{l_i}{\lambda_i} + \dfrac{1}{\alpha_o}}$$

$$= \frac{1}{\dfrac{1}{11} + \dfrac{0.2}{0.8} + \dfrac{0.05}{0.03} + \dfrac{0.02}{0.17} + \dfrac{1}{24}}$$

$$\fallingdotseq 0.46\text{W/m}^2\cdot\text{K}$$

13 1,925kg/h의 석탄을 연소하여 10,550kg/h의 증기를 발생시키는 보일러의 효율은? (단, 석탄의 저위발열량은 25,271kJ/kg, 발생증기의 엔탈피는 3,717kJ/kg, 급수엔탈피는 221kJ/kg으로 한다.)

① 45.8%   ② 64.4%
③ 70.5%   ④ 75.8%

해설 $\eta_B = \dfrac{m_a(h_2 - h_1)}{H_L m_f} \times 100$

$= \dfrac{10,550 \times (3,717 - 221)}{25,271 \times 1,925} \times 100$

$\fallingdotseq 75.8\%$

14 다음 중 냉방부하에서 현열만이 취득되는 것은?

① 재열부하　　② 인체부하
③ 외기부하　　④ 극간풍부하

해설 현열과 잠열 모두 고려 : 극간풍(틈새바람)부하, 인체부하, 실내기구부하, 외기부하

★15 냉수코일의 설계법으로 틀린 것은?

① 공기흐름과 냉수흐름의 방향을 평행류로 하고 대수평균온도차를 작게 한다.
② 코일의 열수는 일반 공기냉각용에는 4~8열(列)이 많이 사용된다.
③ 냉수속도는 일반적으로 1m/s 전후로 한다.
④ 코일의 설치는 관이 수평으로 놓이게 한다.

해설 냉수코일 설계 시 공기흐름과 냉수흐름의 방향을 대향류로 하고 대수평균온도차를 크게 한다.

16 가습장치의 가습방식 중 수분무식이 아닌 것은?

① 원심식　　② 초음파식
③ 분무식　　④ 전열식

해설 수분무식은 물을 공기 중에 직접 분무하는 방식으로 원심식, 초음파식, 분무식(고압스프레이식) 등이 있다.

참고 증기식 : 전열식, 전주식, 적외선식 등

17 일반적으로 난방부하의 발생요인으로 가장 거리가 먼 것은?

① 일사부하　　② 외기부하
③ 기기손실부하　　④ 실내손실부하

해설 일사부하, 조명부하, 기구부하, 인체부하 등은 난방부하를 경감시키는 요인으로 난방부하 발생요인이 아니다.

★18 겨울철 침입외기(틈새바람)에 의한 잠열부하(kJ/h)는? (단, Q는 극간풍량(m^3/h)이며, t_o, t_r은 각각 실외, 실내온도(℃), x_o, x_r은 각각 실외, 실내절대습도(kg′/kg)이다.)

① $q_L = 1.212Q(t_o - t_r)$
② $q_L = 1.465Q(t_o - t_r)$
③ $q_L = 539Q(x_o - x_r)$
④ $q_L = 3001.2Q(x_o - x_r)$

해설 극간풍에 의한 잠열(q_L) $= \rho \gamma_o Q(x_o - x_r)$
$= 1.2 \times 2,501 Q(x_o - x_r)$
$\fallingdotseq 3001.2Q(x_o - x_r)$[kJ/h]

★19 보일러의 종류에 따른 특징을 설명한 것으로 틀린 것은?

① 주철제보일러는 분해, 조립이 용이하다.
② 노통연관보일러는 수질관리가 용이하다.
③ 수관보일러는 예열시간이 짧고 효율이 좋다.
④ 관류보일러는 보유수량이 많고 설치면적이 크다.

해설 ㉠ 관류보일러 : 보유수량이 적고 설치면적이 작으며 소형 보일러에 적합하다.
㉡ 횡형 원통형 보일러 : 보유수량이 많고 설치면적이 크다.

★20 시로코팬의 회전속도가 N_1에서 N_2로 변화하였을 때 송풍기의 송풍량, 전압, 소요동력의 변화값은?

구분	451rpm(N_1)	632rpm(N_2)
송풍량(m^3/min)	199	㉠
전압(Pa)	320	㉡
소요동력(kW)	1.5	㉢

① ㉠ 278.9, ㉡ 628.4, ㉢ 4.1
② ㉠ 278.9, ㉡ 357.8, ㉢ 3.8
③ ㉠ 628.4, ㉡ 402.8, ㉢ 3.8
④ ㉠ 357.8, ㉡ 628.4, ㉢ 4.1

해설 ㉠ $Q_2 = Q_1\left(\dfrac{N_2}{N_1}\right) = 199 \times \dfrac{632}{451} = 278.9\text{m}^3/\text{min}$

㉡ $P_2 = P_1\left(\dfrac{N_2}{N_1}\right)^2 = 320 \times \left(\dfrac{632}{451}\right)^2 = 628.4\text{Pa}$

㉢ $L_2 = L_1\left(\dfrac{N_2}{N_1}\right)^3 = 1.5 \times \left(\dfrac{632}{451}\right)^3 ≒ 4.1\text{kW}$

2 냉동공학

★
21 무기질 브라인 중에 동결점이 제일 낮은 것은?

① $CaCl_2$ ② $MgCl_2$

③ $NaCl$ ④ H_2O

해설 ① 염화칼슘($CaCl_2$) : $-55℃$
② 염화마그네슘($MgCl_2$) : $-33.6℃$
③ 염화나트륨($NaCl$) : $-21.2℃$
④ 물(H_2O) : $0℃$

22 응축기의 냉매응축온도가 30℃, 냉각수의 입구수온이 25℃, 출구수온이 28℃일 때 대수평균온도차($LMTD$)는?

① $2.27℃$ ② $3.27℃$

③ $4.27℃$ ④ $5.27℃$

해설 $\Delta t_1 = 30 - 25 = 5℃$
$\Delta t_2 = 30 - 28 = 2℃$

$\therefore LMTD = \dfrac{\Delta t_1 - \Delta t_2}{\ln\dfrac{\Delta t_1}{\Delta t_2}} = \dfrac{5-2}{\ln\dfrac{5}{2}} = 3.27℃$

★
23 증발식 응축기의 특징에 관한 설명으로 틀린 것은?

① 물의 소비량이 비교적 적다.
② 냉각수의 사용량이 매우 크다.
③ 송풍기의 동력이 필요하다.
④ 순환펌프의 동력이 필요하다.

해설 증발식 응축기는 물의 증발잠열을 이용하여 냉각하므로 냉각수가 적게 든다.

★
24 카르노사이클을 행하는 열기관에서 1사이클당 785J의 일량을 얻으려고 한다. 고열원의 온도(T_1)를 300℃, 1사이클당 공급되는 열량을 2.093kJ라고 할 때 저열원의 온도(T_2)와 효율(η)은?

① $T_2 = 85℃$, $\eta = 0.315$

② $T_2 = 97℃$, $\eta = 0.315$

③ $T_2 = 85℃$, $\eta = 0.375$

④ $T_2 = 97℃$, $\eta = 0.375$

해설 ㉠ $\eta = \dfrac{W}{Q_1} = \dfrac{0.785}{2.093} = 0.375(= 37.5\%)$

㉡ $T_1 = t_c + 273 = 300 + 273 = 573\text{K}$

$\eta = 1 - \dfrac{T_2}{T_1}$

$\therefore T_2 = T_1(1 - \eta_c)$
$= 573 \times (1 - 0.375)$
$= 358\text{K} - 273 = 85℃$

25 열의 일당량은?

① $860\text{kg} \cdot \text{m/kcal}$ ② $\dfrac{1}{860}\text{kg} \cdot \text{m/kcal}$

③ $427\text{kg} \cdot \text{m/kcal}$ ④ $\dfrac{1}{427}\text{kg} \cdot \text{m/kcal}$

해설 $Q = AW[\text{kcal}]$

$W = \dfrac{1}{A}Q = JQ[\text{kg} \cdot \text{m}]$

$\therefore J = \dfrac{1}{A} = 427\text{kg} \cdot \text{m/kcal}$(열의 일당량)

참고 $A = \dfrac{1}{427}\text{kcal/kg} \cdot \text{m}$(일의 열당량)

26 팽창밸브의 종류 중 모세관에 대한 설명으로 옳은 것은?

① 증발기 내 압력에 따라 밸브의 개도가 자동적으로 조정된다.
② 냉동부하에 따른 냉매의 유량조절에 쉽다.
③ 압축기를 가동할 때 기동동력이 적게 소요된다.
④ 냉동부하가 큰 경우 증발기 출구 과열도가 낮게 된다.

정답 21 ① 22 ② 23 ② 24 ③ 25 ③ 26 ③

해설 **모세관(capillary tube)**
㉠ 구조가 간단하고 경부하기동이 가능하다.
㉡ 밸브가 없어 증발기 내 압력에 따른 밸브의 개도 조정이 불가능하다.

27 냉동장치의 저압차단스위치(LPS)에 관한 설명으로 옳은 것은?

① 유압이 저하되었을 때 압축기를 정지시킨다.
② 토출압력이 저하되었을 때 압축기를 정지시킨다.
③ 장치 내 압력이 일정 압력 이상이 되면 압력을 저하시켜 장치를 보호한다.
④ 흡입압력이 저하되었을 때 압축기를 정지시킨다.

해설 저압차단스위치(LPS : Low Pressure Control Switch)는 압축기 흡입관에 설치하여 흡입압력이 일정 이하가 되면 전기적 접점이 떨어져 압축기를 정지시킨다(압축비 증대로 인한 악영향 방지).

28 다음 그림은 역카르노사이클을 절대온도(T)와 엔트로피(S)선도로 나타내었다. 면적 1−2−2′−1′이 나타내는 것은?

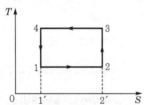

① 저열원으로부터 받는 열량
② 고열원에 방출하는 열량
③ 냉동기에 공급된 열량
④ 고·저열원으로부터 나가는 열량

해설 1−2−2′−1′은 저열원으로부터 받는 열량, 즉 흡수열량이다.

★
29 압축냉동사이클에서 엔트로피가 감소하고 있는 과정은?

① 증발과정 ② 압축과정
③ 응축과정 ④ 팽창과정

해설 압축냉동사이클에서 응축과정은 엔트로피가 감소한다.

★
30 스크루압축기의 특징에 관한 설명으로 틀린 것은?

① 경부하운전 시 비교적 동력소모가 적다.
② 크랭크샤프트, 피스톤링, 커넥팅로드 등의 마모 부분이 없어 고장이 적다.
③ 소형으로서 비교적 큰 냉동능력을 발휘할 수 있다.
④ 왕복동식에서 필요한 흡입밸브와 토출밸브를 사용하지 않는다.

해설 **스크루(screw)압축기**
㉠ 경부하운전 시에도 동력소모가 크다.
㉡ 부품의 수가 적고 수명이 길다.
㉢ 압축이 연속적이고 회전운동을 하므로 진동이 적고 견고한 기초가 필요하지 않다.
㉣ 무단계 용량제어가 가능하며 자동운전에 적합하다.
㉤ 고속회전으로 소음은 크지만, 맥동과 진동은 없다.

31 입형 셸 앤드 튜브식 응축기에 관한 설명으로 옳은 것은?

① 설치면적이 큰데 비해 응축용량이 적다.
② 냉각수소비량이 비교적 적고 설치장소가 부족한 경우에 설치한다.
③ 냉각수의 배분이 불균등하고 유량을 많이 함유하므로 과부하를 처리할 수 없다.
④ 전열이 양호하며 냉각관 청소가 용이하다.

해설 **입형 셸 앤드 튜브식 응축기**
㉠ 길이방향이 수직이므로 설치면적이 적고 운전 중 냉각코일의 청소가 가능하다.
㉡ 전열이 양호하고 옥외 설치가 가능하다.

32 내부균압형 자동팽창밸브에 작용하는 힘이 아닌 것은?

① 스프링압력
② 감온통 내부압력
③ 냉매의 응축압력
④ 증발기에 유입되는 냉매의 증발압력

내부균압형 온도식 팽창밸브에 작용하는 힘에는 스프링 압력, 감온통압력, 증발기에 유입되는 냉매의 증발압력 등이 있다.

- $P_1 > P_2 + P_3$: 냉동부하 증대, 팽창밸브 열림
- $P_1 < P_2 + P_3$: 냉동부하 감소, 팽창밸브 닫힘

여기서, P_1 : 과열도에 의해 다이어프램에 전해지는 압력

P_2 : 증발기 내 냉매의 증발압력

P_3 : 과열도 조절나사에 의한 스프링압력

★ 33 압축기의 압축방식에 의한 분류 중 용적형 압축기가 아닌 것은?

① 왕복동식 압축기 ② 스크루식 압축기

③ 회전식 압축기   ④ 원심식 압축기

원심식 압축기는 터보형 압축기이다.

용적형 압축기 : 왕복동식, 스크루식, 회전식, 스크롤식

★ 34 할라이드토치로 누설을 탐지할 때 누설이 있는 곳에서는 토치의 불꽃색깔이 어떻게 변화되는가?

① 흑색   ② 파란색

③ 노란색   ④ 녹색

할라이드토치는 프레온계 냉매의 누설검지기로 불꽃의 색깔로 판별한다.

㉠ 누설이 없을 때 : 청색

㉡ 소량 누설 시 : 녹색

㉢ 다량 누설 시 : 자주색

㉣ 아주 심한 경우 : 불꽃이 꺼짐

프레온냉매의 누설검지
- 할라이드토치 : 불꽃의 색깔로 판별
- 비눗물 또는 오일 등 : 기포 발생의 유무로 확인
- 전자누설탐지기

★ 35 흡수식 냉동기에 관한 설명으로 옳은 것은?

① 초저온용으로 사용된다.

② 비교적 소용량보다는 대용량에 적합하다.

③ 열교환기를 설치하여도 효율은 변함없다.

④ 물−LiBr식에서는 물이 흡수제가 된다.

흡수식 냉동기는 비교적 소용량보다는 대용량에 적합하며 물(H_2O)을 냉매로 할 때 흡수제는 브롬화리튬(LiBr)이다.

냉매와 흡수제

냉매	흡수제
물(H_2O)	리튬브로마이드(LiBr)
물(H_2O)	염화리튬
암모니아(NH_3)	물(H_2O)

★ 36 냉각수 입구온도 33℃, 냉각수량 800L/min인 응축기의 냉각면적이 100m², 그 열통과율이 3,143kJ/m²·K이며 응축온도와 냉각수온도의 평균온도차가 6℃일 때 냉각수의 출구온도는?

① 36.5℃   ② 38.9℃

③ 42.4℃   ④ 45.5℃

$Q = KA\Delta t_m = mC(t_2 - t_1) \times 60$

$\therefore t_2 = t_1 + \dfrac{KA\Delta t_m}{mC \times 60} = 33 + \dfrac{3,143 \times 100 \times 6}{800 \times 4.18 \times 60}$

$\fallingdotseq 42.4℃$

★ 37 열펌프장치의 응축온도 35℃, 증발온도가 −5℃일 때 성적계수는?

① 3.5   ② 4.8

③ 5.5   ④ 7.7

$\varepsilon_H = \dfrac{T_H}{T_H - T_L}$

$= \dfrac{35 + 273}{(35 + 273) - (-5 + 273)}$

$= 7.7$

38 냉동장치에서 펌프다운의 목적으로 가장 거리가 먼 것은?

① 냉동장치의 저압측을 수리하기 위하여

② 기동 시 액해머 방지 및 경부하기동을 위하여

③ 프레온냉동장치에서 오일포밍(oil foaming)을 방지하기 위하여

④ 저장고 내 급격한 온도 저하를 위하여

펌프다운(pump down)

㉠ 냉동기를 정지하기 전 수액기 쪽으로 냉매를 모아두어 재가동 시 순수 가스흡입을 위한 운전형태를 말한다.

㉡ 압축기 수리 시, 이전설치 시, 기타 부품 교환 및 수리 시에 가스를 한 군데로 모으기 위한 것이다.

39 냉매와 화학분자식이 바르게 짝지어진 것은?

① $R-500 \rightarrow CCl_2F_4 + CH_2CHF_2$

② $R-502 \rightarrow CHClF_2 + CClF_2CF_3$

③ $R-22 \rightarrow CCl_2F_2$

④ $R-717 \rightarrow NH_4$

해설 ① $R-500 = R-12 + R-152 = CCl_2F_2 + C_2H_4F_2$
③ $R-22 = CHClF_2$
④ $R-717 = NH_3$

참고 $R-502 = R-22 + R-115 = CHClF_2 + C_2ClF_5$

★40 열역학 제2법칙을 바르게 설명한 것은?

① 열은 에너지의 하나로서 일을 열로 변환하거나 또는 열을 일로 변환시킬 수 있다.

② 온도계의 원리를 제공한다.

③ 절대 0도에서의 엔트로피값을 제공한다.

④ 열은 스스로 고온물체로부터 저온물체로 이동되나 그 과정은 비가역이다.

해설 열역학 제2법칙(비가역성의 법칙, 방향성의 법칙, 엔트로피 증가법칙) : 열은 스스로 고온물체로부터 저온물체로 이동되며, 그 역은 스스로 불가능하다.

3 배관 일반

★41 방열기 주변의 신축이음으로 적당한 것은?

① 스위블이음

② 미끄럼 신축이음

③ 루프형 이음

④ 벨로즈식 신축이음

해설 방열기 주변의 신축이음은 스위블이음이다.

★42 다음 중 동관이음방법의 종류가 아닌 것은?

① 빅토릭이음   ② 플레어이음

③ 용접이음   ④ 납땜이음

해설 빅토릭이음은 주철관의 이음방법이다.

참고 동관이음방법 : 납땜이음, 용접이음, 플레어(압축)이음 등

43 배수 및 통기설비에서 배수배관의 청소구 설치를 필요로 하는 곳으로 가장 거리가 먼 것은?

① 배수수직관의 제일 밑부분 또는 그 근처에 설치

② 배수수평주관과 배수수평분기관의 분기점에 설치

③ 100A 이상의 길이가 긴 배수관의 끝지점에 설치

④ 배수관이 45° 이상의 각도로 방향을 전환하는 곳에 설치

해설 청소구는 길이가 긴 배수관의 중간 지점으로 하되, 배관지름이 100A 이상일 때는 30m마다, 100A 이하일 때는 15m마다 설치한다.

★44 급수펌프의 설치 시 주의사항으로 틀린 것은?

① 펌프는 기초볼트를 사용하여 기초콘크리트 위에 설치고정한다.

② 풋밸브는 동수위면보다 흡입관경의 2배 이상 물속에 들어가게 한다.

③ 토출측 수평관은 상향구배로 배관한다.

④ 흡입양정은 되도록 길게 한다.

해설 급수펌프 설치 시 흡입양정은 되도록 짧게 한다. 흡입양정이 크면 공동현상(캐비테이션)이 발생하기 때문이다.

45 하나의 장치에서 4방밸브를 조작하여 냉난방 어느 쪽도 사용할 수 있는 공기조화용 펌프를 무엇이라고 하는가?

① 열펌프   ② 냉각펌프

③ 원심펌프   ④ 왕복펌프

해설 열펌프(heat pump)는 압축식 냉동사이클을 여름에는 냉방용으로 운전하고, 겨울에는 4방밸브에 의해 냉매흐름을 바꾸어 난방용으로 운전하는 시스템이다. 냉매흐름을 바꾸면 증발기는 응축기로, 응축기는 증발기로 그 기능이 바뀐다.

46 단열을 위한 보온재 종류의 선택 시 고려해야 할 조건으로 틀린 것은?

① 단위체적에 대한 가격이 저렴해야 한다.

② 공사현장상황에 대한 적응성이 커야 한다.

③ 불연성으로 화재 시 유독가스를 발생하지 않아야 한다.

④ 물리적, 화학적 강도가 작아야 한다.

★ 47 다음과 같이 압축기와 응축기가 동일한 높이에 있을 때 배관방법으로 가장 적합한 것은?

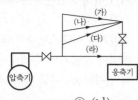

① (가)　　　　　② (나)

③ (다)　　　　　④ (라)

해설 압축기와 응축기가 동일한 높이일 경우 응축기 쪽으로 하향구배한다. 이는 압축기 정지 중 응축된 냉매가 압축기로 역류하는 것을 방지한다.

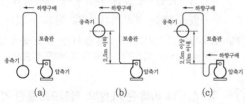

▲ 토출관의 배관

★ 48 체크밸브에 대한 설명으로 옳은 것은?

① 스윙형, 리프트형, 풋형 등이 있다.

② 리프트형은 배관의 수직부에 한하여 사용한다.

③ 스윙형은 수평배관에만 사용한다.

④ 유량조절용으로 적합하다.

해설 **체크밸브(역류 방지용 밸브)의 종류**
㉠ 스윙형 : 수평·수직배관에 모두 사용
㉡ 리프트형 : 수평배관에만 사용
㉢ 풋형 : 체크밸브의 기능과 여과기능(스트레이너)을 동시에 갖음

★ 49 강관의 두께를 나타내는 스케줄번호(Sch. No.)에 대한 설명으로 틀린 것은? (단, 사용압력은 P[Mpa], 허용응력은 S[N/mm²]이다.)

① 노멀스케줄번호는 10, 20, 30, 40, 60, 80, 100, 120, 140, 160(10종류)까지로 되어 있다.

② 허용응력은 인장강도를 안전율로 나눈 값이다.

③ 미터계열 스케줄번호 관계식은 10×허용응력(S)/사용압력(P)이다.

④ 스케줄번호(Sch. No.)는 유체의 사용압력과 그 상태에 있어서 재료의 허용응력과의 비(比)에 의해서 관두께의 체계를 표시한 것이다.

해설 스케줄번호는 관의 두께를 나타낸다.
㉠ 공학단위일 때 스케줄번호(Sch. No.)
$$= \frac{P[\text{kgf}/\text{cm}^2]}{S[\text{kg}/\text{mm}^2]} \times 10$$
㉡ 국제(SI)단위일 때 스케줄번호(Sch. No.)
$$= \frac{P[\text{MPa}]}{S[\text{N}/\text{mm}^2]} \times 1,000$$
여기서, P : 사용압력, S : 허용응력

참고 스케줄번호가 클수록 강관의 두께가 두껍다는 것을 의미한다.

50 배수배관의 시공상 주의사항으로 틀린 것은?

① 배수를 가능한 빨리 옥외하수관으로 유출할 수 있을 것

② 옥외하수관에서 유해가스가 건물 안으로 침입하는 것을 방지할 수 있을 것

③ 배수관 및 통기관은 내구성이 풍부하고 물이 새지 않도록 접합을 완벽히 할 것

④ 한랭지일 경우 동결 방지를 위해 배수관은 반드시 피복을 하며 통기관은 그대로 둘 것

해설 한랭지에서는 배수관과 통기관 모두 동결되지 않도록 피복을 해야 한다.

51 배관제도에서 배관의 높이 표시기호에 대한 설명으로 틀린 것은?

① TOP : 관 바깥지름의 윗면을 기준으로 한 높이 표시

② FL : 1층의 바닥면을 기준으로 한 높이 표시

③ EL : 관 바깥지름의 아랫면을 기준으로 한 높이 표시

④ GL : 포장된 지표면을 기준으로 한 높이 표시

정답 47 ① 48 ① 49 ③ 50 ④ 51 ③

부록 Ⅰ

해설 EL(Elevation Line) : 관의 중심을 기준으로 한 배관의 높이 표시

참고 BOP(Bottom Of Pipe) : 지름이 다른 관의 높이를 나타낼 때 적용되며 관 바깥지름의 아랫면을 기준으로 한 높이 표시

52 ★ 10kg의 쇳덩어리를 20℃에서 80℃까지 가열하는데 필요한 열량은? (단, 쇳덩어리의 비열은 0.61kJ/kg · ℃이다.)

① 277kJ   ② 366kJ
③ 488kJ   ④ 600kJ

해설 $Q = mC(t_2 - t_1) = 10 \times 0.61 \times (80 - 20) = 366\text{kJ}$

53 증기수평관에서 파이프의 지름을 바꿀 때 방법으로 가장 적절한 것은? (단, 상향구배로 가정한다.)

① 플랜지접합을 한다.
② 티를 사용한다.
③ 편심조인트를 사용해 아랫면을 일치시킨다.
④ 편심조인트를 사용해 윗면을 일치시킨다.

해설 증기수평관에서 파이프의 지름을 바꿀 때는 편심조인트를 사용해 아랫면을 일치시킨다.

54 ★ 다음 중 증기와 응축수의 밀도차에 의해 작동하는 기계식 트랩은?

① 벨로즈트랩   ② 바이메탈트랩
③ 플로트트랩   ④ 디스크트랩

해설 증기와 응축수의 밀도차에 의해 작동하는 기계식 트랩은 플로트(float)트랩이다.

참고 • 기계식 트랩 : 플로트트랩, 버킷트랩
• 온도조절식 트랩 : 바이메탈식 트랩, 열동식 트랩
• 열역학적 트랩 : 디스크트랩

55 증기난방에서 고압식인 경우 증기압력은?

① 15~35kPa 미만   ② 35~72kPa 미만
③ 72~100kPa 미만 ④ 100kPa 이상

해설 증기압력
㉠ 고압식 : 100kPa 이상
㉡ 저압식 : 10~30kPa

56 ★ 냉매배관의 시공법에 관한 설명으로 틀린 것은?

① 압축기와 응축기가 동일 높이 또는 응축기가 아래에 있는 경우 배출관은 하향기울기로 한다.
② 증발기가 응축기보다 아래에 있을 때 냉매액이 증발기에 흘러내리는 것을 방지하기 위해 2m 이상 역루프를 만들어 배관한다.
③ 증발기와 압축기가 같은 높이일 때는 흡입관을 수직으로 세운 다음 압축기를 향해 선단 상향구배로 배관한다.
④ 액관배관 시 증발기 입구에 전자밸브가 있을 때는 루프이음을 할 필요가 없다.

해설 증발기와 압축기의 높이가 같을 경우에는 흡입관을 수직으로 세운 다음 압축기를 향해 하향구배로 배관한다.

57 ★ 증기난방에 비해 온수난방의 특징으로 틀린 것은?

① 예열시간이 길지만 가열 후에 냉각시간도 길다.
② 공기 중의 미진이 늘어 생기는 나쁜 냄새가 적어 실내의 쾌적도가 높다.
③ 보일러의 취급이 비교적 쉽고 비교적 안전하여 주택 등에 적합하다.
④ 난방부하변동에 따른 온도조절이 어렵다.

해설 온수난방은 난방부하의 변동에 따른 방열량(온도)조절이 용이하다.

58 배수관에 트랩을 설치하는 주된 이유는?

① 배수관에서 배수의 역류를 방지한다.
② 배수관의 이물질을 제거한다.
③ 배수의 속도를 조절한다.
④ 배수관에 발생하는 유취와 유해가스의 역류를 방지한다.

해설 배수관에 트랩(trap)을 설치하는 주된 이유는 배수관에 발생하는 유취와 유해가스의 역류를 방지하기 위함이다.

정답 52 ② 53 ③ 54 ③ 55 ④ 56 ③ 57 ④ 58 ④

59 배관의 이동 및 회전을 방지하기 위하여 지지점의 위치에 완전히 고정하는 장치는?

① 앵커　　　　　② 행거
③ 가이드　　　　④ 브레이스

> **해설** 앵커(anchor) : 배관의 이동 및 회전을 방지하기 위해 지지점의 위치에 완전히 고정하는 장치

> **참고** 리스트레인트(restraint)는 열팽창에 의한 신축으로 인한 배관의 좌우, 상하이동을 구속하고 제한하는 데 사용한다. 종류에는 앵커, 스톱, 가이드 등이 있다.

60 다음 그림에 나타낸 배관시스템 계통도는 냉방설비의 어떤 열원방식을 나타낸 것인가?

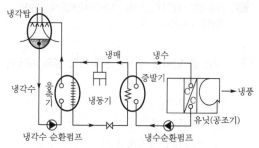

① 냉수를 냉열매로 하는 열원방식
② 가스를 냉열매로 하는 열원방식
③ 증기를 온열매로 하는 열원방식
④ 고온수를 온열매로 하는 열원방식

> **해설** 제시된 그림의 냉방설비는 냉동기를 가동하여 냉매와 냉수를 증발기에서 열교환시켜 냉각시킨 냉수를 냉열매로 이용하는 열원방식이다.

4　전기제어공학

61 서보기구용 검출기가 아닌 것은?

① 유량계　　　　② 싱크로
③ 전위차계　　　④ 차동변압기

> **해설** 유량계는 유량측정장치이다.

> **참고** **서보기구용 검출기** : 싱크로(변각을 검출), 셀신정동기, 마이크로신, 전위차계(권선형 저항을 이용하여 번위, 변수를 측정), 차동변압기(변위를 자기저항의 불균형으로 변환)

62 출력의 일부를 입력으로 되돌림으로써 출력과 기준입력과의 오차를 줄여나가도록 제어하는 제어방법은?

① 피드백제어　　② 시퀀스제어
③ 리셋제어　　　④ 프로그램제어

> **해설** **피드백제어(되먹임제어)**
> ㉠ 출력의 일부를 입력으로 되돌림으로써 출력과 기준입력과의 오차를 줄여나가는 제어방법이다.
> ㉡ 구조가 복합하고 반드시 입력과 출력을 비교하는 장치(비교부)가 필요하다.

63 제어요소의 출력인 동시에 제어대상의 입력으로 제어요소가 제어대상에게 인가하는 제어신호는?

① 외란　　　　　② 제어량
③ 조작량　　　　④ 궤환신호

> **해설** 조작량은 제어요소에서 제어대상에 인가되는 양으로 제어장치의 출력인 동시에 제어대상의 입력신호이다.

> **참고** ・외란 : 제어량의 변화를 일으키는 신호로 변환하는 장치(외부신호)
> ・제어량 : 제어대상에 속하는 양으로 제어대상을 제어하는 것을 목적으로 하는 물리적인 양(출력발생장치)

64 다음은 자기에 관한 법칙들을 나열하였다. 다른 3개와는 공통점이 없는 것은?

① 렌츠의 법칙
② 패러데이의 법칙
③ 자기의 쿨롱법칙
④ 플레밍의 오른손법칙

> **해설** ㉠ 전자기유도법칙 : 렌츠의 법칙, 패러데이의 법칙, 플레밍의 오른손법칙
> ㉡ 전기력에 관한 법칙 : 자기의 쿨롱법칙

65 위치, 각도 등의 기계적 변위를 제어량으로 해서 목표값의 임의의 변화에 추종하도록 구성된 제어계는?

① 자동조정　　　② 서보기구
③ 정치제어　　　④ 프로그램제어

> **해설** 서보기구는 기계적인 변위제어량, 즉 위치, 방위, 자세, 거리, 각도 등을 제어한다.

정답 59 ① 60 ① 61 ① 62 ① 63 ③ 64 ③ 65 ②

66 다음 그림은 전동기 속도제어의 한 방법이다. 전동기가 최대 출력을 낼 때 사이리스터의 점호각은 몇 rad이 되는가?

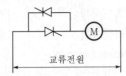

교류전원

① 0
② $\dfrac{\pi}{6}$

③ $\dfrac{\pi}{2}$
④ π

[해설] 전동기가 최대 출력을 낼 때 사이리스터의 점호각은 0rad이다.

★
67 전력(electric power)에 관한 설명으로 옳은 것은?

① 전력은 전류의 제곱에 저항을 곱한 값이다.
② 전력은 전압의 제곱에 저항을 곱한 값이다.
③ 전력은 전압의 제곱에 비례하고, 전류에 반비례한다.
④ 전력은 전류의 제곱에 비례하고, 전압의 제곱에 반비례한다.

[해설] 전력 = 전압(V)×전류(I) = $I^2 R = \dfrac{V^2}{R}$[W]

★
68 $L = \bar{x}\bar{y}\bar{z} + \bar{x}yz + x\bar{y}z + xyz$ 을 간단히 한 식으로 옳은 것은?

① $\bar{x}y + xz$
② $xy + \bar{x}z$
③ $x\bar{y} + \bar{x}\bar{z}$
④ $\bar{x}\bar{y} + xz$

[해설]
$L = \bar{x}\bar{y}\bar{z} + \bar{x}yz + x\bar{y}z + xyz$
$= \bar{x}\bar{y}(\bar{z}+z) + xz(\bar{y}+y)$
$= \bar{x}\bar{y} \cdot 1 + xz \cdot 1$
$= \bar{x}\bar{y} + xz$

69 전달함수 $G(s) = \dfrac{10}{3+2s}$ 을 갖는 계에 $\omega = $ 2rad/s인 정현파를 줄 때 이득은 약 몇 dB인가?

① 2
② 3
③ 4
④ 6

[해설] $G = 20\log \dfrac{1}{3+j(2\omega)}$
$= 20\log \dfrac{10}{3+j(2\times2)}$
$= 20\times\log \dfrac{10}{\sqrt{3^2+4^2}}$
$= 20\times\log 2$
$≒ 6\text{dB}$

★
70 유도전동기의 속도제어에 사용할 수 없는 전력변환기는?

① 인버터
② 정류기
③ 위상제어기
④ 사이클로컨버터

[해설] 정류기란 교류(AC)전력을 직류(DC)전력으로 바꾸는 전력변환장치이다.

71 다음 중 압력을 감지하는데 가장 널리 사용되는 것은?

① 전위차계
② 마이크로폰
③ 스트레인게이지
④ 회전자기부호기

[해설] 스트레인게이지는 미지전압과 가변기지전압의 차가 0이 되도록 기지전압을 가하여 미지의 전압을 측정하는 기구이다.

★
72 3상 유도전동기의 회전방향을 바꾸려고 할 때 옳은 방법은?

① 기동보상기를 사용한다.
② 전원주파수를 변환한다.
③ 전동기의 극수를 변환한다.
④ 전원 3선 중 2선의 접속을 바꾼다.

[해설] 3상 유도전동기의 회전방향을 바꾸려면 전원 3선 중 임의의 2선의 접속을 바꾼다.

★
73 조절부와 조작부로 구성되어 있는 피드백제어의 구성요소를 무엇이라 하는가?

① 입력부
② 제어장치
③ 제어요소
④ 제어대상

[해설] 제어요소란 피드백제어의 구성요소로 조절부와 조작부로 구성되어 있다.

정답 66 ① 67 ① 68 ① 69 ④ 70 ② 71 ③ 72 ④ 73 ③

74 다음의 정류회로 중 리플전압이 가장 작은 회로는? (단, 저항부하를 사용하였을 경우이다.)

① 3상 반파정류회로

② 3상 전파정류회로

③ 단상 반파정류회로

④ 단상 전파정류회로

해설 정류회로 중 리플전압이 작은 것은 3상 전파정류회로이다.

75 다음 그림과 같이 접지저항을 측정하였을 때 R_1의 접지저항(Ω)을 계산하는 식은? (단, $R_{12} = R_1 + R_2$, $R_{23} = R_2 + R_3$, $R_{31} = R_3 + R_1$)

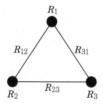

① $R_1 = \dfrac{1}{2}(R_{12} + R_{31} + R_{23})$

② $R_1 = \dfrac{1}{2}(R_{31} + R_{23} - R_{12})$

③ $R_1 = \dfrac{1}{2}(R_{12} - R_{31} + R_{23})$

④ $R_1 = \dfrac{1}{2}(R_{12} + R_{31} - R_{23})$

해설 $R_{12} + R_{31} = R_1 + R_2 + R_3 + R_1 = 2R_1 + R_2 + R_3$
$\qquad\qquad\quad = 2R_1 + R_{23}$
$2R_1 = R_{12} + R_{31} - R_{23}$
$\therefore\ R_1 = \dfrac{1}{2}(R_{12} + R_{31} - R_{23})$

★
76 다음 그림과 같은 블록선도가 의미하는 요소는?

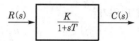

① 비례요소 　　　② 미분요소

③ 1차 지연요소 　④ 2차 지연요소

해설 1차 지연요소는 출력이 입력의 변화에 따라 어떤 일정한 값에 도달하는데 시간의 늦음이 있는 요소이다.

전달함수 $G(s) = \dfrac{G(s)}{R(s)} = \dfrac{K}{1 + sT}$

77 다음 그림 (a)의 병렬로 연결된 저항회로에서 전류 I와 I_1의 관계를 그림 (b)의 블록선도로 나타낼 때 A에 들어갈 전달함수는?

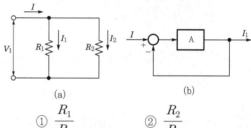

(a) 　　　　　　　　(b)

① $\dfrac{R_1}{R_2}$ 　　　　② $\dfrac{R_2}{R_1}$

③ $\dfrac{1}{R_1 R_2}$ 　　　④ $\dfrac{1}{R_1 + R_2}$

해설 ㉠ $I_1 = \left(\dfrac{R_2}{R_1 + R_2}\right)I[\text{A}]$, $I_2 = \left(\dfrac{R_1}{R_1 + R_2}\right)I[\text{A}]$

㉡ $G(s) = \dfrac{I_1}{I} = \dfrac{A}{1 + A}$

$\therefore\ I_1 = \left(\dfrac{A}{1 + A}\right)I$

㉢ $\left(\dfrac{A}{1 + A}\right)I = \left(\dfrac{R_2}{R_1 + R_2}\right)I$

$\dfrac{A}{1 + A} = \dfrac{R_2}{R_1 + R_2}$

$\therefore\ A = \dfrac{R_2}{R_1}$

78 다음과 같이 저항이 연결된 회로의 전압 V_1과 V_2의 전압이 일치할 때 회로의 합성저항은 약 Ω인가?

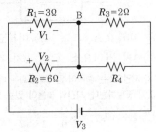

① 0.3
② 2
③ 3.33
④ 4

해설 브리지 평형조건에서
$$R_1 R_4 = R_2 R_3$$
$$R_4 = \frac{R_2 R_3}{R_1} = \frac{2 \times 6}{3} = 4\,\Omega$$
$$\therefore R_t = \frac{(R_1 + R_3)(R_2 + R_4)}{(R_1 + R_3) + (R_2 + R_4)} = \frac{(3+2) \times (6+4)}{(3+2) + (6+4)}$$
$$= 3.33\,\Omega$$

★
79 $v = 141\sin\left(377t - \dfrac{\pi}{6}\right)$[V]인 전압의 주파수는 약 몇 Hz인가?

① 50
② 60
③ 100
④ 377

해설 $\omega = 377$rad/s이므로
$$\therefore f = \frac{\omega}{2\pi} = \frac{377}{2\pi} ≒ 60\text{Hz}$$

★
80 자동제어계의 구성 중 기준입력과 궤환신호와의 차를 계산해서 제어시스템에 필요한 신호를 만들어내는 부분은?

① 조절부
② 조작부
③ 검출부
④ 목표설정부

해설 ㉠ 조절부 : 제어요소가 동작하는 데 필요한 신호를 만들어 조작부에 보내는 부분
㉡ 조작부 : 조절부로부터 받은 신호를 조작량으로 바꾸어 제어대상에 보내주는 부분
㉢ 검출부 : 제어량을 검출하고 입력과 출력을 비교하는 비교부가 반드시 필요
㉣ 기준입력요소(설정부) : 목표값에 비례하는 제어시스템에 필요한 기준입력신호를 발생시키는 부분

6

2017. 8. 26. 시행
공조냉동기계산업기사

---

1 공기조화

01 다음 중 냉난방과정을 설계할 때 주로 사용되는 습공기선도는? (단, h는 엔탈피, x는 절대습도, t는 건구온도, s는 엔트로피, p는 압력이다.)

① $h-x$선도
② $t-s$선도
③ $t-h$선도
④ $p-h$선도

해설 습공기선도는 $h-x$선도이다.

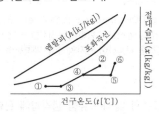

02 냉각수 출입구온도차를 5℃, 냉각수의 처리열량을 16,380kJ/h로 하면 냉각수량(L/min)은? (단, 냉각수의 비열은 4.2kJ/kg·℃로 한다.)

① 10
② 13
③ 18
④ 20

해설 $Q = mC\Delta t \times 60$

$$\therefore m = \frac{Q}{C\Delta t \times 60} = \frac{16,380}{4.2 \times 5 \times 60} = 13\text{L/min}$$

03 냉난방부하에 관한 설명으로 옳은 것은?

① 외기온도와 실내 설정온도의 차가 클수록 냉난방도일은 작아진다.
② 실내의 잠열부하에 대한 현열부하의 비를 현열비라고 한다.
③ 난방부하 계산 시 실내에서 발생하는 열부하는 일반적으로 고려하지 않는다.
④ 냉방부하 계산 시 틈새바람에 대한 부하는 무시해도 된다.

해설 난방부하 계산 시
㉠ 실내에서 발생하는 열부하는 일반적으로 고려하지 않는다.
㉡ 일사부하, 내부발열, 축열효과는 제외한다.

★04 난방부하 계산에서 손실부하에 해당되지 않는 것은?

① 외벽, 유리창, 지붕에서의 부하
② 조명기구, 재실자의 부하
③ 틈새바람에 의한 부하
④ 내벽, 바닥에서의 부하

해설 난방부하 계산에서 조명기구, 재실자부하 등은 난방부하를 경감시키는 요인으로 일반적으로 손실부하에 해당되지 않는다.

★05 복사냉난방방식에 관한 설명으로 틀린 것은?

① 실내수배관이 필요하며 결로의 우려가 있다.
② 실내에 방열기를 설치하지 않으므로 바닥이나 벽면을 유용하게 이용할 수 있다.
③ 조명이나 일사가 많은 방에 효과적이며, 천장이 낮은 경우에만 적용된다.
④ 건물의 구조체가 파이프를 설치하여 여름에는 냉수, 겨울에는 온수로 냉난방을 하는 방식이다.

해설 복사난방은 상하온도차가 적어 천장이 높은 실에 적합하다. 즉 높이에 따른 실내온도분포가 균일하며 복사에 의한 난방으로 쾌감도가 좋다.

정답 01 ① 02 ② 03 ③ 04 ② 05 ③

부록
I

06 냉각수는 배관 내를 통하게 하고 배관 외부에 물을 살수하여 살수된 물의 증발에 의해 배관 내 냉각수를 냉각시키는 방식으로 대기오염이 심한 곳 등에서 많이 적용되는 냉각탑은?

① 밀폐식 냉각탑
② 대기식 냉각탑
③ 자연통풍식 냉각탑
④ 강제통풍식 냉각탑

해설 밀폐식 냉각탑은 냉각수의 오염 방지를 위해 코일 내 냉각수를 통하게 하고 코일 표면에 물을 살포하여 살수된 물의 증발에 의해 배관 내 냉각수를 냉각시키는 방식이다.

07 공기냉각코일에 대한 설명으로 틀린 것은?

① 소형 코일에는 일반적으로 외경 9~13mm 정도의 동관 또는 강관의 외측에 동 또는 알루미늄제의 핀을 붙인다.
② 코일의 관 내에는 물 또는 증기, 냉매 등의 열매가 통하고, 외측에는 공기를 통과시켜서 열매와 공기를 열교환시킨다.
③ 핀의 형상은 관의 외부에 얇은 리본모양의 금속판을 일정한 간격으로 감아 붙인 것을 에로핀형이라 한다.
④ 에로핀 중 감아 붙인 핀이 주름진 것을 평판핀, 주름이 없는 평면상의 것을 파형 핀이라 한다.

해설 에로핀 중 감아 붙인 핀이 주름진 것을 링클핀, 주름이 없는 평면상의 것을 평판핀이라 한다.

★08 다음 공기조화에 관한 설명으로 틀린 것은?

① 공기조화란 온도, 습도조정, 청정도, 실내기류 등 항목을 만족시키는 처리과정이다.
② 반도체산업, 전산실 등은 산업용 공조에 해당된다.
③ 보건용 공조는 재실자에게 쾌적환경을 만드는 것을 목적으로 한다.
④ 공조장치에 여유를 두어 여름에 실내외 온도차를 크게 할수록 좋다.

해설 여름철에는 실내외온도차를 5℃ 이내로 적절하게 유지하는 것이 좋다.

09 32W 형광등 20개를 조명용으로 사용하는 사무실이 있다. 이때 조명기구로부터의 취득열량은 약 얼마인가? (단, 안정기의 부하는 20%로 한다.)

① 550W
② 640W
③ 660W
④ 768W

해설 $Q = 32 \times 20 \times (1 + 0.2) = 768W$

★10 HEPA필터에 적합한 효율측정법은?

① 중량법
② 비색법
③ 보간법
④ 계수법

해설 계수법(DOP : Di-Octyl-Phthalate) : 고성능의 필터(HEPA)를 측정하는 방법으로 일정한 크기($0.3\mu m$)의 시험입자를 사용하여 먼지의 수를 계측하여 사용한다.

★11 직교류형 및 대향류형 냉각탑에 관한 설명으로 틀린 것은?

① 직교류형은 물과 공기의 흐름이 직각으로 교차한다.
② 직교류형은 냉각탑의 충진재 표면적이 크다.
③ 대향류형 냉각탑의 효율이 직교류형보다 나쁘다.
④ 대향류형은 물과 공기의 흐름이 서로 반대이다.

해설 대향류형 냉각탑의 효율이 직교류형보다 좋다.

12 공기를 가열하는데 사용하는 공기가열코일이 아닌 것은?

① 증기코일
② 온수코일
③ 전기히터코일
④ 증발코일

해설 **공기가열코일의 종류** : 증기코일, 온수코일, 전기히터코일, 냉매코일 등

정답 06 ① 07 ④ 08 ④ 09 ④ 10 ④ 11 ③ 12 ④

13 온수난방방식의 분류에 해당되지 않는 것은?

① 복관식 ② 건식

③ 상향식 ④ 중력식

건식은 증기난방방식이다.

★
14 수관식 보일러의 특징에 관한 설명으로 틀린 것은?

① 드럼이 작아 구조상 고압 대용량에 적합하다.

② 구조가 복합하여 보수·청소가 곤란하다.

③ 예열시간이 짧고 효율이 좋다.

④ 보유수량이 커서 파열 시 피해가 크다.

수관식 보일러는 보유수량이 작아서 파열 시 피해가 작다.

15 다음 그림과 같은 단면을 가진 덕트에서 정압, 동압, 전압의 변화를 나타낸 것으로 옳은 것은? (단, 덕트의 길이는 일정한 것으로 한다.)

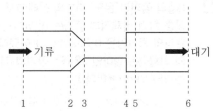

①

②

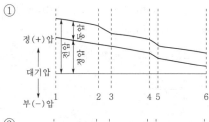

③

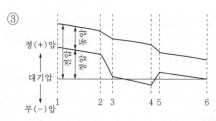

④

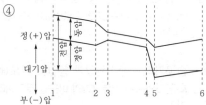

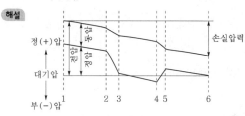

★
16 공기조화방식 중 중앙식 전공기방식의 특징에 관한 설명으로 틀린 것은?

① 실내공기의 오염이 적다.

② 외기냉방이 가능하다.

③ 개별제어가 용이하다.

④ 대형의 공조기계실을 필요로 한다.

중앙식 전공기방식은 중앙집중식이므로 운전, 보수관리를 집중할 수 있다.

★
17 통과풍량이 350m³/min일 때 표준유닛형 에어필터의 수는? (단, 통과풍속은 1.5m/s, 통과면적은 0.5m²이며, 유효면적은 80%이다.)

① 5개 ② 6개

③ 8개 ④ 10개

에어필터수$(Z) = \dfrac{\dfrac{Q}{60}}{AV\eta} = \dfrac{\dfrac{350}{60}}{0.5 \times 1.5 \times 0.8} ≒ 10$개

18 냉각코일로 공기를 냉각하는 경우에 코일 표면온도가 공기의 노점온도보다 높으면 공기 중의 수분량변화는?

① 변화가 없다.　　② 증가한다.

③ 감소한다.　　　④ 불규칙적이다.

해설 냉각코일의 표면온도가 공기의 노점온도보다 높으면 절대습도(x)가 일정(수증기변화 없음)하고 온도(현열)만 감소한다.

★
19 습공기의 수증기분압과 동일한 온도에서 포화공기의 수증기분압과의 비율을 무엇이라 하는가?

① 절대습도　　　② 상대습도

③ 열수분비　　　④ 비교습도

해설 상대습도(ϕ)$=\dfrac{P_w}{P_s}\times100[\%]$

★
20 어느 실내에 설치된 온수방열기의 방열면적이 10m^2 EDR일 때의 방열량(W)은?

① 4,500　　　　② 6,500

③ 7,558　　　　④ 5,233

해설 변화방열량＝표준 방열량×상당방열면적
$$=523.3\times10$$
$$=5,233\text{W}$$

참고 표준 방열량
- 온수 : 523.3W/m^2
- 증기 : 755.8W/m^2

2 냉동공학

★
21 어느 재료의 열통과율이 $0.35\text{W/m}^2\cdot\text{K}$, 외기와 벽면과의 열전달률이 $20\text{W/m}^2\cdot\text{K}$, 내부공기와 벽면과의 열전달률이 $5.4\text{W/m}^2\cdot\text{K}$이고, 재료의 두께가 187.5mm일 때 이 재료의 열전도도는?

① $0.032\text{W/m}\cdot\text{K}$　② $0.056\text{W/m}\cdot\text{K}$

③ $0.067\text{W/m}\cdot\text{K}$　④ $0.072\text{W/m}\cdot\text{K}$

해설 $K=\dfrac{1}{\dfrac{1}{\alpha_o}+\dfrac{l}{\lambda}+\dfrac{1}{\alpha_i}}[\text{W/m}^2\cdot\text{K}]$

$$\therefore\ \lambda=\dfrac{l}{\dfrac{1}{K}-\left(\dfrac{1}{\alpha_o}+\dfrac{1}{\alpha_i}\right)}=\dfrac{0.1875}{\dfrac{1}{0.35}-\left(\dfrac{1}{20}+\dfrac{1}{5.4}\right)}$$
$$\fallingdotseq0.072\text{W/m}\cdot\text{K}$$

22 축열장치에서 축열재가 갖추어야 할 조건으로 가장 거리가 먼 것은?

① 열의 저장은 쉬워야 하나 열의 방출은 어려워야 한다.

② 취급하기 쉽고 가격이 저렴해야 한다.

③ 화학적으로 안정해야 한다.

④ 단위체적당 축열량이 많아야 한다.

해설 **축열재의 구비조건**
㉠ 열의 출입이 쉬울 것
㉡ 가격이 싸고 취급이 용이할 것
㉢ 화학적으로 안정할 것
㉣ 단위체적당 축열량이 클 것
㉤ 융해열이 크고 과냉각이 작고 상분리를 일으키지 않을 것
㉥ 독성, 폭발성 및 부식성이 없을 것

★
23 1kg의 공기가 온도 20℃의 상태에서 등온변화를 하여 비체적의 증가는 $0.5\text{m}^3/\text{kg}$, 엔트로피의 증가량은 $0.21\text{kJ/kg}\cdot\text{K}$이었다. 초기의 비체적은 얼마인가? (단, 공기의 기체상수는 $287\text{J/kg}\cdot\text{K}$이다.)

① $0.293\text{m}^3/\text{kg}$　② $0.463\text{m}^3/\text{kg}$

③ $0.508\text{m}^3/\text{kg}$　④ $0.614\text{m}^3/\text{kg}$

해설 $v_2=v_1+0.5\,[\text{m}^3/\text{kg}]$

$$\Delta S=mR\ln\dfrac{v_2}{v_1}\,[\text{kJ/kg}\cdot\text{K}]$$

$$\dfrac{v_2}{v_1}=e^{\frac{\Delta S}{mR}}$$

$$v_2=v_1e^{\frac{\Delta S}{mR}}$$

$$v_1+0.5=v_1e^{\frac{\Delta S}{mR}}$$

$$v_1\left(e^{\frac{\Delta S}{mR}}-1\right)=0.5$$

$$\therefore\ v_1=\dfrac{0.5}{e^{\frac{\Delta S}{mR}}-1}=\dfrac{0.5}{e^{\frac{0.21}{1\times287}}-1}=0.463\text{m}^3/\text{kg}$$

정답 18 ① 19 ② 20 ④ 21 ④ 22 ① 23 ②

★
24 다음 중 냉각탑의 용량제어방법이 아닌 것은?

① 슬라이드밸브조작방법

② 수량변화방법

③ 공기유량변화방법

④ 분할운전방법

해설 냉각탑의 **용량제어방법** : 수량변화제어, 공기유량변화제어, 분할운전제어 등

★
25 다음 중 무기질 브라인이 아닌 것은?

① 염화나트륨　　② 염화마그네슘

③ 염화칼슘　　　④ 에틸렌글리콜

해설 브라인

㉠ 무기질 : 염화나트륨, 염화마그네슘, 염화칼슘 등

㉡ 유기질 : 에틸렌글리콜, 프로필렌글리콜, 트리클로로에틸렌 등

26 증발식 응축기에 관한 설명으로 옳은 것은?

① 증발식 응축기는 많은 냉각수를 필요로 한다.

② 송풍기, 순환펌프가 설치되지 않아 구조가 간단하다.

③ 대기온도는 동일하지만 습도가 높을 때는 응축압력이 높아진다.

④ 증발식 응축기의 냉각수보급량은 물의 증발량과는 큰 관계가 없다.

해설 증발식 응축기

㉠ 습도가 높을 때는 응축압력이 높아진다.

㉡ 구조가 복잡하고 설비비가 고가이다.

㉢ 사용되는 응축기 중 압력과 온도가 높으면 압력강하가 크다.

㉣ 냉각수가 부족한 곳에 사용되며 물의 증발열을 이용하여 응축시킨다.

27 저온장치 중 얇은 금속판에 브라인이나 냉매를 통하게 하여 금속판의 외면에 식품을 부착시켜 동결하는 장치는?

① 반송풍동결장치

② 접촉식 동결장치

③ 송풍동결장치

④ 터널식 공기동결장치

해설 접촉식 동결장치는 얇은 금속판에 브라인이나 냉매를 통하게 하여 금속판의 외면에 식품을 부착시켜 동결하는 장치로, 동결시간은 짧지만 1회 수용량이 적어 고급제품에 사용한다.

★
28 이상냉동사이클에서 응축기온도가 40℃, 증발기온도가 −10℃이면 성적계수는?

① 3.26　　　　② 4.26

③ 5.26　　　　④ 6.26

해설
$$\varepsilon_R = \frac{T_2}{T_1 - T_2}$$
$$= \frac{-10+273}{(40+273)-(-10+273)}$$
$$= 5.26$$

29 다음 $h-x$(엔탈피−농도)선도에서 흡수식 냉동기사이클을 나타낸 것으로 옳은 것은?

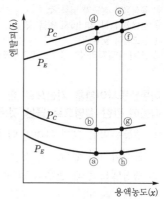

① c−d−e−f−c　　② b−c−f−g−b

③ a−b−g−h−a　　④ a−d−e−h−a

해설 흡수식 냉동기사이클의 순환은 a−b−g−h−a로 냉매인 물(H_2O)과 흡수제인 리튬브로마이드(LiBr)의 흡수과정이다.

30 진공압력 300mmHg를 절대압력으로 환산하면 약 얼마인가? (단, 대기압은 101.3kPa이다.)

① 48.7kPa　　　② 55.4kPa

③ 61.3kPa　　　④ 70.6kPa

해설 $P_a = P_o - P_g = 101.3 - \frac{300}{760} \times 101.3 = 61.31$kPa

★
31 15℃의 물로 0℃의 얼음을 100kg/h 만드는 냉동기의 냉동능력은 몇 냉동톤(RT)인가?
(단, 1RT=13897.52kJ/h)

① 1.43   ② 1.78

③ 2.12   ④ 2.86

해설 냉동톤$=\dfrac{Q_e}{13897.52}=\dfrac{100\times4.186\times15+100\times334}{13897.52}$
$\fallingdotseq 2.86\mathrm{RT}$

★
32 브라인의 구비조건으로 틀린 것은?

① 열용량이 크고 전열이 좋을 것

② 점성이 클 것

③ 빙점이 낮을 것

④ 부식성이 없을 것

해설 브라인의 구비조건
㉠ 열용량이 크고 전열이 좋을 것
㉡ 부식성이 없고 불연성이며 독성이 없을 것
㉢ 공정점과 점도가 낮을 것
㉣ 상변화가 잘 일어나지 않을 것
㉤ 응고점이 낮을 것
㉥ pH가 약알칼리성일 것(7.5~8.2 정도)

33 이론냉동사이클을 기반으로 한 냉동장치의 작동에 관한 설명으로 옳은 것은?

① 냉동능력을 크게 하려면 압축비를 높게 운전하여야 한다.

② 팽창밸브 통과 전후의 냉매엔탈피는 변하지 않는다.

③ 냉동장치의 성적계수 향상을 위해 압축비를 높게 운전하여야 한다.

④ 대형 냉동장치의 암모니아냉매는 수분이 있어도 아연을 침식시키지 않는다.

해설 팽창밸브 통과 전후의 냉매엔탈피는 변하지 않고(등엔탈피과정), 압력과 온도는 강하하며 비가역과정이므로 엔트로피는 증가한다($\Delta S>0$).

★
34 냉동사이클에서 증발온도가 일정하고 압축기 흡입가스의 상태가 건포화증기일 때 응축온도를 상승시키는 경우 나타나는 현상이 아닌 것은?

① 토출압력 상승   ② 압축비 상승

③ 냉동효과 감소   ④ 압축일량 감소

해설 응축온도를 상승시키면 토출압력 상승, 압축일량 증가, 압축비 상승, 냉동효과 감소, 체적효율 감소, 냉동기 성능계수 감소 등이 나타난다.

★
35 실제 기체가 이상기체의 상태식을 근사적으로 만족하는 경우는?

① 압력이 높고 온도가 낮을수록

② 압력이 높고 온도가 높을수록

③ 압력이 낮고 온도가 높을수록

④ 압력이 낮고 온도가 낮을수록

해설 실제 기체가 이상기체의 상태방정식을 근사적으로 만족시키려면 압력은 낮고 온도가 높을수록, 분자량은 작고 비체적이 클수록 만족된다.

36 $P-h$(압력-엔탈피)선도에서 포화증기선상의 건조도는 얼마인가?

① 2   ② 1

③ 0.5   ④ 0

해설 건조도(x)는 포화액일 때 0이고, 포화증기선상일 때 1(100% 증기)이다.

37 냉동장치의 $p-i$(압력-엔탈피)선도에서 성적계수를 구하는 식으로 옳은 것은?

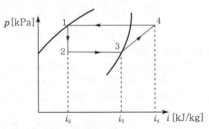

① $(COP)_R = \dfrac{i_4 - i_3}{i_3 - i_2}$

② $(COP)_R = \dfrac{i_3 - i_2}{i_4 - i_2}$

③ $(COP)_R = \dfrac{i_3 - i_2}{i_4 - i_3}$

④ $(COP)_R = \dfrac{i_4 - i_2}{i_3 - i_2}$

해설 $(COP)_R = \dfrac{q_e}{w_c} = \dfrac{i_3 - i_2}{i_4 - i_3} = (COP)_H - 1$

★ 38

암모니아냉동장치에서 팽창밸브 직전의 냉매 액온도가 20℃이고 압축기 직전 냉매가스온도가 −15℃의 건포화증기이며 냉매 1kg당 냉동량은 1,130kJ이다. 필요한 냉동능력이 14RT일 때 냉매순환량은? (단, 1RT는 13897.52kJ/h 이다.)

① 123kg/h ② 172kg/h
③ 185kg/h ④ 212kg/h

해설 $m = \dfrac{Q_e}{q_e} = \dfrac{14 \times 13897.52}{1,130} = 172.18\text{kg/h}$

39

수냉식 응축기를 사용하는 냉동장치에서 응축압력이 표준 압력보다 높게 되는 원인으로 가장 거리가 먼 것은?

① 공기 또는 불응축가스의 혼입
② 응축수 입구온도의 저하
③ 냉각수량의 부족
④ 응축기의 냉각관에 스케일이 부착

해설 수냉식 응축기를 사용하는 냉동장치에서 응축수온이 낮으면 응축압력과 응축온도가 저하된다.

★ 40

2원 냉동사이클의 특징이 아닌 것은?

① 일반적으로 저온측과 고온측에 서로 다른 냉매를 사용한다.
② 초저온의 온도를 얻고자 할 때 이용하는 냉동사이클이다.
③ 보통 저온측 냉매로는 임계점이 높은 냉매를 사용하며, 고온측에는 임계점이 낮은 냉매를 사용한다.
④ 중간 열교환기는 저온측에서는 응축기 역할을 하며, 고온측에서는 증발기 역할을 수행한다.

해설 보통 저온측 냉매로는 임계점이 낮은 냉매를 사용하며, 고온측에는 임계점이 높은 냉매를 사용한다.

참고 −70℃ 이하의 초저온을 얻기 위한 냉동사이클이 2원 냉동사이클이다.

3 배관 일반

41

가스미터 부착 시 유의사항으로 틀린 것은?

① 온도, 습도가 급변하는 장소는 피한다.
② 부식성의 약품이나 가스가 미터기에 닿지 않도록 한다.
③ 인접 전기설비와는 충분한 거리를 유지한다.
④ 가능하면 미관상 건물의 주요 구조부를 관통한다.

해설 건물의 주요 구조부를 관통하여 가스미터를 설치하면 검사 및 수리 등이 어렵기 때문에 가급적 실외에 설치하고, 그 높이가 1.6~2m 이내가 되도록 한다. 단, 통풍이 잘 되는 곳은 실내에도 설치 가능하다.

42

배수트랩의 종류에 해당하는 것은?

① 드럼트랩 ② 버킷트랩
③ 벨로즈트랩 ④ 디스크트랩

해설 **배수트랩의 종류**
㉠ 사이펀식(파이프형) : S트랩, P트랩, U트랩(하우스트랩)
㉡ 비사이펀식(용적형) : 가솔린트랩, 하우스트랩, 벨트랩, 드럼트랩

참고 **증기트랩의 종류** : 버킷트랩, 플로트트랩, 열동식 트랩, 충동식 트랩, 벨로즈식 트랩, 디스크트랩, 바이메탈트랩 등

★ 43

냉매배관 중 액관은 어느 부분인가?

① 압축기와 응축기까지의 배관
② 증발기와 압축기까지의 배관
③ 응축기와 수액기까지의 배관
④ 팽창밸브와 압축기까지의 배관

해설 ㉠ 액관 : 응축기와 수액기까지의 배관
㉡ 토출관 : 압축기와 응축기까지의 배관
㉢ 흡입관 : 증발기와 압축기까지의 배관

44

급탕배관 시공 시 주요 고려사항으로 가장 거리가 먼 것은?

① 배관구배
② 배관재료의 선택
③ 관의 신축과 영향
④ 관 내 유체의 물리적 성질

정답 38 ② 39 ② 40 ③ 41 ④ 42 ① 43 ③ 44 ④

> **해설** 급탕배관 시공 시 고려사항 : 배관구배, 배관재료의 선택, 관의 신축과 영향, 관의 지지, 배관기기의 시험 및 검사 등

45 증기가열코일이 있는 저탕조의 하부에 부착하는 배관 또는 부속품이 아닌 것은?

① 배수관 ② 급수관
③ 증기환수관 ④ 버너

> **해설** 저탕조의 하부는 배수관, 급수관, 증기환수관 등으로 구성되어 있다.

★46 냉온수배관에 관한 설명으로 옳은 것은?

① 배관이 보·천장·바닥을 관통하는 개소에는 플렉시블이음을 한다.
② 수평관의 공기체류부에는 슬리브를 설치한다.
③ 팽창관(도피관)에는 슬루스밸브를 설치한다.
④ 주관의 굽힘부에는 엘보 대신 밴드(곡관)를 사용한다.

> **해설** ① 배관이 관통하는 부분에는 슬리브이음을 사용한다(교체 용이, 신축 대응).
> ② 수평관의 공기체류부에는 공기빼기밸브를 설치한다.
> ③ 팽창관에는 밸브를 설치하지 않는다.

★47 다음 중 대구경강관의 보수 및 점검을 위해 분해, 결합을 쉽게 할 수 있도록 사용되는 연결방법은?

① 나사접합 ② 플랜지접합
③ 용접접합 ④ 슬리브접합

> **해설** 대구경(65A) 이상 강관의 보수 및 점검을 위해 분해·결합을 쉽게 할 수 있는 이음은 플랜지접합이다.

48 파이프 내 흐르는 유체가 "물"임을 표시하는 기호는?

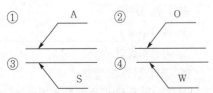

> **해설** ① A(Air) : 공기, ② O(Oil) : 기름, ③ S(Steam) : 수증기

49 냉동장치의 토출배관 시공 시 유의사항으로 틀린 것은?

① 관의 합류는 T이음보다 Y이음으로 한다.
② 압축기 정지 중에도 관 내에 응축된 냉매가 압축기로 역류하지 않도록 한다.
③ 압축기에서 입상된 토출관의 수평 부분은 응축기 쪽으로 상향구배를 한다.
④ 여러 대의 압축기를 병렬운전할 때는 가스의 충돌로 인한 진동이 없게 한다.

> **해설** 압축기에서 입상된 토출관의 수평 부분은 응축기 쪽으로 하향구배를 한다.

★50 관경 25A(내경 27.6mm)의 강관에 30L/min의 가스를 흐르게 할 때 유속(m/s)은?

① 0.14 ② 0.34
③ 0.64 ④ 0.84

> **해설** $Q = AV [\text{m}^3/\text{s}]$
> $$\therefore V = \frac{Q}{A} = \frac{\dfrac{3 \times 10^{-3}}{60}}{\dfrac{\pi}{4} \times 0.0276^2} = 0.84 \text{m/s}$$

51 냉온수배관을 시공할 때 고려해야 할 사항으로 옳은 것은?

① 열에 의한 온수의 체적팽창을 흡수하기 위해 신축이음을 한다.
② 기기와 관의 부식을 방지하기 위해 물을 자주 교체한다.
③ 열에 의한 배관의 신축을 흡수하기 위해 팽창관을 설치한다.
④ 공기체류장소에는 공기빼기밸브를 설치한다.

> **해설** ① 열에 의한 온수의 체적팽창을 흡수하기 위해 팽창탱크를 설치한다.
> ② 기기와 관의 부식을 방지하기 위해 배관재의 선정 시 온수온도(50℃ 이하) 조절, 용존산소 제거, 급수 처리 등을 고려한다.
> ③ 열에 의한 배관의 신축을 흡수하기 위해서는 신축이음을 설치한다.

정답 45 ④ 46 ④ 47 ② 48 ④ 49 ③ 50 ④ 51 ④

★
52 증기난방배관 시공 시 복관 중력환수식 증기 주관의 증기흐름방향으로의 구배로 적당한 것은?

① 1/100 정도의 선단 상향구배로 한다.
② 1/100 정도의 선단 하향구배로 한다.
③ 1/200 정도의 선단 상향구배로 한다.
④ 1/200 정도의 선단 하향구배로 한다.

해설 증기배관의 구배
ⓐ 단관 중력환수식 : 모두 앞내림구배
  • 선상향구배(역류관) : 1/50~1/100
  • 선하향구배(순류관) : 1/100~1/200
ⓑ 복관 중력환수식 : 건식환수관의 앞내림구배로 1/200
ⓒ 진공환수식 : 건식환수관의 앞내림구배로 1/200~1/300

★
53 다음 중 가스공급설비와 관련이 없는 것은?

① 가스홀더   ② 압송기
③ 정적기   ④ 정압기

해설 가스공급설비 : 가스홀더, 압송기, 정압기, 도관, 가스미터, 가스콕 등

54 강관의 접합방법에 해당되지 않는 것은?

① 나사접합   ② 플랜지접합
③ 압축접합   ④ 용접접합

해설 압축접합(플레어접합)은 20mm 이하의 동관접합방법이다.

참고 강관접합 : 나사접합, 용접접합, 플랜지접합

★
55 배관용 탄소강관의 호칭경은 무엇으로 표시하는가?

① 파이프 외경   ② 파이프 내경
③ 파이프 유효경   ④ 파이프 두께

해설 배관용 탄소강관의 호칭지름은 파이프 내경으로 한다.

56 공기조화기에 설치된 공기냉각코일 내에 흐르는 냉수의 적정 유속은?

① 약 1m/s   ② 약 3m/s
③ 약 5m/s   ④ 약 7m/s

해설 공기냉각코일 내에 흐르는 냉수의 적정 유속은 약 1m/s 전후이고, 공기의 평균속도는 2~3m/s이다.

57 냉매배관 시공 시 유의사항으로 틀린 것은?

① 팽창밸브 부근에서의 배관길이는 가능한 짧게 한다.
② 지나친 압력강하를 방지한다.
③ 암모니아배관의 관이음에 쓰이는 패킹재료는 천연고무를 사용한다.
④ 두 개의 입상관 사용 시 트랩과정은 되도록 크게 한다.

해설 두 개의 입상관(이중입상관) 사용 시 굵은 관의 입구에 트랩을 설치하고, 트랩은 되도록 작게 하여 압축기 유면의 변동을 억제해야 한다.

★
58 각 난방방식과 관련된 용어의 연결로 옳은 것은?

① 온수난방 : 잠열
② 증기난방 : 팽창탱크
③ 온풍난방 : 팽창관
④ 복사난방 : 평균복사온도

해설 온수난방 : 현열, 팽창탱크, 팽창관

★
59 다음 중 관을 도중에 분기시키기 위해 사용되는 부속품이 아닌 것은?

① 티(T)   ② 와이(Y)
③ 크로스(cross)   ④ 엘보(elbow)

해설 엘보는 배관의 방향을 바꿀 때 사용되는 부속품이다.

60 펌프 주위 배관에 대한 설명으로 틀린 것은?

① 흡입관의 길이는 가능하면 짧게 배관한다.
② 흡입관은 펌프를 향해서 약 1/50 정도의 올림구배가 되도록 한다.
③ 토출관에는 글로브밸브를 설치하고, 흡입관에는 체크밸브를 설치한다.
④ 흡입측에는 진공계를 설치하고, 토출측에는 압력계를 설치한다.

해설 펌프 정지 시 역류 방지를 위해 토출관에는 체크밸브를, 흡입관에는 개폐형 밸브인 게이트밸브(슬루스밸브)를 설치한다.

4 전기제어공학

61 ★ 어떤 회로의 전압이 V[V]이고 전류가 I[A]이며 저항이 $R[\Omega]$일 때 저항이 10% 감소되면 그때의 전류는 처음 전류 I[A]의 약 몇 배가 되는가?

① 1.11배   ② 1.41배
③ 1.73배   ④ 2.82배

해설 $I = \dfrac{V}{R}$ 이므로

$$\therefore \frac{I_2}{I_1} = \frac{R_1}{R_2} = \frac{R_1}{(1-0.1)R_1} = 1.11$$

62 ★ 3상 유도전동기의 출력이 5마력, 전압 220V, 효율 80%, 역률 90%일 때 전동기에 흐르는 전류는 약 몇 A인가?

① 11.6   ② 13.6
③ 15.6   ④ 17.6

해설 $\eta = \dfrac{P}{\sqrt{3}\,VI\cos\theta}$

$$\therefore I = \frac{P}{\sqrt{3}\,V\cos\theta\eta} = \frac{5 \times 736}{\sqrt{3} \times 220 \times 0.9 \times 0.8} \fallingdotseq 13.6\text{A}$$

63 추종제어에 속하지 않는 제어량은?

① 유량   ② 방위
③ 위치   ④ 자세

해설 추종제어 : 위치, 방위, 자세 등
참고 프로그램제어 : 유량, 액면, 농도 등

64 ★ 시퀀스제어에 관한 설명으로 틀린 것은?

① 시간지연요소가 사용된다.
② 논리회로가 조합 사용된다.
③ 기계적 계전기접점이 사용된다.
④ 전체 시스템에 연결된 접점들이 동시에 동작한다.

해설 시퀀스제어는 전체 시스템에 연결된 접점들이 순차적으로 동작한다.

65 잔류편차가 존재하는 제어계는?

① 적분제어계
② 비례제어계
③ 비례적분제어계
④ 비례적분미분제어계

해설 비례제어(P)는 잔류편차(offset)가 일어난다.

66 ★ 다음 그림에서 단위피드백제어계의 입력을 $R(s)$, 출력을 $C(s)$라 할 때 전달함수는 어떻게 표현되는가?

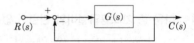

① $\dfrac{G(s)}{1+R(s)}$ ② $\dfrac{G(s)}{1+G(s)}$

③ $\dfrac{C(s)}{1+G(s)}$ ④ $\dfrac{R(s)C(s)}{1+R(s)}$

해설 $C(s) = R(s)G(s) - G(s)C(s)$
$C(s)[1+G(s)] = R(s)G(s)$

$$\therefore \frac{C(s)}{R(s)} = \frac{G(s)}{1+G(s)}$$

67 ★ 다음 블록선도의 입력과 출력이 성립하기 위한 A의 값은?

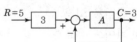

① 3   ② 4

③ $\dfrac{1}{3}$ ④ $\dfrac{1}{4}$

해설 $C = 3RA - CA$
$C = A(3R - C)$

$$\therefore A = \frac{C}{3R-C} = \frac{3}{3\times5-3} = \frac{1}{4}$$

68 전기력선의 성질로 틀린 것은?

① 전기력선은 서로 교차한다.

② 양전하에서 나와 음전하로 끝나는 연속 곡선이다.

③ 전기력선상의 접선은 그 점에 있어서의 전계의 방향이다.

④ 단위전계강도 1V/m인 점에 있어서 전기력선의 밀도를 1개/m^2라 한다.

> **해설** 전기력선은 전기장 안에서 전기력의 세기와 방향을 나타내는 곡선으로 서로 교환하지 않으며, 전하가 없는 곳에서는 전기력선의 발생과 소멸이 없고 연속적이다.

★
69 다음 중 피드백제어계에서 제어요소에 대한 설명인 것은?

① 목표값에 비례하는 기준, 입력신호를 발생하는 요소이다.

② 기준입력과 주궤환신호의 차로 제어동작을 일으키는 요소이다.

③ 제어를 하기 위해 제어대상에 부착시켜 놓은 장치이다.

④ 조작부와 조절부로 구성되어 동작신호를 조작량으로 변환하는 요소이다.

> **해설** ① 기준입력요소, ② 동작신호, ③ 제어장치

70 계측기를 선택할 경우 고려하여야 할 사항과 가장 관계가 적은 것은?

① 정확성　　　② 신속성

③ 신뢰성　　　④ 배율성

> **해설** 계측기 선택 시 정확성, 신축성, 신뢰성 등을 고려해야 한다.

★
71 다음 그림과 같은 단위계단함수를 옳게 나타낸 것은?

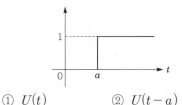

① $U(t)$　　　　② $U(t-a)$

③ $U(a-t)$　　　　④ $U(-a-t)$

> **해설** 함수가 시간축으로 주어질 때 $U(t)$를 t축을 중심으로 a만큼 이동한 단위계단함수는 $U(t-a)$가 된다.
> 단위계단함수(unit step function) = $U(t-a)$

72 전력선, 전기기기 등 보호대상에 발생한 이상 상태를 검출하여 기기의 피해를 경감시키거나 그 파급을 저지하기 위하여 사용되는 것은?

① 보호계전기　　② 보조계전기

③ 전자접촉기　　④ 한시계전기

> **해설** 보호계전기는 전력선, 전기기기 등 보호대상에 발생한 이상상태를 검출하여 기기의 피해를 경감시키거나 그 파급을 저지하기 위하여 사용되는 계전기이다.

★
73 목표값이 다른 양과 일정한 비율관계를 가지고 변화하는 경우의 제어는?

① 추종제어　　② 정치제어

③ 비율제어　　④ 프로그램제어

> **해설** 비율제어는 목표치가 다른 어떤 양에 비례하는(일정량을 갖는) 제어로서 보일러의 자동연소제어, 암모니아의 합성프로세스제어 등이 속한다.

★
74 서보전동기는 다음 중 어디에 속하는가?

① 검출기　　　② 증폭기

③ 변환기　　　④ 조작기기

> **해설** 서보전동기는 자동기기 중에서 조작기기에 해당하며 전기식이다.

★
75 전달함수를 정의할 때의 조건으로 옳은 것은?

① 입력신호만을 고려한다.

② 모든 초기값을 고려한다.

③ 주파수의 특성만을 고려한다.

④ 모든 초기값을 0으로 한다.

> **해설** 전달함수(G)란 시스템의 전달특성을 입력과 출력의 라플라스변환의 비로 표시할 때 나타내는 분수함수로 라플라스변환변수 s의 함수이므로 $G(s)$, $R(s)$, $C(s)$ 등으로 표시한다. 이 함수를 구할 때 시스템 안의 초기상태는 모든 초기값을 0으로 한다.

정답 68 ① 69 ④ 70 ④ 71 ② 72 ① 73 ③ 74 ④ 75 ④

부록
Ⅰ

★
76 다음 그림과 같은 $R-L-C$ 직렬회로에서 단자전압과 전류가 동상이 되는 조건은?

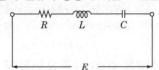

① $\omega = LC$ ② $\omega LC = 1$
③ $\omega^2 LC = 1$ ④ $\omega L^2 C^2 = 1$

해설 공진상태($R-L-C$ 직렬회로) $\omega L = \dfrac{1}{\omega C}$

$\therefore \ \omega^2 LC = 1$

이때 전압과 전류가 동상이므로 흐르는 전류가 최대가 된다.

★
77 변위를 전압으로 변환시키는 장치가 아닌 것은?

① 전위차계   ② 측온저항
③ 퍼텐쇼미터   ④ 차동변압기

해설 측온저항은 온도를 임피던스(합성저항)로 변환시킨다.

78 다음 블록선도에서 전달함수 $C(s)/R(s)$ 는?

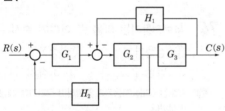

① $\dfrac{G_1 G_2 G_3}{1 + G_2 G_3 H_1 - G_1 G_2 H}$

② $\dfrac{G_1 G_2 G_3}{1 + G_2 G_3 H_1 + G_1 G_2 H}$

③ $\dfrac{G_1 G_2 G_3 H_1}{1 + G_2 G_3 H_1 + G_1 G_2 H}$

④ $\dfrac{G_1 G_2 G_3}{1 + G_2 G_3 H_2 + G_1 G_2 H}$

해설 $G(s) = \dfrac{C(s)}{R(s)} = \dfrac{\text{전향경로}}{1 - \text{피드백경로}}$

$= \dfrac{G_1 G_2 G_3}{1 - (-G_1 G_2 H_2) - (-G_2 G_3 H_1)}$

$= \dfrac{G_1 G_2 G_3}{1 + G_1 G_2 H_2 + G_2 G_3 H_1}$

★
79 제동비 ζ는 그 범위가 0~1 사이의 값을 갖는 것이 보통이다. 그 값이 0에 가까울수록 어떻게 되는가?

① 증가 진동한다.
② 응답속도가 늦어진다.
③ 일정한 진폭으로 계속 진동한다.
④ 최대 오버슛이 점점 작아진다.

해설 오버슛은 부족감쇠(부족제동)인 경우 발생되며, 제동비(감쇠비)는 그 값이 0에 가까울수록 오버슛은 증가하고, 응답속도는 늦어진다.

제동비(ζ) $= \dfrac{C}{C_v} = \dfrac{C}{2\sqrt{mk}}$

참고 • 과제동 : $\zeta > 1$
• 임계제동 : $\zeta = 1$
• 부족제동 : $\zeta < 1$

80 권선형 유도전동기의 회전자 입력이 10kW일 때 슬립이 4%였다면 출력은 몇 kW인가?

① 4   ② 8
③ 9.6   ④ 10.4

해설 $P_o = (1-s)P_i = (1-0.04) \times 10 = 9.6$kW

7

2018. 3. 4. 시행
공조냉동기계산업기사

1　공기조화

01 덕트 내 공기가 흐를 때 정압과 동압에 관한 설명으로 틀린 것은?

① 정압은 항상 대기압 이상의 압력으로 된다.

② 정압은 공기가 정지상태일지라도 존재한다.

③ 동압은 공기가 움직이고 있을 때만 생기는 속도압이다.

④ 덕트 내에서 공기가 흐를 때 그 동압을 측정하면 속도를 구할 수 있다.

해설 정압(+)은 대기압을 기준으로 하므로 대기압과 같을 수 있으며 일반적으로는 대기압보다 높다.

★
02 공기조화방식의 특징 중 전공기식의 특징에 관한 설명으로 옳은 것은?

① 송풍동력이 펌프동력에 비해 크다.

② 외기냉방을 할 수 없다.

③ 겨울철에 가습하기가 어렵다.

④ 실내에 누수의 우려가 있다.

해설 ② 외기냉방이 가능하다.
③ 동기(겨울철)에 가습이 용이하다.
④ 실내에 누수의 우려가 없다.

★
03 증기난방방식의 종류에 따른 분류기준으로 가장 거리가 먼 것은?

① 사용증기압력

② 증기배관방식

③ 증기공급방향

④ 사용열매종류

해설 증기난방방식의 분류

분류	종류
증기 압력	• 고압식(증기압력 0.1MPa 이상) • 저압식(증기압력 0.015~0.035MPa)
배관 방법	• 단관식(증기와 응축수가 동일 배관) • 복관식(증기와 응축수가 서로 다른 배관)
증기 공급법	• 상향공급식 • 하향공급식
응축수 환수법	• 중력환수식(응축수를 중력작용으로 환수) • 기계환수식(펌프로 보일러에 강제 환수) • 진공환수식(진공펌프로 환수관 내 응축수와 공기를 흡인순환)
환수관 의 배관법	• 건식환수관식(환수주관을 보일러수면보다 높게 배관) • 습식환수관식(환수주관을 보일러수면보다 낮게 배관)

---

04 공조용 저속덕트를 등마찰법으로 설계할 때 사용하는 단위마찰저항으로 가장 적당한 것은?

① 0.007~0.015Pa/m

② 0.7~1.5Pa/m

③ 7~15Pa/m

④ 70~150Pa/m

해설 공조용 저속덕트(15m/s 이하)를 등마찰법으로 설계 시 단위길이당 마찰저항은 0.7~1.5Pa/m가 적당하다.

★
05 다음 중 저속덕트와 고속덕트를 구분하는 주 덕트 내의 풍속으로 적당한 것은?

① 8m/s　　② 15m/s

③ 25m/s　　④ 45m/s

해설 ㉠ 저속덕트 : 15m/s 이하
㉡ 고속덕트 : 15~25m/s

정답 01 ①　02 ①　03 ④　04 ②　05 ②

부록 I

★
06 다음 냉방부하의 종류 중 현열부하만 이용하여 계산하는 것은?

① 극간풍에 의한 열량
② 인체의 발생열량
③ 기구의 발생열량
④ 송풍기에 의한 취득열량

해설 현열과 잠열 모두 고려 : 극간풍(틈새바람)부하, 인체부하, 실내기구부하, 외기부하

07 고온수난방배관에 관한 설명으로 옳은 것은?

① 장치의 열용량이 작아 예열시간이 짧다.
② 대량의 열량공급은 용이하지만, 배관의 지름은 저온수난방보다 크게 된다.
③ 관 내 압력이 높기 때문에 관 내면의 부식 문제가 증기난방에 비해 심하다.
④ 공급과 환수의 온도차를 크게 할 수 있으므로 열수송량이 크다.

해설 고온수난방배관은 공급과 환수의 온도차를 크게 할 수 있으므로 열수송량이 크다.

★
08 공기조화방식의 열매체에 의한 분류 중 냉매방식의 특징에 대한 설명으로 틀린 것은?

① 유닛에 냉동기를 내장하므로 국소적인 운전이 자유롭게 된다.
② 온도조절기를 내장하고 있어 개별제어가 가능하다.
③ 대형의 공조실을 필요로 한다.
④ 취급이 간단하고 대형의 것도 쉽게 운전할 수 있다.

해설 냉매방식은 개별식이므로 소형의 공조실이 적합하다.

09 일반적인 덕트설비를 설계할 때 덕트설계순서로 옳은 것은?

① 덕트계획→덕트치수 및 저항 산출→흡입·취출구 위치 결정→송풍량 산출→덕트경로 결정→송풍기 선정

② 덕트계획→덕트경로 결정→덕트치수 및 저항 산출→송풍량 산출→흡입·취출구 위치 결정→송풍기 선정

③ 덕트계획→송풍량 산출→흡입·취출구 위치 결정→덕트경로 결정→덕트치수 및 저항 산출→송풍기 선정

④ 덕트계획→흡입·취출구 위치 결정→덕트치수 및 저항 산출→덕트경로 결정→송풍량 산출→송풍기 선정

해설 덕트 설계순서 : 덕트계획→송풍량 산출→흡입·취출구 위치 결정→덕트경로 결정→덕트치수 및 저항 산출→송풍기 선정

10 건구온도 10℃, 상대습도 60%인 습공기를 30℃로 가열하였다. 이때의 습공기 상대습도는? (단, 10℃의 포화수증기압은 9.2mmHg이고, 30℃의 포화수증기압은 23.75mmHg이다.)

① 17%   ② 20%
③ 23%   ④ 27%

해설 $\phi = \dfrac{P_w}{P_s} \times 100 = \dfrac{0.6 \times 9.2}{23.75} \times 100 = 23.2\%$

★
11 온도가 20℃, 절대압력이 1MPa인 공기의 밀도(kg/m³)는? (단, 공기는 이상기체이며, 기체상수(R)는 0.287kJ/kg·K이다.)

① 9.55   ② 11.89
③ 13.78   ④ 15.89

해설 $\rho = \dfrac{P}{RT} = \dfrac{1 \times 10^3}{0.287 \times (20 + 273)} = 11.89 \text{kg/m}^3$

★
12 겨울철에 난방을 하는 건물의 배기열을 효과적으로 회수하는 방법이 아닌 것은?

① 전열교환기방법   ② 현열교환기방법
③ 열펌프방법   ④ 축열조방법

해설 건물 내의 회수열은 조명, 인체, OA기기, 기계실, 전기실 등의 배기열 등이 있다. 이들 열을 회수하는 방식에는 직접이용방법(전열교환기, 현열교환기), 히트파이프와 토털에너지의 열펌프방식 등이 있다.

13 공기조화기(AHU)의 냉온수코일 선정에 대한 설명으로 틀린 것은?

① 코일의 통과풍속은 약 2.5m/s를 기준으로 한다.

② 코일 내 유속은 1.0m/s 전후로 하는 것이 적당하다.

③ 공기의 흐름방향과 냉온수의 흐름방향은 평행류보다 대향류로 하는 것이 전열효과가 크다.

④ 코일의 통풍저항을 크게 할수록 좋다.

해설 공기조화기(AHU)의 냉온수코일 선정 시 코일의 통풍저항을 작게 할수록 좋다.

14 보일러에서 물이 끓어 증발할 때 보일러수가 물방울 또는 거품으로 되어 증기에 섞여 보일러 밖으로 분출되어 나오는 장해의 종류는?

① 스케일장해　　② 부식장해

③ 캐리오버장해　④ 슬러지장해

해설 보일러에서 물이 끓어 증발할 때 보일러수가 물방울 또는 거품으로 되어 증기에 섞여 보일러 밖으로 분출되어 나오는 장해를 기수공발(carry over : 캐리오버)이라고 한다.

15 송풍공기량을 Q[m³/s], 외기 및 실내온도를 각각 t_o, t_r[℃]이라 할 때 침입외기에 의한 손실열량 중 현열부하(kW)를 구하는 공식은? (단, 공기의 정압비열은 1.0kJ/kg·K, 밀도는 1.2kg/m³이다.)

① $1.0Q(t_o - t_r)$　② $1.2Q(t_o - t_r)$

③ $597.5Q(t_o - t_r)$　④ $717Q(t_o - t_r)$

해설 $q_s = \rho C_p Q(t_o - t_r) = 1.2Q(t_o - t_r)$[kW]

16 증기난방의 장점이 아닌 것은?

① 방열기가 소형이 되므로 비용이 적게 든다.

② 열의 운반능력이 크다.

③ 예열시간이 온수난방에 비해 짧고 증기순환이 빠르다.

④ 소음(steam hammering)을 일으키지 않는다.

해설 증기난방은 스팀해머에 의한 소음과 진동을 유발시키며 열용량이 작아 예열시간이 짧다.

17 전열교환기에 대한 설명으로 틀린 것은?

① 회전식과 고정식 등이 있다.

② 현열과 잠열을 동시에 교환한다.

③ 전열교환기는 공기 대 공기 열교환기라고도 한다.

④ 동계에 실내로부터 배기되는 고온·다습 공기와 한랭·건조한 외기와의 열교환을 통해 엔탈피 감소효과를 가져온다.

해설 동계(겨울철)에는 실내로부터 배기되는 고온·다습공기와 한랭·건조한 외기와의 열교환을 통해 엔탈피 증대효과를 가져온다.

18 가변풍량방식에 대한 설명으로 옳은 것은?

① 실내온도제어는 부하변동에 따른 송풍온도를 변화시켜 제어한다.

② 부분부하 시 송풍기제어에 의하여 송풍기 동력을 절감할 수 있다.

③ 동시사용률을 적용할 수 없으므로 설비용량을 줄일 수 없다.

④ 시운전 시 취출구의 풍량조절이 복잡하다.

해설 가변풍량방식에서는 부분부하 시 송풍기제어에 의하여 송풍기 동력을 절감할 수 있다.

19 증기트랩(Steam trap)에 대한 설명으로 옳은 것은?

① 고압의 증기를 만들기 위해 가열하는 장치

② 증기가 환수관으로 유입되는 것을 방지하기 위해 설치한 밸브

③ 증기가 역류하는 것을 방지하기 위해 만든 자동밸브

④ 간헐운전을 하기 위해 고압의 증기를 만드는 자동밸브

해설 증기트랩은 증기가 환수관으로 유입되는 것을 방지하기 위해 설치한 밸브이다(응축수 배출과 수격작용 방지).

정답 13 ④　14 ③　15 ②　16 ④　17 ④　18 ②　19 ②

20 에어핸들링유닛(Air Handling Unit)의 구성 요소가 아닌 것은?

① 공기여과기　　② 송풍기
③ 공기냉각기　　④ 압축기

해설 공기조화기(AHU)의 구성요소에 공기여과기(필터), 공기냉각기, 공기가열기(히터), 공기가습기, 송풍기(팬)가 있다.

2 냉동공학

21 증기분사식 냉동장치에서 사용되는 냉매는?

① 프레온　　② 물
③ 암모니아　　④ 염화칼슘

해설 증기분사식 냉동장치에 사용되는 냉매는 물(H_2O)이다.

22 핫가스(hot gas) 제상을 하는 소형 냉동장치에서 핫가스의 흐름을 제어하는 것은?

① 캐필러리튜브(모세관)
② 자동팽창밸브(AEV)
③ 솔레노이드밸브(전자밸브)
④ 증발압력조정밸브

해설 핫가스 제상을 하는 소형 냉동장치에서 핫가스의 흐름을 제어하는 것은 솔레노이드밸브(전자밸브)이다.

23 냉동장치의 액관 중 발생하는 플래시가스의 발생원인으로 가장 거리가 먼 것은?

① 액관의 입상높이가 매우 작을 때
② 냉매순환량에 비해 액관의 관경이 너무 작을 때
③ 배관에 설치된 스트레이너, 필터 등이 막혀있을 때
④ 액관이 직사광선에 노출될 때

해설 액관에서 발생하는 플래시가스는 액관의 입상높이가 매우 클 때 발생된다.

24 10kg의 산소가 체적 5m³로부터 11m³로 변화하였다. 이 변화가 일정 압력하에 이루어졌다면 엔트로피의 변화(kJ/K)는? (단, 산소는 완전 가스로 보고 정압비열은 0.925kJ/kg · K로 한다.)

① 7.29　　② 1.74
③ 1.95　　④ 2.05

해설 $\Delta S = m C_p \ln \dfrac{V_2}{V_1}$

$$= 10 \times 0.925 \times \ln \frac{11}{5}$$

$$= 7.29 \text{kJ/K}$$

25 다음 상태변화에 대한 설명으로 옳은 것은?

① 단열변화에서 엔트로피는 증가한다.
② 등적변화에서 가해진 열량은 엔탈피 증가에 사용된다.
③ 등압변화에서 가해진 열량은 엔탈피 증가에 사용된다.
④ 등온변화에서 절대일은 0이다.

해설 등압상태($P=C$) 시 가열량은 엔탈피변화량과 크기가 같다.
$\delta Q = dH - VdP \text{[kJ]}$(이때 $dP=0$)
$\therefore\ \delta Q = dH = m C_p dT \text{[kJ]}$

26 압축기의 체적효율에 대한 설명으로 틀린 것은?

① 압축기의 압축비가 클수록 커진다.
② 틈새가 작을수록 커진다.
③ 실제로 압축기에 흡입되는 냉매증기의 체적과 피스톤이 배출한 체적과의 비를 나타낸다.
④ 비열비값이 적을수록 적게 된다.

해설 압축기 체적효율(η_v) $= 1 + \lambda - \lambda \left(\dfrac{P_2}{P_1} \right)^{\frac{1}{n}}$ (단, 폴리트로픽변화 시)

$\therefore$ 압축비가 클수록 체적효율(η_v)은 감소한다.

여기서, λ(통극비) $= \dfrac{\text{극간체적}(v_c)}{\text{행정체적}(v_s)}$

27 다음 조건을 참고하여 산출한 이론냉동사이클의 성적계수는?

- 증발기 입구냉매엔탈피 : 250kJ/kg
- 증발기 출구냉매엔탈피 : 390kJ/kg
- 압축기 입구냉매엔탈피 : 390kJ/kg
- 압축기 출구냉매엔탈피 : 440kJ/kg

① 2.5 ② 2.8
③ 3.2 ④ 3.8

해설 $\varepsilon_R = \dfrac{q_e}{w_c} = \dfrac{390-250}{440-390} = 2.8$

★
28 냉동사이클에서 응축온도를 일정하게 하고 압축기 흡입가스의 상태를 건포화증기로 할 때 증발온도를 상승시키면 어떤 결과가 나타나는가?

① 압축비 증가 ② 성적계수 감소
③ 냉동효과 증가 ④ 압축일량 증가

해설 응축온도 일정 시 증발온도를 상승시키면 압축비 감소, 성능계수 증가, 냉동효과 증가, 압축일량 감소, 체적효율 증가가 나타난다.

★
29 냉동효과에 관한 설명으로 옳은 것은?

① 냉동효과란 응축기에서 방출하는 열량을 의미한다.
② 냉동효과는 압축기의 출구엔탈피와 증발기의 입구엔탈피의 차를 이용하여 구할 수 있다.
③ 냉동효과는 팽창밸브 직전의 냉매액온도가 높을수록 크며, 또 증발기에서 나오는 냉매증기의 온도가 낮을수록 크다.
④ 냉동효과를 크게 하려면 냉매의 과냉각도를 증가시키는 방법을 취하면 된다.

해설 냉동효과를 크게 하려면(냉동기의 성능계수 증가) 냉매의 과냉각도를 증가(플래시가스 감소)시키는 방법을 취하면 된다.

★
30 다음 중 몰리에르($P-h$)선도에 나타나 있지 않는 것은?

① 엔트로피 ② 온도

③ 비체적 ④ 비열

해설 냉매몰리에르선도($P-h$)의 구성요소 : 압력, 비엔탈피, 비엔트로피, 온도, 비체적, 건조도(x)

31 다음과 같은 냉동기의 냉동능력(RT)은? (단, 응축기 냉각수 입구온도 18℃, 응축기 냉각수 출구온도 23℃, 응축기 냉각수수량 1,500L/min, 압축기 주전동기 축마력은 80PS, 1RT는 13897.52kJ/h이다.)

① 135 ② 120
③ 150 ④ 125

해설 냉동능력(Q)= $\dfrac{\text{수량} \times \text{비열} \times \text{온도차} - \text{소요동력}}{13897.52}$

$= \dfrac{(1,500 \times 60) \times 4.186 \times (23-18) - (80 \times 0.75) \times 3,600}{13897.52}$

$= 120.3\text{RT}$

★
32 다음 그림은 어떤 사이클인가? (단, P : 압력, h : 엔탈피, T : 온도, S : 엔트로피)

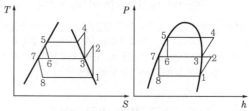

① 2단 압축 1단 팽창사이클
② 2단 압축 2단 팽창사이클
③ 1단 압축 1단 팽창사이클
④ 1단 압축 2단 팽창사이클

해설 제시된 그림은 증기압축냉동사이클로 2단 압축 2단 팽창 사이클이다.

★
33 다음 조건을 참고하여 산출한 흡수식 냉동기의 성적계수는?

- 응축기 냉각열량 : 20,000kJ/h
- 흡수기 냉각열량 : 25,000kJ/h
- 재생기 가열량 : 21,000kJ/h
- 증발기 냉동열량 : 24,000kJ/h

① 0.88 ② 1.14
③ 1.34 ④ 1.52

해설 $COP_R = \dfrac{\text{증발기 냉동열량}(Q_e)}{\text{재생기 가열량}(Q_r)} = \dfrac{24,000}{21,000} = 1.14$

참고 전 장치의 열평형
= 발생기(재생기) 가열량 + 펌프 가열량
+ 증발기에서 흡수하는 열량
= 응축기 방열량 + 흡수기 방열량

34 냉동장치 내 불응축가스가 존재하고 있는 것이 판단되었다. 그 혼입의 원인으로 가장 거리가 먼 것은?

① 냉매 충전 전에 장치 내를 진공건조시키기 위하여 상온에서 진공 750mmHg까지 몇 시간 동안 진공펌프를 운전하였기 때문이다.

② 냉매와 윤활유의 충전작업이 불량했기 때문이다.

③ 냉매와 윤활유가 분해하기 때문이다.

④ 팽창밸브에서 수분이 동결하고 흡입가스 압력이 대기압 이하가 되기 때문이다.

해설 냉매 충전 전에 장치 내를 진공건조시키기 위해 상온에서 진공(대기압 이하) 750mmHg까지 진공펌프로 운전하여 건조작업으로 공기유입을 차단해 잔류공기가 없게 하는 것은 불응축가스 방지법에 해당한다.

35 냉매의 구비조건으로 틀린 것은?

① 임계온도는 높고, 응고점은 낮아야 한다.

② 증발잠열과 기체의 비열은 작아야 한다.

③ 장치를 침식하지 않으며 절연내력이 커야 한다.

④ 점도와 표면장력이 작아야 한다.

해설 냉매의 구비조건
㉠ 물리적 조건
• 대기압 이상에서 쉽게 증발할 것
• 임계온도가 높아 상온에서 쉽게 액화할 것
• 응고온도가 낮을 것
• 증발잠열이 크고 액체의 비열은 작을 것
• 비열비 및 가스의 비체적이 작을 것
• 점도와 표면장력이 작고 전열이 양호할 것
• 인화점이 높고 누설 시 발견이 양호할 것
• 전기절연이 크고 전기절연물질을 침식하지 않을 것
• 패킹재료에 영향이 없고 오일과 혼합하여도 영향이 없을 것

㉡ 화학적 조건
• 화학적으로 결합이 안정하여 분해하지 않을 것
• 금속을 부식시키지 않을 것
• 연소성 및 폭발성이 없을 것

㉢ 기타
• 인체에 무해하고 누설 시 냉장물품에 영향이 없을 것
• 악취가 없을 것
• 가격이 싸고 소요동력이 작게 들 것

36 수냉식 냉동장치에서 단수되거나 순환수량이 적어질 때 경고 또는 장치 보호를 위해 작동하는 스위치는?

① 고압스위치 　 ② 저압스위치
③ 유압스위치 　 ④ 플로(flow)스위치

해설 수냉식 냉동장치에서 단수되거나 순환수량이 적어질 때 경고 또는 장치 보호를 위해 작동하는 스위치는 플로스위치이다.

37 어떤 냉매의 액이 30℃의 포화온도에서 팽창밸브로 공급되어 증발기로부터 5℃의 포화증기가 되어 나올 때 1냉동톤당 냉매의 양(kg/h)은? (단, 5℃의 엔탈피는 590kJ/kg, 30℃의 엔탈피는 450kJ/kg이다.)

① 99.27 　 ② 50.6
③ 10.8 　 ④ 5.3

해설 $m = \dfrac{RT}{q_e} = \dfrac{1 \times 13897.52}{590 - 450} = 99.27 \text{kg/h}$

38 중간냉각기에 대한 설명으로 틀린 것은?

① 다단 압축냉동장치에서 저단측 압축기 압축압력(중간 압력)의 포화온도까지 냉각하기 위하여 사용한다.

② 고단측 압축기로 유입되는 냉매증기의 온도를 낮추는 역할도 한다.

③ 중간냉각기의 종류에는 플래시형, 액냉각형, 직접팽창형이 있다.

④ 2단 압축 1단 팽창냉동장치에는 플래시형 중간 냉각방식이 이용되고 있다.

해설 2단 압축 1단 팽창냉동장치에는 직접팽창형 중간 냉각방식이 이용되고 있다.

정답 34 ① 35 ② 36 ④ 37 ① 38 ④

39 냉동장치의 안전장치 중 압축기로의 흡입압력이 소정의 압력 이상이 되었을 경우 과부하에 의한 압축기용 전동기의 위험을 방지하기 위하여 설치되는 기기는?

① 증발압력조정밸브(EPR)

② 흡입압력조정밸브(SPR)

③ 고압스위치

④ 저압스위치

해설 흡입압력조정밸브(SPR)는 증발기와 압축기 사이의 흡입관 중간에 설치하여 압축기 흡입압력이 일정 압력 이상이 되었을 때 과부하로 인한 전동기 파손을 방지한다.

40 공기냉동기의 온도가 압축기 입구에서 −10℃, 압축기 출구에서 110℃, 팽창밸브 입구에서 10℃, 팽창밸브 출구에서 −60℃일 때 압축기의 소요일량(kJ/kg)은? (단, 공기의 정압비열은 1.005kJ/kg·K)

① 50.25

② 60.25

③ 70.25

④ 80.25

해설
$$w_c = q_c - q_e = C_p(\Delta t - \Delta t')$$
$$= 1.005 \times [(110-10)-(-10+60)]$$
$$= 50.25\text{kJ/kg}$$

3 배관 일반

★ 41 가스배관에서 가스공급을 중단시키지 않고 분해·점검할 수 있는 것은?

① 바이패스관

② 가스미터

③ 부스터

④ 수취기

해설 바이패스관은 가스배관에서 가스공급을 중단시키지 않고 분해·점검 및 청소를 할 수 있는 비상용 배관이다.

42 급탕설비에 사용되는 저탕조에서 필요한 부속품으로 가장 거리가 먼 것은?

① 안전밸브

② 수위계

③ 압력계

④ 온도계

해설 수위계는 증기보일러의 부속품이다.

참고 급탕설비 저탕조의 부속품 : 안전밸브, 압력계, 온도계, 가열코일, 보일러, 급탕관, 순환펌프, 서모스탯 등

★ 43 열전도도가 비교적 크고 내식성과 굴곡성이 풍부한 장점이 있어 열교환기용 관으로 널리 사용되는 관은?

① 강관

② 플라스틱관

③ 주철관

④ 동관

해설 동관은 열전도도가 비교적 크고 내식성과 굴곡성이 풍부하여 열교환기용 관으로 널리 사용된다.

44 급탕배관계통에서 배관 중 총손실열량이 62,790kJ/h이고, 급탕온도가 70℃, 환수온도가 60℃일 때 순환수량(kg/min)은?

① 1,500

② 100

③ 25

④ 5

해설
$$Q = mC\Delta t \times 60 [\text{kJ/min}]$$
$$\therefore m = \frac{Q}{C\Delta t \times 60}$$
$$= \frac{62,790}{4.186 \times (70-60) \times 60}$$
$$= 25\text{kg/min}$$

★ 45 다음 중 유기질 보온재의 종류가 아닌 것은?

① 석면

② 펠트

③ 코르크

④ 기포성 수지

해설 보온재

㉠ 유기질 : 펠트, 텍스류, 기포성 수지, 코르크

㉡ 무기질 : 탄산마그네슘, 석면, 암면, 규조토, 규산칼슘, 유리섬유, 폼 글라스 등

46 다음 중 옥내 노출배관의 보온재 외피 시공 시 미관과 내구성을 고려했을 때 적합한 재료는?

① 면포

② 아연도금강판

③ 비닐테이프

④ 방수마포

해설 아연도금강판은 옥내 노출배관의 보온재 외피 시공 시 미관과 내구성을 고려했을 때 증기관, 온수관, 수도관 등으로 적합하다.

정답 39 ② 40 ① 41 ① 42 ② 43 ④ 44 ③ 45 ① 46 ②

47 배관 설계 시 유의사항으로 틀린 것은?

① 가능한 동일 직경의 배관은 짧고 곧게 배관한다.

② 관로의 색깔로 유체의 종류를 나타낸다.

③ 관로가 너무 길어서 압력손실이 생기지 않도록 한다.

④ 곡관을 사용할 때는 관 굽힘 곡률반경을 작게 한다.

해설 곡관을 사용할 때는 관 굽힘 곡률반경을 크게 한다.

★48 다음 중 이온화에 의한 금속부식에서 이온화 경향이 가장 작은 금속은?

① Mg   ② Sn

③ Pb   ④ Al

해설 이온화경향의 크기 : K>Na>Ca>Mg>Al>Zn>Fe>Ni>Sn>Pb>Cu>Ag>Pt>Au

참고 이온화경향은 산화되기 쉬운 정도를 나타낸 것으로, 이온화경향이 큰 금속일수록 더 쉽게 산화되고, 이온화경향이 작은 금속일수록 산화가 잘 일어나지 않는다.

49 도시가스배관을 지하에 매설하는 중압 이상인 배관(a)과 지상에 설치하는 배관(b)의 표면색상으로 옳은 것은?

① (a) 적색, (b) 회색

② (a) 백색, (b) 적색

③ (a) 적색, (b) 황색

④ (a) 백색, (b) 황색

해설 도시가스배관의 표면색상
　㉠ 매설배관 : 저압은 황색, 중압은 적색
　㉡ 지상배관 : 황색

★50 다음 냉동기호가 의미하는 밸브는 무엇인가?

① 체크밸브   ② 글로브밸브

③ 슬루스밸브   ④ 앵글밸브

해설 ② 글로브밸브 : ─▷◁─

③ 슬루스밸브(게이트밸브) : ─▷◁─

④ 앵글밸브 :

참고 체크밸브
• 액체 : ─◁─
• 가스 :

51 냉매배관 시공 시 주의사항으로 틀린 것은?

① 배관재료는 각각의 용도, 냉매종류, 온도를 고려하여 선택한다.

② 배관 곡관부의 곡률반지름은 가능한 한 크게 한다.

③ 배관이 고온의 장소를 통과할 때는 단열 조치한다.

④ 기기 상호 간 배관길이는 되도록 길게 하고, 관경은 크게 한다.

해설 기기 상호 간 배관길이는 되도록 짧게 하고, 관경은 크게 한다.

★52 온수난방배관 시공 시 배관의 구배에 관한 설명으로 틀린 것은?

① 배관의 구배는 1/250 이상으로 한다.

② 단관 중력환수식의 온수주관은 하향구배를 준다.

③ 상향복관환수식에서는 온수공급관, 복귀관 모두 하향구배를 준다.

④ 강제순환식은 배관의 구배를 자유롭게 한다.

해설 상향복관환수식의 온수공급관은 상향구배를, 복귀관은 하향구배를 준다.

★53 다음 중 기밀성, 수밀성이 뛰어나고 견고한 배관접속방법은?

① 플랜지접합   ② 나사접합

③ 소켓접합   ④ 용접접합

해설 기밀성과 수밀성이 뛰어나고 견고한 배관접속방법은 용접접합이다.

정답 47 ④ 48 ③ 49 ③ 50 ① 51 ④ 52 ③ 53 ④

54 관의 끝을 나팔모양으로 넓혀 이음쇠의 테이퍼면에 밀착시키고 너트로 체결하는 이음으로, 배관의 분해·결합이 필요한 경우에 이용하는 이음방법은?

① 빅토릭이음(victoric joint)
② 그립식 이음(grip type joint)
③ 플레어이음(flare joint)
④ 랩조인트(lap joint)

해설 ㉠ 플레어이음 : 삽입식 접속, 분리할 필요가 있는 부분의 이음, 호칭지름 20mm 이하 동관접합법
㉡ 플랜지이음 : 호칭지름 65A 이상 강관접합법

55 각 종류별 통기관경의 기준으로 틀린 것은?

① 건물의 배수탱크에 설치하는 통기관의 관경은 50mm 이상으로 한다.
② 각개통기관의 관경은 그것이 접속되는 배수관 관경의 1/2 이상으로 한다.
③ 루프통기관의 관경은 배수수평지관과 통기수직관 중 작은 쪽 관경의 1/2 이상으로 한다.
④ 신정통기관의 관경은 배수수직관의 관경보다 작게 해야 한다.

해설 신정통기관의 관경은 배수수직관의 관경보다 커야 한다.
참고 배수수직관 상부의 관경을 축소하지 않고 연장하여 대기 중으로 개구해야 하는데, 이 연장된 관을 신정통기관(stack vent)이라 한다.

56 송풍기의 토출측과 흡입측에 설치하여 송풍기의 진동이 덕트나 장치에 전달되는 것을 방지하기 위한 접속법은?

① 크로스커넥션(cross connection)
② 캔버스커넥션(canvas connection)
③ 서브스테이션(sub station)
④ 하트포드(hartford)접속법

해설 송풍기와 덕트의 접속에는 길이 150~300mm 정도의 캔버스이음쇠(canvas connection)를 삽입한다. 이것은 송풍기의 진동이 덕트나 장치에 전달되는 것을 방지하기 위해 송풍기의 토출측과 흡입측에 설치하는 것이다.
참고 하트포드접속법 : 보일러의 저수위를 방지하기 위한 것

57 냉동장치에서 증발기가 응축기보다 아래에 있을 때 압축기 정지 시 증발기로의 냉매흐름 방지를 위해 설치하는 것은?

① 역구배 루프배관
② 드렌처
③ 균압배관
④ 안전밸브

해설 역구배 루프배관은 냉동장치에서 증발기가 응축기보다 아래에 있을 때 압축기 정지 시 증발기로의 냉매흐름 방지를 위해 설치한다.
참고 증발기와 압축기가 동일 위치에 있을 경우 흡입관을 증발기보다 150mm 이상 입상시켜 역루프배관을 설치한다.

58 증기배관에서 증기와 응축수의 흐름방향이 동일할 때 증기관의 구배는? (단, 특수한 경우를 제외한다.)

① $\dfrac{1}{50}$ 이상의 순구배
② $\dfrac{1}{50}$ 이상의 역구배
③ $\dfrac{1}{250}$ 이상의 순구배
④ $\dfrac{1}{250}$ 이상의 역구배

해설 증기와 응축수의 흐름방향이 동일한 경우할 때 반드시 선하향(순구배)이 되도록 하고, 그 구배는 1/250 이상이 되도록 한다.

59 증기난방배관방법에서 리프트피팅을 사용할 때 1단의 흡상고 높이는 얼마 이내로 해야 하는가?

① 4m 이내　　② 3m 이내
③ 2.5m 이내　　④ 1.5m 이내

해설 리프트피팅을 사용할 때 1단 흡상고의 높이는 1.5m 이내로 하고, 리프트관은 환수관보다 한 치수 작은 것을 사용한다.

부록 Ⅰ

60 중앙식 급탕법에 대한 설명으로 틀린 것은?

① 급탕장소가 많은 대규모 건물에 적당하다.

② 직접가열식은 저탕조와 보일러가 직결되어 있다.

③ 기수혼합식은 저압증기로 온수를 얻는 방법으로 사용장소에 제한을 받지 않는다.

④ 간접가열식은 특수한 내압용 보일러를 사용할 필요가 없다.

해설 기수혼합식은 고압증기로 온수를 얻는 방법으로, 사용증기압력은 0.1~0.4MPa로 저압증기는 아니며 장소에 제한을 받는다. 소음이 커서 S형과 F형의 스팀사일런서를 부착한다.

---

4 전기제어공학

61 15cm의 거리에 두 개의 도체구가 놓여있고 이 도체구의 전하가 각각 +0.2μC, −0.4μC이라 할 때 −0.4μC의 전하를 접지하면 어떤 힘이 나타나겠는가?

① 반발력이 나타난다.

② 흡인력이 나타난다.

③ 접지되어 힘은 0이 된다.

④ 흡인력과 반발력이 반복된다.

해설 쿨롱의 법칙(두 전하 사이에서 작용하는 힘)에서 (−)이면 흡인력이, (+)이면 반발력이 나타난다.

$$F = \frac{Q_1 Q_2}{4\pi\varepsilon_o r^2}$$

⋆62 다음 그림의 전달함수를 계산하면?

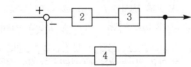

① 0.15   ② 0.22

③ 0.24   ④ 0.44

해설 $(R - CG_3)G_1G_2 = C$

$RG_1G_2 - CG_1G_2G_3 = C$

$RG_1G_2 = C(1 + G_1G_2G_3)$

$$\therefore \frac{C}{R} = \frac{G_1 G_2}{1 + G_1 G_2 G_3} = \frac{2 \times 3}{1 + 2 \times 3 \times 4} = 0.24$$

⋆63 컴퓨터제어의 아날로그신호를 디지털신호로 변환하는 과정에서 아날로그신호의 최대값을 M, 변환기의 bit수를 3이라 하면 양자화오차의 최대값은 얼마인가?

① M ② $\dfrac{M}{2}$

③ $\dfrac{M}{7}$ ④ $\dfrac{M}{8}$

해설 양자화오차의 최대값 $= \dfrac{\text{아날로그 최대값}}{\text{양자화 스텝수}(2^n)}$

$= \dfrac{M}{2^3} = \dfrac{M}{8}$

여기서, n : 변환기의 bit수

참고 양자화오차의 최대값은 양자화 계단크기의 절반이 된다.

⋆64 제어량이 온도, 유량 및 액면 등과 같은 일반 공업량일 때의 제어는?

① 자동조정   ② 자력제어

③ 프로세서제어   ④ 프로그램제어

해설 제어량이 온도, 유량 및 액면 등과 같은 일반 공업량일 때의 제어는 프로세서제어이다.

⋆65 다음 그림에 대한 키르히호프법칙의 전류관계식으로 옳은 것은?

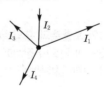

① $I_1 = I_2 - I_3 + I_4$

② $I_1 = I_2 + I_3 + I_4$

③ $I_1 = I_2 - I_3 - I_4$

④ $I_1 = -I_2 - I_3 - I_4$

해설 키르히호프 제1법칙(전류법칙) 적용

$\sum I_i = 0$

$I_2 = I_1 + I_3 + I_4$

$\therefore I_1 = I_2 - I_3 - I_4$

---

66 $v = 200\sin\left(120\pi t + \dfrac{\pi}{3}\right)$[V]인 전압의 순시값에서 주파수는 몇 Hz인가?

① 50   ② 55

③ 60   ④ 65

해설 $f = \dfrac{\omega}{2\pi} = \dfrac{120\pi}{2\pi} = 60\text{Hz}$

67 피드백제어에서 반드시 필요한 장치는?

① 구동장치

② 안정도를 좋게 하는 장치

③ 입력과 출력을 비교하는 장치

④ 응답속도를 빠르게 하는 장치

해설   피드백제어는 입력과 출력을 비교하는 비교부가 반드시 필요하다.

68 다음 그림과 같은 전체 주파수전달함수는? (단, A가 무한히 크다.)

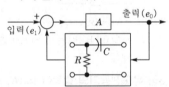

① $1 + j\omega CR$ ② $1 + \dfrac{1}{j\omega CR}$

③ $\dfrac{1}{1 + j\omega CR}$ ④ $\dfrac{1}{1 - j\omega CR}$

해설 $G(s) = \dfrac{C}{R} = 1 + \dfrac{1}{j\omega CR}$

69 미분요소에 해당하는 것은? (단, K는 비례상수이다.)

① $G(s) = K$

② $G(s) = Ks$

③ $G(s) = \dfrac{K}{s}$

④ $G(s) = \dfrac{K}{Ts + 1}$

해설   ① 비례요소, ③ 적분요소, ④ 1차 지연요소

70 온도보상용으로 사용되는 것은?

① SCR   ② 다이액

③ 다이오드   ④ 서미스터

해설   서미스터는 온도 상승에 따라 저항값이 작아지는 특성을 이용하여 온도보상용으로 사용되며 부온도특성을 가진 저항기이다.

71 $G(s) = \dfrac{1}{1 + 5s}$ 일 때 절점주파수 ω_0[rad/s]를 구하면?

① 0.1   ② 0.2

③ 0.25   ④ 0.4

해설 $G(s) = \dfrac{1}{1 + Ts}$ 일 때 $\omega_0 = \dfrac{1}{T}$ 이므로

$\therefore \omega_0 = \dfrac{1}{T} = \dfrac{1}{5} = 0.2\text{rad/s}$

72 다음 그림과 같은 신호흐름선도에서 $\dfrac{x_2}{x_1}$ 를 구하면?

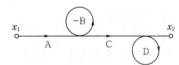

① $\dfrac{\text{AC}}{(1 + \text{B})(1 + \text{D})}$

② $\dfrac{\text{AC}}{(1 - \text{B})(1 + \text{D})}$

③ $\dfrac{\text{AC}}{(1 - \text{B})(1 - \text{D})}$

④ $\dfrac{\text{AC}}{(1 + \text{B})(1 - \text{D})}$

해설   메이슨공식 적용

$G_i = \text{AC}$

$\Delta_i = 1 - 0 = 1$

$\Delta = [1 - (-\text{B})](1 - \text{D}) = (1 + \text{B})(1 - \text{D})$

$\therefore G = \dfrac{x_2}{x_1} = \dfrac{G_i \Delta_i}{\Delta} = \dfrac{\text{AC}}{(1 + \text{B})(1 - \text{D})}$

부록 I

★
73 다음 그림에서 전류계의 측정범위를 10배로 하기 위한 전류계의 내부저항 $r[\Omega]$과 분류기 저항 $R[\Omega]$과의 관계는?

① $r = 9R$

② $r = \dfrac{R}{9}$

③ $r = 10R$

④ $r = \dfrac{R}{10}$

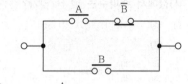

해설 $I_o = \dfrac{I}{R}(R+r) = I\left(1 + \dfrac{r}{R}\right)$

$\dfrac{I_o}{I} - 1 = \dfrac{r}{R}$

$\therefore\ r = \left(\dfrac{I_o}{I} - 1\right)R = (10-1)R = 9R\,[\Omega]$

여기서, I_o : 측정할 전류값(A)

I : 전류계 눈금(A)

$1 + \dfrac{r}{R}$: 분류기 배율

74 직류기에서 전기자 반작용에 관한 설명으로 틀린 것은?

① 주자속이 감소한다.

② 전기자 기자력이 증대된다.

③ 전기적 중성축이 이동한다.

④ 자속의 분포가 한쪽으로 기울어진다.

해설 **전기자 반작용을 줄이는 방법**

㉠ 자기회로저항을 크게 한다.

㉡ 계자기자력을 크게 한다.

㉢ 보극을 설치하여 중성점의 이동을 막는다.

㉣ 보상권선을 전기자권선과 직렬로 넣는다.

★
75 페루프제어계에서 제어요소가 제어대상에 주는 양은?

① 조작량   ② 제어량

③ 검출량   ④ 측정량

해설 조작량은 회전력, 열, 수증기, 빛 등과 같은 제어요소가 제어대상에 주는 양이다.

76 다음 그림과 같은 유접점회로를 간단히 한 회로는?

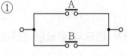

①

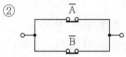

②

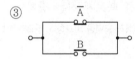

③

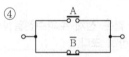

④

해설 $A\bar{B} + B = A\bar{B} + B(A+1) = A\bar{B} + AB + B$

$= A(\bar{B} + B) + B = A + B$(OR 병렬회로)

★
77 3상 유도전동기의 출력이 15kW, 선간전압이 220V, 효율이 80%, 역률이 85%일 때 이 전동기에 유입되는 선전류는 약 몇 A인가?

① 33.4   ② 45.6

③ 57.9   ④ 69.4

해설 $I = \dfrac{P}{\sqrt{3}\,V\cos\theta\,\eta} = \dfrac{15 \times 10^3}{\sqrt{3} \times 220 \times 0.85 \times 0.8} = 57.9A$

78 목표값이 시간적으로 변화하지 않는 일정한 제어는?

① 정치제어   ② 추종제어

③ 비율제어   ④ 프로그램제어

해설 ② 추종제어 : 목적물의 변화에 추종하여 목표값에 제어량을 추종하는 제어(레이다제어, 대공포제어)

③ 비율제어 : 목표값이 다른 것과 일정 비율관계를 가지고 변화하는 경우의 추종제어

④ 프로그램제어 : 미리 정해진 프로그램에 따라 제어량을 변화시키는 것을 목적으로 하는 제어

79 단위계단함수 $u(t)$의 그래프는?

①

②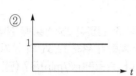

③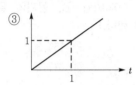

④

해설 단위계단(unit step)함수 $u(t)$의 그래프

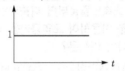

80 제벡효과(Seebeck effect)를 이용한 센서에 해당하는 것은?

① 저항변화용 ② 용량변화용

③ 전압변화용 ④ 인덕턴스변화용

해설 제벡효과는 이종금속을 접합하여 폐회로를 만든 후 접합 부위에 온도차를 주면 전류의 흐름에 의해 기전력이 발생하는 효과를 말한다.

공조냉동기계산업기사

1 공기조화

★
01 어떤 실내의 취득열량을 구했더니 감열이 40kW, 잠열이 10kW였다, 실내를 건구온도 25℃, 상대습도 50%로 유지하기 위해 취출온도차 10℃로 송풍하고자 한다. 이때 현열비(SHF)는?

① 0.6　　　　　② 0.7
③ 0.8　　　　　④ 0.9

해설 $SHF = \dfrac{\text{감열량}}{\text{전열량}(= \text{감열량}+\text{잠열량})}$

$\quad = \dfrac{40}{40+10}$

$\quad = 0.8$

★
02 A상태에서 B상태로 가는 냉방과정으로 현열비는?

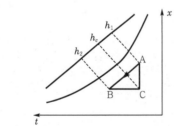

①　$\dfrac{h_1 - h_2}{h_1 - h_c}$　　　　②　$\dfrac{h_1 - h_c}{h_1 - h_2}$

③　$\dfrac{h_1 - h_c}{h_c - h_2}$　　　　④　$\dfrac{h_c - h_2}{h_1 - h_2}$

해설 현열비$(SHF) = \dfrac{\text{감열량}}{\text{전열량}} = \dfrac{h_c - h_2}{h_1 - h_2}$

참고 현열비(SHF)란 습공기의 전열량에 대한 감열량(현열량)의 비이다.

★
03 실내 취득열량 중 현열이 35kW일 때 실내온도를 26℃로 유지하기 위해 12.5℃의 공기를 송풍하고자 한다. 송풍량(m³/min)은? (단, 공기의 비열은 1.0kJ/kg · ℃, 공기의 밀도는 1.2kg/m³로 한다.)

① 129.6　　　　② 154.3
③ 308.6　　　　④ 617.2

해설 $q_s = \rho Q C_p \Delta t$

$\therefore\ Q = \dfrac{q_s}{\rho C_p \Delta t} = \dfrac{35 \times 60}{1.2 \times 1 \times (26 - 12.5)}$

$\quad = 129.63 \text{m}^3/\text{min}$

04 지하주차장 환기설비에서 천장부에 설치되어 있는 고속노즐로부터 취출되는 공기의 유인효과를 이용하여 오염공기를 국부적으로 희석시키는 방식은?

① 제트팬방식　　　② 고속덕트방식
③ 무덕트환기방식　④ 고속노즐방식

해설 고속노즐(디리벤트)방식은 고속노즐로부터 취출되는 공기의 유인효과를 이용하여 오염공기를 국부적으로 희석시키는 방식이다.

★
05 다음 중 천장이나 벽면에 설치하고 기류방향을 자유롭게 조정할 수 있는 취출구는?

① 펑커 루버형 취출구
② 베인형 취출구
③ 팬형 취출구
④ 아네모스탯형 취출구

해설 펑커 루버형 취출구
㉠ 목을 움직여서 취출기류의 방향을 좌우상하로 바꿀 수 있고, 토출구에 달린 댐퍼로 풍량조절을 쉽게 할 수 있다.
㉡ 공기저항이 크다는 단점이 있으나 버스, 주방, 공장 등의 국소냉방에 주로 사용한다.

정답 01 ③ 02 ④ 03 ① 04 ④ 05 ①

06 고성능의 필터를 측정하는 방법으로 일정한 크기(0.3μm)의 시험입자를 사용하여 먼지의 수를 계측하는 시험법은?

① 중량법　　　　② TETD/TA법
③ 비색법　　　　④ 계수(DOP)법

해설 **공기여과기의 효율측정법**
㉠ 계수법(DOP법) : 고성능의 필터를 측정하는 방법으로 일정한 크기(0.3μm)의 시험입자를 사용하여 먼지의 수를 계측한다.
㉡ 중량법 : 비교적 큰 입자를 대상으로 측정하는 방법으로 필터에서 제거되는 먼지의 중량으로 효율을 결정한다.
㉢ 비색법(변색도법) : 비교적 작은 입자를 대상으로 하며, 필터의 상류와 하류에서 포집한 공기를 각각 여과지에 통과시켜 그 오염도를 광전관으로 측정한다.

★
07 수관보일러의 종류가 아닌 것은?

① 노통연관식 보일러
② 관류보일러
③ 자연순환식 보일러
④ 강제순환식 보일러

해설 **보일러의 종류**
㉠ 수관보일러 : 자연순환식 보일러, 강제순환식 보일러, 관류식 보일러 등
㉡ 원통형 보일러 : 입형보일러, 횡형보일러(노통식 보일러, 연관식 보일러, 노통연관식 보일러)

08 냉동기를 구동시키기 위하여 여름에도 보일러를 가동하는 열원방식은?

① 터보냉동기방식
② 흡수식 냉동기방식
③ 빙축열방식
④ 열병합발전방식

해설 **흡수식 냉동기방식** : 여름철 증기보일러에서 생산된 열 시스템을 이용하여 흡수식 냉동기에서 냉수를 만들고 각 건물의 배관을 통해 직접 공급하는 열원방식

★
09 다음 중 습공기선도상에 표시되지 않는 것은?

① 비체적　　　　② 비열
③ 노점온도　　　④ 엔탈피

해설 **습공기선도의 구성요소** : 건구온도, 습구온도, 노점온도, 절대습도, 상대습도, 수증기분압, 비체적, 엔탈피, 현열비, 열수분비

10 단효용 흡수식 냉동기의 능력이 감소하는 원인이 아닌 것은?

① 냉수 출구온도가 낮아질수록 심하게 감소한다.
② 압축비가 작을수록 감소한다.
③ 사용증기압이 낮아질수록 감소한다.
④ 냉각수 입구온도가 높아질수록 감소한다.

해설 단효용 흡수식 냉동기의 압축비가 클수록 냉동능력이 감소된다.

11 다음 중 개방식 팽창탱크에 반드시 필요한 요소가 아닌 것은?

① 압력계　　　　② 수면계
③ 안전관　　　　④ 팽창관

해설 ㉠ 개방식 팽창탱크 : 수면계, 팽창관, 안전관(방출관), 급수관, 오버플로관, 배기관 등
㉡ 밀폐식 팽창탱크 : 수위계, 안전밸브, 압력계, 배수관, 급수관, 환수주관, 압축공기공급관 등

★
12 인접실, 복도, 상층, 하층이 공조되지 않는 일반 사무실의 남측 내벽(A)의 손실열량(kJ/h)은? (단, 설계조건은 실내온도 20℃, 실외온도 0℃, 내벽의 열통과율(k)은 1.86W/m^2·℃로 한다.)

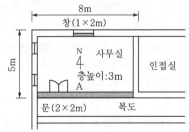

① 372　　　　　② 872
③ 1,193　　　　④ 2,937

해설 $Q = k \Delta A \Delta t$
$$= 1.86 \times [(8 \times 3) - (2 \times 2)] \times \left(20 - \frac{20 + 0}{2}\right)$$
$$= 372 \text{kJ/h}$$

★
13 다음은 난방부하에 대한 설명이다. (   )에 적당한 용어로서 옳은 것은?

> 겨울철에는 실내의 일정한 온도 및 습도를 유지하기 위하여 실내에서 손실된 (㉮)이나 부족한 (㉯)을 보충하여야 한다.

① ㉮ 수분량, ㉯ 공기량
② ㉮ 열량, ㉯ 공기량
③ ㉮ 공기량, ㉯ 열량
④ ㉮ 열량, ㉯ 수분량

해설 ㉠ 난방부하 : 겨울철, 가열, 가습
ⓛ 냉방부하 : 여름철, 냉각, 감습(제습)

★
14 공기의 가습방법으로 틀린 것은?

① 에어워셔에 의한 방법
② 얼음을 분무하는 방법
③ 증기를 분무하는 방법
④ 가습팬에 의한 방법

해설 **공기가습방법**
㉠ 에어워셔(=세정분무가습=단열분무가습=순환수분무가습)
ⓛ 증기분무가습(가습효율 100%)
ⓒ 온수분무가습
ⓔ 가습팬에 의한 수증기 증발가습
ⓜ 실내에 직접분무가습

15 다음 중 방열기의 종류로 가장 거리가 먼 것은?

① 주철제방열기   ② 강판제방열기
③ 컨벡터   ④ 응축기

해설 **방열기의 종류** : 주철제방열기, 강판제방열기, 컨벡터(대류방열기), 알루미늄계 방열기 등

참고 **열매체** : 온수용, 증기용

★
16 개방식 냉각탑의 설계 시 유의사항으로 옳은 것은?

① 압축식 냉동기 1RT당 냉각열량은 3.26kW로 한다.
② 쿨링 어프로치는 일반적으로 10℃로 한다.

③ 압축식 냉동기 1RT당 수량은 외기습구온도가 27℃일 때 8L/min 정도로 한다.
④ 흡수식 냉동기를 사용할 때 열량은 일반적으로 압축식 냉동기의 약 1.7~2.0배정도로 한다.

해설 ① 압축식 냉동기 1RT당 냉각열량은 4.53kW로 한다.
② 쿨링 어프로치는 일반적으로 5℃로 한다.
③ 압축식 냉동기 1RT당 수량은 외기습구온도가 27℃일 때 13L/min 정도로 한다.

17 온수난방배관 시 유의사항으로 틀린 것은?

① 배관의 최저점에는 필요에 따라 배관 중의 물을 완전히 배수할 수 있도록 배수밸브를 설치한다.
② 배관 내 발생하는 기포를 배출시킬 수 있는 장치를 한다.
③ 팽창관 도중에는 밸브를 설치하지 않는다.
④ 증기배관과는 달리 신축이음을 설치하지 않는다.

해설 증기난방배관이나 온수난방배관 모두 온도변화에 따른 관의 팽창을 흡수하기 위해 신축이음을 설치한다.

18 일정한 건구온도에서 습공기의 성질변화에 대한 설명으로 틀린 것은?

① 비체적은 절대습도가 높아질수록 증가한다.
② 절대습도가 높아질수록 노점온도는 높아진다.
③ 상대습도가 높아지면 절대습도는 높아진다.
④ 상대습도가 높아지면 엔탈피는 감소한다.

해설 일정한 온도에서 상대습도가 높아지면 엔탈피는 증가한다.

★
19 복사난방에 관한 설명으로 옳은 것은?

① 고온식 복사난방은 강판제 패널표면의 온도를 100℃ 이상으로 유지하는 방법이다.

② 파이프코일의 매설깊이는 균등한 온도분포를 위해 코일 외경과 동일하게 한다.

③ 온수의 공급 및 환수온도차는 가열면의 균일한 온도분포를 위해 10℃ 이상으로 한다.

④ 방이 개방상태에서도 난방효과가 있으나 동일 방열량에 대해 손실량이 비교적 크다.

[해설] 복사난방
㉠ 고온복사패널을 실내의 천장이나 벽 등에 설치하고 100~200℃ 정도의 고온수나 증기를 공급하여 난방하는 것이다.
㉡ 규모가 큰 공장 등 열소모가 비교적 큰 장소에 이용된다.
㉢ 매설깊이는 코일외경의 1.5~2배 정도로 하고, 가열면의 온도분포는 6~8℃인 정도로 한다.
㉣ 방이 개방상태에 있어도 난방효과는 있으나 동일 방열량에 대해 손실열량이 비교적 작다.

20 난방부하의 변동에 따른 온도조절이 쉽고 열용량이 커서 실내의 쾌감도가 좋으며, 공급온도를 변화시킬 수 있고 방열기 밸브로 방열량을 조절할 수 있는 난방방식은?

① 온수난방방식   ② 증기난방방식
③ 온풍난방방식   ④ 냉매난방방식

[해설] 온수난방은 난방부하변동에 따른 온도조절이 쉽고 열용량이 커서 실내의 쾌감도가 좋으며 공급온도를 변화시킬 수 있고 방열기 밸브로 방열량을 조절할 수 있다.

2 **냉동공학**

★
21 냉동장치의 액분리기에 대한 설명으로 바르게 짝지어진 것은?

ⓐ 증발기와 압축기 흡입측 배관 사이에 설치한다.

ⓑ 기동 시 증발기 내의 액이 교란되는 것을 방지한다.
ⓒ 냉동부하의 변동이 심한 장치에는 사용하지 않는다.
ⓓ 냉매액이 증발기로 유입되는 것을 방지하기 위해 사용한다.

① ⓐ, ⓑ   ② ⓒ, ⓓ
③ ⓐ, ⓒ   ④ ⓑ, ⓒ

[해설] 액분리기
㉠ 냉매액이 압축기로 유입되는 것을 방지하기 위해 증발기와 압축기 사이에 설치한다.
㉡ 냉동부하변동이 심한 장치나 강제순환식 냉동장치에 반드시 설치한다.
㉢ 압축기 흡입가스 중에 섞여 있는 냉매액을 분리하고 액압축을 방지하여 압축기를 보호한다.
㉣ 기동 시 증발기 내 액교란을 방지하기 위해 사용한다.

★
22 스크롤압축기의 특징에 대한 설명으로 틀린 것은?

① 부품수가 적고 고속회전이 가능하다.
② 소요토크의 영향으로 토출가스의 압력변동이 심하다.
③ 진동, 소음이 적다.
④ 스크롤의 설계에 의해 압축비가 결정되는 특징이 있다.

[해설] 스크롤압축기
㉠ 부품수가 적고 고효율, 저소음, 저진동, 고신뢰성을 기대할 수 있으며 고속회전이 가능하다.
㉡ 토크변동이 적다.
㉢ 균일한 흐름, 적은 소음, 진동이 거의 없다.
㉣ 스크롤의 설계에 의해 압축비가 결정되는 특징이 있다.
㉤ 압축기의 효율은 왕복식에 비해 통상 10~15% 크다.
㉥ 고정스크롤, 선회스크롤, 자전방지커플링, 크랭크축 등으로 구성되어 있다.
㉦ 흡입밸브와 배기밸브가 필요 없으므로 압축하는 동안 가스흐름이 지속적으로 유지된다.
㉧ 인벌류트치형의 선회운동하는 용적형 압축기이다.
㉨ 흡입, 압축, 토출이 동시에 이루어지므로 토출가스압력의 변동이 적다.

★
23 증기압축식 냉동장치에서 응축기의 역할로 옳은 것은?

① 대기 중으로 열을 방출하여 고압의 기체를 액화시킨다.

② 저온, 저압의 냉매기체를 고온, 고압의 기체로 만든다.

③ 대기로부터 열을 흡수하여 열에너지를 저장한다.

④ 고온, 고압의 냉매기체를 저온, 저압의 기체로 만든다.

해설 증기압축식 냉동장치에서 응축기는 압축기에서 고온 고압으로 토출된 냉매가스를 물이나 공기를 이용하여 냉매가스의 열을 대기 중으로 방출하여 고압의 기체를 액화(응축)시킨다.

24 냉동장치의 압력스위치에 대한 설명으로 틀린 것은?

① 고압스위치는 이상고압이 될 때 냉동장치를 정지시키는 안전장치이다.

② 저압스위치는 냉동장치의 저압측 압력이 지나치게 저하하였을 때 전기회로를 차단하는 장치이다.

③ 고·저압스위치는 고압스위치와 저압스위치를 조합하여 고압측이 일정 압력 이상이 되거나 저압측이 일정 압력보다 낮으면 압축기를 정치시키는 스위치이다.

④ 유압스위치는 윤활유압력이 어떤 원인으로 일정 압력 이상으로 된 경우 압축기의 훼손을 방지하기 위하여 설치하는 보조장치이다.

해설 유압스위치(OPS)는 압축기 기동 시나 운전 중 유압이 형성되지 않거나 유압이 일정 압력 이하로 될 때 압축기를 정지시켜 윤활 불량으로 인한 압축기 파손을 방지한다.

★
25 다음 중 공비혼합냉매는 무엇인가?

① R-401A ② R-501

③ R-717 ④ R-600

해설 공비혼합냉매

㉠ 프레온냉매 중 서로 다른 두 가지 냉매를 적당한 질량비로 혼합하면 액체상태나 기체상태에서 처음 냉매들과 전혀 다른 하나의 새로운 특성을 나타내는 냉매로 R-500으로 시작된다.

㉠ 종류
• R-500 = R-12 + R-152, 증발온도 −33.3℃
• R-501 = R-12 + R-22, 증발온도 −41℃
• R-502 = R-22 + R-115, 증발온도 −45.5℃
• R-503 = R-13 + R-23, 증발온도 −89.2℃
• R-504 = R-32 + R-115, 증발온도 −57.2℃

★
26 프레온냉매를 사용하는 수냉식 응축기의 순환수량이 20L/min이며, 냉각수 입출구온도차가 5.5℃였다면 이 응축기의 방출열량(kJ/h)은?

① 2,557 ② 2,650

③ 2,763 ④ 3,000

해설 $Q = mC\Delta t \times 60 = 20 \times 4.1861 \times 5.5 \times 60$
$≒ 2.763 \text{kJ/h}$

★
27 냉동장치의 냉동능력이 3RT이고, 이때 압축기의 소요동력이 3.7kW이었다면 응축기에서 제거하여야 할 열량(kJ/h)은?

① 47,265 ② 55,013

③ 57,238 ④ 62,420

해설 응축부하(Q_c) = 냉동능력(Q_e) + 압축기 소요동력(W_c)
$= 3 \times 13897.52 + 3.7 \times 3,600$
$≒ 55,013 \text{kJ/h}$

28 엔트로피에 관한 설명으로 틀린 것은?

① 엔트로피는 자연현상의 비가역성을 나타내는 척도가 된다.

② 엔트로피를 구할 때 적분경로는 반드시 가역변화여야 한다.

③ 열기관이 가역사이클이면 엔트로피는 일정하다.

④ 열기관이 비가역사이클이면 엔트로피는 감소한다.

해설 열기관이 비가역사이클인 경우 엔트로피는 증가한다.

정답 23 ① 24 ④ 25 ② 26 ③ 27 ② 28 ④

★
29 2단 압축식 냉동장치에서 증발압력부터 중간 압력까지 압력을 높이는 압축기를 무엇이라고 하는가?

① 부스터　　　　② 이코노마이저
③ 터보　　　　　④ 루트

해설 부스터(저단측 압축기)는 2단 압축식 냉동장치에서 증발기에서 나온 저압의 냉매가스(증발압력)를 중간 압력까지 압력을 상승시키는 압축기로 고단측 압축기보다 용량이 커야 한다.

30 R-22 냉매의 압력과 온도를 측정하였더니 압력이 15.8kg/cm² abs, 온도가 30℃였다. 이 냉매의 상태는 어떤 상태인가? (단, R-22 냉매의 온도가 30℃일 때 포화압력은 12.25kg/cm² abs이다.)

① 포화상태　　　　② 과열상태인 증기
③ 과냉상태인 액체　④ 응고상태인 고체

해설 R-22 냉매에서 포화온도보다 높은데 온도가 오르지 못했다는 것은 과냉상태인 액체상태이다.

31 다음 중 압축기의 보호를 위한 안전장치로 바르게 나열된 것은?

① 가용전, 고압스위치, 유압보호스위치
② 고압스위치, 안전밸브, 가용전
③ 안전밸브, 안전두, 유압보호스위치
④ 안전밸브, 가용전, 유압보호스위치

해설 압축기의 보호를 위한 안전장치로 안전밸브, 안전두, 유압보호스위치 등이 있다.

★
32 다음 그림에서 냉동효과(kJ/kg)는 얼마인가?

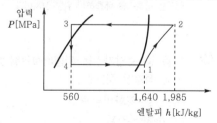

① 1,425　　　　② 1,080
③ 345　　　　　④ 15

해설 $q_e = h_1 - h_3 = h_1 - h_4 = 1,640 - 560 = 1,080\,\text{kJ/kg}$

33 브라인냉각장치에서 브라인의 부식 방지처리법이 아닌 것은?

① 공기와 접촉시키는 순환방식 채택
② 브라인의 pH를 7.5~8.2 정도로 유지
③ $CaCl_2$방청제 첨가
④ NaCl방청제 첨가

해설 브라인의 부식 방지를 위해서는 방식아연판을 사용하거나 밀폐순환식을 채택하여 공기에 접촉하지 않도록 하여 산소가 브라인에 녹아들지 않도록 한다.

★
34 암모니아냉동장치에서 압축기의 토출압력이 높아지는 이유로 틀린 것은?

① 장치 내 냉매충전량이 부족하다.
② 공기가 장치에 혼입되었다.
③ 순환냉각수량이 부족하다.
④ 토출배관 중의 폐쇄밸브가 지나치게 조여져 있다.

해설 압축기의 토출압력이 높아지는 이유
㉠ 장치 내에 냉매가 과잉충전된 경우
㉡ 공기가 냉매계통에 혼입된 경우
㉢ 냉각관 내 물때 및 스케일이 끼어있는 경우
㉣ 토출배관의 밸브가 완전히 개방되지 않은 경우

35 냉동장치의 운전에 관한 유의사항으로 틀린 것은?

① 운전휴지기간에는 냉매를 회수하고, 저압측의 압력은 대기압보다 낮은 상태로 유지한다.
② 운전 정지 중에는 오일리턴밸브를 차단시킨다.
③ 장시간 정지 후 시동 시에는 누설 여부를 점검 후 기동시킨다.
④ 압축기를 기동시키기 전에 냉각수펌프를 기동시킨다.

해설 냉동장치를 장기간 정지할 경우 펌프다운을 실시하여 장치 내부의 압력은 대기압보다 높게 유지하여 외부의 공기나 이물질의 침입을 방지한다.

정답 **29** ① **30** ③ **31** ③ **32** ② **33** ① **34** ① **35** ①

★36 표준 냉동사이클에 대한 설명으로 옳은 것은?

① 응축기에서 버리는 열량은 증발기에서 취하는 열량과 같다.

② 증기를 압축기에서 단열압축하면 압력과 온도가 높아진다.

③ 팽창밸브에서 팽창하는 냉매는 압력이 감소함과 동시에 열을 방출한다.

④ 증발기 내에서의 냉매증발온도는 그 압력에 대한 포화온도보다 낮다.

해설 압축기에서 단열압축$(S=C)$하면 $\dfrac{T_2}{T_1}=\left(\dfrac{P_2}{P_1}\right)^{\frac{k-1}{k}}$ 이므로 온도와 압력이 상승된다.

★37 암모니아냉동장치에서 팽창밸브 직전의 냉매액의 온도가 25℃이고, 압축기 흡입가스가 −15℃인 건조포화증기이다. 냉동능력 15RT가 요구될 때 필요냉매순환량(kg/h)은? (단, 냉매순환량 1kg당 냉동효과는 1,126kJ이다.)

① 168
② 172
③ 185
④ 212

해설 $m=\dfrac{Q_e}{q_e}=\dfrac{15\times13897.52}{1,126}=185.14\text{kg/h}$

★38 밀폐계에서 10kg의 공기가 팽창 중 400kJ의 열을 받아서 150kJ의 내부에너지가 증가하였다. 이 과정에서 계가 한 일(kJ)은?

① 550
② 250
③ 40
④ 15

해설 $Q=(U_2-U_1)+{}_1W_2[\text{kJ}]$
$\therefore\ {}_1W_2=Q-(U_2-U_1)=400-150=250\text{kJ}$

39 액분리기(accumulator)에서 분리된 냉매의 처리방법이 아닌 것은?

① 가열시켜 액을 증발시킨 후 응축기로 순환시킨다.

② 증발기로 재순환시킨다.

③ 가열시켜 액을 증발시킨 후 압축기로 순환시킨다.

④ 고압측 수액기로 회수한다.

해설 액분리기에서 분리된 냉매의 처리방법
㉠ 가열시켜 액을 증발시키고 압축기로 회수한다.
㉡ 만액식 증발기의 경우에는 증발기에 재순환시켜 사용한다.
㉢ 소형 장치에서 열교환기를 이용하여 압축기로 회수한다.
㉣ 액회수장치를 이용하여 고압수액기로 회수한다.

40 4마력(PS)기관이 1분간 행한 열량(kJ)은?

① 4.25
② 75.6
③ 102.5
④ 176.4

해설 $Q=AW=4\times0.735\times60=176.4\text{kJ}$
참고 1PS=0.735kW

3 **배관 일반**

41 온수난방배관 시공 시 유의사항에 관한 설명으로 틀린 것은?

① 배관은 1/250 이상의 일정 기울기로 하고 최고부에 공기빼기밸브를 부착한다.

② 고장 수리용으로 배관의 최저부에 배수밸브를 부착한다.

③ 횡주배관 중에 사용하는 리듀서는 되도록 편심리듀서를 사용한다.

④ 횡주관의 관말에는 관말트랩을 부착한다.

해설 관말트랩은 증기배관의 말단에 설치하여 배관 안에서 발생되는 응축수를 배출하기 위한 장치이다.

42 다음 중 중압가스용 지중매설관배관재료로 가장 적합한 것은?

① 경질 염화비닐관
② PE피복강관
③ 동합금관
④ 이음매 없는 피복황동관

정답 36 ② 37 ③ 38 ② 39 ① 40 ④ 41 ④ 42 ②

해설 폴리에틸렌(PE)피복강관

㉠ 폴리에틸렌(PE)으로 강관의 바깥면을 피복한 관으로 가스, 기름, 물 등을 수송 시 지중매설관의 배관재료로 사용된다.

㉡ 에폭시수지, 폴리에틸렌, 폴리에스테르, 페놀수지 등의 합성수지를 spray-up 또는 붙여서 관의 안팎에 라이닝한 강관을 말한다.

㉢ 내열성, 내약품성 등 사용목적에 따라 피복수지의 선택이 필요하다.

43 급수관의 지름을 결정할 때 급수 본관인 경우 관 내의 유속은 일반적으로 어느 정도로 하는 것이 적절한가?

① 1~2m/s
② 3~6m/s
③ 10~15m/s
④ 20~30m/s

해설 급수 본관의 경우 관 내의 유속은 일반적으로 1~2m/s가 적절하다.

44 펌프 주변 배관 설치 시 유의사항으로 틀린 것은?

① 흡입관은 되도록 길게 하고, 굴곡 부분은 적게 한다.

② 펌프에 접속하는 배관의 하중이 직접 펌프로 전달되지 않도록 한다.

③ 배관의 하단부에는 드레인밸브를 설치한다.

④ 흡입측에는 스트레이너를 설치한다.

해설 펌프의 흡입관은 되도록 짧게 하고(흡입양정을 짧게 하고), 굴곡 부분은 적게 한다.

45 다음은 횡형 셀튜브타입 응축기의 구조도이다. 열전달효율을 고려하여 냉매가스의 입구 측 배관은 어느 곳에 연결하여야 하는가?

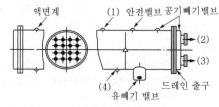

① (1)
② (2)
③ (3)
④ (4)

해설 ㉠ (2) : 냉각수 출구배관
㉡ (3) : 냉각수 입구배관
㉢ (4) : 냉매액 출구배관

46 냉동배관재료로서 갖추어야 할 조건으로 틀린 것은?

① 저온에서 강도가 커야 한다.
② 내식성이 커야 한다.
③ 관 내 마찰저항이 커야 한다.
④ 가공 및 시공성이 좋아야 한다.

해설 냉동배관재료는 관 내 마찰저항이 적어야 한다.

★
47 암모니아냉매배관에 사용하기 가장 적합한 것은?

① 알루미늄합금관
② 동관
③ 아연관
④ 강관

해설 암모니아냉매는 동관을 부식시키므로 강관(SPPS)을 사용한다.

48 흡수식 냉동기 주변 배관에 관한 설명으로 틀린 것은?

① 증기조절밸브와 감압밸브장치는 가능한 냉동기 가까이에 설치한다.

② 공급주관의 응축수가 냉동기 내에 유입되도록 한다.

③ 증기관에는 신축이음 등을 설치하여 배관의 신축으로 발생하는 응력이 냉동기에 전달되지 않도록 한다.

④ 증기드레인제어방식은 진공펌프로 냉동기 내의 드레인을 직접 압출하도록 한다.

해설 공급주관의 응축수가 냉동기 내에 유입되지 않도록 해야 한다.

참고 냉각탑으로 이송하여 냉각시킨다.

49 플로트트랩의 장점이 아닌 것은?

① 다·소량의 응축수 모두 처리 가능하다.
② 넓은 범위의 압력에서 작동한다.
③ 견고하고 증기해머에 강하다.
④ 자동에어벤트가 있어 공기배출능력이 우수하다.

정답 43 ① 44 ① 45 ① 46 ③ 47 ④ 48 ② 49 ③

해설 **플로트트랩**
㉠ 부력에 의해 작동하며 저압증기용으로 다량의 응축수 처리 시 사용된다.
㉡ 플로트(부자)가 부착되어 있어 증기해머에 약하고 동파의 우려가 있다.

50 증기난방설비 시공 시 수평주관으로부터 분기입상시키는 경우 관의 신축을 고려하여 2개 이상의 엘보를 이용하여 설치하는 신축이음은?

① 스위블이음　　② 슬리브이음
③ 벨로즈이음　　④ 플렉시블이음

해설 스위블이음은 2개 이상의 엘보를 사용하여 이음부의 나사회전을 이용해 신축을 흡수하는 이음으로 증기나 온수의 방열기(라디에이터) 주변에 사용한다.

51 보온재의 구비조건으로 틀린 것은?

① 열전도율이 클 것
② 불연성일 것
③ 내식성 및 내열성이 있을 것
④ 비중이 적고 흡습성이 적을 것

해설 **보온재의 구비조건**
㉠ 내열성 및 내식성이 있을 것
㉡ 기계적 강도, 시공성이 있을 것
㉢ 열전도율이 작을 것
㉣ 온도변화에 대한 균열 및 팽창, 수축이 작을 것
㉤ 내구성이 있고 변질되지 않을 것
㉥ 비중이 작고 흡수성이 없을 것
㉦ 섬유질이 미세하고 균일하며 흡습성이 없을 것

52 저온배관용 탄소강관의 기호는?

① STBH　　　　② STHA
③ SPLT　　　　④ STLT

해설 ① STBH : 보일러 열교환기용 탄소강강관
② STHA : 보일러 열교환기용 합금강관
④ STLT : 저온열교환기용 강관

53 급수관의 관지름 결정 시 유의사항으로 틀린 것은?

① 관길이가 길면 마찰손실도 커진다.
② 마찰손실은 유량, 유속과 관계가 있다.

③ 가는 관을 여러 개 쓰는 것이 굵은 관을 쓰는 것보다 마찰손실이 적다.
④ 마찰손실은 고저차가 크면 클수록 손실도 커진다.

해설 동일 마찰손실일 경우 가는 관을 여러 개 쓰는 것이 굵은 관을 쓰는 것보다 마찰손실이 크다.

54 동합금납땜 관이음쇠와 강관의 이종관접합 시 1개의 동합금납땜 관이음쇠로 90° 방향전환을 위한 부속의 접합부 기호 및 종류로 옳은 것은?

① C×F, 90° 엘보　② C×M, 90° 엘보
③ F×F, 90° 엘보　④ C×M, 어댑터

해설 **이종관접합**
㉠ C×F : 동관납땜과 암나사로 구성된 어댑터로, 암나사 부분에 수나사의 수도꼭지 등 기구 부착 가능
㉡ C×M : 동관납땜과 수나사로 구성된 어댑터로, 수나사 부분에 여러 부속 부착 가능

55 다음 기호가 나타내는 밸브는?

① 증발압력조정밸브
② 유압조정밸브
③ 용량조정밸브
④ 흡입압력조정밸브

해설 제시된 기호는 유압조정밸브(OPR : Oil Pressure Regulating Valve)이다.

56 공장에서 제조 정제된 가스를 저장하여 가스품질을 균일하게 유지하면서 제조량과 수요량을 조절하는 장치는?

① 정압기　　　　② 가스홀더
③ 가스미터　　　④ 압송기

해설 **가스홀더**
㉠ 공장에서 제조 정제된 가스를 저장하여 가스품질을 균일하게 유지하면서 제조량과 수요량을 조절하는 장치이다.
㉡ 저압식으로 유수식, 무수식 가스홀더가 있으며, 중·고압식으로 원통형 및 구형이 있다.
㉢ 습식 가스홀더와 건식 가스홀더가 있다.

정답 **50** ① **51** ① **52** ③ **53** ③ **54** ① **55** ② **56** ②

★
57 증기난방과 비교하여 온수난방의 특징에 대한 설명으로 틀린 것은?

① 온수난방은 부하변동에 대응한 온도조절이 쉽다.
② 온수난방은 예열하는 데 많은 시간이 걸리지만 잘 식지 않는다.
③ 연료소비량이 적다.
④ 온수난방의 설비비가 저가인 점이 있으나 취급이 어렵다.

해설 온수난방
㉠ 증기난방에 비해 방열면적과 배관의 반지름이 커야 하므로 설비비가 약간 비싸다(20~30%).
㉡ 취급이 쉽고 비교적 안전하다.

58 음용수배관과 음용수 이외의 배관이 접속되어 서로 혼합을 일으켜 음용수가 오염될 가능성이 큰 배관접속방법은?

① 하트포드이음   ② 리버스리턴이음
③ 크로스이음   ④ 역류 방지이음

해설 크로스이음은 급수계통에 급수계통이 아닌 관을 서로 연결하면 급수계통이 오염된다.

★
59 증기난방방식에서 응축수환수방법에 따른 분류가 아닌 것은?

① 중력환수식   ② 진공환수식
③ 정압환수식   ④ 기계환수식

해설 응축수환수방법
㉠ 중력환수식 : 응축수를 중력작용으로 환수(중·소규모)
㉡ 기계환수식 : 급수펌프로 보일러에 강제 환수
㉢ 진공환수식 : 환수주관 말단부에 진공펌프를 연결하여 응축수를 환수하는 방법으로 증기순환이 가장 빠름

★
60 관의 보냉 시공의 주된 목적은?

① 물의 동결 방지   ② 방열 방지
③ 결로 방지   ④ 인화 방지

해설 관을 보냉 시공하는 것은 결로를 방지하기 위함이다.

---

4 **전기제어공학**

61 다음 그림과 같은 논리회로의 출력 Y는?

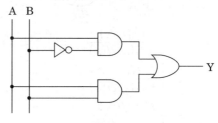

① $Y = AB + A\overline{B}$
② $Y = \overline{A}B + AB$
③ $Y = \overline{A}B + A\overline{B}$
④ $Y = \overline{A}\overline{B} + A\overline{B}$

해설

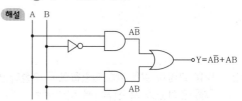

62 되먹임제어의 종류에 속하지 않는 것은?

① 순서제어   ② 정치제어
③ 추치제어   ④ 프로그램제어

해설 순서제어는 시퀀스제어이다.
참고 되먹임제어는 피드백제어로 정치제어, 추치제어, 프로그램제어 등이 있다.

63 직류전동기의 속도제어방법 중 속도제어의 범위가 가장 광범위하며 운전효율이 양호한 것으로 워드-레오나드방식과 정지레오나드방식이 있는 제어법은?

① 저항제어법   ② 전압제어법
③ 계자제어법   ④ 2차 여자제어법

해설 전압제어법 : 직류전동기의 속도제어방법 중 속도제어의 범위가 가장 광범위하며 운전효율이 양호하고 워드-레오나드방식과 정지레오나드방식이 있는 제어법(엘리베이터, 전차운전 등)
참고 직류전동기의 속도제어방법 : 계자제어법, 직렬저항법, 전압제어법

정답 57 ④ 58 ③ 59 ③ 60 ③ 61 ① 62 ① 63 ②

★
64 다음 그림과 같은 신호흐름선도에서 C/R를 구하면?

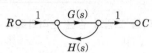

① $\dfrac{G(s)H(s)}{1-G(s)H(s)}$

② $\dfrac{G(s)}{1+G(s)H(s)}$

③ $\dfrac{G(s)H(s)}{1+G(s)H(s)}$

④ $\dfrac{G(s)}{1-G(s)H(s)}$

해설 $RG(s) \pm G(s)H(s)C = C$
$C[1-G(s)H(s)] = RG(s)$
$\therefore \dfrac{C}{R} = \dfrac{G(s)}{1-G(s)H(s)}$

65 다음 그림과 같은 RL 직렬회로에 구형파전 압을 인가했을 때 전류 i를 나타내는 식은?

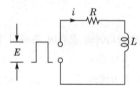

① $i = \dfrac{E}{R}e^{-\frac{R}{L}t}$

② $i = ERe^{-\frac{R}{L}t}$

③ $i = \dfrac{E}{R}\left(1-e^{-\frac{L}{R}t}\right)$

④ $i = \dfrac{E}{R}\left(1-e^{-\frac{R}{L}t}\right)$

해설 ㉠ $i = \dfrac{E}{R}\left(1-e^{-\frac{L}{R}t}\right)$[A]

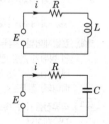

㉡ $i = \dfrac{E}{R}\left(e^{-\frac{1}{RC}t}\right)$[A]

★
66 어떤 제어계의 단위계단 입력에 대한 출력응 답 $c(t) = 1-e^{-t}$로 되었을 때 지연시간 $T_d(s)$는?

① 0.693   ② 0.346

③ 0.278   ④ 1.386

해설 지연시간은 목표값(최종값)의 50%에 도달하는 시간이므 로 $c(t) = 0.5$, $t = T_d$를 적용하면
$c(t) = 1-e^{-t}$
$0.5 = 1-e^{-T_d}$
$\therefore T_d = -\ln 0.5 = -0.693$

★
67 다음 블록선도의 입력과 출력이 일치하기 위해서 A에 들어갈 전달함수는?

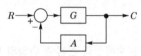

① $\dfrac{1+G}{G}$ ② $\dfrac{G}{G+1}$

③ $\dfrac{G-1}{G}$ ④ $\dfrac{G}{G-1}$

해설 $C = RG - CGA$
$C(1+GA) = RG$
$C = R$가 같을 때
$1 + GA = G$
$\therefore A = \dfrac{G-1}{G}$

★
68 제어량은 회전수, 전압, 주파수 등이 있으며, 이 목표치를 장기간 일정하게 유지시키는 것은?

① 서보기구   ② 자동조정

③ 추치제어   ④ 프로세스제어

해설 자동조정은 전압, 전류, 주파수 등의 양을 주로 제어하는 것으로, 응답속도가 빨라야 하며 정전압장치, 발전기, 조속기, 연소장치의 제어 등에 활용하는 제어방법이다.

★
69 열처리 노의 온도제어는 어떤 제어에 속하는 가?

① 자동조정   ② 비율제어

③ 프로그램제어   ④ 프로세스제어

★
70 어떤 제어계의 임펄스응답이 $\sin\omega t$일 때 계의 전달함수는?

① $\dfrac{\omega}{s+\omega}$ 　② $\dfrac{\omega^2}{s+\omega}$

③ $\dfrac{s}{s+\omega^2}$ 　④ $\dfrac{\omega}{s^2+\omega^2}$

해설 $G(s)=C(s)=\mathcal{L}^{-1}\sin\omega t=\dfrac{\omega}{s^2+\omega^2}$

71 다음 블록선도 중 비례적분제어기를 나타낸 블록선도는?

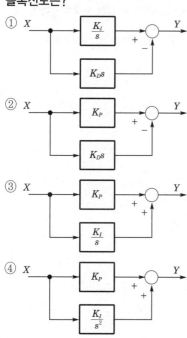

해설 비례적분(PI)제어 $K_{PI}(s)=K_P+\dfrac{K_I}{s}$

참고 전달함수
- 비례(P)제어 : K
- 적분(I)제어 : $\dfrac{K}{s}$
- 미분(D)제어 : Ks
- 비례적분(PI)제어 : $K\!\left(1+\dfrac{1}{sT}\right)$
- 비례미분(PD)제어 : $K(1+sT)$
- 비례적분미분(PID)제어 : $K\!\left(1+\dfrac{1}{sT}+sT\right)$

여기서, K : 비례감도(비례이득), T : 적분시간

★
72 배리스터의 주된 용도는?

① 온도측정용
② 전압증폭용
③ 출력전류조절용
④ 서지전압에 대한 회로보호용

해설 배리스터는 비직선적인 전압–전류의 특성을 갖는 2단자 반도체소자로, 주된 용도는 서지전압에 대한 회로보호용이다.

73 피드백제어계의 구성요소 중 동작신호에 해당되는 것은?

① 목표값과 제어량의 차
② 기준입력과 궤환신호의 차
③ 제어량에 영향을 주는 외적신호
④ 제어요소가 제어대상에 주는 신호

해설 피드백제어계의 구성요소 중 동작신호에 해당되는 것은 기준입력과 궤환신호의 차이다.

★
74 $s^2+2\delta\omega_n s+\omega_n{}^2=0$인 계가 무제동진동을 할 경우 δ의 값은?

① $\delta=0$ 　② $\delta<1$
③ $\delta=1$ 　④ $\delta>1$

해설 ㉠ $\delta=0$인 경우 : 무제동(무한진동 또는 완전진동)
㉡ $\delta<1$인 경우 : 부족제동(감쇠진동), 오버슛 발생
㉢ $\delta=1$인 경우 : 임계제동(임계상태), 경계조건
㉣ $\delta>1$인 경우 : 과제동(비진동), 응답지연(오버슛 발생 안 함)
여기서, δ : 감쇠비

★
75 동기속도가 3,600rpm인 동기발전기의 극수는 얼마인가? (단, 주파수는 60Hz이다.)

① 2극 　② 4극
③ 6극 　④ 8극

해설 $N=\dfrac{120f}{P}$

$\therefore P=\dfrac{120f}{N}=\dfrac{120\times60}{3,600}=2$극

76 어떤 제어계의 입력이 단위임펄스이고 출력 $c(t) = te^{-3t}$이었다. 이 계의 전달함수 $G(s)$는?

① $\dfrac{1}{(s+3)^2}$ 　　② $\dfrac{t}{(s+3)^2}$

③ $\dfrac{s}{(s+3)^2}$ 　　④ $\dfrac{1}{(s+2)(s+1)}$

해설　$G(s) = \mathcal{L}[c(t)] = \mathcal{L}[te^{-3t}] = \dfrac{d}{ds}\mathcal{L}[e^{-3t}]$

$= \dfrac{d}{ds}\left(\dfrac{1}{s+3}\right) = \dfrac{1}{(s+3)^2}$

77 ★ 전류 $I = 3t^2 + 6t$를 어떤 전선에 5초 동안 통과시켰을 때 전기량은 몇 C인가?

① 140 　　② 160

③ 180 　　④ 200

해설　$Q = \displaystyle\int_0^t I\,dt = \int_0^5 (3t^2 + 6t)\,dt$

$= \left[\dfrac{3}{3}t^3 + \dfrac{6}{2}t^2\right]_0^5 = \dfrac{3}{3}\times 5^3 + \dfrac{6}{2}\times 5^2 = 200\text{C}$

78 전자회로에서 온도보상용으로 많이 사용되고 있는 소자는?

① 저항 　　② 코일

③ 콘덴서 　　④ 서미스터

해설　서미스터
㉠ 부저항특성을 가진 저항기로 Ni, Mn, Co 등의 산화물을 혼합한 것이다.
㉡ 온도보상용으로 많이 사용되는 소자이다.

79 ★ 제어계의 응답속응성을 개선하기 위한 제어동작은?

① D동작 　　② I동작

③ PD동작 　　④ PI동작

해설　제어계의 응답속응성을 개선하기 위한 제어동작은 비례미분(PD)동작이다.

80 ★ 일정 전압의 직류전원에 저항을 접속하고 전류를 흘릴 때 이 전류값을 50% 증가시키기 위한 저항값은?

① $0.6R$ 　　② $0.67R$

③ $0.82R$ 　　④ $1.2R$

해설　$I = \dfrac{V}{R}$에서 V가 일정 시 $I \propto \dfrac{1}{R}$이다.

$\therefore R' = \dfrac{I}{I'}R = \dfrac{1}{1+0.5}R = 0.67R$

1 공기조화

01 다음 중 공기조화기부하를 바르게 나타낸 것은?

① 실내부하＋외기부하＋덕트 통과 열부하 ＋송풍기부하
② 실내부하＋외기부하＋덕트 통과 열부하 ＋배관 통과 열부하
③ 실내부하＋외기부하＋송풍기부하＋펌프부하
④ 실내부하＋외기부하＋재열부하＋냉동기부하

해설 공기조화기부하
＝실내부하＋외기부하＋덕트 통과 열부하＋송풍기부하

02 8,000W의 열을 발산하는 기계실의 온도를 외기냉방하여 26℃로 유지하기 위해 필요한 외기도입량(m³/h)은? (단, 밀도는 1.2kg/m³, 공기의 정압비열은 1.01kJ/kg·℃, 외기온도는 11℃이다.)

① 600.06 　　② 1584.16
③ 1851.85 　　④ 2160.22

해설 $q_s = \rho Q C_p (t_i - t_o)$[kW]

$\therefore Q = \dfrac{q_s}{\rho C_p (t_i - t_o)} = \dfrac{8 \times 3,600}{1.2 \times 1.01 \times (26 - 11)}$

$\fallingdotseq 1584.16\text{m}^3/\text{h}$

참고 1kW＝1kJ/s＝60kJ/min＝3,600kJ/h

03 압력 760mmHg, 기온 15℃의 대기가 수증기 분압 9.5mmHg를 나타낼 때 건조공기 1kg 중에 포함되어 있는 수증기의 중량은 얼마인가?

① 0.00623kg/kg 　　② 0.00787kg/kg
③ 0.00821kg/kg 　　④ 0.00931kg/kg

해설 $x = 0.622 \dfrac{P_w}{P_o - P_w} = 0.622 \times \dfrac{9.5}{760 - 9.5}$

$= 0.00787\text{kg/kg}$

04 증기난방에 대한 설명으로 옳은 것은?

① 부하의 변동에 따라 방열량을 조절하기가 쉽다.
② 소규모 난방에 적당하며 연료비가 적게 든다.
③ 방열면적이 작으며 단시간 내에 실내온도를 올릴 수 있다.
④ 장거리 열수송이 용이하며 배관의 소음 발생이 작다.

해설 **증기난방**
㉠ 부하변동에 따른 방열량(온도)의 제어가 어렵다.
㉡ 열의 운반능력이 커서 대규모 난방에 적당하며 연료비가 적게 든다.
㉢ 장거리 열수송이 용이하며 배관의 소음이 많이 발생한다.
㉣ 예열시간이 짧다.
㉤ 열매체로 증기의 증발잠열을 이용한다.

05 공기조화방식의 분류 중 전공기방식에 해당되지 않는 것은?

① 팬코일유닛방식
② 정풍량 단일덕트방식
③ 2중덕트방식
④ 변풍량 단일덕트방식

해설 팬코일유닛방식은 수방식이다.

06 일반적인 취출구의 종류가 아닌 것은?

① 라이트－트로퍼(light－troffer)형
② 아네모스탯(anemostat)형
③ 머시룸(mushroom)형
④ 웨이(way)형

정답 01 ① 02 ② 03 ② 04 ③ 05 ① 06 ③

해설 머시룸형 취출구는 버섯모양으로 생겨 바닥에 설치하고 배기 전용으로 사용되며 실내 오물 및 먼지 등을 배기덕트에 흡입되는 것을 방지시키기 위한 장치로, 극장의 좌석 바닥, 전산실 바닥 등에 사용된다.

07 극간풍을 방지하는 방법으로 적합하지 않는 것은?

① 실내를 가압하여 외부보다 압력을 높게 유지한다.
② 건축의 건물 기밀성을 유지한다.
③ 이중문 또는 회전문을 설치한다.
④ 실내외온도차를 크게 한다.

해설 극간풍(틈새바람) 방지방법
㉠ 실내를 가압하여 외부보다 압력을 높게 유지한다.
㉡ 건축의 건물 기밀성을 유지한다.
㉢ 이중문 또는 회전문을 설치한다.
㉣ 에어커튼을 설치한다.

08 다음 중 실내환경기준항목이 아닌 것은?

① 부유분진의 양 ② 상대습도
③ 탄산가스함유량 ④ 메탄가스함유량

해설 실내환경기준항목 : 부유분진양, 상대습도, 건구온도, CO함유량, CO_2함유량 등

09 덕트를 설계할 때 주의사항으로 틀린 것은?

① 덕트를 축소할 때 각도는 30° 이하로 되게 한다.
② 저속덕트 내의 풍속은 15m/s 이하로 한다.
③ 장방형 덕트의 종횡비는 4 : 1 이상 되게 한다.
④ 덕트를 확대할 때 확대각도는 15° 이하로 되게 한다.

해설 장방형(직사각형) 덕트의 종횡비는 4 : 1 이하 되게 한다.

10 상당방열면적을 계산하는 식에서 q_o는 무엇을 뜻하는가?

$$EDR = \frac{H_r}{q_o}$$

① 상당증발량
② 보일러효율
③ 방열기의 표준 방열량
④ 방열기의 전 방열량

해설 상당방열면적$(EDR) = \dfrac{난방부하(H_r)}{방열기\ 표준\ 방열량(q_o)}$

참고 표준 방열량
• 온수 : 450kcal/m² · h=0.523kW/m²
• 증기 : 650kcal/m² · h=0.756kW/m²

11 중앙공조기의 전열교환기에서는 어떤 공기가 서로 열교환을 하는가?

① 환기와 급기 ② 외기와 배기
③ 배기와 급기 ④ 환기와 배기

해설 중앙공조기의 전열교환기에서는 외기와 배기가 서로 열교환한다.

참고 공조부하 중 외기부하의 비중은 약 30% 정도 되는데, 전열교환기는 이러한 외기부하를 저감시키기 위해 공조 배기와 외기가 직접 열교환하여 70% 전후의 열량(현열과 잠열)을 회수한다.

12 실내 발생열에 대한 설명으로 틀린 것은?

① 벽이나 유리창을 통해 들어오는 전도열은 현열뿐이다.
② 여름철 실내에서 인체로부터 발생하는 열은 잠열뿐이다.
③ 실내의 기구로부터 발생열은 잠열과 현열이다.
④ 건축물의 틈새로부터 침입하는 공기가 갖고 들어오는 열은 잠열과 현열이다.

해설 인체부하는 현열과 잠열을 모두 고려한다.

13 공조기 내에 흐르는 냉 온수코일의 유량이 많아서 코일 내에 유속이 너무 빠를 때 사용하기 가장 적절한 코일은?

① 풀서킷코일(full circuit coil)
② 더블서킷코일(double circuit coil)
③ 하프서킷코일(half circuit coil)
④ 슬로서킷코일(slow circuit coil)

정답 07 ④ 08 ④ 09 ③ 10 ③ 11 ② 12 ② 13 ②

공조기 내 냉온수코일의 유속은 1m/s 전후로 하고, 유량이 많아 관 내 수속이 1.5m/s 이상으로 커지면 관 내면이 침식 우려가 있으므로 더블서킷코일을 사용해야 한다.

14 공기여과기의 성능을 표시하는 용어 중 가장 거리가 먼 것은?

① 제거효율　　　　② 압력손실
③ 집진용량　　　　④ 소재의 종류

공기여과기의 성능은 제거효율(포집효율), 압력손실(저항), 집진용량 등으로 나타낸다.

15 환기의 목적이 아닌 것은?

① 실내공기정화　　② 열의 제거
③ 소음 제거　　　　④ 수증기 제거

환기의 목적
㉠ 실내공기정화 및 신선한 공기 공급 : 오염물질 배출, 냄새 및 먼지 제거
㉡ 발생열의 제거 : 실온조절
㉢ 수증기 제거 : 제습

16 날개격자형 취출구에 대한 설명으로 틀린 것은?

① 유니버설형은 날개를 움직일 수 있는 것이다.
② 레지스터란 풍량조절셔터가 있는 것이다.
③ 수직날개형은 실의 폭이 넓은 방에 적합하다.
④ 수평날개형은 그릴이라고도 한다.

날개격자형 취출구
㉠ 날개가 고정되고 셔터가 없는 것을 그릴(grill)이라고 한다.
㉡ 가장 많이 사용하는 것으로 얇은 날개(vane)를 다수 취출구면에 수평, 수직, 양방향으로 붙인 것이다.

17 송풍기의 회전수변환에 의한 풍량제어방법에 대한 설명으로 틀린 것은?

① 극수를 변환한다.
② 유도전동기의 2차측 저항을 조정한다.
③ 전동기에 의한 회전수에 변화를 준다.
④ 송풍기 흡입측에 있는 댐퍼를 조인다.

송풍기의 회전수변환에 의한 풍량제어방법
㉠ 극수의 변환
㉡ 유도전동기에 의한 2차측 저항조정
㉢ 전동기에 의한 회전수변환
㉣ 정류자 전동기에 의한 조정
㉤ 풀리의 직경변환

★18 현열비를 바르게 표시한 것은?

① 현열량/전열량　　② 잠열량/전열량
③ 잠열량/현열량　　④ 현열량/잠열량

현열비$(SHF) = \dfrac{현열량}{전열량} = \dfrac{현열량}{현열량 + 잠열량}$

19 다음 중 온수난방설비와 관계가 없는 것은?

① 리버스리턴배관
② 하트포드배관접속
③ 순환펌프
④ 팽창탱크

하트포드접속법은 증기난방배관에서 보일러의 증기관과 환수관 사이의 배관접속이다.

★20 어떤 실내의 전체 취득열량이 9kW, 잠열량이 2.5kW이다. 이때 실내를 26℃, 50%(RH)로 유지시키기 위해 취출온도차를 10℃로 일정하게 하여 송풍한다면 실내현열비는 얼마인가?

① 0.28　　　　　　② 0.68
③ 0.72　　　　　　④ 0.88

$SHF = \dfrac{q_s}{q_t} = \dfrac{q_t - q_L}{q_t} = \dfrac{9 - 2.5}{9} = 0.72$

2　냉동공학

★21 2차 냉매인 브라인이 갖추어야 할 성질에 대한 설명으로 틀린 것은?

① 열용량이 적어야 한다.
② 열전도율이 커야 한다.
③ 동결점이 낮아야 한다.
④ 부식성이 없어야 한다.

해설 **브라인의 구비조건**
㉠ 비열, 열전도율이 높고, 열전달성능이 양호할 것
㉡ 공정점과 점도가 작고, 비중이 작을 것
㉢ 동결온도가 낮을 것(비등점이 높고 응고점이 낮아 항상 액체상태를 유지할 것)
㉣ 금속재료에 대한 부식성이 작을 것
㉤ pH값이 약알칼리성일 것(7.5~8.2)
㉥ 불연성일 것
㉦ 피냉각물질에 해가 없을 것
㉧ 구입 및 취급이 용이하고 가격이 저렴할 것

★22 다음 조건으로 운전되고 있는 수냉응축기가 있다. 냉매와 냉각수와의 평균온도차는?

- 냉각수 입구온도 : 16℃
- 냉각수량 : 200L/min
- 냉각수 출구온도 : 24℃
- 응축기 냉각면적 : 20m²
- 응축기 열통과율 : 3349.6kJ/m²·h·℃

① 4℃ ② 5℃
③ 6℃ ④ 7℃

해설 $Q_c = mC(t_o - t_i) \times 60 = KA\Delta t_m$

$$\therefore \Delta t_m = \frac{mC(t_o - t_i) \times 60}{KA}$$

$$= \frac{200 \times 4.186 \times (24-16) \times 60}{3349.6 \times 20} = 6℃$$

★23 냉동장치의 운전 중에 냉매가 부족할 때 일어나는 현상에 대한 설명으로 틀린 것은?

① 고압이 낮아진다.
② 냉동능력이 저하한다.
③ 흡입관에 서리가 부착되지 않는다.
④ 저압이 높아진다.

해설 **냉매가 부족할 때**
㉠ 증발기 흡입압력이 너무 낮아진다.
㉡ 압축기 흡입 및 토출압력이 너무 낮아진다.
㉢ 압축기의 정지시간이 길어진다.
㉣ 압축기가 시동되지 않는다(압축기 과열압축)
㉤ 냉동능력이 저하한다.

24 히트파이프의 특징에 관한 설명으로 틀린 것은?

① 등온성이 풍부하고 온도 상승이 빠르다.

② 사용온도영역에 제한이 없으며 압력손실이 크다.
③ 구조가 간단하고 소형 경량이다.
④ 증발부, 응축부, 단열부로 구성되어 있다.

해설 히트파이프는 구조가 간단하고 크기와 중량이 적은 등 작동유체에 따라 사용온도범위가 제한적이다.

25 얼음제조설비에서 깨끗한 얼음을 만들기 위해 빙관 내로 공기를 송입, 물을 교반시키는 교반장치의 송풍압력(kPa)은 어느 정도인가?

① 2.5~8.5 ② 19.6~34.3
③ 62.8~86.8 ④ 101.3~132.7

해설 깨끗한 얼음을 제조하기 위해 빙관 내로 공기를 송입, 물을 교반시키는 교반장치의 송풍압력은 19.6~34.3kPa 정도이다.

★26 냉동사이클이 −10℃와 60℃ 사이에서 역카르노사이클로 작동될 때 성적계수는?

① 2.21 ② 2.84
③ 3.76 ④ 4.75

해설 $(COP)_R = \dfrac{T_2}{T_1 - T_2}$

$$= \frac{-10+273}{(60+273)-(-10+273)}$$

$$≒ 3.76$$

★27 증기압축식 사이클과 흡수식 냉동사이클에 관한 비교 설명으로 옳은 것은?

① 증기압축식 사이클은 흡수식에 비해 축동력이 적게 소요된다.
② 흡수식 냉동사이클은 열구동사이클이다.
③ 흡수식은 증기압축식의 압축기를 흡수기와 펌프가 대신한다.
④ 흡수식의 성능은 원리상 증기압축식에 비해 우수하다.

해설 ① 증기압축식은 흡수식에 비해 축동력이 많이 소요된다.
③ 흡수식은 증기압축식의 압축기를 발생기, 흡수기, 용액펌프가 대신한다.
④ 흡수식 냉동기에 비해 압축식 냉동기의 성능계수가 크다.

정답 22 ③ 23 ④ 24 ② 25 ② 26 ③ 27 ②

28 냉동장치 내 불응축가스에 관한 설명으로 옳은 것은?

① 불응축가스가 많아지면 응축압력이 높아지고 냉동능력은 감소한다.

② 불응축가스는 응축기에 잔류하므로 압축기의 토출가스온도에는 영향이 없다.

③ 장치에 윤활유를 보충할 때에 공기가 흡입되어도 윤활유에 용해되므로 불응축가스는 생기지 않는다.

④ 불응축가스가 장치 내에 침입해도 냉매와 혼합되므로 응축압력은 불변한다.

해설 냉동장치 내 불응축가스의 영향
㉠ 고압측 압력, 응축압력, 토출가스온도, 압축기의 응축온도 상승
㉡ 공기가 흡입되면 발생
㉢ 압축비 증대
㉣ 소비동력 증가
㉤ 체적효율, 냉매순환량, 냉동능력 감소
㉥ 응축기의 전열면적 감소로 전열불량
㉦ 실린더 과열

29 $P-V$(압력-체적)선도에서 1에서 2까지 단열압축하였을 때 압축일량(절대일)은 어느 면적으로 표현되는가?

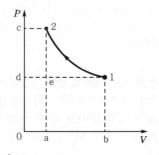

① 면적 1-2-c-d-1
② 면적 1-d-0-b-1
③ 면적 1-2-a-b-1
④ 면적 a-e-d-0-a

해설 $P-V$선도(일량선도)에서 절대일의 면적은 1-2-a-b-1이다.

★
30 응축부하 계산법이 아닌 것은?

① 냉매순환량×응축기 입·출구엔탈피차

② 냉각수량×냉각수 비열×응축기 냉각수 입·출구온도차

③ 냉매순환량×냉동효과

④ 증발부하+압축일량

해설 냉동능력(Q_e)=냉매순환량(m)×냉동효과(q_e)

31 밀폐된 용기의 부압작용에 의하여 진공을 만들어 냉동작용을 하는 것은?

① 증기분사냉동기   ② 왕복동냉동기
③ 스크루냉동기   ④ 공기압축냉동기

해설 증기분사냉동기는 증기이젝터(steam ejector)를 이용하여 대량의 증기를 분사할 경우 부압작용에 의해 증발기 내의 압력이 저하되어 물의 일부가 증발하면서 나머지 물은 냉각된다. 이 냉각된 물을 냉동목적에 이용하는 방식으로 주로 300~1,000kPa의 폐증기를 쉽게 구할 수 있는 곳에서 폐열회수용으로 쓰인다.

32 저온용 냉동기에 사용되는 보조적인 압축기로서 저온을 얻을 목적으로 사용되는 것은??

① 회전압축기(rotary compressor)
② 부스터(booster)
③ 밀폐식 압축기(hermetic compressor)
④ 터보압축기(turbo compressor)

해설 부스터는 증발압력에서 중간 압력까지 높이는 압축기인 저단압축기이다.

★
33 다음 중 무기질 브라인이 아닌 것은?

① 염화칼슘
② 염화마그네슘
③ 염화나트륨
④ 트리클로로에틸렌

해설 브라인(간접냉매)
㉠ 무기질 : $CaCl_2$, $MgCl_2$, $NaCl$ 등
㉡ 유기질 : 트리클로로에틸렌, 에틸렌글리콜, 프로필렌글리콜, 에틸알코올, 메탄올 등

정답 28 ① 29 ③ 30 ③ 31 ① 32 ② 33 ④

부록
Ⅰ

34 할라이드토치로 누설을 탐지할 때 소량의 누설이 있는 곳에서 토치의 불꽃색깔은 어떻게 변화되는가?

① 보라색　　　　② 파란색
③ 노란색　　　　④ 녹색

> **해설** 할라이드토치는 프레온 누설탐지기로 누설이 없을 시 청색, 소량 누설 시 녹색, 다량 누설 시 자색, 너무 많이 누설 시 불꽃이 꺼진다.

35★ 28℃의 원수 9ton을 4시간에 5℃까지 냉각하는 수냉각장치의 냉동능력은? (단, 1RT는 13,900kJ/h로 한다.)

① 12.5RT　　　　② 15.6RT
③ 17.1RT　　　　④ 20.7RT

> **해설**
> $$Q_e = \frac{m\,C(t_2 - t_1)}{13,900}$$
> $$= \frac{\dfrac{9,000}{4} \times 4.186 \times (28 - 5)}{13,900}$$
> $$= 15.6\text{RT}$$

36★ 냉동장치에서 교축작용(throttling)을 하는 부속기기는 어느 것인가?

① 다이어프램밸브
② 솔레노이드밸브
③ 아이솔레이트밸브
④ 팽창밸브

> **해설** 냉동장치에서 교축작용은 팽창밸브에서 이루어지며 증발기 출구의 과열도를 일정하게 유지하기 위하여 압력강하, 온도강하, 엔탈피 일정, 엔트로피 증가($\Delta S > 0$) 등 냉매량을 제어한다.

37 탱크식 증발기에 관한 설명으로 틀린 것은?

① 제빙용 대형 브라인이나 물의 냉각장치로 사용된다.
② 냉각관의 모양에 따라 헤링본식, 수직관식, 패러럴식이 있다.
③ 물건을 진열하는 선반 대용으로 쓰기도 한다.

④ 증발기는 피냉각액탱크 내의 칸막이 속에 설치되며, 피냉각액은 이 속을 교반기에 의해 통과한다.

> **해설** 물건을 진열하는 선반 대용으로 사용하는 증발기는 플레이트식(판냉각형) 증발기이다.

> **참고** 탱크식 증발기
> • 만액식에 속한다.
> • 주로 암모니아 제빙용으로 사용된다.
> • 상부에는 가스헤드, 하부에는 액헤드가 존재한다.

38★ 기준냉동사이클로 운전할 때 단위질량당 냉동효과가 큰 냉매 순으로 나열한 것은?

① R-11 > R-12 > R-22
② R-12 > R-11 > R-22
③ R-22 > R-12 > R-11
④ R-22 > R-11 > R-12

> **해설** 단위질량당 냉동효과 : NH_3 > R-22 > R-11 > R-12

39 증발잠열을 이용하므로 물의 소비량이 적고 실외 설치가 가능하며 송풍기 및 순환펌프의 동력을 필요로 하는 응축기는?

① 입형 셸 앤드 튜브식 응축기
② 횡형 셸 앤드 튜브식 응축기
③ 증발식 응축기
④ 공냉식 응축기

> **해설** 증발식 응축기는 습구온도의 영향을 받아 물의 증발잠열을 이용하며 다른 응축기에 비하여 3~4% 냉각수량만 순환시킨다.

40★ 유량 100L/min의 물을 15℃에서 9℃로 냉각하는 수냉각기가 있다. 이 냉동장치의 냉동효과가 168kJ/kg일 경우 냉매순환량(kg/h)은? (단, 물의 비열은 4.2kJ/kg·K로 한다.)

① 700　　　　② 800
③ 900　　　　④ 1,000

> **해설**
> $$\dot{m} = \frac{Q_e}{q_e} = \frac{m\,C(t_1 - t_2) \times 60}{q_e}$$
> $$= \frac{100 \times 4.2 \times (15 - 9) \times 60}{168} = 900\text{kg/h}$$

정답 34 ④　35 ②　36 ④　37 ③　38 ④　39 ③　40 ③

41 냉매배관 중 토출측 배관 시공에 관한 설명으로 틀린 것은?

① 응축기가 압축기보다 2.5m 이상 높은 곳에 있을 때에는 트랩을 설치한다.
② 수직관이 너무 높으면 2m마다 트랩을 1개씩 설치한다.
③ 토출관의 합류는 Y이음으로 한다.
④ 수평관은 모두 끝내림구배로 배관한다.

해설 수직관(흡입관)의 입상길이가 매우 길 때는 10m마다 중간에 트랩을 1개씩 설치하여 냉동기유의 회수를 용이하게 한다.

42 ★ 일정 흐름방향에 대한 역류 방지밸브는?

① 글로브밸브 ② 게이트밸브
③ 체크밸브 ④ 앵글밸브

해설 체크밸브는 역류 방지용 밸브로, 유체를 한쪽 방향으로만 흐르게 하고, 반대쪽은 차단시켜 흐르지 못하게 한다.

43 ★ 스트레이너의 종류에 속하지 않는 것은?

① Y형 ② X형
③ U형 ④ V형

해설 스트레이너(여과기)
㉠ 관 내 유체 속의 토사 또는 칩 등의 불순물을 제거한다.
㉡ 종류로는 Y형, U형, V형이 있다.
㉢ 중요한 기기의 앞쪽에 장착한다.
㉣ 유체흐름의 방향에 따라 장착해야 한다.

44 맞대기용접의 홈 형상이 아닌 것은?

① V형 ② U형
③ X형 ④ Z형

해설 맞대기용접의 홈 형상에는 I형, V형, U형, X형, K형, J형 등이 있다.

45 ★ 한쪽은 커플링으로 이음쇠 내에 동관이 들어갈 수 있도록 되어 있고, 다른 한쪽은 수나사가 있어 강의 부속과 연결할 수 있도록 되어 있는 동관용 이음쇠는?

① 커플링 C×C ② 어댑터 C×M
③ 어댑터 Ftg×M ④ 어댑터 C×F

해설 동관용 이음쇠
㉠ 어댑터 C×M : 한쪽은 동관이 들어가고, 다른 쪽은 수나사로 강관에 연결하는 부속
㉡ 어댑터 C×F : 한쪽은 동관이 들어가고, 다른 쪽은 암나사로 강관에 연결하는 부속

46 다음 프레온냉매배관에 관한 설명으로 틀린 것은?

① 주로 동관을 사용하나 강관도 사용된다.
② 증발기와 압축기가 같은 위치인 경우 흡입관을 수직으로 세운 다음 압축기를 향해 선단 하향구배로 배관한다.
③ 동관의 접속은 플레어이음 또는 용접이음 등이 있다.
④ 관의 굽힘반경을 작게 한다.

해설 관의 굽힘반지름을 크게 하여 유체저항을 작게 해야 한다.

47 ★ 일반적으로 관의 지름이 크고 관의 수리를 위해 분해할 필요가 있는 경우 사용되는 파이프 이음에 속하는 것은?

① 신축이음 ② 엘보이음
③ 턱걸이이음 ④ 플랜지이음

해설 플랜지이음은 관지름이 65A 이상이고 관의 수리를 위해 분해 및 조립이 필요한 경우 사용한다.

48 다음 중 배관 내의 침식에 영향을 미치는 요소로 가장 거리가 먼 것은?

① 물의 속도
② 사용시간
③ 배관계의 소음
④ 물속의 부유물질

해설 배관 내의 침식에 영향을 미치는 요소는 물의 속도, 사용시간, 물속의 부유물질 등이다.

정답 41 ② 42 ③ 43 ② 44 ④ 45 ② 46 ④ 47 ④ 48 ③

49 배수배관의 시공상 주의점으로 틀린 것은?

① 배수를 가능한 한 빨리 옥외하수관으로 유출할 수 있을 것

② 옥외하수관에서 하수가스나 벌레 등이 건물 안으로 침입하는 것을 방지할 것

③ 배수관 및 통기관은 내구성이 풍부할 것

④ 한랭지에서는 배수, 통기관 모두 피복을 하지 않을 것

> **해설** 한랭지에서는 배수관, 통기관 모두 동결되지 않도록 피복할 것

★
50 프레온냉동장치 흡입관이 횡주관일 때 적정 구배는 얼마인가?

① $\dfrac{1}{100}$ ② $\dfrac{1}{200}$

③ $\dfrac{1}{300}$ ④ $\dfrac{1}{400}$

> **해설** 프레온냉매배관
> ㉠ 흡입관이 횡주관일 때는 압축기방향으로 1/200 하향 구배를 준다.
> ㉡ 토출관이 횡주관일 때는 응축기방향으로 1/50 하향 구배를 준다.

51 급탕배관 내의 압력이 68.67kPa이면 수주로 몇 m와 같은가?

① 0.7 ② 1.7

③ 7 ④ 70

> **해설** $P = \gamma_w h[\text{kPa}]$
> $\therefore h = \dfrac{P}{\gamma_w} = \dfrac{68.67 \times 10^3}{9,800} = 7\text{m}$

★
52 배수설비에 대한 설명으로 틀린 것은?

① 오수란 대소변기, 비데 등에서 나오는 배수이다.

② 잡배수란 세면기, 싱크대, 욕조 등에서 나오는 배수이다.

③ 특수 배수는 그대로 방류하거나 오수와 함께 정화하여 방류시키는 배수이다.

④ 우수는 옥상이나 부지 내에 내리는 빗물의 배수이다.

> **해설** 특수 배수는 공장, 병원, 연구소 등에서의 배수 중 기름, 산, 알칼리, 방사선물질, 그 외의 유해(위험)물질을 포함하고 있으므로 적절한 처리시설에서 처리 후 하수도에 흘려보내야 한다.

53 다음 중 열역학식 트랩에 해당되는 것은?

① 디스크형 트랩 ② 벨로즈식 트랩

③ 버킷트랩 ④ 바이메탈식 트랩

> **해설** 증기트랩의 종류
> ㉠ 온도조질식 트랩 : 증기와 응축수의 온도차 이용, 바이메탈트랩, 벨로즈트랩 등
> ㉡ 기계식 트랩 : 증기와 응축수의 비중차 이용, 플로트트랩, 버킷트랩 등
> ㉢ 열역학적 트랩 : 증기와 응축수의 속도차 이용, 디스크트랩, 오리피스트랩 등

★
54 다음 중 소켓식 이음을 나타내는 기호는?

① ——— ② ——┤├——

③ ———◁— ④ ——┤║├——

> **해설** ① 나사이음, ② 플랜지이음, ④ 유니언이음

★
55 가스배관설비에서 정압기의 종류가 아닌 것은?

① 피셔(Fisher)식 정압기

② 오리피스(Orifice)식 정압기

③ 레이놀즈(Reynolds)식 정압기

④ AFV(Axial Flow Valve)식 정압기

> **해설** 정압기의 종류
>
> | 종류 | 특징 | 사용압력 |
> |---|---|---|
> | Fisher식 (피셔식) | • 변형 언로딩형이다.
• 정특성, 동특성이 양호하다.
• 차압이 클수록 특성이 양호하다.
• 매우 콤팩트하다. | 고압 → 중압
중압 → 저압 |
> | Axial Flow Valve(AFV)식 (액셜플로식) | • 로딩형이다.
• 정특성, 동특성이 양호하다.
• 비교적 콤팩트하다. | 고압 → 중압
중압 → 저압 |
> | Reynolds식 (레이놀즈식) | • 언로딩형이다.
• 특성은 좋으나 안정성이 부족하다.
• 다른 형식에 비해 부피가 크다. | 중압 → 저압
저압 → 저압 |

> **정답** 49 ④ 50 ② 51 ③ 52 ③ 53 ① 54 ③ 55 ②

56 일반적으로 프레온냉매배관용으로 사용하기 가장 적절한 배관재료는?

① 아연도금탄소강강관
② 배관용 탄소강강관
③ 동관
④ 스테인리스강관

해설 냉매배관의 재료
㉠ 프레온냉매배관 : 동관
㉡ 암모니아냉매배관 : 강관

57 가스배관의 관지름을 결정하는 요소와 가장 거리가 먼 것은?

① 가스발열량   ② 가스관의 길이
③ 허용압력손실   ④ 가스비중

해설 가스배관의 관지름을 결정하는 요소에 가스관의 길이, 허용압력손실, 가스비중, 가스소비량 등이 있다.

참고 가스배관의 관지름
• 저압배관인 경우(폴공식)

$$Q = K\sqrt{\frac{D^5 H}{SL}}\,[\text{m}^3/\text{h}] \rightarrow D = \sqrt[5]{\frac{SL}{H}\left(\frac{Q}{K}\right)^2}$$

• 중·고압배관인 경우(콕스공식)

$$Q = K\sqrt{\frac{D^5(P_1{}^2 - P_2{}^2)}{SL}}$$

$$\rightarrow D = \sqrt[5]{\frac{SL}{P_1{}^2 - P_2{}^2}\left(\frac{Q}{K}\right)^2}$$

여기서, K : 유량계수(저압 : 0.707, 중·고압 : 52.31)
D : 관지름(cm), H : 마찰손실수두(mmH₂O)
P_1 : 처음 압력, P_2 : 나중 압력, S : 비중
L : 관의 길이(m)

★58 급수배관의 마찰손실수두와 가장 거리가 먼 것은?

① 관의 길이   ② 관의 직경
③ 관의 두께   ④ 유속

해설 $h_L = \lambda \dfrac{L}{d} \dfrac{V^2}{2g}\,[\text{m}]$

여기서, λ : 관마찰계수, L : 관의 길이, d : 관의 직경
V : 평균속도(m/s), h_L : 손실수두

★59 다음 중 중앙급탕방식에서 경제성, 안정성을 고려한 적정 급탕온도(℃)는 얼마인가?

① 40   ② 60
③ 80   ④ 100

해설 중앙급탕방식에서 경제성, 안정성을 고려한 적정 급탕온도는 60℃이다.

60 가스배관을 실내에 노출 설치할 때의 기준으로 틀린 것은?

① 배관은 환기가 잘 되는 곳으로 노출하여 시공할 것
② 배관은 환기가 잘 되지 않는 천장, 벽, 공동구 등에는 설치하지 아니할 것
③ 배관의 이음매(용접이음매 제외)와 전기 계량기와는 60cm 이상 거리를 유지할 것
④ 배관의 이음부와 단열조치를 하지 않는 굴뚝과의 거리는 5cm 이상의 거리를 유지할 것

해설 배관의 이음부와 단열조치를 하지 않는 굴뚝과의 이격거리는 15cm 이상의 거리를 유지할 것

4 전기제어공학

61 유도전동기의 회전력에 관한 설명으로 옳은 것은?

① 단자전압에 비례한다.
② 단자전압과는 무관하다.
③ 단자전압의 2승에 비례한다.
④ 단자전압의 3승에 비례한다.

해설 유도전동기의 토크(회전력)는 전압의 제곱에 비례한다.

$$T = k_o\left(\frac{V}{f_i}\right)^2 f_s\,[\text{N}\cdot\text{m}]$$

여기서, k_o : 상수, V : 전압, f_i : 전원주파수(Hz)
f_s : 슬립주파수(Hz)

★62 정현파전압 $v = 50\sin\left(628t - \dfrac{\pi}{6}\right)$[V]인 파형의 주파수는 얼마인가?

① 30   ② 50
③ 60   ④ 100

해설 $f = \dfrac{\omega}{2\pi} = \dfrac{628}{2\pi} = 100\,\text{Hz}$

63 피드백제어계의 특징으로 옳은 것은?

① 정확성이 떨어진다.

② 감대폭이 감소한다.

③ 계의 특성변화에 대한 입력 대 출력비의 감도가 감소한다.

④ 발진이 전혀 없고 항상 안정한 상태로 되어 가는 경향이 있다.

해설 **피드백제어계(되먹임제어계, 밀폐제어계)**

㉠ 정확성 증가

㉡ 감대폭 증가

㉢ 계의 특성변화에 대한 입력 대 출력비의 감도 감소

㉣ 발진을 일으키고 불안정한 상태로 되어가는 경향성

㉤ 비선형성과 외형에 대한 효과의 감소

㉥ 구조가 복잡하고 시설비 증가

㉦ 반드시 입력과 출력을 비교하는 비교장치(비교부) 필요

64 스캔타임(scan time)에 대한 설명으로 맞는 것은?

① PLC 입력모듈에서 1개 신호가 입력되는 시간

② PLC 출력모듈에서 1개 신호가 입력되는 시간

③ PLC에 의해 제어되는 시스템의 1회 실행 시간

④ PLC에 입력된 프로그램을 1회 연산하는 시간

해설 스캔타임은 PLC의 Refresh 입력부터 END 처리까지 소요되는 시간, 즉 PLC가 연산을 수행하는 데 걸리는 시간이다.

65 2진수 0010111101011001$_{(2)}$을 16진수로 변환하면?

① 3F59

② 2G6A

③ 2F59

④ 3G6A

해설 $0010 = 0 \times 2^3 + 0 \times 2^2 + 1 \times 2^1 + 0 \times 2^0 = 2$

$1111 = 1 \times 2^3 + 1 \times 2^2 + 1 \times 2^1 + 1 \times 2^0 = 15 = \text{F}$

$0101 = 0 \times 2^3 + 1 \times 2^2 + 0 \times 2^1 + 1 \times 2^0 = 5$

$1001 = 1 \times 2^3 + 0 \times 2^2 + 0 \times 2^1 + 1 \times 2^0 = 9$

∴ 2F59

66 교류전기에서 실효치는?

① $\dfrac{\text{최대치}}{2}$

② $\dfrac{\text{최대치}}{\sqrt{3}}$

③ $\dfrac{\text{최대치}}{\sqrt{2}}$

④ $\dfrac{\text{최대치}}{3}$

해설 실효치 $= \dfrac{\text{최대치}}{\sqrt{2}} = 0.707 \times$ 최대치

67 다음 블록선도에서 등가합성전달함수는?

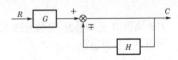

① $\dfrac{1}{1 \pm GH}$

② $\dfrac{G}{1 \pm H}$

③ $\dfrac{G}{1 \pm GH}$

④ $\dfrac{1}{1 \pm H}$

해설 $C = RG \mp CH$

$C(1 \pm H) = RG$

$\therefore \dfrac{C}{R} = \dfrac{G}{1 \pm H}$

68 자기평형성이 없는 보일러드럼의 액위제어에 적합한 제어동작은?

① P동작

② I동작

③ PI동작

④ PD동작

해설 **제어동작**

㉠ P(비례) : 보일러드럼의 액위제어, 잔류편차 발생

㉡ I(적분) : 잔류편차 소멸

㉢ D(미분) : 오차예측제어

㉣ PD(비례미분) : 속응성 개선으로 동작이 빠름

㉤ PI(비례적분) : 정상특성 개선

69 농형 유도전동기의 기동법이 아닌 것은?

① 전전압기동법

② 기동보상기법

③ $Y - \Delta$기동법

④ 2차 저항법

해설 **농형 유도전동기의 기동법**

㉠ 전전압기동법(직접기동) : 5kW 이하이며 가장 조작이 간단하고 경제적인 방식

㉡ 기동보상기법 : 15kW 이상(단권변압기)이며 가장 안정적인 기동방식

㉢ $Y - \Delta$기동법 : 5~15kW 정도(토크 1/3배, 전류 1/3배, 전압 1/$\sqrt{3}$ 배)

정답 63 ③ 64 ④ 65 ③ 66 ③ 67 ② 68 ① 69 ④

70 검출용 스위치에 해당하지 않는 것은?

① 리밋스위치   ② 광전스위치

③ 온도스위치   ④ 복귀형 스위치

> 해설 검출용 스위치에 리밋스위치(limit switch), 근접스위치 (proximity switch), 광전스위치(photo electric switch), 리드스위치(reed switch) 등이 있다.

> 참고 검출용 스위치는 자동화시스템에서 없어서는 안 될 만큼 제어대상의 상태나 변화 등을 검출하기 위한 것으로 위치, 액면, 온도, 전압, 그 밖의 여러 제어량을 검출하는 데에 사용되고 있다.

71 논리식 A(A+B)를 간단히 하면?

① A   ② B

③ AB   ④ A+B

> 해설 A(A+B)=AA+AB=A+AB
>   =A(1+B)=A(1+0)
>   =A

★
72 다음 그림과 같은 논리회로는?

① OR회로   ② AND회로

③ NOT회로   ④ NAND회로

> 해설 제시된 그림은 부정(NOT)회로로 입력이 ON이면 출력이 OFF가 되고, 입력이 OFF이면 출력이 ON이 되는 논리회로이다.

73 어떤 계기에 장시간 전류를 통전한 후 전원을 OFF시켜도 지침이 0으로 되지 않았다. 그 원인에 해당되는 것은?

① 정전계영향   ② 스프링의 피로도

③ 외부자계영향   ④ 자기가열영향

> 해설 **스프링의 피로도**
> ㉠ 전원을 OFF시켜도 지침이 0으로 되지 않는다.
> ㉡ 장시간 통전에 의한 스프링의 탄성피로에 의해 오차가 발생하며 영점조정을 통해서 오차를 보정해야 한다.

★
74 다음 그림과 같은 회로에 전압 200V를 가할 때 30Ω의 저항에 흐르는 전류는 몇 A인가?

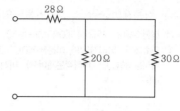

① 2   ② 3

③ 5   ④ 10

> 해설 $I=\dfrac{V}{R}=\dfrac{200}{28+\dfrac{20\times30}{20+30}}=5A$
>
> $\therefore I_2=\dfrac{IR_1}{R_1+R_2}=\dfrac{5\times20}{20+30}=2A$

75 PI제어동작은 프로세스제어계의 정상특성 개선에 흔히 사용된다. 이것에 대응하는 보상요소는?

① 동상보상요소

② 지상보상요소

③ 진상보상요소

④ 지상 및 진상보상요소

> 해설 **지상보상요소**
> ㉠ 비례적분(PI)제어동작에서 프로세스제어계의 정상특성을 개선하는 데 흔히 사용되는 보상요소이다.
> ㉡ 비례동작에 의해 발생하는 오프셋을 소멸시키기 위해 적분동작을 첨가한 동작이다.

★
76 다음 그림과 같은 시스템의 등가합성전달함수는?

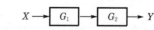

① G_1+G_2 ② G_1G_2

③ G_1-G_2 ④ $\dfrac{1}{G_1G_2}$

> 해설 $Y=XG_1G_2$
> $\therefore G=\dfrac{Y}{X}=G_1G_2$

★
77 자동제어의 조절기기 중 불연속동작인 것은?

① 2위치동작 ② 비례제어동작

③ 적분제어동작 ④ 미분제어동작

해설 ㉠ 불연속제어 : 2위치동작(ON – OFF동작)

㉡ 연속제어 : 비례제어(P), 미분제어(D), 적분제어(I), 비
례미분제어(PD), 비례적분제어(PI), 비례미분적분제
어(PID)

78 내부장치 또는 공간을 물질로 포위시켜 외부
자계의 영향을 차폐시키는 방식을 자기차폐
라 한다. 다음 중 자기차폐에 가장 좋은 물질
은?

① 강자성체 중에서 비투자율이 큰 물질

② 강자성체 중에서 비투자율이 작은 물질

③ 비투자율이 1보다 작은 역자성체

④ 비투자율과 관계없이 두께에만 관계되므
로 되도록 두꺼운 물질

해설 자기차폐(고투자성 물질로 전기기기의 일부 또는 전부를
외부와 자기적으로 차단하는 것)에 가장 좋은 물질은 비
투자율이 큰 물질이다.

79 다음 그림과 같은 회로에서 저항 R_2에 흐르
는 전류 I_2[A]는?

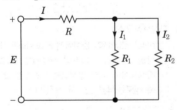

① $\dfrac{I(R_1+R_2)}{R_1}$ ② $\dfrac{I(R_1+R_2)}{R_2}$

③ $\dfrac{IR_2}{R_1+R_2}$ ④ $\dfrac{IR_1}{R_1+R_2}$

해설 ㉠ R_1에 흐르는 전류(I_1)= $\dfrac{IR_2}{R_1+R_2}$[A]

㉡ R_2에 흐르는 전류(I_2)= $\dfrac{IR_1}{R_1+R_2}$[A]

80 다음의 블록선도가 등가인 블록선도는?

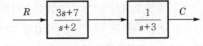

①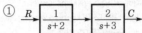

②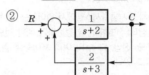

③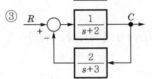

④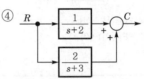

해설 ㉠ 문제의 블록선도 계산

$$G=\frac{3s+7}{s+2}\times\frac{1}{s+3}=\frac{3s+7}{(s+2)(s+3)}$$

㉡ ④의 블록선도 계산

$$G=\frac{1}{s+2}+\frac{2}{s+3}=\frac{(s+3)+2(s+2)}{(s+2)(s+3)}$$
$$=\frac{3s+7}{(s+2)(s+3)}$$

10

2019. 3. 3. 시행

공조냉동기계산업기사

1 공기조화

★
01 원심송풍기에서 사용되는 풍량제어방법 중 풍량과 소요동력과의 관계에서 가장 효과적인 제어방법은?

① 회전수제어 ② 베인제어
③ 댐퍼제어 ④ 스크롤댐퍼제어

해설 풍량제어방법 중 풍량과 소요동력과의 관계에서 가장 효과적인 방법은 회전수제어>베인제어>댐퍼제어 순이다.

02 다음 중 제올라이트(zeolite)를 이용한 제습방법은 어느 것인가?

① 냉각식 ② 흡착식
③ 흡수식 ④ 압축식

해설 흡착식 제습방법 : 실리카겔, 합성제올라이트, 활성알루미나(Al₂O₃) 등

★
03 습공기선도상에 나타나 있지 않은 것은?

① 상대습도 ② 건구온도
③ 절대습도 ④ 포화도

해설 습공기선도의 구성요소 : 건구온도, 절대온도, 습구온도, 노점온도, 상대습도, 절대습도, 수증기분압, 비체적, 엔탈피, 현열비, 열수분비 등

참고 포화도(비교습도, ϕ) = $\dfrac{x(\text{불포화상태 시 절대습도})}{x_s(\text{포화상태 시 절대습도})}$

04 난방부하는 어떤 기기의 용량을 결정하는 데 기초가 되는가?

① 공조장치의 공기냉각기
② 공조장치의 공기가열기
③ 공조장치의 수액기
④ 열원설비의 냉각탑

해설 난방부하는 공기가열기의 용량을 결정하는 데 기초가 된다.

05 난방방식과 열매체의 연결이 틀린 것은?

① 개별스토브 – 공기
② 온풍난방 – 공기
③ 가열코일난방 – 공기
④ 저온복사난방 – 공기

해설 저온복사난방은 패널의 표면온도가 30~45℃ 정도이고 배관코일을 매설하여 여기에 온수 등을 통하게 하는 것으로 온수의 전열선을 구조체에 매설하는 경우(전기바닥난방)도 있다.

★
06 기류 및 주위 벽면에서의 복사열은 무시하고 온도와 습도만으로 쾌적도를 나타내는 지표를 무엇이라고 하는가?

① 쾌적건강지표 ② 불쾌지수
③ 유효온도지수 ④ 청정지표

해설 불쾌지수(UI) = 0.72(DB + WB) + 40.6

★
07 실내냉방부하 중에서 현열부하 2.91kW, 잠열부하 0.58kW일 때 현열비는?

① 0.2 ② 0.83
③ 1 ④ 1.2

해설 $SHF = \dfrac{q_s}{q_s + q_L} = \dfrac{2.91}{2.91 + 0.58} = 0.83$

★
08 극간풍의 풍량을 계산하는 방법으로 틀린 것은?

① 환기횟수에 의한 방법
② 극간길이에 의한 방법
③ 창면적에 의한 방법
④ 재실인원수에 의한 방법

해설 극간풍(틈새바람) 계산법 : 환기횟수법, 극간길이(크랙)법, 창면적법 등

정답 01 ① 02 ② 03 ④ 04 ② 05 ④ 06 ② 07 ② 08 ④

09 다음 그림에서 공기조화기를 통과하는 유입 공기가 냉각코일을 지날 때의 상태를 나타낸 것은?

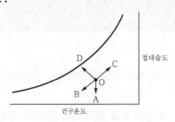

① OA　② OB
③ OC　④ OD

해설 공기가 냉각코일(cooling coil)을 지날 때의 상태는 냉각 감습(OB)과정이다.

10 복사난방의 특징에 대한 설명으로 틀린 것은?
① 외기온도변화에 따라 실내의 온도 및 습도조절이 쉽다.
② 방열기가 불필요하므로 가구배치가 용이하다.
③ 실내의 온도분포가 균등하다.
④ 복사열에 의한 난방이므로 쾌감도가 크다.

해설 복사난방은 외기온도변화에 따라 실내의 온도와 습도조절이 어렵다.

11 공기조화방식에서 수−공기방식의 특징에 대한 설명으로 틀린 것은?
① 전공기방식에 비해 반송동력이 많다.
② 유닛에 고성능 필터를 사용할 수가 없다.
③ 부하가 큰 방에 대해 덕트의 치수가 적어질 수 있다.
④ 사무실, 병원, 호텔 등 다실건물에서 외부존은 수방식, 내부존은 공기방식으로 하는 경우가 많다.

해설 수−공기방식은 전공기방식에 비해 송풍량이 작아 연간 반송능력이 감소된다.

참고 수−공기방식
• 장점
 − 유닛 1대로 1개의 소규모 존을 구성하므로 조닝이 용이하다.
 − 덕트스페이스가 작아진다.
 − 송풍량이 작아 연간 반송동력이 감소된다.
 − 각 실별 개별제어가 가능하다.
 − 건물의 외부존(perimeter zone)의 부하 처리에 적합하다.
• 단점
 − 유닛에 고성능의 에어필터를 설치할 수 없다.
 − 유닛이 각 실에 분산 설치되어 있으므로 필터의 청소 등 관리가 번거롭다.
 − 실내의 수배관에 의한 누수 및 결로의 우려가 있다.
 − 실내에 유닛이 노출되므로 유효면적이 감소하고 소음이 발생된다.
 − 외기냉방이 곤란하다.

12 다음 중 히트펌프방식의 열원에 해당되지 않는 것은?
① 수열원　② 마찰열원
③ 공기열원　④ 태양열원

해설 히트펌프방식의 열원 : 수(우물물)열원, 공기열원, 태양열원, 지하열원(지열) 등

13 송풍기의 법칙 중 틀린 것은? (단, 각각의 값은 다음 표와 같다.)

Q_1[m³/h]	초기풍량
Q_2[m³/h]	변화풍량
P_1[mmAq]	초기정압
P_2[mmAq]	변화정압
N_1[rpm]	초기회전수
N_2[rpm]	변화회전수
d_1[mm]	초기날개직경
d_2[mm]	변화날개직경

① $Q_2 = (N_2/N_1) \times Q_1$
② $Q_2 = (d_2/d_1)^3 \times Q_1$
③ $P_2 = (N_2/N_1)^3 \times P_1$
④ $P_2 = (d_2/d_1)^2 \times P_1$

해설 송풍기의 상사법칙
㉠ $Q_2 = Q_1\left(\dfrac{N_2}{N_1}\right) = Q_1\left(\dfrac{d_2}{d_1}\right)^3$
㉡ $P_2 = P_1\left(\dfrac{N_2}{N_1}\right)^2 = P_1\left(\dfrac{d_2}{d_1}\right)^2$
㉢ $L_2 = L_1\left(\dfrac{N_2}{N_1}\right)^3 = L_1\left(\dfrac{d_2}{d_1}\right)^5$

정답 09 ② 10 ① 11 ① 12 ② 13 ③

14 냉수코일 설계 시 유의사항으로 옳은 것은?

① 대수평균온도차(MTD)를 크게 하면 코일의 열수가 많아진다.

② 냉수의 속도는 2m/s 이상으로 하는 것이 바람직하다.

③ 코일을 통과하는 풍속은 2~3m/s가 경제적이다.

④ 물의 온도 상승은 일반적으로 15℃ 전후로 한다.

해설 냉수코일 설계 시 냉수의 속도는 1m/s 전후, 코일의 통과풍속은 2~3m/s가 경제적이고, 공기와 물의 흐름은 대향류로 하며, 냉수의 입출구온도차는 5℃ 정도로 한다.

15 다음 그림의 난방 설계도에서 컨벡터(convector)의 표시 중 F가 가진 의미는?

① 케이싱길이
② 높이
③ 형식
④ 방열면적

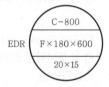

해설 대류방열기의 상단은 방열기 쪽수(케이싱길이)를, 중단은 형식(F)을, 하단은 유입관경×유출관경을 나타낸다.

16 공기조화 냉방부하 계산 시 잠열을 고려하지 않아도 되는 경우는?

① 인체에서의 발생일
② 문틈에서의 틈새바람
③ 외기의 도입으로 인한 열량
④ 유리를 통과하는 복사열

해설 공기조화 냉방부하 계산 시 현열과 잠열을 모두 고려하는 경우는 인체부하, 극간풍(틈새바람)부하, 외기부하, 기기부하 등이다.

17 공기 중에 분진의 미립자 제거뿐만 아니라 세균, 곰팡이, 바이러스 등까지 극소로 제한시킨 시설로서 병원의 수술실, 식품가공, 제약공장 등의 특정한 공정이나 유전자 관련 산업 등에 응용되는 설비는?

① 세정실
② 산업용 클린룸(ICR)
③ 바이오클린룸(BCR)
④ 칼로리미터

해설 바이오클린룸은 병원 수술실(무균병실, 무균수술실 등), 동물실험실, 약·식품·의료기기 생산공장(인공심장 및 인공혈관) 등에 응용되는 설비이다.

18 실내온도 25℃이고 실내절대습도가 0.0165kg′/kg의 조건에서 틈새바람에 의한 침입외기량이 200L/s일 때 현열부하와 잠열부하는? (단, 실외온도 35℃, 실외절대습도 0.0321kg′/kg, 공기의 비열 1.01kJ/kg·K, 물의 증발잠열 2,501kJ/kg이다.)

① 현열부하 2.424kW, 잠열부하 7.803kW
② 현열부하 2.424kW, 잠열부하 9.364kW
③ 현열부하 2.828kW, 잠열부하 7.803kW
④ 현열부하 2.828kW, 잠열부하 9.364kW

해설 ㉠ 현열부하$(Q_s) = \rho Q C_p (t_o - t_i)$
$= 1.2 \times 0.2 \times 1.01 \times (35 - 25)$
$= 2.424$kW

㉡ 잠열부하$(Q_L) = \rho Q \gamma_o (x_o - x_i)$
$= 1.2 \times 0.2 \times 2,501 \times (0.0321 - 0.0165)$
$≒ 9.364$kW

19 건구온도 30℃, 상대습도 60%인 습공기에서 건공기의 분압(mmHg)은? (단, 대기압은 760mmHg, 포화수증기압은 27.65mmHg이다.)

① 27.65
② 376.21
③ 743.41
④ 700.97

해설 $P_w = \phi P_s = 0.6 \times 27.65 = 16.59$mmHg
대기압$(P_o) =$건공기분압$(P_a) +$수증기분압(P_w)
$\therefore P_a = P_o - P_w = 760 - 16.59 = 743.41$mmHg

20 다음 중 보일러의 열효율을 향상시키기 위한 장치가 아닌 것은?

① 저수위차단기
② 재열기
③ 절탄기
④ 과열기

해설 보일러의 열효율을 향상시키기 위한 폐열회수장치는 과열기, 재열기, 절탄기(이코노마이저), 공기예열기 등이 있다.

정답 **14** ③ **15** ③ **16** ④ **17** ③ **18** ② **19** ③ **20** ①

2 냉동공학

21 단위에 대한 설명으로 틀린 것은?

① 열의 일당량은 427kg · m/kcal이다.

② 1kcal는 약 4.2kJ이다.

③ 1kWh는 2,500kJ이다.

④ ℃=5(℉−32)/9이다.

해설 1kWh(킬로와트시)는 3,600kJ로 열량단위이다.

★22 냉동기 윤활유의 구비조건으로 틀린 것은?

① 저온에서 응고하지 않고 왁스를 석출하지 않을 것

② 인화점이 낮고 고온에서 열화하지 않을 것

③ 냉매에 의하여 윤활유가 용해되지 않을 것

④ 전기절연도가 클 것

해설 냉동기 윤활유는 인화점이 높고 고온에서도 열화되지 않을 것

23 냉동사이클에서 응축기의 냉매액압력이 감소하면 증발온도는 어떻게 되는가?

① 감소한다.

② 증가한다.

③ 변화하지 않는다.

④ 증가하다 감소한다.

해설 냉동사이클에서 응축기의 냉매액압력이 감소되면 증발온도는 감소한다.

★24 다음 선도와 같은 암모니아냉동기의 이론성적계수(ⓐ)와 실제 성적계수(ⓑ)는 얼마인가? (단, 팽창밸브 직전의 액온도는 32℃이고, 흡입가스는 건포화증기이며, 압축효율은 0.85, 기계효율은 0.91로 한다.)

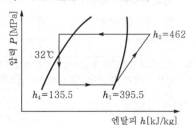

① ⓐ 3.9, ⓑ 3.0 ② ⓐ 3.9, ⓑ 2.1

③ ⓐ 4.9, ⓑ 3.8 ④ ⓐ 4.9, ⓑ 2.6

해설 ㉠ $\varepsilon_R = \dfrac{q_e}{w_c} = \dfrac{h_1 - h_4}{h_2 - h_1} = \dfrac{395.5 - 135.5}{462 - 395.5} = 3.9$

㉡ $\varepsilon_R{}' = \varepsilon_R \eta_c \eta_m = 3.9 \times 0.85 \times 0.91 = 3.0$

★25 축열시스템의 종류가 아닌 것은?

① 가스축열방식 ② 수축열방식

③ 빙축열방식 ④ 잠열축열방식

해설 축열시스템의 종류

㉠ 수축열방식 : 열용량이 큰 물을 축열제로 이용하는 방식

㉡ 빙축열방식 : 냉열을 얼음에 저장하여 작은 체적에 효율적으로 냉열을 저장하는 방식

㉢ 잠열축열방식 : 물질의 융해 및 응고 시 상변화에 따른 잠열을 이용하는 방식

㉣ 토양축열방식 : 지열을 이용하는 방식

★26 항공기 재료의 내한(耐寒)성능을 시험하기 위한 냉동장치를 설치하려고 한다. 가장 적합한 냉동기는?

① 왕복동식 냉동기 ② 원심식 냉동기

③ 전자식 냉동기 ④ 흡수식 냉동기

해설 항공기 재료의 내한성능을 시험하기 위해서는 소형 장치 구성이 가능한 왕복동식 냉동기가 적합하다.

27 몰리에르선도상에서 압력이 증대함에 따라 포화액선과 건조포화증기선이 만나는 일치점을 무엇이라고 하는가?

① 한계점 ② 임계점

③ 상사점 ④ 비등점

해설 임계점(critical point)은 수증기몰리에르선도($h - s$)에서 압력의 증대로 포화액선과 건조포화증기선이 만나는 점으로 잠열이 0인 점이다.

28 다음 중 냉동방법의 종류로 틀린 것은?

① 얼음의 융해잠열 이용방법

② 드라이아이스의 승화열 이용방법

③ 액체질소의 증발열 이용방법

④ 기계식 냉동기의 압축열 이용방법

정답 21 ③ 22 ② 23 ① 24 ① 25 ① 26 ① 27 ② 28 ④

해설 기계식 냉동기는 증발잠열을 이용한다.

참고 **냉동방법의 종류** : 융해잠열 이용, 승화열 이용, 증발열 이용, 압축기체의 팽창 이용, 펠티에효과 등

29 저온의 냉장실에서 운전 중 냉각기에 적상(성에)이 생길 경우 이것을 살수로 제상하고자 할 때 주의사항으로 틀린 것은?

① 냉각기용 송풍기는 정지 후 살수 제상을 행한다.

② 제상수의 온도는 50~60℃ 정도의 물을 사용한다.

③ 살수하기 전에 냉각(증발)기로 유입되는 냉매액을 차단한다.

④ 분사노즐은 항상 깨끗이 청소한다.

해설 온수 제상의 수온은 10~250℃ 정도의 물을 사용한다.

30 압축기의 구조에 관한 설명으로 틀린 것은?

① 반밀폐형은 고정식이므로 분해가 곤란하다.

② 개방형에는 벨트구동식과 직결구동식이 있다.

③ 밀폐형은 전동기와 압축기가 한 하우징 속에 있다.

④ 기통배열에 따라 입형, 횡형, 다기통형으로 구분된다.

해설 압축기의 구조에서 반밀폐형은 나사 체결로 분해가 가능하다.

31★ 증기압축이론 냉동사이클에 대한 설명으로 틀린 것은?

① 압축기에서의 압축과정은 단열과정이다.

② 응축기에서의 응축과정은 등압, 등엔탈피과정이다.

③ 증발기에서의 증발과정은 등압, 등온과정이다.

④ 팽창밸브에서의 팽창과정은 교축과정이다.

해설 응축기에서 응축과정은 등압($P = C$), 엔탈피 감소, 엔트로피 감소과정이다.

32★ 냉매가 구비해야 할 조건으로 틀린 것은?

① 임계온도가 높고 응고온도가 낮을 것

② 같은 냉동능력에 대하여 소요동력이 적을 것

③ 전기절연성이 낮을 것

④ 저온에서도 대기압 이상의 압력으로 증발하고 상온에서 비교적 저압으로 액화할 것

해설 냉매는 전기전열성이 클 것

33★ 열에 대한 설명으로 틀린 것은?

① 열전도는 물질 내에서 열이 전달되는 것이기 때문에 공기 중에서는 열전도가 일어나지 않는다.

② 열이 온도차에 의하여 이동되는 현상을 열전달이라 한다.

③ 고온물체와 저온물체 사이에서는 복사에 의해서도 열이 전달된다.

④ 온도가 다른 유체가 고체벽을 사이에 두고 있을 때 온도가 높은 유체에서 온도가 낮은 유체로 열이 이동되는 현상을 열통과라고 한다.

해설 열전도는 물체 간의 직접 접촉으로 열이 전달되는 것으로 물질의 모든 상태(고체, 액체, 기체)에서 일어나지만 일반적으로 고체 내부에서 일어난다.

34 수산물의 단기저장을 위한 냉각방법으로 적합하지 않은 것은?

① 빙온냉각   ② 염수냉각

③ 송풍냉각   ④ 침지냉각

해설 수산물의 단기저장을 위한 냉각방법으로는 침지냉각법이 있다.

부록 I

★
35 2원 냉동사이클에서 중간열교환기인 캐스케이드 열교환기의 구성은 무엇으로 이루어져 있는가?

① 저온측 냉동기의 응축기와 고온측 냉동기의 증발기

② 저온측 냉동기의 증발기와 고온측 냉동기의 응축기

③ 저온측 냉동기의 응축기와 고온측 냉동기의 응축기

④ 저온측 냉동기의 증발기와 고온측 냉동기의 증발기

해설 2원 냉동사이클에서 캐스케이드 열교환기(cascade condenser)는 저온측 냉동기의 응축기와 고온측 냉동기의 증발기가 열교환하도록 구성된 중간열교환기이다.

★
36 흡수식 냉동기의 구성품 중 왕복동냉동기의 압축기와 같은 역할을 하는 것은?

① 발생기   ② 증발기

③ 응축기   ④ 순환펌프

해설 왕복동냉동기의 압축기와 같은 역할을 하는 것은 흡수식 냉동기의 발생기(재생기)이다.

37 다음 조건을 갖는 수냉식 응축기의 전열면적(m²)은 얼마인가? (단, 응축기 입구의 냉매가스의 엔탈피는 1,800kJ/kg, 응축기 출구의 냉매액의 엔탈피는 607kJ/kg, 냉매순환량은 150kg/h, 응축온도는 38℃, 냉각수 평균온도는 32℃, 응축기의 열관류율은 1,140W/m²·K)

① 7.96   ② 8.38

③ 8.90   ④ 10.5

해설 $Q_c = KA\Delta t = m\Delta h$

$\therefore A = \dfrac{m\Delta h}{K\Delta t} = \dfrac{150\times(1,800-607)}{3,558\times(38-32)} = 8.38\text{m}^2$

참고 열관류율(K)=1,140W/m²·K=3,558kJ/m²·h·℃

★
38 어떤 냉동장치의 계기압력이 저압은 60mmHg, 고압은 673kPa이었다면 이때의 압축비는 얼마인가?

① 5.8   ② 6.0

③ 7.4   ④ 8.3

해설 압축비 $= \dfrac{고압}{저압} = \dfrac{응축기\ 절대압력}{증발기\ 절대압력}$

$= \dfrac{101.325 + 673}{101.325 + \dfrac{60}{760}\times 101.325} = 8.3$

★
39 압축기 실린더직경 110mm, 행정 80mm, 회전수 900rpm, 기통수가 8기통인 암모니아냉동장치의 냉동능력(RT)은 얼마인가? (단, 냉동능력은 $R = \dfrac{V}{C}$로 산출하며, 여기서 R은 냉동능력(RT), V는 피스톤토출량(m³/h), C는 정수로서 8.40이다.)

① 39.1   ② 47.7

③ 85.3   ④ 234.0

해설 $V = ASNZ\times 60$

$= \dfrac{\pi\times 0.11^2}{4}\times 0.08\times 900\times 8\times 60$

$= 328.43\text{m}^3/\text{h}$

$\therefore R = \dfrac{V}{C} = \dfrac{328.43}{8.4} ≒ 39.1\text{RT}$

★
40 30냉동톤의 브라인쿨러에서 입구온도가 −15℃일 때 브라인유량이 매분 0.6m³이면 출구온도(℃)는 얼마인가? (단, 브라인의 비중은 1.27, 비열은 2.8kJ/kg·K이고, 1냉동톤은 13897.52kJ/h이다.)

① −11.7℃   ② −15.4℃

③ −20.4℃   ④ −18.3℃

해설 $Q_e = \rho QC(t_i - t_o)\times 60$

$\therefore t_o = t_i - \dfrac{Q_e}{\rho QC\times 60}$

$= -15 - \dfrac{30\times 13897.52}{1,270\times 0.6\times 2.8\times 60}$

$≒ -18.3℃$

참고 1RT=3,320kcal/h=13897.52kJ/h=3.86kW

정답 35 ① 36 ① 37 ② 38 ④ 39 ① 40 ④

41 주철관의 소켓이음 시 코킹작업을 하는 주된 목적으로 가장 적합한 것은?

① 누수 방지   ② 경도 증가

③ 인장강도 증가   ④ 내진성 증가

해설 주철관의 소켓이음 시 코킹작업은 수밀(누수 방지)을 목적으로 한다.

42 보온재에 관한 설명으로 틀린 것은?

① 무기질 보온재로는 암면, 유리면 등이 사용된다.

② 탄산마그네슘은 250℃ 이하의 파이프 보온용으로 사용된다.

③ 광명단은 밀착력이 강한 유기질 보온재이다.

④ 우모펠트는 곡면 시공에 매우 편리하다.

해설 광명단(Pb_3O_4)은 방청(녹 방지)용 페인트이다.

43 염화비닐관이음법의 종류가 아닌 것은?

① 플랜지이음   ② 인서트이음

③ 테이퍼코어이음   ④ 열간이음

해설 ㉠ 경질 염화비닐관(PVC관)이음법 : 냉간이음, 플랜지이음, 열간이음, 용접이음(열풍용접기)
㉡ 폴리에틸렌관(PE관)이음법 : 인서트이음

44 배관의 지지목적이 아닌 것은?

① 배관의 중량지지 및 고정

② 신축의 제한지지

③ 진동 및 충격 방지

④ 부식 방지

해설 배관의 지지목적
㉠ 배관계의 중량지지 및 고정
㉡ 열에 의한 신축의 제한지지
㉢ 진동지지 및 충격 방지
㉣ 배관구배의 조절

45 옥상탱크식 급수방식의 배관계통의 순서로 옳은 것은?

① 저수탱크 → 양수펌프 → 옥상탱크 → 양수관 → 급수관 → 수도꼭지

② 저수탱크 → 양수관 → 양수펌프 → 급수관 → 옥상탱크 → 수도꼭지

③ 저수탱크 → 양수관 → 급수관 → 양수펌프 → 옥상탱크 → 수도꼭지

④ 저수탱크 → 양수펌프 → 양수관 → 옥상탱크 → 급수관 → 수도꼭지

해설 고가탱크식(고가수조식, 옥상탱크식)의 배관순서 : 수도본관 → 수수탱크(저수탱크) → 양수펌프 → 양수관 → 옥상탱크 → 급수관 → 수도꼭지

46 트랩의 봉수 파괴원인이 아닌 것은?

① 증발작용   ② 모세관작용

③ 사이펀작용   ④ 배수작용

해설 트랩의 봉수 파괴원인 : 사이펀작용, 모세관작용, 증발작용, 감압에 의한 흡인작용 등

47 가스용접에서 아세틸렌과 산소의 비가 1 : 0.85～0.95인 불꽃은 무슨 불꽃인가?

① 탄화불꽃   ② 기화불꽃

③ 산화불꽃   ④ 표준불꽃

해설 ㉠ 산화불꽃 : 아세틸렌보다 산소가 많은 경우($C_2H_2 < O_2$)
㉡ 중성불꽃 : 아세틸렌과 산소의 비가 같을 때($C_2H_2 = O_2$)
㉢ 탄화불꽃 : 아세틸렌이 산소보다 많은 경우($C_2H_2 > O_2$)

48 배관의 도중에 설치하여 유체 속에 혼입된 토사나 이물질 등을 제거하기 위해 설치하는 배관부품은?

① 트랩   ② 유니언

③ 스트레이너   ④ 플랜지

해설 스트레이너는 배관 내의 토사나 이물질을 제거하기 위한 부품이다.

정답 41 ① 42 ③ 43 ② 44 ④ 45 ④ 46 ④ 47 ① 48 ③

부록 I

★49 냉매배관 중 토출관을 의미하는 것은?

① 압축기에서 응축기까지의 배관

② 응축기에서 팽창밸브까지의 배관

③ 증발기에서 압축기까지의 배관

④ 응축기에서 증발기까지의 배관

해설 ② 프레온냉매의 액관

③ 입상관

④ 암모니아냉매의 액관

참고 토출관 : 압축기에서 응축기까지의 배관으로 입상이 10m 이상일 경우 10m마다 중간트랩을 설치한다.

★50 급수설비에서 수격작용 방지를 위하여 설치하는 것은?

① 에어챔버(air chamber)

② 앵글밸브(angle valve)

③ 서포트(support)

④ 볼탭(ball tap)

해설 급수설비에서 수격작용(water hammer)을 방지하기 위해 설치하는 것은 배관의 수격을 완화시켜주는 에어챔버(공기실)이다.

51 급탕배관에 대한 설명으로 틀린 것은?

① 배관이 길 경우에는 필요한 곳에 공기빼기 밸브를 설치한다.

② 벽 관통 부분 배관에는 슬리브(sleeve)를 끼운다.

③ 상향식 배관에서는 공급관을 앞내림구배로 한다.

④ 배관 중간에 신축이음을 설치한다.

해설 상향식 배관에서는 공급관을 앞올림(선상향)구배로 한다.

참고 • 상향식 배관 : 공급관을 앞올림(선상향)구배로 하고, 복귀관(반탕관)은 앞내림(선하향)구배로 한다.

• 하향식 배관 : 급탕관 및 반탕관 모두 앞내림(선하향)구배로 한다.

★52 호칭지름 20A의 관을 다음 그림과 같이 나사이음할 때 중심 간의 길이가 200mm라 하면 강관의 실제 소요되는 절단길이(mm)는? (단, 이음쇠의 중심에서 단면까지의 길이는 32mm, 나사가 물리는 최소의 길이는 13mm이다.)

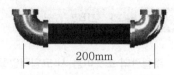

① 136 ② 148

③ 162 ④ 200

해설 $L = l + 2(A-a)$

$\therefore l = L - 2(A-a) = 200 - 2 \times (32-13) = 162mm$

★53 펌프 주위의 배관도이다. 각 부품의 명칭으로 틀린 것은?

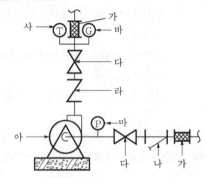

① 나 : 스트레이너

② 가 : 플렉시블조인트

③ 라 : 글로브밸브

④ 사 : 온도계

해설 ㉠ 가 : 플렉시블조인트

㉡ 나 : Y형 스트레이너

㉢ 다 : 게이트(슬루스)밸브

㉣ 라 : 체크밸브

㉤ 마 : 진공계(연성계)

㉥ 바 : 압력계

㉦ 사 : 온도계

㉧ 아 : 급수펌프

★54 급배수배관시험방법 중 물 대신 압축공기를 관 속에 압입하여 이음매에서 공기가 새는 것을 조사하는 시험방법은?

① 수압시험 ② 기압시험

③ 진공시험 ④ 통기시험

정답 49 ① 50 ① 51 ③ 52 ③ 53 ③ 54 ②

해설 급배수배관시험방법
ㄱ 수압시험 : 물을 관 속에 넣고 압력을 가하며 실시하는 시험
ㄴ 기압시험 : 압축공기를 관 속에 압입하여 실시하는 시험
ㄷ 진공시험 : 진공 유지 여부를 실시하는 시험

55 동관접합방법의 종류가 아닌 것은?
① 빅토릭접합　② 플레어접합
③ 플랜지접합　④ 납땜접합

해설 빅토릭접합은 주철관접합법이다.

56 저압증기난방장치에서 증기관과 환수관 사이에 설치하는 균형관은 표준 수면에서 몇 mm 아래에 설치하는가?
① 20mm　② 50mm
③ 80mm　④ 100mm

해설 균형관은 표준 수면에서 50mm 아래에 설치한다.

★
57 급탕배관의 구배에 관한 설명으로 옳은 것은?
① 중력순환식은 1/250 이상의 구배를 준다.
② 강제순환식은 구배를 주지 않는다.
③ 하향식 공급방식에서는 급탕관 및 복귀관은 모두 선하향구배로 한다.
④ 상향공급식 배관의 반탕관은 상향구배로 한다.

해설 ① 중력순환식은 1/150 이상의 구배를 준다.
② 강제순환식은 1/200 이상의 구배를 준다.
④ 상향공급식 배관의 급탕관은 올림구배로, 반탕관(복귀관)은 내림구배로 한다.

58 다음 중 온도에 따른 팽창 및 수축이 가장 큰 배관재료는?
① 강관　② 동관
③ 염화비닐관　④ 콘크리트관

해설 염화비닐(PVC)관은 온도변화에 따라 팽창과 수축이 가장 큰 배관재료이다.

59 중앙식 급탕설비에서 직접 가열식 방법에 대한 설명으로 옳은 것은?

① 열효율상으로는 경제적이지만 보일러 내부에 스케일이 생길 우려가 크다.
② 탱크 속에 직접 증기를 분사하여 물을 가열하는 방식이다.
③ 탱크는 저장과 가열을 동시에 하므로 탱크히터 또는 스토리지탱크로 부른다.
④ 가열코일이 필요하다.

해설 중앙식 급탕설비의 직접 가열방법
ㄱ 열효율면에서는 경제적이나 보일러 내면에 스케일 생겨 열효율 저하, 보일러수명이 단축된다.
ㄴ 급탕경로 : 온수보일러 → 저탕조 → 급탕주관 → 각 기관 → 사용장소
ㄷ 건물의 높이에 따라 보일러는 높은 압력을 필요로 한다.
ㄹ 주택 또는 소규모 건물에 이용된다.

★
60 고층건물이나 기구수가 많은 건물에서 입상관까지의 거리가 긴 경우 루프통기의 효과를 높이기 위해 설치된 통기관은?
① 도피통기관　② 반송통기관
③ 공용통기관　④ 신정통기관

해설 도피통기관은 루프통기관을 도와서 통기능률을 향상시키기 위해서 배수횡지관 최하류에서 통기수직관과 연결하는 통기관이다. 관경은 최소 32A 이상으로 하며 기구트랩에 발생하는 배압이나 그것에 의한 봉수 유실을 막는 역할을 한다.

4 전기제어공학

★
61 다음 그림과 같은 피드백회로의 전달함수 $\dfrac{C(s)}{R(s)}$는?

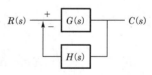

① $\dfrac{1}{1+G(s)H(s)}$　② $1-\dfrac{1}{G(s)H(s)}$
③ $\dfrac{G(s)}{1-G(s)H(s)}$　④ $\dfrac{G(s)}{1+G(s)H(s)}$

해설 $C(s) = R(s)G(s) - C(s)G(s)H(s)$

$C(s)[1 + G(s)H(s)] = R(s)G(s)$

$\therefore$ 전달함수 $= \dfrac{C(s)}{R(s)} = \dfrac{G(s)}{1 + G(s)H(s)}$

62 위치감지용으로 적합한 장치는?

① 전위차계　　　② 회전자기부호기

③ 스트레인게이지　④ 마이크로폰

해설 위치감지용 장치 중 가장 널리 사용되는 것은 전위차계이다.

★
63 제어계에서 동작신호를 조작량으로 변화시키는 것은?

① 제어량　　　　② 제어요소

③ 궤환요소　　　④ 기준입력요소

해설 제어요소는 동작신호를 조작량으로 변화하는 요소로써 조절부와 조작부로 이루어져 있다.

64 다음 블록선도를 수식으로 표현한 것 중 옳은 것은?

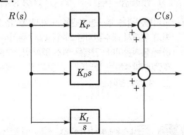

① $K_P R + K_D \dfrac{dR}{dt} + K_I \displaystyle\int_0^T R dt$

② $K_D R + K_P \displaystyle\int_0^T R dt + K_I \dfrac{dR}{dt}$

③ $K_I R + K_D \displaystyle\int_0^T R dt + K_P \dfrac{dR}{dt}$

④ $K_P R + \dfrac{1}{K_D} \displaystyle\int_0^T R dt + K_I \dfrac{dR}{dt}$

해설 제시된 그림의 조작량은 $K_P R + K_D \dfrac{dR}{dt} + K_I \displaystyle\int_0^T R dt$ 으로 비례미분적분(PDI)제어이다.

★
65 다음 그림과 같은 Y결선회로와 등가인 $\triangle$ 결선회로의 Z_{ab}, Z_{bc}, Z_{ca} 값은?

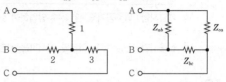

① $Z_{ab} = \dfrac{11}{3}$, $Z_{bc} = 11$, $Z_{ca} = \dfrac{11}{2}$

② $Z_{ab} = \dfrac{7}{3}$, $Z_{bc} = 7$, $Z_{ca} = \dfrac{7}{2}$

③ $Z_{ab} = 11$, $Z_{bc} = \dfrac{11}{2}$, $Z_{ca} = \dfrac{11}{3}$

④ $Z_{ab} = 7$, $Z_{bc} = \dfrac{7}{2}$, $Z_{ca} = \dfrac{7}{3}$

해설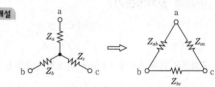

㉠ $Z_{ab} = \dfrac{Z_a Z_b + Z_b Z_c + Z_c Z_a}{Z_c} = \dfrac{1 \times 2 + 2 \times 3 + 3 \times 1}{3}$
$= \dfrac{11}{3}$

㉡ $Z_{bc} = \dfrac{Z_a Z_b + Z_b Z_c + Z_c Z_a}{Z_a} = \dfrac{1 \times 2 + 2 \times 3 + 3 \times 1}{1}$
$= 11$

㉢ $Z_{ca} = \dfrac{Z_a Z_b + Z_b Z_c + Z_c Z_a}{Z_b} = \dfrac{1 \times 2 + 2 \times 3 + 3 \times 1}{2}$
$= \dfrac{11}{2}$

66 자동제어의 기본요소로서 전기식 조작기기에 속하는 것은?

① 다이어프램　　② 벨로즈

③ 펄스전동기　　④ 파일럿밸브

해설 **조작기기의 종류**

㉠ 기계식 : 다이어프램밸브, 클러치, 밸브포지셔너, 유압조작기기(반사관, 안내밸브, 조작실린더, 조작피스톤) 등

㉡ 전기식 : 전동밸브, 전자밸브, 2상 서보전동기, 직류서보전동기, 펄스전동기 등

★
67 직류전동기의 속도제어방법이 아닌 것은?

① 전압제어 ② 계자제어
③ 저항제어 ④ 슬립제어

해설 직류전동기의 속도제어방법 : 전압제어(V), 저항제어(R_s), 계자제어(ϕ)

★
68 부궤환(negative feedback)증폭기의 장점은?

① 안정도의 증가 ② 증폭도의 증가
③ 전력의 절약 ④ 능률의 증대

해설 부궤환
㉠ 정궤환의 반대인 역위상으로 궤환을 행하는 것을 말하며 저주파증폭기 등에 응용되고 있다.
㉡ 장점 : 증폭도 감소, 찌그러짐 감소, 잡음 감소, 안정도 증가

★
69 다음 그림과 같은 신호흐름선도에서 C/R의 값은?

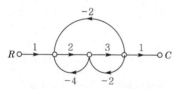

① $\dfrac{6}{21}$ ② $-\dfrac{6}{21}$

③ $\dfrac{6}{27}$ ④ $-\dfrac{6}{27}$

해설 $\dfrac{C}{R}=\dfrac{G_1\Delta_1}{\Delta}=\dfrac{G_1\Delta_1}{1-(L_{11}+L_{21}+L_{31})}$

$=\dfrac{6\times1}{1-(-12-8-6)}=\dfrac{6}{27}$

★
70 피드백제어계의 안정도와 직접적인 관련이 없는 것은?

① 이득여유 ② 위상여유
③ 주파수특성 ④ 제동비

해설 이득여유, 위상여유, 제동비는 피드백제어계의 안정도에 직접적인 관련이 있다.

71 저항 R_1과 R_2가 병렬로 접속되어 있을 때 R_1에 흐르는 전류가 3A이면 R_2에 흐르는 전류는 몇 A인가?

① 1.0 ② 1.5
③ 2.0 ④ 2.5

해설 이 문제는 저항값이 조건에서 누락되어 있어 문제오류이다.

★
72 다음 분류기의 배율은? (단, R_s : 분류기의 저항, R_a : 전류계의 내부저항)

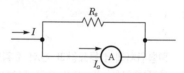

① $\dfrac{R_s}{R_a}$ ② $1+\dfrac{R_s}{R_a}$

③ $1+\dfrac{R_a}{R_s}$ ④ $\dfrac{R_a}{R_s}$

해설 전류의 측정범위를 넓히기 위해 전류계에 병렬로 저항을 접속한다. 이러한 저항을 분류기(shunt)라 한다.

$I_o=I\left(\dfrac{R_a}{R_s}+1\right)$[A]

여기서, I_o : 측정할 전류값, I : 전류계 눈금

$\dfrac{R_a}{R_s}+1$: 분류기 배율

★
73 다음 그림과 같은 제어에 해당하는 것은?

① 개방제어 ② 개루프제어
③ 시퀀스제어 ④ 폐루프제어

해설 제시된 그림은 피드백제어(되먹임제어)로 폐루프제어이다.

정답 67 ④ 68 ① 69 ③ 70 ③ 71 정답 없음 72 ③ 73 ④

74 다음 그림과 같이 교류의 전압을 직류용 가동 코일형 계기를 사용하여 측정하였다. 전압계의 눈금은 몇 V인가? (단, 교류전압의 최대값은 V_m이고, 전압계의 내부저항 R의 값은 충분히 크다고 한다.)

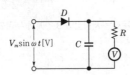

$V_m \sin \omega t\,[\text{V}]$

① V_m ② $\dfrac{V_m}{\sqrt{2}}$

③ $\dfrac{V_m}{2}$ ④ $\dfrac{V_m}{2\sqrt{2}}$

해설 $V_m = \sqrt{2} \times$실효전압$= \sqrt{2}\,V$

★
75 평형위치에서 목표값과 현재 수위와의 차이를 잔류편차(offset)라 한다. 다음 중 잔류편차가 있는 제어계는?

① 비례동작(P동작)
② 비례미분동작(PD동작)
③ 비례적분동작(PI동작)
④ 비례적분미분동작(PID동작)

해설   ㉠ 비례제어(P동작) : 잔류편차(offset) 생김
    ㉡ 적분제어(I동작) : 적분값(면적)에 비례, 잔류편차 소멸, 진동 발생
    ㉢ 미분제어(D동작) : 오차예측제어
    ㉣ 비례미분제어(PD동작) : 응답속도 향상, 과도특성 개선, 진상보상회로에 해당
    ㉤ 비례적분제어(PI동작) : 잔류편차와 사이클링 제거, 정상특성 개선
    ㉥ 비례적분미분제어(PID동작) : 속응도 향상, 잔류편차 제거, 정상/과도특성 개선
    ㉦ 온-오프제어(=2위치제어) : 불연속제어(간헐제어)

76 자동제어계에서 과도응답 중 지연시간을 옳게 정의한 것은?

① 목표값의 50%에 도달하는 시간
② 목표값이 허용오차범위에 들어갈 때까지의 시간
③ 최대 오버슛이 일어나는 시간
④ 목표값의 10~90%까지 도달하는 시간

해설   과도응답 중 지연시간은 목표값의 50%에 도달하는 시간으로 정의한다.

★
77 제어량이 온도, 압력, 유량, 액위, 농도 등과 같은 일반 공업량일 때의 제어는?

① 추종제어   ② 시퀀스제어
③ 프로그래밍제어   ④ 프로세스제어

해설   프로세스제어(process control)의 제어량은 온도, 압력, 유량, 액위, 농도 등이다.

★
78 어떤 도체의 단면을 1시간에 7,200C의 전기량이 이동했다고 하면 전류는 몇 A인가?

① 1   ② 2
③ 3   ④ 4

해설 $I = \dfrac{Q}{t} = \dfrac{7,200}{3,600} = 2\text{A}$

79 어떤 계의 단위임펄스응답이 e^{-2t}이다. 이 제어계의 전달함수 $G(s)$는?

① $\dfrac{1}{s}$ ② $\dfrac{1}{s+1}$

③ $\dfrac{1}{s+2}$ ④ $s+2$

해설   지수감쇠함수 $e^{-at} = \dfrac{1}{s+a}$일 때

$\therefore\ e^{-2t} = \dfrac{1}{s+2}$

별해 $F(s) = \mathcal{L}\,[e^{-2t}] = \displaystyle\int_0^\infty e^{-2t} e^{-st}\,dt$

$= \displaystyle\int_0^\infty e^{-(s+2)t}\,dt = \left[-\dfrac{1}{s+2}\,e^{-(s+2)t}\right]_0^\infty$

$= \dfrac{1}{s+2}$

★
80 시퀀스제어에 관한 설명 중 틀린 것은?

① 시간지연요소가 사용된다.
② 조합논리회로로도 사용된다.
③ 기계적 계전기접점이 사용된다.
④ 전체 시스템의 접점들이 일시에 동작한다.

해설   시퀀스제어(순차적 제어)는 미리 정해진 순서대로 차례대로(순차적으로) 진행되는 제어방식이다.

정답   74 ①   75 ①   76 ①   77 ④   78 ②   79 ③   80 ④

1 공기조화

★ 01 다음 중 직접난방방식이 아닌 것은?

① 증기난방　　② 온수난방
③ 복사난방　　④ 온풍난방

해설 ㉠ 직접난방 : 증기난방, 온수난방, 복사난방
㉡ 간접난방 : 온풍난방, 공기조화기(AHU, 가열코일)

참고
- 직접난방 : 실내에 방열기를 두고 여기에 열매(증기, 온수 등)를 공급하는 방법
- 간접난방 : 방열기를 사용하지 않고 기계실에서 공기를 가열하여 덕트를 통하여 공급하는 방법
- 복사난방 : 실내 바닥, 벽, 천장 등에 온도를 상승시켜 복사열에 의한 방법

★ 02 건축물의 출입문으로부터 극간풍의 영향을 방지하는 방법으로 틀린 것은?

① 회전문을 설치한다.
② 이중문을 충분한 간격으로 설치한다.
③ 출입문에 블라인드를 설치한다.
④ 에어커튼을 설치한다.

해설 극간풍 방지법
㉠ 회전문을 설치한다.
㉡ 이중문을 충분한 간격으로 설치한다.
㉢ 에어커튼을 설치한다.
㉣ 실내압력을 가압시킨다.

★ 03 유리를 투과한 일사에 의한 취득열량과 가장 거리가 먼 것은?

① 유리창면적　　② 일사량
③ 환기횟수　　④ 차폐계수

해설 ㉠ 유리에서의 침입열량 : 복사열, 대류열, 전도열
㉡ 복사열(일사열)＝유리의 일사량(I_g)×차폐계수(K)×유리창면적(A)[kJ/h]

04 공조방식 중 송풍온도를 일정하게 유지하고 부하변동에 따라서 송풍량을 변화시킴으로써 실온을 제어하는 방식은?

① 멀티존유닛방식　　② 이중덕트방식
③ 가변풍량방식　　④ 패키지유닛방식

해설 정풍량방식(CAV)이 송풍온도를 변화시켜서 부하변동에 대치하는 데 반해, 가변풍량방식(VAV)은 공조해야 할 면적의 열부하증감에 따라 송풍량을 조절하여 소정의 온습도를 유지시키는 공조방식이다. 가변풍량의 원리는 풍량이 열부하에 비례한다는 것이다.

05 다음 중 냉방부하 계산 시 상당외기온도차를 이용하는 경우는?

① 유리창의 취득열량
② 내벽의 취득열량
③ 침입외기 취득열량
④ 외벽의 취득열량

해설 ㉠ 상당외기온도차(Δt_e)＝상당외기온도－실내온도차[℃]
㉡ 외벽(벽체)의 취득열량(q)＝$KA\Delta t_e$[W]

06 송풍기 회전수를 높일 때 일어나는 현상으로 틀린 것은?

① 정압 감소　　② 동압 증가
③ 소음 증가　　④ 송풍기 동력 증가

해설 송풍기의 법칙에 따라 회전수를 높이면 풍량과 풍압이 증가한다.

★ 07 냉방부하의 종류 중 현열만 존재하는 것은?

① 외기의 도입으로 인한 취득열
② 유리를 통과하는 전도열
③ 문틈에서의 틈새바람
④ 인체에서의 발생열

정답 01 ④ 02 ③ 03 ③ 04 ③ 05 ④ 06 ① 07 ②

해설 유리를 통과하는 전도열은 현열(감열)부하이다.

참고 현열과 잠열을 모두 고려하는 경우 : 외기부하, 극간풍(틈새바람), 인체부하, 기기부하

08 주로 소형 공조기에 사용되며 증기 또는 전기 가열기로 가열한 온수수면에서 발생하는 증기로 가습하는 방식은?

① 초음파형　　② 원심형

③ 노즐형　　　④ 가습팬형

해설 가습팬형(팬형 가습)은 소형 공조기에 사용되며 전기히터 등의 가열원을 내장하므로 응답은 늦어진다.

★
09 31℃의 외기와 25℃의 환기를 1 : 2의 비율로 혼합하고 바이패스 팩터가 0.16인 코일로 냉각제습할 때 코일 출구온도(℃)는? (단, 코일의 표면온도는 14℃이다.)

① 14　　　　② 16

③ 27　　　　④ 29

해설 ㉠ $t_m = \dfrac{m_1}{m}t_1 + \dfrac{m_2}{m}t_2$

$= \dfrac{1}{3} \times 31 + \dfrac{2}{3} \times 25$

$= 27℃$

㉡ $BF = \dfrac{t - ADP}{t_m - ADP}$

$\therefore t = ADP + BF(t_m - ADP)$

$= 14 + 0.16 \times (27 - 14) ≒ 16℃$

★
10 습공기 5,000m³/h를 바이패스 팩터 0.2인 냉각코일에 의해 냉각시킬 때 냉각코일의 냉각열량(kW)은? (단, 코일 입구공기의 엔탈피는 64.5kJ/kg, 밀도는 1.2kg/m³, 냉각코일 표면온도는 10℃이며 10℃의 포화습공기엔탈피는 30kJ/kg이다.)

① 38　　　　② 46

③ 138　　　④ 165

해설 $Q_s = \dfrac{\rho Q(1-BF)(h_1 - h_2)}{3,600}$

$= \dfrac{1.2 \times 5,000 \times (1-0.2) \times (64.5-30)}{3,600}$

$= 46kW$

11 냉방부하에 관한 설명으로 옳은 것은?

① 조명에서 발생하는 열량은 잠열로서 외기부하에 해당된다.

② 상당외기온도차는 방위, 시각 및 벽체재료 등에 따라 값이 정해진다.

③ 유리창을 통해 들어오는 부하는 태양복사열만 계산한다.

④ 극간풍에 의한 부하는 실내외온도차에 의한 현열만을 계산한다.

해설 ① 조명부하는 현열(감열)을 계산한다.

③ 유리창을 통해 들어오는 열량은 복사열, 전도열, 대류열 등을 계산한다.

④ 극간풍(틈새바람)부하는 냉방부하 시 현열과 잠열을 모두 계산한다.

12 저속덕트와 고속덕트의 분류기준이 되는 풍속은?

① 10m/s　　② 15m/s

③ 20m/s　　④ 30m/s

해설 ㉠ 저속덕트 : 15m/s 이하

㉡ 고속덕트 : 15m/s 이상(15~25m/s)

★
13 20℃ 습공기의 대기압이 100kPa이고 수증기의 분압이 1.5kPa이라면 주어진 습공기의 절대습도(kg′/kg)는?

① 0.0095　　② 0.0112

③ 0.0129　　④ 0.0133

해설 $x = 0.622\left(\dfrac{P_w}{P - P_w}\right) = 0.622 \times \dfrac{1.5}{100 - 1.5}$

$≒ 0.0095kg/kg′$

★
14 다음 송풍기 풍량제어법 중 축동력이 가장 많이 소요되는 것은? (단, 모든 조건은 동일하다.)

① 회전수제어　　② 흡입베인제어

③ 흡입댐퍼제어　　④ 토출댐퍼제어

해설 축동력이 가장 많이 소요되는 제어는 토출댐퍼제어>흡입댐퍼제어>흡입베인제어>회전수제어 순이다.

15 에어와셔(공기세정기) 속의 플러딩노즐(flood-ing nozzle)의 역할은?

① 균일한 공기흐름 유지
② 분무수의 분무
③ 일리미네이터 청소
④ 물방울의 기류에 혼입 방지

해설 공기세정기 속의 플러딩노즐은 일리미네이터에 부착된 진애를 닦아 떨어뜨리고 낙하하는 물은 수조에서 수수한 후 배수한다.

16 덕트계통의 열손실(취득)과 직접적인 관계로 가장 거리가 먼 것은?

① 덕트 주위 온도　② 덕트 가공 정도
③ 덕트 주위 소음　④ 덕트 속 공기압력

해설 덕트계통의 열손실(취득)과 직접적인 관계가 있는 것은 덕트 주위 온도, 덕트의 가공 정도, 덕트 속 공기압력이다.

★
17 지역난방의 특징에 관한 설명으로 틀린 것은?

① 연료비는 절감되나 열효율이 낮고 인건비가 증가한다.
② 개별건물의 보일러실 및 굴뚝이 불필요하므로 건물이용의 효율이 높다.
③ 설비의 합리화로 대기오염이 적다.
④ 대규모 열원기기를 이용하므로 에너지를 효율적으로 이용할 수 있다.

해설 지역난방
㉠ 연료비가 절감되고 열효율이 높으며 인건비가 감소된다.
㉡ 화재위험이 없고 공해위험이 적다.
㉢ 초기시설비가 고가이고 배관손실이 많다.

★
18 대향류의 냉수코일 설계 시 일반적인 조건으로 틀린 것은?

① 냉수입출구온도차는 일반적으로 5~10℃로 한다.
② 관 내 물의 속도는 5~15m/s로 한다.
③ 냉수온도는 5~15℃로 한다.
④ 코일통과풍속은 2~3m/s로 한다.

해설 관 내 물의 속도는 1m/s 전후이다.

19 공기조화시스템에서 난방을 할 때 보일러에 있는 온수를 목적지인 사용처로 보냈다가 다시 사용하기 위해 되돌아오는 관을 무엇이라고 하는가?

① 온수공급관　② 온수환수관
③ 냉수공급관　④ 냉수환수관

해설 공기조화시스템에서 난방을 할 때 보일러에 있는 온수를 목적지인 사용처로 보냈다가 다시 사용하기 위해 되돌아오는 관을 온수환수관이라고 한다.

★
20 흡착식 감습장치의 흡착제로 적당하지 않은 것은?

① 실리카겔　② 염화리튬
③ 활성알루미나　④ 합성제올라이트

해설 흡착식 감습장치의 흡착제 종류 : 실리카겔, 활성알루미나(Al_2O_3), 합성제올라이트, 활성탄(입상, 분말) 등

2　**냉동공학**

21 흡입관 내를 흐르는 냉매증기의 압력강하가 커지는 경우는?

① 관이 굵고 흡입관길이가 짧은 경우
② 냉매증기의 비체적이 큰 경우
③ 냉매의 유량이 적은 경우
④ 냉매의 유속이 빠른 경우

해설 냉매의 유속이 빠른 경우 흡입관 내 흐르는 냉매증기의 압력강하가 커진다.

★
22 다음 중 냉동장치의 압축기와 관계가 없는 효율은?

① 소음효율　② 압축효율
③ 기계효율　④ 체적효율

해설 냉동장치의 압축기와 관계있는 효율에는 압축효율(η_c), 기계효율(η_m), 체적효율(η_v) 등이 있다.

정답 15 ③ 16 ③ 17 ① 18 ② 19 ② 20 ② 21 ④ 22 ①

23 ★ 냉동사이클 중 $P-h$선도(압력–엔탈피선도)로 구할 수 없는 것은?

① 냉동능력 ② 성적계수
③ 냉매순환량 ④ 마찰계수

해설 냉매몰리에르선도($P-h$)에서 마찰계수는 구할 수 없다.

24 ★ 이상기체의 압력이 0.5MPa, 온도가 150℃, 비체적이 0.4m³/kg일 때 가스상수(J/kg·K)는 얼마인가?

① 11.3 ② 47.28
③ 113 ④ 472.8

해설 $Pv = RT$

$$\therefore R = \frac{Pv}{T} = \frac{0.5 \times 10^3 \times 0.4}{150 + 273}$$
$$= 0.4728 \text{kJ/kg} \cdot \text{K}$$
$$= 472.8 \text{J/kg} \cdot \text{K}$$

25 가용전에 대한 설명으로 옳은 것은?

① 저압차단스위치를 의미한다.
② 압축기 토출측에 설치한다.
③ 수냉응축기 냉각수 출구측에 설치한다.
④ 응축기 또는 고압수액기의 액배관에 설치한다.

해설 가용전(fusible plug)은 프레온용 냉매를 사용하는 냉동기의 응축기나 고압수액기에 냉각수 부족원인으로 이상고압이 생긴 경우 파괴를 방지할 목적으로 안전밸브 대신 부착하는 저융점합금(Cd+Bi+Pb+Sn+Sb, 용융온도 75℃)이다. 압력의 상승으로 포화온도도 상승하므로 그 고온 때문에 녹는다.

26 ★ 냉매가 구비해야 할 조건으로 틀린 것은?

① 증발잠열이 클 것
② 응고점이 낮을 것
③ 전기저항이 클 것
④ 증기의 비열비가 클 것

해설 냉매는 비열비(k)가 작아야 한다. 비열비가 크면 토출가스온도가 높아지므로 안 좋다.

$$k = \frac{C_p}{C_v}$$

27 ★ 몰리에르선도에서 건도(x)에 관한 설명으로 옳은 것은?

① 몰리에르선도의 포화액선상 건도는 1이다.
② 액체 70%, 증기 30%인 냉매의 건도는 0.7이다.
③ 건도는 습포화증기구역 내에서만 존재한다.
④ 건도는 과열증기 중 증기에 대한 포화액체의 양을 말한다.

해설 ① 몰리에르선도의 포화액선상 건도는 0이다.
② 액체 70%, 증기 30%인 냉매의 건도는 0.3(30%)이다.
④ 건도는 습증기 전체 질량에 대한 증기의 질량을 의미한다.

28 ★ 몰리에르선도에 대한 설명으로 틀린 것은?

① 과열구역에서 등엔탈피선은 등온선과 거의 직교한다.
② 습증기구역에서 등온선과 등압선은 평행하다.
③ 포화액체와 포화증기의 상태가 동일한 점을 임계점이라고 한다.
④ 등비체적선은 과열증기구역에서도 존재한다.

해설 $P-h$(냉매몰리에르)선도에서 등온선은 과냉각구역에서는 x축(비엔탈피선)에 수직으로 작용하고, 습증기구역($0 < x < 1$)에서는 y축(절대압력)에 평행(등온선과 등압선은 일치)하며, 과열증기구역에서는 건포화증기($x=1$)선상에서 약간 구부러져서 하향한다(아래쪽으로 작용한다).

29 팽창밸브 직후 냉매의 건도가 0.2이다. 이 냉매의 증발열이 1,884kJ/kg이라 할 때 냉동효과(kJ/kg)는 얼마인가?

① 376.8 ② 1324.6
③ 1507.2 ④ 1804.3

해설 냉동효과(q_e) $= (1-x)\gamma$
$$= (1-0.2) \times 1,884$$
$$= 1507.2 \text{kJ/kg}$$

★
30 평판을 통해서 표면으로 확산에 의해서 전달되는 열유속(heat flux)의 0.4kW/m²이다. 이 표면과 20℃ 공기흐름과의 대류전열계수가 0.01kW/m²·℃인 경우 평판의 표면온도(℃)는?

① 45
② 50
③ 55
④ 60

해설 $q = h(t_2 - t_1)[kW/m^2]$

$\therefore t_2 = t_1 + \dfrac{q}{h} = 20 + \dfrac{0.4}{0.01} = 60℃$

31 이상적인 냉동사이클과 비교한 실제 냉동사이클에 대한 설명으로 틀린 것은?

① 냉매가 관 내를 흐를 때 마찰에 의한 압력손실이 발생한다.
② 외부와 다소의 열출입이 있다.
③ 냉매가 압축기의 밸브를 지날 때 약간의 교축작용이 이루어진다.
④ 압축기 입구에서의 냉매상태값은 증발기 출구와 동일하다.

해설 냉매가 팽창밸브를 통과하는 경우 교축작용이 이루어진다.

★
32 흡수식 냉동기의 특징에 대한 설명으로 틀린 것은?

① 용량제어의 범위가 넓어 폭넓은 용량제어가 가능하다.
② 터보냉동기에 비하여 소음과 진동이 크다.
③ 부분부하에 대한 대응성이 좋다.
④ 회전부가 적어 기계적인 마모가 적고 보수관리가 용이하다.

해설 흡수식 냉동기는 압축기가 없어 소음과 진동이 터보냉동기보다 작다.

33 액분리기에 대한 설명으로 옳은 것은?

① 장치를 순환하고 남는 여분의 냉매를 저장하기 위해 설치하는 용기를 말한다.
② 액분리기는 흡입관 중의 가스와 액의 혼합물로부터 액을 분리하는 역할을 한다.

③ 액분리기는 암모니아냉동장치에는 사용하지 않는다.
④ 팽창밸브와 증발기 사이에 설치하여 냉각효율을 상승시킨다.

해설 액분리기는 흡입관 중의 가스와 액의 혼합물로부터 액을 분리하는 역할을 한다.

★
34 암모니아의 증발잠열은 −15℃에서 1310.4kJ/kg 이지만 실제로 냉동능력은 1126.2kJ/kg으로 작아진다. 차이가 생기는 이유로 가장 적절한 것은?

① 체적효율 때문이다.
② 전열면의 효율 때문이다.
③ 실제 값과 이론값의 차이 때문이다.
④ 교축팽창 시 발생하는 플래시가스 때문이다.

해설 팽창밸브에서 교축팽창 시 발생하는 플래시가스로 인해 냉동능력이 저하(감소)된다.

★
35 냉동장치의 운전 중 저압이 낮아질 때 일어나는 현상이 아닌 것은?

① 흡입가스 과열 및 압축비 증대
② 증발온도 저하 및 냉동능력 증대
③ 흡입가스의 비체적 증가
④ 성적계수 저하 및 냉매순환량 감소

해설 냉동장치의 운전 중 저압이 낮아지면 압축비 증대로 냉동능력이 감소한다.

36 냉동장치 내에 불응축가스가 혼입되었을 때 냉동장치의 운전에 미치는 영향으로 가장 거리가 먼 것은?

① 열교환작용을 방해하므로 응축압력이 낮게 된다.
② 냉동능력이 감소한다.
③ 소비전력이 증가한다.
④ 실린더가 과열되고 윤활유가 열화 및 탄화된다.

해설 불응축가스가 혼입되면 응축기 압력은 상승한다.

정답 30 ④ 31 ③ 32 ② 33 ② 34 ④ 35 ② 36 ①

★
37 냉동장치에서 플래시가스가 발생하지 않도록
하기 위한 방지대책으로 틀린 것은?

① 액관의 직경이 충분한 크기를 갖고 있도
록 한다.

② 증발기의 위치를 응축기와 비교해서 너
무 높게 설치하지 않는다.

③ 여과기나 필터의 점검, 청소를 실시한다.

④ 액관 냉매액의 과냉도를 줄인다.

해설 플래시가스의 방지대책으로 액관 냉매액의 과냉각을 크
게 한다(일반적으로 5~7℃).

★
38 다음 중 고압가스안전관리법에 적용되지 않
는 것은?

① 스크루냉동기

② 고속다기통냉동기

③ 회전용적형 냉동기

④ 열전모듈냉각기

해설 고압가스안전관리법에 적용되는 냉동기 : 스크루냉동기,
고속다기통냉동기, 회전용적형 냉동기

★
39 −20℃의 암모니아포화액의 엔탈피가 314kJ/kg
이며 동일 온도에서 건조포화증기의 엔탈피가
1,687kJ/kg이다. 이 냉매액이 팽창밸브를 통과
하여 증발기에 유입될 때의 냉매의 엔탈피가
670kJ/kg이었다면 중량비로 약 몇 %가 액체상
태인가?

① 16   ② 26

③ 74   ④ 84

해설 ㉠ $h_x = h_f + x(h_s - h_f)$[kJ/kg]

∴ 건도$(x) = \dfrac{h_x - h_f}{h_s - h_f} = \dfrac{670 - 314}{1,687 - 314} = 0.26$

㉡ 습기도$(y) = (1-x) \times 100 = (1-0.26) \times 100$
$= 74\%$

40 증발식 응축기에 관한 설명으로 옳은 것은?

① 증발식 응축기의 냉각수는 보충할 필요
가 없다.

② 증발식 응축기는 물의 현열을 이용하여
냉각하는 것이다.

③ 내부에 냉매가 통하는 나관이 있고 그 위
에 노즐을 이용하여 물을 산포하는 형식
이다.

④ 압력강하가 작으므로 고압측 배관에 적
당하다.

해설 증발식 응축기는 내부에 냉매가 통하는 나관(bare pipe)
이 있고 그 위에 노즐을 이용하여 물을 뿌리는(살포하는)
형식이다.

3 배관 일반

41 물은 가열하면 팽창하여 급탕탱크 등 밀폐가
열장치 내의 압력이 상승한다. 이 압력을 도피
시킬 목적으로 설치하는 관은?

① 배기관   ② 팽창관

③ 오버플로관   ④ 압축공기관

해설 팽창관은 온수배관계통에서 가열장치부터 수조까지 연
결하는 배관 속의 물의 온도가 상승하여 이상팽창하는
것을 방지할 목적으로 설치한다. 즉 밀폐가열장치 내의
압력 상승을 도피시킬 목적으로도 사용하는 관이다.

★
42 도시가스를 공급하는 배관의 종류가 아닌 것
은?

① 공급관   ② 본관

③ 내관   ④ 주관

해설 도시가스 공급배관의 종류 : 공급관, 본관, 내관

43 가스배관에서 가스가 누설된 경우 중독 및 폭
발사고를 미연에 방지하기 위하여 조금만 누
설되어도 냄새로 충분히 감지할 수 있도록 설
치하는 장치는?

① 부스터설비   ② 정압기

③ 부취설비   ④ 가스홀더

해설 가스배관에서 가스가 누설된 경우 중독 및 폭발사고를
미연에 방지하기 위해 소량 누설되어도 냄새로 감지할
수 있도록 설치하는 장치는 부취설비이다.

★ 44 배관용 패킹재료를 선택할 때 고려해야 할 사항을 가장 거리가 먼 것은?

① 재료의 탄력성   ② 진동의 유무
③ 유체의 압력   ④ 재료의 부식성

해설 패킹재료 선정 시 고려사항
㉠ 내식성(부식에 견디는 성질)
㉡ 진동의 유무
㉢ 유체의 압력(내압강도, 외압강도)
㉣ 화학적, 물리적 반응이 없을 것(변형이 없을 것)

★ 45 급수방식 중 고가탱크방식의 특징에 대한 설명으로 틀린 것은?

① 다른 방식에 비해 오염 가능성이 적다.
② 저수량을 확보하여 일정 시간 동안 급수가 가능하다.
③ 사용자의 수도꼭지에서 항상 일정한 수압을 유지한다.
④ 대규모 급수설비에 적합하다.

해설 고가탱크방식은 급수방식 중에서 타 방식에 비해 오염 가능성이 가장 크다.

★ 46 동관의 분류 중 가장 두꺼운 것은?

① K형   ② L형
③ M형   ④ N형

해설 동관의 두께 : K형 > L형 > M형 > N형

★ 47 루프형 신축이음쇠의 특징에 대한 설명으로 틀린 것은?

① 설치공간을 많이 차지한다.
② 신축에 따른 자체 응력이 생긴다.
③ 고온, 고압의 옥외배관에 많이 사용된다.
④ 장시간 사용 시 패킹의 마모로 누수의 원인이 된다.

해설 루프형 신축이음쇠
㉠ 설치공간을 많이 차지한다.
㉡ 신축에 따른 자체 응력이 생긴다.
㉢ 고온, 고압의 옥외배관에 많이 사용된다.
㉣ 관의 곡률반지름은 관지름(D)의 6배 이상($R \geq 6D$)으로 한다(관을 주름잡을 때는 곡률반지름을 2~3배로 한다).

48 고압배관과 저압배관의 사이에 설치하여 고압측 압력을 필요한 압력으로 낮추어 저압측 압력을 일정하게 유지시키는 밸브는?

① 체크밸브   ② 게이트밸브
③ 안전밸브   ④ 감압밸브

해설 감압밸브는 고압배관과 저압배관 사이에 설치하여 고압측 압력을 필요한 압력으로 낮추어 저압측 압력을 유지시키기 위한 밸브이다.

★ 49 건물 1층의 바닥면을 기준으로 배관의 높이를 표시할 때 사용하는 기호는?

① EL   ② GL
③ FL   ④ UL

해설 ㉠ EL(Elevation Level) : 관의 중심을 기준으로 배관의 높이를 표시
㉡ GL(Ground Line) : 포장된 표면을 기준으로 배관의 높이를 표시
㉢ FL(Floor Level) : 1층의 바닥면을 기준으로 하여 배관의 높이를 표시

50 냉매액관 시공 시 유의사항으로 틀린 것은?

① 긴 입상액관의 경우 압력의 감소가 크므로 충분한 과냉각이 필요하다.
② 배관 도중에 다른 열원으로부터 열을 받지 않도록 한다.
③ 액관 배관은 가능한 한 길게 한다.
④ 액냉매가 관 내에서 증발하는 것을 방지하도록 한다.

해설 냉매액관 시공 시 액관의 배관은 가능한 한 짧게 한다.

★ 51 다음 중 증기난방설비 시공 시 보온을 필요로 하는 배관은 어느 것인가?

① 관말 증기트랩장치의 냉각관
② 방열기 주위 배관
③ 증기공급관
④ 환수관

해설 증기난방설비 시공 시 증기공급관은 보온(단열)이 필요하다.

정답 44 ① 45 ① 46 ① 47 ④ 48 ④ 49 ③ 50 ③ 51 ③

부록
I

52 가스배관의 설치방법에 관한 설명으로 틀린 것은?

① 최단거리로 할 것
② 구부러지거나 오르내림을 적게 할 것
③ 가능한 한 은폐하거나 매설할 것
④ 가능한 한 옥외에 할 것

해설 가스배관은 노출이 기본이지만 천장이나 벽체에 숨기거나 바닥이나 벽체에 묻어버릴 수도 있다.

53 ★ 다음 중 엘보를 용접이음으로 나타낸 기호는?

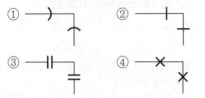

해설 ① 소켓(턱걸이)이음, ② 나사이음, ③ 플랜지이음

54 2가지 종류의 물질을 혼합하면 단독으로 사용할 때보다 더 낮은 융해온도를 얻을 수 있는 혼합제를 무엇이라고 하는가?

① 부취제　　　　② 기한제
③ 브라인　　　　④ 에멀션

해설 기한제란 2종류 이상의 물질을 혼합하면 단독으로 사용할 때보다 더 낮은 융해온도를 얻을 수 있는 혼합제를 말한다.

55 ★ 배관의 호칭 중 스케줄번호는 무엇을 기준으로 하여 부여하는가?

① 관의 안지름　　② 관의 바깥지름
③ 관의 두께　　　④ 관의 길이

해설 관의 두께를 나타내는 기준은 스케줄번호로 이 번호가 클수록 관의 두께가 두껍다는 것을 의미한다.

$$\text{Sch. No.} = \frac{P}{S} \times 10$$

여기서, P : 최고사용압력(kgf/cm², MPa)
　　　　S : 허용응력(kg/mm, MPa)

56 ★ 온수난방에서 역귀환방식을 채택하는 주된 이유는?

① 순환펌프를 설치하기 위해

② 배관의 길이를 축소하기 위해
③ 열손실과 발생소음을 줄이기 위해
④ 건물 내 각 실의 온도를 균일하게 하기 위해

해설 온수난방에서 역귀환방식을 채택하는 주된 이유는 각 방열기에 공급되는 유량분배를 균등하게 하기 위해서이다 (건물 내 각 실의 온도를 균일하게 하기 위함).

57 냉온수헤더에 설치하는 부속품이 아닌 것은?

① 압력계　　　　② 드레인관
③ 트랩장치　　　④ 급수관

해설 트랩장치는 냉온수헤더에 설치하는 부속품이 아니고 증기난방장치에서 응축수를 빼내기 위한 장치이다. 즉 악취가 나는 배수관 안의 가스가 역류하여 새어 나오는 것을 막는 장치이다.

58 ★ 냉각탑에서 냉각수는 수직하향방향이고, 공기는 수평방향인 형식은?

① 평행류형　　　② 직교류형
③ 혼합형　　　　④ 대향류형

해설 냉각탑에서 냉각수는 수직하향방향이고, 공기는 수평방향으로 이동시켜 냉각하는 열교환방식은 직교류형(cross flow type)이다.

59 급수배관에서 수격작용 발생개소로 가장 거리가 먼 것은?

① 관 내 유속이 빠른 곳
② 구배가 완만한 곳
③ 급격히 개폐되는 밸브
④ 굴곡개소가 있는 곳

해설 배관구배(기울기)가 완만한 곳에서는 수격작용이 일어나지 않는다.

60 ★ 다음 중 급수설비에 설치되어 물이 오염되기 쉬운 형태의 배관은?

① 상향식 배관
② 하향식 배관
③ 조닝배관
④ 크로스커넥션배관

정답 52 ③　53 ④　54 ②　55 ③　56 ④　57 ③　58 ②　59 ②　60 ④

해설 급수설비에 설치되어 물이 오염되기 쉬운 형태의 배관은 크로스커넥션배관(배관을 접속하는 경우 상수로부터의 급수계통(음용수계통)과 그 외의 계통이 직접 접속되는 것)이다.

4 전기제어공학

★61 제어된 제어대상의 양, 즉 제어계의 출력을 무엇이라고 하는가?

① 목표값   ② 조작량
③ 동작신호   ④ 제어량

해설 제어량이란 제어대상에 속하는 양 중에서 그것을 제어하는 것이 목적으로 되어 있는 양을 말한다. 즉 제어대상이 되는 양으로 측정되어 제어되는 것이다.

62 플로차트를 작성할 때 다음 기호의 의미는?

① 단자   ② 처리
③ 입출력   ④ 결합자

해설 제시된 기호는 플로차트 작성 시 입출력을 의미한다.

★63 피드백제어계 중 물체의 위치, 방위, 자세 등의 기계적 변위를 제어량으로 하는 것은?

① 서보기구   ② 프로세스제어
③ 자동조정   ④ 프로그램제어

해설 물체의 위치, 방위, 자세 등의 기계적 변위를 제어량으로 하는 것은 서보기구(servo mechanism, 시스템 내의 신호 중 적어도 하나가 기계적 동작을 표시하고 있는 피드백제어)이다.

★64 발전기의 유기기전력의 방향과 관계가 있는 법칙은?

① 플레밍의 왼손법칙
② 플레밍의 오른손법칙
③ 패러데이의 법칙
④ 암페어의 법칙

해설 ① 플레밍의 왼손법칙 : 전동기의 유도기전력의 방향
③ 패러데이의 법칙 : 유도기전력의 크기
④ 암페어(앙페르)의 법칙 : 자력선의 방향

참고 • 렌츠의 법칙 : 유도기전력의 방향
• 쿨롱의 법칙 : 자극의 세기

★65 시퀀스제어에 관한 설명 중 틀린 것은?

① 조합논리회로로 사용된다.
② 미리 정해진 순서에 의해 제어된다.
③ 입력과 출력을 비교하는 장치가 필수적이다.
④ 일정한 논리에 의해 제어된다.

해설 입력과 출력을 비교하는 장치가 필수적인 제어는 밀폐계 제어(피드백제어)이다.

★66 100mH의 자기인덕턴스를 가진 코일에 10A의 전류가 통과할 때 축적되는 에너지는 몇 J인가?

① 1   ② 5
③ 50   ④ 1,000

해설 $U = \dfrac{1}{2} L I^2 = \dfrac{1}{2} \times 100 \times 10^{-3} \times 10^2 = 5\text{J}$

★67 평형 3상 Y결선에서 상전압 V_p와 선간전압 V_l과의 관계는?

① $V_l = V_p$ ② $V_l = \sqrt{3}\, V_p$
③ $V_l = \dfrac{1}{\sqrt{3}} V_p$ ④ $V_l = 3 V_p$

해설 3상 Y결선에서 선간압력(V_l)은 상전압(V_p)보다 $\sqrt{3}$배 더 크다.
∴ $V_l = \sqrt{3}\, V_p [\text{V}]$

68 전원전압을 일정 전압 이내로 유지하기 위해서 사용되는 소자는?

① 정전류다이오드   ② 브리지다이오드
③ 제너다이오드   ④ 터널다이오드

해설 전원전압을 일정 전압 이내로 유지하기 위해서 사용되는 소자는 제너다이오드이다.

정답 61 ④ 62 ③ 63 ① 64 ② 65 ③ 66 ② 67 ② 68 ③

★
69 목표값이 미리 정해진 변화를 할 때의 제어로서 열처리 노의 온도제어, 무인운전열차 등이 속하는 제어는?

① 추종제어　　② 프로그램제어
③ 비율제어　　④ 정치제어

해설 목표값이 미리 정해진 변화를 할 때의 제어로서 열처리 노의 온도제어, 무인운전열차 등이 속하는 제어는 프로그램제어이다.

★
70 다음 그림과 같이 블록선도를 접속하였을 때 @에 해당하는 것은?

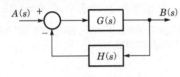

① $G(s) + H(s)$　　② $G(s) - H(s)$
③ $\dfrac{G(s)}{1 + G(s)H(s)}$　④ $\dfrac{H(s)}{1 + G(s)H(s)}$

해설 $B(s) = A(s)G(s) - B(s)G(s)H(s)$
$B(s)[1 + G(s)H(s)] = A(s)G(s)$
$\therefore \dfrac{B(s)}{A(s)} = \dfrac{G(s)}{1 + G(s)H(s)}$

★
71 3상 유도전동기의 회전방향을 바꾸기 위한 방법으로 옳은 것은?

① $\Delta - Y$ 결선으로 변경한다.
② 회전자를 수동으로 역회전시켜 가동한다.
③ 3선을 차례대로 바꾸어 연결한다.
④ 3상 전원 중 2선의 접속을 바꾼다.

해설 3상 유도전동기의 회전방향을 바꾸려면 3상 전원 중 2선의 접속을 바꾼다.

★
72 60Hz, 100V의 교류전압이 $200\,\Omega$ 의 전구에 인가될 때 소비되는 전력은 몇 W인가?

① 50　　② 100
③ 150　　④ 200

해설 $P = \dfrac{V^2}{R} = \dfrac{100^2}{200} = 50\text{W}$

★
73 다음 그림과 같은 계전기 접점회로의 논리식은?

① XY
② $\overline{X}Y + X\overline{Y}$
③ $\overline{X}(X + Y)$
④ $(\overline{X} + Y)(X + \overline{Y})$

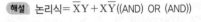

해설 논리식 $= \overline{X}Y + X\overline{Y}$((AND) OR (AND))

★
74 특성방정식 $s^2 + 2s + 2 = 0$을 갖는 2차계에서의 감쇠율 ζ(damping ratio)은?

① $\sqrt{2}$　　② $\dfrac{1}{\sqrt{2}}$
③ $\dfrac{1}{2}$　　④ 2

해설 $s^2 + 2\zeta\omega_n s + \omega_n{}^2 = s^2 + 2s + 2$
㉠ $\omega_n{}^2 = 2$
　$\therefore \omega_n = \sqrt{2}$
㉡ $\zeta\omega_n = 1$
　$\therefore \zeta = \dfrac{1}{\omega_n} = \dfrac{1}{\sqrt{2}}$

★
75 $F(s) = \dfrac{3s + 10}{s^3 + 2s^2 + 5s}$ 일 때 $f(t)$의 최종치는?

① 0　　② 1
③ 2　　④ 8

해설 $\displaystyle \lim_{t \to \infty} f(t) = \lim_{s \to 0} sF(s) = \lim_{s \to 0} \dfrac{3s + 10}{s(s^2 + 2s + 5)}$
$= \dfrac{10}{5} = 2$

76 $8\,\Omega$, $12\,\Omega$, $20\,\Omega$, $30\,\Omega$ 의 4개 저항을 병렬로 접속할 때 합성저항은 약 몇 Ω 인가?

① 2.0　　② 2.35
③ 3.43　　④ 3.8

해설 $R = \dfrac{1}{\dfrac{1}{R_1} + \dfrac{1}{R_2} + \dfrac{1}{R_3} + \dfrac{1}{R_4}} = \dfrac{1}{\dfrac{1}{8} + \dfrac{1}{12} + \dfrac{1}{20} + \dfrac{1}{30}}$
$\fallingdotseq 3.43\,\Omega$

★
77 다음 그림과 같은 병렬공진회로에서 전류 I 가 전압 E보다 앞서는 관계로 옳은 것은?

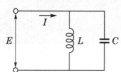

① $f < \dfrac{1}{2\pi\sqrt{LC}}$ ② $f > \dfrac{1}{2\pi\sqrt{LC}}$

③ $f = \dfrac{1}{2\pi\sqrt{LC}}$ ④ $f = \dfrac{1}{\sqrt{2\pi LC}}$

해설 $Y = \dfrac{1}{j\omega L} + j\omega C = j\left(\omega C + \dfrac{1}{\omega L}\right)$이고 전압이 전류보다 앞서기 위해서는 어드미턴스가 (−)이어야 하므로

$\omega C + \dfrac{1}{\omega L} < 0$

$\omega C < -\dfrac{1}{\omega L}$ $(\omega = 2\pi f$일 때)

$\therefore f < \dfrac{1}{2\pi\sqrt{LC}}$

78 유도전동기의 역률을 개선하기 위하여 일반적으로 많이 사용되는 방법은?

① 조상기 병렬접속
② 콘덴서 병렬접속
③ 조상기 직렬접속
④ 콘덴서 직렬접속

해설 유도전동기의 역률($\cos\theta$)을 개선하기 위해 일반적으로 많이 사용하는 방법은 콘덴서 병렬접속이다.

79 $T_1 > T_2 > 0$일 때 $G(s) = \dfrac{1 + T_2 s}{1 + T_1 s}$의

벡터궤적은?

①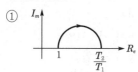

②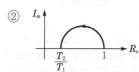

③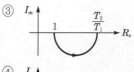

④

해설 $G(j\omega) = \dfrac{1 + j\omega T_2}{1 + j\omega T_1}$ 에서 ①은 $T_2 > T_1$ 이고 ④는 $T_1 >$ T_2, 1차 지연요소이다.

★
80 다음 블록선도 중에서 비례미분제어기는?

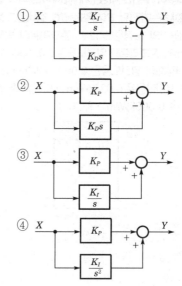

해설 전달함수

㉠ 비례(P)제어 : K

㉡ 적분(I)제어 : $\dfrac{K}{s}$

㉢ 미분(D)제어 : Ks

㉣ 비례적분(PI)제어 : $K\left(1 + \dfrac{1}{sT}\right)$

㉤ 비례미분(PD)제어 : $K(1 + sT)$

㉥ 비례적분미분(PID)제어 : $K\left(1 + \dfrac{1}{sT} + sT\right)$

여기서, K : 비례감도(비례이득), T : 적분시간

12

2019. 8. 4. 시행
공조냉동기계산업기사

---

1 공기조화

★
01 콘크리트로 된 외벽의 실내측에 내장재를 부착했을 때 내장재의 실내측 표면에 결로가 일어나지 않도록 하기 위한 내장두께 l_2[mm]는 최소 얼마이어야 하는가? (단, 외기온도 −5℃, 실내온도 20℃, 실내공기의 노점온도 12℃, 콘크리트의 벽두께 100mm, 콘크리트의 열전도율은 0.0016kW/m·K, 내장재의 열전도율은 0.00017kW/m·K, 실외측 열전달율은 0.023kW/m²·K, 실내측 열전달율은 0.009kW/m²·K이다.)

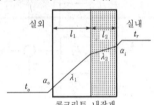

① 19.7   ② 22.1
③ 25.3   ④ 37.2

해설 ㉠ $KA(t_i - t_o) = \alpha_i A(t_i - t_r)$

$$\therefore K = \alpha_i \left(\frac{t_i - t_r}{t_i - t_o} \right) = 0.009 \times \frac{20 - 12}{20 - (-5)}$$
$$= 2.88 \times 10^{-3} \text{kW/m}^2 \cdot \text{K}$$

㉡ $\dfrac{1}{K} = \dfrac{1}{\alpha_o} + \dfrac{l_1}{\lambda_1} + \dfrac{l_2}{\lambda_2} + \dfrac{1}{\alpha_i}$

$$\therefore l_2 = \lambda_2 \left(\frac{1}{K} - \frac{1}{\alpha_o} - \frac{l_1}{\lambda_1} - \frac{1}{\alpha_i} \right)$$
$$= 0.00017 \times \left(\frac{1}{2.88 \times 10^{-3}} - \frac{1}{0.023} - \frac{0.1}{0.0016} - \frac{1}{0.009} \right)$$
$$= 0.0221 \text{m} = 22.1 \text{mm}$$

02 지하철에 적용할 기계환기방식의 기능으로 틀린 것은?

① 피스톤효과로 유발된 열차풍으로 환기효과를 높인다.

② 화재 시 배연기능을 달성한다.
③ 터널 내의 고온의 공기를 외부로 배출한다.
④ 터널 내의 잔류열을 배출하고 신선 외기를 도입하여 토양의 발열효과를 상승시킨다.

해설 기계환기방식은 토양의 흡열효과를 유지시킨다.

★
03 90℃ 고온수 25kg을 100℃의 건조포화액으로 가열하는데 필요한 열량(kJ)은? (단, 물의 비열 4.2kJ/kg·K이다.)

① 42   ② 250
③ 525   ④ 1,050

해설 $Q = mC(t_2 - t_1) = 25 \times 4.2 \times (100 - 90) = 1,050 \text{kJ}$

04 셸 앤드 튜브 열교환기에서 유체의 흐름에 의해 생기는 진동의 원인으로 가장 거리가 먼 것은?

① 층류흐름   ② 음향진동
③ 소용돌이흐름   ④ 병류의 와류 형성

해설 셸 앤드 튜브 열교환기 진동의 원인 : 음향진동, 소용돌이흐름, 병류의 와류 형성 등

★
05 열원방식의 분류는 일반 열원방식과 특수 열원방식으로 구분할 수 있다. 다음 중 일반 열원방식으로 가장 거리가 먼 것은?

① 빙축열방식
② 흡수식 냉동기+보일러
③ 전동냉동기+보일러
④ 흡수식 냉온수 발생기

해설 **일반 열원방식**
㉠ 전동냉동기(터보식, 왕복동식)+보일러
㉡ 흡수식 냉동기(단효용, 2중효용)+보일러
㉢ 냉온수 발생기(흡수식 냉동기+보일러)
㉣ 수열원 및 공기열원 열펌프(외부열원 열펌프)

정답 01 ② 02 ④ 03 ④ 04 ① 05 ①

06 공기조화계획을 진행하기 위한 순서로 옳은 것은?

① 기본계획 → 기본구상 → 실시계획 → 실시설계

② 기본구상 → 기본계획 → 실시설계 → 실시계획

③ 기본구상 → 기본계획 → 실시계획 → 실시설계

④ 기본계획 → 실시계획 → 기본구상 → 실시설계

해설 공기조화계획 진행순서 : 기본구상 → 기본계획 → 실시계획 → 실시설계

07 다음 중 흡습성 물질이 도포된 엘리먼트를 적층시켜 원판형태로 만든 로터와 로터를 구동하는 장치 및 케이싱으로 구성되어 있는 전열교환기의 형태는?

① 고정형   ② 정지형

③ 회전형   ④ 원판형

해설 로터와 로터를 구동하는 장치로 주로 회전식이 많이 사용된다.

참고 전열교환기는 석면 등으로 만든 얇은 판에 염화리튬(LiCl)과 같은 흡수제를 침투시켜 현열과 동시에 잠열도 교환하며, 종류로는 회전식과 고정식이 있다.

08 지역난방의 특징에 대한 설명으로 틀린 것은?

① 광범위한 지역의 대규모 난방에 적합하며 열매는 고온수 또는 고압증기를 사용한다.

② 소비처에서 24시간 연속난방과 연속급탕이 가능하다.

③ 대규모화에 따라 고효율운전 및 폐열을 이용하는 등 에너지 취득이 경제적이다.

④ 순환펌프용량이 크며 열수송배관에서의 열손실이 작다.

해설 지역난방

㉠ 초기투자비가 많이 필요하며 배관열손실, 순환펌프, 열손실 등이 크다.

㉡ 배관부설비용이 방대하여 전체 공사비의 40~60%가 필요하다.

09 증기트랩에 대한 설명으로 틀린 것은?

① 바이메탈트랩은 내부에 열팽창계수가 다른 두 개의 금속이 접합된 바이메탈로 구성되며 워터해머에 안전하고 과열증기에도 사용 가능하다.

② 벨로즈트랩은 금속제의 벨로즈 속에 휘발성 액체가 봉입되어 있어 주위에 증기가 있으면 팽창되고, 증기가 응축되면 온도에 의해 수축하는 원리를 이용한 트랩이다.

③ 플로트트랩은 응축수의 온도차를 이용하여 플로트가 상하로 움직이며 밸브를 개폐한다.

④ 버킷트랩은 응축수의 부력을 이용하여 밸브를 개폐하며 상향식과 하향식이 있다.

해설 플로트트랩(float trap)은 응축수의 수위변동에 따라 부자(float)가 상하로 움직이며 배수밸브를 자동적으로 개폐한다.

10 복사난방에 대한 설명으로 틀린 것은?

① 다른 방식에 비해 쾌감도가 높다.

② 시설비가 적게 든다.

③ 실내에 유닛이 노출되지 않는다.

④ 열용량이 크기 때문에 방열량 조절에 시간이 다소 걸린다.

해설 복사난방

㉠ 설비비(시설비)가 비싸다.

㉡ 구조체를 따뜻하게 하므로 예열시간이 길고 일시적 난방에는 효과가 적다.

㉢ 타 방식에 비해 실내온도분포가 균등하며 쾌감도가 제일 좋다.

11 주로 대형 덕트에서 덕트의 찌그러짐을 방지하기 위하여 덕트의 옆면 철판에 주름을 잡아주는 것을 무엇이라고 하는가?

① 다이아몬드브레이크

② 가이드베인

③ 보강앵글

④ 심

부록 I

해설 다이아몬드브레이크란 일반적으로 대형 덕트에서 덕트의 찌그러짐을 방지하기 위해 덕트의 옆면 철판에 주름을 잡아주는 것을 말한다.

12 냉방부하 계산 시 유리창을 통한 취득열부하를 줄이는 방법으로 가장 적절한 것은?

① 얇은 유리를 사용한다.
② 투명유리를 사용한다.
③ 흡수율이 큰 재질의 유리를 사용한다.
④ 반사율이 큰 재질의 유리를 사용한다.

해설 냉방부하 시 유리창을 통한 취득열을 감소시키려면 반사율이 큰 재질의 유리를 사용하는 것이 적절하다.

13 다음 중 수-공기 공기조화방식에 해당하는 것은?

① 2중덕트방식
② 패키지유닛방식
③ 복사냉난방방식
④ 정풍량 단일덕트방식

해설 수(물)-공기조화방식에는 유인유닛방식(IDU), 팬코일유닛방식(덕트 병용), 복사냉난방방식 등이 해당된다.

14 두께 150mm, 면적 10m²인 콘크리트 내벽의 외부온도가 30℃, 내부온도가 20℃일 때 8시간 동안 전달되는 열량(kJ)은? (단, 콘크리트 내벽의 열전도율은 1.5W/m·K이다.)

① 1,350
② 8,350
③ 13,200
④ 28,800

해설 $Q_c = \dfrac{\lambda}{l} A T (t_o - t_i)$

$$= \frac{1.5 \times 10^{-3}}{0.15} \times 10 \times 8 \times 3,600 \times (30-20)$$

$$= 28,800 \text{kJ}$$

15 습공기의 상태변화에 관한 설명으로 옳은 것은?

① 습공기를 가습하면 상대습도가 내려간다.
② 습공기를 냉각감습하면 엔탈피는 증가한다.
③ 습공기를 가열하면 절대습도는 변하지 않는다.

④ 습공기는 노점온도 이하로 냉각하면 절대습도는 내려가고, 상대습도는 일정하다.

해설 습공기는 가열하면 상대습도는 감소하고, 절대습도는 변하지 않는다(일정하다).

16 공기조하의 조닝계획 시 부하패턴이 일정하고 사용시간대가 동일하며 중간기 외기냉방, 소음방지, CO_2 등의 실내환경을 고려해야 하는 곳은?

① 로비
② 체육관
③ 사무실
④ 식당 및 주방

해설 사무실은 부하패턴이 일정하고 사용시간대가 동일하며 중간기 외기냉방, 소음 방지, CO_2 등의 실내환경을 고려해야 한다.

17 냉난방 설계 시 열부하에 관한 설명으로 옳은 것은?

① 인체에 대한 냉방부하는 현열만이다.
② 인체에 대한 난방부하는 현열과 잠열이다.
③ 조명에 대한 냉방부하는 현열만이다.
④ 조명에 대한 난방부하는 현열과 잠열이다.

해설 **냉난방 설계 시 열부하**
㉠ 냉방부하
  • 현열 : 벽체로부터 취득열량, 유리로부터의 취득열량, 조명부하, 송풍기에 의한 취득열량, 덕트 열손실, 재열기의 취득열량 등
  • 현열과 잠열 : 극간풍(틈새바람)에 의한 취득열량, 인체의 발생열, 실내기구의 발생열, 외기도입량 등
㉡ 난방부하
  • 현열 : 전도에 의한 열손실
  • 현열과 잠열 : 환기, 외기, 침입외기, 극간풍 등

18 덕트에 설치하는 가이드베인에 대한 설명으로 틀린 것은?

① 보통 곡률반지름이 덕트 장변의 1.5배 이내일 때 설치한다.
② 덕트를 작은 곡률로 구부릴 때 통풍저항을 줄이기 위해 설치한다.
③ 곡관부의 내측보다 외측에 설치하는 것이 좋다.
④ 곡관부의 기류를 세분하여 생기는 와류의 크기를 적게 한다.

가이드베인

㉠ 곡률반지름이 덕트 장변의 1.5배 이내일 때 설치한다.
㉡ 곡관부의 저항을 작게 한다.
㉢ 곡관부의 곡률반지름이 작은 경우 또는 직각엘보를 사용하는 경우 안쪽(내측)에 설치하는 것이 좋다.
㉣ 곡관부의 기류를 세분하여 생기는 와류의 크기를 작게 한다.

19 다음 난방방식 중 자연환기가 많이 일어나도 비교적 난방효율이 좋은 것은?

① 온수난방　　② 증기난방
③ 온풍난방　　④ 복사난방

해설 복사난방은 방을 개방해도 난방효과가 있다. 즉 자연환기가 많이 일어나도 비교적 난방효율이 좋다.

★
20 보일러의 급수장치에 대한 설명으로 옳은 것은?

① 보일러 급수의 경도가 늦으면 관 내 스케일이 부착되기 쉬우므로 가급적 경도가 높은 물을 급수로 사용한다.
② 보일러 내 물의 광물질이 농축되는 것을 방지하기 위하여 때때로 관수를 배출하여 소량씩 물을 바꾸어 넣는다.
③ 수질에 의한 영향을 받기 쉬운 보일러에서는 경수장치를 사용한다.
④ 증기보일러에서는 보일러 내 수위를 일정하게 유지할 필요는 없다.

해설 **보일러의 급수장치**
㉠ 가급적 경도가 낮은 물을 급수로 사용
㉡ 농축수를 주기적으로 배출
㉢ 수질의 영향을 받는 보일러는 연수장치 사용
㉣ 일정 수위 유지

2 냉동공학

21 냉동효과가 1,088kJ/kg인 냉동사이클에서 1냉동톤당 압축기 흡입증기의 체적(m^3/h)은? (단, 압축기 입구의 비체적은 0.5087m^3/kg이고, 1냉동톤은 3.9kW이다.)

① 15.5　　② 6.5

③ 0.258　　④ 0.002

해설
$$V = \frac{3.9RT \times 3,600v}{q_e}$$
$$= \frac{3.9 \times 1 \times 3,600 \times 0.5087}{1,088}$$
$$= 6.56 m^3/h$$

★
22 다음 냉매 중 오존파괴지수(ODP)가 가장 낮은 것은?

① R-11　　② R-12
③ R-22　　④ R-134a

해설 **오존파괴지수의 크기**
R-134a(0)<R-22(0.055)<R-11(1), R-12(1)

★
23 프레온냉동기의 흡입배관에 이중입상관을 설치하는 주된 목적은?

① 흡입가스의 과열을 방지하기 위하여
② 냉매액의 흡입을 방지하기 위하여
③ 오일의 회수를 용이하게 하기 위하여
④ 흡입관에서의 압력강하를 보상하기 위하여

해설 오일의 회수를 용이하게 하기 위하여 프레온냉동기의 흡입배관에 이중입상관을 설치한다.

24 냉동장치를 장기간 운전하지 않을 경우 조치방법으로 틀린 것은?

① 냉매의 누설이 없도록 밸브의 패킹을 잘 잠근다.
② 저압측의 냉매는 가능한 한 수액기로 회수한다.
③ 저압측의 냉매를 다른 용기로 회수하고 그 대신 공기를 넣어둔다.
④ 압축기의 워터재킷을 위한 물은 완전히 뺀다.

해설 공기(불응축가스)가 혼입되면 미치는 영향 : 고압측 압력(응축압력) 상승, 냉동능력 감소, 소비동력 증가, 실린더 과열

부록
Ⅰ

★
25 열 및 열펌프에 관한 설명으로 옳은 것은?

① 일의 열당량은 $\dfrac{1\text{kcal}}{427\text{kgf}\cdot\text{m}}$ 이다. 이것은 $427\text{kgf}\cdot\text{m}$의 일이 열로 변할 때 1kcal의 열량이 되는 것이다.

② 응축온도가 일정하고 증발온도가 내려가면 일반적으로 토출가스온도가 높아지기 때문에 열펌프의 능력이 상승된다.

③ 비열 $2.1\text{kJ/kg}\cdot\text{℃}$, 비중량 1.2kg/L의 액체 2L를 온도 1℃ 상승시키기 위해서는 2.27kJ의 열량을 필요로 한다.

④ 냉매에 대해서 열의 출입이 없는 과정을 등온압축이라 한다.

해설 ㉠ 일의 열상당량$(A)=\dfrac{1}{427}\text{kcal/kgf}\cdot\text{m}$

㉡ 열의 일상당량$(J)=\dfrac{1}{A}=427\text{kgf}\cdot\text{m/kcal}$

★
26 냉매에 대한 설명으로 틀린 것은?

① R-21은 화학식으로 $CHCl_2F$이고, $CClF_2$ $-ClF_2$는 R-113이다.

② 냉매의 구비조건으로 응고점이 낮아야 한다.

③ 냉매의 구비조건으로 증발열과 열전도율이 커야 한다.

④ R-500은 R-12와 R-152를 합한 공비혼합냉매라 한다.

해설 R-21은 $CHCl_2F$이고, R-113은 $C_2Cl_3F_3$이다.

★
27 압축기의 설치목적에 대한 설명으로 옳은 것은?

① 엔탈피 감소로 비체적을 증가시키기 위해

② 상온에서 응축액화를 용이하게 하기 위한 목적으로 압력을 상승시키기 위해

③ 수냉식 및 공냉식 응축기의 사용을 위해

④ 압축 시 임계온도 상승으로 상온에서 응축액화를 용이하게 하기 위해

해설 압축기는 상온에서 응축액화를 용이하게 하기 위해 설치하는 것으로 단열압축하여 응축기의 압력을 높이기 위함이다.

28 냉동장치에서 액봉이 쉽게 발생되는 부분으로 가장 거리가 먼 것은?

① 액펌프방식의 펌프 출구와 증발기 사이의 배관

② 2단 압축냉동장치의 중간냉각기에서 과냉각된 액관

③ 압축기에서 응축기로의 배관

④ 수액기에서 증발기로의 배관

해설 액봉이 쉽게 발생되는 부분
㉠ 액펌프 : 펌프 출구과 증발기 사이의 배관
㉡ 2단 압축냉동장치 : 중간냉각기에서 과냉각된 액관
㉢ 수액기에서 증발기로의 배관

★
29 어떤 냉동기로 1시간당 얼음 1ton을 제조하는데 37kW의 동력을 필요로 한다. 이때 사용하는 물의 온도는 10℃이며, 얼음은 −10℃이었다. 이 냉동기의 성적계수는? (단, 융해열은 335kJ/kg이고, 물의 비열은 4.19kJ/kg·K, 얼음의 비열은 2.09kJ/kg·K이다.)

① 2.0　　　　　② 3.0
③ 4.0　　　　　④ 5.0

해설 $Q_e = m(C\Delta t + \gamma_o + C_1\Delta t_1)$
$= 1,000 \times [4.19 \times (10-0) + 335$
$+ 2.09 \times (0-(-10))]$
$= 397,800\text{kJ/h}$

$\therefore (COP)_R = \dfrac{Q_e}{W_c} = \dfrac{397,800}{37 \times 3,600} ≒ 3$

★
30 증발온도(압력)가 감소할 때 장치에 발생되는 현상으로 가장 거리가 먼 것은? (단, 응축온도는 일정하다.)

① 성적계수(COP) 감소

② 토출가스온도 상승

③ 냉매순환량 증가

④ 냉동효과 감소

해설 증발온도(압력) 감소 시 압축비 증가로 인해
㉠ 토출가스온도 증가
㉡ 체적효율 감소
㉢ 냉동효과 감소
㉣ 성적계수(COP) 감소
㉤ 냉매순환량 감소

31 다음 중 냉동장치의 운전상태 점검 시 확인해야 할 사항으로 가장 거리가 먼 것은?

① 윤활유의 상태
② 운전소음상태
③ 냉동장치 각부의 온도상태
④ 냉동장치 전원의 주파수변동상태

해설 냉동장치 전원의 주파수는 전기 부위에서의 점검사항이다.

32 다음 중 줄-톰슨효과와 관련이 가장 깊은 냉동방법은?

① 압축기체의 팽창에 의한 냉동법
② 감열에 의한 냉동법
③ 흡수식 냉동법
④ 2원 냉동법

해설 줄-톰슨효과는 교축팽창 시($P_1 > P_2$, $T_1 > T_2$, $h_1 = h_2$, $\Delta S > 0$) 압력과 온도를 감소시키므로 압축기체의 팽창에 의해 냉동을 얻는 방법이다.

33 표준 냉동사이클에서 냉매액이 팽창밸브를 지날 때 냉매의 온도, 압력, 엔탈피의 상태변화를 올바르게 나타낸 것은?

① 온도 : 일정, 압력 : 감소, 엔탈피 : 일정
② 온도 : 일정, 압력 : 감소, 엔탈피 : 감소
③ 온도 : 감소, 압력 : 일정, 엔탈피 : 일정
④ 온도 : 감소, 압력 : 감소, 엔탈피 : 일정

해설 표준 냉동사이클에서 냉매액(실제 기체)이 팽창밸브를 통과 시(교축팽창) $P_1 > P_2$, $T_1 > T_2$, $h_1 = h_2$, $\Delta S > 0$이다.

34 흡수식 냉동기의 특징에 대한 설명으로 틀린 것은?

① 부분부하에 대한 대응성이 좋다.
② 용량제어의 범위가 넓어 폭넓은 용량제어가 가능하다.
③ 초기운전 시 정격성능을 발휘할 때까지의 도달속도가 느리다.
④ 압축식 냉동기에 비해 소음과 진동이 크다.

해설 흡수식 냉동기는 압축기가 없으므로 압축식 냉동기보다 소음과 진동이 작다.

35 압축기의 클리어런스가 클 경우 상태변화에 대한 설명으로 틀린 것은?

① 냉동능력이 감소한다.
② 체적효율이 저하한다.
③ 압축기가 과열한다.
④ 토출가스의 온도가 감소한다.

해설 압축기의 클리어런스가 크면 냉동능력과 체적효율 감소, 압축기 과열, 토출가스온도는 상승한다.

36 브라인의 구비조건으로 틀린 것은?

① 비열이 크고 동결온도가 낮을 것
② 불연성이며 불활성일 것
③ 열전도율이 클 것
④ 점성이 클 것

해설 브라인은 열용량이 크고 점성이 작을 것

37 증발온도 −15℃, 응축온도 30℃인 이상적인 냉동기의 성적계수(COP)는?

① 5.73 ② 6.41
③ 6.73 ④ 7.34

해설 $(COP)_R = \dfrac{T_2}{T_1 - T_2} = \dfrac{-15+273}{(30+273)-(-15+273)}$
$= 5.73$

38 열전달에 대한 설명으로 틀린 것은?

① 열전도는 물체 내에서 온도가 높은 쪽에서 낮은 쪽으로 열이 이동하는 현상이다.
② 대류는 유체의 열이 유체와 함께 이동하는 현상이다.
③ 복사는 떨어져 있는 두 물체 사이의 전열현상이다.
④ 전열에서는 전도, 대류, 복사가 각각 단독으로 일어나는 경우가 많다.

해설 열의 이동(전열) 시 전도, 대류, 복사는 복합적으로 일어나는 경우가 많다.

정답 31 ④ 32 ① 33 ④ 34 ④ 35 ④ 36 ④ 37 ① 38 ④

부록 I

39 암모니아냉동기에서 유분리기의 설치위치로 가장 적당한 곳은?

① 압축기와 응축기 사이
② 응축기와 팽창밸브 사이
③ 증발기와 압축기 사이
④ 팽창밸브와 증발기 사이

해설 NH₃(암모니아)냉동기에서 유분리기(oil separator)는 압축기와 응축기 사이에 설치한다. 즉 NH₃는 응축기 가까이, 프레온냉매는 압축기 가까이 설치한다.

40 다음과 같은 조건에서 작동하는 냉동장치의 냉매순환량(kg/h)은? (단, 1RT는 3.9kW이다.)

> • 냉동능력 : 5RT
> • 증발기 입구냉매엔탈피 : 240kJ/kg
> • 증발기 출구냉매엔탈피 : 400kJ/kg

① 325.2 ② 438.8
③ 512.8 ④ 617.3

해설 $m = \dfrac{Q_e}{q_e} = \dfrac{3.9RT \times 3,600}{h_2 - h_1} = \dfrac{3.9 \times 5 \times 3,600}{400 - 240}$
$\fallingdotseq 438.8 \text{kg/h}$

3 배관 일반

41 냉매배관 설계 시 유의사항으로 틀린 것은?

① 2중입상관 사용 시 트랩을 크게 한다.
② 과도한 압력강하를 방지한다.
③ 압축기로 액체냉매의 유입을 방지한다.
④ 압축기를 떠난 윤활유가 일정 비율로 다시 압축기로 되돌아오게 한다.

해설 이중입상관(riser) 사용 시 흡입관에는 트랩을 설치하지 않는다.

42 고가탱크식 급수설비에서 급수경로를 바르게 나타낸 것은?

① 수도본관 → 저수조 → 옥상탱크 → 양수관 → 급수관

② 수도본관 → 저수조 → 양수관 → 옥상탱크 → 급수관

③ 저수조 → 옥상탱크 → 수도본관 → 양수관 → 급수관

④ 저수조 → 옥상탱크 → 양수관 → 수도본관 → 급수관

해설 고가탱크식 급수경로 : 수도본관 → 저수조 → 양수관 → 옥상탱크 → 급수관

43 다음 중 건물의 급수량 산정의 기준과 가장 거리가 먼 것은?

① 건물의 높이 및 층수
② 건물의 사용인원수
③ 설치될 기구의 수량
④ 건물의 유효면적

해설 급수량 산정기준
㉠ 기구수에 의한 방법 : 지관은 기구수에 따라 관경 결정
㉡ 건물 종류별 인원수에 의한 방법 : 탱크, 펌프, 주관, 건물의 유효면적

44 다음 중 통기관의 종류가 아닌 것은?

① 각개통기관
② 루프통기관
③ 신정통기관
④ 분해통기관

해설 통기관의 종류
㉠ 각개통기관 : 가장 좋은 방법, 위생기구 1개마다 통기관 1개 설치(1:1), 관경 32A
㉡ 루프(환상, 회로)통기관 : 위생기구 2~8개의 트랩봉수 보호, 총길이 7.5m 이하, 관경 40A 이상
㉢ 도피통기관 : 8개 이상의 트랩봉수 보호, 배수수직관과 가장 가까운 배수관의 접속점 사이에 설치
㉣ 습식(습윤)통기관 : 배수+통기를 하나의 배관으로 설치
㉤ 신정통기관 : 배수수직관 최상단에 설치하여 대기 중에 개방
㉥ 결합통기관 : 통기수직관과 배수수직관을 연결, 5개 층마다 설치, 관경 50A 이상

★
45 제조소 및 공급소 밖의 도시가스배관설비기
준으로 옳은 것은?

① 철도부지에 매설하는 경우에는 배관의
외면으로부터 궤도 중심까지 3m 이상 거
리를 유지해야 한다.

② 철도부지에 매설하는 경우 지표면으로부
터 배관의 외면까지의 깊이를 1.2m 이상
유지해야 한다.

③ 하천구역을 횡단하는 배관의 매설은 배
관의 외면과 계획하상높이와의 거리 2m
이상 거리를 유지해야 한다.

④ 수로 밑을 횡단하는 배관의 매설은 1.5m
이상, 기타 좁은 수로의 경우 0.8m 이상
깊게 매설해야 한다.

> 해설 배관을 철도부지에 매설하는 경우에는 배관의 외면으로
> 부터 궤도 중심까지 4m 이상, 그 철도부지 경계까지는
> 1m 이상의 거리를 유지하고, 지표면으로부터 배관의 외
> 면까지의 깊이를 1.2m 이상 유지해야 한다.

★
46 펌프에서 캐비테이션 방지대책으로 틀린 것
은?

① 흡입양정을 짧게 한다.
② 양흡입펌프를 단흡입펌프로 바꾼다.
③ 펌프의 회전수를 낮춘다.
④ 배관의 굽힘을 적게 한다.

> 해설 펌프에서 캐비테이션(공동현상)을 방지하려면 단흡입펌
> 프를 양흡입펌프로 바꿔야 한다.

47 간접배수관의 관경이 25A일 때 배수구공간
으로 최소 몇 mm가 가장 적절한가?

① 50   ② 100
③ 150   ④ 200

> 해설 간접배수관의 배수구공간

간접배수관의 직경	배수구의 최소 공간
25A 이하	50mm
35~50A	100mm
65A 이상	150mm

★
48 증기난방배관 시공법에 관한 설명으로 틀린
것은?

① 증기주관에서 가지관을 분기할 때는 증
기주관에서 생성된 응축수가 가지관으로
들어가지 않도록 상향분기한다.

② 증기주관에서 가지관을 분기하는 경우에
는 배관의 신축을 고려하여 3개 이상의
엘보를 사용한 스위블이음으로 한다.

③ 증기주관 말단에는 관말트랩을 설치한다.

④ 증기관이나 환수관이 보 또는 출입문 등
장애물과 교차할 때는 장애물을 관통하
여 배관한다.

> 해설 증기난방배관에서 출입구나 보(beam)와 마주칠 때는 루
> 프형 배관으로 위로는 공기를, 아래로는 응축수를 흐르
> 게 한다.

49 공기조화설비의 구성과 가장 거리가 먼 것은?

① 냉동기설비
② 보일러 실내기기설비
③ 위생기구설비
④ 송풍기, 공조기설비

> 해설 **공기조화설비의 구성**
> ㉠ 열원설비 : 냉동기, 보일러, 히트펌프, 흡수식 냉온수
> 기 등
> ㉡ 열매운송설비(환기장치) : 송풍기, 펌프, 덕트, 배관 등
> ㉢ 열교환설비 : 공기조화기, 열교환기, 냉각탑 등

★
50 암모니아냉동설비의 배관으로 사용하기에 가
장 부적절한 배관은?

① 이음매 없는 동관
② 저온배관용 강관
③ 배관용 탄소강강관
④ 배관용 스테인리스강관

> 해설 NH_3는 동 및 동합금을 부식시키고 수분이 많은 경우는
> 아연도 부식시키므로 냉매배관은 강관을 사용한다.

부록
Ⅰ

★
51 건물의 시간당 최대 예상급탕량이 2,000kg/h일 때 도시가스를 사용하는 급탕용 보일러에서 필요한 가스소모량(kg/h)은? (단, 급탕온도 60℃, 급수온도 20℃, 도시가스발열량 15,000kcal/kg, 보일러효율이 95%이며, 열손실 및 예열부하는 무시한다.)

① 5.6 ② 6.6
③ 7.6 ④ 8.6

해설
$$G_f = \frac{WC(t_2 - t_1)}{H_l \eta_B}$$
$$= \frac{2,000 \times 1 \times (60 - 20)}{15,000 \times 0.95}$$
$$= 5.61 \text{kg/h}$$

52 다음 특징은 어떤 포집기에 대한 설명인가?

> 영업용(호텔, 레스토랑) 주방 등의 배수 중 함유되어 있는 지방분을 포집하여 제거한다.

① 드럼포집기 ② 오일포집기
③ 그리스포집기 ④ 플라스터포집기

해설 포집기
㉠ 그리스포집기 : 호텔, 영업용 음식점 등의 주방에서 배수 중에 포함된 지방분을 냉각·응고시켜 제거
㉡ 오일포집기 : 가솔린포집기라고도 하며 자동차수리 공장, 주유소, 세차장 등 휘발유나 유류가 혼입될 우려가 있는 개소의 배수
㉢ 모래포집기 : 흙, 모래, 시멘트 등 무거운 물질이 포함된 배수계통에 설치
㉣ 모발포집기 : 미용실, 이발소 등의 배수계통에 설치
㉤ 플라스터포집기 : 치과병원, 외과병원 등의 배수계통에 설치

★
53 다음 배관부속 중 사용목적이 서로 다른 것과 연결된 것은?

① 플러그-캡 ② 티-리듀서
③ 니플-소켓 ④ 유니언-플랜지

해설 ㉠ 관 끝을 막을 때 : 캡, 플러그
㉡ 관을 분기시킬 때 : 티, 와이
㉢ 같은 직경의 관을 직선으로 연결 시 : 유니언, 플랜지
㉣ 서로 다른 직경(이경)의 관을 연결 시 : 리듀서, 부싱

54 자동 2방향 밸브를 사용하는 냉온수코일배관법에서 바이패스관에 설치하기에 가장 적절한 밸브는?

① 게이트밸브 ② 체크밸브
③ 글로브밸브 ④ 감압밸브

해설 바이패스관에 글로브밸브를 설치하여 유량을 조정한다.

★
55 도시가스배관에서 중압은 얼마의 압력을 의미하는가?

① 0.1MPa 이상 1MPa 미만
② 1MPa 이상 3MPa 미만
③ 3MPa 이상 10MPa 미만
④ 10MPa 이상 100MPa 미만

해설 도시가스압력
㉠ 고압 : 1MPa 이상
㉡ 중압 : 0.1MPa 이상 1MPa 미만
㉢ 저압 : 0.1MPa 이하

★
56 냉동배관 중 액관 시공 시 유의사항으로 틀린 것은?

① 매우 긴 입상배관의 경우 압력이 증가하게 되므로 충분한 과냉각이 필요하다.
② 배관을 가능한 짧게 하여 냉매가 증발하는 것을 방지한다.
③ 가능한 직선적인 배관으로 하고 곡관의 곡률반경은 가능한 크게 한다.
④ 증발기가 응축기 또는 수액기보다 높은 위치에 설치되는 경우는 액을 충분히 과냉각시켜 액냉매가 관 내에서 증발하는 것을 방지하도록 한다.

해설 입상배관이 긴 경우 10m마다 트랩을 설치하고 압력손실에 대한 충분한 배관지름으로 설치한다.

57 강관을 재질상으로 분류한 것이 아닌 것은?

① 탄소강관 ② 합금강관
③ 전기용접강관 ④ 스테인리스강관

강관의 분류

ⓐ 재질에 따른 분류 : 탄소강강관(흑관, 백관), 합금강강관, 스테인리스강관

ⓑ 제조방법에 따른 분류 : 단접강관, 전기(저항)용접강관, 아크용접강관, 이음매 없는(seamless) 강관

★
58 단열 시공 시 곡면부 시공에 적합하고 표면에 아스팔트피복을 하면 −60℃ 정도까지 보냉이 되고 양모, 우모 등의 모(毛)를 이용한 피복재는?

① 실리카울　　　② 아스베스토

③ 섬유유리　　　④ 펠트

해설 펠트(felt)는 우모, 양모 등의 털을 이용한 유기질 단열재(보온재)로 곡면부 시공에 유리하다.

59 기수혼합급탕기에서 증기를 물에 직접 분사시켜 가열하면 압력차로 인해 소음이 발생한다. 이러한 소음을 줄이기 위해 사용하는 설비는?

① 스팀사일렌서　　② 응축수트랩

③ 안전밸브　　　　④ 가열코일

해설 기수혼합식의 사용증기압력은 0.1~0.4MPa로 S형과 F형의 스팀사일렌서를 부착하여 소음을 줄인다.

★
60 유체의 흐름을 한 방향으로만 흐르게 하고 반대방향으로는 흐르지 못하게 하는 밸브의 도시기호는?

① 　　②

③ 　　④

해설 ① 체크밸브(역류 방지용 밸브)
② 게이트(슬루스)밸브
③ 글로브(스톱)밸브
④ 앵글밸브

4 전기제어공학

★
61 서보전동기에 대한 설명으로 틀린 것은?

① 정·역운전이 가능하다.

② 직류용은 없고 교류용만 있다.

③ 급가속 및 급감속이 용이하다.

④ 속응성이 대단히 높다.

해설 서보전동기는 AC(교류), DC(직류) 모두 있다.

62 자동연소제어에서 연료의 유량과 공기의 유량관계가 일정한 비율로 유지되도록 제어하는 방식은?

① 비율제어　　　② 시퀀스제어

③ 프로세스제어　④ 프로그램제어

해설 비율제어는 목표치가 다른 어떤 양에 비례하는 제어(일정 비율 유지)로서 보일러의 자동연소장치, 암모니아의 합성프로세서제어 등이 있다.

★
63 저항 R에 100V의 전압을 인가하여 10A의 전류를 1분간 흘렸다면 이때의 열량은 약 몇 kcal인가?

① 14.4　　　② 28.8

③ 60　　　　④ 120

해설 $Q = 0.24I^2Rt = 0.24VIt$
$= 0.24 \times 100 \times 10 \times 60$
$= 14,400\text{cal} = 14.4\text{kcal}$

★
64 다음 블록선도의 특성방정식으로 옳은 것은?

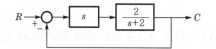

① $3s + 2 = 0$　　② $\dfrac{s}{s+2} = 0$

③ $\dfrac{2s}{3s+2} = 0$　　④ $2s = 0$

해설 $\dfrac{2}{s+2}(R - C)s = C$

$2Rs - 2Cs = C(s+2)$

$2Rs = C(3s+2)$

$\dfrac{C}{R} = \dfrac{2s}{3s+2}$

∴ 특성방정식은 폐루프전달함수의 분모를 0으로 한 것이므로 $3s + 2 = 0$이다.

정답 58 ④　59 ①　60 ①　61 ②　62 ①　63 ①　64 ①

★
65 직류기의 브러시에 탄소를 사용하는 이유는?

① 접촉저항이 크다.

② 접촉저항이 작다.

③ 고유저항이 동보다 작다.

④ 고유저항이 동보다 크다.

해설 탄소는 접촉저항 및 마찰계수가 크므로 각종 기계에 광범위하게 사용된다.

66 제어계에서 제어량이 원하는 값을 갖도록 외부에서 주어지는 값은?

① 동작신호　　② 조작량

③ 목표값　　　④ 궤환량

해설 제어계에서 제어량이 원하는 값을 갖도록 외부에서 주어지는 값은 목표값이다.

★
67 다음 그림과 같은 평형 3상 회로에서 전력계의 지시가 100W일 때 3상 전력은 몇 W인가? (단, 부하의 역률은 100%로 한다.)

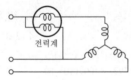
전력계

① $100\sqrt{2}$　　② $100\sqrt{3}$

③ 200　　　　④ 300

해설 2전력계법(2상에 전력계를 설치)이므로
$P = 2 \times 100 = 200\text{W}$

68 다음 그림과 같은 신호흐름선도의 선형방정식은?

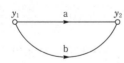

① $y_2 = (a + 2b)y_1$

② $y_2 = (a + b)y_1$

③ $y_2 = (2a + b)y_1$

④ $y_2 = 2(a + b)y_1$

해설 $y_2 = ay_1 + by_1 = y_1(a + b)$

★
69 $R-L$ 직렬회로에 100V의 교류전압을 가했을 때 저항에 걸리는 전압이 80V이었다면 인덕턴스에 걸리는 전압(V)은?

① 20　　　　② 40

③ 60　　　　④ 80

해설 $V = \sqrt{V_1^2 - V_2^2}$
$= \sqrt{100^2 - 80^2}$
$= 60\text{V}$

★
70 교류회로에서 역률은?

① $\dfrac{\text{무효전력}}{\text{피상전력}}$　　② $\dfrac{\text{유효전력}}{\text{피상전력}}$

③ $\dfrac{\text{무효전력}}{\text{유효전력}}$　　④ $\dfrac{\text{유효전력}}{\text{무효전력}}$

해설 $P = P_a \cos\theta$
$\therefore \cos\theta = \dfrac{P}{P_a}$

71 변압기 내부고장 검출용 보호계전기는?

① 차동계전기　　② 과전류계전기

③ 역상계전기　　④ 부족전압계전기

해설 차동계전기는 변압기 내부고장 검출용으로 다중권선을 갖고 이들 권선의 전압, 전류, 전력 따위의 차이가 소정의 값에 이르렀을 때 동작하도록 되어 있는 계전기이다.

72 제어시스템의 구성에서 서보전동기는 어디에 속하는가?

① 조절부　　　② 제어대상

③ 조작부　　　④ 검출부

해설 서보전동기는 주어진 제어신호(제어대상)를 조작력(조작부)으로 바꾸는 전동기나 유압모터를 말한다.

★
73 $i = 2t^2 + 8t$[A]로 표시되는 전류가 도선에 3초 동안 흘렀을 때 통과한 전체 전하량(C)은?

① 18　　　　② 48

③ 54　　　　④ 61

정답 65 ① 66 ③ 67 ③ 68 ② 69 ③ 70 ② 71 ① 72 ② 73 ③

해설 $i = \dfrac{dQ}{dt}$ [A]

$\therefore Q = \displaystyle\int_0^3 i\,dt = \int_0^3 (2t^2 + 8t)\,dt$

$\qquad = \left[\dfrac{2}{3}t^3 + \dfrac{8}{2}t^2 \right]_0^3 = \dfrac{2}{3} \times 3^3 + \dfrac{8}{2} \times 3^2$

$\qquad = 54\text{C}$

★
74 적분시간이 3초이고, 비례감도가 5인 PI제어계의 전달함수는?

① $G(s) = \dfrac{10s + 5}{3s}$

② $G(s) = \dfrac{15s - 5}{3s}$

③ $G(s) = \dfrac{10s - 3}{3s}$

④ $G(s) = \dfrac{15s + 5}{3s}$

해설 $G(s) = K_P\left(1 + \dfrac{1}{T_I s}\right) = 5 \times \left(1 + \dfrac{1}{3s}\right) = \dfrac{15s + 5}{3s}$

★
75 서보기구의 제어량에 속하는 것은?

① 유량　　　　② 압력

③ 밀도　　　　④ 위치

해설 서보(servo)기구는 물체의 위치, 방위, 자세 등의 기계적 변위를 제어량으로 해서 목표값이 임의의 변화에 추종하도록 구성된 제어계(비행기 및 선박의 방향제어계, 미사일발사대의 위치제어계, 추적용 레이더 자동평형기록계 등)이다.

76 운동계의 각속도 ω 는 전기계의 무엇과 대응되는가?

① 저항　　　　② 전류

③ 인덕턴스　　④ 커패시턴스

해설 $\omega = \dfrac{2\pi}{T} = 2\pi f$

운동계의 각속도는 전기계의 전류와 대응된다.

★
77 정상편차를 제거하고 응답속도를 빠르게 하여 속응성과 정상상태 응답특성을 개선하는 제어동작은?

① 비례동작

② 비례적분동작

③ 비례미분동작

④ 비례미분적분동작

해설 정상편차를 제거하고 응답속도를 빠르게 하여 속응성과 정상상태의 특성을 개선시키는 제어동작은 비례미분적분(PDI)동작이다.

78 직류전동기의 속도제어방법이 아닌 것은?

① 계자제어법　　② 직렬저항법

③ 병렬저항법　　④ 전압제어법

해설 **직류전동기의 속도제어방법** : 계자제어법, 직렬저항법, 전압제어법(운전효율이 양호하고 워드-레오나드방식, 정지레오나드방식이 있는 제어법) 등

★
79 다음 그림과 같은 유접점회로의 논리식은?

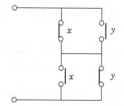

① $x\bar{y} + x\bar{y}$　　② $(\bar{x} + \bar{y})(x + y)$

③ $\bar{x}y + \bar{x}\bar{y}$　　④ $xy + \bar{x}\bar{y}$

해설 논리식 = $(\bar{x} + y)(x + \bar{y}) = \bar{x}x + \bar{y}y + xy + y\bar{y}$
　　　　 $= xy + \bar{x}\bar{y}$

★
80 피드백제어계에서 제어요소에 대한 설명 중 옳은 것은?

① 목표값에 비례하는 신호를 발생하는 요소이다.

② 조절부와 검출부로 구성되어 있다.

③ 동작신호를 조작량으로 변화시키는 요소이다.

④ 조절부와 비교부로 구성되어 있다.

해설 제어요소는 동작신호를 조작량으로 변환하는 요소로 조절부와 조작부로 이루어진다.

정답 74 ④　75 ④　76 ②　77 ④　78 ③　79 ④　80 ③

부록
I

13

2020. 6. 21. 시행

공조냉동기계산업기사

---

1 공기조화

01 증기난방에 관한 설명으로 틀린 것은?

① 열매온도가 높아 방열기의 방열면적이 작아진다.

② 예열시간이 짧다.

③ 부하변동에 따른 방열량의 제어가 곤란하다.

④ 증기의 증발현열을 이용한다.

> **해설** 증기난방
>
> ㉠ 주로 증기가 갖고 있는 잠열(증발열)을 이용하므로 방열기 출구에는 거의 증기트랩이 설치된다.
>
> ㉡ 장점
> - 잠열을 이용하기 때문에 증기순환이 빠르고 열의 운반능력이 크다.
> - 예열시간이 온수난방에 비해 짧다.
> - 방열면적과 관경을 온수난방보다 작게 할 수 있다.
> - 한랭지에서 동결의 우려가 적다.
> - 설비비 및 유지비가 저렴하다.
>
> ㉢ 단점
> - 외기온도변화에 따른 방열량 조절이 곤란하다.
> - 방열기 표면온도가 높아 화상의 우려가 있다.
> - 대류작용으로 먼지가 상승되어 쾌감도가 낮다.
> - 응축수 환수관 내의 부식으로 장치수명이 짧다.
> - 열용량이 작아 지속난방보다는 간헐난방에 사용한다.

02 온풍난방의 특징에 대한 설명으로 틀린 것은?

① 예열부하가 거의 없으므로 기동시간이 아주 짧다.

② 취급이 간단하고 취급자격자를 필요로 하지 않는다.

③ 방열기기나 배관 등의 시설이 필요 없으므로 설비비가 싸다.

④ 토출공기온도가 높으므로 쾌적성이 좋다.

> **해설** 온풍난방은 토출공기온도가 낮고 풍량이 적으므로 실내 상하온도차가 커서 쾌적성이 좋지 않다.

03 공조방식 중 변풍량 단일덕트방식에 대한 설명으로 틀린 것은?

① 운전비의 절약이 가능하다.

② 동시부하율을 고려하여 기기용량을 결정하므로 설비용량을 적게 할 수 있다.

③ 시운전 시 각 토출구의 풍량조정이 복잡하다.

④ 부하변동에 대하여 제어응답이 빠르기 때문에 거주성이 향상된다.

> **해설** 변풍량 단일덕트방식은 각 토출구의 풍량조절이 용이하므로(간단하고) 부하변동에 따른 유연성이 있으며 타 방식에 비해 에너지가 절약된다.

04 풍량이 800m³/h인 공기를 건구온도 33℃, 습구온도 27℃(엔탈피(h_1)는 85.26kJ/kg)의 상태에서 건구온도 16℃, 상대습도 90%(엔탈피(h_2)는 42kJ/kg) 상태까지 냉각할 경우 필요한 냉각열량(kW)은? (단, 건공기의 비체적은 0.83m³/kg이다.)

① 3.1   ② 5.4

③ 11.6   ④ 22.8

> **해설**
> $$Q_s = m\,\Delta h = \rho Q \Delta h = \frac{Q}{v}(h_1 - h_2)$$
> $$= \frac{800}{0.83} \times (85.26 - 42)$$
> $$= 41,696.39 \text{kJ/h} = 11.6 \text{kJ/s} (= \text{kW})$$

정답 01 ④ 02 ④ 03 ③ 04 ③

05 겨울철 침입외기(틈새바람)에 의한 잠열부하 (q_L[kJ/h])를 구하는 공식으로 옳은 것은? (단, Q는 극간풍량(m³/h), Δt는 실내외온도차 (℃), Δx는 실내외절대습도차(kg′/kg)이다.)

① $1.212\,Q\Delta t$ ② $539\,Q\Delta x$

③ $2,501\,Q\Delta x$ ④ $3001.2\,Q\Delta x$

> 해설 $q_L = \rho \gamma_o Q\Delta x = 1.2 \times 2,501\,Q\Delta x$
> $= 3001.2\,Q\Delta x$[kJ/h]

06 공기조화부하의 종류 중 실내부하와 장치부하에 해당되지 않는 것은?

① 사무기기나 인체를 통해 실내에서 발생하는 열

② 유리 및 벽체를 통한 전도열

③ 급기덕트에서 실내로 유입되는 열

④ 외기로 실내온습도를 냉각시키는 열

> 해설 ① 실내부하, 현열, 잠열
> ② 실내부하, 현열
> ③ 장치부하, 현열
> ④ 외기부하, 현열, 잠열

07 에어필터의 포집방법 중 무기질 섬유공간을 공기가 통과할 때 충돌, 차단, 확산에 의해 큰 분진입자를 포집하는 필터는 무엇인가?

① 정전식 필터   ② 여과식 필터

③ 점착식 필터   ④ 흡착식 필터

> 해설 **공기여과기(필터)의 종류**
> ㉠ 충돌점착식 : 여과재 교환형, 유닛교환형, 자동식 충돌점착식 등
> ㉡ 건성 여과식 : 폐기, 유닛교환형, 자동 이동형, HEPA 등
> ㉢ 전기식 : 2단 하전식 정기 청소형, 2단 하전식 여과재 집진형, 1단 하전식 여과재 유전형 등
> ㉣ 활성탄 흡착식 : 원통형, 지그재그형, 바이패스형 등

08 다음 중 자연환기가 많이 일어나도 비교적 난방효율이 제일 좋은 것은?

① 대류난방   ② 증기난방

③ 온풍난방   ④ 복사난방

> 해설 복사난방은 실내가 개방상태에서도 난방효율이 비교적 좋으며 실내온도가 균일하여 쾌감도가 높다.

09 열교환기 중 공조기 내부에 주로 설치되는 공기가열기 또는 공기냉각기를 흐르는 냉온수의 통로수는 코일의 배열방식에 따라 나뉜다. 이 중 코일의 배열방식에 따른 종류가 아닌 것은?

① 풀서킷   ② 하프서킷

③ 더블서킷   ④ 플로서킷

> 해설 **코일의 배열방식에 따른 종류**
> ㉠ 풀서킷 : 보통 많이 사용하는 형식(표준 유속)
> ㉡ 하프서킷 : 유량이 적어서 유속이 느린 경우
> ㉢ 더블서킷 : 유량이 많아 유속이 빠른 경우(코일 내 유속이 1.5m/s 이상)

10 다음 가습기방식의 분류 중 기화식이 아닌 것은?

① 모세관식 가습기   ② 회전식 가습기

③ 적하식 가습기   ④ 원심식 가습기

> 해설 **가습기방식의 분류**
> ㉠ 기화식(증발식) : 회전식, 모세관식, 적하식
> ㉡ 증기식 : 전열식, 전극식, 적외선식, 과열증기식, 노즐분무식
> ㉢ 수분무식 : 원심식, 초음파식, 분무식

11 각 실마다 전기스토브나 기름난로 등을 설치하여 난방하는 방식을 무엇이라고 하는가?

① 온돌난방   ② 중앙난방

③ 지역난방   ④ 개별난방

> 해설 **난방설비의 종류**
> ㉠ 중앙난방 : 직접난방, 간접난방, 복사난방
> ㉡ 개별난방 : 가스, 석탄, 석유, 전기스토브 또는 벽난로
> ㉢ 지역난방 : 대규모

12 송풍기특성곡선에서 송풍기의 운전점은 어떤 곡선의 교차점을 의미하는가?

① 압력곡선과 저항곡선의 교차점

② 효율곡선과 압력곡선의 교차점

③ 축동력곡선과 효율곡선의 교차점

④ 저항곡선과 축동력곡선의 교차점

> 해설 운전점은 압력곡선과 저항곡선의 교차점을 의미한다.

★
13 방열량이 5.25kW인 방열기에 공급해야 할 온수량(m^3/h)은? (단, 방열기 입구온도는 80℃, 출구온도는 70℃이며, 물의 비열은 4.2kJ/kg·℃, 물의 밀도는 977.5kg/m^3이다.)

① 0.34   ② 0.46
③ 0.66   ④ 0.75

해설 $Q_R = mC\Delta t = \rho QC\Delta t [\text{kJ/h}]$

$$\therefore Q = \frac{Q_R}{\rho C\Delta t} = \frac{5.25 \times 3,600}{977.5 \times 4.2 \times (80-70)}$$
$$= 0.46 \text{m}^3/\text{h}$$

★
14 송풍기번호에 의한 송풍기크기를 나타내는 식으로 옳은 것은?

① 원심송풍기 : $No(\#) = \dfrac{\text{회전날개지름(mm)}}{100\text{mm}}$

   축류송풍기 : $No(\#) = \dfrac{\text{회전날개지름(mm)}}{150\text{mm}}$

② 원심송풍기 : $No(\#) = \dfrac{\text{회전날개지름(mm)}}{150\text{mm}}$

   축류송풍기 : $No(\#) = \dfrac{\text{회전날개지름(mm)}}{100\text{mm}}$

③ 원심송풍기 : $No(\#) = \dfrac{\text{회전날개지름(mm)}}{150\text{mm}}$

   축류송풍기 : $No(\#) = \dfrac{\text{회전날개지름(mm)}}{150\text{mm}}$

④ 원심송풍기 : $No(\#) = \dfrac{\text{회전날개지름(mm)}}{100\text{mm}}$

   축류송풍기 : $No(\#) = \dfrac{\text{회전날개지름(mm)}}{100\text{mm}}$

해설 송풍기번호

㉠ 원심송풍기 : $No(\#) = \dfrac{\text{회전날개지름(mm)}}{150}$

㉡ 축류송풍기 : $No(\#) = \dfrac{\text{회전날개지름(mm)}}{100}$

★
15 외기와 배기 사이에서 현열과 잠열을 동시에 회수하는 방식으로 외기도입량이 많고 운전시간이 긴 시설에서 효과가 큰 방식은?

① 전열교환기방식

② 히트파이프방식
③ 콘덴서 리히트방식
④ 런 어라운드 코일방식

해설 전열교환기방식 : 유지비 저렴(에너지 절약기법으로 이용), 환기 시 실내온도 불변, 양방향 환기방식으로 환기효과 우수, 실내습도 유지 가능

16 보일러를 안전하고 경제적으로 운전하기 위한 여러 가지 부속기기 중 급수관계장치와 가장 거리가 먼 것은?

① 증기관   ② 급수펌프
③ 급수밸브   ④ 자동급수장치

해설 증기관(steam pipe)은 증기를 도입하는 관으로 증기원동기의 경우 보일러에서 발생한 증기를 터빈이나 기타 장치에 유도하는 배관을 말한다.

★
17 압력 10,000kPa, 온도 227℃인 공기의 밀도(kg/m^3)는 얼마인가? (단, 공기의 기체상수는 287.04J/kg·K이다.)

① 57.3   ② 69.6
③ 73.2   ④ 82.9

해설 $PV = RT$
$P = \rho RT$

$$\therefore \rho = \frac{P}{RT} = \frac{10,000 \times 10^3}{287.04 \times (227+273)} \fallingdotseq 69.68 \text{kg/m}^3$$

18 다음 공조방식 중 중앙방식이 아닌 것은?

① 단일덕트방식   ② 2중덕트방식
③ 팬코일유닛방식   ④ 룸쿨러방식

해설 룸쿨러(room cooler)방식은 개별방식이다.

19 다음 중 엔탈피가 0kJ/kg인 공기는 어느 것인가?

① 0℃ 습공기   ② 0℃ 건공기
③ 0℃ 포화공기   ④ 32℃ 습공기

해설 0℃ 건공기의 비엔탈피값은 0kJ/kg이다.

★
20 다음 습공기선도에서 습공기의 상태가 1지점에서 2지점을 거쳐 3지점으로 이동하였다. 이 습공기가 거친 과정은? (단, 1, 2의 엔탈피는 같다.)

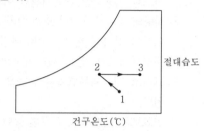

① 냉각감습 – 가열
② 냉각 – 제습제를 이용한 제습
③ 순환수가습 – 가열
④ 온수감습 – 냉각

해설 습공기선도에서 1 → 2과정은 순환수분무가습(air washer)이고, 2 → 3과정은 (등압)가열과정이다.

---

2 냉동공학

★
21 다음의 냉매가스를 단열압축하였을 때 온도상승률이 가장 큰 것부터 순서대로 나열된 것은? (단, 냉매가스는 이상기체로 가정한다.)

① 공기 > 암모니아 > 메틸클로라이드 > R-502
② 공기 > 메틸클로라이드 > 암모니아 > R-502
③ 공기 > R-502 > 메틸클로라이드 > 암모니아
④ R-502 > 공기 > 암모니아 > 메틸클로라이드

해설 비열비 크기 : 공기(1.4) > 암모니아(1.31) > 메틸클로라이드(R-40)(1.2) > R-502(R-115 +R-22, 공비혼합냉매)

참고 냉매가스를 단열압축 시 온도 상승이 큰 것은 비열비(k)가 클수록 크다.
$$k = \frac{C_p}{C_v}$$

---

22 몰리에르선도상에서 압력이 증대함에 따라 포화액선과 건포화증기선이 만나는 일치점을 무엇이라 하는가?

① 한계점
② 임계점
③ 상사점
④ 비등점

해설 냉매몰리에르선도($P-h$)상에서 압력이 증대함에 따라 포화액선과 건포화증기선이 만나는 일치점은 임계점(critical point)이라 한다.

★
23 다음 중 냉동기의 압축기에서 일어나는 이상적인 압축과정은 어느 것인가?

① 등온변화
② 등압변화
③ 등엔탈피변화
④ 등엔트로피변화

해설 냉동기의 압축기에서 이상적인 압축과정은 가역단열압축(등엔트로피과정)이다.

---

24 다음 열에 대한 설명으로 틀린 것은?

① 냉동실이나 냉장실 벽체를 통해 실내로 들어오는 열은 감열과 잠열이다.
② 냉동실 출입문의 틈새로 공기가 갖고 들어오는 열은 감열과 잠열이다.
③ 하절기 냉장실에서 작업하는 인체의 발생열은 감열과 잠열이다.
④ 냉장실 내 백열등에서 발생하는 열은 감열이다.

해설 냉동실이나 냉장실 벽체를 통해 실내로 들어오는 열(유입되는 열)은 현열(감열)이다.

★
25 다음 중 펠티에(Peltier)효과를 이용한 냉동법은?

① 기체팽창냉동법
② 열전냉동법
③ 자기냉동법
④ 2원 냉동법

해설 열전냉동법은 펠티에효과를 이용한 냉동법이다.

정답 20 ③ 21 ① 22 ② 23 ④ 24 ① 25 ②

★
26 온도식 팽창밸브(Thermostatic expansion valve)에 있어서 과열도란 무엇인가?

① 팽창밸브 입구와 증발기 출구 사이의 냉매온도차

② 팽창밸브 입구와 팽창밸브 출구 사이의 냉매온도차

③ 흡입관 내의 냉매가스온도와 증발기 내의 포화온도와의 온도차

④ 압축기 토출가스와 증발기 내 증발가스의 온도차

해설 온도식 팽창밸브에서 과열도란 흡입관 내의 냉매가스온도와 증발기 내의 포화온도와의 온도차를 말한다.

27 수냉식 응축기를 사용하는 냉동장치에서 응축압력이 표준압력보다 높게 되는 원인으로 가장 거리가 먼 것은?

① 공기 또는 불응축가스의 혼입

② 응축수 입구온도의 저하

③ 냉각수량의 부족

④ 응축기의 냉각관에 스케일이 부착

해설 수냉식 응축기의 압력 증가원인 : 불응축가스, 냉각수량 부족, 응축기의 관 내 스케일, 냉매의 과잉충전 등

★
28 흡수식 냉동기에 관한 설명으로 옳은 것은?

① 초저온용으로 사용된다.

② 비교적 소용량보다는 대용량에 적합하다.

③ 열교환기를 설치하여도 효율은 변함없다.

④ 물-LiBr식인 경우 물이 흡수제가 된다.

해설 흡수식 냉동기는 비교적 소용량보다는 대용량에 적합한 냉동기이다.

29 증기압축식 냉동법(A)과 전자냉동법(B)의 역할을 비교한 것으로 틀린 것은?

① (A) 압축기 : (B) 소대자(P-N)

② (A) 압축기 모터 : (B) 전원

③ (A) 냉매 : (B) 전자

④ (A) 응축기 : (B) 저온측 접합부

해설 (A) 응축기 : (B) 고온측 접합부

30 다음 중 가스엔진구동형 열펌프(GHP)시스템의 설명으로 틀린 것은?

① 압축기를 구동하는데 전기에너지 대신 가스를 이용하는 내연기관을 이용한다.

② 하나의 실외기에 하나 또는 여러 개의 실내기가 장착된 형태로 이루어진다.

③ 구성요소로서 압축기를 제외한 엔진, 그리고 내·외부열교환기 등으로 구성된다.

④ 연료로는 천연가스, 프로판 등이 이용될 수 있다.

해설 GHP(Gas engine Heat Pump)는 가스엔진구동형 열펌프의 약자로 전기 대신 청정연료인 가스를 냉난방원료로 사용하여 압축기를 구동하여 냉매를 순환시켜 여름에는 냉방을, 겨울에는 난방을 하는 신개념 냉난방시스템이다.

★
31 다음 냉동기의 종류와 원리의 연결로 틀린 것은?

① 증기압축식 : 냉매의 증발잠열

② 증기분사식 : 진공에 의한 물 냉각

③ 전자냉동법 : 전류흐름에 의한 흡열작용

④ 흡수식 : 프레온냉매의 증발잠열

해설 흡수식 냉동기는 물의 증발잠열(2,256kJ/kg)을 통해 냉방을 한다(물은 표준 대기압하에서는 100℃에서 증발(기화) 하지만, 고진공상태(6.5mmHg)에서는 5℃ 전후의 낮은 온도에서도 증발한다).

★
32 다음 그림은 단효용 흡수식 냉동기에서 일어나는 과정을 나타낸 것이다. 각 과정에 대한 설명으로 틀린 것은?

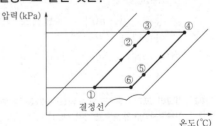

① ①→②과정 : 재생기에서 돌아오는 고온 농용액과 열교환에 의한 희용액의 온도 상승

② ②→③과정 : 재생기 내에서의 가열에
　　의한 냉매응축
③ ④→⑤과정 : 흡수기에서의 저온 희용
　　액과 열교환에 의한 농용액의 온도강하
④ ⑤→⑥과정 : 흡수기에서 외부로부터
　　의 냉각에 의한 농용액의 온도강하

해설 ㉠ ⑥ → ① : 흡수기에서의 흡수작용
　　㉡ ① → ② : 용액열교환기(고온 농용액과 희용액)에서
　　　열교환에 의한 온도 상승
　　㉢ ② → ③ : 재생기에서 비등점(끓는점)에 이를 때까지
　　　가열
　　㉣ ③ → ④ : 재생기에서 용액농축
　　㉤ ④ → ⑤ : 흡수기에서 저온 희용액과 열교환에 의한
　　　농용액의 온도강하
　　㉥ ⑤ → ⑥ : 흡수기에서 외부로부터 냉각에 의한 농용
　　　액의 온도강하

★
33 다음 중 헬라이드토치를 이용하여 누설검사
　　를 하는 냉매는?

① R-134a　　　　② R-717
③ R-744　　　　④ R-729

해설 헬라이드토치는 프레온냉매(R-134a)의 누설검사측정기
이다.

참고 R-717(NH₃), R-744(CO₂), R-729(공기), R-718(물)

34 냉동기 속 두 냉매가 다음 표의 조건으로 작동
　　될 때 A냉매를 이용한 압축기의 냉동능력을
　　Q_A, B냉매를 이용한 압축기의 냉동능력을
　　Q_B인 경우 Q_A/Q_B의 비는? (단, 두 압축기의
　　피스톤압출량은 동일하며, 체적효율도 75%
　　로 동일하다.)

구분	A	B
냉동효과(kJ/kg)	1,130	170
비체적(m³/kg)	0.509	0.077

① 1.5　　　　② 1.0
③ 0.8　　　　④ 0.5

해설 냉매순환량$(m) = \dfrac{Q_e}{q_e} = \dfrac{V}{v}\eta_v$[kg/h]

두 압축기 피스톤의 압출량(V[m³/h])과 체적효율(η_v)이
동일한 경우 냉동능력(Q_e)과 냉동효과(q_e)는 비례관계
이고, 비체적(v)은 반비례관계이므로

$$\therefore \frac{Q_A}{Q_B} = \frac{q_A}{q_B} \cdot \frac{V_B}{V_A} = \frac{1,130}{170} \times \frac{0.077}{0.509} = 1.0$$

★
35 두께 3cm인 석면판의 한쪽 면의 온도는 400℃,
　　다른 쪽 면의 온도는 100℃일 때 이 판을 통해
　　일어나는 열전달량(W/m²)은? (단, 석면의 열
　　전도율은 0.095W/m·℃이다.)

① 0.95　　　　② 95
③ 950　　　　④ 9,500

해설 $q_c = \lambda\left(\dfrac{t_1 - t_2}{L}\right) = 0.095 \times \dfrac{400 - 100}{0.03} = 950 \text{W/m}^2$

36 냉매 충전용 매니폴드를 구성하는 주요 밸브
　　와 가장 거리가 먼 것은?

① 흡입밸브
② 자동용량제어밸브
③ 펌프연결밸브
④ 바이패스밸브

해설 냉매 충전용 매니폴드를 구성하는 주요 밸브에 흡입밸브,
펌프연결밸브, 바이패스밸브 등이 있다.

★
37 R-502를 사용하는 냉동장치의 몰리엘선도
　　가 다음과 같다. 이 장치의 실제 냉매순환량은
　　167kg/h이고, 전동기출력이 3.5kW일 때 실
　　제 성적계수는?

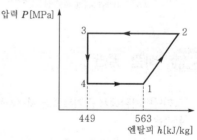

① 1.3　　　　② 1.4
③ 1.5　　　　④ 1.6

해설 $\varepsilon_R = \dfrac{Q_e}{w_c} = \dfrac{m q_e}{w_c} = \dfrac{m(h_1 - h_4)}{w_c}$

$$= \frac{167 \times (563 - 449)}{3.5 \times 3,600} = 1.51$$

참고 1kW=1kJ/s=60kJ/min=3,600kJ/h

38 다음 중 냉매와 배관재료의 선택을 바르게 나타낸 것은?

① NH_3 : Cu합금

② 크롤 메틸 : Al합금

③ R-21 : Mg을 함유한 Al합금

④ 이산화탄소 : Fe합금

해설 이산화탄소(CO_2)냉매의 배관재료는 Fe합금을 사용한다.

39 2단 압축사이클에서 증발압력이 계기압력으로 235kPa이고, 응축압력은 절대압력으로 1,225kPa일 때 최적의 중간 절대압력(kPa)은? (단, 대기압은 101kPa이다.)

① 514.5 ② 536.06

③ 641.56 ④ 668.36

해설 $P_m = \sqrt{P_e P_c} = \sqrt{(101+235) \times 1,225} = 641.56 \text{kPa}$

40 30℃의 공기가 체적 $1m^3$의 용기 내에 압력 600kPa인 상태로 들어있을 때 용기 내의 공기질량(kg)은? (단, 기체상수는 287J/kg·K이다.)

① 5.9 ② 6.9

③ 7.9 ④ 4.9

해설 $PV = mRT$

$\therefore \ m = \dfrac{PV}{RT} = \dfrac{600 \times 1}{0.287 \times (30+273)} = 6.9 \text{kg}$

3 배관 일반

41 증기난방배관에서 증기트랩을 사용하는 주된 목적은?

① 관 내의 온도를 조절하기 위해서

② 관 내의 압력을 조절하기 위해서

③ 배관의 신축을 흡수하기 위해서

④ 관 내의 증기와 응축수를 분리하기 위해서

해설 증기트랩(steam trap)은 증기분리기로서 분리된 수분이나 증기배관계에서 생긴 응축수를 회수 또는 관 외에 배제하기 위한 장치이다. 즉 관 내의 증기와 응축수를 분리하는 장치이다.

42 배수관 설치기준에 대한 내용으로 틀린 것은?

① 배수관의 최소 관경은 20mm 이상으로 한다.

② 지중에 매설하는 배수관의 관경은 50mm 이상이 좋다.

③ 배수관은 배수가 흐르는 방향으로 관경을 축소해서는 안 된다.

④ 기구배수관의 관경은 이것에 접속하는 위생기구의 트랩구경 이상으로 한다.

해설 배수관 설치기준
㉠ 배수관의 최소 관경은 32mm 이상
㉡ 지중·지하층 바닥에 매설하는 배수관경(집배수관경)은 50mm 이상
㉢ 배수관은 하류방향으로 갈수록 관의 지름을 크게 설계할 것
㉣ 기구배수관의 관경은 이것에 접속하는 위생기구의 트랩구경 이상으로 하되 최소 30mm
㉤ 배수수직관의 관경은 이것과 접속하는 배수수평지관의 최대 관경 이상
㉥ 배수수평지관의 관경은 이것과 접속하는 기구배수관의 최대 관경 이상

43 배관의 지름이 100cm이고, 유량이 $0.785m^3/s$일 때 이 파이프 내의 평균유속(m/s)은 얼마인가?

① 1 ② 10

③ 100 ④ 1,000

해설 $Q = AV [m^3/s]$

$\therefore \ V = \dfrac{Q}{A} = \dfrac{Q}{\frac{\pi}{4}d^2} = \dfrac{4Q}{\pi d^2} = \dfrac{4 \times 0.785}{\pi \times 1^2} = 1 \text{m/s}$

44 냉매배관 시공법에 관한 설명으로 틀린 것은?

① 압축기와 응축기가 동일 높이 또는 응축기가 아래에 있는 경우 배출관은 하향구배로 한다.

② 증발기가 응축기보다 아래에 있을 때 냉매액이 증발기에 흘러내리는 것을 방지하기 위해 역루프를 만들어 배관한다.

③ 증발기와 압축기가 같은 높이일 때는 흡입관을 수직으로 세운 다음 압축기를 향해 선단 상향구배로 배관한다.

④ 액관배관 시 증발기 입구에 전자밸브가 있을 때는 루프이음을 할 필요가 없다.

해설 증발기와 압축기의 높이가 같은 경우에는 흡입관을 수직 입상시키고 압축기를 향해 1/200의 하양구배로 한다.

★
45 증기배관 내의 수격작용을 방지하기 위한 내용으로 가장 적당한 것은?

① 감압밸브를 설치한다.
② 가능한 배관에 굴곡부를 많이 둔다.
③ 가능한 배관의 관경을 크게 한다.
④ 배관 내 증기의 유속을 빠르게 한다.

해설 **수격작용 방지법**
㉠ 에어챔버(공기실)를 설치하고 굴곡개소를 줄인다.
㉡ 관경을 크게 하고 유속을 낮춘다.
㉢ 밸브개폐는 천천히 한다.
㉣ 증기배관의 보온을 철저히 한다.
㉤ 배관은 가능한 한 직선배관을 원칙으로 하고 구부리지 않는다.

★
46 다음 중 캐비테이션현상의 발생원인으로 옳은 것은?

① 흡입양정이 작을 경우 발생한다.
② 액체의 온도가 낮을 경우 발생한다.
③ 날개차의 원주속도가 작을 경우 발생한다.
④ 날개차의 모양이 적당하지 않을 경우 발생한다.

해설 **Cavitation(공동현상)의 발생원인**
㉠ 흡입양정(suction head)이 클 때
㉡ 액체의 온도가 높을 때
㉢ 날개차의 회전속도가 빠를 때
㉣ 날개차(impeller)의 모양이 적당하지 않을 경우

47 냉동장치 배관도에서 다음과 같은 부속기기의 기호는 무엇을 나타내는가?

① 송풍기　　　② 응축기
③ 펌프　　　　④ 체크밸브

해설 **냉동부속기기의 기호**

㉠ 펌프 :
㉡ 체크밸브 :
㉢ 응축기 :

48 옥상 급수탱크의 부속장치에 해당하는 것은?

① 압력스위치　　② 압력계
③ 안전밸브　　　④ 오버플로관

해설 **옥상 급수탱크의 부속장치** : 오버플로관, 통기관, 양수관, 맨홀, 배수관, 급수관 등

참고 **오버플로관** : 옥상 급수탱크 내의 양수가 넘칠 때 외부로 배수하는 관

★
49 다음 중 온수온돌난방의 바닥매설배관으로 가장 적합한 것은?

① 주철관　　　② 강관
③ 동관　　　　④ PVC관

해설 온수온돌난방의 바닥 매설 : 동관, XL(폴리에틸렌)관 등

★
50 다음 배관도시기호 중 리듀서 표시는 무엇인가?

①　　　　　　　②
③　　　　　　　④

해설 ② 없음, ③ 드라이어, ④ 신축이음(슬리브형)

51 천연고무보다 더 우수한 성질을 가지고 있으며 내유성, 내후성, 내산성, 내마모성 등이 뛰어난 고무류 패킹재는 무엇인가?

① 테플론　　　② 석면
③ 네오프렌　　④ 합성수지

해설 **네오프렌**
㉠ 내열범위가 −46~121℃인 합성고무이다.
㉡ 내유·내후·내산화성이며 기계적 성질이 우수하다.
㉢ 물, 공기, 기름, 냉매배관에 사용한다.

★
52 배관지지철물이 갖추어야 할 조건으로 가장 거리가 먼 것은?

① 충격과 진동에 견딜 수 있는 재료일 것
② 배관 시공에 있어서 구배조정이 용이할 것
③ 보온 및 방로를 위한 재료일 것
④ 온도변화에 따른 관의 팽창과 신축을 흡수할 수 있을 것

정답 45 ③　46 ④　47 ③　48 ④　49 ③　50 ①　51 ③　52 ③

해설 **배관지지의 조건**
ⓐ 충격 및 진동에 견딜 것
ⓑ 배관 시공에 있어서 구배조정이 용이할 것
ⓒ 배관 소음을 방지할 것
ⓓ 팽창과 신축을 흡수할 것
ⓔ 배관의 중량을 지지할 수 있는 충분한 강도를 가질 것

53 냉매배관 시 주의사항으로 틀린 것은?
① 배관은 가능한 간단하게 한다.
② 굽힘반지름은 작게 한다.
③ 관통개소 외에는 바닥에 매설하지 않아야 한다.
④ 배관에 응력이 생길 우려가 있을 경우에는 신축이음으로 배관한다.

해설 냉매배관 시 굽힘반지름(곡률반경)은 크게 할 것

★
54 열전도율이 극히 낮고 경량이며 흡수성은 좋지 않으나 굽힘성이 풍부한 유기질 보온재는?
① 펠트 ② 코르크
③ 기포성 수지 ④ 규조토

해설 **기포성 수지**
ⓐ 합성수지 또는 고무질 재료를 사용해 다공성 제품으로 만든 것을 말한다.
ⓑ 열전도율이 낮고 경량이며 흡수성이 좋지 않으나 굽힘성이 풍부하다.
ⓒ 불에 잘 타지 않으며 보온성과 보냉성이 뛰어난 유기질 보온재이다.

★
55 배관의 온도변화에 의한 수축과 팽창을 흡수하기 위한 이음쇠로 적절하지 못한 것은?
① 벨로즈 ② 플렉시블
③ U밴드 ④ 플랜지

해설 **수축과 팽창이음쇠** : 신축이음(벨로즈, 슬리브, 루프), 플렉시블, U밴드 등
참고 플랜지접합은 직경이 65A 이상인 관을 연결하는 이음으로 관을 자주 분해 및 점검하는 경우에 사용한다.

56 개방식 팽창탱크 주변의 배관에서 팽창탱크의 수면 아래에 접속되는 관은?
① 팽창관 ② 통기관
③ 안전관 ④ 오버플로관

해설 개방식 팽창탱크 주변의 배관에서 팽창탱크의 수면 아래에 접속되는 관은 팽창관이다.

★
57 다음 중 이음쇠 중 방진, 방음의 역할을 하는 것은?
① 플렉시블형 이음쇠
② 슬리브형 이음쇠
③ 스위블형 이음쇠
④ 루프형 이음쇠

해설 플렉시블형 이음쇠는 열팽창 등 외부영향을 받는 변형을 흡수하며 방진, 방음의 효과가 있다.

★
58 관 이음쇠의 종류에 따른 용도의 연결로 틀린 것은?
① 와이(Y) : 분기할 때
② 벤드 : 방향을 바꿀 때
③ 플러그 : 직선으로 이을 때
④ 유니언 : 분해, 수리, 교체가 필요할 때

해설 플러그(plug)는 관 막음쇠이다.

★
59 배관지지금속 중 리스트레인트(restraint)에 해당하지 않는 것은?
① 행거 ② 앵커
③ 스토퍼 ④ 가이드

해설 **리스트레인트(restraint)**
ⓐ 열팽창에 의한 배관의 이동을 구속 또는 제한한다.
ⓑ 앵커(anchor) : 배관을 지지점위치에 완전히 고정하는 지지구이다.
ⓒ 스톱(stop) : 배관의 일정 방향의 이동과 회전만 구속하고, 다른 방향은 자유롭게 이동하게 한다.
ⓓ 가이드(guide) : 축과 직각방향의 이동을 구축한다.

60 정압기의 부속설비에서 가스수요량이 급격히 증가하여 압력이 필요한 경우 쓰이는 장치는?
① 정압기 ② 가스미터
③ 부스터 ④ 가스필터

해설 부스터는 정압기의 부속설비에서 가스수요량이 급격히 증가하여 압력이 필요한 경우에 쓰인다.

정답 53 ② 54 ③ 55 ④ 56 ① 57 ① 58 ③ 59 ① 60 ③

61 대칭 3상 Y부하에서 부하전류가 20A이고 각 상의 임피던스가 $Z = 3 + 4j[\Omega]$일 때 이 부하의 선간전압(V)은 약 얼마인가?

① 141
② 173
③ 220
④ 282

해설 선간전압 $= \sqrt{3} \, IZ$
$= \sqrt{3} \times 20 \times \sqrt{3^2 + 4^2}$
$\fallingdotseq 173V$

62 인디셜응답이 지수함수적으로 증가하다가 결국 일정값으로 되는 계는 무슨 요소인가?

① 미분요소
② 적분요소
③ 1차 지연요소
④ 2차 지연요소

해설 인디셜응답이 지수함수적으로 증가하다가 일정값으로 되는 계는 1차 지연요소의 전달함수이다.
$$G(s) = \frac{K}{Ts + 1}$$

63 회전 중인 3상 유도전동기의 슬립이 1이 되면 전동기 속도는 어떻게 되는가?

① 불변이다.
② 정지한다.
③ 무부하상태가 된다.
④ 동기속도와 같게 된다.

해설 슬립이 1일 때 회전을 전혀 하지 못하는 상태(정지)이고, 슬립이 0일 때 부하가 없는 상태로 동기속도와 같게 된다.

64 전동기 정역회로를 구성할 때 기기의 보호와 조작자의 안전을 위하여 필수적으로 구성되어야 하는 회로는?

① 인터록회로
② 플립플롭회로
③ 정지우선 자기유지회로
④ 기동우선 자기유지회로

해설 주로 기기의 보호와 조작자의 안전을 목적으로 인터록회로가 필수적이다.

65 $R - L - C$ 직렬회로에 $t = 0$에서 교류전압 $v = E_m \sin(\omega t + \theta)[V]$를 가할 때 이 회로의 응답유형은? (단, $R^2 - 4\dfrac{L}{C} > 0$이다.)

① 완전진동
② 비진동
③ 임계진동
④ 감쇠진동

해설 응답유형

㉠ 비진동 : $R^2 - 4\dfrac{L}{C} > 0$

㉡ 진동 : $R^2 - 4\dfrac{L}{C} < 0$

㉢ 임계진동 : $R^2 = 4\dfrac{L}{C}$

66 단일 궤환제어계의 개루프 전달함수가 $G(s) = \dfrac{2}{s+1}$일 때 압력 $r(t) = 5u(t)$에 대한 정상상태 오차 e_{ss}는?

① $\dfrac{1}{3}$
② $\dfrac{2}{3}$
③ $\dfrac{4}{3}$
④ $\dfrac{5}{3}$

해설 $K_p = \lim_{s \to 0} G(s) = \lim_{s \to 0} \dfrac{2}{s+1} = 2$

$R(s) = \dfrac{5}{s^2}$

$\therefore e_{ss} = \dfrac{R}{1 + K_p} = \dfrac{5}{1+2} = \dfrac{5}{3}$

67 계전기를 이용한 시퀀스제어에 관한 사항으로 옳지 않은 것은?

① 인터록회로 구성이 가능하다.
② 자기유지회로 구성이 가능하다.
③ 순차적으로 연산하는 직렬처리방식이다.
④ 제어결과에 따라 조작이 자동적으로 이행된다.

해설 시퀀스제어는 조작의 순서를 미리 정해놓고 이에 따라 조작의 각 단계를 차례로 행하는 제어(릴레이, 로직, PLC)이다.

정답 **61** ② **62** ③ **63** ② **64** ① **65** ② **66** ④ **67** ③

부록 I

★
68 제어량을 어떤 일정한 목표값으로 유지하는 것을 목적으로 하는 제어는?

① 추종제어   ② 비율제어
③ 정치제어   ④ 프로그램제어

해설 정치제어는 목표값이 시간에 관계 없이 제어량을 어떤 일정한 목표값으로 유지하는 것을 목적으로 하는 제어법이다.

★
69 도체의 전기저항에 대한 설명으로 틀린 것은?

① 같은 길이, 단면적에서도 온도가 상승하면 저항이 증가한다.
② 단면적에 반비례하고, 길이에 비례한다.
③ 고유저항은 백금보다 구리가 크다.
④ 도체 반지름의 제곱에 반비례한다.

해설 $R = \rho \dfrac{l}{A} [\Omega] = \rho \dfrac{l}{\frac{\pi}{4}D^2} = \rho \dfrac{l}{\pi r^2}$

★
70 회로시험기(Multi Meter)로 직접 측정할 수 없는 것은?

① 저항   ② 교류전압
③ 직류전압   ④ 교류전력

해설 **회로시험기(멀티미터)** : 저항, 교류전압, 직류전류, 직류전압 등을 직접 측정

71 다음 그림과 같은 단위계단함수를 옳게 나타낸 것은?

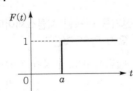

① $u(t)$ ② $u(t-a)$
③ $u(a-t)$ ④ $u(-a-t)$

해설 단위계단함수($= u(t-a)$)를 라플라스변환하면
$$\mathcal{L}[f(t)] = \mathcal{L}[u(t-a)] = \frac{e^{-st}}{s}$$

72 어떤 회로에 220V의 교류전압을 인가했더니 4.4A의 전류가 흐르고, 전압과 전류와의 위상차는 60°가 되었다. 이 회로의 저항성분(Ω)은?

① 10   ② 25
③ 50   ④ 75

해설 $Z = \dfrac{V}{I} = \dfrac{220\angle 0°}{4.4\angle -60°} = \dfrac{220}{4.4}\angle 60°$
$\quad = \dfrac{220}{4.4}(\cos 60° + j\sin 60°)$
$R' = R + jX$ 에서
$\therefore R = \dfrac{220}{4.4} \times \cos 60° = 25\Omega$

★
73 기계적 변위를 제어량으로 해서 목표값의 임의의 변화에 추종하도록 구성되어 있는 것은?

① 자동조정   ② 서보기구
③ 정치제어   ④ 프로세스제어

해설 서보기구는 물체의 위치, 방위, 자세 등의 기계적 변위를 제어량으로 해서 목표값이 임의의 변화에 추종하도록 구성된 제어계이다.

★
74 다음 회로에서 합성정전용량(μF)은?

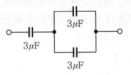

① 1.1   ② 2.0
③ 2.4   ④ 3.0

해설 $C_1 = 3\mu F$, $C_2 = 3 + 3 = 6\mu F$
$\dfrac{1}{C} = \dfrac{1}{C_1} + \dfrac{1}{C_2}$
$\therefore C = \dfrac{C_1 C_2}{C_1 + C_2} = \dfrac{3 \times 6}{3 + 6} = 2\mu F$

참고 합성정전용량은 합성저항(R)과 반대로 계산한다. 즉 직렬이면 병렬로, 병렬이면 직렬로 계산한다.

75 직류전동기의 속도제어방법 중 광범위한 속도제어가 가능하며 정토크 가변속도의 용도에 적합한 방법은?

① 계자제어   ② 직렬저항제어
③ 병렬저항제어   ④ 전압제어

정답 68 ③ 69 ③ 70 ④ 71 ② 72 ② 73 ② 74 ② 75 ④

해설 **직류전동기의 속도제어**

㉠ 전압제어 : 넓은 범위의 속도제어가 가능하고 효율이 좋다.
㉡ 저항제어 : 구성이 간단한 속도제어법이다.
㉢ 계자제어 : 비교적 넓은 범위의 속도제어에서 효율이 양호하다.

76 서보전동기는 다음 중 어디에 속하는가?

① 검출기 ② 증폭기
③ 변환기 ④ 조작기기

해설 서보전동기는 자동제어기기 중 전기식 조작기기에 속한다.

★
77 다음 중 기동토크가 가장 큰 단상 유도전동기는?

① 분상기동형 ② 반발기동형
③ 셰이딩코일형 ④ 콘덴서기동형

해설 기동토크가 가장 큰 단상 유도전동기는 반발기동형이다.

78 다음 그림과 같은 회로에서 해당되는 램프의 식으로 옳은 것은?

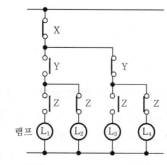

① $L_1 = \overline{X}YZ$ ② $L_2 = \overline{X}YZ$
③ $L_3 = \overline{X}YZ$ ④ $L_4 = \overline{X}YZ$

해설 ② $L_2 = \overline{X}Y\overline{Z}$, ③ $L_3 = \overline{X}\,\overline{Y}Z$, ④ $L_4 = \overline{X}\,\overline{Y}\,\overline{Z}$

★
79 목표값이 미리 정해진 변화량에 따라 제어량을 변화시키는 제어는?

① 정치제어 ② 추종제어
③ 비율제어 ④ 프로그램제어

해설 프로그램제어는 목표값이 미리 정해진 시간적 변화를 하는 경우의 제어로 열차의 무인운전, 열처리의 온도제어 등이 이에 속한다.

★
80 다음 그림과 같은 블록선도와 등가인 것은?

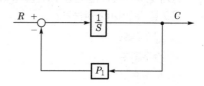

① $R \longrightarrow \boxed{\dfrac{S}{P_1}} \longrightarrow C$

② $R \longrightarrow \boxed{S+P_1} \longrightarrow C$

③ $R \longrightarrow \boxed{\dfrac{1}{S+P_1}} \longrightarrow C$

④ $R \longrightarrow \boxed{\dfrac{P_1}{S}} \longrightarrow C$

해설 $C = \dfrac{1}{S}R - \dfrac{1}{S}P_1 C$

$C\left(1+\dfrac{P_1}{S}\right) = \dfrac{1}{S}R$

$C(S+P_1) = R$

$\therefore \ G = \dfrac{C}{R} = \dfrac{1}{S+P_1}$

부록
I

14 2020. 8. 23. 시행
공조냉동기계산업기사

---

1 공기조화

01 공기 중의 수증기분압을 포화압력으로 하는 온도를 무엇이라 하는가?

① 건구온도
② 습구온도
③ 노점온도
④ 글로브(globe)온도

해설 공기 중의 수증기분압(P_w)을 포화압력(상대습도 100%)으로 하는 온도를 노점온도(dew point)라고 한다.

02 외기의 온도가 −10℃이고 실내온도가 20℃이며 벽면적이 25m²일 때 실내의 열손실량(kW)은? (단, 벽체의 열관류율 10W/m²·K, 방위계수는 북향으로 1.2이다.)

① 7   ② 8
③ 9   ④ 10

해설 $Q = K_D K A (t_i - t_o)$
$= 1.2 \times (10 \times 10^{-3}) \times 25 \times [20 - (-10)] = 9\text{kW}$

03 공조공간을 작업공간과 비작업공간으로 나누어 전체적으로 기본적인 공조만 하고, 작업공간에서는 개인의 취향에 맞도록 개별공조하는 방식은?

① 바닥취출공조방식
② 태스크 앰비언트공조방식
③ 저온공조방식
④ 축열공조방식

해설 태스크 앰비언트공조방식(T/A : Task/Ambient Air Conditioning System) : 공조공간을 작업공간(task zone)과 비작업공간(ambient zone)으로 나누어 전체적으로 기본적인 공조만 하고, 작업공간에서는 재실자의 쾌적성을 확보함과 아울러 에너지도 절약할 수 있는 개별공조방식이다(하이브리드방식).

04 제습장치에 대한 설명으로 틀린 것은?

① 냉각식 제습장치는 처리공기를 노점온도 이하로 냉각시켜 수증기를 응축시킨다.
② 일반 공조에서는 공조기에 냉각코일을 채용하므로 별도의 제습장치가 없다.
③ 제습장법은 냉각식, 흡수식, 흡착식으로 구분된다.
④ 에어와셔방식은 냉각식으로 소형이고 수처리가 편리하여 많이 채용된다.

해설 에어와셔(air washer)방식은 미세한 물 알갱이를 공급하는 공기에 직접 분무하는 직접접촉식으로서 대기 중에 존재하는 가스상 화학오염물질의 제거는 물론, 공기 중에 부유하는 미세입자의 분진을 제거하는 효율도 매우 우수하다(단열분무가습=세정가습).

05 냉각코일의 용량결정방법으로 옳은 것은?

① 실내 취득열량+기기로부터의 취득열량 +재열부하+외기부하
② 실내 취득열량+기기로부터의 취득열량 +재열부하+냉수펌프부하
③ 실내 취득열량+기기로부터의 취득열량 +재열부하+배관부하
④ 실내 취득열량+기기로부터의 취득열량 +재열부하+냉수펌프 및 배관부하

해설 냉각코일의 용량=실내 취득열량+기기로부터의 취득 열량+재열부하+외기부하

참고 냉동기의 용량=냉동코일용량+펌프배관부하

정답 01 ③ 02 ③ 03 ② 04 ④ 05 ①

06 온풍난방에 관한 설명으로 틀린 것은?

① 예열부하가 거의 없으므로 기동시간이 아주 짧다.

② 온풍을 이용하므로 쾌감도가 좋다.

③ 보수·취급이 간단하여 취급에 자격이 필요하지 않다.

④ 설치면적이 적으며 설치장소도 제약을 받지 않는다.

해설 온풍난방은 간접난방으로 실내온도분포가 좋지 않아 쾌감도가 떨어진다.

★
07 다음 중 흡수식 감습장치에 일반적으로 사용되는 액상흡수제로 가장 적절한 것은?

① 트리에틸렌글리콜

② 실리카겔

③ 활성알루미나

④ 탄산소다수용액

해설 흡습식 감습(제습)장치에 일반적으로 사용되는 액상흡수제는 트리에틸렌글리콜이다.

08 실내압력은 정압상태로 주로 작은 용적의 연소실 등과 같이 급기량을 확실하게 확보하기 어려운 장소에 적용하기에 가장 적합한 환기방식은?

① 압입흡출병용환기

② 압입식 환기

③ 흡출식 환기

④ 풍력환기

해설 압입식 환기는 제2종 환기법으로 송풍기(급기), 자연배기되는 기계적 환기법으로, 실내압력은 정압(+)상태로 주로 작은 용적의 연소실 등과 같이 급기량을 확실하게 확보하기 어려운 장소에 적합한 환기방식이다.

★
09 공기조화부하 계산을 위한 고려사항으로 가장 거리가 먼 것은?

① 열원방식

② 실내온습도의 설정조건

③ 지붕재료 및 치수

④ 실내발열기구의 사용시간 및 발열량

해설 일반적으로 냉매와 증기를 공급하는 방식인 열원방식은 공조부하 계산 시 고려사항이 아니다.

10 다음 중 표면결로 발생 방지조건으로 틀린 것은?

① 실내측에 방습막을 부착한다.

② 다습한 외기를 도입하지 않는다.

③ 실내에서 발생되는 수증기량을 억제한다.

④ 공기와의 접촉면온도를 노점온도 이하로 유지한다.

해설 표면결로를 방지하려면 공기와 접촉된 접촉면온도를 노점온도 이상으로 유지해야 한다.

★
11 겨울철 외기조건이 2℃(DB), 50%(RH), 실내조건이 19℃(DB), 50%(RH)이다. 외기와 실내공기를 1 : 3으로 혼합할 경우 혼합공기의 최종온도(℃)는?

① 5.3   ② 10.3

③ 14.8   ④ 17.3

해설 $t_m = \dfrac{m_1 t_1}{m} + \dfrac{m_2 t_2}{m} = \dfrac{3 \times 19}{4} + \dfrac{1 \times 2}{4} ≒ 14.8℃$

★
12 다음 취득열량 중 잠열이 포함되지 않는 것은?

① 인체의 발열

② 조명기구의 발열

③ 외기의 취득열

④ 증기소독기의 발생열

해설 조명기구의 발열량은 현열(감열)이다.

13 온수난방방식의 분류에 해당되지 않는 것은?

① 복관식   ② 건식

③ 상향식   ④ 중력식

해설 **온수난방의 분류**
㉠ 순환방식에 따라 : 자연순환(중력식), 강제순환(펌프식)
㉡ 공급방식에 따라 : 상향식, 하향식
㉢ 배관방식에 따라 : 단관식, 복관식, 역환수식(리버스리턴)

★
14 다음 중 축류취출구의 종류가 아닌 것은?

① 노즐형   ② 펑커 루버

③ 베인격자형   ④ 팬형

해설 ㉠ 축류형 취출구 : 유니버설형(베인격자형과 그릴형), 노즐형, 펑커 루버, 머시룸 디퓨저, 천장 슬롯형, 라인형(T라인 디퓨저, M라인 디퓨저, 브리지라인 디퓨저, 캄라인 디퓨저)
㉡ 복류형 취출구 : 아네모스탯형, 팬형

★
15 다음의 공기선도상에 수분의 증가 없이 가열 또는 냉각되는 경우를 나타낸 것은?

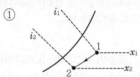

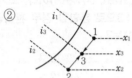

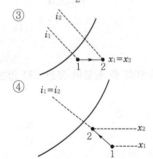

해설 ① 냉각감습과정
② 공기혼합과정으로 1→3은 냉각감습, 2→3은 가열 가습이다.
③ 가열냉각과정으로 절대습도가 일정하다(수증기의 변화가 없다).
④ 단열분무가습(세정가습)

★
16 다음과 같은 공기선도상의 상태에서 CF(Contact Factor)를 나타내고 있는 것은?

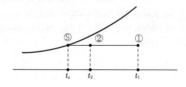

① $\dfrac{t_1 - t_2}{t_1 - t_s}$ ② $\dfrac{t_1 - t_2}{t_2 - t_s}$

③ $\dfrac{t_2 - t_s}{t_1 - t_s}$ ④ $\dfrac{t_2 - t_s}{t_1 - t_2}$

해설 ㉠ 콘택트 팩터$(CF) = \dfrac{t_1 - t_2}{t_1 - t_s} = 1 - BF$

㉡ 바이패스 팩터$(BF) = \dfrac{t_2 - t_s}{t_1 - t_s} = CF - 1$

17 대류난방과 비교하여 복사난방의 특징으로 틀린 것은?

① 환기 시에는 열손실이 크다.
② 실의 높이에 따른 온도편차가 크지 않다.
③ 하자가 발생하였을 때 위치 확인이 곤란하다.
④ 열용량이 크므로 부하에 즉각적인 대응이 어렵다.

해설 **복사난방**
㉠ 환기 시에도 열손실이 적다.
㉡ 복사난방은 높이에 따른 실온의 변화가 적으므로 쾌적성이 가장 좋다.
㉢ 하자 발생 시 위치 확인이 곤란하다.
㉣ 부하에 즉각적인 대응이 어렵다.
㉤ 인체의 표면이 방열면에서 직접 열복사한다.
㉥ 실온이 낮아도 난방효과가 있다.
㉦ 열복사는 상당히 높은 천장의 난방도 가능하다.

★
18 덕트의 설계순서로 옳은 것은?

① 송풍량 결정 → 취출구 및 흡입구의 위치 결정 → 덕트경로 결정 → 덕트치수 결정
② 취출구 및 흡입구의 위치 결정 → 덕트경로 결정 → 덕트치수 결정 → 송풍량 결정
③ 송풍량 결정 → 취출구 및 흡입구의 위치 결정 → 덕트치수 결정 → 덕트경로 결정
④ 취출구 및 흡입구의 위치 결정 → 덕트치수 결정 → 덕트경로 결정 → 송풍량 결정

해설 **덕트의 설계순서** : 송풍량 결정 → 취출구 및 흡입구의 위치 결정 → 덕트경로 결정 → 덕트치수 결정

정답 14 ④ 15 ③ 16 ① 17 ① 18 ①

19 난방설비에 관한 설명으로 옳은 것은?

① 온수난방은 온수의 현열과 잠열을 이용한 것이다.

② 온풍난방은 온풍의 현열과 잠열을 이용한 직접난방방식이다.

③ 증기난방은 증기의 현열을 이용한 대류난방이다.

④ 복사난방은 열원에서 나오는 복사에너지를 이용한 것이다.

> **해설** 온수와 온풍난방은 현열을, 증기난방은 증기의 잠열을, 복사난방은 복사에너지를 이용한다.

★
20 다음 중 공기조화설비와 가장 거리가 먼 것은?

① 냉각탑　　　　② 보일러

③ 냉동기　　　　④ 압력탱크

> **해설** **공기조화설비**
> ㉠ 열원설비 : 냉동기, 보일러, 히트펌프, 흡수식 냉온수기 등
> ㉡ 열매운송설비(환기장치) : 송풍기, 덕트, 펌프, 배관 등
> ㉢ 열교환설비 : 공기조화기, 열교환기, 냉각탑 등
> ㉣ 자동제어장치(온도 및 습도 조절)

2 냉동공학

21 열이동에 대한 설명으로 틀린 것은?

① 서로 접하고 있는 물질의 구성분자 사이에 정지상태에서 에너지가 이동하는 현상을 열전도라 한다.

② 고온이 유체분자가 고체의 전열면까지 이동하여 열에너지를 전달하는 현상을 열대류라 한다.

③ 물체로부터 나오는 전자파형태로 열이 전달되는 전열작용을 열복사라 한다.

④ 열관류율이 클수록 단열재로 적당하다.

> **해설** 열관류율(K)이 클수록 단열재(보온재)로 적당하지 않다(단열재는 열관류율이 작아야 한다).

★
22 피스톤압출량이 500m³/h인 암모니아압축기가 다음 그림과 같은 조건으로 운전되고 있을 때 냉동능력(kW)은 얼마인가? (단, 체적효율은 0.68이다.)

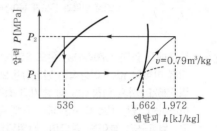

① 101.8　　　　② 134.6

③ 158.4　　　　④ 182.1

> **해설** 냉매순환량$(m) = \dfrac{냉동능력(Q_e)}{냉동효과(q_e)} = \dfrac{V_L}{v}\eta_v$
>
> $\therefore\ Q_e = m q_e = \dfrac{V_L}{v}\eta_v q_e$
>
> $= \left(\dfrac{500}{0.79} \times 0.68\right) \times (1,662 - 536)$
>
> $\fallingdotseq 484,607.6\text{kJ/h} = 134.6\text{kW}$

> **참고** 1kW=1kJ/s=60kJ/min=3,600kJ/h

★
23 다음 조건을 참고하여 흡수식 냉동기의 성적계수는 얼마인가?

> • 응축기 냉각열량 : 5.6kW
> • 흡수기 냉각열량 : 7.0kW
> • 재생기 가열량 : 5.8kW
> • 증발기 냉동열량 : 6.7kW

① 0.88　　　　② 1.16

③ 1.34　　　　④ 1.52

> **해설** $\varepsilon_R = \dfrac{증발기\ 냉동열량(Q_e)}{(고온)재생기\ 가열량(Q_R)} = \dfrac{6.7}{5.8} \fallingdotseq 1.16$

★
24 표준 냉동사이클에 대한 설명으로 옳은 것은?

① 응축기에서 버리는 열량은 증발기에서 취하는 열량과 같다.

② 증기를 압축기에서 단열압축하면 압력과 온도가 높아진다.

③ 팽창밸브에서 팽창하는 냉매는 압력이 감소함과 동시에 열을 방출한다.

④ 증발기 내에서의 냉매증발온도는 그 압력에 대한 포화온도보다 낮다.

해설 증기를 압축기에서 단열압축($S = C$)하면

$$\frac{T_2}{T_1} = \left(\frac{P_2}{P_1}\right)^{\frac{k-1}{k}}$$ 이므로 압력과 온도가 높아진다.

★ 25 노즐에서 압력 1,764kPa, 온도 300℃인 증기를 마찰이 없는 이상적인 단열유동으로 압력 196kPa까지 팽창시킬 때 증기의 최종속도(m/s)는? (단, 최초 속도는 매우 작아 무시하고, 입출구의 높이는 같으며, 단열열낙차는 442.3kJ/kg로 한다.)

① 912.1   ② 940.5
③ 946.4   ④ 963.3

해설 $v_2 = 44.72\sqrt{h_1 - h_2} = 44.72\sqrt{442.3} = 940.5 \text{m/s}$

★ 26 다음 중 프레온계 냉동장치의 배관재료로 가장 적당한 것은?

① 철   ② 강
③ 동   ④ 마그네슘

해설 ㉠ 암모니아냉매배관 : 강관
㉡ 프레온냉매배관 : 동관

★ 27 방열벽을 통해 실외에서 실내로 열이 전달될 때 실외측 열전달계수가 0.02093kW/m²·K, 실내측 열전달계수가 0.00814kW/m²·K, 방열벽두께가 0.2m, 열전도가 5.8×10⁻⁵kW/m·K일 때 총괄열전달계수(kW/m²·K)는?

① 1.54×10⁻³   ② 2.77×10⁻⁴
③ 4.82×10⁻⁴   ④ 5.04×10⁻³

해설 $K_t = \dfrac{1}{\dfrac{1}{\alpha_i} + \dfrac{l}{\lambda} + \dfrac{1}{\alpha_o}}$

$$= \frac{1}{\dfrac{1}{0.00814} + \dfrac{0.2}{5.8 \times 10^{-5}} + \dfrac{1}{0.02093}}$$

$$\fallingdotseq 2.77 \times 10^{-4} \text{kW/m}^2 \cdot \text{K}$$

★ 28 냉장고의 증발기에 서리가 생기면 나타나는 현상으로 옳은 것은?

① 압축비 감소
② 소요동력 감소
③ 증발압력 감소
④ 냉장고 내부온도 감소

해설 증발기에 서리가 생기면 증발압력이 감소되므로 압축비 증가, 소요동력 증가, 토출가스온도 상승, 체적효율 감소, 냉동능력 감소, 성적계수 감소, 냉장고 내부온도 상승 등이 나타난다.

★ 29 콤파운드(compound)형 압축기를 사용한 냉동방식에 대한 설명으로 옳은 것은?

① 증발기가 2개 이상 있어서 각 증발기에 압축기를 연결하여 필요에 따라 다른 온도에서 냉매를 증발시킬 수 있는 방식

② 냉매를 한 가지만 쓰지 않고 두 가지 이상을 써서 각 냉매에 압축기를 설치하여 낮은 온도를 얻을 수 있게 하는 방식

③ 한쪽 냉동기의 증발기가 다른 쪽 냉동기의 응축기를 냉각시키도록 각각의 사이클에 독립된 압축기를 배열하는 방식

④ 동일한 냉매에 대해 1대의 압축기로 2단 압축을 하도록 하여 고압의 냉매를 사용하여 냉동을 수행하는 방식

해설 **콤파운드형 압축기** : 단단 압축기 2대의 기구를 1대의 구조물로 조립하여 2대의 압축기의 역할을 하도록 한 것으로 입구 및 토출구가 2개씩 있고 내부에서 2개조로 구분하고 있다. 즉 1대의 압축기 6기통 중 2기통이 고단측에 가고, 4기통은 저단측에 가는 것이 보통이다.

참고 콤파운드압축기는 설치면적 및 중량 경감, 설비비 등의 절감효과가 있다.

★ 30 일반적으로 대용량의 공조용 냉동기에 사용되는 터보식 냉동기의 냉동부하변화에 따른 용량제어방식으로 가장 거리가 먼 것은?

① 압축기 회전수 가감법
② 흡입가이드베인 조절법
③ 클리어런스 증대법
④ 흡입댐퍼 조절법

용량제어방식
  ㉠ 왕복동식 용량제어법 : 회전수 가감법, 클리어런스 증대법, 바이패스법, 언로더시스템법
  ㉡ 터보식(원심식) 용량제어법 : 회전수제어, 흡입베인제어, 흡입댐퍼제어, 바이패스제어, 냉각수량 조절법, 디퓨저제어

★
31 냉동효과에 관한 설명으로 옳은 것은?

① 냉동효과란 응축기에서 방출하는 열량을 의미한다.

② 냉동효과는 압축기의 출구엔탈피와 증발기의 입구엔탈피의 차를 이용하여 구할 수 있다.

③ 냉동효과는 팽창밸브 직전의 냉매액온도가 높을수록 크며, 또 증발기에서 나오는 냉매증기의 온도가 낮을수록 크다.

④ 냉매의 과냉각도를 증가시키면 냉동효과는 커진다.

냉동효과(q_e)란 냉매 1kg이 증발기에서 증발 시 피냉각물질로부터 흡수하는 열량으로 증가되며 냉매의 과냉각도를 증가시키면 냉동효과는 커진다.

★
32 냉매의 구비조건으로 틀린 것은?

① 동일한 냉동능력을 내는 경우에 소요동력이 적을 것

② 증발잠열이 크고 액체의 비열이 작을 것

③ 액상 및 기상의 점도는 낮고, 열전도도는 높을 것

④ 임계온도가 낮고, 응고온도는 높을 것

냉매는 임계온도가 높고, 응고온도는 낮을 것

33 다음 중 증발온도가 저하되었을 때 감소되지 않는 것은? (단, 응축온도는 일정하다.)

① 압축비   ② 냉동능력

③ 성적계수   ④ 냉동효과

응축온도 일정 시 증발온도가 저하되면
  ㉠ 압축비 증가
  ㉡ 토출가스온도 상승
  ㉢ 체적효율 감소
  ㉣ 냉동능력 감소
  ㉤ 냉동기 성능계수 감소

★
34 실제 기체가 이상기체의 상태식을 근사적으로 만족하는 경우는?

① 압력이 높고, 온도가 낮을수록

② 압력이 높고, 온도가 높을수록

③ 압력이 낮고, 온도가 높을수록

④ 압력이 낮고, 온도가 낮을수록

압력은 낮고 온도가 높을수록 실제 기체가 이상기체를 근사적으로 만족시킬 수 있다(분자량이 작을수록, 비체적이 클수록).

35 터보압축기에서 속도에너지를 압력으로 변화시키는 역할을 하는 것은?

① 임펠러   ② 베인

③ 증속기어   ④ 스크루

터보압축기는 원심식 압축기로 회전차(임펠러)의 회전에 의해 속도에너지를 압력에너지로 변환시키는 압축기이다.

36 다음 압축기의 종류 중 압축방식이 다른 것은?

① 원심식 압축기   ② 스크루압축기

③ 스크롤압축기   ④ 왕복동식 압축기

원심식 압축기(터보냉동기)는 원심식이고, 스크루압축기, 스크롤압축기, 왕복동식 압축기는 용적식 압축기이다.

★
37 표준 냉동사이클에서 냉매액이 팽창밸브를 지날 때 상태량의 값이 일정한 것은?

① 엔트로피   ② 엔탈피

③ 내부에너지   ④ 온도

표준(기준) 냉동사이클에서 팽창밸브과정은 교축팽창과정으로 압력강하($P_1 > P_2$), 온도강하($T_1 > T_2$), 엔탈피 일정($h_1 = h_2$), 엔트로피 증가($\Delta S > 0$)로 나타난다.

★
38 암모니아냉동기에서 암모니아가 누설되는 곳에 페놀프탈레인시험지를 대면 어떤 색으로 변하는가?

① 적색   ② 청색

③ 갈색   ④ 백색

정답 31 ④ 32 ④ 33 ① 34 ③ 35 ① 36 ① 37 ② 38 ①

부록
I

해설 암모니아냉매의 누설검사
㉠ 적색 리트머스시험지 : 청색
㉡ 유황초 : 백연 발생
㉢ 물+페놀프탈레인시험지 : 적색
㉣ 네슬러시약 : 소량일 때 황색, 다량일 때 자색
㉤ 냄새로 확인

39 1RT(냉동톤)에 대한 설명으로 옳은 것은?

① 0℃ 물 1kg을 0℃ 얼음으로 만드는데 24시간 동안 제거해야 할 열량

② 0℃ 물 1ton을 0℃ 얼음으로 만드는데 24시간 동안 제거해야 할 열량

③ 0℃ 물 1kg을 0℃ 얼음으로 만드는데 1시간 동안 제거해야 할 열량

④ 0℃ 물 1ton을 0℃ 얼음으로 만드는데 1시간 동안 제거해야 할 열량

해설 1RT(냉동톤)이란 0℃의 물 1ton을 0℃의 얼음으로 만드는데 24시간 동안 제거해야 할 열량이다.

$$1RT = \frac{1,000 \times 79.68}{24} = 3,320 kcal/h = 3.86 kW$$

참고 얼음의 융해열(물의 응고열)=79.68kcal/kg≒334kJ/kg

40 압축기 직경이 100mm, 행정이 850mm, 회전수 2,000rpm, 기통수 4일 때 피스톤배출량(m³/h)은?

① 3204.4   ② 3316.2

③ 3458.8   ④ 3567.1

해설 $V = ASNZ \times 60 = \dfrac{\pi \times 0.1^2}{4} \times 0.85 \times 2,000 \times 4 \times 60$

$= 3204.4 m^3/h$

3 배관 일반

41 다음 그림에서 ㉠과 ㉡의 명칭으로 바르게 설명된 것은?

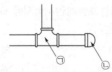

① ㉠ 크로스, ㉡ 트랩

② ㉠ 소켓, ㉡ 캡

③ ㉠ 90° Y티, ㉡ 트랩

④ ㉠ 티, ㉡ 캡

해설 ㉠ 관 끝을 막을 때 : 캡, 플러그
㉡ 관을 분기시킬 때 : 티, 와이
㉢ 같은 직경의 관을 직선으로 연결 시 : 유니언, 플랜지
㉣ 서로 다른 직경(이경)의 관을 연결 시 : 리듀서, 부싱

42 냉온수배관을 시공할 때 고려해야 할 사항으로 옳은 것은?

① 열에 의한 온수의 체적팽창을 흡수하기 위해 신축이음을 한다.

② 기기와 관의 부식을 방지하기 위해 물을 자주 교체한다.

③ 열에 의한 배관의 신축을 흡수하기 위해 팽창관을 설치한다.

④ 공기체류장소에는 공기빼기밸브를 설치한다.

해설 **냉온수배관 시공 시 고려사항**
㉠ 열에 의한 온수의 체적팽창을 흡수하기 위해 팽창탱크를 설치한다.
㉡ 기기와 관의 부식을 방지하려면 온수온도 50℃ 이하, 유속 1.5m/s 이하, 용존산소 제거, 급수 처리 등을 고려해야 한다.
㉢ 열에 의한 배관의 신축을 흡수하기 위해 신축이음을 설치한다.
㉣ 자동 공기빼기밸브는 배관에 정압(+)이 걸리는 부분에 설치한다.

43 펌프에서 물을 압송하고 있을 때 발생하는 수격작용을 방지하기 위한 방법으로 틀린 것은?

① 급격한 밸브개폐는 피한다.

② 관 내의 유속을 빠르게 한다.

③ 기구류 부근에 공기실을 설치한다.

④ 펌프에 플라이휠을 설치한다.

해설 **수격작용 방지방법**
㉠ 에어챔버(공기실)를 설치하고 굴곡개소를 줄인다.
㉡ 관경을 크게 하고 유속을 낮춘다.
㉢ 밸브개폐는 천천히 한다.
㉣ 펌프에 플라이휠을 설치한다.

44 수액기를 나온 냉매액은 팽창밸브를 통해 교축되어 저온 저압의 증발기로 공급된다. 팽창밸브의 종류가 아닌 것은?

① 온도식   ② 플로트식

③ 인젝터식   ④ 압력자동식

해설 **팽창밸브의 종류** : 수동, 온도식, 정압식(자동식), 플로트식(부자식) 밸브 외에 모세관

45 냉매배관 시공 시 유의사항으로 틀린 것은?

① 팽창밸브 부근에서의 배관길이는 가능한 짧게 한다.

② 지나친 압력강하를 방지한다.

③ 암모니아배관의 관이음에 쓰이는 패킹재료는 천연고무를 사용한다.

④ 두 개의 입상관 사용 시 트랩은 가능한 크게 한다.

해설 두 개의 입상관 사용 시 트랩은 가능한 작게 한다.

46 신축이음쇠의 종류에 해당하지 않는 것은?

① 슬리브형   ② 벨로즈형

③ 루프형   ④ 턱걸이형

해설 **신축이음의 종류**
⊙ 스위블형 : 방열기 주변 배관에 2개 이상의 엘보를 사용하여 이용하며 저압 사용
ⓛ 슬리브형 : 보수가 용이한 곳(벽, 바닥용의 관통배관)
ⓒ 벨로즈형 : 파형으로 누수영향이 없음
ⓔ 루프형(신축곡관형) : 고압에 잘 견디고 옥외배관에 적당

47 냉매배관 중 액관은 어느 부분인가?

① 압축기와 응축기까지의 배관

② 증발기와 압축기까지의 배관

③ 응축기와 수액기까지의 배관

④ 팽창밸브와 압축기까지의 배관

해설 ⊙ 액관 : 응축기와 수액기까지의 배관
ⓛ 토출관 : 압축기와 응축기까지의 배관
ⓒ 흡입관 : 증발기와 압축기까지의 배관

참고 보통 고압액배관은 응축기 출구에서 수액기, 팽창밸브 입구까지 이르는 배관으로 고온 고압의 냉매가 흐른다.

48 배관길이 200m, 관경 100mm의 배관 내 20℃의 물을 80℃로 상승시킬 경우 배관의 신축량(mm)은? (단, 강관의 선팽창계수는 11.5×10^{-6} m/m · ℃이다)

① 138   ② 13.8

③ 104   ④ 10.4

해설 $\lambda = L\alpha\Delta t \times 10^3$
$= 200 \times 11.5 \times 10^{-6} \times (80-20) \times 10^3 = 138mm$

49 다음의 배관도시기호 중 유체의 종류와 기호의 연결로 틀린 것은?

① 공기 : A   ② 수증기 : W

③ 가스 : G   ④ 유류 : O

해설 수증기 : S

50 일반도시가스사업 가스공급시설 중 배관설비를 건축물에 고정부착할 때 배관의 호칭지름이 13mm 이상 33mm 미만인 경우 몇 m마다 고정장치를 설치하여야 하는가?

① 1   ② 2

③ 3   ④ 5

해설 **도시가스배관의 고정장치 설치간격**
⊙ 호칭지름 13mm 미만 : 1m
ⓛ 호칭지름 13mm 이상 33mm 미만 : 2m
ⓒ 호칭지름 33mm 이상 : 3m

51 배관의 KS도시기호 중 틀린 것은?

① 고압배관용 탄소강관 : SPPH

② 보일러 및 열교환기용 탄소강관 : STBH

③ 기계구조용 탄소강관 : SPTW

④ 압력배관용 탄소강관 : SPPS

해설 ⊙ 기계구조용 탄소강관 : STKM
ⓛ 수도용 도복장강관 : STPW

52 주철관에 관한 설명으로 틀린 것은?

① 압축강도, 인장강도가 크다.

② 내식성, 내마모성이 우수하다.

③ 충격치, 휨강도가 작다.

④ 보통 급수관, 배수관, 통기관에 사용된다.

정답 44 ③ 45 ④ 46 ④ 47 ③ 48 ① 49 ② 50 ② 51 ③ 52 ①

해설 주철관은 압축강도가 크고, 인장강도는 작다.

53 증기난방에서 환수주관을 보일러수면보다 높은 위치에 설치하는 배관방식은?

① 습식환수관식 ② 진공환수식
③ 강제순환식 ④ 건식환수관식

해설 증기난방 시 환수주관의 배치방식
㉠ 건식환수관식 : 환수주관을 보일러수면보다 높은 곳에 설치
㉡ 습식환수관식 : 환수주관을 보일러수면보다 낮은 곳에 설치

★
54 평면상의 변위뿐만 아니라 입체적인 변위까지도 안전하게 흡수하므로 어떤 형상의 신축에도 배관이 안전하며 증기, 물, 기름 등의 2.9MPa 압력과 220℃ 정도까지 사용할 수 있는 신축이음쇠는?

① 스위블형 신축이음쇠
② 슬리브형 신축이음쇠
③ 볼조인트형 신축이음쇠
④ 루프형 신축이음쇠

해설 볼조인트형(ball joint type) 신축이음
㉠ 설치공간이 작다.
㉡ 어떠한 형상의 신축에도 배관이 안전하다.
㉢ 2.94MPa의 압력과 220℃ 온도까지 사용할 수 있다.

★
55 급탕배관에 관한 설명으로 틀린 것은?

① 건물의 벽 관통 부분 배관에는 슬리브(sleeve)를 끼운다.
② 공기빼기밸브를 설치한다.
③ 배관의 기울기는 중력순환식인 경우 보통 1/150으로 한다.
④ 직선배관 시에는 강관인 경우 보통 60m마다 1개의 신축이음쇠를 설치한다.

해설 직선배관 시 동관은 20m마다, 강관은 30m마다 1개의 신축이음쇠를 설치한다.

★
56 배수트랩의 봉수깊이로 가장 적당한 것은?

① 30~50mm ② 50~100mm
③ 100~150mm ④ 150~200mm

해설 배수트랩의 봉수깊이는 50~100mm가 적당하다.

참고 트랩의 봉수깊이가 50mm 이하이면 봉수 유지가 곤란하고, 100mm 이상이면 유속 저하로 트랩 밑에 침전물이 쌓인다.

57 다음 중 공기가열기나 열교환기 등에서 다량의 응축수를 처리하는 경우에 가장 적합한 트랩은?

① 버킷트랩
② 플로트트랩
③ 온도조절식 트랩
④ 열역학적 트랩

해설 공기가열기나 열교환기 등에서 다량의 응축수를 처리하는 경우 가장 적합한 트랩은 플로트트랩(float trap)이다.

★
58 배관이 바닥이나 벽을 관통할 때 설치하는 슬리브(sleeve)에 관한 설명으로 틀린 것은?

① 슬리브의 구경은 관통배관의 지름보다 충분히 크게 한다.
② 방수층을 관통할 때는 누수 방지를 위해 슬리브를 설치하지 않는다.
③ 슬리브를 설치하여 관을 교체하거나 수리할 때 용이하게 한다.
④ 슬리브를 설치하여 관의 신축에 대응할 수 있다.

해설 축방향으로 자유롭게 이동할 수 있도록 만든 신축이음장치로 글랜드패킹으로 기밀을 유지하므로 방수층을 통과 시에도 누수 염려가 없도록 슬리브를 설치해야 한다.

59 각개통기방식에서 트랩 위어(weir)로부터 통기관까지의 구배로 가장 적절한 것은?

① $\dfrac{1}{25} \sim \dfrac{1}{50}$ ② $\dfrac{1}{50} \sim \dfrac{1}{100}$

③ $\dfrac{1}{100} \sim \dfrac{1}{150}$ ④ $\dfrac{1}{150} \sim \dfrac{1}{200}$

해설 각개통기방식은 가장 이상적인 통기방식으로 위생기구 1개마다 통기관 1개를 설치(1:1)하며, 관경 32A이며 트랩 위어로부터 통기관까지의 구배는 1/50~1/100이 적당하고, 유속은 평균 1.2m/s로 한다.

정답 53 ④ 54 ③ 55 ④ 56 ② 57 ② 58 ② 59 ②

★60 다음 중 가스배관의 크기를 결정하는 요소로 가장 거리가 먼 것은?

① 관의 길이 ② 가스의 비중
③ 가스의 압력 ④ 가스기구의 종류

(해설) 가스배관의 크기를 결정하는 요소에는 관의 길이, 가스의 비중, 가스의 압력 등이 있다.

(참고) 가스배관의 관지름
• 저압배관인 경우(폴공식)

$$Q = K\sqrt{\dfrac{D^5 H}{SL}} \, [\mathrm{m^3/h}]$$

• 중·고압배관인 경우(콕스공식)

$$Q = K\sqrt{\dfrac{D^5 (P_1{}^2 - P_2{}^2)}{SL}}$$

여기서, K : 유량계수(저압 : 0.707, 중·고압 : 52.31)
D : 관지름(cm)
H : 마찰손실수두(mmH$_2$O)
P_1 : 처음 압력
P_2 : 나중 압력
S : 비중
L : 관의 길이(m)

---

4 전기제어공학

61 동작틈새가 가장 많은 조절계는?

① 비례동작 ② 2위치동작
③ 비례미분동작 ④ 비례적분동작

(해설) 동작틈새가 가장 많은 조절계는 2위치동작(ON-OFF동작)이다.

★62 목표값이 미리 정해진 시간적 변화를 하는 경우 제어량을 그것에 추종시키기 위한 제어는?

① 프로그램제어 ② 정치제어
③ 추종제어 ④ 비율제어

(해설) 프로그램제어 : 목표치가 시간과 함께 미리 정해진 변화를 하는 제어로서 열처리의 온도제어, 열차의 무인운전, 엘리베이터, 자판기 등이 해당한다.

★63 다음 회로에서 합성정전용량(F)의 값은?

$$\circ\!-\!\!|\!\vdash_{C_1}\!-\!\!|\!\vdash_{C_2}\!-\!\circ$$

① $C_0 = C_1 + C_2$ ② $C_0 = C_1 - C_2$

③ $C_0 = \dfrac{C_1 + C_2}{C_1 C_2}$ ④ $C_0 = \dfrac{C_1 C_2}{C_1 + C_2}$

(해설)
$$\dfrac{1}{C_0} = \dfrac{1}{C_1} + \dfrac{1}{C_2}$$

$$\therefore \; C_0 = \dfrac{1}{\dfrac{1}{C_1} + \dfrac{1}{C_2}} = \dfrac{C_1 C_2}{C_1 + C_2} \, [\mathrm{F}]$$

(참고) 합성정전용량은 합성저항(R)과 반대로 계산한다. 즉 직렬이면 병렬로, 병렬이면 직렬로 계산한다.

★64 오픈루프전달함수가 $G(s) = \dfrac{1}{s(s^2 + 5s + 6)}$ 인 단위궤환계에서 단위계단 입력을 가하였을 때의 잔류편차는?

① $\dfrac{5}{6}$ ② $\dfrac{6}{5}$

③ ∞ ④ 0

(해설) 단위계단함수를 $R(s) = \dfrac{1}{s}$ 이라 할 때

$$e_{ss} = \lim_{s \to 0} \dfrac{s}{1 + G(s)} R(s)$$

$$= \lim_{s \to 0} \dfrac{s}{1 + G(s)} \dfrac{1}{s}$$

$$= \lim_{s \to 0} \dfrac{1}{1 + G(s)}$$

$$= \lim_{s \to 0} \dfrac{1}{1 + \dfrac{1}{s(s^2 + 5s + 6)}}$$

$$= \lim_{s \to 0} \dfrac{s(s^2 + 5s + 6)}{s(s^2 + 5s + 6) + 1}$$

$$= \dfrac{0}{1} = 0$$

★65 시스템의 전달함수가 $T(s) = \dfrac{1,250}{s^2 + 150s + 1,250}$ 으로 표현되는 2차 제어시스템의 고유주파수는 약 몇 rad/s인가?

① 35.36 ② 28.87
③ 25.62 ④ 20.83

(해설) 특성방정식 $s^2 + 2\delta\omega_n s + \omega_n{}^2 = 0$이므로

$$\therefore \; \omega_n = \sqrt{1,250} \fallingdotseq 35.36 \mathrm{rad/s}$$

여기서, δ : 감쇠율, ω_n : 고유주파수

정답 60 ④ 61 ② 62 ① 63 ④ 64 ④ 65 ①

66 다음 중 유도전동기의 고정손에 해당하지 않는 것은?

① 1차 권선의 저항손
② 철손
③ 베어링마찰손
④ 풍손

해설 유도전동기의 손실
㉠ 고정손 : 철손, 베어링마찰손, 브러시마찰손, 풍손
㉡ 직접부하손 : 1차 권선의 저항손, 2차 회로의 저항손, 브러시의 전기손
㉢ 표류부하손 : 고정손과 직접부하손 외 손실

67 ★ 어떤 회로에 10A의 전류를 흘리기 위해서 300W의 전력이 필요하다면 이 회로의 저항 (Ω)은 얼마인가?

① 3
② 10
③ 15
④ 30

해설 $P = VI = (IR)I = I^2R\,[W]$
$\therefore\ R = \dfrac{P}{I^2} = \dfrac{300}{10^2} = 3\,\Omega$

68 ★ 다음 그림은 무엇을 나타낸 논리연산회로인가?

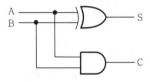

① HALF−ADDER회로
② FULL−ADDER회로
③ NAND회로
④ EXCLUSIVE OR회로

해설 제시된 그림은 반가산기(HALF−ADDER)회로로 2개의 입력부(A, B)와 2개의 출력부(S, C)가 있으며 1개의 XOR회로와 1개의 AND회로로 구성된다.

참고 반가산기회로는 컴퓨터의 연산장치에서 사용되는 회로이다.

69 ★ 계전기접점의 아크를 소거할 목적으로 사용되는 소자는?

① 바리스터(Varistor)
② 바렉터다이오드

③ 터널다이오드
④ 서미스터

해설 계전기접점의 아크를 소거할 목적으로 사용되는 소자인 바리스터는 인가전압이 높을 때 저항값이 작아지고, 인가전압이 낮을 때 저항값이 크게 되어 회로를 보호한다.

70 블록선도에서 요소의 신호전달특성을 무엇이라 하는가?

① 가합요소
② 전달요소
③ 동작요소
④ 인출요소

해설 전달요소
㉠ 블록선도에서 사각형 속에 표시하는 신호전달특성
㉡ 입력신호를 받아서 변화된 출력신호를 만드는 신호전달요소

71 권선형 3상 유도전동기에서 2차 저항을 변화시켜 속도를 제어하는 경우 최대 토크는 어떻게 되는가?

① 최대 토크가 생기는 점의 슬립에 비례한다.
② 최대 토크가 생기는 점의 슬립에 반비례한다.
③ 2차 저항에만 비례한다.
④ 항상 일정하다.

해설 권선형 3상 유도전동기
㉠ 2차 저항을 변화해도 최대 토크는 변하지 않는다.
㉡ 최대 토크는 2차 저항 및 슬립과는 관계가 없다.

72 ★ 목표치가 정해져 있으며 입출력을 비교하여 신호전달경로가 반드시 폐루프를 이루고 있는 제어는?

① 조건제어
② 시퀀스제어
③ 피드백제어
④ 프로그램제어

해설 피드백제어(폐루프제어)
㉠ 목표치가 정해져 있으며 입출력을 비교하여 신호전달의 경로가 반드시 폐루프를 이루고 있는 제어이다.
㉡ 특징
 • 정확성 증가
 • 계의 특성변화에 대한 압력 대 출력비의 감도 감소
 • 비선형성과 외형에 대한 효과 감소
 • 감대폭 증가
 • 구조가 복잡하고 설치비가 비쌈
 • 발진을 일으키고 불안정한 상태로 되어가는 경향이 있음

정답 66 ① 67 ① 68 ① 69 ① 70 ② 71 ④ 72 ③

73 ★ 피드백제어의 특성에 관한 설명으로 틀린 것은?

① 정확성이 증가한다.

② 대역폭이 증가한다.

③ 계의 특성변화에 대한 입력 대 출력비의 감도가 증가한다.

④ 구조가 비교적 복잡하고 오픈루프에 비해 설치비가 많이 든다.

해설 **피드백제어**
㉠ 정확성 증가
㉡ 대역폭(감대폭) 증가
㉢ 계의 특성변화에 대한 입력 대 출력비의 감도 감소
㉣ 구조가 복잡하고 설치비가 비쌈
㉤ 발진을 일으키고 불안정한 상태로 되어가는 경향성
㉥ 비선형성과 외형에 대한 효과의 감소
㉦ 입력과 출력을 비교하는 장치가 반드시 필요

74 다음 블록선도에서 전달함수 $\dfrac{C(s)}{R(s)}$ 는?

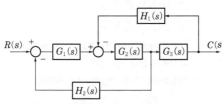

① $\dfrac{G_1(s)G_2(s)G_3(s)}{1+G_2(s)G_3(s)H_1(s)-G_1(s)G_2(s)H_2(s)}$

② $\dfrac{G_1(s)G_2(s)G_3(s)}{1+G_2(s)G_3(s)H_1(s)+G_1(s)G_2(s)H_2(s)}$

③ $\dfrac{G_1(s)G_2(s)G_3(s)H_1(s)}{1+G_2(s)G_3(s)H_1(s)+G_1(s)G_2(s)H_2(s)}$

④ $\dfrac{G_1(s)G_2(s)G_3(s)}{1+G_2(s)G_3(s)H_2(s)+G_1(s)G_2(s)H_1(s)}$

해설 $G(s) = \dfrac{C(s)}{R(s)} = \dfrac{경로}{1-폐로}$

$= \dfrac{G_1(s)G_2(s)G_3(s)}{1+G_2(s)G_3(s)H_1(s)+G_1(s)G_2(s)H_2(s)}$

75 다음 그림과 같은 유접점회로의 논리식과 논리회로명칭으로 옳은 것은?

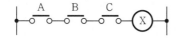

① X=A+B+C, OR회로

② X=A・B・C, AND회로

③ X=A・B・C, NOT회로

④ X=A+B+C, NOR회로

해설 제시된 유접점회로는 3개의 접점 A, B, C가 직렬로 연결되어 있으므로 모두 동작해야만 출력되는 논리적(AND)회로이다.
X=ABC

76 ★ $R-L-C$ 직렬회로에서 소비전력이 최대가 되는 조건은?

① $\omega L - \dfrac{1}{\omega C} = 1$ ② $\omega L + \dfrac{1}{\omega C} = 0$

③ $\omega L + \dfrac{1}{\omega C} = 1$ ④ $\omega L - \dfrac{1}{\omega C} = 0$

해설 $R-L-C$ 직렬회로에서 소비전력이 최대가 되는 공진 조건은 $X_L - \dfrac{1}{X_C} = 0 \to \omega L - \dfrac{1}{\omega C} = 0$이다.

77 접지도체 P_1, P_2, P_3의 각 접지저항이 R_1, R_2, R_3이다. R_1의 접지저항(Ω)을 계산하는 식은? (단, $R_{12} = R_1 + R_2$, $R_{23} = R_2 + R_3$, $R_{31} = R_3 + R_1$이다.)

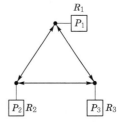

① $R_1 = \dfrac{1}{2}(R_{12} + R_{31} + R_{23})$

② $R_1 = \dfrac{1}{2}(R_{31} + R_{23} - R_{12})$

③ $R_1 = \dfrac{1}{2}(R_{12} - R_{31} + R_{23})$

④ $R_1 = \dfrac{1}{2}(R_{12} + R_{31} - R_{23})$

정답 73 ③ 74 ② 75 ② 76 ④ 77 ④

해설 ㉠ $R_{12} + R_{31} = R_1 + R_2 + R_3 + R_1$
  $= 2R_1 + R_2 + R_3$
  $= 2R_1 + R_{23}$
㉡ $R_{12} + R_{31} = 2R_1 + R_{23}$
  $2R_1 = R_{12} + R_{31} - R_{23}$
  $\therefore R_1 = \dfrac{1}{2}(R_{12} + R_{31} - R_{23})$

★
78 다음 그림의 신호흐름선도에서 $\dfrac{C(s)}{R(s)}$의 값은?

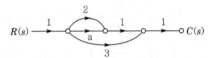

① $a + 2$ ② $a + 3$
③ $a + 5$ ④ $a + 6$

해설 $\dfrac{C(s)}{R(s)} = \dfrac{\text{전향경로의 합}}{1 - \text{피드백의 합}}$
  $= \dfrac{(1 \times a \times 1 \times 1) + (1 \times 2 \times 1 \times 1) + (1 \times 3 \times 1)}{1 - 0}$
  $= a + 5$

★
79 주파수 60Hz의 정현파교류에서 위상차 $\dfrac{\pi}{6}$ [rad]은 약 몇 초의 시간차인가?

① 1×10^{-3} ② 1.4×10^{-3}
③ 2×10^{-3} ④ 2.4×10^{-3}

해설 $f = \dfrac{\omega}{2\pi} = \dfrac{\dfrac{\theta}{t}}{2\pi} = \dfrac{\theta}{2\pi t}$ [CPS=Hz]

  $\therefore t = \dfrac{\theta}{2\pi f} = \dfrac{\dfrac{\pi}{6}}{2\pi \times 60} ≒ 1.4 \times 10^{-3}$ sec

참고 • 주기(T) $= \dfrac{1}{\text{주파수}(f)}$ [sec]
  • 1Hz의 전기각 : 2π

★
80 맥동주파수가 가장 많고 맥동률이 가장 적은 정류방식은?

① 단상 반파정류
② 단상 브리지정류회로
③ 3상 반파정류
④ 3상 전파정류

해설 맥동률 크기 : 3상 전파정류 < 3상 반파정류 < 단상 전파정류 < 단상 반파정류

참고 맥동주파수(f)와 맥동률(γ)의 관계식

구분	f[Hz]	γ
단상 전파	120	0.482
단상 반파	60	1.21
3상 전파	360	0.042
3상 반파	180	0.183

CBT 대비
실전 모의고사

Industrial Engineer Air-Conditioning and Refrigerating Machinery

Air-Conditioning Refrigerating Machinery

실전 모의고사

▶ 정답 및 해설 : 214쪽

1 공기조화설비

01 다음 공조방식 중에 전공기방식에 속하는 것은?

① 패키지유닛방식　② 복사냉난방방식
③ 팬코일유닛방식　④ 2중덕트방식

02 증기트랩(steam trap)에 대한 설명으로 옳은 것은?

① 고압의 증기를 만들기 위해 가열하는 장치
② 증기가 환수관으로 유입되는 것을 방지하기 위해 설치한 장치
③ 증기가 역류하는 것을 방지하기 위해 만든 자동밸브
④ 간헐운전을 하기 위해 고압의 증기를 만드는 자동밸브

03 공기의 상태를 표시하는 용어와 단위의 연결로 틀린 것은?

① 절대습도 : kg'/kg
② 상대습도 : $\%$
③ 엔탈피 : $kJ/m^3 \cdot ℃$
④ 수증기분압 : $mmHg$

04 환기의 목적이 아닌 것은?

① 실내공기정화　② 열의 제거
③ 소음 제거　④ 수증기 제거

05 원심식 송풍기의 종류로 가장 거리가 먼 것은?

① 리버스형 송풍기
② 프로펠러형 송풍기
③ 관류형 송풍기
④ 다익형 송풍기

06 실내에 존재하는 습공기의 전열량에 대한 현열량의 비율을 나타낸 것은?

① 바이패스 팩터　② 열수분비
③ 현열비　④ 잠열비

07 공기조화방식에서 변풍량 유닛방식(VAV unit)을 풍량제어방식에 따라 구분할 때 공조기에서 오는 1차 공기의 분출에 의해 실내공기인 2차 공기를 취출하는 방식은 어느 것인가?

① 바이패스형　② 유인형
③ 슬롯형　④ 교축형

08 다음은 난방부하에 대한 설명이다. (　)에 적당한 용어로서 옳은 것은?

> 겨울철에는 실내의 일정한 온도 및 습도를 유지하기 위하여 실내에서 손실된 (㉮)이나 부족한 (㉯)을 보충하여야 한다.

① ㉮ 수분량, ㉯ 공기량
② ㉮ 열량, ㉯ 공기량
③ ㉮ 공기량, ㉯ 열량
④ ㉮ 열량, ㉯ 수분량

09 증기난방설비에서 일반적으로 사용증기압이 어느 정도부터 고압식이라고 하는가?

① 0.001MPa 이상
② 0.035MPa 이상
③ 0.1MPa 이상
④ 1MPa 이상

부록
II

10 두께 20cm의 콘크리트벽 내면에 두께 5cm 의 스티로폼을 단열 시공하고, 그 내면에 두께 2cm의 나무판자로 내장한 건물벽면의 열관 류율은? (단, 재료별 열전도율(W/m·K)은 콘크리트 0.7, 스티로폼 0.03, 나무판자 0.15 이고, 벽면의 표면열전달률(W/m²·K)은 외 벽 20, 내벽 8이다.)

① $0.31W/m^2 \cdot K$　② $0.39W/m^2 \cdot K$

③ $0.41W/m^2 \cdot K$　④ $0.44W/m^2 \cdot K$

11 다음 중 습공기선도상에 표시되지 않는 것은?

① 비체적　　　② 비열

③ 노점온도　　④ 엔탈피

12 난방방식과 열매체의 연결이 틀린 것은?

① 개별 스토브-공기

② 온풍난방-공기

③ 가열코일난방-공기

④ 저온복사난방-공기

13 다음 그림은 공기조화기 내부에서의 공기의 변화를 나타낸 것이다. 이 중에서 냉각코일에 서 나타나는 상태변화는 공기선도상 어느 점 을 나타내는가?

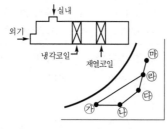

① ㉮-㉯　　　　② ㉯-㉰

③ ㉱-㉮　　　　④ ㉱-㉲

14 염화리튬, 트리에틸렌글리콜 등의 액체를 사 용하여 감습하는 장치는?

① 냉각감습장치

② 압축감습장치

③ 흡수식 감습장치

④ 세정식 감습장치

15 다음 중 온수난방설비와 관계가 없는 것은?

① 리버스리턴배관

② 하트포드배관접속

③ 순환펌프

④ 팽창탱크

16 다음의 송풍기에 관한 설명 중 ( ) 안에 알맞 은 내용은?

> 동일 송풍기에서 정압은 회전수 비의 (㉠) 하고, 소요동력은 회전수 비의 (㉡)한다.

① ㉠ 2승에 비례, ㉡ 3승에 비례

② ㉠ 2승에 반비례, ㉡ 3승에 반비례

③ ㉠ 3승에 비례, ㉡ 2승에 비례

④ ㉠ 3승에 반비례, ㉡ 2승에 반비례

17 6인용 입원실이 100개인 병원의 입원실 전체 환기를 위한 최소 신선공기량(m³/h)은? (단, 외기 중 CO_2함유량은 0.0003m³/m³이고 실 내CO_2의 허용량은 0.1%, 재실자의 CO_2 발생 량은 개인당 0.015m³/h이다.)

① 6,857　　　　② 8,857

③ 10,857　　　④ 12,857

18 온수난방의 특징에 대한 설명으로 틀린 것은?

① 증기난방보다 상하온도차가 적고 쾌감도 가 크다.

② 온도조절이 용이하고 취급이 증기보일러 보다 간단하다.

③ 예열시간이 짧다.

④ 보일러 정지 후에도 실내난방은 여열에 의해 어느 정도 지속된다.

19 패널복사난방에 관한 설명으로 옳은 것은?

① 천장고가 낮은 외기침입이 없을 때만 난방효과를 얻을 수 있다.

② 실내온도분포가 균등하고 쾌감도가 높다.

③ 증발잠열(기화열)을 이용하므로 열의 운반능력이 크다.

④ 대류난방에 비해 방열면적이 적다.

20 공기조화장치의 열운반장치가 아닌 것은?

① 펌프   ② 송풍기

③ 덕트   ④ 보일러

2 냉동 · 냉장설비

21 표준 냉동장치에서 단열팽창과정의 온도와 엔탈피변화로 옳은 것은?

① 온도 상승, 엔탈피변화 없음

② 온도 상승, 엔탈피 높아짐

③ 온도 하강, 엔탈피변화 없음

④ 온도 하강, 엔탈피 낮아짐

22 자연계에 어떠한 변화도 남기지 않고 일정 온도의 열을 계속해서 일로 변환시킬 수 있는 기관은 존재하지 않음을 의미하는 열역학법칙은?

① 열역학 제0법칙   ② 열역학 제1법칙

③ 열역학 제2법칙   ④ 열역학 제3법칙

23 압축냉동사이클에서 엔트로피가 감소하고 있는 과정은?

① 증발과정   ② 압축과정

③ 응축과정   ④ 팽창과정

24 다음 중 몰리엘($P-h$)선도에 나타나 있지 않은 것은?

① 엔트로피   ② 온도

③ 비체적   ④ 비열

25 증발식 응축기에 관한 설명으로 옳은 것은?

① 증발식 응축기는 많은 냉각수를 필요로 한다.

② 송풍기, 순환펌프가 설치되지 않아 구조가 간단하다.

③ 대기온도는 동일하지만 습도가 높을 때는 응축압력이 높아진다.

④ 증발식 응축기의 냉각수보급량은 물의 증발량과는 큰 관계가 없다.

26 내압시험에 대한 설명 중 옳지 않은 것은?

① 내압시험은 압축기, 압력용기 등의 내압 강도를 확인하는 시험으로 구성기기 또는 그 부품을 대상으로 하며 배관은 대상에서 제외된다.

② 압력시험에 사용하는 압력계의 최고눈금은 내압시험압력의 1.25배 이상 2배 이하로 한다.

③ 압력용기의 내경이 200mm 이상의 것이나 자동제어기기, 축봉장치는 내압시험을 하지 않아도 좋다.

④ 길이 450mm, 내경 200mm의 유분리기는 압력용기이므로 내압시험을 하여야 한다.

27 다음 중 열역학적 트랩의 종류가 아닌 것은?

① 디스크형 트랩

② 오리피스형 트랩

③ 열동식 트랩

④ 바이패스형 트랩

28 가용전에 대한 설명으로 옳은 것은?

① 저압차단스위치를 의미한다.

② 압축기 토출측에 설치한다.

③ 수냉응축기 냉각수 출구측에 설치한다.

④ 응축기 또는 고압수액기의 액배관에 설치한다.

29 진공계의 지시가 45cmHg일 때 절대압력은?

① 4.25kPa ② 41.33kPa

③ 413.31kPa ④ 423.25kPa

30 냉동장치 내 불응축가스가 존재하고 있는 것이 판단되었다. 그 혼입의 원인으로 가장 거리가 먼 것은?

① 냉매 충전 전에 장치 내를 진공건조시키기 위하여 상온에서 진공 750mmHg까지 몇 시간 동안 진공펌프를 운전하였기 때문이다.

② 냉매와 윤활유의 충전작업이 불량했기 때문이다.

③ 냉매와 윤활유가 분해하기 때문이다.

④ 팽창밸브에서 수분이 동결하고 흡입가스 압력이 대기압 이하가 되기 때문이다.

31 냉동장치에서 플래시가스가 발생하지 않도록 하기 위한 방지대책으로 틀린 것은?

① 액관의 직경이 충분한 크기를 갖고 있도록 한다.

② 증발기의 위치를 응축기와 비교해서 너무 높게 설치하지 않는다.

③ 여과기나 필터의 점검, 청소를 실시한다.

④ 액관 냉매액의 과냉도를 줄인다.

32 헬라이드토치로 누설을 탐지할 때 누설이 있는 곳에서는 토치의 불꽃색깔이 어떻게 변화되는가?

① 흑색 ② 파란색

③ 노란색 ④ 녹색

33 축열시스템의 종류가 아닌 것은?

① 가스축열방식 ② 수축열방식

③ 빙축열방식 ④ 잠열축열방식

34 일반적으로 대용량의 공조용 냉동기에 사용되는 터보식 냉동기의 냉동부하변화에 따른 용량제어방식으로 가장 거리가 먼 것은?

① 압축기 회전수 가감법

② 흡입가이드베인 조절법

③ 클리어런스 증대법

④ 흡입댐퍼 조절법

35 냉매에 대한 설명으로 틀린 것은?

① 응고점이 낮을 것

② 증발열과 열전도율이 클 것

③ R-500은 R-12와 R-152를 합한 공비혼합냉매라 한다.

④ R-21은 화학식으로 $CHCl_2F$이고, $CClF_2-CClF_2$는 R-113이다.

36 2단 압축사이클에서 증발압력이 계기압력으로 235kPa이고, 응축압력은 절대압력으로 1,225kPa일 때 최적의 중간 절대압력(kPa)은? (단, 대기압은 101kPa이다.)

① 514.05 ② 536.06

③ 641.56 ④ 668.36

37 온도 30℃, 절대습도 0.0271kg′/kg인 습공기의 비엔탈피는?

① 99.39kJ/kg ② 47.88kJ/kg

③ 23.73kJ/kg ④ 11.98kJ/kg

38 다음 증기압축 냉동사이클에서 냉동기 성능계수는?

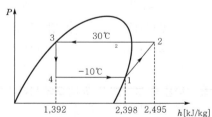

① 9.26 ② 9.85

③ 10.37 ④ 12.45

39 응축기 부하가 116.3kW이고 응축온도 40℃, 냉각수 입구온도 32℃, 출구온도 37℃, 전열면 열관류율이 570W/m^2·K일 때 응축기 전열면적은 얼마인가? (단, 온도차는 산술평균이다.)

① 27.3m^2
② 32.3m^2
③ 37.1m^2
④ 42.1m^2

40 냉동장치의 운전에 관한 유의사항으로 틀린 것은?

① 운전휴지기간에는 냉매를 회수하고, 저압측의 압력은 대기압보다 낮은 상태로 유지한다.
② 운전 정지 중에는 오일리턴밸브를 차단시킨다.
③ 장시간 정지 후 시동 시에는 누설 여부를 점검 후 기동시킨다.
④ 압축기를 기동시키기 전에 냉각수펌프를 기동시킨다.

3 공조냉동 설치·운영

41 수액기를 나온 냉매액은 팽창밸브를 통해 교축되어 저온 저압의 증발기로 공급된다. 팽창밸브의 종류가 아닌 것은?

① 온도식
② 플로트식
③ 인젝터식
④ 압력자동식

42 다음 중 이온화에 의한 금속부식에서 이온화 경향이 가장 작은 금속은?

① Mg
② Sn
③ Pb
④ Al

43 다음 중 소켓식 이음을 나타내는 기호는?

① ——┼
② ——┤├
③ ——⤷
④ ——┤├—

44 배관작업 시 동관용 공구와 스테인리스강관용 공구로 병용해서 사용할 수 있는 공구는?

① 익스팬더
② 튜브커터
③ 사이징툴
④ 플레어링툴세트

45 배관지지장치에 수직방향 변위가 없는 곳에 사용되는 행거는?

① 리지드행거
② 콘스탄트행거
③ 가이드행거
④ 스프링행거

46 증기난방배관방법에서 리프트피팅을 사용할 때 1단의 흡상고높이는 얼마 이내로 해야 하는가?

① 4m 이내
② 3m 이내
③ 2.5m 이내
④ 1.5m 이내

47 배관의 호칭 중 스케줄번호는 무엇을 기준으로 하여 부여하는가?

① 관의 안지름
② 관의 바깥지름
③ 관의 두께
④ 관의 길이

48 배수트랩의 종류에 해당하는 것은?

① 드럼트랩
② 버킷트랩
③ 벨로즈트랩
④ 디스크트랩

49 배수배관의 시공상 주의점으로 틀린 것은?

① 배수를 가능한 한 빨리 옥외하수관으로 유출할 수 있을 것
② 옥외하수관에서 하수가스나 벌레 등이 건물 안으로 침입하는 것을 방지할 것
③ 배수관 및 통기관은 내구성이 풍부할 것
④ 한랭지에서는 배수, 통기관 모두 피복을 하지 않을 것

50 간접배수관의 관경이 25A일 때 배수구공간으로 최소 몇 mm가 가장 적절한가?

① 50
② 100
③ 150
④ 200

51 $16\mu F$의 콘덴서 4개를 접속하여 얻을 수 있는 가장 작은 정전용량은 몇 μF인가?

① 2 ② 4

③ 8 ④ 16

52 전달함수 $G(s) = \dfrac{10}{3+2s}$ 을 갖는 계에 $\omega = 2\text{rad/s}$인 정현파를 줄 때 이득은 약 몇 dB인가?

① 2 ② 3

③ 4 ④ 6

53 목표값이 시간적으로 변하지 않는 일정한 제어는?

① 정치제어 ② 추종제어

③ 비율제어 ④ 프로그램제어

54 $F(s) = \dfrac{3s+10}{s^3+2s^2+5s}$일 때 $f(t)$의 최종치는?

① 0 ② 1

③ 2 ④ 8

55 다음 그림과 같은 논리회로의 출력 Y는?

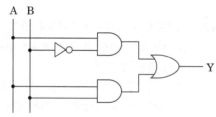

① $Y = AB + A\overline{B}$

② $Y = \overline{A}B + AB$

③ $Y = \overline{A}B + A\overline{B}$

④ $Y = \overline{A}\,\overline{B} + A\overline{B}$

56 다음 그림과 같은 회로망에서 전류를 계산하는데 옳은 식은?

① $I_1 + I_2 = I_3 + I_4$

② $I_1 + I_3 = I_2 + I_4$

③ $I_1 + I_2 + I_3 + I_4 = 0$

④ $I_1 + I_2 + I_3 - I_4 = 0$

57 전달함수를 정의할 때의 조건으로 옳은 것은?

① 입력신호만을 고려한다.

② 모든 초기값을 고려한다.

③ 주파수의 특성만을 고려한다.

④ 모든 초기값을 0으로 한다.

58 자동제어의 조절기기 중 불연속동작인 것은?

① 2위치동작 ② 비례제어동작

③ 적분제어동작 ④ 미분제어동작

59 기계설비법령에 따라 기계설비발전 기본계획은 몇 년마다 수립·시행하여야 하는가?

① 1 ② 2

③ 3 ④ 5

60 산업안전보건법에서 안전보건관리책임자로 가장 거리가 먼 사람은?

① 안전보건관리책임자

② 안전관리자

③ 안전보건담당자

④ 품질관리자

2 실전 모의고사

▶ 정답 및 해설 : 218쪽

1 공기조화설비

01 외기온도 13℃(포화수증기압 12.83mmHg)이며 절대습도 0.008kg′/kg일 때의 상대습도 RH는? (단, 대기압은 760mmHg이다.)

① 약 37% ② 약 46%
③ 약 75% ④ 약 82%

02 축열시스템의 특징에 관한 설명으로 옳은 것은?

① 피크컷(peak cut)에 의해 열원장치의 용량이 증가한다.
② 부분부하운전에 쉽게 대응하기가 곤란하다.
③ 도시의 전력수급상태 개선에 공헌한다.
④ 야간운전에 따른 관리인건비가 절약된다.

03 난방부하의 변동에 따른 온도조절이 쉽고 열용량이 커서 실내의 쾌감도가 좋으며, 공급온도를 변화시킬 수 있고 방열기 밸브로 방열량을 조절할 수 있는 난방방식은?

① 온수난방방식 ② 증기난방방식
③ 온풍난방방식 ④ 냉매난방방식

04 다음 그림의 난방 설계도에서 컨벡터(convector)의 표시 중 F가 가진 의미는?

① 케이싱길이
② 높이
③ 형식
④ 방열면적

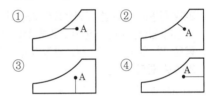

05 현열 및 잠열에 관한 설명으로 옳은 것은?

① 여름철 인체로부터 발생하는 열은 현열뿐이다.
② 공기조화덕트의 열손실은 현열과 잠열로 구성되어 있다.
③ 여름철 유리창을 통해 실내로 들어오는 열은 현열뿐이다.
④ 조명이나 실내기구에서 발생하는 열은 현열뿐이다.

06 습공기선도에서 상태점 A의 노점온도를 읽는 방법으로 옳은 것은?

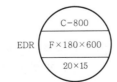

07 보일러의 종류에 따른 특징을 설명한 것으로 틀린 것은?

① 주철제보일러는 분해, 조립이 용이하다.
② 노통연관보일러는 수질관리가 용이하다.
③ 수관보일러는 예열시간이 짧고 효율이 좋다.
④ 관류보일러는 보유수량이 많고 설치면적이 크다.

08 보일러의 출력 표시에서 해당되지 않는 것은?

① 최소 출력 ② 정격출력
③ 정미출력 ④ 상용출력

09 개방식 냉각탑의 설계 시 유의사항으로 옳은 것은?

① 압축식 냉동기 1RT당 냉각열량은 3.26kW로 한다.

② 쿨링 어프로치는 일반적으로 10℃로 한다.

③ 압축식 냉동기 1RT당 수량은 외기습구온도가 27℃일 때 8L/min 정도로 한다.

④ 흡수식 냉동기를 사용할 때 열량은 일반적으로 압축식 냉동기의 약 1.7~2.0배 정도로 한다.

10 600rpm으로 운전되는 송풍기의 풍량이 400m³/min, 전압 40mmAq, 소요동력 4kW의 성능을 나타낸다. 이때 회전수를 700rpm으로 변화시키면 몇 kW의 소요동력이 필요한가?

① 5.44kW ② 6.35kW

③ 7.27kW ④ 8.47kW

11 32W 형광등 20개를 조명용으로 사용하는 사무실이 있다. 이때 조명기구로부터의 취득열량은 약 얼마인가? (단, 안정기의 부하는 20%로 한다.)

① 550W ② 640W

③ 660W ④ 768W

12 복사난방에 관한 설명으로 옳은 것은?

① 고온식 복사난방은 강판제 패널표면의 온도를 100℃ 이상으로 유지하는 방법이다.

② 파이프코일의 매설깊이는 균등한 온도분포를 위해 코일 외경과 동일하게 한다.

③ 온수의 공급 및 환수온도차는 가열면의 균일한 온도분포를 위해 10℃ 이상으로 한다.

④ 방이 개방상태에서도 난방효과가 있으나 동일 방열량에 대해 손실량이 비교적 크다.

13 송풍기 회전수를 높일 때 일어나는 현상으로 틀린 것은?

① 정압 감소

② 동압 증가

③ 소음 증가

④ 송풍기 동력 증가

14 덕트를 설계할 때 주의사항으로 틀린 것은?

① 덕트를 축소할 때 각도는 30° 이하로 되게 한다.

② 저속덕트 내의 풍속은 15m/s 이하로 한다.

③ 장방형 덕트의 종횡비는 4 : 1 이상 되게 한다.

④ 덕트를 확대할 때 확대각도는 15° 이하로 되게 한다.

15 증기-물 또는 물-물 열교환기의 종류에 해당되지 않는 것은?

① 원통다관형 열교환기

② 전열교환기

③ 판형 열교환기

④ 스파이럴형 열교환기

16 31℃의 외기와 25℃의 환기를 1 : 2의 비율로 혼합하고 바이패스 팩터가 0.15인 코일로 냉각제습할 때의 코일 출구온도는? (단, 코일의 표면온도는 14℃이다.)

① 약 14℃ ② 약 16℃

③ 약 27℃ ④ 약 29℃

17 다음 중 보일러의 열효율을 향상시키기 위한 장치가 아닌 것은?

① 저수위차단기 ② 재열기

③ 절탄기 ④ 과열기

18 팬코일유닛방식의 배관방법에 따른 특징에 관한 설명으로 틀린 것은?

① 3관식에서는 손실열량이 타 방식에 비하여 거의 없다.
② 2관식에서는 냉난방의 동시운전이 불가능하다.
③ 4관식은 혼합손실은 없으나 배관의 양이 증가하여 공사비 등이 증가한다.
④ 4관식은 동시에 냉난방운전이 가능하다.

19 전공기방식에 의한 공기조화의 특징에 관한 설명으로 틀린 것은?

① 실내공기의 오염이 적다.
② 계절에 따라 외기냉방이 가능하다.
③ 수배관이 없기 때문에 물에 의한 장치부식 및 누수의 염려가 없다.
④ 덕트가 소형이라 설치공간이 줄어든다.

20 실내의 냉방 현열부하가 20,000kJ/h, 잠열부하가 3,200kJ/h인 방을 실온 26℃로 냉각하는 경우 송풍량은? (단, 취출온도는 15℃이며, 건공기의 정압비열은 1.01kJ/kg · K, 공기의 밀도는 1.2kg/m³이다.)

① 1,500m³/h 　② 1,200m³/h
③ 1,000m³/h 　④ 800m³/h

2 냉동 · 냉장설비

21 냉동사이클이 다음과 같은 $T-S$선도로 표시되었다. $T-S$선도 4-5-1의 선에 관한 설명으로 옳은 것은?

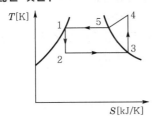

① 4-5-1은 등압선이고 응축과정이다.
② 4-5는 압축기 토출구에서 압력이 떨어지고, 5-1은 교축과정이다.
③ 4-5는 불응축가스가 존재할 때 나타나며, 5-1만이 응축과정이다.
④ 4에서 5로 온도가 떨어진 것은 압축기에서 흡입가스의 영향을 받아서 열을 방출했기 때문이다.

22 하루에 10ton의 얼음을 만드는 제빙장치의 냉동부하는? (단, 물의 온도는 20℃, 생산되는 얼음의 온도는 -5℃이며, 이때 제빙장치의 효율은 0.8이다.)

① 4.25kW 　② 5.25kW
③ 6.21kW 　④ 7.21kW

23 다음 조건을 참고하여 산출한 이론냉동사이클의 성적계수는?

• 증발기 입구냉매엔탈피 : 250kJ/kg
• 증발기 출구냉매엔탈피 : 390kJ/kg
• 압축기 입구냉매엔탈피 : 390kJ/kg
• 압축기 출구냉매엔탈피 : 440kJ/kg

① 2.5 　② 2.8
③ 3.2 　④ 3.8

24 압축기의 압축방식에 의한 분류 중 용적형 압축기가 아닌 것은?

① 왕복동식 압축기 ② 스크루식 압축기
③ 회전식 압축기 　④ 원심식 압축기

25 증발기의 분류 중 액체냉각용 증발기로 가장 거리가 먼 것은?

① 탱크형 증발기
② 보데로형 증발기
③ 나관코일식 증발기
④ 만액식 셸 앤드 튜브식 증발기

26 이상냉동사이클에서 응축기 온도가 40℃, 증발기 온도가 −10℃이면 성적계수는?

① 3.26 ② 4.26
③ 5.26 ④ 6.26

27 냉각장치에서 브라인의 부식 방지처리법이 아닌 것은?

① 공기와 접촉시키는 순환방식 채택
② 브라인의 pH를 7.5~8.2 정도로 유지
③ CaCl₂방청제 첨가
④ NaCl방청제 첨가

28 다음 중 고압가스안전관리법에 적용되지 않는 것은?

① 스크루냉동기
② 고속다기통냉동기
③ 회전용적형 냉동기
④ 열전모듈냉각기

29 냉동용 스크루압축기에 대한 설명으로 틀린 것은?

① 왕복동식에 비해 체적효율과 단열효율이 높다.
② 스크루압축기의 로터와 축은 일체식으로 되어 있고, 구동은 수로터에 의해 이루어진다.
③ 스크루압축기의 로터 구성은 다양하나 일반적으로 사용되고 있는 것은 수로터 4개, 암로터 4개인 것이다.
④ 흡입, 압축, 토출과정인 3행정으로 이루어진다.

30 플래시가스(flash gas)의 발생원인으로 가장 거리가 먼 것은?

① 관경이 큰 경우
② 수액기에 직사광선이 비쳤을 경우
③ 스트레이너가 막혔을 경우
④ 액관이 현저하게 입상했을 경우

31 R-22 냉매의 압력과 온도를 측정하였더니 압력이 15.8kg/cm² abs, 온도가 30℃였다. 이 냉매의 상태는 어떤 상태인가? (단, R-22 냉매의 온도가 30℃일 때 포화압력은 12.25kg/cm² abs이다.)

① 포화상태
② 과열상태인 증기
③ 과냉상태인 액체
④ 응고상태인 고체

32 다음 중 줄-톰슨효과와 관련이 가장 깊은 냉동방법은?

① 압축기체의 팽창에 의한 냉동법
② 감열에 의한 냉동법
③ 흡수식 냉동법
④ 2원 냉동법

33 다음 냉매 중 독성이 큰 것부터 나열된 것은?

| ㉠ 아황산(SO_2) | ㉡ 탄산가스(CO_2) |
| ㉢ R-12(CCl_2F_2) | ㉣ 암모니아(NH_3) |

① ㉣ - ㉡ - ㉠ - ㉢
② ㉣ - ㉠ - ㉡ - ㉢
③ ㉠ - ㉣ - ㉡ - ㉢
④ ㉠ - ㉡ - ㉣ - ㉢

34 카르노사이클의 순환과정을 고르면?

① 등온팽창 → 단열팽창 → 등온압축 → 단열압축
② 등온팽창 → 등온압축 → 단열팽창 → 단열압축
③ 단열팽창 → 등온팽창 → 등온압축 → 단열압축
④ 단열압축 → 등온압축 → 등온팽창 → 단열팽창

35 물 10kg을 0℃에서 70℃까지 가열하면 물의 엔트로피 증가는? (단, 물의 비열은 4.18kJ/kg·K이다.)

① 4.14kJ/K
② 9.54kJ/K
③ 12.74kJ/K
④ 52.52kJ/K

36 냉동장치의 압축기 피스톤압출량이 120m³/h, 압축기 소요동력이 1.1kW, 압축기 흡입가스의 비체적이 0.65m³/kg, 체적효율이 0.81일 때 냉매순환량은?

① 100kg/h
② 150kg/h
③ 200kg/h
④ 250kg/h

37 팽창밸브를 통하여 증발기에 유입되는 냉매액의 엔탈피를 F, 증발기 출구엔탈피를 A, 포화액의 엔탈피를 G라 할 때 팽창밸브를 통과한 곳에서 증기로 된 냉매의 양의 계산식으로 옳은 것은? (단, P : 압력, h : 엔탈피)

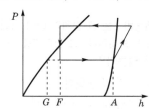

① $\dfrac{A-F}{A-G}$
② $\dfrac{A-F}{F-G}$
③ $\dfrac{F-G}{A-G}$
④ $\dfrac{F-G}{A-F}$

38 냉동사이클 중 $P-h$선도(압력-엔탈피선도)로 계산할 수 없는 것은?

① 냉동능력
② 성적계수
③ 냉매순환량
④ 마찰계수

39 헬라이드토치를 이용한 누설검사로 적절하지 않은 냉매는?

① R-717
② R-123
③ R-22
④ R-114

40 냉동장치 내에 불응축가스가 혼입되었을 때 냉동장치의 운전에 미치는 영향으로 가장 거리가 먼 것은?

① 열교환작용을 방해하므로 응축압력이 낮게 된다.
② 냉동능력이 감소한다.
③ 소비전력이 증가한다.
④ 실린더가 과열되고 윤활유가 열화 및 탄화된다.

3 공조냉동 설치 · 운영

41 강관의 두께를 나타내는 스케줄번호(Sch. No)에 대한 설명으로 틀린 것은? (단, 사용압력은 P[kgf/cm²], 허용응력은 S[kg/mm²]이다.)

① 노멀스케줄번호는 10, 20, 30, 40, 60, 80, 100, 120, 140, 160(10종류)까지로 되어 있다.
② 허용응력은 인장강도를 안전율로 나눈 값이다.
③ 미터계열 스케줄번호 관계식은 10×허용응력(S)/사용압력(P)이다.
④ 스케줄번호(Sch. No)는 유체의 사용압력과 그 상태에 있어서 재료의 허용응력과 비(比)에 의해서 관두께의 체계를 표시한 것이다.

42 덕트 제작에 이용되는 심의 종류가 아닌 것은?

① 버튼펀치스냅심
② 포켓펀치심
③ 피츠버그심
④ 그루브심

43 다음 냉동기호가 의미하는 밸브는 무엇인가?

① 체크밸브
② 글로브밸브
③ 슬루스밸브
④ 앵글밸브

44 호칭지름 20A의 관을 다음 그림과 같이 나사이음할 때 중심 간의 길이가 200mm라 하면 강관의 실제 소요되는 절단길이(mm)는? (단, 이음쇠의 중심에서 단면까지의 길이는 32mm, 나사가 물리는 최소의 길이는 13mm이다.)

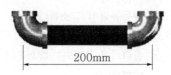

200mm

① 136 ② 148
③ 162 ④ 200

45 급수방식 중 펌프직송방식의 펌프운전을 위한 검지방식이 아닌 것은?

① 압력검지식 ② 유량검지식
③ 수위검지식 ④ 저항검지식

46 단열을 위한 보온재 종류의 선택 시 고려해야 할 조건으로 틀린 것은?

① 단위체적에 대한 가격이 저렴해야 한다.
② 공사현장상황에 대한 적응성이 커야 한다.
③ 불연성으로 화재 시 유독가스를 발생하지 않아야 한다.
④ 물리적, 화학적 강도가 작아야 한다.

47 동합금납땜 관이음쇠와 강관의 이종관접합 시 1개의 동합금납땜 관이음쇠로 90° 방향전환을 위한 부속의 접합부 기호 및 종류로 옳은 것은?

① C×F 90° 엘보 ② C×M 90° 엘보
③ F×F 90° 엘보 ④ C×M 어댑터

48 급수배관에서 수격작용 발생개소로 가장 거리가 먼 것은?

① 관 내 유속이 빠른 곳
② 구배가 완만한 곳
③ 급격히 개폐되는 밸브
④ 굴곡개소가 있는 곳

49 통기관의 종류가 아닌 것은?

① 각개통기관 ② 루프통기관
③ 신정통기관 ④ 분해통기관

50 급탕배관 내의 압력이 6.86MPa이면 수주로 몇 m와 같은가?

① 0.7 ② 1.7
③ 7 ④ 70

51 최대 눈금 1,000V, 내부저항 10kΩ인 전압계를 가지고 다음 그림과 같이 전압을 측정하였다. 전압계의 지시가 200V일 때 전압 E는 몇 V인가?

① 800
② 1,000
③ 1,800
④ 2,000

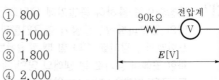

90kΩ 전압계

E[V]

52 제동비 ζ는 그 범위가 0~1 사이의 값을 갖는 것이 보통이다. 그 값이 0에 가까울수록 어떻게 되는가?

① 증가 진동한다.
② 응답속도가 늦어진다.
③ 일정한 진폭으로 계속 진동한다.
④ 최대 오버슈트가 점점 작아진다.

53 다음 그림과 같은 Y결선회로와 등가인 Δ결선회로의 Z_{ab}, Z_{bc}, Z_{ca}값은?

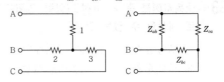

① $Z_{ab} = \dfrac{11}{3}$, $Z_{bc} = 11$, $Z_{ca} = \dfrac{11}{2}$

② $Z_{ab} = \dfrac{7}{3}$, $Z_{bc} = 7$, $Z_{ca} = \dfrac{7}{2}$

③ $Z_{ab} = 11$, $Z_{bc} = \dfrac{11}{2}$, $Z_{ca} = \dfrac{11}{3}$

④ $Z_{ab} = 7$, $Z_{bc} = \dfrac{7}{2}$, $Z_{ca} = \dfrac{7}{3}$

54 $v = 141\sin\left(377t - \dfrac{\pi}{6}\right)$[V]인 전압의 주파수는 약 몇 Hz인가?

① 50　　　　② 60

③ 100　　　④ 377

55 3상 유도전동기의 출력이 15kW, 선간전압이 220V, 효율이 80%, 역률이 85%일 때 이 전동기에 유입되는 선전류는 약 몇 A인가?

① 33.4　　　② 45.6

③ 57.9　　　④ 69.4

56 다음 중 기동토크가 가장 큰 단상 유도전동기는?

① 분상기동형　　② 반발기동형

③ 셰이딩코일형　④ 콘덴서기동형

57 R, L, C 직렬회로에서 인가전압을 입력으로, 흐르는 전류를 출력으로 할 때 전달함수를 구하면?

① $R + Ls + Cs$　　② $\dfrac{1}{R + Ls + Cs}$

③ $R + Ls + \dfrac{1}{Cs}$　　④ $\dfrac{1}{R + Ls + \dfrac{1}{Cs}}$

58 다음은 자기에 관한 법칙들을 나열하였다. 다른 3개와는 공통점이 없는 것은?

① 렌츠의 법칙
② 패러데이의 법칙
③ 자기의 쿨롱법칙
④ 플레밍의 오른손법칙

59 기계설비 사용 전 검사에 필요한 서류가 아닌 것은?

① 주계약서
② 기계설비 사용 전 검사신청서
③ 기계설비공사 준공설계도서 사본
④ 건축법 등 관계 법령에 따라 기계설비에 대한 감리업무를 수행한 자가 확인한 기계설비 사용적합확인서

60 산업안전보건법에서 사업주는 다음에 해당하는 위험으로 인한 산업재해를 예방하기 위하여 필요한 안전조치를 해야 하는 위험으로 가장 거리가 먼 것은?

① 기계·기구, 그 밖의 설비에 의한 위험
② 폭발성, 발화성 및 인화성 물질 등에 의한 위험
③ 전기, 열, 그 밖의 에너지에 의한 위험
④ 방사선·유해광선·고온·저온·초음파·소음·진동·이상기압 등에 의한 건강위험

Air-Conditioning Refrigerating Machinery

3 실전 모의고사

▶ 정답 및 해설 : 222쪽

1 공기조화설비

01 냉방 시 유리를 통한 일사취득열량을 줄이기 위한 방법으로 틀린 것은?

① 유리창의 입사각을 적게 한다.
② 투과율을 적게 한다.
③ 반사율을 크게 한다.
④ 차폐계수를 적게 한다.

02 냉난방부하에 관한 설명으로 옳은 것은?

① 외기온도와 실내설정온도의 차가 클수록 냉난방도일은 작아진다.
② 실내의 잠열부하에 대한 현열부하의 비를 현열비라고 한다.
③ 난방부하 계산 시 실내에서 발생하는 열부하는 일반적으로 고려하지 않는다.
④ 냉방부하 계산 시 틈새바람에 대한 부하는 무시하여도 된다.

03 송풍기의 법칙 중 틀린 것은? (단, 각각의 값은 다음 표와 같다.)

$Q_1[\text{m}^3/\text{h}]$	초기풍량
$Q_2[\text{m}^3/\text{h}]$	변화풍량
$P_1[\text{mmAq}]$	초기정압
$P_2[\text{mmAq}]$	변화정압
$N_1[\text{rpm}]$	초기회전수
$N_2[\text{rpm}]$	변화회전수
$D_1[\text{mm}]$	초기날개직경
$D_2[\text{mm}]$	변화날개직경

① $Q_2 = Q_1 \dfrac{N_2}{N_1}$ ② $Q_2 = Q_1 \left(\dfrac{D_2}{D_1}\right)^3$

③ $P_2 = P_1 \left(\dfrac{N_2}{N_1}\right)^3$ ④ $P_2 = P_1 \left(\dfrac{D_2}{D_1}\right)^2$

04 다음 중 개방식 팽창탱크에 반드시 필요한 요소가 아닌 것은?

① 압력계   ② 수면계
③ 안전관   ④ 팽창관

05 냉방부하 계산 시 상당외기온도차를 이용하는 경우는?

① 유리창의 취득열량
② 내벽의 취득열량
③ 침입외기 취득열량
④ 외벽의 취득열량

06 단일덕트방식에 대한 설명으로 틀린 것은?

① 단일덕트 정풍량방식은 개별제어에 적합하다.
② 중앙기계실에 설치한 공기조화기에서 조화한 공기를 주덕트를 통해 각 실내로 분배한다.
③ 단일덕트 정풍량방식에서는 재열을 필요로 할 때도 있다.
④ 단일덕트방식에서는 큰 덕트스페이스를 필요로 한다.

07 HEPA필터에 적합한 효율측정법은?

① 중량법   ② 비색법
③ 보간법   ④ 계수법

08 극간풍을 방지하는 방법으로 적합하지 않는 것은?

① 실내를 가압하여 외부보다 압력을 높게 유지한다.
② 건축의 건물 기밀성을 유지한다.
③ 이중문 또는 회전문을 설치한다.
④ 실내외온도차를 크게 한다.

09 유인유닛(IDU)방식에 대한 설명으로 틀린 것은?

① 각 유닛마다 제어가 가능하므로 개별실 제어가 가능하다.
② 송풍량이 많아서 외기냉방효과가 크다.
③ 냉각, 가열을 동시에 하는 경우 혼합손실이 발생한다.
④ 유인유닛에는 동력배선이 필요 없다.

10 습공기의 수증기분압과 동일한 온도에서 포화공기의 수증기분압과의 비율을 무엇이라 하는가?

① 절대습도   ② 상대습도
③ 열수분비   ④ 비교습도

11 수관보일러의 종류가 아닌 것은?

① 노통연관식 보일러
② 관류보일러
③ 자연순환식 보일러
④ 강제순환식 보일러

12 다음 송풍기 풍량제어법 중 축동력이 가장 많이 소요되는 것은? (단, 모든 조건은 동일하다.)

① 회전수제어   ② 흡입베인제어
③ 흡입댐퍼제어   ④ 토출댐퍼제어

13 흡수식 냉동기에서 흡수기의 설치위치는?

① 발생기와 팽창밸브 사이

② 응축기와 증발기 사이
③ 팽창밸브와 증발기 사이
④ 증발기와 발생기 사이

14 실내냉방부하 중에서 현열부하 10,500kJ/h, 잠열부하 2,100kJ/h일 때 현열비는?

① 0.2   ② 0.83
③ 1   ④ 1.2

15 노즐형 취출구로서 취출구의 방향을 좌우상하로 바꿀 수 있는 취출구는?

① 유니버설형   ② 펑커 루버형
③ 팬(pan)형   ④ T라인(T-line)형

16 바이패스 팩터에 관한 설명으로 옳은 것은?

① 흡입공기 중 온난공기의 비율이다.
② 송풍공기 중 습공기의 비율이다.
③ 신선한 공기와 순환공기의 밀도비율이다.
④ 전공기에 대해 냉온수코일을 그대로 통과하는 공기의 비율이다.

17 기계환기 중 송풍기와 배풍기를 이용하며 대규모 보일러실, 변전실 등에 적용하는 환기법은?

① 1종 환기   ② 2종 환기
③ 3종 환기   ④ 4종 환기

18 여름철을 제외한 계절에 냉각탑을 가동하면 냉각탑 출구에서 흰색 연기가 나오는 현상이 발생할 때가 있다. 이 현상을 무엇이라고 하는가?

① 스모그(smog)현상
② 백연(白煙)현상
③ 굴뚝(stack effect)현상
④ 분무(噴霧)현상

19 냉수코일의 설계법으로 틀린 것은?

① 공기흐름과 냉수흐름의 방향을 평행류로 하고 대수평균온도차를 작게 한다.

② 코일의 열수는 일반 공기냉각용에는 4~8 열이 많이 사용된다.

③ 냉수속도는 일반적으로 1m/s 전후로 한다.

④ 코일의 설치는 관이 수평으로 놓이게 한다.

20 인접실, 복도, 상층, 하층이 공조되지 않는 일반 사무실의 남측 내벽(A)의 손실열량(W)은? (단, 설계조건은 실내온도 20℃, 실외온도 0℃, 내벽의 열통과율(k)은 1.86W/m² · K로 한다.)

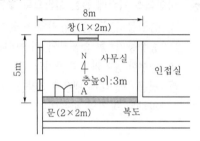

① 372 ② 872
③ 1,193 ④ 2,937

2 냉동 · 냉장설비

21 핫가스(hot gas) 제상을 하는 소형 냉동장치에서 핫가스의 흐름을 제어하는 것은?

① 캐필러리튜브(모세관)

② 자동팽창밸브(AEV)

③ 솔레노이드밸브(전자밸브)

④ 증발압력조정밸브

22 흡수식 냉동기에 관한 설명으로 옳은 것은?

① 초저온용으로 사용된다.

② 비교적 소용량보다는 대용량에 적합하다.

③ 열교환기를 설치하여도 효율은 변함없다.

④ 물-LiBr식에서는 물이 흡수제가 된다.

23 공기냉동기의 온도가 압축기 입구에서 −10℃, 압축기 출구에서 110℃, 팽창밸브 입구에서 10℃, 팽창밸브 출구에서 −60℃일 때 압축기의 소요일량(kJ/kg)은? (단, 공기정압비열은 1.005kJ/kg · K이다.)

① 50.25 ② 64.25
③ 70.52 ④ 80.25

24 냉동기 윤활유의 구비조건으로 틀린 것은?

① 저온에서 응고하지 않고 왁스를 석출하지 않을 것

② 인화점이 낮고 고온에서 열화하지 않을 것

③ 냉매에 의하여 윤활유가 용해되지 않을 것

④ 전기절연도가 클 것

25 증발온도(압력) 하강의 경우 장치에 발생되는 현상으로 가장 거리가 먼 것은?

① 성적계수(COP) 감소

② 토출가스온도 상승

③ 냉매순환량 증가

④ 냉동효과 감소

26 교축작용과 관계없는 것은?

① 등엔탈피변화

② 팽창밸브에서의 변화

③ 엔트로피의 증가

④ 등적변화

27 실제 기체가 이상기체의 상태식을 근사적으로 만족하는 경우는?

① 압력이 높고, 온도가 낮을수록

② 압력이 높고, 온도가 높을수록

③ 압력이 낮고, 온도가 높을수록

④ 압력이 낮고, 온도가 낮을수록

28 다음 중 냉동장치의 압축기와 관계가 없는 효율은?

① 소음효율   ② 압축효율

③ 기계효율   ④ 체적효율

29 흡수식 냉동기에 사용되는 냉매와 흡수제의 연결이 잘못된 것은?

① 물−황산

② 암모니아−물

③ 물−가성소다

④ 염화에틸−브롬화리튬

30 축열장치의 장점으로 거리가 먼 것은?

① 수처리가 필요 없고 단열공사비 감소

② 용량 감소 등으로 부속설비 축소 가능

③ 수전설비 축소로 기본전력비 감소

④ 부하변동이 큰 경우에도 안정적인 열공급 가능

31 R−502를 사용하는 냉동장치의 몰리엘선도가 다음과 같다. 이 장치의 실제 냉매순환량은 167kg/h이고, 전동기 출력이 3.5kW일 때 실제 성적계수는?

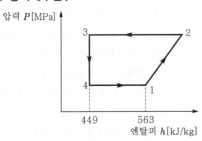

① 1.3   ② 1.4

③ 1.5   ④ 1.6

32 열에 대한 설명으로 틀린 것은?

① 열전도는 물질 내에서 열이 전달되는 것이기 때문에 공기 중에서는 열전도가 일어나지 않는다.

② 열이 온도차에 의하여 이동되는 현상을 열전달이라 한다

③ 고온물체와 저온물체 사이에서는 복사에 의해서도 열이 전달된다.

④ 온도가 다른 유체가 고체벽을 사이에 두고 있을 때 온도가 높은 유체에서 온도가 낮은 유체로 열이 이동되는 현상을 열통과라고 한다.

33 고온가스에 의한 제상 시 고온가스의 흐름을 제어하기 위해 사용되는 것으로 가장 적절한 것은?

① 모세관   ② 전자밸브

③ 체크밸브   ④ 자동팽창밸브

34 브라인의 구비조건으로 틀린 것은?

① 비열이 크고 동결온도가 낮을 것

② 점성이 클 것

③ 열전도율이 클 것

④ 불연성이며 불활성일 것

35 왕복동압축기에서 −30∼−70℃ 정도의 저온을 얻기 위해서는 2단 압축방식을 채용한다. 그 이유로 틀린 것은?

① 토출가스의 온도를 높이기 위하여

② 윤활유의 온도 상승을 피하기 위하여

③ 압축기의 효율 저하를 막기 위하여

④ 성적계수를 높이기 위하여

36 어떤 냉동장치의 냉동부하는 58,604kJ/h, 냉매증기압축에 필요한 동력은 3kW, 응축기 입구에서 냉각수온도 30℃, 냉각수량 69L/min일 때 응축기 출구에서 냉각수온도는?

① 34℃   ② 38℃

③ 42℃   ④ 46℃

37 냉동장치의 부속기기에 관한 설명으로 옳은 것은?

① 드라이어필터는 프레온냉동장치의 흡입 배관에 설치해 흡입증기 중의 수분과 찌꺼기를 제거한다.

② 수액기의 크기는 장치 내의 냉매순환량만으로 결정한다.

③ 운전 중 수액기의 액면계에 기포가 발생하는 경우는 다량의 불응축가스가 들어 있기 때문이다.

④ 프레온냉매의 수분용해도는 작으므로 액 배관 중에 건조기를 부착하면 수분 제거에 효과가 있다.

38 내압시험에 대한 설명 중 옳지 않은 것은?

① 내압시험은 압축기와 압력용기 등에 대하여 행하는 액압시험을 원칙으로 한다.

② 내압시험은 기밀시험 전에 행하는 시험으로 액의 압력으로 내압강도를 조사한다.

③ 내압시험 시 내부의 공기는 완전히 배출하여야 하며, 이 작업이 불충분하면 큰 사고를 일으킬 우려가 있다.

④ 내압시험은 냉매의 종류에 따라 정해지고 최소 기밀시험압력의 15/8배의 압력으로 한다.

39 냉동설비의 설치공사 또는 변경공사가 완공되어 기밀시험이나 시운전을 할 때에 사용하는 가스로 가장 부적합한 것은?

① 공기   ② 질소
③ 산소   ④ 헬륨

40 얼음제조설비에서 깨끗한 얼음을 만들기 위해 빙관 내로 공기를 송입, 물을 교반시키는 교반장치의 송풍압력(kPa)은 어느 정도인가?

① 2.5~8.5   ② 19.6~34.3
③ 62.8~86.8   ④ 101.3~132.7

---

3 **공조냉동 설치·운영**

41 배관용 탄소강관의 호칭경은 무엇으로 표시하는가?

① 파이프 외경
② 파이프 내경
③ 파이프 유효경
④ 파이프 두께

42 공장에서 제조 정제된 가스를 저장하여 가스 품질을 균일하게 유지하면서 제조량과 수요량을 조절하는 장치는?

① 정압기   ② 가스홀더
③ 가스미터   ④ 압송기

43 냉각탑에서 냉각수는 수직하향방향이고, 공기는 수평방향인 형식은?

① 평행류형   ② 직교류형
③ 혼합형   ④ 대향류형

44 압축공기배관 시공 시 일반적인 주의사항으로 틀린 것은?

① 공기공급배관에는 필요한 개소에 드레인용 밸브를 장착한다.

② 주관에서 분기관을 취출할 때에는 관의 하단에 연결하여 이물질 등을 제거한다.

③ 용접개소를 가급적 적게 하고 라인의 중간 중간에 여과기를 장착하여 공기 중에 섞인 먼지 등을 제거한다.

④ 주관 및 분기관의 관 끝에는 과잉의 압력을 제거하기 위한 불어내기(blow)용 게이트밸브를 설치한다.

45 다음 중 중앙급탕방식에서 경제성, 안정성을 고려한 적정 급탕온도(℃)는 얼마인가?

① 40   ② 60
③ 80   ④ 100

46 배수관 트랩의 봉수 파괴원인이 아닌 것은?

① 자기사이펀작용　② 모세관작용

③ 봉수의 증발작용　④ 통기관작용

47 저온배관용 탄소강관의 기호는?

① STBH　　　② STHA

③ SPLT　　　④ STLT

48 건물 1층의 바닥면을 기준으로 배관의 높이를 표시할 때 사용하는 기호는?

① EL　　　② GL

③ FL　　　④ UL

49 도시가스배관을 지하에 매설하는 중압 이상인 배관(a)과 지상에 설치하는 배관(b)의 표면색상으로 옳은 것은?

① (a) 적색, (b) 회색

② (a) 백색, (b) 적색

③ (a) 적색, (b) 황색

④ (a) 백색, (b) 황색

50 논리함수 X=A+AB를 간단히 하면?

① X=A　　　② X=B

③ X=AB　　　④ X=A+B

51 동기속도가 3,600rpm인 동기발전기의 극수는 얼마인가? (단, 주파수는 60Hz이다.)

① 2극　　　② 4극

③ 6극　　　④ 8극

52 전기로의 온도를 1,000℃로 일정하게 유지시키기 위하여 열전도계의 지시값을 보면서 전압조정기로 전기로에 대한 인가전압을 조절하는 장치가 있다. 이 경우 열전온도계는 다음 중 어느 것에 해당 되는가?

① 조작부　　　② 검출부

③ 제어량　　　④ 조작량

53 다음 그림과 같은 블록선도에서 전달함수 C/R는?

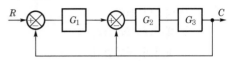

① $\dfrac{G_1G_2G_3}{1+G_2G_3+G_1G_3}$

② $\dfrac{G_1G_2G_3}{1+G_1G_2+G_1G_2G_3}$

③ $\dfrac{G_1G_2G_3}{1+G_2G_3+G_1G_2G_3}$

④ $\dfrac{G_1G_2G_3}{1+G_1G_3+G_1G_2G_3}$

54 추종제어에 속하지 않는 제어량은?

① 유량　　　② 방위

③ 위치　　　④ 자세

55 100mH의 자기인덕턴스를 가진 코일에 10A의 전류가 통과할 때 축적되는 에너지는 몇 J인가?

① 1　　　② 5

③ 50　　　④ 1,000

56 8Ω, 12Ω, 20Ω, 30Ω의 4개 저항을 병렬로 접속할 때 합성저항은 약 몇 Ω인가?

① 2.0　　　② 2.35

③ 3.43　　　④ 3.8

57 PLC제어의 특징으로 틀린 것은?

① 소형화가 가능하다.

② 유지보수가 용이하다.

③ 제어시스템의 확장이 용이하다.

④ 부품 간의 배선에 의해 로직이 결정된다.

58 다음은 자기에 관한 법칙들을 나열하였다. 다른 3개와는 공통점이 없는 것은?

① 렌츠의 법칙
② 패러데이의 법칙
③ 자기의 쿨롱법칙
④ 플레밍의 오른손법칙

59 기계설비유지관리자로 선임 시 얼마 이내에 책임, 보조 기계설비유지관리자 교육을 받아야 하는가?

① 1개월　　② 3개월
③ 6개월　　④ 1년

60 고압가스안전관리법령에서 규정하는 냉동기 제조등록을 해야 하는 냉동기의 기준을 얼마인가?

① 냉동능력 3톤 이상인 냉동기
② 냉동능력 5톤 이상인 냉동기
③ 냉동능력 8톤 이상인 냉동기
④ 냉동능력 10톤 이상인 냉동기

Air-Conditioning Refrigerating Machinery

4 실전 모의고사

▶ 정답 및 해설 : 226쪽

1 공기조화설비

01 다음 공조방식 중에 전공기방식에 속하는 것은?

① 패키지유닛방식 ② 복사냉난방방식
③ 팬코일유닛방식 ④ 2중덕트방식

02 현열 및 잠열에 관한 설명으로 옳은 것은?

① 여름철 인체로부터 발생하는 열은 현열뿐이다.
② 공기조화덕트의 열손실은 현열과 잠열로 구성되어 있다.
③ 여름철 유리창을 통해 실내로 들어오는 열은 현열뿐이다.
④ 조명이나 실내기구에서 발생하는 열은 현열뿐이다.

03 다음 그림은 공기조화기 내부에서의 공기변화를 나타낸 것이다. 이 중에서 냉각코일에서 나타나는 상태변화는 공기선도상 어느 점을 나타내는가?

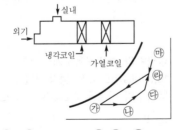

① ㉮-㉯   ② ㉯-㉰
③ ㉱-㉮   ④ ㉱-㉳

04 다음 그림에 대한 설명으로 틀린 것은?

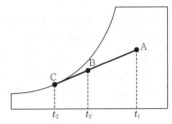

① A → B는 냉각감습과정이다.
② 바이패스 팩터(BF)는 $\dfrac{t_2 - t_3}{t_1 - t_3}$ 이다.
③ 코일의 열수가 증가하면 바이패스 팩터는 증가한다.
④ 바이패스 팩터가 작으면 공기의 통과저항이 커져 송풍기 동력이 증대될 수 있다.

05 600rpm으로 운전되는 송풍기의 풍량이 400m³/min, 전압 40mmAq, 소요동력 4kW의 성능을 나타낸다. 이때 회전수를 700rpm으로 변화시키면 몇 kW의 소요동력이 필요한가?

① 5.44kW   ② 6.35kW
③ 7.27kW   ④ 8.47kW

06 주철제방열기의 표준 방열량에 대한 증기응축수량은? (단, 증기의 증발잠열은 2,257kJ/kg이다.)

① 0.8kg/m² · h
② 1.0kg/m² · h
③ 1.2kg/m² · h
④ 1.4kg/m² · h

부록
II

07 콜드 드래프트(cold draft)의 원인으로 틀린 것은?

① 인체 주위의 공기온도가 너무 낮을 때
② 인체 주위의 기류속도가 작을 때
③ 주위 벽면의 온도가 낮을 때
④ 주위 공기의 습도가 낮을 때

08 냉방 시의 공기조화과정을 나타낸 것이다. 다음 그림과 같은 조건일 경우 냉각코일의 바이패스 팩터는? (단, ① 실내공기의 상태점, ② 외기의 상태점, ③ 혼합공기의 상태점, ④ 취출공기의 상태점, ⑤ 코일의 장치노점온도이다.)

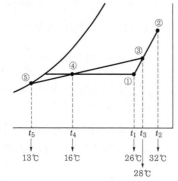

① 0.15
② 0.20
③ 0.25
④ 0.30

09 단일덕트방식에 대한 설명으로 틀린 것은?

① 단일덕트 정풍량방식은 개별제어에 적합하다.
② 중앙기계실에 설치한 공기조화기에서 조화한 공기를 주덕트를 통해 각 실내로 분배한다.
③ 단일덕트 정풍량방식에서는 재열을 필요로 할 때도 있다.
④ 단일덕트방식에서는 큰 덕트스페이스를 필요로 한다.

10 다음은 어느 방식에 대한 설명인가?

- 각 실이나 존의 온도를 개별제어하기 쉽다.
- 일사량변화가 심한 페리미터존에 적합하다.
- 실내부하가 적어지면 송풍량이 적어지므로 실내공기의 오염도가 높다.

① 정풍량 단일덕트방식
② 변풍량 단일덕트방식
③ 패키지방식
④ 유인유닛방식

11 물-공기방식의 공조방식으로서 중앙기계실의 열원설비로부터 냉수 또는 온수를 각 실에 있는 유닛에 공급하여 냉난방하는 공조방식은?

① 바닥취출공조방식
② 재열방식
③ 팬코일방식
④ 패키지유닛방식

12 보일러의 종류에 따른 특징을 설명한 것으로 틀린 것은?

① 주철제보일러는 분해, 조립이 용이하다.
② 노통연관보일러는 수질관리가 용이하다.
③ 수관보일러는 예열시간이 짧고 효율이 좋다.
④ 관류보일러는 보유수량이 많고 설치면적이 크다.

13 냉각수의 출입구온도차를 5℃, 처리열량을 16,380kJ/h로 하면 냉각수량(L/min)은? (단, 냉각수의 비열은 4.2kJ/kg·℃로 한다.)

① 10
② 13
③ 18
④ 20

14 단효용 흡수식 냉동기의 능력이 감소하는 원인이 아닌 것은?

① 냉수 출구온도가 낮아질수록 심하게 감소한다.
② 압축비가 작을수록 감소한다.
③ 사용증기압이 낮아질수록 감소한다.
④ 냉각수 입구온도가 높아질수록 감소한다.

15 통과풍량이 350m^3/min일 때 표준 유닛형 에어필터의 수는? (단, 통과풍속은 2.5m/s, 통과면적은 0.5m^2이며, 유효면적은 80%이다.)

① 5개   ② 6개
③ 7개   ④ 8개

16 어떤 방의 취득 현열량이 8,360kJ/h로 되었다. 실내온도를 28℃로 유지하기 위하여 16℃의 공기를 취출하기로 계획한다면 실내로의 송풍량은? (단, 공기의 밀도는 1.2kg/m^3, 공기의 정압비열은 1.0046kJ/kg · ℃이다.)

① 426m^3/h   ② 467m^3/h
③ 578m^3/h   ④ 612m^3/h

17 건구온도 10℃, 상대습도 60%인 습공기를 30℃로 가열하였다. 이때 습공기의 상대습도는? (단, 10℃의 포화수증기압은 9.2mmHg이고, 30℃의 포화수증기압은 23.75mmHg이다.)

① 17%   ② 20%
③ 23%   ④ 27%

18 증기난방의 장점이 아닌 것은?

① 방열기가 소형이 되므로 비용이 적게 든다.
② 열의 운반능력이 크다.
③ 예열시간이 온수난방에 비해 짧고 증기순환이 빠르다.
④ 소음(steam hammering)을 일으키지 않는다.

19 일정한 건구온도에서 습공기의 성질변화에 대한 설명으로 틀린 것은?

① 비체적은 절대습도가 높아질수록 증가한다.
② 절대습도가 높아질수록 노점온도는 높아진다.
③ 상대습도가 높아지면 절대습도는 높아진다.
④ 상대습도가 높아지면 엔탈피는 감소한다.

20 극간풍을 방지하는 방법으로 적합하지 않는 것은?

① 실내를 가압하여 외부보다 압력을 높게 유지한다.
② 건축의 건물 기밀성을 유지한다.
③ 이중문 또는 회전문을 설치한다.
④ 실내외온도차를 크게 한다.

2 냉동 · 냉장설비

21 흡수식 냉동기에 사용되는 냉매와 흡수제의 연결이 잘못된 것은?

① 물−황산
② 암모니아−물
③ 물−가성소다
④ 염화에틸−브롬화리튬

22 10냉동톤의 능력을 갖는 역카르노사이클이 적용된 냉동기관의 고온부온도가 25℃, 저온부온도가 −20℃일 때 이 냉동기를 운전하는데 필요한 동력은? (단, 1RT=3.86kW)

① 1.8kW
② 3.1kW
③ 6.9kW
④ 9.4kW

23 냉동효과에 대한 설명으로 옳은 것은?

① 증발기에서 단위질량의 냉매가 흡수하는 열량

② 응축기에서 단위질량의 냉매가 방출하는 열량

③ 압축일을 열량의 단위로 환산하는 것

④ 압축기 출입구냉매의 엔탈피차

24 기계적인 냉동방법 중 물을 냉매로 쓸 수 있는 냉동방식이 아닌 것은?

① 증기분사식　　② 공기압축식

③ 흡수식　　　　④ 진공식

25 −20℃의 암모니아포화액의 비엔탈피가 315kJ/kg이며, 동일 온도에서 건조포화증기의 비엔탈피가 1,693kJ/kg이다. 이 냉매액이 팽창밸브를 통과하여 증발기에 유입될 때의 냉매의 비엔탈피가 672kJ/kg이었다면 질량비로 약 몇 %가 액체상태인가?

① 16%　　　　② 26%

③ 74%　　　　④ 84%

26 냉동제조시설의 정밀안전기준에서 다음 냉매가스 중 누출될 경우 가장 위험성이 적은 가스는 무엇인가?

① 독성가스

② 가연성 가스

③ 공기보다 무거운 가스

④ 공기보다 가벼운 가스

27 하루에 10ton의 얼음을 만드는 제빙장치의 냉동부하(kJ/h)는? (단, 물의 온도는 20℃, 생산되는 얼음의 온도는 −5℃이며, 이때 제빙장치의 효율은 0.8이다.)

① 180,572

② 200,482

③ 222,969

④ 283,009

28 응축기에 대한 설명으로 틀린 것은?

① 응축기는 압축기에서 토출한 고온가스를 냉각시킨다.

② 냉매는 응축기에서 냉각수에 의하여 냉각되어 압력이 상승한다.

③ 응축기에는 불응축가스가 잔류하는 경우가 있다.

④ 응축기 냉각관의 수측에 스케일이 부착되는 경우가 있다.

29 암모니아냉동장치에서 팽창밸브 직전의 비엔탈피가 538kJ/kg, 압축기 입구의 냉매가스 비엔탈피가 1,667kJ/kg이다. 이 냉동장치의 냉동능력이 12냉동톤일 때 냉매순환량은? (단, 1냉동톤은 3.86kW이다.)

① 3,320kg/h　　② 3,328kg/h

③ 269kg/h　　　④ 148kg/h

30 두께 20cm인 콘크리트벽 내면에 두께 15cm인 스티로폼으로 방열을 하고, 그 내면에 두께 1cm의 내장목재판으로 벽을 완성시킨 냉장실의 벽면에 대한 열관류율(W/m²·K)은? (단, 열전도율 및 열전달률은 다음과 같다.)

재료		열전도율
콘크리트		1.05W/m·K
스티로폼		0.05W/m·K
내장목재		0.18W/m·K
공기막계수	외부	23W/m²·K
	내부	9.3W/m²·K

① 1.35　　　　② 0.29

③ 0.13　　　　④ 0.02

31 냉동사이클에서 증발온도는 일정하고 응축온도가 올라가면 일어나는 현상이 아닌 것은?

① 압축기 토출가스온도 상승

② 압축기 체적효율 저하

③ COP(성적계수) 증가

④ 냉동능력(효과) 감소

32 응축기 냉매의 응축온도가 30℃, 냉각수의 입구수온이 25℃, 출구수온이 28℃일 때 대수평균온도차($LMTD$)는?

① 2.27℃
② 3.27℃
③ 4.27℃
④ 5.27℃

33 압축냉동사이클에서 엔트로피가 감소하고 있는 과정은?

① 증발과정
② 압축과정
③ 응축과정
④ 팽창과정

34 열펌프장치의 응축온도 35℃, 증발온도가 −5℃일 때 성적계수는?

① 3.5
② 4.8
③ 5.5
④ 7.7

35 어느 재료의 열통과율이 0.35W/m^2·K, 외기와 벽면과의 열전달률이 20W/m^2·K, 내부공기와 벽면과의 열전달률이 5.4W/m^2·K이고, 재료의 두께가 187.5mm일 때 이 재료의 열전도도는?

① 0.032W/m·K
② 0.056W/m·K
③ 0.067W/m·K
④ 0.072W/m·K

36 다음 $h-x$(비엔탈피-농도)선도에서 흡수식 냉동기의 사이클을 나타낸 것으로 옳은 것은?

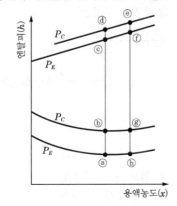

① c-d-e-f-c
② b-c-f-g-b
③ a-b-g-h-a
④ a-d-e-h-a

37 실제 기체가 이상기체의 상태식을 근사적으로 만족하는 경우는?

① 압력이 높고 온도가 낮을수록
② 압력이 높고 온도가 높을수록
③ 압력이 낮고 온도가 높을수록
④ 압력이 낮고 온도가 낮을수록

38 냉동장치의 액관 중 발생하는 플래시가스의 발생원인으로 가장 거리가 먼 것은?

① 액관의 입상높이가 매우 작을 때
② 냉매순환량에 비하여 액관의 관경이 너무 작을 때
③ 배관에 설치된 스트레이너, 필터 등이 막혀 있을 때
④ 액관이 직사광선에 노출될 때

39 다음 그림은 어떤 사이클인가? (단, P: 압력, h: 비엔탈피, T: 온도, s: 비엔트로피)

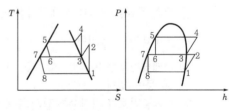

① 2단 압축 1단 팽창사이클
② 2단 압축 2단 팽창사이클
③ 1단 압축 1단 팽창사이클
④ 1단 압축 2단 팽창사이클

부록

II

40 다음 냉동장치의 유지관리에 대한 설명 중 가장 옳지 않은 것은?

① 냉동장치에 냉매충전량이 매우 부족하면 증발압력이 저하하고, 흡입증기의 과열도가 크게 되어 토출가스온도가 높아진다.

② 밀폐형 왕복식 압축기를 사용한 냉동장치의 냉매충전량이 부족하면 흡입증기에 의한 구동용 전동기의 냉각이 불충분하게 되고, 심하면 전동기가 손상된다.

③ 흡입배관 도중에 큰 U트랩이 있으면 운전 정지 중에 응축된 냉매액이나 오일이 고여 있어도 압축기 시동 시 액복귀현상은 발생하지 않는다.

④ 운전 정지 중 증발기에 냉매액이 다량으로 체류하고 있으면 압축기를 시동할 때 액복귀가 발생할 수 있다.

3 공조냉동 설치 · 운영

41 압력배관용 탄소강관의 두께를 나타내는 스케줄번호(Sch. No.)에 대한 설명으로 잘못된 것은? (단, P는 사용압력(MPa), S는 허용응력(N/mm²)이다.)

① 관의 두께를 나타내는 계산식 Sch. No. $= 1{,}000 \times \dfrac{P}{S}$ 이다.

② 스케줄번호는 10, 20, 30, 40, 50, 60, 80 등이 있다.

③ 스케줄번호가 커질수록 관의 두께가 두꺼워진다.

④ 허용응력은 안전율을 인장강도로 나눈 값이다.

42 배관용 보온재에 관한 설명으로 틀린 것은?

① 내열성이 높을수록 좋다.

② 열전도율이 적을수록 좋다.

③ 비중이 작을수록 좋다.

④ 흡수성이 클수록 좋다.

43 증기보일러에서 환수방법을 진공환수방법으로 할 때 설명이 옳은 것은?

① 증기주관은 선하향구배로 설치한다.

② 환수관은 습식환수관을 사용한다.

③ 리프트피팅의 1단 흡상고는 3m로 설치한다.

④ 리프트피팅은 펌프 부근에 2개 이상 설치한다.

44 관이음 중 고체나 유체를 수송하는 배관, 밸브류, 펌프, 열교환기 등 각종 기기의 접속 및 관을 자주 해체 또는 교환할 필요가 있는 곳에 사용되는 것은?

① 용접접합

② 플랜지접합

③ 나사접합

④ 플레어접합

45 냉동설비에서 고온 고압의 기체냉매가 흐르는 배관은?

① 증발기와 압축기 사이 배관

② 응축기와 수액기 사이 배관

③ 압축기와 응축기 사이 배관

④ 팽창밸브와 증발기 사이 배관

46 다음 프레온배관(동관)의 평면도를 보고 부속품 수량을 구하면?

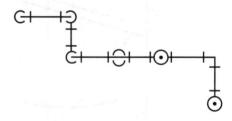

① 엘보 5개, 티 1개

② 엘보 6개, 티 1개

③ 엘보 7개, 티 2개

④ 엘보 8개, 티 2개

47 암모니아냉동설비의 배관으로 사용하기에 가장 부적절한 배관은?

① 이음매 없는 동관
② 저온배관용 강관
③ 배관용 탄소강강관
④ 배관용 스테인리스강관

48 다음 중 보일러의 유지관리항목으로 가장 거리가 먼 것은?

① 사용압력(사용온도)의 점검
② 버너노즐의 carbon 부착상태 점검
③ 증발압력, 응축압력의 정상 여부 점검
④ 수면측정장치의 기능 점검

49 냉동기 유지보수관리(오버홀 정비)에 대한 설명으로 가장 거리가 먼 것은?

① 유지보수관리목적은 냉동기의 본래 기능과 성능을 유지하고, 안정되고 효율적인 운전과 냉동기 수명을 연장하는 데 있다.
② 일반적으로 보수관리에 문제가 생겼을 때 고장 난 부분을 수리하는 방법을 "사후보전(유지관리)"이라 말한다.
③ 사전에 보수관리항목을 정해 계획적으로 대응하여 문제 발생을 사전에 예방하는 방법을 "예방보전(오버홀)"이라 부른다.
④ 예방보전은 비용을 절약할 수 있을 것 같이 생각될 수 있지만 결과적으로 냉방시즌 최성수기에 불시에 문제가 발생하여 냉동기를 가동할 수 없게 되던가 치명적인 손상을 입는 경우가 많고 복구비용 등 2차적인 피해를 고려하면 오히려 비경제적이다.

50 급수관의 직선관로에서 마찰손실에 관한 설명으로 옳은 것은?

① 마찰손실은 관지름에 비례한다.
② 마찰손실은 속도수두에 비례한다.
③ 마찰손실은 배관길이에 반비례한다.
④ 마찰손실은 관 내 유속에 반비례한다.

51 배수 및 통기설비에서 배수배관의 청소구 설치를 필요로 하는 곳으로 가장 거리가 먼 것은?

① 배수수직관의 제일 밑부분 또는 그 근처에 설치
② 배수수평주관과 배수수평분기관의 분기점에 설치
③ 100A 이상의 길이가 긴 배수관의 끝지점에 설치
④ 배수관이 45° 이상의 각도로 방향을 전환하는 곳에 설치

52 제어요소는 무엇으로 구성되는가?

① 입력부와 조절부
② 출력부와 검출부
③ 입력부와 출력부
④ 조작부와 조절부

53 다음 그림과 같은 신호흐름선도에서 $\dfrac{C}{R}$ 를 구하면?

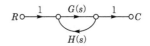

① $\dfrac{G(s)}{1+G(s)H(s)}$ ② $\dfrac{G(s)H(s)}{1-G(s)H(s)}$

③ $\dfrac{G(s)H(s)}{1+G(s)H(s)}$ ④ $\dfrac{G(s)}{1-G(s)H(s)}$

54 플레밍(Fleming)의 오른손법칙에 따라 기전력이 발생하는 원리를 이용한 기기는?

① 교류발전기   ② 교류전동기
③ 교류정류기   ④ 교류용접기

55 역률 80%인 부하에 전압과 전류의 실효값이 각각 100V, 5A라고 할 때 무효전력(Var)은?

① 100   ② 200
③ 300   ④ 400

부록 II

56 제어량이 온도, 압력, 유량 및 액면 등일 경우 제어하는 방식은?

① 프로그램제어   ② 시퀀스제어

③ 추종제어   ④ 프로세스제어

57 다음 중 무효전력을 나타내는 단위는?

① VA   ② W

③ Var   ④ Wh

58 $R-L-C$ 직렬회로에서 소비전력이 최대가 되는 조건은?

① $\omega L - \dfrac{1}{\omega C} = 1$ ② $\omega L + \dfrac{1}{\omega C} = 0$

③ $\omega L + \dfrac{1}{\omega C} = 1$ ④ $\omega L - \dfrac{1}{\omega C} = 0$

59 다음 그림과 같은 게이트회로에서 출력 Y는?

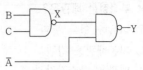

① $B + AC$ ② $A + BC$

③ $\overline{A} + BC$ ④ $B + \overline{A}C$

60 다음 블록선도의 입력과 출력이 성립하기 위한 A의 값은?

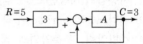

① $\dfrac{1}{2}$ ② 3

③ $\dfrac{1}{4}$ ④ 5

5 실전 모의고사

▶ 정답 및 해설 : 230쪽

1 공기조화설비

01 실내에 존재하는 습공기의 전열량에 대한 현열량의 비율을 나타낸 것은?

① 현열비
② 열수분비
③ 상대습도
④ 비교습도

02 건물의 11층에 위치한 북측 외벽을 통한 손실열량은? (단, 벽체면적 40㎡, 열관류율 0.43W/㎡·℃, 실내온도 26℃, 외기온도 -5℃, 북측 방위계수 1.2, 복사에 의한 외기온도보정 3℃이다.)

① 약 495.36W
② 약 525.38W
③ 약 577.92W
④ 약 639.84W

03 외기온도 13℃(포화수증기압 12.83mmHg)이며 절대습도 0.008kg′/kg일 때의 상대습도(ϕ)는? (단, 대기압은 760mmHg이다.)

① 약 37%
② 약 46%
③ 약 75%
④ 약 82%

04 다음 중 중앙식 공조방식이 아닌 것은?

① 정풍량 단일덕트방식
② 2관식 유인유닛방식
③ 각 층 유닛방식
④ 패키지유닛방식

05 다음 그림은 공조기에 ①상태의 외기와 ②상태의 실내에서 되돌아온 공기가 공조기로 들어와 ⑥상태로 실내로 공급되는 과정을 습공기선도에 표현한 것이다. 공조기 내 과정을 알맞게 나열한 것은?

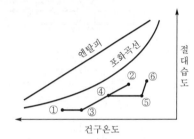

① 예열-혼합-증기가습-가열
② 예열-혼합-가열-증기가습
③ 예열-증기가습-가열-증기가습
④ 혼합-제습-증기가습-가열

06 온수순환량이 560kg/h인 난방설비에서 방열기의 입구온도가 80℃, 출구온도가 72℃라고 하면 이때 실내에 발산하는 현열량은?

① 16,820kJ/h
② 17,820kJ/h
③ 18,820kJ/h
④ 19,880kJ/h

07 온풍난방의 특징으로 틀린 것은?

① 실내온도분포가 좋지 않아 쾌적성이 떨어진다.
② 보수, 취급이 간단하고 취급에 자격자를 필요로 하지 않는다.
③ 설치면적이 적어서 설치장소에 제한이 없다.
④ 열용량이 크므로 착화 즉시 난방이 어렵다.

부록 II

08 다음 습공기선도에 나타낸 과정과 일치하는 장치도는?

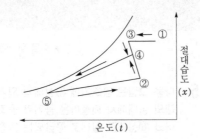

①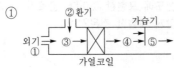

②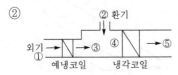

③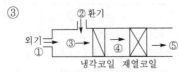

④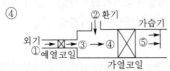

09 실내취득 현열량 및 잠열량이 각각 3,000W, 1,000W, 장치 내 취득열량이 550W이다. 실내온도를 25℃로 냉방하고자 할 때 필요한 송풍량은 약 얼마인가? (단, 취출구온도차는 10℃ 이다.)

① 105.6L/s ② 150.8L/s
③ 295.8L/s ④ 346.6L/s

10 실내의 거의 모든 부분에서 오염가스가 발생되는 경우 실 전체의 기류분포를 계획하여 실내에서 발생하는 오염물질을 완전히 희석하고 확산시킨 다음에 배기를 행하는 환기방식은?

① 자연환기 ② 제3종 환기
③ 국부환기 ④ 전반환기

11 다음 중 냉방부하에서 현열만이 취득되는 것은?

① 재열부하 ② 인체부하
③ 외기부하 ④ 극간풍부하

12 시로코팬의 회전속도가 N_1에서 N_2로 변화하였을 때 송풍기의 송풍량, 전압, 소요동력의 변화값은?

구분	451rpm(N_1)	632rpm(N_2)
송풍량 (m^3/min)	199	㉠
전압(Pa)	320	㉡
소요동력 (kW)	1.5	㉢

① ㉠ 278.9, ㉡ 628.4, ㉢ 4.1
② ㉠ 278.9, ㉡ 357.8, ㉢ 3.8
③ ㉠ 628.9, ㉡ 402.8, ㉢ 3.8
④ ㉠ 357.8, ㉡ 628.4, ㉢ 4.1

13 에어와셔의 단열가습 시 포화효율은 어떻게 표시하는가? (단, t_1 : 입구공기의 건구온도, t_2 : 출구공기의 건구온도, t_{w1} : 입구공기의 습구온도, t_{w2} : 출구공기의 습구온도)

① $\eta = \dfrac{t_1 - t_2}{t_2 - t_{w2}}$

② $\eta = \dfrac{t_1 - t_2}{t_1 - t_{w1}}$

③ $\eta = \dfrac{t_2 - t_1}{t_{w2} - t_1}$

④ $\eta = \dfrac{t_1 - t_{w1}}{t_2 - t_1}$

14 다음 중 습공기선도상에 표시되지 않는 것은?

① 비체적
② 비열
③ 노점온도
④ 비엔탈피

15 직교류형 및 대향류형 냉각탑에 관한 설명으로 틀린 것은?

① 직교류형은 물과 공기흐름이 직각으로 교차한다.

② 직교류형은 냉각탑의 충진재 표면적이 크다.

③ 대향류형 냉각탑의 효율이 직교류형보다 나쁘다.

④ 대향류형은 물과 공기흐름이 서로 반대이다.

16 덕트 내 풍속을 측정하는 피토관을 이용하여 전압 23.8mmAq, 정압 10mmAq를 측정하였다. 이 경우 풍속은 약 얼마인가?

① 10m/s   ② 15m/s

③ 20m/s   ④ 25m/s

17 온도가 20℃, 절대압력이 1MPa인 공기의 밀도(kg/m³)는? (단, 공기는 이상기체이며, 기체상수(R)는 0.287kJ/kg·K이다.)

① 9.55   ② 11.89

③ 13.78   ④ 15.89

18 공기조화기(AHU)의 냉온수코일 선정에 대한 설명으로 틀린 것은?

① 코일의 통과풍속은 약 2.5m/s를 기준으로 한다.

② 코일 내 유속은 1.0m/s 전후로 하는 것이 적당하다.

③ 공기의 흐름방향과 냉온수의 흐름방향은 평행류보다 대향류로 하는 것이 전열효과가 크다.

④ 코일의 통풍저항을 크게 할수록 좋다.

19 어떤 실내의 취득열량을 구했더니 현열이 40kW, 잠열이 10kW였다. 실내를 건구온도 25℃, 상대습도 50%로 유지하기 위해 취출온도차 10℃로 송풍하고자 한다. 이때 현열비(SHF)는?

① 0.6   ② 0.7

③ 0.8   ④ 0.9

20 공기조화방식의 분류 중 전공기방식에 해당되지 않는 것은?

① 팬코일유닛방식

② 정풍량 단일덕트방식

③ 2중덕트방식

④ 변풍량 단일덕트방식

2   냉동·냉장설비

21 다음 냉동장치의 정상운전에 대한 설명 중 가장 옳지 않은 것은?

① 흡입압력은 증발압력보다 약간 낮다.

② 토출가스는 과열증기이다.

③ 액관 중의 액체의 온도는 응축온도보다 약간 높다.

④ 흡입가스는 일반적으로 과열증기이다.

22 냉동사이클이 다음과 같은 $T-S$선도로 표시되었다. $T-S$선도 4-5-1의 선에 관한 설명으로 옳은 것은?

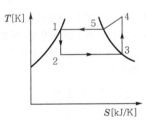

① 4-5-1은 등압선이고 응축과정이다.

② 4-5는 압축기 토출구에서 압력이 떨어지고, 5-1은 교축과정이다.

③ 4-5는 불응축가스가 존재할 때 나타나며, 5-1만이 응축과정이다.

④ 4에서 5로 온도가 떨어진 것은 압축기에서 흡입가스의 영향을 받아서 열을 방출했기 때문이다.

23 저온유체 중에서 1기압에서 가장 낮은 비등점을 갖는 유체는 어느 것인가?

① 아르곤   ② 질소
③ 헬륨   ④ 네온

24 냉동능력 20RT, 축동력 12.6kW인 냉동장치에 사용되는 수냉식 응축기의 열통과율 786W/m² · K, 전열량의 외표면적 15m², 냉각수량 279L/min, 냉각수 입구온도 30℃일 때 응축온도는? (단, 냉매와 물의 온도차는 산술평균온도차를 사용하고 냉각수의 비열은 4.2kJ/kg · K, 1RT＝3.86kW를 사용한다.)

① 35℃   ② 40℃
③ 45℃   ④ 50℃

25 표준 냉동사이클에서 팽창밸브를 냉매가 통과하는 동안 변화되지 않는 것은?

① 냉매의 온도
② 냉매의 압력
③ 냉매의 비엔탈피
④ 냉매의 엔트로피

26 자연계에 어떠한 변화도 남기지 않고 일정 온도의 열을 계속해서 일로 변환시킬 수 있는 기관은 존재하지 않는다를 의미하는 열역학 법칙은?

① 열역학 제0법칙
② 열역학 제1법칙
③ 열역학 제2법칙
④ 열역학 제3법칙

27 냉동장치의 운전 중에 저압이 낮아질 때 일어나는 현상이 아닌 것은?

① 흡입가스 과열 및 압축비 증대
② 증발온도 저하 및 냉동능력 증대
③ 흡입가스의 비체적 증가
④ 성적계수 저하 및 냉매순환량 감소

28 냉매가 암모니아일 경우는 주로 소형, 프레온일 경우에는 대용량까지 광범위하게 사용되는 응축기로, 전열에 양호하고 설치면적이 적어도 되나 냉각관이 부식되기 쉬운 응축기는?

① 이중관식 응축기
② 입형 셸 앤드 튜브식 응축기
③ 횡형 셸 앤드 튜브식 응축기
④ 7통로식 횡형 셸 앤드식 응축기

29 매시 30℃의 물 2,000kg을 −10℃의 얼음으로 만드는 냉동장치가 있다. 이 냉동장치의 냉각수 입구온도가 32℃, 냉각수 출구온도가 37℃이며 냉각수량이 60m³/h일 때 압축기의 소요동력은?

① 83kW   ② 88kW
③ 90kW   ④ 117kW

30 냉동부하가 30RT이고 냉각장치의 열통과율이 7W/m² · K, 브라인의 입출구평균온도 10℃, 냉매의 증발온도가 4℃일 때 전열면적은?

① 1,825m²   ② 2,757m²
③ 2,932m²   ④ 3,123m²

31 압축기의 흡입밸브 및 송출밸브에서 가스 누출이 있을 경우 일어나는 현상은?

① 압축일 감소   ② 체적효율 감소
③ 가스압력 상승   ④ 성적계수 증가

32 카르노사이클을 행하는 열기관에서 1사이클당 790J의 일량을 얻으려고 한다. 고열원의 온도(T_1)를 300℃, 1사이클당 공급되는 열량을 4.2kJ라고 할 때 저열원의 온도(T_2)와 효율(η)은?

① $T_2 = 85℃$, $\eta = 0.154$
② $T_2 = 97℃$, $\eta = 0.154$
③ $T_2 = 192℃$, $\eta = 0.188$
④ $T_2 = 197℃$, $\eta = 0.188$

33 압축기의 압축방식에 의한 분류 중 용적형 압축기가 아닌 것은?

① 왕복동식 압축기　② 스크루식 압축기
③ 회전식 압축기　　④ 원심식 압축기

34 팽창밸브의 종류 중 모세관에 대한 설명으로 옳은 것은?

① 증발기 내 압력에 따라 밸브의 개도가 자동적으로 조정된다.
② 냉동부하에 따른 냉매의 유량조절이 쉽다.
③ 압축기를 가동할 때 기동동력이 적게 소요된다.
④ 냉동부하가 큰 경우 증발기 출구의 과열도가 낮게 된다.

35 다음 중 무기질 브라인이 아닌 것은?

① 염화나트륨　　② 염화마그네슘
③ 염화칼슘　　　④ 에틸렌글리콜

36 15℃의 물로 0℃의 얼음을 100kg/h 만드는 냉동기의 냉동능력은 몇 냉동톤(RT)인가? (단, 1RT는 3.86kW이고, 물의 비열은 4.2kJ/kg · K 으로 한다.)

① 1.43　　　　　② 1.78
③ 2.12　　　　　④ 2.86

37 냉동사이클의 특징이 아닌 것은?

① 일반적으로 저온측과 고온측에 서로 다른 냉매를 사용한다.
② 초저온의 온도를 얻고자 할 때 이용하는 냉동사이클이다.
③ 보통 저온측 냉매로는 임계점이 높은 냉매를 사용하며, 고온측에는 임계점이 낮은 냉매를 사용한다.
④ 중간 열교환기는 저온측에서는 응축기 역할을 하며, 고온측에서는 증발기 역할을 수행한다.

38 압축기의 체적효율에 대한 설명으로 틀린 것은?

① 압축기의 압축비가 클수록 커진다.
② 틈새가 작을수록 커진다.
③ 실제로 압축기에 흡입되는 냉매증기의 체적과 피스톤이 배출한 체적과의 비를 나타낸다.
④ 비열비의 값이 적을수록 적게 된다.

39 다음 조건을 참고하여 산출한 흡수식 냉동기의 성적계수는?

- 응축기 냉각열량 : 20,000kJ/h
- 흡수기 냉각열량 : 25,000kJ/h
- 재생기 가열량 : 21,000kJ/h
- 증발기 냉동열량 : 24,000kJ/h

① 0.88　　　　　② 1.14
③ 1.34　　　　　④ 1.52

40 냉동설비의 각 시설별 정기검사항목으로 가장 거리가 먼 것은?

① 가스누출검지경보장치
② 강제환기시설
③ 용접부 비파괴검사
④ 안전용 접기기기, 방폭전기기기

3	공조냉동 설치 · 운영

41 스케줄번호(Sch No.)는 무엇을 나타내는가?

① 관의 바깥지름　② 관의 안지름
③ 관의 두께　　　④ 관의 길이

42 열팽창에 의한 배관의 측면이동을 구속 또는 제한하는 역할을 하는 리스트레인트의 종류가 아닌 것은?

① 앵커(anchor)　　② 행거(hanger)
③ 스톱(stop)　　　④ 가이드(guide)

43 체크밸브의 종류에 대한 설명으로 옳은 것은?

① 리프트형 : 수평, 수직배관용
② 풋형 : 수평배관용
③ 스윙형 : 수평, 수직배관용
④ 리프트형 : 수직배관용

44 스테인리스관의 특성이 아닌 것은?

① 내식성이 좋다.
② 저온 충격성이 크다.
③ 용접식, 몰코식 등 특수 시공법으로 시공이 간단하다.
④ 강관에 비해 기계적 성질이 나쁘다.

45 다음 동관의 두께별 분류 중 가장 두꺼운 형(type)은?

① K형
② L형
③ M형
④ N형

46 보일러의 장기보전법에 대한 설명으로 가장 부적합한 것은?

① 정지기간이 2~3개월 이상일 때 사용하는 방법으로, 만수보존은 만수 후 소다를 넣어 보전하는 방법이다.
② 석회밀폐보존법은 보일러 내외부를 깨끗이 정비한 후 외부에서 습기가 스며들지 않게 조치한 후, 노 내에 장작불 등을 피워 충분히 건조시킨 후 생석회나 실리카겔 등을 보일러 내에 집어넣는다.
③ 질소가스봉입법은 질소가스를 보일러 내에 주입하여 압력을 60kPa 정도 유지하는 것으로서 효과가 좋고 간단하여 일반적으로 이용한다.
④ 만수보존법은 동절기에는 동파가 될 수 있으므로 겨울철에는 이 방법을 해서는 안 된다.

47 다음 중 냉동기의 유지관리항목으로 가장 거리가 먼 것은?

① 증발압력, 응축압력의 정상 여부 점검
② 냉수, 냉각수 출입구온도, 압력의 계측
③ 추기회수기능 점검
④ 일리미네이터의 점검

48 다음 조건과 같은 냉온수배관계통에서 전체 마찰저항(mAq)을 구하면?

> 배관의 직관길이 100m, 국부저항은 직관저항의 50%로 한다. 배관경 선정 시 마찰저항은 40mmAq/m 이하로 한다.

① 2mAq 이하
② 4mAq 이하
③ 6mAq 이하
④ 8mAq 이하

49 관경 25A(내경 27.6mm)의 강관에 30L/min의 가스를 흐르게 할 때 유속(m/s)은?

① 0.14
② 0.34
③ 0.64
④ 0.84

50 건물의 시간당 최대 예상급탕량이 2,000kg/h일 때 도시가스를 사용하는 급탕용 보일러에서 필요한 가스소모량은? (단, 급탕온도 60℃, 급수온도 20℃, 도시가스발열량 63,000kJ/kg, 보일러효율이 95%이며, 열손실 및 예열부하는 무시한다.)

① 5.6kg/h
② 6.6kg/h
③ 7.6kg/h
④ 8.6kg/h

51 다음과 같은 항목을 점검해야 하는 공조설비로 가장 적합한 것은?

> 송풍기의 소음, 진동, 기능의 점검, 냉온수코일의 오염 점검, 드레인팬, 드레인파이프의 점검, 에어필터의 오염 점검

① 보일러, 냉동기
② 공기조화기, 팬코일유닛
③ 팬, 펌프
④ EHP, GHP

52 변위를 전압으로 변화시키는 장치가 아닌 것은?

① 퍼텐쇼미터 　　② 차동변압기
③ 전위차계 　　　④ 측온저항

53 15C의 전기가 3초간 흐를 때 전류값은?

① 2A 　　　② 3A
③ 4A 　　　④ 5A

54 다음 그림과 같은 직병렬회로에 180V를 가하면 3μF의 콘덴서에 축적된 에너지는 약 몇 J인가?

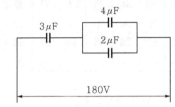

① 0.01J 　　② 0.02J
③ 0.03J 　　④ 0.04J

55 기계적 변위를 제어량으로 해서 목표값의 임의의 변화에 추종하도록 구성되어 있는 것은?

① 자동조정 　　② 서보기구
③ 정치제어 　　④ 프로세스제어

56 다음 그림과 같은 시퀀스제어회로가 나타내는 것은? (단, A와 B는 푸시버튼스위치, R은 전자접촉기, L은 램프이다.)

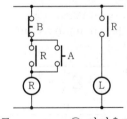

① 인터록 　　② 자기유지
③ 지연논리 　　④ NAND논리

57 전류계의 측정범위를 넓히기 위하여 이용되는 기기는 무엇이며, 이것은 전류계와 어떻게 접속하는가?

① 분류기－직렬접속
② 분류기－병렬접속
③ 배율기－직렬접속
④ 배율기－병렬접속

58 다음 분류기의 배율은? (단, R_s : 분류기의 저항, R_a : 전류계의 내부저항)

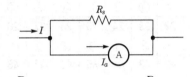

① $\dfrac{R_s}{R_a}$ 　　② $1 + \dfrac{R_s}{R_a}$

③ $1 + \dfrac{R_a}{R_s}$ 　　④ $\dfrac{R_a}{R_s}$

59 다음 그림과 같은 블록선도의 전달함수는?

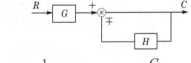

① $\dfrac{1}{1 \pm GH}$ 　　② $\dfrac{G}{1 \pm GH}$

③ $\dfrac{G}{1 \pm H}$ 　　④ $\dfrac{1}{1 \pm H}$

60 다음 논리식 중 다른 값을 나타내는 논리식은?

① $XY + X\overline{Y}$ 　　② $X(X + Y)$
③ $X(\overline{X} + Y)$ 　　④ $X + XY$

정답 및 해설

01	02	03	04	05	06	07	08	09	10	11	12	13	14	15	16	17	18	19	20
④	②	③	④	②	③	②	④	④	④	④	③	④	③	②	①	④	③	②	④
21	**22**	**23**	**24**	**25**	**26**	**27**	**28**	**29**	**30**	**31**	**32**	**33**	**34**	**35**	**36**	**37**	**38**	**39**	**40**
③	③	③	④	③	③	③	④	①	④	④	①	③	④	③	④	①	③	③	①
41	**42**	**43**	**44**	**45**	**46**	**47**	**48**	**49**	**50**	**51**	**52**	**53**	**54**	**55**	**56**	**57**	**58**	**59**	**60**
③	③	④	②	①	④	③	①	④	④	②	④	③	①	④	④	④	①	④	④

01 공조방식의 분류

구분	열매체	공조방식
중앙방식	전공기방식	정풍량 단일덕트방식, 이중덕트방식, 멀티존유닛방식, 변풍량 단일덕트방식, 각 층 유닛방식
	수-공기방식	유인유닛방식(IDU), 복사냉난방방식(패널제어방식), 팬코일유닛(덕트 병용)방식
	전수방식	팬코일유닛방식(2관식, 3관식, 4관식)
개별방식	냉매방식	패키지유닛방식, 룸쿨러방식, 멀티존방식
	직접난방방식	라디에이터(방열기), 컨벡터(대류방열기)

02 증기트랩은 증기가 환수관으로 유입되는 것을 방지하기 위해 설치한 장치이다(응축수 배출과 수격작용 방지).

03 ㉠ 엔탈피(H) $= U + PV$[kJ/kg]

ㄴ 비엔탈피(h) $= \dfrac{H}{m} = u + pv = u + \dfrac{p}{\rho}$

$\qquad = u + RT$[kJ/kg]

04 환기의 목적

㉠ 실내공기정화 및 신선한 공기 공급 : 오염물질 배출, 냄새 및 먼지 제거

ㄴ 발생열의 제거 : 실온조절

ㄷ 수증기 제거 : 제습

05 프로펠러형 송풍기는 축류식 송풍기이다.

06 현열비(SHF) $= \dfrac{\text{습공기 현열량}(q_s)}{\text{습공기 전열량}(q_t)} = \dfrac{q_s}{q_s + q_L}$

07 유인형 유닛은 교축형을 응용한 유닛으로 실내부하가 감소하여 1차 공기의 분출에 의해 실내공기인 2차 공기를 유인하여 실내로 급기하는 방식이다.

08 ㉠ 난방부하 : 겨울철, 가열, 가습

ㄴ 냉방부하 : 여름철, 냉각, 감습(제습)

09 증기압력

㉠ 고압식 : 0.1MPa 이상

ㄴ 저압식 : 0.015~0.035MPa

10 $K = \dfrac{1}{R} = \dfrac{1}{\dfrac{1}{\alpha_i} + \sum\limits_{i=1}^{n} \dfrac{l_i}{\lambda_i} + \dfrac{1}{\alpha_o}}$

$\quad = \dfrac{1}{\dfrac{1}{8} + \dfrac{0.2}{0.7} + \dfrac{0.05}{0.03} + \dfrac{0.02}{0.15} + \dfrac{1}{20}}$

$\quad = 0.44\text{W/m}^2 \cdot \text{K}$

11 습공기선도의 구성요소 : 건구온도, 습구온도, 노점온도, 절대습도, 상대습도, 수증기분압, 비체적, 엔탈피, 현열비, 열수분비

12 복사난방은 열매체 없이 진공에서도 전달된다.

13 ㉠ ㉮-㉯ : 재열부하
ㄴ ㉯-㉰ : 실내부하
㉢ ㉰-㉱ : 외기부하
㉣ ㉱-㉮ : 냉각코일부하(=재열부하+실내부하+외기부하)

14 흡수식 감습장치는 염화리튬(LiCl), 트리에틸렌글리콜 등의 액체흡수제를 사용하므로 연속적이고 대용량에 적합하다.

15 하트포드접속법은 증기난방배관에서 보일러의 증기관과 환수관 사이의 배관접속이다.

16 송풍기의 상사법칙
㉠ 풍량 : $Q_2 = Q_1 \left(\dfrac{N_2}{N_1}\right) = Q_1 \left(\dfrac{D_2}{D_1}\right)^3$

ㄴ 정압(전압) : $P_2 = P_1 \left(\dfrac{N_2}{N_1}\right)^2 = P_1 \left(\dfrac{D_2}{D_1}\right)^2$

㉢ 소요동력(축동력) : $L_2 = L_1 \left(\dfrac{N_2}{N_1}\right)^3 = L_1 \left(\dfrac{D_2}{D_1}\right)^5$

17 CO_2 발생량$(M) = 6 \times 100 \times 0.015 = 9\text{m}^3/\text{h}$
$\therefore\ Q = \dfrac{M}{C_i - C_o} = \dfrac{9}{0.001 - 0.0003} = 12,857\text{m}^3/\text{h}$

18 온수난방은 온수량이 많고 열용량이 커서 예열시간이 길다.

19 ① 천장고가 높고 외기침입이 있어도 난방효과를 얻을 수 있다.
③ 증기난방은 증발잠열(기화열)을 이용하므로 열의 운반능력이 크다.
④ 복사난방은 방열면의 온도가 낮아서 대류난방에 비해 방열면적이 크다.

20 공조설비의 구성
㉠ 열원장치 : 보일러, 냉동기, 히트펌프, 흡수식 냉온수기
ㄴ 열운반장치 : 펌프, 배관, 송풍기, 덕트
㉢ 공조장치 : 냉각기, 가열기, 가습기, 감습기
㉣ 자동제어장치 : 온도 및 습도제어

21 표준 냉동장치에서 단열팽창(등엔트로피, $S = C$)하면 온도와 압력은 강하되며, 교축팽창 시 엔탈피변화는 없다.

22 열역학 제2법칙(엔트로피 증가법칙, 방향성의 법칙, 비가역법칙)
㉠ 열효율이 100%인 기관이나 성능계수가 무한대인 냉동기는 제작이 불가능하다(제2종 영구운동기관을 부정하는 법칙).
ㄴ 저온체에서 고온체로 스스로 이동할 수 없으나, 외부로부터 일을 받으면 이동할 수 있다.

23 압축냉동사이클에서 응축과정은 엔트로피가 감소한다.

24 몰리엘선도의 구성요소 : 압력, 엔트로피, 온도, 비체적, 엔탈피, 건조도

25 증발식 응축기
㉠ 습도가 높을 때는 응축압력이 높아진다.
ㄴ 구조가 복잡하고 설비비가 고가이다.
㉢ 사용되는 응축기 중 압력과 온도가 높으면 압력강하가 크다.
㉣ 냉각수가 부족한 곳에 사용되며 물의 증발열을 이용하여 응축시킨다.

26 내경 160mm 이하의 압력용기일 경우에는 배관으로 인정받기 때문에 내압시험대상이 아니다.

27 증기트랩(steam trap)의 종류
㉠ 기계식 트랩 : 버킷트랩, 플로트트랩
ㄴ 열역학적 트랩 : 디스크트랩, 오리피스트랩, 바이패스형 트랩
㉢ 온도조절식 트랩 : 바이메탈트랩, 벨로즈트랩, 다이어프램트랩, 열동식 트랩

28 가용전(fusible plug)은 프레온용 냉매를 사용하는 냉동기의 응축기나 고압수액기에 냉각수 부족의 원인으로 이상고압이 생긴 경우 파괴를 방지할 목적으로 안전밸브 대신 부착하는 저용점합금(Cd, Bi, Pb, Sn, Sb, 용융온도 75℃)이다. 압력의 상승으로 포화온도도 상승하므로 그 고온 때문에 녹는다.

29 $P_a = P_o - P_g = 76 - 45 = 31\text{cmHg}$
$\therefore\ P_a = \dfrac{31}{76} \times 101.325 = 41.33\text{kPa}$

30 냉매 충전 전에 장치 내를 진공건조시키기 위해 상온에서 진공(대기압 이하) 750mmHg까지 진공펌프로 운전하여 건조작업으로 공기유입을 차단해 잔류공기가 없게 하는 것은 불응축가스 방지법에 해당한다.

31 플래시가스의 방지대책으로 액관 냉매액의 과냉각을 크게 한다(일반적으로 5~7℃).

32 헬라이드토치는 프레온계 냉매의 누설검지기로 불꽃의 색깔로 판별한다.
ㄱ 누설이 없을 때 : 청색
ㄴ 소량 누설 시 : 녹색
ㄷ 다량 누설 시 : 자주색
ㄹ 아주 심한 경우 : 불꽃이 꺼짐
참고 프레온냉매의 누설검지
 • 헬라이드토치 : 불꽃의 색깔로 판별
 • 비눗물 또는 오일 등 : 기포 발생의 유무로 확인
 • 전자누설탐지기

33 축열시스템의 종류
ㄱ 수축열방식 : 열용량이 큰 물을 축열제로 이용하는 방식
ㄴ 빙축열방식 : 냉열을 얼음에 저장하여 작은 체적에 효율적으로 냉열을 저장하는 방식
ㄷ 잠열축열방식 : 물질의 융해 및 응고 시 상변화에 따른 잠열을 이용하는 방식
ㄹ 토양축열방식 : 지열을 이용하는 방식

34 용량제어방식
ㄱ 왕복동식 용량제어법 : 회전수 가감법, 클리어런스 증대법, 바이패스법, 언로더시스템법
ㄴ 터보식(원심식) 용량제어법 : 회전수제어, 흡입베인제어, 흡입댐퍼제어, 바이패스제어, 냉각수량 조절법, 디퓨저제어

35 ㄱ R-21($CHCl_2F$)은 메탄계(CH_4) 냉매로 수소 4개를 불소(F)와 염소(Cl)로 치환한다.
ㄴ R-113($C_2Cl_3F_3$)은 에탄계(C_2H_6) 냉매로 수소 6개를 불소(F)와 염소(Cl)로 치환한다.
참고 프레온냉매 중 두 자릿수 냉매는 메탄(CH_4)계열 냉매이고, 세 자릿수 냉매는 에탄(C_2H_6)계열 냉매이다.

36 압축비 $= \dfrac{P_m}{P_1} = \dfrac{P_2}{P_m}$

$\therefore P_m = \sqrt{P_1 P_2} = \sqrt{(235+101) \times 1,225}$
$\fallingdotseq 641.56\text{kPa}$

37 $h = C_p t + (\gamma_o + C_{pw} t)x$
$= (1.0046 \times 30) + (2,500 + 1.85 \times 30) \times 0.0271$
$= 99.39\text{kJ/kg}$

38 $(COP)_R = \dfrac{q_e}{w_c} = \dfrac{h_1 - h_4}{h_2 - h_1} = \dfrac{2,398 - 1,392}{2,495 - 2,398} = 10.37$

39 $q = KA\Delta t$
$\therefore A = \dfrac{q}{K\Delta t} = \dfrac{116.3 \times 10^3}{570 \times \left(40 - \dfrac{32+37}{2}\right)} \fallingdotseq 37.1\text{m}^2$

40 냉동장치를 장기간 정지할 경우 펌프다운을 실시하여 장치 내부의 압력은 대기압보다 높게 유지하여 외부의 공기나 이물질의 침입을 방지한다.

41 **팽창밸브의 종류** : 수동, 온도식, 정압식(자동식), 플로트식(부자식) 밸브 외에 모세관

42 이온화경향의 크기 : K>Na>Ca>Mg>Al>Zn >Fe>Ni>Sn>Pb>Cu>Ag>Pt>Au
참고 이온화경향은 산화되기 쉬운 정도를 나타낸 것으로, 이온화경향이 큰 금속일수록 더 쉽게 산화되고, 이온화경향이 작은 금속일수록 산화가 잘 일어나지 않는다.

43 ① 나사이음, ② 플랜지이음, ④ 유니언이음

44 익스팬더, 사이징툴, 플레어링툴세트는 동관 전용 공구이다.

45 리지드행거는 I형 빔(beam)에 턴버클을 연결하여 관을 지지하며 상하방향의 변위(수직방향 변위)가 없는 곳에 사용하는 행거이다.

46 리프트피팅을 사용할 때 1단의 흡상고높이는 1.5m 이내로 해야 한다.

47 스케줄번호는 관의 두께를 나타낸다.
ㄱ 공학단위일 때 스케줄번호(Sch. No.)
$= \dfrac{P[\text{kgf/cm}^2]}{S[\text{kg/mm}^2]} \times 10$
ㄴ 국제(SI)단위일 때 스케줄번호(Sch. No.)
$= \dfrac{P[\text{MPa}]}{S[\text{N/mm}^2]} \times 1,000$
여기서, P : 사용압력, S : 허용응력

48 배수트랩의 종류

　ⓐ 사이펀식(파이프형) : S트랩, P트랩, U트랩 (하우스트랩)

　ⓑ 비사이펀식(용적형) : 가솔린트랩, 하우스트랩, 벨트랩, 드럼트랩

　참고 증기트랩의 종류 : 버킷트랩, 플로트트랩, 열동식 트랩, 충동식 트랩, 벨로즈식 트랩, 디스크트랩, 바이메탈트랩 등

49 한랭지에서는 배수관, 통기관 모두 동결되지 않도록 피복할 것

50 간접배수관의 배수구공간

간접배수관의 직경	배수구의 최소 공간
25A 이하	50mm
35~50A	100mm
65A 이상	150mm

51
　ⓐ 직렬접속(C_t) $= \dfrac{1}{\dfrac{1}{C_1} + \dfrac{1}{C_2} + \dfrac{1}{C_3} + \dfrac{1}{C_4}}$

　　$= \dfrac{1}{\dfrac{1}{16} + \dfrac{1}{16} + \dfrac{1}{16} + \dfrac{1}{16}} = 4\mu F$

　ⓑ 병렬접속(C_t) $= C_1 + C_2 + C_3 + C_4$

　　$= 16 + 16 + 16 + 16 = 64\mu F$

52 $G = 20\log\dfrac{1}{3 + j(2\omega)} = 20 \times \log\dfrac{10}{3 + j(2 \times 2)}$

　$= 20 \times \log\dfrac{10}{\sqrt{3^2 + 4^2}} = 20 \times \log 2 ≒ 6dB$

53
　② 추종제어 : 목적물의 변화에 추종하여 목표값에 제어량을 추종하는 제어(레이다제어, 대공포제어)

　③ 비율제어 : 목표값이 다른 것과 일정 비율관계를 가지고 변화하는 경우의 추종제어

　④ 프로그램제어 : 미리 정해진 프로그램에 따라 제어량을 변화시키는 것을 목적으로 하는 제어

54 $\lim\limits_{t \to \infty} f(t) = \lim\limits_{s \to 0} sF(s)$

　　$= \lim\limits_{s \to 0} s\left(\dfrac{3s + 10}{s^3 + 2s^2 + 5s}\right)$

　　$= \dfrac{10}{5} = 2$

55

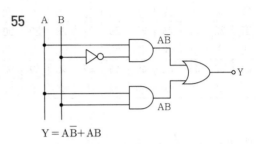

　$Y = A\overline{B} + AB$

56 키르히호프 제1법칙(전류의 법칙) : 회로망의 node에 유입하는 전류와 유출하는 전류는 같다.

　$I_4 = I_1 + I_2 + I_3$

57 전달함수(G)란 시스템의 전달특성을 입력과 출력의 라플라스변환의 비로 표시할 때 나타내는 분수함수로 라플라스변환변수 s의 함수이므로 $G(s)$, $R(s)$, $C(s)$ 등으로 표시한다. 이 함수를 구할 때 시스템 안의 초기상태는 모든 초기값을 0으로 한다.

58
　ⓐ 불연속제어 : 2위치동작(ON−OFF동작)

　ⓑ 연속제어 : 비례제어(P), 미분제어(D), 적분제어(I), 비례미분제어(PD), 비례적분제어(PI), 비례미분적분제어(PID)

59 국토교통부장관은 기계설비산업의 육성과 기계설비의 효율적인 유지관리 및 성능 확보를 위하여 기계설비발전 기본계획을 5년마다 수립·시행하여야 한다.

60 안전보건관리자로 품질관리담당자는 관계없다.

부록 II

모의 | 제2회 정답 및 해설

01	02	03	04	05	06	07	08	09	10	11	12	13	14	15	16	17	18	19	20
③	③	①	③	③	①	④	①	④	②	④	①	①	③	②	②	①	①	④	①
21	22	23	24	25	26	27	28	29	30	31	32	33	34	35	36	37	38	39	40
①	③	②	④	③	③	①	④	③	①	③	①	③	①	②	②	③	④	①	①
41	42	43	44	45	46	47	48	49	50	51	52	53	54	55	56	57	58	59	60
③	②	①	③	④	④	①	②	④	③	④	②	①	②	③	②	④	③	①	④

01 $RH = \dfrac{xP}{P_s\,(x+0.622)} = \dfrac{0.008 \times 760}{12.83 \times (0.008 + 0.622)}$
$= 0.752 \fallingdotseq 75\%$

02 축열시스템
  ㉠ 냉동기와 보일러 등과 같이 공조기와 열원기기 사이에 축열조를 둔 열원방식이다.
  ㉡ 저장된 열에너지를 건물의 냉난방에 활용하고 피크시간대의 전력사용량을 분산시킴으로써 전력수요관리기능을 가지며, 이를 통해 예비전력 생산에 소요되는 비용을 줄일 수 있다.

03 온수난방은 난방부하변동에 따른 온도조절이 쉽고 열용량이 커서 실내의 쾌감도가 좋으며, 공급온도를 변화시킬 수 있고 방열기 밸브로 방열량을 조절할 수 있다.

04 대류방열기의 상단은 방열기 쪽수(케이싱길이)를, 중단은 형식(F)을, 하단은 유입관경×유출관경을 나타낸다.

05 ㉠ 현열과 잠열 모두 고려 : 극간풍(틈새바람)부하, 인체부하, 실내기구부하, 외기부하
  ㉡ 현열만 고려 : 벽체로부터 취득열량, 유리창으로부터 취득열량, 복사열량, 관류열량, 송풍기에 의한 취득열량, 덕트 취득열량, 재열기 가열량, 조명기구, 전동기 등의 발생열량 등

06 습공기선도
  ① 건구온도, ② 비체적(비용적), ③ 노점온도, ④ 습구온도, ⑤ 엔탈피 표시선, ⑥ 절대습도, ⑦ 상대습도

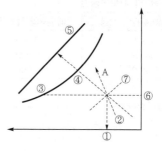

07 ㉠ 관류보일러 : 보유수량이 적고 설치면적이 작으며 소형 보일러에 적합하다.
  ㉡ 횡형 원통형 보일러 : 보유수량이 많고 설치면적이 크다.

08 보일러출력(용량)
  ㉠ 정미출력＝난방부하＋급탕부하
  ㉡ 상용출력＝난방부하＋급탕부하＋배관부하
       ＝정미출력＋배관부하
  ㉢ 정격출력
       ＝난방부하＋급탕부하＋배관부하＋예열부하
       ＝정미출력＋배관부하＋예열부하
       ＝상용출력＋예열부하

09 ① 압축식 냉동기 1RT당 냉각열량은 4.53kW(＝3,900kcal/h)로 한다.
  ② 쿨링 어프로치는 일반적으로 5℃로 한다.
  ③ 압축식 냉동기 1RT당 수량은 외기습구온도가 27℃일 때 13L/min 정도로 한다.

10 $L_2 = L_1 \left(\dfrac{N_1}{N}\right)^3 = 4 \times \left(\dfrac{700}{600}\right)^3 = 6.35\text{kW}$

(참고) 송풍기 상사법칙 중 축동력은 회전수의 세제곱에 비례한다.

11 $Q = 32 \times 20 \times (1 + 0.2) = 768\text{W}$

12 복사난방
  ㉠ 고온복사패널을 실내의 천장이나 벽 등에 설치하고 100~200℃ 정도의 고온수나 증기를 공급하여 복사난방하는 것이다.
  ㉡ 규모가 큰 공장 등 열소모가 비교적 큰 장소에 이용된다.
  ㉢ 매설깊이는 코일외경의 1.5~2배 정도로 하고, 가열면의 온도분포는 6~8℃인 정도로 한다.
  ㉣ 방이 개방상태에 있어도 난방효과는 있으나 동일 방열량에 대해 손실열량이 비교적 작다.

13 송풍기의 법칙에 따라 회전수를 높이면 풍량과 풍압이 증가한다.

14 장방형(직사각형) 덕트의 종횡비는 4 : 1 이하 되게 한다.

15 전열교환기는 공기-공기 열교환기로 현열과 잠열을 동시에 교환한다.

16 $t_m = \dfrac{m_1 t_1 + m_2 t_2}{m_1 + m_2} = \dfrac{1 \times 31 + 2 \times 25}{1 + 2} = 27\text{℃}$
  $\therefore\ t_o = t_s + BF(t_m - t_s) = 14 + 0.15 \times (27 - 14)$
  $\fallingdotseq 16\text{℃}$

17 보일러의 열효율을 향상시키기 위한 폐열회수장치는 과열기, 재열기, 절탄기(이코노마이저), 공기예열기 등이 있다.

18 3관식은 공급관(온수관, 냉수관)이 2개, 환수관이 1개인 방식으로 배관설비가 복잡하지만 개별제어가 가능하다. 환수관이 1개이므로 냉온수 혼합에 따른 열손실이 발생한다.

19 전공기방식은 덕트가 대형화됨에 따라 차지하는 공간도 커진다(대형 공조실을 필요로 한다).

20 $q_s = \rho Q C_p (t_r - t_o)$
  $\therefore\ Q = \dfrac{q_s}{\rho C_p (t_r - t_o)} = \dfrac{20,000}{1.2 \times 1.01 \times (26 - 15)}$
  $= 1,500\text{m}^3/\text{h}$
  참고 송풍량은 현열부하(q_s)만을 고려해서 구한다.

21 4-5-1과정은 응축과정으로 등압과정($P = C$, 엔트로피 감소)이다.

22 ㉠ 20℃ 물 → 0℃ 물
  $Q_1 = mC(t_2 - t_1) = 1,000 \times 4.2 \times (20 - 0)$
  $= 84,000\text{kJ}$
  ㉡ 0℃ 물 → 0℃ 얼음
  $Q_2 = m\gamma_o = 1,000 \times 335 = 335,000\text{kJ}$
  ㉢ 0℃ 얼음 → -5℃ 얼음
  $Q_3 = mC_i(t_{i2} - t_{i1}) = 1,000 \times 2.1 \times [0 - (-5)]$
  $= 10,500\text{kJ}$
  $\therefore\ Q_e = \dfrac{84,000 + 335,000 + 10,500}{24 \times 0.8}$
  $\fallingdotseq 22,370\text{kJ/h} = 6.21\text{kW}$

23 $(COP)_R = \dfrac{q_e}{w_c} = \dfrac{390 - 250}{440 - 390} = 2.8$

24 원심식 압축기는 터보형으로 비용적식 압축기다.

25 증발기의 분류
  ㉠ 액체냉각용 증발기 : 탱크형, 보데로형, 만액식, 셸 앤드 튜브식, 셸코일식
  ㉡ 공기냉각용 증발기 : 관코일식, 핀코일식, 나관코일식, 캐스케이드식

26 $(COP)_R = \dfrac{T_2}{T_1 - T_2} = \dfrac{-10 + 273}{(40 + 273) - (-10 + 273)}$
  $= 5.26$

27 브라인의 부식 방지를 위해서는 방식아연판을 사용하거나 밀폐순환식을 채택하여 공기에 접촉하지 않도록 하여 산소가 브라인에 녹아들지 않도록 한다.

28 고압가스안전관리법에 적용되는 냉동기 : 스크루냉동기, 고속다기통냉동기, 회전용적형 냉동기

29 스크루압축기(screw compressor)의 로터구성은 다양하나 일반적으로 사용되고 있는 것은 수로터 1개, 암로터 1개이다.

30 플래시가스의 발생원인
  ㉠ 관경이 매우 작거나 현저히 입상할 경우
  ㉡ 온도가 높은 장소를 통과할 경우
  ㉢ 스트레이너, 드라이어 등이 막혔을 경우
  ㉣ 수액기나 액관이 직사광선에 노출되었을 경우
  ㉤ 응축온도가 심하게 낮아졌을 경우

31 R-22 냉매의 상태가 포화압력보다 높은데 온도가 그대로인 것은 과냉상태인 액체라는 것이다.

32 줄-톰슨효과(Joule-Thomson effect)는 교축팽창 시($P_1 > P_2$, $T_1 > T_2$, $h_1 = h_2$, $\Delta S > 0$) 압력과 온도를 감소시키므로 압축기체의 팽창에 의해 냉동을 얻는 방법이다.

33 독성크기가 큰 순서
$$SO_2 > NH_3 > CO_2 > R\text{-}12(CCl_2F_2)$$

34 카르노사이클 순환과정
등온팽창 → 단열팽창($S = C$) → 등온압축 → 단열압축($S = C$)
참고 단열팽창(단열압축)과정은 등엔트로피($S = C$) 과정이다.

35 $$\Delta S = \frac{\delta Q}{T} = mC\ln\frac{T_2}{T_1} = 10 \times 4.18 \times \ln\frac{70+273}{0+273}$$
$$= 9.54\text{kJ/K}$$

36 $$\dot{m} = \frac{V\eta_v}{v} = \frac{120 \times 0.81}{0.65} \fallingdotseq 150\text{kg/h}$$

37 ㉠ 건조도(증기로 된 냉매의 양) $= \dfrac{F-G}{A-G}$

㉡ 습도(액체상태의 냉매의 양) $= \dfrac{A-F}{A-G}$

참고 건조도(x) + 습도(y) = 1
∴ 습도(y) = $1 - x$

38 P-h선도(냉매몰리에르선도)에서 계산할 수 없는 것은 마찰계수이다. 반면 냉동능력, 성적계수, 냉매순환량, 비엔탈피 등은 계산할 수 있다.

39 헬라이드토치를 이용한 누설검사는 프레온냉매 누설검사로써, R-717은 무기질 냉매인 암모니아(NH_3)로 뒤에 두 자리는 분자량이다.

40 불응축가스가 혼입되면 응축기 압력은 상승한다.

41 스케줄번호는 관의 두께를 나타낸다.
㉠ 공학단위일 때 스케줄번호(Sch. No.)
$$= \frac{P[\text{kgf/cm}^2]}{S[\text{kg/mm}^2]} \times 10$$
㉡ 국제(SI)단위일 때 스케줄번호(Sch. No.)
$$= \frac{P[\text{MPa}]}{S[\text{N/mm}^2]} \times 1,000$$
여기서, P : 사용압력, S : 허용응력
참고 스케줄번호가 클수록 강관의 두께가 두껍다는 것을 의미한다.

42 덕트 제작 시 이용되는 심의 종류 : 버튼펀치스냅심, 피츠버그심, 그루브심, 더블심 등

43 ② 글로브밸브 :
③ 슬루스밸브(게이트밸브) :
④ 앵글밸브 :
참고 체크밸브
• 액체 :
• 가스 :

44 $L = l + 2(A - a)$
∴ $l = L - 2(A - a) = 200 - 2 \times (32 - 13) = 162\text{mm}$

45 저항검지식은 전기장치에 사용한다.

46 보온재는 기계적, 물리적, 화학적 강도가 커야 한다.

47 이종관접합
㉠ C×F : 동관납땜과 암나사로 구성된 어댑터로, 암나사 부분에 수나사의 수도꼭지 등 기구 부착 가능
㉡ C×M : 동관납땜과 수나사로 구성된 어댑터로, 수나사 부분에 여러 부속 부착 가능

48 배관구배(기울기)가 완만한 곳에서는 수격작용이 일어나지 않는다.

49 통기관의 종류
㉠ 각개통기관 : 가장 좋은 방법, 위생기구 1개마다 통기관 1개 설치(1 : 1), 관경 32A
㉡ 루프통기관(환상, 회로) : 위생기구 2~8개의 트랩봉수 보호, 총길이 7.5m 이하, 관경 40A 이상
㉢ 도피통기관 : 8개 이상의 트랩봉수 보호, 배수 수직관과 가장 가까운 배수관의 접속점 사이에 설치
㉣ 습식통기관(습윤) : 배수와 통기를 하나의 배관으로 설치
㉤ 신정통기관 : 배수수직관 최상단에 설치하여 대기 중에 개방
㉥ 결합통기관 : 통기수직관과 배수수직관을 연결, 5개층마다 설치, 관경 50A 이상

50 $P = \gamma_w h [\text{kPa}]$

$\therefore h = \dfrac{P}{\gamma_w} = \dfrac{6.86 \times 10^3}{9.8} = 7\text{mAq}$

(참고) 물의 비중량(γ_w) = 9,800N/m³ = 9.8kN/m³

51 $E = V\left(1 + \dfrac{R_m}{R_r}\right) = 200 \times \left(1 + \dfrac{90}{10}\right) = 2,000\text{V}$

52 오버슛은 부족감쇠(부족제동)인 경우 발생되며, 제동비(감쇠비)는 그 값이 0에 가까울수록 오버슛은 증가하고, 응답속도는 늦어진다.

제동비(ζ) = $\dfrac{C}{C_v} = \dfrac{C}{2\sqrt{mk}}$

(참고)

크기	특성
$\zeta > 1$	과제동(비진동)
$\zeta = 1$	임계진동
$0 < \zeta < 1$	부족제동(감쇠진동)
$\zeta = 0$	무제동(완전진동)

53

$\bigcirc$ $Z_{ab} = \dfrac{Z_a Z_b + Z_b Z_c + Z_c Z_a}{Z_c} = \dfrac{1 \times 2 + 2 \times 3 + 3 \times 1}{3}$

$= \dfrac{11}{3}$

$\bigcirc$ $Z_{bc} = \dfrac{Z_a Z_b + Z_b Z_c + Z_c Z_a}{Z_a} = \dfrac{1 \times 2 + 2 \times 3 + 3 \times 1}{1}$

$= 11$

$\bigcirc$ $Z_{ca} = \dfrac{Z_a Z_b + Z_b Z_c + Z_c Z_a}{Z_b} = \dfrac{1 \times 2 + 2 \times 3 + 3 \times 1}{2}$

$= \dfrac{11}{2}$

54 $\omega = 377\text{rad/s}$이므로

$\therefore f = \dfrac{\omega}{2\pi} = \dfrac{377}{2\pi} \fallingdotseq 60\text{Hz}$

55 $I = \dfrac{P}{\sqrt{3}\,V\cos\theta\eta} = \dfrac{15 \times 10^3}{\sqrt{3} \times 220 \times 0.85 \times 0.8} = 57.9\text{A}$

56 기동토크 큰 순서 : 반발기동형 > 반발유도형 > 콘덴서기동형 > 분상기동형 > 셰이딩코일형

57

$e(t) = Ri(t) + L\dfrac{d}{dt}i(t) + \dfrac{1}{C}\displaystyle\int_0^t i(t)dt$

$E(s) = RI(s) + LsI(s) + \dfrac{1}{Cs}I(s)$

$= \left(R + Ls + \dfrac{1}{Cs}\right)I(s)$

$\therefore G(s) = \dfrac{C(s)}{R(s)} = \dfrac{1}{R + Ls + \dfrac{1}{Cs}}$

58 $\bigcirc$ 전자기유도법칙 : 렌츠의 법칙, 패러데이의 법칙, 플레밍의 오른손법칙

$\bigcirc$ 전기력에 관한 법칙 : 자기의 쿨롱법칙

59 기계설비 사용 전 검사에 필요한 서류

$\bigcirc$ 기계설비 사용 전 검사신청서

$\bigcirc$ 기계설비공사 준공설계도서 사본

$\bigcirc$ 건축법 등 관계 법령에 따라 기계설비에 대한 감리업무를 수행한 자가 확인한 기계설비 사용적합확인서

60 ①, ②, ③은 안전조치사항에, ④는 보건조치사항에 해당한다.

제3회 정답 및 해설

01	02	03	04	05	06	07	08	09	10	11	12	13	14	15	16	17	18	19	20
①	③	③	①	④	②	④	④	②	②	①	④	④	②	②	④	①	②	①	①
21	22	23	24	25	26	27	28	29	30	31	32	33	34	35	36	37	38	39	40
③	②	①	②	③	④	③	①	④	①	③	①	③	①	①	④	②	④	③	②
41	42	43	44	45	46	47	48	49	50	51	52	53	54	55	56	57	58	59	60
②	②	②	②	②	④	③	③	③	①	①	②	③	①	③	②	④	③	③	①

01 냉방 시 유리를 통한 일사취득열량은 입사각을 크게, 투과율을 적게, 반사율을 크게, 차폐계수를 적게 하면 줄일 수 있다.

02 난방부하 계산 시
  ㉠ 실내에서 발생하는 열부하는 일반적으로 고려하지 않는다.
  ㉡ 일사부하, 내부발열, 축열효과는 제외한다.

03 송풍기의 상사법칙
  ㉠ $Q_2 = Q_1\left(\dfrac{N_2}{N_1}\right) = Q_1\left(\dfrac{D_2}{D_1}\right)^3$

  ㉡ $P_2 = P_1\left(\dfrac{N_2}{N_1}\right)^2 = P_1\left(\dfrac{D_2}{D_1}\right)^2$

  ㉢ $L_2 = L_1\left(\dfrac{N_2}{N_1}\right)^3 = L_1\left(\dfrac{D_2}{D_1}\right)^5$

04 ㉠ 개방식 팽창탱크 : 수면계, 팽창관, 안전관(방출관), 급수관, 오버플로관, 배기관 등
  ㉡ 밀폐식 팽창탱크 : 수위계, 안전밸브, 압력계, 배수관, 급수관, 환수주관, 압축공기공급관 등

05 ㉠ 상당외기온도차(Δt_e)
  =상당외기온도−실내온도차[℃]
  ㉡ 외벽(벽체)의 취득열량(q) = $KA\Delta t_e$ [W]

06 정풍량 단일덕트방식(CAV)은 송풍기의 동력이 커져 에너지 소비가 크므로 개별제어가 곤란하다.

07 계수법(DOP : Di−Octyl−Phthalate) : 고성능의 필터(HEPA)를 측정하는 방법으로 일정한 크기(0.3 μm)의 시험입자를 사용하여 먼지의 수를 계측하여 사용한다.

08 극간풍(틈새바람) 방지법
  ㉠ 실내를 가압하여 외부보다 압력을 높게 유지
  ㉡ 건축의 건물 기밀성 유지
  ㉢ 회전문 설치
  ㉣ 2중문 중간에 컨벡터 설치
  ㉤ 에어커튼 설치

09 유인유닛방식(IDU : induction unit system)
  ㉠ 송풍량이 적어 외기냉방효과가 적음
  ㉡ 덕트스페이스가 적음
  ㉢ 유인비 3~4 정도

10 상대습도(ϕ) = $\dfrac{P_w}{P_s} \times 100$ [%]

11 보일러의 종류
  ㉠ 수관보일러 : 자연순환식 보일러, 강제순환식 보일러, 관류식 보일러 등
  ㉡ 원통형 보일러 : 입형보일러, 횡형보일러(노통식 보일러, 연관식 보일러, 노통연관식 보일러)

12 축동력이 가장 많이 소요되는 제어는 토출댐퍼제어 > 흡입댐퍼제어 > 흡입베인제어 > 회전수제어 순이다.

13 흡수식 냉동기의 흡수기는 증발기와 발생기(재생기) 사이에 설치한다.

14 현열비(SHF) = $\dfrac{현열부하}{현열부하 + 잠열부하}$
  = $\dfrac{10,500}{10,500 + 2,100} = 0.83$

15 펑커 루버(punkah louver)
- ㉠ 목이 움직이게 되어 있어 취출구의 방향을 좌우상하로 바꿀 수 있고, 토출구에 달려 있는 댐퍼로 풍량조절이 가능하다.
- ㉡ 공기저항이 크다는 단점이 있으나 주방, 공장, 버스 등의 국소(spot)냉방에 주로 사용한다.

16 바이패스 팩터(bypass factor)란 전공기에 대해 냉온수코일을 접촉하지 않고 그대로 통과하는 공기의 비율이다(0.1~0.2 정도).
바이패스 팩터(BF)=1-콘택트 팩터=$1-CF$

17 ② 제2종 환기법(압입식) : 강제급기+자연배기, 송풍기 설치, 반도체공장, 무균실, 창고 등에 적용
③ 제3종 환기법(흡출식) : 자연급기+강제배기, 배풍기 설치, 화장실, 부엌, 흡연실 등에 적용
④ 제4종 환기법(자연식) : 자연급기+자연배기

18 백연현상
- ㉠ 여름철을 제외한 계절에 냉각탑을 가동하면 냉각탑 출구에서 흰색 연기가 나오는 현상
- ㉡ 냉각탑 출구에서 고온 다습한 습포화증기가 중간기 및 겨울철에 차가운 대기와 혼합되는 과정에서 재응축이 일어나는 현상

19 냉수코일 설계 시 공기흐름과 냉수흐름의 방향을 대향류로 하고 대수평균온도차를 크게 한다.

20 $Q = k\Delta A \Delta t$
$$= 1.86 \times [(8 \times 3) - (2 \times 2)] \times \left(20 - \frac{20+0}{2}\right)$$
$$= 372W$$

21 핫가스 제상을 하는 소형 냉동장치에서 핫가스의 흐름을 제어하는 것은 솔레노이드밸브(전자밸브)이다.

22 흡수식 냉동기
- ㉠ 비교적 소용량보다는 대용량에 적합하다.
- ㉡ 운전 시 소음과 진동이 적다(압축기가 없기 때문).
- ㉢ 전력수용량과 수전설비가 적다.
- ㉣ 다양한 열원이 사용 가능하다.
- ㉤ 연료비가 저렴해 운전비가 적게 든다.

참고 냉매와 흡수제

냉매	흡수제
물(H_2O)	리튬브로마이드(LiBr)
물(H_2O)	염화리튬
암모니아(NH_3)	물(H_2O)

23 $w_c = q_1 - q_2 = C_p(\Delta t - \Delta t')$
$$= 1.005 \times [(110-10) - (-10+60)] = 50.25kJ/kg$$

24 윤활유(냉동기유)의 구비조건
- ㉠ 응고점(유동점)이 낮고, 인화점이 높을 것(유동점은 응고점보다 2.5℃ 높다)
- ㉡ 점도가 적당하고, 온도계수가 작을 것
- ㉢ 냉매와의 친화력이 약하고, 분리성이 양호할 것
- ㉣ 산에 대한 안전성이 높고, 화학반응이 없을 것
- ㉤ 전기절연내력이 클 것
- ㉥ 왁스성분이 적고, 수분의 함유량이 적을 것
- ㉦ 방청능력이 클 것

25 냉동기 증발온도(압력) 하강 시 장치에 발생되는 현상
- ㉠ 성적계수($(COP)_R$) 감소
- ㉡ 토출가스온도 상승
- ㉢ 냉매순환량 감소
- ㉣ 냉동효과 감소
- ㉤ 소비동력 증가
- ㉥ 압축비 증가
- ㉦ 플래시가스 발생량 증가
- ㉧ 체적효율 감소

26 교축과정 : 등엔탈피, 팽창밸브에서의 과정, 압력강하, 온도강하, 엔트로피 증가

27 압력은 낮고 온도가 높을수록 실제 기체가 이상기체를 근사적으로 만족시킬 수 있다(분자량이 작을수록, 비체적이 클수록).

28 냉동장치의 압축기와 관계있는 효율에는 압축효율(η_c), 기계효율(η_m), 체적효율(η_v) 등이 있다.

29 냉매가 염화에틸(C_2H_5Cl)이면 흡수제는 4클로로에탄($C_2H_2Cl_4$)이다.

30 축열장치는 수처리가 필요하고 단열공사비가 증가한다.

31 $(COP)_R = \dfrac{Q_e}{w_c} = \dfrac{mq_e}{w_c} = \dfrac{m(h_1 - h_4)}{w_c}$

$= \dfrac{167 \times (563 - 449)}{3.5 \times 3,600} = 1.51$

(참고) $1kW = 1kJ/s = 60kJ/min = 3,600kJ/h$

32 열전도는 물체 간의 직접 접촉으로 열이 전달되는 것으로 물질의 모든 상태(고체, 액체, 기체)에서 일어나지만 일반적으로 고체 내부에서 일어난다.

33 전자밸브(solenoid valve)는 전기적 조작에 의해 밸브 본체를 자동적으로 개폐하여 유량을 제어하는 밸브로 고온가스의 흐름제어에도 사용된다.

34 브라인의 구비조건
ㄱ 비열이 크고, 응고점은 낮을 것
ㄴ 점도가 작을 것
ㄷ 열용량이 클 것
ㄹ 불연성이며 불활성일 것
ㅁ 금속에 대한 부식성이 작을 것
ㅂ pH값이 약알칼리성일 것(7.5~8.2)
ㅅ 열전도율이 클 것

35 다단 압축의 목적
ㄱ 토출가스온도를 낮추기 위하여
ㄴ 윤활유의 온도 상승을 피하기 위하여
ㄷ 압축기 등 각종 효율을 향상시키기 위하여
ㄹ 성적계수를 높이기 위하여
ㅁ 압축일량을 감소시키기 위하여

36 ㄱ $Q_c = Q_e + W_c = 58,604 + 3 \times 3,600 = 69,404kJ/h$
ㄴ $Q_c = mC(t_2 - t_1) \times 60$

$\therefore t_2 = t_1 + \dfrac{Q_c}{mC \times 60} = 30 + \dfrac{69,404}{69 \times 4.186 \times 60}$

$= 34℃$

37 ① 드라이어필터는 프레온냉동장치의 팽창밸브 직전 고압액관에 설치하여 수분과 이물질을 제거한다.
② 수액기의 액저장량은 냉동장치의 운전상태변화에 따라 증발기 내의 냉매량이 변화하여도 항상 액이 수액기 내에 잔류하여 장치의 운전을 원활하게 할 수 있는 용량이다.
③ 운전 중 수액기의 액면계에 기포가 발생하는 경우(과냉각이 불충분하거나 냉매량이 부족할 때)는 응축기 내의 응축된 냉매액의 온도가 수액기가 설치된 기계실의 온도보다 높기 때문이다.

38 내압시험은 냉매의 종류에 따라 정해지지 않으며 원칙적으로 설계압력의 1.5배 이상의 액압으로 한다(액체를 사용하기 어려울 경우에는 설계압력의 1.25배 이상의 기체로 할 수도 있다).

39 산소는 산화제로 위험성이 크다.

40 깨끗한 얼음을 제조하기 위해 빙관 내로 공기를 송입, 물을 교반시키는 교반장치의 송풍압력은 19.6~34.3kPa 정도이다.

41 호칭경(호칭지름) 표시
ㄱ 강관 : 내경기준
ㄴ 동관 : 외경기준

42 가스홀더
ㄱ 공장에서 제조 정제된 가스를 저장하여 가스 품질을 균일하게 유지하면서 제조량과 수요량을 조절하는 장치이다.
ㄴ 저압식으로 유수식, 무수식 가스홀더가 있으며, 중·고압식으로 원통형 및 구형이 있다.
ㄷ 습식 가스홀더와 건식 가스홀더가 있다.

43 냉각탑에서 냉각수는 수직하향방향이고, 공기는 수평방향으로 이동시켜 냉각하는 열교환방식은 직교류형(cross flow type)이다.

44 분기관은 주관의 상부에서 취출한다.

45 중앙급탕방식에서 경제성, 안정성을 고려한 적정 급탕온도는 60℃이다.
(참고) 주택과 APT에서 공급온도를 60℃로 할 경우 1일 1인당 급탕량은 75~150L를 기준으로 한다.

46 배수관 트랩의 봉수 파괴원인 : 자기사이펀작용, 모세관작용, 봉수의 증발작용
(참고) • 흡출(흡인)작용 : 고층부
• 분출(역압)작용 : 저층부
• 자기운동량에 의한 관성작용 : 최상층

47 ① STBH : 보일러 열교환기용 탄소강강관
② STHA : 보일러 열교환기용 합금강관
④ STLT : 저온열교환기용 강관

48 ㄱ EL(Elevation Level) : 관의 중심을 기준으로 배관의 높이를 표시

ⓒ GL(Ground Line) : 포장된 표면을 기준으로 배관의 높이를 표시

ⓒ FL(Floor Level) : 1층의 바닥면을 기준으로 하여 배관의 높이를 표시

49 도시가스배관의 표면색상

ㄱ 매설배관 : 저압은 황색, 중압은 적색

ㄴ 지상배관 : 황색

50 X = A+AB = A(1+B) = A(1+0) = A

51 $N = \dfrac{120f}{P}$

$\therefore P = \dfrac{120f}{N} = \dfrac{120 \times 60}{3,600} = 2$극

52 ① 조작부 : 조작신호를 받아 조작량으로 변환 (사람의 손과 발에 해당되는 부분)

③ 제어량 : 제어해야 하는 물리량으로 제어대상의 출력값(주파수값, 수위값, 전압값)

④ 조작량 : 제어량을 지배하기 위해 조작부에서 제어대상에 가해지는 물리량

53 $C = RG_1 G_2 G_3 - G_2 G_3 C - G_1 G_2 G_3 C$

$C(1 + G_2 G_3 + G_1 G_2 G_3) = RG_1 G_2 G_3$

$\therefore \dfrac{C}{R} = \dfrac{G_1 G_2 G_3}{1 + G_2 G_3 + G_1 G_2 G_3}$

54 제어량

ㄱ 추종제어 : 방위, 위치, 자세

ㄴ 프로세스제어 : 압력, 온도, 유량, 액면, 농도, 밀도 등

55 $U = \dfrac{1}{2}LI^2 = \dfrac{1}{2} \times 100 \times 10^{-3} \times 10^2 = 5\text{J}$

56 $R = \dfrac{1}{\dfrac{1}{R_1} + \dfrac{1}{R_2} + \dfrac{1}{R_3} + \dfrac{1}{R_4}} = \dfrac{1}{\dfrac{1}{8} + \dfrac{1}{12} + \dfrac{1}{20} + \dfrac{1}{30}}$

$= 3.43\,\Omega$

57 PLC(Programmable Logic Controller)제어

ㄱ 소형화가 가능하다.

ㄴ 유지보수가 용이하다.

ㄷ 제어시스템의 확장이 용이하다.

ㄹ 안전성, 신뢰성이 높다.

ㅁ 설비 증설에 대한 접점용량의 우려가 없다.

58 ㄱ 전자기유도법칙 : 렌츠의 법칙, 패러데이의 법칙, 플레밍의 오른손법칙

ㄴ 전기력에 관한 법칙 : 자기의 쿨롱법칙

59 기계설비유지관리자로 선임되면 6개월 이내에 책임, 보조 기계설비유지관리자 교육을 받아야 한다.

60 ㄱ 냉동기제조 등록대상 : 냉동능력이 3톤 이상 인 냉동기를 제조하는 것

ㄴ 냉동제조 허가대상 : 냉동능력이 20톤 이상

ㄷ 냉동제조 신고대상 : 냉동능력이 3톤 이상 20톤 미만

제4회 정답 및 해설

01	02	03	04	05	06	07	08	09	10	11	12	13	14	15	16	17	18	19	20
④	③	③	③	②	③	②	②	①	②	③	④	②	②	②	③	③	④	④	④
21	22	23	24	25	26	27	28	29	30	31	32	33	34	35	36	37	38	39	40
④	③	①	②	③	④	③	②	④	②	③	②	③	④	④	③	③	①	②	③
41	42	43	44	45	46	47	48	49	50	51	52	53	54	55	56	57	58	59	60
④	④	①	③	③	④	③	③	④	②	③	④	③	④	③	④	③	④	②	③

01 ① 패키지유닛방식 : 냉매방식
② 복사냉난방방식 : 수-공기방식
③ 팬코일유닛방식(FCU) : 수방식
(참고) 전공기방식 : 정풍량 단일덕트방식, 이중덕트방식, 멀티존유닛방식, 변풍량 단일덕트방식, 각 층 유닛방식

02 ㉠ 인체, 실내기구(기기부하), 극간풍, 외기 : 현열+잠열
㉡ 조명, 유리창, 덕트의 열손실 등 : 현열

03 ㉠ ㉮-㉯ : 재열부하
㉡ ㉯-㉰ : 실내부하
㉢ ㉰-㉱ : 외기부하
㉣ ㉱-㉮ : 냉각코일부하(=재열부하+실내부하+외기부하)

04 코일의 열수가 증가하면 바이패스 팩터(BF)는 감소한다.

05 송풍기 상사법칙에서 축동력(소요동력)은 회전수의 세제곱에 비례하므로
$$\therefore L_2 = L_1 \left(\frac{N_2}{N_1}\right)^3$$
$$= 4 \times \left(\frac{700}{600}\right)^3 \fallingdotseq 6.35\text{kW}$$

06 $W = \dfrac{증기의\ 표준\ 방열량}{증기의\ 증발잠열}$
$$= \frac{756 \times 3.6}{2,257} \fallingdotseq 1.21\text{kg/m}^2 \cdot \text{h}$$

07 콜드 드래프트(cold draft)는 인체 주위의 기류속도가 클 때 심해진다.

08 $BF = \dfrac{t_4 - t_5}{t_3 - t_5} = \dfrac{16 - 13}{28 - 13} = 0.2$

09 단일덕트 정풍량방식(CAV)은 부하변동에 대응하기 어려워 개별제어에는 부적합하다.

10 변풍량 단일덕트방식(VAV)은 각 실이나 존의 온도를 개별제어하기 쉬우나 실내부하가 적어지면 송풍량이 적어지므로 실내공기의 오염도가 높다.

11 팬코일유닛방식(수방식, 수-공기방식)은 중앙기계실의 열원설비로부터 각 실에 있는 유닛에 공급하는 공조방식이다.
(참고) 덕트 병용 팬코일유닛방식은 공기-수방식이다.

12 관류보일러는 수관보일러의 원리를 이용한 소형 보일러로 보유수량이 적고 설치면적이 작다.

13 $q = WC\Delta t$
$$\therefore W = \frac{q}{C\Delta t} = \frac{16,380}{4.2 \times 5} = 780\text{L/h} = 13\text{L/min}$$

14 압축비(=고압/저압)가 작을수록 압축일 감소로 흡수식 냉동기의 성능은 증가된다.

15 $n = \dfrac{Q}{60AeV}$
$$= \frac{350}{60 \times 0.5 \times 0.8 \times 2.5} \fallingdotseq 6\text{개}$$

16 $q_s = \rho Q C_p \Delta t \, [\text{kg/h}]$
$$\therefore Q = \frac{q_s}{\rho C_p \Delta t}$$
$$= \frac{8,360}{1.2 \times 1.0046 \times (28 - 16)} \fallingdotseq 578\text{m}^3/\text{h}$$

17 ⊙ $P_w = \phi P_s = 0.6 \times 9.2 = 5.52 \text{mmHg}$

ⓛ 30℃일 때

$$\phi = \frac{P_w}{P_s} \times 100\% = \frac{5.52}{23.75} \times 100\% = 23\%$$

18 증기난방은 소음을 일으킨다.

19 건구온도 일정 시 상대습도가 높아지면 (비)엔탈피는 증가한다.

20 극간풍(틈새바람)을 방지하려면 실내외온도차를 작게 해야 한다.

21 냉매가 염화에틸(C_2H_5Cl)이면 흡수제는 4클로로에탄($C_2H_2Cl_4$)이다.

22 $\varepsilon_R = \dfrac{Q_e}{W_c} = \dfrac{T_2}{T_1 - T_2}$

$$\therefore \ W_c = \frac{Q_e}{\varepsilon_R}$$

$$= Q_e\left(\frac{T_1 - T_2}{T_2}\right)$$

$$= 10 \times 3.86 \times \frac{(25+273)-(-20+273)}{-20+273}$$

$$= 6.9 \text{kW}$$

23 냉동효과(q_e)란 증발기에서 냉매 1kg(단위질량)이 증발(기화)하면서 흡수하는 열량을 의미한다.

24 공기압축식 냉동방법은 공기의 압축과 팽창을 이용한 냉동법으로 공기를 냉매로 사용하다.

25 ⊙ $h_x = h_f + x(h_s - h_f) \, [\text{kJ/kg}]$

$$\therefore \ x = \frac{h_x - h_f}{h_s - h_f} = \frac{672 - 315}{1,693 - 315} = 0.26$$

ⓛ $y = (1-x) \times 100 = (1-0.26) \times 100 = 74\%$

26 공기보다 가벼운 가스는 냉매가스가 노출될 경우 공기 중으로 확산되어 공기보다 무거운 가스보다 위험성이 적다.

27 ⊙ 20℃ 물 → 0℃ 물

$$Q_1 = mC(t_2 - t_1)$$

$$= \frac{10,000}{24} \times 4.2 \times (20-0) = 35,000 \text{kJ/h}$$

ⓛ 0℃ 물 → 0℃ 얼음

$$Q_2 = m\gamma_o = \frac{10,000}{24} \times 333.6 = 139,000 \text{kJ/h}$$

ⓒ 0℃ 얼음 → -5℃ 얼음

$$Q_3 = mC_i(t_{i2} - t_{i1})$$

$$= \frac{10,000}{24} \times 2.1 \times [0-(-5)] = 4,375 \text{kJ/h}$$

$$\therefore \ 냉동부하 = \frac{Q_1 + Q_2 + Q_3}{\eta}$$

$$= \frac{35,000 + 139,000 + 4,375}{0.8}$$

$$= 222,969 \text{kJ/h}$$

28 냉매는 응축기에서 냉각수에 의하여 냉각되어 압력이 강하한다. 단, 어떤 원인으로 응축 불량이 되었을 경우에는 응축압력은 상승한다.

29 $\dot{m} = \dfrac{Q_e}{q_e} = \dfrac{12 \times 3.86 \times 3,600}{1,667 - 538} = 148 \text{kg/h}$

30 $K = \dfrac{1}{R}$

$$= \frac{1}{\dfrac{1}{\alpha_o} + \sum\limits_{i=1}^{n} \dfrac{l_i}{\lambda_i} + \dfrac{1}{\alpha_i}}$$

$$= \frac{1}{\dfrac{1}{23} + \dfrac{0.2}{1.05} + \dfrac{0.15}{0.05} + \dfrac{0.01}{0.18} + \dfrac{1}{9.3}}$$

$$= 0.29 \text{W/m}^2 \cdot \text{K}$$

31 냉동사이클에서 증발온도는 일정하고 응축온도가 올라가면

ⓐ 압축비 증가

ⓑ 압축기 토출가스온도 상승

ⓒ 체적효율 저하

ⓓ 성적계수 감소

ⓔ 냉동능력(효과) 감소

ⓕ 압축기 소비동력 증가

ⓖ 플래시가스 증대

32 $LMTD = \dfrac{\Delta t_1 - \Delta t_2}{\ln \dfrac{\Delta t_1}{\Delta t_2}} = \dfrac{(30-25)-(30-28)}{\ln \dfrac{30-25}{30-28}} = 3.27℃$

33 압축냉동사이클에서 엔트로피변화

ⓐ 증발과정 : 엔트로피 상승

ⓑ 압축과정 : 등엔트로피과정($S = C$)

ⓒ 응축과정 : 엔트로피 감소

ⓓ 팽창과정 : 엔트로피 상승

34 $(COP)_H = \dfrac{T_1}{T_1 - T_2} = \dfrac{35+273}{(35+273)-(-5+273)} = 7.7$

35 $R = \dfrac{1}{K} = \dfrac{1}{\alpha_o} + \dfrac{d}{\lambda} + \dfrac{1}{\alpha_i}$

$\therefore \lambda = \dfrac{d}{\dfrac{1}{K} - \dfrac{1}{\alpha_o} - \dfrac{1}{\alpha_i}}$

$= \dfrac{0.1875}{\dfrac{1}{0.35} - \dfrac{1}{20} - \dfrac{1}{5.4}}$

$\fallingdotseq 0.072 \text{W/m} \cdot \text{K}$

36 흡수식 냉동기 사이클의 순환은 a-b-g-h-a 로 냉매인 물(H_2O)과 흡수제인 리튬브로마이드 (LiBr)의 흡수과정이다.

37 실제 기체가 이상기체의 상태방정식을 근사적으로 만족시키려면 압력은 낮고 온도가 높을수록, 분자량은 작고 비체적이 클수록 만족된다.

38 플래시가스(flash gas)의 발생원인
   ⊙ 액관의 입상높이가 매우 높을 때
   ⓒ 냉매순환량에 비하여 액관의 관경이 너무 작을 때
   ⓒ 배관에 설치된 스트레이너, 필터 등이 막혀 있을 때
   ⓔ 액관이 직사광선에 노출될 때
   ⓜ 액관이 냉매액온도보다 높은 장소를 통과할 때

39 제시된 냉동사이클은 2단 압축 2단 팽창사이클 이다.

40 흡입배관 도중에 큰 U트랩이 있으면 운전 정지 중에 응축된 냉매액이나 오일이 모여 있어도 압축기 시동 시 액복귀현상은 발생할 수 있다.

41 안전율 = $\dfrac{\text{인장(극한)강도}}{\text{허용응력}}$

$\therefore$ 허용응력 = $\dfrac{\text{인장(극한)강도}}{\text{안전율}}$

42 배관용 보온재는 흡수성이 적고, 비중이 작을수록(가벼울수록) 좋다.

43 진공환수식에서 환수관은 건식환수관을 사용하고, 리프트피팅의 1단 흡상고는 1.5m 이내로 설치한다.

44 플랜지접합(flange joint)은 각종 기기의 접속과 관을 자주 해체 또는 교환할 필요가 있는 곳에 사용된다.

45 ⊙ 고온 고압의 기체냉매 : 압축기와 응축기 사이 배관
   ⓒ 저온 저압의 기체냉매 : 증발기와 압축기 사이 배관
   ⓒ 고온 고압의 액체냉매 : 응축기와 수액기 사이 배관

46 제시된 평면도를 겨냥도(입체도)로 그려보면 다음과 같으며 부속품 엘보는 7개이고, 티는 2개이다.

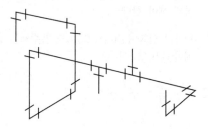

47 암모니아(NH_3)냉동설비의 배관은 강관을 사용하며, 동관은 부식되므로 사용하지 않는다.

48 증발압력, 응축압력의 정상 여부 점검은 냉동기의 점검항목이다.

49 사후보전은 비용을 절약할 수 있을 것 같이 생각될 수 있지만 결과적으로 냉방시즌 최성수기에 불시에 문제가 발생하여 냉동기를 가동할 수 없게 되거나 치명적인 손상을 입는 경우가 많고 복구비용 등 2차적인 피해를 고려하면 오히려 비경제적이다.

50 $h_L = f \dfrac{L}{d} \dfrac{V^2}{2g} [\text{m}]$

$\therefore$ 마찰손실수두는 속도수두에 비례한다.

51 청소구는 길이가 긴 배수관의 중간 지점으로 하되, 배관지름이 100A 이상일 때는 30m마다, 100A 이하일 때는 15m마다 설치한다.

52 제어요소는 조절부와 조작부로 이루어져 있으며 동작신호를 조작량으로 변환하는 장치이다.

53 $C = RG(s) + G(s)H(s)C$

$C[1 - G(s)H(s)] = RG(s)$

$\therefore \dfrac{C}{R} = \dfrac{G(s)}{1 - G(s)H(s)}$

54 ㉠ 플레밍의 오른손법칙 : 발전기의 전자유도에 의해서 생기는 유도전류의 방향을 나타내는 법칙

㉡ 플레밍의 왼손법칙 : 전동기의 전자력방향을 결정하는 법칙

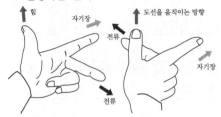

▲ 플레밍의 왼손법칙　　▲ 플레밍의 오른손법칙

55
$$Q = VI\sin\theta$$
$$= VI\sqrt{1-\cos^2\theta}$$
$$= 100 \times 5 \times \sqrt{1-0.8^2}$$
$$= 300\text{Var}$$

56 프로세스제어(공정제어)는 온도, 압력, 유량, 액위, 농도, 밀도 등으로 플랜트(plant)나 생산공정 중의 상태량을 제어한다.

57 ① VA : 피상전력
② W : 유효전력
④ Wh : 유효전력량

58 $R-L-C$ 직렬회로에서 소비전력이 최대가 되는 공진조건은 $X_L - \dfrac{1}{X_C} = 0 \rightarrow \omega L - \dfrac{1}{\omega C} = 0$ 이다.

59 $Y = \overline{\overline{BC} \cdot \overline{A}} = A + BC$

60 $C = 3RA - CA$
$C = A(3R - C)$
$\therefore A = \dfrac{C}{3R - C} = \dfrac{3}{3 \times 5 - 3} = \dfrac{1}{4}$

모의 제5회 정답 및 해설

01	02	03	04	05	06	07	08	09	10	11	12	13	14	15	16	17	18	19	20
①	③	③	④	②	③	④	②	③	④	①	①	②	②	③	②	②	④	③	①
21	22	23	24	25	26	27	28	29	30	31	32	33	34	35	36	37	38	39	40
③	①	③	②	③	③	②	③	①	②	②	③	④	③	④	④	③	①	②	③
41	42	43	44	45	46	47	48	49	50	51	52	53	54	55	56	57	58	59	60
③	②	③	④	①	③	④	③	④	①	②	④	④	④	②	②	②	③	③	③

01 현열비$(SHF) = \dfrac{현열량}{전열량} = \dfrac{현열량}{현열량 + 잠열량}$

02 $q = KA\,\Delta tk = 0.43 \times 40 \times [26-(-5)-3] \times 1.2$
$= 577.92\text{W}$
이때 겨울철 손실열량은 복사에 의한 외기온도보정 3℃로 계산 시 고려한다.

03 $x = 0.622\dfrac{P_w}{P-P_w} = 0.622\dfrac{\phi P_s}{P-\phi P_s}$

$\therefore\ \phi = \dfrac{xP}{P_s(x+0.622)} = \dfrac{0.008 \times 760}{12.83 \times (0.008+0.622)}$
$= 0.75 = 75\%$

04 패키지유닛방식은 개별방식(냉매방식)으로 각 실마다 패키지유닛(가정용 에어컨 등)을 설치하는 것이다.

05 제시된 습공기선도는 외기 ①을 예열하여 ③으로 만든 후 실내공기 ②와 혼합하여 ④로 하고, 가열하여 ⑤로 만든 후 증기가습하여 ⑥으로 만들어 실내에 급기한다. 즉 예열-혼합-가열-증기가습(장치 출구)에서 실내로 현열비(SHF)의 기울기로 연결한다.

06 $q_s = mC(t_i-t_o) = 560 \times 4.2 \times (80-72) = 18,820\text{kJ/h}$

07 온풍난방은 간접난방으로 열용량이 적어 착화 즉시 난방이 쉽고 정지 시 즉시 상온으로 회복된다.

08 제시된 습공기선도는 외기(①)를 예냉한 다음(③) 환기(②)와 혼합한 후(④) 냉각코일로 냉각하여 (⑤) 실내에 취출한다.

09 $q_s = \rho Q C_p\,\Delta t\,[\text{W}]$

$\therefore\ Q = \dfrac{q_s}{\rho C_p\,\Delta t}$

$= \dfrac{3,000+550}{1.2 \times 1.0 \times 10} = 295.8\text{L/s}$

10 ㉠ 전반환기 : 실내의 거의 모든 부분이 오염 시 오염물질을 희석, 확산시킨 후 배기
㉡ 국부(국소)환기 : 발생원이 집중되고 고정되어 있는 경우(화장실, 주방 등)

11 재열부하는 가열만 하므로 잠열부하가 없다.

12 송풍기 상사법칙 적용

㉠ $Q_2 = Q_1\left(\dfrac{N_2}{N_1}\right) = 199 \times \dfrac{632}{451} = 278.9\text{m}^3/\text{min}$

㉡ $P_2 = P_1\left(\dfrac{N_2}{N_1}\right)^2 = 320 \times \left(\dfrac{632}{451}\right)^2 = 628.4\text{Pa}$

㉢ $L_2 = L_1\left(\dfrac{N_2}{N_1}\right)^3 = 1.5 \times \left(\dfrac{632}{451}\right)^3 ≒ 4.1\text{kW}$

13 에어와셔의 포화효율(η)

$= \dfrac{출구의\ 건구온도 - 입구의\ 건구온도}{입구의\ 습구온도 - 입구의\ 건구온도}$

$= \dfrac{t_2-t_1}{t_{w1}-t_1}$

$\therefore$ 단열가습 시 $\eta = \dfrac{t_1-t_2}{t_1-t_{w1}}$

14 습공기선도상에 표시되지 않는 것은 비열(C)이다.

15 대항류형 냉각탑의 효율이 직교류형보다 더 좋다.

16 ㉠ $P_v = P_t - P_s = 23.8 - 10$

$= 13.8\text{mmAq} = 135.24\text{Pa}$

별해 $P_v = \gamma_w h = 9,800 \times 0.0138$

$= 135.24\text{Pa}(= \text{N/m}^2)$

㉡ $P_v = \dfrac{\rho V^2}{2}\,[\text{Pa}]$

$\therefore V = \sqrt{\dfrac{2P_v}{\rho}} = \sqrt{\dfrac{2 \times 135.24}{1.2}} \fallingdotseq 15\text{m/s}$

17 $Pv = RT$

$\dfrac{P}{\rho} = RT$

$\therefore \rho = \dfrac{P}{RT} = \dfrac{1 \times 10^3}{0.287 \times (20 + 273)} = 11.89\text{kg/m}^3$

18 냉온수코일의 통풍저항을 작게 할수록 정압이 작아져 송풍동력이 작다.

19 $SHF = \dfrac{\text{현열}(q_s)}{\text{전열}(q_t)} = \dfrac{\text{현열}}{\text{현열} + \text{잠열}} = \dfrac{40}{40 + 10} = 0.8$

20 팬코일유닛(FCU)방식은 수방식이다.

21 액관 중의 액체온도는 응축온도보다 약간 낮다.

22 ㉠ 1-2과정 : 팽창밸브, 교축팽창, 압력강하 $(P_1 > P_2)$, 온도강하$(T_1 > T_2)$, 엔탈피 일정 $(h_1 = h_2)$

㉡ 2-3과정 : 증발기, 등온, 등압과정

㉢ 3-4과정 : 압축기, 단열압축, 등엔트로피과정 $(S = C)$

㉣ 4-5-1과정 : 응축기, 등압$(P = C)$, 응축과정, 엔트로피 감소(온도강하)

23 ① 아르곤 : $-185.86℃$

② 질소 : $-195.82℃$

③ 헬륨 : $-268.8℃$

④ 네온 : $-246.08℃$

24 ㉠ $Q_c = mC(t_{w2} - t_{w1}) = Q_e + W_c$

$\therefore t_{w2} = t_{w1} + \dfrac{Q_e + W_c}{mC}$

$= 30 + \dfrac{20 \times 3.86 + 12.6}{\dfrac{279}{60} \times 4.2} \fallingdotseq 34.6℃$

㉡ $Q_c = KA\left(t_c - \dfrac{t_{w1} + t_{w2}}{2}\right) = Q_e + W_c$

$\therefore t_c = \dfrac{Q_e + W_c}{KA} + \dfrac{t_{w1} + t_{w2}}{2}$

$= \dfrac{20 \times 3.86 + 12.6}{0.786 \times 15} + \dfrac{30 + 34.6}{2} \fallingdotseq 40℃$

25 표준(기준) 냉동사이클에서 팽창밸브를 냉매가 통과하는 과정은 교축팽창과정으로 등엔탈피 $(h_1 = h_2)$과정이다.

26 열역학 제2법칙(엔트로피 증가법칙, 방향성의 법칙, 비가역법칙)

㉠ 열효율이 100%인 기관이나 성능계수가 무한대인 냉동기는 제작이 불가능하다(제2종 영구운동기관을 부정하는 법칙).

㉡ 저온체에서 고온체로 스스로 이동할 수 없으나, 외부로부터 일을 받으면 이동할 수 있다.

27 냉동장치의 운전 중 저압(증발기 압력)이 저하되는 경우 압축비 증대로 압축기 소비동력 증가, 증발온도 저하, 냉동능력이 감소된다.

28 횡형 셸 앤드 튜브식 응축기(대부분의 응축기에 해당)

㉠ 암모니아, 프레온용으로 소형에서 대형까지 많이 사용된다.

㉡ 냉각수소비량이 비교적 적다(증발식 응축기 다음으로 1RT당 12L가 소비된다).

㉢ 수액기와 겸용으로 사용된다.

㉣ 일반적으로 쿨링타워(cooling tower)를 사용한다.

㉤ 전열이 양호하고 설치면적이 비교적 적다.

㉥ 냉각관 청소가 곤란하고 청소 시 운전을 정지해야 한다.

㉦ 과부하운전이 곤란하고 냉각관의 부식이 잘 된다.

29 $Q_c = \dfrac{60 \times 10^3 \times 4.2 \times (37 - 32)}{3,600} = 350\text{kW}$

$Q_e = \dfrac{2,000 \times (4.2 \times 30 + 334 + 2.1 \times 10)}{3,600} = 267\text{kW}$

$\therefore W_c = Q_c - Q_e = 350 - 267 = 83\text{kW}$

30 ㉠ $\Delta t_m = \left(\dfrac{t_{b1} + t_{b2}}{2}\right) - t_e = 10 - 4 = 6℃$

㉡ $Q_e = KA\Delta t_m$

$\therefore A = \dfrac{Q_e}{K\Delta t_m} = \dfrac{30 \times 3.86 \times 10^3}{7 \times 6} = 2,757\text{m}^2$

31 압축기의 흡입밸브 및 송출밸브에 가스 누출이 있을 경우

㉠ 체적효율 감소

㉡ 냉동능력 감소

㉢ 압축효율 감소

㉣ 토출가스온도 상승

㉤ 압축일(소비동력) 증가

부록

II

32 ㉠ $\eta = \dfrac{\text{유효열}}{\text{공급열}} = \dfrac{W_{net}}{Q_1} = \dfrac{0.79}{4.2} = 0.188 = 18.8\%$

   ㉡ $T_2 = T_1(1-\eta)$

        $= (300+273) \times (1-0.188) ≒ 465\text{K} = 192℃$

33 압축기의 분류

   ㉠ 용적(체적)식 : 왕복식 압축기, 회전식 압축기, 스크루식 압축기, 스크롤식 압축기

   ㉡ 원심식 : 원심식 압축기

34 팽창밸브 중 모세관

   ㉠ 모세관은 밸브가 없고 교축 정도가 일정하다.

   ㉡ 모세관은 조절장치가 없어 냉동부하에 따른 냉매의 유량조절이 어렵다.

   ㉢ 압축기를 가동할 때 기동동력이 적게 소요된다.

   ㉣ 냉동부하가 큰 경우 증발기 출구의 과열도가 크게 된다.

35 ㉠ 무기질 브라인 : 염화칼슘(CaCl₂), 염화나트륨(NaCl), 염화마그네슘(MgCl₂)

   ㉡ 유기질 브라인 : 에틸렌글리콜, 프로필렌글리콜, 알고올, 염화에틸렌(R-11), 메틸렌클로라이드

36 냉동톤 $= \dfrac{Q_e}{3.86} = \dfrac{\dfrac{100 \times 4.2 \times 15 + 100 \times 334}{3,600}}{3.86}$

      $≒ 2.86\text{RT}$

37 2원 냉동사이클(초저온 냉동사이클)

   ㉠ 2원 냉동은 −70℃ 이하의 초저온을 얻고자 할 때 사용된다.

   ㉡ 중간 열교환기는 저온측에서는 응축기 역할을 하며, 고온측에서는 증발기 역할을 수행한다.

   ㉢ 저온측에 사용하는 냉매는 비점 및 임계점이 낮은 R-13, R-14, 에틸렌(C₂H₄) 등이다.

   ㉣ 고온측에 사용하는 냉매는 비점 및 임계점이 높은 R-12, R-22, 프로판(C₃H₈) 등이다.

38 체적효율(η_v)이 작아지는 경우

   ㉠ 간극(clearance)이 클수록

   ㉡ 압축비가 클수록

   ㉢ 실린더의 체적이 적을수록

   ㉣ 회전수가 많을수록

39 $(COP)_R = \dfrac{\text{증발기 냉동열량}}{\text{재생기 가열량}} = \dfrac{24,000}{21,000} = 1.14$

40 용접부 비파괴검사는 배관 설치 시 품질관리대상이므로 정기검사항목과는 거리가 멀다.

41 관의 두께를 나타내는 스케줄번호는 번호가 클수록 관의 두께가 두껍다는 것을 의미한다.

42 행거(hanger)는 관을 천장(위)에서 잡아당겨 매다는 기구이다.

   (참고) 리스트레인트(restraint)

      • 열팽창에 의한 배관의 상하좌우이동을 구속 또는 제한하는 장치이다.

      • 종류로 앵커, 스톱, 가이드가 있다.

43 ㉠ 리프트(lift)형 체크밸브 : 수평배관에 사용

   ㉡ 스윙형 체크밸브 : 수평, 수직배관에 사용

   ㉢ 풋형 체크밸브(풋밸브) : 수직배관에 사용(펌프 말단에 설치), 스트레이너 여과기능도 동시에 가짐

44 스테인리스관은 강관에 비해 기계적 성질이 우수하다. 즉 저온에서 내충격성이 크고 내부식성도 좋다.

45 두께별로 동관은 K형 >L형 >M형 >N형(얇은 두께, KS규격은 없음) 순이다. 따라서 가장 두꺼운 K형이 가장 높은 압력에 사용되는 관이다.

46 질소가스봉입법은 질소가스를 보일러 내에 주입하여 압력을 60kPa 정도 유지하는 것으로서 효과는 좋으나 작업기법이나 압력 유지 등 전문적인 기술이 필요하여 일반적으로 이용하지 않는 편이다.

47 일리미네이터 점검은 냉각탑(쿨링타워)이나 에어와셔의 점검항목이다.

48 직관부저항=100×40=4,000mmAq=4mAq

   국부저항=4×0.5=2mAq

   ∴ 전체 마찰저항=4+2=6mAq

49 $Q = AV[\text{m}^3/\text{s}]$

   ∴ $V = \dfrac{Q}{A} = \dfrac{\dfrac{30 \times 10^{-3}}{60}}{\dfrac{\pi}{4} \times 0.0276^2} ≒ 0.84\text{m/s}$

50 $m_f = \dfrac{mC(t_2 - t_1)}{H_h \eta_B} = \dfrac{2,000 \times 4.2 \times (60-20)}{63,000 \times 0.95} = 5.6\text{kg/h}$

   (참고) 도시가스의 발열량은 고위발열량(H_h)을 의미한다.

51 송풍기의 소음, 진동, 기능의 점검, 냉온수코일의 오염 점검, 드레인팬의 점검 등은 팬과 코일을 내장하는 공기조화기과 팬코일유닛의 점검항목이다.

52 측온저항은 온도를 임피던스로 변환하는 요소이다.
> (참고) 변위를 전압으로 변화시키는 장치는 퍼텐쇼미터, 차동변압기, 전위차계 등이다.

53 전류$(I) = \dfrac{\text{전하량}(C)}{\text{시간}(t)} = \dfrac{15}{3} = 5\text{A}$

54 $4\mu\text{F}$과 $2\mu\text{F}$의 콘덴서는 병렬연결이므로 합성하면 $6\mu\text{F}$이 되어 $3\mu\text{F}$과 직렬로 접속된 회로와 같다.

$$V = \frac{6}{3+6} \times 180 = 120\text{V}$$

$$\therefore\ W = \frac{1}{2}CV^2 = \frac{1}{2} \times 3 \times 10^{-6} \times 120^2 = 0.02\text{J}$$

55 서보기구는 물체의 위치, 방위, 자세 등의 기계적 변위를 제어량으로 해서 목표값이 임의의 변화에 추종하도록 구성된 제어계이다.

56 제시된 그림은 자기유지회로로 푸시버튼(A)을 눌렀다 떼어도 ON으로 유지되는 회로이다.

57 분류기(shunt)는 전류계의 측정범위를 넓혀준다 (전류계와 병렬로 접속).

58 전류의 측정범위를 넓히기 위해 전류계에 병렬로 저항을 접속한다. 이러한 저항을 분류기(shunt)라 한다.

$$I_o = I\left(\frac{R_a}{R_s} + 1\right)[\text{A}]$$

여기서, I_o : 측정할 전류값, I : 전류계 눈금,

$\dfrac{R_a}{R_s} + 1$: 분류기의 배율

59 $C = RG \mp CH$

$C(1 \pm H) = RG$

$$\therefore\ G(s) = \frac{C}{R} = \frac{G}{1 \pm H}$$

60 ① $XY + X\overline{Y} = X(Y + \overline{Y}) = X(1+0) = X$

② $X(X+Y) = X + XY = X(1+Y) = X(1+0) = X$

③ $X(\overline{X} + Y) = X\overline{X} + XY = 0 + XY = XY$

④ $X + XY = X(1+Y) = X(1+0) = X$

| 허원회 |

한양대학교 대학원(공학석사)
한국항공대학교 대학원(공학박사 수료)
현, 하이클래스 군무원 기계공학 대표교수
    열공on 기계공학 대표교수
    (주)금새인터랙티브 기술이사
• 목포과학대학교 자동차과 겸임교수 역임
• 인천대학교 기계과 겸임교수 역임
• 지안공무원학원 기계공학 대표교수 역임
• 수도철도아카데미 기계일반 대표교수 역임
• 배울학 일반기계기사 대표교수 역임
• 한성냉동기계기술학원 기계분야 공조냉동 대표교수 역임
• 고려기계용접기술학원 원장 역임
• 수도기술고시학원/덕성기술고시학원 원장 겸 기계
  대표교수 역임
• (주)부원동력 기술이사 역임
• PHK 차량기계융합연구소 기술이사 역임
• 정안기계주식회사 기술이사 역임
• (주)녹스코리아 기술이사 역임

자격증
• 공조냉동기계기사, 에너지관리기사, 일반기계기사, 건설기계
  설비기사, 소방설비기사(기계분야, 전기분야) 외 다수

주요 저서
《알기 쉬운 재료역학》(성안당)
《알기 쉬운 열역학》(성안당)
《알기 쉬운 유체역학》(성안당)
《에너지관리기사[필기]》(성안당)
《7개년 과년도 에너지관리기사[필기]》(성안당)
《에너지관리기사[실기]》(성안당)
《7개년 과년도 일반기계기사[필기]》(성안당)
《공조냉동기계기사[필기]》(성안당)
《공조냉동기계기사[실기]》(성안당)
《일반기계기사[필기]》(일진사)
《일반기계기사 필답형[실기]》(일진사)
《일반기계공학 문제해설 총정리》(일진사)
《건설기계설비기사 필기 총정리》(일진사) 외 다수

동영상 강의
- 알기 쉬운 재료역학
- 알기 쉬운 열역학
- 알기 쉬운 유체역학
- 에너지관리기사[필기] / 실기[필답형]
- 일반기계기사[필기] / 실기[필답형]
- 공조냉동기계기사[필기] / 실기[필답형]
- 공조냉동기계산업기사[필기]

| 박만재 |

국민대학교 자동차전문대학원(공학박사)
현, 서정대학교 스마트자동차과 전임교수
    PHK 차량기계융합연구소 소장
    ISO 국제심사위원
    대한상사중재원 중재인
    자동차소비자보호원 심사위원
    한국산업기술평가원 심사위원
    한국산업기술진흥원 심사위원
    국가과학기술인 등록
• 쌍용자동차 4WD설계실 선임연구원 역임
• 동양미래대학교 기계과 조교수 역임

• 경기과학기술대학 신재생에너지과 조교수 역임
• 수원과학대학교 자동차과 조교수 역임
• 국민대학교 자동차과 강사 역임
• 인천대학교 자동차과 강사 역임

자격증
• 차량기술사, 기계제작기술사, 기술지도사

주요 저서
《알기 쉬운 열역학》(성안당)
《7개년 과년도 일반기계기사[필기]》(성안당)
《공조냉동기계기사[필기]》(성안당)

공조냉동기계산업기사 **필기**

2024. 1. 10. 초 판 1쇄 발행
2025. 1. 8. 개정증보 1판 1쇄 발행

지은이 | 허원회, 박만재
펴낸이 | 이종춘
펴낸곳 | **BM** ㈜도서출판 **성안당**

주소 | 04032 서울시 마포구 양화로 127 첨단빌딩 3층(출판기획 R&D 센터)
　　 | 10881 경기도 파주시 문발로 112 파주 출판 문화도시(제작 및 물류)

전화 | 02) 3142-0036
　　 | 031) 950-6300

팩스 | 031) 955-0510
등록 | 1973. 2. 1. 제406-2005-000046호
출판사 홈페이지 | www.cyber.co.kr
ISBN | 978-89-315-1169-7 (13550)
정가 | **34,000원**

이 책을 만든 사람들
기획 | 최옥현
진행 | 이희영
교정·교열 | 문 황
전산편집 | 이지연
표지 디자인 | 박원석
홍보 | 김계향, 임진성, 김주승, 최정민
국제부 | 이선민, 조혜란
마케팅 | 구본철, 차정욱, 오영일, 나진호, 강호묵
마케팅 지원 | 장상범
제작 | 김유석